LES

# TRAVAUX SOUTERRAINS

DE PARIS

PARIS. — TYPOGRAPHIE LAHURE
Rue de Fleurus, 9.

LES

# TRAVAUX SOUTERRAINS DE PARIS

III

PREMIÈRE PARTIE

## LES EAUX

PREMIÈRE SECTION

# LES ANCIENNES EAUX

PAR

M. BELGRAND

MEMBRE DE L'INSTITUT
INSPECTEUR GÉNÉRAL DES PONTS ET CHAUSSÉES
DIRECTEUR DES EAUX ET DES ÉGOUTS DE PARIS



PARIS

DUNOD, ÉDITEUR

LIBRAIRE DES CORPS DES PONTS ET CHAUSSÉES, DES MINES ET DES TÉLÉGRAPHES

49, QUAI DES AUGUSTINS, 49

1877

# PRÉFACE

Ce livre contient l'histoire des eaux de Paris depuis la domination romaine jusqu'à la fin du dix-huitième siècle ; ces anciennes eaux ne comptent pour ainsi dire plus dans la distribution : l'aqueduc du Pré-Saint-Gervais est envahi par les exploitations de gypse et à moitié ruiné; la ville de Paris en a vendu une grande partie; l'aqueduc de Belleville, construit autrefois en pleine campagne, sous le village de Belleville-sur-Sablon, est recouvert aujourd'hui par la populeuse cité qui s'est étendue du sommet sablonneux où elle a pris naissance jusqu'aux anciens boulevards extérieurs; les fondations de ces bâtisses ont asséché les pierrées; les égouts, le chemin de fer de ceinture, la rue de Puebla en dernier lieu, ont découpé l'aqueduc en tronçons qui ne peuvent plus se rejoindre. La source de Savies se perd à quelques centaines de mètres du regard où les religieux de Saint-Martin-des-Champs et du Temple ont laissé une si pompeuse inscription. En un mot, la Ville ne reçoit plus une seule goutte d'eau de l'aqueduc de Belleville. Les clochettes de la

Samaritaine ont cessé depuis longtemps de faire entendre leur carillon, et la forêt de pieux des pompes Notre-Dame n'encombre plus le lit de la Seine. Les deux pompes à feu de Chaillot, Augustine et Constantine, ont cédé leurs places à des machines plus puissantes; depuis 1858, les pompes à feu du Gros-Caillou ont cessé de refouler dans Paris l'eau la plus immonde de la Seine.

Seule l'eau d'Arcueil se distribue encore à Paris, mais sur une étendue bien restreinte, autour du Panthéon. Si mon avis est adopté, on la resserrera dans les limites du jardin du Luxembourg, suivant les intentions de la malheureuse et coupable reine qui a construit l'aqueduc. Les anciennes fontaines, si célèbres autrefois, si surveillées par nos pères, disparaissent l'une après l'autre sans qu'on s'en occupe : à peine en reste-t-il un tiers en exercice.

Dans une telle situation, les traditions se perdent : quand j'aurai disparu avec trois ou quatre collaborateurs et autant d'anciens serviteurs qui surveillent les tronçons d'aqueducs comme chose sacrée, qui en jaugent l'eau comme si elle était encore indispensable à Paris, il ne restera pas même un souvenir de ces vieilles choses.

Cependant, ce qui nous touche le plus dans une histoire comme celle-ci, ce sont les premiers pas, les tâtonnements de nos devanciers. Il était donc intéressant de sauver de l'oubli les traditions, et c'est pour cela que j'ai considéré comme un devoir d'écrire ce livre.

Les documents sur lesquels je me suis basé sont tous extraits de pièces originales authentiques, notamment des registres de la Ville, où se trouvent transcrites toutes les délibérations et ordonnances de l'échevinage depuis 1499 jusqu'à 1784. L'origine de ces registres se rattache à une grande catastrophe. « L'an 1499, le vendredi devant la Toussaint (le 25 novembre), le pont neuf appelé Pont-Notre-Dame se rompit et fondit à la rivière, ensemble toutes les soixante-quatre maisons disposées en fort bel ordre des deux côtés.... » La catastrophe arriva à neuf heures du matin. Ici les traditions ne sont plus d'accord : suivant les uns, bon nombre d'habitants périrent sous les ruines de leurs maisons; suivant les autres, et notamment Dom Félibien et Sauval, tous se seraient sauvés avec leurs meubles les plus précieux, à l'exception de quatre ou cinq[1].

Cette catastrophe, survenue sans que le fleuve fût en crue ou en débâcle, causa une émotion extraordinaire à Paris. Maître Jacques Piédefer, avocat au Parlement, prévôt des marchands, les quatre échevins en exercice et les deux échevins sortants furent emprisonnés. Après une enquête minutieuse qu'on fit remonter à vingt ans en arrière, ils furent dégradés de leurs offices, déclarés incapables d'y être réélus et remplacés par cinq bourgeois, « commis et députés au gouvernement de la Ville, » véritable Commission municipale qui fonctionna jusqu'au 16 août 1500, époque où sire Nicolas Potier, « général des monnoies, » fut élu prévôt.

Maître Piédefer fut en outre condamné à 1000 livres et

[1] Voici ce qu'on lit dans Sauval : « Ce pont tomba en 1499, le 25 novembre... Il n'y périt que quatre à cinq personnes. »

chacun des échevins à 400 livres d'amende, sommes qui furent employées à la reconstruction du pont, à l'exception de 100 livres affectées à un service funéraire pour le repos des âmes des victimes[1]. On décida en même temps que pour faciliter les enquêtes en pareil cas, tous les actes et ordonnances de l'échevinage seraient *transcrits sur registre*. Cette règle fut rigoureusement observée depuis l'année 1499 jusqu'en 1784.

Les registres de la Ville forment une collection de 105 volumes manuscrits. Pour tirer parti de ces précieux documents, il fallait d'abord apprendre à déchiffrer l'écriture de tous les commis employés au greffe de la Ville pendant trois siècles. Je ne pouvais entreprendre moi-même un tel travail, le temps me manquait. J'obtins de M. le préfet de la Seine l'autorisation de faire copier tout ce qui intéressait le service des eaux par des élèves de l'École des Chartes. Mais dès le début je me trouvai arrêté par une très-sérieuse difficulté : le jargon technique est absolument inintelligible pour ceux qui ne sont jamais occupés de travaux, et je cherchais surtout les rapports des Guillain, des Francini, des Jean Beausire ; les pièces écrites en langage ordinaire étaient celles qui m'intéressaient le moins. Je me voyais ainsi privé des documents les plus importants, lorsque je découvris dans mes bureaux l'aide qu'il me fallait. M. Mourot, dessinateur et contrôleur des eaux, apprit en peu de temps à déchiffrer tous ces manuscrits. Les détails techniques ne l'arrêtaient pas, et en

[1] Voy. Dom Félibien, *Histoire de Paris*, t. II, page 896, et surtout un très-intéressant mémoire de M. Jules Cousin, *Paris à travers les âges. — La Cité et le pont Notre-Dame.*

deux ans, il m'a remis, au fur et à mesure que j'en avais besoin, deux gros volumes de copies extraites des registres de la Ville, du livre rouge viel du Châtelet, des ordonnances des rois de France et autres manuscrits des archives nationales. On trouvera à la fin de l'atlas des fac-simile des écritures de ces manuscrits et l'on jugera combien la tâche de M. Mourot a été rude. C'est au moyen de ce fatras de pièces incohérentes, inintelligibles pour ceux qui ne connaissent pas les traditions du service, que j'ai écrit ce livre. J'ai indiqué au bas de chaque page les sources où j'ai puisé.

J'espérais, en commençant, tirer un grand parti de deux mémoires déjà anciens publiés sur le même sujet, le premier par Bonamy en 1754 [1], le second par Girard, dans son ouvrage sur le canal de l'Ourcq, qui n'a été publié qu'en 1831 [2]. Mais j'ai reconnu que nous ne marchions pas au même but. Bonamy a composé son mémoire pour une académie, il l'a trop condensé et je n'y ai trouvé aucun détail. Girard a voulu simplement donner une idée très-succincte de l'histoire des eaux de Paris. Je n'ai imité ces deux auteurs qu'en puisant largement comme eux dans les registres de la Ville; les 152 pages de pièces justificatives qui suivent le mémoire de Girard, presque entièrement extraites de ces registres, ne sont pas la partie la moins intéressante de son livre.

J'ai consacré un chapitre aux puits, dont on ne s'occupe guère dans les ouvrages de ce genre. Mais à Paris, cette

[1] Mémoire sur les aqueducs de Paris comparés à ceux de l'ancienne Rome, par Bonamy (Académie des inscriptions et belles-lettres, t. XXX, p. 731 et suiv., juillet 1754).

[2] Mémoire sur le canal de l'Ourcq, par Girard. Tome II, page 1 et suiv. (Dunod, quai des Augustins, 49.)

étude était très-intéressante, parce que dans un rayon de près de 100 kilomètres autour de la ville, on ne trouve d'eau de bonne qualité ni dans les sources, ni dans les puits : la Seine, la Marne et l'Oise donnent seules des eaux propres aux usages domestiques[1].

J'ai décrit ensuite les aqueducs romains de Chaillot et d'Arcueil ; j'ai mis ce dernier à découvert sur toute sa longueur et sur ses moindres ramifications ; j'ai pu rectifier ainsi de très-nombreuses erreurs considérées depuis longtemps comme d'incontestables vérités.

Depuis la destruction de cet aqueduc, qui remonte probablement à l'invasion des Normands, jusqu'au commencement du treizième siècle, il existe une lacune de plusieurs siècles dans l'histoire des eaux de Paris, ou pour mieux dire, il n'y avait pas alors de distribution d'eau à Paris. C'est seulement vers le milieu du treizième siècle qu'il est question des premiers aqueducs, des plus anciennes fontaines, et que commencent les premiers essais de distribution. Dans l'ordre des temps la ville était alimentée d'abord par les aqueducs, auxquels se sont ajoutées plus tard les machines hydrauliques, puis les pompes à feu. On a cessé de construire des aqueducs dès qu'on a eu installé les machines hydrauliques du pont Notre-Dame, et l'on a renoncé à établir de nou-

[1] C'est ce qui a soutenu pendant si longtemps la haute réputation des eaux de rivière à Paris. Lorsque j'ai publié, il y a vingt-trois ans, mes premiers rapports sur la supériorité des eaux de source, de nombreux opposants ont prétendu que nous ne trouverions rien de comparable à l'eau qui coulait dans le fleuve à côté de nous. Depuis que l'eau de la Vanne est arrivée, une réaction non moins vive s'est produite, et lorsque les nécessités du service nous obligent à substituer momentanément les eaux de rivière aux eaux de source, une grande rumeur s'élève dans la Ville et les Parisiens se déclarent empoisonnés.

velles machines de ce genre après l'installation des pompes à feu de Chaillot[1].

Après avoir décrit les ouvrages destinés à l'adduction de l'eau, j'ai tracé rapidement les principaux traits de cette administration puissante, de l'échevinage de Paris, qui, sortie de la bourgeoisie vers 1260 et des chefs de la marine parisienne, devint, vers la fin du treizième siècle, une institution purement municipale, et se maintint jusqu'en 1789 avec le même corps d'officiers, et les mêmes formes d'élection et d'administration.

Le reste du livre est consacré à l'étude du développement de la distribution de l'eau. Le principal agent de cette distribution est le porteur d'eau. Nous le voyons paraître avec les premières fontaines de puisage, et ce n'est que dans ces dernières années qu'il perd de son importance, à mesure que la distribution à domicile se développe. Jusqu'en 1840, l'administration des eaux de Paris est basée surtout sur le puisage aux fontaines publiques et la vente de l'eau aux fontaines marchandes. Pendant tout ce temps la distribution à domicile fait de bien lents progrès, et cela se comprend; le volume d'eau à débiter est si petit! Le nombre des concessionnaires ne dépasse pas 20 vers la fin du quinzième siècle, et 41 au commencement du dix-septième; en 1673, il s'élève à 201 et, en 1837, au moment du rachat des concessions, à 316 seulement.

[1] C'est seulement dans ces dernières années qu'on a employé, suivant la nécessité, l'un ou l'autre de ces moyens de se procurer de l'eau, qu'on a été au loin chercher avec des aqueducs, pour le service privé, des eaux de source, non-seulement propres aux usages domestiques, mais encore agréables à boire, qu'on n'a pas hésité, pour les services publics, à élever des eaux de

Quoique ces nombres nous paraissent bien insignifiants, nous voyons les rois intervenir fréquemment pour réprimer les abus de la distribution à domicile en supprimant les concessions. Ces *retranchements* (terme consacré) correspondent toujours à une longue série d'années de basses eaux de la Seine, et au contraire le développement abusif de la distribution à domicile correspond à une série d'années où le fleuve se maintient à de hauts niveaux.

Il va sans dire que des concessions si peu nombreuses étaient toutes accordées aux princes, aux personnes haut placées, aux communautés religieuses, aux colléges et aux hôpitaux. Elles étaient perpétuelles et, jusqu'en 1692, presque toutes gratuites. C'est seulement à cette date qu'on prit l'habitude de vendre l'eau. Les concessions étaient alors de deux sortes, les concessions gratuites et les concessions à titre onéreux.

Le système de prise d'eau était très-grossier ; on ne se rendait nullement compte, dans l'origine, du volume d'eau qu'on concédait. C'est seulement en 1624 que le château d'eau romain intervint dans la distribution et que les prises d'eau furent jaugées rigoureusement.

Au milieu du dix-huitième siècle, le volume d'eau distribué ne dépassait pas 15 à 1600 mètres cubes en 24 heures, à peu près ce que consomme aujourd'hui la gare du chemin de fer du Nord à Paris.

L'industrie ne pouvait tirer aucun parti de ce service d'eau

rivières avec des machines hydrauliques, lorsqu'on a trouvé de bonnes chutes, et avec des pompes à feu lorsque ces forces naturelles étaient insuffisantes.

si pauvrement doté et cependant on ne comprend pas comment une grande ville peut se passer de certaines industries qui exigent l'emploi de l'eau, de celle *des bains* notamment. J'ai retrouvé l'emplacement du plus ancien établissement de bains alimenté par une concession d'eau publique. Cette concession remontait à 1730 et ne permettait pas de desservir plus de trois ou quatre bains par jour. Les autres établissements, fort peu nombreux d'ailleurs, étaient alimentés par les porteurs d'eau; les maîtres de bains formaient une corporation, celle des Barbiers-Étuvistes, qui était fort décriée et non sans cause : le prix d'un bain était de six à douze livres.

Il ne pouvait être question de l'arrosage des chaussées ni du lavage des ruisseaux des rues; la poussière en temps sec, était aussi insupportable que la crotte, en temps de pluie. Le grand égout de ceinture recevait seul un maigre filet d'eau de Belleville qu'on accumulait dans un réservoir, rue des Filles-du-Calvaire, pour faire des chasses dans cet infâme cloaque. Les autres égouts n'étaient jamais lavés : mes contemporains ont sans aucun doute conservé comme moi le souvenir de ces bouches d'égout, énormes gouffres béants où se précipitaient les eaux pluviales et ménagères de tout un quartier et qui répandaient au loin ces odeurs fétides si bien décrites par Parent Duchatelet.

L'histoire des eaux anciennes se termine vers 1868, époque où fut rachetée la dernière concession. Celle des eaux nouvelles commence à la fin du dix-huitième siècle. L'intervalle de temps compris entre ces deux dates doit être considéré comme une époque de transition, dont je me suis borné à esquisser les principaux traits. C'est avec le secours des machines de Chaillot et du Gros-Caillou, et plus tard à partir de 1830 avec les eaux du canal de l'Ourcq qu'on a pu sortir de cette époque de transition si difficile.

On trouvera à la fin du volume la description des planches de l'atlas.

LES

# TRAVAUX SOUTERRAINS DE PARIS

---

PREMIÈRE PARTIE

# LES ANCIENNES EAUX

## CHAPITRE PREMIER

### LES PUITS

---

Leur profondeur dans les quartiers bas; —dans les quartiers hauts.— Qualité de l'eau. — Elle est impropre aux usages domestiques. — Sels terreux. — Matières organiques. — Cette eau a été consommée par les Parisiens jusqu'à la fin du premier tiers du dix-neuvième siècle.

Il n'est guère d'usage, dans un livre comme celui-ci, de s'occuper des puits; les commentaires de Frontin sur les eaux de Rome commencent à l'année 442, époque où l'eau Appia fut introduite dans la ville. Pline consacre à peine trois ou quatre lignes, à la vérité très-élogieuses, à l'eau des puits. Alberto Cassio, Fabretti, Bonamy et Girard n'en parlent pas du tout. Ces auteurs passent sous silence les premiers siècles de la jeunesse des grandes villes : tant qu'elles n'ont pas la force et la richesse nécessaires pour aller au loin chercher l'eau d'une grande source, ou pour élever celle d'une rivière avec de dispendieuses machines, il est convenu qu'elles doivent se contenter de l'eau souterraine la plus voisine du sol, et qu'il n'y a pas lieu de s'occuper des modestes travaux du puisatier.

Mais Paris se trouve dans des conditions singulières : l'eau souterraine, qui passe sous les pieds de ses habitants, est impropre aux usages domestiques, et celle des petites sources du voisinage, les seules qu'on pût dériver dans ces temps anciens, est d'une si détestable qualité qu'une fois conduite dans la ville, elle a fait presque regretter celle des puits. On ne peut donc négliger, dans cet ouvrage, les puits de Paris qui, jusqu'à ces dernières années, ont contribué dans une large mesure à l'alimentation de la ville.

Ainsi, dans l'origine, l'eau nécessaire aux Parisiens provenait de la Seine, de la Bièvre, et surtout des puits qu'on creusait, sans grande dépense, dans les graviers qui tapissent le fond de la vallée. La possibilité d'extraire de l'eau de puits peu profonds a été une des causes du développement de la ville sur la rive droite de la Seine ; de ce côté du fleuve, elle a facilement franchi l'enceinte de ses premiers remparts et elle s'étendait déjà, sous le règne de Louis XIII, jusqu'à la ligne des grands boulevards, tandis que, sur la rive gauche, elle restait renfermée dans les murs de Philippe-Auguste.

Les quartiers hauts de cette partie de la ville, ce que l'on appelait alors l'Université, souffraient beaucoup de la rareté de l'eau, en raison de la grande profondeur des puits. Cette pénurie s'est fait sentir jusqu'à l'époque de la reconstruction de l'aqueduc d'Arcueil par Marie de Médicis. En 1544, Corrozet signalait déjà la nécessité de cette reconstruction dans l'intérêt « de la hautte partie de l'Vniuersité de Paris qui en a bon mestier.[1] »

Plus d'un demi-siècle avant les études faites du temps de

[1] Corrozet. Antiqvitéz, histoires et singvlaritez de Paris, folio 10, avec privilége du roi portant la date de 1544.

Henri IV, l'opinion publique se préoccupait donc de cette fâcheuse position du quartier de l'Université.

*Disposition des puits de Paris.*—La nappe d'eau qui alimente les puits de la rive droite est à un niveau peu profond au-dessous du sol, tant qu'elle se trouve dans les terrains de transport du fond de la vallée. Ces terrains se composent de gravier, de sables et de limon; leur limite suit à très-peu près le pied des coteaux de la rive droite. Le tableau suivant donne une idée de la profondeur des puits qui y sont creusés aujourd'hui :

TABLEAU DES PUITS DE PARIS DANS L'ÉTENDUE DES TERRAINS DE TRANSPORT DU FOND DE LA VALLÉE DE LA SEINE [1]

| RUES S'ÉLOIGNANT DE LA SEINE RIVE DROITE | ALTITUDES [2] | | PROFONDEUR DU PUITS AU-DESSUS DE L'EAU |
|---|---|---|---|
| | DU SOL | DE L'EAU DU PUITS A L'ÉTIAGE | |
| — | — | — | — |
| *Rues Villiot, de Rambouillet, Petite-rue-de-Reuilly.* | mètres. | mètres. | mètres. |
| 1. Puits rue Villiot, à gauche près de la rue de Bercy. . | 132,5 | 127,7 | 4,8 |
| 2. — rue de Rambouillet, à gauche au milieu. . . . . | 132,7 | 128,4 | 4,3 |
| 3. — Petite-rue-de-Reuilly, à droite.. . . . . . . . . | 135,6 | 130,7 | 4,9 |
| *Canal Saint-Martin, en s'éloignant de la Seine.* | | | |
| 4. Puits rue de Mornay. (Alt. eau du canal 130). . . . . | 137,2 | 128,5 | 8,7 |
| 5. — rue de l'Orme, à gauche. . . . . . . . . . . . | 137,1 | 129,1 | 8,0 |
| 6. — rue Jean-Beausire, à gauche. . . . . . . . . . | 135,8 | 129,4 | 6,4 |
| 7. — rue Saint-Sébastien. . . . . . . . . . . . . . | 136,3 | 130,9 | 5,4 |
| 8. — rue des-Fossés-du-Temple, près la rue de la Tour. | 134,9 | 131,0 | 3,9 |
| 9. — rue des Récollets (alt. eau du canal 140,6). . . | 141,1 | 132,6 | 8,5 |
| 10. — quai Jemmapes, près du boulevard de la Butte-Chaumont. . . . . . . . . . . . . . . . . | 153,4 | 135,7 | 17,7 |
| *Rues des Nonnains-d'Yères, de Fourcy, Pavée, Payenne.* | | | |
| 11. Puits près du quai à droite. . . . . . . . . . . . . | 136,4 | 126,7 | 9,7 |
| 12. — près de la rue de Rivoli.. . . . . . . . . . . . . | 136,8 | 128,9 | 7,9 |
| 13. — près de la rue des Rosiers. . . . . . . . . . . | 136,1 | » | » |
| *Ile Saint-Louis (étiage de la Seine 26,25).* | | | |
| 14. Puits en amont de la rue Saint-Louis.. . . . . . . . | 135,0 ? | 126,3 | 8,7 ? |
| 15. — en aval de la rue Saint-Louis.. . . . . . . . . | 134,9 | 126,3 | 8,6 |

[1] Ce tableau a été dressé au moyen de la carte des puits de Paris, publiée par M. l'ingénieur en chef des mines Delesse, document devenu rare.

[2] Toutes les altitudes de ce tableau sont augmentées de 100 mètres.

| RUES S'ÉLOIGNANT DE LA SEINE<br>RIVE DROITE | ALTITUDES<br>DU SOL | <br>DE L'EAU DU PUITS A L'ÉTIAGE | PROFONDEUR DU PUITS AU-DESSUS DE L'EAU |
|---|---|---|---|
| — | — | — | — |
| *Rues Louis Philippe et Vieille-du-Temple.* | | | |
| | mètres. | mètres. | mètres. |
| 16. Puits près du quai. | 134,3 | 127,3 | 7,2 |
| 17. — près de la rue du Roi-de-Sicile | 136,6 | 128,9 | 7,7 |
| 18. — près de la rue des Francs-Bourgeois. | 135,2 | 129,4 | 5,8 |
| 19. — Imprimerie nationale. | 135,5 | 128,2 | 7,3 |
| 20. — rue des Quatre-Fils. | 134,9 | 129,9 | 5,0 |
| *Ile de la Cité.* | | | |
| 21. Puits rue Basse-des-Ursins | 135,0 | 127,9 | 7,1 |
| 22. — ancien Hôtel-Dieu. | 133,1 | » | » |
| 23. — boulevard du Palais | 136,2 | 126,1 | 10,1 |
| 24. — rue aux Fèves (détruite) | 137,4 | 128,8 | 8,6 |
| 25. — rue Saint-Landry (détruite) | 137,2 | 129,9 | 7,3 |
| *Rue du Temple.* | | | |
| 26. Puits rue de la Verrerie. | 137,4 | 128,8 | 8,6 |
| 27. — rue Sainte-Croix-de-la-Bretonnerie. | 136,3 | » | » |
| 28. — rue Simon-le-Franc | 135,6 | 129,7 | 5,9 |
| 29. — rue de Rambuteau. | 133,7 | » | » |
| 30. — rue Michel-le-Comte | 134,9 | 130,0 | 4,9 |
| 31. — rue de Turbigo | 134,6 | 130,7 | 3,9 |
| *Entre les rues Saint-Martin et Saint-Denis.* | | | |
| 32. Puits près du quai, rue Saint-Denis. | 133,6 | 128,0 | 5,6 |
| 33. — rue Pernelle. | 137,9 | 128,5 | 9,4 |
| 34. — rue Quincampoix. | 136,9 | » | » |
| 35. — rues de la Cossonnerie et Saint-Denis. | 135,6 | 129,7 | 5,9 |
| 36. — rues Saint-Sauveur, Saint-Denis. | 135,3 | 130,3 | 5,0 |
| 37. — rues Guérin-Boisseau, Saint-Martin | 135,5 | » | » |
| *Rues du Pont-Neuf, Montorgueil, Poissonnière.* | | | |
| 38. Puits près du quai. | 134,9 | 127,6 | 7,3 |
| 39. — rues de l'Arbre-Sec, Rivoli | 136,8 | 128,2 | 8,6 |
| 40. — impasse de la Bouteille. | 134,5 | 129,8 | 4,7 |
| 41. — rue Saint-Sauveur | 135,3 | 130,3 | 5,0 |
| 42. — rue du Caire | 137,3 | 130,4 | 6,9 |
| *Rue de Richelieu.* | | | |
| 43. Puits rue du Hasard. | 138,5 | 129,5 | 9,0 |
| 44. — rue Neuve-des-Petits-Champs | 136,5 | 129,5 | 7,0 |
| 45. — rue Rameau. | 136,0 | » | » |
| 46. — rue d'Amboise. | 136,3 | 130,0 | 6,3 |
| *Rues du Dauphin, Neuve-Saint-Roch, Gaillon, de la Michodière.* | | | |
| 47. Puits rue Saint-Hyacinthe | 134,9 | » | » |
| 48. — rues de Hanovre, de la Michodière | 135,8 | » | » |
| *Rue de la Paix. — Place Vendôme.* | | | |
| 49. Puits place Vendôme, à gauche. | 134,2 | 128,9 | 5,3 |

Sur toute la rive droite, si l'on ne sort pas des anciennes enceintes de Paris, ou même des faubourgs qui s'y rattachaient, la profondeur des puits n'est donc pas considérable et ne dépasse que rarement 10 mètres ; souvent elle est comprise entre 4 et 5 mètres.

Sur la rive gauche, la profondeur des puits est plus grande ; dans toute la partie basse occupée par l'ancienne ville, elle pouvait varier entre 6 et 10 mètres ; mais si l'on considère les parties hautes de la rue Saint-Jacques et le plateau occupé autrefois par l'Université, qui s'étend à droite et à gauche de cette rue, on trouve que la nappe d'eau souterraine est à 28 et 30 mètres au-dessous du sol.

Les puits les moins profonds sont ceux des rues qui longent la Seine et la Bièvre. C'est le contraire sur la rive droite : les puits les moins profonds sont peu éloignés de la rue Saint-Lazare. La nappe d'eau remonte plus rapidement que le sol à mesure qu'on s'éloigne de la Seine.

A partir du pied des coteaux de la rive droite, en s'élevant jusqu'aux anciens boulevards extérieurs, on trouve la nappe d'eau des puits aux profondeurs suivantes :

| | | PROFONDEUR AU DESSOUS DU SOL. |
|---|---|---|
| | | Mètres. |
| Place de l'Étoile | | 30 |
| Ancienne barrière | du Roule | 24 |
| — | de Clichy | 25 |
| — | des Martyrs | 33 |
| — | de Rochechouart | 31 |
| — | Poissonnière | 25 |
| — | Saint-Denis | 24 |
| — | de La Villette | 20 |
| — | du Combat | 21 |
| — | de Belleville | 21 |
| — | de Ménilmontant | 22 |
| — | d'Aulnay | 16 |
| — | du Trône | 21 |
| — | de Saint-Mandé | 15 |
| — | de Picpus | 19 |
| — | de Charenton | 14 |
| — | de Bercy | 5 |

La profondeur des puits sur toute cette ligne des boulevards extérieurs est donc considérable.

Mais, jusqu'à la fin du dix-septième siècle, l'enceinte de la ville n'a guère dépassé les grands boulevards sur la rive droite de la Seine. L'espace compris entre l'enceinte de Louis XIII et les anciens boulevards extérieurs ne s'est couvert de constructions que longtemps après, lorsque le développement de la distribution d'eau de la ville a rendu les puits moins nécessaires.

A la vérité, au delà de l'enceinte et à la suite des rues principales, s'étendaient des faubourgs plus ou moins populeux, mais situés à une basse altitude, tels que les faubourgs Saint-Antoine, du Temple, Poissonnière, Saint-Martin, Saint-Denis, de la Chaussée-d'Antin sur la rive droite, et Saint-Marcel sur la rive gauche. Dans ces parties populeuses, situées intra ou extra-muros, le creusement d'un puits était une opération facile et peu dispendieuse.

Toutes les maisons de Paris devaient donc être pourvues d'un puits. Il en a été compté 30 000, lorsqu'on les a recensés au moment du siége de Paris; la plupart se trouvent dans les vieux quartiers. Cet usage des puits est tombé en désuétude depuis le développement de la distribution d'eau de la ville.

*Qualité de l'eau.* — L'eau de ces puits est malheureusement de la plus détestable qualité. Elle est chargée d'une quantité considérable de sels terreux, surtout de sulfate et de nitrate de chaux. Elle contient en outre beaucoup de matières organiques, comme le prouvent les sels azotés qui s'y trouvent en plus grande abondance que dans la plupart des eaux connues.

*Sels terreux* (principalement sulfate de chaux). — M. Delesse a donné le titre hydrotimétrique de l'eau d'un grand nombre de puits. Pour établir des points de comparaison, je donne d'abord celui de quelques eaux considérées comme bonnes :

| | TITRE HYDROTIMÉTRIQUE — Degrés. |
|---|---|
| Eau des terrains granitiques du Morvan | 2 à 7 |
| — du puits de Grenelle | 9,50 à 12 |
| — de la Seine en amont de Paris à l'étiage | 18 à 20 |
| — de la Vanne | 18 à 20 |
| — de la Dhuis, aux sources | 23 |
| — de la Dhuis, à Paris | 20 à 23 |
| — de la Marne au confluent de la Seine | 20 à 25 |

Les autres eaux distribuées à Paris sont plus dures :

| | | TITRE HYDROTIMÉTRIQUE. — Degrés. |
|---|---|---|
| Eau du canal de l'Ourcq | avant la construction des usines de Trilbardou et d'Isles les Meldeuses | 30 à 34 |
| | depuis la construction de ces usines | environ 30 |
| Eau d'Arcueil | | environ 40 |

En général toute eau dont le titre hydrotimétrique dépasse 40°, fait des grumeaux avec le savon et est impropre au savonnage; lorsque la proportion de sulfate de chaux est notable, dépasse 10 à 15° par exemple, l'eau devient impropre à la cuisson des légumes. Les industriels n'admettent pas volontiers l'eau de l'Ourcq pour alimenter leurs machines à vapeur : le titre de cette eau ne dépasse pas 30°.

Lorsque l'eau contient par litre plus de 19 centigrammes de carbonate de chaux, elle devient incrustante à la température ordinaire et obstrue les conduites.

Cela étant admis, voyons d'abord quels sont les titres hydrotimétriques de l'eau des puits de l'ancienne ville; pour fixer les idées, je prendrai les limites des arrondissements actuels.

| | QUARTIERS. | TITRE HYDROTIMÉTRIQUE. — Degrés. |
|---|---|---|
| 1er arrondissement (Louvre) | Saint-Germain-l'Auxerrois | 136 à 152 |
| | les Halles | 169 à 182 |
| | Palais-Royal | 128 à 225 |
| | place Vendôme | 136 à 136 |

| | QUARTIERS. | TITRE HYDROTIMÉTRIQUE. |
|---|---|---|
| | | Degrés. |
| 2e arrondissement (Bourse) | Gaillon | 152 à 189 |
| | le Mail | 160 |
| | Bonne-Nouvelle | 176 à 192 |
| 3e arrondissement (Temple) | les Arts-et-Métiers | 166 à 181 |
| | les Archives | 140 à 173 |
| 4e arrondissement (Hôtel de Ville) | Saint-Merri | 155 à 199 |
| | Saint-Gervais | 155 à 157 |
| | Arsenal | 50 à 175 |
| | Notre-Dame | 87 à 178 |
| 5e arrondissement (Panthéon) | Saint-Victor | 120 à 192 |
| | Jardin-des-Plantes | 58 à 146 |
| | Val-de-Grâce | 62 à 178 |
| | la Sorbonne | 96 à 138 |
| 6e arrondissement (Luxembourg) | la Monnaie | 56 à 138 |
| | l'Odéon | 112 à 138 |
| | Notre-Dame-des-Champs | 76 à 196 |
| | Saint-Germain-des-Prés | 58 à 134 |
| 7e arrondissement (Palais Bourbon) | Saint-Thomas-d'Aquin | 124 à 208 |
| | les Invalides | 116 à 152 |
| | l'École militaire | 120 à 163 |
| | le Gros-Caillou | 126 à 187 |
| 13e arrondissement (Gobelins) | la Salpétrière | 124 à 144 |
| | Croulebarbe | 62 à 176 |

LES GRANDS FAUBOURGS.

| | | |
|---|---|---|
| Rive droite | Faubourg Saint-Antoine | 89 à 178 |
| | — du Temple | 177 à 200 |
| | — Saint-Martin | 142 à 177 |
| | — Saint-Denis | 167 à 200 |
| | — Poissonnière | 168 à 189 |
| | — Montmartre | 170 à 173 |
| | Chaussée-d'Antin | 140 à 155 |
| | Faubourg Saint-Honoré | 90 à 156 |
| | Champs-Élysées | 62 à 156 |
| Rive gauche | Faubourg Saint-Jacques | 88 à 152 |

Ces eaux, à deux ou trois exceptions près, ne peuvent servir au savonnage ni à la cuisson des légumes; comment y suppléait-on dans les temps anciens? recueillait-on les eaux de pluies dans des citernes ou simplement dans des bassins, comme on le fait dans certains villages des environs de Paris, qui ne sont pas mieux partagés actuellement, en ce qui concerne l'eau, que ne l'était alors la grande ville? C'est ce qu'il est difficile de constater aujourd'hui.

Les analyses qui suivent prouvent que c'est surtout aux sulfates de chaux et de magnésie que ces eaux doivent leur dureté.

*Eau d'un puits rue de Mézières, près l'église de Saint-Sulpice*, par M. Maumené (1850).

*Aération.* — Cette eau contient, par litre, 19 centimètres cubes d'azote, 4 d'oxygène et 18 d'acide carbonique; en ce qui concerne l'oxygène, cette aération paraît insuffisante.

| | | GRAMMES. |
|---|---|---|
| Principes fixes par litre. | Carbonate de chaux. | 0,2414 |
| | Sulfate de potasse. | 0,3274 |
| | — de soude. | 0,2438 |
| | — de chaux. | 0,8461 |
| | Chlorure de calcium. | 0,3013 |
| | Azotate de chaux. | 0,4283 |
| | Acide silicique. | 0,0252 |
| | Alumine. | 0,0170 |
| | Oxyde de fer. | 0,0054 |
| | Matières organiques. | 0,0716 |
| TOTAL. | | 2,5075 |

Cette eau a un goût amer et âcre, elle est impropre à la cuisson des légumes; les résidus de l'évaporation, conservés humides, développent une forte odeur de sulfhydrate d'ammoniaque. Elle doit être considérée comme insalubre.

L'administration de la guerre a fait analyser l'eau des puits de la plupart des établissements militaires dans Paris et hors Paris, il y a déjà quelques années, lorsqu'elle ne pouvait disposer d'eau meilleure, la distribution de la ville et surtout celle de la banlieue étant alors fort imparfaites. Le tableau suivant donne le poids des matières fixes en dissolution dans l'eau de ces puits.

ANALYSES DES EAUX DE PUITS D'UN CERTAIN NOMBRE DE POSTES MILITAIRES PAR M. POGGIALE.

| | DÉSIGNATION | MONT VALÉRIEN | POSTE-CASERNE N° 4 | MANUTENTION QUAI DE BILLY | CASERNE RUE MARBEUF |
|---|---|---|---|---|---|
| | | gr. | gr. | gr. | gr. |
| Principes fixes par litre. | Carbonate de chaux et de magnésie. . | 0,52 | 1,373 | 0,206 | 0,09 |
| | Sulfate de chaux. . . . . . . . . . . | 1,05 | 0,241 | 0,937 | 0,46 |
| | — de magnésie. . . . . . . . . | 0,06 | 0,041 | » | 0,10 |
| | Chlorure de sodium. . . . . . . . . | 0,09 | 0,070 | 0,013 | 0,07 |
| | — de calcium et de magnésium. | 0,16 | 0,123 | 0,093 | 0,30 |
| | Acide silicique et oxyde de fer. . . . | 0,04 | 0,060 | » | 0,06 |
| | Azotate alcalin. . . . . . . . . . . | 0,08 | traces | traces | traces |
| | Matières organiques. . . . . . . . . | traces | traces | traces | traces |
| | | 1,98 | 1,908 | 1,249 | 1,17 |

Ces eaux, en raison de leur composition, n'ont point été admises pour l'alimentation des troupes. Toutefois, l'eau de puits de la Manutention ne fut pas considérée comme impropre à la confection du pain.

Les résultats de ces analyses donnent une idée très nette de la dureté de l'eau des puits de Paris. Les puits du département de la Seine ne sont pas meilleurs ; ils renferment une quantité considérable de sulfate de chaux et de magnésie ; j'emprunte à des analyses connues les proportions de ces deux sels par litre d'eau de divers puits :

| | | GRAMMES. |
|---|---|---|
| Puits de l'école de Maisons-Alfort | sulfate de chaux. . . . . . . | 0,410 |
| | azotate de magnésie et chlorure de magnésium. . . . | 0,320 |
| Puits artésien du maître de poste d'Alfort; | sulfate de chaux. . . | 0,687 |
| Puits artésien de M. Delaporte à Maisons-Alfort. . . . . . . . . . . . . . . . . | sulfate de chaux. . . . | 0,580 |
| | sels de magnésie. . . . | 0,640 |
| Puits du donjon de Vincennes. . . . . . | sulfate de chaux. . . . | 1,534 |
| | sels de magnésie. . . . | 0,533 |
| Puits du fort du Mont-Valérien. . . . . | sulfate de chaux. . . . | 1,03 |
| | sels de magnésie. . . . | QUANTITÉ CONSIDÉRABLE |
| Puits du fort de Noisy. . . . . . . . . | sulfate de chaux. . . . | 0,098 |
| | sels de magnésie. . . . | 0,018 |
| Puits de Rosny. . . . . . . . . . . . . | sulfate de chaux. . . . | 0,103 |

Il me paraît inutile de multiplier ces citations qui, du reste, cadrent avec les essais hydrotimétriques de M. Delesse cités plus haut. C'est surtout le sulfate de chaux qui rend les eaux des puits de Paris et du département de la Seine impropres aux usages domestiques. On verra ci-dessous que l'eau des sources du voisinage ne vaut pas mieux. On comprend donc pourquoi l'eau de la Seine, avant les derniers travaux de la Ville, a été si réputée à Paris et dans toute la banlieue : on n'y connaissait pas d'eau meilleure.

*Insalubrité de l'eau des puits.* — Mais l'eau des puits de Paris est en outre très-chargée de matières azotées; les travaux de M. Boussingault ne laissent aucun doute sur ce point.

Cet éminent chimiste a analysé l'eau de plusieurs puits de Paris et y a trouvé des quantités énormes de sels azotés (azotates, azotites et sels ammoniacaux) [1].

Voici les résultats de ces importantes analyses :

AMMONIAQUE PAR MÈTRE CUBE D'EAU

| | GRAMMES. |
|---|---|
| Un puits de Clignancourt. | 0,31 |
| Puits de l'Hôtel-de-Ville. | 34,35 |
| — quai de la Mégisserie. | 33,86 |
| — rue de Port-Royal, 5. | 1,32 |
| — rue des Lavandières. | 0,26 |
| — rue de la Tabletterie. | 0,10 |
| — très-profond rue de Reuilly. | 0,02 |

Les puits des anciens quartiers de Paris, surtout aux abords de l'Hôtel-de-Ville, renferment donc une quantité considérable d'ammoniaque. Dans les quartiers nouveaux, comme la rue de Reuilly, cette proportion est extrêmement faible.

Mais ces eaux sont surtout riches en azotates. M. Boussingault,

[1] Voyez *Comptes rendus de l'Académie des Sciences*, 1857, t. XLIV, p. 108 et 118. *Annales de physique et de chimie*, 3ᵉ série, t. XXXIX. Boussingault, *Chimie agricole*, t. II, 2ᵉ édition.

dans le tableau suivant, a dosé ces sels comme s'ils étaient tous à l'état d'azotate de potasse (salpêtre) :

ÉQUIVALENTS D'AZOTATE DE POTASSE CORRESPONDANT A L'AZOTATE DE CHAUX EN DISSOLUTION DANS UN MÈTRE CUBE D'EAU

| | KILOGRAMMES. |
|---|---|
| Puits rue de Port-Royal, 5 | 0,692 |
| — rue des Vosges, 6 | 0,923 |
| — rue Saint-Martin, 294 | 0,223 |
| — rue Saint-Georges, 56 | 0,238 |
| — place Maubert, 22 | 0,275 |
| — rue des Noyers, 70 | 1,500 |
| — rue des Vieilles-Étuves, 8 | 0,474 |
| — rue Simon-Lefranc, 9 | 0,509 |
| — rue du Faubourg-Saint-Honoré, 66 | 0,670 |
| — rue de Sèvres, 10 | 0,474 |
| — rue des Vinaigriers, 55 | 0,309 |
| — Grande-Rue, 72 | 1,237 |
| — rue Saint-Landry, 16 | 2,095 |
| — rue des Petites-Écuries, 51 | 0,258 |
| — rue de Reuilly | 0,464 |
| — passage d'Isly, 7 (Belleville) | 0,296 |
| — rue de la Mare 66 | 1,268 |
| — rue Levert, 14 | 1,546 |
| — rue de la Boulangerie | 0,270 |
| — rue Traversine, 36 | 2,165 |
| — impasse Sainte-Marine, 5 | 0,516 |
| — place Royale, 16 | 0,516 |
| — rue Guérin-Boisseau, 13 | 0,206 |
| — rue Glatigny, 5 | 0,797 |
| — rue Saint-Louis-en-l'Ile, 54 | 0,732 |
| — rue du Fouarre, 14 | 1,031 |
| — rue Mouffetard, 132 | 0,217 |
| TOTAL | 19,897 |

$$\text{moyenne } \frac{19^k,897}{27} = 0^k,757.$$

L'acide azotique a été dosé en le ramenant par le calcul à l'état d'azotate de potasse (salpêtre); mais, ajoute M. Boussingault, il est vraisemblable que la plus grande partie des produits azotés consiste en azotate de chaux.

Le poids d'acide azotique correspondant à la moyenne de

0k,737 d'azotate de potasse trouvée ci-dessus est de 0k,398, et le poids d'azote, 0k,103.

Il est intéressant de rapprocher ces quantités de celles qui ont été trouvées dans les eaux d'égout; un mètre cube d'eau de l'égout d'Asnières renferme en moyenne

| | KILOGRAMMES. | |
|---|---|---|
| Matières en dissolution | 1,158 | 2,327 |
| — en suspension | 1,169 | |
| Azote | | 0,043 |

L'eau de certains puits de Paris renferme donc beaucoup plus d'azote que l'eau de l'égout collecteur. Si l'on analysait l'eau d'un plus grand nombre de puits, on arriverait sans doute à d'autres résultats. Néanmoins, le fait constaté ci-dessus est très-extraordinaire.

Il est assez difficile, dans l'état si complexe du sol de Paris, de se rendre compte des causes de cette infection de l'eau des puits. On sait, d'une manière générale, que la présence des azotates et des sels ammoniacaux annonce que l'eau renferme des matières organiques azotées ou du moins qu'elle a traversé des terrains qui en sont chargés.

Dans les rues qui avoisinent l'Hôtel-de-Ville, ce sont surtout les résidus des anciennes fosses non étanches qui agissent encore.

En plongeant la main dans l'eau de certains puits de ce quartier et en la laissant sécher, M. Boussingault a reconnu l'odeur non douteuse des matières fécales. La gravité de ce résultat devient saisissante, lorsqu'on considère qu'une loi du 24 septembre 1819 oblige tous les propriétaires de Paris à rendre leurs fosses étanches ; la préfecture de police a organisé un système de surveillance très-actif qui subsiste encore aujourd'hui ; les fosses sont visitées à chaque vidange et celles qui ne sont pas étanches sont réparées avant d'être remises en service. Les fosses perméables sont devenues si rares qu'elles sont certainement sans action sur la nappe d'eau des puits. Cette action des matières fécales tient donc à un ancien état d'infection du sol, qui persiste encore aujourd'hui et qui produit surtout des sels ammoniacaux. On sait en effet que, dans les temps anciens, les matières fécales étaient reçues dans des fosses perméables et que les voiries étaient disposées aux portes de la ville. Ainsi, en construisant l'égout de la rue Notre-Dame-de-Nazareth, nous avons trouvé, sur presque toute la longueur de cette rue, une couche épaisse de terrain noir, résidu d'une voirie située aux portes de l'enceinte de Charles V.

Telle est la cause de la présence de l'ammoniaque dans la nappe d'eau des puits. Celle des azotates tient à des causes plus complexes. Les égouts étaient de simples fossés à ciel ouvert, qui perdaient leurs eaux dans un sol perméable. De nombreux puisards, connus sous le nom de puits perdus, suppléaient à l'insuffisance des égouts, et conduisaient directement les eaux ménagères dans la nappe d'eau des puits.

C'est seulement à partir du règne de Philippe-Auguste que les principales rues de Paris ont été pavées; avant cette époque, la voie publique était couverte d'une couche épaisse de cette boue pâteuse qu'on retrouve encore dans certaines rues non classées de la zone annexée. Les rues les plus mal tenues du plus misérable village ne peuvent donner une idée de l'état d'infection de certaines impasses des quartiers excentriques de la Maison-Blanche et de Clignancourt. L'état de salubrité des rues pavées n'était guère meilleur autrefois. Le ruisseau était au milieu de la chaussée; les voitures y tenaient nécessairement une de leurs roues ; le pavage était donc toujours en mauvais état, et une épaisse couche de boue séjournait dans les trous de ce pavage, pénétrait lentement dans le sous-sol et s'infiltrait à droite et à gauche sous les maisons.

Beaucoup de personnes encore vivantes ont connu l'ancien état des rues de Paris. Je suis de ce nombre et j'ai vu cette épaisse couche de boue noire à laquelle nos ancêtres donnèrent le nom de *crotte* dans le beau langage[1] et de *gadoue* dans le langage populaire.

Cet état des rues de Paris cessa vers 1830, lorsqu'on substitua les chaussées bombées aux chaussées fendues ; depuis cette époque les ruisseaux furent lavés deux fois par jour par les eaux du canal de l'Ourcq ; les pavages furent exactement entretenus et la boue, enlevée tous les matins, cessa de s'infiltrer dans le sous-sol.

En construisant les égouts nous retrouvons la boue ancienne, souvent sur une épaisseur de plusieurs mètres ; j'ai fait rapporter ces épaisseurs sur une carte de Paris, qui a malheureusement été brûlée en 1871 avec mon cabinet. On distinguait facilement les anciennes voies des voies nouvelles, par la hauteur de cette couche de boue.

La boue de Paris a fortement contribué à l'infection de la nappe d'eau des puits dans les temps anciens, l'habitation des Parisiens reposait alors sur un épais mélange de plâtras et de boue ; les matières organiques que contenait ce mélange, réagissaient sur les sels de chaux, et les caves étaient de véritables nitrières exploitables et exploitées par l'administration de la guerre, qui en lessivait le sol et en tirait une grande quantité d'azotate de chaux qu'elle convertissait en salpêtre (azotate de potasse). L'azotate de chaux, sel très-déliquescent, descendait facilement jusqu'à la nappe d'eau des puits, qui, je l'ai dit ci-dessus, n'était pas à une grande profondeur.

Les eaux ménagères, en se perdant dans les puisards et dans les fossés qui remplaçaient les égouts, produisaient un effet analogue.

Quoique cet effet ait cessé depuis plus de 40 ans, on pour-

[1] Ce mot a été employé par nos poëtes et nos grands écrivains :

Nouvelle pension fatale à ma calotte
Précipice élevé qui te jette en la crotte.
(BOILEAU.)

Sa mignonne chaussure fut bientôt percée ;
elle enfonçait dans la crotte...
(J.-J. ROUSSEAU.)

rait encore lessiver le sol des caves des vieux quartiers pour en tirer du salpêtre et la nappe d'eau des puits reste chargée d'azotate de chaux.

On sait qu'autrefois les cimetières de Paris entouraient les églises et qu'ils furent successivement fermés de 1780 à 1804. Ils furent remplacés par trois cimetières : les cimetières *du Père-Lachaise* et de *Montmartre*, créés le 21 ventôse an IX, furent érigés en 1804 en cimetières municipaux. C'est en 1824 seulement que le cimetière *du Montparnasse* fut ouvert.

L'action des anciens cimetières sur les eaux souterraines a dû être considérable, si l'on en juge par celle des cimetières actuels. M. Boussingault n'a donné, dans les mémoires précités, que deux analyses d'eau puisée dans ces établissements.

L'équivalent de salpêtre, par mètre cube d'eau, a été trouvé :

| | KILOGRAMMES. |
|---|---|
| Au cimetière Montmartre. . . . . . . . . . . . . . . | 1,526 |
| Au cimetière Montparnasse. . . . . . . . . . . . . . | 0,155 |

M. Hervé-Mangon a analysé les eaux qui tombent goutte à goutte du ciel des catacombes dans le voisinage du cimetière du Montparnasse ; il a constaté qu'elles contenaient 1 gramme d'acide azotique par litre, soit 1 kilogramme par mètre cube, ce qui correspond à $1^k,87$ de salpêtre.

M. l'ingénieur en chef Delesse a constaté des faits analogues. Voici ce qu'il m'écrit à ce sujet :

« Les matières organiques qui proviennent des cimetières anciens ou actuels, tendent surtout à corrompre les eaux des nappes souterraines ; il est facile de le constater dans les puits de Paris qui sont en contre-bas du Père-Lachaise. Les eaux sont chargées de matières organiques, exhalant au bout de quelques jours une odeur très-marquée, et ma carte hydrologique montre que leur titre hydrotimétrique est très-élevé.

« Sur divers points, on a même rencontré de véritables eaux

sulfureuses à l'intérieur de Paris, notamment à l'usine de M. Lapostolet, où elles étaient assez abondantes pour que l'Assistance publique eût songé à les utiliser pour l'hôpital Saint-Louis. Il y en avait aussi au pont d'Austerlitz.

« Récemment, j'ai encore visité une source sulfureuse qui est très-chargée, dans la propriété de M. Haincques de Saint-Senoch, rue Demours, n° 19, aux Ternes ; elle pourrait facilement alimenter un établissement de bains sulfureux.

« Des sources sulfureuses ont également été indiquées à Montmartre, au voisinage du cimetière. »

Il est probable que les eaux sulfureuses de l'usine de M. Lapostolet proviennent des matières fécales de l'ancienne voirie de Montfaucon ; il en est de même des eaux sulfureuses du pont d'Austerlitz, près duquel tombait autrefois la décharge de cette voirie.

Au Père-Lachaise, les morts étaient enterrés dans la nappe d'eau des marnes vertes avant les travaux de drainage que j'y exécutai, il y a environ 15 ans, avec M. Emile Allard, aujourd'hui ingénieur en chef du service des phares.

Voici ce que j'ai vu de mes yeux à cette époque : la fosse commune se remplissait pendant la nuit d'une eau chargée de matières grasses, facilement reconnaissables aux irisations qui couvraient toute la surface du liquide qu'on épuisait pour faire les inhumations du jour. Le sol était donc encore imprégné de matières organiques, qui s'écoulaient vers Paris avec l'eau des marnes vertes.

Si, malgré toutes les mesures énergiques prises depuis plus d'un demi-siècle par l'administration municipale, les causes d'insalubrité qui altèrent la nappe d'eau des puits persistent encore, qu'on juge de ce que cela devait être au moyen âge, lorsqu'aucune police n'existait à Paris.

*Emploi de l'eau de puits.* — Malgré ces causes d'insalubrité, les puits ont été pendant longtemps la seule ressource des Parisiens qui ne pouvaient faire usage de l'eau de la Seine ou de la Bièvre, et, au fur et à mesure que la ville se développait, ils devenaient de plus en plus immondes.

Suivant Bonamy[1], après la domination romaine, la ville était arrivée peu à peu à un haut degré de prospérité. Sous les Mérovingiens et les premiers Carlovingiens, jusqu'au règne de Charles-le-Simple, c'est-à-dire pendant quatre siècles, la corruption de l'eau des puits s'accroissait en même temps que la ville grandissait. Après le siége de Paris par les Normans et la destruction des deux aqueducs d'Arcueil et de Chaillot[2], jusqu'au règne de Philippe Auguste, c'est-à-dire pendant près de trois siècles, rien ne fut fait pour améliorer le service des eaux de la ville.

On sait quelle est la répugnance instinctive qu'inspire l'eau de rivière à l'homme qui ne sait ni la filtrer, ni la rafraîchir; nos paysans boivent l'eau de leurs puits presque toujours très-dure, quoiqu'ils aient à côté d'eux une rivière dont l'eau est incomparablement meilleure. Mais cette eau est chaude l'été, trouble l'hiver; le limon, dont elle ne se dépouille jamais entièrement, lui donne une saveur peu agréable; il faut d'ailleurs se déplacer pour la puiser : le consommateur donne hautement la préférence à l'eau de son puits qui est toujours limpide, fraîche, souvent agréable à boire et qui touche à sa maison. Si elle est trop dure, la ménagère va laver son linge à la rivière. Les peuples anciens, qui ne possédaient aucun moyen d'apprécier l'insalubrité de l'eau, ni de la filtrer, avaient la plus haute estime pour l'eau de puits[3]. L'eau dérivée d'une source leur paraissait sans doute meilleure, mais il n'y avait pas de source à Paris. Il est donc bien probable que les habitants de cette ville délaissaient l'eau de Seine et celle de la Bièvre, et ne buvaient que de l'eau de puits.

[1] Voy. p. 81.
[2] Voy. p. 31 et 82.
[3] Voy. introduction, p. 18.

Depuis le règne de Philippe Auguste jusqu'à la mise en service de l'aqueduc d'Arcueil, c'est-à-dire, pendant quatre siècles, une amélioration bien légère fut introduite dans le service des eaux par la construction des aqueducs de Belleville et du Pré-Saint-Gervais, qui dérivent les sources désignées dans le service sous le nom de sources du Nord. Il a été établi par des jaugeages officiels que le débit moyen de ces deux aqueducs était de 290 mètres cubes par 24 heures, y compris les concessions accordées aux établissements publics, aux communautés religieuses et aux seigneurs de la cour. En temps de basses eaux, ce volume diminuait notablement et tombait au-dessous de 200 mètres cube par 24 heures.

La ville était déjà considérable :

| | HABITANTS. |
|---|---|
| Au treizième siècle, sous Philippe Auguste, elle renfermait[1] près de | 200 000 |
| En 1292[2] | 215 861 |
| En 1328[3] | 274 941 |
| A la fin du quatorzième siècle sous Charles VI[4] | 275 000 |
| Au commencement du dix-huitième siècle[5] | 530 000 |
| En 1715 | 700 000 |
| En 1779[6] | 1 000 000 |
| En 1800[7] | 547 756 |
| En 1817[8] | 713 966 |
| En 1825[6] | 900 000 |

Le volume d'eau porté par les aqueducs, et réellement mis à la disposition du public, n'était donc pas, au commencement du treizième siècle, d'un litre par tête en temps sec; il était à peine d'un demi-litre pendant le quatorzième; cette petite quantité d'eau, coulant nuit et jour, était en grande partie perdue.

[1] D'après Springer.
[2] Géraud, *Paris sous Philippe le Bel*, p. 477 et 478.
[3] Géraud, *Paris et ses historiens*.
[4] Géraud, *Recherches statistiques*, introduction, p. 18.
[5] *Les curiosités de Paris*, p. 5.
[6] *Dictionnaire de Hartaut*, p. 200.
[7] D'après Bouillet.
[8] Statistique officielle.
[9] *Dictionnaire de Béraud*, introd., p. 25.

} Renseignements fournis par le service des travaux historiques de la Ville.

Suivant Bonamy, la ville était abondamment pourvue d'eau à l'époque où il écrivait son mémoire, c'est-à-dire en 1754[1]. Il évaluait à 5740 mètres cubes l'eau qu'on y distribuait alors en 24 heures, en y comprenant celle qui se consommait dans les palais et jardins du Roi[2]. Ce volume qui nous paraît si insuffisant aujourd'hui était cependant très-exagéré; d'après Girard, qui était ingénieur en chef du service des eaux au commencement du dix-neuvième siècle, il doit être réduit ainsi[3] :

| | MÈTRES CUBES EN 24 HEURES. |
|---|---|
| Eau des aqueducs du Pré-Saint-Gervais et de Belleville. | 288 |
| — de l'aqueduc d'Arcueil. | 960 |
| — de la Samaritaine. | 403 |
| — des pompes du pont Notre-Dame. | 921 |
| Total. | 2572 |

En retranchant l'eau consommée dans les palais royaux du Luxembourg, du Louvre et des Tuileries, c'est-à-dire l'eau de la Samaritaine et 28 pouces d'eau d'Arcueil, ou 950 mètres cubes en 24 heures, il reste 1622 mètres cubes pour le volume consommé par les Parisiens. Ce débit, pour une population de 900 000 habitants, donne $1^{lit}$,80 par jour et par tête. Lors donc que Bonamy écrivait qu'il y avait abondance d'eau de son temps, il entendait que les puits fournissaient un large complément.

Nous avons la certitude que, dans le premier tiers du dix-neuvième siècle, la consommation d'eau de puits était encore considérable à Paris. Voici, en effet, ce qu'on lit dans l'ouvrage de Génieys, publié en 1829[4] : « Pour suppléer à l'eau de Seine, dont le prix est trop élevé pour qu'on puisse en étendre l'emploi, on établit des pompes dans presque toutes les maisons particu-

[1] Voyez Mémoire sur les aqueducs de Paris comparés à ceux de l'ancienne Rome, par Bonamy (*Académie des inscriptions et belles-lettres*, p. 734, juillet 1754).

[2] Voyez p. 556 et suivantes.

[3] Voyez p. 378.

[4] Essai sur les moyens de conduire, d'élever et de distribuer les eaux, par Génieys, ingénieur au corps royal des Ponts et chaussées, attaché au service de la distribution des eaux dans Paris, p. 154.

lières, et l'on se sert des eaux de sources ou de puits, quoiqu'elles ne possèdent pas les qualités qui les rendraient profitables à l'industrie. »

Pour bien comprendre ce passage, il faut savoir que l'eau de l'Ourcq entrait à peine alors dans la consommation ; on n'en distribuait à domicile que 62 pouces ou 1190 mètres cubes par 24 heures, qui étaient vendus au prix très-modéré de 62 000 francs par an. L'eau de Seine provenait des fontaines marchandes exploitées par la ville. On en vendait, au prix de 0fr,90 le mètre cube, 92 pouces ou 1766 mètres cubes par 24 heures aux porteurs d'eau, qui la rendaient à domicile au prix de 10 centimes la voie de 23 litres, ou de 4fr,35 le mètre cube, ce qui faisait par an, au compte de Génieys : 2 802 504 fr.

L'établissement des Célestins vendait 300 mètres cubes d'eau par jour au prix, par an, de : 456 930

Les porteurs d'eau à bretelles portaient à domicile le tiers environ du volume vendu aux fontaines marchandes, soit 588 mètres cubes par jour, au prix, par an, de. . . . . . . . . . . . . . . : 944 322

Les 2655 mètres cubes d'eau de Seine portés à domicile coûtaient donc aux Parisiens la somme de . . . . . . . . . . . . . . . . . . : 4 203 756 fr.

On comprend mieux encore l'exagération de cette dépense lorsqu'on la compare à celle du service actuel. Au 31 décembre 1875, 40 476 mètres cubes d'eau de Seine ou de sources et 38 392 mètres cubes d'eau de l'Ourcq, distribués par jour à domicile par les conduites publiques, ne coûtent que 6 538 395 fr. Mais cette eau est en partie distribuée à robinet libre et, en réalité, ce mode de distribution permet aux particuliers de tirer des conduites publiques 100 000 mètres cubes d'eau par jour : le mètre cube distribué ne coûte pas plus de 18 centimes en moyenne, 23 centimes pour le mètre cube d'eau de Seine et 12 centimes pour celui de l'Ourcq. A l'époque où écrivait Génieys, l'état de la canalisation ne permettait pas de tirer l'eau de Seine de la conduite publique; il fallait la demander au porteur d'eau au prix de 4fr,35 le mètre cube. Il est bon de remarquer que si le consommateur tire de la conduite publique un volume plus grand que celui qui figure sur sa police, le porteur d'eau, au contraire, donne toujours moins que la voie; la voie d'eau légale est de 23 litres; la voie d'eau réellement portée n'est que de 18 litres, ce qui élève le prix du mètre cube à plus de 5 francs. Ce prix énorme de l'eau de Seine fait comprendre le passage de Génieys cité ci-dessus et le chiffre peu élevé de la consommation. Les 900000 habitants de Paris ne consommaient par jour que 2655 mètres cubes d'eau de Seine et 1190 mètres cubes d'eau d'Ourcq, en totalité 3845, ce qui fait par tête un peu plus de 4 litres par jour. Ces 3845 mètres cubes comprenaient l'eau des fontaines alimentées par les aqueducs et les pompes de la Samaritaine et du pont Notre-Dame, qui était vendue à domicile par les porteurs d'eau à bretelles. L'ouvrier, ne pouvant aborder le porteur d'eau, se contentait de la pompe qu'il trouvait dans la cour. Il y puisait un liquide peu salubre, mais qui avait sur l'eau de la Seine et du canal deux grands avantages, la limpidité et la fraîcheur.

A cette époque, l'eau distribuée aux fontaines marchandes n'était pas filtrée. Depuis 1821, on vendait de l'eau filtrée à la Boule-Rouge[1]; mais c'est seulement en 1839 et 1840 que cette amélioration fut généralisée[2]. Le petit filtre de ménage ne devait même pas être très-répandu. Je tiens de mon beau-père, M. de Labrosse et de M. Maurice de Préjan, qui étaient gardes du corps à la première Restauration, que l'eau de Seine servie sur la table du roi était filtrée avec des filtres en papier. Le filtre au charbon et le petit filtre en vergelé étaient donc ou inconnus ou du moins

[1] Cette fontaine était alors un établissement particulier; l'eau était filtrée au moyen du sable et du charbon, par le procédé de M. Fonvielle et ensuite de M. Ducomun.

Une ordonnance royale du 18 mai 1782 concédait à M. de Charancourt le privilége d'établir une fontaine filtrante; mais il ne paraît pas que cette entreprise ait réussi.

[2] Les premiers appareils de filtrage ont été posés par la compagnie française, depuis compagnie Védel, en 1839, à la fontaine de la porte Saint-Denis et, en 1840, aux fontaines de la Bastille, de Saint-Victor, de Courcelles et de l'Université.

peu répandus en 1815, et les Parisiens buvaient encore l'eau de Seine telle qu'ils la recevaient des porteurs d'eau, c'est-à-dire chaude l'été et trouble l'hiver; comme leurs ancêtres, ils donnaient naturellement la préférence à l'eau de puits qui, fraîche et limpide, était au moins agréable à boire. On peut donc dire que, jusqu'à ces dernières années, la plus grande partie de l'eau employée aux usages domestiques était de l'eau de puits, quoique dans les temps anciens elle fût, comme aujourd'hui, très-chargée de sels terreux et de principes organiques de la nature la plus répugnante.

On a su de tout temps que ces eaux étaient impropres à certains usages domestiques, notamment à la cuisson des légumes et au savonnage : les noms de fontaine Maubuée, d'eau lourde, d'eau dure, d'eau plâtrée, le prouvent surabondamment. Mais étaient-elles réellement insalubres? C'est un point sur lequel les avis sont partagés. L'azotate de chaux dans la proportion où il se trouve dans les puits de Paris, c'est-à-dire de 1 gramme par litre au plus, ne peut nuire à la santé. L'odeur spéciale des sels ammoniacaux volatils fait repousser l'eau qui en est chargée. Mais le sulfate de chaux, dans la proportion de 1 gramme par litre, et les matières organiques sont considérés comme insalubres par la plupart des auteurs. Suivant M. Delesse, ces matières n'étaient pas sans relation avec les grandes épidémies du moyen âge. Je ne me permettrai pas d'émettre un avis sur cette question, mais il me semble que, dès qu'il est établi qu'une eau contient des déjections organiques, le bon sens dit qu'elle est impropre aux usages domestiques, parce qu'elle soulève la juste répugnance des consommateurs. A ce point de vue, l'eau des puits de Paris ne doit pas être considérée comme eau potable.

Aujourd'hui cette eau n'est employée à Paris, ni à la boisson, ni à la préparation des aliments, j'en ai à peu près la certitude. J'ai dit que, dans les premiers jours du siége de Paris, j'avais fait visiter les puits; sur 30000 qui existaient alors, 20000 ont dû être nettoyés pour qu'on pût y puiser, en cas de pénurie d'eau et de nécessité urgente, un liquide non pas salubre, mais qui ne fût pas trop répugnant. M. Adde, inspecteur des eaux, qui compte plus de quarante ans de service, et M. Marchant, directeur de la Compagnie générale des eaux, pensent comme moi que l'eau des puits de Paris n'est plus employée que pour les besoins de la salubrité ou le rinçage du linge. S'il y a des exceptions, elles sont rares[1].

Il n'est pas moins certain que, depuis l'époque la plus reculée de notre histoire jusqu'à l'achèvement du canal de l'Ourcq, l'eau de puits a été la principale ressource des Parisiens.

Le canal de l'Ourcq a été achevé en 1822 ; mais, comme le prouve le passage de l'ouvrage de Génieys, cité ci-dessus, l'eau du canal était encore peu répandue en 1829. En 1854 même, la canalisation n'était pas encore suffisamment développée pour la porter dans toutes les rues de Paris. C'est à ces eaux peu abondantes, qui ont été distribuées depuis l'origine de notre histoire jusqu'à l'achèvement du canal de l'Ourcq, que je donne ce nom : *les anciennes eaux.*

[1] Depuis le 50 juin 1870, on a creusé 54 nouveaux puits et on en a comblé 12 ; le 31 décembre 1875, on comptait à Paris 50 042 puits.

## CHAPITRE II

### LES AQUEDUCS — ÉPOQUE GALLO-ROMAINE
### AQUEDUC ROMAIN DE CHAILLOT

---

Buache découvrit, en 1734, les restes d'un aqueduc romain au bas de Chaillot.

Le comte de Caylus en a fait connaître la direction, depuis le ruisseau de Chaillot, près de son débouché en Seine et du lieu qu'on appelait alors le ponceau de Chaillot, jusqu'à l'entrée du jardin des Tuileries, du côté de la place de la Concorde. J'ai indiqué ce tracé sur la carte par la ligne ABCD.

C'est au point A que Buache a retrouvé les restes du pont sur lequel l'aqueduc traversait le ruisseau de Chaillot. Voici la coupe et l'élévation des ruines des deux culées de ce pont et de l'aqueduc, calquées sur la gravure donnée par M. de Caylus[1].

Le pont, d'après ces croquis, était un ouvrage fort soigné, construit en pierre de taille. Entre les deux culées, on voit le ruisseau de Chaillot, ou plutôt de Ménilmontant, qui portait aussi le nom de grand égout de Ceinture. Cet immonde cloaque coulait encore à ciel ouvert en 1734, car c'est seulement en 1737 que

[1] De Caylus, *Antiquités égyptiennes, étrusques et romaines*, t. II, p. 375 et 376, 1756.

Turgot, alors prévôt des marchands, l'enferma entre deux solides murailles, assises sur un radier composé de deux libages

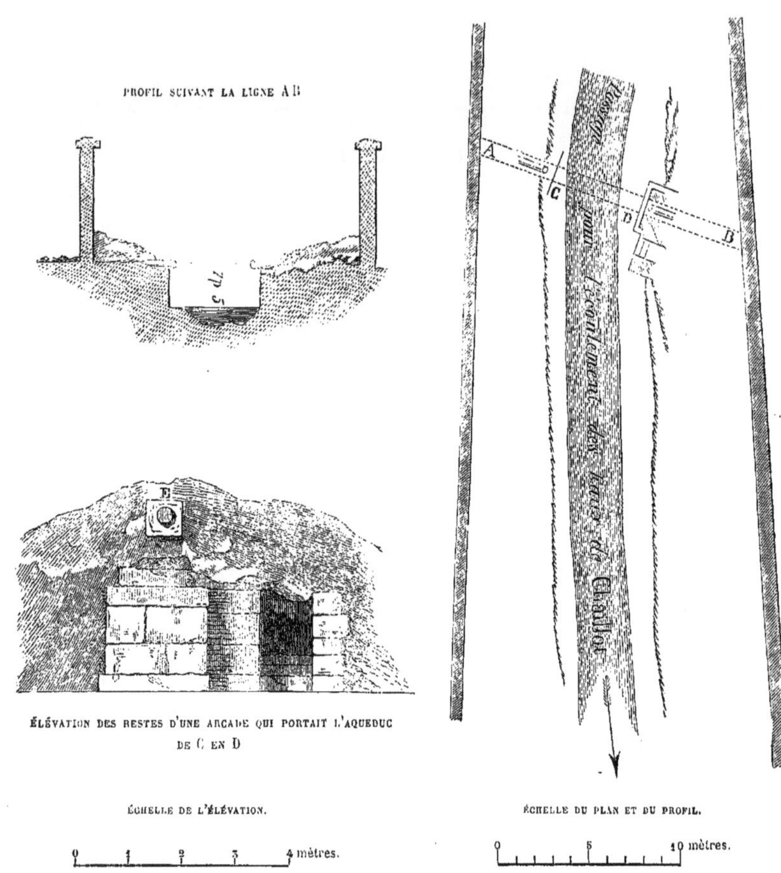


Plan, élévation et profil d'un ancien aqueduc dont quelques vestiges se trouvent encore dans les Champs-Élysées. Dessiné sur les lieux en 1734.
On soupçonne que cet aqueduc conduisait les eaux minérales à l'usage de la ville de Paris (de Caylus).

de pierre de taille superposés ; plus tard, en 1750, les riverains obtinrent l'autorisation de le couvrir d'une voûte, pour se débarrasser des émanations qui rendaient leurs propriétés inhabitables ; ces travaux firent disparaître les vestiges de l'aqueduc découverts par Buache, il n'en reste plus de trace aujourd'hui.

Cet aqueduc était une conduite forcée composée de tuyaux de poterie, réunis entre eux par emboîtement; le croquis ci-contre donne la coupe d'un de ces tuyaux. Sa longueur est de vingt-huit pouces (0$^{m}$,75), son diamètre intérieur de cinq pouces et demi (0$^{m}$,15), l'épaisseur des parois est d'un pouce (0$^{m}$,027); les joints ont depuis trois lignes (6$^{mm}$,8), jusqu'à six

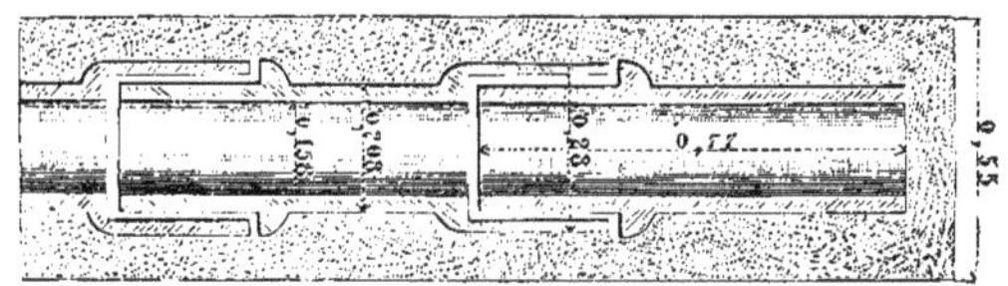


lignes (13$^{mm}$,5); ces dimensions, données par M. de Caylus, concordent avec celles qu'indique M. Jollois[1]. Suivant ce dernier, le diamètre intérieur des emboîtements est de 0$^{m}$,225 et le diamètre extérieur de 0$^{m}$,28. L'intérieur est strié pour augmenter l'adhérence du mortier qui remplit le joint et qui est formé de chaux et de ciment de tuileau très-fin.

Le massif de béton, dans lequel le tuyau est enveloppé, a une largeur de 0$^{m}$,50 et une hauteur de 0$^{m}$,55. Ce béton est d'une dureté égale à celle de la pierre ; il est rougeâtre, ce qui annonce la présence du ciment de tuileau. Il renferme des cailloux qui lui donnent l'aspect d'un poudingue naturel.

Le tracé, indiqué par M. de Caylus, a été justifié par les découvertes modernes. En creusant les fondations du Panorama de l'incendie de Moscou, en 1839, on a mis au jour l'aqueduc au point B de la carte; il a été également retrouvé en 1836 par M. Emmery à 0$^{m}$,80 au-dessous du sol au point C, en creusant les fondations de l'égout de la rue de l'Elysée, et au point D de la place de la Concorde, dans l'axe de l'avenue des Champs-Elysées,

[1] Voyez *Mémoires sur les antiquités romaines et gallo-romaines de Paris*, par M. Jollois, ingénieur en chef des ponts et chaussées. Académie des inscriptions et belles lettres, 2$^{e}$ série, t. I$^{er}$, p. 1843. Le bois reproduit la gravure de M. de Caylus, avec ses irrégularités. Je me suis permis seulement de substituer des cotes métriques aux cotes en toises et pieds.

à $0^{m},70$ au-dessous du sol, en creusant la fouille de l'égout de cette avenue.

L'existence de l'aqueduc ni son origine ne sauraient donc être contestées ; c'est bien un ouvrage romain destiné à conduire de l'eau. Mais d'où provenait cette eau, et où débouchait-elle ?

M. de Caylus admet qu'elle provenait de la source minérale de Passy, indiquée sur la carte par la lettre E. M. Jollois suppose que l'eau de l'aqueduc jaillissait sur les coteaux de Chaillot, alors couverts de forêts.

Il repousse l'hypothèse de M. de Caylus, par la raison que la source de Passy produit d'abondants dépôts ferrugineux de couleur ocreuse, et que le tuyau n'en renferme pas trace. Le point de départ de la dérivation qu'il indique n'est pas plus admissible : la montagne de Chaillot est entièrement formée de calcaires perméables qui, boisés ou non, ne peuvent donner naissance à aucune source à flanc de coteau. L'argile plastique, terrain imperméable qui soutient toutes les eaux souterraines du quartier, se trouve à peu près à l'altitude 26 mètres [1], c'est-à-dire bien au-dessous de la conduite romaine, d'après les données de M. Jollois.

Cette conduite, au Panorama de l'incendie de Moscou et sur la place de la Concorde, a été trouvée à des altitudes très-voisines de 33 mètres, c'est-à-dire à 5 ou 6 mètres au-dessus du niveau d'eau de l'argile plastique au bas de Chaillot ; par la même raison, elle ne pouvait dériver la source de Passy qui appartient au même niveau d'eau et jaillit à l'altitude $29^{m},35$.

Mais le niveau d'eau de l'argile plastique se relève rapidement du côté d'Auteuil. La source d'Auteuil, qui est ferrugineuse comme celle de Passy, est située, au point F de la carte, à l'altitude $45^{m},02$. La ville a vendu récemment à M. Laperche le terrain où se trouve le premier regard C de l'aqueduc qui alimentait la fontaine de la place d'Auteuil ; ce regard est à l'altitude $38^{m},24$.

[1] Nous avons trouvé, à peu près à cette altitude, des sources très-abondantes dans le puisard d'une des machines de Chaillot, et sous la place de l'Étoile, au niveau du radier de l'égout collecteur de la Bièvre.

L'ancien égout de la rue de Boulainvilliers est construit, au moins entre la villa de ce nom et la rue de l'Assomption, dans la nappe d'eau de l'argile plastique; nous avons dû diriger un des branchements de cet égout dans la rue de l'Assomption pour assainir les propriétés riveraines dont les fondations étaient noyées dans cette nappe d'eau.

Nous avons trouvé l'argile plastique à des altitudes plus grandes encore en construisant l'égout du boulevard Beauséjour, le long de la villa Montmorency.

Auteuil est donc en grande partie bâti sur ce terrain et c'est à la nappe d'eau de l'argile plastique qu'il doit ses beaux ombrages.

Ainsi il y avait autrefois à Auteuil des sources importantes qui jaillissaient à une altitude suffisante pour être dérivées vers Lutèce. Quelques-unes de ces sources sont ferrugineuses, mais plusieurs donnent une eau complétement douce. Elles ont été bien diminuées dans les temps modernes par les travaux de fondations des édifices érigés aux points d'affleurement de l'argile plastique, et surtout par les égouts construits en partie pour absorber ces eaux souterraines, qui rendaient le séjour d'Auteuil insalubre. On peut donc, sans faire des hypothèses plus ou moins contestables, comprendre comment la conduite forcée de Chaillot était alimentée; elle avait certainement son origine dans la nappe d'eau de l'argile plastique d'Auteuil.

Mais que devenait-elle à partir de la place de la Concorde, au centre de laquelle se trouve le dernier repère de l'aqueduc? Nous retombons nécessairement ici dans les hypothèses.

M. de Caylus se borne à dire : « Cet aqueduc fournissait de l'eau à ce côté de la ville; ce qui donne encore une preuve de son augmentation du côté du Nord. » Cela est incontestable : pour qu'un travail de cette importance ait été entrepris, il fallait ou qu'un quartier de la ville, ou qu'un groupe de riches villas eût débordé sur la plaine de la rive droite de la Seine.

M. Jollois est plus explicite; il fait remarquer que la partie connue de la conduite forme presque une ligne droite. Il admet qu'à partir de la place de la Concorde, le tracé se dévie un peu pour se diriger vers le Palais-Royal. Voici ce qui, à ses yeux, justifie cette hypothèse. En novembre 1782, on a découvert deux bassins d'origine romaine aux deux extrémités du jardin de ce palais. Le bassin de l'extrémité méridionale a été trouvé à trois pieds ($0^m$,97) au-dessous du sol; l'altitude des bords devait être voisine de 33 mètres. Sa forme était celle d'un carré de vingt pieds ($6^m$,50) de côté. Le bassin septentrional s'étendait dans toute la largeur du jardin entre le café de Foy et le passage Radziwill; il était donc beaucoup plus grand que l'autre, mais il n'a été mis à découvert que sur une petite étendue.

M. Jollois suppose que c'est dans le bassin du sud que se dirigeait l'aqueduc de Chaillot, ce qui est possible et même très-probable, puisque l'altitude des bords permettait certainement à la conduite d'y pénétrer, et que ces deux bassins étant destinés à recevoir de l'eau, on ne voit pas quel aqueduc, si ce n'est celui de Chaillot, aurait pu les alimenter.

La conduite était évidemment forcée. Elle avait son origine à Auteuil, entre la rue de l'Assomption et la place d'Auteuil, à une altitude qui s'écartait peu de 40 mètres. Si elle débouchait au Palais-Royal à l'altitude 33 mètres, sa charge totale était de 7 mètres. Sa longueur étant de 5500 mètres et son diamètre de $0^m$,15, la charge par mètre était de $0^m$,00127, ce qui correspond à un débit de $6^{lit}$,18 par seconde, et de 534 mètres cubes en 24 heures.

Les sources d'Auteuil, lorsqu'elles étaient vierges, pouvaient fournir ce volume d'eau. 534 mètres cubes d'eau par 24 heures suffisent à l'alimentation d'une population de 5 à 6000 âmes ou à un riche groupe de villas.

Les deux bassins du Palais-Royal n'étaient ni des réservoirs ni des châteaux d'eau : ils sont à une trop basse altitude pour cela; il est probable qu'ils appartenaient à un établissement thermal qui couvrait toute la grande excavation occupée aujourd'hui par le palais entre les rues de Montpensier et de Valois.

Le grand bassin, trouvé entre le café de Foy et le passage Radziwill, prouve que le profond déblai que nous voyons aujourd'hui entre les rues de Richelieu, Neuve-des-Petits-Champs et Radziwill existait déjà; il prouve surtout qu'une agglomération humaine, d'une certaine importance, s'était établie dans le voisinage.

On a trouvé, dans le premier bassin, six médailles de Posthume, d'Aurélien, de Dioclétien, de Crispus, de Magnentius et de Valentinien I^er^. Sous le règne de Posthume[1], vers le milieu du troisième siècle, Lutèce avait donc franchi la Seine et débordait sur la rive droite ; mais il ne faudrait pas conclure avec M. Jollois de l'absence de médailles postérieures à Valentinien I^er^, que ces bassins étaient hors de service lorsque ce prince quitta les Gaules en 375[2] : Il est facile de perdre des médailles dans le déblaiement d'un grand bassin. On ne doit pas oublier d'ailleurs que les Thermes du palais de la rive gauche furent érigés, suivant l'opinion de beaucoup d'auteurs, par Constance Chlore dans les premières années du quatrième siècle; l'établissement de la rive droite a donc pu être abandonné par les empereurs, qui, à partir de cette époque, séjournaient au palais des Thermes.

L'opinion de Bonamy sur l'aqueduc de Chaillot n'est pas soutenable ; voici ce qu'il en dit : « Au reste quoique j'attribue cet ouvrage aux Romains, je ne doute pas qu'il ne soit postérieur au règne de l'empereur Julien[3]. » Les six médailles dont il vient d'être question prouvent le contraire.

Bonamy ajoute : « La destruction de ce second aqueduc romain doit encore être attribuée aux Normans. »

Pour ne point m'égarer dans le champ illimité des hypothèses,

[1] Posthume, un des trente tyrans, se fit proclamer Empereur et régna dans les Gaules pendant 10 ans, de 257 à 267.

[2] Valentinien I^er^ séjourna dans les Gaules de 365 à 375.

[3] Voyez Mémoire sur les aqueducs de Paris, comparés à ceux de l'ancienne Rome, par Bonamy (*Académie des inscriptions et belles lettres*, t. XXX, juillet 1754).

je m'arrête en concluant ainsi : Il existait dès le milieu du troisième siècle un aqueduc qui conduisait l'eau des sources d'Auteuil dans un grand établissement thermal, occupant peut-être alors l'emplacement du Palais-Royal, déjà déblayé à cette époque ancienne. Cet aqueduc a été construit avant celui d'Arcueil, ouvrage beaucoup plus important dont je vais donner la description.

# CHAPITRE III

## AQUEDUC ROMAIN D'ARCUEIL

Anciennes traditions. — Les sources. — Leur débit. — Qualité de l'eau.

D'après les plus anciennes traditions, l'édifice romain qui porte le nom de palais des Thermes était ainsi désigné bien avant les travaux exécutés par Marie de Médicis au commencement du dix-septième siècle, et on savait déjà que ce palais recevait les eaux d'un aqueduc qui traversait la Bièvre à Arcueil sur de hautes substructions. La plus ancienne de ces traditions remonte à 1318 et est rapportée ainsi par Corrozet[1] :

« Quant le dit Palais ou chasteau de Thermes a commencé à estre appellé l'hostel de Cluny et pour quelles raisons, ie ne le puis asseurer. Mais il est certain que iusqu'en l'an 1324, il s'appelloit encore la maison des Thermes. Car Iean du Tillet, greffier de la Cour du Parlement, en son recueil de l'histoire de France, traitant de la noble branche de Courtenay, écrit que Iean de Courtenay vendit à l'Euesque de Bayeux l'Hostel de Cluny sis à Paris, lors appellé la maison des Thermes : laquelle auoit

[1] Voyez Corrozet. Antiqvitez, histoires et singvlaritez de Paris, folio 10, avec privilége du roi portant la date de 1544.

appartenu à son oncle Archeuesque de Rheims. Et que les enfants du dit Courtenay qui estoient au nombre de six fils et vne fille, firent partage des biens de leur père en l'an 1318. Et en l'an 1324, ils ratifièrent la susdite vendition. »

Cette tradition si ancienne prouve déjà qu'il existait dans l'édifice un établissement de bains important. Cependant le même auteur donne une autre origine au nom : *Palais des Thermes* :

« Et de vray il y a leans vne grande salle, sur la platte forme de laquelle il y a des iardins auec arbres qui portent creãce de soy de lõgue antiquité, car l'édifice est de matière forte et dure cõme vn roch, et le nom de Palais des Termes luy est demouré iusq̃s auiourdhuy, pour ce qu'on aportoit en ce lieu les deniers des termes des tributz deuz à l'empereur Romain. »

On adoptera d'autant moins cette explication qu'à la page suivante on en trouve une autre bien plus probable :

« Aucuns interprètent Palais des Thermes pour les baings qui estoĩst faictz par Iulian l'Apostat, et disent que les eaux d'icelluy venoyent de deuers Gentilly : quoy qu'il en soit l'année qu'on fait les rempars et bastions à Paris pour résister à la venue de l'empereur Charles V, on trouua du costé de la porte Saint-Jacques des canaux de pierre de taille et conduitz d'eau continuez depuis le village d'Arcueil (ainsi nõmé à cause des arcs bastis de brique qu'on voit encores de présent, ou de ce mot latin composé *Aquœductus*) iusques dans Paris. Lesquels cõduitz d'eaux auoient peu seruir ausdits baings, et de présent seroiẽt nécessaires à restablir pour arrouser la haulte partie de l'Vniuersité de Paris qui en a bon mestier, si messieurs les gouuerneurs s'y vouloient employer.

« Le Palais des Thermes, c'est-à-dire des baings chaux ou estuues (ancienne habitation de Iulian l'apostat Empereur) a donné aussi le nom à la rue prochaine, laquelle s'appelloit la rue des Thermes, et maintenant on la nomme la rue des Mathurins. Et en quelque tittre du collége de Sorbone, il se lit : *Ad locum Thermarum Cœsaris.* »

FAC-SIMILE
D'UN PLAN DÉPOSÉ
AUX
ARCHIVES NATIONALES.

Arcueil aqueduc

Villejuifue

destiner pour Jury

par ordre du Roy

Vitry

Recherche puids comblez

l'abbaie De la saussaye

Lhay

cheuilly

Lit gras des sources pour paris renfermé dans la ligne marquée a

choisy

Thiais

A grand carré ou les sources se rassemblent

Rungis

Orly

a sources de la saussaye des massons

mont Jean

pierre

Grand chemin de Paris

La Tonchere

Ville neuue le Roy

m. Pelletier

Huissous

Laposte

Villeneuue S. Jeorge

Parc puids

puisart rebouché

aqueduc de Jullien

puisar rebouché

Ablon

mons

ferme de contin

puids

Atiz

louan

sources

chilly

ferme de champagne

Juuisy

Eschelle d'une lieue de 2400 thoises (ancienne lieue a 2282 t)

600 thoises

200 thoises

1 p. deau par an 976 th. par Jour 2 t 2/3 72 muids 8 p (...)
Dix huit pouces. 244 th cubes dans un Reservoir
dont la Superficie seroit de 976 thoises. l'arpent a la petite
mesure est de 900 th. et a 20 pieds pour perche est de 1111 t

L'aqueduc romain d'Arcueil est clairement désigné. Les traces de cet aqueduc, dont il est fait mention, sont probablement celles qui existaient près de l'ancienne église Saint-Benoît, dont les derniers vestiges ont disparu il y a une vingtaine d'années. J'en indique l'emplacement sur le profil en long de l'aqueduc romain.

Le premier document précis publié sur l'aqueduc d'Arcueil est un Mémoire de Bonamy dont j'extrais les passages suivants[1] :

« L'opinion commune est que ce fut l'empereur Julien[2] qui fit construire ce palais (des Thermes), aussi bien que l'aqueduc d'Arcueil. Mais j'ai fait voir dans un autre mémoire, par les autorités d'Ammien Marcellin[3] et de Zozime, que ce palais étoit antérieur au règne de ce prince, puisqu'en arrivant à Paris, Julien alla loger dans une maison qu'Ammien appelle *palatium*, *Regia* et Zozime βασιλεία. Je crois donc qu'on doit plutôt attribuer la construction du palais des Thermes et de son aqueduc, à quelques Empereurs qui fixèrent leur demeure dans les Gaules, comme Posthume ou Tetricus[4], que le séjour à Paris mettoit à portée de veiller à tout ce qui se passoit dans les Gaules.....

« Quoi qu'il en soit, on ne peut attribuer qu'à la demeure des empereurs ou des gouverneurs romains au palais des Thermes, l'aqueduc qui y conduisoit l'eau. Une pareille entreprise ne pouvoit venir que de la puissance souveraine et elle suppose en même temps que les gouverneurs des Gaules ou les empereurs y ont fait leur résidence, car il n'est pas croyable qu'ils eussent fait

[1] Voyez Mémoire sur les aqueducs de Paris comparés à ceux de l'ancienne Rome, par Bonamy (*Académie des inscriptions et belles lettres*, t. XXX, p. 731, juillet 1754).

[2] Julien fut nommé César et gouverneur des Gaules par l'empereur Constance, deuxième fils de Constantin, il fixa sa résidence à Lutèce. C'est en 360 que ses soldats l'y proclamèrent empereur.

[3] L'historien Ammien Marcellin, mort à Rome en 390, suivit Julien dans l'expédition contre les Perses, où cet empereur fut tué. Il écrivit une histoire des empereurs depuis Nerva jusqu'à Valentinien; cette histoire est en 31 livres dont les 13 premiers sont perdus.

[4] M. Jollois et la plupart des auteurs modernes attribuent la construction du palais des Thermes à Constance Chlore, père de l'empereur Constantin ; nommé César en 292 par Dioclétien, Constance Chlore fut proclamé Empereur en 305 avec Galère Maximien et mourut en 306 à York. Il résida dans les Gaules et à Lutèce.

de tels ouvrages pour les seuls habitants de Paris, qui n'en avoient pas besoin[1]..... »

« M. Geoffroy, de l'Académie des Sciences, étant échevin en 1732, découvrit, sur les indications que lui avoit données M. Buache, un reste de ce canal vers le haut d'un coteau qui est au-dessus d'Arcueil, d'où l'on voit le château de Cachan..., c'est une rigole formée de trois pleins-droits.....

« La direction de ce canal le fait passer par-dessus le mur d'un jardin voisin pour le conduire aux arcades de l'ancien aqueduc d'Arcueil, dont il reste encore des vestiges considérables ; on les voit dans la cour d'une maison à laquelle ils servent de clôture ; ils peuvent avoir environ cinquante pieds de haut, et l'édifice, qui est auprès de l'aqueduc moderne, est construit et lié des mêmes matériaux que le palais des Thermes, dont je vais parler. Le canal qui conduisoit les eaux par-dessus cet ancien aqueduc, existe encore en certains endroits ; il est à découvert et il parait qu'il étoit appliqué sur un lit de carreaux de terre cuite, de même modèle que ceux de la masse du mur, au milieu duquel on voit encore une arcade cintrée de trois cintres. La largeur de cette arcade fait soupçonner qu'il y en avoit une autre au-dessous, comme au pont du Gard ; car au-dessus du mur où elle est il y a une retraite qui fait connaître que celui d'en bas étoit plus épais : mais dans l'endroit où l'on pourrait voir cette arcade inférieure, on a appliqué un bâtiment moderne qui la cache. Les anciens propriétaires de la maison dont je viens de parler auraient bien voulu détruire ces restes antiques ; mais ne pouvant le faire par mains d'ouvriers, ils demandèrent la permission de les faire sauter en les minant ; les ingénieurs qu'on y envoya, ayant reconnu que l'effort de la mine pouvait ébranler l'aqueduc moderne, qui n'en est qu'à environ trois ou quatre toises, le Roi refusa la permission que demandoient ces propriétaires. Cette maison au reste est connue sous le nom de *Fief des Arcs*, qui

[1] Ceci est en opposition avec ce que dit plus loin Bonamy, de l'importance de Lutèce sous la domination romaine. Il est évident qu'une ville d'une si grande étendue avait besoin d'eau.

avec celui d'Anjou, qui en est proche, a appartenu à la maison d'Anjou. René d'Anjou, roi de Sicile, comte de Provence, et duc de Bar et de Lorraine, les donna en 1439 à son frère Charles d'Anjou; depuis, ces fiefs ont passé à divers particuliers. Ces dénominations d'*Arc* et d'*Arcueil*, donnés au fief et au village, ne peuvent venir que des arcades de l'aqueduc des Romains[1]. »

« L'eau, en sortant de l'ancien aqueduc, passait au coteau opposé du village d'Arcueil, où l'on trouve un reste de rigole sous l'encoignure d'une muraille qui est à main gauche dans le chemin par lequel on sort du village pour aller gagner la grande route d'Orléans, et il y a encore de semblables vestiges de rigoles à quelque distance du Petit-Gentilly. Ces anciennes rigoles suivoient la pente des terres jusqu'à ce qu'on rencontrât des endroits élevés qui les auroient contraintes de faire de trop grands détours; on avoit été obligé de les faire passer à travers des coteaux[2], tels qu'étoient les hauteurs du fauxbourg Saint-Jacques, où l'on retrouva en 1544 les canaux dont parle Corrozet, et dont l'auteur du *Mercure françois* nous apprend qu'on voyoit en 1615, la continuation dans plusieurs caves du quartier de l'Université. »

Il résulte de ces anciennes traditions :

1° Que l'aqueduc romain d'Arcueil n'était point un aqueduc ordinaire couvert d'une voûte sous laquelle l'eau est à l'abri des actions extérieures. C'était une simple rigole dans laquelle l'eau circulait exposée à la radiation solaire, à la gelée, etc.

[1] On trouvera plus loin la photogravure des restes de la substruction romaine qui existent encore dans la traversée de la Bièvre à Arcueil; sur un second plan s'élèvent l'aqueduc de Marie de Médicis et les hautes arcades de la Vanne, qui les surmontent. La maison et le parc, qui constituaient une partie du fief des Arcs, appartiennent aujourd'hui à madame Besson; comme du temps de Bonamy, un bâtiment moderne couvre une partie de la construction romaine. A gauche de la photogravure, on voit cet ouvrage antique reconnaissable à son appareil de petits moellons alternant avec cinq arases de longues briques. Cet appareil se prolonge jusqu'à un pilastre encore debout, mais il disparaît de chaque côté de l'arc élevé au-dessus du bâtiment moderne et dans le mur qui le surmonte. Cet arc et ce mur sont d'origine moderne.

[2] Ceci est une erreur : l'aqueduc romain est une rigole à ciel ouvert sur toute sa longueur, et n'est nulle part construit ni en souterrain ni en pierres de taille.

2° Qu'elle débouchait dans la partie du palais romain qui subsiste encore aujourd'hui, où elle alimentait des établissements thermaux.

On savait encore, du temps de Bonamy, que cette rigole prenait les eaux des sources de Rungis, dérivées depuis par Marie de Médicis, et en outre d'autres eaux découvertes « par le mar« quis d'Effiat[1] », sur le territoire de Wissous et de Chilly.

Ceux qui ont écrit depuis sur l'aqueduc d'Arcueil n'ont presque rien ajouté à ce que nous apprend le récit de Bonamy : M. Albert Lenoir a découvert trois nouveaux restes de l'aqueduc[2]; M. Jollois, qui a été longtemps ingénieur en chef du département de la Seine, a reconnu l'existence de l'aqueduc sur neuf points, ce qui lui a permis d'en donner le tracé[3]. M. Albert Lenoir a donné aussi un plan qui s'écarte peu de la direction générale. Néanmoins ces deux plans sont entachés d'une erreur capitale : M. Jollois, et M. Lenoir n'ont connu ni les sources principales, ni le vrai point de départ de l'aqueduc romain, ni le tracé des rigoles secondaires qui y conduisaient l'eau des sources dérivées[4].

*Les sources, leur position.* — Les sources qui alimentaient l'aqueduc romain d'Arcueil appartiennent au niveau d'eau des marnes vertes de Montmartre[5]; ces terrains argileux couvrent tout le plateau compris entre les vallées de la Seine, de l'Orge, de l'Yvette et de la Bièvre et affleurent sur les pentes à une assez grande hauteur au-dessus du thalweg des quatre vallées.

Les marnes vertes sont recouvertes par des amas de meulière caillasse et forment ainsi un niveau d'eau qui donne naissance,

[1] Bonamy.

[2] Voyez *Statistique monumentale de Paris*, par Albert Lenoir, p. 9 du texte et planche V.

[3] Voyez mémoire sur les antiquités romaines et gallo-romaines de Paris par M. Jollois, ingénieur en chef des ponts et chaussées (*Académie des inscriptions et belles lettres*, 2° série, t. Ier, p. 1, 1843).

[4] Voyez ci-après, p. 50.

[5] Voyez t. Ier, p. 124.

sur tout le développement des coteaux, à une multitude de petites sources qui alimentent les villages disséminés au bord du plateau, tels que Vitry, Thiais, Choisy-le-Roi, Orly, Athis, Ablon, Morangis, Chilly, Lonjumeau, Palaiseau, Wissous, Rungis, Fresnes, etc.

Les sources choisies par les Romains sur le long périmètre de ce plateau forment *deux groupes :* 1° sources dérivées plus tard par l'aqueduc moderne d'Arcueil; 2° sources dont les ingénieurs du dix-septième siècle n'ont point eu connaissance avant d'entreprendre les travaux de cet aqueduc.

Le premier groupe se divise naturellement en deux parties : sources de Rungis et sources du coteau connu sous le nom de *Long-Boyau*, qui s'étend de l'Hay à Arcueil.

Nous avons découvert tous les travaux exécutés par les Romains pour capter les sources de Rungis; ils ont pris aussi en passant, on n'en saurait douter, celles du Long-Boyau, qui jaillissent sur le flanc même du coteau au bas duquel passait leur aqueduc. C'est même dans cet emplacement qu'en 1609, Sully fit les premières recherches des eaux dérivées à l'époque gallo-romaine.

Le second groupe, que je désignerai sous le nom de sources de Chilly, comprend les sources concédées par Louis XIII, en 1626, au maréchal d'Effiat. Je donne ci-après le fac-simile du plan de cette concession[1]. Les sources jaillissent entre Louan[2] et Chilly, dans une localité dite la *Punition*. L'aqueduc qui les dérivait, est tracé sur ce plan entre Chilly et Wissous. Nous avons retrouvé la rigole construite en prolongement de cet aqueduc depuis Wissous jusqu'à l'aqueduc principal. Nous avons également mis au jour une petite rigole qui dérivait une jolie source qu'on voit encore aujourd'hui, au bas de Wissous, dans le parc de M. Vallée. Il est donc certain que les Romains ont conduit à Lutèce aussi bien les sources du second groupe que celles du premier.

[1] Voyez ci-après p. 50.

[2] Aujourd'hui Morangis.

Les auteurs qui ont écrit sur ce sujet ont ignoré ce dernier fait, ou ils n'y ont pas attaché d'importance[1].

*Débit des sources du premier groupe.* — Ces sources, qui sont encore distribuées à Paris, sont jaugées deux fois par mois. Je reviendrai sur ces jaugeages en parlant de l'aqueduc moderne. Les indications sommaires qui suivent suffisent pour donner une idée de l'importance de cette première prise d'eau de l'aqueduc romain.

Girard évalue à 50 pouces (960 mètres cubes en 24 heures) le débit moyen de toutes les sources dérivées par l'aqueduc moderne. Je crois que cette moyenne s'écarte peu de la vérité, mais je dois faire ici une observation qui se reproduira souvent dans le cours de cet ouvrage : Les débits moyens n'ont d'importance, dans une distribution d'eau, que lorsqu'il y a plusieurs modes d'alimentation qui peuvent se compenser dans des moments de pénurie. Lorsque, par exemple, on dispose d'eau de sources et d'eau de rivière, les sources remplacent en partie la rivière lorsqu'elle est trouble, ce qui arrive toujours en temps de crue; la rivière fournit l'appoint nécessaire pour soutenir la distribution en temps de sécheresse, lorsque le produit des sources diminue. Dans ce cas, on a raison de se baser sur la moyenne du produit des sources.

Le débit moyen des sources avait, au contraire, fort peu d'importance pour les Romains, qui ne recevaient pas d'autre eau que celle de leur aqueduc, et on va voir combien ils auraient eu de mécomptes s'ils avaient fait leur distribution en se basant sur la moyenne de M. Girard, de 960 mètres cubes en 24 heures : cette distribution ne pouvait être établie que sur le produit minimum des sources.

[1] Voici ce qu'en dit Bonamy dans le mémoire précité : « Il est donc hors de doute que l'ancien aqueduc et les canaux dont on vient de parler avoient été entrepris *pour profiter des mêmes eaux qui viennent à présent de Rungis à Paris pour la commodité du public,* par le moyen de l'aqueduc moderne, construit pendant les premières années du règne de Louis XIII, et il y a tout lieu de croire que les habitants de Paris qui avaient des maisons sur la montagne Sainte-Geneviève et dans toute cette partie élevée de la ville profitaient du temps des Romains, de ces eaux. »

Voici les résultats de quarante-huit jaugeages opérés sur les sources dérivées par l'aqueduc moderne d'Arcueil dans deux années, l'une très-humide, l'autre très-sèche.

ANNÉE 1854 TRÈS-HUMIDE

| | MÈTRES CUBES EN 24 HEURES |
|---|---|
| Maximum, 15 décembre | 2254 |
| Minimum, 1er mai | 852 |
| Moyenne des 24 jaugeages | 1147 |

ANNÉE 1858 TRÈS-SÈCHE

| | |
|---|---|
| Maximum, 1er janvier | 848 |
| Minimum, 1er octobre | 445 |
| Moyenne des 24 jaugeages | 615 |
| Moyenne des 48 jaugeages des deux années | 881 |

La sécheresse ayant continué en 1859, le débit a diminué encore pendant la saison chaude de cette année, et le plus bas produit de l'aqueduc a été constaté en septembre : le jaugeage de la première quinzaine a donné 240 mètres cubes par 24 heures.

Des résultats analogues ont été obtenus dans les années sèches, 1863, 64, 65, 68, 69, 70, 71 et 72. Si donc une distribution d'eau d'Arcueil avait été basée sur la moyenne de Girard, il y aurait eu une pénurie d'eau intolérable pendant la saison chaude de dix sur quinze de ces dernières années.

Le climat du bassin de la Seine étant homogène et les pluies qui produisent les grandes crues du fleuve, tombant partout à la fois, de très-fortes et très-longues crues des sources de l'aqueduc correspondent à ces grandes crues de la Seine.

Voici, par exemple, celle qui correspond à la grande crue du 4 janvier 1861 :

| | MÈTRES CUBES EN 24 HEURES |
|---|---|
| Crue des sources de l'aqueduc d'Arcueil 1er janvier | 5556 |
| Maximum 15 mars jusqu'au 1er avril | 5996 |
| A partir du 1er avril jusqu'à la fin de l'année, il y a eu décroissance régulière; le 15 décembre, le produit s'élevait encore à | 1678 |

Ces résultats sont d'autant plus remarquables que l'année 1861 a été très-peu pluvieuse. La hauteur de pluie, mesurée dans le cours de cette année au pluviomètre de l'ancien abattoir de Ménilmontant, n'a pas dépassé 491 millimètres ; on sait que la moyenne annuelle de Paris est de 576 millimètres dans la cour de l'Observatoire. Des faits analogues ont été constatés en 1866 et 1872.

Ainsi les sources du premier groupe débitent,

| | MÈTRES CUBES PAR 24 HEURES |
|---|---|
| Au maximum en temps de crue | 3996 |
| En moyenne | 960 |
| Au minimum | 240 |

*Débit des sources de Chilly, second groupe.* — Le maréchal d'Effiat fit exécuter des travaux considérables, pour conduire à son château de Chilly l'eau des sources de *la Punition*, qui lui avaient été concédées par Louis XIII. Aujourd'hui ces sources sont dispersées ; une grande partie alimente une vaste pièce d'eau du parc, ou tombe dans les fossés du château. Quoique les eaux des fontaines du bourg de Lonjumeau proviennent du Petit-Chilly et qu'elles soient sans relation apparente avec les sources de la Punition, il est probable qu'elles étaient captées autrefois par les Romains. Enfin la petite quantité d'eau de source qui alimente aujourd'hui le lavoir de Wissous provient, d'après les traditions locales, de Chilly et arrive encore par l'aqueduc romain. Autrefois, suivant le dire des habitants, cette eau était beaucoup plus abondante et suffisait à tous les besoins de la commune. Le 27 novembre 1875, jour où j'ai visité le lavoir, elle ne débitait pas plus de 20 mètres cubes en 24 heures.

M. Mocquart, propriétaire actuel du château de Chilly, a fait vider cette année la grande pièce d'eau du parc, dont la superficie est d'un hectare et la capacité de 10 000 mètres cubes ; il l'a fait remplir ensuite avec l'eau d'une source qui coule dans le parc au fond d'un puisard, et cette opération a duré quarante jours à partir du 1er octobre. Cette source a donc fourni par jour 250 mètres cubes d'eau. L'aqueduc restauré par lui donne un volume au moins double, dans les fossés du château; les sources du château débitaient donc, en octobre 1875, 750 mètres cubes en 24 heures.

Quoiqu'il ne soit pas démontré que la source, provenant du Petit-Chilly, qui alimente une partie de la petite ville de Lonjumeau ait été dérivée par les Romains, néanmoins cela paraît si probable, que je compte cette source dans le débit du second groupe pour 160 mètres cubes en 24 heures. J'ai évalué à 120 mètres cubes le débit de la source du parc de M. Vallée.

Le volume d'eau débité par les sources du second groupe, le 1er octobre 1875, peut donc être évalué ainsi :

| | MÈTRES CUBES EN 24 HEURES. |
|---|---|
| Sources débouchant dans la pièce d'eau et les fossés du château de Chilly.. | 750 |
| Source du Petit-Chilly débouchant à Lonjumeau | 160 |
| Source du lavoir de Wissous | 20 |
| Source du parc de M. Vallée | 120 |
| Produit total du second groupe; | 1050 |

Le même jour l'aqueduc d'Arcueil débitait 670 mètres cubes en 24 heures[1].

[1] La portée de l'aqueduc moderne d'Arcueil a été à peu près doublée par la construction de l'aqueduc de la Vanne. Les eaux trouvées dans les tranchées de cet ouvrage ont été recueillies dans deux cunettes construites sous le radier de l'aqueduc principal et qui portent les noms de *drain de Paray* et de *drain de Chevilly*.

Ces eaux n'arrivaient pas à Rungis à l'époque gallo-romaine ; pour avoir la portée des sources de Rungis et des pierrées du Long-Boyau à cette époque, il faut déduire du produit total de l'aqueduc moderne celui des drains de Paray et de Chevilly. Voici le calcul pour le 1er octobre 1875.

| | | MÈTRES CUBES EN 24 HEURES |
|---|---|---|
| Produit total de l'aqueduc | | 1458 |
| — du drain de Paray | 309 | 789 |
| — du drain de Chevilly.. | 480 | |
| Reste le produit des sources de Rungis et des pierrées du Long-Boyau | | 669 |

Soit 670 mètres cubes.

Voici, d'après cela, la portée en 24 heures de l'aqueduc romain au 1er octobre 1875, année ordinairement humide :

| | MÈTRES CUBES PAR 24 HEURES. |
|---|---|
| Sources du premier groupe. . . . . . . . . . . . . . . | 670 |
| — du second groupe. . . . . . . . . . . . . . . | 1050 |
| TOTAL. . . . . . . . . . . . . . . . . | 1720 |

Les sources du second groupe et, en général, celles de tout le plateau subissent l'action des sécheresses, comme celles de Rungis ; elles étaient tellement basses à la suite des sécheresses de 1868-1869-1870-1871 et 1872 jusqu'au mois d'octobre, que les communes et les propriétaires du plateau, voyant leurs puits et leurs sources presqu'à sec, attribuèrent cette pénurie d'eau au drainage de l'aqueduc de la Vanne ; ils allaient intenter un procès à la Ville de Paris, lorsque les pluies diluviennes de l'automne de 1872 et de l'hiver de 1873 mirent fin à la sécheresse : l'eau reparut partout ; on peut donc admettre qu'en temps de grande sécheresse, les sources du deuxième groupe diminuent dans la même proportion que celles du premier ; on trouve par un calcul très-simple que leur portée se réduit à 380 mètres cubes en 24 heures. Le débit de l'aqueduc, dans une année extraordinairement sèche, était donc de 240 + 380 = 620 mètres cubes.

On trouverait, par un calcul analogue, que la portée moyenne des sources de Rungis étant de 960 mètres cubes[1], celle de l'aqueduc était de 2 600 mètres cubes en 24 heures.

Ces portées sont très-petites et on s'en contenterait à peine aujourd'hui pour la distribution d'une ville de 6 000 habitants.

Je rappelle ici que l'aqueduc de Sens, qui recevait à l'époque gallo-romaine trois des sources de l'aqueduc de la Vanne, portait un très-grand volume d'eau, 21 200 mètres cubes dans une année très-sèche[2]. La ville de Sens était-elle alors plus importante que Lutèce?

[1] Voyez ci-dessus, p. 40.
[2] Voyez introduction, p. 205.

*Qualité des eaux.* — Quoique les sources du plateau de Rungis et de Chilly proviennent des amas de meulières situés au-dessus des marnes vertes et, par conséquent, au-dessus des terrains gypsifères, quoique les dépôts de gypse n'existent plus sous ce plateau, elles sont assez chargées de sulfate de chaux. La quantité de carbonate de chaux qu'elles contiennent par litre dépasse 19 centigrammes et, par conséquent, elles sont inscrustantes ; j'ai fait des recherches importantes sur la propriété de ces eaux ; elles ont été publiées dans le premier volume de cet ouvrage[1] et je me bornerai à rappeler ici les résultats suivants[2] :

| | TITRES HYDROTIMÉTRIQUES | | |
|---|---|---|---|
| | SULFATE DE CHAUX | CARBONATE DE CHAUX | TOTAL |
| A la source de Rungis, 4 juin 1858. . . . . | 16°,80 | 21°,79 | 38°,59 |
| — — 21 novembre 1857. . | 16°,25 | 21°,25 | 37°,50 |
| En aval de la chute d'Arcueil, 4 juin 1858. . | 16°,82 | 21°,39 | 38°,21 |
| Au regard de l'Observatoire, 4 juin 1858. . . | 17°,52 | 20°,11 | 37°,63 |

Ces résultats s'accordent avec ceux obtenus par M. Henri Deville dans l'analyse suivante[3].

| | GRAMMES. |
|---|---|
| Acide silicique. . . . . . . . . . . . . . . . . . . . . | 0,0306 |
| Alumine (avec phosphate). . . . . . . . . . . . . . . | 0,0055 |
| Carbonate de chaux. . . . . . . . . . . . . . . . . . | 0,1990 |
| — de magnésie.. . . . . . . . . . . . . . . . | 0,0082 |
| Sulfate de chaux.. . . . . . . . . . . . . . . . . . . | 0,1638 |
| — de soude.. . . . . . . . . . . . . . . . . . | 0,0054 |
| — de potasse. . . . . . . . . . . . . . . . . . | 0,0201 |
| Chlorure de sodium. . . . . . . . . . . . . . . . . . | 0,0376 |
| — de magnésium. . . . . . . . . . . . . . . . | 0,0166 |
| Azotate de magnésie. . . . . . . . . . . . . . . . . | 0,0570 |
| Total par litre d'eau. . . . . . . . . . . . | 0,5436 |

La quantité de carbonate de chaux contenue dans l'eau de Run-

[1] Voyez le 1er vol., p. 124, 146 et suiv. jusqu'à 150.

[2] *Ibid.*, p. 146.

[3] Voyez *Annuaire des eaux de France*, p. 45. L'eau a été puisée à la fontaine Saint-Michel et par conséquent elle avait perdu une partie du carbonate de chaux qu'elle contenait en sortant des sources.

gis dépasse de bien peu la limite qui rend les eaux incrustantes[1], 18° hydrotimétriques, soit un peu moins de 19 centigrammes par litre : aussi les dépôts sur les parois de l'aqueduc sont-ils très-minces, surtout dans le voisinage des sources. Dans l'aqueduc de Marie de Médicis, c'est seulement à la *chute* d'Arcueil que les dépôts deviennent abondants. Il en est ainsi, même dans les eaux qui contiennent moins de 19 centigrammes de carbonate de chaux par litre, par exemple dans la Seine, en amont de Paris : sous la *chute* des barrages il se forme d'épais dépôts de carbonate de chaux, surtout sur les objets en fer. C'est ce qu'on peut vérifier au barrage de Port-à-l'Anglais, à quelques kilomètres en amont de Paris. L'eau de la Seine ne forme au contraire aucune incrustation dans les conduites, où elle n'a généralement qu'un écoulement régulier et peu rapide. Nous avons relevé des conduites, posées par les frères Périer à la fin du dernier siècle, et elles ne renfermaient pas de dépôts calcaires.

L'eau de Rungis est très-agréable à boire, mais, en raison de la notable quantité de sulfate de chaux qu'elle renferme, elle est peu propre aux autres usages domestiques, notamment à la cuisson des légumes.

[1] Voyez t. Ier, p. 144 et suiv. surtout p, 152 et 154.
Voyez aussi : *Comptes rendus de l'Académie des sciences*, séance du 21 avril 1875.

# CHAPITRE IV

## AQUEDUC ROMAIN D'ARCUEIL

(SUITE)

Détails techniques. — Nos fouilles. — Les quatre rigoles secondaires. — Tracés. — Pentes. — Longueur. — Coupes transversales. — Regard collecteur, point de départ de l'aqueduc principal. — Tracé. — Longueur. — Coupes transversales. — Profil en long de cet aqueduc.

Lorsque j'ai entrepris de décrire l'aqueduc romain d'Arcueil, j'étais loin de supposer qu'il se développait sur une aussi grande longueur. Je ne pensais pas qu'il y eût beaucoup à ajouter aux excellents mémoires de Bonamy et de M. Jollois. Comme tous ceux qui ont écrit sur ce sujet, j'admettais que l'aqueduc dérivait seulement des sources captées depuis par Marie de Médicis. C'est en cherchant à rattacher à ces sources les restes connus de l'aqueduc romain que j'en ai mis à découvert successivement toutes les ramifications[1].

[1] Les fouilles ont été dirigées avec beaucoup de soin par M. Chevreux, contrôleur du service municipal, chargé de l'entretien de la dernière section de l'aqueduc de la Vanne.

Nos recherches ont été facilitées par l'obligeance de madame Muret, propriétaire du château de Montjean et de M. Mocquart, propriétaire du château de Chilly, qui nous ont permis de faire partout les fouilles et les explorations nécessaires. J'ajouterai que les autres propriétaires du pays ne se sont pas montrés moins faciles.

Les aqueducs secondaires qui dérivaient les deux groupes de sources décrites dans le chapitre précédent, aussi bien que l'aqueduc principal qui conduisait l'eau de ces sources à Paris, n'étaient, à proprement parler, que de simples rigoles construites en béton à fleur de terre, et dans lesquelles l'eau coulait presque partout à ciel ouvert. Le fait a été constaté, pour ce qui concerne l'aqueduc principal : la première fois, en 1732, par M. Geoffroy, de l'Académie des sciences, et ensuite par tous ceux qui, depuis, ont écrit sur cet ouvrage, notamment par MM. Albert Lenoir et Jollois. Les fouilles entreprises sous ma direction, en 1875, nous ont fait reconnaître, comme on devait s'y attendre, que le même mode de construction avait été adopté pour les conduites secondaires. Quelques-unes néanmoins sont couvertes de dalles.

Les conduites secondaires sont au nombre de quatre :

1° Aqueduc découvert par le marquis d'Effiat entre Morangis, Chilly et le lavoir de Wissous.

2° Prolongation de cet aqueduc entre le lavoir de Wissous et le regard D[1], tête de l'aqueduc principal.

3° Rigole dérivant vers ce regard la source du parc de M. Vallée, à Wissous.

4° Rigole conduisant au même point les sources de Rungis.

*Première rigole. De Morangis au lavoir de Wissous.* — « Vers l'an 1626, dans le temps que l'aqueduc moderne étoit achevé, le marquis d'Effiat obtint du roi Louis XIII un brevet, par lequel Sa Majesté lui faisoit don et à ses héritiers, de l'eau qu'il pouvoit retirer de l'aqueduc de Julien, qui, de temps immémorial, conduisoit les eaux de la plaine de Louan, de Wissous et de Chilly à Paris ; et que ce seigneur déclara n'avoir découvert, dans l'étendue de son marquisat de Chilly, que depuis la construction de l'aqueduc moderne[2]. »

[1] Voy. la carte p. 54.

[2] Bonamy, mémoire précité.

Le plan manuscrit de cette concession est déposé aux Archives nationales ; j'en donne le fac-simile[1] à la page suivante.

Paris est au nord de ce plan, à 4500 mètres des mots, *Arcueil aqueduc*.

Le plateau compris entre la Seine, la Bièvre, l'Yvette et l'Orge, décrit dans le chapitre précédent, y est grossièrement figuré. On voit la Seine à droite, la Bièvre à gauche. Le confluent de l'Yvette et de l'Orge se trouve en bas du plan, à peu près dans l'emplacement de l'échelle. Il ne manque que la pointe du plateau comprise entre Palaiseau, Wissous et Chilly.

Le premier groupe des sources, dérivées par l'aqueduc de Marie de Médicis, est au nord-ouest de l'église de Rungis, dans l'emplacement désigné ainsi : A *grand carré ;* l'aqueduc de Marie de Médicis, qui conduit encore ces sources à Paris, est figuré par un double trait entre le grand carré et le pont-aqueduc d'Arcueil.

*Sources*. — Le groupe de sources concédé au maréchal d'Effiat est au sud de la carte, entre Louan (aujourd'hui Morangis) et Chilly. Il est très-nettement désigné par un double trait et le mot *sources*.

L'aqueduc qui recevait l'eau de ces sources et les conduisait depuis Chilly jusqu'à l'aqueduc principal, en passant par Huissou (Wissous), est figuré, mais seulement entre Chilly et Wissous, par un double trait et par l'annotation suivante : *Aqueduc de Jullien lapostat accordé par le Roy à m le marechal defiat avec lopposition de m$^{rs}$ defrancini*.

Les sources, qui alimentent les fontaines de Longjumeau, ne sont pas figurées sur cette carte ; elles sont dans le lieu dit *le Petit Chilly*, au sud-ouest de Chilly. La source du parc de M. Vallée n'y est pas indiquée non plus ; elle est à Wissous, au nord du village. Les sources de Fresnes, que l'aqueduc romain devait dériver, sont

[1] C'est M. Dusseaux, avocat à la cour d'appel, qui m'a fait connaître l'existence de cette pièce curieuse.

à la pointe du cap qui s'avance entre la Bièvre et le ruisseau de Rungis, à l'ouest du château de Montjean; enfin celles du Long-Boyau jaillissent entre l'Hay et Arcueil dans le coteau, un peu au-dessus de l'aqueduc moderne[1].

Nous avons reconnu, entre Morangis et Chilly, l'aqueduc et deux grands regards construits probablement par le marquis d'Effiat dans l'emplacement des sources; l'un d'eux, situé sur la route, a dix-sept marches et, par conséquent, s'enfonce d'environ $3^{m},40$ dans le sol.

Le propriétaire actuel du château de Chilly, M. Mocquard, ancien notaire de la ville de Paris, a fait nettoyer l'aqueduc : cet ouvrage est construit à pierres sèches et repose sur les marnes vertes qui lui servent de radier, il est couvert d'une dalle; M. Mocquard l'a fait enduire en ciment sur une longueur d'environ un kilomètre. Il n'avait encore réuni dans l'aqueduc que des suintements insignifiants, lorsqu'en arrivant près de Morangis, la fouille fut envahie par une violente irruption d'eau; on ne put la continuer qu'avec des épuisements énergiques. Aujourd'hui l'eau des sources, qui était presque perdue, coule en abondance et alimente la commune et le château. Il y a en outre, au milieu du parc de 50 hectares qui tient à cet édifice, un regard au fond duquel coule la source qui alimente une grande pièce d'eau, ainsi qu'il a été dit ci-dessus. Les Romains dérivaient très-probablement cette source au moyen de

[1] On voit en outre sur cette carte grossière, mais néanmoins assez exacte, le périmètre de l'emplacement où il était il était interdit au marquis d'Effiat de faire des fouilles pour y chercher de l'eau. Cet emplacement est ainsi désigné : *Lit gras des sources pour Paris renfermé dans la ligne marquée a.*

Cet emplacement s'étend en longueur depuis la ferme de Champagne jusqu'à Villejuif.

Le plan contient une autre indication fort intéressante; on y lit : « 1 pouce d'eau par an 976 th, par jour $2^{t}\frac{2}{5}$. »

On admet généralement aujourd'hui que le pouce d'eau de Paris, c'est-à-dire la quantité d'eau qui s'écoule par un orifice à minces parois d'un pouce de diamètre, sous une charge d'eau de 7 lignes au-dessus du centre, équivaut à un cube de $19^{mc},195$ en 24 heures ou de $7\,006^{mc},175$ par an.

Or, $2^{to}\frac{2}{5} = 19^{mc},344$ et $976^{to} = 7226^{mc},20$.

Le produit du pouce fontainier admis du temps de Louis XIII était donc, à 5 p. 100 près, égal à celui qu'on admet encore aujourd'hui. J'ajouterai qu'aucun jaugeage n'est fait avec une approximation de 5 p. 100.

la conduite inconnue qui la dirige aujourd'hui dans cette pièce d'eau.

La pente de l'aqueduc a été renversée par le maréchal d'Effiat pour conduire à son château l'eau qui, du temps des Romains, se dirigeait vers Wissous.

En effet, celui des deux grands regards, dont il vient d'être question et qui est le plus voisin de Morangis, formait autrefois la tête de l'aqueduc qui se dirigeait vers Wissous ; l'altitude du radier est 75$^{m}$,41 ; le grand regard suivant, situé à 840 mètres du premier en se rapprochant du château et en s'éloignant de Wissous, a son radier à l'altitude 75$^{m}$,25 ; et enfin l'aqueduc débouche dans les fossés du château, à 300 mètres du second regard, à l'altitude 75$^{m}$,08 : la pente se dirige donc aujourd'hui vers le château.

M. Mocquard, en nettoyant les pierrées, a remplacé celle qui sans doute a été construite par le maréchal, entre les deux regards, par une conduite en poterie dure, formée de tuyaux connus dans le commerce sous le nom de tuyaux Doulton.

Entre le premier regard et le lavoir du village de Wissous, le tracé de l'aqueduc, figuré sur la carte, est complétement fixé aujourd'hui par des cheminées assez grossièrement construites, soit en meulière, soit en grès et qui paraissent remonter au temps du maréchal d'Effiat. Elles sont fermées par de fortes dalles. Nous avons levé quatre de ces dalles.

La première cheminée est à 250 mètres du premier des deux grands regards. On n'a pu prendre l'altitude du radier de la pierrée.

La seconde est à 788 mètres plus loin ; sa hauteur est de 4$^{m}$,85 et le radier de la pierrée y est à l'altitude 75$^{m}$,37.

La troisième est située à 481 mètres de la précédente ; elle a 6$^{m}$,90 de hauteur ; son radier est à l'altitude 75$^{m}$,06.

La quatrième est à 543 mètres plus loin ; sa hauteur est 6$^{m}$,97 ; l'altitude de son radier, 74$^{m}$,66.

A 284 mètres de cette cheminée se trouve le lavoir de Wissous ;

l'eau de la pierrée ancienne y débouche par un tuyau dont le fond est à l'altitude 74$^{m}$,98. A quelques mètres en amont on voit, dans la cour d'une maison du village, la dernière cheminée couverte, comme les autres, par une dalle qu'il nous a paru inutile de lever. La pente, à partir du premier regard, se dirige donc vers Wissous.

| | |
|---|---|
| D'après ce qui précède, la longueur de l'aqueduc, compris entre le premier des grands regards et les fossés du château, est de. . . . . | 1 140 mètres. |
| Entre ce regard et le lavoir de Wissous, elle est de. . . . . . . . . . . . . . . . . . . . . . . . | 2 346 |
| Total. . . . | 3 486 mètres. |

Cette longueur ne comprend, ni les pierrées situées entre Morangis et le premier regard, ni celles du parc de Chilly et du Petit-Chilly, dont je n'ai parlé au chapitre précédent qu'avec toutes réserves ; ces pierrées allongeraient l'aqueduc d'au moins 1500 mètres. Il est donc probable que cette première partie de l'ouvrage romain n'avait pas moins de 5000 mètres de longueur. Mais, pour ne point entrer dans des hypothèses plus ou moins admissibles, je ne compte que la partie explorée par nous.

L'aqueduc a certainement été reconstruit en entier, comme les cheminées, par le maréchal d'Effiat ; il est formé de maçonnerie à pierres sèches recouverte d'une dalle. Sa hauteur sous dalle a été mesurée à la troisième cheminée ; elle est de 1$^{m}$,40.

M. Mocquard a réparé cet aqueduc jusqu'à la limite des communes de Chilly et de Wissous, vers la deuxième cheminée ; à la suite de cette restauration, le niveau de l'eau s'est abaissé à 0$^{m}$,40 au-dessus du radier.

Les cotes qui précèdent prouvent qu'elle s'écoule vers le château. Le reste de l'aqueduc est engorgé et l'eau s'élève à des hauteurs variables, mais assez grandes au-dessus du radier des deux autres cheminées, à 1$^{m}$,20 à la troisième, à 1$^{m}$,50 à la quatrième. Si l'aqueduc était dégorgé, il est probable que l'eau arriverait encore en abondance au lavoir de Wissous, qui recevrait même une partie de celle qui s'écoule dans les fossés du château de Chilly. Ce n'est donc pas sans raison que j'ai dit dans le chapitre précédent, qu'une partie de l'eau du groupe des sources de Chilly était dispersée aujourd'hui.

Ce grand drainage du plateau, entre Morangis, Chilly et Wissous, est tracé avec une intelligence et une habileté qui justifient bien l'idée qu'on se fait du génie pratique des Romains; je ne connais aucun travail de ce genre qui puisse lui être comparé, surtout si l'on tient compte des difficultés qui résultaient alors de l'imperfection des engins de nivellement, et de l'absence, dans ces temps anciens, de toute connaissance sur les dispositions géologiques des terrains et celles des nappes d'eau souterraines. L'ingénieur romain a profité, pour faire passer les pierrées et pour dériver les sources du groupe Chilly, de la seule dépression de terrain qui existe sur le plateau, entre la butte de Massy dont le sommet est à l'altitude 101 mètres et la ligne du tracé de l'aqueduc de la Vanne dont le sol, vis-à-vis Morangis et Wissous, se trouve aux altitudes 84m,00 et 84m,80. Lorsqu'on parcourt le plateau sans niveau, cette dépression n'est pas appréciable : entre le pied de la butte de Massy et l'aqueduc de la Vanne, le terrain paraît absolument plat. Si l'on ajoute à cela que la contrée était alors couverte d'épaisses forêts, comme je le démontrerai ci-dessous, on aura une idée assez nette de la difficulté que présentait le tracé de cette partie de l'aqueduc dans ces temps anciens.

L'exécution des travaux n'était pas plus facile. Le sol aux deuxième, troisième et quatrième cheminées décrites ci-dessus, est aux altitudes 80m,22, 81m,96, 81m,65. Le radier des pierrées étant à peu près à l'altitude 75 mètres, la profondeur des tranchées allait jusqu'à 6 mètres et, à cette profondeur, on travaillait dans la nappe d'eau des marnes vertes, sans aucun des moyens énergiques d'épuisement dont nous disposons aujourd'hui.

Cette première partie de l'aqueduc n'est donc pas un ouvrage ordinaire. Aussi, lorsqu'en 1609, on fit la recherche des anciens ouvrages des Romains, il ne vint à l'idée de personne de diriger les travaux vers Wissous et Chilly; il paraissait sans doute impossible de ramener vers Rungis, dans le bassin de la Bièvre, en traversant le plateau, l'eau des sources de Chilly qui descend naturellement dans l'Yvette. Les habitants du pays pouvaient seuls avoir des notions de ces travaux, soit par ces traditions qui se conservent si longtemps dans la mémoire des hommes, soit par quelques ouvrages encore apparents. C'est ainsi, sans doute, que le maréchal d'Effiat découvrit cette partie profonde de l'aqueduc comprise entre Chilly et Wissous, dont ce seigneur déclara n'avoir eu connaissance qu'après la construction de l'aqueduc moderne.

*Deuxième rigole secondaire*[1]. — Cet ouvrage se soudait au précédent vers le lavoir de Wissous et conduisait à l'aqueduc principal, l'eau des sources de Chilly. Nos fouilles l'ont mis à découvert sur 21 points qui fixent complétement son tracé. A partir du lavoir de Wissous, la rigole suit la ligne brisée L*mn* de la carte ci-contre, en s'écartant du thalweg de la petite vallée qui reçoit les eaux du pays. Elle coupe au plus court et, à une distance de 1021 mètres du lavoir L de Wissous, traverse en *n* le fond d'une petite dépression, puis se dirige vers le regard D de l'aqueduc principal, qu'elle atteint après un parcours de 679 mètres à partir du point *n*. Sur cette longueur, elle a sa pente dirigée en sens inverse de celle du ruisseau de Rungis. La longueur totale de la seconde rigole est de 1700 mètres.

A partir du lavoir L, le tracé se tient sur le plateau de Wissous, et la pente kilométrique moyenne est de de $2^{m},70$ sur 758 mètres; la rigole descend ensuite sur la déclivité du coteau, et la pente kilométrique moyenne s'élève à $27^{m},98$, sur une longueur de

[1] Voyez la carte ci-contre et le profil en long de la rigole.

# AQUEDUC ROMAIN D'ARCUEIL

## RIGOLES SECONDAIRES ET AMORCE DE L'AQUEDUC PRINCIPAL



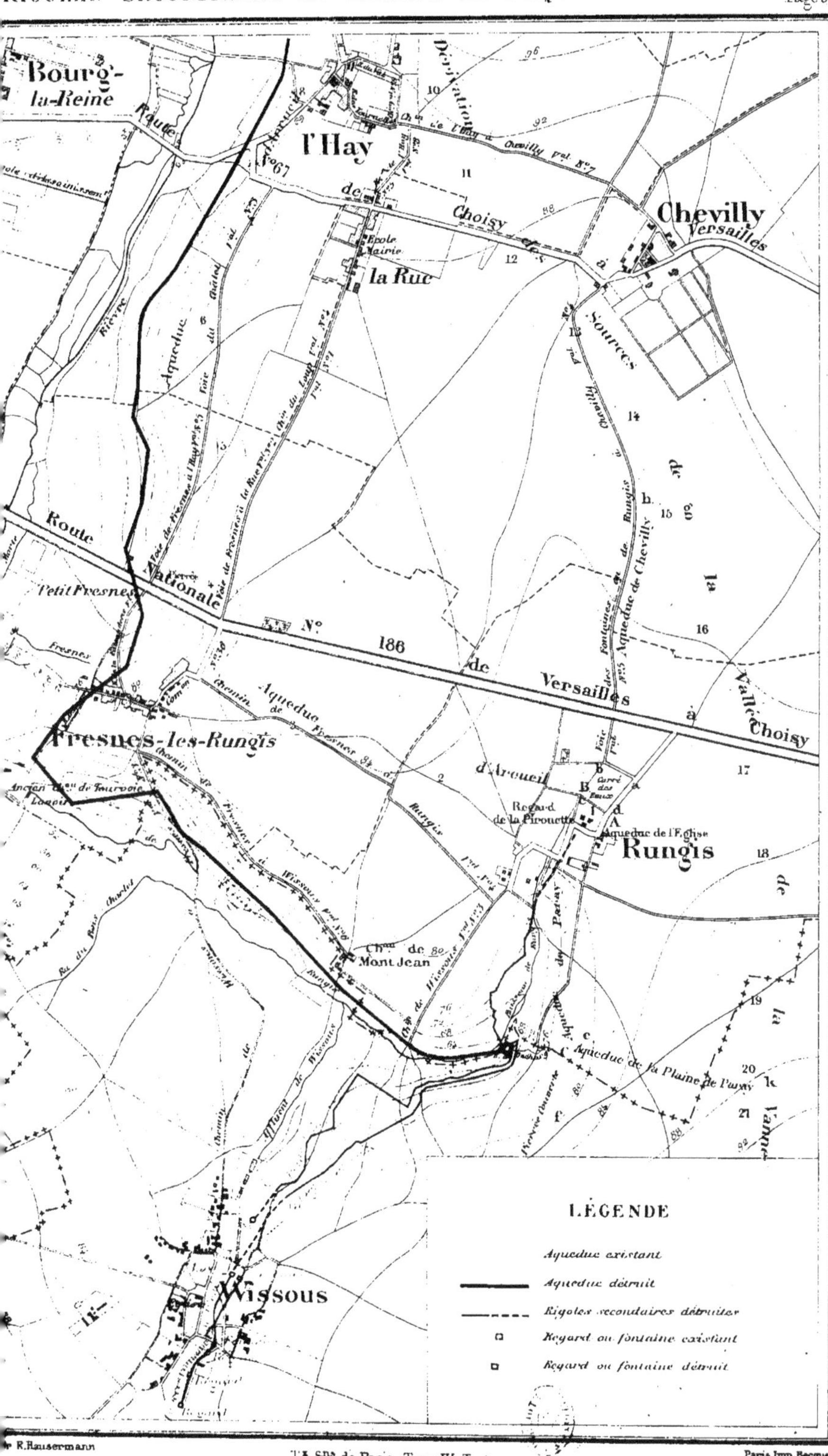


R. Hausermann



Paris Imp. Becquet

265 mètres jusqu'au point *n;* entre ce point et le regard D, elle s'abaisse à 2$^{m}$,04 sur une longueur de 679 mètres.

Voici la coupe de la rigole dans sa partie supérieure à pente rapide : sa section est celle d'un trapèze ayant 0$^{m}$,40 de largeur dans sa partie supérieure, 0$^{m}$,25 au niveau du radier et 0$^{m}$,30 de hauteur. Les épaisseurs correspondantes des pieds-droits sont 0$^{m}$,30 et 0$^{m}$,375 ; celle du radier 0$^{m}$,30. Cette cunette, qui est assez profondément enterrée, est recouverte d'une dalle de 0$^{m}$,10 d'épaisseur.

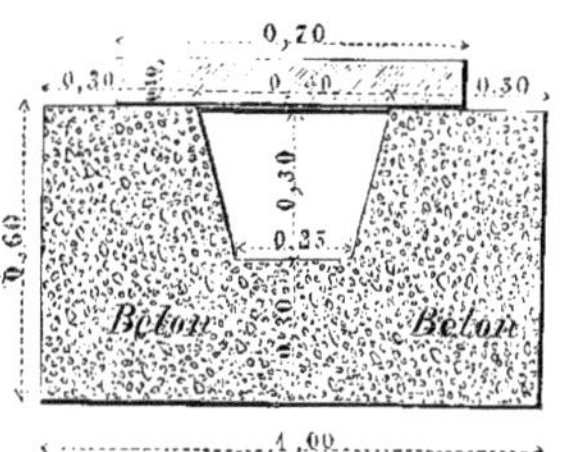


La rigole est entièrement construite en béton, qui est devenu très-dur. Sa paroi intérieure est revêtue d'un enduit en mortier de chaux et de ciment de tuileau très-fin. Cet enduit est recouvert entièrement, ainsi que le dessous de la dalle, d'un mince dépôt de carbonate de chaux. Je suis assez disposé à croire que ce dépôt provient du lavage, par les eaux extérieures, du béton de l'aqueduc : le sol étant imperméable, les eaux devaient facilement remplir la tranchée jusqu'au niveau de la dalle et pénétrer dans

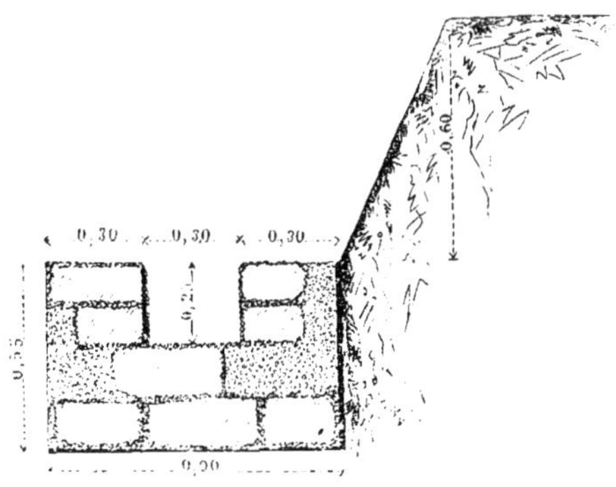

la cunette. Il en est ainsi dans l'aqueduc de la Dhuis : les eaux extérieures, dans la traversée des marnes vertes, ont fait craquer l'enduit en beaucoup de points, et au-dessous de chacune de ces petites fissures capillaires, on constate l'existence d'une légère couche de carbonate de chaux.

Dans la partie à faible pente, la cunette est rectangulaire et de $0^{m},30$ de largeur sur $0^{m},25$ de hauteur. Les pieds-droits et le radier ont uniformément $0^{m},30$ d'épaisseur. Il n'y a pas de couverture en dalle : l'eau coulait à ciel ouvert ; l'ouvrage est irrégulièrement construit en pierre brute du pays et en béton, comme l'indique le croquis qui précède. Cette maçonnerie est moins bonne que le béton et paraît d'origine plus récente ; les parois sont dégradées sur beaucoup de points ; l'enduit et, à plus forte raison, le dépôt de carbonate de chaux ont disparu.

*Troisième rigole. De la source de Wissous à l'aqueduc principal.* Cette rigole, à partir du parc de M. Vallée, suit la ligne brisée M*po*D de la carte ; elle longe le ruisseau de Wissous jusqu'au point *p*, et de là gagne le regard D*p*, en suivant la rive gauche du ruisseau de Rungis ; sa pente est dirigée en sens inverse de celle de ce cours d'eau.

Il paraît bien certain qu'avant de dériver les sources de Chilly, les Romains s'étaient contentés de la petite source de Wissous, qui coule encore dans le parc de M. Vallée[1] et qui, le jour de ma visite, le 27 novembre 1875, en temps de basses eaux, débitait environ 120 mètres cubes d'eau par vingt-quatre heures[2]. En effet, la rigole n° 3 est de très-petite dimension. Sa plus grande largeur est de $0^{m},17$, mais presque partout elle est réduite à $0^{m},12$ ; elle ne pouvait donc conduire une grande quantité d'eau et s'est trouvée insuffisante lorsqu'on a voulu dériver à Lutèce les sources de Chilly.

Le petit aqueduc ne portait pas habituellement, dans la saison

[1] Ce parc s'étend entre les lettres LM*m* de la carte.

[2] Voici l'inscription qu'on lit, hors de la propriété de M. Vallée, au-dessus de la conduite de cette source :

FONTAINE 19 FÉVRIER 1767.

# PLAN DU REGARD D

## (AQUEDUC ROMAIN D'ARCUEIL)

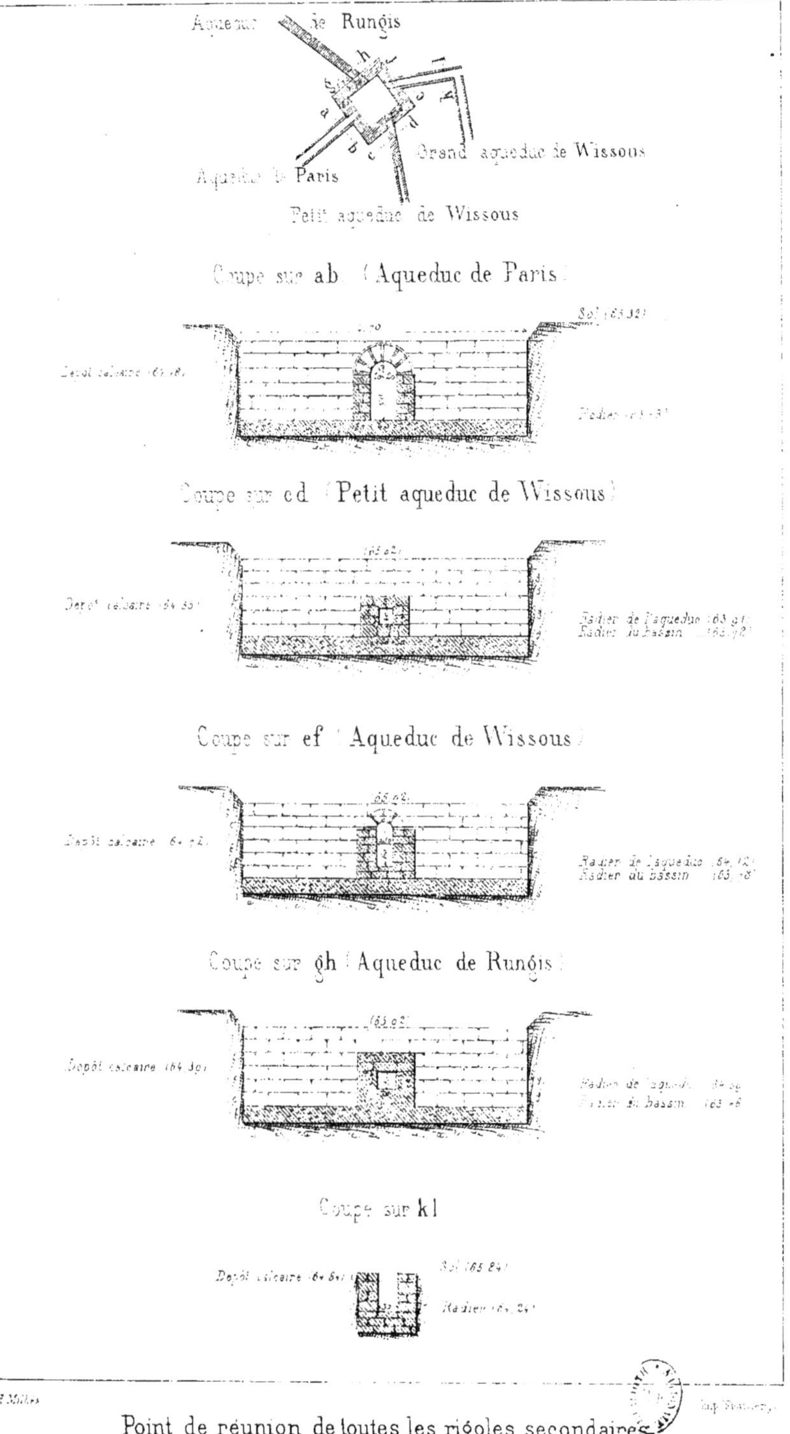


Point de réunion de toutes les rigoles secondaires.
Tête de l'aqueduc Romain d'Arcueil.

humide, plus de sept litres d'eau par seconde[1], 605 mètres cubes par vingt-quatre heures. C'est sans doute ce que donnaient alors la source de M. Vallée et plusieurs autres petites sources du voisinage.

Si les Romains avaient fait un projet d'ensemble pour dériver les sources de Chilly et celle du parc de Wissous, ils n'auraient construit qu'une seule rigole suffisamment grande et ils auraient ainsi réalisé une assez forte économie, puisqu'il aurait suffi pour cela d'élargir convenablement le radier d'une des rigoles. C'est donc plus tard, lorsque le développement de leurs besoins l'a exigé, qu'ils ont construit la pierrée des sources de Chilly jusqu'à Wissous, et qu'ils l'ont reliée à l'aqueduc principal par la deuxième rigole.

La pente moyenne kilométrique de la rigole est très-forte dans sa partie supérieure; à partir du mur du parc de M. Vallée où nous l'avons mise à découvert, sur une longueur de 337 mètres, elle est de $23^{m},50$; depuis ce point jusqu'au regard D, sur une longueur de 1409 mètres, elle s'abaisse à $1^{m},54$.

Il est difficile de dire quelle était sa longueur exacte, parce-qu'elle se soude probablement à la deuxième rigole dans le parc de M. Vallée, où nos explorations n'ont pu s'étendre. Mais elle se prolongeait certainement jusqu'à la source M de ce parc et, entre cette source et le regard D, sa longueur est de 1746 mètres.

Nous avons mis cette rigole à découvert sur plusieurs points. Les croquis suivants représentent la coupe de cet ouvrage sur le

[1] Voici le détail du calcul. Entre les profils n$^{os}$ 14 et 70, sur une longueur de 475 mètres, la pente est de $0^{m},00087$ par mètre; il existe dans la cunette un dépôt de carbonate de chaux de $0^{m},20$ de hauteur égale à celle de l'eau dans la saison humide; la largeur de la cunette est de $0^{m},12$.

En appliquant la formule de Prony à ces données, on trouve :

Section de l'aqueduc : $\omega = 0^{m},12 \times 0^{m},20 = 0^{m},024$.

Périmètre mouillé : $\chi = 0^{m},52$.

Rayon moyen : $R = \frac{\omega}{\chi} = 0^{m},04615$.

Pente par mètre : $i = 0^{m},00087$.

$Ri = 0^{m},000042$; d'où vitesse moyenne : $v = 0^{m},30$.

La portée par seconde de l'aqueduc était donc : $Q = \omega \times v = 0^{m},007$.

premier ; sa largeur est de 0m,12, et sa profondeur de 0m,30 ; ces dimensions se retrouvent presque partout ; seulement, dans la partie basse, où la pente est plus petite, la profondeur varie de 0m,35 à 0m,40.

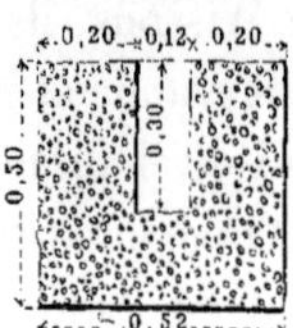


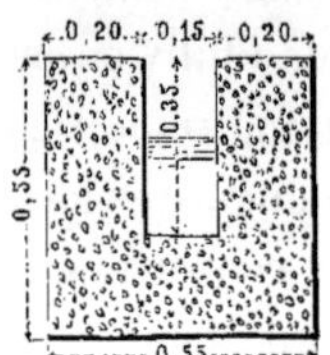


Dans l'autre coupe, la largeur de la cunette est de 0m,15. Est-ce une faute de construction ? C'est assez probable, car rien ne justifie cet élargissement au milieu du tracé de la rigole.

Les pieds-droits et le radier sont construits en béton qui, généralement, est devenu très-dur ; ils ont uniformément 0m,20 d'épaisseur, y compris le petit enduit en ciment.

*Quatrième rigole et pierrée de Paray, entre les sources du groupe de Rungis et le regard D.* — Les sources qui alimentent l'aqueduc moderne, sont au nombre de quatre : la principale jaillit au point B, dans ce qu'on appelle *le grand carré ;* la seconde, qui émerge au point A, porte le nom de *source de l'Église ;* la troisième, située au point *e*, est *la source de la Pirouette* et la quatrième, située au point C, est désignée sous le nom *de source de Paray*.

La rigole, mise au jour par nos fouilles, ne dérivait que trois de ces sources, celles du Grand-Carré, de l'Église et de la Pirouette ; ces deux dernières coulent encore aujourd'hui dans l'ouvrage romain entre les points A, B et *e* ; cette partie du tracé de la rigole de Rungis est donc rigoureusement déterminée.

A partir du regard *e* de la Pirouette le tracé est établi d'abord à flanc de coteau et s'écarte du thalweg du ruisseau de Rungis, sur une longueur d'environ 900 mètres; puis il change brusquement de direction et gagne à angle droit le thalweg, qu'il atteint en se soudant à l'aqueduc principal au regard D.

Ce tracé est très-singulier : la tête D de l'aqueduc principal, qui est sur le thalweg, étant donnée, le tracé le meilleur était en même temps le plus simple; il fallait se tenir, à partir du point *e*, à une petite hauteur au-dessus du ruisseau de Rungis, ce qui conduisait, par une courbe très-régulière, au regard D. En s'écartant, comme il l'a fait, du fond de la vallée, l'ingénieur romain paraît avoir voulu ménager la pente pour se diriger vers Lutèce, sans revenir au fond de la vallée, ce qui ne lui permettait plus de prendre les sources de Chilly et de Wissous. On semblait donc, en commençant le travail, se contenter des sources de Rungis.

Le profil en long de la rigole de Rungis est rapporté entre le point B, où se réunissent les sources de l'Église et du Grand-Carré, et le regard D de l'aqueduc principal; l'altitude du point de départ est $74^{m},85$, celle du point d'arrivée $64^{m},12$. La pente kilométrique est donc énorme : à partir du point E, elle varie de $7^{m},81$ à $15^{m},40$; sa moyenne est $10^{m},15$.

La longueur totale du tracé, entre le point B et le regard D, est de 1186 mètres; la pente totale, sur cette petite longueur, est de $10^{m},73$.

La rigole a été mise à découvert en cinq points; les coupes sont dessinées sur le profil en long, ce qui me dispense de les reproduire ici. La cunette a $0^{m},30$ de largeur et une hauteur comprise entre $0^{m},30$ et $0^{m},50$, l'épaisseur de ses pieds-droits et de son radier varie de $0^{m},30$ à $0^{m},40$. Elle est couverte d'une dalle au-dessus de laquelle s'élève une couche de béton. Elle est elle-même construite tantôt en béton, tantôt en pierre siliceuse du pays; dans ce dernier cas, la maçonnerie est de très-médiocre qualité : c'est probablement d'une réparation.

*Pierrée de Paray*. Le regard, où se réunissent les sources de Paray, est indiqué sur le plan par la lettre C. Cet ouvrage, construit du temps de Louis XIV, est situé à 1009 mètres du Grand-Carré, en suivant le tracé de l'aqueduc, et à 300 mètres du regard D. Tous les auteurs, faute d'avoir connu ce dernier ouvrage, ont supposé que la rigole de captation construite par les Romains se dirigeait vers le Grand-Carré. C'est une erreur; elle gagnait en ligne droite le regard D; on voit, à partir du point C, une pierrée de 124 mètres de longueur, qui suit cette direction en descendant vers le regard D et qu'on considérait jusqu'ici comme une décharge de l'aqueduc de Paray. C'est bien certainement ce qui reste de l'ouvrage romain qui conduisait la source au regard D. Une partie a été restaurée récemment et remplacée par un tuyau en poterie de 90 mètres de longueur.

Les ouvrages de captation des sources de Rungis étaient donc les suivants :

| | | | MÈTRES |
|---|---|---|---|
| Rigole dallée | Le long du Grand-Carré. . . . | 132 | 1318 |
| | Entre le point B et le regard D. | 1186 | |
| Pierrée des sources de Paray. . . . . . . . . . . . . | | | 300 |
| Longueur totale. . . . . . . . . | | | 1618 |

Cette longueur ne comprend pas celle des travaux de captation des sources du Grand-Carré, qui ont sans doute été détruits vers 1613, lorsqu'on a construit l'aqueduc moderne.

Les Romains avaient donc énergiquement drainé la nappe d'eau du plateau compris entre la Seine, l'Orge, l'Yvette et la Bièvre. Leurs rigoles de captation existent encore et s'étendent entre Chilly et Rungis, sur 8550 mètres de longueur dans les parties explorées par nous. Sur cette longueur, ils n'ont pas négligé une seule source; comme le fait observer M. Jollois, ils prenaient, en passant, les sources du village de Fresnes qui jaillissent à peu de distance du tracé de la rigole principale et, en outre, celles qui, entre l'Hay et Rungis, descendent dans l'aqueduc moderne, sur la pente du coteau connu sous le nom de Long-Boyau.

C'est même en ce point que Sully, guidé sans doute par d'anciennes traditions, fit, en 1609, chercher d'abord les sources captées par les Romains.

Les pierrées, qui drainent le coteau du Long-Boyau, sont indiquées sur le plan général : ce sont des ouvrages à pierres sèches, qui n'ont que $0^m,16$ de largeur et $0^m,50$ de hauteur environ, et, par conséquent, dans lesquels il est impossible de pénétrer. On les a mis à découvert, sur quelques mètres de longueur, en construisant l'aqueduc de la Vanne ; rien n'indique qu'ils soient d'origine romaine : on a fait des travaux semblables dans tous les temps.

*Point de départ de la rigole principale.* — Les rigoles se réunissent, comme il a été dit ci-dessus, dans un regard D situé sur le thalweg même de la petite vallée de Rungis, à 1186 mètres du premier regard de l'aqueduc moderne.

Nous avons mis cet ouvrage entièrement à découvert ; j'en ai fait graver, sur la carte ci-contre, le plan avec les coupes des trois rigoles secondaires qui y débouchent et celle de la rigole principale qui s'en détache.

Ce regard a la forme d'un carré dont le côté extérieur a $4^m,70$ de longueur et le côté intérieur $3^m,10$. Les parements sont construits en petits moellons soigneusement appareillés, suivant l'usage des Romains. L'enduit intérieur est en mortier de chaux et de ciment de tuileau broyé très-fin. L'origine romaine de ce regard n'est donc pas douteuse ; nous avons eu le tort de ne pas faire cribler les terres, nous aurions certainement trouvé des médailles romaines qui auraient fait connaître peut-être la date précise de la construction. L'eau y était d'ailleurs à ciel ouvert, comme dans tout le reste de l'aqueduc.

Les auteurs, qui ont écrit sur l'aqueduc romain d'Arcueil, n'ont point eu connaissance de ce regard D, qui est la véritable tête de la rigole principale. Ils ont tous admis que cette rigole partait du Grand-Carré de Rungis, comme l'aqueduc moderne. D'après ce qui a été dit ci-dessus, cela n'était pas possible puisque, la source de Wissous, qui coule encore dans le parc de M. Vallée, émerge à *l'altitude* 70 *mètres* environ, et, par conséquent, ne pouvait être conduite ni au Grand-Carré dont le premier regard est à *l'altitude* 75$^{m}$,12, ni même à la rigole de la source de l'Église dont le radier, au point B, est *à l'altitude* 74$^{m}$,85; il était très-difficile à cette époque de dériver au Grand-Carré les sources de Chilly qui sont à l'altitude 75$^{m}$,40.

C'est certainement par cette raison que les Romains ont établi à l'altitude 64$^{m}$,12 le regard D, où se réunissent toutes les rigoles secondaires, et qu'ils ont perdu volontairement 10$^{m}$,73 de pente sur une longueur de 1186 mètres.

*Tracé de la rigole principale.* — La rigole, qui portait à Lutèce l'eau des quatre groupes de sources décrits ci-dessus, sortait donc du regard D, point de réunion de toutes les rigoles secondaires. Son tracé est des plus simples ; comme l'eau coulait à ciel ouvert, on ne pouvait beaucoup s'enfoncer dans le sol, ni, par conséquent, obtenir des raccourcis par des tranchées profondes. L'ouvrage, d'un autre côté, n'était pas assez important pour être supporté par de dispendieuses arcades ou même par des substructions. On n'a construit qu'un seul pont-aqueduc, celui d'Arcueil qui était d'ailleurs indispensable; en outre, l'ingénieur romain, ayant perdu la plus grande partie de la pente dont il disposait à partir des sources de Rungis pour conduire facilement toutes les sources jusqu'au regard D, ne pouvait diminuer la longueur de la rigole en faisant varier les pentes, il a donc suivi toutes les inflexions de terrain en se tenant aussi près que possible de la surface du sol.

Nous avons mis l'aqueduc à découvert sur un nombre de points suffisants pour fixer complétement le tracé.

La rigole se tient d'abord à flanc de coteau, sur une longueur de 2931 mètres, à droite du ruisseau de Rungis jusqu'au chemin de Fresnes à Antony, où elle entre dans la vallée de la Bièvre. Elle se développe par une courbe très-régulière autour du coteau de Rungis jusqu'au chemin de Wissous, puis elle se dirige presqu'en ligne droite de ce chemin à la ruelle des Thibaudes au bas de Fresnes, en traversant le verger et le parc du château de Montjean. Le tracé est, au contraire, très-contourné entre la ruelle des Thibaudes et la grande route nationale n° 186. Entre ces deux points, il se développe autour du cap aigu sur lequel est bâti le village de Fresnes, et, d'après ce qui a été dit ci-dessus, il était difficile de le raccourcir en coupant ce cap.

Entre le chemin de Fresnes à Antony et le pont aqueduc d'Arcueil, sur une longueur de 5207 mètres, le tracé se tient à flanc de coteau sur la rive droite de la Bièvre ; à partir de la route nationale n° 186 jusqu'en face du village de Cachan, il est très régulier et se rapproche beaucoup de l'aqueduc moderne. Le coteau, sur lequel il se développe, est peu incliné jusqu'au village de l'Hay, mais, à partir de ce village, la pente du coteau devient plus rapide, la vallée de la Bièvre se retrécit : c'est la localité connue sous le nom de *Long-Boyau*. La rigole romaine contourne le village de Cachan par une courbe très-régulière et arrive à la pointe du contre-fort d'Arcueil côte à côte avec l'aqueduc moderne ; c'est le point le plus étroit de cette vallée. L'ingénieur romain l'a naturellement choisi pour faire passer sa rigole de la rive droite à la rive gauche, c'est-à-dire du côté de Paris. L'ingénieur de Marie de Médicis a fait de même : son aqueduc passe à quelques mètres des ruines de la rigole romaine ; je ne pouvais mieux faire que de suivre le même tracé et l'aqueduc de la Vanne s'élève à 18 mètres au-dessus de celui de Marie de Médicis, sur lequel il s'appuie.

Il ne reste plus qu'un pan de mur de la haute substruction qui supportait la rigole romaine sur une longueur de 330 mètres environ au-dessus de la vallée de la Bièvre. Cette ruine se voit dans la propriété de madame Besson, à quelques mètres de l'aqueduc moderne.

La photogravure du chapitre IX fait voir les trois aqueducs dans la traversée de la vallée de la Bièvre. La ruine romaine est facilement reconnaissable à son appareil de petits moellons alternant avec des assises de longues briques. La rigole n'existe plus au-dessus de la substruction; elle s'élevait presqu'à la même hauteur que la cunette de l'aqueduc moderne.

L'aqueduc romain passe sous l'aqueduc moderne à 25 mètres de l'extrémité d'aval du pont d'Arcueil, entre les piles 45 et 46 du pont aqueduc de la Vanne.

L'altitude du radier est $58^{m},85$, celle du radier de l'aqueduc moderne est $60^{m},16$; la différence $1^{m},31$ prouve que ce dernier ouvrage a été construit sans toucher à l'ouvrage romain au point de croisement, ce qui a eu lieu en effet. On a pris simplement la précaution de remplir la rigole d'un grossier blocage de moellons. Entre le regard D et le point de croisement, la rigole se tient à gauche de l'aqueduc, et c'est à partir de ce point qu'elle passe à droite.

A 39 mètres plus loin, on la retrouve dans le jardin de M. Sanson, à $0^{m},80$ à droite du regard n° XIV de Marie de Médicis. Depuis le pont-aqueduc jusqu'à la rue de la Glacière, avant les fortifications, les deux aqueducs se développent très-voisins l'un de l'autre et suivant un tracé très-peu contourné. La longueur de la rigole, depuis le point de croisement jusqu'à la rue de la Glacière, est de 2349 mètres.

Elle se retrouve en divers points d'Arcueil, notamment dans la propriété de M. Alphonse Lavenaut, architecte, qui l'a renfermée sous une grotte et chez M. Rabot, rue de Gentilly, un peu en amont du parc du marquis de Laplace. Le tracé traverse la partie basse de ce parc et, en quittant cette propriété, coupe la route n° 75; là on voit la rigole au pied du mur de clôture de la propriété de M. Daruble, à 66 mètres de l'aqueduc moderne. On en retrouve encore deux autres traces avant de quitter le territoire d'Arcueil.

A partir de la rue de la Glacière, la rigole s'éloigne de l'aqueduc pour contourner, par une longue courbe, la butte de Montsouris, puis les deux canaux se rapprochent et se coupent quatre fois dans la traversée du parc, un peu au-dessous du chemin de fer de Sceaux ; ils reprennent ensuite leurs positions et passent sous le chemin de fer, l'aqueduc se tenant à gauche et la rigole à droite ; leur tracé devient presque rectiligne à partir de la rue de la Tombe-Issoire. L'aqueduc moderne laisse l'Observatoire à droite et s'arrête au bord de l'avenue ; la rigole romaine continue son chemin en se tenant sous les maisons de la rue du Faubourg-Saint-Jacques et de la rue Saint-Jacques jusqu'à l'emplacement de l'église Saint-Benoît[1], d'où probablement elle se dirigeait vers le palais des Thermes.

Depuis la rue de la Glacière, avant les fortifications (profil n° 57), jusqu'au boulevard Arago, près de l'Observatoire, sur une longueur de 2580 mètres, le tracé est déterminé par cinq points où la rigole a été mise à découvert, d'abord à l'intérieur des fortifications, dans la rue de la Glacière, puis à l'avenue Reille, à la rue d'Alésia et à la rue Broussais.

M. Vacquer, architecte attaché aux travaux historiques, nous a désigné le point où le tracé coupe la rue de la Tombe-Issoire ; la rigole y a été trouvée autrefois au fond d'une fouille d'égout, mais elle n'est plus visible aujourd'hui.

Les travaux de construction des boulevards Saint-Jacques et Arago l'ont mise à découvert presque dans la ligne méridienne de l'Observatoire.

A partir de là jusqu'au palais des Thermes, nous ne connaissons plus que deux repères de l'aqueduc, l'un rue Saint-Jacques, au carrefour de la rue Gay-Lussac, où ses restes ont été mis à découvert dans nos fouilles, l'autre dans la même rue, près de l'emplacement de l'ancienne église Saint-Benoît, dont il vient d'être question. C'est probablement ce dernier repère qui, suivant Corrozet, a été découvert près de la porte Saint-Jacques « l'année « qu'on fit les rempars et bastions à Paris, pour résister à la

[1] Les derniers vestiges de cette église ont disparu il y a une vingtaine d'années.

« venue de l'empereur Charles V ». Il n'est plus visible aujourd'hui et on ne connaît plus de traces de cet ouvrage jusqu'au palais des Thermes.

*Longueur de l'aqueduc.* — Voici la longueur de l'aqueduc principal et de ses ramifications.

| | MÈTRES |
|---|---|
| Longueur de la rigole principale entre le regard D et le boulevard Arago | 14 067 |
| A partir de ce point jusqu'au palais des Thermes, il n'est pas possible de déterminer cette longueur avec autant de précision; il est présumable qu'elle est égale à | 1 990 |
| et qu'ainsi sa longueur totale entre le regard D et le palais des Thermes est de | 16 057 |
| RIGOLES SECONDAIRES : | |
| Pierrées de Chilly à Wissous | 3 486 |
| Grande rigole de Wissous | 1 700 |
| Petite rigole | 1 746 |
| Rigole de Rungis | 1 318 |
| Pierrée de Paray | 300 |
| Longueur totale des rigoles secondaires | 8 550 |
| Longueur totale de l'aqueduc et de ses ramifications | 24 607 |

Cette longueur ne comprend ni les ouvrages qui servaient à la captation des sources du Grand-Carré, ni les pierrées des sources du Long-Boyau, ni celles du parc de Chilly et du petit Chilly.

*Section de l'aqueduc.* — La photogravure ci-contre représente la coupe transversale de la rigole romaine découverte dans les fouilles de l'avenue Reille, près du parc de Montsouris. C'est Bonamy qui va en faire la description comme s'il avait eu entre les mains cette image, gravée cent-vingt-cinq ans après la publication de son Mémoire.[1] « C'est une rigole formée de trois

[1] C'est d'après les restes de l'aqueduc trouvé par M. Geoffroy à Arcueil que Bonamy a fait la description. Voyez ci-dessus page 36.

plains-droits, l'inférieur horizontal et les deux autres verticaux ;

cette rigole a treize pouces ($0^m,35$) de large et dix-neuf ($0^m,51$)

de profondeur; l'épaisseur de ses côtés est de quatorze pouces (0$^{m}$,38) ou environ, et celle de son fond est de douze (0$^{m}$,32) à treize pouces (0$^{m}$,35); elle est construite d'un massif composé de chaux, de pierre à fusil et de cailloux de vigne, et enduite d'un ciment fin et encore assez blanc[1] qui s'étend depuis le fond jusque pardessus ses bords arrondis; ce qui, selon M. Geoffroy, prouve qu'en cet endroit elle n'étoit pas couverte de dalles de pierre, et que par conséquent l'eau y couloit à découvert. »

La photogravure fait voir, en outre, l'ancien sol qui est précisément au niveau de la partie supérieure de la rigole, et les remblais qui se sont accumulés au-dessus : dans l'origine, la rigole était construite à fleur du sol.

La description de Bonamy s'applique aux cinquante-quatre profils de l'aqueduc que nous avons déblayés. Je dois dire que la profondeur de la cunette n'est pas uniforme : elle varie de 0$^{m}$,45 à 0$^{m}$,60, de 1,1/2 à 2 pieds romains. Au profil n° 46, en aval du pont-aqueduc d'Arcueil où elle est réduite à 0$^{m}$,45, elle devait être insuffisante en temps de crue, car elle est surmontée par deux petits bourrelets inclinés à 45°, qui empêchaient sans doute l'eau de s'épancher par dessus les bords.

En examinant les profils en travers rapportés au bas du profil en long, on remarque, au fond de la cunette, deux banquettes rudimentaires de 0$^{m}$,05 de largeur, qui lui donnent la forme indiquée sur le croquis ci-contre. Ces banquettes manquent dans la photogravure qui précède, mais on les retrouve sur la plupart des autres sections transversales rapportées sur le profil en long.

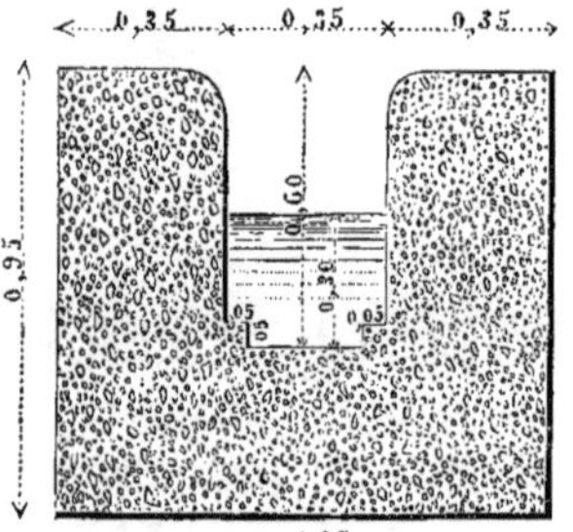


M. Jollois a supposé que ces banquettes ont été faites dans le but de faciliter les nettoyages. C'est difficile à admettre : on

[1] L'enduit est un mortier de ciment de tuileau; il est rougeâtre et non pas blanc.

marche mal sur des banquettes de 0m,05 de largeur. Cette singulière disposition est tout simplement le résultat d'une petite mal façon et du mode de construction de l'ouvrage.

Lorsque la tranchée était ouverte et bien dressée, suivant le profil ABCD, on étalait au fond la couche de béton du radier, et on la dressait en la comprimant avec une planche E, qui faisait refluer le béton à droite et à gauche. Puis, pour maintenir le béton des pieds-droits, on posait deux autres planches verticales G et F, étrésillonnées d'une manière quelconque, par

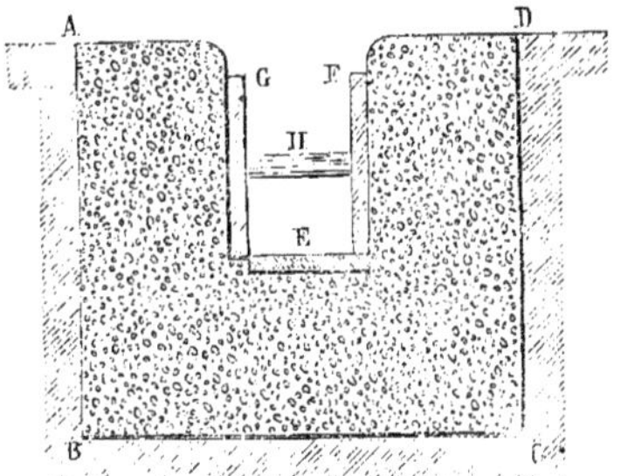


exemple, par une traverse H. Si la planche qui couvrait le radier avait 0m,35 de largeur, la petite banquette était supprimée, comme on le voit sur le côté droit de la figure et sur la photogravure. Si elle s'étendait seulement jusqu'au parement extérieur du plateau vertical qui soutenait le béton du pied-droit, comme on le voit sur le côté gauche G de la figure, la banquette se moulait. J'ai fait des aqueducs en béton par ce procédé, et ces deux cas se sont présentés; seulement j'avais grand soin d'enlever les rudiments de banquette lorsque par hasard il s'en rencontrait.

La rigole a été mise à découvert sur 54 points. Elle est intacte et bien conservée en 23 de ces points, et plus ou moins dégradée aux autres emplacements. Dans cinq fouilles, on n'a trouvé que le radier.

En général, le béton est d'une dureté très-remarquable. Il y a cependant quelques exceptions, notamment aux profils 7, 8 et 9; la rigole y a été construite dans des éboulis de marnes vertes, qui, plus tard, ont continué à glisser en l'entraînant sur la pente du coteau. La compression des glaises a été telle, que le béton a été disloqué et fissuré sur toute la longueur comprise entre ces trois profils. Au profil n° 7, situé au bord du fossé du parc de Montjean [1], une moitié du radier a été soulevée; les deux pieds-droits du profil n° 8 se sont rapprochés par le bas et ont pris la forme d'un V; la maçonnerie du profil n° 9 est complétement disloquée, etc.

Le béton est presque partout recouvert d'un enduit de ciment de tuileau posé avec un grand soin, car il adhère généralement au béton en faisant corps avec lui, ce qui se voit rarement lorsque la maçonnerie est exposée à l'action des agents extérieurs. Cet enduit est composé de deux parties : dans celle qui touche au béton, le ciment de tuileau est grossièrement écrasé ; dans la partie extérieure, il est broyé très-fin. On ne voit aucune solution de continuité entre ces deux parties de l'enduit.

A certains profils, notamment au profil n° 12, l'enduit manque, et on est certain qu'il n'a jamais existé, car le petit sédiment de carbonate de chaux formé par l'eau s'est déposé sur le béton même, qui n'est pas moins dur et moins bien conservé dans ce profil qu'aux autres points découverts par nous. C'est une preuve que le mortier employé était très-hydraulique, car un mortier de chaux grasse, qui n'aurait pas été protégé par un enduit, aurait rapidement perdu toute sa chaux, dès que l'eau aurait été introduite dans la rigole. Les Romains faisaient donc leur chaux, non pas avec le calcaire grossier d'Arcueil qui leur aurait donné de la chaux grasse ou maigre, suivant les bancs choisis, mais non hydraulique. Ils employaient les bancs marneux ou calcaires de Saint-Ouen ou de Champigny qui, on le sait aujourd'hui, donnent des chaux très-hydrauliques, et même des ciments. Il y a peu d'années encore, on croyait qu'il n'existait pas de bons calcaires à chaux hydraulique autour de Paris.

[1] C'est au profil n° 7 que se trouve le premier point de l'aqueduc vu par M. Jollois. Sa description, qui est très-exacte, mérite d'être rapportée ici : « Elle (la rigole) était recouverte d'environ 15 à 20 centimètres de terre..... elle est entière, sauf le radier qui a été dégradé, les parois en sont intactes ; mais toute la rigole, qui est assise sur un sol glaiseux, s'est enfoncée dans le sol, et s'est déversée de telle sorte que la paroi de gauche a dévié d'une manière notable de la verticale, tandis que la paroi de droite est un peu en surplomb, etc. »

*Profil en long.* — L'altitude du radier de la rigole au regard de départ D est.. . . . . . . . . . . . . . . . . . $64^{m},12$
et au boulevard Arago. . . . . . . . . . . . . . . . $57^{m},57$

La pente totale est donc de.. . . . . . . . . . . . . . $6^{m},55$

La longueur de l'aqueduc, entre ces deux points, étant de 14 067 mètres, la pente kilométrique moyenne du radier est égale à $\frac{6^{m},55}{14,067} = 0^{m},465$; mais il s'en faut de beaucoup que cette pente soit régulière[1]. Voici, en effet, les pentes moyennes kilométriques qui existent entre les points les plus importants de l'aqueduc[1] :

Vallée du ruisseau de Rungis, entre le regard D et le profil n° 13 *bis*, long. 3113 mètres, pente kilométrique. $0^{m},781$

Vallée de la Bièvre, rive droite, entre le profil n° 13 *bis* et la sortie du pont-aqueduc d'Arcueil, profil n° 44, longueur 5985 mètres, pente kilométrique. . . . $0^{m},476$

Vallée de la Bièvre, rive gauche, entre le profil n° 44 et le boulevard Arago, profil n° 63, longueur 4969 mètres, pente kilométrique. . . . . . . . . . . . $0^{m},255$

Les pentes de la rigole d'Arcueil sont donc irrégulières comme celles de la plupart des aqueducs romains[1].

Nous ne connaissons pas les pentes partielles avec la même certitude : entre le regard D et l'aqueduc d'Arcueil, la rigole est souvent construite dans des éboulis de marnes vertes, terrain glaiseux sans consistance, qui a continué à glisser sur la pente du coteau depuis la construction de l'aqueduc. Entre les ruines du pont aqueduc d'Arcueil et Paris, la rigole est suspendue au-dessus des nombreuses exploitations souterraines du calcaire

[1] Voici ce que dit M. Jollois des pentes de la rigole romaine et de l'aqueduc moderne : « La pente de la rigole romaine est régulière et de $0^{m},001$ par mètre, ainsi que nous l'avons constaté ; celle de l'aqueduc de Marie de Médicis est des plus irrégulières, offrant en certaines parties un courant très-rapide et dans d'autres des eaux presque stagnantes; ainsi, sous le rapport des pentes, l'avantage est du côté de la rigole romaine. »

En fait les pentes des deux aqueducs ne sont pas plus régulières l'une que l'autre. La pente moyenne de la rigole romaine est, d'après ce qui précède, de $0^{m},00046$ et non de $0^{m},001$ par mètre.

grossier, et son ancien niveau a été considérablement modifié par les effondrements de ces carrières. C'est ce qu'on reconnaît à la simple inspection des profils en long : on y constate de nombreuses contre-pentes qui n'auraient pas permis à l'eau de circuler dans la rigole.

Il n'est donc pas très-facile de reconnaître exactement quelle était, dans l'origine, la disposition des pentes. Néanmoins on reconnaît assez facilement les glissements ou les enfoncements de la cunette : en pareil cas la pente, apparente aujourd'hui, est d'abord beaucoup plus forte que la moyenne ; elle est ensuite, suivie d'une contre-pente.

Le regard D étant sur le thalweg même du ruisseau de Rungis, n'a pu être déplacé ; mais, entre ce point et le repère n° 13 *bis*, la rigole a glissé sur la pente du coteau avec les anciens éboulis de marnes vertes dans lesquels elle a été construite, et le profil en long est absolument bouleversé. Les altitudes du radier, inscrites sur ce profil, prouvent que si l'eau était introduite aujourd'hui dans la rigole restaurée dans sa position actuelle, elle se déverserait par-dessus les bords, aux points n^os^ 6, 8, 12 et 13.

Le profil 13 *bis* paraît en place ; il n'y a pas eu de grands glissements entre les profils 13 *bis* et 39 ; on voit bien, çà et là, quelques contre-pentes, mais qui ne dépassent pas celles qu'on remarque dans la plupart des aqueducs romains, et même des aqueducs modernes : en somme, malgré ces contre-pentes, l'eau aurait coulé partout dans ces parties de l'aqueduc. La rigole mise à découvert à l'extrémité du pont-aqueduc d'Arcueil est sur un terrain solide et, par conséquent, parfaitement en place ; de plus, la cote du radier a été vérifiée sur un repère connu. Le profil du boulevard Arago a pu s'enfoncer dans un sol sans consistance : il est au-dessus d'anciennes carrières du calcaire grossier qui ont été exploitées en souterrain. En admettant qu'il soit un peu descendu, cela ne modifierait pas sensiblement la pente moyenne.

Les pentes calculées ci-dessus, par grandes longueurs de l'aqueduc, sont donc déterminées par des repères qui n'ont pas beaucoup varié.

Les pentes partielles du profil en long sont, au contraire, très-incertaines à raison des glissements et des enfoncements dont les causes ont été exposées ci-dessus. On ne doit les considérer que comme de simples indications.

Mais l'irrégularité des pentes se démontre bien mieux par les variations de hauteur du sédiment calcaire déposé par l'eau dans la cunette de la rigole.

« M. Geoffroy[1] trouva, sur le fond de cette rigole, un ancien sédiment pierreux qui n'avoit que trois ou quatre lignes d'épaisseur, et qui étoit formé de six ou sept couches minces et très-compactes. Après avoir bien fait nettoyer cette dernière rigole de toute la terre dont elle étoit remplie, il reconnut, par une différence de couleur très-sensible dans les côtés verticaux, que l'eau y montoit autrefois à la hauteur de près de dix pouces ($0^m,27$). »

Sur la plupart des profils que nous avons pu relever, nous avons constaté l'existence du même sédiment. M. Jollois l'a reconnue également, et a admis que sa hauteur au-dessus du radier de la cunette était partout la même et de $0^m,20$. S'il en était ainsi, rien ne prouverait mieux l'uniformité de la pente. Mais M. Jollois n'a pas vu l'aqueduc sur un nombre suffisant de points; en réalité, la hauteur de ce dépôt n'est pas moins variable que la pente du radier. Cette dernière preuve de l'irrégularité des pentes est mise en évidence sur le tableau suivant, qui comprend tous les profils où la hauteur du dépôt a pu être constatée.

[1] Bonamy, mémoire précité; voyez ci-dessus, page 56, comment M. Geoffroy de l'académie des sciences découvrit l'aqueduc en 1732

| | | HAUTEUR DU SÉDIMENT AU-DESSUS DU RADIER. | | | HAUTEUR DU SÉDIMENT AU-DESSUS DU RADIER. |
|---|---|---|---|---|---|
| Profil n° | 3...... | 0m,06 | Profil n° | 27..... | 0m,15 |
| — | 7...... | 0m,50 | — | 28..... | 0m,21 |
| — | 8...... | 0m,50 | — | 32..... | 0m,30 |
| — | 9...... | 0m,44 | — | 34..... | 0m,30 |
| — | 10...... | 0m,51 | — | 38..... | 0m,30 |
| — | 11...... | 0m,50 | — | 46..... | 0m,30 |
| — | 13 *bis*.... | 0m,55 | — | 47..... | 0m,30 |
| — | 16...... | 0m,40 | — | 48..... | 0m,34 |
| — | 18...... | 0m,40 | — | 51..... | 0m,30 |
| — | 19...... | 0m,50 | — | 53..... | 0m,30 |
| — | 20...... | 0m,24 | — | 54..... | 0m,42 |
| — | 21...... | 0m,30 | — | 55..... | 0m,20 |
| — | 22...... | 0m,30 | — | 56..... | 0m,20 |
| — | 23...... | 0m,35 | — | 57..... | 0m,30 |
| — | 25...... | 0m,25 | Les dépôts n'ont pas été constatés entre les profils 58 et 63. | | |
| — | 26...... | 0m,21 | | | |

Ce tableau prouve que la hauteur du sédiment calcaire est absolument irrégulière, surtout entre les profils nos 3 et 19, et qu'ainsi la pente de l'aqueduc n'était pas uniforme et variait d'un point à l'autre. Entre les profils n° 20 et n° 57, cette hauteur est plus constante et se tient un peu au-dessus ou un peu au-dessous d'une moyenne de 0m,28 [1] : on voit néanmoins qu'il y a encore des variations notables de pente, notamment aux profils 20, 26, 27, 28, 54, 55 et 56.

C'est surtout, entre le pont-aqueduc et le profil n° 57, que se trouvent les points dont le niveau n'a pas dû varier. Au pont-aqueduc, le profil mis à découvert repose sur un terrain solide. Au profil n° 57, l'aqueduc est sur le bord même de la rue de la Glacière, ancien chemin sous lequel les excavations souterraines ont certainement été interdites. La pente entre ces deux points n'a donc pas varié et, de plus, elle était régulière comme l'indique la hauteur constante des dépôts. On a donc les éléments du calcul qui donne le débit moyen de l'aqueduc, savoir :

[1] Hauteur égale à celle que M. Geoffroy a constatée dans la partie de l'aqueduc découverte par lui en 1732.

La pente par mètre $i$. . . . . . . . . . . . . . . . . $0^{m},00022$
La section mouillée $0^{m},35 \times 0^{m},28$ =. . . . . . . . $0^{m},098$
Le périmètre mouillé $\chi$ =. . . . . . . . . . . . . . $0^{m},910$
Le rayon moyen $R = \frac{\omega}{\chi}$ =. . . . . . . . . . . . . . $0^{m},108$

En introduisant ces nombres dans la formule de Prony, on trouve facilement que la rigole, lorsque l'eau s'y élevait à la hauteur du dépôt, soit en moyenne à $0^{m},28$, débitait 23 litres d'eau par seconde, ou 1987 mètres cubes en vingt-quatre heures [1].

*Emploi de l'eau.* — L'eau de l'aqueduc était distribuée, en partie au moins, dans le palais des Thermes, et ce qu'il y a de singulier, c'est que la partie de cet édifice qui est encore debout aujourd'hui est précisément celle où se trouvaient les Thermes : tous les archéologues sont d'accord sur ce point. Je renvoie ceux qui s'intéressent aux recherches de ce genre, au beau Mémoire sur les antiquités romaines et gallo-romaines de Paris [2] de M. Jollois. La gravure ci-contre représente le plan de ce qui reste de l'édifice, et notamment la grande salle A.

« Cette salle, dit M. Jollois, donne à elle seule la plus haute idée de l'immense édifice dont il ne reste que des ruines. Elle a $21^{m},24$ de longueur dans œuvre, $11^{m},64$ de largeur, et une hauteur, sous voûte, de $14^{m},52$..... Dans la partie nord de cette salle est un enfoncement ($g$) de $9^{m},80$ de long et de $4^{m},90$ de large : c'est une piscine où l'on prenait le bain froid ou tempéré. On ne peut, en effet, douter de cette destination, en voyant le bassin

[1] Bonamy a commis ici une erreur grave. On a vu ci-dessus que M. Geoffroy avait constaté que la hauteur du dépôt était de 10 pouces ($0^{m},27$) et que la largeur de la cunette était de 13 pouces ($0^{m},35$) : ces nombres se rapprochent beaucoup de ceux qui servent de base à mon calcul et, la pente de la rigole étant donnée, conduiraient au même résultat. Bonamy conclut ainsi : « Par conséquent cette rigole pouvoit conduire près de 130 pouces d'eau (2500 mètres cubes en 24 heures) au palais des Thermes ; et l'on verra à la suite de ce mémoire que l'aqueduc moderne en a fourni quelquefois à peu près la même quantité. »

La section mouillée est bien en effet égale à 130 carrés d'un pouce de côté ; mais Bonamy a tort d'en conclure que le débit était de 130 pouces d'eau ; il a fait une faute de raisonnement analogue à celle de Rondelet, qui a déduit la portée des aqueducs de Rome des sections mouillées données par Frontin, sans connaitre la vitesse moyenne de l'eau.

[2] Voyez *Mémoires de l'Académie des inscriptions et belles lettres*, 1843, page 1 et suivantes.

dont le fond est au-dessous du niveau de la salle encore revêtu, ainsi que ses parois, de l'enduit qui le rendait étanche. »

L'eau y était conduite soit par l'aqueduc lui-même, soit par une dérivation *b c* dont il ne reste aucune trace. On n'en saurait douter, car on voit encore trois tuyaux *h*,*h*,*h* en terre cuite qui traversent le mur de la grande salle à la suite de l'emplacement que j'ai attribué à l'aqueduc *b c*. Quelques archéologues pensent que le puisard *c* était une sorte de réservoir qui alimentait le frigidarium. Cela n'est pas possible, car le radier de cette construction est à l'altitude 33$^{m}$,54, tandis que les tuyaux d'alimentation sont à l'altitude 38$^{m}$,47, c'est-à-dire à 4$^{m}$,93 plus haut. Ce puisard servait de décharge à l'aqueduc *b c* lorsqu'il n'alimentait pas la piscine et, ce qui le prouve, c'est qu'il est en communication avec un égout *d e* qui traverse les caves de l'édifice à l'altitude 33$^{m}$,13.

Cet égout est lui-même en communication avec la grande salle par un trou *f* garni d'un tuyau de décharge en poterie ; toute la surface de cette salle pouvait donc être couverte d'eau ; la différence d'altitude entre l'extrémité des tuyaux de conduite *h* et l'aire en béton de la salle est 1$^{m}$,21 : c'était la plus grande profondeur du bain de la grande salle. Dans la piscine *g*, destinée sans doute aux nageurs, la profondeur de l'eau pouvait être de 2$^{m}$,01 ; il va sans dire que les portes et fenêtres figurées sur le plan étaient murées au moins jusqu'à la hauteur des tuyaux *h*. Les escaliers sont modernes et il ne doit pas en être question ici.

L'égout *d e*, qui servait de décharge à l'aqueduc *b c* et au frigidarium, est construit de la même manière que la rigole d'Arcueil. A partir du point *e*, il est couvert de remblais et on perd sa trace.

M. du Sommerard m'a dit qu'on n'en connaît pas la continuation dans le mur du côté nord du palais, mais on est certain qu'il se prolongeait plus loin. Voici ce qu'en dit Bonamy :

« Ces souterrains (du palais des Thermes), qui sont assez bien conservés, sont traversés à angles droits par une rigole à deux banquettes, couverte d'un enduit de ciment et d'une construction semblable à celle des autres restes de rigole des environs d'Arcueil ; cette rigole avait sa décharge dans la rivière, vers l'endroit où l'on a bâti le petit Châtelet, et M. Beaussire, le père, architecte de la Ville, m'a assuré qu'on avait découvert, dans une cave d'une maison, rue du Foin[1], des vestiges de cet ancien aqueduc. On voit encore, en deux endroits, des murs et, près de la voûte de ce souterrain, des restes de tuyaux de terre quarrés ([1]), qui servaient originairement à la décharge de l'eau des cuves où l'on se baignait dans la salle d'au-dessus. »

Suivant M. Jollois, la rigole *d e* n'était pas un égout, mais un aqueduc où l'on puisait avec des pompes l'eau nécessaire pour remplir le frigidarium. Je ne pense pas que cette hypothèse soit admissible : à 150 mètres des Thermes, vers la rue Saint-Jacques, le radier de l'aqueduc romain était à l'altitude 39 mètres, c'est-à-dire à 0m,53 au-dessus des tuyaux *h* qui déversaient l'eau dans la grande salle A ; il était donc très-facile de conduire l'eau au niveau de ces tuyaux par le simple effet de la gravité, et les Romains étaient trop pratiques pour substituer à ce procédé, qui n'entraîne dans aucune dépense, des machines qui exigeaient une grande main-d'œuvre, puisqu'il fallait relever l'eau de 5m,54.

Il est donc évident qu'il y avait extérieurement une conduite d'eau quelconque *b c* dérivée de l'aqueduc principal qui, ainsi que je l'ai dit ci-dessus, était en communication avec les trois tuyaux *h*. Le mur de l'édifice, au-dessus de ces trois tuyaux, est une restauration moderne qui a fait disparaître les vestiges du petit pont soutenant cette conduite au-dessus du puisard *c*.

La salle B est loin d'être dans un état de conservation aussi parfait que celle dont je viens de faire la description, il n'en reste plus que les murs ; la toiture est effondrée. Suivant M. Jollois, cette pièce, dans ses plus grandes dimensions, a 16m,85 de longueur et 12m,20 de largeur dans œuvre. L'aire en béton est à l'altitude moyenne 33m,72, c'est-à-dire à 1m,54 au-dessous de celle de la

[1] La rue du Foin, avant la construction du boulevard Saint-Michel et l'agrandissement du jardin du musée de Cluny, passait à 18 mètres de l'extrémité de l'égout *d e*.

salle A. M. du Sommerard a bien voulu m'expliquer sur place la destination de cette pièce. Un aqueduc *k l* fournissait l'eau nécessaire à l'alimentation des chaudières de l'hypocaustum, deux escaliers *m m* facilitaient le puisage. Le foyer de l'hypocaustum était en *n* et l'on voit encore les traces du feu sur les murs. Un certain nombre de baignoires étaient disposées dans les niches des murs de la salle B et les esclaves n'avaient que quelques pas à faire pour y porter les amphores d'eau chaude de l'hypocaustum : c'était la cella tepidaria[1]. M. Jollois pense que c'était peut-être le sudatorium où l'on prenait des bains de vapeur. Le rapprochement de l'hypocaustum rend cette hypothèse assez probable.

L'Empereur pouvait à volonté prendre un bain froid ou chaud, ou, comme le dit Martial[2], *contentus arido vapore*, se plonger dans l'eau froide des sources de Rungis.

Il est assez difficile de dire quelle était la destination de la petite salle *C* qui sépare les deux grandes pièces; était-ce l'*apodyterium* où l'on se déshabillait? Etait-ce, comme le suppose M. Jollois, un *exèdre* ou salon de conversation? C'est ce qu'il est difficile de dire aujourd'hui et ce qui d'ailleurs n'est pas bien important.

La salle D paraît être une des pièces d'habitation du palais, froide et sombre, comme la plupart des habitations romaines.

Ces restes du palais des empereurs sont construits en petits matériaux bien appareillés, alternant avec des assises de longues briques; l'aire de la salle A est en béton excessivement dur; l'appareil de petits moellons et de briques des murs porte çà et là des lambeaux de l'enduit colorié qui formait son revêtement. L'aqueduc *d e* de la salle A est encore entièrement couvert de son enduit et paraît être construit en béton comme celui d'Arcueil. L'aqueduc *k l* de l'hypocaustum, que nous avons respecté et conservé en construisant le boulevard Saint-Michel, a ses parements revêtus de petits moellons; l'enduit est détruit, au moins dans la partie que j'ai visitée. M. Jollois pense que c'était un égout; le

[1] Voyez Introduction, page 122.
[2] Voyez l'épigramme de Martial, Introduction, page 31.

PLAN DES THERMES

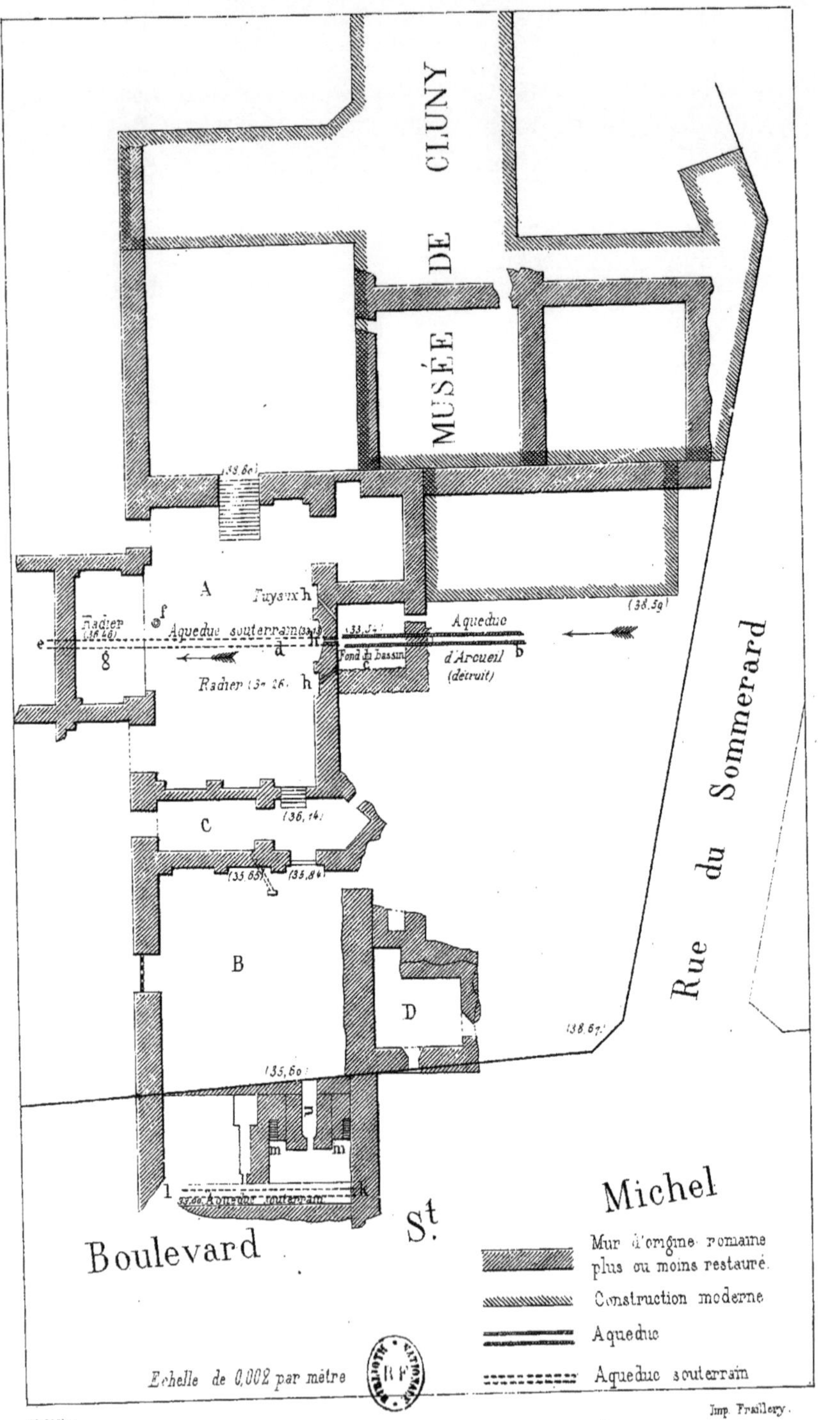


H. Milhès

Imp. Fraillery.

voisinage de l'hypocaustum rend cette hypothèse peu probable : les escaliers de service, construits de chaque côté de l'hypocaustum *n*, prouvent que c'était là qu'on puisait l'eau pour remplir les chaudières et que c'était un aqueduc.

« Il ne faut pas, dit M. de Caylus, comparer ces thermes avec ceux de Dioclétien, ni avec les autres dont Rome était ornée. » C'étaient tout simplement les thermes de l'Empereur, qui avaient plus ou moins d'analogie avec ceux qu'on trouve à Pompéï dans la plupart des grandes habitations.

Le palais des Thermes occupait une grande surface : « Nous ignorons, dit M. de Caylus, s'ils étoient terminés à cette salle du côté du midi ; mais nous savons qu'ils s'étendoient jusqu'à la rivière, car on trouve dans le petit Châtelet des arrachements de murs antiques, auxquels on est conduit depuis la salle qui subsiste, par des piliers de fondation et des voûtes ; on les découvre plus ou moins éloignés les uns des autres et, selon cette direction, dans les caves des maisons qui occupent aujourd'hui cet ancien terrain : il suffit que ces débris prouvent ce que je viens d'avancer sur l'étendue de ce palais[1]. »

Le service de ces grands bâtiments et des jardins exigeait évidemment beaucoup d'eau, et l'aqueduc qui y pénétrait par l'angle sud-est n'alimentait pas seulement les Thermes. On a vu, ci-dessus, que sa portée était en très-basses eaux de 620 mètres cubes par vingt-quatre heures et en eau moyenne de 2600 mètres cubes. Si l'on compare la consommation de ce palais à celle des Tuileries avant l'incendie du mois de mai 1871[2], et si l'on tient

[1] *Antiquités de Paris*, extrait du recueil d'antiquités égyptiennes, étrusques et romaines, tome II, 1756. Aujourd'hui tous ces restes antiques sont couverts de constructions et il n'est plus possible d'en découvrir les traces.

[2] Voici quelle était la consommation d'eau des Tuileries :

| | MÈTRES CUBES |
|---|---|
| Eau d'Ourcq. . . . . . . . . . . . . . . . . . . . | 300 |
| Eau de Seine. . . . . . . . . . . . . . . . . . . . | 1450 |
| Total. . . . . . . . . . . | 1750 |

compte du grand gaspillage d'eau qu'entraînaient les habitudes des Romains, on peut concevoir sans difficulté que toute cette eau portée par l'aqueduc pouvait être consommée dans le palais et ses dépendances.

Mais néanmoins il est bien certain qu'une importante colonie avait dû suivre l'Empereur et s'établir sur la rive gauche de la Seine autour du palais. On trouvera dans le Mémoire précité de M. Jollois les plus intéressants détails sur les arènes de Lutèce qui étaient derrière l'ancien jardin de l'abbaye Saint-Victor et sur le camp permanent, *stativa*, qui occupait l'emplacement actuel du Luxembourg. Il est bien probable que l'aqueduc d'Arcueil alimentait des fontaines et des pièces d'eau (*lacus*) à l'usage de cette population qui, en raison de la difficulté de forer des puits, en avait grand besoin. Ce n'est donc pas sans raison que Bonamy admet que l'Empereur faisait profiter la population qui entourait le palais « du grand nombre de pouces d'eau » que portait l'aqueduc.

*Envasement de l'aqueduc.* — Il y aurait bien d'autres questions intéressantes à discuter, mais que les limites de cet ouvrage me permettent à peine d'indiquer.

La photogravure de la page 67 prouve que les bords de la rigole étaient au niveau de l'ancien sol et qu'ainsi elle pouvait être envahie sans difficulté par les eaux pluviales et les limons qu'elles entraînent. Une seule averse tombée sur les coteaux rapides du Long-Boyau, de Rungis et de Wissous, suffirait aujourd'hui pour combler une rigole de 12 à 35 centimètres de largeur, et de $0^{m},30$ à $0^{m},60$ de profondeur. On se demande encore comment les Romains, qui savaient si bien apprécier la limpidité et la fraîcheur de l'eau[1], exposaient celle des sources de Rungis et de Chilly à toutes les actions des agents atmosphériques. On ne peut répondre à ces questions que par des hypothèses : la plus probable est que

[1] Voyez Introduction, pages 21 et suiv.

les fertiles plateaux d'où les sources émergent, étaient couverts d'épaisses forêts, qui certes ne retardaient pas l'écoulement des eaux pluviales en hiver, lorsqu'elles étaient dépouillées de leurs feuilles, mais qui empêchaient le ravinement des terres[1]. En été, leur ombrage mettait l'eau à l'abri de la radiation solaire. Il faut bien reconnaître, néanmoins, que l'entretien d'un tel aqueduc exigeait des soins minutieux qui n'étaient guère dans les habitudes des Romains, et encore moins dans celles des Barbares qui leur ont succédé.

On comprend donc facilement comment les fossés, qui détournaient le cours des eaux pluviales dans les coteaux à pentes rapides, se sont comblés peu à peu par l'éboulement de leurs talus et comment cette invasion des limons s'est étendue jusqu'à la cunette de la rigole, malgré la protection du réseau des racines des forêts. Cet effet a dû se produire dès l'époque de l'invasion des Francs. Les rois Mérovingiens ont certainement habité le palais des Thermes, mais ils ne connaissaient guère les habitudes de propreté minutieuse des patriciens Romains, ni les délices du bain. L'aqueduc n'a donc point été détruit par les Normans, comme Bonamy le suppose dans le récit suivant, puisqu'il existe encore presque entier; il a été, faute de soins, envahi par les eaux extérieures ou rompu par le glissement des glaises. Il est même peu probable que les Barbares aient détruit les substructions du pont-aqueduc d'Arcueil : au commencement du dix-septième siècle, on a renoncé à détruire les derniers vestiges de cet ouvrage, parce que cela exigeait l'emploi de la mine ; les Normans n'avaient pas le temps de détruire un ouvrage si solide, lorsque cette destruction ne leur donnait aucun profit. Cette réserve faite, j'admets sans objection le récit suivant de Bonamy quoiqu'il soit un peu hypothétique.

« On n'en peut attribuer la ruine (du palais des Thermes), ainsi que la destruction de l'aqueduc d'Arcueil, qu'aux ravages des

[1] Voyez t. Ier, page 405.

Normans, qui brûlèrent et détruisirent tous les bâtiments qui étoient hors de la cité; ce sont ces barbares qui ont fait disparoître quantité de monumens de l'ancienne splendeur de Paris, qui nous auroient donné de notre capitale une idée toute différente de celle qu'on en a communément, parce que les historiens modernes n'ont pas fait assez d'attention aux expressions que nos anciens auteurs ont employées, lorsqu'ils ont parlé de l'état où elle étoit avant les coups des Normans; telles sont celles de *regina gentium*, *sedes regia*, *urbs populosa*, *constipata populis*, *referta commerciis*, et d'autres semblables qui ne désignent point une ville dont tous les bâtimens auroient été renfermés dans la seule cité; je me contente de répéter ce que disoit Adrevald, témoin oculaire de ces désastres : « Que dirois-je de Paris, cette ville capi-« tale, autrefois si célèbre par sa gloire, ses richesses et la fertilité « de son territoire, dont les habitants vivoient dans une parfaite « sécurité, et que je pourrois à juste titre appeler le trésor des Rois « et le lieu où se rendoient toutes les nations? N'est-elle pas main-« tenant un monceau de cendres plutôt qu'une ville fameuse : « *Num magis ambustos cineres, quam urbem nobilem potis est* « *cernere*? »

« Ces ravages ont fait disparoître entièrement l'aqueduc d'Arcueil, dont aucun titre et aucun historien n'ont parlé depuis, tandis qu'ils ont toujours fait mention du palais des Thermes. »

# CHAPITRE V

## LES AQUEDUCS DU PRÉ-SAINT-GERVAIS ET DE BELLEVILLE

Leur importance dans le moyen âge. — Les sources. — Leur position. — Jaugeages anciens. — Jaugeages récents. — Qualité de l'eau.

Avant les travaux de recherche que j'ai fait exécuter en 1875, les ouvrages décrits dans les chapitres précédents étaient à peine connus par quelques restes d'aqueducs découverts en 1732 et 1840. On n'avait aucune notion certaine sur les sources que ces aqueducs dérivaient vers Paris.

Le terrain sur lequel je me place aujourd'hui est, au contraire, bien connu : les eaux des aqueducs du Pré-Saint-Gervais et de Belleville ont été longtemps la seule ressource des Parisiens qui ne pouvaient faire usage de l'eau de la Seine, ou qui ne se contentaient pas de celle de leurs puits : ressource bien faible, comme cela ressortira de l'exposé qui va suivre.

Aujourd'hui ces ouvrages sont en partie détruits par le développement même de la ville, qui couvre tout l'aqueduc de Belleville, et par les exploitations de gypse qui ont ruiné une partie de celui du Pré-Saint-Gervais. Le peu d'eau qu'ils donnent encore, impropre à tout usage domestique ou industriel, est jeté dans les égouts. Il semble donc que j'aurais pu me dispenser de décrire ces aqueducs et renvoyer le lecteur au Mémoire de Bonamy sur les aqueducs de Paris et aux deux volumes que Girard a publiés sur le canal de l'Ourcq.

Mais il ne faut pas apprécier l'utilité de ces antiques ouvrages avec nos idées modernes sur les distributions d'eau. Tous les documents qui nous restent prouvent quelle importance on y attachait autrefois.

« Les deux aqueducs du Pré-Saint-Gervais et de Belleville ont été, jusqu'à la reconstruction de l'aqueduc d'Arcueil en 1624, la seule ressource des habitants de Paris dans la partie nommée *la Ville;* on y comptait onze fontaines sous le règne de Charles VI et l'on en ajouta six ou sept autres jusqu'au règne de François Ier; c'est de ces fontaines que l'on avoit, par des tuyaux, conduit de l'eau au Louvre, aux hôtels des princes et aux maisons des principaux seigneurs de la cour. Il est étonnant que ces sources, qui n'ont jamais été fort abondantes, aient pu suffire aux besoins du grand nombre d'habitans qui demeuroient dans cette partie de la ville; car, en 1741, ces deux aqueducs ne fournissoient que vingt-huit pouces d'eau, et, l'année suivante, ils n'en donnèrent que seize : ainsi, quand on supposeroit que dans les siècles précédens ces sources auroient produit trente ou quarante pouces d'eau, il faut avouer que c'est une quantité d'eau bien médiocre pour servir aux besoins d'un peuple si nombreux; aussi voit-on, par les divers règlements de police de ces temps-là, que les fontaines de Paris étoient souvent sans eau, et que cette disette étoit cause de la désertion des maisons de la ville, dont les habitants alloient chercher ailleurs des demeures.....

« Telle fut la pauvreté de notre capitale jusqu'au règne de Henri IV, c'est-à-dire que la partie nommée *la Ville* avoit seule des fontaines et que la Cité et l'Université furent privées des eaux de source depuis la destruction de l'ancien aqueduc d'Arcueil. »

Les ordonnances et édits de nos rois justifient complétement ce passage du Mémoire de Bonamy.

« Néantmoins aucunes personnes qui ont eu auctorité devers

noz ditz prédécesseurs et nous, lesquels ont fait édifier grans et notables hostelz et édifices en nostredicte ville, ont obtenu de nosditz prédécesseurs et nous par leurs puissances et importunitez, ou soubz umbre d'aucuns estats ou offices qu'ilz ont euz envers noxditz prédécesseurs et nous, ou autrement licence de prendre et appliquer aux singuliers usages d'eulx et de leursditz hostelz plusieurs parties des eaues venans aux lieux dessus declarez ; et sur ce ont obtenu, comme l'en dit, lettres de nosditz prédécesseurs et de nous, faites en laz de soye et cire vert, soubz umbre desqueles licence et lettres, ilz ont fait en plusieurs lieux parcier les conduiz et tuiaux par lesquels lesdictes eaues ont accoustumé venir aux lieux dessusdiz, et ont fait faire conduiz et tuiaux pour aler en leurzdits hostelz, dont par ce les eaues qui avoient accoustumé venir auxdits lieux publiques, ont esté sy apéticiés, que en aucuns dediz lieux sont devenues du tout à nient, et en autres en tele diminucion, que à peines en y vient-il point; pour quoy plusieurs personnes qui souloient habiter environ yceulz lieux, pour la nécessité d'eaues qu'ilz avoient, ont lessié nostredicte ville, et sont alez habiter ailleurs ; et ceulx qui y sont demourez, ont pour ce souffert par longtemps et encores sueffrent très-grand misère ; et convient que à très-grant travail et coust aient de l'eaue de ladite rivière de Saine pour leur sustentacion; laquelle chose a esté et est faicte en grand lésion et détriment de la chose publique de nostredicte ville, et en grant diminucion de nostre pueple d'icelle; et laquelle quant elle est venue à nostre cognoissance, nous a moulte despleu et non sans cause[1]. »

L'importance qu'on attachait alors à ces aqueducs et aux fontaines publiques qu'ils alimentaient ressort encore des lettres patentes du roi Henri II, du 14 mai 1554, qui ordonne aussi la suppression des concessions particulières[2]; de l'arrêt du

[1] Édit de Charles VI, supprimant les concessions particulières, 9 octobre 1392. *Ordonnance des rois de France*, vol. VII, p. 510.

[2] Registre de la Ville, vol. XIV, fol. 597.

conseil d'État d'Henri IV, du 23 juillet 1594, qui prescrit la même mesure[1]; des lettres patentes du même roi, du 15 octobre 1601, *portant permission et pouvoir à Messieurs de la ville, de faire fouiller, creuser et retrancher les héritages des particuliers, pour la recherche et conduite des eaües pour la commodité de la ville de Paris*[2]; de nouvelles lettres patentes d'Henri IV, du 19 octobre 1608, supprimant de nouveau les concessions particulières[3]; de l'édit du roi Louis XIII, du 21 juin 1624, *portant ordre de présenter les brevets de concessions antérieures*[4], et des lettres patentes du même roi, du 26 mai 1635, *qui ordonnent l'examen et la révision de toutes les concessions*[5].

Je ne pouvais donc me dispenser de décrire ces deux aqueducs, qui ont contribué au développement de la partie la plus riche et la plus populeuse de la ville, quoiqu'ils soient presque tombés aujourd'hui dans le domaine de l'archéologie.

*Les sources.* — Comme celles de l'aqueduc d'Arcueil, les sources des aqueducs du Pré-Saint-Gervais et de Belleville sont alimentées par la nappe d'eau des marnes vertes[6]. Le plateau d'où elles jaillissent est compris entre les villages de Pantin, Noisy-le-Sec, Nogent-sur-Marne, Montreuil, Bagnolet et Charonne. Une multitude de petites sources ruisselaient sans doute autrefois sur la pente des coteaux qui entourent ce plateau. Aujourd'hui ces sources sont soigneusement captées par les propriétaires du sol ou ont disparu dans les fissures du gypse et les excavations des exploitations. Les deux aqueducs de la Ville n'en ont jamais pris qu'une bien petite partie, car les pierrées de l'aqueduc du Pré-Saint-Gervais n'occupent que la surface d'une vallée ou

[1] Registres de la Ville, vol. XIV, fol. 70.
[2] Collection des ordonnances royales.
[3] Registres de la Ville, vol. XVII, fol. 416.
[4] Registres de la Ville, vol. XXIV, fol. 289.
[5] Registres de la Ville, vol. XXVII, fol. 351
[6] Voy. t. Ier, p. 112 et 124.

plutôt d'une dépression du sol entamant à peine la lisière du plateau, entre le fort de Romainville et les fortifications, sur quelques kilomètres. Les pierrées de l'aqueduc de Belleville sont encore moins étendues ; on aurait donc pu augmenter considérablement la portée des aqueducs en prolongeant les travaux de captation, d'un côté, vers le fort de Noisy-le-Sec et, de l'autre, vers Bagnolet. Mais on n'avait alors aucune idée de la disposition des eaux souterraines, et on s'est borné à prendre les sources que les Parisiens avaient pour ainsi dire sous leurs yeux.

*Débit des sources. Jaugeages anciens.* — La ville de Paris souffrit d'une très-grande sécheresse en 1668, 1669 et 1670 ; Le Pelletier était alors prévôt des marchands. Cet état de basses eaux avait certainement commencé quelques années plus tôt ; car un arrêt du conseil d'État de Louis XIV, du 26 novembre 1666, qui révoque toutes les concessions particulières sans exception, commence ainsi : « Sa Majesté ayant été informée de l'état où se trouvoient à présent les fontaines publiques, que les unes ne fournissoient plus d'eau et les autres en si petite quantité, que les habitants de la bonne ville de Paris en souffroient beaucoup, etc. »

Cette mesure ne produisit pas une grande amélioration et la pénurie d'eau continuant à se faire sentir, une ordonnance du 20 novembre 1669, des prévôts des marchands et échevins, fut rendue « pour combler les puits que des particuliers qui ont maisons à Belleville et au Pré-Saint-Gervais ont fait faire proche des pierrées qui reçoivent les eaux des fontaines publiques ». Cette ordonnance fut exécutée, mais sans résultats puisque la sécheresse persista l'année suivante.

Cette pénurie d'eau était sans exemple depuis le commencement du siècle et j'aurai occasion d'y revenir ci-dessous, lorsque je décrirai l'aqueduc d'Arcueil et les pompes du pont Notre-Dame.

Voici la nouvelle répartition de l'eau des deux aqueducs faite le 22 mai 1669, c'est-à-dire après l'ordonnance royale du 26 novembre 1666; elle est donc doublement intéressante, puisqu'elle est certainement basée sur le jaugeage fait à la fin de la sécheresse de 1668 et qu'elle fait connaître, en outre, le débit moyen des aqueducs admis à cette époque.

« *Autre état de la nouvelle distribution et concessions d'eau provenant des sources de Belleville, accordées aux communautés et particuliers, en la présente année mil six cent soixante-neuf, depuis le retranchement général* (des concessions).

| DÉSIGNATION DES DISTRIBUTIONS | AU PUBLIC | | CONCESSIONS PARTICULIÈRES | |
|---|---|---|---|---|
| | Pouces. | lignes. | Pouces. | lignes. |
| *Aqueduc de Belleville.* | | | | |
| Pour le service d'une concession. . . . . . . . . . | | | 0 | 2 |
| *Au regard du Calvaire.* | | | | |
| Pour le service de quatre concessions. . . . . . . | | | 0 | 25 |
| *Au regard de l'Échaudé.* | | | | |
| Pour le public. . . . . . . . . . . . . . . . . . . | 0 | 72 | | |
| *Au regard de la fontaine de l'égout du Marais.* | | | | |
| Pour le public. . . . . . . . . . . . . . . . . . . | 0 | 72 | | |
| Pour le service de trois concessions. . . . . . . . | | | 0 | 15 |
| *Au regard des Blancs-Manteaux.* | | | | |
| Pour le service de huit concessions. . . . . . . . | | | 0 | 40 |
| *Au regard de la fontaine de Paradis.* | | | | |
| Pour le public. . . . . . . . . . . . . . . . . . . | 0 | 72 | | |
| Pour le service de six concessions. . . . . . . . . | | | 0 | 27 |
| *Au regard de la fontaine Neuve.* | | | | |
| Pour le public. . . . . . . . . . . . . . . . . . . | 0 | 72 | | |
| Pour le service de six concessions. . . . . . . . . | | | 0 | 44 |
| *Au regard de la fontaine Sainte-Avoie.* | | | | |
| Pour le public. . . . . . . . . . . . . . . . . . . | 0 | 72 | | |
| Pour le service de huit concessions. . . . . . . . | | | 1 | 3 |
| *Au regard de la fontaine Maubuée.* | | | | |
| Pour le public. . . . . . . . . . . . . . . . . . . | 0 | 72 | | |
| Pour le service d'une concession. . . . . . . . . . | | | 0 | 3 |
| *Au regard de la fontaine Saint-Julien-des-Ménétriers.* | | | | |
| Pour le public. . . . . . . . . . . . . . . . . . . | 0 | 35 | | |
| | 3 | 35 | 2 | 17 |

« Total de la distribution des eaux provenant des sources de Belleville, sept cent soixante-douze lignes, faisant cinq pouces un quart seize lignes (102 mètres cubes en 24 heures).

« Ces sources rendent, *quand elles sont dans leur force*, huit pouces d'eau[1]; partant, déduction faite de la distribution ci-dessus, restent deux pouces et demi vingt lignes. »

« *Autre nouvelle distribution et concessions d'eau provenant des sources du pré Saint-Gervais, accordées aux communautés et particuliers, en la présente année mil six cent soixante-neuf, depuis le retranchement général (des concessions).*

| DÉSIGNATION DES DISTRIBUTIONS | AU PUBLIC | | CONCESSIONS PARTICULIÈRES | |
|---|---|---|---|---|
| | Pouces. | lignes. | Pouces. | lignes. |
| *Au pré Saint-Gervais.* | | | | |
| Pour le service de trois concessions. . . . . . . . | | | 0 | 11 |
| *Au regard derrière la Villette.* | | | | |
| Pour le service de deux concessions. . . . . . . | | | 0 | 8 |
| *Au regard de Saint-Laurent.* | | | | |
| Pour le public.. . . . . . . . . . . . . . . . . . | 0 | 72 | | |
| Pour le service de deux concessions. . . . . . . . | | | 0 | 8 |
| *Au regard Saint-Lazare.* | | | | |
| Pour le public. . . . . . . . . . . . . . . . . . . | 0 | 72 | | |
| *Au regard de la porte Saint-Denis.* | | | | |
| Pour le service de cinq concessions.. . . . . . . . | | | 0 | 44 |
| *Au regard du Ponceau.* | | | | |
| Pour le public. . . . . . . . . . . . . . . . . . . | 0 | 72 | | |
| Pour le service d'une concession. . . . . . . . . | | | 0 | 5 |
| *Au regard de la fontaine de la Reine.* | | | | |
| Pour le public.. . . . . . . . . . . . . . . . . . | 0 | 72 | | |
| Pour le service de quatre concessions. . . . . . . | | | 0 | 23 |
| *Au regard de la fontaine Saint-Leu.* | | | | |
| Pour le public. . . . . . . . . . . . . . . . . . . | 0 | 72 | | |
| Pour le service de trois concessions. . . . . . . . | | | 0 | 14 |
| A reporter. . . . . . . . . . | 2 | 27 | 0 | 111 |

[1] 154 mètres cubes par 24 heures.

| DÉSIGNATION DES DISTRIBUTIONS | AU PUBLIC | CONCESSIONS PARTICULIÈRES |
|---|---|---|
| | Pouces, lignes. | Pouces, lignes. |
| Report. . . . . . . . . . | 2 72 | 0 111 |
| *Au regard de la fontaine des Innocents.* | | |
| Pour le public. . . . . . . . . . . . . . . . . . . | 0 72 | |
| Pour le service de trois concessions. . . . . . . . | | 0 42 |
| *Au regard de la fontaine de la Halle.* | | |
| Pour le public. . . . . . . . . . . . . . . . . . . | 0 72 | |
| Pour le service d'une concession. . . . . . . . . | | 0 4 |
| *Au regard de l'hôtel de Soissons.* | | |
| Pour le service de cinq concessions. . . . . . . . | | 0 40 |
| *Au regard de la fontaine de la porte de Paris.* | | |
| Pour le public. . . . . . . . . . . . . . . . . . . | 0 56 | |
| | 3 108 | 1 53 |

« Total de la distribution des eaux provenant des sources du Pré-Saint-Gervais, sept cent trente-sept lignes, faisant cinq pouces dix-sept lignes (98 mètres cubes en 24 heures).

« Ces sources rendent à la ville, *quand elles sont dans leur abondance*, dix pouces d'eau[1]; partant, déduction faite de la distribution ci-dessus, restent quatre pouces trois quarts dix-neuf lignes. Fait et arrêté au bureau de la ville, le vingt-deuxième jour de mai mil six cent soixante-neuf[2]. »

Les eaux étant revenues, une nouvelle répartition fut faite le 2 juin 1673, conformément au tableau suivant :

[1] 192 mètres cubes en 24 heures.
[2] Extrait des registres de la ville, vol. XLIV, fol. 484.

« *Distribution des eaux du pré Saint-Gervais, sur le pied de douze pouces*[1].

| DÉSIGNATION DES DISTRIBUTIONS | EAU DISTRIBUÉE AU PUBLIC — Pouces, lignes. | | EAU DISTRIBUÉE AUX CONCESSIONNAIRES — Pouces, lignes. | |
|---|---|---|---|---|
| *Au regard des Moussins.* | | | | |
| Pour trois concessions. . . . . . . . . . . . . . . | | | 0 | 12 |
| *Au regard sur le chemin derrière la Villette.* | | | | |
| Pour une concession. . . . . . . . . . . . . . . . | | | 0 | 6 |
| *Au regard derrière la Villette.* | | | | |
| Pour deux concessions. . . . . . . . . . . . . . . | | | 0 | 8 |
| *Fontaine Saint-Laurent qui vient du pré Saint-Gervais.* | | | | |
| Pour le public. . . . . . . . . . . . . . . . . . . | 2 | 00 | | |
| Pour deux concessions. . . . . . . . . . . . . . . | | | 0 | 10 |
| *Fontaine Saint-Lazare.* | | | | |
| Pour le public. . . . . . . . . . . . . . . . . . . | 2 | 00 | | |
| Pour deux concessions. . . . . . . . . . . . . . . | | | 0 | 28 |
| *Fontaine porte Saint-Denis.* | | | | |
| Pour le public. . . . . . . . . . . . . . . . . . . | 2 | 00 | | |
| Pour quatre concessions. . . . . . . . . . . . . | | | 0 | 26 |
| *Fontaine des Petits-Carreaux, qui se prend à la porte Saint-Denis, sur le tuyau passant.* | | | | |
| Pour le public. . . . . . . . . . . . . . . . . . . | 1 | 00 | | |
| Pour une concession. . . . . . . . . . . . . . . . | | | 0 | 4 |
| *Fontaine des Petits-Pères, qui se prend à la porte Saint-Denis.* | | | | |
| Pour le public. . . . . . . . . . . . . . . . . . . | 3 | 00 | | |
| Pour trois concessions. . . . . . . . . . . . . . . | | | 0 | 88 |
| *Regard de l'hôtel Mazarin.* | | | | |
| Pour deux concessions. . . . . . . . . . . . . . . | | | 0 | 54 |
| NOTA. Lorsque les eaux du pré seront réduites à six pouces, il faudra que les fontaines de Saint-Laurent, de Saint-Lazare, porte Saint-Denis, des Petits-Carreaux et des Petits-Pères, aillent seulement des eaux du pré Saint-Gervais, et les autres fontaines des Innocents, de la Halle, de l'hôtel de Soissons, de la Reine, de Saint-Leu et du coin de Rome, iront des eaux de la rivière. | | | | |
| Totaux. . . . . . . . . . | 10 | 00 | 1 | 92 |

[1] 230 mètres cubes par 24 heures.

« *Distribution des eaux de Belleville, sur le pied de huit pouces*[1].

| DÉSIGNATION DES DISTRIBUTIONS | EAU DISTRIBUÉE AU PUBLIC — Pouces, lignes. | | EAU DISTRIBUÉE AUX CONCESSIONNAIRES — Pouces, lignes. | |
|---|---|---|---|---|
| *Fontaine devant le Calvaire.* | | | | |
| Pour le public. . . . . . . . . . . . . . . . . . . . | 1 | 00 | | |
| Pour six concessionnaires.. . . . . . . . . . . . | | | 0 | 47 |
| *Fontaine rue Saint-Louis, qui prend à celle du Calvaire.* | | | | |
| Pour le public. . . . . . . . . . . . . . . . . . . . | 1 | 00 | | |
| Pour deux concessions. . . . . . . . . . . . . . | | | 0 | 12 |
| *Fontaine de l'Egout, qui se prend à celle du Calvaire.* | | | | |
| Pour le public. . . . . . . . . . . . . . . . . . . . | 1 | 00 | | |
| Pour trois concessions. . . . . . . . . . . . . . | | | 0 | 15 |
| *Fontaine des Blancs-Manteaux, qui se prend à la fontaine de l'Egout.* | | | | |
| Pour onze concessions. . . . . . . . . . . . . . | | | 0 | 57 |
| *Fontaine Neuve, qui prend à la fontaine de l'Egout.* | | | | |
| Pour le public. . . . . . . . . . . . . . . . . . . . | 1 | 00 | | |
| Pour sept concessions.. . . . . . . . . . . . . . | | | 0 | 52 |
| *Fontaine du Paradis, qui se prend à la fontaine Neuve.* | | | | |
| Pour le public.. . . . . . . . . . . . . . . . . . . | 1 | 00 | | |
| Pour neuf concessions. . . . . . . . . . . . . . | | | 0 | 45 |
| *Fontaine Sainte-Avoie, qui se prend à la fontaine Neuve.* | | | | |
| Pour le public. . . . . . . . . . . . . . . . . . . . | 1 | 00 | | |
| Pour huit concessions différentes. . . . . . . . . | | | 1 | 5 |
| Totaux. . . . . . . . . . | 6 | 00 | 2 | 87 |

« Fait et arrêté par nous prévôt des marchands, échevins et conseillers de la ville, commissaires députés pour la distribution des eaux des fontaines publiques de la ville de Paris, ce deuxième juin mil six cent soixante-treize. Signé : Le Pelletier, Pasquier, Richer, Bellier, Lambert et Godefroy[2]. »

La dernière répartition de l'eau des deux aqueducs a été faite au commencement de ce siècle, et conformément au tableau suivant :

[1] 154 mètres cubes en 24 heures.
[2] Extrait des registres de la ville de Paris, vol. XLVII, fol. 514.

« *État de la distribution des eaux de sources venant du Pré-Saint-Gervais.* — Ces eaux sont recueillies par des pierrées, et rassemblées dans des puisards et regards, d'où elles sont conduites dans un regard général situé au village du Pré-Saint-Gervais, et de là à Paris, dans le faubourg Saint-Martin.

« Les regards où se rassemblent ces eaux de sources sont ceux de *Bernage*, de *Pont-Carré* de la *Ruelle-des-Bois*, des *Moussins*, des *Bruyères*, du *Vieux-Cacheloup*, du *Nouveau-Cacheloup*, de *Saint-Pierre*, du *Trou-Morin*, des *Marchais* et de la *Prise des eaux*.

« Les regards de distribution de ces eaux sont ceux des *jardins de Bazancourt*, des *Chauves-Souris*, des *Noyers*, de *Sainte-Périne*.

| DÉSIGNATION DES DISTRIBUTIONS | EAU DISTRIBUÉE | | | |
|---|---|---|---|---|
| | AU PUBLIC | | AUX CONCESSIONNAIRES | |
| | Pouces. | lignes. | Pouces. | lignes. |
| § 1. — DISTRIBUTION HORS PARIS. | | | | |
| *Au regard du Vieux-Cacheloup.* | | | | |
| Pour une concession. . . . . . . . . . . . . . . . | | | 0 | 4 |
| *Au regard de la prise des eaux du pré Saint-Gervais.* | | | | |
| Pour le public.. . . . . . . . . . . . . . . . . . . | 1 | 00 | | |
| Pour six concessions.. . . . . . . . . . . . . . . | | | 0 | 120 |
| *Au regard du pré Saint-Gervais.* | | | | |
| Pour une concession. . . . . . . . . . . . . . . . | | | 0 | 16 |
| *Au regard Sainte-Périne.* | | | | |
| Pour le public.. . . . . . . . . . . . . . . . . . . | 0 | 12 | | |
| Pour trois concessions. . . . . . . . . . . . . . | | | 0 | 14 |
| Pour une concession branchée. . . . . . . . . . | | | 0 | 4 |
| § 2. — DISTRIBUTION DES EAUX DU PRÉ SAINT-GERVAIS DANS PARIS. | | | | |
| *A la fontaine du Chaudron.* | | | | |
| Pour le public. . . . . . . . . . . . . . . . . . . . | 1 | 72 | | |
| Pour une concession. . . . . . . . . . . . . . . . | | | 0 | 4 |
| A reporter.. . . . . | 2 | 84 | 1 | 18 |

| DÉSIGNATION DES DISTRIBUTIONS | EAU DISTRIBUÉE AU PUBLIC | | EAU DISTRIBUÉE AUX CONCESSIONNAIRES | |
|---|---|---|---|---|
| | Pouces. | lignes. | Pouces. | lignes. |
| Report. . . . . . . . . . | 2 | 84 | 1 | 18 |
| *A la fontaine des Récollets.* | | | | |
| Pour le public. . . . . . . . . . . . . . . . . . | 1 | 72 | | |
| Pour quatre concessions, dont une branchée.. . . | | | 0 | 48 |
| *A la fontaine Saint-Lazare.* | | | | |
| Pour le public.. . . . . . . . . . . . . . . . . | 1 | 72 | | |
| Pour deux concessions. . . . . . . . . . . . . . | | | 0 | 24 |
| Total.. . . . . . . . | 5 | 84 | 1 | 90 |
| Total général. . . . . . . . . | 7 pouces 30 lignes. | | | |
| Pertes.. . . . . . . . . . . . . | 1 pouce 114 lignes. | | | |
| Quantité moyenne. . . . . . . . . . . . . | 9 pouces. | | | |

équivalente à 171 kilolitres en 24 heures[1].

« *État de la distribution des eaux de sources de Belleville et de Ménilmontant.* — Ces sources sont recueillies par des pierrées, et rassemblées dans des puisards et regards, d'où elles se rendent dans un aqueduc, qui commence au village de Belleville et se termine à un regard situé au bas du coteau de Ménilmontant.

« Les regards établis à Belleville et sur le coteau, sont ceux de la *Lanterne*, de *Beaufils*, des *Messiers*, de la *Saussaye*, de *Lecouteux*, du *Puits du Chirurgien*, des *Marais*, du *Chaudron*, de la *Roquette*, de *Blanche-Bardou*, des *Envierges*, des *Grandes-Rigoles*, des *Petites-Rigoles*, des *Cascades*, de *Saint-Martin*, de la *Chambrette*, de la *Planchette* et de la *Prise des eaux de Belleville*.

« Tous ces regards ne sont destinés qu'à recueillir le produit des sources ; il n'y en a qu'un où l'on délivre une concession, c'est le regard *Beaufils*.

[1] D'après la valeur du pouce fontainier admise aujourd'hui (19$^{mc}$,195 par 24 heures) 9 pouces fontainiers produisent 173 mètres cubes en 24 heures.

| DÉSIGNATION DES DISTRIBUTIONS | EAU DISTRIBUÉE — AU PUBLIC (Pouces, lignes) | | EAU DISTRIBUÉE — AUX CONCESSIONNAIRES (Pouces, lignes) | |
|---|---|---|---|---|
| *Au regard Beaufils.* | | | | |
| Pour une concession. . . . . . . . . . . . . . . . | | | 0 | 4 |
| *A la fontaine Belleville.* | | | | |
| Pour le public. . . . . . . . . . . . . . . . . . . . Ce service est interrompu depuis plusieurs années. | 0 | 36 | | |
| *Au regard de Saint-Maur.* | | | | |
| Pour le public. . . . . . . . . . . . . . . . . . . . | 0 | 72 | | |
| Pour deux abonnés branchés avant le dit regard. . | | | 0 | 8 |
| *Au réservoir de l'hôpital Saint-Louis.* | | | | |
| La totalité des eaux que porte la conduite au delà du regard Saint-Maur, s'élève, terme moyen, à. | | | 5 | 24 |
| Total. . . . . . . . . | 0 | 108 | 5 | 36 |
| Quantité moyenne. . . . . . . . . . . . . . . équivalente à 114 kilolitres en 24 heures[1]. | 6 pouces. | | | |

La nouvelle répartition des eaux faite le 22 mai 1669, après la sécheresse extraordinaire de 1668, prouve que le débit des deux aqueducs était tombé à 200 mètres cubes en 24 heures. C'est ce qu'on considérait encore, il y a quelques années, comme leur débit minimum.

La moyenne admise alors était :

| | MÈTRES CUBES |
|---|---|
| Eau du Pré Saint-Gervais. . . . . . . . . . . . . . . . . . . . . . | 192 |
| Eau de Belleville. . . . . . . . . . . . . . . . . . . . . . . . . . | 154 |
| Total. . . . . . . . . | 346 |

Cette moyenne a paru trop forte, puisque, d'après les tableaux dressés au commencement du dix-neuvième siècle, elle a été réduite à 180 + 115 = 295 mètres cubes.

Une autre distribution de l'eau des deux aqueducs a été faite,

[1] D'après la valeur du pouce fontainier admise aujourd'hui, 6 pouces fontainiers produisent 115 mètres cubes en 24 heures.

le 2 juin 1673, sur le pied de 12 pouces pour l'aqueduc du Pré-Saint-Gervais, et de huit pouces pour l'aqueduc de Belleville.

L'état de la distribution est signé, comme le premier, par le Prévôt des marchands et les échevins, ce qui donne une grande force à l'annotation suivante qu'on lit en marge : « *Nota*. Lorsque les eaux du Pré seront réduites à six pouces (115 mètres cubes par 24 h.), il faudra que les fontaines de Saint-Laurent, de Saint-Lazare, porte Saint-Denis, des Petits-Carreaux et des Petits-Pères, aillent seulement des eaux du Pré Saint-Gervais, et les autres fontaines des Saints-Innocents, de la Halle, de l'Hôtel de Soissons, de la Reine, de Saint-Leu et du Coin de Rome, iront des eaux de la rivière. » Cela veut dire que, dans les dernières années de la sécheresse, 1669 et 1670, le débit de l'aqueduc du Pré n'était pas tombé plus bas qu'à la fin de la première, 1668, et qu'il était resté à 6 pouces environ[1]. L'eau de Seine, montée par la pompe du pont Notre-Dame, était déjà distribuée à cette époque.

On remarquera encore que les concessions particulières des deux eaux ne dépensaient, en 1669, que 3 pouces 70 lignes et, 1673, que 4 pouces 35 lignes. C'est à peu près le produit de 3 bornes fontaines de Paris, coulant 3 heures par jour.

*Jaugeages récents* — Il aurait été intéressant de comparer les jaugeages, faits dans ces basses eaux du dix-septième siècle, à la suite de la grande sécheresse de 1668, 1669, 1670, au produit des deux aqueducs pendant la période de longues sécheresses que nous traversons aujourd'hui. Mais les pierrées de ces aqueducs étant en partie détruites, comme je vais le faire voir ci-dessous, les jaugeages que nous faisons aujourd'hui ne sont plus comparables à ceux qui remontent à une époque ancienne. Nous avons, au contraire, d'excellents jaugeages, faits deux fois par mois, pour la longue période d'années humides

[1] Voy. le tableau de la page 90.

comprise entre 1827 et 1856, et pour 1858, la première année de la grande période de sécheresse.

Le tableau suivant donne le produit des deux aqueducs, pour chaque quinzaine des années 1854 et 1858.

Les jaugeages anciens de l'eau de Belleville ne comprenaient pas la source de Savies, qui appartenait à l'abbaye de Saint-Martin des Champs, ni les eaux de l'aqueduc Saint-Louis, qui se distribuaient à l'hôpital de ce nom : ces deux eaux tombent aujourd'hui dans l'aqueduc de Belleville. Il n'en était pas ainsi autrefois.

Voici, en effet, ce que nous lisons dans le Mémoire de Bonamy :

« Pour ce qui est de l'hôtel Saint-Paul, dont la principale entrée étoit sur le quai des Célestins, et qui fut, sous Charles V et Charles VI, la demeure de nos Rois, il tiroit ses eaux de cette fontaine située au bas de Belleville, qui appartenoit en propre au prieuré de Saint-Martin des Champs. La disette des eaux dans les fontaines publiques, qui les tiroient des deux aqueducs, avoit obligé Charles V de s'adresser à ces religieux pour faire venir l'eau dans le nouveau palais dont il avoit fait l'acquisition du vivant du Roi Jean son père : cette fontaine s'appeloit *la fontaine de Savies*. C'est encore le nom que porte une ferme appartenante à Saint-Martin des Champs, et située à la descente de la montagne de Belleville, du côté de Paris. Les religieux de Saint-Martin, de tout temps propriétaires de cette source, en avoient déjà donné une partie aux Templiers, sur le terrain desquels il falloit nécessairement que les tuyaux de Saint-Martin passassent pour arriver à leur monastère, et comme cette source étoit abondante, Charles V aima mieux s'adresser au prieur de Saint-Martin pour avoir l'eau dont il avoit besoin à l'hôtel Saint-Paul, que d'en tirer de l'aqueduc de Belleville ou du Pré-Saint-Gervais, qui fournissoient à peine 50 pouces d'eau. »

Les dernières lignes de ce passage prouvent que l'eau de la fontaine de Savies n'était pas comprise dans les jaugeages qui pré-

cèdent. On verra ci-dessous que l'eau de l'aqueduc Saint-Louis avait aussi sa conduite spéciale. Ces deux eaux sont, au contraire, comprises dans les jaugeages suivants :

JAUGEAGES EN MÈTRES CUBES DE 15 EN 15 JOURS DES DEUX AQUEDUCS DU PRÉ-SAINT-GERVAIS ET DE BELLEVILLE

| | 1854 ANNÉE TRÈS-HUMIDE | | 1858 ANNÉE TRÈS-SÈCHE | |
|---|---|---|---|---|
| | AQUEDUC DU PRÉ SAINT-GERVAIS. | AQUEDUC DE BELLEVILLE. | AQUEDUC DU PRÉ SAINT-GERVAIS. | AQUEDUC DE BELLEVILLE. |
| | — | — | — | — |
| 1er janvier. . . . . | 175 | 181 | 115 | 102 |
| 15 janvier. . . . . | 196 | 182 | 148 | 121 |
| 1er février. . . . . | 201 | 185 | 152 | 106 |
| 15 février. . . . . | 218 | 195 | 150 | 125 |
| 1er mars. . . . . . | 250 | 218 | 175 | 147 |
| 15 mars. . . . . . | 218 | 214 | 151 | 141 |
| 1er avril. . . . . . | 192 | 179 | 141 | 150 |
| 15 avril. . . . . . | 198 | 179 | 122 | 121 |
| 1er mai. . . . . . . | 181 | 177 | 117 | 112 |
| 15 mai. . . . . . . | 200 | 181 | 99 | 100 |
| 1er juin. . . . . . . | 441 | 584 | 81 | 98 |
| 15 juin. . . . . . . | 791 | 691 | 76 | 79 |
| 1er juillet. . . . . . | 1002 | 1018 | 76 | 111 |
| 15 juillet. . . . . . | 1050 | 1000 | 89 | 101 |
| 1er août. . . . . . | 949 | 975 | 76 | 89 |
| 15 août. . . . . | 675 | 864 | 79 | 104 |
| 1er septembre. . . | 461 | 546 | 75 | 111 |
| 15 septembre. . . | 587 | 555 | 76 | 116 |
| 1er octobre. . . . . | 545 | 278 | 76 | 117 |
| 15 octobre. . . . . | 544 | 296 | 81 | 119 |
| 1er novembre. . . . | 571 | 298 | 86 | 121 |
| 15 novembre. . . . | 564 | 310 | 181 | 124 |
| 1er décembre. . . . | 571 | 552 | 90 | 128 |
| 15 décembre. . . . | 486 | 406 | 92 | 135 |
| Totaux. . . . | 10022 | 9418 | 2505 | 2815 |
| Moyennes. . . | 418 | 392 | 104 | 117 |

Le tableau des débits de l'année 1854 fait voir l'influence des grandes pluies sur le régime des sources peu profondes qui alimentent les deux aqueducs. Cette année a été peu pluvieuse en hiver et au commencement du printemps. Il est, au contraire, tombé beaucoup de pluie à partir de la fin de mai et en été : les produits des sources l'indiquent très-nettement. Ainsi l'aqueduc du Pré-Saint-Gervais, qui, le 15 mai, ne porte, d'après le tableau, que 200 mètres cubes par 24 heures, en débite 1002 le 1er juillet. A ces deux dates, le produit de l'aqueduc de Belleville est de 181 et 1018 mètres cubes.

La fin de l'été ayant été plus sèche, le produit des deux aqueducs diminue rapidement. Du 15 juillet au 1er octobre, il tombe de 1050 à 545, et de 1000 à 278 mètres cubes.

L'année 1858 a été remarquable par sa sécheresse et par la faible portée des deux aqueducs; les moyennes sont 104 mètres cubes pour l'aqueduc du Pré-Saint-Gervais, et 117 pour celui de Belleville. C'est ce qu'on considérait autrefois comme des minima. Les débits minima de la même année sont tombés à 75 et 89 mètres cubes : on a vu qu'en 1668, dans une période de grande sécheresse, les débits s'élevaient encore à 98 et 102 mètres cubes, et ne comprenaient pas la source de Savies ni les eaux de l'aqueduc Saint-Louis : l'année 1858 a donc été beaucoup plus sèche que 1668.

Depuis la destruction d'une partie des deux aqueducs, le produit des eaux a considérablement diminué; c'est ce qu'on constate en comparant, au tableau des jaugeages de 1858, celui d'une année à peu près aussi sèche, 1870 [1], que je donne ci-après. D'après les jaugeages de 1858, les produits des 24 jaugeages des deux aqueducs s'élèvent à 2505 et 2815 mètres cubes, c'est-à-dire sont presque égaux. En 1870, ces nombres s'élèvent à 3287 pour le Pré-Saint-Gervais, et à 1491 pour Belleville, et sont par conséquent bien différents. Les moyennes 137 et 62 ne le sont pas moins; ce qui s'explique facilement, puisque la plus grande partie de l'eau de Belleville tombe aujourd'hui dans les égouts avant d'arriver à la cuvette de jaugeage.

[1] L'été et le commencement de l'automne ont été au moins aussi secs en 1870 qu'en 1858. Mais l'hiver de 1870 a été plus humide.

JAUGEAGES EN MÈTRES CUBES, DE 15 JOURS EN 15 JOURS, DES DEUX AQUEDUCS DE BELLEVILLE ET DU PRÉ-SAINT-GERVAIS EN 1870, ANNÉE TRÈS-SÈCHE

| | | BELLEVILLE. | PRÉ SAINT-GERVAIS. |
|---|---|---|---|
| | | mètres cubes. | mètres cubes. |
| Janvier. . . | première quinzaine. . . | 90 | 248 |
| | deuxième quinzaine. . . | 91 | 255 |
| Février. . . | première quinzaine. . . | 86 | 255 |
| | deuxième quinzaine. . . | 88 | 246 |
| Mars. . . . | première quinzaine. . . | 85 | 250 |
| | deuxième quinzaine. . . | 75 | 202 |
| Avril. . . | première quinzaine. . . | 75 | 195 |
| | deuxième quinzaine. . . | 70 | 171 |
| Mai.. . . . | première quinzaine. . . | 65 | 148 |
| | deuxième quinzaine. . . | 55 | 125 |
| Juin. . . . | première quinzaine. . . | 55 | 94 |
| | deuxième quinzaine. . . | 55 | 74 |
| Juillet. . . | première quinzaine. . . | 58 | 82 |
| | deuxième quinzaine. . . | 55 | 69 |
| Août. . . . | première quinzaine. . . | 56 | 74 |
| | deuxième quinzaine. . . | 41 | 58 |
| Septembre. | première quinzaine. . . | 45 | 72 |
| | deuxième quinzaine. . . | 52 | 71 |
| Octobre.. . | première quinzaine. . . | 55 | 75 |
| | deuxième quinzaine. . . | 71 | 102 |
| Novembre.. | première quinzaine. . . | 75 | 117 |
| | deuxième quinzaine. . . | 66 | 109 |
| Décembre.. | première quinzaine. . . | 66 | 109 |
| | deuxième quinzaine. . . | 75 | 150 |
| | Totaux. . . . . . . . . | 1491 | 3287 |
| | Moyennes. . . . . . . . | 62 | 137 |

*Qualité de l'eau.* — Ces deux aqueducs portent des eaux de la plus mauvaise qualité, comme le démontrent les analyses suivantes, de MM. Boutron et O. Henri [1] :

[1] J'ai dû prendre, pour les eaux des sources du Nord, des analyses remontant à une époque déjà ancienne où les aqueducs étaient encore complets. On trouvera dans la suite de cet ouvrage des analyses récentes, mais qui ne s'appliquent pas à l'eau de l'ensemble des anciens aqueducs.

EAU DU PRÉ SAINT-GERVAIS

| | GRAMMES |
|---|---|
| Bicarbonate de chaux | 0,052 |
| — de magnésie | 0,012 |
| Sulfate de chaux | 0,450 |
| — de soude<br>— de magnésie | 0,100 |
| — de strontiane | traces |
| Chlorure de sodium<br>— de calcium<br>— de magnésium | 0,600 |
| Azotates alcalins | indices |
| Acide silicique, alumine<br>Oxyde de fer<br>Matières organiques | 0,020 |
| Total | 1,194 |

EAU DE BELLEVILLE

| | GRAMMES |
|---|---|
| Bicarbonates de chaux et de magnésie | 0,400 |
| Sulfate de chaux | 1,100 |
| Sulfates de soude et de magnésie | 0,520 |
| Sulfate de strontiane | traces |
| Chlorures de calcium, de sodium et de magnésium | 0,400 |
| Azotates de chaux et de magnésie | traces |
| Silice, alumine, oxyde de fer et matières organiques | 0,100 |
| Total | 2,520 |

Il semble, d'après la composition des matières minérales en dissolution dans ces eaux, qu'elles sont absolument impropres aux usages domestiques. L'eau de Belleville, surtout, est chargée d'une telle quantité de sulfate de chaux et de magnésie, que, dès le milieu du dix-huitième siècle, elle a été retirée de la distribution et réservée pour le lavage des égouts [1]. L'eau du Pré-Saint-Gervais est relativement meilleure, et elle a été distribuée à Paris jusqu'en 1861. Un ancien conducteur du service, M. Riberolles, attaché aux sources du Nord, me disait que, pour faire cuire les légumes, on ajoutait au pot-au-feu un petit

[1] Turgot, en 1757, réserva cette eau pour laver le grand égout de ceinture.

nouet de linge rempli de carbonate de potasse, et que, lui-même, faisait usage de ce procédé. Il faut convenir que c'était un médiocre condiment.

En comparant l'analyse de l'eau de Belleville aux analyses des eaux de puits données ci-dessus, il semble que ces dernières soient généralement meilleures, si l'on ne tient compte que des sels minéraux[1]. L'eau du Pré-Saint-Gervais elle-même n'est pas notablement moins dure que celles des puits. On se demande pourquoi ces eaux de source ont été aussi recherchées au moyen âge : il ne paraît pas probable qu'on ait su se rendre compte alors de l'action des matières organiques et des causes réelles de l'insalubrité de l'eau ; on est loin, aujourd'hui même, d'être d'accord sur cette question capitale. Dans ces temps reculés, lorsqu'une eau n'avait ni saveur, ni odeur, on l'appréciait à peu près comme dans les ménages modernes : l'eau de bonne qualité était celle qui était propre au savonnage et à la cuisson des légumes; on donnait le nom de fontaine Maubué (mauvaise lessive) à l'une des premières fontaines établie à Paris, et alimentée par l'eau de Belleville; mais nos cuisinières ne seraient pas moins embarrassées que les ménagères du moyen âge, si on leur demandait leur opinion sur l'action des matières organiques en dissolution dans l'eau.

Il y a là une de ces questions complexes auxquelles il est fort difficile de répondre, à d'aussi grands intervalles de temps. Nous savons seulement que ces eaux, que nous trouvons aujourd'hui si mauvaises, étaient fort recherchées dans les temps anciens, même par nos rois et les plus grands seigneurs de leur cour. Je ne puis en donner une meilleure preuve qu'en rapportant textuellement, d'après les registres de la ville, le récit des démarches faites par le roi François I^er^ pour obtenir une concession d'eau du Pré-Saint-Gervais en faveur de l'évêque de Castres.

[1] Voyez ci-dessus, pages 9 et suivantes.

DU JEUDY vingt-sixiesme jour de novembre dudict an (mil cinq cens vingt-huit).

Assemblee de Ville.

« AUJOURDHUY, en lhostel de ceste ville, au bureau duquel estoient messrs les prevost des marchans et quatre eschevins, sont venuz de par le Roy, messrs les presidens le Viste et Clutin pareillement monsr de La Cour, gentilhomme de la maison dudt seigneur, par lesquelz le Viste et La Cour ont este presentees lettres missives du Roy, adressantes, les unes auxdts prevost des marchans et eschevins, bourgeois et habitans de ceste Ville de paris, et les autres audt le Viste, desquelles la teneur en suyt : A NOZ tres chers et bien amez les prevost des marchans, eschevins, bourgeois et habitans de nostre bonne Ville de paris : De par le Roy « Tres-chers et bien amez, Nous avons este advertiz que nostre ame et feal conseiller levesque de Castres veult faire bastir à la Villette quelque maison de plaisir ou nous pourrions quelque foys aller passer le temps, et pour ce quil y a faulte deaux qui est lune des principalles commoditez requises a une maison et que leau des fontaines[1] qui va en vostre ville ne passe point plus loing que a ung ject darc de luy, il nous a supplie vous faire requeste que, pour lamour de nous, vous lui veuillez octroyer de leau desdes fontaines, pour passer par sade maison, la grosseur dun *poix* tant seullement. A ceste cause, et que, attendu la malladie dudt evesque de Castres, Nous ne le pouvons pour ceste heure employer ailleurs que en vostre ville, ou nous desirons quil fasse son principal sejour, vaccant ad ce que nous luy avons commande pour noz affaires, et que, au moyen de sade malladie, son principal esbat se pourra prendre en lade maison, et quelque foys le nostre, Nous vous pryons tres affectueusement que, en faveur et pour lamour de nous, vous luy veuillez accorder ladte requeste; et en ce faisant, soyez seurs que vous nous ferez tout autant de plaisir que sil estoit question de beaucoup meilleure et plus grande chose, Comme nous avons commande a nostre ame et feal le seigneur de La Cour, gentilhomme de nostre chambre, vous dire et faire entendre de nostre part; de quoy nous vous pryons le voulloir croire comme nous-mesmes. Tres-chers et bien amez, nous pryons nostre Seigneur vous tenir en sa saincte garde. Donne a Sainct Germain en Laye, le vingt deuxiesme jour de novembre mil cinq cens vingt huit. Ainsi signe « Françoys » Et au dessoubz « Robertet. » Ensuyt, la teneur des austres lettres A monsr le president Le Viste. « Monsr le president, je vous prye ne faillir, suivant ce que vous ay dict, de poursuivre messrs de la Ville de paris, et les solliciter de depescher laffaire de la fontaine de la Villette, pour en bailler a monsr de

Lettres missives du Roy pour faire bailler cours des eaux des fontaines de paris a levesque de Castres en sa maison de la Villette cite de paris.

[1] Conduite de l'eau du pré Saint-Gervais.

Castres, ce que je leur en ay mande; Et pour ce que je desire quil y soit incontinant pourveu, et que je suis aussi asseure que pour ce peu de chose mess[rs] de la Ville ne sont pour me esconduyre; A ceste cause, je vous prye me advertir de ce que vous y aurez faict et ce quils en auront conclud, le plus tost quil vous sera possible, Et adieu, Mons[r] le president, qui vous ayt en sa garde. Escript a Sainct Germain en Laye, ce vingt troysiesme jour de novembre mil cinq cens vingt huit. Ainsi signe « Françoys » Et au dessoubz « Robertet » Et ce faict, led[t] de La Cour a declare que le vouloir du Roy estoit que lesd[s] prevost des marchans et eschevins octroyassent a Levesque de Castres de pouvoir tirer de ung conduict des fontaines de ceste Ville ung fil de eau vive de la grosseur de ung *poix*, pour avoir cours en une maison quil faict ou veult faire bastir a la Villette, pres de ceste d[te] ville de paris, Et en laquelle le Roy est delibere prandre une partie du temps son plaisir, Et que en ce faisant le Roy leur en sçaura tres bon grey; Et aussi led[t] le Viste a remonstre que le vouloir du Roy estoit tel, et quil luy en avoit donne charge expresse de sollициter lesd[s] prevost des marchans et eschevins pour lad[e] expedition, Et que le commancement du cours des fontaines de ceste d[te] ville vient de la permission du Roy et dung lieu quil luy appartient, tellement que, sans puissance absolue, Il pourroit faire tomber les conduictz, si bon luy sembloit, au boys dud[t] Evesque de Castres, et ailleurs, partout, sans faire aucun tort a lad[e] Ville de paris; Et, neantmoings, que led[t] seigneur, voullant user de gracieusete envers iceulx prevost et eschevins, a bien voullu leur en escripre, asfin que led[t] evesque de Castres leur en sceut grey. Et pareillement mond[t] seigneur Clutin a dict que le Roy, depuis ung moys en ça, luy a commande de bouche venir en cest hostel de Ville pour sollиciter lexpedition de lad[e] permission. Apres toutes lesquelles remonstrances, leur a este faict responce par iceulx, prevost des marchans et eschevins, quilz en communiqueront ensemble pour y faire response. (Extrait des reg. de la Ville. Volume II, Folios 26 et 27).

DU JEUDY onziesme jour de fevrier dudict an (mil cinq cents vingt neuf).

Ville. — Pour la fontaine de la Villette en la maison de levesque de Castres.

AUJOURDHUY, Au bureau de ceste Ville, auquel estoient Mess[rs] les prevost des marchans et eschevins, sont venuz mess[rs] les presidens le Viste et Clutin, lesquels ont pretsente les missives du Roy, adressantes ausd[s] prevost des marchans et eschevins, desquels la teneur en suyt. A noz tres chers et bien amez les prevost des marchans et eschevins de nostre bonne Ville et cite de paris. De par le Roy.

Tres chers et bien-amez, Nous avons donne charge A nos amez et feaulx conseillers les presidens Le Viste et Clutin, Auxquels nous escripvons presentement, vous dire et declairer aucunes choses, suivant ce que notre amy et feal, aussi conseiller et gouverneur de paris, allant en sa maison, vous a dernierement dict et faict entendre de nostre part, vous priant les vouloir entierement croire de ce quils vous diront de par nous, comme vous feriez vous mesmes. Donne a Sainct Germain en Laye, ce troiziesme jour de janvier mil cinq cents vingt neuf. Ainsi signe « Françoys » et au dessoubz « Robertet ». Et ont aussi lesd[rs] Le Viste et Clutin presente deux autres lettres, les unes adressantes aud[t] president Le Viste et les autres aud[t] Clutin, de pareille et semblable sustance, desquelles la teneur ensuyt : Mons[r] le président, jai este adverty que les prevost des marchans et eschevins de ma Ville de paris nont encores depesche laffaire de la fontaine quils ont promise en ma faveur A mons[r] de Castres pour son lieu de la Villette ; que je trouve chose merveilleusement estrange, veu que je leur en ay tant de foys et si souvent escript et faict dire de bouche; mesmement par le gouverneur de paris dernierement, sen allant en sa maison ; Et pour autant, mons[r] le president, que je desire que led[t] seigneur de Castres nen soit plus en peine, ny nait plus occasion de men escripre; je vous prye, a ceste cause, vous transporter par devers lesdits prevost des marchans et eschevins, leur remonstrer et faire bien entendre de ma part, ceste foys pour toutes, quils me feront bien grand plaisir de promptement depescher lad[te] fontaine a mond[t] sieur de Castres pour sond[t] lieu de « la Villette, » selon la requeste que je leur en ay faict faire en la sorte que la leur demande, qui est sans limitation de temps, les asseurant de ma part que cest chose qui ne tirera a autre consequence par cy apres : car je ne suis delibere leur en faire pareille requeste pour autre quel quil soit : Mais layant ainsi promis a mond[t] sieur de Castres soubs leur parole, ilz me feroient desplaisir de men refuser; Ce que je ne puis croyre quils eussent la volunte de faire, Et aussi ne le sçauroys je en nulle maniere trouver bon : par quoy vous leur ferez sur ce telles remonstrances que vous cognoistrez y pouvoir servir; Mais que ce soit de sorte que, sans plus remectre la chose en longueur, ils me donnent a cognoistre lenvye quilz ont de faire quelque chose pour moy; vous advisant quilz me feront bien plaisir, et vous pareillement de ainsi le faire, et a Dieu, Mons[r] le president, quil vous ayt en sa garde. Escript a Sainct Germain en Laye, le troiziesme jour de janvier mil cinq cents vingt neuf. Ainsi signe : « Françoys ; » Et au dessoubz « Robertet. » Et apres avoir faict lectures desd[tes] lettres et plusieurs remonstrances que ont faictes iceulx presidens Le Viste et Clutin, suivant le voulloir du Roy, et la charge quil leur avoit donnes, se sont retirez ; Et ce faict, iceulx prevost des marchans et eschevins ont conclud que en obtemperant aux lettres missives du Roy plusieurs foys reiterees, et presentees par lesd[s] presidens et le sieur de La Cour, gentilhomme de la chambre du Roy, lettre de permission seroit faicte aud[t] evesque de Castres, Et de faict a este delivree en la maniere que en suyt :

Droict de permission de la fontaine de la Villette pour Mons[r] levesque de Castres.

« Nous, prevost des marchans et eschevins de la Ville de Paris, Avons permis, permettons et consentons, suivant le vouloir et mandement du Roy nostre sire, Que nostre reverend pere en Dieu, Messire Pierre de Montigny, evesque de Castres, abbe de Ferrieres, puisse tirer et faire tirer et venir, a ses despens, de la fontaine et source « de la Villette, » descendant du Prey Sainct Gervais, par le tuiau dicelle, ung fil deaux vives de la grosseur dung grain de vesce, pour avoir cours en son jardin estant a la Villette, A la charge que ce regard sera faict par les ouvriers de lad[e] ville, aux despens dudit Reverend, duquel nous et noz successeurs auront la clef, sans ce que nuls autres la puissent avoir; Et aussi que led[t] Reverend fera faire deux puits aud[t] jardin pour arroser iceluy jardin ad ce que lon ne tire trop deaux de lad[e] fontaine. A la charge aussi que si, par fortune des temps ou autre necessite, lesd[es] eaux venant de ladite fontaine en lad[e] ville defailloient, en maniere que ladite ville en eust necessite, Et en ce cas, pourra lad[e] Ville arrester le cours de lad[e] fontaine octroyee aud[t] Reverend, sans y garder aucune solemnite de justice. En temoing de ce, nous avons mis a ces presentes le scel de lad[e] prevoste des marchans. Ce fut faict le jeudy onziesme jour de fevrier mil cinq cent vingt neuf. » (Extrait des registres de la ville, vol. II, fol. 32 et 33).

On se demande en lisant cette pièce, si les rois constitutionnels des temps modernes mettraient, dans une négociation de ce genre, autant de mesure que ce roi du seizième siècle. Ce n'est pas sans surprise qu'on voit François Ier traiter, pour ainsi dire, d'égal à égal avec le bureau de la ville, pour obtenir une petite concession d'eau, et se croire obligé de lui dépêcher deux de ses conseillers et le gouverneur de Paris. D'un autre côté, on est porté comme le roi à trouver « *merveilleusement estrange* » la fermeté du bureau de la ville ajournant systématiquement sa réponse au roi pendant trois mois, puis enfin cédant aux injonctions réitérées du monarque, mais au lieu de lui accorder la prise d'eau « *de la grosseur dun poix* » qu'il demandait, la réduisant à « *la grosseur d'un grain de vesce* »; tout cela ne prouve-t-il pas qu'on attachait alors beaucoup d'importance à ces eaux si dédaignées aujourd'hui, et que l'administration municipale savait défendre pied à pied les intérêts de la ville. On remarquera encore que, dans toute cette négociation, il n'est nullement question des usages domestiques de l'eau. C'est surtout à la décoration du jardin de la maison de l'évêque de Castres que la concession devait servir : c'est encore à cela qu'on pourrait le mieux utiliser les deux eaux des sources du Nord : elles alimenteraient de charmantes fontaines.

# CHAPITRE VI

## DÉTAILS TECHNIQUES

Eau du pré Saint-Gervais.—Traditions anciennes.—État actuel de l'aqueduc. — Eau de Belleville. — Traditions anciennes. — État actuel.

### AQUEDUC DU PRÉ SAINT-GERVAIS

*Traditions anciennes.* — L'origine de cet aqueduc est entourée d'obscurité ; ni Bonamy, ni Girard, n'ont éclairci cette question et il n'y a rien d'étonnant à cela ; les sources par elles-mêmes ont si peu d'importance qu'elles ont été dérivées à une époque très-ancienne par les prieurs de Saint-Lazare sans attirer l'attention publique.

Voici d'abord ce que dom Félibien dit de ce prieuré de Saint-Lazare[1] : « On prétend que l'ancienne abbaye de Saint-Laurent, possédée dans le temps de Childebert Ier par saint Domnole, depuis évesque du Mans (en 543), comprenait, avec l'église de Saint-Laurent, tout le terrain occupé depuis par le prieuré de Saint-Lazare..... Cependant il n'est point parlé de religieux de Saint-Lazare dans le plus ancien titre où il soit fait mention de cette maison, qui est de l'an 1110..... Le règlement même de 1566,

[1] Voyez *Histoire de la Ville de Paris*, par Dom Félibien, t. I, p. 192.

ne qualifie le prieuré de Saint-Lazare que de *prétendu prieuré;* et le prieur, frère René Hector, n'y est dit que *soi-disant prieur.* Mais on ne pouvoit pourtant contester à cette maison la qualité de prieuré, puisque dans la fondation des Grands-Montins de Vincennes, le roy Louis VII fait mention du prieur et du couvent de Saint-Lazare. »

D. Félibien ne dit pas un mot de la source du Pré-Saint-Gervais ni de l'aqueduc qui l'amenait au prieuré. Corrozet est plus explicite:

« L'antiquité de ce petit Prioré (Saint-Lazare) se remarque aussi en ce que les Prieurs anciens ont fait venir à leur despens les fontaines ès fauxbourgs de Paris, et dedans leur monastere, y foisans bastir des petites loges depuis le village de Saint-Geruais, la où est le principal regard de la dite fontaine (au-dessus duquel y a encore les armes du Prioré, qui sont la résurection de saint Lazare hors du tombeau, receuant la bénédiction de la main dextre du Rédempteur du monde, auec vne fleur de lis au-dessus) jusques aux terres du dit Prioré et d'autres particulières.

« Ladite fontaine anciennement couloit depuis le bord de la chaussée du Bourget, près vn champ, dit le champ des Vinaigriers, au trauers d'vn autre champ, appelé le champ de Saint-Laurent (duquel a esté fait mention cy devant) par des canaux faits en terre Poitiere iusque au grand regard de la fontaine, qui estoit appellé le regard du gril qui est encore en nature deuant la principale porte du dict Prioré Saint-Lazare. Mais depuis messieurs les Preuost et Escheuins de Paris se sont chargés de faire faire des tuiaux ou aqueducs de plomb, de les entretenir, et aussi les loges ou regards. Et si ont chãgé le cours d'eau, pour en dériuer plus grande quantité en la ville. Non obstant messieurs de Saint-Lazare gardent les clefs des loges, pour en aduertir messieurs de la ville, s'il y a quelque chose à réparer, et si du principal tuyau tirent leur fontaine de la grosseur d'vn annel d'argent ou cuiure attaché en las de soye en l'Arrest interuenu sur ceste transaction, et datté du quatriesme Iullet 1364[1]. »

Ainsi les prieurs de Saint-Lazare avaient conduit l'eau d'une source voisine du village du Pré-Saint-Gervais, d'abord au regard de la fontaine du Pré qui est dans ce village, puis jusqu'à leur prieuré qui occupait l'emplacement actuel de la prison de Saint-Lazare, à l'angle de la rue du Faubourg-Saint-Denis et du boulevard de Magenta. La conduite était en tuyaux de poterie, auxquels plus tard la municipalité de Paris substitua une conduite en plomb.

En 1364, les religieux de Saint-Lazare n'avaient plus sur leur aqueduc qu'un droit de prise d'eau réglée par un anneau d'argent ou de cuivre, mais conservaient les clefs des *loges* ou *regards* dont l'entretien était cependant à la charge de la ville.

L'ancien regard de la fontaine du Pré-Saint-Gervais sur lequel on voyait, du temps de Corrozet, la résurrection de saint Lazare, n'existe plus et a été remplacé par un petit édifice construit sous Louis XIV, comme le prouve l'inscription suivante, gravée sur une plaque de marbre noir de 0$^{m}$,72 de largeur et de 0$^{m}$,56 de hauteur :

> CE REGARD QVI RECOIT LES EAVX DE
> TOVTES LE SOVRCES DV PRÉ S$^{T}$ GERVAIS
> À ESTE CÕSTRVICT DV REGNE DE LOVIS
> XIIII, PREVOSTE DE M$^{RE}$ HIEROSME LE
> FERON PRESIDENT AVX ENQ$^{TES}$ ESCHEVI
> NEGE DE M$^{RS}$ PIERRE HACHETTE CON$^{ER}$
> DU ROY AV CHLET RAYMONT LESCOT
> CON$^{ER}$ DE VILLE CLAVDE BOVCOT SECR$^{RE}$
> DV ROY SIMON DE SEQUEVILLE BOVRG$^{OIS}$
> ESTÃS M$^{RS}$ GERMAIN PIETRE PROCV$^{R}$ DU
> ROY ET DE LA VILLE, MARTIN LE MAIRE
> GREFFIER, NICOLAS BOVCOT RECEV$^{R}$ D'ICELLE

[1] Voyez Corrozet, *Antiquités de Paris*, folio 273 au verso.

# AQUEDUCS DU PRE St GERVAIS ET DE BELLEVILLE

LÉGENDE

| | | |
|---|---|---|
| | Pierrées | à la Ville |
| | Conduites | |
| | Aqueducs | |
| | Regards ou fontaines | |
| - - - - - | Pierrées | détruits, abandonnés, cédés par la ville ou appartenant à des particuliers |
| —— | Conduites | |
| ━━ | Aqueducs | |

Philippe Auguste, en achetant en 1182 la foire Saint-Laurent, qui alors appartenait au prieuré de Saint-Lazare, se réserva une partie des eaux du Pré-Saint-Gervais. Cette dérivation fut employée à alimenter une fontaine dans les nouvelles halles construites par ce prince.

« Saint Louis permit, en 1265, aux religieuses des Filles-Dieu, qui demeuroient hors de l'enceinte de Philippe Auguste, de faire venir dans leur monastère l'eau dont elles avoient besoin. La fontaine des Innocents subsistoit aussi en 1274, comme il paroit par un accord fait entre le roi Philippe-le-Hardi et le chapitre de Saint-Merry, où il est dit qu'elle étoit située vis-à-vis la rue Aubry ou Aubert-le-Boucher ». Ces deux fontaines publiques des Halles et des Innocents étaient alimentées par l'eau du Pré-Saint-Gervais « comme toutes celles qui étoient situées à l'occident de la rue Saint-Martin, le Louvre et les hôtels des princes et de quelques seigneurs situés dans ces quartiers. » (Bonamy).

On donnera, dans la suite de cet ouvrage, les noms des fontaines alimentées par l'aqueduc du Pré-Saint-Gervais.

*État actuel de l'aqueduc du Pré-Saint-Gervais.* — Pour l'intelligence de ce qui va suivre, je joins à cette description une petite carte, où sont tracés les aqueducs du Pré-Saint-Gervais et de Belleville avec toutes leurs pierrées et ramifications. Les parties de ces aqueducs, qui sont encore en service, sont indiquées par un trait bleu; celles qui sont détruites ou dont la destination est changée, par un trait orangé.

Les aqueducs à grande section, maçonnés avec mortier de chaux et sable, sont indiqués par un double trait; les pierrées construites à pierre sèche par un trait pointillé, les conduites forcées métalliques ou en poterie par un seul trait plein.

Les pierrées ont généralement $0^m,40$ de hauteur et une largeur qui varie de $0^m,16$ à $0^m,32$; elles sont établies au fond d'une tranchée de 2 ou 3 mètres de profondeur moyenne au-dessous de la surface du sol. Le croquis ci-dessous représente la coupe d'une pierrée ; c'est un petit aqueduc construit à pierres sèches et couvert d'une dalle, qui repose sur les marnes vertes dans la nappe d'eau même que soutiennent ces terrains glaiseux ; pour empêcher l'introduction des eaux troubles de la surface du sol, l'ouvrage est couvert d'une chape de glaise. Avant l'invention des tuyaux de drainage en poterie, beaucoup de terrains en France étaient assainis par des procédés analogues, qui sont connus de tout le monde et sur lesquels il me paraît inutile d'insister.

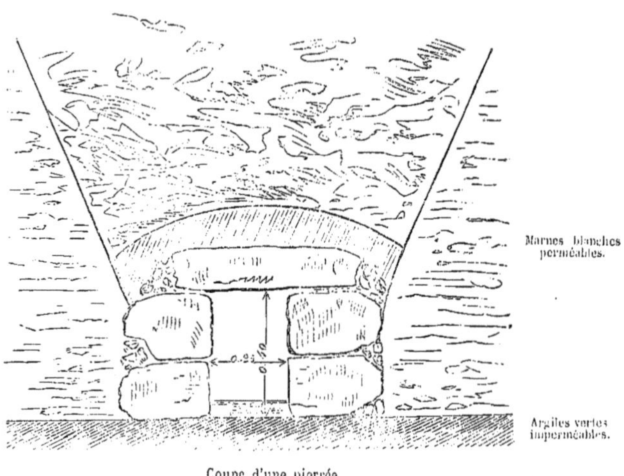


Coupe d'une pierrée.

Dans des ouvrages ainsi construits, les pertes d'eau et les éboulis sont fréquents et il n'est pas facile de les trouver à d'aussi grandes profondeurs. Afin d'éviter les embarras des recherches, on a construit, de distance en distance, sur les pierrées, des regards et des puisards. Les regards sont renfermés dans de petits bâtiments solidement construits et voûtés en pierre de taille ; ils sont au nombre de treize et je les désignerai ci-dessous par leurs noms. Les puisards sont simplement fermés par des madriers couverts de terre ; ils sont beaucoup plus nombreux que les regards. Voici la coupe d'un de ces ouvrages contruit près du regard des Moussins dont il va être question. Ces puisards et les pierrées sont très-rationnels et tout à fait en rapport avec l'importance de l'aqueduc. Il est facile, on le comprend, de se rendre compte des pertes d'eau le long d'une pierrée entre deux regards ou deux puisards consécutifs, et de l'intervalle dans lequel les recherches doivent être limitées.

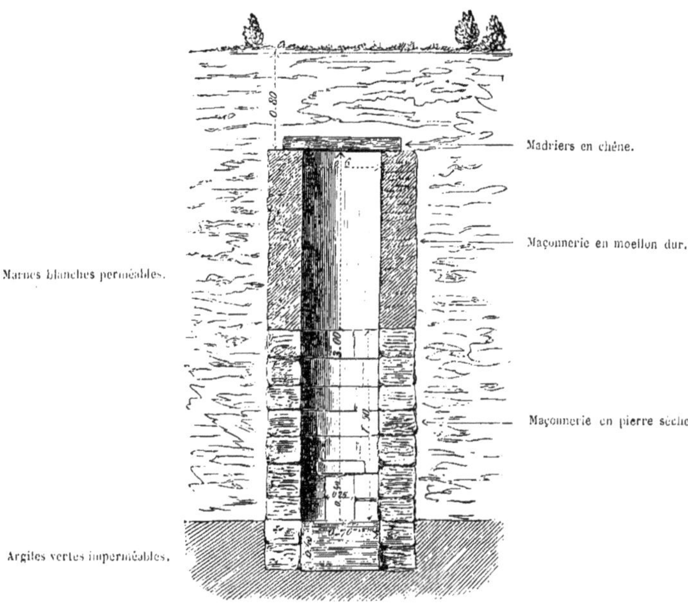


Coupe d'un puisard.

J'ajouterai que le service ne possède aucun nivellement des pierrées ni des regards ; cela n'est nullement nécessaire, les pierrées étant à une hauteur considérable au-dessus du regard collecteur. Je me bornerai donc à donner l'altitude du radier des points importants.

Ces explications sommaires étaient nécessaires pour faire comprendre la description qui va suivre.

Les ramifications de l'aqueduc du Pré-Saint-Gervais se divisent naturellement en trois groupes.

Le premier se détache du pied des glacis du fort de Romainville. Il se compose des pierrées comprises entre les regards du Vieux-Cacheloup, du Nouveau-Cacheloup et du Trou-Carré, qui sont désignées sur la carte par les numéros 1, 2 et 3. Les eaux captées par les pierrées étaient dirigées autrefois par une conduite commune du Trou-Carré vers le regard n° 6, dit le Trou-Morin.

Ce groupe est tracé en traits orangés parce qu'il n'appartient plus à la ville de Paris ; à la suite d'un éboulis des plâtrières, la pierrée principale a été détruite à la jonction des traits orangé et bleu. La Ville a cédé à la commune de Pantin cette partie de l'aqueduc, par un traité en date du 26 juillet 1869.

La commune des Lilas a demandé à acheter une courte pierrée qui traverse l'emplacement du cimetière qu'elle se propose de construire; cette demande a été agréée par l'administration municipale et ratifiée par un arrêté préfectoral du 23 novembre 1874.

Le deuxième groupe a son point de départ sur la route départementale n° 26, dans le village même des Lilas. Il se compose des pierrées et conduites forcées groupées autour des deux regards des Bruyères et de Saint-Pierre, désignées sur la carte par les n$^{os}$ 4 et 5. Les eaux de ces regards, comme celles du premier groupe, se réunissent au regard du Trou-Morin.

Voici la coupe et le plan de ce regard. C'est un petit édifice de forme rectangulaire ayant 3$^{m}$,92 de longueur sur 2$^{m}$,62 de largeur et 4$^{m}$,40 de hauteur sous clef, entièrement construit et voûté en pierre de taille. Il est situé sur la pente du coteau du Pré-Saint-Gervais, dans une sorte de verger. On y descend par un double escalier composé de six marches. Chaque branche de l'aqueduc y débouche par une petite rigole. La plus importante, sans contredit, est celle du second groupe, et la principale source est amenée par une pierrée qui passe près de la fontaine Saint-Pierre. Les deux rigoles versent leur eau dans un petit bassin figuré sur le plan. Une feuille mince de cuivre, dressée verticalement dans ce bassin et courbée en arc de cercle, est percée de vingt trous d'un pouce ($0^{m},027$) de diamètre disposés sur la même ligne horizontale. C'est au moyen de ces trous qu'on jauge l'aqueduc : pour cela, on débouche le nombre de trous nécessaires pour que l'eau s'écoule, et que son niveau se maintienne à 7 lignes au-dessus du centre des trous ; le débit de chaque trou ainsi réglé est ce qu'on appelle un pouce d'eau. J'ai visité cet ouvrage le 4 avril 1876, à la suite de la grande crue de la Seine. Les sources, elles aussi, étaient en grande crue : les vingt trous étaient rem-

Coupe.

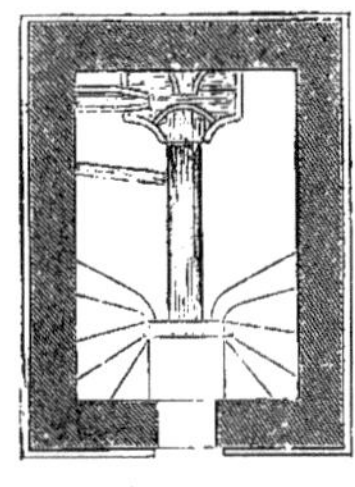

Plan.

Regard du Trou-Morin. — Altitude du départ de l'eau : $88^{m},07$.

plis et les deux branches de l'aqueduc débitaient environ 400 mètres cubes en 24 heures.

Entre les regards du Trou-Morin, des Marchais ou Maraîchers, et de la fontaine du Pré-Saint-Gervais, qui portent sur la carte les n$^{os}$ 6, 7 et 13, on descend au-dessous du niveau d'eau des marnes vertes : il n'y a plus de pierrées, mais seulement des conduites forcées.

Enfin, le troisième groupe est situé sur les territoires de Belleville et du Pré-Saint-Gervais, entre les fortifications et le regard n° 13. Il se compose des pierrées et conduites forcées qui se développent autour des cinq regards des Moussins, des Bernages[1], de la Ruelle-des-Bois, de Pont-Carré et des Olivettes, qui portent sur la carte les n$^{os}$ 8, 9, 10, 11 et 12. A partir du regard des

[1] L'eau du regard des Bernages en sort à l'altitude $74^{m},22$ ; la conduite ne peut donc pénétrer dans le regard n° 13 du Pré-Saint-Gervais dans lequel le départ de l'eau est à l'altitude $74^{m},73$ ; elle se relie un peu plus bas à cette conduite de départ.

Moussins, les eaux de ce groupe débouchent directement dans le regard n° 13 de la fontaine du Pré-Saint-Gervais par des conduites forcées.

Le regard des Moussins est le plus important des ouvrages de l'aqueduc. On y accède par un trou pratiqué dans une maigre haie d'épine, en passant au milieu de pans de murs à demi écroulés : tristes restes du siége de Paris. Le robuste édifice du moyen âge a résisté et s'élève intact au milieu de ces ruines. Il a en plan la forme d'un rectangle, de 5$^{m}$,71 de longueur sur 4$^{m}$,75 de largeur

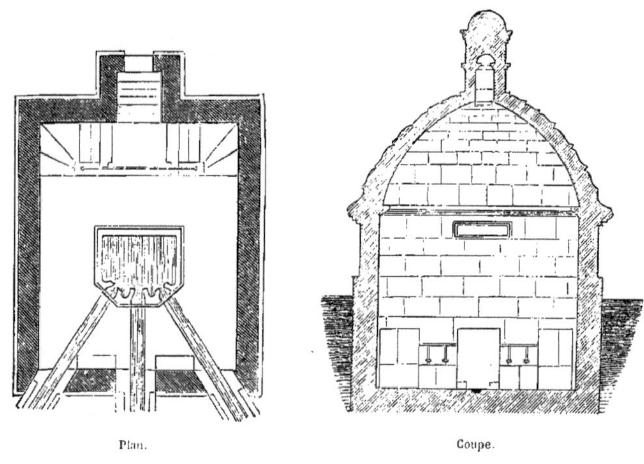


Regard des Moussins. — Altitude du bassin : 90$^{m}$,67.

et sa hauteur sous clef est de 7$^{m}$,67. Sa solide structure lui donne un véritable aspect de grandeur. On voit encore, scellés dans le mur, les anneaux en fer auxquels les échevins attachaient leurs chevaux dans la visite annuelle qu'ils étaient tenus de faire. Le clocheton en pierre de taille, qui surmonte la coupe, n'existe plus aujourd'hui. On descend dans l'intérieur du regard par un escalier à double rampe composé de 14 marches. Les branches de ce groupe de pierrées y débouchent par trois rigoles dont une seule, celle de gauche, a quelque abondance. L'eau qu'elle porte y laisse un épais sédiment. Ces rigoles se déversent dans un petit bassin, d'où l'eau s'échappe par une rigole couverte de 0m,55 de largeur sur 0m,25 de hauteur qui se relie à une conduite en plomb de 0m,081 de diamètre intérieur. Le 4 avril 1876, cette conduite débitait facilement toute l'eau des trois pierrées, qui était cependant en crue : le regard des Moussins recevait ce jour-là environ 160 mètres cubes d'eau par 24 heures. Le contraste que forme le rapprochement de cette petite conduite et de cet énorme regard est singulièrement frappant : un simple puisard d'un mètre de diamètre aurait suffi pour un si mince volume d'eau. Le regard des Moussins passait néanmoins autrefois pour un ouvrage tout à fait correct et rationnel ; on l'a choisi pour type, en 1612, dans le devis des ouvrages de l'aqueduc d'Arcueil[1].

Les pierrées ne se dirigent point en ligne droite d'un regard ou d'un puisard à l'autre : le tracé de leurs sinuosités est déterminé par des bornes plantées sur le sol, et à l'aide desquelles il est aisé de retrouver telle partie de pierrée qu'on a besoin de visiter.

Toutes les eaux de l'aqueduc se réunissent à un regard commun, la fontaine du Pré-Saint-Gervais, désignée sur le petit plan par le n° 13; la cuvette qui reçoit l'eau est en plomb. Le 4 avril 1876 l'aqueduc était en grande crue et portait 616 mètres cubes en 24 heures. La conduite de départ, de 0m,135 de diamètre, débitait facilement ce volume d'eau. L'altitude du départ de l'eau est 74m,75. Les concessions d'eau, dont jouissent encore quelques habitants du pays, sont desservies par une cuvette de jauge. Chacun de ces *usagers* possède sa conduite particulière, qui a son point de départ dans la cuvette du regard et se prolonge jusqu'au domaine à desservir. Je reviendrai plus loin sur ce mode de distribution d'importation romaine.

Ces concessions sont aujourd'hui réduites à six, comme l'indique le tableau suivant :

[1] Dans ce devis, on a adopté le nom de *Maussins*. Le service des eaux de Paris écrit *Mossins*. Girard et les registres de la ville disent *Moussins*. J'ai conservé ce dernier nom.

| SITUATION DES PROPRIÉTÉS DESSERVIES | NOMS DES CONCESSIONNAIRES | | NUMÉROS DES CASES DU CHATEAU DE LA FONTAINE | QUANTITÉS D'EAU A LIVRER EN 24 HEURES |
|---|---|---|---|---|
| | | | | Mètres cubes. |
| Place de la Mairie. | La commune. Fontaine publique. . . . . | | 1 | indéterminée |
| Grande rue n° 54, cité Hervi. . . . | MM. Charvin, Henri, etc. . . . . . . . . | | 2 | 0,55 |
| Grande rue n° 65, villa du Pré. . . | MM. Gidde et Bouton, Lizeray, etc., . . . | | 4 | 0,45 |
| Grande rue n° 63, asile du Pré. . . | M. Sivière. Madame Badiche. La commune. | | 5 | 0,30 |
| Rue Platrière n° 18. | MM. Bélichon et Duchemin. | Le partage se fait à la maison n° 28. . | 6 | 0,33 |
| — n° 20. | — et Marlier.. . | | | |
| — n° 22. | — et Bigot. . . | | | |
| — n° 30. | — et Desclos. . | | | |

A partir du regard de la fontaine du Pré-Saint-Gervais, l'aqueduc n'est plus qu'une conduite forcée ordinaire. Voici ce que dit Girard de la partie la plus importante de cette conduite qui, du regard n° 13, se dirige vers Paris :

« Cette conduite en plomb, de 0m,11[1] de diamètre, suit le pied du versant septentrional du coteau de Belleville. Elle porte, sur 2140 mètres de développement, à très-peu près, six robinets d'arrêt, par la fermeture successive desquels on reconnaît les parties de cette conduite qui peuvent laisser échapper l'eau par des ruptures. On s'assure ainsi de l'état de cette conduite, et l'on arrive, sans beaucoup de recherches, à en découvrir les parties défectueuses. Les robinets qu'elle porte sont enfermés dans des regards désignés par les noms du Pré-Saint-Gervais, des Chauves-Souris, des Noyers, des Jardins, de Bazancourt et de Sainte-Perrine[2]. » Aujourd'hui cette conduite forcée verse ses eaux dans un égout près des fortifications, vers l'emplacement de l'ancien regard des Noyers. Deux de ces regards, situés hors des murs, les nos 13 et 14, existent encore.

Le croquis suivant représente, en plan et en coupe, le regard

[1] Le diamètre de cette conduite est en réalité de 0m,135 ; le plomb est remplacé sur une grande partie de la longueur par de la tôle bitumée ou de la fonte.

[2] Regards nos 13, 14, 15, 16, 17 et 18 de la carte. On écrit ordinairement Périne et non Perrine.

des Chauves-Souris. C'est un ouvrage analogue à ceux que nous construisons au-dessus des robinets de nos conduites, mais beaucoup trop grand ; car il n'a pas moins de 2m,65 de longueur sur 2m,28 de largeur et 3m,90 de hauteur sous clef. Il est caché dans un massif d'arbres du parc de M. Dufour.

Regard des Chauves-Souris.

La conduite forcée se terminait au regard de Sainte-Périne et versait son eau dans une cuvette de distribution.

Les trois figures de regards que je donne ci-dessus sont les types admis alors pour ce genre d'ouvrage : regard simple sur un point de l'aqueduc, les Moussins ; regard avec cuvette de jauge, le Trou-Morin ; regard sur un robinet d'arrêt de conduite forcée, les Chauves-Souris. Je décrirai dans un des chapitres suivants un quatrième type, les regards avec cuvette de distribution.

Deux des regards du Pré-Saint-Gervais, les nos 6 et 13, portaient des cuvettes de jauge ; deux, les nos 13 et 18, portaient des cuvettes de distribution. Il me paraît absolument inutile de décrire les autres regards de l'aqueduc du Pré, qui tous rentrent dans un de ces types.

L'eau du Pré-Saint-Gervais a coulé dans la fontaine du Chaudron, à l'angle des rues de Lafayette et du Faubourg-Saint-Martin, jusqu'en 1861. En 1868, la conduite a été coupée au fossé des fortifications et l'eau y a été déversée. En 1869, elle a été prolongée jusqu'à l'égout du boulevard Sérurier, où l'eau tombe aujourd'hui.

Les dispositions et longueurs de l'aqueduc du Pré-Saint-Ger-

Gervais, pierrées et conduites, sont données dans les tableaux suivants.

Les regards y sont désignés par leurs noms et les numéros de la carte.

## DISPOSITIONS ET LONGUEURS DES DIVERSES PARTIES DE L'AQUEDUC DU PRÉ-SAINT-GERVAIS

| | Aqueducs. | Pierrées. | Conduites — Diamètre. | Conduites — Poterie. | Conduites — Métal. | Conduites — Nature du métal[1]. |
|---|---|---|---|---|---|---|
| **1er GROUPE. — CONDUITES ET PIERRÉES AYANT LEUR ORIGINE SOUS LES GLACIS DU FORT DE ROMAINVILLE ET SE DIRIGEANT VERS LE REGARD DU TROU-MORIN[2], CÉDÉES AUX COMMUNES DE PANTIN ET DES LILAS.** | | | | | | |
| *1° En amont du Nouveau-Cacheloup.* | | | | | | |
| Les amorces du puisard Choiseul. | » | 65 | » | » | » | |
| Pierrée et conduite du puisard Choiseul au Nouveau-Cacheloup[3]. | » | 211 | 0,108 | 81 | » | |
| 1re amorce de pierrée sur celle qui précède. | » | 13 | » | » | » | |
| 2e — — — | » | 40 | » | » | » | |
| 3e — — — | » | 70 | » | » | » | |
| Toute la pierrée du chemin de la fontaine (rue de l'Avenir). | » | 482 | » | » | » | |
| Conduite d'arrivée au Vieux-Cacheloup[4]. | » | » | 0,081 | » | 53 | T. B. |
| Conduite allant du vieux au Nouveau-Cacheloup. | » | » | 0,103 | 72 | » | |
| Pierrée, aqueduc et conduite dirigés sur la conduite des deux Cacheloup. | 41 | 45 | 0,108 | 10 | » | |
| | 41 | 926 | | 163 | 53 | |
| *2° Conduites et pierrées allant du Nouveau-Cacheloup au Trou-Morin.* | | | | | | |
| Du Nouveau-Cacheloup au premier puisard en aval. | » | » | 0,108 | » | 101 | T. B. |
| Du premier au deuxième puisard. | » | 102 | 0,108 | » | 102 | T. B. |
| Du deuxième au troisième puisard. | » | 225 | 0,081 | » | 128 | T. B. |
| | | | 0,081 | » | 97 | F. |
| Du troisième puisard à 13 mètres au delà du quatrième puisard. | » | 53 | 0,081 | » | 53 | F. |
| Affluents sur la conduite et la pierrée ci-dessus, en amont de la fontaine du Trou-Carré[5]. | » | 14 | 0,108 | 29 | » | |
| De la fontaine du Trou-Carré au premier puisard. | » | » | 0,045 | » | 96 | T. B. |
| De la rue de l'Avenir au puisard Angé. | » | » | 0,108 | 70 | » | |
| De ce puisard Angé au deuxième puisard. | » | » | 0,054 | » | 110 | T. B. |
| | | 396 | | 99 | 689 | |

[1] Indication des métaux : F, fonte ; P, plomb ; T. B., tôle bitumée.
[2] Trou-Morin, n° 6 de la carte.
[3] Nouveau-Cacheloup, n° 2.
[4] Vieux-Cacheloup, n° 1.
[5] Trou-Carré, n° 3.

2e GROUPE. — AYANT SON POINT DE DÉPART DANS LE VILLAGE DES LILAS ET SE DIRIGEANT SUR LE REGARD DU TROU-MORIN ET DE LÀ A LA FONTAINE DU PRÉ-SAINT-GERVAIS [1].

| | Aqueducs. | Pierrées. | Conduites — Diamètre. | Conduites — Poterie. | Conduites — Métal. | Nature du métal. |
|---|---|---|---|---|---|---|
| *3° Écoulement sur le regard des Bruyères [2] et à la fontaine Saint-Pierre [3].* | | | | | | |
| Du bois de Bagnolet au regard des Bruyères. . . . . . . | » | 225 | » | » | » | |
| De la Poule-Rousse au regard des Bruyères. . . . . . . . | » | 115 | » | » | » | |
| Pierrée Malescot, de son origine au même point. . . . . | » | 186 | » | » | » | |
| Du regard des Bruyères à la rencontre de la pierrée. . . | » | » | 0,108 | » | 74 | T. B. |
| De l'origine de cette pierrée à la pierrée partant de Saint-Pierre. . . . . . . . . . . . . . . . . . . . . . . . . | » | 88 | » | » | » | |
| | | 612 | | | 74 | |
| *4° Conduites et pierrées arrivant au regard Saint-Pierre et de là au Trou-Morin.* | | | | | | |
| Du puisard de la Paix au puisard Souchet. . . . . . . . | » | 87 | » | » | » | |
| Pierrée Periquem, de son origine au puisard Souchet. . . | » | 270 | » | » | » | |
| Du puisard Souchet au puisard situé vers Saint-Pierre. . | » | » | 0,108 | 54 | » | |
| De ce puisard de partage à la première borne au-dessous. | » | » | 0,081 | » | 25. | T. B. |
| De cette borne au regard Saint-Pierre. . . . . . . . . . | » | » | 0,054 | » | 124 | T. B. |
| Du regard Saint-Pierre au premier puisard inférieur. . . | » | 15 | » | » | » | |
| De ce premier puisard au deuxième, vers le Trou-Morin. . | » | » | 0,081 | » | 47 | T. B. |
| De ce deuxième puisard au regard du Trou-Morin. . . . . | » | » | 0,108 | 68 | » | |
| | | 372 | | 122 | 195 | |
| *5° Écoulement direct sur le regard du Trou-Morin.* | | | | | | |
| Pierrée Higon-Boudin, de son origine au regard. . . . . . | » | 149 | » | » | » | |
| Pierrée du milieu du regard. . . . . . . . . . . . . . . . | » | 6 | » | » | » | |
| Pierrée de gauche. . . . . . . . . . . . . . . . . . . . . | » | 18 | » | » | » | |
| De 15 mètres au-dessous du quatrième puisard du Cacheloup au cinquième puisard. . . . . . . . . . . . . . . . | » | 75 | 0,081 | » | 75 | F. |
| Amorce sur ce cinquième puisard. . . . . . . . . . . . . | » | 20 | » | » | » | |
| Du cinquième puisard du Cacheloup au regard du Trou-Morin. . . . . . . . . . . . . . . . . . . . . . . . . . | » | 60 | 0,108 | 60 | » | |
| | | 328 | | 60 | 75 | |
| *6° Du regard du Trou-Morin à la fontaine du Pré-Saint-Gervais.* | | | | | | |
| Du regard du Trou-Morin à la première borne inférieure. | » | » | 0,081 | » | 40 | P. |
| De cette première borne à la seconde. . . . . . . . . . | » | » | 0,081 | » | 86 | T. B. |
| De cette seconde borne au regard des Marchais ou des Maraîchers [4]. . . . . . . . . . . . . . . . . . . . . . . | » | » | 0,081 | » | 50 | P. |
| Traversée du regard des Maraîchers. . . . . . . . . . . | » | » | 0,081 | » | 4 | F. |
| Du regard des Maraîchers à la galerie. . . . . . . . . . | » | » | 0,081 | » | 165 | P. |
| Traversée de la galerie. . . . . . . . . . . . . . . . . . | » | » | 0,081 | » | 11 | P. |
| De la galerie au déversoir de la fontaine du Pré. . . . . | » | » | 0,081 | » | 216 | P. |
| | | | | | 572 | |

[1] Fontaine du Pré-Saint-Gervais, n° 13 de la carte.
[2] Regard des Bruyères, n° 4.
[3] Fontaine Saint-Pierre, n° 5.
[4] Regard des Marchais, n° 7.

| | Aqueducs. | Pierrées. | Conduites: Diamètre. | Poterie. | Métal. | Nature du métal. |
|---|---|---|---|---|---|---|
| | — | — | — | — | — | — |

3° GROUPE. — SE DIRIGEANT DES FORTIFICATIONS A LA FONTAINE DU PRÉ-SAINT-GERVAIS.

*7° Pierrées arrivant au regard des Moussins*[1].

| | Aqueducs. | Pierrées. | Diamètre. | Poterie. | Métal. | Nature du métal. |
|---|---|---|---|---|---|---|
| Pierrée et aqueduc de droite des Moussins. . . . . . . . | 8 | 75 | » | » | » | |
| Aqueduc et pierrée du milieu des Moussins. . . . . . . . | 28 | 110 | » | » | » | |
| Galerie et pierrée de gauche des Moussins. . . . . . . . | 25 | 13 | » | » | » | |
| | 61 | 198 | | | | |

*8° Conduite allant des Moussins à la fontaine du Pré.*

| | Aqueducs. | Pierrées. | Diamètre. | Poterie. | Métal. | Nature du métal. |
|---|---|---|---|---|---|---|
| Partie comprise entre les Moussins et la rue de Bagnolet. . | » | » | 0,081 | » | 218 | F. |
| De la rue de Bagnolet au regard de Bagnolet (angle de la Grande-rue-du-Pré). . . . . . . . . . . . . . . . . . | » | » | 0,081 | » | 54 | F. |
| De ce regard à la fontaine du Pré. . . . . . . . . . . . | » | » | 0,108 | » | 132 | T. B. |
| Raccordement de cette conduite avec celles de l'intérieur de la fontaine du Pré. . . . . . . . . . . . . . . . . . | » | » | 0,108 | » | 5 | P. |
| | | | | | 409 | |

*9° Pierrées du regard des Bernages*[2] *se déversant sur la fontaine du Pré.*

| | Aqueducs. | Pierrées. | Diamètre. | Poterie. | Métal. | Nature du métal. |
|---|---|---|---|---|---|---|
| Pierrée du regard des Moussins au regard des Bernages dans toute sa longueur. . . . . . . . . . . . . . . . . . | » | 176 | » | » | » | |
| Amorce du puisard Mathé sur la dite. . . . . . . . . . | » | 47 | » | » | » | |
| Pierrée Lisoty aux Bernages. . . . . . . . . . . . . . | » | 106 | » | » | » | |
| Pierrée de décharge. . . . . . . . . . . . . . . . . | » | 55 | » | » | » | |
| Aqueduc des Bernages. . . . . . . . . . . . . . . . | 78 | » | » | » | » | |
| Conduite du puisard des Bernages à la fontaine du Pré. . | » | » | 0,081 | » | 160 | F. |
| Raccordement dans l'intérieur de la fontaine. . . . . . | » | » | 0,081 | » | 5 | P. |
| | 78 | 384 | | | 165 | |

*10° Conduites et pierrées se dirigeant sur le regard de la ruelle du Bois*[3].

| | Aqueducs. | Pierrées. | Diamètre. | Poterie. | Métal. | Nature du métal. |
|---|---|---|---|---|---|---|
| La pierrée de la rue du Bois. . . . . . . . . . . . . . | » | 300 | » | » | » | |
| Amorce sur le puisard inférieur de cette pierrée. . . . . | » | 55 | » | » | » | |
| Pierrée du rempart, de son origine au regard. . . . . . | » | 170 | » | » | » | |
| Première amorce sur celle-ci. . . . . . . . . . . . . | » | 40 | » | » | » | |
| Deuxième amorce sur la même. . . . . . . . . . . . . | » | 75 | » | » | » | |
| Pierrée en amont du puisard Thierel. . . . . . . . . . | » | 25 | » | » | » | |
| Conduite du puisard Thierel au regard de la ruelle du Bois. . | » | » | » | 60 | » | |
| | | 665 | | 60 | | |

*11° Pierrées et conduites dirigées sur le regard du bastion 20 (regard de la ruelle du Bois reconstruit).*

| | Aqueducs. | Pierrées. | Diamètre. | Poterie. | Métal. | Nature du métal. |
|---|---|---|---|---|---|---|
| Conduite allant du regard de la ruelle du Bois au regard du Bastion. . . . . . . . . . . . . . . . . . . . . . | » | » | 0,108 | » | 16 | |
| Les 3 amorces du puisard des 3 communes. . . . . . . . | » | 30 | » | » | » | |
| La pierrée de la rue de Bagnolet. . . . . . . . . . . . | » | 75 | » | » | » | |
| La ruelle de la rue de Bagnolet. . . . . . . . . . . . | » | 45 | » | » | » | |
| La pierrée Adam. . . . . . . . . . . . . . . . . . . | » | 30 | » | » | » | |
| La pierrée dite de la Courtine, boulevard Sérurier. . . . | » | 200 | » | » | » | |
| Du puisard inférieur du boulevard Sérurier au regard du Bastion. . . . . . . . . . . . . . . . . . . . . . . | » | » | 0,108 | » | 67 | F. |
| | | 380 | | | 83 | |

[1] Regard des Moussins, n° 8 de la carte.
[2] Regard des Bernages, n° 9.
[3] Regard de la ruelle du Bois, n° 10.

*12° Conduites et pierrée allant du regard du bastion au puisard de Bagnolet.*

| | Aqueducs. | Pierrées. | Conduites — Diamètre. | Poterie. | Métal. | Nature du métal. |
|---|---|---|---|---|---|---|
| Du regard du Bastion à l'ancien regard du Pont-Carré [1]. . | » | » | 0,108 | » | 89 | F. |
| Du regard épurateur au Pont-Carré. . . . . . . . . . . . | » | » | 0,108 | » | 47 | F. |
| Du Pont-Carré au regard des Olivettes [2]. . . . . . . . . . | » | » | 0,108 | » | 80 | T.B. |
| Pierrée du regard des Olivettes. . . . . . . . . . . . . . | » | 118 | » | » | » | |
| Du regard des Olivettes au puisard de Bagnolet. . . . . . | » | » | 0,108 | » | 166 | T.B. |
| NOTA. Les eaux se réunissent dans ce regard avec celles de la conduite des Moussins, portée au n° 8. | | | | | | |
| | | 118 | | | 382 | |

*13° Conduite de distribution partant de la fontaine du Pré-Saint-Gervais, allant à l'égout de la rue de Mexico.*

| | Aqueducs. | Pierrées. | Diamètre. | Poterie. | Métal. | Nature du métal. |
|---|---|---|---|---|---|---|
| Du départ de la fontaine jusque dans la cour de la maison rue Platrière, n° 2. . . . . . . . . . . . . . . . . . . . | » | » | 0,135 | » | 30 | P. |
| De ce point au mur de clôture du jardin du presbytère. . | » | » | 0,135 | » | 36 | T.B. |
| Traversée du jardin du presbytère. . . . . . . . . . . . | » | » | 0,135 | » | 17 | P. |
| Traversée de la propriété n° 8 rue de la Platrière. . . | » | » | 0,135 | » | 27 | T.B. |
| De ce dernier point au regard des Chauves-Souris [3]. . . . | » | » | 0,135 | » | 181 | P. |
| Du dit regard à 20 mètres en amont du regard de la rue Platrière. . . . . . . . . . . . . . . . . . . . . . . . | » | » | 0,135 | » | 241 | P. |
| De ce dernier point à la galerie du bastion 25. . . . . . | » | » | 0,216 | » | 102 | F. |
| Traversée de la galerie du bastion et colonne montante. . | » | » | 0,162 | » | 78 | F. |
| De la sortie de la galerie, en suivant le boulevard Sérurier et la rue Petit, jusqu'à la rue de Mexico [4]. . . . . . . . | » | » | 0,162 | » | 150 | F. |
| | | | | | 862 | |

RÉCAPITULATION

| | AQUEDUCS | PIERRÉES | CONDUITES en grès. | CONDUITES en métal. |
|---|---|---|---|---|
| *1er groupe cédé aux communes.* | | | | |
| 1°. . . . . . . . . . . . . . . . . | 41 | 926 | 163 | 53 |
| 2°. . . . . . . . . . . . . . . . . | » | 596 | 99 | 689 |
| Totaux. . . . . . . . | 41 | 1522 | 262 | 742 |
| | 2567 | | | |
| *2e groupe.* | | | | |
| 3°. . . . . . . . . . . . . . . . . | » | 612 | » | 74 |
| 4°. . . . . . . . . . . . . . . . . | » | 372 | 122 | 196 |
| 5°. . . . . . . . . . . . . . . . . | » | 328 | 60 | 75 |
| 6°. . . . . . . . . . . . . . . . . | » | » | » | 572 |
| A reporter. . . . . . . | | 1312 | 182 | 917 |

[1] Regard du Pont-Carré, n° 11 de la carte.
[2] Regard des Olivettes, n° 12.
[3] Regard des Chauves-Souris, n° 14.
[4] Regards supprimés dans Paris :
Regard des Noyers, n° 15.
— des Jardins, n° 16.
— de Besancourt, n° 17.
— de Sainte-Périne, n° 18.
Fontaine du Chaudron, n° 19.
— des Récolets, n° 20.
— de Saint-Lazare, n° 21.

| | AQUEDUCS | PIERRÉES | CONDUITES | |
|---|---|---|---|---|
| | — | — | en grès. | en métal. |
| Report. . . . . . . . | | 1312 | 182 | 917 |
| 3ᵉ *groupe.* | | | | |
| 7°. . . . . . . . . . . . . . . . . . | 61 | 198 | » | » |
| 8°. . . . . . . . . . . . . . . . . . | » | » | » | 409 |
| 9°. . . . . . . . . . . . . . . . . . | 78 | 384 | » | 165 |
| 10°. . . . . . . . . . . . . . . . . | » | 635 | 60 | » |
| 11°. . . . . . . . . . . . . . . . . | » | 380 | » | 83 |
| 12°. . . . . . . . . . . . . . . . . | » | 118 | » | 382 |
| 13°. . . . . . . . . . . . . . . . . | » | » | » | 862 |
| Totaux. . . . . . . . | 139 | 3037 | 242 | 2818 |

| | |
|---|---|
| Longueur totale de l'aqueduc appartenant encore à la ville de Paris. . . . . . . . . . . . . . . . . | 6256 |
| Partie cédée aux communes. . . . . . . . . . . . | 2367 |
| Longueur totale de l'aqueduc ancien jusqu'à l'égout de la rue de Mexico près des fortifications. . . . . . | 8623 |
| De là au regard de Sainte-Périne d'après Girard. . | 1278 |
| Longueur totale de l'aqueduc ancien jusqu'au regard de Sainte-Périne. . . . . . . . . . . . . . . . | 9903[1] |
| De là à l'ancienne barrière de Pantin, environ. . . | 400 |
| Longueur totale de l'aqueduc ancien jusqu'aux anciennes barrières. . . . . . . . . . . . . . . . . | 10301 |

Soit 10 300 mètres.

En étudiant ces tableaux on se rendra facilement compte de la simplicité avec laquelle cet aqueduc a été construit. Les petites dimensions des ouvrages sont complétement justifiées par la petite quantité d'eau qu'ils portent. Les pierrées ne sont guères plus grandes que celles dont on faisait usage, il y a peu d'années encore, pour drainer les terres humides. Les conduites en grès ou en métal qui, dans les terrains perméables, conduisent les eaux captées d'un puisard à l'autre sont toutes de petite dimension : le plus grand diamètre des anciennes conduites de plomb, qui sont encore en place, est de $0^m,135$.

Cet ouvrage est donc très-bien approprié à l'usage auquel il est destiné. La seule critique fondée peut porter sur le luxe avec lequel les regards sont construits.

[1] Dans ce nombre, les pierrées sont comprises pour 4379 mètres de longueur. D'après Girard, ce nombre est de 3300 mètres seulement. C'est une erreur évidente. Girard ne donne pas d'ailleurs la longueur des conduites, qui cependant dépasse celle des pierrées.

AQUEDUC DE BELLEVILLE.

*Traditions anciennes.* — On ne connaît ni la date précise de la construction de l'aqueduc de Belleville, ni à plus forte raison le nom de son constructeur. La branche principale est un aqueduc maçonné et couvert d'une dalle, assez élevé pour qu'on puisse le parcourir sans fatigue. La seule notion qui nous reste sur l'origine de cette galerie nous est donnée par une inscription qui existe encore dans le regard n° 22, dit de la Lanterne. Cette inscription, qui remonte au règne de Charles VII, nous apprend qu'en 1457 les prévôt et échevins de Paris reconstruisirent cet ouvrage sur 96 toises de longueur.

Voici la disposition et le texte de cette inscription qui est gravée sur une plaque de pierre de liais de 0m,40 de largeur et de 0m,52 de hauteur, fixée dans le mur du regard :

entre les mois bien me remembre
de may et celui de novembre
cinquente sept mil quatre cens
que stoit lors prevost des marchens
deparis honnorable homme
maist mahieu qui en somme
estoit surnomme de nanterre
et que galie maistre pierre
sire philipe aussy talemen
le bien publique fort amans
sire michel qui en leur nom
avoit d'une granche le nom
et sire jaques de baqueville
le bien desirans de la ville
estoient dicelle eschevins
firent trop plus iiii^xx
et xvi toises de ceste euure
refaire en brief temps et heure
car si briefment on ne leust faic
fontaine tarie estoit

La première et la dernière lettre du 9e vers sont cachées par les pattes en fer qui fixent la plaque; la trace de ces pattes est indiquée, page 125, sur le cadre qui entoure l'incription.

Girard reproduit cette inscription d'après Corrozet, qui ne l'a pas copiée exactement; ainsi il écrit, au seizième vers, *quatre-vingts* au lieu de iiii$^{xx}$, *seize* au lieu de xvi; il corrige les fautes d'orthographe, met des majuscules en tête des vers, etc.

Ce qu'il y a de singulier, c'est que, d'après l'inscription suivante, scellée en face de celle qui précède, le regard de la Lanterne a été commencé en 1583 et achevé en 1613[1]. Il est probable que la pierre qui porte l'inscription de 1457 se trouvait dans une autre partie de l'aqueduc et a été transportée plus tard à la place qu'elle occupe aujourd'hui.

> LAN 1613. M$^{E}$ GASTON DE GRIEV S$^{R}$ DE S$^{T}$ AVLBIN CON$^{ER}$ DV ROY EN SA COVR DE PARLEMET PREVOST NICOLAS POVSSEPIN S$^{R}$ DE BELAIR CON$^{ER}$ DV ROY AV CHASTELET IEHAN FONTAINE M$^{E}$ DES ŒVVRES DES BASTIMENTS DU ROY, ROBERT DESPREZ S$^{R}$ DE CLAMAR ADVOCAT EN PARLEMENT CLAVDE MERAVLT S$^{R}$ DE LA FOSSEE CON$^{ER}$ DV ROY AVDITEVR EN LA CHAMBRE DES COMPTES ESCHE=VINS, CE GRAND REGARD A ETE PARACHEVE LEQVEL FVT COMMANCE DV TEMPS DE M$^{E}$ ESTIENNE DE NEVILLY LORS PREVOST, IEHAN POVSSEPIN, DENIS MAMYNEAV, ANTHOINE HVOST, ET IEHAN DELVINEZ, ESCHEVINS.
> 1583

Depuis 1457 aucune réparation n'a été faite dans l'aqueduc, et

[1] Cette inscription est gravée sur une plaque de marbre noir de 1$^{m}$,52 de longueur et de 0$^{m}$,80 de hauteur.

Bonamy, qui l'a parcouru dans toute sa longueur en 1738, dit qu'il l'a trouvé en bon état; c'est certes le plus bel éloge qu'il pouvait faire du constructeur.

Si nous manquons de documents sur l'origine de l'aqueduc principal, nous en avons, au contraire, d'assez nombreux et d'assez précis sur une ramification peu étendue de cet aqueduc : une source abondante, la fontaine de Savies, coulait autrefois dans l'emplacement de la rue qui porte encore ce nom, sur une ferme appartenant à l'abbaye Saint-Martin des Champs[1]. Cet emplacement se voit aujourd'hui à droite de la rue de Puébla au fond de la vallée de Ménilmontant. Cette source fut conduite au carrefour actuel des rues des Cascades et de Savies, dans un regard qui porte encore le nom de *Saint-Martin*[2], lequel a été construit à frais communs par les religieux de Saint-Martin et par les Templiers sur les terres desquels il fallait passer pour conduire l'eau à l'abbaye Saint-Martin[3] et au Temple[4].

On voit sur la façade de ce regard un bas-relief très-fruste représentant saint Martin à cheval, et on y lit l'inscription suivante, gravée sur une pierre blanche dure qui paraît avoir été scellée dans la place qu'elle occupe à une époque assez récente. La largeur de cette pierre est de $0^m,78$; sa hauteur est de $0^m,98$, et celle du fronton de $0^m,17$.

[1] L'existence de cette riche abbaye remonte à une haute antiquité. Dom Mabillon, en discutant une ordonnance du roi Childebert, *datée de* 710, fait remarquer qu'il y est fait mention de l'église Saint-Martin, qui par conséquent est beaucoup plus ancienne que le roi Robert (monté sur le trône en 996 après la mort de son père Hugues-Capet). « Placitum istud multis capitibus insigne est... tertio quod ecclesia s. martini longe. antiquior sit Roberto rege. » Voy. Dom. Mabillon, *De re diplomatica liber sextus*, n° 28, p. 482.

Dom. Félibien, dans son *Histoire de Paris*, rapporte *in-extenso* l'état des propriétés de l'abbaye de Saint-Martin, dont les donations furent confirmées par les papes Urbain II et Alexandre IV, en 1097 et 1256. Voy. *Histoire de Paris*, t. III, p. 52 et 53.

[2] N° 51 de la carte.

[3] Aujourd'hui le conservatoire des Arts-et-Métiers.

[4] Rue du Temple.

FONS

INTER MARTINIANOS CLUNIACENSES
ET VICINOS TEMPLARIOS COMMUNITER
FLUERE SUETUS, POST ANNOS XXX.
NEGLECTUS ET VELUTI CONTEMPTUS
COMMUNIBUS IMPENSIS AB IPSA
SCATURIGINE ET RIVULIS STUDIO-
SISSIME INDAGATUS ET REPETITUS;
TUNC DEMUM NOBIS IPSIS FORTITER
ET ANIMOSE TANTÆ MOLI
INSISTENTIBUS, NOVUS ET
PLUSQUAM PRIMÆ ELEGANTIÆ AC
NITORI REDDITUS, PRISTINUM
REPETENS OFFICIUM, NON MINUS
HONORIFICE QUAM SUMMO NOSTRO
COÑODO ITERUM MANARE CŒPIT
ANNO DNI. 1633.
IDEM LABORES ET SUMPTUS IN COÑUNI
PARITER REPETITI SUNT UT SUPRA
ANNO DNI. 1722[1].

Cette inscription est remarquable à plus d'un titre. Elle prouve que, dès l'origine, les religieux de Saint-Martin des Champs et les Templiers avaient la jouissance de cette partie de l'aqueduc de

[1] *Traduction.* — Fontaine coulant d'habitude pour l'usage commun des religieux de Saint-Martin-de-Cluny et de leurs voisins les Templiers. Après avoir été 30 ans négligée et pour ainsi dire méprisée, elle a été recherchée et revendiquée à frais communs et avec grand soin, depuis la source et les petits filets d'eau. Maintenant enfin, insistant avec force et avec l'animation que donne une telle entreprise, nous l'avons remise à neuf et ramenée plus qu'à sa première élégance et splendeur. Reprenant son ancienne destination, elle a recommencé à couler l'an du Seigneur 1633, non moins à notre honneur que pour notre commodité. Les mêmes travaux et dépenses ont été recommencées en commun, comme il est dit ci-dessus, l'an du Seigneur 1722.

Belleville et qu'ils l'entretenaient à frais communs. Après la suppression de l'ordre du Temple, en 1311 [1], les religieux de Saint-Martin continuèrent à jouir de leur fontaine et à l'entretenir *à frais communs* avec les Hospitaliers de Saint-Jean de Jérusalem, depuis Chevaliers de Rhodes, et enfin Chevaliers de Malte, auxquels une partie des biens des Templiers et notamment le couvent de la rue du Temple, avaient été donnés [2]. D'après l'inscription, il en était encore ainsi en 1722.

A l'époque où Bonamy publiait son mémoire, c'est-à-dire en 1734, l'aqueduc de Belleville et la conduite de la fontaine de Savies étaient encore séparés. J'ai trouvé dans les archives de l'inspection des eaux une carte portant la date de 1670, où est tracée la conduite qui amenait à la porte du Temple l'eau de la fontaine de Savies. Cette conduite était en poterie depuis le regard Saint-Martin jusqu'au regard Saint-Maur, sur une longueur de . . . . . . . . . . . . . . . . . . . . . . 1374m,20
et en plomb sur le reste du parcours, de. . . . . . . . 1132m,50

Longueur totale. . . . . . 2506m,70

elle est indiquée sur la petite carte de la page 111; elle passait d'abord à peu de distance de l'emplacement actuel des rues Chaussée-de-Ménilmontant et Oberkampf jusqu'au regard Saint-Maur, puis se dirigeait à travers champs jusqu'à la rue de Malte, dont elle suivait le tracé ainsi que celui d'une petite partie de la rue Faubourg-du-Temple, pour gagner la barrière de ce nom [3].

[1] L'ordre du Temple, fondé en 1118, fut supprimé par le pape Clément V après le concile œcuménique réuni à Vienne en 1311, et à la suite d'un long procès intenté contre l'ordre par le roi Philippe le Bel en 1307.

[2] Dans les registres de la ville le nom de *grand-prieur du Temple* est conservé. Voici par exemple, le titre d'une délibération du 14 octobre 1600 : « Ordonnance portant que le grand prieur du Temple et les religieux de Saint-Martin des Champs seront assignés au bureau de la ville pour se voir condamner à faire refaire leurs fontaines. »

[3] Voici le titre de cette carte : *Carte de la conduite des eaux provenant* DES SOURCES DE BELLEVILLE, *appartenant à monseigneur le grand Prieur de France et messieurs les Prieurs et Religieux de Saint-Martin des Champs, et des regards qui sont le long de la dite conduite.*

*Conduite en grès* (poterie). Du regard Saint-Martin au regard Saint-Maur.

*Conduite en plomb.* Du regard Saint-Maur, passe au travers des marais du Temple et chemins qui conduisent à la Courtille et la barrière du Temple.

L'eau de Belleville, en raison de sa mauvaise qualité, ayant été retirée de la distribution, dès 1737, et réservée pour le lavage du grand égout de ceinture ou plutôt du ruisseau de Ménilmontant renfermé entre deux murailles par Turgot, ni les planches de l'atlas de Girard, ni les autres cartes du service des eaux dressées depuis cette époque, n'indiquent le tracé de la conduite de Belleville, entre le regard de Saint-Maur (n° 40 de la carte) et les grands boulevards : il est assez probable que cette conduite descendait en se tenant à une petite distance à droite de la rue Oberkampf, qu'elle traversait le fossé de l'enceinte de Louis XIII sur le pont situé en face de cette rue et qu'elle aboutissait aux grands boulevards presqu'en face de la rue des Filles-du-Calvaire. Cette disposition facilita beaucoup l'opération de Turgot qui avait placé le réservoir destiné au lavage du grand égout, précisément à cette extrémité de la rue des Filles-du-Calvaire.

La construction de ce regard Saint-Martin et de la conduite qui amenait les eaux au Temple et à l'abbaye Saint-Martin remonte à une très-haute antiquité; tous les auteurs reconnaissent que la fontaine Maubuée a été érigée par les religieux de Saint-Martin, et qu'elle n'est pas moins ancienne que celles des Halles et des Innocents : il faudrait conclure de là que le regard et la conduite de Saint-Martin existaient sous le règne de Philippe Auguste, vers la fin du douzième siècle.

Ainsi, du temps de Bonamy, les jaugeages des aqueducs du Pré-Saint-Gervais et de Belleville ne comprenaient pas l'eau du regard Saint-Martin : les deux conduites étaient séparées. C'est par erreur que Girard dit qu'après la construction de l'aqueduc de Belleville, c'est-à-dire longtemps avant le règne de Charles V, on y fit aboutir les deux conduites qui amenaient l'eau au Temple et à l'abbaye Saint-Martin.

Une autre partie de l'aqueduc de Belleville, l'aqueduc Saint-Louis, ne donnait pas d'eau à Paris; il alimentait l'hôpital Saint-Louis. J'ai retrouvé, dans les archives de l'administration des eaux, le plan daté 1737 de la conduite qui portait les eaux de l'aqueduc Saint-Louis à cet hôpital[1]. Cette conduite était en plomb et avait 1695$^m$,70 de longueur. Elle recevait en route, vers le bas de la rue Saint-Laurent, une conduite dite des Esmocoüards, de 343$^m$,10 de longueur, qui était alimentée par une pierrée de 233$^m$,90. Tous ces ouvrages sont tracés sur la carte. Ils étaient établis en pleins champs, sur 168 parcelles de terrain.

L'eau de Belleville alimentait autrefois les fontaines publiques situées à l'est de la rue Saint-Denis. La plus ancienne est la fontaine Maubuée qu'on voit encore à quelques mètres du carrefour des rues Saint-Martin et Maubuée. Dans une visite des maisons de la censive de Saint-Martin faite en 1320, il est fait mention de la fontaine Maubuée comme étant déjà ancienne. La fontaine Saint-Avoie, qu'on voit encore près du carrefour des rues Saint-Avoie et du Temple, existait aussi vers la même époque[2]. Plus tard, sous Louis XIII, lorsque l'enceinte de la ville fut repoussée jusqu'aux grands boulevards, trois autres fontaines très-anciennes, aujourd'hui détruites, les fontaines Saint-Martin et du Temple, s'y trouvèrent renfermées : elles étaient alimentées par l'eau du regard Saint-Martin[3].

On vient de dire que l'eau de Belleville, réservée pour le lavage des égouts, avait été retirée de la distribution en 1737 par Turgot, alors prévôt des marchands : le récit de Bonamy ne laisse aucun doute sur ce point. On réserva seulement l'eau des concessions situées extra-muros, notamment celle que l'hôpital Saint-Louis tirait de son aqueduc. On a vu, page 95, qu'au commencement du dix-neuvième siècle, cette eau était entièrement employée à alimenter des fontaines publiques et des concessions particulières situées hors de la ville.

[1] Voici le titre du plan : *Plan des sources, aqueducs et conduites des eaux que l'hôpital Saint-Louis tire du territoire de Belleville.* (Levé sur le lieu en 1757.)

[2] Bonamy. Ces fontaines portent, sur la carte, les n$^{os}$ 61 et 72 ; elles sont aujourd'hui alimentées en eau de l'Ourcq.

[3] N$^{os}$ 65 et 67 de la carte. La fontaine Saint-Martin était située à l'angle de la rue du Vertbois ; il y avait deux fontaines près du Temple.

Le regard des Meissers[1], qui reçoit l'eau d'une ramification tout à fait secondaire de l'aqueduc, a été reconstruit en 1811, comme le prouve l'inscription suivante gravée sur la pierre même de l'édifice :

> REGARD DES MESSIERS-
> A ÉTÉ RECONSTRUIT EN
> NOVEMBRE 1811 · ETANT
> MONSIEUR LE COMTE
> FROCHOT PREFET DU
> DÉPARTEMENT DE LA SEINE

La dernière inscription est celle du regard de la prise des eaux[2], qui est gravée sur la pierre même de l'édifice et dont voici la copie :

> REGARD DE LA PRISE DES EAUX DE
> BELLEVILLE ET DE MÉNILMONTANT · A
> ETE RECONSTRUIT EN OCTOBRE 1811 ·
> ETANT MONSIEUR LE COMTE FROCHOT
> PREFET DU DEPARTEMENT DE LA SEINE

*État actuel de l'aqueduc de Belleville.* — Au commencement de ce siècle, Belleville méritait encore son nom de Belleville-sur-Sablon : c'était une bourgade bâtie sur les mamelons sablonneux qui s'élèvent à l'extrémité du plateau de Romainville et de Bagnolet. L'aqueduc était alors dégagé de toute construction. Il s'étendait depuis le regard de la Lanterne jusqu'au regard de la Prise des Eaux[3], dans cette dépression de terrain qu'on voit entre

[1] Regard n° 82 de la carte.
[2] Regard n° 27 de la carte
[3] N°s 22 et 27 de la carte.

les rues de Belleville et de Saint-Fargeau, lorsqu'on suit la rue de Puebla, et captait les sources de ce ruisseau bien connu sous le nom de ruisseau de Ménilmontant.

Aujourd'hui une cité populeuse le couvre tout entier; les tranchées des rues, les égouts, les souterrains du chemin de fer de ceinture, les fondations des maisons coupent et dessèchent ses pierrées; il faut chercher ses regards dans cet amas de bâtisses.

Plan. Coupe.

Regard de la Lanterne.

La tête de l'aqueduc est située entre les rues Compans, Thierry et de Belleville, au regard de la Lanterne, robuste monument qui ne manque pas d'élégance, mais qui fait un contraste peu harmonieux avec les échoppes et les masures qui l'entourent. Il y a vingt ans j'ai vu encore ce regard dans un jardin; aujourd'hui on y accède par la porte disjointe d'une clôture en planches et en soulevant les cordeaux à sécher le linge que la ménagère du lieu tend au moyen des anneaux en fer scellés autour de l'édifice. Suivant les traditions du service, c'est à ces anneaux que le prévôt des marchands et les échevins attachaient autrefois leurs chevaux pendant la visite annuelle de l'aqueduc. On compte encore six de ces anneaux, mais ils étaient en plus grand nombre autrefois. Ce regard est un puits de 4$^{m}$,70 de diamètre et de 8$^{m}$,80 de hauteur entre le radier et la clef de voûte de la solide coupole qui le recouvre. On y descend par un élégant escalier à double rampe composé de 20 marches. On voit, en face de la porte, la pierre de liais mal scellée et peu apparente, sur laquelle est gravée l'inscription gothique de 1457, et, entre les deux rampes de l'escalier, la plaque en marbre noir de l'inscription de 1613, que j'ai reproduites ci-dessus[1]. Au milieu se trouve un puisard de 1$^{m}$,80 de diamètre, dans lequel trois pierrées versent un filet d'eau si maigre qu'il suffirait à peine à l'alimentation d'un lavoir de village; cette eau, couverte d'une écume blanchâtre, est peu appétissante.

En sortant de la Lanterne, le tracé se dirige vers le regard Beaufils, incrusté à 158 mètres de là, dans la façade de la maison n° 205 de la rue de Belleville. Nous avons détruit l'aqueduc sur une longueur de 95 mètres en construisant l'égout de la rue, dans lequel l'eau se perd aujourd'hui en sortant du regard. Cette perte est peu regrettable : le 4 mai 1876, à la suite des grandes pluies de février et mars, la portée de l'aqueduc était à peine de 21 mètres cubes en 24 heures. A l'extrémité de cette partie détruite, la galerie reçoit l'eau de l'aqueduc Saint-Louis par un tuyau de 0$^{m}$,054 de diamètre. Le regard n° 23 *bis* de la carte, qui terminait cet affluent, est en grande partie détruit; on descend dans un petit caveau d'origine moderne qui le remplace, sous la maison n° 187 de la rue de Belleville. On voit encore un angle de la toiture en pierre de taille de l'ouvrage ancien, le long de l'escalier du caveau. Le 4 mai 1876, l'aqueduc de Saint-Louis débitait 20 mètres cubes d'eau en 24 heures.

[1] Voy. p. 125 et 126.

Après avoir reçu l'eau du regard Saint-Louis, l'aqueduc s'engage sous la maison n° 162 de la rue de Belleville et gagne presque en ligne droite la rue Levert, qu'il coupe un peu au-dessus de la rue des Rigoles. Cette dernière rue doit son nom à un des affluents de l'aqueduc, *les Grandes-Rigoles*, dont le regard porte le n° 32 sur la carte. Le 4 mai 1876, cette pierrée débitait 10 mètres cubes en 24 heures. A l'aval du confluent des Grandes-Rigoles, l'aqueduc suit son chemin sous des propriétés particulières, coupe la rue de Puebla près de la rue Levert et débouche

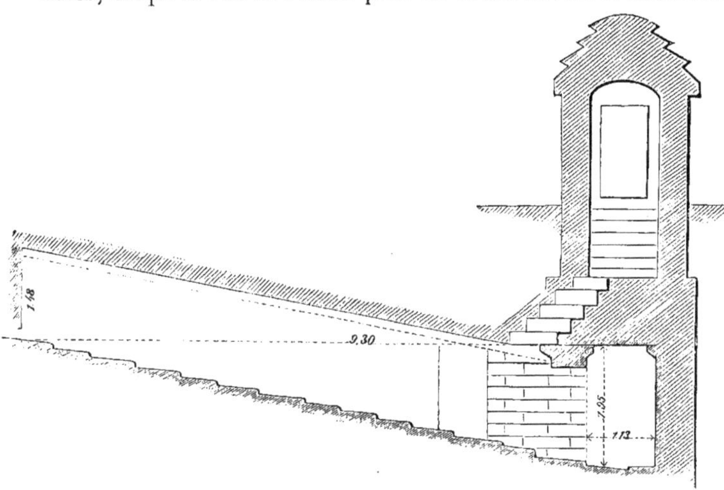


Regard des Cascades.

rue des Cascades, au regard de ce nom (n° 24 de la carte), dont je donne ci-dessus le croquis. La partie extérieure de ce regard est détruite et remplacée par une simple trappe en fonte placée sur le trottoir, comme celles des égouts. On y descend par une échelle en fer, puis par les anciennes marches de l'escalier. La figure est celle de l'ancien regard. Elle fait voir la cascade de 9 mètres de longueur sur laquelle tombait autrefois l'eau d'un affluent très-important[1].

[1] Cet affluent commence sur la hauteur de Belleville, à droite de l'aqueduc de Saint-Louis, par deux pierrées qui débouchent dans les regards des Saussaies, des Marais et Lecousteux

Cette cascade est à sec aujourd'hui. De là, l'aqueduc se dirige par la rue de la Mare jusqu'au carrefour de la rue de Savies où il reçoit les eaux du regard Saint-Martin ; il continue à descendre la rue de la Mare, en traversant un regard aujourd'hui détruit, le regard de la Planchette[1], et arrive au bord de la tranchée du chemin de fer de Ceinture. A partir de là, il est converti en égout qui se relie à celui de la rue d'Eupatoria. L'ancien regard n° 27, dit de la Prise des eaux, dont le radier est à l'altitude 61,32, est détruit ; il se trouvait à quelques mètres au sud du chemin de fer de Ceinture. L'eau de l'aqueduc se perd dans

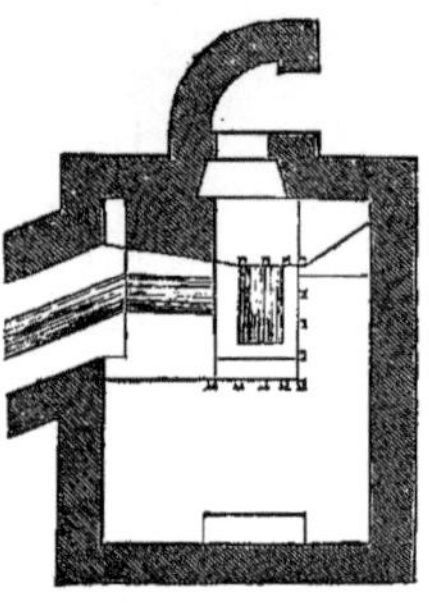

Plan.

Coupe.

Regard de la prise des eaux.

l'égout, à l'exception d'une petite quantité qui alimente un lavoir, au n° 7 de la rue d'Eupatoria. La longueur totale de

(n°s 38, 37 et 36 de la carte) et se réunissent dans le regard du Chaudron (n° 35 de la carte). Le regard des Saussaies est détruit ; les trois autres sont des ouvrages en pierre de taille fort simples qu'on voit encore dans les jardins du n° 39 de la rue des Solitaires, du n° 15 de la rue des Fêtes et du n° 2 de la rue de Palestine. Le 4 mai 1876, le regard du Chaudron ne recevait pas plus de 15 mètres cubes d'eau en 24 heures.

De ce regard l'eau descend par une conduite forcée de 0m,108 de diamètre jusqu'à un puisard, rue de la Villette, où se réunissent les eaux des pierrées des Mignottes. A 280 mètres de là, ces eaux se perdent en égout, au carrefour des rues de Puebla et de Belleville. Autrefois elles se réunissaient à celles des pierrées importantes des Blancs-Bardoux et des Envierges (n°s 34 et 33 de la carte), puis enfin tombaient au regard des Cascades.

Le regard des Envierges était situé derrière la ferme des Savies, propriété de l'abbaye Saint-Martin-des-Champs dont il a été question ci-dessus. La porte charretière de cette ferme existe encore, rue de Belleville, n° 80. On voit dans une espèce de cité, à laquelle cette porte donne accès, l'étable à vaches d'un nourrisseur, où il y a une rampe d'escalier qui paraît remonter à une époque très-ancienne.

[1] N° 26 de la carte.

l'aqueduc, y compris les parties détruites, est de 1 061 mètres.

La conduite de prise d'eau a été remplacée par une conduite en tôle bitumée qui suit les rues d'Eupatoria, Julien-Lacroix, des Maronites, et le boulevard de Belleville jusqu'à l'ancienne barrière de Ménilmontant. Cette conduite est abandonnée. M. Adde, inspecteur des eaux, en a vu le prolongement jusqu'au regard n° 40 de la rue Saint-Maur, où elle se divisait en deux branches dirigées, l'une sur l'hôpital Saint-Louis, l'autre vers l'abattoir de Ménilmontant. Ces conduites n'existent plus.

L'aqueduc Saint-Louis se voit encore dans son ensemble : son point de départ est à la rue Compans ; il traverse avec ses pierrées la place des Fêtes de Belleville et, après un parcours de 299 mètres, tombe dans le regard Saint-Louis et, là, se relie à l'aqueduc de Belleville par une conduite de 0$^{m}$,054, ainsi qu'il a été dit ci-dessus.

L'aqueduc Saint-Martin se compose principalement de pierrées ; il traverse la rue de Puébla, ainsi que celle de l'Ermitage, et débouche dans le regard Saint-Martin, au carrefour des rues de Savies et des Cascades.

Coupe.

Plan.

Regard Saint-Martin ancien.

On trouvera, à la page 145, la figure du regard actuel qui est d'origine moderne, et qui porte, scellée dans la façade, l'inscription reproduite à la page 128. Le croquis ci-dessus représente le regard ancien, dans lequel on descendait par un petit nombre de marches. Ce regard est fort simple et ne mérite aucune description. L'eau y débouchait par une petite ouverture figurée sur le plan et la coupe. Son volume est bien diminué aujourd'hui : à la suite des grandes pluies de l'hiver dernier, le 4 mai 1876, l'aqueduc Saint-Martin débitait à peine 36 mètres cubes d'eau en 24 heures. A la sortie du regard, la conduite reçoit un très-faible affluent, les Petites-Rigoles [1], puis débouche dans l'aqueduc principal, au carrefour des rues de Savies et de la Mare. Ce qui prouve que cette jonction est moderne, c'est qu'il n'y a pas de regard : évidemment, au moyen âge, les aqueducs se seraint reliés dans un regard.

Au-dessous du confluent de la conduite Saint-Martin, l'aqueduc reçoit encore deux affluents de peu d'importance, les conduites de la Roquette et des Messiers [2].

On voit, d'après cela, que les eaux de l'aqueduc de Belleville se perdent aux points suivants :

Au regard Beaufils, perte peu importante;

Au carrefour des rues de Puébla et de Belleville, perte considérable.

Il y a, en outre, un puits au-dessus de la rue de Puébla où disparaît une partie de l'eau de l'aqueduc Saint-Martin (important).

Le reste de l'eau de l'aqueduc tombe dans l'égout de la rue d'Eupatoria.

Les eaux des affluents de droite sortent de terrains sablonneux; elles sont moins dures que celles de gauche, mais ont un aspect jaunâtre peu agréable. Celles des affluents de gauche sortent de terrains marneux ; elles sont très-dures, mais parfaitement limpides et agréables à boire.

S'il y avait dans le voisinage un square ou un parc, il serait facile de réunir toutes les eaux perdues et d'alimenter une charmante fontaine d'eau limpide.

Il n'y a qu'une perte irréparable, mais peu importante : c'est celle de l'eau des pierrées groupées autour du regard n° 33 des Envierges et qui autrefois débouchaient au regard des Cascades :

[1] N° 30 de la carte.
[2] N°s 29 et 28 de la carte.

par suite de l'ouverture de la rue de Puébla on a dû abandonner ces pierrées aux particuliers chez lesquels elles se trouvaient.

Les tableaux suivants donnent les dispositions et les longueurs de toutes les parties de l'aqueduc de Belleville :

### DISPOSITIONS ET LONGUEURS DES DIVERSES PARTIES DE L'AQUEDUC DE BELLEVILLE

| | Aqueducs. | Pierrées. | Conduites | | | |
|---|---|---|---|---|---|---|
| | | | Diamètre. | Poterie. | Métal. | Nature du métal [1]. |
| **1er GROUPE. — AQUEDUCS, PIERRÉES ET CONDUITES SITUÉS A DROITE DU GRAND AQUEDUC.** | | | | | | |
| *1° Sources dirigées vers le regard Saint-Louis [2].* | | | | | | |
| Les quatre pierrées, amorce de l'aqueduc | » | 40 | » | » | » | |
| L'aqueduc Saint-Louis dans toute sa longueur | 299 | » | » | » | » | |
| Pierrée de la place des Fêtes arrivant audit aqueduc | » | 120 | 0,081 | » | 22 | T.B |
| Pierrée du regard Saint-Louis | » | 45 | » | » | » | |
| Conduite du regard Saint-Louis à l'aqueduc de Belleville | » | » | 0,054 | » | 8 | |
| | 299 | 205 | | | 30 | |
| *2° Sources dirigées sur le regard du Chaudron [3] par les regards des Saussayes et des Marais.* | | | | | | |
| De la rue Compans au regard des Saussayes [4] | » | 68 | » | » | » | |
| Amorce sur le puisard de la pierrée ci-dessus | » | 20 | » | » | » | |
| Du regard des Saussayes à la rue de Crimée | » | » | 0,108 | 54 | » | |
| De la rue de Crimée vers le regard des Marais [5] | » | » | 0,108 | » | 36 | T.B. |
| Prolongement de ce point au regard des Marais | » | » | 0,108 | 64 | » | |
| Du regard des Marais au regard du Chaudron | » | » | » | 122 | » | |
| | | 88 | | 240 | 36 | |
| *3° Deuxième partie des sources dirigées sur le regard du Chaudron.* | | | | | | |
| Pierrée du regard Lecouteux [6] | » | 35 | » | » | » | |
| Conduite du regard Lecouteux au regard du Chaudron | » | » | 0.108 | 126 | » | |
| | | 35 | | 126 | | |
| *4° Du regard du Chaudron à la rue de Puebla.* | | | | | | |
| Conduite du regard du Chaudron à la rue de Palestine | » | » | 0,108 | 11 | » | |
| De la rue de Palestine à la rue de la Villette par la rue de Louvain | » | » | 0,108 | » | 200 | T.B. |
| Pierrée de tête des Mignottes | » | 119 | » | » | » | |
| Du puisard d'angle au puisard des Annelots | » | » | 0,108 | 118 | » | |
| De ce dernier puisard au puisard d'origine rue de la Villette | » | 100 | » | » | » | |
| Amorce sur ce puisard | » | 5 | » | » | » | |
| De ce premier puisard de la Villette au premier puisard avant la rue de Louvain | » | 181 | » | » | » | |
| | | 405 | | 129 | 200 | |

[1] Indication des métaux : F fonte, P plomb, TB tole bitumée.
[2] Regard Saint-Louis, n° 25 *bis* de la carte.
[3] Regard du Chaudron, n° 35 de la carte.
[4] Regard des Saussaies, n° 38 de la carte.
[5] Regard des Marais, n° 37 de la carte.
[6] Regard Lecouteux, n° 36 de la carte.

| | Aqueducs. | Pierrées. | Conduites — Diamètre. | Conduites — Poterie. | Conduites — Métal. | Nature du métal. |
|---|---|---|---|---|---|---|
| | | 405 | | 129 | 200 | |
| Du puisard ci-dessus à celui de la rue de Louvain recevant la conduite du Chaudron. | » | » | 0,108 | 30 | » | |
| De ce puisard de la rue de Louvain à celui avant la rue de Belleville. | » | » | 0,108 | 64 | » | |
| De celui-ci à celui de la rue de Belleville, angle rue de la Villette. | » | 30 | » | » | » | |
| De ce puisard de Belleville-Villette au puisard Fessard. | » | » | 0,100 | » | 43 | F. |
| Du puisard Fessard à la rue de Puébla. | » | » | 0,100 | » | 145 | F. |
| Nota. En ce point les eaux sont perdues en égout. | | | | | | |
| | | 435 | | 223 | 388 | |

5° *Conduites et pierrées se réunissant au regard des Envierges*[1] *et celui des Cascades*[2], *(cédées à des particuliers).*

1re Partie.

| | Aqueducs. | Pierrées. | Diamètre. | Poterie. | Métal. | Nature du métal. |
|---|---|---|---|---|---|---|
| De la rue de Louvain au regard des Blancs-Bardoux[3]. | » | » | 0,108 | 214 | » | |
| Du puisard de Belleville-Villette au même regard. | » | 72 | » | » | » | |
| Du regard des Blancs-Bardoux au regard des Envierges. | » | » | 0,108 | 96 | » | |
| Pierrée Fessard, du regard Fessard au puisard des Envierges. | » | 202 | » | » | » | |
| Amorce supérieure sur cette pierrée. | » | 85 | » | » | » | |
| Amorce du milieu sur la même. | » | 53 | » | » | » | |
| Amorce inférieure sur la même. | » | 40 | » | » | » | |
| Pierrée des Envierges derrière la ferme Savies. | » | 138 | » | » | » | |
| Du regard des Envierges aux cascades. | » | 88 | » | » | » | |
| Longueur des conduites et pierrées cédées à des particuliers. | | 676 | | 310 | | |

2° Partie.

| | Aqueducs. | Pierrées. | Diamètre. | Poterie. | Métal. | Nature du métal. |
|---|---|---|---|---|---|---|
| La pierrée des Rondelles directe sur les cascades. | » | 103 | » | » | » | |

2° GROUPE. — AQUEDUCS, PIERRÉES ET CONDUITES SITUÉS A GAUCHE DU GRAND AQUEDUC.

6° *Écoulement direct des Grandes-Rigoles sur l'aqueduc de Belleville.*

| | Aqueducs. | Pierrées. | Diamètre. | Poterie. | Métal. | Nature du métal. |
|---|---|---|---|---|---|---|
| Pierrée des Pavillons arrivant au regard des Grandes-Rigoles[4]. | » | 260 | » | » | » | |
| Pierrée des Grandes-Rigoles sur le même regard. | » | 100 | » | » | » | |
| Conduite des Grandes-Rigoles à l'aqueduc. | » | » | 0,108 | 268 | » | |
| | | 360 | | 268 | | |

7° *Pierrée et conduite du regard des Petites-Rigoles*[5] *dirigées sur la pierrée de sortie du regard Saint-Martin*[6].

| | Aqueducs. | Pierrées. | Diamètre. | Poterie. | Métal. | Nature du métal. |
|---|---|---|---|---|---|---|
| Les trois amorces du puisard supérieur de la pierrée des Petites-Rigoles. | » | 30 | » | » | » | |
| La pierrée des Petites-Rigoles et l'aqueduc du dit regard. | 8 | 163 | » | » | » | |
| L'amorce sur la pierrée ci-dessus. | » | 33 | » | » | » | |
| Conduite partant du regard des Petites-Rigoles et allant jusqu'à la rue des Cascades. | » | » | 0,108 | 24 | » | |
| De ce dernier point à la pierrée sortant du regard Saint-Martin. | » | » | 0,108 | 45 | » | |
| Nota. Cette dernière conduite est en béton. | | | | | | |
| | 8 | 226 | | 69 | | |

[1] Regard des Envierges, n° 33 de la carte.
[2] Regard des Cascades, n° 24 de la carte.
[3] Regard des Blancs-Bardoux, n° 34 de la carte.
[4] Regard des Grandes-Rigoles, n° 32 de la carte.
[5] Regard des Petites-Rigoles, n° 30 de la carte.
[6] Regard Saint-Martin, n° 31 de la carte.

8° *Écoulement sur le regard Saint-Martin et de là sur l'aqueduc de Belleville.*

1re Partie. — Aqueduc et pierrées supprimés.

| | Aqueducs. | Pierrées. | Conduites: Diamètre. | Poterie. | Métal. | Nature du métal. |
|---|---|---|---|---|---|---|
| Pierrée de l'aqueduc Saint-Martin | » | 109 | » | » | » | |
| Partie haute de l'aqueduc sur la rue de Puébla | 15 | » | » | » | » | |
| Longueur des parties supprimées | 15 | 109 | | | | |

2e Partie.

| | Aqueducs. | Pierrées. | Conduites: Diamètre. | Poterie. | Métal. | Nature du métal. |
|---|---|---|---|---|---|---|
| Partie basse de l'aqueduc du côté nord de la rue de Puébla au regard | 106 | » | » | » | » | |
| Du regard Saint-Martin au bas de la rue de Savies | » | 20 | » | » | » | |
| De ce dernier point à l'aqueduc de Belleville | » | » | 0,081 | » | 71 | P. |
| | 106 | 20 | | | 71 | |

9° *Pierrées et conduites du regard de la Roquette*[1] *ayant écoulement sur l'aqueduc de Belleville.*

| | Aqueducs. | Pierrées. | Conduites: Diamètre. | Poterie. | Métal. | Nature du métal. |
|---|---|---|---|---|---|---|
| Les deux amorces du puisard de la Roquette, ensemble | » | 30 | » | » | » | |
| Du puisard de la Roquette à la rue des Cascades | » | » | 0,108 | 33 | » | |
| De la rue des Cascades au regard de la Roquette | » | 21 | » | » | » | |
| De ce regard à l'aqueduc | » | » | 0,108 | 46 | 20 | |
| | | 51 | | 79 | 20 | |

10° *Pierrées et conduites du regard des Messiers*[2] *et à l'aqueduc de Belleville.*

| | Aqueducs. | Pierrées. | Conduites: Diamètre. | Poterie. | Métal. | Nature du métal. |
|---|---|---|---|---|---|---|
| Les amorces du puisard des Messiers | » | 30 | » | » | » | |
| La pierrée partant de ce puisard et allant au regard | » | 67 | » | » | » | |
| Conduite du regard des Messiers à l'aqueduc | » | » | » | 125 | » | |
| | | 97 | | 125 | | |

11° *Le grand aqueduc.*

1re Partie.

| | Aqueducs. | Pierrées. | Conduites: Diamètre. | Poterie. | Métal. | Nature du métal. |
|---|---|---|---|---|---|---|
| Les trois pierrées, amorces du regard de la Lanterne[3] | » | 85 | » | » | » | |
| Aqueduc du regard de la Lanterne au regard Beaufils[4] | 158 | » | » | » | » | |
| | 158 | 85 | | | | |

2e Partie. Supprimée.

| | Aqueducs. | Pierrées. | Conduites: Diamètre. | Poterie. | Métal. | Nature du métal. |
|---|---|---|---|---|---|---|
| Du regard Beaufils jusque vis-à-vis le regard de Saint-Louis | 95 | » | » | » | » | |

3e Partie.

| | Aqueducs. | Pierrées. | Conduites: Diamètre. | Poterie. | Métal. | Nature du métal. |
|---|---|---|---|---|---|---|
| De la conduite de jonction du regard Saint-Louis au regard des Cascades | 326 | » | » | » | » | |
| Les Cascades | 9 | » | » | » | » | |
| Du regard des Cascades au regard de la Planchette[5] | 261 | » | » | » | » | |
| Du regard de la Planchette au regard de prise d'eau[6] | 212 | » | » | » | » | |
| | 808 | | | | | |

4e Partie. Supprimée par suite de l'ouverture de la place Ménilmontant.

| | Aqueducs. | Pierrées. | Conduites: Diamètre. | Poterie. | Métal. | Nature du métal. |
|---|---|---|---|---|---|---|
| Aqueduc de décharge | 40 | » | » | » | » | |

[1] Regard de la Roquette, n° 29 de la carte.
[2] Regard des Messiers, n° 28 de la carte.
[3] Regard de la Lanterne, n° 22 de la carte.
[4] Regard Beaufils, n° 25 de la carte,
[5] Regard de la Planchette, n° 26 de la carte.
[6] Regard de prise d'eau, n° 27 de la carte.

| | Aqueducs. | Pierrées. | Conduites Diamètre. | Poterie. | Métal. | Nature du métal. |
|---|---|---|---|---|---|---|
| | — | — | — | — | — | — |
| **12° *Conduite de distribution de l'eau de l'aqueduc de Belleville dans Paris.*** | | | | | | |
| 1re Partie. | | | | | | |
| Conduite partant de la nouvelle cuvette de jaugeage, regard de la Planchette, et portant l'eau à un lavoir au n° 7 de la rue d'Eupatoria, en service | » | » | 0,216 | » | 198 | T. B. |
| 2e Partie. | | | | | | |
| De ce point à la rue Julien-Lacroix | » | » | 0,135 | » | 42 | T. B. |
| Rue Julien-Lacroix et rue des Maronites | » | » | 0,135 | » | 309 | T. B. |
| Boulevard de Belleville, de la rue des Maronites jusqu'au regard en terre à l'intérieur de l'ancienne barrière de Ménilmontant | » | » | 0,135 | » | 115 | T. B. |
| | | | | | 466 | |

RÉCAPITULATION

| | AQUEDUCS | PIERRÉES | CONDUITES en grès. | CONDUITES en métal. |
|---|---|---|---|---|
| | — | — | — | — |
| AQUEDUC, PIERRÉES ET CONDUITES EXISTANT ENCORE | | | | |
| 1er *Groupe.* | | | | |
| 1° | 299 | 205 | » | 30 |
| 2° | » | 88 | 240 | 36 |
| 3° | » | 55 | 126 | » |
| 4° | » | 455 | 225 | 384 |
| 5°. 2e partie | » | 105 | » | » |
| 2e *Groupe.* | | | | |
| 6° | » | 360 | 238 | » |
| 7° | 8 | 226 | 69 | » |
| 8°. 2e partie | 106 | 20 | » | 71 |
| 9° | » | 51 | 79 | 20 |
| 10° | » | 97 | 125 | » |
| 11°. 1re partie | 158 | 85 | » | » |
| 11°. 3e partie | 808 | » | » | » |
| 12° | » | » | » | 466 |
| Totaux | 1379 | 1725 | 1128 | 1011 |

Longueur totale de l'aqueduc existant aujourd'hui. . 5243

| | AQUEDUCS | PIERRÉES | CONDUITES en grès. | CONDUITES en métal. |
|---|---|---|---|---|
| PARTIES D'AQUEDUC ABANDONNÉES OU DÉTRUITES | | | | |
| 5° | » | 676 | 310 | » |
| 8°. 1re partie | 15 | 109 | » | » |
| 11°. 2e partie | 95 | » | » | » |
| 11°. 4e pratie | 40 | » | » | » |
| 12°. 1re partie | » | » | » | 198 |
| Totaux | 150 | 785 | 310 | 198 |

| | |
|---|---|
| Longueur des parties détruites ou abandonnées | 1443 |
| Longueur d'aqueduc en service | 5243 |
| Longueur totale de l'aqueduc ancien jusqu'à la barrière de Ménilmontant | 6686 |

*Détails de construction. Altitude.* — D'après les tableaux qui précèdent, l'aqueduc de Belleville se décompose en 3 parties qui, autrefois, étaient indépendantes : l'aqueduc principal, propriété de la ville de Paris, l'aqueduc Saint-Louis, qui desservait l'hôpital de ce nom, et l'aqueduc Saint-Martin, qui appartenait à la communauté religieuse de Saint-Martin-des-Champs.

*Aqueduc principal.* — La section du grand aqueduc est un rectangle de hauteur et de largeur variables. Le toit est formé d'une dalle de $0^m,22$ environ d'épaisseur[1]; le radier, la base des pieds-droits, les supports de la dalle sont en pierres de taille. Les fig. ci-dessous donnent les dimensions variables de cet aqueduc.

La coupe A est celle de l'aqueduc entre les regards de la Lanterne et Beaufils. Les coupes B et D représentent l'aqueduc entre

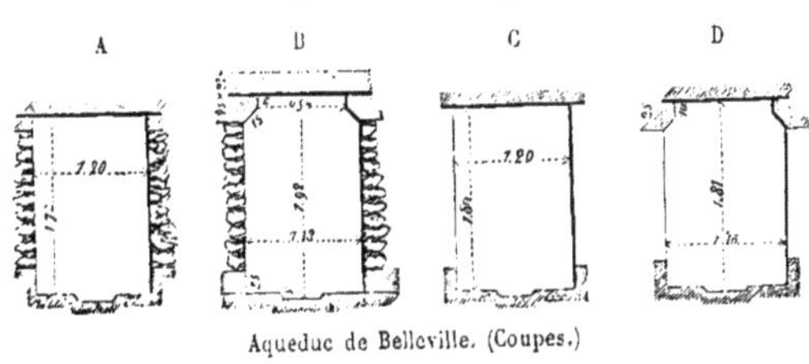

Aqueduc de Belleville. (Coupes.)

le regard Beaufils et la chambre Saint-Martin, et entre les regards nos 26 et 27 ; les supports en pierres de taille des dalles sont prolongés en forme de corbeau, ce qui réduit la portée de ces dalles. La coupe de l'aqueduc entre la chambre Saint-Martin et le regard no 26) est indiquée sur la figure C.

Girard dit qu'une partie de l'aqueduc est voûtée en ogive, ce qui indiquerait que cet ouvrage a été construit à diverses époques. J'ai vainement fait chercher ces parties ogivales : elles n'existent pas. La grande régularité de la section transversale semble indiquer, au contraire, que l'aqueduc principal est l'œuvre d'une seule époque. La maçonnerie brute qui forme les pieds-droits paraît être en bon état; c'est ce que Bonamy avait déjà constaté en 1754. Aucune réparation n'a été faite depuis cette époque.

L'eau coule dans une cunette d'environ 0m,40 de largeur et de quelques centimètres de profondeur ; c'est la seule partie de l'aqueduc dont les dimensions soient en rapport avec la petite quantité d'eau à débiter.

*Aqueduc Saint-Louis.* — La section transversale de cet aqueduc est très-variable en largeur et en hauteur; le toit est fait en forme de V renversé, absolument comme celui d'une maison : ce n'est pas une ogive. Les diverses sections de cet ouvrage sont indiquées sur les croquis ci-dessous; les largeurs varient de 0m,37 à 0m,64 et les hauteurs de 1m,31 à 1m,70 ; ces variations de section

Coupe de l'aqueduc Saint-Louis.

sont très-singulières dans un ouvrage de 199 mètres de longueur. La maçonnerie est en moellon de gypse, hourdée en plâtre; elle est donc de très-mauvaise qualité. On a vu que l'aqueduc Saint-Louis se relie maintenant à l'aqueduc principal par un tuyau en tôle bitumée de 0m,054 de diamètre et de quelques mètres de longueur, qui suffit pour débiter l'eau venant d'amont. Les deux aqueducs étaient autrefois indépendants l'un de l'autre, ainsi que je l'ai dit ci-dessus.

L'aqueduc Saint-Louis a 4m,82 de pente, pour une longueur de 299 mètres; c'est une pente kilométrique de 16m,12.

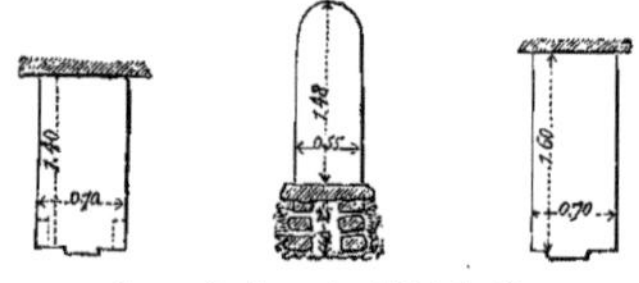

Coupe de l'aqueduc Saint-Martin

*Aqueduc Saint-Martin.* — J'ai reproduit sur les fig. ci-dessus les coupes de l'aqueduc qui débouche dans le regard Saint-Martin et qui n'a que 15 mètres de longueur. Sa largeur est égale à 0m,70 et sa hauteur varie de 1m,40 à 1m,60. L'une de ces coupes est celle d'une petite partie construite sur une pierrée dont la section est de 0m,25 de largeur et de 0m,40 de hauteur environ. Cet aqueduc débouche en A dans un regard qui paraît plus moderne que celui dont la figure est donnée page 137[1]. Il n'est pas probable néanmoins que la date 1804, qu'on lit gravée à gauche sur la façade, indique l'époque de la construction de l'édifice :

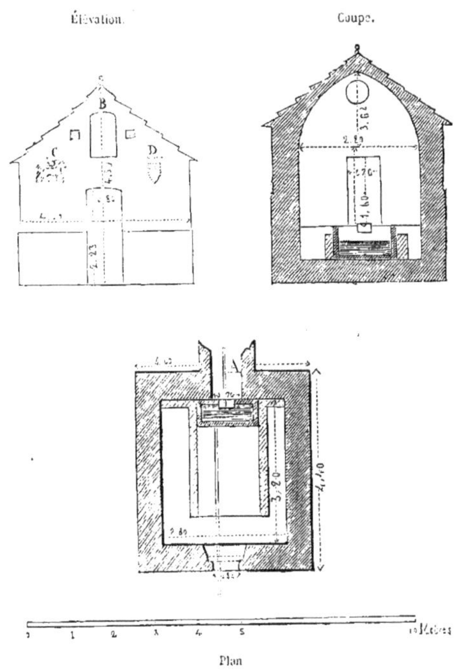


Regard Saint-Martin portant la date : 1804.

c'est peut-être celle d'une restauration importante. Voici ce qui semble justifier cette hypothèse : on voit en B, sur l'élévation de la façade, l'inscription de la page 128 ; en C, un bas-relief très-

[1] La figure de la page 137 est extraite de l'ouvrage de Girard. — Atlas, pl. XXXI, fig. 36

fruste représentant saint Martin, et, en D, des armoiries méconnaissables. Le bas-relief et les armoiries n'ont pas été sculptés en 1804, cela paraît certain. Cet ouvrage ne remonte-t-il pas plutôt à 1722, date d'une restauration, d'après l'inscription.

J'ai dit que l'aqueduc du Pré-Saint-Gervais était construit suivant un système très-rationnel et tout à fait en rapport avec la petite quantité d'eau à débiter. On ne peut en dire autant des trois aqueducs de Belleville qui, avec leurs fortes pentes, pourraient débiter un volume d'eau égal à celui que porte l'aqueduc de la Vanne. Les auteurs inconnus de ces ouvrages ont démontré eux-mêmes l'exagération des dimensions des aqueducs, en les reliant à des conduites en plomb ou en poterie d'un très-petit diamètre, qui ont toujours été parfaitement suffisantes.

# CHAPITRE VII

## AQUEDUC D'ARCUEIL

Recherches des anciennes eaux. — Projet de Joseph Aubry. — Adjudication des travaux. — Devis général. — Le roi visite les sources de Rungis. — Arrivée de l'eau à Paris. — Distribution. — Nouvelles recherches de sources. — Partage des eaux.

Dès l'année 1544, Corrozet signalait la pénurie d'eau de l'Université, c'est-à-dire des quartiers hauts de la rive gauche et l'utilité de la reconstruction de l'aqueduc romain d'Arcueil[1] : cette partie de la ville était éloignée de la Seine et à une altitude telle que le transport de l'eau du fleuve était dispendieux et difficile ; les puits avaient de 28 à 30 mètres de profondeur. Mais on comprend facilement comment tous ces travaux d'utilité publique ont été négligés pendant cette époque si troublée de l'histoire de notre pays, qui s'étend du règne de Hugues Capet à celui de Henri IV, c'est-à-dire de 987 à 1589. Pendant ces six siècles, les croisades d'abord, puis la guerre étrangère, mais surtout la guerre civile, absorbèrent toutes les forces et la richesse de la nation.

« .... Ce ne fut que lorsque Henri le Grand fut rentré dans sa

[1] Voy. chap. Ier, p. 2 et 5.

capitale, et qu'il eut pacifié son royaume, que M. de Sully, ce grand ministre dont toutes les vues tendoient au bien de l'Etat et à la véritable grandeur de son maître, songea au rétablissement d'un aqueduc abandonné depuis huit cents ans. Ce fut donc par ses ordres qu'on travailla à faire des fouilles et des tranchées dans la plaine du Long-Boyau[1], pour y retrouver les eaux que les Romains avoient conduites au palais des Thermes : mais la mort funeste de Henri IV arrêta l'exécution d'un projet si utile; peut-être même auroit-il été totalement abandonné, si l'intérêt particulier de la reine Marie de Médicis ne l'avoit fait reprendre. Cette princesse, passionnée pour la belle architecture, avoit résolu de bâtir un magnifique palais et, pour cet effet, elle avoit acheté l'hôtel du Luxembourg, une ferme appartenant à l'Hôtel-Dieu, et plusieurs autres maisons de divers particuliers avec murs clos et jardins; c'est ce qui compose aujourd'hui le palais du Luxembourg, dont les fondements ne furent jetés qu'en 1615, sous la conduite de Jacques de Brosse.... Comme cette maison, éloignée de la rivière, avoit absolument besoin d'eau, on pensa à continuer les recherches que M. de Sully avoit fait commencer, et à construire le nouvel aqueduc d'Arcueil, l'un des plus beaux monuments du règne de Louis XIII. » (Bonamy.)

Comme il arrive toujours en pareille circonstance, les projets de dérivation de l'aqueduc ne manquèrent pas. Voici la teneur des offres faites au roi en son conseil par un bourgeois de Paris nommé Aubry :

*Sil plaist au Roy* et Nosseigneurs de Son Conseil accorder a Joseph Aubry bourgeois de Paris la ferme des trante sols pour muid de vin entrant en la d[e] Ville et fauxbourg pour six années entières et consecutifues commanceant

[1] Ce mot *plaine* du Long-Boyau n'est pas correct. Le Long-Boyau est encore un des *lieux-dits* du cadastre ; il s'étend sur la pente rapide du coteau de la rive droite de la Bièvre, vis-à-vis le parc de Cachan, entre l'Hay et Arcueil, précisément sur le tracé des trois aqueducs des Romains, de Marie de Médicis et de la Vanne. Le Long-Boyau n'est pas une *plaine*, c'est un *coteau* à pente assez rapide. Je rectifie cette légère erreur de Bonamy, parce que, suivant l'usage, elle a été reproduite par tous ceux qui depuis ont écrit sur l'aqueduc d'Arcueil, notamment par Girard. L'emplacement des sources est encore indiqué presque au sommet de ces coteaux

au premier Januier prochain, Et bail lui en estre faict bien et deument vériffié pour en jouir tout aussy que les a presens et precedens fermiers ont faict.

Ledict Aubry offre payer chaque an a Sa Maj$^{té}$ la somme de deux cens mil liures esgallement de quart$^{r}$ en quart$^{r}$ et six semaines apres quil sera escheu et bailler bonne et suffisante caution.

Outre ce entreprandre de faire venir a ses frais et despens en quatre années de bon trauail a commancer au premier jour d'Aoust prochain les eaux des sources et fontaines de Rungis jusques à Paris et les rendre soit par acqueducz ou aultrement dans un grand reseruoir qu'il fera faire au lieu que sera jugé le plus propre entre les portes Sainct Jacques et Sainct Michel pour de ce reseruoir les despartir ainsy qu'il ensuit,

Assauoir ung tiers a Sa Majesté pour la cōmodité de ses pallais tant du Louure et Tuilleryes que iceluy de la Royne régente sa mere,

Ung aultre tiers a lutilite publicque dont Messieurs les Preuost des Marchands et Escheuins de la Ville feront la distribution es endroicts les plus necessaires dicelle,

Qu'aultre tiers, les trois faisant le tout, demeurera aud$^{t}$ Aubry et ses assotiez pour en disposer comme bon leur semblera, en considération de ce que le fondz cy dessus n'est suffisant pour une telle entreprise,

Et d'autant que des a present il conuient faire de grandes aduances pour la mettre promptement a execution il sera permis aud$^{t}$ Aubry d'emprunter deniers et engager la jouissance de lad$^{e}$ ferme durant les d$^{s}$ six mois et en transporter le bail a personnes soluables quil aduisera bon estre, lesquels demeureront solidairemen obligez aussy a lentretenement dud$^{t}$ bail. signé « Aubry »

Le projet de Joseph Aubry fut transmis au bureau de la ville, qui donna, le 6 juillet 1612, un avis favorable sur le principe même du projet, mais qui, en même temps, déclara qu'avant d'en ordonner l'exécution, il fallait en dresser un devis général, connaître les associés et les cautions de Joseph Aubry, ainsi que

par les *lieux-dits* du cadastre, *la Voie des Saussaies, les Joncs, la Fontaine-Couverte*. Les travaux de recherche s'exécutaient donc dans des terrains humides, situés à flanc de coteau, à l'affleurement des marnes vertes. Ces terrains sont aujourd'hui parfaitement desséchés par les drainages du dix-septième siècle, mais ils ont conservé leurs noms caractéristiques : les ingénieurs étaient guidés non-seulement par les traditions anciennes, mais encore par la disposition et l'apparence des lieux.

les moyens qu'il se proposait d'employer; le bureau se réservait, d'ailleurs, le droit d'inspecter et de contrôler les ouvrages [1].

Je ne crois pas devoir faire mention des contre-projets qui furent présentés entre cette délibération du bureau et l'adjudication des travaux. On sait qu'il n'en manque jamais lorsqu'une grande opération d'utilité publique est à l'étude, mais je ne crois pas qu'il convienne d'en conserver même le souvenir.

Pierre Guillain maître des œuvres de la ville, Loys Metezeau architecte du Roi, Alleaume ingénieur et architecte, Thomas Franchini conducteur des fontaines et grottes du Roi, Remy Collin, Claude Veillefaux et Augustin Guillain, jurés du Roi en l'office de maçonnerie, le s[r] Cosnier conducteur des œuvres du canal de la Loire, et Jehan Saintlade gouverneur de la pompe du Roi, furent consultés sur un premier devis général des travaux, qui fut arrêté, le 5 septembre 1612 [2], en présence du prévôt des marchands, du superintendant des bâtiments du Roi et de deux présidents trésoriers de France et généraux des finances du Roi, etc. Un second devis, présenté le 3 octobre, fut approuvé par

[1] Voici le texte même de la délibération :

« Du vendredi sixième jour de juillet mil six cens en l'assemblée de Messieurs les Preuost des Marchands, Escheuins et Cons[rs] de lad[e] ville.....

« *Pourquoy* lecture faicte desd[s] articles et offres et l'affaire mise en délibération a esté arresté supplier le Roy et nosd[s] Seigneurs de son Conseil de receuoir les d[es] offres comme utilles et necessaires au publicq, aux conditions et aux meilleur mesnage que faire se pourra, pourueu que les d[es] eaues soient bonnes. Mais au prealable que de rien adjuger aud[t] Aubry qu'il ayt a nommer ses assotiez et caultions pour son entreprise pour voir et recognoistre sy les seuretez y seront et qu'il soit faict ung deuis general contenant ses desseings et come il entend faire venir les dictes eaues dud[t] Rungis en ceste ville et aussi quelles estoffes et matieres pour ce faict estre icelluy deuis communicqué a lad[e] ville laquelle deputtera des personnes pour gouster et faire lessay desd[es] eaues, et que icelle ville aura la superintendance sur le d[t] Aubry et ses assotiez a controller leurs ouurages. »

(Registres de la ville, vol. XVIII, fol. 501 et suiv.)

Dans la suite de cet ouvrage, la plupart des décisions prises pour le service des eaux seront extraites des délibérations du bureau de la ville. Ces documents ont été copiés sur les registres déposés aux Archives nationales, par M. Mourot, contrôleur du service des eaux et des égouts. Est-il nécessaire de dire combien ce travail a été pénible et difficile ? M. Mourot a dû déchiffrer toutes les écritures depuis le 23 octobre 1499 (règne de Louis XII) jusqu'à la fin du dix-huitième siècle, lire des mots techniques souvent hors d'usage aujourd'hui, copier les fautes d'orthographe, etc. Les extraits publiés jusqu'ici sont presque tous inexacts.

[2] Registres de la ville, vol. XIX, fol. 8 et suiv.

le Conseil le 4 octobre 1612; les travaux furent adjugés le 27 du même mois à Jehan Coing, maître maçon.

Le devis est reproduit dans le procès-verbal d'adjudication, rédigé sous forme d'ordonnance royale[1]; en voici les clauses principales :

« Louis par la grâce de Dieu.... A ES CAUSES, de l'advis de nostre Conseil, auons aud[t] Jehan Coing, comme dernier et moins disant, baillé, adjugé et delliuré, baillons, adjugeons et deliurons par ces présentes l'entreprise desd[s] ouurages et conduite d'eaux de Rongy à la somme de CCCCLX mille liures laquelle lui sera payée en six années prochaines et consécutifues également par chacune d'icelles, de quartier en quartier, à commencer du 1. jour de januier prochain, des deniers de la ferme de XXX s. (30 sous) pour muy de vin entrant en notred[te] ville de Paris, par le fermier d'icelle, en vertu des mandements du trésorier de notre espargne, qui est la somme de LXXVI mil liures XIII sols IV denniers par chacunes desd[es] années.... »

Les travaux de captation des sources et de construction de l'aqueduc sont ainsi définis :

« PREMIÈREMENT seront faicts les canaulx et voultes dans les tranchées cy-deuant faict faire par le sieur duc de Sully, grand voyer, pour ramasser toutes les eaues; lesquels canaux auront cinq pieds 1/2 (1[m],79) de haulteur du fond de l'eaue soubz clef et trois pieds de largeur (0[m],97) dans œuure, maçonnés de bon moellon chaulx et sable graueleux de deux pieds (0[m],65) d'épaisseur, garny d'une assize par bas de pierre dure, qui sera continuée au mur du costé des bouches, portant un marche-pied de XVIII pouces (0[m],49) de large, et le mur du costé du terre plain sera garny d'une assize de pierre de taille au pourtour, pour la rencontre et amas des eaues, garnyes de chaînes et arcs de bonne pierre de taille de douze pieds (3[m],90) en douze pieds; et par bas à l'endroit dud[t] marchepied seront conseruez les bouches à l'endroit des sources, de largeur compétente; les jours desquelles seront faicts de bonne pierre de taille dure fichée auec bon mortier, chaulx et sable graueleux de la tranchée des nouvelles fortifications de ladicte ville, ou de la riuière de Seyne. »

[1] Voy. dom Félibien, *Histoire générale de Paris*, t. V, p. 806. Ce devis, approuvé par le conseil d'État, diffère par quelques mots et quelques corrections de celui qui a été rédigé par le bureau de la ville; j'ai adopté la rédaction du conseil d'État qui seule liait l'entrepreneur.

« Le canal de la fontaine de Rongy qui commencera au regard de la prinse de l'eaue dud[t] Rongy, jusques au fossé neuf de la ville hors le faulxbourg S. Jacques sera fondée sur une platte forme de maçonnerie faicte de blocs de sept pieds (2$^{m}$,27) de large, fondé à bon et vif fonds sur platte forme et pillotis, si besoing est, audessus de laquelle masse seront plantez les deux murs du canal espacez de trois pieds (0$^{m}$,97) l'un de l'autre, chacun de deux pieds (0$^{m}$,65 d'époisseur) maconnez de bon moilon et blocaille auec mortier de chaulx et sable susdits.... »

Voici les autres dispositions de l'aqueduc :

Hauteur sous clef à partir du fond de l'eau, 5 pieds 1/2 (1$^{m}$,79).... Épaisseur de la voûte, 15 pouces (0$^{m}$,46) ; de 12 pieds (3$^{m}$,90) en 12 pieds, chaînes de pierre de taille formant parpaing de deux l'une. Voûte extradossée en pente des deux côtés avec chape de même mortier : « Si mieux n'ayme l'entrepreneur de faire qu'un reuers pour rejetter l'eaue du costé des valons à l'endroict où y aura vallon. »

La cunette de l'aqueduc est ainsi définie :

« Sera faict le petit acqueduc ou conduict d'eaue au mitan d'entre lesd[s] deux murs, le fondz et costé du quel seront de six poulces (0$^{m}$,16) d'époisseur, faict de cyment avec cailloux de vigne, ledict ciment faict et composé de chaulx uiue auec brys thuilleau de mousle de Paris, sans aulcune bricque ny sablon. »

Voici les clauses relatives aux pierrées destinées à capter les sources :

« Item en faisant lesquels murs, s'il se trouue quelque cours d'eaue qui mérite plus grande recherche, sera faicte ouverture de terre jusques à telle longueur qui sera nécessaire pour le mieulx, laquelle tranchéé pour conduire l'eaue sera de deux pieds et demy (0$^{m}$,81) de large remplye de deux petits murs de pierre seiche et ung petit canal entre deulx de six poulces de large (0,$^{m}$16) et ung pied et demy (0$^{m}$,49) de hault, recouuerts de pierre de blocaille ou cailloux de même qualité, auec un corroy faict de glaize de six poulces (0,16) d'espoisseur par dessus lesd[s] couuertures ; ensemble faire des esuents où il sera nécessaire le long des aqueducs, et les esuiers de pierre de taille trauersant le mur, pour seruir à receuoir les sources qui se rencontreront par noye. »

Ces canaux de captation étaient terminés par un grand regard, construit dans la forme de celui « dit les Mausscings » au-dessus du village du Pré-Saint-Gervais, ou du regard « appellé *la tour* ou *chapelle* (regard de la Lanterne) au bout d'en hault des canaulx des fontaines de la ville de Belleville sur Sablon. »

Les fondations des piles, culées, regards du pont-aqueduc d'Arcueil étaient minutieusement décrites, mais la clause la plus intéressante est certainement celle qui définit le mode de partage des eaux.

« Item, à l'entrée du fauxbourg Saint-Jacques, au lieu qu'avisé sera pour le mieux, « sera faict un grand regard en forme carrée, l'auge duquel contiendra dix-huict pieds (5$^{m}$,85) de large et sept pieds (2$^{m}$,27) de long dans œuvre, compris les marche-pieds, lequel sera fondé en masse avec platteforme et pillotis, de la même structure et forme comme le regard de la prinse des eaues.... en l'auge duquel regard se fera la distribution et séparation des portions des eaux...., scauoir, pour nous la quantité de XVIII poulces d'eau réduictz en un mousle de calibre, ou eschantillon, et pour lad$^{e}$ ville douze poulces aussi réduicts en un moulle, pour estre par iceux calibres deriuéé l'eaue pour en disposer par chacun selon qu'il nous plaira. Et pour cest effect seront pour lesd$^{s}$ séparations faict au-dessoubs dud$^{t}$ regard et joignant icelluy trois petits regards ou réceptacles d'eaue; sauoir celuy pour nous du costé des Chartreux, et celuy de la dite ville, du costé de la chaulcée, et celle dudict entrepreneur, du costé qu'il avisera, séparez d'un mur, pour n'auoir aucune communication des dictes dérivations d'eaue, dans lesquels seront mis les bouches et entrées des thuyaux particuliers, pour estre l'eaue de la ville conduicte proche la porte Sainct-Jacques..... »

Le nombre des regards à construire sur les canaux et aqueducs était fixé à 30 et ils devaient être espacés d'environ 300 toises (584$^{m}$,71); en outre, dans l'espace compris entre deux regards, on devait faire quatre bouches en forme de soupiraux, de deux pieds (0$^{m}$,65) en carré, fermées par des dalles d'une seule pièce, en pierre de liais, et de cinq pouces (0$^{m}$,14) d'épaisseur; l'emplacement de ces bouches était désigné extérieurement par une borne de trois pieds ($0^m,97$) de hauteur.

Une autre clause, à laquelle il n'était pas toujours facile de se conformer, obligeait l'entrepreneur à « fournir en touttes saisons aux moindres et plus basses eaues jusqu'à la dicte quantité de trente poulces portées par le present bail.... » En 1869, le débit des sources est tombé à 240 mètres cubes par 24 heures, un peu moins de 13 pouces ; je ne vois pas trop où, en pareil cas, l'entrepreneur aurait trouvé les 17 pouces qui auraient manqué.

Les travaux devaient être terminés dans un délai de quatre ans, à partir du 1er janvier 1613.

Les clauses générales de ce devis prouvent qu'au dix-septième siècle on avait trop oublié tout ce qu'il y a de bon sens pratique dans les traditions romaines, pour n'en conserver que les exagérations. Les ingénieurs romains, pour conduire à Paris un ensemble de sources deux fois plus grand que celui de Rungis et du Long-Boyau, se contentèrent d'une rigole de $0^m,60$ de hauteur et de $0^m,35$ de largeur, qu'il était bien facile, et à peu de frais, de convertir en aqueduc voûté ou dallé, les pieds-droits ayant toute la force nécessaire : l'aqueduc moderne, avec les dimensions indiquées ci-dessus et la pente énorme dont on disposait, pourrait conduire un volume d'eau cent fois plus grand au moins que celui qu'il reçoit. Nous ne comprenons plus l'exagération des dimensions des ouvrages de captation des sources du Grand-Carré qui auraient pu être remplacés par de simples pierrées, les épaisseurs extraordinaires des maçonneries de l'aqueduc, les chaînes en pierre de taille imposées à l'entrepreneur de 4 mètres en 4 mètres, le luxe des regards et des cheminées ou soupiraux, et surtout la construction d'un monument tel que le pont-aqueduc d'Arcueil, pour porter un si petit volume d'eau.

Aujourd'hui, malgré l'avilissement du prix de l'argent, on construit des aqueducs portant le même volume d'eau et qui coûtent beaucoup moins cher.

Les travaux se faisaient aux dépens du roi[1], et leur direction fut confiée aux trésoriers de France[2]; mais le prévôt des marchands, les échevins, et l'intendant des bâtiments conservèrent néanmoins le droit de haute surveillance[3].

L'entrepreneur Jehan Coing étant mort pendant l'exécution des travaux, on lui subrogea l'un des frères Gobelin, dont le nom est devenu célèbre par les grands ateliers de teinture qu'ils avaient formés sur la rivière de Bièvre.

[1] Bonamy.

[2] Lettres patentes du 4 décembre 1612 dont voici les passages les plus importants; elles s'adressent aux trésoriers de France :

A ces causes Vous mandons et ordonnons que vous ayez à prendre garde que les ds ouurages soient bien et duement faicts suiuant les deuis, clauses et conditions dudict bail, Que ledict entrepreneur et ses ouuriers y trauaillent jncessamment et sans discontinuãon, En sorte que ledict ouurage soit acheué dans le temps qu'il est obligé, porté par ledt bail, faire donner aux ouuriers de lalignement necessaire par les maistres de nos œuvres en voz presences, tenir la main a ce que ledt entrepreneur soit payé par le fermier de la ferme des XXX sols pour muid de vin entrant dans nostre dicte ville faulxbbourgs de quartr en quartr selon qu'il sera contenu par les mandemens qu'il obtiendra des tresoriers de nostre epargne, faire faire les prisées et estimaãon des terres et heritaiges qu'il conuiendra achepter par gens experts a ce cognoissans en vos presences, Et ledict Entrepreneur appellé, en passer les contractz en nostre nom pour estre portez en nostre chambre des Comptes affin dy auoir recours quand besoing sera, faire mettre au Greffe de vostre bureau l'acte de cautoñ baillé par ledict entrepreneur et en cas qu'il feust besoing de les faire renforcer et renouueller, nous en donner aduis et generallement faire pour la conduicte desdictes eaües ouurages et touttes aultres choses qui dépend de l'accomplissement et execuõn dudict bail et tout ce que vous verrez estre requis et necessaire pour le bien de nostre seruice et du publicq, Et dautant que sur les remonstrances desdicts Preuost des Marchands et Escheuins de lade ville nous leur aurions cy devant addressé nos lettres de commission pour auoir soing de la conduicte desdictes eauës affin que l'jnterest qu'a nostrede ville pour les douze poulces desdictes eauës que nous leur auons octroyé pour le publicq feust conserué, Nous voullons qu'en proceddant par vous ausdicts allignemens Lesdicts preuost des Marchands et Escheuins y soyent presens et appellez comme aussy lorsque suruiendra quelque cas au faict de la conduicte et ouurage quy soyt d'jmportance pour en tout conseruer ledt jnterest de nostredicte ville.

(Registres de la ville, vol. XIX, fol. 58).

[3] Lettres patentes du 7 décembre 1612 dont voici les passages les plus importants; elles s'adressent à l'intendant des bâtiments, le sieur de Fourcy :

Nous a ces causes de l'aduis de nostredict conseil Vous auons commis et depputé Commettons et depputtons par ces p̃ntes (présentes) pour ceste fois et aultres vous transporter sur les lieulx auec lesdts tresoriers de France, preuost des marchands et Escheuins aulcuns dentre eulx ou sans eulx veoir et visiter lesdt ouurages, recognoistre silz se font bien et duement Et sont bien fondez selon lesdts lieulx Et comme lentrepreneur y est obligé par son bail, Mesme estre present et assister lors que les allignemens luy seront donnez et a ses ouuriers Et au cas que jugiez auoir aulcunes desdictes choses ou aultres concernans le faict desdts ouurages a reformer, vous nous le representiez en nostre conseil pour y pouruoir selon quil appartiendra.

(Registres de la ville, vol. XIX, fol. 59 ; Recueil des règlements sur les eaux de Paris, 1875, p. 20 et 21.)

Peu de temps après, le nouvel entrepreneur Jean Gobelin, auquel il ne restait plus à construire que le grand réservoir dont il vient d'être parlé, représenta aux commissaires du roi, sous la surveillance desquels ces travaux étaient exécutés, qu'il conviendrait de substituer à ce château d'eau un autre réservoir qui remplirait le même objet, et que l'on construirait en dehors de la porte Saint-Michel.

L'emplacement désigné par Jean Gobelin se trouve aujourd'hui au n° 38 de l'avenue de l'Observatoire. Le réservoir était divisé en trois compartiments, d'où partaient les trois tuyaux des eaux du roi, de la ville et de l'entrepreneur [1].

« Ces trois tuyaux devaient être posés dans une galerie voûtée de 4 pieds (1m,299) de largeur et 6 pieds (1m,949) de hauteur sous-clef. Cette galerie se dirigeait le long de la rue d'Enfer, depuis le réservoir ou bâche de prise d'eau jusqu'à la porte Saint-Michel. Les trois tuyaux dont il s'agit devaient être en plomb, de diamètres différents, et couchés parallèlement entre deux marchepieds ou trottoirs en saillie de quelques pouces au-dessus du plafond de cette galerie. C'est le premier exemple qui a été donné, en France, de conduites d'eau mises à l'abri, par cette précaution, des ruptures et autres accidents auxquels elles sont exposées, quand on se contente de les poser à une petite profondeur sous le sol. L'expérience ne tarda pas à prouver les avantages de ce système, et cependant il semble avoir été oublié pendant plus de deux siècles, car ce n'est que dans ces derniers temps qu'il a été remis en pratique pour la distribution des eaux de l'Ourcq [2]. »

[1] Voici les dimensions de ce regard fixées par l'arrêté du Conseil d'État rendu à Tours le 5 juin 1619 : « Lequel regard sera construit de quatre thoises (7m,80) de large sur sept thoises (13m,64) de long... et dans iceluy (sera) faict ung reseruoir commun pour la première réception du total desdictes eaues et a chacun costé d'iceluy un reseruoir particulier, etc. » (Extrait des registres du Conseil d'État).

[2] Girard. Ces galeries destinées à recevoir les conduites d'eau d'Arcueil, et plus tard du canal de l'Ourcq, n'ont été imitées nulle part et cela pour deux raisons bien simples : leur construction exige de grandes dépenses et elles sont très-gênantes sous la voie publique lorsqu'on veut y construire des égouts. Il ne reste plus à Paris qu'un seul de ces ouvrages, la galerie Saint-Laurent. J'ai converti en égout un des derniers, la galerie des Martyrs. Aujourd'hui les conduites d'eau de Paris sont posées autant que possible dans les égouts mêmes.

Le 13 juillet 1613, le roi visita les travaux en cours d'exécution à Rungis, et, le 17 du même mois, il y retourna pour poser la première pierre du grand regard[1].

[1] Voici la relation de ces deux visites copiée textuellement sur le manuscrit des registres de la ville. Louis XIII était alors âgé de 12 ans :

Le JEUDY onziesme jour de Juillet gbi° treize (1613), Mons[r] de Liancourt Gouuerneur de ceste ville est venu en l'hostel d'icelle ville, advertir Messrs les Preuost des Marchans et escheuins que le Roy desiroit aller samedy prochain voir les sources des fontaines de Rungis, a ce que Mesdicts sieurs eussent à donner ordre aux préparatifz nécessaires; de quoy mesd[s] sieurs se resjouissants de l'honneur que Sa Majesté feroit à ladicte ville, ont aussytost envoyé querir Marcial Coiffier, cuisinier ordinaire de la ville, Et le Sr Mainuillier, tapissier, tant pour faire le festin que pour préparer des meubles précieulx ou Sa Majesté prendra son disner. Et suivant ce, le lendemain vendredy, douziesme dud[t] mois, Mesdicts sieurs Les Prevost des Marchands et Escheuins feurent au Louure prier Sa Majesté d'aller auxd[s] fontaines, Et, si elle avoit agréable, de prendre son disner au chasteau de Cachant : Ce qu'ayant été promis par Sad[e] Majesté, Mesd[s] sieurs de la ville, ayant donné ordre a tout ce qui estoit necessaire tant pour le disner, meubles que tout autre chose, partirent de ceste ville, le Samedy treiziesme dud[t] mois, au matin auec Messieurs les Procureur du Roy, greffier et Recepveur de lad[e] ville, et allèrent jusques à la Saussaye, attendre Sadicte Majesté, laquelle vint incontinant, suiuye de Monseigneur le duc de Montbazon, Mond[t] S[r] le Gouuerneur, Mons[r] de Souueray et autres seigneurs, avec aussi sa Compagnye de chevaulx-légers. Mesd[ts] Sieurs firent la révérence au Roy. Ce faict, poursuiuirent leur chemin jusques auxd[s] fontaines de Rungis, où estant, Sa Majesté mit pied à terre pour voir les sources desd[s] fontaines, où il y avoit cinq ou six cens ouuriers qui travailloient à faire lesd[s] tranchées et autres ouuraiges pour la conduicte desd[es] eaux, Sa Majesté reçust ung fort grand contantement, disant que son peuple en recepvroit bien de la commodité : Ce faict, Mesdits sieurs de la ville supplièrent Sad[e] Majesté de prendre son chemyn vers led[t] Cachant, où se faisoit les préparatifs du disner; Ce qui leur accorda, Et en y allant, fit quelque exercice de la chasse Et arrivés audict Cachant, Mesd[ts] sieurs de la ville fisrent mettre sur table, où il y avoit quatre tables et quatre platz préparez pour led[t] festin, Et estoient les chambres, salles et cabinetz du chasteau fort bien parés en meubles, tant de tappisseries d'or et d'argent, comme les haultz dais et le lict où devoit reposer le Roy, aussi d'or et d'argent. Sa Ma[té] se mist à table, où pendant son disner, Mesd[s] sieurs de la ville furent autour de lad[e] table pour entretenir Sad[e] Ma[té], et pendant lequel temps les seigneurs qui estoient à la suitte de Sad[e] Ma[té] se misrent aussy à table dans une autre salle à part, où ils estoient plus de quatre vingts ou cent seigneurs à table, Le tout aux fraiz et despens de lad[e] ville, Et ayant Sad[e] Ma[té] disné, alla prendre son plaisir de la chasse dans le parc du chasteau de Cachant, ou ayant pris congé par Mesd[s] sieurs Les preuost des Marchans et Escheuins, Sad[e] Ma[té] les remercya, et leur demanda quand l'on feroit l'assiette de la première pierre, qu'elle entendoit et désiroit y estre présente; à quoy Mesdicts sieurs de la ville fisrent responce que s'estoit trop d'honneur qu'elle recepuoit de Sad[e] Ma[té] Et ayant faict appeller les ouuriers et entrepreneurs desd[es] fontaines pour sauoir en quel temps on commanceroit à poser la première pierre du grand regard, Lesquelz fisrent responce qu'ils estoient prest quand il plairoit à Sad[e] Ma[té] Et au plus tard dedans cinq ou six jours asfin de ne retarder leur besongne. Et lors Mesd[s] sieurs les Préuost des Marchans et Escheuins prirent derechef congé de Sad[e] M[té], pour s'en revenir en ceste d[te] ville, où estant, attendu que Sad[e] Ma[té] désiroit mettre la première pierre ausd[es] fontaines, fisrent aussy tost faire de grandes medalles d'or et d'argent, pour mettre et poser soubz lad[e] première pierre, où Sad[e] Ma[té] estoit représentée d'ung costé et de l'autre costé la Royne régente sa mère, sur ung arc en ciel signiffant sa régence.

Et le LUNDY, quinziesme jour dud[t] moys de juillet mil six cens treize, Mesd[s] sieurs les Préuost des Marchans et Escheuins furent encore advertis par Mond[t] sieur le Gouuerneur, que le Roy et la Royne Régente sa mère désiroient aller ausd[s] fontaines de Rungis, pour assoir la première

Les travaux furent poussés avec tant d'activité pendant les deux premières années, que le pont-aqueduc d'Arcueil se trouva à moitié construit ; mais les années suivantes l'ouvrage fut inter-

pierre le Mercredy ensuiuant et à ce que toutes choses feussent prestes pour ceste effect. Et, suivant ce, feurent au Louure prier leurs Ma[tés] de faire l'honneur à lad[e] ville de poser lad[e] première pierre et de prendre leur disner au chasteau de Cachant, ou en tel autre lieu qu'il leur plaira, lequel Sr Roy feit responce qu'il iroit encore disner aud[t] Cachant, Et après le disner qu'il iroit poser la première pierre, Et lad[e] dame Royne, s'excusant du disner, dist qu'elle se trouueroit aud[es] fontaines de Rungis l'après disner, dont Mesd[s] S[rs] de la ville remercièrent très humblement leursd[es] Ma[tez] Et étanct Mesd[s] S[rs] de la ville reuenus aud[t] hostel de la ville, aduisèrent entre eulz à tous les préparatifz nécessaires, tant pour les festins nécessaires, meubles précieulx, collations, tantes, truelle d'argent, Trompettes, Tambours, medalles, vin pour desfoncer en signe de resjouissance et largesse, Que tout autre chose requise, que mandant aud[t] Coiffier de préparer quatre beaux plats des viandes les plus exquises, et à Joachin Dupont, espicier de la ville, d'auoir à préparer les plus belles et exquises confitures qu'il soit possible de trouver pour faire lesdictes collations.

ADVENU lequel jour de Mercredy, dix septiesme dud[t] moys de juillet au matin, Mesdicts S[rs] de la ville estans advertys que le Roy estoit jà party pour aller aud[t] Cachant Et se donner le plaisir de la chasse en chemyn, partyrent dud[t] hostel de la ville avec lesd[s] sieurs procureur du Roy, Greffier de la ville et Recepueur, et plusieurs autres officiers pour le service d'icelle, Et allèrent aud[t] Cachant, où ayant trouué Sad[e] Ma[té], lui feirent la révérence, la remerciant de tant de peyne qu'elle prenoit et de l'honneur qu'elle faisoit à ladicte ville ; Et ayant esté par Mesd[s] sieurs prist garde si tout estoit bien préparé, l'heure estant vesnue pour disner, Mesd[s] sieurs supplièrent Sa Ma[té] de voulloir se mettre à table, ce qu'elle feist, pendant lequel temps Mesd[s] sieurs de la ville furent autour de la table, l'entretenant pendant son disner tant du subject desd[s] fontaines que de plusieurs autres beaux discours, pendant lequel les Seigneurs et autres Gentilshommes qui estoient de la suitte de Sad[e] Ma[té], jusques au nombre de plus de cent, disnèrent dans une autre salle à part; le tout aux fraiz et despens de lad[e] ville; après lequel disner, tant Sad[e] Ma[té] que Mesd[s] sieurs de la ville prirent leur chemin pour aller ausdictes fontaines de Rungis où estant mesdicts sieurs de la ville recognurent que tout ce qu'ils avoient commandé estoit bien préparé, entre autres deux tantes pour mettre leurs Ma[tez] à couvert, craincte du soleil, meublées, garnyes de chaises de velours, bordées d'or et d'argent, Et où estoit dressée une fort belle collation de toutes fort belles confitures exquises et en grande quantité ; Comme aussy les ouvriers et entrepreneurs desdictes fontaines estoient préparés pour faire asseoir ladicte première pierre. Et enuiron les trois heures de releuée, ariva ausdictes fontaines de Rungis la Royne Régente, suivye de Mons[r] le duc de Guyse, de Mons[r] de Bainville, de Mons[r] de Fains, de Mons[r] le duc de Montbazon, et autres Seigneurs et Gentilzhommes; princesses, dames et damoiselles, au deuant de laquelle dame Royne Mesd[s] sieurs de la ville feurent, et la remercièrent de tant de peyne qu'elle prenoit pour lad[e] ville. Et aussy tost les trompettes estanct en grand nombre avec des tambours, commancèrent à sonner ; mesme feut desfoncé trois muids de vin que mesd[s] sieurs de la ville avoient faict préparer, qui feurent dispersez, tant aux manœuures et autres ouuriers desdictes fontaines, estant en nombre de plus de six cens, qu'à plusieurs autres personnes, Le tout en signe de resjouissance d'ung si bel œuure pour le publicq, que lesd[s] fontaines; Et à l'instant Mond[t] sieur le Préuost des Marchans, suivy de Mesd[s] S[rs] les Escheuins, Procureur du Roy, Greffier et Recepueur, présenta au Roy une truelle d'argent, et aussy tost lesd[es] trompettes sonnant, led[t] Sr Roy a esté conduict à l'endroict où se commance le grand regard, suivy de lad[e] dame Royne et de tous les princes et seigneurs cy-dessus. Sad[te] Ma[té] a assis et posé lad[e] première pierre, sur laquelle a esté mis par Sad[e] Ma[té], à assis et posé, Cinq desd[es] Médalles cy-dessus, l'une d'or Et quatre d'argent, baillées par lesd[s] Prévost des Marchans et Escheuins, lesquelles ont esté couvertes d'une autre pierre, qui ont esté liées ensemble par Sadicte Ma[té], laquelle, pour se

rompu, soit par les troubles qui survinrent dans l'Etat, soit par la mort de l'entrepreneur Jehan Coing. Les travaux ne furent pas terminés dans le délai de quatre ans prévu au devis. Les aqueducs de captation des sources du grand carré n'étaient pas achevés, lors de la reconnaissance que l'on fit en 1619, de tous les ouvrages adjugés à l'entrepreneur *Gobelin*. Plusieurs portions de voûtes, et l'extrémité occidentale du pont-aqueduc d'Arcueil étaient aussi, à la même époque, dans un état d'imperfection. Ce dernier monument ne fut en effet complétement terminé qu'au commencement de 1623.

« Le 19 mai de la même année, les eaux d'Arcueil arrivèrent au réservoir où elles devaient être reçues, et dont le plan de Paris, publié par Gomboust en 1652, indique l'emplacement à l'extrémité méridionale de la rue d'Enfer. » (Girard.)

« Les eaux furent introduites dans les conduites de la distribution le 18 mai 1624, en présence du prévôt des marchands et des échevins de la ville ; le 21 juin de la même année, le roi posa la première pierre de la fontaine de la place de Grèves. Les eaux concédées à la ville furent réparties dans quatorze fontaines. Les travaux de distribution et des bâtiments de ces fontaines exigèrent environ quatre années, de sorte que ce ne fut qu'en 1628 que les eaux de Rungis furent réellement distribuées. » (Bonamy.)

*Nouvelles recherches des sources en* 1651. — Les travaux de captation des sources de Rungis, qui remontent au dix-septième siècle, n'ont pas été construits à la même date ; l'eau d'Arcueil a

faire avec ladicte truelle d'argent, a pris du mortier dans ung bassin d'argent qui estoit à ceste fin préparé, Et à l'instant lesdes trompettes et tambours ont recommancé à sonner auec grande acclamation de joye et cris de Vive le Roy par tout le peuple. Ce faict, Mesds sieurs de la ville ont présenté au Roy et à lade dame Royne, à chacun une desdites medalles d'or fort belles et pesantes, et à Mondr seigneur le Gouuerneur et autres princes et seigneurs leur en a esté baillé d'argent, de quoy leursdes Matez ont esté fort aises et comptants des libéralitéz de lade ville. Ce faict, leur a esté présenté la collation qui leur auoit esté préparée desdes exquises et excellentes confitures, que leursdites Matez ont trouué fort belles, Et de tout ont remercyé Mesds sieurs les Préuost des Marchans et Escheuins ; Et ayans pris congé de leursd. Matez, chacun s'est retiré, et sont mesds srs de la ville reuenus en ceste ville.

(Extrait des registres de la ville, vol. XIX, fol. 136).

commencé à couler à Paris le 19 mai 1623, mais alors tous les travaux de captation n'étaient pas encore terminés.

Pour augmenter de plus en plus l'abondance des eaux dans Paris, Louis XIV permit au Sieur Bocquet Bourgeois de Paris, par un Brevet du 15 Septembre 1651, de faire travailler à une nouvelle recherche, de foüiller par tout où il seroit besoin, et d'associer avec lui telles personnes qu'il voudroit choisir : afin de l'encourager dans ce dessein, Sa Majesté se réserva seulement 8 demi-pouces d'eau, et lui fit don de tout l'excédent qui proviendroit de son travail pour en disposer à sa volonté ; ce Brevet fut confirmé par Arrêt du Conseil du 29 janvier 1653.

Le Prévôt des Marchands et les Echevins, toûjours zélés pour le bien commun de la Ville, s'associerent avec Bocquet, et contribuerent infiniment au succès de l'entreprise ; tous les travaux furent achevés dans l'intervalle de trois années ; cette dernière opération produisit 23 pouces et demi et 27 lignes de nouvelles eaux[1].

Bonamy et Girard ne donnent aucun renseignement sur les sources découvertes par le sieur Bocquet, et il n'en est pas fait mention dans le Recueil des règlements sur les eaux de Paris. Les plus anciens employés du service n'ont conservé le souvenir d'aucune tradition sur ces travaux ; j'ai trouvé ce renseignement dans l'ouvrage de Sauval, où les sources des nouvelles eaux amenées à Paris sont nommées. Voici ce passage, dont je retranche toutes les erreurs que commettent habituellement ceux qui, sans être ingénieurs, décrivent des travaux de ce genre :

« La recherche des eaux de Rûngis a été faite en deux différents temps : la première, en l'an 1612, sous Louis XIII.... et la seconde en l'année 1655, par la permission du roi Louis le Grand.... Les eaux de la seconde recherche proviennent de la source appelée les Maillets et de celle de la Pirouette ; la source des Maillets vient d'une pièce de terre qui est au-dessus de l'église de Rungis[1]. »

[1] *Traité de la police*, t. IV, p. 384.

[1] Sauval, *Recherches des antiquités de Paris*. Sauval, dans la partie du texte que j'ai supprimée, confond les sources du Long-Boyau avec celles de Rungis.

Les sources dérivées par le sieur Bocquet sont donc celles de la Pirouette et de l'Église, qui sont bien connues dans le service.

On trouvera plus loin la description des deux aqueducs, dits de Paray et de l'Église, qui conduisent ces deux sources au premier regard de l'aqueduc d'Arcueil.

Les jaugeages, que je vais faire connaître, prouvent, d'ailleurs, que ces eaux dérivées de 1651 à 1655 sont fort peu abondantes; si, en 1655, leur produit a été trouvé de 23 pouces 99 lignes (environ 460 mètres cubes par 24 heures), cela tient uniquement à une grande période d'années humides qui se succédèrent vers cette époque. Trois des plus grandes crues de la Seine ont eu lieu en 1649, 1651 et 1658, et une seule de ces crues correspond à un long accroissement du débit des sources; je le démontrerai ci-après.

Le récit de Bonamy confirme ce que je viens de dire : depuis l'arrivée des eaux de Rungis, c'est-à-dire depuis 1624 jusqu'à la grande sécheresse de 1667, la ville tirait des trois aqueducs du Pré-Saint-Gervais, de Belleville et d'Arcueil, environ 40 pouces d'eau. En 1668, cette quantité était réduite à moins de moitié.

A la suite de cette sécheresse qui se prolongea jusqu'en 1669, la ville fut autorisée à faire de nouvelles recherches dans les coteaux de Cachan: on y découvrit une jolie source, connue aujourd'hui sous le nom de *fontaine pesée* ou de *fontaine couverte*, qui appartenait à l'abbaye de Saint-Germain-des-Prés.

En 1671, « M. le prévôt des marchands et les échevins de Paris, voulant augmenter l'eau des fontaines de la ville, firent une transaction avec le sieur Berrier, chargé par le roi de l'économat de l'abbaye de Saint-Germain, où il était marqué entre autres choses : que l'eau des fontaines du territoire de Cachant, dépendant de l'abbaye, sera conduite dans l'aqueduc de la Ville, à la réserve d'un pouce d'eau, qui sera pris par préférence dans toutes les saisons de l'année et jetté par la conduite ordinaire dans l'ancien réservoir de Cachant. Le prévôt des marchands et les échevins transportèrent aussi à l'abbé et aux religieux de Saint-Germain un demi-pouce d'eau des fontaines de Paris, faisant partie de la source et du regard de Cachant, lequel devait être pris au grand regard de la porte de Saint-Michel, sans compter les dix-huit lignes d'eau accordées auparavant à l'abbaye pour les prisonniers enfermez dans les prisons. Cette transaction fut exécutée au commencement de l'année suivante[1]. »

La délivrance des eaux fut faite le 25 juillet 1671 à « messieurs de la ville; » un jaugeage exécuté en leur présence par M. de Francini Grandmaison, intendant des eaux et fontaines du Roi, ne produisit que deux pouces d'eau. Mais le sieur Vieil, représentant de l'Abbaye, fit observer à messieurs de la ville « qu'en la saison présente les sources estoient beaucoup affoiblyes par la sécheresse et qu'aux autres mois de l'année la quantité d'eaue quy se trouuoit audit regard estoit de trois pouces au moins. » Cette explication parut suffisante et le produit de cette source fut fixé à trois pouces[2].

1er *partage des eaux. Arrêts du conseil des* 20 *octobre et* 9 *décembre* 1634. — M. de Francini, Intendant des Eaux et Fontaines, et MM. de Sainctot et Boucherat, eurent la commission de faire jauger les eaux : par leur Procès-Verbal du 20e octobre de la même année, elles se trouvèrent monter à soixante-pouces un quart et un seizième ; mais comme les Entrepreneurs avoient été obligés d'en laisser cinq pouces un quart et un seizième à Berny, à Arcueil et à Gentilly, pour dédommager les Propriétaires dont ils avoient fouillé les terres, et sur lesquelles ils avoient fait passer les conduites, il n'en arrivoit au grand regard du Faubourg S. Jacques que 55 pouces; sur cette quantité, le

[1] Dom. Bouillard, *Histoire de l'abbaye de Saint-Germain-des-Prés*, p. 264. On lit dans le même ouvrage la note suivante, page 143 : « Note 6, année 1292. Le Pré-aux-Clercs étoit divisé en deux parties par un fossé ou cours d'eau de 13 à 14 toises de large qui commençoit à la rivière de Seine et traversant sur le terrain des Petits-Augustins, à peu près à l'endroit où est aujourd'hui leur église, alloit se rendre dans les fossés de l'abbaye, proche la poterne qui y étoit alors; c'est-à-dire que ce cours d'eau répondoit à peu près au coin de la rue Saint-Benoît, à l'extrémité du jardin de l'abbaye. On le nommoit la petite Seine. La partie du pré la plus proche de Paris fut nommée le Petit-Pré, et celle qui s'étendoit vers la campagne s'appela le Grand-Pré-aux-Clercs. Voyez le *Mémoire instructif touchant la seigneurie du Pré-aux-Clercs*, p. 1. »

[2] Registres de la ville, t. XLV, fol. 456.

Roi prit d'abord les 30 pouces qu'il s'étoit réservés par l'adjudication de 1612, et en retint 13 autres pouces dont les Entrepreneurs furent indemnisés sur le champ; le surplus qui se montoit à 12 pouces demeura en propriété aux Entrepreneurs pour en disposer à leur profit : presque dans le même temps, Sa Majesté fit la distribution des 43 pouces d'eau qui lui appartenoient. Suivant l'Arrêt du 9 Décembre 1634, qui fixa cette distribution, il en fut accordé un pouce à Berny, en la maison du feu Sieur Chancelier de Sillery, pour et au lieu du pouce et demi qui lui avoit été ci-devant distribué. Un quart de pouce à Gentilly, en la maison du feu Sieur President Seguier, pour et au lieu du demi pouce qui lui avoit été ci-devant distribué. Un quart de pouce valant 36 lignes aux Capucins du Faubourg S. Jacques. Pareille quantité de 36 lignes aux Religieuses Carmélites du même Faubourg, tant pour le Couvent, que pour la maison du feu Sieur de Marillac, Garde des Sceaux, proche de leur Église et à elles appartenante, et ce au lieu de ce qui leur avoit été ci-devant octroyé. Vingt pouces pour être conduits en l'Hôtel et Palais de la Reyne, Mère de Sa Majesté, au Faubourg S. Germain. Huit pouces pour être conduits tant au Château du Louvre, qu'au Palais et Jardin des Tuileries. Un pouce à l'Hôtel de Soissons. Demi-pouce à l'Hôtel de Longueville. Un quart de pouce au Sieur Président de Maisons, et un quart de pouce au Sieur de la Vrillière; pour être le tout conduit avec les 8 pouces de Sa Majesté, jusqu'au dedans de la Ville, au grand Réservoir en la ruë S. Honoré près la Croix du Trahoir, les onze pouces et demi restans, aux Prévôt des Marchans et Echevins de la Ville de Paris, pour être avec les autres eaux des sources de Belleville et Pré S. Gervais, distribuées, à sçavoir, un pouce à l'Hôtel de Condé au Faubourg S. Germain, et le reste par préférence aux fontaines publiques et Communautés, selon qu'il seroit par eux avisé et arrêté avec ceux qui seroient à ce commis et députés par Sa Majesté, et non autrement : et ce qui en pourroit rester tant des onze pouces et demi de Rungis, que de ce qui se trouvoit aux sources de Belleville et Pré S. Gervais, seroit distribué aux particuliers selon leur nécessité et leur éloignement des fontaines publiques. L'Arrêt ordonnoit de plus, que l'état de distribution générale des eaux de la Ville, tant des fontaines publiques, Communautés, que particuliers (*sic*), seroit vû et rapporté au Conseil, pour y être arrêté; sans qu'à l'avenir les Prévôt des Marchans et Echevins pussent faire aucun changement, retranchement, ni concession à qui et pour qui que ce fût, que par assemblée du Conseil de la Ville. Pour éviter et remédier aux abus et entreprises qui s'étoient faites auparavant par les particuliers qui en avoient eu des concessions au préjudice du Public, il fut ordonné que les distributions des eaux tant de Rungis que de Belleville et du Pré Saint-Gervais, se feroient à l'avenir par bassins, ainsi que l'on avoit commencé à pratiquer aux fontaines des eaux de Rungis. Et pour l'exécution de la délivrance des eaux qui devoit se faire au grand regard, il fut enjoint au Sieur de Francini, Intendant Général des eaux et fontaines, de les délivrer par mesure et par quantité.

*Nouveau partage des eaux après les recherches du sieur Bocquet, 23 mars* 1656. — Des commissaires pris dans le Conseil, MM. Daligre et Morangis, Conseillers de Sa Majesté en ses Conseils, et Directeurs de ses Finances; Le Teller aussi Conseiller en ses Conseils, et Intendant des Finances; les Sieurs Varoquier et Amaury, Trésoriers de France, et le Sieur de Francini, Intendant Général des Eaux et Fontaines de France, eurent ordre de procéder à une nouvelle visite, et à la jauge de toutes les eaux tant anciennes que nouvelles : par leur Procès-Verbal, il s'en trouva au Château d'eau du Faubourg Saint-Jacques, 84 pouces bien coulans, surchargés chacun de six lignes; l'Arrêt qui fut rendu immédiatement après, « ordonne que de la quantité desdits 23 pouces et demi et 27 lignes de nouvelles eaux, recherchées par lesdits Prévôt des Marchands et Echevins et par ledit Bocquet, en conséquence du dit Brevet de Sa Majesté dudit jour 15 septembre 1651, et Arrêt du Conseil du 29 janvier 1653, et conduites audit Château des Eaux, il en demeurera audit Château la quantité de quatre pouces au lieu des huit demi-pouces, à six lignes de diamètre chacun, que Sa Majesté s'est réservée et réserve, pour en disposer ainsi qu'elle verra être à faire; et le surplus, montant à 19 pouces et demi 27 lignes, sera partagé par moitié entre lesdits Prévôt des Marchands et Echevins et ledit Bocquet, pour en être la distribution faite par lesdits Prévôt des Marchands et Echevins, au Public et particuliers, outre celle qui leur a été ci-devant accordée par le défunt Roi, Père de Sa Majesté, et disposer par ledit Bocquet de sa moitié, ainsi qu'il avisera bon être. Enjoint, Sa Majesté au Sieur de Francini, Intendant Général des Eaux et Fontaines de France, de faire la délivrance desdites eaux audit Château des Eaux, ausdits Prévôt des Marchands et Echevins, et audit Bocquet, et à tenir la main à la conservation tant desdites anciennes que nouvelles eaux appartenantes à Sa Majesté et au Public; Voulant et entendant Sadite Majesté que les Regards, Conduites et distribution publiques desdites eaux de Sa Majesté, puissent servir audit Bocquet et à ceux qui auront droit de lui, pour distribuer et conduire celles à eux appartenantes. Fait au Conseil d'État du Roi, tenu à Paris le 23e jour de Mars 1656, signé, Bossuet[1]. »

[1] *Traité de la police*, t. IV, p. 382 et suiv.

Ces deux partages d'eau sont résumés dans le tableau suivant :

| | | POUCES. | LIGNES. |
|---|---|---|---|
| | *Part du Roi.* | | |
| Arrêts du Conseil des 20 octobre et 9 décembre 1634. | Pour le Luxembourg. . | 20 | » |
| | Pour le Louvre et les Tuilleries. . . . . . | 8 | » |
| | A Divers. . . . . . . . | 3 | 108 |
| Arrêt du Conseil du 23 mars 1656 (partage des eaux trouvées par Bocquet). . . . . . . . . | | 4 | » |
| | Total. . . . . . . . . . . | 35 | 108 |
| | 686 mètres cubes en 24 heures. | | |
| | *Part de la ville de Paris.* | | |
| Arrêt du Conseil du 9 décembre 1634 (donné par le Roi). . . . . . . . . . . . . . . . . | | 11 | 72 1/2 |
| Arrêt du Conseil du 23 mars 1656 (partage avec Bocquet) . . . . . . . . . . . . . . . . | | 9 | 121 1/2 |
| Nouvelles eaux de Cachan. Traité avec l'abbaye Saint-Germain des Prés 1671. . . . . . . | | 3 | » |
| | Total. . . . . . . . . . . | 24 | 50 |
| | 467 mètres cubes en 24 heures. | | |
| | *Part des entrepreneurs.* | | |
| Arrêt de 1634. | Eau laissée à divers particuliers pour indemnités de terrain et autres. . . . . | 5 | 45 |
| | Part de l'entrepreneur. . . . | 12 | » |
| Arrêt de 1656. Part du sieur Bocquet dans les nouvelles eaux trouvées par lui. . . . . . . | | 9 | 121 1/2 |
| | Total. . . . . . . . . . . | 27 | 22 1/2 |
| | 520 mètres cubes en 24 heures. | | |

Ce partage suppose que l'aqueduc portait habituellement 87 pouces 36 lignes en 24 heures (1674 mètres cubes d'eau). C'était une grande illusion qu'on se faisait alors, et qui a été dissipée par la première sécheresse : les jaugeages que je donnerai ci-dessous prouvent que le débit moyen de l'aqueduc ne dépasse pas 960 mètres cubes en 24 heures, et que le débit minimum est tombé, en septembre 1859, à 241 mètres cubes.

Ces partages d'eau ne reposaient donc pas sur des bases solides et c'est avec raison que Bonamy et Girard disent qu'ils ont été faits avec une profusion inconsidérée.

# CHAPITRE VIII

## AQUEDUC D'ARCUEIL (SUITE) — LES SOURCES

---

Jaugeages anciens. — Jaugeages modernes. — Travaux de captation. — Eaux anciennes. — Le carré des eaux. — Aqueduc de Paray et de l'Église. — Le Long-Boyau. — Eaux nouvelles. — Drains de Paray, de Chevilly et de l'Hay. — Sécheresses de 1667, 1668, 1669, comparées à celles du dix-neuvième siècle.

*Des sources.* — Les recherches, faites du temps de Louis XIII, ont été incomplètes. Les sources les plus importantes, celles que les Romains dérivaient de la partie sud du plateau décrit ci-dessus, n'ont été découvertes, par le maréchal d'Effiat, qu'après l'achèvement de l'aqueduc d'Arcueil, ainsi que ce seigneur en fit la déclaration au roi Louis XIII[1].

Les sources, dérivées vers Paris par le nouvel aqueduc d'Arcueil, se divisent en deux groupes :

Le groupe de *Rungis* et celui du *Long-Boyau*. Je ne reviendrai pas sur ce que j'ai dit de la position de ces sources et de la qualité de leurs eaux. Elles sont alimentées par la nappe d'eau des marnes vertes qui s'étendent sur tout le plateau compris entre la Seine, la Bièvre, l'Yvette et l'Orge[1].

[1] Voy. ci-dessus, p. 48.

*Jaugeages anciens des sources.* — Les documents qui nous sont parvenus sur les anciens jaugeages prouvent que les opérations manquaient absolument de précision. Par exemple, on ne tenait aucun compte de la sécheresse de la saison; les résultats obtenus ont été acceptés sans discussion par tous les auteurs. Voici, par exemple, ce que dit Bonamy : « Ces recherches (de 1651 à 1653) ne furent point infructueuses, puisqu'en 1656 l'aqueduc d'Arcueil conduisait au château-d'eau *quatre-vingt-quatre pouces d'eau* au lieu de *cinquante*, qu'on avait trouvés lors de la construction de l'aqueduc. »

84 pouces correspondent à 1612 mètres cubes par 24 heures; l'aqueduc donne même plus d'eau dans les années humides. Mais la longue sécheresse, dont j'ai déjà eu occasion de parler ci-dessus, ne tarda pas à faire tomber ces illusions. Cette sécheresse persista de 1667 à 1669 inclusivement.

« M. le Peletier, depuis ministre et contrôleur des finances, étoit alors prevôt des marchands, ayant été élu le 16 août 1668; comme il occupa cette place pendant huit années, chacune fut marquée par des monuments qui subsistent encore aujourd'hui, et sur lesquels je ne m'étendrai pas, parce qu'ils ne sont pas de mon sujet : je remarquerai que la grande sécheresse qui se fit sentir pendant les trois premières années des prevôtés de M. le Peletier, et qui réduisit presqu'à sec les fontaines de Paris obligea de penser à trouver des expédiens pour avoir de l'eau. » (Bonamy.)

J'ai donné ci-dessus les jaugeages des aqueducs du Pré-Saint-Gervais et de Belleville[1] qui correspondent à cette sécheresse; voici ceux de l'aqueduc d'Arcueil, ou plutôt le partage d'eau correspondant, déduction faite des 3 pouces de l'eau de Cachan. D'après le partage indiqué ci-dessus, la ville avait droit à 21 pouces 50 lignes d'eau.

Le tableau suivant fait voir quelle fut la réduction produite par la sécheresse[2].

[1] Voy. ci-dessus, p. 88 et suiv.

[2] Registres de la ville, vol. XLIV, fol. 484.

*État de la nouvelle distribution et concessions d'eau provenant des sources de Rungis, accordées aux communautés, monastères, colléges et particuliers, en la présente année mil six cent soixante-neuf* (22 mai 1669).

| DÉSIGNATION DES DISTRIBUTIONS | AU PUBLIC — Pouces, lignes. | CONCESSIONS PARTICULIÈRES — Pouces, lignes. |
|---|---|---|
| *Au regard du Château-d'Eau.* | | |
| Pour le service d'une concession. . . . . . . . . . | | 0 6 |
| *Au regard de Notre-Dame-des-Champs, faubourg Saint-Jacques.* | | |
| Pour le public. . . . . . . . . . . . . . . . . . . . | 0 72 | |
| Pour le service de cinq concessions. . . . . . . . . | | 0 56 |
| *Tuyau passant.* | | |
| Pour le service de cinq concessions. . . . . . . . . | | 0 64 |
| *Au regard de la Porte Saint-Michel.* | | |
| Pour le public. . . . . . . . . . . . . . . . . . . . | 0 56 | |
| Pour le service de seize concessions. . . . . . . . . | | 2 106 |
| *Au regard de la fontaine Saint-Benoît.* | | |
| Pour le public. . . . . . . . . . . . . . . . . . . . | 0 72 | |
| Pour le service de quatre concessions. . . . . . . . | | 0 18 |
| *Au regard de la fontaine Saint-Côme.* | | |
| Pour le public. . . . . . . . . . . . . . . . . . . . | 0 72 | |
| Pour le service de cinq concessions. . . . . . . . . | | 0 30 |
| *Au regard de Sainte-Geneviève, vers le tuyau passant.* | | |
| Pour le public. . . . . . . . . . . . . . . . . . . . | 0 72 | |
| Pour le service de cinq concessions. . . . . . . . . | | 0 84 |
| *Au regard de la fontaine Saint-Séverin.* | | |
| Pour le public. . . . . . . . . . . . . . . . . . . . | 0 72 | |
| Pour le service de deux concessions. . . . . . . . | | 0 36 |
| *Au regard de la place Maubert.* | | |
| Pour le public. . . . . . . . . . . . . . . . . . . . | 0 72 | |
| *Au regard du parvis Notre-Dame.* | | |
| Pour le public. . . . . . . . . . . . . . . . . . . . | 0 72 | |
| Pour le service de quatre concessions. . . . . . . . | | 0 20 |
| A reporter. . . . . | 3 128 | 4 112 |

| DÉSIGNATION DES DISTRIBUTIONS | AU PUBLIC | CONCESSIONS PARTICULIÈRES |
|---|---|---|
| | Pouces, lignes. | Pouces, lignes. |
| Report. . . . . . . | 5 128 | 4 112 |
| *Au regard de la cour du Palais.* | | |
| Pour le public. . . . . . . . . . . . . . . . . . . | 0 72 | |
| Pour le service de trois concessions. . . . . . . . . | | 0 15 |
| *Au regard de la porte Saint-Germain.* | | |
| Pour le public. . . . . . . . . . . . . . . . . . . | 0 72 | |
| *Au regard devant les Grands-Augustins.* | | |
| Pour le public. . . . . . . . . . . . . . . . . . . | 0 72 | |
| *Au regard de la Grève.* | | |
| Pour le public. . . . . . . . . . . . . . . . . . . | 0 72 | |
| *Sur le tuyau passant.* | | |
| Pour le service d'une concession.. . . . . . . . . . | | 0 36 |
| *Au regard de la fontaine Saint-Gervais.* | | |
| Pour le public. . . . , . . . . . . . . . . . . . . | 0 72 | |
| Pour le service de onze concessions. . , . . . . . . | | 0 74 |
| *Au regard de la fontaine des Jésuites, rue Saint-Antoine.* | | |
| Pour le public. . . . . . . . . . . . . . . . . . . . | 0 72 | |
| Pour le service de vingt et une concessions. . . . . | | 0 135 |
| | 6 128 | 6 84 |

« Total de la distribution des eaux provenant des sources de Rungis, dix-neuf-cent-quarante-quatre lignes, faisant treize pouces un quart trente-deux lignes.

« Ces sources rendent à la ville, quand elles sont dans leur abondance, vingt et un pouces un quart treize lignes et demie; partant, déduction faite de la distribution ci-dessus, restent sept pouces un quart trente lignes et demie[1]. »

Ainsi la part de la ville, dès les premières années de la grande sécheresse, se trouvait réduite à 13 pouces 68 lignes, ou à 259 mètres cubes en 24 heures, au lieu de 410 mètres cubes sur lesquels on comptait.

[1] Registres de la ville, vol. XLIV, fol. 484 et suiv. Je donne le tableau de Girard comme je l'ai déjà fait pages 88 et suiv. pour le partage des eaux de Belleville et du Pré-Saint-Gervais, fait à la même époque ; on peut, sur ces tableaux, se rendre facilement compte de la répartition des eaux, ce qui est difficile avec le texte des registres de la ville.

La part du roi et des entrepreneurs fut réduite dans la même proportion par la sécheresse et, par conséquent, les 1612 mètres cubes sur lesquels on comptait, en 1656, se trouvèrent réduits à 1036 mètres cubes.

C'était encore plus que la moyenne du débit de l'aqueduc; au commencement du dix-neuvième siècle, cette moyenne a été fixée à 50 pouces, 960 mètres cubes en 24 heures[1].

*Jaugeages modernes.* — Le jaugeage des eaux de Rungis, de même que celui de toutes les eaux distribuées à Paris, est fait aujourd'hui tous les quinze jours. Je ne puis reproduire ici ces volumineux documents. Je ne veux pas non plus calculer la portée moyenne de l'aqueduc d'Arcueil qui s'écarte très-peu de la moyenne de 50 pouces de Girard. Je chercherai seulement à donner une idée nette du régime des sources.

Voici d'abord les jaugeages faits en 1861, à la suite d'une année pluvieuse qui s'est terminée par une grande crue de la Seine, celle du 4 janvier 1861. Les débits dépassent de beaucoup le produit (1612 mètres cubes) de l'aqueduc, constaté en 1656, à la suite des recherches du sieur Bocquet.

JAUGEAGES DE L'AQUEDUC D'ARCUEIL EN 1861.

| | | MÈTRES CUBES EN 24 HEURES. | | | MÈTRES CUBES EN 24 HEURES. |
|---|---|---|---|---|---|
| Janvier... | 1re quinzaine... | 3336 | Juillet..... | 1re quinzaine... | 3334 |
| | 2e — .. | 2849 | | 2e — .. | 3037 |
| Février... | 1re quinzaine... | 2849 | Août...... | 1re quinzaine... | 2706 |
| | 2e — .. | 3127 | | 2e — .. | 2570 |
| Mars...... | 1re quinzaine... | 3334 | Septembre | 1re quinzaine... | 3388 |
| | 2e — .. | 3996 | | 2e — .. | 2220 |
| Avril...... | 1re quinzaine... | 3996 | Octobre... | 1re quinzaine... | 2180 |
| | 2e — .. | 3407 | | 2e — .. | 2016 |
| Mai...... | 1re quinzaine... | 3851 | Novembre | 1re quinzaine... | 1895 |
| | 2e — .. | 3470 | | 2e — .. | 1796 |
| Juin...... | 1re quinzaine... | 3334 | Décembre | 1re quinzaine... | 1764 |
| | 2e — .. | 3334 | | 2e — .. | 1678 |

Moyenne : 2855.

[1] Voy. Girard, t. II, p. 245.

La persistance de cette crue est d'autant plus remarquable que l'année 1861 a été très-peu pluvieuse : d'après nos observations, il n'est tombé dans le cours de cette année, au pluviomètre de l'ancien abattoir de Ménilmontant, que 491, et à La Villette que 509 millimètres de pluie; on sait que la moyenne constatée à l'Observatoire de Paris est 580 millimètres.

C'est donc aux pluies de 1860 qu'il faut attribuer le grand débit de l'aqueduc d'Arcueil en 1861. Des faits analogues ont été constatés en 1866, 1872 et 1876; à la suite de ces deux années très-pluvieuses, la Seine a éprouvé de grands débordements; le débit de l'aqueduc d'Arcueil s'est accru, comme en 1861, et s'est soutenu pendant les deux années peu pluvieuses 1867 et 1868. La crue séculaire du 25 janvier 1651, qui a dépassé de $1^{m},33$ la hauteur de celle du 17 mars 1876, à l'échelle du pont de la Tournelle, correspondait certainement, aussi bien que les autres débordements de 1649 et 1658[1], à une période prolongée de grandes pluies : le haut débit de l'aqueduc d'Arcueil en est une preuve non douteuse. Cette longue série d'années pluvieuses explique l'illusion de nos pères au sujet de la portée de cet aqueduc. En réalité, cet aqueduc débite très-peu d'eau, comme le prouvent les jaugeages suivants, faits dans une année humide ordinaire 1854[2], et deux années très-sèches consécutives 1858 et 1859.

[1] Voy. t. I, p. 297, *Les grands débordements de la Seine à Paris.*

[2] M. Buffet, aujourd'hui ingénieur en chef des aqueducs, sous ma direction, me rappelle que, dans le cours de l'année 1854, il a fait dégorger plusieurs pierrées de l'aqueduc d'Arcueil. Je ne pense pas que ce fait ait pu modifier notablement le résultat des jaugeages. Les pierrées dégorgées sont celles du Long-Boyau qui ne donnent jamais beaucoup d'eau. En se reportant à la page 98, on verra que les aqueducs de Belleville et du Pré-Saint-Gervais ont aussi éprouvé de fortes crues dans la saison chaude de l'année 1854.

JAUGEAGES DE L'AQUEDUC D'ARCUEIL EN 1854, 1858 ET 1859.

| | 1854. — MÈTRES CUBES EN 24 HEURES. | 1858. — MÈTRES CUBES EN 24 HEURES. | 1859. — MÈTRES CUBES EN 24 HEURES. |
|---|---|---|---|
| 1er janvier. . . . . . . . | 1194 | 848 | 495 |
| 15 — . . . . . . . . | 1197 | 848 | 517 |
| 1er février. . . . . . . . | 1158 | 815 | 515 |
| 15 — . . . . . . . . | 1158 | 784 | 489 |
| 1er mars. . . . . . . . . | 1083 | 848 | 472 |
| 15 — . . . . . . . . | 1028 | 756 | 417 |
| 1er avril. . . . . . . . . | 893 | 776 | 445 |
| 15 — . . . . . . . . | 864 | 750 | 422 |
| 1er mai.. . . . . . . . . | 852 | 751 | 404 |
| 15 — . . . . . . . . | 808 | 680 | 388 |
| 1er juin. . . . . . . . . | 1010 | 640 | 594 |
| 15 — . . . . . . . . | 1119 | 504 | 556 |
| 1er juillet.. . . . . . . . | 1045 | 507 | 291 |
| 15 — . . . . . . . . | 1216 | 525 | 295 |
| 1er août. . . . . . . . . | 1145 | 495 | 255 |
| 15 — . . . . . . . . | 1250 | 504 | 245 |
| 1er septembre . . . . . . | 1154 | 460 | 241 |
| 15 — . . . . . . . . | 1005 | 467 | 506 |
| 1er octobre. . . . . . . . | 960 | 445 | 269 |
| 15 — . . . . . . . . | 1081 | 471 | 651 |
| 1er novembre.. . . . . . . | 1069 | 495 | 565 |
| 15 — . . . . . . . . | 1410 | 504 | 504 |
| 1er décembre. . . . . . . | 1622 | 455 | 400 |
| 15 — . . . . . . . . | 2250 | 478 | 687 |
| Totaux . . . . | 27 522 | 14 762 | 9696 |
| Moyennes . . . | 1147 | 615 | 404 |

Les jaugeages de l'année 1854 prouvent que l'aqueduc, dans une année humide ordinaire, ne débite guère plus de 1000 à 1200 mètres cubes en 24 heures, quantité qui est négligeable dans une distribution d'eau comme celle de Paris. Il est à remarquer que cette année a été peu pluvieuse dans les premiers mois ; aussi, fait assez rare, dès le mois d'avril la portée de l'aqueduc est-elle tombée au-dessous de la moyenne (960 mètres cubes)[1].

[1] Voyez page 171.

Mais la saison chaude a été extraordinairement pluvieuse et le débit des sources s'est relevé, du 15 mai au 1er juin, de 852 à 1010 mètres cubes : fait plus rare encore, les pluies d'été ne profitant pour ainsi dire pas aux sources[1]. La moyenne de l'année a été de 1147 mètres cubes en 24 heures ; elle dépasse par conséquent la portée moyenne.

L'année 1858 est une des plus sèches connues; aussi l'on voit la portée de l'aqueduc décroître dès le mois de février. Le minimum obtenu le 1er décembre (433 mètres cubes) était jusqu'alors inconnu. Cet effet des grandes sécheresses se prolonge dans les années suivantes, absolument comme l'effet des grandes pluies ; ainsi, quoique l'année 1859 ait été médiocrement sèche, la portée de l'aqueduc a continué à décroître jusqu'au 1er septembre, où l'on a obtenu le minimum de 241 mètres cubes en 24 heures, le plus faible débit qui, je crois, ait été constaté jusqu'à ce jour.

*Débit détaillé des sources.* — Depuis quelques années, au lieu de se contenter de jauger la portée totale de l'aqueduc, on détaille les sources ; ces jaugeages partiels donnent une idée suffisante de l'importance de chaque source. Celles qui sont jaugées régulièrement tous les quinze jours sont :

| | |
|---|---|
| Eaux anciennes. . . . . . | 1° Source des aqueducs de Paray et de l'Église[2] ; |
| | 2° — du Grand-Carré ; |
| | 3° — du Long-Boyau. |
| Eaux nouvelles provenant des drains de la Vanne | 4° Sources du drain de Paray ; |
| | 5° — du drain de Chevilly. |

Dans le tableau suivant, je donne les jaugeages de ces sources

[1] Voy. tome I, p. 262 et suiv.

[2] La source de l'Église n'a jamais été bien importante; elle a peine à s'élever au-dessus du seuil qui déverse ses eaux dans le regard n° 1 de l'aqueduc d'Arcueil, et cependant on l'a vu ci-dessus, ce seuil a été abaissé de 0m14 en 1875 ; vers 1840, le plan d'eau du regard lui-même a été abaissé de 0m50 ; c'est ainsi qu'on a pu, dans les années sèches, faire entrer l'eau des aqueducs de Paray et de l'Église dans le regard de prise d'eau : avant cela, elle n'y pénétrait pas en temps sec. On se contente jusqu'ici de jauger le produit de l'aqueduc de Paray.

pour l'année 1872, qui a été très-sèche jusqu'au 1er octobre et extraordinairement pluvieuse en octobre, novembre et décembre.

JAUGEAGES DES SOURCES DE L'AQUEDUC D'ARCUEIL EN 1872
MÈTRES CUBES EN 24 HEURES

| | Eaux anciennes | | | | Eaux nouvelles | | | | |
|---|---|---|---|---|---|---|---|---|---|
| 1872 | Aqueducs de Paray et de l'Église. | Grand-carré. | Long-Boyau. | Total. | Drain de Paray. | Drain de Cherilly. | Drain de l'Hay. | Total. | Débit total de l'aqueduc. |
| 1er janvier. . . . | 116 | 100 | 103 | 319 | 74 | 148 | 103 | 325 | 644 |
| 15 janvier. . . . | 55 | 111 | 116 | 282 | 69 | 148 | 22 | 239 | 521 |
| 1er février. . . . | 55 | 104 | 117 | 276 | 69 | 173 | 39 | 281 | 557 |
| 15 février. . . . | 55 | 107 | 118 | 270 | 74 | 173 | 31 | 278 | 558 |
| 1er mars. . . . . | 44 | 49 | 90 | 183 | 52 | 173 | 140 | 365 | 548 |
| 15 mars. . . . . | 44 | 49 | 90 | 183 | 52 | 173 | 140 | 365 | 548 |
| 1er avril. . . . . | 48 | 91 | 108 | 247 | 36 | 216 | 74 | 326 | 573 |
| 15 avril. . . . . | 65 | 112 | 95 | 272 | 36 | 219 | 95 | 350 | 622 |
| 1er mai. . . . . . | 56 | 115 | 104 | 275 | 38 | 346 | 117 | 501 | 776 |
| 15 mai. . . . . . | 74 | 121 | 102 | 297 | 40 | 415 | 48 | 503 | 800 |
| 1er juin. . . . . | 70 | 132 | 98 | 300 | 39 | 405 | 15 | 459 | 759 |
| 15 juin. . . . . . | 25 | 131 | 104 | 253 | 36 | 405 | 32 | 473 | 731 |
| 1er juillet. . . . | 35 | 131 | 84 | 250 | 36 | 405 | 22 | 463 | 713 |
| 15 juillet. . . . | 23 | 131 | 82 | 236 | 35 | 405 | 31 | 471 | 727 |
| 1er août. . . . . | 12 | 69 | 71 | 152 | 43 | 207 | 59 | 309 | 461 |
| 15 août. . . . . | 21 | 89 | 70 | 180 | 29 | 187 | 37 | 253 | 433 |
| 1er septembre. . | 10 | 19 | 131 | 160 | 29 | 189 | 116 | 334 | 494 |
| 15 septembre. . | 9 | 40 | 112 | 161 | 30 | 148 | 83 | 261 | 422 |
| 1er octobre. . . . | 14 | 39 | 72 | 125 | 33 | 123 | 108 | 264 | 389 |
| 15 octobre. . . . | 20 | 43 | 76 | 139 | 35 | 104 | 76 | 215 | 354 |
| 1er novembre. . | 20 | 33 | 76 | 139 | 35 | 105 | 76 | 215 | 354 |
| 15 novembre. . . | 72 | 95 | 88 | 255 | 20 | 130 | 13 | 163 | 418 |
| 1er décembre. . | 103 | 305 | 131 | 539 | 19 | 144 | 130 | 293 | 832 |
| 15 décembre. . . | 317 | 343 | 246 | 876 | 41 | 691 | 1272 | 2004 | 2880 |
| TOTAUX. . . . | 1361 | 2539 | 2484 | 6384 | 1000 | 5831 | 2879 | 9710 | 16094 |
| MOYENNES. . . | 57 | 106 | 103 | 266 | 41 | 243 | 120 | 404 | 670 |

L'examen de ce tableau donne lieu à des observations très-intéressantes.

L'année 1872, très-sèche elle-même, succédait à 4 années peu pluvieuses, dont une, 1870, est une des plus sèches connues. Les sources sont donc tombées à leur plus bas niveau dans le cours de septembre; puis, par l'effet des pluies d'octobre, novembre et décembre, elles ont éprouvé, dès le 15 décembre, une crue extraordinaire.

Les aqueducs de Paray et de l'Eglise conduisent encore aujourd'hui, au regard du Grand-Carré, l'eau des sources captées de

1651 à 1655 par le sieur Bocquet. On évaluait alors le produit de ces sources à 23 pouces 99 lignes, soit à 441 mètres cubes en 24 heures. C'était une grande erreur, car, du 15 janvier au 15 novembre de l'année 1872, le débit des deux aqueducs est resté au-dessous de 80 mètres cubes en 24 heures et même est tombé à 9 mètres cubes le 15 septembre; c'est seulement à la suite des grandes pluies d'automne qu'il est monté à 103 et 317 mètres cubes. Dans les premiers mois de l'année 1873, jusqu'au 1er avril, la portée de ces aqueducs a tellement augmenté qu'il a été impossible de les jauger et que le produit total de l'aqueduc d'Arcueil s'est élevé à 9159 mètres cubes en 24 heures. Quoique l'année 1873 ait été peu pluvieuse, l'aqueduc de Paray, le 1er octobre, au moment des plus basses eaux, débitait encore 976 mètres cubes en 24 heures.

On a donc pu, dans l'origine, accepter comme produit de basses eaux en 24 heures le chiffre de 441 mètres cubes. Des observations analogues peuvent être faites sur les sources du Grand-Carré et du Long-Boyau; la première sécheresse, celle de 1667, qui commença à se faire sentir en 1666, dissipa cette illusion, et on révoqua les concessions faites avec une profusion inconsidérée dans les années d'abondance d'eau. Nos jaugeages modernes prouvent que le nouveau partage, fait le 22 mai 1669 entre les concessionnaires, était encore beaucoup trop large et n'aurait rien laissé à la ville dans une année sèche comme 1858.

Le produit total des anciennes eaux, en 1872, est très-inférieur à celui de 1859. Voici les résultats donnés par nos jaugeages :

| | 1859. — MÈTRES CUBES. | 1872. — MÈTRES CUBES. |
|---|---|---|
| Produit total des 24 jaugeages de l'année. | 9696 | 6392 |
| — minimum en 24 heures. . . . . . | 241 | 125 |
| — moyen en 24 heures. . . . . . . | 404 | 266 |

Si l'on ajoute les nouvelles eaux, on a :

| | |
|---|---|
| Produit total des 24 jaugeages de l'année 1872. . . . | 16094 |
| — minimum en 24 heures. . . . . . . . . . . | 354 |
| — moyenne en 24 heures.. . . . . . . . . . . | 670 |

Je persiste néanmoins à prendre pour débit minimum des anciennes eaux le produit du jaugeage du 1er septembre 1859, en nombre rond 240 mètres cubes en 24 heures, parce qu'il est absolument impossible de dire aujourd'hui quelle est la diminution produite dans le débit des eaux anciennes par le drain de Chevilly, qui coupe la nappe d'eau des marnes vertes à 1200 mètres de l'angle nord-ouest du Grand-Carré, où se trouvent les sources les plus importantes du groupe de Rungis.

Après l'adjonction des nouvelles eaux, la portée minimum de l'aqueduc d'Arcueil est tombée, le 15 octobre et le 1er novembre 1872, à 354 mètres cubes par 24 heures. C'est bien peu pour une si grande ville. Aujourd'hui, on se contenterait à peine d'un si petit volume d'eau pour une ville de 3000 habitants : il ne compte donc pas dans la distribution de Paris.

Mais il n'est pas probable que nos ancêtres aient eu même le sentiment d'un tel abaissement de la portée des sources. Il était admis, dans le service de la ville, lorsque j'y suis entré en 1856, que la portée de 960 mètres cubes, en 24 heures, de l'aqueduc d'Arcueil, donnée par Girard comme une moyenne, était, en fait, un minimum, et le débit de cet aqueduc était compté, dans la distribution de Paris, pour 1000 mètres cubes par jour en nombre rond.

Il est donc bien certain que, dans les dix-septième et dix-huitième siècles, et même dans la première moitié du dix-neuvième, on n'avait aucune idée des bas débits qui ont été constatés dans ces dernières années et notamment en 1858, 1859 et 1872. J'aurai occasion de discuter plus loin cette question qui se rattache au régime général de la Seine, et à la distribution d'eau de Paris.

Je n'ai rien à ajouter à ce que j'ai dit ailleurs de la qualité de l'eau de Rungis[1]. C'est, en somme, une eau très-agréable à

[1] Voy. t. Ier, p. 124, 146 et suiv., et ci-dessus p. 45 et 46.

boire, mais un peu trop chargée de sels terreux et surtout de sulfate de chaux. Elle est donc peu propre aux usages domestiques et surtout à la cuisson des légumes. En outre, elle arrivait à Paris à une altitude qui ne permettait de la mélanger avec aucune autre eau de la distribution.

On a pu, par quelques travaux peu importants[1], la relever de l'altitude $57^m,40$, ancien niveau du réservoir de l'Observatoire, à l'altitude $66^m,24$, qui lui permet de remplir un des compartiments du réservoir du Panthéon ; on en fait de plus un excellent emploi : elle alimente aujourd'hui les fontaines du Luxembourg et de l'avenue de l'Observatoire, qui seront bientôt les plus belles de Paris, au moins par leur splendide limpidité. On voit qu'on n'a pas changé l'ancienne destination de cette eau et qu'on a respecté les intentions du fondateur de l'aqueduc d'Arcueil, en réservant pour les jardins du palais de Marie de Médicis les eaux dérivées par elle et à ses frais.

*Travaux de captation.* — Ces travaux se divisent, comme les sources elles-mêmes, en deux groupes : le groupe de Rungis et le groupe du Long-Boyau.

*Le groupe de Rungis.* — Le croquis suivant représente en plan les principaux travaux de captation : le *carré des eaux*, l'*aqueduc de Paray et de la Pirouette* et l'*aqueduc de l'Église*. Il ne reste en dehors que le puits de Paray, dont il sera question ici.

Le *carré des eaux* est un grand quadrilatère *a*, *b*, *c*, *d*, où se trouvaient sans doute les sources principales. Ce quadrilatère est formé de deux galeries partant du point *a*, occupant chacune deux côtés de la figure et ayant leurs pentes dirigées en sens inverse de manière à conduire l'eau au seuil du regard de prise d'eau B. Le point *a*, commun à ces deux galeries, se trouve à

[1] Voy. à la fin du chapitre.

l'angle nord-est du Grand-Carré; l'altitude du fond de la cunette est à ce point 75$^{m}$,55 et 75$^{m}$,18 en *c*, point où les deux galeries se réunissent de nouveau pour décharger leurs eaux

SOURCES DE RUNGIS

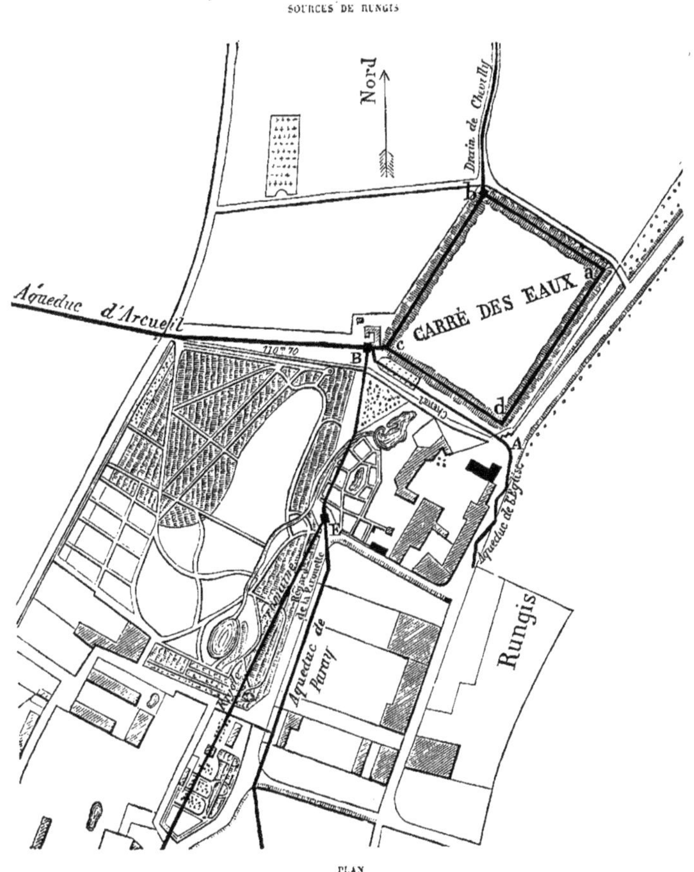


PLAN

dans le regard B dont le seuil est à l'altitude 75,13. Ces galeries ont de 0$^{m}$,98 à 0$^{m}$,99 de largeur; leur hauteur varie de 1$^{m}$,31 à 1$^{m}$,62; elles sont pourvues d'une cunette sans radier de 0$^{m}$,40 à 0$^{m}$,53 de largeur et de 0$^{m}$,25 à 0$^{m}$,42 de profondeur.

Le reste de la largeur de l'aqueduc est occupé, tantôt par deux banquettes égales, tantôt par une seule.

On entre dans l'aqueduc du Grand-Carré par un regard situé à l'angle b, qu'on nomme le regard des sources ; cet ouvrage est figuré au croquis suivant. C'est un rectangle de 10 mètres de longueur sur 4 mètres de largeur ; au bas de l'escalier, on passe

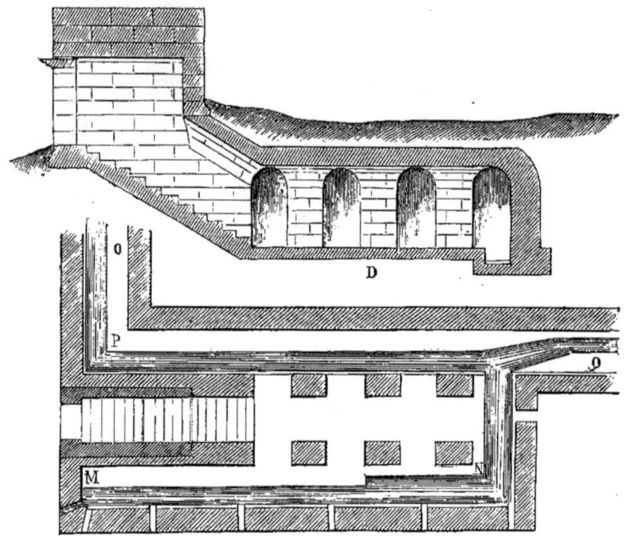


Regard des Sources

entre deux rangs de piliers de chaque côté desquels se trouve une cunette sans radier. C'est en M qu'on voit sourdre les principales sources.

Lorsqu'on parcourt les galeries *abc, adc,* dans une année humide, on voit sourdre l'eau presque sur tout le développement de la cunette. Lorsque l'année est sèche, ces petites sources ne sont plus visibles et, en suivant le développement des galeries à partir du regard des sources, on ne voit au fond de la cunette qu'un petit filet d'eau qui va en grossissant jusqu'au regard B de prise d'eau, où se réunissent aussi les eaux des deux aqueducs de Paray et de l'Église.

Voici du reste le développement total de l'aqueduc du Grand-Carré :

| | | MÈTRES. |
|---|---|---|
| La galerie *abc*... | Côté *ab*. . . . . . . . . . . . | 115,35 |
| | Côté *bc*. . . . . . . . . . . . | 150,45 |
| La galerie *adc*... | Côté *ad*. . . . . . . . . . . . | 153,00 |
| | Côté *dc*. . . . . . . . . . . . | 116,40 |
| Du point *c* au regard de prise d'eau. . . . . . . . . | | 10,20 |
| | Total. . . . . . . . . . | 545,40 |

*Source de la Pirouette.* — L'eau de cette source, captée vers 1651 par Bocquet, est renfermée dans le regard E de la Pirouette. De là, elle se dirige vers le regard B de la prise des eaux, dans une rigole d'origine romaine, dont voici la coupe. Sa longueur est de 136 mètres, sa largeur et sa hauteur de 0$^{m}$,38, son radier est horizontal entre les regards de la Pirouette et B de la prise des eaux. Elle est connue dans le service sous le nom de *chenal de Paray*.

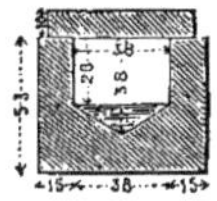

Chenal de Paray.

*Source et aqueduc de l'Église.* — Cette galerie, désignée sur le plan par la lettre A, a été construite par Bocquet pour capter la source *des Maillets* ou *de l'Église*[1]; elle a 1$^{m}$,89 de hauteur sous clef et 0$^{m}$,98 de largeur ; elle est munie d'une banquette de 0$^{m}$,62 de largeur et d'une cunette sans radier de 0$^{m}$,36 de largeur et de 0$^{m}$,36 de profondeur; sa longueur est de 115$^{m}$,20. Elle débouche, comme la source de la Pirouette, dans une rigole recouverte d'une dalle, désignée sous le nom de Chenal de l'Eglise, qui est d'origine romaine[2].

La longueur de cette rigole est de 131$^{m}$,95.

[1] Voy. ci-dessus p. 160 et 161.
[2] Voy. ci-dessus p. 60.

*Sources de Paray.* — Pour bien comprendre ce qui va suivre, il faut se reporter à la petite carte de la page 54. Il est probable que ces sources ont été également captées par Bocquet. Les ouvrages de captation se composent d'une pierrée *f*C, qui débouche en C dans le puits de Paray, d'un aqueduc ancien de 19 mètres de longueur construit probablement par Bocquet, d'un aqueduc C*e*, dit de Paray. Une pierrée C*s* sert aujourd'hui de décharge au puits de Paray; elle est décrite page 60; elle conduisait autrefois les sources de Paray au regard D, où se réunissaient toutes les eaux qui alimentaient la rigole romaine. La pierrée *f*C est entièrement remplie d'eau et paraît construite sur le même modèle que les ouvrages du même genre, décrits ci-dessus; elle a 269 mètres de longueur. L'aqueduc de 19 mètres se détache du puits de Paray et semble se diriger vers l'aqueduc de l'Église; on ne voit pas pourquoi le constructeur s'est arrêté en route.

L'aqueduc C*e* de Paray est le plus important de ces ouvrages : il conduit les eaux du puits de Paray au regard de la Pirouette; il a 873$^{m}$,30 de longueur; la hauteur entre la banquette et la clef varie de 1$^{m}$,80 à 2$^{m}$,06, et sa largeur de 0$^{m}$,80 à 0$^{m}$,90. Il est pourvu d'une cunette, de 0$^{m}$,30 de largeur et de même hauteur, bordée d'une banquette de 0$^{m}$,50 à 0$^{m}$,55 de largeur; outre les regards C et *e*, on y compte six cheminées, fermées par des dalles et couvertes de terre, destinées à faciliter les réparations. Cet aqueduc a été construit de 1782 à 1784, en remplacement d'une pierrée qui devait remonter au temps de Louis XIV. Le croquis suivant représente le puits de Paray et les amorces de tous les ouvrages dont il vient d'être question. On y descend par un escalier e quatorze marches, dont le palier inférieur est à 3$^{m}$,85 au-dessous du sol. Toutes les eaux captées se réunissent dans le puisard de forme circulaire indiqué sur le plan. La cunette de l'aqueduc de Paray se détache de ce puisard.

Le nivellement de ces divers ouvrages prouve que la captation des sources de Paray, de la Pirouette et de l'Église, a été faite après celle du Grand-Carré. En effet :

| | | | MÈTRES. |
|---|---|---|---|
| L'altitude du radier du regard C de Paray est. | | | 75,12 |
| L'altitude du radier du regard E de la Pirouette. | | | 74,89 |
| L'altitude du radier de la cunette du chenal de Paray. | | | 75,06 |
| L'altitude du radier | de l'aqueduc de l'Église. de la cunette. | à l'origine. | 75,25 |
| | | à l'autre extrémité. | 75,20 |
| L'altitude du radier du chenal de l'Église. | | à sa jonction avec l'aqueduc. | 79,20 |
| | | à son arrivée dans le regard B. | 75,32 |

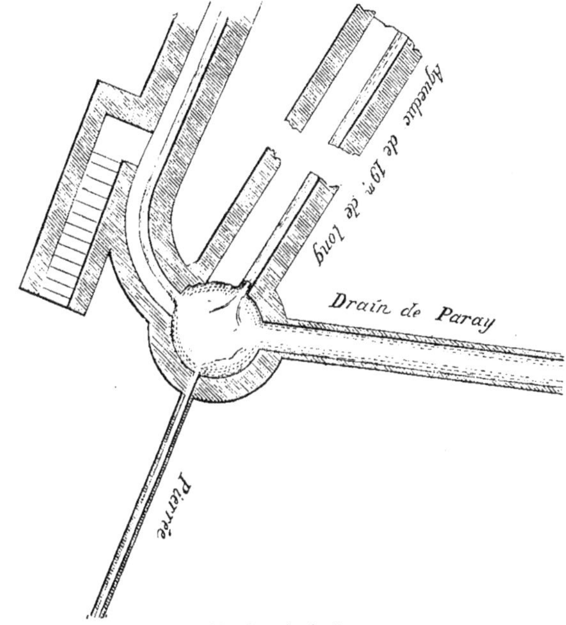


Plan du puits de Paray.

On a abaissé, en 1876, ce dernier point de 0m,14. Avant l'exécution de ce travail, l'eau des deux aqueducs ne pouvait, en temps de sécheresse, entrer dans le regard B. Il est évident qu'on n'aurait pas fait une telle faute de nivellement, si les travaux de captation des sources du Grand-Carré avaient été faits à la même époque que ceux des sources de la Pirouette et de l'Église[1].

[1] La plupart des auteurs qui ont écrit sur l'aqueduc d'Arcueil ont cru voir dans les ouvrages de captation des sources de Paray d'importants travaux d'origine romaine. Voici ce que dit l'un d'eux, M. Jollois, de la galerie de 19 mètres qui se détache du puits de Paray :

« A ce point nous sommes entrés sous une autre galerie voûtée qui présente, à n'en pas douter, tous les caractères d'une construction *romaine. Ce n'est pas*, toutefois, *que l'on retrouve ici cette manière de bâtir si universellement adoptée par les Romains et qui consistait*, ainsi que nous l'avons fait remarquer au palais des Thermes, *en des assises alternatives de petits moellons cubiques et de briques.* Au puits de Paray *la construction romaine se décèle par l'extrême dureté des mortiers* employés dans la bâtisse.... *Elle* (la galerie romaine) *est haute de* 1$^{m}$,94 *dans œuvre et présente une banquette de* 0$^{m}$,70 *de largeur et une rigole de* 0$^{m}$,30 *de largeur et* 0$^{m}$,25 *de profondeur....*

« La galerie romaine qui fait l'objet de notre examen n'a que dix-huit mètres de longueur, au bout desquels elle cesse entièrement, sans qu'on puisse reconnaître les obstacles qui ont arrêté tout à coup les constructeurs. Il est à croire, toutefois, que ces obstacles ont existé, car cette galerie se dirigeait sur l'angle *d* sud-est-nord-est du grand carré de Rungis, et à ce point on retrouve *une galerie* A *tout à fait pareille* (aqueduc de l'Église), *aussi de construction romaine*, dans une direction qui est la même que celle du puits de Paray, et que l'on peu suivre sur une étendue de 113$^{m}$,85. Cette dernière galerie, le long de laquelle sourdent les eaux comme dans les galeries que nous avons déjà signalées, n'a pas été poursuivie plus loin. L'extrémité en était terminée par un arrachement, et on voit le sol dans l'état naturel.

« *Le mortier, aujourd'hui d'une extrême dureté*, présente encore l'empreinte des mains qui l'ont relevé sur une partie de l'épaisseur de la voûte. Des empreintes semblables existent sur les pieds-droits.... » (Voyez Mémoire sur les antiquités romaines et gallo-romaines de Paris, Académie des inscriptions et belles-lettres, 2$^{e}$ série, t. I$^{er}$, 1843, p. 1, par M. Jollois.)

On ne peut, suivant moi, reconnaître des ouvrages romains dans l'aqueduc de 19 mètres du puits de Paray et dans celui de l'Église. Les passages soulignés de cette description ne justifient nullement l'opinion de M. Jollois. La dureté des mortiers n'est pas une preuve suffisante. Ces deux aqueducs ont été construits en 1654. J'ai trouvé, dans les registres de la Ville, le devis en date du 4 novembre 1653 et le procès-verbal d'adjudication portant la date du 13 février 1654. Voici le titre de la première de ces pièces : « Devis des ouvrages de massonnerie et terre massive qu'il convient faire pour la conduitte des eaues nouvellement amassées en la plaine de Huict-Solz (Huict-Solz pour Huissou, Wissous ; il faut pardonner au commis du greffe de la Ville ce jeu de mots involontaire) jusque dans le grand regard royal de Rongis. » L'aqueduc devait avoir « trois pieds de largeur dans œuvre et six pieds de haulteur soubz la voulte depuis le dessus du marche pied. » Ce marchepied avait deux pieds de largeur et la cunette trois pouces. Ces dimensions sont exactement celles qu'indique M. Jollois pour les deux galeries qu'il suppose d'origine romaine.

La fouille de l'aqueduc commençait « proche le coing de l'église dudit Rongis », et devait se prolonger jusqu'à « la tranchée de décharge *près la Saussaye* en costoyant le grand chemin qui va de Rongis au village de Huict-Sols ». Il est impossible d'indiquer plus clairement le tracé de l'aqueduc dont l'amorce se dirige de l'église au regard de Paray. En se reportant à la carte de la page 50, dressée du temps de Louis XIII, on voit que la source *de la Saussaye* était à l'emplacement actuel du *puits de Paray* où se termine par une amorce de 19 mètres l'aqueduc *romain* de M. Jollois. La carte de la page 54 fait voir que cet aqueduc, s'il avait été construit entièrement, aurait « costoyé » le chemin de Rungis à Wissous. La décharge de la Saussaye ne peut s'appliquer, dans la localité, qu'à la décharge du puits de Paray. Enfin la pierrée de 269 mètres ouverte sur le territoire de Wissous en amont du puits de Paray, au moyen de laquelle on avait sans doute *amassé* les eaux qui se perdaient autour de la source

Voici la longueur des aqueducs et pierrées qui servent à la captation des sources de Rungis :

*Aqueducs.*

| | MÈTRES. |
|---|---|
| Le Grand-Carré. . . . . . . . . . . . . . . . . . . . | 545,40 |
| Aqueduc de Paray, construit en 1782 ou 1784 . . . | 875,30 |
| Vieil aqueduc de Paray. . . . . . . . . . . . . . . | 18,00 |
| Aqueduc desservant la commune de Rungis. . . . . | 17,15 |
| Aqueduc de l'Église. . . . . . . . . . . . . . . . | 115,20 |
| Longueur totale des aqueducs. . . . . | 1570,05 |

*Rigoles dallées* (désignées sous le nom de *chenals*).

| | |
|---|---|
| Chenal de Paray. . . . . . . . . . . . . . . . . . . . | 156,00 |
| Chenal de l'Église . . . . . . . . . . . . . . . . . | 131,95 |
| Longueur totale des rigoles. . . . . . | 267,95 |

*Pierrées.*

| | |
|---|---|
| Pierrée en tête du puits de Paray[1]. . . . . . . . . | 269,10 |

*Sources du Long-Boyau.* — Les sources de ce groupe descendent sur la pente du coteau qui s'étend de l'Hay à Arcueil ; elles émergent du niveau d'eau des marnes vertes, ainsi qu'il a été dit ci-dessus[2]. L'aqueduc principal passe à quelques mètres au-dessous de ces points d'émergence ; la captation de ces

de la Saussaye, est ainsi décrite au devis : « lad[e] tranchée estant faicte et le fond bien conduict de niveau suuiant la pente sera faict la massonnerie en pierre seiche d'une pierrée dont le vuide aura un pied de large entre deux murs sur dix-huict poulces de haulteur bien garni par derrière de petit moellon jusques à la glaize. » (Registres de la Ville H, 1812, vol. XXXV, fol. 172 et 210.) Les travaux devaient être terminés « fin juin (1654), ou plus tôt, sy faire se peut ». Pourquoi ont-ils été interrompus ? Pourquoi a-t-on renoncé à l'aqueduc de 2 mètres de hauteur qui devait relier la source de la Saussaye ou du puits de Paray à celle de l'Église ? Pourquoi y a-t-on substitué une simple pierrée s'étendant du puits de Paray à la source de la Pirouette ? L'économie qui devait résulter de cette modification suffirait pour la justifier. Mais je ne veux pas me perdre dans les hypothèses. Je crois avoir suffisamment démontré que l'aqueduc de l'église et l'amorce de 19 mètres du puits de Paray ne sont pas des ouvrages romains et qu'ils ont été construits du temps de Louis XIV, en 1654.

[1] Cette pierrée ne figure au plan de la ville que pour 144$^m$,20 ; on a omis d'y porter la partie comprise sur le territoire de Wissous.

[2] Voy. p. 58 et suiv., et p. 167.

petites sources s'est donc faite très-facilement et très-rationnellement par des pierrées. Conformément au cahier des charges[1], ces ouvrages à pierre sèche n'ont pas de radier et reposent sur le terrain aquifère ; ils ont $0^{m},16$ de largeur et $0^{m},49$ de hauteur.

Les pierrées du Long-Boyau sont indiquées sur le plan général entre les regards IX et X. Elles se composent d'une cunette à pierre sèche couverte d'une dalle mince, presque parallèle à l'aqueduc lui-même et qui s'y relie suivant deux lignes de plus grande pente, à 207 mètres en aval du regard n° IX et au regard n° X lui-même. Cette dernière pierrée est construite sous le chemin dit la *voie des Saussayes ;* elle forme une boucle à l'extrémité de ce chemin.

Une autre pierrée prend *la fontaine couverte* ou *fontaine pesée*, cédée en 1671 à la ville de Paris par les religieux de l'abbaye de Saint-Germain-des-Prés[2], et débouche dans l'aqueduc à $241^{m},20$ en aval du regard n° XI. Sa position et sa longueur ne sont pas très-exactement connues.

Voici la longueur des pierrées du Long-Boyau :

| | | | MÈTRES. |
|---|---|---|---|
| Pierrées débouchant dans l'aqueduc à 207 mètres en aval du regard n° IX. | | | 354,50 |
| Pierrées débouchant dans le regard n° X. | A gauche du chemin des Saussayes. | $138^{m},50$ | 537,90 |
| | Boucle au-dessus de ce chemin. . . | $164^{m},40$ | |
| | A droite de ce chemin. . . . . . . | $114^{m},50$ | |
| | Ligne se soudant au regard n° X. . | $120^{m},90$ | |
| Pierrée de la fontaine couverte . . . . . . . . . . . . . . . . . . . . | | | 400,00 |
| | Longueur totale des pierrées du Long-Boyau. . . . . | | 1292,40 |

*Eaux nouvelles*[3]. — En construisant l'aqueduc de la Vanne, nous avons trouvé dans les fouilles une très-grande quantité d'eau, dans la tranchée de la plaine de Paray et dans le souterrain de l'Hay, vis-à-vis du village de Chevilly.

[1] Voy. ci-dessus, p. 152, et le croquis de la page 112.
[2] Voy. ci-dessus, p. 161 et suiv.
[3] Voy. la carte de la page 54.

Deux petits aqueducs de drainage ont été établis sous la grande galerie : le premier a son origine à 130 mètres en aval du regard n° 27 et s'étend jusqu'au regard n° 20; le second est construit sous le souterrain de l'Hay, entre le regard n° 15 et un point pris à 145 mètres en aval du regard n° 9. Nous avons dirigé ces eaux nouvelles dans l'aqueduc d'Arcueil par deux aqueducs voûtés et une conduite en poterie de $0^m,225$ de diamètre intérieur.

L'aqueduc *g h b*, dit drain de Chevilly, se détache de l'aqueduc de la Vanne au regard n° 15, passe à travers champs et atteint en *h* le chemin de Chevilly à Rungis, qu'il suit jusqu'au carré des eaux, où il débouche au point *b* du plan, dans le regard des sources. Sa longueur totale est de 1241 mètres.

Le point de départ de l'aqueduc *k* C, dit drain de Paray, est au puits n° 20 de l'aqueduc de la Vanne. Il se dirige à travers champs vers le regard C ou puits de Paray dans lequel il débouche; sa longueur est de $841^m,15$.

La conduite en poterie, dite drain de l'Hay, se détache de l'aqueduc de la Vanne à 145 mètres en aval du regard n° 9. Elle a $84^m,90$ de longueur et se raccorde à l'aqueduc d'Arcueil, à 90 mètres environ du regard n° 9, par des gradins qui ont $6^m,05$ de développement.

Ces nouveaux ouvrages augmentent donc la longueur des travaux de captation des sources de l'aqueduc d'Arcueil des quantités suivantes :

*Rigoles.*

| | MÈTRES. |
|---|---|
| Drain de Paray débouchant au regard de Paray. . . . | 841,15 |
| Drain de Chevilly. . . . . . . . . . . . . . . . . . | 1241,24 |
| Longueur totale des nouvelles rigoles. . . | 2082,39 |

| | MÈTRES. |
|---|---|
| Conduites en poterie et gradins de l'Hay. . . . . . . | 90,95 |

En résumé, les ouvrages de captation des eaux d'Arcueil se décomposent ainsi :

| | | | MÈTRES. |
|---|---|---|---|
| Aqueducs anciens. . . . . . . . . . . . . . . . . . . . . . . | | | 1570,05 |
| Rigoles ou chenals anciens. . . . . . . . . . | | $267^m,95$ | 2350,34 |
| Rigoles nouvelles. Drains de Paray et de Chevilly. | | $2082^m,39$ | |
| Pierrées. . . | de Rungis. . . . . . . . . . . . | $267^m,90$ | 1550,30 |
| | du Long-Boyau. . . . . . . . . | $1292^m,40$ | |
| Conduite nouvelle en poterie de $0^m,225$ de diamètre, détachée du drain de la Vanne. . . . . . . . . . . . . . . . . . . . . . | | | 90,95 |

# CHAPITRE IX

## AQUEDUC D'ARCUEIL (SUITE) — DÉTAILS DIVERS

Aqueduc principal. — Dispositions générales. — Regards. — Coupe de l'Aqueduc. — Irrégularités. — Tracé et pentes. — Pont aqueduc d'Arcueil. — Nœud des trois aqueducs à Arcueil. — Traversée des parcs. — État actuel. — Suppression de l'aqueduc dans Paris. — Remplacement par une conduite forcée. — Longueurs.

*Description de l'aqueduc principal. Dispositions générales.* — Le nombre de regards fixé par le devis [1] est de 30, en comptant le regard des sources du Grand-Carré et le château d'eau de l'Observatoire. Ce nombre, en exécution, a été réduit à 28. Les regards de Paray, de la Pirouette et de l'aqueduc de la commune de Rungis, construits par Bocquet vers 1651, n'avaient pu être prévus au devis de 1612.

Les cheminées ou soupiraux fermés par des dalles devaient, d'après le devis, être au nombre de 4 entre deux regards successifs, soit de 116 pour 30 regards. En réalité, on en compte 258, y compris ceux du Grand-Carré. Ces ouvrages étaient destinés, je

[1] Voy. p. 155.

le suppose, à faciliter les réparations et, plus tard, le dégravellement de l'aqueduc.

De nombreuses bornes indiquent la position des soupiraux ou fixent le tracé de la cunette.

*Regards.* — Je ne crois pas qu'il convienne de décrire tous les regards comme l'ont fait certains auteurs : un regard n'est qu'un moyen d'accès dans un aqueduc, et la forme la plus simple est la meilleure. J'ai déjà dit que les luxueux regards des anciens aqueducs de Paris sont de véritables hors-d'œuvre, dont les décorations sont d'autant moins justifiées qu'ils sont construits au milieu des champs ou dans des propriétés particulières. Je ne parlerai donc que des regards qui ont une destination spéciale.

Chaque regard fait saillie au-dessus du sol et est fermé par une porte verticale. Cette disposition est bonne : les regards fermés par des trappes horizontales posées au niveau du sol, comme les trappes des égouts, sont incommodes ; les agents sont obligés de porter de lourds leviers qui servent à soulever ces trappes ; il est de plus très-difficile de les fermer à clef et l'aqueduc reste presque partout à la disposition des habitants du pays qui peuvent y faire des puisages ou troubler l'eau. On a conservé ces portes verticales des regards anciens dans les aqueducs modernes.

On descend dans les regards au moyen d'un escalier, ce qui facilite beaucoup l'accès de l'aqueduc ; j'aurais voulu imiter cette disposition dans nos aqueducs modernes, mais cela coûte trop cher.

On a ménagé une chute de quelques centimètres sur les seuils de chaque regard, on a facilité ainsi le dégagement de l'acide carbonique en dissolution dans l'eau et la formation des dépôts calcaires.

La plus grande de ces chutes est celle du regard n° 13, tête du pont-aqueduc d'Arcueil ; elle est de $0^m,61$ et c'est au-dessous que se trouvent les plus grands dépôts calcaires. A l'aval, à mesure qu'on s'éloigne de cette chute, les eaux deviennent de moins en moins incrustantes[1].

Regard de Rungis n° 1.

Coupe.

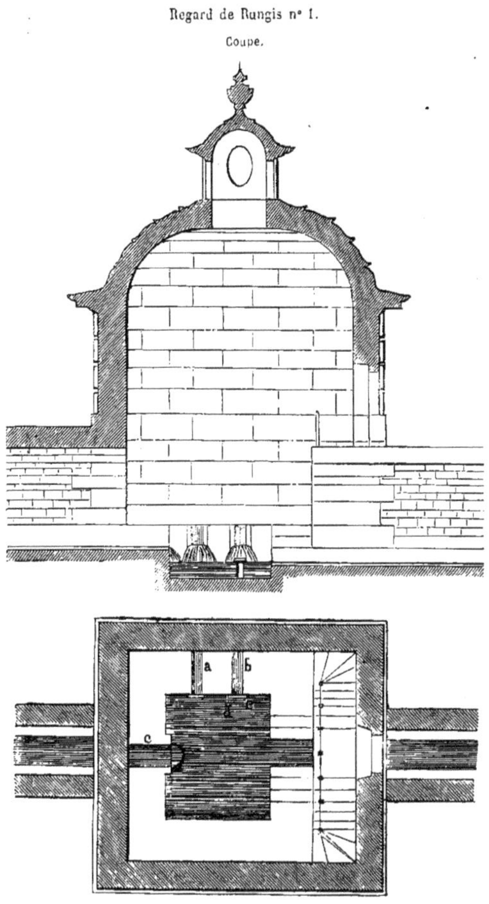


Plan.

Longueur intérieure 5m,52 (17 pieds).
Largeur 4m,87 (15 pieds).
Hauteur entre la banquette et la clef 6m,82 (21 pieds).

J'ai donné ci-dessus des croquis du puits de Paray et du regard des sources du Grand-Carré.

[1] Voy. t. Ier, p. 147 et suiv.

C'est dans le regard n° 1 de l'aqueduc principal que débouchent les aqueducs du Grand-Carré, de Paray et de l'Église.

Le croquis qui précède représente le plan et la coupe de ce regard. C'est un ouvrage en pierre de taille qui ne manque pas d'élégance; la cunette des eaux du Grand-Carré est désignée sur le plan par la lettre *c*, celle de l'aqueduc de l'Eglise par la lettre *a*, et celle de Paray par la lettre *b;* les lettres *d* et *e* indiquent le trop-plein et la bonde de fond.

De 1832 à 1843, on a fait de grands travaux de restauration dans l'aqueduc d'Arcueil[1]; parmi les plus importants, il faut ranger l'abaissement du radier depuis le regard n° 1 jusqu'en aval du regard n° 2, à l'effet de faciliter l'introduction des eaux de Paray et de l'Église, qui n'entraient qu'en quantité absolument insignifiante dans le regard n° 1. Cet abaissement a été de $0^m,50$ à ce dernier regard. J'ai dit qu'on avait dû encore abaisser de $0^m,14$ le seuil d'arrivée de l'eau de l'Église en 1875. Cela prouve bien que ces deux aqueducs ont été faits après ceux du Grand-Carré.

Les autres regards sont simplement des puits d'accès de l'aqueduc. Ceux qui se trouvent dans la nouvelle enceinte de Paris, de même que l'aqueduc, ne sont plus en service. Ils portent les n^os^ XXII, XXIII, XXIV, XXV et XXVI sur la carte[2]; il faut y ajouter le château d'eau ou regard de l'Observatoire dans lequel se faisait le partage des eaux. Cet ouvrage, le plus important de tous, portait le n° 27. Il sera décrit ci-dessous.

*Coupes de l'aqueduc.* — L'aqueduc principal est figuré sur la photogravure des pages 194 et 195. C'est une galerie formée, suivant les clauses du devis[3], de deux pieds-droits espacés d'environ $0^m,97$, et recouverts d'une voûte en plein cintre, entre lesquels s'ouvre une cunette bordée de deux banquettes. D'après

[1] Suivant M. l'ingénieur Buffet, ces travaux auraient été terminés sous sa direction, vers 1854.
[2] Voy. l'Atlas.
[3] Voy. p. 151.

le devis, cette cunette devait avoir $0^m,16$ de largeur et de profondeur. La hauteur sous clef de la galerie, à partir du fond de l'eau, était fixée à $1^m,79$; en retranchant la profondeur de la cunette, il restait $1^m,63$ pour la hauteur comprise entre la banquette et la clef.

En exécution, ces dernières dimensions ont été quelque peu modifiées. La hauteur entre la banquette et la clef est généralement de $1^m,75$. La cunette a en réalité à peu près $0^m,40$ de largeur et de hauteur. Les autres prescriptions du devis sont respectées : les pieds-droits ont $0^m,65$ d'épaisseur; l'épaisseur à la clef de la voûte est de $0^m,46$; la chape s'étend sur tout l'extrados de cette voûte; les murs et la voûte sont construits en maçonnerie brute, généralement en meulière caillasse, avec chaînes en pierre de taille espacées de $3^m,90$ d'axe en axe. La photogravure fait voir que cette maçonnerie a été bien exécutée, qu'elle est parfaitement pleine, que le mortier adhère à la pierre, que la chape est restée intacte. Les entrepreneurs ont donc loyalement exécuté les travaux. On y constate aussi un détail de construction important. La coupe de la tranchée est parfaitement visible sous le remblai accumulé au-dessus du terrain primitif. On reconnaît que les parois de cette tranchée avaient un léger talus, de sorte que les pieds-droits ont été construits sans toucher les terres. Nous faisons le contraire aujourd'hui : les minces parois de nos égouts et de nos aqueducs s'appuient toujours contre les terres; s'il en était autrement, l'ouvrage se déformerait au moment du décintrement. L'aqueduc de Marie de Médicis, au contraire, était stable par lui-même et n'avait pas besoin de l'appui des terres; ses pieds-droits étaient de véritables culées : c'est ce dont on a le sentiment en jetant les yeux sur la photogravure.

Ces culées n'ont cependant pas toujours été suffisantes pour résister à la compression des marnes vertes; à 133 mètres en amont du regard n° X, les pieds-droits et le plein cintre ont été remplacés par une voûte elliptique, construite sur une longueur de 70 mètres. Le grand axe de cette ellipse est de $2^m,60$ et le petit

Aqueduc d'Arcueil. — Coupe de la partie abandonnée de l'aqueduc dans la traversée du parc de Montsouris.

axe de $1^m,50$ ; la hauteur sous clef est, à partir des banquettes, de 2 mètres ; le grand axe de l'ellipse est donc coupé au niveau du radier, à $0^m,70$ du centre ; la cunette a $0^m,52$ de largeur sur $0^m,37$ de profondeur ; les banquettes sont inégales, la plus grande a $0^m,52$ de largeur. Cette partie de l'aqueduc a été reconstruite en 1807 par Bralle[1], ingénieur hydraulique en chef du département de la Seine.

L'autre partie elliptique est en aval du regard n° XI ; elle a 37 mètres de longueur environ. Le grand axe est de $2^m,60$, le petit axe de $1^m,15$. La hauteur entre la banquette et la clef est de $1^m,80$ ; l'ellipse est donc tronquée au niveau du radier, à $0^m,50$ du centre ; les banquettes sont inégales, la plus grande a $0^m,65$ de largeur. Cette voûte a été reconstruite, il y a une trentaine d'années, par mon camarade et ami, M. Mary, l'un de mes prédécesseurs dans le service des eaux de Paris. D'après ce qu'il m'a dit, c'est pour mieux résister à la poussée des marnes vertes qu'il a fait cette modification. Ces deux voûtes elliptiques sont les seules parties de l'aqueduc sous lesquelles on chemine commodément.

L'aqueduc est d'ailleurs construit avec ce mépris des formes régulières et de la symétrie qu'on remarque dans tous les édifices du moyen âge et même de la Renaissance[2]. La largeur entre les pieds-droits varie peu ; elle est comprise entre $0^m,97$ et 1 mètre : une simple déformation des gabarits qui dirigeaient les maçons explique le fait. J'en dirai autant des dimensions de la cunette qui varient de $0^m,40$ à $0^m,46$.

Mais cette cunette est tantôt « au mitan » de l'espace compris entre les pieds-droits comme le prescrit le devis, tantôt à droite, tantôt à gauche, laissant de chaque côté des banquettes inégales, ou même en supprimant une complétement.

[1] Voyez le rapport de Bralle du 2 mars 1807, l'avis du conseil des bâtiments civils, du 21 mai et la décision ministérielle du 13 juin suivants. (Archives nationales, F 13 — 1004.)

[2] Suivant Girard, une partie de l'aqueduc serait recouverte d'une dalle. Je ne vois rien de semblable dans les profils que j'ai sous les yeux.

Girard dit encore que la hauteur entre les banquettes et la clef de l'aqueduc est de 2 mè-

Les dispositions de l'aqueduc le rendent très-difficile et très-fatigant à parcourir ; le mieux est de marcher en mettant un pied sur chaque banquette pour avoir une hauteur suffisante au-dessus de la tête. Mais lorsqu'une des banquettes vient à faire défaut, on se trouve alors dans un véritable embarras.

Les plus grandes irrégularités, on le verra ci-dessous, se trouvent dans les dispositions de l'ouvrage le plus apparent, du pont-aqueduc d'Arcueil. Les voûtes de ce grand ouvrage sont toutes inégales; les murs qui les séparent ont des longueurs variables : ils sont flanqués ou, pour mieux dire, ornés de pilastres plus ou moins saillants; ce qu'il y a de plus surprenant, c'est que ce pont n'est pas construit en ligne droite. Il forme une ligne brisée dont les deux parties se raccordent par un angle très-ouvert.

Les visiteurs sont peu frappés de ces petites irrégularités qui véritablement ne sont pas choquantes : l'amour de la symétrie est d'origine moderne et je ne pense pas qu'on doive le considérer comme un progrès de l'art de l'architecte. Nos plus beaux monuments du moyen âge et de la Renaissance sont essentiellement irréguliers.

*Tracé et pente de l'aqueduc.* — J'ai démontré ci-dessus que la pente de la rigole romaine était absolument irrégulière : le tableau suivant prouve que celle de l'aqueduc moderne ne l'est pas moins.

tres. Je ne vois cela nulle part : en réalité, cette hauteur varie de 1m,58 à 1m,88 ; le devis, je viens de le dire, prescrivait 1m,65.

TABLEAU DES PENTES PARTIELLES DE L'AQUEDUC D'ARCUEIL D'UN REGARD A L'AUTRE.

| | MÈTRES. |
|---|---|
| Cote de départ du Grand-Carré. Radier.......... | 74,94 |
| Cote d'arrivée au château d'eau de l'Observatoire. Radier. | 56,88 |
| Différence......... | 18,06 |

Longueur : 12 956 mètres.

Pente kilométrique moyenne : $1^{m},390$.

| DISTANCES. | | | | LONGUEURS. | PENTE KILOMÉTRIQUE. | CHUTE MÉNAGÉE DANS LE REGARD. |
|---|---|---|---|---|---|---|
| | | | | Mètres. | Mètres. | Mètres. |
| Du regard n° | 1 | au regard n° | 2.... | 596 | 0,285 | 0,003 |
| — | 2 | — | 3.... | 701 | 0,606 | 0,080 |
| — | 3 | — | 4.... | 757 | 0,061 | 0,052 |
| — | 4 | — | 5.... | 646 | 0,184 | 0,099 |
| — | 5 | — | 6.... | 590 | 0,447 | 0,047 |
| — | 6 | — | 7.... | 504 | 0,297 | 0,060 |
| — | 7 | — | 8.... | 545 | 1,103 | 0,140 |
| — | 8 | — | 9.... | 555 | 1,964 | 0,113 |
| — | 9 | — | 10.... | 553 | 1,969 | 0,073 |
| — | 10 | — | 11.... | 643 | 1,296 | 0,073 |
| — | 11 | — | 12.... | 582 | 1,134 | 0,171 |
| — | 12 | — | 13.... | 489 | 16,953 | 0,620 |
| — | 13 | — | 14.... | 579 | 1,583 | 0,780 |
| — | 14 | — | 15.... | 384 | 0,445 | 0,770 |
| — | 15 | — | 16.... | 436 | 0,321 | 0,051 |
| — | 16 | — | 17.... | 401 | 0,423 | 0,057 |
| — | 17 | — | 18.... | 379 | 0,978 | 0,141 |
| — | 18 | — | 19.... | 405 | 0,347 | 0,010 |
| — | 19 | — | 20.... | 357 | 0,337 | 0,019 |
| — | 20 | — | 21.... | 398 | 0,353 | 0,010 |
| — | 21 | — | 22.... | 488 | 0,218 | 0,070 |
| — | 22 | — | 23.... | 502 | 0,758 | 0,063 |
| — | 23 | — | 24.... | 405 | 0,716 | 0,068 |
| — | 24 | — | 25.... | 625 | 0,832 | 0,079 |
| — | 25 | — | 26.... | 512 | 0,390 | |
| — | 26 | au château d'eau de l'Observatoire.. | | 124 | 1,120 | |

La pente kilométrique varie d'un regard à l'autre de $0^{m},061$ à $16^{m},953$. Mais cela est absolument sans inconvénient, puisqu'avec la plus faible des pentes qui figurent à ce tableau, l'aqueduc débiterait facilement l'eau des plus grandes crues des sources. Cela étant admis, son tracé me paraît irréprochable.

Dès le départ, l'ingénieur de Marie de Médicis a très-habilement réparti sa pente pour obtenir un grand raccourci. On voit en effet sur le tableau ci-contre que la pente kilométrique dont il pouvait disposer était en moyenne de 1$^{m}$,39 ; jusqu'au regard n° 7, sur une longueur de 379 kilomètres, il s'est tenu bien au-dessous de cette moyenne, ce qui lui a permis de se maintenir sur le plateau et d'éviter le long développement de la petite vallée du ruisseau de Rungis. Aussi la longueur de l'aqueduc, depuis le Grand-Carré jusqu'au regard n° XIV, à la sortie du pont aqueduc d'Arcueil, est 7 504 mètres ; celle de la rigole romaine entre ces deux points, est de 10 284 mètres[1]. L'ingénieur de Marie de Médicis, en abandonnant la méthode romaine et en se tenant sur le plateau, au lieu de se développer à flanc de coteau dans la vallée de Rungis, a donc obtenu un raccourci de 2 780 mètres.

Entre les regards n$^{os}$ VII et XII, sur une longueur de 2 884 mètres, la pente kilométrique s'écarte peu de la moyenne ; elle est de 1$^{m}$,46. Entre les profils n$^{os}$ XII et XIII, on devait au contraire perdre une grande partie de la pente pour diminuer la hauteur du pont-aqueduc : il suffisait de réserver assez de pente, à partir

[1] Cette longueur se décompose ainsi :

| | MÈTRES. |
|---|---|
| Rigole de Rungis, entre le regard n° 1 du Grand-Carré et le regard D de la rigole principale . . . . . . . . . . . . . | 1 186 |
| Rigole principale, entre le regard D et le point où elle coupe le pont-aqueduc . . . . . . . . . . . . . . . . . . . . . | 9 098 |
| Longueur totale . . . . . . . . . | 10 284 |

Je ne puis partager l'opinion de M. Jollois sur le tracé de l'aqueduc d'Arcueil ; suivant cet ingénieur, ce tracé est moins bon que celui de la rigole romaine : « La pente de cette dernière est régulière et de 0,001 par mètre ; celle de l'aqueduc de Marie de Médicis est des plus irrégulières, offrant en certaines parties un courant très-rapide et, dans d'autres, des eaux presque stagnantes. »

J'ai fait voir que si, en effet, le tracé de la rigole romaine vaut mieux que celui de l'aqueduc moderne, c'est uniquement parce que ce tracé a permis de dériver d'autres sources que celles de Rungis. Mais comme M. Jollois ne connaissait pas ces sources, sa critique n'a pu porter sur ce point. Il résulte, au contraire, de la discussion qui précède que si les sources à dériver par les deux aqueducs étaient uniquement celles de Rungis, comme l'admettait M. Jollois, le tracé de l'aqueduc moderne serait de beaucoup le meilleur.

de ce grand ouvrage, pour débiter l'eau de l'aqueduc, et c'est ce qu'on a fait de la manière suivante. On a fixé la hauteur du radier à l'aval du regard n° 13, tête du pont-aqueduc, à . . 60$^m$,68

l'altitude du regard de l'Observatoire étant réglée à l'avance à . . . . . . . . . . . . . . . . . . 56 88

il restait . . . . . . . . . . . . . . . . . . 3$^m$,80

pour régler la pente entre ces deux points, quantité plus que suffisante pour une longueur de 5 788 mètres, puisque, répartie entre ces deux points, cette différence de niveau donne une pente kilométrique moyenne de 0$^m$,66.

La différence de niveau entre les deux regards n$^{os}$ XII et XIII, qui est de 7$^m$,67, a donc pu être perdue entièrement entre ces deux regards, espacés de 490 mètres, par un pente kilométrique moyenne de 15$^m$,65, énorme sans doute, mais néanmoins parfaitement rationnelle.

Ce tracé de l'aqueduc et cette répartition des pentes [1], à part les erreurs de détail que le tableau fait ressortir, me paraissent très-remarquables. On voit qu'on s'approche de cette époque de notre histoire si justement célèbre par les hommes qui se sont illustrés aussi bien dans les sciences que dans les lettres : l'architecte du Luxembourg, Desbrosses, était aussi l'ingénieur de l'aqueduc d'Arcueil.

*Pont-aqueduc d'Arcueil.* — Quoique je n'approuve pas ce monument, qui n'est nullement en rapport avec l'importance de l'eau à dériver, je dois néanmoins le décrire sommairement.

Le croquis de la page 202 représente l'élévation de la tête d'aval de cet ouvrage, non pas telle qu'elle est aujourd'hui, mais dans l'état où elle était avant la construction de l'aqueduc de la Vanne.

La longueur, y compris celle des deux regards n$^{os}$ XIII et XIV,

[1] Voy. ci-dessous comment j'ai profité de cette répartition des pentes pour améliorer la distribution de l'eau d'Arcueil.

est de 379 mètres. Elle se décompose en trois parties : celle du milieu, de 209 mètres, est très-ornée : c'est le pont aqueduc proprement dit. De chaque côté s'étendent de simples substructions qui supportent la cunette. Celle d'amont, comprise entre le regard n° XIII et les arcades, a 52 mètres de longueur, et celle d'aval, 118 mètres, y compris le regard n° XIV.

Le pont-aqueduc se compose de 9 arcades en plein cintre, toutes d'inégale grandeur, de 7 à 9 mètres d'ouverture, et d'une petite voûte de décharge; 17 contreforts disposés à des distances variables, environ à 12 mètres d'axe en axe l'un de l'autre, ont été construits bien plus pour orner le monument que pour en compléter la solidité. Ils nous ont été d'une grande utilité pour porter le pont-aqueduc de la Vanne.

L'aqueduc a $1^m,95$ (une toise) de hauteur entre la banquette et la clef et $0^m,97$ (3 pieds) de largeur. La cunette a les mêmes dimensions que dans les autres parties de l'aqueduc. On a établi un tuyau de décharge à la troisième arche du pont.

La largeur entre les têtes est :

| | | MÈTRES. |
|---|---|---|
| Dans la partie correspondant à l'aqueduc. | | 2,44 |
| Au-dessus des voûtes. | | 2,92 |
| Entre les têtes des voûtes. | | 3,41 |
| Entre les parements intérieurs des contreforts | au-dessus des naissances. | 5,20 |
| | au-dessous — moyenne. | 6,00 |
| La hauteur totale au-dessus du point le plus profond de la vallée est de. | | 18,86 |

Je ne dis rien des trois corniches et du chaperon qui surmontent l'édifice; ce sont de simples décorations[1].

[1] Voici les articles du devis du 3 septembre 1612 qui concernent le pont-aqueduc d'Arcueil :

Item au passage de la trauers du vallon d'entre les deux montaignes au village d'Arcuei sera faict la maçonnerie des pilles, arches, arceaulx, petittes pilles en nombre nécessaire qui seront fondéés jusques à vif fondz sur pilottis et platte forme si besoing est, sinon seront fondez de pierre de *Lybaige joinctisse* sur lesquelles fondãons de Lybaige sera posé la pierre de taille desd$^{es}$ pilles chacune de quatorze pieds de longueur compris leurs poinctes, lesquelles pilles seront espassées a trois thoises l'vne de l'autre faictes et construictes de grands quartiers de pierre dure, de la plus dure qui se pourra trouver sur les lieux et es enuirons sans aucun moillon jusques à la haulteur des canes haultes pour le regard de celles qui sont en deulx arches à l'endroit du grand cours, et les aultres fondéés semblablement de lybaige et au-dessus de quartiers a parement de pierre, rempliz de moillon maçonné auec bon mortier de chaulx

PONT-AQUEDUC D'ARCUEI

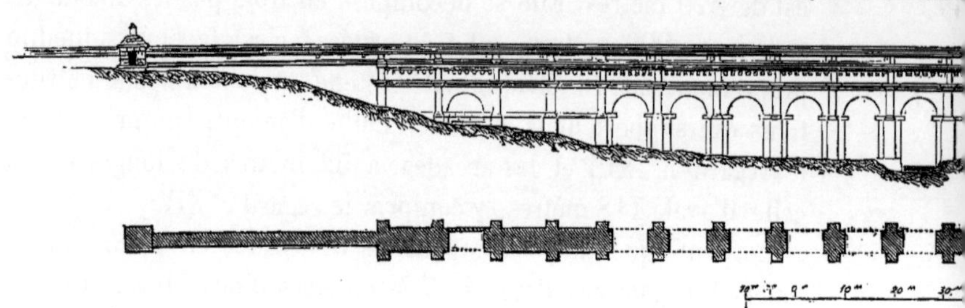

Dans son ensemble ce monument est très-imposant par sa masse et la solidité de sa structure, bien plus que par les détails de sa construction. Il a été complétement restauré dans ces dernières années : les travaux touchaient à leur fin lorsque j'ai été attaché au service des eaux en 1856.

Aujourd'hui le pont-aqueduc d'Arcueil n'est plus seulement destiné à porter le petit volume d'eau des sources de Rungis et du Long-Boyau ; il sert, en outre, de support au pont-aqueduc de la Vanne.

J'ai dit que les aqueducs, tracés sur le plateau de la rive droite de la Bièvre, traversent nécessairement cette rivière à Arcueil avant d'atteindre Paris[1] : c'est là, en effet, que se trouve la partie la plus étroite de la vallée.

On voit, sur la photogravure des pages 206-207, les ruines des hautes substructions de l'aqueduc romain, facilement reconnaissables à leur appareil de petits moellons alternant avec des assises de longues briques ; puis, sur un second plan, l'aqueduc en pierre de taille de Marie de Médicis, surmonté par les hautes

et sable, et le résidu des dictes pilles et arches seront esleuez pour le regard des poinctes et escrevissons de pierre auec les pillastres au dessus aussy de pierre selon la forme structure et façon qu'il a esté représenté par le dessein, les testes des arcs et arceaulx portant deux pieds et deux pieds et demy en teste et en douuelles comme la fasse desd[s] arceaulx auec leurs engressements jusques soubs la plaincte *a sudicte* et pour le regard de deux assises de chacun costé et la clef *de laquelle* aura dix huict poulces de haulteur soubz lad[e] plaincte et continuer l'esleuation ainsy qu'il est représenté par le desseing.

[1] Voy. p. 63.

ON DE LA TÊTE D'AVAL.

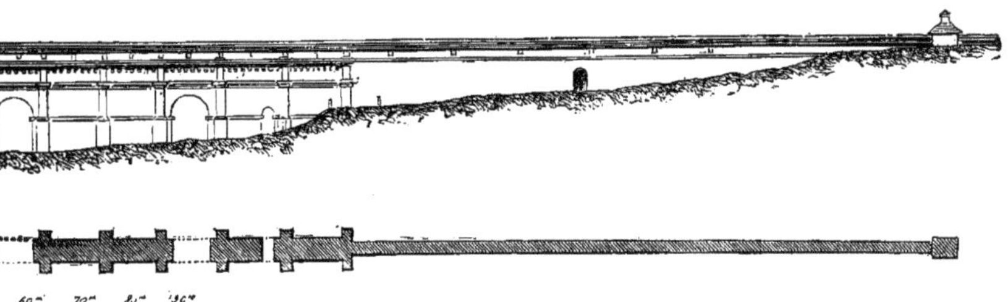

arcades en meulière brute de l'aqueduc de la Vanne. La vue est prise de l'intérieur de la propriété de madame Besson, démembrement de l'ancien fief des Arcs [1]. La hauteur totale des deux aqueducs au-dessus de la Bièvre est de 36m,56.

Ces trois ouvrages se rencontrent en arrivant au sommet du coteau de la rive gauche de la vallée de la Bièvre. Le premier des croquis suivants fait voir ce point de rencontre. Au bas se trouve la coupe longitudinale AB de l'aqueduc romain recouvert par l'aqueduc de Marie de Médicis vu en coupe, et au-dessus, la section transversale de l'aqueduc de la Vanne. Cette coupe est prise à 22 mètres du regard n° XIV, qui termine le pont-aqueduc au sommet du coteau de la vallée de la Bièvre.

On voit encore dans cette localité un quatrième aqueduc dont il est difficile de deviner la destination. Faisait-il partie du canal entrepris, vers la fin du dix-huitième siècle, par M. de Fer de la Nouerre, mais qui n'a pas été achevé? Cet ouvrage devait amener les eaux des sources de la Bièvre vers Paris, et la disposition du terrain conduisait nécessairement le tracé vers l'extrémité du pont-aqueduc de Marie de Médicis; nous avons rencontré, en fondant les arcades de l'aqueduc de la Vanne, deux ouvrages disposés comme l'indique le second des croquis suivants Le plus grand

[1] Voy. p. 37

de ces aqueducs est celui de Marie de Médicis, l'autre représente peut-être l'ouvrage de M. de Fer de la Nouerre, c'est ce que je discuterai ci-dessous.

Je reviens au tracé de l'aqueduc. Après avoir quitté le plateau au regard n° VII, ce tracé contourne le coteau de la rive droite de la

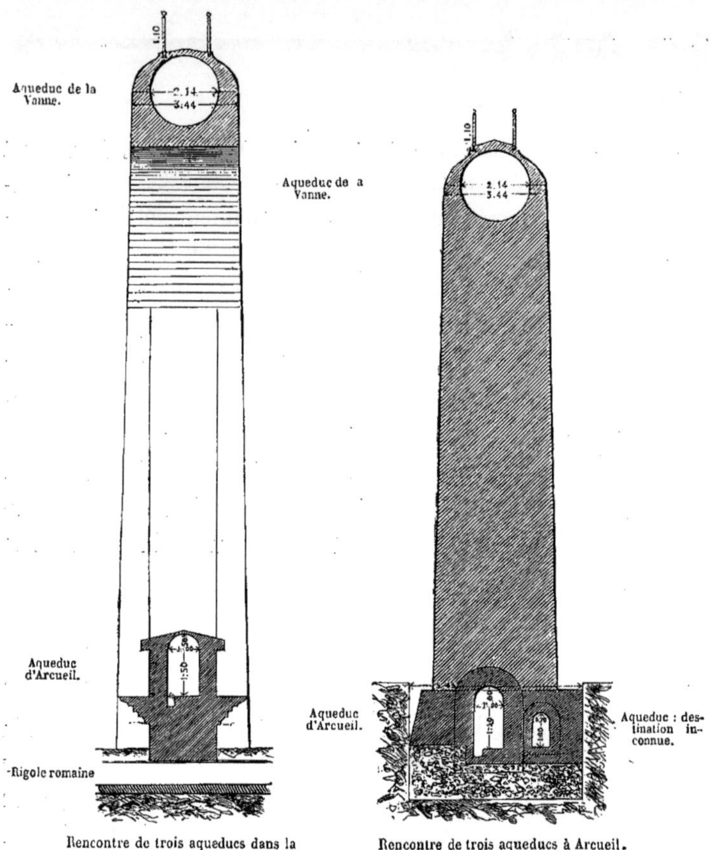


Rencontre de trois aqueducs dans la vallée de la Bièvre à Arcueil.

Rencontre de trois aqueducs à Arcueil.

Bièvre, il coupe la route départementale n° 67, à 3920 mètres du regard n° I, entre dans le parc du château de l'Hay, et s'y tient jusqu'à la grande rue du village, sur une longueur de 326 mètres. A 41 mètres en aval du regard n° VIII, jusqu'à la sortie du village, sur une longueur de 328 mètres, le tracé entre dans une autre série de parcs et jardins d'agrément. A partir de l'Hay, l'aqueduc passe à flanc de coteau, au-dessous des pierrées du Long-Boyau, dont il reçoit les eaux entre les regards IX et X, contourne le village de Cachan, en face duquel il reçoit, entre les regards XI et XII, les eaux de la Fontaine Pesée, et arrive par une courbe très-développée au regard n° XIII, origine du pont-aqueduc d'Arcueil, à 7 168 mètres du regard n° I.

En quittant ce pont au regard n° XIV, à 7 547 mètres du regard n° I, l'aqueduc tourne brusquement vers la droite et se soutient à flanc de coteau sur la rive droite de la Bièvre, au-dessus du village d'Arcueil. Entre un point pris à 38 mètres de la tête du pont et la route départementale n° 73, sur une longueur de 1 030 mètres, il se tient constamment dans des parcs et jardins d'agrément, dont le plus important est le parc du marquis de Laplace, dans lequel le tracé entre à 147 mètres avant le regard n° XVI et d'où il sort après un parcours de 398 mètres, à la route départementale n° 73. Le regard n° XVI est dans ce parc[1].

Entre la rue Berthollet et ce regard, sur une longueur de 248 mètres, l'aqueduc est dans une tranchée profonde de 10 mètres au maximum. Il n'a donc guère à redouter les racines des arbres. Mais à partir du regard XVI jusqu'à la sortie du parc de M. de Laplace, sur une longueur de 251 mètres, l'épaisseur du remblai au-dessus de la route est presque partout de 1 mètre au plus, et les racines peuvent facilement atteindre la voûte.

Au delà de la route départementale n° 73, l'aqueduc traverse encore des propriétés particulières, souvent closes de murs, mais bien moins importantes ; en amont et en aval du regard n° XX, il passe dans les dernières maisons et dans les jardins du Petit-Gentilly, et enfin arrive au regard n° XXI, à 3$^{m}$,10 du sommet des glacis des fortifications. Il traverse le fossé à une altitude telle que l'extrados de la voûte est au niveau du chemin couvert ; il

[1] Voy. au chapitre suivant, les abus qui sont résultés de cette traversée des parcs.

Traversée de la Bièvre. — Les trois ponts-aqueducs des Romains, de Marie de Médicis et de la Vanne.

Les ruines romaines, facilement reconnaissables à leur appareil de petits moellons et de longues briques, se voient en arrière et au-dessus de la grille d'entrée. L'aqueduc en pierre de taille de Marie de édicis, surmonté par les hautes arcades en meulière brute de la Vanne, s'élève sur le dernier plan.

CHATEAU D'EAU ET RÉSERVOIR DE L'OBSERVATOIRE.

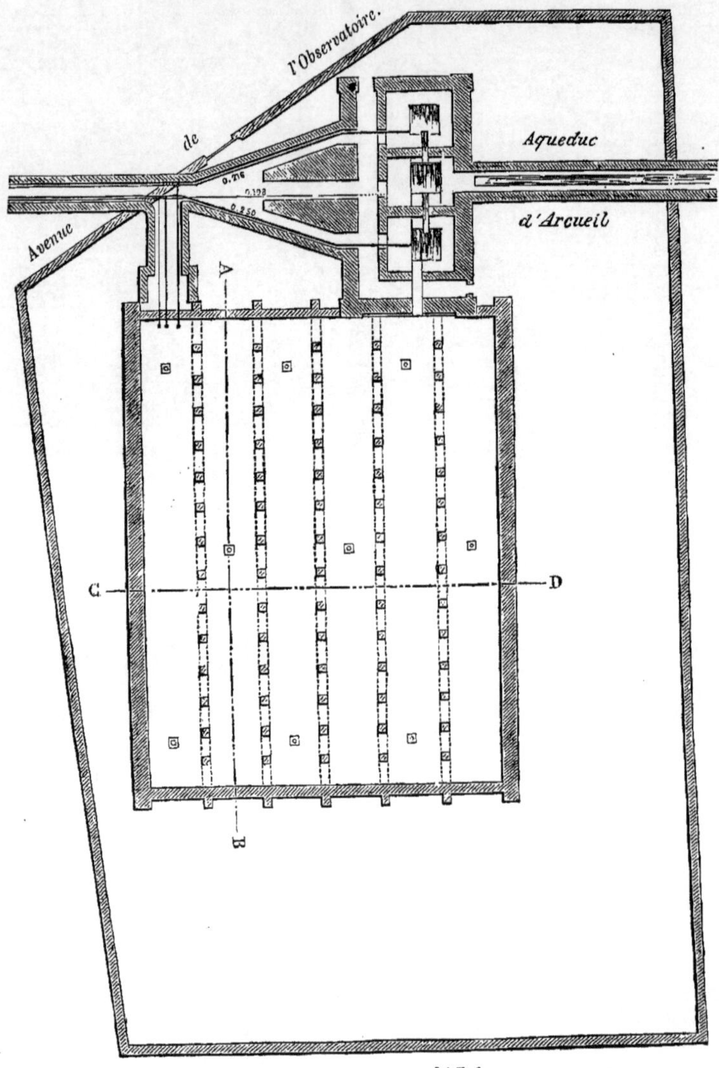


Longueur du réservoir sur AB. . . . . . . . . . . . 29m,70
Largeur sur CD. . . . . . . . . . . . . . . . . . . 22m,90
Dimensions des piles. . . . . . . . . . . . . . . . 0m,50 sur 0m,30

arrive au bord de la chaussée du boulevard Jourdan, à 10 420 mètres du regard n° I.

C'est à partir de ce point qu'on a dû renoncer à conserver le tracé de l'aqueduc. Voici ce qui justifie ce changement : En quittant le boulevard Jourdan, l'ancien aqueduc s'engage sous le parc de Montsouris ; je ne dis rien du chemin de fer de ceinture qui passe par dessous en souterrain, dans la traversée du parc ; mais la tranchée profonde de l'avenue Reille a mis à découvert et coupé l'ouvrage de Marie de Médicis. De l'autre côté de cette avenue, la Compagnie du chemin de fer d'Orléans vient d'établir la nouvelle gare du chemin de fer d'Orsay, sous laquelle la galerie se trouve complétement engagée et attaquée par les fondations de l'édifice. Au delà de cette gare, nous avons dû la couper pour construire les égouts de la rue d'Alésia. Plus loin, elle passe sous les bâtiments d'exploitation de l'ancienne gare du chemin de fer de Sceaux, puis sous le boulevard Saint-Jacques. Sur tout le reste de son tracé dans Paris, l'aqueduc est construit dans des propriétés particulières, ici sous des maisons, là dans des jardins, s'opposant partout à la construction des murs de clôture, des fosses d'aisances, des égouts et au forage des puits.

L'énorme zone de servitude dont il sera question ci-après était un véritable obstacle au développement de cette partie de la ville. Entre le boulevard Jourdan et le regard de l'Observatoire, sur une longueur de 2536 mètres, l'aqueduc devait donc, suivant moi, être supprimé.

Quoiqu'il ait cessé d'être en service sur toute cette longueur, je dois cependant décrire sommairement un ouvrage très-important, le regard ou château d'eau de l'Observatoire.

Ce regard, qui porte le n° XXVII, est situé à 12 956 mètres du Grand-Carré; il est figuré sur le croquis de la page 208.

On y voit l'arrivée de l'aqueduc, les trois bassins dans lesquels l'eau se déversait et la galerie qui recevait la conduite de $0^m,216$ du plateau du Panthéon et de $0^m,25$ de la place Saint-

Michel, du Luxembourg et de Paris. J'ai fait figurer sur ce croquis un ouvrage important que MM. les ingénieurs Mary et Lefort y ajoutèrent en 1845; c'est un réservoir voûté, d'une capacité de 1030 mètres cubes; il régularisait le service en emmagasinant les eaux qui, avant sa construction, se perdaient pendant la nuit; quoique ces ouvrages aient été abandonnés, je crois que les ingénieurs tireront profit de ce plan de réservoir qui peut être réalisé dans beaucoup de distributions d'eau. Les piliers et les voûtes sont faits en prismes de béton de ciment de Vassy[1]. Les voûtes en berceau longitudinal sont supportées par des arcs-doubleaux qui relient les piliers. Ces ouvrages étaient établis sur un terrain appartenant à la ville, rue de l'Observatoire n° 38; ils ont été cédés à l'hôpital de l'Enfant-Jésus.

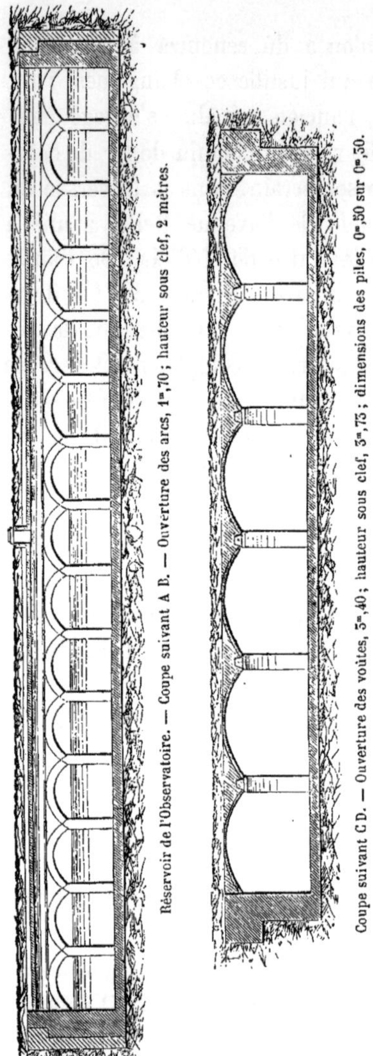

Réservoir de l'Observatoire. — Coupe suivant A B. — Ouverture des arcs, $1^m,70$ ; hauteur sous clef, 2 mètres.

Coupe suivant C D. — Ouverture des voûtes, $3^m,40$ ; hauteur sous clef, $3^m,75$ ; dimensions des piles, $0^m,50$ sur $0^m,30$.

Cet abandon d'ouvrages aussi importants est justifié par les considérations sui-

[1] Ce mode de construction de voûtes en prismes de béton n'est plus usité aujourd'hui ; on y substitue de la brique (Voy. dans la suite de cette ouvrage, les réservoirs de Passy, de Ménilmontant et de Montrouge).

vantes : le radier de l'ancien regard étant à l'altitude 56ᵐ,88, on n'avait pu, en construisant le nouveau réservoir en 1845, relever le plan d'eau au-dessus de l'altitude 57ᵐ,49 ; mais le faîte de la colline Sainte-Geneviève est à l'altitude maximum de 60 mètres, et on avait reconnu depuis longtemps l'impossibilité d'y soutenir la distribution avec le niveau de l'eau d'Arcueil ; MM. Mary et Lefort établirent, en 1843, le trop plein du réservoir du Panthéon alimenté en eau de Seine, à l'altitude 66ᵐ,24 ; l'eau d'Arcueil arrivait dans un bassin inférieur construit dans les soubassements de cet édifice à 57ᵐ79 ; une petite machine à vapeur élevait cette eau dans des bassins supérieurs; mais tout cela n'avait pas le caractère l'une solution définitive.

Cette petite machine a cessé de fonctionner en août 1855 ; lorsque je suis entré au service de la ville, le 1ᵉʳ janvier 1856, l'eau de Marie de Médicis faisait un de ces services qui ne comptent pas dans la distribution d'une grande ville comme Paris.

On a profité de la suppression de l'ancien aqueduc d'Arcueil dans Paris, pour rendre à cette eau l'importance qu'elle ne devait pas perdre. Pour l'utiliser, il fallait qu'elle pût arriver au réservoir du Panthéon, c'est-à-dire s'élever par le simple effet de la gravité à l'altitude 66ᵐ,24. On a obtenu ce résultat en l'enfermant dans une conduite forcée de 0ᵐ,30 de diamètre à partir du regard nᵒ X de l'aqueduc. Le radier de ce regard est à l'altitude 70ᵐ,46 ; l'eau s'y tient habituellement à l'altitude 70ᵐ,80. La différence de niveau entre le plan d'eau de ce regard et le trop-plein du réservoir du Panthéon est donc de 4ᵐ,56. La longueur de la conduite de 0ᵐ,30 qui relie ces deux points se décompose ainsi :

| | MÈTRES. |
|---|---|
| Dans l'aqueduc entre le regard nᵒ X et le boulevard Jourdan. . . | 7498 |
| De là sous les voies publiques de Paris, boulevard Jourdan, rues de la Glacière, de la Santé, boulevard du Port-Royal et rue d'Enfer jusqu'au nᵒ 37. . . . . . . . . . . . . . . . . . . . . . . | 2636 |
| De là à la rue Royer-Collard. . . . . . . . . . . . . . . . . . . . . . | 255 |
| Total. . . . . . . . . . . . . . . . . | 10389 |

| | |
|---|---|
| A quoi il faut ajouter trois tronçons de conduites de $0^m,25$ et de $0^m,216$, dont l'une, celle de $0^m,216$ relie les conduites de $0^m,30$ au réservoir du Panthéon. . . . . . . . . . . . . . . . . . . | 936 |
| Longueur totale. . . . . . . . . . . . | 11325 |

$$\text{Pente kilométrique } \frac{4560}{11325} = 0^m,403.$$

Avec cette pente et les diamètres de $0^m.30$ et de $0^m216$, cette conduite peut débiter 17 litres par seconde en nombre rond, ou 1470 mètres cubes en 24 heures, volume plus grand que la ortée habituelle de l'aqueduc. L'eau d'Arcueil alimente donc facilement aujourd'hui le réservoir du Panthéon.

*Longueur des diverses parties de l'aqueduc d'Arcueil.* — Cette longueur se décompose ainsi :

ÉTAT ANCIEN.

| | MÈTRES. |
|---|---|
| Commune de Rungis, à partir du regard nº I. . . . . . . . . | 772,15 |
| — de Fresne. . . . . . . . . . . . . . . . . . . . . . | 2174,85 |
| — de l'Hay. . . . . . . . . . . . . . . . . . . . . . | 2155,25 |
| — d'Arcueil. . . . . . . . . . . . . . . . . . . . . . | 4042,85 |
| — de Gentilly.. . . . . . . . . . . . . . . . . . . . | 2388,00 |
| — de Montrouge. . . . . . . . . . . . . . . . . . . . | 1012,20 |
| — de Paris jusqu'au regard de l'Observatoire. . . . . | 410,30 |
| Total. . . . . . . . . . . . | 12955,60 |
| | |
| Aqueducs secondaires.. . . . . . . . . . . . . . . . . . . . . | 1570,05 |
| Rigoles d'origine romaine connues sous le nom de chenals. . | 267,95 |

*Pierrées.*

| | |
|---|---|
| Pierrée de Paray. . . . . . . . . . . . . . . . . . . . . . . | 269,10 |
| Pierrées du Long-Boyau et de la fontaine Pesée. . . . . . . | 1292,40 |
| Total. . . . . . . . . . . . | 1561,50 |

Longueur totale de tous les ouvrages constituant l'aqueduc : $16355^m,10$.

ÉTAT ACTUEL.

| | |
|---|---|
| Aqueduc principal du regard nº I au boulevard Jourdan.. . . | 10420,00 |
| Aqueducs secondaires.. . . . . . . . . . . . . . . . . . . . | 1570,05 |

| | | |
|---|---|---|
| Rigoles d'origine romaine | | 268,10 |
| Eaux nouvelles... | Drain de Paray.<br>Drain de Chevilly. | 2082,39 |
| Pierrées | | 1561,50 |
| Conduites en poterie de l'Hay | | 90,95 |
| Conduites en fonte de 0m,30 et 0m,216 du regard n° X au réservoir du Panthéon | | 11325,00 |
| Longueur totale | | 27317,99 |

La conduite de 0m30 fait double emploi avec l'aqueduc principal, où elle est renfermée, sur une longueur de 7498 mètres. La longueur totale de l'aqueduc et de ses annexes est donc aujourd'hui de 19820 mètres.

# CHAPITRE X

## DOCUMENTS GÉNÉRAUX SUR LES ANCIENS AQUEDUCS DE PARIS

---

Zones de servitudes. — Abus des plantations sur le tracé des aqueducs. — Sédiments calcaires. — Dispositions générales des aqueducs. — Mode de distribution des eaux.

*Zone de servitude.* — Un arrêt du conseil du roi Louis XIII, en date du 9 mars 1633, contient *défense de faire des fouilles et extractions de pierre ou moellons, à 15 toises près des grands chemins, conduits des fontaines et autres ouvrages publics.* En voici la teneur :

« Sur ce qui a esté representé au Roy en son conseil par Thomas Francini, intandant general des fontaines de France, que plusieurs particulliers s'ingerent de faire fouller des carrières en diuers endroictz ez enuirons de la Ville de Paris jusques dessoubz les grandz chemins, conduictz de fontaines et aultres ouuraiges publicz sans laisser les piliers, hagues et murailles nécessaires pour soustenir le ciel et la terre desdites carrières, quelques-uns mesmes les desmolissant dans celles qu'ils rencontrent qui ont esté foullés autrefois, pour faire leur proffit des pierres dont lesdits piliers sont construictz, ce qui a desjà causé plusieurs fondis et bouleuersements de terres en diuers endroicts et notamment ez aqueducqz et canaulx des fontaines de Rungis au grand préjudice de la seureté et commodité publique; à quoy estant nécessaire de pouruoir;

Le Roy en son conseil a faict et fait très expresses inhibitions et deffenses à tous carriers et aultres personnes de fouller ou faire fouller ny tirer pierre ou moillon d'aucune carrière à quinze thoises près des grands chemins, conduictz de fontaines et aultres ouvraiges publicz à peine de punition corporelle et amande arbitraire. Ordonne Sa Majesté, soubz les mesmes peines ausdits carriers et propriétaires des carrières de laisser des piliers, hagues et murailles nécessaires pour soustenir les terres desdittes carrières, et les endroictz où il en aura manqué dans le dit espace de quinze thoises près dits ouvrages et chemins publicz, en faire remettre et construire de nouveaux partout où il sera jugé nécessaire; Et qu'à ceste fin visitation sera faictes ezdittes carrières des lieux qui sont en péril éminent, par Michel Houallet, juré carrier et uoyer du bailliage de la Uarenne du Louure, pour suivant son rapport, estre lesdittes réparations faictes en vertu des ordonnances du lieutenant général du balliage de laditte Uarenne du Louure aux despends des dits propriétaires à quoy ils seront contraing par toutes uoyes deues et raisonnables.

« Et sera le présent arrest leu et publié aux prosnes des paroisses deppendant du dit bailliage et partout ou besoin sera à la diligence du dit Lieutenant à ce que personne n'en prétende cause d'ignorance.

« La minute est signée : Séguier, Bullion, Bouthillier et Sublet.

« Du neuviesme mars mil six cent trente-trois, à Paris. »

Voici un autre arrêt du conseil d'État du roi Louis XIV contenant défense de prendre les eaux, fouiller ou gâter les pierrées, planter des arbres le long des aqueducs et conduits d'eau, à 15 toises près.

Sur ce qui a este représente au Roy en son conseil par le sieur de Francine Grandmaisons intendant general des eauës et fontaines de France, qu'au préjudice des ordonnances de Sa Ma[té] sur le faict des eauës, divers particuliers font des entreprises le long des cours des *Aqueducqz* tant de *Rongis* que de Sainct-Germain-en-Laye, foullent sur iceulx, plantent des arbres le long des pierréés dont les racines remplissent et empeschent le cours des eauës, d'autres les enferment dans leurs enclos, de sorte que l'on a peyne de entrer pour y trauailler, ce qui cause un notable préjudice au Roy et au publicq, mesme le sieur Morand, payeur des rantes, lequel a achepte une maison à Arcueïl des héritiers des entrepreneurs des acqueducqz de Rongis joignant le regard du grand pont dudit lieu dans lequel passent les eauës; en laditte maison auoit este enfermee celle du Roy ou loge le concierge dudit pont d'Arcueïl quoique ledit sieur de Grandmaisons se soit oppose pour Sa Majeste au decret d'icelle; apres un longs temps ledit Morand lui a oste son logement dont il en a rendu ses plinctes, mesme par uue nouvelle entreprise a attache la porte du grand regard en dehors, de sorte que l'on ne peut plus sen servir pour entrer et sortir pour temperer les eauës quand elles augmantent ou en redonner quand elle diminuent, ce qui faict un desordre dans les regards et aqueducqz ne pouvant pas porter la quantite d'eauës qui l'hyver y affluent ni en remettre facillement comme on en a coustume; A quoy estant necessaire de pourvoir ;

« Le Roy en son conseil a fait et fait tres expresses inhibitions et defenses a toutes persounes, de quelque qualite et conditions qu'elle puissent estre, de prendre les eauës, gaster ni fouller les pierréés tant de Sainct-Germain-en-Laye que de Rongis, planter quinze thoises pres, conformement aux anciens reglements, a peine de quinze cens livres d'amande, et s'il s'y en trouve de plantez, les propriétaires des terres seront tenus de les arracher quinzaine après la publication du present arrest qui sera faicte aux prosnes des paroisses desquelles sont dépendantes lesdites terres ; passé ledit temps, ueult Sa Majesté qu'ils soient arrachez a leurs frais et despens, et les descharges des eauës qui auront esté prises ou comblees remises au mesme estat qu'elles estoient auparavant. Et a l'esgard dudit Morand, ordonne Sa Majeste qu'il rapportera ses titres de la possession de ladite maison au conseil dans huitaine après signification du présent arrest, pour iceux et rapportez audit conseil estre ordonne ce qu'il appartiendra par raison.

« Enjoinct Sa Majeste au sieur de Grandmaisons intendant general des eauës et fontaines de France, de tenir la main a l'exécution du present arrest.

« La minute est signee : Séguier, Villeroy, Marin, Daligre, Dezeve et Colbert.

« A Sainct-Germain-en-Laye, le lundy vingt deuxiesme juillet mil six cent soixante-neuf[1].

Ces mesures ont été confirmées par divers autres arrêts du conseil d'État du roi, spécialement en ce qui concerne l'aqueduc d'Arcueil par un arrêt du conseil d'État du 23 juillet 1667.

*Abus des plantations sur le tracé des aqueducs.* — Évidem-

[1] *Recueil des règlements sur les eaux de Paris*, p. 21 et suiv.

ment une telle servitude frappait d'une véritable dépréciation, sur le tracé des trois aqueducs de la ville, de larges zones de terrains très-précieux en raison du voisinage de Paris. Comme toutes les lois trop rigoureuses, les décrets relatifs à ces zones de servitude ne tardèrent pas à être violés, surtout sur le tracé de l'aqueduc d'Arcueil. D'après la description qui précède, cet aqueduc traverse des parcs[1] :

| | MÈTRES. |
|---|---|
| A l'Hay sur une longueur de. . . . . . . . . . . . . . | 654 |
| A Arcueil sur une longueur de. . . . . . . . . . . . . | 1030 |
| Total. . . . . . . . . . . . | 1684 |

Les propriétaires de ces parcs n'ont tenu aucun compte des servitudes qui frappaient leurs propriétés. Des plantations ont été faites ouvertement entre les deux limites des zones réservées. Aujourd'hui des arbres magnifiques s'élèvent au-dessus de la voûte même de l'aqueduc.

J'ai dit ailleurs que l'aqueduc de Belleville était presque entièrement caché sous les maisons d'une cité populeuse, que plusieurs de ses regards étaient incrustés par les murs de ces maisons ou perdus dans les caves, que les exploitations de plâtre avaient ruiné une partie de l'aqueduc du Pré-Saint-Gervais[2]. Les arrêts de Louis XIII et de Louis XIV ont dont été fort peu respectés.

L'extrait suivant du décret impérial du 22 mars 1813 a réduit les zones de servitudes à de justes limites.

Art. 8. — Aux approches des aqueducs construits en maçonnerie pour la conduite des eaux des communes, tels que ceux de Rungis et d'Arcueil, les fouilles ne pourront être poussées qu'à dix mètres de chaque côté de la clef de voûte.....

Les distances fixées par cet article pourront être augmentées sur le rapport des inspecteurs des carrières, ensuite d'une inspection des lieux, d'après la nature du terrain et la profondeur

[1] Voy. pages 204, 205.
[2] Voy. pages 114, 132 et suiv.

à laquelle se trouveront respectivement les aqueducs et les exploitations.

Art. 29. — Les ouvrages de toute espèce ne pourront être poussés qu'à la distance de dix mètres des deux côtés des chemins à voiture, de quelque classe qu'ils soient, des édifices et constructions quelconques, plus un mètre par mètre d'épaisseur de terre.

Un décret de la même date (Bulletin des Lois, 4e série, 496, n° 9093), et contenant règlement général sur l'exploitation des carrières, plâtrières, glaisières, sablonnières, marnières et crayères, soumet cette exploitation à une permission préalable et à la conservation de la distance prescrite par les règlements à l'égard des aqueducs et tuyaux de conduite (art. 5, parag. 4).

De plus, un décret du 4 juillet 1813 (*Bulletin des Lois*, 4e série, 513, n° 9427), qui approuve un règlement spécial concernant l'exploitation de pierres calcaires dites pierres à bâtir, contient, à l'article 8, des prescriptions analogues à celles de l'article 8 du décret sur les carrières de pierre à plâtre.

Ces décrets, primitivement édictés pour les départements de la Seine et de Seine-et-Oise, ont été, par des décisions ministérielles, déclarés applicables, savoir : le 5 avril 1822, au département de Seine-et-Marne; le 1er octobre 1832, au département de l'Aisne [1].

Mais cette sage restriction des anciens décrets était tardive; le pli était pris, l'abus existait depuis des centaines d'années. Tous les ingénieurs ont fait prendre des arrêtés pour prescrire l'enlèvement des arbres plantés dans la zone de servitude. Aucun n'a réussi à faire enlever un seul arbre. J'ai fait comme mes prédécesseurs et je n'ai pas été plus heureux.

Voici comment se règlent aujourd'hui les demandes d'alignements de construction dans les zones de servitude des anciens aqueducs de Paris.

[1] Voy. *Bulletin des Lois*, 4e série, 492, n° 9075

Les plantations d'arbres, les fosses d'aisances et les puits ne sont permis qu'à 10 mètres de distance de l'axe de l'aqueduc.

Les murs de clôture, les bâtiments de toute sorte peuvent être construits par-dessus l'aqueduc à la condition d'être supportés par des arceaux qui déchargent complétement la voûte.

Nous avons évité tous ces embarras et supprimé tous les abus dans la construction de nos aqueducs modernes en achetant le sol même de la zone de servitude, réduite à 5 mètres de chaque côté de l'axe de l'ouvrage. Mais nos pères n'auraient pas cru leurs aqueducs bien construits s'ils ne s'étaient rigoureusement conformés aux règles des Romains. Ceux-ci ayant créé des zones de servitude de chaque côté de leurs aqueducs sans acheter le fonds[1], on fit de même au moyen âge.

*Sédiments calcaires.* — Les eaux des anciens aqueducs de Paris sont toutes très-chargées de sels terreux et plus ou moins incrustantes. Jamais, que je sache, on ne s'est occupé des dépôts formés par les eaux de Belleville et du Pré Saint-Gervais, dépôts qui, je dois le dire, ne sont pas très-importants. Je n'ai eu à signaler ci-dessus que les incrustations d'une des rigoles du regard des Moussins. La longueur de ces aqueducs n'est pas suffisante pour que l'acide carbonique se dégage.

Quoique faiblement incrustantes, les eaux de Rungis forment à la longue des dépôts assez épais pour gêner la circulation de l'eau. On est alors obligé de dégraveler la cunette. La dernière opération de ce genre a été faite de 1836 à 1843 : on a profité d'un chômage nécessité par de grosses réparations générales que l'état de l'aqueduc rendait nécessaires.

Voici des renseignements donnés par MM. Adde, inspecteur des eaux, et Couronne, conducteur attaché à l'entretien de l'aqueduc d'Arcueil, qui étaient déjà au service de la ville à cette époque ancienne.

On ne voit aucune trace de sédiment sur les parois de la cu-

[1] Voy. Introduction p. 231, 232.

nette du regard n° I, et les dépôts calcaires sont absolument insignifiants entre les sources et le regard n° XII sur une longueur de 6679 mètres : les pentes étant relativement faibles dans cette partie de l'ouvrage, les fluctuations de l'eau, même aux petites chutes des regards, ne sont pas suffisantes pour déterminer le dégagement de l'acide carbonique, et le carbonate de chaux ne se dépose pas. Il en est tout autrement lorsque l'eau est franchement incrustante, comme à Saint-Allyre et Saint-Nectaire en Auvergne : un objet placé dans l'eau à la source même se couvre en peu de jours d'une couche épaisse de carbonate de chaux.

Mais entre les regards n$^{os}$ XIII et XII, la pente est énorme, la vitesse de l'eau est torrentielle et l'engravellement de la cunette se fait rapidement. La chute de $0^m,41$ du regard n° XIII[1]

Regard n° XIII.

Coupe faisant voir la chute d'eau.

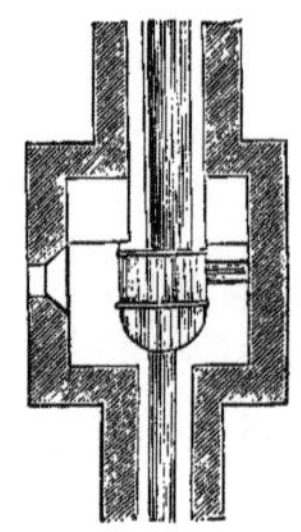

Plan.

favorise encore le dépôt des sédiments, qui sont tellement abondants sur toute la longueur du pont-aqueduc que M. Couronne a vu la cunette absolument obstruée. On en a tiré de véritables moellons durs comme du marbre qui, m'a-t-on dit, ont été employés à la construcrtion de quelques maisons à Arcueil et à Cachant. A l'aval du pont-aqueduc, cette propriété de l'eau diminue rapidement; les sédiments deviennent surtout beaucoup plus mous. Cependant, de 1836 à 1843, la cunette a été dégravelée entièrement entre le regard

[1] Voy. t. I$^{er}$, p. 126 et suiv.

n° XII, et le château d'eau de l'Observatoire. Depuis, l'opération générale n'a pas été renouvelée. On s'est borné à enlever les dépôts aux points où ils se forment le plus rapidement, notamment à l'aval du regard n° XIII dans la cunette du pont-aqueduc.

Lorsqu'on a remplacé, il y a 25 ans environ, les conduites maîtresses en plomb de la distribution de l'eau d'Arcueil par des tuyaux en tôle bitumée, on les a trouvées presque entièrement remplies de sédiments calcaires. Ces conduites avaient cependant 0$^m$,250 et 0$^m$,216 de diamètre. M. Addc, qui a dirigé l'opération, pense qu'elles ne remontaient pas au temps de Marie de Médicis, car, en dessous, il y avait des tuyaux en poterie de même diamètre qui étaient aussi complétement obstrués par des sédiments calcaires.

La conduite de 0$^m$,30 qui remplace l'aqueduc entre le regard n° X et le réservoir du Panthéon, reçoit l'eau lorsqu'elle n'est pas encore incrustante. Cette eau y est absolument forcée, ce qui rend difficile le dégagement de l'acide carbonique. Il y aura certainement une étude intéressante à faire dans quelques années sur la propriété de l'eau dans ces nouvelles conditions. Je dois faire remarquer que la conduite est à bagues, et par conséquent facile à démonter.

*Dispositions générales des anciens aqueducs de Paris.* — Ces ouvrages diffèrent essentiellement de ceux qui se construisent aujourd'hui par certains caractères généraux, fort difficiles à justifier dans des ouvrages de ce genre, et qui presque toujours sont le résultat d'une imitation peu rationnelle des aqueducs romains.

J'ai eu plus d'une fois l'occasion de faire ressortir l'exagération des formes et des dimensions des aqueducs de Paris ; c'était la mode du temps; on aurait fait peu de cas d'un aqueduc qui n'aurait pas attiré les yeux par ses dispositions monumentales. Il ne venait à l'idée de personne qu'un tel ouvrage n'est en définitive qu'une conduite d'eau qui ne doit pas plus être remarquée que les égouts qui passent sous le sol des rues. C'était du reste une idée d'importation romaine. On a vu dans l'Introduction de ce livre que jusqu'au règne d'Auguste les aqueducs étaient construits avec ces dispositions robustes qui les ont fait vivre jusqu'à nous et que personne ne doit se permettre de critiquer. Mais, en somme, c'étaient des travaux exécutés sans prétention, pour un usage spécial et nullement pour flatter les yeux. Les aqueducs d'Agrippa portent encore ce caractère de simplicité grandiose.

Sur la fin du règne d'Auguste, apparaissent les hautes arcades en briques ou en pierre de taille, les splendides châteaux d'eau, les thermes, magnifiques étrennes (*xenium*) que le maître donnait au peuple, et aussi les pompeuses inscriptions qui étaient au moins justifiées par la grandeur des résultats obtenus.

C'est dans cet ordre d'idées que les aqueducs du moyen âge et et de la Renaissance ont été construits; pour qu'ils soient entièrement comparables aux aqueducs antiques, il n'y manque qu'une chose, l'eau. Si la portée de l'aqueduc de Marie de Médicis était aussi grande que celle de Claudia, personne ne songerait à critiquer le pont-aqueduc d'Arcueil.

Un seul des anciens aqueducs de Paris, celui du Pré-Saint-Gervais, est construit avec des dimensions rationnelles : lorsqu'il traverse des terrains aquifères, il se compose de simples pierrées, qui ne sont pas beaucoup plus grandes que les ouvrages analogues employés autrefois à l'assèchement des terres humides. Dans la traversée des terrains secs, les pierrées sont remplacées par des conduites forcées de petite dimension, en poterie ou en métal; c'est ainsi qu'on construirait aujourd'hui un aqueduc de cette importance. Les regards seuls prêtent à la critique; on ne comprend ni l'exagération de leurs dimensions, ni le dispendieux appareil en pierre de taille qu'on a adopté dans leur construction. Mais, je le reconnais, cette critique porte en somme sur un objet qui n'a pas beaucoup d'importance.

Il n'en est pas de même de l'aqueduc de Belleville : rien ne justifie l'exagération des dimensions de la galerie principale, dans laquelle on circule debout, et des deux banquettes, entre lesquelles se trouve le seul ouvrage utile, une petite cunette de quelques centimètres de profondeur. Ces ouvrages grandioses se terminent au regard de la prise des eaux par une petite conduite forcée. Il semble que tout l'aqueduc aurait dû être construit ainsi, en petits tuyaux de plomb ou de poterie.

La même observation s'applique à l'aqueduc Saint-Louis, dans lequel on peut se tenir debout, et qui se relie à l'aqueduc principal par une conduite de $0^{m},054$ de diamètre, suffisante en toute saison.

Les dimensions de l'aqueduc d'Arcueil ne sont pas plus rationnelles. Dans l'origine, on n'a compté que sur un débit de 30 pouces fontainiers (575 mètres cubes en 24 heures) et quelques années plus tard de 84 pouces ou 1600 mètres cubes d'eau en 24 heures; certes, pour débiter un tel volume d'eau, un aqueduc de $1^{m},80$ de hauteur sous clef et de 1 mètre de largeur n'était nullement nécessaire : la petite rigole romaine de $0^{m},60$ de hauteur et de $0^{m},35$ de largeur, recouverte d'un simple dallage, était amplement suffisante; si la construction d'un siphon de 36 mètres de flèche paraissait impraticable à nos devanciers, on pouvait remplacer le somptueux pont-aqueduc que nous voyons aujourd'hui à Arcueil par de simples arcades en petits matériaux, dont on avait un exemple sous les yeux, dans les ruines de l'aqueduc romain. On aurait ainsi économisé les cinq sixièmes de la dépense.

Mais cela n'entrait pas dans l'esprit de nos pères. Bonamy lui-même considère l'aqueduc d'Arcueil comme l'un des plus beaux monuments du règne de Louis XIII. J'ai publié *in extenso*, comme caractéristique des idées du temps, le récit de la visite de Louis XIII et de la reine-mère aux sources de Rungis[1]. Qu'aurait-

[1] Voy. ci-dessus.

on montré au roi, si les aqueducs du Grand-Carré avaient été de simples pierrées, et si le regard de prise d'eau n'avait été qu'un puisard en moellon brut comme ceux des aqueducs modernes? Mais j'insiste peu sur ces dispositions générales des aqueducs, qui n'ont eu d'autres inconvénients que d'augmenter considérablement les frais de premier établissement.

*Dispositions du regard final ou château d'eau et mode de distribution.* — C'est surtout dans cette partie des aqueducs que nos pères ont montré combien ils respectaient les traditions romaines. *Cumque venerit ad mœnia, efficiatur castellum et castello conjunctum ad recipiendum aquam triplex emissiarum*, etc. Nos ancêtres se sont conformés rigoureusement à ce précepte de Vitruve : chacun de leurs aqueducs se termine par un château d'eau. L'aqueduc d'Arcueil, notamment, débouche à la porte de la ville dans le triple récipient prescrit par l'architecte romain. Ils n'ont pas remarqué que l'absence du réservoir était au moins justifiée dans les aqueducs romains par l'abondance de l'eau qui pouvait couler nuit et jour sans nuire au service. Il n'en était pas ainsi au Pré-Saint-Gervais, à Belleville et à Arcueil : la distribution aurait été considérablement améliorée si, aux heures de grande consommation, les habitants de Paris avaient trouvé dans des réservoirs et par suite dans leurs fontaines, l'eau qui s'écoulait sans utilité pendant la nuit et aux heures de petite consommation de la journée. Cet écoulement continu et ce mode vicieux de distribution étaient donc la conséquence forcée de la mauvaise disposition du château d'eau. Sans réservoir, la conduite forcée de nos distributions modernes ne serait pas possible, puisque, dans cette hypothèse, aux heures de petite consommation, l'eau déborderait dans le château d'eau, et qu'aux heures de grande consommation le réseau des conduites publiques se viderait. Avec le système romain, la répartition des eaux, à partir du château public qui termine l'aqueduc, doit nécessairement se faire par autant de conduites qu'il y a de châteaux d'eau de quartiers à desservir, et, à partir de ces derniers, par autant de conduites qu'il y a d'abonnés. Nous verrons dans la suite de cet ouvrage quelle a été la conséquence de ce mode de distribution si peu rationnel. C'est seulement vers la fin du dix-huitième siècle que les frères Périer importèrent en France la distribution avec réservoir, qui est aujourd'hui adoptée partout.

# CHAPITRE XI

## DES MACHINES HYDRAULIQUES

---

La Samaritaine. — Traditions anciennes. — Construite par Henri IV. Système hydraulique. — Détruite en 1813.

*Traditions anciennes.* — Nous n'avons que de rares renseignements sur les premières dispositions de cette machine. Comme elle était exclusivement destinée à l'alimentation des palais du Roi, les registres de la ville n'en font mention qu'au point de vue des mesures de police qu'exigeait sa conservation. Les anciens historiens ne sont même pas d'accord sur la date de sa construction. D. Félibien, trompé par le témoignage de Germain Brice, l'attribue à Henri III[1]. Piganiol de la Force tombe dans la même erreur[2].

Cette machine a été construite sous le règne de Henri IV par un ingénieur flamand du nom de Lintlaer ; c'est un fait qui n'est plus contesté aujourd'hui : elle est nécessairement postérieure à la construction du Pont-Neuf qui ne fut achevé qu'en 1604. La lettre suivante de Henri IV à Sully ferait disparaître tous les doutes s'il en restait encore :

[1] D. Félibien. *Histoire de la ville de Paris*, t. II, p. 1379.
[2] Piganiol de la Force. *Description de Paris*, t. II, p. 51.

« Mon amy, sur ce que j'ay entendu que le preuost des marchands et escheuins de ma bonne ville de Paris, font quelque résistance à Lintlaer, flamant, de poser le moulin seruant à son artifice, en la deuxiesme arche du Pont-Neuf du costé du Louvre, sur ce qu'ils prétendent que cela empescheroit la nauigation, je vous prie les enuoyer querir et leur parler de ma part, leur remonstrant en cela ce qui est de mes droicts; car à ce que j'entends, ils les veulent usurper, attendu que le dit pont est faict de mes deniers et non des leurs.

« Adieu, mon amy[1]. HENRY.

« Ce 23 aoust, à Fontainebleau. »

Avant la construction de cette pompe, le service des palais royaux absorbait environ la moitié des eaux fournies par les aqueducs de la ville; c'est pour mettre fin à cette situation si préjudiciable aux intérêts du public, qu'Henri IV se décida à construire cette machine destinée à fournir l'eau nécessaire au Louvre et aux Tuileries.

Cela étant admis, je donne d'abord la relation de Germain Brice qui fait connaitre l'état de l'ouvrage jusqu'en 1725[2].

SAMARITAINE

« Ce petit édifice, qui n'est pas moins remarquable par la manière industrieuse dont il est élevé, que pour l'utilité et l'ornement qu'il procure à toute la ville, mérite bien un article particulier.

« Cette *pompe*, ou cette *machine hydraulique* comme on peut nommer cet édifice, est placée à la seconde arche du Pont-Neuf, du côté du Louvre : elle a été élevée sous le règne de Henri III (lisez Henri IV), pour fournir commodément de l'eau au Louvre et aux fontaines du jardin des Tuilleries. On avoit bâti tout exprès

[1] *Collection des mémoires* de M. Petitot, t. V, p. 149.
[2] *La Samaritaine*. Germain Brice, tome quatrième, MDCCXXV.

un réservoir dans le cloître de Saint-Germain l'Auxerrois, dont il reste encore des voûtes sur pié, soutenues d'arcades d'un assez bon dessin, sous lesquelles on a ménagé depuis des appartemens assez logeables; mais les réparations nécessaires faites en divers tems, pour entretenir l'édifice de la Samaritaine, s'étant trouvées absolument inutiles, les pilotis et les soutiens pourris, ou fort endommagez par les glaces des grands hivers, et les débordemens extraordinaires de la rivière, on entreprit en l'année 1712 une réparation générale qui a coûté des sommes très-considérables par la quantité des grands bois qui ont été emploiez, à présent fort rares en France, à cause de la destruction de la plupart des Forêts.

« Sur la fin de l'année 1714, cette entreprise qui avoit paru suspendue et comme abandonnée pendant un tems assez long, prit quelque forme, et a été entièrement terminée, vers la fin du mois d'août 1715, sur les dessins de Robert de Cotte, premier architecte du Roi.

« Les décorations de ce petit édifice sont agréables et assez bien imaginées.

« On voit sous un arc qui occupe presque toute la face de devant, deux figures de métail en couleur de bronze : l'une représente N. S. assis, l'autre la Samaritaine; la première de ces figures est de Bertrand, et la seconde de Fremin, tous deux sculpteurs habiles et renommez.

« Au milieu est un bassin fort orné de sculptures, aussi de métail en couleur de bronze, qui reçoit l'eau de la machine, pour la rendre ensuite aux endroits où elle est destinée.

« Le comble de cet édifice est terminé par un campanile rempli de quantité de cloches, qui font un carillon toutes les fois que les heures doivent sonner; il est embelli de plusieurs ornemens, qui brillent de loin par l'abondance des dorures qui y ont été emploiées [1]. »

[1] Voy. p. 234, l'élévation de la façade de ce petit édifice du côté du Pont-Neuf.

Avant la reconstruction dont il est fait mention dans ce récit, la Samaritaine était un édifice fort simple. Les anciens auteurs ne disent rien de l'appareil hydraulique primitif. Nous savons seulement qu'il a servi de modèle à la machine du Petit Moulin du pont Notre-Dame, dont nous avons la description, et comme cette description s'accorde avec celle de la machine de la Samaritaine donnée en 1739 par Bélidor, il est probable qu'en 1712 on reconstruisit l'appareil hydraulique sur l'ancien plan de Lintlaer.

Voici l'abrégé de la description de Bélidor [1]. Les pompes étaient mises en mouvement par une roue pendante construite à l'aval de la 2ᵉ arche du Pont-Neuf, du côté du quai de l'École. L'édifice était soutenu par deux files de pieux, cachées sur le plan suivant par les chapeaux A B qui les recouvraient. Sur ces chapeaux étaient fixées des liernes C D qui enclavaient, en outre, deux files de pieux E, beaucoup plus élevés que les précédents, liés par quatre cours de moises; cette charpente était, en quelque sorte, la fondation de l'édifice.

On voit, de chaque côté sur ce plan, un coffre en charpente rempli de maçonnerie, qui, en temps de basses eaux, dirigeait le courant sous la roue Q. Pour régler ce courant, on faisait usage de la vanne T, qu'on baissait en temps de grandes eaux, pour diminuer la force du courant, et qu'on levait en temps de basses eaux.

L'essieu de la roue reposait sur deux paliers P, encastrés dans deux poteaux à coulisse O; cet essieu portait, à chacune de ses extrémités, une manivelle aux coudes de laquelle s'adaptaient des tringles en fer ou fourches, qui s'ajustaient à deux forts tirants en bois formant bielle et mettant en mouvement les balanciers H ou bascules des pompes. Ces pompes se voient en V sur le plan, entre quatre poteaux R, accompagnés de deux coulisses Z, entre lesquelles jouait le châssis qui portait les pompes, lorsqu'on

[1] *Architecture hydraulique*, par Bélidor, commissaire provincial d'artillerie, t. II, p. 170 et suiv., pl. 8 et 9. Édition de 1739.

voulait les réparer. Ces pompes étaient aspirantes et foulantes et étaient entièrement plongées dans l'eau.

Pompe de la Samaritaine. — Plan.

On montait et descendait la roue pour la tenir au niveau de l'eau, au moyen de crics qu'il me paraît absolument inutile de décrire.

Deux faux planchers, indiqués sur la coupe suivante par

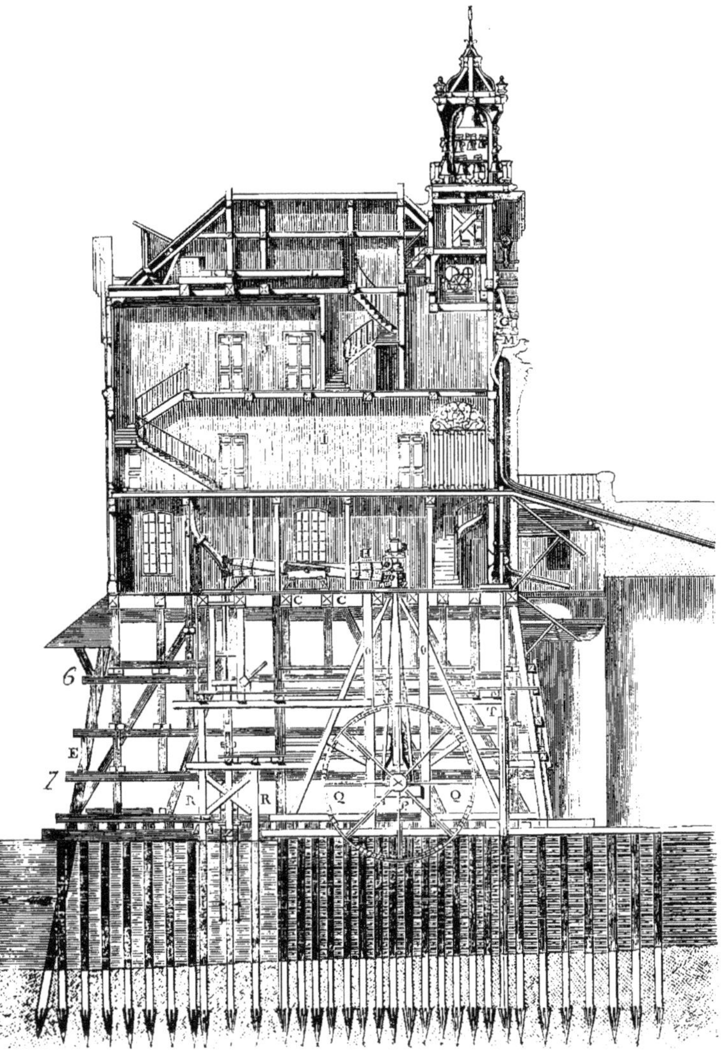


Pompe de la Samaritaine. — Coupe.

les nos 6 ct 7, étaient établis l'un à 2 mètres environ, l'autre à 7 mètres au-dessus des basses eaux ordinaires, et permettaient de visiter les organes inférieurs de la machine, tels que les paliers de la roue, les manivelles, les pompes, etc. Une large ouverture, pratiquée dans chacun de ces faux planchers, permettait de monter et de descendre la roue, suivant le niveau des eaux du fleuve. Les tirants en bois qui mettaient les balanciers en mouvement, montaient et descendaient avec la roue, entre les dents de deux fourches en fer adaptées à l'extrémité de chaque balancier. Lorsque la roue était amenée à la position où elle devait travailler, pour une hauteur donnée de l'eau du fleuve, chaque tirant était lui-même fixé dans la position correspondante, par des boulons ou des coins.

Les pompes étaient dans une position invariable, de même que les balanciers, et les verges en fer fixées dans des charnières, à l'autre extrémité de ces derniers.

L'appartement du gouverneur de la pompe était à l'étage situé au-dessus des faux planchers 6 et 7, au niveau du pavé du Pont-Neuf; il était en communication avec le pont par la passerelle en bois figurée sur la coupe. Au-dessus se trouvait un autre appartement, sans doute celui du sous-gouverneur.

L'eau était refoulée sous les combles, dans une rigole K L, qui la conduisait, en passant derrière le campanile, dans la coquille G, d'où elle tombait, entre les figures du Christ et de la Samaritaine, dans le bassin M, situé au-dessous du cadran, représenté à l'endroit Y de la figure de la page 234, qui faisait jouer le carillon dont parle Germain Brice.

On voit, sur la coupe, la conduite qui, partant du fond du bassin, dirigeait l'eau sous la chaussée du Pont-Neuf. Germain Brice est le seul auteur qui parle d'un réservoir construit dans le cloître de Saint-Germain-l'Auxerrois. Suivant Bélidor, la Samaritaine fournissait de l'eau au Louvre, au jardin des Tuileries et au Palais-Royal. D'après un plan que j'ai sous les yeux[1], et qui porte

[1] Voici le titre de ce plan :

PLAN DE LA DISTRIBUTION AU LOUVRE, AUX THUILERYES ET AU PALLAIS ROYAL DES EAUX D'ARCUEIL ET DE LA POMPE DE LA SAMARITAINE.

18 feburier 1694.

Signé : SORBAY.

la date de février 1694, la conduite de la Samaritaine suivait le quai entre le Pont-Neuf et le Pont-Royal et alimentait seulement le grand bassin octogonal du jardin des Tuileries et l'autre bassin situé dans la même allée.

Les pompes étaient au nombre de quatre, divisées en deux équipages.

Le rayon de la roue était de 8 pieds ($2^m$,60), ce qui répond à une circonférence de 50 pieds 3 pouces ($16^m$,33). Les aubes, au nombre de 8[1], avaient 18 pieds ($5^m$,85) de longueur, sur 4 ($1^m$,30) de hauteur, ce qui donne 72 pieds carrés ($7^m$,60) de superficie.

Les coudes des manivelles avaient 21 pouces ($0^m$,57), et les balanciers 20 pieds ($6^m$,50) de longueur; les tourillons étaient placés de telle sorte qu'ils partageaient ces balanciers en deux parties inégales, l'une de 10 pieds 9 pouces ($3^m$,49), du côté de la manivelle, et l'autre de 9 pieds 7 pouces ($3^m$,11), du côté des tiges des pompes.

Le diamètre des pistons des pompes était de 9 pouces ($0^m$,24), et celui du tuyau de refoulement de 6 pouces ($0^m$,162). La course des pistons était de 3 pieds ($0^m$,97), la colonne de l'eau refoulée avait 72 pieds ($23^m$,39) de hauteur.

En eau moyenne, la roue faisait 2,80 tours par minute, ce qui correspondait à une vitesse de 2 pieds 7 pouces 6 lignes ($0^m$,85), au milieu de la hauteur des aubes. La vitesse de l'eau mesurée par Bélidor avec le tube de Pitot, a été trouvée de 6 pieds 2 pouces ($2^m$,00) environ par seconde.

Bélidor indique les diverses modifications qu'on aurait dû faire à la machine pour la rendre parfaite, ce qui aurait porté son produit à 74 pouces d'eau ($1420^{mc}$) en 24 heures. En réalité elle ne montait que 37 pouces ou $710^{mc}$ d'eau en 24 heures, ou 8 lit. 10 par seconde; la hauteur de la colonne d'eau étant de $23^m$,39, la force de la machine, comptée en eau montée, était de $23,39 \times 8^k,10$

[1] Bélidor trouve que le nombre des aubes aurait dû être de sept et non de huit.

ou de 189 kilogrammètres ou $2^{chev}$,52. C'était une bien petite par-

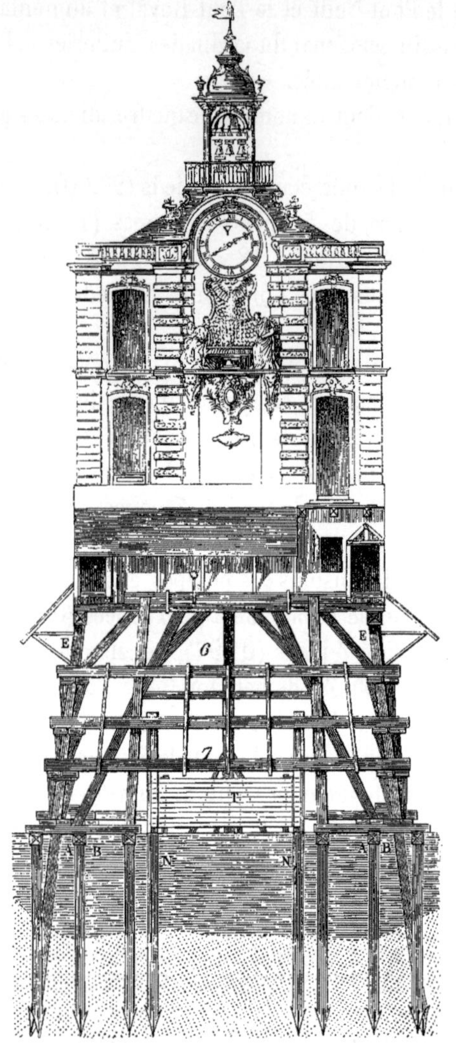


Pompe de la Samaritaine. — Élévation du côté du Pont-Neuf.

tie de la puissance d'un si grand cours d'eau. Mais il ne faut pas oublier que les seuls moteurs hydrauliques connus alors ne pouvaient marcher noyés et la roue de la Samaritaine devait fonctionner même en temps de crue. Une roue pendante, qu'on maintenait à fleur d'eau pendant les crues du fleuve, était tout ce qu'on connaissait de mieux il y a deux cents ans.

Il me paraît inutile d'entrer dans plus de détails sur la machine de la Samaritaine, qui n'a aujourd'hui qu'un intérêt purement archéologique.

La figure ci-contre fait voir la face orientale du bâtiment, qui donnait sur le Pont-Neuf ; on y remarque le cadran Y, le carillon, la coquille, le bassin qui recevaient l'eau élevée par l'usine, et enfin les statues du Christ et de la Samaritaine.

Je ferai voir, en discutant les pompes du pont Notre-Dame, le vice capital inhérent au système adopté.

Quoique la pompe de la Samaritaine fût la propriété du Roi, la Ville avait un intérêt très-réel à sa conservation, surtout dans les années de basses eaux, puisqu'alors, si la Samaritaine faisait défaut, les fontaines de la ville et surtout les sources de Rungis, devaient, malgré la sécheresse, fournir l'eau nécessaire aux palais royaux. Il n'était pas toujours très-facile de préserver la pompe des atteintes des bateaux qui s'accumulaient comme aujourd'hui en aval du Pont-Neuf, partie du fleuve où les courants sont moins rapides, en raison de la grande largeur du lit.

Des ordonnances très-sévères furent donc rendues les 16 mars 1667, 7 février 1706, 5 août 1707 et 19 juillet 1764, dans l'intérêt de la conservation de la machine ; je donne ci-dessous la dernière de ces ordonnances, qui est la reproduction de toutes les autres.

Il est à croire que des mesures semblables n'ont pas paru nécessaires pour les pompes du pont Notre-Dame ; nous n'en trouvons aucune trace dans les registres de la Ville et cela n'a rien de surprenant ; le courant rapide qui existe entre le pont Notre-Dame et le pont au Change ne se prête guère au stationnement des bateaux.

De par les Prévosts des Marchands et Échevins de la ville de Paris.

Du 19 Juillet 1764,

A tous ceux qui ces présentes lettres verront : Jean-Baptiste-Elie Camus de Pont-Carré, Chevalier, Seigneur de Viarme, Seugy, Beloy et autres lieux, Conseiller d'État, Prévost des Marchands et les Échevins de la ville de Paris, Salut : scavoir faisons. Sur ce qui nous a été remontré par le Procureur du Roy et de la ville, que le service de la machine hydraulique, établie et appliquée au Pont-Neuf de cette ville, devenant de plus en plus nécessaire, eu égard aux diminutions survenues dans le volume d'eau que produisoient cidevant les sources d'Arcueil, il croit qu'il est du devoir de son ministère de remettre sous nos yeux les Ordonnances rendues sur son réquisitoire par nos Prédécesseurs les 16 mars 1667, 7 février 1706 et 5 août 1707, tant pour la sûreté et conservation de la même machine que pour en faciliter les opérations : et en conséquence de requérir qu'il nous plût d'en renouveler les dispositions, afin de dissuader ceux qui, mal à propos, pourroient croire qu'elles sont demeurées sans exécution et que, d'un autre côté, la sévérité des peines qu'elles prononcent puisse arrêter et prévenir en même temps toutes contraventions.

NOUS, ayant égard au Réquisitoire du Procureur du Roy et de la ville et après l'avoir ouï en ses conclusions, Vu les dites ordonnances des 16 mars 1667, 7 février 1706 et 5 août 1707 ; Disons qu'elles seront exécutées selon leur forme et teneur. En conséquence, faisons très-expresses inhibitions et défenses à tous marchands de bois et autres, faisant leur commerce et ayant bateaux chargés ou vuides, de telle espèce que ce puisse être, sur la rivière au Port de l'École, au-dessous de la machine hydraulique du Pont-Neuf, de monter ni tenir leurs bateaux placés plus près de ladite machine de quatorze toises, à peine de cent livres d'amende contre chacun des contrevenants, et en outre de demeurer solidairement garands de tous accidens d'incendie par le feu du Ciel ou autre qui pourroient arriver à ladite machine par le défaut dudit éloignement de quatorze toises.

Ordonnons que les bateaux qui pourroient se trouver actuellement et dans la suite à moindre distance de ladite machine seront, en vertu des présentes, et sans qu'il en soit besoin d'autres, relâchés et descendus dans le jour à la susdite distance de quatorze toises, aux frais des propriétaires d'iceux, et à la diligence des officiers chargés de l'Inspection sur le placement et arrangement des bateaux dans ledit Port et qu'audit cas il sera délivré auxdits officiers exécutoire du montant des salaires qu'ils auront pour ce payés à leurs compagnons, à prendre sur lesdits bateaux et marchandises y étant.

Faisons pareilles très-expresses inhibitions et défenses aux femmes desdits marchands, et à toutes autres qui vendent et achètent des fagots, cottrets et autres marchandises ou autrement fréquentent dans lesdits bateaux, d'y porter ni se servir de chaudrons dans lesquels il y ait du feu. Et à tous débardeurs, crocheteurs et autres, d'y aller avec des pipes à fumer allumées, à peine contre lesdites femmes de marchands et autres qui vendent, de cent livres d'amende pour chaque contravention, dont lesdits marchands demeureront responsables, et contre les autres contrevenants de prison, même pour la première fois.

Comme aussi défendons très-expressément aux meuniers du moulin étant sous l'arche du Pont-Neuf et à leurs garçons et domestiques, lors de la conduite qu'ils font du bateau qui leur sert à conduire et faire arriver les bleds dans ledit moulin et à les en faire sortir et enlever quand ils sont convertis en farines, de toucher ni heurter en façon quelconque, soit avec les crocs, perches ou autres instrumens servant à sa conduite, aux pieux et moises de ladite machine hydraulique, même sous prétexte que ladite conduite ne peut se faire sans ce secours, sauf à eux à se servir de cordes fermées et attachées audit moulin, pour pouvoir plus aisément y aller et revenir à terre, le tout sous peine de prison contre ceux qui seront trouvés contrevenir à cette défense, et en outre de cinquante livres d'amende pour chaque contravention qui demeurera encourue contre lesdits meuniers, en vertu des présentes, et sans qu'il soit besoin d'autres.

MANDONS aux huissiers et commissaires de Police de l'Hôtel de cette ville de tenir la main à l'exécution des présentes, de dresser des procès verbaux des contraventions qui pourroient y être commises et de les remettre dans le jour au Procureur du Roy et de la ville. Enjoignons aux Officiers ayant l'Inspection sur le placement et arrangement des bateaux audit port, et aux Sergens, Caporaux et soldats de la Garde de jour et de nuit sur les Ports de cette ville, d'y veiller exactement et de dénoncer au Procureur du Roy et de la ville lesdites contraventions aussitôt qu'elles seront à leur connaissance, même auxdits Sergens, Caporaux et soldats d'arrêter les contrevenans dans les cas sus exprimés et les conduire ès prisons dudit Hôtel de ville. Et seront ces présentes luës, publiées et affichées partout où besoin sera, et exécutées nonobstant oppositions ou appellations quelconques et sans préjudice d'icelle. Ce fut fait et donné au bureau de la ville le dix-neuviesme jour du mois de juillet mil sept cent soixante quatre [1].

[1] Registres de la ville, vol. 93, H. 1870, fol. 461.

Dans les premiers temps de la Révolution, les sections voisines de la Samaritaine s'emparèrent de ce bâtiment pour y établir corps de garde, état-major, commissaire de police, comités civils et de bienfaisance. En l'an VI (1797), il y restait encore l'état-major, le corps de garde, le commissaire de police et le comité de bienfaisance. Il paraît bien évident, d'après cela, que les pompes ne fonctionnaient plus. Bralle, l'ingénieur hydraulique en chef, dans un rapport du 4 vendémiaire an VI (25 septembre 1797), demande que les intrus soient expulsés, mais uniquement pour que le local soit rendu aux inspecteurs des fontaines, qui s'y trouveront à l'aise. Rien n'indique donc que l'établissement ait été rendu à sa première destination[1]. On n'avait fait du reste, à cette époque, aucune réparation aux bâtiments, si ce n'est aux têtes de cheminées de l'édifice[2]. Ces travaux étaient estimés 600 fr. Je ne parle pas d'un mémoire de 643 190 fr. présenté par un entrepreneur de charpente, pour réparations au même édifice, et réduit le 30 frimaire an IV (21 décembre 1796), par l'ingénieur, à 350 000 fr. C'était évidemment un compte en assignats.

La Samaritaine est comptée parmi les ouvrages qui servent à l'élévation de l'eau, dans un mémoire du sieur Vachette, du 17 ventôse an IX (8 mars 1801).

Il en est encore question dans un arrêté du gouvernement de la République du 5 prairial an XI (25 mai 1803) ; il y est dit notamment : « La destruction des pompes du pont Notre-Dame et du Pont-Neuf entre dans les projets énoncés en l'article 5 ; mais cette destruction n'aura lieu que lorsque les nouvelles machines destinées à remplacer celles-ci seront en pleine activité. »

M. Mouchetet, membre du conseil des bâtiments civils, dans un mémoire du 23 germinal an XI (13 avril 1803), évalue le

[1] Voy. le rap. de Bralle, Manuscrits des Archives nationales, F. 13-876, n° 26.

[2] Voy. le rapport de Bralle et l'avis du conseil des bâtiments civils. Manuscrits des Archives nationales. Liasses F. 13-876, n° 52.

produit de la Samaritaine à 40 pouces (768 mètres cubes) en 24 heures. Girard n'estime ce produit qu'à 21 pouces.

Dans le décret organique du service des eaux du 4 septembre 1807, la Samaritaine figure à l'art. 1er, à côté des pompes Notre-Dame, parmi les ouvrages servant à l'élévation de l'eau[1].

Il me paraît peu utile de reproduire les diverses descriptions de la Samaritaine publiées dans le cours des dix-septième et dix-huitième siècles ; on y trouverait des appréciations très-louangeuses, qui ne sont en définitive que l'abrégé du récit de Germain Brice, donné ci-dessus; la seule bonne description technique est celle de Bélidor, dont j'ai fait l'abrégé. Mais, vers la fin du dix-huitième siècle, les idées changèrent avec l'état des choses : le filet d'eau monté par la petite pompe ne comptait plus dans la distribution de Paris. L'édifice de pilotis qui bouchait la deuxième arche du Pont-Neuf fut moins soigneusement entretenu, et on n'y vit plus qu'une lourde charpente en ruine, gênante pour la navigation, et coupant de la manière la plus disgracieuse les lignes de la magnifique perspective des bords de la Seine. L'opinion des écrivains du dix-neuvième siècle est donc absolument opposée à celle de Germain Brice et de ses contemporains. Je crois devoir faire quelques extraits des ouvrages de cette époque.

SAMARITAINE[2]

« La Samaritaine, ornement du Pont-Neuf, dont plusieurs écrivains ont fait une belle description, n'est qu'un vilain bâtiment carré, adossé au Pont-Neuf, dressé sur pilotis, et qui rompt de toutes parts un superbe coup d'œil. Ce bâtiment avait titre de *château royal*, avec un gouverneur ancien domestique du roi, qui ne venait jamais dans ses États.

[1] Voy. ce décret. Manuscrits des Archives nationales. Seine, 18, F. 3, Eaux.

[2] *Miroir historique, politique et critique de l'ancien et du nouveau Paris*, par L. Prudhomme, t. III. Paris, 1807, page 290.

« Le sous-gouverneur administrait la pompe qui élève l'eau de la Seine pour la distribuer aux fontaines publiques du Louvre, du jardin des Tuileries et dans plusieurs quartiers voisins. Le petit bâtiment de la Samaritaine fut construit sous Henri IV, à la seconde arche du côté du Louvre; la machine hydraulique et l'horloge qui jouait des airs à toutes les heures ont été démolies en 1712 et rebâties en entier : elles ne furent achevées qu'en 1774. Le même jour que Louis XVI vint à Paris rétablir le Parlement dit du chancelier Maupou, au moment où ce roi passait sur le Pont-Neuf pour se rendre au Palais de Justice, le carillon de la Samaritaine joua pour la première fois cet air maintenant si connu : *Où peut-on être mieux qu'au sein de sa famille...*

« Au bas du cadran est un grand bassin doré qui reçoit les eaux du réservoir pour les dégorger à son tour dans des tuyaux qui les portent à leur destination. Ces eaux, en tombant sur une coquille, et de là dans un bassin, forment une cascade très-agréable. Le bassin était accompagné de deux figures en plomb, bronzées et dorées, dont l'une représentait Jésus-Christ assis, et l'autre la Samaritaine puisant de l'eau au puits de Jacob et s'arrêtant pour écouter le Christ. Ce groupe, fondu sur les modèles de Fremin et Bertrand, a été renversé en 1793. Sous le bassin était l'inscription suivante :

FONS HORTORUM
PUTEUS AQUARUM VIVENTIUM.

Dans une nouvelle édition publiée en 1814, le même auteur réduit sa description aux lignes suivantes[1] :

« La *Samaritaine*, ornement du Pont-Neuf, dont plusieurs écrivains ont fait une belle description, a été détruite par ordre de Buonaparte. »

[1] Même ouvrage, édition de 1814, t. I.

Voici l'appréciation de la destruction du carillon, écrite dans un ordre d'idées bien différent, par un autre auteur, M. Édouard Fournier :

« Le carillon, qui n'avait pas été changé depuis que Drouart et Ninville en avaient refondu les clochettes vers le milieu du siècle de Louis XIV, cessa de se faire entendre (en 1793).

« La sonnerie aux clairs refrains demeura immobile et muette dans son campanile au-dessus du toit qu'on laissait peu à peu s'effondrer. Quant à la petite girouette qui surmontait ce campanile, et dans laquelle on avait spirituellement découpé l'image de la mobile Renommée, elle avait disparu depuis longtemps déjà avec le cadran anémonique où ses mouvements marquaient les variations du vent[1]. »

La Samaritaine fut entièrement détruite en 1813, comme le prouve le récit suivant, de Dulaure[2].

« Cette machine était sujette à se déranger et exigeait de fréquentes réparations.

« Dans les années 1712, 1714 et 1715, elle fut presque entièrement renouvelée. Les Français, qui plaisantent sur tout, firent alors des couplets sur cette fontaine, reconstruite avec plus de magnificence que de goût.

« Voici deux couplets d'une de ces chansons, qui ne fut pas composée par des jésuites :

Arrétez-vous ici, passant ;
Regardez attentivement ;
Vous verrez la Samaritaine
Assise au bord d'une fontaine :
Vous n'en savez pas la raison,
C'est pour laver son cotillon.

Regardez de l'autre côté :
Comme le Seigneur est planté,

[1] *Histoire du Pont-Neuf*, par Édouard Fournier, p. 485. 1862. Chez Dentu, éditeur, Palais-Royal.

[2] *Histoire civile et morale de Paris, etc.*, par J.-A. Dulaure, cinquième édition, t. V, 1834, p. 187.

Qui l'entretient sur la grâce
Il lui parle sur l'efficace :
Mais il lui parle doucement
De crainte d'emprisonnement.

« En 1772, cette pompe-fontaine fut de nouveau reconstruite et le groupe de figures redoré. Ce bâtiment avait le titre de *Gouvernement*. Le roi nommait et appointait richement l'inutile gouverneur de la Samaritaine. La révolution en a fait justice.

« Les nouveaux moyens employés pour alimenter les fontaines et bassins des palais et jardin des Tuileries rendaient cette machine moins nécessaire; elle menaçait ruine : ses produits ne valaient pas les frais de son entretien ni de sa restauration; en 1813, elle fut entièrement démolie. »

Les quolibets ne manquèrent pas, et la destruction de la pauvre fontaine fut chantée dans des ouvrages burlesques tels que celui-ci : *Les Adieux de la Samaritaine aux bons Parisiens*, par M. Pissot. La publication de cette brochure fixe au moins la date précise de la démolition; elle a paru en avril 1813 chez Aubry, imprimeur-libraire, et évidemment, comme tous les ouvrages de circonstance, peu de jours après la destruction de l'édifice.

Ces plaisanteries assez fades n'eurent probablement pas plus de retentissement qu'elles n'en méritaient : la Samaritaine tomba sans bruit comme toutes les choses qui ont fait leur temps. En cela, les Parisiens ne se sont pas montrés animés d'un grand esprit de justice : le roi, véritablement grand, auteur de cette petite machine, a rendu un signalé service à leurs ancêtres, en alimentant en eau de Seine les châteaux royaux, dont il pouvait, comme ses prédécesseurs, tirer l'eau des fontaines publiques, bien misérablement dotées alors; il leur a appris de plus comment ils pouvaient utiliser le courant de la Seine pour faire cesser la pénurie d'eau dont la ville souffrait presque toujours. La Samaritaine ne devait donc pas disparaître au milieu de l'indifférence générale; elle méritait qu'on lui consacrât au moins quelques lignes de souvenirs, et c'est pour cela que j'ai écrit ce chapitre.

## CHAPITRE XII

### LES POMPES DU PONT NOTRE-DAME

Traditions anciennes. — Sécheresses de 1667-68-69. — Jolly, ingénieur ordinaire du Roi, propose d'établir des pompes en aval de la troisième arche du pont Notre-Dame. — Description de la machine proposée. — Elle est acceptée par le bureau de la ville. — Proposition du Sr Fondrinier d'établir des pompes semblables dans le grand moulin établi à l'aval de la deuxième arche du même pont. — Acceptation du bureau de la ville. — Fondrinier déclare qu'il n'est que le prête-nom de M. de Mance. — Les machines sont exécutées et entretenues par MM. Jolly et de Mance. — Acquisition des deux moulins par la ville.

*Sécheresses de* 1667-68 *et* 69. — On a vu ci-dessus que ces sécheresses réduisirent presque à rien le volume d'eau dont le bureau de la Ville disposait alors. Les mesures administratives prises pour atténuer cette pénurie d'eau ne produisirent aucun résultat.

« Depuis la construction de l'aqueduc d'Arcueil, la Ville avoit eu environ quarante pouces d'eau, tant de cet aqueduc que de ceux du Pré-Saint-Gervais et de Belleville; on fit des recherches pour faire revenir les eaux à ce dernier, qui n'en avoit jamais beaucoup fourni, et qui étoit presque à sec, au moins pour la Ville; car on découvrit en particulier, dans un des regards de cet aqueduc d'où les religieuses de la Roquette tiroient leurs eaux, qu'elles en avoient cent cinquante lignes, tandis que la Ville n'en avoit que trente-six. On retrancha totalement le conduit des religieuses; on obligea les habitants de Belleville et du Pré-Saint-Gervais de combler les puits, et d'arracher les arbres qui étoient le long des pierrées qui amenoient les eaux ; mais les recherches qu'on fit à Belleville, non plus que celles qu'on avoit faites dans les environs de Rungis, ne produisirent pas un grand effet, et ne furent point capables de remédier aux incommodités que souffroient de la disette d'eau les habitants éloignés des bords de la rivière. On écouta donc, en 1669, les propositions que firent différents particuliers, et entre autres celles de M. Jolly, ingénieur ordinaire du Roi, qui avoit le soin de la pompe de la Samaritaine : il en fit deux en même temps; la première, de faire trouver cent pouces d'eau dans les regards du Pré-Saint-Gervais, qui n'en avoient pas jusqu'alors produit au-delà de vingt pouces. Cette proposition, dont l'exécution demandoit de grandes dépenses, ne fut pas si favorablement accueillie que celle qu'il fit en même temps d'élever les eaux de la rivière au pont Notre-Dame, par le moyen de deux machines hydrauliques, dont le jeu fut examiné par des experts que la Ville nomma; ce projet réussit, et la pompe que nous voyons en est le fruit, et le plus riche fonds de la Ville pour les eaux. » (Bonamy.)

Cette résolution fut prise pendant cette grande sécheresse, à la suite d'une visite des aqueducs de Belleville, du Pré-Saint-Gervais et du château d'eau de l'aqueduc d'Arcueil, dirigée le 4 septembre 1669 par le prévôt des marchands lui-même. On retrouvera dans les chapitres suivants le récit de cette visite.

Ce récit prouve que la longue sécheresse signalée ci-dessus persistait encore en 1669 : le 4 septembre, l'aqueduc du Pré-Saint-Gervais ne donnait que 6 pouces d'eau, à peu près comme en 1668; l'aqueduc de Belleville ne débitait pour ainsi dire rien[1]: les petits travaux ordonnés sur place par le prévôt, ainsi que le dit Bonamy, ne produisirent aucun résultat.

[1] Voy. ci-dessus p. 88 et suiv.

L'aqueduc d'Arcueil lui-même étant tombé à un très-bas débit[1], il arriva ce qu'on constate toujours en pareille circonstance : on passa d'un extrême à l'autre : toutes les illusions qu'on s'était faites sur la constance du débit des sources s'étant dissipées, on chercha autre chose et l'on crut avoir trouvé une solution définitive en adoptant le projet de Jolly, qui proposait de faire, à l'aval de la troisième arche du pont Notre-Dame, une machine analogue à celle de la Samaritaine. Ici encore on se fit de grandes illusions ; mais on ne compromettait rien, car la dépense n'était pas grande.

Le devis de la machine fut présenté au bureau de la ville par Jolly, le 29 novembre 1669. Il fut soumis peu de jours après à l'examen de ce bureau. Voici les passages les plus intéressants du procès-verbal de la délibération :

« Du vendredi vingtième décembre mil six cent soixante-neuf. En l'assemblée de messieurs les Préuost des marchands Eschevins et cons^rs^ de la ville et d'aucuns de messieurs les antiens Eschevins le dit jour tenu en lhostel de lad^e^ ville, suivant les mandements pour ce enuoyez pour délibérer sur la proposition qui auoit esté faicte par le sieur Jolly d'esleuer les eaux de la rivière de Seyne pour la commodité de la ville et dy faire venir par de nouvelles recherches qui seroient faites à Belleville et au pré saint Geruais sont comparus : messire Claude Le Pelетier, conseiller, etc...

« Outre les personnes cy dessus, messieurs les Préuost des marchands et Eschevins auoient faict prier plusieurs personnes intelligentes au faict des Eaux et dans les mathématiques pour auoir leur aduis sur la proposition du sieur Jolly, scauoir :

« Monsieur de Franchini, Lieutenant criminel de robbe courte et surintendant des eaux du Roy.

« Les sieurs Petit et Blondel, ingénieurs du Roy et Roberual professeur royal ès mathématiques.

« Et le sieur de Beyne lun des quarteniers de la Ville.

« Monsieur le Préuost des marchands a dict qu'ayant recognu que le publicq et particulièrement plusieurs communautez relligieuses receuoient beaucoup d'incommodité pour n'auoir la quantité de bonne eau qui leur pouuoit estre nécessaire pour leur usage, que plusieurs quartiers éloignez

[1] Voy. ci-dessus p. 00.

de la riuière se trouuant dans la mesme peyne il auoit recherché les moyens de procurer au publicq quelque soulagement, qu'il auoit escouté et receu touttes les propositions qui luy auoient esté faictes qui abouttissoient à deux moyens; le premier estoit d'augmenter les Eaux publiques par de nouvelles recherches ; et l'autre par des esléuations d'Eau de la riuière de Seyne. Que les recherches de nouvelles sources outre quelles estoient d'une grande despense, elles estoient incertaines pour la quantité et la longueur dans leur exécution; que lexemple de l'Esléuation d'eau qui se faisoit à la Samaritaine justifioit assez qu'il estoit possible et aisé desleuer des Eaux de la riuière en quantité suffisante pour pouruoir aux besoins du publicq, que le bureau de la ville auoit résolu sous leurs bons aduis de se seruir de lun et lautre moyen, et que pour le second le sieur Jolly qui auoit le soin de l'esléuation d'Eau de la Samaritaine auoit faict une proposition dont la lecture seroit faicte syl plaisoit à la Compagnie, mesme faict le modèle qui estoit exposé et qui auoit esté veu par plusieurs experts et Ingénieurs; laquelle proposition contenoit trois chefs. Le premier de faire une esléuation d'Eau de l'endroict où estoit aprésent scitué le plus grand des moulins addossez contre le pont Nostre dame en faisant faire deux pilles de pierre dans le lict de la riuière et faisant porter les machines, Roües et Tournants sur des batteaux flottans qui sesleueroient à proportion que les Eaux augmenteroient. Le second que les dits ouurages ettants paracheuez il auoit une petite machine toute preste qui pouuoit esleuer trente à quarante poulces d'Eau, et qu'il poseroit dans le petit moulin dont lon verroit l'effect dans quatre mois. Et le troiziesme et dernier qu'il offroit de faire la recherche et liurer dans les regards du pré Sainct Geruais jusques à la quantité de cent poulces d'Eau moyennant deux mille cinq cens liures pour chaque poulce, de faire à ses despens les dites recherches et de desdommager les propriétaires des terres où les d[es] fouilles seroient faites : Mais afin que la Compagnie conneus auec plus de certitude toute la proposition que la lecture en alloit estre faicte en présence des experts mandez qui estoient dans la grande salle et attandoient pour entrer et qu'il estoit important d'entendre pour scauoir leurs sentimens sur la manierre en laquelle les ouurages debuoient estre faicts.

Ce faict Ruelle huissier de la d[te] ville auroit faict entrer les d[ts] maistres des œuures de la Ville et autres experts susnommez en la présence desquelz lecture auroit esté faicte à la Compagnie par le greffier de la Ville de la proposition du d[t] Jolly et du deuis des ouurages à faire pour lexécution dycelle.

Sur quoy les d[ts] experts ayant esté ouys, eux retirez et ouy le procureur du Roy et de la Ville en ses conclusions ;

A ESTE ARRESTÉ et conclud de receuoir la proposition dudit Jolly. Et que pour connoistre auec plus de certitude l'effect de ces machines et quelle quantité d'Eau on en pouuoit espérer, Mesdicts sieurs les Preuost des marchands et escheuins conuiendroient auec luy pour la petite machine qu'il dict auoir preste à poser dans le d$^{t}$ petit moulin, que l'on receuroit cependant toutes les propositions qui pourroient estre faictes pour de pareilles esleuations ou nouuelles recherches d'Eaux viues et de sources pour exécuter celles qui se trouueroient les plus seures et les plus aduantageuses, et qu'on s'appliqueroit à examiner les endroicts et courant de la riuière où l'on pourroit plus seurement faire les d$^{es}$ esléuations et commodement pour la nauigation et décoration de la d$^{te}$ Ville.

En suit la teneur du deuis...

Le procès-verbal de la délibération se termine ainsi :

« Arresté pour estre exécuté suivant la résolution prise en lassemblée du conseil de Ville le vingtiesme décembre mil six cent soixante-neuf, signé : Le Peletier, Belin et de Santeul [1].

Le devis de la machine de Jolly est annexé au procès-verbal. Comme elle est construite sur le modèle de celle de la Samaritaine, dont j'ai donné la description pages 229 et suivantes, je me contente d'en indiquer les principales dimensions, en employant les lettres des figures des pages 230, 231 et 234.

Cette machine, qui devait élever 30 à 40 pouces d'eau (576 à 768 mètres cubes) en 24 h., était établie à l'aval de la troisième arche du pont Notre-Dame, du côté du quai de Gesvres; elle se composait d'une roue pendante de 18 à 20 pieds (5$^{m}$,85 à 6$^{m}$,50) de longueur et de hauteur, mettant en mouvement quatre corps de pompes V. Aux deux extrémités de l'arbre de la roue étaient encastrées deux manivelles en bronze, aux coudes desquelles « s'accolaient deux fourches », dont les bras étaient fixés à un des bouts de « quatre grands tirants en bois de chêne », dont les autres bouts étaient liés à une des extrémités des bascules ou balanciers H, donnant le mouvement par leurs autres extrémités

[1] Registres de la ville, vol. XLV, fol 150 et suiv.

aux tringles ou tiges des pistons des pompes. A chaque tour de roue, les quatre pompes V aspiraient et refoulaient l'eau. Ces fourches ajustées sur le coude des manivelles étaient de véritables têtes de bielles dont les tirants en bois étaient le corps.

Chaque bielle menait un équipage composé de deux pompes en agissant sur une des extrémités des balanciers. Ces balanciers étaient en bois de 14 pieds (4$^{m}$,55) de longueur, 18 pouces (0$^{m}$,48) de largeur, et 10 pouces (0$^{m}$,271) d'épaisseur; ils étaient suspendus sur des tourillons en fer, portaient à leur autre extrémité « les verges » qui descendaient dans les corps de pompes. Ces tirants en bois et les verges étaient fixés aux extrémités des balanciers par de « grosses charnières de fer ».

Les tourillons de l'arbre de la roue, des manivelles, des bielles, des balanciers tournaient dans des paliers en cuivre jaune.

Les pompes étaient aspirantes et foulantes : elles étaient en cuivre jaune, avaient 8 pouces (0$^{m}$,216) de diamètre intérieur, et près de 5 pieds (1$^{m}$,62) de longueur. Les pistons étaient en fer à charnières garnies de bois et de cuivre. Les soupapes étaient en cuivre jaune, elles avaient 8 pouces (0$^{m}$,216) de diamètre. Outre les huit qu'exigeaient les quatre pompes, il y en avait deux autres de 6 pouces (0$^{m}$,162) de diamètre, à l'extrémité inférieure de deux tuyaux d'aspiration, qui descendaient dans la rivière à 3 ou 4 pieds (0$^{m}$,97 à 1$^{m}$,30) au-dessous du niveau des plus basses eaux. Ces tuyaux de 6 pouces (0$^{m}$,162) de diamètre étaient en cuivre rouge « forgé ».

L'eau s'élevait dans les combles de l'édifice à 15 pieds (4$^{m}$,87) au moins, au-dessus du « rez-de-chaussée » du pont Notre-Dame par deux tuyaux en cuivre rouge « forgé » de 6 pouces (0$^{m}$,162) de diamètre, formés de pièces assemblées par des nœuds de soudure.

Les pompes se reliaient deux à deux, à ces conduites d'aspiration et de refoulement, par des tuyaux de même diamètre disposés en forme de fourche.

L'eau était versée au sommet de l'édifice dans deux cuvettes de jauge en plomb, d'un pied et demi ($0^m,49$) en carré. Quatre paires de verrins en bois de noyer servaient à monter et à descendre la roue, suivant les variations de niveau de la rivière.

En somme cet appareil était des plus simples : il se composait des manivelles fixées à chaque extrémité de l'arbre de la roue qui déterminaient, au moyen des bielles décrites ci-dessus, le mouvement de va-et-vient des balanciers et des verges des pompes. Le devis ne dit pas quelle était l'amplitude de ce mouvement de va-et-vient, ou en d'autres termes ne donne pas le diamètre du cercle décrit par le coude des manivelles, et la longueur de la course des pistons des pompes. En admettant que les balanciers fussent divisés en deux parties égales, par les tourillons sur lesquels ils étaient suspendus, il est évident que la longueur de la course des pistons était exactement égale au diamètre du cercle décrit par le coude des manivelles. On peut évaluer cette longueur par le calcul suivant :

D'après les conventions faites par Jolly, les pompes devaient monter 30 pouces d'eau ou $575^m,85$ en 24 heures, soit 400 litres par minute. D'après le calcul de Bélidor, la roue de la Samaritaine devait faire 2 tours 80 par minute; la chute du pont Notre-Dame étant plus grande que celle du Pont-Neuf, on peut, sans exagération, admettre que la roue du petit moulin faisait environ 3 tours dans le même temps[1]. Les quatre pompes devaient donc élever ensemble par tour de roue, $\frac{400}{3}$ litres, ou 133 litres 33, ce qui fait, pour chacune d'elles 33 litres 33 ou $0^{mc},03333$. Le diamètre des pompes étant de 8 pouces, ou de $0^m,216$, leur section était de $0^{mq},0366$. Avec 1 mètre de course, le volume engendré était de $0^{mc},0366$. En admettant que le rendement des pompes fût égal aux quatre-vingt-dix centièmes du volume engendré, le

[1] Après la restauration des machines faite par Rennequin, le nombre des tours de roue fut réduit à deux par minute. C'est ce que Bélidor a constaté le 17 septembre 1737. Mais, par un meilleur aménagement des dispositions des pompes, cet ingénieur rendit à la roue sa vitesse normale de trois tours par minute. Il est à remarquer que dans l'origine la machine était simple et peu fatiguée et que la vitesse de trois tours par minute n'avait rien d'exagéré.

rendement était égal à $0^{mc},033$, c'est-à-dire égal au volume demandé. La longueur de la course était donc de 1 mètre.

Avec cette longueur de course les pompes devaient donner 30 pouces d'eau ; mais il fallait, pour cela, que la machine fût bien entretenue et que les pertes par les clapets fussent presque nulles. Cela ne souffre aucune difficulté avec notre système d'entretien ; mais il n'en était pas ainsi dans ces temps anciens, et on verra ci-dessous que malgré les clauses rigoureuses imposées aux entrepreneurs, le rendement des pompes était très-irrégulier et était loin d'atteindre 30 pouces.

*Dépense, délai d'exécution, force de la machine.* — Le devis de Jolly ne donne pas la hauteur réelle du refoulement de l'eau ; cet ingénieur s'était simplement engagé à l'élever à 15 pieds au-dessus de la chaussée du pont. Bélidor donne la hauteur de la colonne d'eau refoulée, qui était de 81 pieds ou $26^{m},31$ au-dessus du niveau des plus basses eaux.

Ces pompes devaient être construites sur le modèle de celles de la Samaritaine et, d'après la figure de ces dernières donnée par Bélidor, la course aurait été d'un peu plus d'un mètre.

La quantité d'eau à élever étant de 575 mètres cubes 85 en 24 heures, ou de 6 litres 67 par seconde, le travail utile de la machine était de $6,67 \times 26,31 = 175$ kilogrammètres ou 2 chevaux 33 comptés en eau montée. C'était une grande amélioration introduite à peu de frais dans le service des eaux de Paris par une bien petite machine ; le volume de ces eaux à la suite de la grande sécheresse de 1667, 1668 et 1669, était, d'après la répartition du 22 mai 1669, de 23 pouces 137 lignes, ou de 459 mètres cubes en 24 heures ; il se trouvait porté à 1035 mètres cubes, et cela au moyen d'une somme de 20,000 livres à payer à Jolly, non compris les frais accessoires qui devaient doubler à peu près la dépense. Ce n'était pas cher, et de plus Jolly s'engageait à monter sa machine dans un délai de quatre mois ; c'était une affaire facile à mener à bonne fin.

*Exécution des travaux.* — Cependant on procéda à l'exécution des travaux avec la lenteur caractéristique de ces temps anciens. L'approbation du traité remonte au 20 décembre 1669 ; les travaux pouvaient donc être terminés vers la fin d'avril 1670 ; mais le 8 février le Petit-Moulin n'était pas encore mis à la disposition de l'entrepreneur : à cette date, M. Accard, échevin, et le procureur du roi et de la ville en faisaient la reconnaissance ; ils constataient que la ville devait prendre à sa charge d'assez grands travaux d'appropriation dans ce moulin, et chargeaient le maître des œuvres d'en dresser le devis. Ils visitaient les ateliers de Jolly et s'assuraient que les principales pièces de la machine étaient terminées, ou en bonne voie d'exécution [1].

Le 18 février deux experts, Poncelet Cliquin, maître charpentier à Paris et ordinaire des bâtiments du Roi, et Macé Cauchy, maître des œuvres de charpenterie de la Ville, faisaient l'estimation de la prisée du moulin et la fixaient à 2145 livres 13 sols 4 deniers [2].

Le 27 du même mois une nouvelle convention fut faite avec Jolly ; les travaux d'appropriation du Petit-Moulin mis à la charge de la ville y sont décrits. Il fut convenu que l'entrepreneur entretiendrait la machine pendant trois ans à partir du jour de l'achèvement des travaux, moyennant la somme de 1800 livres par an, payable de trois mois en trois mois, et qu'il était passible de retenues proportionnelles pour tout chômage de plus de quinze jours consécutifs.

Voici la teneur du dispositif de cette convention :

A ESTÉ CONUENU que nous d[t] Préuost des marchands et Escheuins serons tenus de faire faire un faux planché au derrière de la maison dud[t] moulin en la manière de celuy de la Samaritaine sur lequel le d[t] Jolly posera ses moises et cheuallets pour porter tout le corps de sa machine. Et dautant qu'il ny a point de pieux de coulisse au d[t] moulin pour soustenir le parc, Nous

[1] Registres de la ville, vol. XLV, fol. 172 et suiv.
[2] Ibid., fol. 176 et suiv.

dicts Préuost des marchands et Escheuins promettons den faire mettre quatre à nos frais et despens comme aussy de faire faire la guerite audessus du d[t] moulin pour le logement des cuuettes qui doibuent receuoir les Eaux à la d[e] hauteur de quinze pieds au-dessus du Rez-de-chaussée du dict pont nostre dame. A esté conuenu de plus que le d[t] Jolly sera tenu d'entretenir lad[e] machine en bon et deub estat tournante et trauaillante et faisant lad[e] esléuation d'Eau pendant le temps et espace de Trois années consécutiues qui commanceront du jour que lad[e] machine fera lad[e] esléuation moyennant la somme de dix huit cens liures par chacune et payable de Trois mois en trois mois en vertu de nos mandements par led[t] maistre Nicolas Boucot, sur lequel entretien sera faict diminution aud[t] Jolly toutes les fois que la d[e] machine cessera deslever les d[tes] Eaux durant lespace de quinze jours non compris le temps des glaces. Et d'autant que le d[t] Jolly doibt trauailler à dautres ouvrages de mesme nature pour la d[te] ville a esté conuenu que le d[t] Jolly sera tenu dans les Trois années de reprendre la d[e] petite machine en cas que nous le jugions à propos et de rendre à la d[te] ville la somme de dix mil liures pour le prix d'icelle.

DONNÉ lettres de ce que le d[t] Jolly pour lexécution des présentes a esleu domicile en la maison de la Samaritaine où il est demeurant. Faict au bureau de la ville le vingt septiesme jour de feburier mil six cent soixante dix[1].

Ces traités successifs faits avec Jolly préoccupaient vivement les habitants de Paris, et, avant leur exécution, le prévôt des marchands reçut de nouvelles propositions. Il existait, sous la seconde arche du pont Notre-Dame, un autre moulin connu sous le nom de Grand-Moulin. Le sieur Guillaume Fondrinier proposa d'y construire des pompes capables d'élever 50 pouces d'eau. Il présenta le devis de la machine aux prévôt des marchands et échevins. Je ne la décrirai pas, parce que le devis en est absolument inintelligible.

La machine comprenait quatre équipages composés chacun de deux pompes en bronze fondu, de 20 pouces ($0^m,54$) de hauteur, de 6 pouces ($0^m,162$) de diamètre, et de 6 lignes ($0^m,0135$) d'épaisseur de parois. Le mouvement était transmis aux balanciers

[1] Registres de la ville, vol. XLV, fol. 193 et suiv.
[2] *Ibid.*, vol. XLV, fol. 217 et suiv.

par un rouet à dents de bois de cormier et de sauvageon, de 12 pieds (3$^{m}$,90) de diamètre. Les fourches et tuyaux de refoulement étaient en cuivre rouge battu de 1 ligne (0$^{m}$,00225) d'épaisseur.

Cette proposition fut acceptée en ces termes :

« Arresté pour estre exécuté. Faict au bureau de lad$^{te}$ ville le dix septiesme mars mil six cens soixante dix. Signé : Le Peletier, Picques, de Santeul, Accart et Fondrinier. »

Cette acceptation fut confirmée par une nouvelle décision du 21 mars 1670. Le prévôt des marchands s'engageait à livrer le Grand-Moulin au sieur Fondrinier le 31 mars suivant, à lui payer 40000 livres pour l'élévation de 50 pouces d'eau et un supplément de 15000 livres, par chaque quantité de 25 pouces qu'il élèverait en sus des cinquante pouces. Le sieur Fondrinier se chargeait de l'entretien des machines pendant dix ans, à raison de 2000 livres par an, si la quantité d'eau élevée n'était que de 50 pouces, et de 3000 livres si cette quantité s'élevait à 100 pouces. Il devait subir une réduction pour tout chômage dépassant 15 jours, non compris le temps des glaces. Si la machine ne donnait pas le rendement prévu, le sieur Fondrinier devait rétablir le moulin à ses frais. On exigeait de lui bonne et suffisante caution pour l'exécution du marché. Fondrinier déclara qu'il faisait élection de domicile en la maison de M. Jacques de Mance, 16, rue Saint-Avoie. Cette délibération du bureau est signée : Le Pelletier, Picques, de Santeul, Accart et Fondrinier[1].

Le 22 mars 1670, Fondrinier comparut au greffe de la ville et présenta « pour caution messire Jacques de Mance, conseiller du Roy en ses conseils et trésorier général des vennerie et fauconnerie de sa Majesté, demeurant rue Sainct-Auoye, paroisse Sainct-Nicolas-des-Champs au présent, lequel après avoir pris communication dudit traité a promis et s'est volontairement

[1] Registres de la ville, vol. XLV. fol. 17 et suiv.

solidairement obligé avec ledit Fondrinier d'exécuter ledit traité, etc., etc., et ont signé « De Mance et Fondrinier. » Aussi signé « Langlois » avec paraphe. »

Le 2 mai suivant, Fondrinier déclara qu'il n'élevait aucune prétention au traité et que le tout appartenait au sieur de Mance, qu'il n'avait fait que prêter son nom, à sa prière. Cette déclaration se termine ainsi :

Et ont signé la minutte des présentes auec lesdicts nottaires soubsignez demeurée par deuers et en la possession de Raymond l'un d'iceux. Signé : « Le Moyne et Raymond » auec paraphe.

En outre, M. de Mance prit le 11 septembre suivant l'engagement de rendre à la ville la somme de 6000 livres qu'il avait reçue le même jour, si la machine et ses quatre équipages de pompes n'étaient pas exécutés suivant les conventions faites, où si l'élévation de l'eau ne se faisait pas conformément aux clauses et conditions du traité passé entre le conseil de la ville et lui, sous le nom de Guillaume Fondrinier.

C'est ainsi que M. de Mance gendre du célèbre ingénieur Riquet, s'engagea dans cette affaire et se chargea de la construction de la machine du Grand-Moulin du pont Notre-Dame et de son entretien pendant dix ans à partir du 21 mars 1670.

Ce fut seulement le 16 juin 1670 que les deux traités de MM. Jolly et de Mance furent définitivement ratifiés en ces termes :

Du seizième juin mil six cens soixante-dix...

La compagnie estant assemblée, Monsieur le Préuost des marchands luy a dict que suiuant les résolutions qui auoient esté prises en l'assemblée du conseil de la ville d'augmenter les Eaux des fontaines publiques... Que pour cela l'on auoit traité avec le sieur Jolly, ingénieur qui promettoit d'eslever dans le petit moulin du pont Nostre-Dame jusques à trente poulces d'eau

[1] Registres de la ville, vol. XLV, fol. 219 et suiv.

pour laquelle quantité on estoit conuenu de luy donner vingt mil liures, qu'on auoit faict un autre traité auec le s[r] De Mance soubs le nom de Fondrinier pour l'Eléuation de cinquante poulces d'eau dans le grand moulin du d[t] pont moyennant cinquante milliures, que cette convention estoit d'autant plus aduantageuse que l'on ne debuoit luy donner aucune chose que lors que l'on auroit veu l'effect et la certitude de sa machine.

Sur quoy ouy le Procureur du Roy et de la Ville, en ses conclusions, la matière mise en délibération, a esté arresté que les traités faicts auec les s[rs] De Mance et Jolly seroient exécutés[1].

Les pompes du Grand-Moulin furent reçues sur la réquisition de M. de Mance. J'ai sous les yeux le procès-verbal de cette réception faite dans le mois de février 1672 en présence du prévôt des marchands et des échevins, par « le sieur Blondel, professeur du Roy ez mathématiques et ingénieur de sa Majesté, Michel Noblet, architecte des bastiments du Roy, maistre des œuvres de la Ville, Macé Cauchy, maistre des œuvres de charpenterie de lad[e] Ville, René Grégoire, maistre serrurier à Paris et de lad[e] Ville et Jean de Lorme, maistre charpentier à Paris ». Je n'entrerai pas dans le détail de cette minutieuse réception ; je me bornerai à citer les passages suivants du procès-verbal.

« Et d'autant que nous aurions trouvé (c'est le Prévôt des marchands qui parle), le mouvement très-inégal, nous aurions enquict led[t] sieur Blondel et autres experts des moyens de remédier à cette inégalité, lesquels nous auroient dit que pour en trouuer la cause et ensuite y remédier, il estoit nécessaire d'observer longtemps et à diverses reprises ladite machine et qu'ils y donneroient volontiers leurs soins, ce qui nous auroit obligé à demander audit de Manse s'il ne se soumettroit pas de faire faire les ouurages que led[t] sieur Blondel et experts proposeroient pour donner plus de stabilité à lad[e] machine et en regler le mouuement. Iceluy sieur de Manse nous l'auroit promis..... Et quant à la quantité de l'eaue, nous aurions trouué que lesd[ts] poulces n'étant que remplis esgallement, et l'eaue n'excédant point l'ouuerture desd[s] canelles, toute la quantité d'eaue eslevée par la machine dud[t] de Manse ne pourroit faire que la quantité de cinquante poulces d'eaue, quelque peu

[1] Registres de la ville, vol. XLV, fol. 310.

plus, lequel excédant ne se trouveroit plus apparemment lorsque les eaues seroient plus basses ez mois d'aoust, septembre et octobre, ausquels temps suiuant le traitté faict auec led[t] de Manse lesd[s] eaux doivent estre jaulgées [1]... »

Le 23 avril de la même année, une nouvelle visite des pompes du Grand-Moulin fut faite par les experts. Il fut ordonné, « sauf à jauger les dites eaux aux mois d'aoust, septembre et octobre », qu'un nouvel à-compte serait délivré à de Mance. Il avait reçu antérieurement. . . . . . . . . . . 17,000 livres.
Le nouvel à-compte qui lui fut accordé s'élevait à. . . . . . . . . . . . . . . . . . . . . . 18,055 —
On lui retenait. . . . . . . . . . . . . . . . . . 4,945 —

Total égal au prix stipulé. . . . 40,000 livres.

Le procès-verbal ajoute :

« Il en sera payé (des 4945 livres), lorsqu'il aura faict les ouurages nécessaires pour rendre les mouvements de lad[te] machine plus égaux suivant les devis qui en seront faicts par lesd[s] sieurs Blondel et Cliquin... et sera en outre ledit sieur de Mance tenu d'entretenir... ladite machine en sy bon état qu'elle fasse sans discontinuation l'eslévation desdits cinquante poulces d'eau[1]... »

Je ne trouve dans les registres aucune pièce relative à la réception de la machine du Petit-Moulin qui, suivant Girard, aurait été faite en 1671. Il est certain que cette machine fonctionnait au commencement de 1673, puisque dans la répartition des eaux

[1] Registres de la ville, vol. XLV, fol. 228 et suiv.

[2] *Ibid*, vol. XLVI, fol. 711.

[1] Girard a commis une grave erreur de date et d'appréciation des travaux. Suivant lui la machine du Grand-Moulin fut reçue en mai 1670, et il ajoute : « Malgré quelques irrégularités dans son mouvement, on reconnut qu'elle élevait un peu plus de 50 pouces d'eau, tandis que celle du Sr Jolly qui ne fut terminée qu'en 1671 en élevait seulement 25 à 30... » (Registres de la ville, vol. XLVII, fol. 324.) La discussion qui précède établit clairement que le travail de la machine de M. de Mance était très-irrégulier, qu'elle élevait bien 50 pouces d'eau, mais dans la saison des grandes eaux, et qu'il convenait de recommencer les jaujeages en août, septembre et octobre.

Girard s'appuie sur une délibération du bureau transcrite dans les Registres, vol. XLV, fol. 228. J'ai vainement fait chercher cette pièce, et les deux procès-verbaux des mois de février et avril 1672, dont je donne des extraits, prouvent qu'il n'est pas possible que la réception ait été faite en 1670.

faite à cette date, le produit des deux machines figure pour 99 pouces 109 lignes.

Cette appréciation du travail des machines était mal justifiée, mais au fond cela n'avait aucun inconvénient, car sur les 99 pouces 109 lignes d'eau, 7 pouces 85 lignes seulement étaient affectés à des concessions particulières ; le surplus était réparti entre un certain nombre de fontaines publiques, richement dotées en apparence, mais qui pouvaient supporter de fortes réductions de débit sans que le public en souffrît beaucoup.

*Acquisition des deux moulins du pont Notre-Dame.* — Il fut décidé, dans une assemblée du 30 juin 1673, qu'on achèterait les deux moulins du pont Notre-Dame que jusqu'alors la ville avait pris à bail. On espérait traiter avec la dame Talon, propriétaire du Grand-Moulin, au prix de 28 000 livres, y compris 4000 livres pour diverses charges supportées par cette dame ; les propriétaires du Petit-Moulin estimaient leur immeuble 20 000 livres, la ville leur en offrait 14 000.

La proposition du prévôt des marchands fut approuvée en ces termes :

Sur quoy la matière mise en délibération ouy le Procureur du Roy et de la ville en ses conclusions, a esté arresté et conclud, d'emprunter à constitution de rentes, les sommes qu'il conviendra pour faire l'acquisition desdits deux moulins au denier vingt-deux ou vingt-quatre, s'il se peut mesme de passer contract de constitution au proffit desd[s] propriétaires pour leur remboursement sur les biens et revenus de ladite ville.

Dans la même assemblée le prévôt des marchands fut autorisé à vendre dix pouces d'eau de Seine élevée par les machines « pour remplacer une partie du fondz quy auoit esté employé pour le payement des machines et pompes. »

Le prévôt pensait « que l'on pouuoit disposer de cette quantité d'eau sans diminuer la fourniture des fontaines publiques, que l'on estoit obligé de mettre souvent en descharges[1]. »

[1] Registres de la ville, vol. XLVII, fol. 576 et suiv.

## CHAPITRE XIII

### LES POMPES DU PONT NOTRE-DAME

(SUITE)

Faible rendement des pompes. — Mort de Jolly. — M. de Mance n'est plus chargé de l'entretien du Grand-Moulin. — Nouveaux fermiers. — Les choses ne vont pas mieux. — Faible rendement de 1680 à 1700. — Rennequin est chargé de l'entretien des machines, il les modifie complétement. — Description de Bélidor. — Bélidor est lui-même chargé par Turgot de restaurer les pompes. — Améliorations obtenues.

*Faible rendement des pompes.* — On croyait donc à la surabondance de l'eau élevée par les machines, mais on ne tarda pas à reconnaître qu'on était sur ce point dans une bien grave erreur. Nous trouvons dans les registres de la ville une ordonnance du 23 juillet 1676 portant :

« Que Denis Jolly demeure descheu de pouuoir prétendre aulcune chose pour l'entretien de la machine au dessoubz du pont Nostre-Dame, attendu que l'entretien n'a nullement esté bien faict[1]. »

Cette ordonnance constate un point de fait d'une grande importance : trois ou quatre ans à peine après son achèvement, la

[1] Registres de la ville, vol. XLVIII, H. 1825, fol. 575.

machine éprouvait des chômages forcés de plusieurs mois : on verra qu'il n'était pas possible qu'il en fût autrement.

« Nous auions reconnu (dit le procureur du Roi et de la ville) par les descentes que nous y auions faites en diuers temps depuis le mois de mars dernier, que lad[e] machine ne trauailloit point et ne faisoit aucune esléuation d'eau, ce qui l'obligeoit de nous requérir conformément à la clause précise portée par le susd[t] traité que led[t] Jolly fut déclaré descheu de pouvoir prétendre aucune chose pour l'entretien de lad[e] machine depuis la fin du mois d'auril dernier jusques à présent... »

« Nous ayant esgard ausd[ts] remontrances et conclusions dud[t] Procureur du Roy et de la ville, faute par led[t] Jolly... l'auons déclaré deschu de pouvoir prétendre aucune chose pour l'entretien de lad[e] machine depuis le premier juin dernier jusques à ce que lad[e] machine fasse actuellement l'esléuation desdits trente poulces d'eau... »

Jolly ne fut donc pas frappé d'une déchéance réelle ; il fut simplement mis en demeure d'exécuter son traité plus régulièrement. Il était encore chargé de l'entretien de la machine lorsqu'il mourut en 1679. Il fut alors décidé que cet entretien serait mis en adjudication.

que « l'entretenement de la dite pompe seroit donnée au bureau de la ville au moins disant... Le Prévost n'ayant pas reçu d'offres plus aduantageuses que celles faites par Louis Collin dit Mougin, le déclara adjudicataire en ces termes, le 11 septembre 1679 : Après que toutes les formalitez en tel cas requises ont esté gardées et observées, auons, ouy et à ce consentant ledit Procureur du Roy et de la ville, baillé et délaissé, baillons et délaissons par ces présentes audict Louis Colin dit Mougin, demeurant sur le pont Notre-Dame à ce présent et acceptant comme moins disant l'entretien de ladite pompe et machine... pendant trois années quy ont commencé du premier jour de juillet dernier moyennant la somme de six cens cinquante liures par chacune desd[es] trois années outre le logement dudit Colin qu'il aura dans led[t] petit moulin, laquelle somme lui sera payée en vertu de noz mandements par maistre Nicolas Boucot, receueur du domaine dons et octroys de lad[e] ville aux quatre quartiers en l'an, à Paris accoustumés[1].

[1] Registres de la ville, vol. L. H. 1827, fol. 475.

Moyennant cette bien modeste somme, Colin devait maintenir la machine en état d'élever constamment les trentes pouces d'eau promis par Jolly; il avait charge en outre :

« De fournir les chablis, graisse, huisle, saint doux et cuir nécessaire pour faire aller lad$^{e}$ pompe et machine, de faire ressouder toultes fois et quantes ce qu'il conviendra les thuyaux, cuuettes et autres seruant à esleuer et receuoir lesd$^{es}$ eaux et autres menües réparations à faire auxd$^{tes}$ pompe et machine, mesme de fournir des petits boullons de fer où il en conviendra... »

Il était en outre soumis à des retenues proportionnelles sur la somme de 650 livres pour tout chômage de plus de quinze jours consécutifs.

Les pompes du Grand-Moulin ne marchaient pas mieux que celles du petit. Voici en effet les résultats de quelques jaugeages faits vers cette époque.

On vient de voir qu'en 1676 le Petit-Moulin était en chômage absolu depuis la fin de mars jusqu'au 25 juillet, époque où Jolly fut mis en demeure de mieux satisfaire aux conditions de son marché; cette mise en demeure produisit son effet, car le 21 octobre de la même année on constatait que le Petit-Moulin montait 30 pouces d'eau. Le Grand-Moulin à la même date n'en rendait que 12.

En 1678, Anthoine Dorival, serviteur ordinaire de la ville, fit plusieurs jeaugeages successifs sous la surveillance de M. Pierre de Beyne, premier échevin, et du procureur du Roi et de la ville.

Voici le résultat de ces opérations :

| | NOMBRE DE POUCES MONTÉS | |
|---|---|---|
| | GRAND-MOULIN. | PETIT-MOULIN. |
| 12 juin 1678. . . . . . . . . . . | 32 à 35 | 25 |
| 25 juin — . . . . . . . . . . . | 25 | 25 |
| 25 juillet — . . . . . . . . . . . | 19 à 20 | 25 |
| 5 août — . . . . . . . . . . . | 18 à 25 | 25 |

*Bail d'entretien du Grand-Moulin.* — D'après le traité passé le 21 mars 1670 avec Fondrinier pour le compte de M. de Mance, ce dernier cessait d'être chargé de l'entretien des machine et pompes du Grand-Moulin le 21 mars 1680. Cet entretien fut adjugé, le 30 juillet de cette année, au sieur Jean Albert, maître menuisier, pour trois années à partir du 1er août, aux clauses et conditions indiquées ci-dessus pour celui du Petit-Moulin[1].

Le procès-verbal de l'état des lieux fut dressé officiellement le 8 août suivant. M. de Mance mis en demeure d'assister à l'opération n'y prit aucune part, et il faut croire qu'elle ne se faisait pas avec son assentiment, car on dut faire ouvrir par un serrurier les portes de son appartement qu'on trouva entièrement démeublé. Ce procès-verbal fut dressé par deux échevins de la ville, MM. Philibert Levesque et Anthoine Croissy, conseiller du Roi, assistés du greffier de la ville, du sieur Piquel, inspecteur des fontaines, et de Jean Dorival, serviteur de la ville. Les commissaires définissent ainsi leur mandat :

> « Nous aurions procédé à la visite desdits moulin et machine pour en connoistre l'estat, et ce qu'il manquoit et conuenoit restablir par ledit sieur de Mance et ce quy pouuoit estre à la ville apartenant dependant desdits moulin et machine. »

Les choses furent trouvées en désordre plutôt qu'en mauvais état, à part quelques pièces usées et demandant des réparations, comme la garniture des paliers de la roue ; trois pistons des pompes étaient en place et en état de fonctionnement ; le quatrième fut trouvé dans une chambre du moulin. Il en était de même des verrins qui servaient à soulever la roue : sur quatre, trois seulement étaient équipés. Des deux gros tuyaux servant à monter l'eau dans les combles, un seul était en état de service.

M. de Mance, ce qui était plus grave, avait, pour son agrément particulier, percé le mur de la chambre des pompes, coupé les poteaux et fait trois arcades dans le mur qui séparait cette chambre des autres pièces de l'édifice, pour y faire *des cas-*

[1] Registres de la ville, vol. L. II. 1827, fol. 766

*cades* et *des jets d'eau*, sorte de chose qui a un attrait tout particulier pour les Parisiens.

La machine en ce jour de dernière visite montait les 50 pouces dus à la ville, on devait s'y attendre. Il en était de même au Petit-Moulin, les 30 pouces d'eau étaient versés dans la cuvette[1].

Ainsi se termina assez tristement l'intervention des deux fondateurs dans l'exploitation des pompes du pont Notre-Dame.

Le personnel administratif de ces deux machines fut complété le 29 août 1620, par la nomination d'un inspecteur des pompes, sorte d'agent de confiance chargé d'une haute surveillance, de veiller au bon entretien des pompes, de s'assurer qu'elles fournissaient toujours le volume d'eau voulu « et tenir un mémoire exact de ce quy s'en deffaudra », d'en avertir le bureau de la ville, et surtout le sieur Piquet ayant l'inspection des fontaines de la ville. L'agent choisi comme particulièrement fidèle et capable fut « Charles Seullier, garde du Roy en la Preuosté et l'hostel icelluy. » On lui accorda comme logement les pièces occupées antérieurement par Jean Dorival, dont il a été souvent question ci-dessus, et par M. de Mance, « sans estre le dict Seullier tenu de payer pour le dict logement aulcune chose au domaine de lad[e] Ville[1]. »

La nomination de cet inspecteur était évidemment une bonne chose; jusque-là les ouvrages hydrauliques de la ville étaient surveillés par des agents qui ne s'en inquiétaient guères, et on était loin du système normal d'entretien. La nomination de Seullier était un pas fait vers ce système qui ne comporte pas d'état-major et exige surtout des yeux ouverts. Il faut convenir d'ailleurs que cette nomination ne compromettait pas les finances de la ville.

On ne gagna pas grand'chose au changement de régime. On avait substitué à deux ingénieurs, dont les noms sont enregistrés

[1] Registres de la ville, vol. L, H. 1827, fol 770 e suiv.
[1] *Ibid.*, vol. L, fol. 16.

dans l'histoire, deux maîtres ouvriers absolument inconnus, introduits dans le service par le hasard d'une adjudication, qui se chargeaient de l'entretien des machines et des pompes pour un salaire notoirement insuffisant. Les pompes et les machines continuèrent à marcher avec la plus complète irrégularité, comme le prouve le tableau suivant :

| | NOMBRE DE POUCES D'EAU MONTÉS. | |
|---|---|---|
| | GRAND-MOULIN. | PETIT-MOULIN. |
| 11 septembre 1680. . . . . . . . . . . . . | 35 | 12 |
| 9 août 1681. . . . . . . . . . . . . . . . | » | 14 |
| 23 octobre 1682. . . . . . . . . . . . . . | 25 | » |
| 6 octobre 1683. . . . . . . . . . . . . . | 30 | 20 |
| 25 septembre 1684, basses eaux, travail des petites pompes, avaries dues aux glaces. | 16 | 15 |
| 27 septembre 1685, basses eaux, mauvais travail attribué à un attérissement. . . . | 3 à 4 | 8 à 9 |
| 19 septembre 1686. . . . . . . . . . . . . | 16 | 12 |
| 6 octobre 1687. . . . . . . . . . . . . . | 30 | 30 |
| 17 septembre 1688. . . . . . . . . . . . . | 25 | 25 |
| 19 septembre 1689. . . . . . . . . . . . . | 40 | 35 |
| 25 septembre 1690. . . . . . . . . . . . . | 20 | 16 |
| 17 septembre 1691. . . . . . . . . . . . . | 18 | 16 |
| 18 septembre 1692. . . . . . . . . . . . . | 30 | 20 |
| 15 septembre 1693. . . . . . . . . . . . . | 30 | 24 |
| 1er septembre 1694, année de basses eaux (petites pompes). . . . . . . . . . . . | 16 | 8 |
| 13 septembre 1695, avaries causées aux moulins par les glaces. . . . . . . . . . | 15 | 16 |
| 4 septembre 1697. . . . . . . . . . . . . . | 18 | 8 |
| 11 septembre 1698. . . . . . . . . . . . . | 12 | 35 |
| 10 septembre 1699. . . . . . . . . . . . . | » | 10 |

On crut introduire une amélioration réelle dans le service pendant les basses eaux, en substituant dans le Grand-Moulin, une petite pompe aux pompes ordinaires. Cette nouvelle machine n'élevait que 25 pouces d'eau au lieu de 50. Elle fut construite par Jean Albert, entrepreneur de l'entretien, et fut reçue le 23 octobre 1682. Il est certain qu'on fit une machine semblable au Petit-Moulin; car on lit dans le procès-verbal de la visite de 1694 :

« Serions entrez dans le petit moulin et montez au haut de la terrasse où nous aurions reconnu que s'y esleuoit huit pouces d'eau par la petite machine, la grande ne pouuant mouuoir à cause de la bassesse des eaux de la riuière et estans passez au grand moulin aurions trouué qu'il s'y esleuoit seize pouces d'eau auec la petite machine... »

Les petites machines n'introduisirent aucune amélioration dans le service; elles facilitèrent probablement les réparations des grandes pompes, mais sans augmenter le volume d'eau montée.

Ces irrégularités du service s'expliquent bien simplement, au moins pour les pompes de la Samaritaine et du Petit-Moulin, dont nous connaissons toutes les dispositions. On a vu que les manivelles, qui mettaient toute la machine en mouvement, étaient encastrées à chaque extrémité de l'arbre de la roue; il résultait de cette disposition qu'on ne pouvait faire la plus légère réparation, remplacer un clapet des pompes, remettre en état les paliers des manivelles, des balanciers, sans arrêter toute la machine et priver d'eau tous les services publics. On ne faisait donc aucune réparation, tant que la diminution du volume d'eau monté ne soulevait pas des plaintes trop vives. Il est probable qu'il en était de même dans le Grand-Moulin. Les avaries dues aux glaces et aux crues n'étaient point réparées en temps utile; on attendait des années entières avant de remettre un pieu essentiel emporté par les glaces; cela ressortira à chaque ligne dans ce qui va suivre.

Dans les usines modernes qui servent à monter de l'eau, on a un nombre de machines de rechange suffisant, pour que le service reste parfaitement régulier, même à la suite d'avaries graves. C'est vers l'époque où nous sommes arrivés, c'est-à-dire en 1700, que cette grande amélioration fut introduite dans les machines de la ville.

*Reconstruction des machines du pont Notre-Dame, par Rennequin.*

Servais ou Gervais Rennequin, ingénieur mécanicien, fut chargé en 1699 de l'entretien des machines du Grand-Moulin; on lit sur le registre de la ville la note suivante[1] : « Le bail de l'entretien des pompes fait audit Rennequin, le 19 juin 1699, n'est pas porté sur le registre. »

Nous ne connaissons donc pas les conditions de ce bail. Rennequin reconnut facilement que cette machine était dans le plus pitoyable état. Il proposa à la ville « de faire oster les trois petits corps de pompes, fourches et équipages usez, et en faire d'autres à ses dépands dans le Grand-Moulin du pont Notre-Dame. » Il demandait purement et simplement qu'on lui abandonnât les vieux matériaux. Une visite des lieux fut faite par le maître des œuvres de la ville, accompagné d'un des échevins, le sieur Regnault. Le rapport du maître des œuvres fut favorable à Rennequin : les corps de pompes étaient en mauvais état, *les fourches*, ou raccords de ces pompes avec les tuyaux de refoulement, étaient brisées, en sorte que la machine n'élevait plus que huit à neuf pouces d'eau au lieu de cinquante; l'autorisation demandée par Rennequin lui fut accordée le 23 mai 1700[2].

Le Petit-Moulin fut également remis à neuf quelques années après par le même mécanicien, et le résultat obtenu fut jugé si satisfaisant, que le prévôt des marchands et les échevins décidèrent, le 19 janvier 1708, qu'une inscription gravée sur une plaque de marbre noir conserverait la mémoire de cette restauration[3].

Voici la teneur de la lettre écrite au garde des eaux et fontaines de la ville :

« De par le Preuost des M^ds et Escheuins de la ville de Paris.

« M. Jean Beausire cons^r du Roy, architecte, M^e général, controleur et Inspecteur des batimens de la Ville, Garde ayant charge des eaux et fontaines publiques d'icelle, nous vous mandons de faire grauer et dorer l'inscription de l'autre part sur une table de marbre noir, et placer dans l'espace du

[1] Registres de la ville, vol. LXI, fol. 256.
[2] *Ibid.*, vol. LXI, fol. 256.
[3] *Ibid.*, vol. LIV, fol. 250.

cintre du porticq de l'entrée de la maison des pompes des eaux publiques de cette ville sur le pont Notre-Dame..... »

Voici le texte de cette singulière inscription :

DU RÈGNE DE LOUIS XIV

« Les batiments des Pompes pour élever l'eau qui se distribue à la pluspart des fontaines publiques de cette Ville, ont été reconstruits de neuf sur la rivière en cet endroict, auec toutes les machines conuenables pour donner une plus grande abondance d'eau, et un plus grand nombre de fontaines dans les quartiers les plus eloignez ou les cytoyens en ont le plus grand besoin.

« De la 4me preuôté de Messire Charles Boucher, cheualier seigneur d'Orsay et autres lieux, conseiller du Roy en sa cour du Parlement, Preuost des Marchands et Eschevinage de Guillaume Scourgon Ecuier cons[r] du Roy quartenier, Nicolas Denis Ecuier huissier ordinaire du Roy, en tous ses conseils d'Etat priué et finances, Estienne Perichon Ecuier cons[r] du Roy et de l'hostel de cette ville, notaire au Chatelet et Jacques Pijart Ecuyer, Estans Nicolas Guillaume Moreau Ecuier cons[r] Procureur du Roy et de la ville de Paris et avocat de Sa Majesté en l'hostel de ville, Jean Baptiste Taitbout Ecuier, conseruateur des hypotheques et Greffier, et Jacques Bouert Ecuier conseiller du Roy receveur. »

Nous ne connaîtrions pas le nouveau système appliqué aux pompes du pont Notre-Dame par Rennequin, sans une excellente description qui nous a été laissée par Bélidor.

Cet ingénieur fait d'abord observer que les deux machines faites dans l'origine sur des plans différents, par Jolly et de Mance, « ont été construites à neuf par le sieur *Rannequin* qui les a fait uniformes, et beaucoup moins défectueuses que dans le premier établissement. »

Bélidor décrit donc seulement une des machines, l'autre étant construite sur le même plan. Cette machine était composée de deux équipages, dont chacun comprenait trois corps accolés de pompes aspirantes montant l'eau dans une bâche, et de trois autres qui la refoulaient en même temps dans les cuvettes de distribution. Ceci étant entendu, je laisse parler Bélidor.

Manivelle à tiers-point.

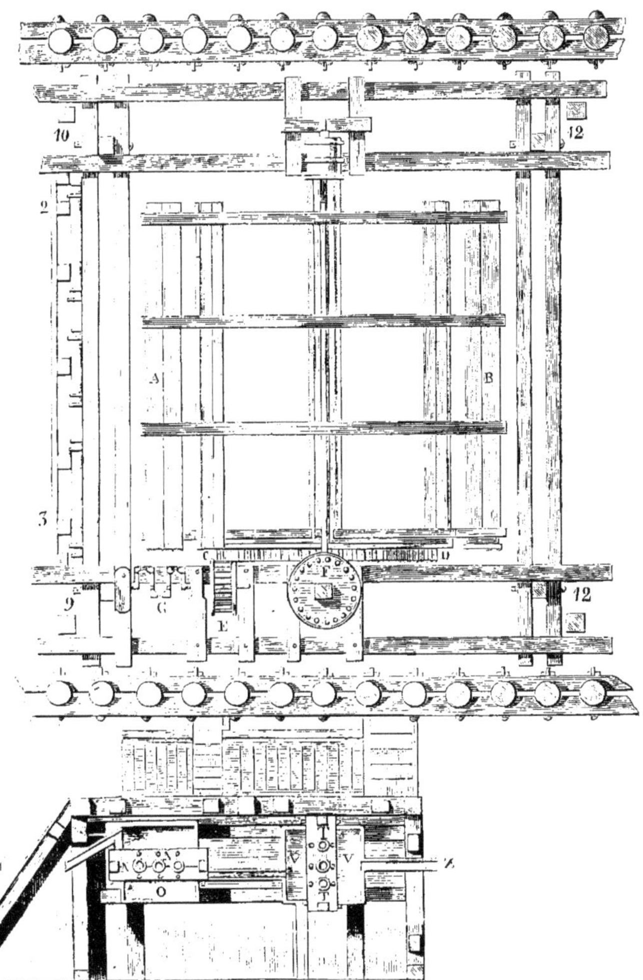


Plan de la roue et du rouet vertical.

La grande roue AB qui trempe dans l'eau, est accompagnée d'un rouet vertical CD, s'engrainant avec deux lanternes E, F; l'essieu de la première fait tourner une manivelle à tiers point marquée G, qui fait agir en même

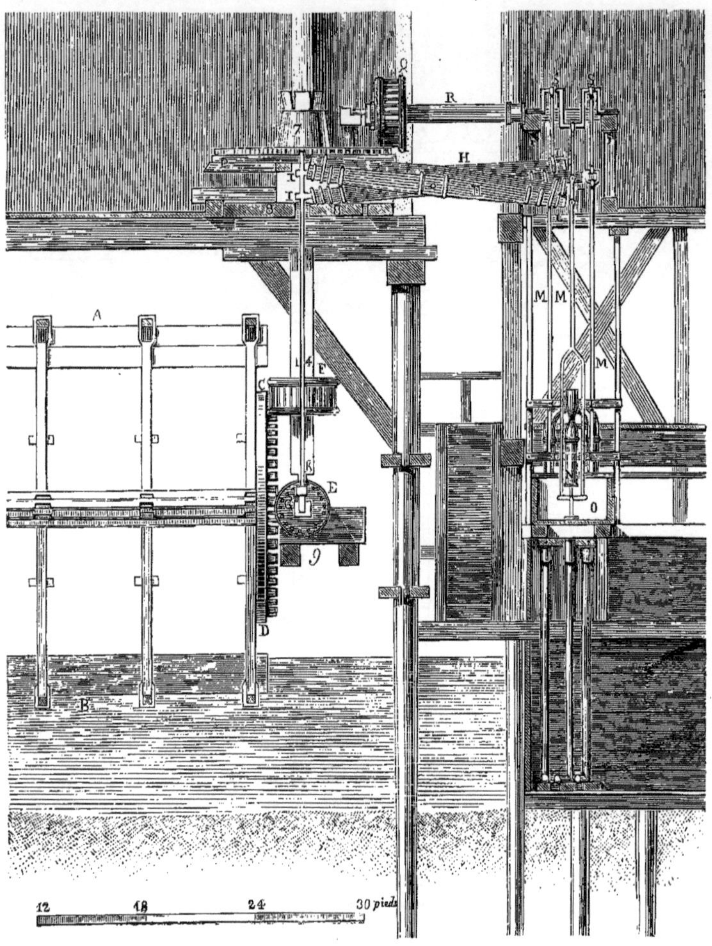


Élévation de la roue, des rouets vertical et horizontal, des sous-lanternes, des balanciers et des pompes du petit équipage et des manivelles du grand équipage.

temps trois balanciers H, exprimés dans la figure qui précède. Ainsi il faut concevoir qu'à leurs extrémités I, il y a des tringles de fer qui répondent à cette manivelle, ce qu'on ne peut bien distinguer que dans cette figure, où l'on reconnoîtra par l'indication des lettres précédentes, le profil de la roue AB, l'élévation du rouet CD, les lanternes E, F, la manivelle G, les balanciers H, et leur relation avec la lanterne E par les tringles IK.

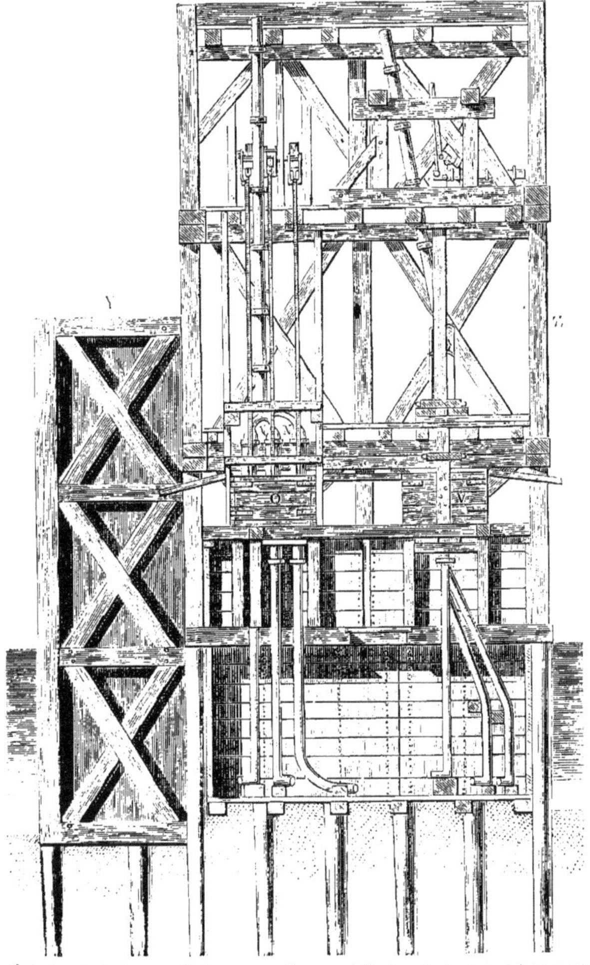


Élévation des bâches O et V des pompes d'une conduite de refoulement et des pompes du petit équipage.

En suivant avec un peu d'attention la même figure, on verra qu'aux extrémités opposées L des balanciers, se trouvent suspendues d'autres tringles M, répondant aux châssis qui portent les pistons, dont il est aisé de distinguer les corps de pompes N et leurs bâches communes O, exprimés aussi par les mêmes lettres N, O, au plan de la page 267. Ainsi à ne considérer que ce premier équipage, nommé équipage du *petit mouvement*, il résulte qu'à chaque tour que fait la lanterne E, la manivelle G fait alternativement aspirer et refouler une fois chacune de ces pompes ; c'est-à-dire, que d'abord l'eau de la rivière est élevée dans la bâche O, par l'aspiration des pompes inférieures ; de là elle est refoulée par les supérieures dans les tuyaux montants.

Pour juger de la manière dont agit le second équipage, nommé équipage du *grand mouvement*, il faut considérer dans la figure de la page 268 que le rouet CD, en faisant tourner la lanterne F, fait tourner aussi un rouet horizontal P, par le moyen de l'arbre 14, qui leur sert d'essieu commun ; que ce rouet s'engraine avec la lanterne Q, dont l'axe R fait agir une manivelle à tiers-point, S, à laquelle sont suspendus des tringles de fer et des châssis portant les pistons des corps de pompes aspirantes ou refoulantes, qui jouent alternativement comme les précédentes.

Les corps de pompes et la bâche de ce second équipage sont exprimés par les lettres T, V, au plan qui répond à la première figure, et l'on distingue sensiblement dans le second, en suivant les lettres relatives à la seconde, les parties qui lui communiquent le mouvement ; par exemple, le rouet P qui s'engraine avec la lanterne Q, l'essieu R et les manivelles S.

Quant à la figure de la page 269, elle représente un profil coupé sur l'alignement YZ du plan ; on y voit rassemblés les deux équipages que nous venons de décrire ; le premier qui répond à la bâche O a ses trois corps de pompes vus de front avec leur tuyau d'aspiration, au lieu que ceux du second qui répondent à la bâche V, ne pouvant être vus que de file, on n'a pu les exprimer aussi sensiblement, se trouvant d'ailleurs cachés par des pièces de charpente ; mais il est aisé de s'imaginer leur situation par celle du plan qui leur est relatif. J'ajouterai que pour que les tringles de cet équipage soient toujours maintenues verticalement, elles sont dirigées par les guides X, qu'on trouve aussi exprimés dans la seconde figure.

A l'endroit 2, 3 du plan, de la première figure, on voit la coupe horizontale d'une vanne servant à ménager la force du courant qui fait tourner la roue AB, afin qu'elle s'entretienne dans une vitesse uniforme.

On baisse, ou on lève avec le secours de trois autres crics, représentés aux endroits 5 de la figure suivante, et d'un verrin marqué 6, le châssis 9, 10, 11, 12, qui porte la roue AB, la lanterne E, et l'essieu 14.

Comme on ne peut changer la situation de la roue sans faire monter ou descendre en même tems les lanternes E et F, qui ne peuvent être séparées de leur rouet commun CD, on saura que le grand rouet P a un moyeu 7, qui repose et qui tourne sur une plate-forme 8, comme un pivot sur sa crapau-

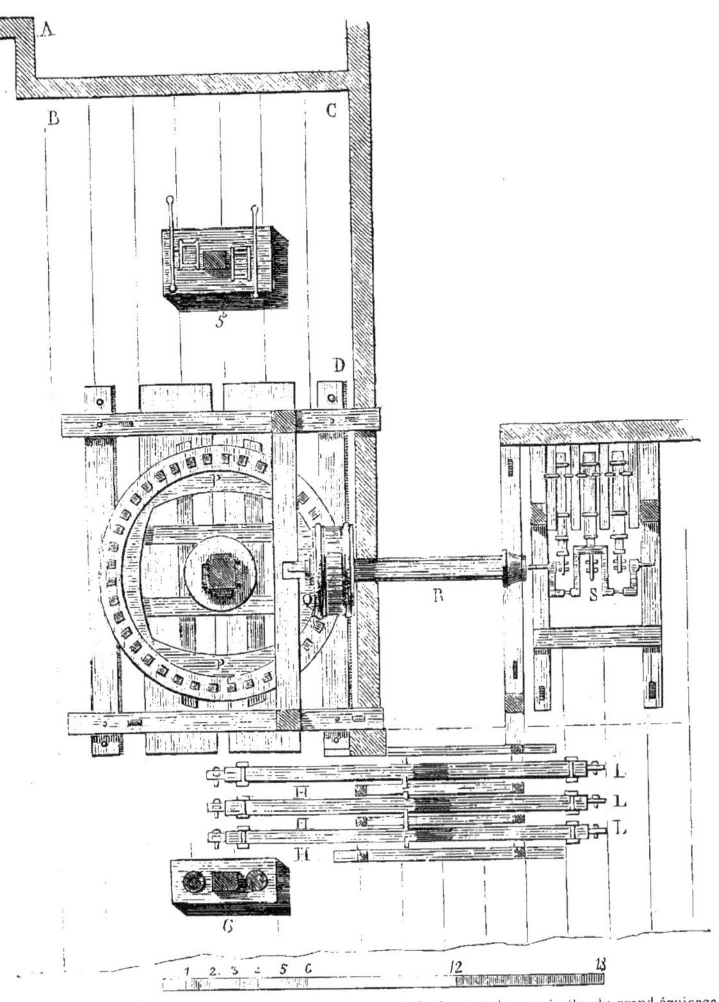


Plan du rouet supérieur, des balanciers des pompes, du petit équipage et des manivelles du grand équipage.

dine ; que son essieu 14, peut monter et descendre sans changer la situation de ce rouet ; que quand le châssis qui porte la roue a été fixé à une hauteur convenable, on enfonce des coins dans le moyeu pour le contraindre

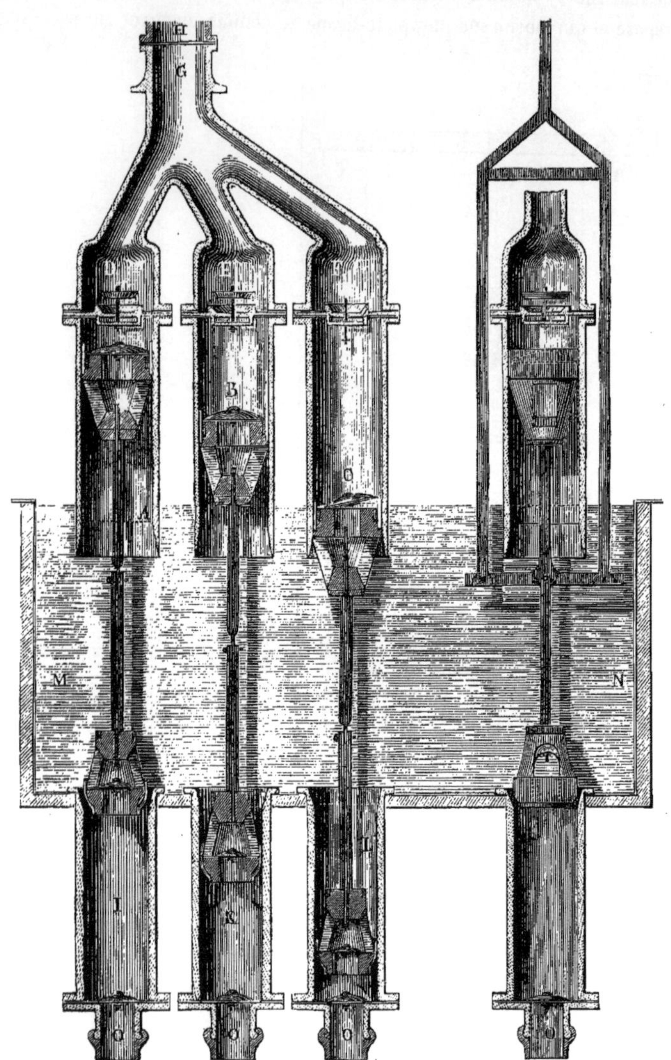


Pompe du petit équipage.

Une pompe du même équipage coupé dans le plan des châssis des pistons.

de tourner avec son essieu; enfin qu'on raccourcit, ou qu'on allonge les tringles I K, qui communiquent le mouvement de la manivelle G aux balanciers H, et que toute cette manœuvre n'a lieu que pour le premier équipage, le second restant toujours dans le même état.

Pour qu'on puisse bien juger de la disposition intérieure des corps de pompes d'un des équipages, on les a exprimés en grand par les figures qui précèdent. La première montre que les trois corps de pompes refoulantes A, B, C, sont raccordés avec les branches D, E, F, qui se réunissent au tuyau G, pour composer ensemble ce qu'on appelle la *fourche*, par laquelle passe l'eau, qui est refoulée dans le tuyau montant H, qui aboutit aux cuvettes de distribution. A l'égard des corps de pompes aspirantes I, K, L, qui répondent au fond de la bâche MN, dans laquelle ils élèvent l'eau de la rivière à une hauteur de 16 pieds par les tuyaux d'aspiration O, je ne m'arrêterai point à expliquer le jeu de leur piston, par rapport à ceux des pompes supérieures, étant aisé de se l'imaginer....

La seconde figure représente un autre profil du même équipage coupé du sens des châssis qui portent les pistons, et qu'on suppose passer par la verticale EO ou FO ; ainsi, quoique ce profil soit renfermé dans la même bâche MN, on ne doit pas le regarder comme s'il appartenoit à une pompe séparée du groupe dont nous parlons.

Toutes les soupapes des pompes refoulantes sont à coquille, et celles des aspirantes à clapets. Les pistons sont faits de bois, frettés et garnis de cuir, selon l'usage ordinaire. Les douze corps de pompe ne sont point uniformes ; il y en a neuf refoulans, dont le diamètre intérieur est de 6 pouces 9 lignes, et celui de leurs aspirans de 7. Le diamètre des trois autres refoulantes, qui appartiennent à un même équipage, est de 7 pouces 9 lignes, et celui de leurs aspirantes de 8 pouces. Tous les pistons font monter l'eau dans les cuvettes de distribution, élevées de 81 pieds au-dessus du lit de la rivière ; de là elle retombe dans des tuyaux descendans, pour s'aller rendre aux fontaines.

M. *Turgot* s'étant aperçu qu'il arrivoit assez souvent que le plus grand nombre de fontaines publiques manquoit d'eau, lorsqu'on étoit obligé de faire chômer la machine, pour réparer les parties des pompes qui venoient à manquer, a fait faire, en 1737, un équipage de relais, répondant à chacune des roues, pour agir au défaut de l'un des deux autres ; sage précaution, qui marque parfaitement le zèle de ce digne magistrat, pour tout ce qui intéresse le bien public. Nous avons exprimé ce nouvel équipage par la figure suivante, qui est une partie détachée de celle de la page 271 que nous avons cru devoir séparer, pour plus d'intelligence.

Cet équipage de relais est entièrement semblable à l'équipage du grand mouvement qu'on voit aussi sur la même figure, et qui est décrit ci-dessus par Bélidor. C'est le rouet P qui menait les deux systèmes de pompes au moyen des lanternes E et Q. En débrayant une de ces lanternes, l'équipage correspondant s'arrêtait, l'autre continuant à marcher. Ainsi, au moyen de cette addition, on pouvait à volonté réparer un des trois équipages en maintenant les deux autres en mouvement. C'est donc en 1737

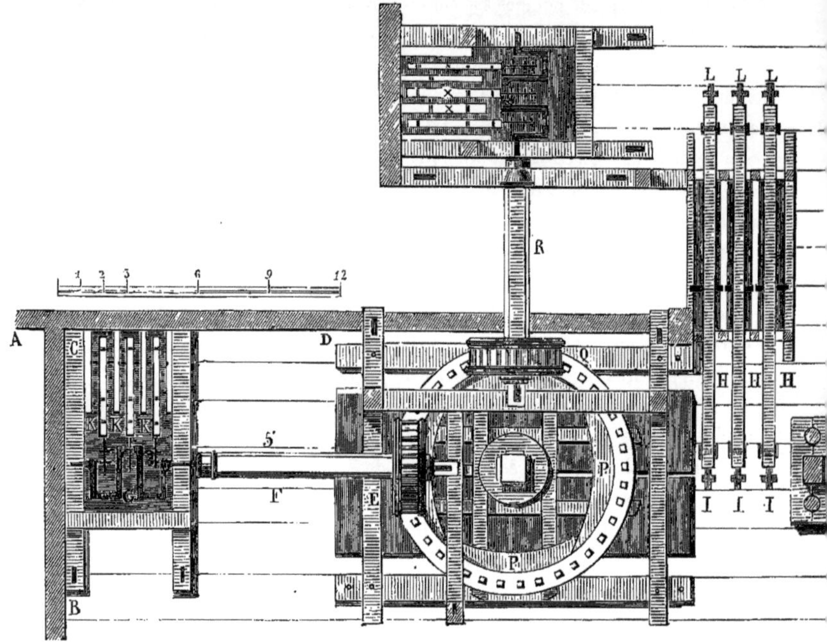

Plan du rouet horizontal de la transmission Q R X du grand équipage et E F K de l'équipage de relais.

qu'on a régularisé complétement le service des pompes du pont Notre-Dame. Bélidor ajoute : « Ainsi chaque roue peut toujours faire agir deux équipages en même tems, mais non pas les trois ensemble, parce que selon le sieur Rannequin, qui a la direction de la machine, on ne peut lui faire soutenir un aussi grand travail, sans la mettre en danger de rompre. On ne doit donc compter, pour estimer le produit de cette machine, que sur la quantité d'eau que peuvent élever les six corps de pompes des deux équipages que chaque roue peut mettre en mouvement. »

A l'époque où il fit cette visite des pompes du pont Notre-Dame, Bélidor avait été chargé par le bureau de la Ville de réparer ces pompes, et d'y faire les travaux nécessaires pour en augmenter le rendement. Turgot était alors prévôt des marchands. La délibération est du 31 août 1737. Je me borne à en donner le dispositif : « Auons arresté et ordonné, arrestons et ordonnons que ledit sieur Belidore sera inuité de se transporter dans la machine hydraulique appliquée au pont Notre-Dame, d'en obseruer l'état actuel, et où il croiroit necessaire dy faire quelque changement pour la conduire au plus grand degré de perfection, et de nous donner ses mémoires, desseins et deuis[1]. »

Bélidor a rendu compte dans son ouvrage des travaux ordonnés par lui et exécutés sous sa direction. Pour bien comprendre ce qui va suivre, il faut se reporter à la figure de la page 272, qui représente un équipage de pompes, dans lequel Bélidor trouve trois défauts essentiels.

Le premier venait des soupapes à coquille qui rétrécissaient considérablement le passage de l'eau, et par conséquent qui déterminaient une grande perte de force.

Le second consistait en ce que l'eau montant dans le corps de pompe était refoulée, par le piston, de bas en haut contre la soupape et son palier, qui lui faisaient obstacle et subissaient un ébranlement continu.

Le troisième était que l'eau se trouvait étranglée dans les branches DG, EG, FG de la fourche qui n'avaient guères intérieurement que 3 pouces ($0^m$,081) de diamètre, tandis que celui du piston était de 7 à 8 pouces ($0^m$,190 et $0^m$,216) ; les tuyaux montants n'avaient d'ailleurs que 6 pouces ($0^m$,162) de diamètre, tandis qu'ils auraient dû avoir au moins 8 pouces ($0^m$,216). Il

[1] Registres de la Ville, vol. LXXX, H. 1857, fol. 200.

résultait de ces trois défauts essentiels que « le courant employait la plus grande partie de sa force, non à soulever les colonnes d'eau qu'il faisait monter dans les cuvettes, mais à surmonter tous les obstacles que les mêmes colonnes rencontraient en chemin, ce qui était cause que ne lui restant que peu de vitesse, la roue ne pouvait tourner que lentement. »

Ces conclusions de Bélidor seraient très-contestées aujourd'hui. Toutes les pertes de force signalées ci-dessus représentent à peine, en exagérant le travail de chaque équipage et en le portant à 50 pouces ou à 11 litres par seconde, une augmentation de hauteur de refoulement de 1 mètre. La hauteur totale du refoulement était de 81 pieds (26$^{m}$,31), dont il faut retrancher la hauteur d'aspiration des pompes inférieures destinées à monter l'eau dans les bâches où elle était reprise par les pompes foulantes; cette hauteur était de 16 pieds; le travail des pompes foulantes était donc représenté par une colonne d'eau de 65 pieds ou 21$^{m}$,11 de hauteur. Ce travail était augmenté par les étranglements, de 1 mètre ou d'un vingtième à peine, c'est-à-dire d'une quantité insignifiante. Bélidor avait cependant raison en pratique. Voici ce qu'il ajoute : « Pour peu qu'on réfléchisse sur ce qu'on vient d'insinuer, on sentira que les pistons en refoulant l'eau doivent faire un grand effort et même pousser de bas en haut les corps de pompes avec beaucoup de violence; aussi voit-on toutes les parties de la machine prêtes à fléchir, parce qu'une bonne partie du courant est employée à la destruction de la machine. »

C'était aussi l'avis de Rennequin. Il se trouva à la machine avec Bélidor le 17 septembre 1737. On avait dû baisser la vanne de 15 pouces (0$^{m}$,406) au-dessous du niveau de l'eau, pour diminuer la vitesse du courant et de la roue. « Les quatre équipages des deux moulins, ajoute Bélidor, donnoient environ 100 pouces d'eau. M. Rannequin nous dit que les pompes alloient aussi bien qu'on pouvoit le désirer; que cependant s'il vouloit il donneroit plus de vitesse aux roues, mais que cela ne se pourroit sans fatiguer beaucoup la machine. » Les roues faisaient environ deux tours par minute.

Pour expliquer l'apparente contradiction de ce qui précède, il faut se rappeler que les pompes étaient en bronze de 11$^{mm}$,279 d'épaisseur, c'est-à-dire très-solides, mais que les tuyaux et les fourches étaient en cuivre rouge battu de 1 ligne (2$^{mm}$,256) d'épaisseur, qu'au-dessus de la soupape de refoulement se trouvait le joint à bride qui reliait la fourche du tuyau de refoulement à la pompe : le petit coup de bélier qui, à chaque refoulement, se produisait contre la soupape et son siége, et l'effet des autres points d'étranglement, tendaient donc à briser le joint de ce mince tuyau, et c'est en effet ce qui a été constaté dans un certain nombre de visites des pompes.

Bélidor se borna donc à faire de nouvelles pompes avec les modifications suivantes :

Le diamètre intérieur des pompes aspirantes et foulantes fut porté à 8 pouces (0$^{m}$,216), et l'épaisseur de leur paroi à 10 lignes (0$^{m}$,0225).

La fourche comprise entre le tuyau G et les extrémités DEF des pompes fut remplacée par un seul tuyau ou récipient plat, dont les lignes extérieures de la fourche donnent à très-peu près la coupe. Le petit diamètre intérieur de ce tuyau était de 8 pouces (0$^{m}$,216)[1].

Les soupapes furent remplacées par des clapets à bascule ayant le même diamètre que les corps de pompes, et s'ouvrant suivant un plan vertical. Les tuyaux de refoulement furent renouvelés, et leur diamètre intérieur fut porté à 8 pouces (0$^{m}$,216), comme celui des pompes.

Ces modifications bien simples et des améliorations de détail, dont il est inutile de parler ici, furent exécutées sous les yeux de Bélidor dans le Grand-Moulin, et il eut la satisfaction de voir la roue marcher à trois tours sans aucune secousse, et les deux équipages de ce moulin monter cent pouces d'eau.

[1] Voy. la fig. de la page 274.

## CHAPITRE XIV

### POMPES HYDRAULIQUES DU PONT NOTRE-DAME

(SUITE)

---

Rapport des commissaires de l'Académie des sciences sur l'état des pompes du pont Notre-Dame (1760). — Le bureau se borne à faire de petites consolidations. — Concours ouvert en 1788 pour la réparation des pompes. — Le s[r] Mailly. — Rondelet. — Correspondance de M. Périer avec le maire de Paris (1792). — Bralle. — Rendement des pompes du pont Notre-Dame, 1858. — Leur démolition.

A partir de cette date de 1737, l'histoire des pompes du pont Notre-Dame s'obscurcit singulièrement. Les visites annuelles sont absolument négligées. On ne connaît plus le produit des pompes; il semble, d'après les travaux de Rennequin et de Bélidor, que le service devait se régulariser et le produit des pompes des deux moulins s'élever au moins à 100 pouces d'eau; il paraît qu'il n'en fut rien, si j'en juge par la seule pièce officielle qui se trouve dans les registres de la Ville.

Cette pièce est un rapport de trois commissaires de l'Académie des sciences à laquelle le bureau de la Ville avait demandé un avis sur l'état de ses machines hydrauliques.

Je donne un résumé de cet intéressant rapport.

## Analyse d'un *rapport de MM. Camus, de Montigny et de Parcieux, sur la machine hydraulique du pont Notre-Dame*[1].

Messieurs Camus, de Montigny et de Parcieux, ont fait le rapport suivant sur la machine hydrolique du pont Notre-Dame de Paris, qu'ils avoient été chargés d'examiner par ordre de l'Académie, à la réquisition de Messieurs du Bureau de la Ville.

« Nous soussignés, chargés par l'Académie d'examiner la machine hydraulique du pont Notre-Dame... et de proposer tout ce que nous trouverions de plus convenable et de plus expédient pour lui rendre sa première utilité et l'augmenter même s'il est possible, après avoir visité ensemble et séparément lad^e^ machine, avoir reconnu son mauvais état et les défauts de première construction, qui ont le plus contribué à son dépérissement et à la diminution du produit de l'eau qu'elle donnait dans son meilleur état... et avoir enfin médité sur les différentes constructions et dispositions de rouets, de lanternes et d'équipages qui sans occasionner de trop grands changements à cette machine pourraient la rendre plus simple et la délivrer des frottements multipliés qui l'ont empêchée d'élever dans aucun temps tout le volume d'eau qu'elle aurait pu donner, sommes convenus de proposer l'avis suivant, qui sera précédé d'une courte description de la machine.... »

Je passe cette description qui n'ajoute rien à celle de Bélidor ; il n'y a qu'un seul point, obscur jusqu'ici, qui s'y trouve éclairci : la cuvette de réception des eaux était renfermée dans l'étage le plus élevé d'une tour bâtie sur pilotis entre les deux moulins, à peu près vers l'arrière-bec de la pile qui séparait les 2^e^ et 3^e^ arches. La partie vraiment intéressante du rapport vient ensuite ; c'est la description de l'état de ruine dans lequel on avait laissé

[1] Extrait des registres (sic) de l'Académie des Sciences, du 5 juillet 1760. Registres de la Ville, vol. LXXXXI, H 1868, fol. 466.

tomber cette machine dont le bon entretien était alors si intimement lié à l'existence même de la Ville.

« ... Nous avons remarqué que la tour lors de sa construction n'était portée que sur huit poteaux et six croix de Saint-André et qu'elle a beaucoup souffert du poids énorme de la cuvette toujours pleine, de son armature, et de dix conduites montantes ou descendantes, huit ordinairement pleines, dont elle est continuellement chargée... *que le trémoussement continuel des mouvements y fait d'autant plus d'effet qu'elle est plus haute, plus chargée et isolée dans la moitié de sa hauteur.* »

« Nous observâmes aussi... *que la cuvette* qui a été posée de niveau *ne l'est plus à beaucoup près* et que tous les assemblages des bois qui soutiennent les pompes et les manivelles dans les bas étages de cette tour ont tellement fléchi *que les deux équipages du pavillon du nord* (grand moulin) *sont hors d'état d'aller, l'un depuis le 28 avril dernier, l'autre depuis plus d'un an.* »

« *L'arbre de la manivelle du grand équipage* de la machine du midi (petit moulin) *qui devrait être de niveau fourche de près d'un pied*, parce que toutes les pièces sur lesquelles il est appuyé dans la tour et tous les bois qui supportent et assujétissent ses corps de pompes dans le bas même de la tour *sont prêts à manquer; la tour même est en si mauvais état* dans la partie inférieure *qu'on a été obligé* il y a quelques années *de l'étayer de toute part.* »

« Nous examinâmes ensuite les palées qui supportent les pavillons des machines. Les pieux d'amont de l'une des palées du pavillon qui est du côté du nord (grand moulin) *sont dans un état qui effraye;* nombre de ces pieux *sont fendus, ouverts et écrasés sous la charge qu'ils portent;* d'autres sont tout à fait détruits par le bas; plusieurs moises sont pourries, etc.... »

« Il aurait été à souhaiter qu'on n'eût jamais fait au-dessus des machines les logements qui y sont; mais le plus grand mal vient de ce qu'on a fait encore porter, sur l'amont du pavillon dont nous parlons (grand moulin), *le derrière de deux ou trois maisons du pont dont la nouvelle charge a accéléré la ruine des pieux.* »

« Quoique les palées de l'autre pavillon (petit moulin) ne soient pas tout à fait aussi délabrées, elles manquent cependant, principalement du côté d'aval, par un nombre de pieux dont le bas est actuellement détruit, ce qui a fait baisser les planches considérablement de ce côté-là ; *mais en renouvelant un certain nombre de pieux de ces palées, ce pavillon pourra se soutenir encore quelques années,* pourvu qu'on le décharge le plus qu'on le pourra, tant des logements qui sont au-dessus que d'un nombre de vieux corps de pompes très-lourdes qui y sont en dépôt. »

MM. les commissaires proposaient d'abord de supprimer la tour qui était réellement en ruines et de la rétablir avec la cuvette sur la pile même du pont ; c'était un travail des plus simples et des mieux justifiés ; ils examinaient ensuite les moyens les plus propres à améliorer le rendement des pompes : la principale des modifications à faire consistait à supprimer le grand équipage de chaque machine et à le remplacer par un système de pompes exactement semblables à celles du petit équipage. Cela ne souffrait aucune difficulté, et on peut s'en convaincre en jetant les yeux sur les figures des pages 267, 268. On voit qu'il suffisait pour cela de placer le fuseau F, qui donnait le mouvement au grand équipage, dans une position symétrique, relativement au rouet, à celle du fuseau E du petit équipage. On créait ainsi, de l'autre côté du rouet, un système de manivelles analogues à celles qui, sur la figure, sont remplacées par la lettre G. On obtenait un bien grand avantage qu'on voit sur la figure de la page 268 ; on supprimait le second rouet P, la lourde poutre 14 qui le reliait au fuseau F, et par suite tous les frottements, soubresauts, ébranlements ; en un mot, ce que les commissaires appellent les trémoussements qui fatiguaient tant la tour. Il ne faut pas oublier que si la perte de travail due à nos engrenages modernes ne dépasse guère 2 à 4 pour 100, cette perte avec ces rouets grossiers et leurs fuseaux, que beaucoup de nous ont encore pu voir fonctionner, s'élèverait à 10 ou 15 pour 100 au moins. Les commissaires comprenaient bien cela, et ils pensaient que ce gain de force permettrait de monter plus d'eau. Ils substituaient à chaque manivelle à tiers point deux manivelles à deux coudes, gagnant ainsi une pompe et donnant plus de solidité à l'arbre coudé.

Je n'entrerai pas plus avant dans le détail de leurs propositions. Le lecteur qui voudra bien donner quelque attention à cette affaire sera frappé de deux choses : à cette époque déjà un peu ancienne, on séparait difficilement de la pratique l'idée qu'on se faisait de la science ; une grande administration était-elle embarrassée dans le choix d'une solution, elle ne voyait rien de mieux que de s'adresser à l'Académie des sciences ; celle-ci ne repoussait jamais une telle demande et y répondait presque toujours par d'excellents rapports, comme celui dont je viens de citer quelques extraits ; j'en donnerai d'autres preuves dans le cours de cet ouvrage. Ce qui n'est pas moins frappant, c'est l'immense progrès accompli depuis cette époque dans l'art de l'entretien. Lorsque j'ai pris le service des eaux, il y a une vingtaine d'années, la machine du grand moulin subsistait encore. Ce n'était certainement ni un monument, ni un modèle à imiter, mais elle était constamment en bon état, et elle montait régulièrement chaque jour la même quantité d'eau sans que personne eût l'air de s'en occuper ; elle était, en un mot, dans un bon état d'entretien, et cela sans qu'il fût nécessaire de faire intervenir, ni l'Académie des sciences, ni aucun haut fonctionnaire ; chacun savait ce qu'il avait à faire pour ne pas laisser accumuler les ruines dans ses innombrables pieux et ses longues charpentes. Il semble qu'il devait en être de même, après les réparations si logiques faites par Rennequin et surtout par Bélidor. Avec un peu d'attention et une dépense modérée, on devait entretenir la machine en bon état de roulement ; on a vu qu'il en fut tout autrement.

L'exécution des travaux proposés par les commissaires de l'Académie exigeait des dépenses assez importantes, et, avant de les entreprendre, le bureau de la Ville résolut d'exécuter les réparations les plus urgentes, de manière à garantir l'existence des machines pendant deux ans au moins.

Le 5 août 1760, on accepta la soumission d'un sieur Carbonnier qui se chargeait de ces réparations moyennant la modique somme de 1612 liv. 17 sols; les travaux étaient terminés au commencement de l'hiver; les dépenses prévues étaient dépassées de beaucoup; on dut résilier l'entreprise, et le sieur Carbonnier donna son désistement, à la charge, par la Ville, de payer les dépenses faites, et de lui accorder une somme de 600 livres à titre d'indemnité. Cet acte de désistement était accompagné du devis de 1612 liv. 17 sols des réparations qui devaient être faites.

M. Moreau, maître général, contrôleur inspecteur des bâtiments de la Ville, garde ayant charge des eaux et fontaines publiques, constata, dans un procès-verbal, que le montant des ouvrages faits s'élevait à 7616 liv. ou environ, proposa au bureau la résiliation de l'entreprise et de donner au sieur Carbonnier une attestation en forme, indiquant l'état de la machine avant et après les réparations. M. Moreau reconnaissait d'ailleurs qu'au 26 février 1761 la machine n'était plus en état de péril et qu'elle montait autant d'eau que lorsqu'elle était dans son état le plus parfait. Les propositions de M. Moreau furent approuvées, et le désistement du sieur Carbonnier fut accepté le 10 mars 1761 [1].

Je ne trouve d'ailleurs, dans les documents du dix-huitième siècle, aucune pièce établissant que les réparations prescrites par l'Académie aient été exécutées d'une manière plus complète.

A partir de 1700, nous manquons de documents précis sur le rendement des pompes du pont Notre-Dame. C'est incidemment qu'on apprend de temps à autre que les pompes fonctionnent bien ou mal. C'est ainsi qu'en 1760 le rapport des commissaires

[1] Registre de la Ville, vol. XCII, fol. 113 et suiv.

de l'Académie nous apprend que « les deux équipages du pavillon du Nord (grand moulin) sont hors d'état d'aller, l'un depuis le 28 avril dernier (plus de deux mois), et l'autre depuis plus d'un an ». Les visites et les jaugeages annuels n'étaient plus enregistrés. Les derniers dont nous trouvons trace dans les registres de la Ville sont du 14 janvier 1700[1].

*Concours ouvert en* 1787 *et* 1788 *avec prix de* 12 000 *livres, pour la réparation des pompes du pont Notre-Dame. Clôture de ce concours,* 1er *aout* 1788. — A partir de la délibération du 10 mars 1761 qui, approuve les travaux de restauration des pompes faits par le sieur Carbonnier, il n'est plus guère question des pompes du pont Notre-Dame dans les délibérations du bureau de la Ville. J'y trouve cependant des pièces très-curieuses d'après lesquelles les pompes étaient en mauvais état en 1787 ; un concours était ouvert pour les réparer. La première de ces pièces est une lettre adressée au prévôt des marchands par un sieur Mailly, qui proposait de réparer et d'améliorer les pompes, et qui appuyait sa proposition sur un avis favorable de l'Académie des sciences. Le prévôt des marchands renvoyait cette lettre au procureur du roi et de la Ville avec cette note :

« M. le Procureur du Roy, est-il nécessaire de faire actuellement des réparations à la pompe du pont Notre-Dame et ne serait-il pas possible d'attendre l'examen des différents projets qui concourront pour le prix proposé ? »

*Signé :* LEPELETIER.

Ce 15 septembre 1787.

Le procureur du roi et de la Ville répondit, le 19 octobre suivant, que, d'après l'avis du sieur Poyet, architecte de la Ville, il n'y avait dans le projet du sieur Mailly rien d'assez précis pour qu'on y donnât la moindre attention; qu'à la vérité le rapport du commissaire de l'Académie suppléait au manque de clarté de ce

[1] Dans le calcul des eaux distribuées en 1754 (voy, p. 20), j'ai dû me servir des jaugeages faits au dix-septième siècle.

projet, et jetait un grand jour sur les défauts multipliés de la pompe du pont Notre-Dame ; que les sieurs Boulton et Watt, mécaniciens anglais, avaient aussi reconnu que les imperfections de l'établissement diminuaient beaucoup le produit qu'on devait en attendre.... que les dépenses à faire, d'après le sieur Mailly, étaient de 84000 liv. non compris une quantité considérable de bois, de fer, de plomb et de cuivre faisant partie de la machine dont il demandait l'abandon ; qu'il n'entrerait certainement pas dans l'intention du bureau que le sieur Mailly fût admis à faire les travaux sans marché préliminaire et sans qu'on eût une connaissance plus précise de la dépense à faire et de sa capacité ; qu'il convenait d'attendre, pour se décider, la réunion des mémoires que la distribution du programme et l'espoir d'un prix de 12000 livres devaient procurer[1]....

Le concours eut lieu en effet, et parmi les concurrents figurait Rondelet[2], qui présenta une pompe de son invention. Il fut autorisé à en faire l'essai avant le concours, dont le terme était fixé au 1er août 1788. Rondelet demandait pour faire son expérience une somme de 6000 livres qui lui fut accordée. La pièce principale dont il avait besoin était un tuyau de 84 pieds (27m,29) de hauteur et de 16 pouces (0m,43) de diamètre. Comme il ne s'agissait que d'une expérience, Rondelet admettait que ce tuyau serait exécuté en bois de sapin. Il devait être appliqué contre la tour du pont Notre-Dame, à l'angle méridional, sur la façade qui regarde le pont au Change. Le bas de ce tuyau était placé dans un réservoir en bois de chêne ; à l'extrémité supérieure se trouvait un canal qui conduisait l'eau élevée dans la cuvette de distribution de la tour. Il n'est fait, du reste, aucune description de l'appareil destiné à monter l'eau. Au dire de Rondelet, il était fort simple et peu coûteux et pouvait être adapté à la roue d'une des deux pom-

[1] Manuscrits des Archives nationales, liasse H, 1958. — Pièces 125 et 126.

[2] Je suppose qu'il s'agit de notre célèbre ingénieur et architecte Rondelet, né à Lyon en 1743, mort à Paris le 25 septembre 1829. On a de Rondelet un traité théorique et pratique de l'art de bâtir, ouvrage fort estimé, divers mémoires importants et la traduction des commentaires de Frontin sur les aqueducs de Rome, avec des notes très-intéressantes.

pes du pont Notre-Dame. Il devait monter environ 100 pouces d'eau[1].

Je ne trouve dans les pièces des archives rien qui établisse que la pompe de Rondelet ait fonctionné ou même qu'elle ait été complétement établie ; nous ne connaissons pas non plus le résultat de ce concours; il est très-probable qu'il n'eut aucune suite, et il est certain que les pompes ne furent pas réparées, car nous trouvons, quelques années plus tard, une correspondance ouverte entre les maires et adjoints de Paris et M. Périer au sujet de cette réparation; j'extrais le passage suivant de la lettre de M. Périer :

Ce 23 avril l'an 1792, 4e de la Liberté.

Messieurs,

Vous m'avez fait l'honneur de me consulter sur les moyens de rétablir provisoirement la pompe Notre-Dame ou de suppléer son service, cette pompe fournissant l'eau à un grand nombre de quartiers....

La réparation de la pompe Notre-Dame, qui serait très-dispendieuse, ne pourroit être que provisoire ; l'état de cette machine est tel qu'il nécessite une reconstruction tout entière, par conséquent une dépense considérable[2]....

Les pompes n'avaient donc point été réparées à la suite du concours de 1788.

Elles ne le furent pas non plus à la suite de la correspondance dont il vient d'être question, et leur état de délabrement attira l'attention de la nouvelle municipalité et du gouvernement. L'ingénieur hydraulique en chef, M. Bralle, adressait, le 25 fructidor an III, à la commission des travaux publics, un rapport sur la nécessité de réparer la machine du pont de la Raison; c'était le nouveau nom du pont Notre-Dame. Il rappelait à la commission qu'il l'avait conduite sur place l'année précédente, qu'elle avait pu juger par elle-même de l'état de la machine, qu'une année de plus, et les glaces du dernier hiver avaient nécessairement aggravé

[1] Manuscrits des Archives nationales, liasse H, 1959. Pièces 172, 173, 174 et 175.
[2] Idem, liasse 18, F. 3. — Eaux, n° 6.

le mal. Il entrait dans le détail des travaux à faire ; il ne pouvait en donner l'estimation, et se bornait à indiquer l'état de délabrement des diverses parties de la machine ; puis il ajoutait :

« Toutes ces réparations entraîneront dans une dépense que les circonstances ne peuvent manquer de rendre excessive, et *c'est avec une véritable douleur* que je la propose, parce qu'*il n'en résultera aucune augmentation dans le produit des machines*, et que cette augmentation seule pourroit faire oublier la dépense par l'avantage que le public en retireroit.... Je pense qu'il ne faut pas laisser dépérir la carcasse de la pompe du pont de la Raison au point de la mettre en danger de s'écrouler. »

« A défaut d'un devis que je sens bien qu'elle (la commission) désireroit avoir, je pourrois lui rendre compte de ce qui se feroit au fur et à mesure qu'on avanceroit en besogne et lui donner de quinzaine en quinzaine l'aperçu de ce qu'on se proposeroit de faire dans la quinzaine suivante[1].... »

Bralle exprimait ensuite l'avis qu'il fallait laisser tomber le mécanisme en ruine, parce qu'on pourrait alors le reconstruire d'après de meilleurs principes et augmenter notablement le produit des pompes.

Voici la teneur de la réponse de la commission :

*La Commission des Travaux publics au citoyen Bralle.*

Le 2 vendémiaire an IVe de la République (24 septembre 1795).

Nous avons pris communication, citoyen, de votre rapport du 25 fructidor dernier, relatif au délabrement de la machine du pont Notre-Dame, et c'est avec un nouveau regret que nous voyons la dépense sans cesse renaissante qu'occasionne cette caduque machine.

Quelque précaire que soit son existence, nous ne pouvons nous dissimuler combien il importe de prolonger sa durée pour ne pas voir le public privé tout à coup du faible produit d'eau qu'elle est dans le cas de procurer, dans un moment où on ne pourroit la remplacer que par des moyens aussi longs que dispendieux.

[1] Manuscrits des Archives nationales, f. 13, 876, n° 657.

Nous vous autorisons donc, citoyen, à faire réparer les parties les plus endommagées des bâtiments de cette machine, en se bornant toutefois à ce qui est strictement nécessaire pour sa solidité et en nous rendant exactement compte chaque quinzaine, suivant que vous le proposez, de ce qui aura esté exécuté et de ce qui devra l'être dans la quinzaine suivante.

Nous nous dispensons de vous recommander la plus sévère économie dans les nouvelles réparations, tout doit vous en faire un devoir, lorsque vous savez comme nous qu'elles ne sont commandées que par une nécessité d'autant plus fatale qu'elles ne doivent influer en rien sur le produit des eaux de la pompe.

Salut et fraternité[1].

En marge est écrit :

Du 26 fructidor an IV remis à la comptabilité expédition de la présente pour faire payer un à-compte de 3,000 fr. dus au citoyen Girardin.

L'administration centrale du département de la Seine intervint à son tour et demandaau ministre des explications au sujet d'un autre à-compte de 4000 à payer au citoyen Girardin, charpentier. Sa lettre est assez courte pour qu'on la transcrive ici :

*L'Administration centrale du département de la Seine au Ministre de l'Intérieur.*

Paris, le 23 nivôse an VI (12 janvier 1798).

Citoyen Ministre,

Le citoyen Bralle vient de nous adresser une proposition d'acompte pour le citoyen Girardin, charpentier, à valoir sur des travaux qu'il annonce avoir été autorisés le 4 vendémiaire an IV par la Commission des Travaux publics et successivement continués jusqu'à ce jour aux palées de pieux, combles et autres parties délabrées de la machine du pont de la Raison.

Nous vous invitons, citoyen Ministre, à nous faire connaître l'autorisation qui a été donnée à cet égard, les devis qui l'ont précédée et les à compte qui ont pu être payés sur ces travaux.

P. S. — On annonce que cette autorisation a été donnée sous le n° 53, art. Pompes.

*Signé :* JOUBERT, DUMAS[2].

[1] Manuscrits des Archives nationales, f. 13, 876, n° 409.
[2] Idem, f. 13, 876, n° 53, art. Pompes.

Le ministre répondit le 8 pluviose an VI.

« Il résulte, citoyens, des renseignements qui auraient été donnés à cet égard qu'il n'a pu être dressé de devis estimatif des ouvrages à exécuter, parce qu'à l'époque à laquelle ils ont été autorisés, les différences qu'éprouvait journellement la valeur du papier-monnaie ne permettaient pas d'en tenir le montant.[1] »

On a vu que Bralle expliquait tout autrement l'impossibilité de faire une estimation de la dépense. Mais, quoi qu'il en soit, la raison donnée par le ministre parut suffisante et la pompe du pont Notre-Dame fut réparée, ce qui était l'essentiel.

J'entre dans tous ces détails pour démontrer, par des faits, combien cette centralisation extrême, qui fait remonter les plus minimes affaires jusqu'au chef de l'administration, est contraire au bon entretien, surtout à celui des établissements hydrauliques.

*État des pompes du pont Notre-Dame, en* 1858, *au moment de leur démolition.* — Les pompes du petit moulin ne marchaient plus depuis longtemps. Celles du grand moulin se composaient des petit et grand équipages décrits ci-dessus et d'un équipage supplémentaire d'une origine plus moderne, comprenant chacun trois pompes comme du temps de Rennequin. L'établissement était régulièrement entretenu en régie comme tous les établissements hydrauliques de la ville. On n'y voyait plus des palées entières détruites par la pourriture ou par l'action des eaux et des glaces et menaçant d'entraîner tout l'édifice dans leur chute, comme à l'époque de la visite des commissaires de l'Académie des sciences : on avait enfin compris que les ouvrages de ce genre doivent être réparés au jour le jour et sans attendre la menace de ruine.

Le produit des pompes était devenu régulier et dépassait presque toujours 500 mètres cubes par équipage, comme on le voit sur le tableau suivant qui donne le produit des pompes pendant les deux années 1856, 1857.

[1] Manuscrits des Archives nationales, f. 13, 876, n. 409.

EAU MONTÉE PAR LA MACHINE DE NOTRE-DAME PENDANT LES ANNÉES 1856 ET 1857

| | EAU MONTÉE EN MÈTRES CUBES PAR MOIS | | EAU MONTÉE EN MÈTRES CUBES PAR 24 HEURES | |
|---|---|---|---|---|
| | 1856 | 1857 | 1856 | 1857 |
| Janvier.. . . . . . . | » | 12 522 | » | 404 |
| Février.. . . . . . . | » | 15 829 | » | 565 |
| Mars.. . . . . . . . . | 8402 | 9 473 | 271 | 305 |
| Avril.. . . . . . . . | 35 290 | 31 946 | 1176 | 1065 |
| Mai. . . . . . . . . | 64 252 | 35 735 | 2072 | 1152 |
| Juin.. . . . . . . . | 57 370 | 37 386 | 1912 | 1246 |
| Juillet. . . . . . . . | 49 870 | 33 053 | 1609 | 1066 |
| Août.. . . . . . . . | 14 566 | 46 940 | 470 | 1514 |
| Septembre.. . . . . | 31 313 | 52 756 | 1044 | 1758 |
| Octobre. . . . . . . | 50 158 | 46 904 | 1618 | 1513 |
| Novembre. . . . . . | 41 973 | 36 152 | 1399 | 1205 |
| Décembre. . . . . . | 15 328 | 46 127 | 494 | 1488 |
| Totaux. . . . . | 368 522 | 404 823 | | |

Si l'on retranche les mois de grandes eaux où le produit des pompes se réduit presqu'à rien, c'est-à-dire les mois de janvier, février, mars et décembre, on voit que les pompes montaient de 1 000 à 1 500 mètres cubes d'eau par vingt-quatre heures, suivant que la machine travaillait avec deux ou trois équipages.

La démolition des pompes du pont Notre-Dame devint indispensable lorsqu'on reconstruisit le pont en 1858. Les pilotis qui supportaient les deux établissements et la tour, encombraient les deuxième et troisième arches du vieux pont à partir du quai de Gesvres, comme on le voit sur le croquis suivant. Le grand moulin, qui fonctionnait encore, est figuré à gauche, le petit moulin est à droite; la tour s'élève entre les deux. Ce dessin, qui est certainement gravé d'après une photographie, montre que l'ensemble de l'édifice était en bon état et bien d'aplomb. On avait donc fait les travaux de consolidation conseillés en 1760 par l'Académie des sciences, et depuis la machine avait été régulièrement entretenue ; mais, ainsi que je viens de le dire, on avait laissé les deux équipages dans l'état où ils étaient du temps de Rennequin. L'Académie des sciences conseillait encore

Vue des bâtiments et pilotis des pompes du pont Notre-Dame en 1858.

de rebâtir la tour sur l'arrière-bec de la pile qui séparait les deuxième et troisième arches. Le croquis suivant fait voir qu'on n'avait pas tenu compte de cette recommandation et que la tour A

était restée séparée du pont. On y accédait par la passerelle B C, couverte d'une toiture légère. On voit en D le bâtiment du petit moulin, et, au-dessous, la tête des pilotis qui le supportaient.

Les tuyaux qui conduisaient l'eau montée par les pompes du pont Notre-Dame sont figurés en E sous la passerelle.

On ne pouvait admettre, à l'aval du nouveau pont, un tel obstacle à la libre circulation de l'eau et laisser ces galetas informes, à côté des magnifiques constructions des quais. La démolition de ces antiques machines fut mise en adjudication. On estimait à 2000 fr. la valeur des matériaux, déduction faite des frais de démolition. Un entrepreneur en offrit 19000 et les travaux lui furent adjugés. Ils étaient achevés le 15 août 1858 et l'on constatait le 20, du même mois, par un procès-verbal que cette forêt de pieux était complétement enlevée, et que le lit du fleuve était ramené à la profondeur prescrite par le cahier des charges.

Ainsi finit cette petite machine qui a joué un si grand rôle dans la distribution des eaux de Paris, pendant le dernier tiers du dix-septième siècle et tout le dix-huitième.

# CHAPITRE XV

## PROJETS DE MACHINES HYDRAULIQUES PRÉSENTÉS DANS LE COURS DES DIX-SEPTIÈME ET DIX-HUITIÈME SIÈCLES

---

Projet des s[rs] Villette et Désargues, — du s[r] Moncheny, — des s[rs] Regnault de la Fontaine et associés, — des s[rs] Le Beau, Leschine et consorts. — Substitution au s[r] Friquet de Vaurose. — Projets du s[r] Michel Sauvage, — du s[r] Gaspard Boisson, — d'une compagnie anonyme, — du s[r] Deforge, — du s[r] Charles. — Essai de filtrage des eaux. — Projet du s[r] de Montbruet et consorts, — du s[r] de Charancourt. — Tous ces projets n'ont aucune suite. — Projet de dérivation de l'Yvette par de Parcieux, Perronet et Chezy. — Modifications proposées par M. de Fer de la Nouerre. — Commencement d'exécution. — Suspension des travaux en 1789.

En 1626, les sieurs François Villette et Girard Désargues, bourgeois de Lyon, firent la proposition suivante : « En tous les endroits où la rivière de Seine peut faire mouldre un moulin abled tout au long de l'année, de faire esleuer de son eaue jusques a la hauteur d'enuiron quarante pieds courant continuellement deux fois autant qu'il montera par la pompe de la Samaritaine du Pont-Neuf, et ce par le moyen d'une machine laquelle estant une fois bien établie pourra être entretenue pour moins de trois cents livres par an.

« A la charge des priviléges accoutumez en pareil cas et tel qu'il plaira au roy et a nosseigneurs de son conseil leur accorder pour toute l'estendue du royaume. »

Les sieurs Villette et Désargues mettaient en outre pour condition que les prévôts des marchands et échevins achèteraient leur privilége pour toute l'étendue de la ville.

Ils s'engageaient à construire une des machines dans un emplacement qui leur serait désigné, et de la faire fonctionner pendant deux mois au plus. Ce délai passé, la somme convenue leur serait payée.

L'utilité du projet fut reconnue par le bureau de la ville qui autorisa les sieurs Villette et Désargues à mettre la main à l'œuvre et à exécuter les travaux à leurs frais et dépens, et sous la réserve

« Qu'ils ne pourront en aucune facon planter leurs machines dans la riuiere ny en aucun lieu des bords et riuages dicelle qu'au préalable l'alli-gnement et permission n'en soit donner en noz présences par les maistres des œuvres de la ville et maistres des ponts d'icelle affin qu'ils ne puissent nuyre ni préiudicier au chemin de la nauigation, etc...[1] »

Ce n'était sans doute pas ainsi que les sieurs Villette et Désargues entendaient exécuter leur projet qui n'eut aucune suite.

Le sieur Mathurin de Moncheny, ancien échevin, proposa d'élever les eaux de la Seine au moyen d'une machine hydraulique placée à l'embouchure des fossés de l'Arsenal, et de faire de nouvelles recherches pour augmenter le produit des aqueducs du pré Saint-Gervais et de Belleville. Ce projet fut d'abord favorablement accueilli et M. de Moncheny obtint, en mai 1656, des lettres patentes qui lui permettaient de l'exécuter. Le bureau de la ville ayant été consulté, repoussa les recherches de nouvelles sources qui pouvaient altérer celles qui étaient déjà captées, et le projet d'une machine qui pouvait embarrasser le cours de la Seine[2].

[1] Registres de la ville, vol. XXV, 1802, fol. 295.
[2] Registres de la ville, vol. XXXVII, fol. 29.

Quelques années plus tard, en 1666, un autre projet fut présenté par les sieurs Claude Regnault de la Fontaine, Bouteron et associés, à l'effet d'établir une machine hydraulique dans le bras de la Seine qui séparait alors le pré aux Clercs de l'île des Cygnes, d'élever l'eau de la Seine et de la distribuer dans le nouveau quartier Saint-Germain qui se construisait alors. L'exécution de ce projet fut autorisée par lettres patentes. Le bureau de la ville ayant été consulté, répondit le 11 mars 1667 que l'entreprise devait être encouragée, mais qu'on devait interdire aux concessionnaires l'autorisation d'établir leur moteur dans le bras de la Seine, afin de ne pas nuire à la navigation; les associés étaient donc privés du moteur sur lequel ils comptaient; ils renoncèrent à leur projet.

On remarquera que le rejet de ces deux propositions était basé sur le même motif, la crainte de gêner la navigation et d'entraver le cours de la Seine. Le bureau de la ville avait déjà fait des objections du même genre lors de la construction de la Samaritaine à l'aval de la deuxième arche du Pont-Neuf; j'ai dit comment Henri IV les avait repoussées[1].

Mais, lorsqu'en 1670, la ville elle-même eut construit les pompes du pont Notre-Dame, le bureau ne pouvait plus faire les mêmes réserves et plusieurs projets furent approuvés successivement, mais n'eurent aucune suite sérieuse.

Les sieurs Le Beau, de Leschine, Isaac Thibault, Drouet et de Marconay, obtinrent des lettres patentes du roi du 19 janvier 1684, enregistrées au parlement et confirmées par d'autres du 31 octobre 1686 et par des lettres de surannation et d'extension du privilége, du 26 avril 1689, par lesquelles il leur était permis d'élever l'eau de la Seine pour la distribuer et la vendre dans la ville. Ils présentèrent au bureau une requête à l'effet d'être auto-

[1] Voy. page 227.

risés à établir deux machines à l'aval du pont de la Tournelle et du pont Royal, pour « l'utilité publique des quartiers Saint-Antoine et du faulxbourg Saint-Germain et ornement de ladite ville et y eslever telle quantité d'eaue de la rivière qu'il pourroit en estre par eux distribuéés et venduës. » Le bureau fit visiter les lieux par le sieur Herlau, échevin, et le procureur du roi et de la ville accompagnés du maître des ponts et, sur leur rapport favorable, il autorisa, le 11 juillet 1689, l'établissement des machines sous la première arche du pont de la Tournelle, du côté de l'île Notre-Dame, et la première arche du Pont-Royal, du côté des Tuileries, à la charge « d'oster ladite machine en cas que pour l'événement elle se trouve nuisible à la navigation[1]. »

Le sieur Le Beau étant mort avant la construction des machines, sa part dans le privilége dont il vient d'être question fut, par de nouvelles lettres patentes du 30 septembre 1692, donnée et octroyée au sieur Friquet de Vaurose, professeur à l'Académie de peinture et de sculpture. Le bureau de la ville décida, le 28 avril 1693, qu'il y avait lieu d'enregistrer ces lettres[2].

A la suite de cette délibération, le sieur Friquet de Vaurose et le sieur Mathieu, son associé, érigèrent sur pilotis, à l'aval du pont de la Tournelle, un pavillon en maçonnerie et charpente, couvert d'ardoises, avec galerie pour sortir sur le quai. Cet édifice, qui bouchait la première arche du pont et s'étendait au devant de la première pile, devait faire partie de l'établissement destiné à élever l'eau. Mais jamais les machines ne furent construites et le pavillon tombait en ruine lorsque, par délibération du 4 juin 1709, le bureau de la ville en ordonna la démolition[3].

Le sieur Michel Sauvage, commissaire ordinaire de l'artillerie, obtint des lettres patentes, en août 1692, qui l'autorisaient à cons-

[1] Registres de la ville, vol. LV. H. 1832, fol. 523.
[2] *Ibid.*, vol. LVII, H. 1834, fol. 181.
[3] *Ibid.*, vol. LXVI, H. 1843, fol. 152.

truire des machines pour élever de l'eau de la Seine « proche la maison Blanche du costé du faulxbourg saint-Anthoine au lieu et endroit qui luy seroit désigné par lesdits préuosts des Marchands et escheuins et l'allignement qui luy serait donné ». Un arrêt du parlement du 14 août ordonna qu'avant l'enregistrement de ces lettres, elles seraient communiquées pour avis au bureau de la ville ; le 25 mai 1693, le bureau prit une délibération dans laquelle il suppliait la cour d'enregistrer les lettres patentes, attendu que l'exécution du projet ne pouvait être que très-avantageuse pour le bien de la ville[1]. Ces lettres patentes furent en effet enregistrées au parlement le 10 juin suivant. Mais le sieur Michel Sauvage ne profita point du privilége qui lui était accordé et laissa tomber son projet en déchéance.

Le sieur Gaspard Boisson, ingénieur et fontainier à l'Arsenal, avait construit une machine composée de trois pompes en cuivre mises en mouvement par deux chevaux, destinées à élever l'eau de Seine. Il adressa au roi une requête pour être autorisé à faire usage de cette machine. Le conseil d'État, par un arrêt du 15 juillet 1719, décida qu'avant de faire droit à cette requête, il convenait de consulter le bureau de la ville. Le prévôt des marchands fit faire la visite des lieux par les sieurs A. Harmand, ingénieur du roi, Beausire, architecte du roi, et Rennequin, ingénieur pour les eaux. Il fut reconnu que la machine était bien conditionnée, qu'elle prenait l'eau dans un puisard mis en communication avec la rivière par une pierrée couverte de madriers, et des tuyaux de fer qui s'étendaient à vingt toises dans le lit du fleuve, que la machine ne pouvait être que très-utile, qu'elle pouvait élever trente pouces d'eau, ce qui exigeait

« Au moins 10 cheuaux et cinq hommes tant pour en auoir soin que pour les conduire lorsqu'ils feront aller la machine, ce qui coutera par jour à raison

[1] Registres de la ville, vol. LVII, H. 1834, fol. 628.

de trente sols pour chacun homme et trente sols pour chacun cheual, vingt deux liures dix sols et pour l'entretien annuel de la dite machine il coutera au moins mil liures.... il conviendra construire un réseruoir de la continence de six cent muids d'eau.... qui pourra couter environ cinquante mille liures[1]. »

Le bureau donna donc un avis favorable le 7 août 1719.

Il n'est plus question de cette machine dans les délibérations du bureau. Il est probable qu'elle ne fonctionna jamais.

Le faubourg Saint-Antoine était fort mal alimenté d'eau. La ville y fit construire quatre fontaines qui n'étaient point encore en service vers 1724. Une compagnie, qui prétendait avoir le droit de construire des machines sur toutes les rivières du royaume, présenta au Régent un mémoire à l'effet d'obtenir, avant de faire renouveler son privilége, le droit de distribuer l'eau pendant cent ans dans ce faubourg et autres lieux, à la condition que le bureau voudrait bien « se démettre en faueur de la compagnie pendant l'espace de cent années des droits que la ville peut avoir tant sur les eaux de la riuière que sur les fontaines dudit faux-bourg ». La compagnie s'engageait à payer à la ville une redevance modeste, etc.

Le bureau repoussa énergiquement cette proposition « comme inutile, préjudiciable aux droits de la ville de Paris et contraire aux intérêts de ses citoyens[2] ». Cette proposition n'eut aucune suite.

Le sieur Petitot, ancien secrétaire du gouvernement de Lyon, offrit en 1745 de construire à ses frais des pompes à manége, qui éleveraient, à la hauteur de l'Estrapade environ, trois cents pouces d'eau de Seine. Ces pompes devaient être établies au delà de la porte Saint-Bernard, et le sieur Petitot demandait le privilége exclusif et perpétuel de vendre cette eau à raison de cent cinquante

[1] Registres de la ville, vol. LXXI, H. 1848, fol. 100.
[2] Registres de la ville, vol. LXXIV, fol. 44 et suiv.

livres la ligne. Il réduisait à cent livres le prix de l'eau que la ville pourrait lui prendre.

Cette demande fut renvoyée au prévôt des marchands le 1^er^ décembre 1745. Le bureau, tout en reconnaissant l'utilité du projet, mit avec raison en doute la possibilité du succès. Il ne s'opposait d'ailleurs nullement à ce que le roi accordât le privilége demandé[1]; le projet n'eut aucune suite.

Le 5 juillet 1777, M. Amelot, secrétaire d'État, fit parvenir au bureau de la ville un projet du sieur Deforge, qui contenait les propositions suivantes :

1° Faire construire un pont en pierre en face du bastion de l'Arsenal, auquel on adapterait une machine hydraulique.

2° Détruire la pompe du pont Notre-Dame et employer le prix des matériaux qui proviendraient de cette démolition à acquitter le prix des tuyaux de fer que M. Deforge se proposait de substituer aux tuyaux de plomb.

3° Obliger les porteurs d'eau à aller aux nouvelles fontaines, etc., etc.

Le bureau, tout en donnant des éloges au projet, le repoussa cependant en faisant remarquer que par la destruction des pompes Notre-Dame, M. Deforge ôtait tout avantage au projet puisqu'on perdait d'un côté ce qu'on gagnait de l'autre, que les tuyaux en fer (fonte) ne valaient pas mieux que les tuyaux de plomb, qu'il paraissait difficile d'ôter aux porteurs d'eau la faculté de prendre l'eau gratuitement aux puisoirs établis par la ville dans le lit de la Seine.

Comme dernière considération le bureau ajoutait que « si le projet de M. Deforge étoit adopté, il seroit un obstacle à celui de l'Yvette dont la possibilité et l'utilité ont été démontrées par les examens et les analises les plus exacts ».

Par ces considérations le projet fut repoussé[2].

[1] Registres de la ville, vol. LXXXIV, fol. 615
[2] Registres de la ville, vol. C, H. 1877, fol. 250.

Je ne sais si je dois mentionner ici l'autorisation accordée aux sieurs Pierre Charles, mécanicien, Jean-Baptiste Charier, peintre, et Jean Joseph Philibert Choignet, maître menuisier-mécanicien, d'établir à l'extrémité de l'avant bec d'amont de la première pile du pont de l'île Louviers, côté du quai des Célestins, une pompe à chaîne et godets, de l'invention du sieur Charles, destinée à relever l'eau nécessaire à la placede la Bastille. Les clauses de cette concession sont énumérées dans une délibération du bureau de la ville en date du 26 mars 1780[1]. Il est douteux que cette petite machine ait fonctionné.

*Essais de filtrage des eaux de la Seine.* — Les sieurs Jean-Baptiste Molin de Montbruet et Nicolas Ferrand obtinrent des lettres patentes du roi en date du 2 juin 1763, scellées du grand sceau de cire jaune, leur permettant d'établir à Port-à-l'Anglais et à d'autres points en descendant vers Paris « un ou plusieurs bateaux propres à puiser les eaux, et à les battre, filtrer et épurer pour les besoins de ceux des habitants de cette ville qui voudront s'en pourvoir, le tout conformément aux projets approuvés par la Faculté de médecine. Ces eaux ainsy préparées et tirées du réservoir ou elles auront été reçues, seront mises en bouteilles, jarres ou autres vaisseaux et cachetées pour ensuite être transportées par des batelets en cette ville, et y être venduës et débitées soit sur les ports, soit dans les maisons ».

La concession était faite pour vingt années à partir de la date des lettres patentes. La cour, avant d'enregistrer ces lettres, ordonna qu'elles seraient communiquées au bureau de la ville pour avoir son avis.

Le bureau, d'après les conclusions du procureur du roi et de la ville, fit ressortir tous les avantages du projet des pétitionnaires qui avaient l'intention de puiser l'eau en amont de Paris, c'est-à-dire en un lieu où le fleuve n'est pas troublé par les ordures de toute

[1] Registres de la ville, vol. CI, H. 1878, fol. 335 et suiv.

sorte apportées dans l'intérieur de la ville par les ruisseaux des hôpitaux, les égouts des manufactures, les boucheries, les tanneries, les latrines, les sels caustiques, les plâtres calcinés, les détritus des bois flottés, le blanchissage du linge, le lavage des viscères des animaux, qui proposaient de filtrer cette eau si supérieure en qualité à celle des machines de la ville, d'abord dans une couche de beau sable de quatre pieds (1$^{m}$,30) de largeur et de quatre-vingts pieds (25$^{m}$,99) de longueur et deux pieds (0$^{m}$,65) de hauteur puis ensuite à travers de douze cent quatre-vingts filtres circulaires d'un pouce de diamètre dans chacun desquels serait enfermée une éponge fine bien nettoyée, passée à l'esprit de vin et recouverte d'une étamine bien déliée. L'eau devait ensuite être aérée dans un réservoir exposé à un courant d'air.

Le bureau, nonobstant l'avis favorable de la Faculté de médecine, élevait quelques objections contre l'emploi des éponges, et les impétrants renoncèrent sans difficulté à cet emploi, le sable étant suivant eux bien suffisant pour obtenir un bon filtrage[1].

Les lettres patentes conservant d'ailleurs aux habitants de Paris et aux porteurs d'eau le droit de prendre l'eau où bon leur semblerait, et la navigation étant suffisamment sauvegardée puisque les filtres étaient placés hors de Paris, le bureau concluait ainsi le 7 juillet 1763 :

> « Sous ces observations nous estimons sous le bon plaisir de la cour que les lettres patentes obtenuës par les impétrans le 2 juin dernier peuvent être enregistrées pour être exécutées suivant leur forme et teneur[2]. »

Malgré cet avis si favorable, il ne paraît pas que les sieurs de Montbruet et Ferrand aient jamais fait usage du privilége qui leur était accordé[3].

[1] Des éponges placées au-dessous du sable auraient été peu utiles en effet. Le filtre de la maison Védel, employé depuis si longtemps dans les fontaines marchandes de la ville, se compose aussi d'éponges et de sable ; mais les éponges sont placées au-dessus du sable et arrêtent presque toutes les ordures; elles diminuent considérablement le nombre des nettoyages des filtres; elles remplacent avec avantage les bassins de dépôt des grands filtres.

[2] Registres de la ville, vol. LXXXXIII, H. 1870, fol. 264 et suiv.

[3] Je suis entré dans tous ces détails pour faire comprendre comment on entendait le fil-

Le 18 janvier 1781, M. Amelot transmettait au prévôt des marchands, pour avis, une requête du sieur Bourbon de Charancourt, ingénieur, tendant à obtenir du roi l'autorisation d'établir, sur les bords de la Seine, dix-huit fontaines d'eau épurée, et même un plus grand nombre s'il était besoin pour le service public.

Chacune de ces fontaines avait treize robinets, dont douze pour les porteurs d'eau à seaux et le treizième pour le service gratuit des pauvres; plusieurs de ces fontaines avaient, en outre, deux robinets pour les porteurs d'eau à tonneau. L'eau était vendue 3 deniers la voie et 5 sols le muid; elle était élevée au moyen de pompes établies dans des bateaux[1].

Le sieur de Charancourt ne donnait pas la description de ses procédés de filtrage. Le prévôt des marchands, en faisant connaître au bureau la requête qui lui était transmise par le ministre, signalait tous les inconvénients du projet. Jamais établissements de ce genre n'avaient été autorisés qu'à la suite d'un examen de la Faculté de médecine. Les bateaux nécessaires pour faire fonctionner les dix-huit fontaines étaient si nombreux qu'ils auraient présenté un obstacle sérieux à la navigation et qu'on n'aurait su où les garer pendant les glaces. Les dix-huit fontaines, avec leurs réservoirs et les porteurs d'eau qui les fréquenteraient, seraient très-encombrantes, d'autant plus que l'impétrant voulait en faire de vrais monuments publics. Plusieurs des rues désignées pour l'établissement de ces fontaines étaient trop étroites pour les recevoir.

Le bureau concluait de là que le projet du sieur de Charancourt présentait « beaucoup d'embarras sur la rivière, sur les ports et quais et dans les rues, sans aucun avantage réel qui put compenser ces inconvénients. »

trage de l'eau au milieu du dix-huitième siècle; je ne crois pas qu'avec le sable seul, ou avec les éponges placées au-dessous du sable, il soit possible de filtrer l'eau de Seine en toute saison, sans un bassin de dépôt.

[1] La voie d'eau était alors de 29 litres et le muid de 238 litres. Le sol valait 5 centimes, et le denier $\frac{1}{12}$ de sol, 0f,00417; l'eau était donc vendue 0f,43 ou 0f,63 le mètre cube, suivant qu'elle était livrée à la voie ou au muid.

Par ces considérations, le bureau estimait, sous le bon plaisir de Sa Majesté, qu'il n'y avait pas lieu d'accorder au sieur de Charancourt l'objet de sa demande[1].

Le sieur de Charancourt revint à la charge et présenta une nouvelle requête que le même ministre, M. Amelot, transmit au prévôt des marchands le 26 décembre 1781, en lui faisant remarquer que l'essai du procédé de filtrage avait été trouvé bon. M. de Charancourt reproduisait la demande analysée ci-dessus et demandait, pendant trente ans, le privilége de vendre de l'eau filtrée à Paris. Le bureau fut d'avis de réduire à trois le nombre des bateaux destinés à élever l'eau, et à six le nombre des fontaines filtrantes; la délibération se termine ainsi : « Nous pensons que la défense proposée (le privilége exclusif de vendre de l'eau filtrée) ne doit donner d'exclusion qu'à ceux qui, pour parvenir à la dépuration de l'eau, voudraient employer la même machine et le même procédé[2]. »

Un arrêt du conseil d'Etat conforme à la délibération qui précède, mais réduisant à quinze ans la durée du privilége, fut rendu le 18 mai 1782. Le bureau de la ville fut d'avis qu'il pouvait être enregistré[3]. Il ne paraît pas que le procédé de M. de Charancourt ait été mis en pratique.

Pourquoi ces systèmes d'épuration d'eau, qui avaient tant de chances de succès, ont-ils tous échoué au dix-huitième siècle? Cela est difficile à comprendre aujourd'hui. Je suis convaincu que les procédés proposés réussissaient dans une expérience de laboratoire, mais qu'ils étaient d'une application difficile dès qu'on les employait en grand. Je ne puis rien dire de l'invention de M. de Charancourt qui n'est pas connue. Mais le filtre des sieurs de Montbruet et Ferrand est complétement décrit, et je viens de dire pourquoi ils avaient échoué dans l'essai en grand :

[1] Registres de la ville, vol. CII, H. 1879, fol. 153.
[2] *Ibid.* Fol. 407. Délibération du 26 décembre 1781.
[3] Délibération du 18 juin 1782. Registres de la ville, vol. CII, H. 1879, fol. 448.

ils plaçaient mal les éponges. Mais j'insiste peu là-dessus, je raisonnerais sur des hypothèses ; ce qu'il y a de certain, c'est qu'à la fin du dix-huitième siècle, on ne vendait pas encore à Paris d'eau vraiment filtrée.

Tous les projets dont il vient d'être question, n'eurent donc aucun succès, et il devait en être ainsi : c'étaient de petites spéculations, qui étaient loin de satisfaire aux besoins les plus urgents d'une grande ville Le projet dont il me reste à parler était conçu dans un véritable esprit de désintéressement et sur des bases bien plus larges que tout ce qu'on avait proposé ou exécuté jusqu'alors. Il aurait, suivant moi, conduit à de grandes déceptions ; mais il introduisait dans le service d'incontestables améliorations, notamment l'assainissement de la ville par le lavage des rues, des égouts, lavage qui a été réalisé, plus tard et d'une manière plus complète, par l'établissement du canal de l'Ourcq.

*Dérivation de l'Yvette proposée par de Parcieux.* — A la suite de la visite des pompes du pont Notre-Dame qu'il fit en 1760, de Parcieux fut très-frappé de l'état précaire de la distribution d'eau de Paris et chercha le moyen de donner à ce grand service tout le développement qu'exigeait l'importance de la ville.

En 1762, 1766 et 1767, il lut à l'Académie des sciences, trois mémoires dans lesquel sil proposait de dériver les eaux de l'Yvette[1], au moyen d'un canal maçonné, mais découvert, pour les conduire dans le quartier de l'Observatoire. La description du tracé, du profil de la conduite et des principaux ouvrages d'art, est faite avec beaucoup d'exactitude dans ces trois mémoires, remarquables à tous égards, et qui ont valu à leur auteur une juste popularité.

[1] L'Yvette est une petite rivière qui prend sa source près de Cernay-la-Ville, passe par Dampierre, Chevreuse, Orsay et vient déboucher dans l'Orge un peu en aval de Lonjumeau. L'Orge tombe dans la Seine près d'Athis ; à Palaiseau, un peu en amont de Lonjumeau, la vallée de l'Yvette est séparée de celle de la Bièvre par un plateau dans lequel existe une dépression assez profonde. C'est par cette dépression que Perronet proposait de faire passer le canal.

Après la mort de de Parcieux, un arrêt du conseil d'État du 30 juillet 1769 désigna Perronet et Chézy pour continuer son œuvre.

Ces deux célèbres ingénieurs trouvèrent les idées émises par leur prédécesseur si justes qu'ils les adoptèrent presque sans modification; ils proposèrent seulement d'augmenter le volume des eaux dérivées, en y ajoutant celles de la Bièvre et de quelques petits affluents, et de faciliter la dérivation, en remontant vers Saint-Remy, à l'aval de Chevreuse, la prise d'eau que de Parcieux proposait de faire un peu plus bas, au moulin de Vaugien. D'après ces nouvelles propositions, la portée de la dérivation, en basses eaux, était ainsi réglée par 24 heures :

| | MÈTRES CUBES |
|---|---|
| Débit de l'Yvette, de ses affluents et d'un réservoir de 40 arpents fait à Saint-Remy. . . . . . . . | 19 195,50 |
| Prise d'eau de la Bièvre. . . . . . . . . . . . . . | 8 637,70 |
| Total. . . . . . . . . . . . . . . . | 27 833,00 |

Soit 28 000 mètres cubes.

La longueur de la dérivation de l'Yvette était de 17 352 toises (33 819$^{m}$,68) ; celle de la dérivation de la Bièvre de 1890 toises (5 474$^{m}$,84)[1].

[1] Les principaux ouvrages d'art étaient les suivants :

1° Pont aqueduc à Tourvoie, sur la vallée de Rungis, longueur 616$^{m}$,79 ; hauteur maximum 20$^{m}$,79 ; 25 arcades en plein cintre de 19$^{m}$,49 d'ouverture.

2° Tunnel sous le seuil de Palaiseau, pour passer de la vallée de l'Yvette à celle de la Bièvre ; longueur 1500 mètres environ.

3° Exhaussement du pont-aqueduc d'Arcueil.

4° Château d'eau derrière l'Observatoire, à peu près dans l'emplacement de la gare du chemin de fer de Sceaux.

La prise d'eau avait lieu dans la vallée de l'Yvette, vers Saint-Rémy, en aval de Chevreuse ; Perronet proposait d'y construire un réservoir de 40 arpents, dont la queue se serait étendue jusqu'à Chevreuse ; il prenait les ruisseaux de Courbetin, de Port-Royal, de Goutte d'Or et de Bures ; ces prises d'eau accessoires doublaient la portée de la dérivation. L'eau arrivait à Paris à 23 pieds, 11 pouces, 1 ligne (7$^{m}$,77) au-dessus du bouillon d'Arcueil. Perronet, adoptant le système de de Parcieux, proposait de la faire passer par une couche de sable pour la filtrer ; elle arrivait après ce filtrage, à 12 pieds 11 pouces 4 lignes (4$^{m}$,20) au-dessus du même point.

Le radier du bouillon d'Arcueil est à l'altitude 56$^{m}$,88. L'eau, d'après le projet de Perronet, arrivait donc, avant filtrage, à l'altitude 64$^{m}$,65. La pente du canal étant de 0$^{m}$,208 et sa longueur de 33 819$^{m}$,68, l'altitude du point de départ à Saint-Rémy devait être de 71$^{m}$,68 ; et en effet, nous trouvons sur la carte du bureau de la guerre, en ce point, la cote de 74 mè-

Le canal d'Yvette était découvert sur 29 510$^{m}$,37 et couvert ou en souterrain sur 4 309$^{m}$,32.

Celui de Bièvre était entièrement découvert.

La section adoptée avait 1$^{m}$,46 de largeur moyenne et 1$^{m}$,62 de hauteur ; après la réunion de la Bièvre la largeur était augmentée de 0$^{m}$,32. La dérivation avait une pente uniforme de 15 pouces par 1000 toises (0$^{m}$,208 par kilomètre). La dépense totale était évaluée à 7 826 209 livres.

L'eau arrivait à Paris à l'altitude 64$^{m}$,65 environ, derrière l'Observatoire. Comme l'Yvette ne fournissait, en basses eaux, que 10 000 mètres cubes d'eau en 24 heures, on n'arrivait à un produit de 19 195 mètres cubes qu'en y réunissant l'eau des ruisseaux et du réservoir dont il est question ci-dessus.

Le projet de de Parcieux, Perronet et Chézy, fut accueilli avec une grande faveur ; toutefois la situation des finances de la ville de Paris ne lui permettait pas de se charger d'un travail qui l'entraînait dans une dépense de près de huit millions ; on dut donc ajourner cette grande entreprise[1] ; mais elle ne fut pas oubliée : à chaque proposition faite à la Ville, on examinait si elle n'était pas de nature à compromettre la dérivation de l'Yvette. Nous avons déjà vu qu'entre autres motifs qui firent repousser un projet du sieur Deforge, on faisait valoir « qu'il serait un obstacle à celui de l'Yvette ».

Dans une délibération du bureau, en date du 25 octobre 1776, sur la proposition d'établissement de machines à vapeur faite concurremment par le chevalier d'Auxiron et MM. Périer frères, et

tres pour le terrain, qui correspondrait à peu près à celle de 72 mètres pour le fond du ruisseau. Cette exactitude du nivellement de Perronet n'a rien qui doive surprendre ; tout le monde sait avec quel soin ses projets étaient étudiés.

La prise d'eau de la Bièvre avait lieu à Petit-Bièvre ; la conduite se développait sur la rive droite, traversait le parc de Vilgenis et se soudait à la dérivation de l'Yvette, presque en face du village de Massy.

222 bornes en grès, placées par les soins de M. Trudaine, indiquaient les principaux points du tracé et servaient de repère au radier de l'aqueduc ; il paraît que plusieurs de ces bornes existent encore ; il serait facile de les reconnaître à la fleur de lys dont elles sont marquées.

[1] Le projet de Perronet et de Chezy est déposé à la bibliothèque de l'Institut. C'est un modèle de précision et d'exactitude.

sur un projet du sieur Capron, on lit de longs développements sur les avantages du projet de l'Yvette, et en somme le conseil donna la préférence au projet de MM. Périer, parce qu'ils ne demandaient qu'une concession de 15 années et qu'ils admettaient que leur projet serait adopté « sous la réserve expresse de celui de M. de Parcieux ».

*Modification du projet de l'Yvette par M. de Fer de la Nouerre.* — M. de Fer de la Nouerre, ancien capitaine d'artillerie, lut à l'Académie de sciences, en 1782, un mémoire dans lequel il proposait d'exécuter le projet de l'Yvette, en supprimant le chenal maçonné et en faisant couler l'eau dans un canal en terre.

Le 12 février 1786, M. le baron de Breteuil envoya au prévôt des marchands une requête de M. de Fer, qui demandait à être autorisé à construire la partie du canal qui dérivait la Bièvre, pour conduire provisoirement à Paris 500 pouces d'eau, offrant de verser, entre les mains du trésorier de la Ville, une somme de 250000 livres qu'il jugeait suffisante pour exécuter ce travail.

Il témoignait, en outre, le désir d'être autorisé à jalonner le tracé depuis Amblainvilliers jusqu'à Arcueil. M. de Breteuil recommandait ce projet à l'attention du prévôt des marchands.

Cette ouverture fut accueillie très-froidement par le bureau, et, le 16 février 1786, le Prévôt des marchands répondait à M. de Breteuil que l'économie et la réduction de dépense qu'offrait le nouveau projet, comparé avec celui de MM. de Parcieux et Perronet, tenait surtout à ce que M. de Fer se proposait de conduire l'eau dans un canal en terre, à l'exemple de celui de *New-River* près de Londres ; que cet article seul donnait une différence de dépense de 4228000 livres. D'après le rapport des chimistes et de la Faculté de médecine, on avait la certitude que l'eau de l'Yvette perdrait son goût de marais dans un canal de 7 lieues construit en grès et pierres meulières, et après avoir coulé à l'air libre pendant deux jours et avoir été filtrée « par plusieurs encaissements de cailloutage pratiqués dans le canal....

que, de cette manière, ces eaux ne seraient point infectées par la pourriture des plantes et des feuilles qu'elles reçoivent dans leur lit actuel ». M. de Fer ne pouvait, sans compromettre le succès de l'entreprise, c'est-à-dire la salubrité et la pureté de l'eau, « dénaturer » le projet primitif. Il convenait d'ailleurs de consulter les propriétaires riverains sur les conséquences d'un changement aussi radical; du reste, le bureau reconnaissait que, nonobstant cette diminution de la bonne qualité de l'eau, le projet pouvait être exécuté puisqu'il donnerait *un grand volume d'eau propre à assainir la capitale.*

M. de Breteuil revint à la charge, et, dans une lettre de mars 1786, il reconnaissait que les observations du Prévôt des marchands étaient très-fondées, mais que néanmoins « le projet serait toujours dans le cas d'être accueilli à cause du volume d'eau qu'il procurerait pour les autres usages de la vie civile ». Une troisième lettre du 13 mars du même ministre débutait ainsi : « J'ai eu l'honneur, Monsieur, de parler au roi du projet de l'Yvette qu'a proposé le Sr de Fer. Le roi m'a paru en goûter l'idée et en a même été frappé. En conséquence, je vous serai obligé de vouloir le communiquer au bureau de la Ville et de me faire passer sa délibération, afin que je puisse au premier moment remettre cette affaire sous les yeux du roi en son conseil .» Le ministre ajoutait que la délibération de la Ville ne pouvait porter ni sur les moyens d'exécution, ni sur la qualité de l'eau, M. de Fer ayant communiqué ses « moyens » à l'Académie des sciences qui les avait approuvés. Le bureau devait surtout se préoccuper de la surveillance des moyens financiers et des travaux, surveillance qui pourrait être confiée à des commissaires chargés en même temps de régler les indemnités de terrain.

La délibération fut prise en effet le 20 mars 1786. Les observations du procureur du roi et de la Ville y sont transcrites *in extenso*, ce que je n'ai jamais vu dans aucune autre délibération du bureau ; ce magistrat faisait observer qu'il convenait de laisser à M. de Fer toute la responsabilité de son œuvre ; qu'il était donc inutile de nommer des commissaires chargés de la surveillance; qu'il n'y avait nulle nécessité de faire verser à la caisse de la Ville les 250000 livres, somme que M. de Fer jugeait suffisante pour l'exécution de son projet; il terminait en proposant au bureau de s'en rapporter à la sagesse du roi. Ces conclusions furent adoptées[1].

Un arrêt du conseil d'État, en date du 3 novembre 1787, rendu à la suite de la délibération précédente du bureau de la Ville, jette un très-grand jour sur les propositions de M. de Fer, et fait connaître notamment en quoi consistaient les modifications introduites par lui dans le projet de Perronet, ce qu'aucun auteur n'a indiqué. Le projet avait été renvoyé à des commissaires qui devaient l'examiner dans tous ses détails. Il résulte de leur rapport un fait capital, c'est qu'après avoir passé de la vallée de l'Yvette dans celle de la Bièvre par le col de Palaiseau, M. de Fer ne suivait pas la vallée de la Bièvre dans le sens du cours de cette rivière, comme le faisaient Perronet et Chézy. En agissant ainsi, ces ingénieurs s'élevaient de plus en plus au-dessus du thalweg; ils étaient obligés de franchir le petit ruisseau de Rungis, à Tourvoye, sur un pont-aqueduc de 617 mètres de longueur, et de $20^{m},79$ de hauteur, d'exhausser le pont-aqueduc d'Arcueil, etc. M. de Fer, au contraire, à partir du col de Palaiseau, dirigeait le tracé du canal de l'Yvette en remontant la vallée de la Bièvre, jusqu'à un point où le tracé se trouvait au niveau de cette rivière qu'on franchissait à Amblainvilliers sur un pont ordinaire. Il n'y avait donc, dans son projet, ni pont-aqueduc analogue à celui de Tourvoye, ni travail important à la traversée de la Bièvre. Le tracé même était plus court, puisqu'à Amblainvilliers les deux canaux de l'Yvette et de la Bièvre se réunissaient et n'en faisaient plus qu'un seul jusqu'à Paris. Le canal était purement et simplement en terre comme cela a déjà été dit. On comprend donc facilement comment la dépense, déjà réduite de 4228000 livres par la suppres-

[1] Manuscrits des Archives nationales, liasse, H. 1957, pièces 119, 120, 121, 122 et 117.

sion de la cunette maçonnée de Perronet, ait encore été diminuée d'une somme considérable par la suppression des grands ouvrages d'art; c'était une grande amélioration. L'estimation de 250 000 livres de M. de Fer ne s'appliquait qu'à la dérivation de la Bièvre, qui devait être terminée avant d'entreprendre celle de l'Yvette et produire 500 pouces d'eau (9 600 mètres cubes).

Les commissaires approuvaient cette estimation et évaluaient à 400 000 livres le montant des indemnités de toute nature qui tombaient à la charge de l'entreprise. La largeur du canal était portée à 12 pieds (3$^{m}$,90), et sa profondeur à 3 pieds (0$^{m}$,97). Les propriétaires de terrains clos de murs pouvaient exiger que le canal fût couvert d'une voûte. La largeur des francs-bords dans les lieux clos de murs était fixée à 24 pieds (7$^{m}$,80), celle du canal comprise. Elle pouvait être portée à 132 pieds (42$^{m}$,88) dans les terrains non clos de murs. M. de Fer devait verser entre les mains du receveur de la ville de Paris, pour garantie de l'exécution de ses obligations, une somme de 250 000 livres en deniers comptants, et en outre 150 000 livres en effets d'une valeur solide. Ces sommes seraient rendues au concessionnaire au fur et à mesure que les travaux seraient exécutés et les indemnités soldées.

En résumé, le tracé du canal partait de la vallée de l'Yvette au-dessous du village de Saint-Remi, passait sur le territoire de Courcelles, Gif, Palaiseau, Amblainvilliers, Verrières, Antoni, Sceaux et Arcueil, et aboutissait à Paris à peu près dans l'emplacement actuel de la gare du chemin de fer de Sceaux, à 7 pieds (2$^{m}$,27) au-dessus des eaux d'Arcueil. Le canal pouvait prendre les ruisseaux de l'Yvette, de Tourvoye, de Coubertin, de Bure, de Goutte-d'Or, de Vauhallan, des Mathurins, de Bièvre, de la butte des Godets, de Châtenay, de la fontaine des Moulins[1].

Cette autorisation obtenue, M. de Fer créa 4800 actions de 1200 livres chacune, payables par douzième d'année en année;

[1] Extrait des registres du conseil d'État.

les actionnaires avaient droit de partage dans le produit de la vente des eaux ; le prospectus fixait à 120 millions la valeur de la propriété de ces eaux. On pouvait acquérir à perpétuité une concession d'un muid d'eau par jour (238 litres) pour la somme de 216 livres.

Le tracé du canal fut fait en 1788. Le règlement des indemnités donna lieu à quelques difficultés dont le Parlement évoqua la connaissance par un arrêt du 3 décembre 1788. Cet arrêt et d'autres qui furent rendus depuis, furent tous cassés par un arrêt du conseil d'Etat du 14 février 1789; le 10 janvier, M. de Fer rendit compte à l'Académie des sciences de ses projets et de son plan financier; plus tard il fit connaître au public que le produit de la vente des actions était de 461 000 livres, que les dépenses montaient à 250 000 livres, qu'il restait par conséquent en caisse 211 000 livres, somme suffisante pour achever les travaux en moins de six semaines.

Au moment où cette entreprise touchait à sa fin, un arrêt du conseil d'Etat du 11 avril 1789, provoqué par les propriétaires riverains et les teinturiers, tanneurs, mégissiers et autres habitants du faubourg Saint-Marceau, suspendit les travaux. Cet arrêt portait que toutes les pièces de l'affaire seraient réunies « entre les mains du sieur de Crevecœur, maître des requêtes, que Sa Majesté a commis et commet à cet effet, pour, après en avoir communiqué aux sieurs de Montyon, de Flesselle, Dupré de Saint-Maur et de Cypière, conseillers d'Etat que Sa Majesté a pareillement commis, être, au rapport dudit sieur de Crevecœur, maître des requêtes, en présence et de l'avis desdits sieurs commissaires, statué et ordonné dans le mois ce qu'il appartiendra. »

Ce n'était point un retrait de la concession ; mais la Révolution, qui commençait alors, fit perdre de vue les travaux et ruina l'entreprise.

Ainsi se termina le projet de de Parcieux, Perronet et Chézy. Doit-on le regretter? Je ne le pense pas. J'ai cité la délibération du bureau de la Ville du 16 février 1786, où la question des eaux est envisagée à un point de vue entièrement nouveau ; en discutant les modifications faites au projet par M. de Fer, le bureau reconnaît qu'un grand volume d'eau, même de qualité inférieure, peut être très-utile *pour assainir la capitale*. C'est ce à quoi on n'avait jamais songé jusque-là : l'eau conduite à Paris devait avant tout être propre aux usages domestiques et notamment à la boisson. C'est ce qui avait fait accueillir avec une grande faveur le projet de dérivation de l'Yvette : d'après les rapports de l'Académie des sciences, de la Faculté de médecine et des chimistes, l'eau de l'Yvette devait être au moins aussi agréable à boire que celle de la Seine. On reconnaissait cependant qu'elle avait un goût de marais : de Parcieux lui-même ne le niait pas. Mais on était convaincu qu'après un parcours de sept lieues dans un canal maçonné, et une exposition à l'air libre pendant deux jours, qu'après avoir traversé des amas de graviers que Perronet proposait d'établir dans le canal, l'eau deviendrait parfaitement potable, préférable même à l'eau de Seine. C'était une erreur fondamentale, et aujourd'hui les faits connus ne laissent aucun doute sur ce point : l'eau d'une grande rivière convient beaucoup mieux pour les usages domestiques que celle des petits cours d'eau, sur lesquels les actions extérieures ont une influence énorme ; la construction d'une usine, d'un abreuvoir, le voisinage d'une grande ferme pourvue d'un nombreux bétail changent complétement la qualité de l'eau du ruisseau et sont sans action sur celle du fleuve ; l'eau de l'Yvette et de la Bièvre était peut-être encore potable du temps de de Parcieux ; aujourd'hui, les usines nombreuses établies sur ces deux ruisseaux, notamment les tanneries et les tonneaux de blanchisseuses, ont altéré absolument la qualité de leurs eaux.

Celle du réservoir de quarante arpents proposé par Perronet aurait été encore moins acceptable et on en a la preuve précisément sur le plateau compris entre l'Yvette et la Bièvre. Louis XIV

[1] Voyez ci-dessus, page 308, la délibération du bureau.

a réuni les eaux qui s'écoulent à la surface de ce plateau, dans de grands étangs qui alimentent Versailles : c'est ce qu'on appelle les eaux blanches. Ces eaux sont réellement impotables [1]. Lorsqu'on est conduit à prendre l'eau d'une petite vallée, c'est aux sources mêmes qu'il faut s'adresser et on doit les dériver avant qu'elles n'aient vu le jour. Les vallées de la Bièvre, de l'Orge et de ses affluents, la Renarde, la Rimarde et l'Yvette, renferment de nombreuses sources, et dans le voisinage de Paris. C'est là seulement qu'on trouve des eaux de bonne qualité. Lorsqu'en 1854, 55, 56 et 57, j'ai été chargé de faire un projet de dérivation d'eaux de sources pour Paris, c'est dans ce petit coin du bassin de la Seine que j'ai fait mes premières recherches ; j'ai fait l'étude complète des sources de ces cinq vallées. En ne comptant que celles dont l'eau renferme moins de vingt-quatre centigrammes de sels terreux par litre, j'arrivais à cette conclusion que toutes ces sources réunies ne donneraient pas plus de 10 000 mètres cubes d'eau en vingt-quatre heures. En triplant la longueur du projet de Perronet, on ne conduisait donc à Paris qu'un volume d'eau potable insuffisant.

Cette insuffisance est encore plus évidente si, comme le reconnaissait le bureau dans sa délibération du 16 février 1786, l'eau à dériver devait surtout être appliquée à l'assainissement de la ville, au lavage des rues et des égouts; il aurait été absolument impossible d'opérer ce lavage avec les 27 833 mètres cubes d'eau que la rigole de Perronet devait conduire tous les jours à Paris.

Si donc l'entreprise de M. de Fer avait été menée à bonne fin, elle aurait eu une conséquence désastreuse : le canal de l'Ourcq n'aurait pas été entrepris et la Ville aurait été privée du plus

[1] Voici ce qu'en disait, il y a quelques années, la commission d'ingénieurs chargée par le ministère d'État d'étudier la question des eaux de Versailles : « Pendant les chaleurs, les eaux se corrompent et seraient funestes à la santé des habitants de Versailles, s'il n'avaient pas d'autre boisson. Cette altération des eaux des étangs tient à ce que, sous l'influence des rayons solaires, cette eau, peu profonde, s'échauffe et donne naissance à une végétation très-active de plantes aquatiques, qui, par leurs débris, nourrissent des myriades d'insectes dont les générations rapides meurent et se décomposent dans le cours d'une saison. »

puissant moyen d'assainissement dont elle dispose aujourd'hui.

Le projet de Perronet devait échouer par une autre raison : il n'est pas possible de priver une banlieue aussi riche et aussi populeuse que celle de Paris de la totalité des eaux, qui, en somme, en font tout l'agrément. C'est ce qui a fait ajourner indéfiniment l'exécution du projet de M. de Fer réduit à la Bièvre et ce qui aurait fait sombrer le projet de l'Yvette.

Ainsi qu'on vient de le dire, les travaux de M. de Fer étaient très-avancés lorsqu'ils furent tout à coup suspendus. Il prétendait même qu'il pouvait les terminer en moins de six semaines.

Il était intéressant de chercher les traces de ces travaux qui n'ont pu disparaître entièrement. M. l'ingénieur Lalanne, en construisant le chemin de fer de Sceaux, a trouvé des restes du canal en terre vers Bourg-la-Reine. Il a découvert, dans la tranchée d'une culée d'un pont du chemin de fer, un aqueduc de forme entièrement circulaire, en maçonnerie d'une grande dureté. Était-ce l'aqueduc de M. de Fer? C'est ce qu'il est peut-être difficile de démontrer aujourd'hui. J'ai dit ci-dessus qu'en fondant les piles du grand pont-aqueduc de la Vanne à Arcueil, j'avais découvert un aqueduc qui longeait celui de Marie de Médicis et qui pourrait bien être celui de M. de Fer[1]. Je ne puis arriver à une démonstration complète, ne connaissant pas les détails du projet de cet ingénieur; j'ai vainement cherché, dans les mémoires de l'Académie des sciences, les notices sur le projet de l'Yvette qu'il a lues en 1782 et le 14 janvier 1789. L'Académie des sciences ne publiait point alors de comptes rendus, mais simplement les mémoires les plus importants qui étaient lus en séance. Les mémoires de M. de Fer n'y ont pas été publiés. Je n'ai pu mettre la main sur un autre opuscule de cet ingénieur, intitulé : Réflexions sur le profil de l'Yvette, Paris 1786. Je ne connais donc pas le profil d'aqueduc qu'il avait adopté pour la traversée des parcs. L'aqueduc que j'ai découvert à Arcueil est dans

[1] Voyez la gravure de la page 204.

une propriété close de murs, c'est-à-dire dans la condition où M. de Fer était tenu de remplacer son canal en terre par un aqueduc voûté lorsque le propriétaire l'exigeait. Cet ouvrage a $1^m,20$ de hauteur sous clef et $0^m,70$ de largeur ; c'est bien peu pour remplacer un canal de $3^m,90$ de largeur et de $0^m,97$ de profondeur. Mais c'était plus que suffisant pour conduire les cinq cents pouces d'eau ($9598^{mc}$ en 24 heures) que M. de Fer devait prendre dans la Bièvre. On trouve en effet que cet aqueduc, rempli jusqu'à $0^m,80$ de hauteur au-dessus du radier et avec la pente de $0^m,208$ par kilomètre prévue par Perronet, devait débiter 16 934 mètres cubes en 24 heures. Il est donc très-possible que M. de Fer ait, par économie, réduit la section de l'aqueduc dans les parties maçonnées et voûtées. Ce qui semble le prouver, c'est que la pente qu'il s'était donnée est un peu plus grande que celle adoptée par Perronet. Sur la longueur de 4925, comprise entre ces restes d'aqueduc voûté que j'ai découverts à Arcueil et la gare du chemin de fer de Sceaux, cette augmentation de pente est de $0^m,39$ ; c'était peut-être pour compenser la diminution de section que M. de Fer avait augmenté de 39 centimètres la pente de l'aqueduc.

En somme le canal découvert à l'extrémité du pont-aqueduc d'Arcueil est voûté comme devait l'être celui de M. de Fer dans les propriétés closes de murs. Il longe le tracé de l'aqueduc d'Arcueil, comme c'était prévu dans les mémoires de de Parcieux. Sa section est suffisante pour débiter 850 pouces d'eau environ, sa pente est à très-peu près celle prévue par Perronet et il pouvait arriver à Paris avec cette pente près de la gare du chemin de fer de Sceaux, à $2^m,66$ au-dessus des eaux d'Arcueil, au regard de l'Observatoire. Il semble donc que cet aqueduc est bien celui de M. de Fer.

Je dois dire que cet ouvrage était construit en chaux grasse, car, lorsque nous l'avons découvert, il ne restait dans les joints que du sable très-fin provenant des carrières voisines de sable de Fontainebleau. La chaux avait totalement disparu, entraînée sans doute par les eaux extérieures, car cet aqueduc n'a jamais été en service. Cela n'infirme pas ce qui a été dit ci-dessus : au XVIIIe siècle on n'avait que des notions très vagues sur ce qui fait qu'une chaux peut être grasse ou hydraulique, et on a pu commettre beaucoup d'erreurs en employant des chaux grasses dans des ouvrages très-soignés.

# CHAPITRE XVI

## LES POMPES A FEU

État précaire du service des eaux en 1776. — Le bureau est saisi de deux projets par M. Amelot, secrétaire d'État. — Machine hydraulique du sieur Capron. — Pompes à feu de MM. Périer. — Le chevalier d'Auxiron. — Le bureau donne la préférence au projet de MM. Périer. — Réserve en faveur du projet de l'Yvette. — 1777. Lettres patentes. — 1778. Enregistrement au Parlement. — Pompes à feu de Chaillot. — Réclamation des habitants. — Avis de la Faculté de médecine. — 1781. Prospectus de la Compagnie des eaux de Paris. — Description des machines de Chaillot. — Les réservoirs et la distribution à domicile introduite en France. — 1782. L'eau de Chaillot arrive à la porte Saint-Honoré. — Machines du Gros-Caillou.

Malgré la faveur avec laquelle le projet de dérivation de l'Yvette avait été accueilli, l'état des finances de la Ville n'avait pas permis de l'entreprendre.

Cependant le service des eaux était dans l'état le plus précaire, et il était indispensable de trouver des ressources, non-seulement pour réparer les pompes du pont Notre-Dame, qui menaçaient ruine, mais encore pour augmenter la distribution de l'eau qui était absolument insuffisante. Le volume d'eau dont la ville disposait du temps de Bonamy, en 1754[1], n'était pas notablement augmenté, et les besoins s'étaient considérablement accrus, avec le développement de la population et du bien-être. Les services publics n'existaient pas.

Le 17 août 1776, M. Amelot, secrétaire d'État, transmit au bureau de la Ville deux projets, l'un du sieur Capron, l'autre de MM. Périer[2], en appelant en outre l'attention du bureau sur un 3e projet présenté, dès l'année 1765, par le chevalier d'Auxiron.

Le sieur Capron proposait de construire dans la Seine, au-dessus de l'Arsenal, une digue assez étendue pour créer une chute et faire marcher une pompe hydraulique. Il demandait la suppression de la pompe Notre-Dame. Le Gouvernement et la Ville devaient contribuer aux dépenses. MM. Périer proposaient d'élever 150 pouces d'eau au moyen de machines à vapeur ou pompes à feu, construites en divers points de la ville, et de les distribuer à leurs frais, risques et périls. Ils se contentaient d'un privilége de 15 années, et ne demandaient ni l'abandon ni la démolition des pompes de la Ville.

Le chevalier d'Auxiron prétendait être l'auteur du projet des sieurs Périer : dès l'année 1765 il avait publié un mémoire dans lequel il proposait d'établir une pompe à feu, en annonçant la possibilité de son exécution par une souscription; il supposait que la Ville abandonnerait gratuitement les tuyaux publics et la pompe du pont Notre-Dame. En 1769 il publiait un nouveau mémoire, dans lequel il élevait son projet au-dessus de celui de l'Yvette.

Le prévôt des marchands résumait ainsi les observations du ministre : « 1° la circonstance ne permettant ni à la Ville ni au Gouvernement de s'occuper actuellement de l'exécution de la to-

[1] Voy. page 20.

[2] MM. Périer frères, mécaniciens très distingués; l'aîné, Jacques Constantin, parait avoir été le chef de la maison; il fut nommé membre de l'Académie des sciences en 1783. Il était âgé de 34 ans lorsque son projet fut présenté aux bureaux de la ville, et mourut le 17 août 1818. Son frère Auguste Charles était son associé et ne cessa de le seconder dans toutes ses entreprises. Cette famille n'a aucune relation de parenté avec celle de M. Casimir Périer.

talité du projet de M. de Parcieux, la Ville ne pourroit-elle pas du moins commencer, comme le propose l'Académie des sciences, par amener à Paris les eaux de la Bièvre, ce qui fourniroit provisoirement quatre cent cinquante pouces d'eau?

« 2° En supposant qu'on ne puisse pas songer dans le moment présent à ce commencement d'exécution, n'est-il pas à craindre qu'en adoptant l'un des deux nouveaux projets, ce ne soit renoncer pour toujours à l'espérance d'exécuter dans des temps plus heureux le projet de M. de Parcieux?... Il semble du moins qu'il faudroit exiger de l'auteur du nouveau projet qui sera adopté une renonciation expresse à toute espèce d'indemnité, en cas qu'on voulût exécuter le projet de M. de Parcieux.

« 3° Si l'espérance d'exécuter un jour le projet de M. de Parcieux peut se concilier avec l'exécution soit du projet du sieur Périer, soit de celui du sieur Capron, lequel des deux projets paroît à la Ville mériter la préférence?

« 4° Enfin quels égards peuvent mériter les représentations du sieur chevalier d'Auxiron?... »

Voici quelle fut la réponse du bureau à ces questions :

« Après en avoir communiqué au procureur du roi et de la Ville, nous estimons qu'étant reconnu que la Ville ne peut pas s'occuper actuellement de l'exécution de la totalité du projet de M. de Parcieux, elle n'est pas même en état d'entreprendre la partie qui consiste, suivant la proposition de l'Académie, à amener à Paris les eaux de la Bièvre.... La ville de Paris, dont les ressources ne sont pas suffisantes pour remplir ses obligations, éprouve depuis plusieurs années une diminution considérable dans ses revenus, et elle est bien éloignée d'avoir des fonds libres pour une entreprise de cette nature.

« Sur la 2ᵉ question, nous pensons, ainsi que nous l'avons toujours fait, que le projet de M. de Parcieux étant le plus utile et le plus sûr, il convient de se réserver tous les moyens de l'exécuter sans obstacles, lorsque les circonstances le permettront, et que tous les autres projets ne doivent être regardés que comme des entreprises particulières, dont les auteurs, lorsqu'ils y seront autorisés, seroient obligés de faire toutes les dépenses et de courir tous les risques.

« L'adoption de l'un ou l'autre de ces projets ne nous paroît devoir être faite que provisoirement, sous la réserve de celui de M. de Parcieux, et en attendant qu'il puisse avoir lieu....

« Sur la 3ᵉ question, les conditions indiquées ci-dessus nous paroissent suffisantes pour concilier l'espérance de voir exécuter le projet de M. de Parcieux avec l'exécution de celui du sieur Périer ou dudit Capron. »

Le bureau repoussait ce dernier projet comme impraticable, et inadmissible d'ailleurs, puisqu'il exigeait la démolition de la pompe du pont Notre-Dame.

Le prévot des marchands ajoutait : « Il n'en est pas de même de celui du sieur Perrier, que nous trouvons bien plus simple, sa pompe à feu ayant pour moteur la vapeur de l'eau dont on connoît la puissance. Son succès dépend uniquement de la précision et de l'intelligence qu'il peut mettre dans son exécution.

« Le sieur Perrier ne demande au Gouvernement que de la protection, ses dépenses seraient faites entièrement par la compagnie qu'il formeroit ; il se soumet à la durée d'un privilége de 15 ans après lequel sa machine seroit abandonnée ou détruite si on l'exigeoit.

« Son projet ne peut toucher à la chose publique que par deux seules considérations : l'une seroit la consommation trop excessive de charbon de terre, l'autre seroit l'incommodité que pourroit en causer la fumée et l'odorat.

« Nous ne pensons pas que le premier inconvénient soit à redouter, lorsque nous faisons attention à l'abondance de matière de charbon.... Le second s'évanouiroit si on éloignoit à quelque distance de la ville la situation de la machine. »

Le bureau, en examinant la 4ᵉ question, repoussait les prétentions du chevalier d'Auxiron, qui n'était nullement l'inventeur de la machine à vapeur, pas plus que le sieur Périer : cette machine est due, ajoutait le bureau, à M. Papin, qui l'a proposée en 1695[1]. Le chevalier d'Auxiron demandait l'abandon gratuit des tuyaux publics, dont la valeur était de 1 500 000 livres, et par conséquent de la pompe du pont Notre-Dame, qui élevait 100 pouces d'eau. Cette demande seule suffisait pour faire repousser son projet.

Le bureau formulait ainsi son avis : « Par ces considérations, notre avis est : 1° que tout utile que peut être le projet de M. de Parcieux, la Ville n'est point en situation de commencer à en exécuter aucune portion ; 2° que la concession d'un privilége en faveur de l'un des projets *provisoires* qui sont proposés doit être fixée à un terme de 15 années ; 3° que de ces deux projets proposés par le sieur Capron et le sieur Perrier, celui du dernier mérite la préférence ; 4° que le chevalier d'Auxiron n'est pas non plus dans des circonstances à obtenir la préférence sur le sieur Perrier, à qui elle nous paroît aussi due sur le chevalier d'Auxiron lui-même ; 5° enfin, qu'en accordant au sieur Perrier un privilége qu'il demande de former son établissement de pompes à feu, il convient que le privilége soit exclusif, et la durée de 15 ans, et qu'en le lui accordant ce soit sous la condition qu'il soit obligé de mettre sa machine dans sa perfection dans le cours de 3 ans, et en état de distribuer 150 pouces d'eau, passé lequel temps le privilége demeureroit nul.... et en outre sous la condition qu'il ne pourroit former son établissement que dans le lieu le plus convenable qui lui seroit indiqué, sous la réserve expresse de celui

[1] On me pardonnera de donner ici la description de la machine de Papin, due à un auteur anglais, M. Rankine.

« La première idée de mettre un piston en mouvement au moyen de la vapeur et d'appliquer cette force à des mécanismes doit être attribuée à Denys Papin, qui, vers l'année 1690, construisit un modèle de machine, composé d'un cylindre vertical et d'un piston. A la partie inférieure du cylindre était placée une petite quantité d'eau. Lorsqu'on chauffait cette partie du cylindre, l'eau entrait en ébullition et élevait le piston. Lorsque l'on retirait le feu, la vapeur se condensait et le piston redescendait par l'action de la pression atmosphérique., Papin proposa de construire des machines d'après ce principe, pour faire mouvoir les pompes les roues à aubes des vaisseaux, et d'autres machines ; la transmission des mouvements étant faite au moyen d'appareils à crémaillère, de pignons et d'engrenages. Dix ans avant, Papin avait inventé la soupape de sûreté des chaudières.

de M. de Parcieux, et qu'il le feroit à ses risques, périls et fortune, sans pouvoir en aucun cas demander au Gouvernement ni à la Ville aucune indemnité, pas même dans le cas où le Gouvernement jugeroit à propos de faire exécuter le projet de M. de Parcieux[1]. »

Cette délibération est un modèle de sagesse et d'esprit de justice. On y voit percer à chaque ligne l'admiration qu'excitait alors le projet de de Parcieux et de Perronet, et la ferme résolution de l'exécuter dès que l'état des finances de la Ville le permettrait. Les autres projets, même celui de MM. Périer, étaient considérés comme des solutions provisoires, comme des entreprises particulières dont la durée devait être très-limitée. Cette réserve faite, le bureau donnait hautement la préférence au seul projet admissible dans les circonstances où l'on se trouvait, à celui de MM. Périer.

A la suite de la délibération qui précède, MM. Périer obtinrent, le 7 février 1777, des lettres patentes scellées du grand sceau de cire verte et lacs de soie rouge et verte, signées Louis, et plus bas: Par le Roi, Amelot ; visa Hue de Miroménil. Par ces lettres, le roi permettait aux frères Périer, qui sont qualifiés de mécaniciens :

« 1° D'établir et de faire construire à leurs frais, dans cette ville de Paris, ès lieux qui seront par nous jugés convenables, des pompes et machines à feu propres à eslever l'eau de la Seine, et de la conduire dans les différents quartiers de la ville et de ses fauxbourgs, pour être distribuée aux porteurs d'eau dans les ruës et *dans les maisons*, au prix qui sera réglé de gré à gré.

« 2° De faire construire, aussi à leurs frais, et aux endroits qui leur seront pareillement par nous indiqués, des *fontaines de distribution pour faciliter, à un prix modique, l'approvisionnement des petits ménages et des particuliers qui ne jugeront pas à propos d'avoir chez eux des réservoirs*.

« 3° De placer, sous le pavé, tous les tuyaux de conduite,

[1] Délibération du 25 octobre 1776. Registres de la ville, vol. C, II. 1877, fol. 47 et suiv.

trapes, regards, puisards, robinets, et de faire en outre toutes les constructions nécessaires pour perfection de l'établissement desd. pompes à feu, pour lequel établissement Sa Majesté a accordé aux sieurs Périer un privilége exclusif pendant 15 années à commencer du jour que les machines commenceront à courir, aux charges, clauses et conditions portées ès dites lettres. »

La Cour rendit un arrêt en date du 1er avril 1778, qui ordonnait qu'avant de procéder à l'enregistrement de ces lettres patentes, elles fussent communiquées aux prévôt des marchands et échevins assemblés avec le procureur du roi et de la ville pour donner leur avis.

Le bureau émit l'avis que les lettres patentes du 7 février 1777 pouvaient être enregistrées[1]. Cet enregistrement eut lieu au Parlement le 16 juillet 1778[2].

Les mots soulignés dans le texte de ces lettres patentes font ressortir l'immense progrès que le système des frères Périer réalisait dans la distribution de l'eau. Ils étaient autorisés *à conduire l'eau dans les maisons*, ce qui permettait de relier les réservoirs privés aux *conduites publiques* par de courts branchements; *les conduites privées ne partaient donc plus d'un château d'eau en aussi grand nombre qu'il y avait de concessionnaires*. Ainsi disparaissaient en même temps et ce fouillis de petits conduits qui encombraient le sous-sol des rues, et l'aliénation à perpétuité des eaux publiques.

Transitoirement, on autorisait l'établissement de fontaines publiques, où les petits ménages pouvaient, à des prix modérés, puiser l'eau qui leur était nécessaire. Telle est l'origine des fontaines marchandes qui ont joué un si grand rôle dans la distribution de l'eau pendant la première moitié du dix-neuvième siècle, et qui certainement ont entravé le développement des concessions particulières.

MM. Périer créèrent, sous le nom de *Compagnie des eaux de*

[1] Délibération du 26 mai 1778, Registres de la ville, vol. C, H. 1877, fol. 356 et suiv.
[2] *Ibidem*, vol. CI, fol. 324.

*Paris*, une société de capitalistes qui fut constituée le 27 août 1778. L'acte de société fixait à 20000 livres leur traitement annuel. Ils étaient nommés administrateurs perpétuels[1] et avaient la haute direction des travaux; ils touchèrent, en outre, une indemnité de 25000 livres; le capital social, fixé d'abord provisoirement à 1440000 livres, fut divisé en 1200 actions de 1200 livres chacune. Cinq des principaux actionnaires furent chargés de diriger l'affaire sous le titre d'administrateurs gérants. Il fut enfin stipulé en faveur de MM. Périer, auteurs du projet et propriétaires du privilége, une remise de 10 p. 100 sur le montant de toutes les actions qui seraient créées ultérieurement; cette somme devait leur être remise lorsque les actionnaires auraient touché par les dividendes une somme égale à leur mise de fonds.

MM. Périer mirent immédiatement la main à l'œuvre et construisirent d'abord les pompes à feu de Chaillot, exactement à la place où sont encore les deux grandes machines qui les ont remplacées.

On se demande pourquoi, d'accord avec la Ville, ils ont choisi cet emplacement, situé à l'aval de Paris, et par conséquent si peu convenable.

J'ai entendu dire par M. Mary, je crois, si ma mémoire est bonne, que l'emplacement de Chaillot avait été choisi parce qu'il était sur le chemin que le roi suivait pour aller à Versailles, ce qui lui permettait de visiter facilement les machines; c'était une tradition du service. Je ne sais si elle doit être admise, et je la rapporte ici sous toute réserve; la seule raison sérieuse me paraît être celle-ci : cet emplacement était très-voisin du coteau de la Seine et à 700 mètres du point où l'on a pu construire les quatre réservoirs qui, jusqu'à ces dernières années, ont réparti l'eau sur la plus grande partie de Paris. MM. Périer avaient l'intention de construire une autre machine à la Gare, en amont de Paris et de la Salpêtrière. Là, ils étaient aussi à peu de

[1] On ne comprend guère ce titre d'administrateurs perpétuels, le privilége n'ayant que quinze ans de durée.

distance des coteaux, leurs réservoirs se seraient trouvés peu éloignés des pompes, et l'eau, à l'abri des déjections de Paris, aurait été irréprochable. Mais les machines auraient été à une grande distance du centre populeux de la ville. Celle que MM. Périer devaient y construire était évidemment destinée au service des faubourgs. Les événements n'ont, du reste, pas permis de réaliser ce projet.

Enfin, le troisième établissement de pompes à feu, le plus mauvais de tous, celui du Gros-Caillou, n'était pas sur la route du roi. Mais il était à proximité d'un riche quartier qui prenait alors un grand développement, le faubourg Saint-Germain.

J'ai vu fonctionner ces machines de 1856 à 1858, et il est difficile de se faire une idée de la puanteur de l'eau qu'elles aspiraient dans la longue traînée de déjections de toute nature et surtout de matières fécales que l'égout des Invalides projetait dans le fleuve.

Lorsqu'il fut décidé que deux des pompes à feu seraient construites à Chaillot, les habitants de la localité adressèrent au bureau de la Ville un mémoire dans lequel ils représentaient « que la prodigieuse quantité de charbon de terre dont la consommation seroit nécessaire pour alimenter continuellement les pompes, occasionneroit, dans la distance de plus 600 toises, des tourbillons de fumée et de vapeurs sulfureuses, bitumineuses et vitrioliques, capables d'infester les voisins, et de gâter leurs denrées, meubles et effets, et de nuire à leur santé, ainsi qu'on l'éprouve en Angleterre et que l'assurent les gens de l'art. »

Ce mémoire fut transmis à la Faculté de médecine, qui le fit examiner par une commission. Les commissaires trouvèrent sans peine des exemples qui devaient rassurer complétement les habitants de Chaillot. A la verrerie de Sèvres, on brûlait beaucoup plus de charbon de terre qu'on n'en consommerait à la pompe à feu; la situation forçait la fumée à se porter presque en entier sur le château de Bellevue; « cependant on étoit encore à observer que cette fumée eût incommodé les augustes princesses qui habitoient cette maison royale. »

Les habitants du pays de Hainaut, de Liége, et ceux d'une grande partie de la Flandre ne se chauffaient qu'avec du charbon de terre et n'étaient point sujets à la maladie des Anglais ; c'était donc mal à propos que les habitants de Chaillot attribuaient la consomption aux vapeurs de ce chauffage.

Cet avis si sage et si fortement motivé de la Faculté de médecine mit fin à l'incident, et la réclamation des habitants de Chaillot n'eut pas de suite[1].

MM. Périer, dans le but de simplifier la marche des affaires, présentèrent au roi une requête dans laquelle ils demandaient que toutes les contestations, relatives à l'exécution des lettres patentes du 7 février 1777, fussent portées devant le lieutenant général de police, et non au bureau des finances. On évitait ainsi de longues formalités. Cette requête fut transmise au bureau de la Ville par M. Amelot[2].

Le bureau de la Ville, dans une délibération longuement motivée, fit observer qu'un arrêt du 6 octobre 1778 chargeait en effet le bureau des finances des affaires contentieuses de la Compagnie; mais que cet arrêt violait les droits des juges du Châtelet, du lieutenant de police et du bureau de la Ville: que le roi ne pouvait se dispenser d'ordonner que ledit arrêt fût considéré comme nul et non avenu; que les affaires touchant à la propriété continueraient à être portées devant les juges du Châtelet; que celles de police, telles que les plaintes sur la corruption de l'air, la mauvaise qualité des eaux et leur distribution journalière par les porteurs d'eau seraient du ressort de M. le lieutenant général de police ; et enfin, que les contestations concernant la pose des tuyaux et autres ouvrages dépendant de la voie publique seraient jugées, sauf appel au Parlement, par les

[1] Rapport du 12 avril 1779. Registres de la ville, vol. CI, H. 1878, fol. 157.

[2] Lettre du 9 mars 1780. Registres de la ville, vol. CI, H. 1878, fol. 524, verso.

prévôt des marchands et échevins de la Ville[1]. La solution de cette affaire fut favorable à MM. Périer.

En 1781, les machines de Chaillot et une partie de la canalisation étaient terminées. La Compagnie exposa ses projets dans un prospectus très-remarquable qui est devenu fort rare; il n'a jamais été analysé, et je crois devoir le reproduire en entier, parce que c'est la seule pièce qui fasse connaître d'une manière nette les projets de la Compagnie[2].

## PROSPECTUS

### DE LA FOURNITURE ET DISTRIBUTION DES EAUX DE LA SEINE A PARIS PAR LES MACHINES A FEU

1781

### PROSPECTUS DES EAUX DE PARIS

L'entreprise des machines à feu, pour donner à la ville de Paris autant d'eau qu'elle en peut consommer dans tous les cas possibles, a moins été, dans le principe, une spéculation d'intérêt qu'un grand acte de courage et de patriotisme.

Quelques citoyens français ayant vu, d'un œil jaloux, la ville de Londres arrosée et fournie d'eau avec une profusion aussi abondante que peu coûteuse à chaque particulier, gémissaient à leur retour de trouver Paris dans la privation presque absolue de l'élément le plus nécessaire à la salubrité de l'air, à la propreté de la ville, à la santé, au bien-être des citoyens : ils ont essayé d'échauffer plusieurs bons esprits sur la gloire et l'utilité de cette grande entreprise.

Le bonheur de rencontrer dans les sieurs Périer frères autant de lumières et d'habileté pour les machines que de qualités désirables dans une association, n'a pas peu contribué à réunir les vues et les moyens de la Compagnie actuelle, sur l'espoir prochain d'un établissement semblable à celui des Anglais.

Mais l'émulation que rien ne devrait arrêter a souvent mille obstacles à vaincre ; la Compagnie ne s'en est dissimulé aucun. Sans tirer de secours

[1] Délibération du 2 mai 1780. Registres de la ville, vol. CI, H. 1878, fol. 325 et suiv.

[2] Il est bien probable que Beaumarchais est l'auteur de ce prospectus.

que d'elle-même, et sans chercher d'avance à s'assurer si un nombre suffisant de souscripteurs qu'elle ne voyait que dans l'éloignement lui rendrait un jour l'intérêt de ses mises de fonds, elle a osé dépenser près de deux millions à l'acquisition des terrains, des matériaux, des ateliers et instruments nécessaires à la formation des deux machines de son premier établissement; surtout à l'achat et à l'importation de tous les tuyaux et cylindres qu'elle s'est vue forcée de tirer d'Angleterre; et, plus douloureusement encore, à traiter avec un Anglais établi à cent vingt milles de Londres, et qui venait d'obtenir, au mois d'avril 1778, le privilége exclusif d'établir des machines à feu dans toute la France[1].

La Compagnie française a donc eu besoin d'aller à Birmingham acheter de cet Anglais le droit de faire à Paris des machines qu'il n'y faisait pas lui-même; elle a, de plus, sciemment consenti d'être plusieurs années sans tirer aucun intérêt de ses grandes avances; et ce n'est qu'après avoir dévoré tous les dégoûts et bravé des difficultés de tous les genres, après avoir assuré ses succès par une patience à toute épreuve et par les superbes travaux des sieurs Périer frères, qu'elle se flatte enfin aujourd'hui de mériter la bienveillance

[1] Cet Anglais devait être Watt ou son associé, Boulton. Pour le démontrer je suis obligé de résumer très-sommairement l'histoire de la machine à vapeur, en Angleterre, dans le cours du dix-huitième siècle.

En 1705, le capitaine Savery prit un brevet pour une machine à vapeur qui n'était pas beaucoup plus applicable à l'industrie que celle de Papin; un simple quincailler (iron monger) de Darmouth dans le Devonshire, du nom de Newcomen, s'associa avec un plombier-vitrier (plumber glazier) nommé Cawley, pour l'exploitation de ce brevet. Ils firent à la machine des améliorations considérables. Ainsi, ils inventèrent le balancier; Savery avait séparé le générateur de vapeur qui ne faisait plus partie du cylindre; les deux nouveaux associés facilitèrent la condensation en entourant le cylindre à vapeur d'une double enveloppe et en remplissant avec de l'eau froide le vide qui existait entre ces deux cylindres concentriques. Plus tard ils substituèrent l'injection d'eau froide à ce procédé peu rationnel; la condensation se faisait dans l'intérieur même du cylindre. M. Humphry Potter inventa le mouvement automatique des soupapes à vapeur, soupapes qui avant lui se manœuvraient à la main; en 1718, M. Beighton perfectionna cette invention.

Les choses en restèrent là jusqu'en 1765, où Smeaton fit l'étude de très-grandes machines dans le système de Beighton. Une de ces machines fut construite, en 1772, aux mines de Long-Benton, près de Newcastle. La plus grande fut établie dans le Cornouaille, en 1775; elle avait une force double de celle Long-Benton et ne consommait pas plus de combustible. Certaines machines de Smeaton avaient plus de cent chevaux de force Elles étaient toutes construites dans le système de Newcomen, perfectionné par Beighton, et n'avaient par conséquent ni pompe à air ni condenseur. Ce n'est donc pas à ce célèbre ingénieur que sont dues les machines de Chaillot puisqu'elles ont *pompe à air* et *condenseur*. Cependant il paraît bien que c'est vers 1775 que la machine de Newcomen fut employée à élever l'eau pour le service des villes.

Watt commença ses premiers travaux sur la machine à vapeur en 1764. Il avait alors vingt-huit ans, et s'était occupé surtout de fabriquer des instruments de mathématique et de nivellement; le canal calédonien fut, dit-on, tracé d'après ses nivellements. Il fut chargé de réparer un modèle de machine de Newcomen à Glasgow; cette pièce est condu Gouvernement et la reconnaissance de ses concitoyens, en leur offrant, au plus bas prix et sous la forme d'une souscription volontaire, autant d'eau

servée au collége de cette ville comme une des plus précieuses reliques de l'industrie; en voici le croquis, qui fait bien voir que ni le condenseur ni la pompe à air n'existaient alors. C'est ce travail qui donna à Watt l'idée de s'occuper de perfectionner la machine à vapeur.

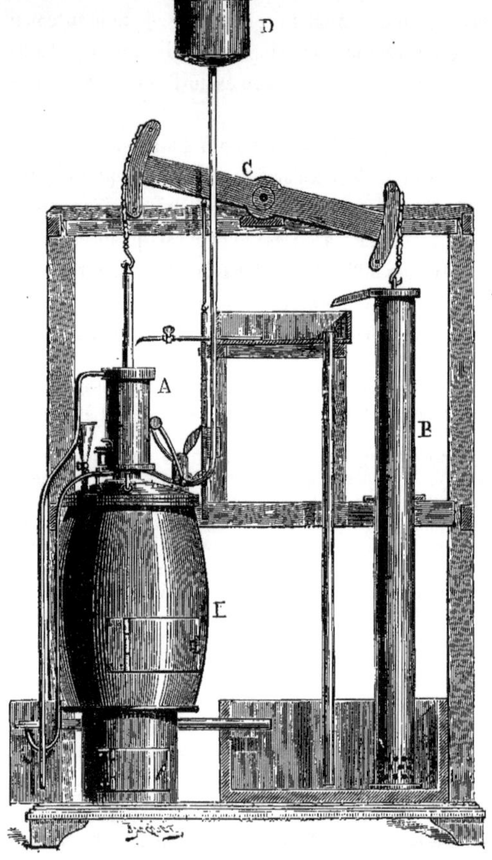


Modèle d'une machine de Newcomen réparé par Watt et conservé au collége de Glasgow.

A, cylindre de vapeur. — B, pompe. — C, balancier. — D, réservoir de l'injecteur d'eau froide dans le cylindre. — E, chaudière.

L'introduction de l'eau froide dans le cylindre et surtout dans son enveloppe condensait la plus grande partie de la vapeur pendant qu'elle agissait encore sur le piston : Watt sépara le condenseur du cylindre et y fit pénétrer un jet d'eau froide à chaque coup de piston. Il

pour le service public et dans les maisons particulières, que les besoins et les convenances pourront en exiger[1].

Le projet de la Compagnie est de multiplier, autant qu'ils seront nécessaires, les établissements de machines à feu qu'un arrêt du Conseil, revêtu de lettres patentes enregistrées au Parlement, et la permission achetée à un Anglais de Birmingham, l'ont autorisée à faire à Paris; de façon que le volume d'eau ne soit jamais borné dans cette grande ville que par l'étendue de ses besoins.

Les seules machines à feu pouvaient remplir un plan aussi magnifique.

Bien supérieures aux machines hydrauliques telles que celles du pont Notre-Dame et du Pont-Neuf, en les supposant même parfaites, dont on ne peut augmenter les forces, et dont les basses ou les grandes eaux, surtout les glaces, détruisent entièrement l'effet, les machines à feu ne sont jamais arrêtées, ni par les gelées, ni par les sécheresses; pourvu qu'elles aient comme celles-ci, un tuyau d'aspiration plongé dans l'eau bien au-dessous de l'épaisseur des fortes glaces, et qui rampe l'été dans le plus léger filet d'eau.

Elles sont supérieures même aux aqueducs, dont la première dépense est toujours si énorme, et dont on ne peut jamais accroître le produit; tandis

compléta cette invention par la pompe à air. Il prit un brevet le 5 janvier 1769, et s'associa avec M. Roebuck qui venait d'installer les forges de Carron, en Écosse; il se proposait de construire une grande usine pour l'exploitation du brevet de Watt.

En 1773, M. Rœbuck, se trouvant embarrassé dans ses affaires, vendit sa part du brevet de Watt à M. Boulton qui possédait à Soho, près de Birmingham, le plus grand établissement métallurgique de toute l'Angleterre. Une partie des ateliers fut livrée à Watt qui y installa une fonderie et tout l'outillage nécessaire pour construire ses machines. La première fut terminée en 1774.

C'est alors que Watt obtint du Parlement un acte qui prouve combien son génie avait fait impression sur l'esprit de ses contemporains. Le Parlement reconnaissant que de si grandes inventions ne pouvaient être portées à leur perfection dans la durée d'un brevet ordinaire, porta celle du brevet de Watt à trente ans environ.

Avant 1778 Watt avait fait construire quelques machines importantes dans le Staffordshire, le Shropshire, le Warwickshire et une petite machine à Stratford, près de Londres. Il modifia son système en 1778, puis en 1780; il inventa la machine à détente en 1778.

Watt prit son deuxième brevet le 25 octobre 1781, pour une machine à bielle et manivelle. Il fit construire à Londres, en 1782, la première machine à manivelle et volant réglant la détente d'une manière régulière. Son troisième brevet est du 12 mars 1782 *.

Les machines de Chaillot, ayant un condenseur séparé avec injection d'eau froide et pompe à air, rentrent dans le premier brevet de Watt, et par conséquent n'ont pu être construites que par lui et son associé Boulton aux ateliers de Soho ou, avec leur permission, par MM. Périer.

[1] C'est pour la première fois que nous voyons séparer nettement les services publics et le service des maisons particulières.

* Extrait des ouvrages anglais de MM. Muirhead et Farey et de M. Rankine.

que les gelées, les chaleurs et la moindre réparation peuvent tout à coup priver d'eau la ville qui comptait sur eux[1].

L'eau donc étant d'une nécessité indispensable, et son abondance ajoutant infiniment aux aisances de la vie, la Compagnie présume que le public va voir avec satisfaction un établissement qui remplit si bien ce grand objet; un établissement indiqué, proposé par M. de Voltaire à l'émulation française il y a plus de cinquante ans, dans un ouvrage où il nous reproche également notre avidité pour les nouveautés frivoles et la coupable indolence que nous mettons à tout ce qui porte un caractère de grandeur et d'utilité nationales; un établissement, enfin, dont l'exécution trop longtemps négligée, osons l'avouer, a depuis près d'un siècle, à notre honte et sous nos yeux, un si grand succès à Londres, où ces machines sont établies au nombre de onze[2].

Les avantages immenses de cette entreprise seront d'avoir à fort bon marché, dans tous les temps de l'année et sans interruption, de l'eau saine en telle quantité qu'on voudra; de se procurer des bains chez soi sans frais et sans embarras; surtout d'avoir un secours toujours prêt pour arrêter un incendie naissant, où il suffit souvent d'être, au premier instant du mal, à portée d'une très-petite quantité d'eau. Les rues mêmes pourront être abondamment arrosées pendant les sécheresses de l'été; et rien n'empêchera qu'on ne verse au milieu des ruisseaux, l'hiver, une assez grande quantité d'eau pour entraîner dans les égouts les glaces à demi fondues qui séjournent dans les rues, les tiennent impraticables et rendent la ville souvent si malsaine pour le peuple entier qui l'habite[3].

Quatre grands réservoirs d'approvisionnement, très-élevés, contenant près de cinquante mille muids d'eau, offriront un secours immédiat et toujours certain pour les incendies : une infinité d'arts, de métiers et de manufactures, comme les brasseurs, teinturiers, dégraisseurs, blanchisseuses, etc., qui font une consommation d'eau fort considérable et pour qui toute économie est intéressante, en auront à peu de frais la quantité dont ils ont tant besoin; les boulangers surtout, qui nous font le pain avec l'eau des puits,

[1] Il n'est pas possible de faire mieux ressortir les avantages des pompes à feu sur les pompes hydrauliques et les aqueducs. Pour être juste, la Compagnie aurait dû ajouter qu'une fois faits, ces ouvrages exigent peu de dépense d'entretien, tandis que les pompes à feu consomment indéfiniment la même quantité de charbon, et que les aqueducs peuvent seuls être employés pour aller chercher au loin des eaux de sources irréprochables.

[2] Détails intéressants et peu connus. Les premières machines construites à Londres pour les usages municipaux ne peuvent, d'après la note précédente, être antérieures à 1775.

[3] Cette définition si nette des grands services publics n'avait été faite par personne avant la publication de ce prospectus.

plus ou moins infectée par la filtration des fosses d'aisances et autres humidités morbifiques, pourront enfin tremper leur farine avec de l'eau pure et répondre aux citoyens de la bonté, de la sanité du premier des aliments nécessaires.

La Compagnie se propose en outre d'établir des fontaines de distribution placées principalement dans les quartiers éloignés de la rivière, où les porteurs d'eau la puiseront sans peine, à très-bas prix, pour l'approvisionnement des petits ménages et des particuliers qui ne voudront point avoir de réservoir chez eux[1].

Et la profusion d'eau désormais employée dans l'intérieur des maisons, tournant encore au profit des rues de la ville, et s'y réunissant aux eaux de propreté que le Gouvernement peut y répandre à peu de frais, deviendra le garant d'un nouveau bien-être inconnu aux gens de pied; surtout celui d'un air plus sain à respirer, dont on n'a senti jusqu'à présent que le besoin et la privation douloureuse.

Enfin, cette horrible infection qui prend à la gorge, étouffe et suffoque, à Paris, dans tous les quartiers où quelque égout, sans eau qui le nettoie, accumule et retient des amas empestés d'immondices, n'affectera plus l'odorat et la santé des citoyens[2]. Tels sont les efforts et tel est le but de la Compagnie, qui croit s'honorer aux yeux de la France entière en s'intitulant : *la Compagnie des eaux de Paris.*

### DESCRIPTION DE L'ÉTABLISSEMENT

Le premier des établissements que la Compagnie a fait élever est situé à Chaillot, ou faubourg de la Conférence, près la grille. On a construit en pierre, sous le chemin de Versailles, un canal de sept pieds de large, pour introduire l'eau de la Seine dans un bassin aussi bâti en pierres de taille, et dans lequel est plongé le tuyau d'aspiration des pompes ; ce bassin ainsi que le canal est creusé de trois pieds au-dessous des plus basses eaux connues. La Compagnie prie le public d'observer que sa prise d'eau se fait fort au-dessus du grand égout de Paris qui se jette dans la rivière vis-à-vis la manufacture de la Savonnerie à Chaillot, et que, depuis la place de Louis XV[3],

[1] C'était une concession faite à l'opinion publique ; la Compagnie dut respecter de vieilles habitudes. L'établissement de ces fontaines contribua à faire sombrer l'entreprise. En Angleterre, il n'y a point de vente d'eau sur la voie publique, ce qui a forcé les propriétaires à en pourvoir leurs maisons. A Paris, l'établissement des fontaines marchandes a retardé pendant plus de cinquante ans la distribution à domicile.

[2] Il n'y a aucune exagération dans ce passage et il n'y a pas plus de cinquante ans qu'on a pris les mesures nécessaires pour faire disparaître cette infection de l'air due aux égouts.

[3] Aujourd'hui place de la Concorde.

il n'y a ni égout ni ruisseau qui puisse nuire à la salubrité de l'eau qu'elle puise; et il faut d'autant moins l'oublier, qu'on n'a pas dédaigné d'ajouter à toutes les critiques légères et prématurées qu'on a répandues contre son établissement, cette fausse imputation, que la Compagnie prenait au-dessous du grand égout l'eau qu'elle puise à cinquante toises au-dessus.

La délicate attention qu'elle a eue de placer ses premières machines à plus d'une demi-lieue de la ville, au seul endroit où l'affluence des eaux est très-considérable, et où elle peut élever ses réservoirs assez haut pour dominer la ville entière, quoiqu'il lui en coûtât la dépense d'une longue suite de tuyaux employés seulement à ramener l'eau dans Paris, montre assez avec quel soin elle a cherché à prévenir toutes les objections raisonnables.

Elle aura la même attention de placer son second établissement fort au-dessus du grand égout des fossés Saint-Antoine, afin qu'aux deux extrémités de la ville, ses machines soient reconnues ne puiser que l'eau la plus saine et d'une bonté telle que toutes les possibilités le comportent[1].

La Compagnie a porté l'attention jusqu'à placer, à l'entrée du canal dans la rivière, un tuyau ou coffre de charpente qui se prolonge à vingt-quatre pieds des bords, pour empêcher l'eau qui les lave d'y entrer, et pour la prendre au-dessus du fond et au-dessous de la surface; cette nouvelle précaution devient même inutile dans les grandes eaux, parce que le mur du quai faisant angle en cet endroit avec le courant, le canal reçoit l'eau pour ainsi dire du centre de la rivière, et les tuyaux d'aspiration des pompes, étant plongés à une grande profondeur, ne peuvent attirer les corps étrangers qui flottent à la surface.

Les sieurs Périer ont construit, sur le bassin même, un bâtiment très-solide, qui contient deux machines à feu de la plus grande proportion connue.

On croit faire plaisir aux personnes à qui ces machines ne sont pas familières, de leur donner une légère description de la manière dont elles agissent[2].

[1] C'est la machine qui devait être établie en amont de Paris, en façade sur le quai peut-être dans le terrain appartenant au service des eaux que j'ai découvert en 1861, et dans lequel on a construit en 1862 les deux pompes à feu du quai d'Austerlitz. Il n'est pas question dans ce prospectus des machines du Gros-Caillou.

[2] On me permettra de compléter cette description qui est un peu trop élémentaire.

Je commence par la chaudière dont voici la coupe. Cet appareil était en cuivre battu. C'était un grand tronc de cône ayant 16 pieds 8 pouces (5m,41) de diamètre à sa partie supérieure, recouvert par un dôme en même métal formant une demi-sphère complète. Le fond était bombé en arc de cercle pour éviter les déformations dues à la pression de la vapeur. La calotte sphérique était enveloppée d'une chemise en béton et en brique comme l'indique la figure. Le tronc de cône et le fond de la chaudière étaient exposés à l'action de la flamme qui

Chaque machine est composée d'une grande chaudière ou bouilloire, de seize pieds huit pouces de diamètre, qui contient toujours une égale quantité d'eau en ébullition : la vapeur que le bouillonnement de l'eau produit sans cesse est destinée à passer dans un cylindre de cinq pieds de diamètre, posé verticalement et garni d'un fort piston. Deux soupapes, qui s'ouvrent alternativement par le jeu de la machine, font entrer avec violence, ou dessus ou dessous le piston renfermé dans le cylindre, autant de vapeur qu'il en

produisait la vapeur. La chaudière portait en outre une soupape de sûreté établie au sommet de la calotte sphérique, et un trou d'homme qui permettait d'y pénétrer pour la nettoyer ou la réparer. L'ouverture par laquelle on y projetait le combustible était à droite ; la fumée s'échappait par une cheminée en brique de forme rectangulaire indiquée à gauche. La soupape de sûreté, le trou d'homme et la grille du foyer ne sont pas figurés sur ce croquis.

Ce générateur, si différent par sa forme de ceux que nous employons aujourd'hui, était alors généralement adopté dans les machines de Newcomen ; il ne devait pas produire la vapeur économiquement ; car, pour une capacité donnée, sa surface extérieure est presque un minimum. C'est juste le contraire qui doit être recherché dans la construction des générateurs ; il faut, pour un espace quelconque rempli d'eau à vaporiser, que la surface des parois exposée à la flamme soit un maximum. C'est ce qui donne un si grand avantage aux appareils de forme cylindrique qui peuvent être placés très-près les uns des autres et produire ainsi de

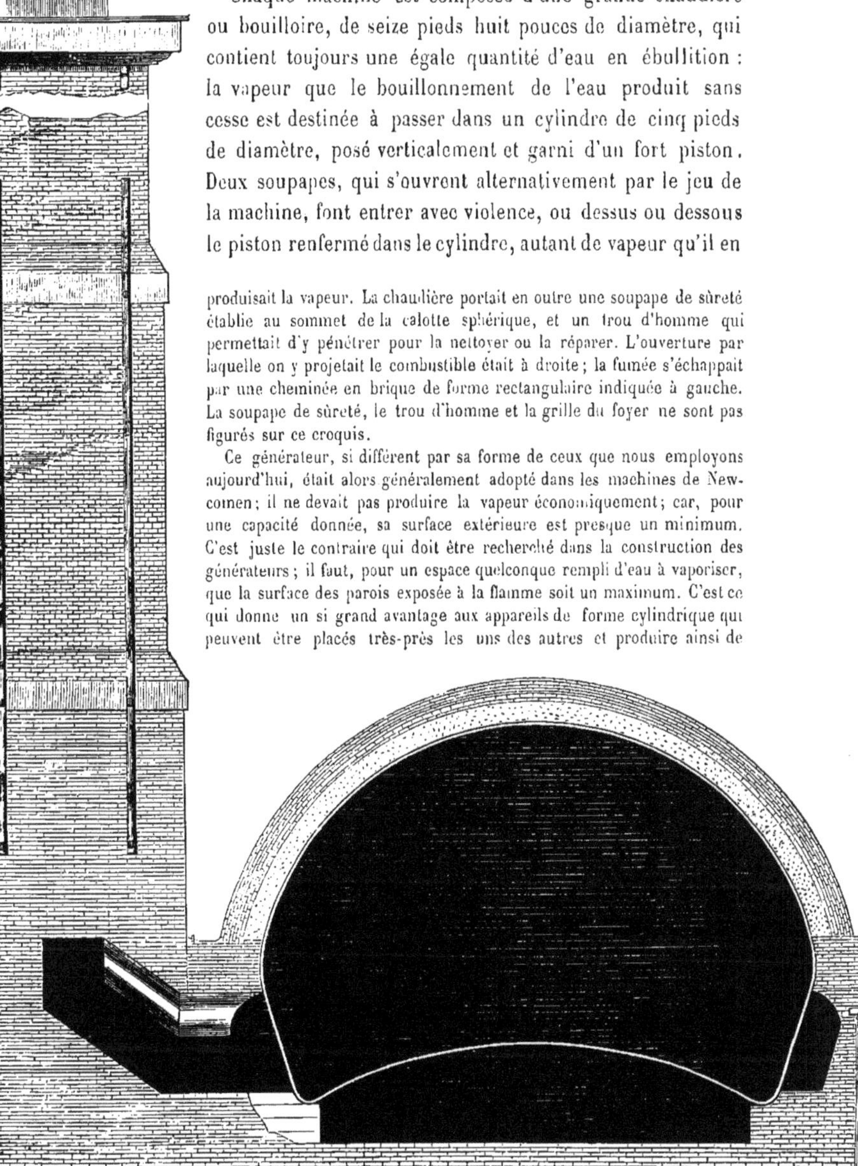

faut pour lui imprimer un mouvement de haut en bas très-rapide et dans toute la longueur du cylindre qui le contient. Chaque fois que le piston est remonté au haut de sa course, une injection d'eau froide, subitement lancée au-dessous de lui par la machine, et dans la vapeur dilatée, la condense aussitôt, la détruit et produit un vide parfait dans tout l'espace occupé par la vapeur ; au même instant une vapeur nouvelle, introduite dans la partie supérieure du cylindre, appuie sur le piston et le fait descendre avec une force, une puissance égales à un poids de plus de trente milliers.

Le piston marche ainsi dans le cylindre alternativement de haut en bas et de bas en haut, sans terme et sans arrèt, tant que le feu de la chaudière y tient l'eau en ébullition et fournit de la vapeur, qui est ici le seul agent d'un mouvement que nulle autre force connue ne pourrait donner à la machine : tout le reste est facile à comprendre.

grandes surfaces de chauffe, avantage que n'ont pas les appareils sphériques. Aussi ces derniers sont-ils abandonnés depuis longtemps.

On admet généralement que, pour une machine à vapeur à condensation sans détente, il faut $1^{m},50$ de surface de chauffe par cheval compté en eau montée. Celle de la machine de Chaillot était beaucoup plus petite, et par conséquent, était insuffisante.

M. Périer lui-même a remis la figure de la machine à Prony qui l'a fait graver dans son architecture hydraulique imprimée en 1796. Elle est reproduite à la page 338 ; j'ai dû, pour faciliter la gravure sur bois, simplifier ce dessin et celui qui précède en supprimant tout ce qui était étranger aux machines. A la simple inspection de cette figure, on voit qu'elle représente bien la machine de Newcomen perfectionnée par Watt, puisqu'elle a un condenseur et une pompe à air. Le cylindre à vapeur, de 5 pieds ($1^{m},62$) de diamètre, est figuré en A. Il est solidement établi sur un massif de maçonnerie. La tige du piston se termine par une chaîne qui s'enroule tangentiellement sur un secteur fixé à l'extrémité du balancier en bois B. Cette chaine, dans son mouvement de va-et-vient, restait toujours dans la même ligne verticale. Cette disposition se trouve déjà dans les premières machines de Newcomen et Cawley.

La pompe est indiquée en C et la tige de son piston est fixée à l'autre extrémité du balancier par une chaine tangentielle semblable à celle qui guide la tige du piston à vapeur. Un contrepoids D est attaché à la tige de la pompe et produisait le refoulement de l'eau. La pompe à air O était plongée dans une bâche remplie d'eau froide.

Voici comment fonctionnait la machine : La vapeur était introduite soit dans le cylindre A, soit dans le condenseur R, par une petite conduite F qui était en communication avec la chaudière au moyen d'un autre conduit G'. La vapeur trouvait toujours ouverts le cylindre M et a soupape G. Elle pénétrait donc librement et toujours au-dessus du piston à vapeur et dans la partie G H du cylindre F jusqu'à la soupape H, qui pouvait être ouverte ou fermée. Enfin elle était séparée du condenseur par la soupape I, qui, elle aussi, pouvait être ouverte ou fermée.

Supposons que la soupape I du condenseur fût fermée et que la soupape H fût ouverte c'est-à-dire qu'elles fussent dans la position où elles sont sur la figure ; la vapeur agissait avec une égale intensité sur les deux faces du piston. Il y avait donc équilibre (la soupape H porte le nom de soupape d'équilibre); le piston, entraîné par le contre-poids D, continuait sa course ascensionnelle ; au contraire, le piston de la pompe, sous l'action de ce contre-poids, descendait et refoulait l'eau aspirée.

Au moment où le piston du cylindre à vapeur atteignait la fin de sa course, la soupape d'équilibre H se fermait, la soupape I du condenseur R et celle de l'injection s'ouvraient, un jet d'eau froide était projeté dans le condenseur par le tube L ; la vapeur renfer-

Ce piston, qui monte et descend dans le cylindre à vapeur, est attaché à l'extrémité d'un balancier très-élevé sur son axe, et dont le jeu de fléau imprime, à son autre bout, le mouvement à une pompe de 26 pouces de diamètre et de 8 pieds 4 pouces de levée, dont le piston aspire l'eau du fond du bassin qui la reçoit de la rivière.

Le même balancier, par son mouvement alternatif, ouvre et ferme les soupapes qui permettent ou empêchent l'introduction de la vapeur dans le cylindre ; il y fait aussi lancer l'injection d'eau froide qui produit le vide; il restitue enfin à la chaudière autant d'eau qu'elle en perd par l'ébullition et l'introduction de la vapeur dans le cylindre ; en sorte que cette machine n'a besoin que d'un seul homme pour alimenter son fourneau. Elle donne 8 à

mée dans le cylindre A, au-dessous du piston, était donc condensée. N'agissant plus que sur la face supérieure du piston, la vapeur le forçait à descendre. Le contre-poids D était entraîné, remontait avec le piston de la pompe C qui aspirait l'eau ; la pompe à air O commençait son mouvement d'aspiration sur l'eau condensée et les gaz non condensés et en même temps refoulait l'eau élevée au-dessus du piston. Lorsque le piston à vapeur arrivait à la limite inférieure de sa course, la soupape I du condenseur, celle de l'injection d'eau froide se fermaient. La soupape H d'équilibre s'ouvrait; la pompe à air en descendant faisait passer par les soupapes l'eau et les gaz aspirés au-dessus de son piston ; le piston à vapeur remontait. C'est ainsi que se continuait indéfiniment le mouvement alternatif.

Le diamètre de la pompe C est de 26 pouces ($0^m,704$), la longueur de sa course de 8 pieds 4 pouces ($2^m,707$), en admettant que le volume d'eau monté fût égal aux quatre-vingt-dix centièmes du volume engendré par le travail de la pompe, on trouve par un calcul très-simple qu'à chaque coup de piston la pompe devait enlever $1^{mc},055$ d'eau.

Pour compléter cette description, il faudrait indiquer comment les soupapes H, I et celle de l'injection d'eau froide s'ouvraient et se fermaient automatiquement. Mais cela exigerait d'autres figures que l'étendue de cet ouvrage ne comporte pas. Je me bornerai à dire que cette ouverture et cette fermeture se faisaient par l'effet d'une poutrelle E qui montait et descendait avec le balancier B et par des contre-poids qui y étaient attachés. Les soupapes tournaient autour d'axes qui traversaient les parois du cylindre F et se terminaient par des bras de levier sur lesquels agissaient la poutrelle et les contre-poids.

Le principal défaut de ces premières machines de Watt était de ne pouvoir détendre ; elles consommaient donc beaucoup de charbon. La détente a été inventée par Watt en 1778; mais cette invention n'était pas applicable aux machines à simple effet. Il est probable, au contraire, que les grandes machines à épuiser, construites par Smeaton vers 1775, avaient une détente naturelle (qu'on me passe l'expression) qui tenait au poids énorme des tiges de pompes et au contre-poids fixé au piston à vapeur qu'elles devaient soulever. Une fois l'impulsion donnée à toute cette masse, il fallait bien vite fermer la soupape d'introduction de vapeur et le mouvement ascensionnel des tiges des pompes continuait jusqu'à la fin de la course du piston en vertu de la vitesse acquise. C'est sans doute à cette détente qu'il faut attribuer la grande économie de charbon réalisée par l'emploi des pompes à feu de Smeaton. Mais cette amélioration ne peut être obtenue dans les villes : le poids en mouvement n'est pas assez grand. Il faut donc introduire la vapeur pendant toute la course du piston ou à peu près et il n'y a pas détente suffisante pour produire une économie de combustible. C'est pour cela que les machines à simple effet sont abandonnées presque partout dans le service des villes.

Une des machines de Chaillot s'appelait Constantine, du nom de M. Constantin Périer ; l'autre, Augustine, du nom de son frère Auguste.

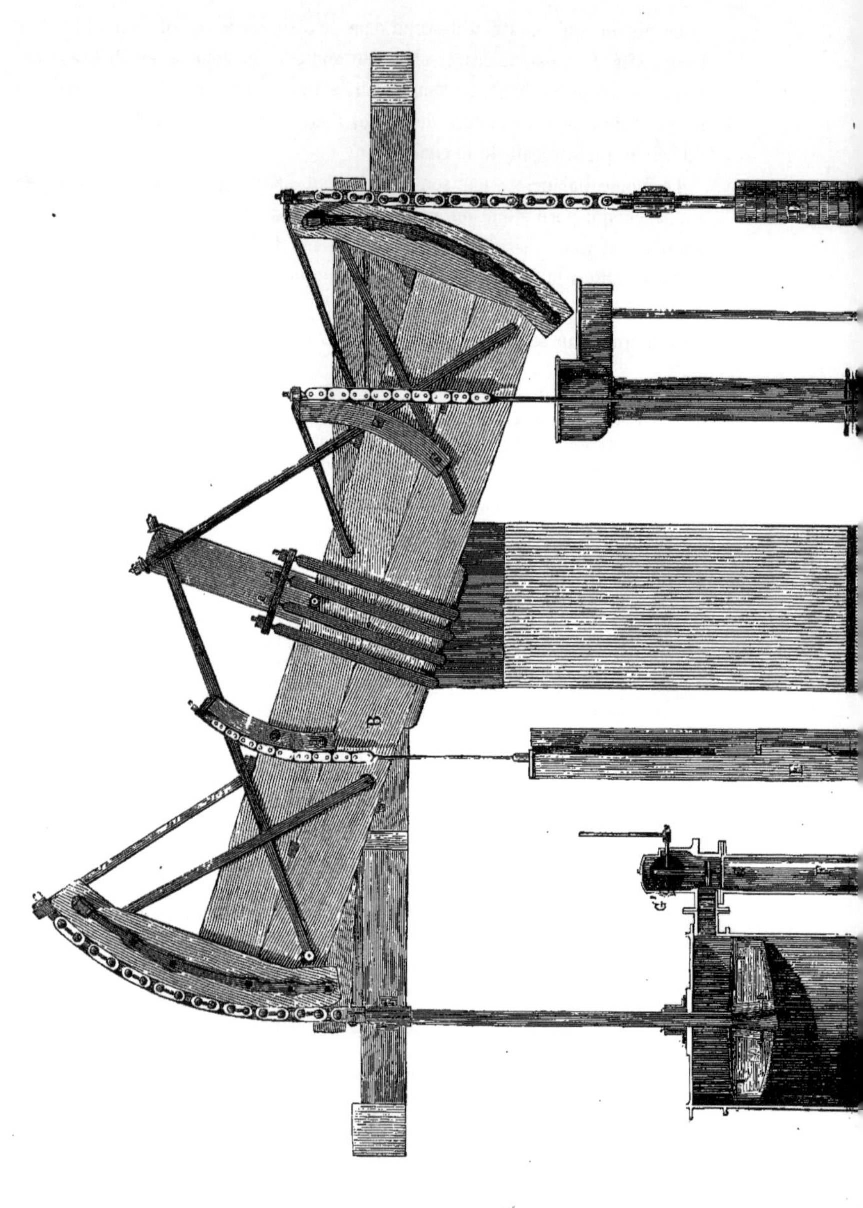

Pompe à feu de Chaillot.

10 impulsions par minute, qui produisent chacune près de 4 muids d'eau [1]; cette eau est foulée, par la pompe qui l'élève, dans un vaisseau cylindrique et plein d'air comprimé, qui la force à son tour de monter dans les réservoirs, à 360 toises de distance et à 110 pieds d'élévation au-dessus des basses eaux de la Seine [2], par un tuyau de conduite de 22 pouces 6 lignes de diamètre, commun aux deux machines.

Chaque machine élève et fait monter en vingt-quatre heures environ 400 mille pieds [3] cubes d'eau, pesant 28 millions 800 mille livres et composant 48 600 muids d'eau, dans les réservoirs construits sur le haut de la montagne de Chaillot; et c'est leur élévation de 110 pieds qui permet à la Compagnie de donner de l'eau dans tous les quartiers de Paris sans exception.

Ces réservoirs, au nombre de quatre, ont chacun 30 toises de longueur, 10 de largeur, 9 pieds de profondeur, et contiennent 1800 toises cubes d'eau de Seine, ou les 48 600 muids dont nous avons parlé [4].

L'on a fait quatre réservoirs exprès pour clarifier l'eau en la laissant déposer avant de l'offrir au public; ainsi, il y aura toujours au moins un réservoir qui s'emplit, un qui dépose, un qui fait le service et un qui peut être en réparation [5]; l'on a même prévu le cas, presque impossible, où les

[1] J'ai dit que chaque mouvement alternatif donnait $1^{mc},053$ d'eau. Huit coups de piston par minute élevaient donc $8^{mc},424$ d'eau et dix coups $10^{mc},530$, en moyenne $9^{mc},477$, soit par seconde $0^{mc},158$ et par vingt-quatre heures 13 647 mètres cubes.

On verra d'autre part que l'eau était élevée en moyenne à $32^{m},89$. La puissance de la machine comptée en eau montée était donc $32^{m},89 \times 158 = 5196^{km},62$ ou de 69 chevaux. Suivant M. de Prony, les machines de Chaillot étaient bien supérieures à ce qu'on avait fait jusqu'alors en France.

[2] Il y avait quatre réservoirs égaux. La distance de 360 toises ($701^{m},65$) s'applique sans doute au bassin le plus éloigné des machines, dans lequel l'eau était refoulée.

| | |
|---|---|
| L'altitude de son trop-plein était. . . . . . . . . . . . . | $58^{m},71$ |
| Celle du 2e. . . . . . . . . . . . . . . . . . . . . . . . | $58^{m},04$ |
| Celle du 3e. . . . . . . . . . . . . . . . . . . . . . . . | $57^{m},35$ |
| Celle du 4e. . . . . . . . . . . . . . . . . . . . . . . . | $56^{m},66$ |

[3] 400 000 pieds cubes ou 13 711 mètres cubes en 24 heures, nombre qui concorde avec celui que je viens de calculer.

L'eau, d'après ce qui précède, était élevée à 110 pieds ou à $35^{m},73$ au-dessus des basses eaux de la Seine; ce nombre est un peu trop grand : l'étiage de la Seine au pont de l'Alma étant très-sensiblement à l'altitude $24^{m},80$ et le trop-plein du bassin le plus élevé étant $58^{m},71$, l'eau était élevée au plus à $33^{m},91$ de hauteur, et en moyenne, en temps de basses eaux, à $32^{m},89$.

[4] 1800 toises cubes font 13 327 mètres cubes.

[5] Sous ce rapport, MM. Périer s'étaient trompés. L'eau s'éclaircissait bien un peu par le repos; mais, exposée au grand soleil, elle perdait en qualité plus qu'elle ne gagnait en limpidité. Je dois dire que lorsque j'ai pris le service, un grand nombre d'égouts, et notamment l'egout Rivoli, versaient leurs déjections dans la Seine, en amont des machines. Pendant l'été de l'année 1858, l'eau des bassins est devenue absolument fétide.

quatre réservoirs auraient besoin dans le même temps d'être réparés ; un embranchement de tuyau à robinet fait communiquer la grande conduite qui monte l'eau des machines aux réservoirs, avec celle de distribution, de manière qu'au besoin il serait facile de donner de l'eau à Paris sans la faire entrer dans les réservoirs.

Ces quatre bassins sont enduits d'un mastic extrêmement uni, qui laisse apercevoir les moindres fentes ou gerçures par où l'eau pourrait s'échapper, et qui ne permet à aucune plante de s'attacher aux parois des bassins. Ils sont élevés de 2 pieds les uns au-dessus des autres, pour en faciliter le nettoiement.

Quoique les deux machines soient faites pour se suppléer en cas de réparations, on a néanmoins eu l'attention de donner assez de diamètre au tuyau qui monte aux réservoirs, pour pouvoir les faire marcher ensemble en un besoin extraordinaire, comme ferait un violent incendie.

Et, pour que ce service essentiel se fasse toujours avec une profusion d'eau propre à rassurer les citoyens, la Compagnie se propose d'établir, dans toutes les rues et contre les maisons, d'espace en espace, de petits enfoncements dans les murs, fermés d'une porte de fer, qui contiendront un bout de tuyau de cuir à vis, avec un robinet fournissant une si grande quantité d'eau qu'elle pourra former un jet de 40 à 50 pieds de hauteur dans la plupart des quartiers de Paris, attendu l'élévation des réservoirs d'où elle part.

C'est cette disposition qui permettra, comme on l'a dit, d'arroser les rues dans les sécheresses, de les laver abondamment dans les fontes de neige et toutes les fois que le Gouvernement le croira nécessaire [1].

### DISTRIBUTION DE L'EAU

La distribution se fera par une conduite principale en fonte de fer, d'un pied de diamètre : cette conduite, arrivée à la porte Saint-Honoré, en suivant la rue de Chaillot, celle Neuve-de-Berri et le faubourg, se divisera en plusieurs branches d'un plus petit diamètre, par la rue Saint-Honoré, le boulevard, la rue Neuve-des-Petits-Champs, etc.

De ces conduites partiront, de distance en distance et par des embran-

[1] Idée première des bornes-fontaines, bouches sous trottoir et orifices d'arrosage à la lance, qui s'est bien développée depuis ; ces orifices sont aujourd'hui au nombre de 7000 à 8000 et permettent de laver énergiquement toutes les rues de Paris.

chements, des tuyaux placés le long des maisons, lesquels fourniront l'eau, par de petits tuyaux de plomb, à tous les abonnés[1].

L'eau s'élèvera, dans la plupart des quartiers, à 12 et 15 pieds du pavé ; les personnes qui voudront la faire monter dans les étages supérieurs peuvent se procurer, comme on le fait à Londres, de petites machines peu dispendieuses qui, recevant leur mouvement de l'eau versée dans le réservoir de l'abonnement, en remonteront une partie aussi haut qu'on le voudra. Les sieurs Périer fourniront ces machines à tous ceux qui en désireront.

La Compagnie s'engage même à élever l'eau dans les réservoirs placés au haut des maisons qui seront à portée des conduites principales ; mais ce ne sera que pour une quantité d'eau un peu considérable, cette disposition exigeant un robinet et un service particulier pour le fontainier, tandis que les conduites du second ordre et dont il vient d'être parlé fourniront tout un quartier par un seul robinet. La différence des fournitures sera réglée par celle de la grosseur des tuyaux destinés à remplir les réservoirs de chacun.

L'eau sera servie aux souscripteurs tous les deux jours et à des heures réglées; leurs réservoirs s'empliront en quelques minutes. Cette manière de distribuer l'eau, qui est suivie à Londres[2], a l'avantage de donner aux entrepreneurs deux fois vingt-quatre heures pour raccommoder un tuyau qui aurait besoin d'être réparé, sans que le service public soit interrompu. A l'égard des cas extraordinaires des fortes gelées, la Compagnie a l'intention de poser ses grandes conduites à une telle profondeur en terre, qu'à moins de ces froids excessifs et si rares en ce pays, la distribution ne sera jamais suspendue un seul jour.

Les réservoirs des particuliers auront une grandeur déterminée, et contiendront le double de la quantité d'eau pour laquelle on aura souscrit. Par exemple, pour un abonnement de deux muids par jour, le réservoir en contiendra quatre, et sa capacité sera de 32 pieds cubes. Comme il pourrait arriver qu'on n'eût pas consommé toute l'eau de son abonnement, d'un verse-

[1] Voici la distribution à domicile parfaitement définie : la conduite privée se branchant au plus près sur la conduite publique posée le long des maisons. C'est la suppression de la vieille distribution romaine, des châteaux-d'eau, des longues conduites particulières encombrant les rues.

[2] C'est encore le mode de distribution adopté à Londres. Seulement, dans cette ville, la conduite publique est mise en charge tous les jours et même deux fois par jour, pendant le temps nécessaire pour remplir les réservoirs des abonnés. Ceux-ci n'ont point à s'occuper de ce remplissage. Dès que la conduite publique est en charge, la conduite privée, qui est toujours ouverte lorsqu'il y a un vide dans le réservoir, remplit ce vide et se ferme par un robinet à flotteur, dès que le remplissage est terminé. Ce mode de distribution, qui ne permet pas le gaspillage de l'eau, est très-avantageux pour les compagnies.

ment à l'autre, le réservoir étant plus tôt plein et l'eau continuant de couler, elle se répandrait par-dessus les bords et occasionnerait un lavage désagréable; pour remédier à cet inconvénient, la Compagnie fournira, à ceux qui en désireront, des espèces de balles flottantes et fixées à la clef du robinet qui termine le tuyau de distribution : quand le réservoir est plein, ces balles ferment exactement le robinet[1].

La Compagnie fournira de plus très-économiquement tout ce qui sera nécessaire à la distribution de l'eau : on trouvera chez les sieurs Périer des réservoirs de toutes les proportions, en bois simplement ou doublés en plomb, mais qui tiennent l'eau parfaitement; ils en construisent aussi qui filtrent la partie de l'eau qu'on destine à la table, et qui la rendent de la plus grande limpidité; ils publieront un tarif du prix de ces réservoirs et des tuyaux de plomb nécessaires au prolongement de la distribution dans l'intérieur des maisons[2].

### CONDITIONS DE L'ABONNEMENT

La Compagnie n'a rien épargné pour donner à cet établissement toute l'étendue, la solidité et la perfection qu'exige une entreprise d'une aussi grande utilité; les expériences connues de ses machines vérifient les calculs que les sieurs Périer avaient faits d'avance de leur produit; et la Compagnie est actuellement en état de réaliser la proposition qu'elle a faite au public en 1777, de souscrire un abonnement dont voici les conditions :

1° Les particuliers, corps, communautés et hôpitaux qui désireront de l'eau, souscriront un abonnement sous seing privé, comme étant plus économique, pour trois, six ou neuf années, ou même davantage, et payeront 50 livres par an pour un muid d'eau par jour, et à proportion pour une plus grande quantité.

Pour mettre chacun à portée de connaître tout l'avantage de la souscription qui lui est offerte, on établit ici la proportion entre le prix moyen de l'eau dans Paris et celui de l'abonnement avec la Compagnie. La voie d'eau actuelle contient environ trente pintes; le muid, 250 pintes, ou huit à neuf voies d'eau[3]; le prix moyen de la voie d'eau est de 2 sols; ainsi un muid,

[1] C'est le robinet à flotteur qui fonctionne encore de la même manière dans la distribution de Londres, ainsi que je viens de le dire.

[2] Tous ces détails sont très-importants. L'administration qui a succédé à la compagnie n'a tiré aucun parti de ces moyens de distribution.

[3] La pinte était égale à $0^{lit},952$. La voie d'eau était de 30 pintes ou de 29 litres. Le muid de 250 pintes ou de 238 litres. La voie d'eau se vendant 2 sols, la pinte coûtait $\frac{2}{30}$ de sol et

ou 8 à 9 voies par jour, acquises par les moyens ordinaires, coûtent de 17 à 18 sols, lesquels, multipliés par les 365 de l'année, font une somme de plus de 300 livres ; d'où il suit que la Compagnie offre à ses abonnés d'un muid par jour, pour 50 livres par an, ce qui leur coûte aujourd'hui plus de cent écus ; c'est-à-dire qu'il y aura plus des 5 sixièmes d'économie pour tous ceux qui s'abonneront avec elle.

Pour la facilité d'un calcul net et général, la Compagnie a résolu de modérer le prix de tous les frais de conduite, de remuement de pavé et de fourniture du tuyau de plomb qui conduira l'eau jusqu'à la porte de chaque abonné, au prix d'une année de son abonnement ; ainsi le souscripteur d'un muid d'eau par jour, ou de 50 livres par an, ne payera, en s'abonnant, que la somme de 50 livres, une seule fois, pour tous les frais indiqués ci-dessus et pour l'entretien dans tout le cours de son abonnement ; celui de deux muids, 100 livres, et ainsi en montant dans la proportion de tous les abonnements.

Ce payement est une indemnité très-modérée pour la Compagnie, des frais d'un tuyau posé exprès et qui deviendrait inutile si l'abonnement venait à cesser. On doit sentir, par exemple, qu'un abonnement d'un muid par jour qui cesserait au bout de trois années, ne laisserait pas assez de bénéfices à la Compagnie pour l'indemniser du prix d'un tuyan de plomb, de la pose et des frais de pavés, etc., etc. ;

2° Le prix de l'abonnement sera toujours payé d'avance, d'année en année, au moyen de quoi la Compagnie se chargera de tous les frais, et les souscripteurs économiseront le prix d'un acte d'abonnement par-devant notaire ;

3° A l'expiration de l'abonnement, s'il est renouvelé sur-le-champ, le souscripteur ne payera rien à la Compagnie ; mais s'il y a interruption, son tuyau ayant été coupé, il payera encore, pour la nouvelle pose et fourniture, le même prix d'une année de son nouvel abonnement ;

4° La Compagnie, au moyen des prix ci-dessus, rendra l'eau dans tous les quartiers de Paris et dans toutes les maisons, et se chargera de tous les frais

le muid $\frac{250 \times 2}{30} = 16$ sols 8 deniers. Le mètre cube d'eau rendu à domicile par le porteur d'eau coûtait $\frac{16^{\text{sols}},667 \times 1000}{238} = 3$ livres 10 sols. Un mètre cube par jour et par an coûtait donc 1277 livres 10 sols.

L'abonnement de la compagnie faisait ressortir le mètre cube délivré par jour à 206 livres pour un an. On est étonné de l'opinion émise par Girard, que l'eau fournie par le porteur d'eau était plus avantageuse pour l'abonné que l'eau distribuée directement à domicile par une conduite.

quelconques d'établissement de conduite et d'entretien, jusqu'à la porte de chaque souscripteur[1];

5° La Compagnie fournira sans difficulté une plus grande quantité d'eau à ceux qui en auront déjà acquis, en payant toujours annuellement ladite somme de 50 livres pour chaque muid d'eau d'augmentation par jour, et les frais dans la proportion indiquée, attendu qu'il faudra lever le pavé et changer le tuyau toutes les fois que la quantité d'eau demandée sera plus considérable.

OBSERVATIONS

A mesure que les tuyaux de conduite avanceront dans Paris, la Compagnie donnera un avis public à tous les habitants du quartier où se fera la pose, de souscrire un abonnement au bureau général de la Compagnie ; et dès à présent, tous les habitants du faubourg Saint-Honoré, depuis la barrière de Chaillot, celle du Roule et rues adjacentes, jusqu'à la porte Saint-Honoré, sont prévenus que leur abonnement sera reçu du moment de la publication du présent prospectus jusqu'au 1er février 1782 ; mais ils sont avertis que s'ils laissaient passer le tuyau de conduite devant leur porte avant d'avoir souscrit, la dépense qu'une pose particulière entraînerait ensuite exigerait un traitement à part, et beaucoup plus dispendieux pour eux que celui de la pose générale de chaque rue.

Le bureau de la Compagnie est chez les sieurs Périer frères, rue de la Chaussée-d'Antin ; il sera ouvert tous les matins, depuis huit heures jusqu'à midi.

Tel est le mode de distribution très-libéral que la Compagnie des eaux de Paris proposait de substituer aux porteurs d'eau et à la distribution d'origine romaine en usage jusqu'alors à Paris. Ce nouveau système était importé d'Angleterre ; il fonctionne encore à Londres et dans la plupart des grandes villes anglaises. Seulement le prix de l'eau n'y est pas réglé par la quantité livrée ; c'est le locataire qui est abonné et l'abonnement annuel lui coûte 4 ou 5 p. 100 du prix du loyer de l'appartement.

[1] Les prix de canalisation, de réfection de pavage, etc., sont très-modérés. Aujourd'hui la prise d'eau seule sur la conduite publique coûte plus cher.

La Compagnie remplaçait les châteaux d'eau par des réservoirs qui se remplissaient la nuit et aux heures de petite consommation, et permettaient de rendre intermittente, suivant les besoins, la distribution de l'eau, qui jusqu'alors avait été continue : les anciennes fontaines de distribution coulaient sans aucune intermittence, la nuit, l'eau s'emmagasinait dans des réservoirs en plomb bien insuffisants ; avec des réservoirs comme ceux de Chaillot, on pouvait augmenter ou diminuer le service comme on l'entendait. Mais toutes ces améliorations si bien comprises ne se réalisèrent malheureusement que longtemps après.

On voit d'après le prospectus, qu'en 1781 les machines de Chaillot fonctionnaient déjà et que la canalisation était terminée depuis la barrière de Chaillot dans les faubourgs Saint-Honoré, du Roule et rues adjacentes, jusqu'à la porte Saint-Honoré. L'eau de Chaillot fut distribuée pour la première fois en juillet 1782, à la fontaine publique établie par la Compagnie près de cette porte. Des fontaines de distribution furent érigées successivement, à la Chaussée-d'Antin, à la porte Saint-Denis, à l'entrée de la rue du Temple. La Compagnie racheta, au prix de 150 000 livres, les fontaines des frères Vachette qui exploitaient un privilége, pour remplacer par des pompes les anciens puisoirs des porteurs d'eau.

*Canalisation.* — Les conduites qui distribuaient ces eaux étaient de beaucoup les plus grandes qui eussent encore été posées à Paris. Les tuyaux étaient à brides et de distance en distance étaient raccordés par des manchons en bois. Ils avaient été fournis par des fabriques anglaises. La conduite la plus importante, qui se reliait aux bassins de Chaillot, avait 1 pied ($0^m325$) de diamètre intérieur ; elle suivait la rue de Chaillot, puis, après avoir traversé l'avenue des Champs-Élysées, les rues de Berri et du Faubourg Saint-Honoré jusqu'à la rue Royale. Elle existe encore à partir de l'avenue des Champs-Élysées.

Arrivée à la rue Royale cette conduite se divisait en deux

branches de 8 pouces ($0^m,216$) de diamètre intérieur; une de ces branches suivait la rue Saint-Honoré; elle existe encore entre les rues de la Paix et Croix-des-Petits-Champs. L'autre branche suivait les boulevards intérieurs depuis la rue Royale jusqu'à la place de la Bastille. Il en reste un tronçon entre la rue de Lancry et la place de la Bastille.

Il me paraît absolument inutile de décrire la canalisation secondaire qui se rattachait à ces artères maîtresses; elle est tracée sur la carte de l'atlas. Beaucoup de ces conduites étaient en bois.

Les machines du Gros-Caillou furent mises en service à une date que je ne connais pas exactement, mais qui bien certainement est comprise entre 1781 et 1786. Elles étaient établies presque identiquement dans le même système que celles de Chaillot, mais étaient beaucoup plus petites : leur force ne dépassait pas 14 à 16 chevaux. Elles en différaient en un point très-important, par la forme du générateur de vapeur. La figure de la page 335 donne une idée très-nette, aux dimensions près, de la coupe transversale de cette chaudière; mais ce générateur n'était pas sphérique, il avait la forme d'un tombeau. Il y avait aussi des différences essentielles dans le jeu des soupapes à vapeur et dans le condenseur. L'eau était élevée dans une cuvette située au-dessus d'une tour à l'altitude $60^m,01$, c'est-à-dire à $8^m,52$ au-dessus de la cuvette du pont Notre-Dame, et à $2^m,52$ au-dessus du niveau du château d'eau d'Arcueil. L'eau du Gros-Caillou pouvait donc atteindre facilement, sur la rive gauche, tous les points desservis par les eaux d'Arcueil et du pont Notre-Dame. MM. Périer, dans cette partie plate de la ville, n'avaient pas trouvé un emplacement pour y faire un réservoir à une altitude convenable; ils avaient donc conservé l'ancien système de distribution.

L'emplacement de ces machines était en façade sur le quai d'Orsay; il est englobé aujourd'hui dans la Manufacture de tabac. La conduite maîtresse principale avait 1 pied ($0^m325$), puis 8 pouces ($0^m,216$) de diamètre intérieur; elle partait du pied de la tour au sommet de laquelle l'eau était refoulée, s'engageait sous la rue de l'Université, contournait la place des Invalides jusqu'à la rue de Grenelle, suivait cette rue jusqu'à la rue Saint-Guillaume où son diamètre s'abaissait à $0^m,162$, gagnait les rues Saint-Dominique, Taranne, Gozlin, de Seine, et se prolongeait jusqu'à la rue Saint-Jacques et la place Maubert. Le 4 messidor an X, Frochot, alors préfet de la Seine, obtint l'autorisation de poser la conduite de $0^m325$ du Cours-la-Reine, qui a permis de relier la canalisation des deux rives de la Seine[1].

[1] Voyez la carte générale de l'atlas.

## CHAPITRE XVII

### LES POMPES A FEU

(SUITE)

Émission de nouvelles actions. — Agiotage. — 1785, 1786. — Mémoires de Mirabeau. — 1787. Ruine de la compagnie des eaux de Paris. — 1788, traité avec la ville de Paris. — Administration Royale des eaux de Paris. — Administrateurs nommés par le roi. — MM. Périer sont évincés. — 1792. Mémoire des administrateurs. — Pétion, maire de Paris. — Apurement des comptes. — An IX, les porteurs de quittances. — 5 et 27 frimaire an X, liquidation. — L'Ingénieur Haupois. — 1807, administration des ponts et chaussées. — 1851, 1853, les machines de Chaillot cessent de fonctionner. — 1858, démolition des machines du Gros-Caillou.

Ces travaux avaient exigé des dépenses considérables auxquelles la première émission de 1200 actions à 1200 livres chacune était loin de suffire. On en créa 600 nouvelles à 1200 livres l'une au mois de décembre 1781, 2200 au même prix au mois d'août 1784 et enfin 1000 autres au prix de 4000 livres au mois de juillet 1786. En outre, 100 actions furent délivrées à MM. Périer par la compagnie. Le nombre des actions s'élevait donc, vers 1786, à 5100. Ces actions, qui dans l'origine valaient 1200 livres, se vendaient 4000 livres en 1786. Les principaux porteurs d'actions qui, on l'a dit ci-dessus, étaient devenus administrateurs de la Compagnie, en avaient vendu un certain nombre sur la place, et, par l'effet seul de la spéculation, la valeur de ces actions s'était élevée jusqu'à ce prix exagéré de 4000 livres. La somme entrée dans la caisse de la Compagnie montait à 8 800 000 livres ; mais les 5100 actions représentaient pour les actionnaires 20 400 000 livres.

Aujourd'hui rien ne nous semblerait plus naturel ; nous savons que les actions des grandes entreprises ne peuvent se classer parmi les capitalistes sérieux que par l'intermédiaire de la haute banque et des spéculateurs de la Bourse, de ce qu'on appelait alors les agioteurs. Si l'entreprise est bonne, les actions deviennent des valeurs *de père de famille* et cessent d'être soumises à de grandes fluctuations de prix. Si elle est mauvaise, les actions se déprécient peu à peu, tombent à de très-bas prix et deviennent ce qu'on l'on appelle des valeurs de bourse que les hommes sages n'achètent jamais. Il vaudrait mieux sans doute que les bonnes valeurs passassent au prix d'émission entre les mains des capitalistes sérieux qui plus tard les achètent souvent cinq ou six fois plus cher. Mais ces capitalistes ne sont pas hardis, ils ne se hasardent jamais et sont lents à acheter. Comme les Compagnies ont besoin d'argent pour payer leurs travaux, il faut bien qu'elles suivent la seule voie qui leur est ouverte pour s'en procurer et qu'elles s'adressent aux banquiers et aux gens de bourse. Ceux-ci usent largement des journaux pour faire mousser l'entreprise, qu'elle soit bonne ou qu'elle soit mauvaise : les prospectus, les articles élogieux ne manquent pas. Si la maison qui lance l'affaire a un bon renom, les actions passent facilement entre les mains des spéculateurs de la Bourse ; le public ne s'en inquiète guère et il ne viendrait dans l'idée d'aucun écrivain sérieux, de compromettre sa plume en attaquant les prospectus, en discutant les calculs plus ou moins contestables des bénéfices à réaliser. Chacun sait aujourd'hui que ces merveilleuses entreprises qui ont centuplé la richesse publique ont commencé ainsi ; si la presse avait la prétention de discuter à l'avance la valeur d'entreprises dont le succès est surtout basé sur l'intelligence et la haute probité des hommes qui les dirigent, toutes sombreraient dans les orages soulevés par ces discussions stériles.

Tel fut le sort de l'entreprise si loyalement dirigée par MM. Périer. On vient de voir que les actions avaient dépassé peut-être le prix qu'on devait légitimement espérer et qu'elles s'étaient élevées de 1200 livres à 4000 livres ; c'était la ruine des spéculateurs à la baisse ; très-malheureusement pour la Compagnie, ils trouvèrent un défenseur qui, on ne comprend guère pourquoi, mit son génie à leur service.

Le comte de Mirabeau publia en 1785 un premier mémoire dans lequel il attaquait les opérations de la Compagnie. Il rappelait avec éloges le projet de la dérivation de l'Yvette et soutenait que les actions de la Compagnie n'auraient pas dû dépasser le cours de 3181 livres et que, par suite de dépréciations inévitables, ce cours devait même s'abaisser à 2413 livres. Je n'analyserai par ce premier mémoire ; l'auteur n'avait pas la plus légère notion du sujet qu'il traitait, ce qui justifiait le nom de *les Mirabelles* que Beaumarchais, chargé de la défense de la Compagnie, donna à sa réponse. Le mémoire de Mirabeau, disait-il, était une œuvre légère qui ne devait pas arrêter l'attention des hommes sérieux. Beaumarchais évaluait à 19 000$^{mc}$ par jour la quantité d'eau nécessaire pour le service privé. Ce volume nous paraîtrait bien insuffisant aujourd'hui, même pour une population de 600 000 habitants, chiffre admis par Mirabeau. C'est cependant cette évaluation si modérée qui fut, comme on va le voir, la cause de la ruine de la Compagnie des eaux de Paris.

La réplique de Mirabeau ne se fit pas attendre ; elle parut en 1786 ; elle était ce qu'on devait attendre d'un tel homme, amère et fougueuse. Elle eut une action énorme sur l'opinion publique. La baisse des actions commença au moment même de sa publication.

Pour qu'on se fasse une juste idée de ce mémoire, j'en reproduis ici le passage le plus important[1].

Après avoir cherché à démontrer que trois mille maisons de Paris, habitées par une seule famille, consommeraient dix mille cinq cents muids d'eau, Mirabeau continuait ainsi :

« Ces trois mille maisons consommeront donc entre elles dix mille cinq cents muids d'eau que dépenseront quarante-huit mille personnes[2].

« Reste à savoir qui boira ou emploiera, ou prodiguera[3] les cinquante-neuf mille cinq cents autres muids, dont l'habile chiffreur de la Compagnie compose ces trois millions cinq cent mille livres de revenu qu'il étale en caractères majuscules dans cinq ou six endroits de sa brochure, pour que les joueurs à la hausse s'en

[1] Voy. le mémoire de Mirabeau intitulé : *Sur les actions de la compagnie des eaux de Paris*, par le comte de Mirabeau, 2e édition, Londres, 1786.

[2] 10 500 muids d'eau ou 2625 mètres cubes qui, répartis entre 48 000 personnes, donnent 54lit,49 par jour et par tête. Ce n'est pas la moitié de ce qui se consomme dans une maison richement habitée.

[3] Mirabeau croit faire une plaisanterie et tombe juste : c'est le gaspillage qui augmente dans une proportion énorme la consommation d'eau, et il ne faut pas s'en plaindre, car c'est par le gaspillage de l'eau que la maison devient salubre ; pour avoir la consommation d'une ville, il ne faut donc pas calculer la quantité d'eau que chaque habitant peut employer utilement, mais ce qui s'écoule en réalité par le robinet de l'appartement qu'il habite. Le moindre robinet débite environ 1/2 litre d'eau par seconde ; admettons la distribution par maison d'un muid d'eau ou de 238 litres par jour, il suffira, pour débiter ces 238 litres, que le robinet reste ouvert pendant 476 secondes ou pendant 8 minutes. Si, comme à Londres, il n'y avait qu'un seul locataire par maison, il serait possible d'assurer le service avec 238 litres en remplissant le réservoir tous les jours ou même tous les deux jours ; la ménagère elle-même s'opposerait à l'abus du gaspillage, comme elle défend encore aujourd'hui, dans les maisons non abonnées aux eaux de la ville, les 40 ou 60 litres que le porteur d'eau verse chaque jour dans sa fontaine ; j'ai visité la distribution d'une maison d'ouvrier à Londres, il y avait un robinet dans chaque chambre à coucher, dans le water-closet et dans la cuisine ; le réservoir ne contenait certes pas 238 litres d'eau ; il était rempli une fois par jour et ce volume d'eau suffisait à tous les besoins du ménage.

Mais si la maison est habitée par plusieurs locataires qui tirent leur eau du même réservoir, on ne peut faire le service avec un muid d'eau par jour ni même avec trois muids (714 litres), parce que chaque ménage use de l'eau le plus qu'il peut et qu'aucun d'eux n'en peut régler la consommation ; supposons trois ménages et un robinet pour chacun d'eux ; il suffira, comme je l'ai dit ci-dessus, que chaque robinet reste ouvert pendant 8 minutes pour vider le réservoir, et on peut être certain qu'au moment même du remplissage, les trois robinets couleront souvent ensemble parce que chaque ménagère craindra de se mettre en retard pour avoir de l'eau. Qu'on ne croie pas que ce gaspillage se développe à la longue comme tous les abus : il commence et sans mesure le jour même où la distribution d'appartement est établie. Il n'est personne à Paris qui n'ait vu ou sa cuisinière ou sa ménagère, tenant son robinet ouvert pendant une demi-heure pour laver un paquet de légumes.

repaissent les yeux et les indiquent généreusement aux pères de famille.

« Les cinquante-neuf mille cinq cents muids d'eau qui nous restent à placer font environ cinq cent quarante mille voies d'eau.

« J'ai condamné dans mon mémoire cinq cent mille personnes à Paris, soit hommes, soit femmes, soit enfants, jeunes ou vieux, à boire à prix d'argent l'eau de la Compagnie, et son écrivain n'a demandé grâce pour aucune d'elles, ce qui, n'en déplaise au buste de M. de Saint-James, est un peu dur ; car nonobstant l'absurde vanité qu'on met à grossir la triste population de Paris, qu'il vaudroit mieux dissimuler, s'il falloit dissimuler quelque chose; en dépit, dis-je, de cette vanité, Paris, en comprenant dans sa population tant de passagers qui se succèdent et consomment peu d'eau au delà de leur boisson, Paris n'engloutit pas plus de six cent mille personnes[1], et n'en exclure que cent mille qui ne payeront jamais l'eau, c'est aimer peu le peuple et beaucoup la Compagnie.

« Cependant, soit ! De ces cinq cent mille paysans, nous venons d'en pourvoir bien abondamment quarante-huit mille. Restent quatre cent quarante-deux mille personnes qui doivent se partager les cinquante-neuf mille cinq cents muids que l'inventeur des Mirabelles veut que sa Compagnie distribue pour arriver aux trois millions cinq cent mille livres de revenu. C'est donc pour chaque jour environ une voie et un quart d'eau, ou trente-huit pintes par tête[2]. Mais dix pintes d'eau[a] chaque jour pour chaque

[1] En 1779, la population de Paris était d'un million d'habitants (Bouillet). Il est peu probable qu'elle eût beaucoup diminué en 1786, époque où Mirabeau publiait son second mémoire

[2] 38 pintes par tête et par jour donnent 16 796 000 pintes (15 956 mètres cubes) pour 442 000 personnes. Si à ces 15 956 mètres cubes nous ajoutons 2625 mètres cubes attribués par Mirabeau à la population riche, nous trouvons pour le volume total de l'eau que la Compagnie se proposait de distribuer suivant Beaumarchais, 19 000 mètres cubes environ. Si le nombre des Parisiens était alors de 1 000 000 comme l'admet Bouillet, et si les projets de la Compagnie s'étaient réalisés, la consommation par jour et par tête aurait été de 19 litres.

(a) Dix pintes multipliées par quatre cent quarante-deux mille consommateurs font quinze mille sept cent quatre-vingt-cinq muids qui, joints aux dix mille cinq cents pour les trois mille maisons habitées par une seule famille, portent à vingt-six mille deux cent cinquante

individu, l'un portant l'autre, sont plus qu'on ne sauroit jamais assigner à une population où se trouvent compris les vieillards, les enfants, et, je le répète, cette multitude d'étrangers qui, se succédant à Paris, n'y viennent sans doute pas pour consommer de l'eau [1].

« Il y auroit donc, à ce calcul, dans le compte de l'administration, un trop-bu [2] de vingt-huit pintes par tête sur quatre cent quarante-deux mille personnes, c'est-à-dire que des cinquante neuf mille cinq cents muids dont je cherchois l'emploi, ou, si l'on veut, des soixante et dix mille muids qui doivent produire une recette annuelle de trois millions cinq cent mille livres, il reste encore à en placer environ quarante-quatre mille [3].

« Cependant, comme j'ai fait vœu de complaisance pour l'administration, j'ai pourvu trois mille maisons ou hôtels, renfermant quarante-huit mille personnes, de toute l'eau de la Seine qu'elles consommeront jamais, et j'ai condamné quatre cent quarante-deux mille personnes de tout âge, de tous pays, de tout sexe, à en consommer dix pintes par jour, l'une portant l'autre.

« Dix pintes vous paroissent-elles trop peu? Mais, au nom du bon sens, estimez-les moins avec l'imagination qu'avec le jugement et les yeux; et Dieu vous garde d'avoir à payer, par forme d'a-

muids l'eau dont la Compagnie peut espérer de recevoir le prix chaque année, c'est-à-dire six mille deux cent cinquante muids de plus que dans mon compte de vingt-six mille maisons: car comment résister aux attraits de la prodigalité qui tient si fort au cœur de mon adversaire? On me demandera si je crois que trois mille maisons seulement souscriront pour l'eau. Oui, je le crois parce que je ne sais en vérité sur quel fondement appuyer l'opinion contraire. Aussi n'ai-je jamais cessé de penser que l'intérêt bien entendu de la Compagnie est de ne s'occuper que des fontaines publiques. (Note de Mirabeau.)

[1] C'est une grande erreur. Il est absolument impossible de faire une distribution d'eau à domicile avec 10 pintes (9 litres) par tête et par jour et même avec 19 litres. La distribution à domicile de Londres dépasse aujourd'hui 140 litres par tête et par jour. Il est fort difficile d'évaluer celle de Paris, parce que le service public et le service privé tirent leur eau des mêmes conduites. J'ai la certitude que la distribution à domicile y dépasse aujourd'hui 60 litres par jour et par tête.

[2] L'expérience a démontré que non-seulement il n'y aurait pas eu *de trop bu*, mais encore qu'avec la maigre ration d'eau que Mirabeau leur attribue, la plupart des Parisiens seraient morts de soif.

[3] Tout ce qui suit n'est que de la haute fantaisie qu'aucun ingénieur chargé d'une grande distribution d'eau ne se donnerait la peine de discuter aujourd'hui.

mende, en expiation de vos calculs follement absurdes, une contribution, tant légère puisse-t-elle être, par tête de chacun de ces quatre cent quarante-deux mille individus, je ne dis pas, qui n'en consommeront qu'une ou deux pintes par jour, mais qui se passeront de l'eau de votre Compagnie, quoique, pour vous obliger, je les condamne tous à en boire.

« Maintenant qui appellerez-vous à votre secours, pour vous débarrasser de cette énorme quantité de muids, si superflue dans votre compte? — Les blanchisseuses? — Il n'est pas d'une bonne police qu'elles multiplient leurs travaux dans l'intérieur des maisons et dans nos rues; leur eau, quoique venant de vos pompes, augmenteroit la malpropreté dont nous avons tant de peine à nous défendre.

« Les boulangers? — Assurément, ils n'abandonneront pas l'eau de puits, qui ne leur coûte rien. Ils ont, au reste, le plus grand et le premier intérêt à préserver de toute infiltration dégoûtante cette eau qui, malgré vos absurdes déclamations, est parfaitement bonne pour faire le pain. Comment ignorez-vous que M. Parmentier, chimiste généralement estimé, M. Parmentier, qu'on ne récuse pas sur ce qui rend le pain bon ou mauvais, a été chargé d'examiner celui que l'on pétrit avec ces détestables eaux de puits, et qu'après l'avoir comparé, par l'analyse, à celui que l'on fait avec l'eau de la Seine, il a trouvé que ces deux pains étoient également bons : les parties plus séléniteuses que contiennent les premières eaux sont entièrement absorbées et changées de nature au moment de la fermentation, en sorte que l'usage de l'eau de puits ou de rivière est parfaitement indifférent à la qualité du pain.

« Appellerez-vous les bouchers? — L'eau de leurs puits ne lave-t-elle donc pas très-bien leurs étaux et leurs tueries? N'est-ce pas d'ailleurs hors de Paris et au bord de la Seine qu'il faudroit placer leurs ateliers infects? Le sang arriveroit à la rivière du moins avant d'être corrompu, et sans avoir blessé nos yeux, plus encore que notre odorat, par le plus hideux des aspects.

« Je n'ai pas assez de lumières pour vous parler des teinturiers et des autres manufacturiers. Toutes les eaux ne leur sont pas indifférentes; mais ils choisiront celle qui leur convient, sans égard ni à vos machines ni même au bon marché, car rien n'est plus cher pour eux que l'eau dont la qualité nuit à leurs opérations.

« Restent les bains que le luxe va multiplier.... Mais soyons donc une fois vrais et raisonnables. J'ai pourvu trois mille maisons de ce qu'il faut à cet égard : laissons aller le reste à la rivière; laissons établir sur son cours les bains destinés aux personnes obligées de les prendre hors de chez elles; ces bains seront toujours à meilleur marché que ceux pourvus de vos eaux, et plus commodes que les baignoires de nos étroits logements. Nous parlons si souvent des Anglois; ils se baignent plus que nous, mais, quoique plus riches en moyens pour satisfaire, dans leurs maisons, à cette espèce de luxe, ils l'en écartent et préfèrent les bains publics. »

Il me paraît absolument inutile de citer d'autres passages de ce singulier mémoire, très-mordant, très-spirituel, si l'on veut, mais qui n'attirerait pas aujourd'hui, pendant 24 heures, l'attention publique, tant les notions qui manquaient à l'auteur sont vulgarisées. Il n'est personne qui oserait soutenir cette thèse qu'on peut faire le service des eaux de Paris avec 10 litres par jour et par tête d'habitant, ou avec 18 000$^{mc}$ en 24 heures; et cependant c'est ce mémoire qui fit tomber la Compagnie des eaux de Paris. Ce qu'il y a de plus singulier, c'est que des ingénieurs qui passaient pour très-compétents, Girard notamment, admettaient complétement les idées de Mirabeau. Le prospectus si sage, si rationnel de la Compagnie prouve que MM. Périer étaient d'un demi-siècle en avance sur les Français leurs contemporains; il n'y a pas plus de 25 ans qu'on est entré pleinement dans leur système à Paris; et cependant, au moment où MM. Périer organisaient leur service, onze machines à vapeur élevaient l'eau nécessaire à la ville de

Londres, et l'abonnement à domicile s'y développait sans soulever aucune opposition à la Bourse, et surtout sans intervention de l'administration. Il est probable que Mirabeau n'avait aucune notion de ce qui se passait chez nos voisins, lorsqu'il a cherché à démontrer que le succès des pompes à feu aurait été assuré si l'entreprise avait été entre les mains de l'administration publique. La municipalité de Paris avait donné la mesure de ce qu'elle pouvait faire, en se contentant, pendant 120 ans, des misérables produits des pompes du pont Notre-Dame, et en livrant la population de Paris aux porteurs d'eau.

Son impuissance a été mieux encore démontrée par la suite, puisque, pendant plus de 50 ans, elle ne fit aucun effort pour développer la distribution à domicile, et se contenta, 20 ans plus tard, pour élever l'eau de Seine, des machines construites par MM. Périer en 1781. Lorsqu'on démolit, de 1852 à 1858, les machines de Chaillot et du Gros-Caillou, elles étaient encore à peu près dans le même état qu'à l'époque où elles furent importées en France. On en aurait vainement cherché de semblables dans le reste de l'Europe ; c'étaient de véritables pièces d'archéologie à conserver dans un musée.

Que Mirabeau ait cru devoir défendre, en 1786, et l'administration des prévôts des marchands, et les porteurs d'eau, et le puisage aux fontaines publiques, il n'y avait rien d'étonnant à cela : quelle pouvait être la compétence du célèbre tribun dans une question technique de cet ordre? Mais on est vraiment surpris que Girard, qui, quelques années plus tard, fut ingénieur en chef du service des eaux, ait donné pleinement raison à Mirabeau ; qu'il ait écrit que l'*eau achetée aux fontaines marchandes était moins chère que celle d'une distribution à domicile, et qu'elle devait être consommée par la majeure partie des habitants*; *que* 26 000 *muids d'eau* (6180$^{mc}$) *suffiraient à la distribution à domicile*. Il donne à l'appui de cette singulière théorie le résultat des ventes d'eau de la Compagnie en 1786, c'est-à-dire cinq ans après la publication de son prospectus. On ne retirait alors des abonnements particuliers que

45 883 livres, tandis que la vente de l'eau aux fontaines publiques en produisait 66 278 [1]; ce résultat devait être bien prévu : comment en cinq ans, les habitudes de la population auraient-elles été complétement modifiées? comment surtout les propriétaires auraient-ils pu construire en si peu de temps, dans leurs maisons, les réservoirs qu'exigeait le système de distribution adopté par la Compagnie? Ces résultats financiers, le mémoire de Mirabeau, l'opinion bien connue des hommes spéciaux devaient avoir une grande action sur l'opinion publique, et la dépréciation des actions commença dans le cours de l'année suivante, en 1787, et ne tarda pas à amener la ruine de la Compagnie.

Voici comment M. Périer rend compte de cette catastrophe, dans une lettre du 23 avril 1792, adressée à MM. les maires et officiers municipaux de la ville de Paris :

« Il est nécessaire, Messieurs, que vous sachiez que l'entreprise des eaux annonçait le plus heureux succès, lorsque l'agiotage s'en est emparé; et les intéressés ne songeant alors qu'aux manœuvres qui pouvoient faire monter ou baisser le prix de l'action sur la place, suivant qu'ils étoient joueurs à la hausse ou à la baisse, ont abandonné le véritable intérêt qui devoit diriger cette entreprise, et ont fini par la culbuter [2]. »

La liquidation de cette affaire fut fort embrouillée et les événements politiques ne contribuèrent pas à la rendre facile.

Suivant Girard, qui, âgé alors de 22 ans et nommé ingénieur en 1789, a été témoin de ces événements, un seul banquier, dont il ne donne pas le nom, se trouva propriétaire de presque toutes les actions, et comme il ne pouvait ni les conserver en portefeuille, ni les vendre sans subir une perte considérable, il conçut le projet de les faire acheter par la ville de Paris. J'ai sous les yeux les pièces relatives à la suite qui fut donnée à ce

[1] Voy. Girard, t. II, p. 64 et 65.
[2] Manuscrits des Archives nationales, Seine, 18, F 3, Eaux, n° 67.

projet. La Compagnie présenta une soumission ou plutôt un projet de traité que M. de Breteuil, ministre et secrétaire d'État au département de Paris, transmit, le 10 janvier 1788, avec un avis favorable, au prévôt des marchands, en le priant de le soumettre au bureau de la Ville. L'objet principal à mettre en délibération consistait à réunir, entre les mains d'une seule Compagnie, les eaux de la Ville et celles de la Compagnie exploitant le privilége accordé en 1777 à MM. Périer. On concédait à cette nouvelle Compagnie le droit exclusif de distribuer de l'eau dans tous les quartiers de la ville et on fixait les bases de la liquidation de l'ancienne société. Le procureur du roi et de la Ville, M. Éthis de Corny, dans une note écrite en marge de la lettre de M. de Breteuil, donnait son approbation complète à ce projet. Le 15 janvier suivant l'affaire fut mise en délibération. L'avis du bureau fut « que la soumission proposée, dont l'effet est de réunir dans une seule et même main, et sous la seule juridiction de la Ville, l'exercice exclusif du privilége des eaux, doit être acceptée sans difficulté ni retard. » Les motifs de cet avis sont très-remarquables ; il était basé principalement sur l'inconvénient que présentait la multitude de tuyaux qui sillonnaient la voie publique à plus ou moins de profondeur. Ces tuyaux, comme je l'ai dit ailleurs, partaient des châteaux d'eau en aussi grand nombre qu'il y avait de concessions et aboutissaient au domaine à desservir. « Nous observons en effet, dit le prévôt des marchands : 1° que presque toutes les rues sont embarrassées par les excavations que nécessite le raccommodage des tuyaux ; 2° que la difficulté d'en distinguer les propriétaires avant le creusement du sol fait retarder les réparations les plus urgentes et que par conséquent les filtrations d'eau qui se répandent dans les caves ont tout le temps de détremper la terre au point d'ébranler les fondations des maisons et d'exposer aux risques les plus funestes ceux qui traversent les rues, soit à pied, soit en voiture ; 3° enfin, que la concurrence sur cet objet excite l'envie de nuire, et porte l'ouvrier qui travaille pour l'un des privilégiés à percer les tuyaux des autres toutes les fois qu'il en rencontre[1].

Ce n'était donc pas, comme le pense Girard, pour sauver la fortune d'un banquier, mais par un motif d'intérêt public des plus graves, que cette délibération était prise. Il est très-possible que ce banquier ait pris l'initiative de la proposition, mais il paraît bien que le bureau, en l'acceptant, se préoccupait surtout du bon entretien du pavage des rues. Un projet de traité en 19 articles fut rédigé le 3 février suivant, et présenté par le procureur du roi et de la Ville à l'assemblée générale « des actionnaires des eaux Perrier » convoqués à cet effet le 15 du même mois. Ce projet fut adopté à l'unanimité par les actionnaires. Il fut soumis de nouveau, le 19 février, au bureau de la Ville qui l'adopta.

Un arrêt du conseil d'État du 8 mars 1788, autorisa la Ville à passer le traité[2], qui fut de nouveau soumis à une assemblée des actionnaires et approuvé le 4 avril par le bureau de la Ville.

Ce traité fut homologué par un autre arrêt du 18 avril 1788, qui permit à la nouvelle administration de prendre le titre d'Administration royale des eaux de Paris, fixa à 6 le nombre des administrateurs, désigna comme commissaire spécial le procureur du roi et de la Ville, et pour surintendant le prévôt des marchands; les administrateurs étaient choisis par le roi[3].

Les premiers administrateurs sont nommés dans l'arrêt du Conseil; ils étaient au nombre de cinq seulement; c'étaient le marquis de Gouy, MM. Lecouteulx, Pourat, de la Fleury et Dartenay. Le roi se réservait de nommer le sixième lorsque cela serait jugé nécessaire.

Le procureur du roi et de la Ville assistait, en qualité de commissaire spécial, aux assemblées générales et aux comités particuliers des administrateurs pour surveiller le détail des

[1] Manuscrits des Archives nationales, liasse H. 1959, pièces 44, 47, 51, 52 et 138.

[2] Extraits des Registres du Conseil d'État, manuscrits des Archives nationales, liasse H, 1959, pièces 47, 50, 51.

[3] J'entre dans tous ces détails pour faire voir combien les affaires de la Ville étaient compliquées, et cependant dans celle dont il s'agit si minutieusement étudiée, une formalité indispensable aurait été omise suivant Girard (Voy. p. 363).

opérations et en référer au besoin au ministre ou au prévôt des marchands et échevins.

En marge est écrit : « Arrest qui homologue le traité que le bureau de la Ville a été autorisé à passer avec la Compagnie des eaux de Paris [1]. »

Un arrêt du 12 mai de la même année porte évocation au Conseil de toute contestation concernant le service des eaux [2].

Enfin une ordonnance en date du 15 mai du prévôt des marchands, rendue sur une requête présentée par les administrateurs, les marquis de Gouy et les sieurs Lecouteulx, de la Fleury et Dartenay, et sur les conclusions du procureur du roi et de la Ville, statuait ainsi :

« Nous, ayant aucunement égard aux fins et conclusions de ladite requeste, avons donné acte aux supplians de ce qu'ils acceptent la nomination faite de leurs personnes, par l'arrêt du conseil du 18 avril dernier, d'administrateurs royaux de la Compagnie des Eaux de Paris, en conséquence ordonnons qu'ils seront reçus et installés en ladite qualité conformément à l'art. 5 dudit arrêt du conseil, sous la réserve faite par le Procureur du Roi et de la Ville, par ses conclusions du 9 du présent mois, de faire, après leur installation, telles réquisitions ultérieures qui seront trouvées convenables et nécessaires tant pour établir le régime intérieur de cette nouvelle administration que pour procéder à toutes les opérations, liquidations, inventaires et autres objets relatifs au traité, et à l'exécution de l'arrêt confirmatif d'icelui [3]. »

Voici comment cette solution sauvegardait les intérêts des actionnaires de la Compagnie des eaux de Paris.

D'après un arrêt du Conseil du 6 juin 1788, les détenteurs de ces actions, conformément aux articles 6 et 7 du traité du 18 avril précédent, étaient tenus de les porter au bureau de la Ville avant le 1er juillet suivant « pour y être échangées chacune, en présence du premier échevin, visées et signées par lui, contre

[1] Extrait des registres du Conseil d'État du Roi.

[2] Extrait des Registres du Conseil d'État (parchemin), manuscrits des Archives nationales, liasse H, 1959, pièce 57 (parchemin).

[3] Archives nationales, manuscrits, liasse H, 1959, dernière pièce de la liasse.

trois quittances d'action des eaux de douze cents livres chacune, numérotées depuis le premier jusques et y compris le numéro 15300. » » Ces quittances contenaient le nom des propriétaires et n'étaient transmissibles que par voie d'endossement; elles portaient intérêts payables à l'Hôtel de ville à 5 p. 100 sans retenue, à compter du 1^er^ janvier 1789. Elles étaient remboursées en nombre déterminé chaque année, à commencer du 15 décembre 1789. Le tirage devait se faire à l'Hôtel de ville « par voie du sort » et devait être annoncé au public par le bureau de la Ville. Les actions qui n'auraient pas été présentées au bureau avant le 1^er^ juillet étaient considérées comme nulles et de nul effet, et les actionnaires étaient déchus de leurs droits.

Le même arrêt réglait certains points de détail qu'il n'est pas inutile de rapporter ici. La nouvelle Compagnie ne pouvait vendre aux fontaines publiques la voie d'eau plus de six deniers (0 fr. 025) aux porteurs d'eau, et l'eau pouvait y être puisée gratuitement par tous les habitants de Paris qui venaient la prendre pour leur consommation individuelle, soit pour la boire sur place, soit pour l'emporter dans un vase à l'usage de leur ménage. Le puisage dans le fleuve restait gratuit comme par le passé[1].

Enfin une délibération du bureau de la Ville du 21 juillet 1788, délégua le Sr Chauvin pour faire l'échange des actions contre les quittances ou reconnaissances desdites actions[2].

Le nombre des quittances représentant chacune un tiers d'action, étant de quinze mille trois cents, le nombre des actions émises par la Compagnie des eaux de Paris était de cinq mille cent; la ville de Paris remboursait ces actions à raison de trois mille six cents livres, l'une, c'est-à-dire un peu au-dessous du cours le plus élevé qui s'était approché de quatre mille livres.

Il semble d'après cela que la liquidation de la Compagnie des

[1] Manuscrits des Archives nationales, liasse H, 1959, pièce 63.
[2] Manuscrits des Archives nationales, liasses H, 1959, pièce 294.

eaux de Paris (eaux Périer) était terminée, grâce à la libéralité de la ville de Paris, et que cette ville rentrait dans la pleine possession des eaux qui se distribuaient à ses habitants. Il n'en fut rien cependant.

Le traité des 4-18 avril 1788, qui créait l'Administration royale des eaux de Paris avec l'assentiment des actionnaires de la Compagnie des eaux de Paris, laissait MM. Périer en dehors de l'affaire. Ils ne pouvaient intervenir ni dans la liquidation de l'ancienne Compagnie, ni dans la gérance de la nouvelle, qu'au même titre que les autres intéressés. Il n'était pas difficile de prévoir qu'il résulterait de là d'interminables procès et c'est ce qui eut lieu en effet.

Voici comment s'exprime M. Périer sur cette affaire dans la lettre adressée le 23 avril 1792 à la municipalité de Paris, dont j'ai déjà cité quelques extraits.

« Il est résulté de toutes ces manœuvres que j'ai été contre toute justice et contre toutes les lois du royaume, pour ainsi dire chassé de mon entreprise et forcé de réclamer ma propriété dans les tribunaux. »

Mais évidemment la Révolution qui s'annonçait alors, les embarras d'argent du Trésor et de la caisse municipale, les préoccupations politiques du Gouvernement ont été la cause la plus active de l'inexécution du traité.

Girard l'attribue à l'oubli d'une formalité indispensable suivant lui : le traité ne pouvait être mis à exécution qu'en vertu de lettres patentes enregistrées au Parlement, formalité préalable qui seule donnait à la Ville le droit de vendre et d'acquérir. « Il est douteux, dit-il, qu'on ait essayé d'obtenir ces lettres patentes, mais il est certain qu'elles ne furent point expédiées. » C'était un vice de forme, sans aucun doute, mais il est certain que, dans des temps moins troublés, les administrateurs se seraient trouvés dans une position assez élevée pour obtenir l'accomplissement de cette formalité et d'autant plus facilement que tous les intéressés étaient d'accord.

J'ai d'ailleurs sous les yeux une lettre du 29 février 1792, adressée au ministre de l'intérieur par les administrateurs de la nouvelle Compagnie, qui ne laisse aucun doute sur les difficultés que les préoccupations politiques faisaient naître chaque jour. Je voudrais transcrire cette pièce intéressante en entier, mais elle est trop longue et je dois me borner à l'analyser.

Monsieur,

« Après de nombreuses et inutiles tentatives auprès des ministres vos prédécesseurs, nous venons encore réclamer de vous la justice qu'ils n'ont pas cru pouvoir nous accorder. Nous venons réitérer entre vos mains, en votre qualité de ministre de l'intérieur, la démission, qu'ils ont tant de fois refusée, de nos places d'administrateurs des eaux de Paris. »

Suit un court exposé des faits qui s'étaient accomplis depuis la chute de la Compagnie en 1788. « Le mauvais état de l'entreprise provoqua toute la sollicitude des actionnaires. Le moyen de restauration qu'ils avisèrent fut un traité avec la Ville, lequel donnait pour le moment de grands secours à l'affaire et promettait pour l'avenir de grands avantages à la ville de Paris. » C'était en exécution de ce traité qu'ils avaient été nommés par le roi administrateurs de la nouvelle Compagnie; et le tribunal de la Ville en les installant leur avait donné acte de la déclaration suivante, « que s'ils consentaient à accepter la gestion difficile et *cependant gratuite* qui leur était proposée, c'était sous la condition expresse qu'ils ne seraient, en leurs propres et privés noms, responsables d'aucuns événements. »

Une assemblée générale des actionnaires, provoquée par eux le 12 juin 1788, ratifiait leur nomination avec remercîments au roi, et malgré la condition expresse de *gérer sans responsabilité, ne mit aucune borne à leurs pouvoirs*.

Pendant une année entière leurs opérations marchèrent régulièrement d'accord avec le procureur du roi et de la Ville, nommé commissaire spécial. « Mais bientôt de plus grands intérêts s'emparèrent de tous les esprits, les ministres protecteurs du traité furent déplacés ; leurs successeurs n'eurent ni le temps ni peut-être la volonté de s'en occuper. » Les plans de restauration présentés par les administrateurs étaient « aussitôt oubliés qu'approuvés. »

L'un d'eux entra en correspondance suivie avec M. Necker « et lutta le plus longtemps qu'il fut possible contre l'insouciance ou l'indécision de l'autorité. »

Dès le commencement de 1790, les administrateurs envoyèrent leur démission aux ministres de Paris et des finances, qui se dispensèrent de leur répondre. « Nous écrivîmes encore, ajoutent-ils, ils se turent toujours. Nous nous adressâmes au maire de Paris, même silence de sa part. » C'était un déni de justice.

Pendant ce temps ils étaient harcelés « par mille procès, par mille réclamations toutes antérieures à leur gestion. » Plusieurs condamnations avaient été prononcées contre eux.

Ils étaient surtout inquiétés par les frères Périer, qui avaient formé une demande en répétition de près de 2 600 000 livres. Enfin, calomniés et dénoncés par un agent du Trésor public, ils furent poursuivis devant l'Assembée nationale, laquelle rendit, sans les avoir entendus, et sans discussion, un décret qui *commandait au ministre des finances un arrêt du Conseil sur sa simple signature*, *qui les condamnait solidairement et par corps* à réintégrer dans la caisse des sommes qui avaient été payées à MM. Périer en vertu d'un arrêt du Parlement du 22 septembre 1790. L'Assemblée nationale revint à la vérité sur cette décision inique, et suspendit l'exécution de son décret en demandant un rapport à un autre comité. Ce rapport ne fut jamais fait, et de plus, certains actionnaires et des dénonciateurs les attaquaient constamment au comité de liquidation pour obtenir le payement des intérêts qui leur étaient garantis par la Ville, et qu'ils étaient dans l'impossibilité de faire payer.

Enfin, harcelés de tous côtés, attaqués dans leur honneur, dans leur fortune, dans leur propre sûreté, ils écrivirent de nouveau au ministre de l'intérieur pour lui proposer de leur substituer MM. Périer en qualité d'administrateurs. Il était d'autant plus nécessaire de prendre un parti que quatre des cinq administrateurs se trouvaient dans l'impossibilité de continuer leur gestion. M. Dangirard, qui s'occupait le plus spécialement de l'affaire, était nommé administrateur de la Compagnie des Indes. M. de Gouy, employé comme maréchal de camp, ne pouvait « plus concilier l'administration des eaux avec les absences nécessitées par son service militaire. » M. Éthys était nommé régisseur des hôpitaux et partait pour sa destination ; M. Darthenay se retirait en province. M. Laurent Lecouteulx restait seul sur la brèche avec une santé notoirement mauvaise qui l'empêchait de s'occuper d'affaires.

Les administrateurs résumaient ainsi leur lettre : « C'est par le Roi que nous avons été nommés administrateurs des eaux ; c'est au Roi, dans la personne de son ministre, que nous devons remettre un titre que les circonstances de l'affaire en elle-même, jointes à celles qui nous sont personnelles, ne nous permettent plus de garder, »

Ils demandaient en outre, en leur qualité d'administrateurs comptables, qu'on fît apurer leur compte, en se réservant de faire casser l'arrêt du Conseil du 3 décembre 1810, qui les rendait garants de l'arrêt du 22 septembre 1790, intervenu en faveur de MM. Périer[1].

Le ministre de l'intérieur ayant été changé, les administrateurs envoyèrent, le 30 mars, à son successeur, copie de la lettre qui précède, « demandant de pouvoir déposer leur démission entre les mains des actionnaires eux-mêmes. » Ils proposaient au ministre de vouloir bien assister à cette assemblée, ou d'y en-

[1] Manuscrits des Archives nationales, liasse F 3. — Seine, 18.

voyer un commissaire pour remplacer le procureur du roi et de la Ville, M. de Corny, décédé [1].

Si jamais affaire avait présenté le caractère d'urgence, c'était sans doute celle-ci. Mais les préoccupations politiques ne permettaient guère alors de songer aux intérêts matériels de la ville : on avait bien autre chose en tête. Aussi le maire de la ville, Pétion, auquel l'affaire fut communiquée, répondit au ministre, le 4 avril 1792, par une lettre des plus insignifiantes ; après avoir résumé tant bien que mal la demande des administrateurs, il conclut ainsi : « C'est sur cela, Monsieur, qu'avant vendredi prochain vous paroissés désirer mon avis.

« Je n'en ai point qui vous soit nécessaire, parce que vos lumières personnelles et votre fidélité aux intérêts nationaux qui vous sont confiés par le Roy seront des guides suffisants pour les conjonctures. »

Le maire de Paris demandait cependant que le procureur de la commune remplaçât dans l'assemblée des actionnaires le procureur du roi et de la Ville, décédé [2].

A la suite de ces négociations infructueuses, nous voyons intervenir de nouveau M. Périer. Il profita d'une ouverture qui lui était faite par l'administration municipale à l'occasion de réparations urgentes à faire aux pompes du pont Notre-Dame, pour soumettre au maire de Paris et au ministre de l'intérieur un projet de réorganisation du service des eaux. Voici le texte même de ce projet, qui mettait à néant le traité du 4 avril 1788, passé entre la ville de Paris et les actionnaires de l'ancienne Société des eaux de Paris :

« 1° Le traité passé entre la ville de Paris et la Compagnie des eaux en date du 4 avril 1788 [3] serait annulé ; les quittances d'actions des eaux seraient rapportées, et les actions reprendraient leur première forme.

[1] Manuscrits des Archives nationales, liasse F 3. — Seine, 18.
[2] Manuscrits des Archives nationales, Seine, 18, F 3. Eaux.
[3] Cette date est en blanc dans le texte.

« 2° La commune abandonnerait à la Compagnie des eaux toutes ses pompes, fontaines, conduites, et généralement tout ce qui, dans sa dépendance, est relatif à la propriété et distribution des eaux, soit de la Seine, soit d'Arcueil, de Belleville, etc., pour en jouir et disposer comme elle jugera convenable sous la surveillance immédiate de l'administration municipale; à la charge par la Compagnie d'entretenir à ses frais lesdits objets, dont la valeur sera hypothéquée sur les propriétés de la Compagnie, et de tenir compte à la Caisse de la ville de la valeur de ceux des objets ci-dessus qui, d'après l'avis de l'administration municipale ou du directoire du département, seraient jugés devoir être supprimés, tels que la pompe Notre-Dame et peut-être quelques conduites inutiles au service de l'eau.

« 3° La Compagnie aurait le droit d'établir à chaque fontaine un receveur pour débiter l'eau aux porteurs d'eau à tonneaux et à bricolles, à trois deniers la voye dans les quartiers rapprochés de la rivière, et à six deniers dans les plus éloignés; à la charge de donner l'eau gratuitement à tout citoyen qui viendra la prendre pour son usage personnel, et de la verser de même gratuitement dans les cas d'incendie, ainsi que la Compagnie l'a toujours fait depuis son établissement.

« 4° A la charge encore par la Compagnie de former un quatrième établissement indispensablement nécessaire du côté de l'Arsenal, afin que tous les quartiers de Paris puissent être abondamment approvisionnés.

« 5° La Compagnie des assurances contre les incendies fesant un bénéfice sur les opérations, serait tenue de payer à celle des eaux une rétribution quelconque pour les secours qu'elle en tire et qui diminuent ses risques. »

Ce projet changeait la forme des actions, chose peu intéressante, mais supprimait la garantie de remboursement que, dans des temps plus calmes, le traité du 4 avril 1788 avait assurée aux actionnaires; ce n'était donc point une solution. Comment d'ailleurs aurait-on retrouvé les anciens porteurs d'actions? Un passage de la même lettre de M. Périer fait très-nettement ressortir cette difficulté. Après avoir parlé des manœuvres qui l'ont chassé de son entreprise, il ajoute : « C'est par les mêmes manœuvres que le Trésor public se trouve encore actuellement propriétaire, à ce que l'on dit, d'un nombre d'actions des eaux très-considérable et qui représente douze millions[1]. » Le Trésor

[1] Manuscrits des Archives nationales, Seine, 18, F 3, Eaux, n° 67.

aurait donc dû négocier avec les anciens porteurs d'actions pour leur restituer leur propriété, ou conserver les titres. Dans la première hypothèse, comment aurait-on retrouvé les propriétaires des 10000 quittances qui se trouvaient en la possession de l'État, et comment aurait-on pu les obliger à les reprendre pour un prix déterminé? Dans la seconde, quelle valeur aurait-on donné aux 5000 quittances qui restaient sur la place?

Le ministre de l'intérieur répondit à M. Périer, le 7 mai 1792, dans une lettre fort polie, mais qui ne concluait à rien, que l'affaire concernait le Conseil général, dont la détermination serait soumise au directoire du département; que c'était, en outre, à l'agent du Trésor public qu'il appartenait d'assurer la conservation des droits qui lui étaient confiés. « Pour moi, ajoutait le ministre, je verrais avec plaisir, Monsieur, que ceux qui appartiennent si légitimement à l'artiste, de retirer un juste prix de ses travaux, pussent se concilier en votre faveur avec les intérêts divers dont vous désirez opérer le rapprochement[1]. »

Un décret daté des 9-15 septembre 1792 fut enfin rendu; mais il n'y est question que de l'apurement des comptes des administrateurs de la Compagnie royale des eaux, des recherches des malversations, et nullement du fond même de la question, de la liquidation de l'affaire. Voici le texte de ce décret :

*Décret relatif au compte à rendre par les administrateurs des eaux de Paris, 9 septembre 1792-15 du même mois.*

Article premier. Les administrateurs de la Compagnie des eaux de Paris remettront dans le mois, au département, l'état de situation de l'entreprise, dans lequel état ils comprendront le détail de tout ce qui a été reçu et payé, à quelque titre que ce soit, depuis l'origine de cette Compagnie jusqu'à ce jour.

Art. 2. Les porteurs des quittances des eaux de Paris sont autorisés à

[1] Manuscrits des Archives nationales. Seine 18. F 3 Eaux n° 67.

24

nommer un syndic, qui, concurremment avec l'agent du Trésor public, pourra assister auxdits comptes.

Art. 5. Lorsque les susdits comptes auront été apurés par le département, le ministre des contributions publiques fera, s'il y a lieu, la recherche des malversations qui ont pu être commises au préjudice de la nation, dans les différents traités passés avec les agents du Gouvernement, ou dans les opérations faites pour le compte de ladite entreprise, avec ses propres agents ou tous autres particuliers.

Les terribles événements qui se succédèrent si rapidement dans le reste de cette année mirent fin à toutes ces négociations, et il n'est plus question des administrateurs de la Compagnie royale des eaux, ni des actionnaires, ni de M. Périer, jusqu'en l'an V de la République. C'est ce qui résulte de l'extrait suivant d'un rapport de Frochot, préfet de la Seine.

« Cette loi (du 9 septembre 1792) a reçu son exécution, les comptes ont été présentés et apurés par *divers arrêtés* du mois de germinal an V, qui ont été renvoyés depuis au ministre des finances.

« Le résultat de cet apurement offre de la part des anciens administrateurs des eaux un débet de 6 000 000 et plus, dans lequel le sieur Perrier, qui a été administrateur permanent jusqu'en 1788, se trouve débiteur solidaire de 2 484 418 francs et personnellement du tiers environ de cette somme.

« Si cette liquidation n'est pas encore terminée, c'est la faute des citoyens Perrier et autres administrateurs, qui, après avoir fourni leur compte et leur réponse aux débats, ont attaqué la compétence du département de la Seine et demandé *le renvoi aux tribunaux;* mais cette prétention a été écartée par un arrêt du conseil d'Etat du 9 pluviôse dernier, qui a ordonné que les administrateurs des eaux seront contraints au payement des sommes dont ils sont jugés reliquataires, sauf à eux à se pourvoir au conseil d'État[1]. »

[1] Rapport de Frochot, préfet de la Seine, du 24 fructidor an VIII. Archives nationales, manuscrits. F. 13-1014.

Pendant tout ce temps les machines, conduites et autres objets appartenant à la Compagnie des eaux, étaient considérés et régis comme propriétés nationales ; le rapport précité de Frochot ne laisse aucun doute sur ce point :

« La régie de cette entreprise a été confiée au département par la Convention nationale (depuis l'an II) ; il est vrai qu'alors le défaut de proportion entre le prix des combustibles nécessaires pour faire marcher les machines et le prix que l'on retirait de la vente de l'eau a nécessité, pendant le règne des assignats, l'interruption des abonnements ; mais depuis que le numéraire a reparu, les abonnements ont été couverts et produisent plus qu'ils n'ont jamais produit malgré que la dégradation successive et inévitable des conduites en bois que, par une économie mal entendue, les frères Perrier crurent devoir établir dans l'origine, ont ôté les moyens de multiplier les abonnements autant qu'on eût pu le faire.

« ... En un mot, cette entreprise qui sous les frères Perrier n'a jamais fait ses frais, se soutient aujourd'hui et elle offrirait même en ce moment un bénéfice de 50 ou 60000 francs, si les divers établissements nationaux qui sont alimentés par les pompes à feu payaient l'eau qui leur est fournie[1]. »

Le 12 floréal an IX, les porteurs de quittances de l'ancienne Compagnie des eaux de Paris nommèrent pour syndic le sieur Cornu, conformément à l'article 2 de la loi du 9 septembre 1792, et présentèrent aux consuls une pétition tendant à ce qu'il lui fût donné communication des comptes rendus des préposés actuels des eaux, qu'il fût admis à leurs assemblées et qu'il ne fût pris aucune décision relative au régime des pompes à vapeur « sans que ce syndic ait été mis à portée de demander à ses comettans leurs observations et leur consentement. »

[1] Je trouve un rapport présenté en ventôse an VIII au ministre de l'intérieur, en réponse à une demande faite par les administrateurs du département, tendant à faire verser dans la Caisse municipale le produit de l'eau fournie aux établissements publics depuis le mois de thermidor an IV.

Le préfet de la Seine (Frochot) repoussa cette pétition par un arrêté en date du 1er messidor an IX. Il fait observer avec raison, dans les motifs de cet arrêté, que la loi du 9 septembre 1792 n'avait autorisé les porteurs de quittances à nommer un syndic que pour qu'il assistât à l'apurement du compte, et non pour s'immiscer dans les détails du service des eaux[1].

Cet arrêté fut approuvé par le ministre de l'intérieur dans les termes suivants :

« Du 18 thermidor an IX.

« Le ministre de l'intérieur au citoyen Frochot, préfet du département de la Seine,

« J'ai reçu, citoyen Préfet, avec votre lettre du 1er messidor, les deux pièces qui vous avaient été communiquées et la copie de votre arrêté relativement aux porteurs de quittances de l'ancienne Compagnie des eaux de Paris. Je ne puis qu'applaudir, citoyen Préfet, à la décision que vous avez prise à l'égard de ces actionnaires.

« Je vous salue[2]. »

Il est probable néanmoins que cet incident attira l'attention du Gouvernement sur la situation de ces malheureux actionnaires. Car un arrêté des consuls du 5 frimaire an X ordonna la liquidation des quittances d'actions de la Compagnie des eaux de Paris. Un autre arrêté du 27 frimaire an X chargea de cette opération le liquidateur général de la dette publique, d'après le mode prescrit par la loi du 24 frimaire an VI[3].

[1] Manuscrits des Archives nationales, liasse F 13, 876.

[2] *Ibid.*

[3] Voici le texte de cet arrêté :

*Arrêté relatif à la liquidation des quittances de finance délivrées aux actionnaires des Eaux de Paris, du 27 frimaire an X.*

Les consuls de la République, sur le rapport du ministre des finances ;

Vu leur arrêté du 5 de ce mois, relatif à la liquidation des quittances de finance des actionnaires des Eaux de Paris ;

Le Conseil d'État entendu,

Arrêtent ce qui suit :

Art. 1er. Le liquidateur de la dette publique est chargé de procéder à la liquidation ordonnée

Cette liquidation était d'autant plus facile que le Trésor public possédait, suivant M. Périer, les 2/3, et suivant Frochot, les 9/10 des actions.

Mais le crédit de la République n'était pas encore bien établi. La loi du 24 frimaire an VI portait que la liquidation des dettes de la République serait faite en papier. Les porteurs de quittances adressèrent aux consuls une pétition qu'ils firent imprimer chez Panckoucke, et dont j'extrais les passages suivants :

« Les actionnaires des eaux de Paris aux consuls de la République, au sujet de l'arrêté du 5 frimaire, par lequel il a été ordonné que les quittances de finance délivrées aux actionnaires des eaux de Paris, d'après l'arrêt du Conseil du 18 avril 1788, seront liquidées conformément aux dispositions de la loi du 24 frimaire an VI.

« Le Conseil d'Etat, sur l'avis duquel vous avez pris cet arrêté, a cru sans doute que le traité consenti entre les actionnaires et la ville de Paris, le 4 avril 1788, et homologué par l'arrêt du Conseil du 18 du même mois, avait reçu son exécution, traité qui avait pour objet de réunir sur une seule et même Compagnie, sous la police de la seule juridiction de la ville, le privilége de celle connue sous le nom de Perrier, et celui de la ville, pour la distribution générale des eaux dans tous les quartiers de la capitale, tandis que ce traité est toujours resté pour eux lettre morte. »

En effet, aux termes de l'article 8, la Ville devait « remettre, céder et abandonner à la nouvelle administration la pompe Notre-Dame, toutes les fontaines, réservoirs, aqueducs, etc., avec la faculté d'échanger, vendre, abattre, user et disposer de toutes choses; la Ville n'a rien cédé, n'a rien remis; elle n'a pas cessé

par l'arrêté du 5 frimaire an X, des quittances de finance délivrées aux actionnaires des Eaux de Paris, pour être remboursées d'après le mode prescrit par la loi du 24 frimaire an VI.

Il suivra, pour le travail de ces liquidations, les mêmes formes que pour celles faisant partie de ses anciennes attributions, en se conformant aux lois qui les ont réglées.

II. Le ministre des finances est chargé de l'exécution du présent arrêté, qui sera inséré au *Bulletin des lois*.

un instant d'être seule en possession et jouissance de ses établissements. »

Les réclamants prétendaient donc que le traité de 1788 n'avait jamais été exécuté par la Ville ; ils demandaient que la République, qui possédait la majeure partie des quittances de remboursement de l'ancienne Compagnie des eaux de Paris, et qui pouvait sans doute, pour l'utilité générale, en réunir en ses mains la totalité, ne put le faire « qu'en accordant aux porteurs de quittances, en qualité de copropriétaires, une indemnité préalable équivalente à leur propriété ; que leurs droits de propriété ne fussent pas confondus avec ceux résultant d'une créance souvent suspecte ou exagérée ; que les droits de copropriétaires d'immeubles existants et de droits certains ne fussent pas confondus avec ceux d'entrepreneurs ou de fournisseurs, qui souvent se sont indemnisés d'avance des pertes qu'ils semblent éprouver par la nature des payements, » et qu'enfin on ne souffrît pas que « les porteurs de quittances ne reçussent que des papiers d'une valeur presque nulle, au moins incertaine », qui ne donneraient ainsi à cent mille familles associées et copropriétaires que des valeurs fictives pour le prix de leurs quittances[1].

Mais il ne paraît pas qu'il ait été tenu compte de ces observations, et la liquidation fut terminée conformément aux arrêtés des 5 et 27 frimaire an X.

M. Périer se trouvait engagé dans toutes ces négociations en sa qualité de fondateur de la Compagnie des eaux de Paris ; d'après les arrêtés de l'an V, il était « débiteur solidaire de 2 424 418 francs, et personnellement du tiers environ de cette somme. » Il adressa, en l'an VIII, une pétition au ministre de l'intérieur dans laquelle il se plaignait d'être injustement privé, depuis plus de dix ans, de ses droits sur cette entreprise. Cependant plusieurs jugements du ci-devant Châtelet et du conseil du

[1] Manuscrits des Archives nationales, F 13, 876.

dernier roi l'avaient rétabli dans ces droits; mais l'exécution en avait toujours été éludée sous prétexte d'une liquidation de compte faite par des personnes inhabiles *sans qu'il ait été entendu* et d'un prétendu débet absolument chimérique. Loin d'être débiteur de l'entreprise, il en était au contraire créancier d'une somme de 356 000 francs et d'une rente viagère de 20 000 francs reversible sur la tête de son frère. Cette pétition fut renvoyée à Frochot, et c'est à ce propos qu'il produisit ce rapport du 24 fructidor an VIII dont j'ai déjà reproduit deux extraits. Frochot repoussa la demande de M. Périer, comme mal fondée.

Tous les biens de MM. Périer étaient hypothéqués pour garantir des sommes qui, suivant l'administration, devaient être versées par eux au Trésor public. Cependant d'après un arrêté des Consuls du 14 ventôse an IX cette hypothèque générale devait être levée et ne porter que sur la fabrique de Chaillot et sur « les créances que M. Perrier serait dans le cas de faire valoir contre la République. »

Le 5 germinal an IX, M. Périer, dans une lettre adressée à M. Chaptal, ministre de l'intérieur, réclamait contre le dispositif de cet arrêté, dont les mots « créances à faire valoir contre la République » étaient interprétés de telle sorte que les agents du Trésor maintenaient leur opposition *sur les inscriptions au Grand Livre de la dette publique*. Le ministre, sous prétexte d'accorder une faveur à MM. Périer, décida qu'il ne lui paraissait pas juste que les produits de leur industrie et du travail de leur usine fussent grevés de l'hypothèque « *maintenue sur leurs autres propriétés*. »

Le 24 germinal an IX, M. Périer renouvela sa demande, se disant « perdu sans ressources », si l'interprétation de l'arrêté des Consuls qu'il demandait ne lui était pas accordée.

Nous ne voyons pas quelle fut la suite de cette affaire, mais il paraît bien que justice ne fut pas rendue à M. Périer. Ce mode d'apurement des comptes par simples arrêtés sans que les parties aient été entendues, ces hypothèques prises en vertu d'actes administratifs, cette confusion perpétuelle en matière litigieuse, entre les pouvoirs administratif et judiciaire, nous paraissent aujourd'hui des abus monstrueux de la force, et, quels que fussent les droits de M. Périer, il semble qu'il fut alors victime d'un véritable déni de justice.

Je crois encore, pour combler la mesure, devoir parler d'un mémoire du 12 brumaire an IX, intitulé : Observations adressées au Conseil d'Etat par l'ingénieur Haupois, chargé de l'administration des pompes à feu, en réponse à un mémoire imprimé présenté au même Conseil par les frères Périer.

Quoique le factum de l'ingénieur Haupois ne soit pas un modèle de style et surtout d'aménité, il est bon d'en citer quelques passages.

« Les frères Périer voulant faire croire que l'administration actuelle des pompes à feu est encore actuellement dans l'état de dépérissement où je l'ai trouvée, je dois faire connaître que ces machines, loin de donner le moindre revenu au Gouvernement pendant tout le temps que les frères Périer en ont eu la direction, étaient alors à charge au Trésor public, que chaque année offrait un nouveau déficit, tandis que depuis neuf mois, époque à laquelle l'administration m'en a été confiée, je suis parvenu à les rendre productives.

Suit l'énumération des travaux exécutés par l'ingénieur Haupois.

« Enfin tous les entrepreneurs et marchands sont payés comptant, et plusieurs anciennes dettes acquittées.

« Les frères Périer, au contraire, qui ont fait construire les pompes à grands frais, qui en ont eu la direction dans un temps où les bâtiments, les machines et les conduites étaient neufs, n'ont pu que faire éprouver des pertes au Gouvernement et aux actionnaires qu'ils ont ruinés.

« C'est au Conseil d'État à juger si l'expérience de la gestion des frères Périer donne au Gouvernement une garantie suffisante pour l'avenir, si on les charge de porter cet établissement au degré d'illustration et de prospérité promis dans le mémoire imprimé qu'ils répandent[1]. »

Ainsi se termina l'entreprise des eaux de Paris, qui, à son origine, promettait un succès presque certain, et qui fut renversée bien plus par la malheureuse intervention de Mirabeau et par les événements politiques que par l'agiotage.

L'impitoyable rapport de Frochot, les passages du mémoire de l'ingénieur Haupois que je viens de citer, prouvent que ni les déboires ni les dégoûts ne furent épargnés aux introducteurs de la machine à vapeur dans le service des eaux de Paris.

Chez nos voisins d'Angleterre, les grands ingénieurs du dix-huitième siècle, tels que Watt et Smeaton, ont vécu entourés du respect de leurs concitoyens, soutenus par l'appui des grands capitaux et des constructeurs les plus distingués. Le parlement, chose inouïe chez les Anglais, a favorisé les travaux de Watt, en modifiant, pour lui seul, la loi des brevets.

Papin, l'inventeur de la soupape de sûreté et du cylindre à vapeur, n'a trouvé dans son pays depuis l'année 1690, date de son invention, jusqu'en 1710, époque de sa mort, ni point d'appui ni encouragement, tandis qu'en Angleterre le capitaine Saveray et, après lui, le quincaillier Newcomen perfectionnaient, quelques années plus tard, la machine du savant français, aux justes applaudissements de tous leurs concitoyens. Il n'y a pas plus de 30 ans que Denys Papin était qualifié, dans les dictionnaires historiques français, de savant *laborieux et estimable;* il était membre de la Société royale de Londres 20 ans avant d'être correspondant de l'Académie des sciences.

On nous accuse de légèreté et je crois qu'on a tort. La vérité est que, tandis que les Anglais défendaient avec opiniâtreté leurs libertés, nous laissions étouffer notre initiative par le pouvoir central qui, depuis Richelieu, n'a cessé de tout envahir et a fini

[1] Manuscrits des Archives nationales, liasse F 13, 1002.

par anéantir nos forces vives. En littérature, en sciences, nous nous sommes soutenus à la hauteur des autres nations et nous les avons souvent dépassées; dans les arts industriels nous avons aussi pris les devants; mais dans la grande industrie, le souffle nous a manqué au dix-huitième siècle; nous avons laissé prendre l'avance à l'Angleterre; je viens d'en donner la raison. A la fin du dix-huitième siècle, lorsque M. Périer a voulu créer un grand service d'eau à Paris, on s'est beaucoup plus occupé du cours des actions et des mémoires de Mirabeau, que du fond même de la question. Quand l'entreprise a sombré, on n'a rien trouvé de mieux que de la mettre entre les mains du pouvoir central, en ruinant son fondateur ; le Gouvernement devait tout faire. Qu'on me pardonne cette digression.

*Les pompes à feu après la liquidation de la société Périer.* — En 1807, ces machines ont été réunies aux autres établissements hydrauliques de la Ville, comme le prouve l'article suivant du décret du 7 septembre 1807. « Les eaux des pompes à feu de Chaillot et du Gros-Caillou, celles des pompes hydrauliques de Notre-Dame et de la Samaritaine, des Prés-Saint-Gervais, Rungis et Arcueil et celles du canal de l'Ourcq seront réunies en une seule administration[1]. »

Voici d'après Girard, qui était alors ingénieur du service hydraulique, quel était le volume d'eau distribué à Paris en 24 heures, au commencement du dix-neuvième siècle.

| | | | MÈTRES CUBES EN 24 HEURES. |
|---|---|---|---|
| Eau du Pré-Saint-Gervais. . . . . . | 9 | pouces ou | 173 |
| — de Belleville. . . . . . . . . | 6 | — | 115 |
| — d'Arcueil. . . . . . . . . . . | 50 | — | 960 |
| — de la Samaritaine. . . . . . . | 21 | — | 403 |
| — de la pompe Notre-Dame. . . | 48 | — | 921 |
| — des pompes à feu de Chaillot. | 217 | — | 4165 |
| — du Gros-Caillou. . . . . . . . | 70 | — | 1344 |
| | | Volume total. . . . . | 8081 |

[1] Cette administration était celle des ponts et chaussées.

C'est un bien petit volume si on le compare au chiffre actuel qui dépasse 300 000 mètres cubes, et cependant on n'utilisait pas le tiers de la force des pompes à feu.

Aucun changement important ne fut fait aux machines de Chaillot et du Gros-Caillou depuis l'époque où elles devinrent ainsi la propriété de l'État jusqu'au jour de leur destruction. Cependant, vers 1820, un mécanicien, nommé M. Edwards, construisit une machine à balancier et à volant pour remplacer une des machines du Gros-Caillou. Il avait traité, non pas avec la Ville, mais avec M. Lecour, fermier de la Ville. M. Lecour refusa de recevoir cette machine qui ne remplissait pas les conditions du traité. M. de Prony fut nommé expert; il publia son rapport en 1826. Il constata que la force de la nouvelle machine, comptée en eau montée, était de 1461 kilogrammètres, qu'elle donnait 15 p. 100 d'économie de combustible sur l'ancienne, et que les éloges donnés à sa belle exécution par de précédents experts lui paraissaient très-justement mérités; mais il trouvait que les massifs de maçonnerie sur lesquels elle reposait avaient besoin d'être réparés et consolidés.

Je ne connais pas les motifs qui ont fait rejeter cette machine, malgré les avantages qu'elle présentait sur les anciennes. Il paraît certain qu'elle n'a pas été reçue, et, lorsque je suis entré au service de la ville en 1856, les deux machines de MM. Périer refoulaient encore de l'eau au sommet de la tour du Gros-Caillou.

Ces machines, du reste, fonctionnaient très-régulièrement ainsi que celles de Chaillot. Les tableaux suivants donnent le volume d'eau monté par elles pendant 17 années à partir de 1829 jusqu'à 1833 et depuis 1842 jusqu'à 1853 inclusivement.

D'après ces tableaux, la moyenne du travail des machines de Chaillot ne tombait pas au-dessous de. . 3979 mètres cubes en 24 heures, dans les mois froids (janvier); elle ne s'élevait pas au-dessus de 5327 —

## EAU MONTÉE PAR LES MACHINES DE CHAILLOT (EN MÈTRES CUBES)

| ANNÉES | JANVIER | FÉVRIER | MARS | AVRIL | MAI | JUIN | JUILLET | AOUT | SEPTEMBRE | OCTOBRE | NOVEMBRE | DÉCEMBRE | TOTAUX |
|---|---|---|---|---|---|---|---|---|---|---|---|---|---|
| 1829 | 109,120 | 117,610 | 155,320 | 125,500 | 145,760 | 148,740 | 150,940 | 148,510 | 152,880 | 157,480 | 128,760 | 129,600 | 1,608,020 |
| 1830 | 120,070 | 108,880 | 145,180 | 141,500 | 149,460 | 156,240 | 142,090 | 148,650 | 145,190 | 145,540 | 155,520 | 154,850 | 1,648,750 |
| 1831 | 128,690 | 118,450 | 127,640 | 129,520 | 158,590 | 155,790 | 146,970 | 155,550 | 152,450 | 124,740 | 112,600 | 145,690 | 1,592,480 |
| 1832 | 157,690 | 152,060 | 158,790 | 157,520 | 158,660 | 155,790 | 154,480 | 151,660 | 144.070 | 128,410 | 129,270 | 147,850 | 1,676,050 |
| 1333 | 150,220 | 112,040 | 127,560 | 129,210 | 140,680 | 142,860 | 146,760 | 148,840 | 150,170 | 150,550 | 152,650 | 128,620 | 1,599,720 |
| ....... | ....... | ....... | ....... | ....... | ....... | ....... | ....... | ....... | ....... | ....... | ....... | ....... | ....... |
| 1842 | 108,420 | 107,210 | 129,880 | 154,410 | 156,080 | 161,650 | 164,040 | 165,020 | 95,870 | 119,450 | 120,060 | 121,540 | 1,559,590 |
| 1843 | 99,240 | 80,190 | 101,400 | 126,590 | 125,610 | 152,750 | 141,720 | 145,920 | 176,000 | 152,600 | 118,500 | 125,540 | 1,502,040 |
| 1844 | 120,760 | 99,750 | 107,720 | 148,550 | 147,440 | 144,640 | 155,570 | 154,650 | 156,440 | 158,140 | 129,170 | 115,920 | 1,616,550 |
| 1845 | 127,240 | 101,510 | 116,970 | 157,150 | 122,180 | 165,260 | 164,550 | 156,280 | 152,080 | 159,520 | 128,940 | 157,810 | 1,667,050 |
| 1846 | 116,850 | 127,120 | 141,540 | 121,510 | 148,500 | 169,790 | 174,900 | 170,240 | 149,940 | 157,790 | 128,490 | 124,540 | 1,710,790 |
| 1847 | 115,890 | 99,250 | 152,000 | 128,180 | 162,780 | 151,240 | 164,860 | 158,050 | 145,290 | 141,560 | 127,940 | 126,990 | 1,619,850 |
| 1848 | 118,980 | 121,090 | 145,800 | 152,250 | 166,650 | 156,440 | 177,770 | 177,870 | 166,680 | 156,160 | 155,950 | 158,480 | 1,792,060 |
| 1849 | 118,740 | 117,040 | 156,990 | 158,610 | 155,570 | 189,500 | 186,100 | 177,780 | 145,750 | 144,750 | 155,290 | 140,490 | 1,784,170 |
| 1850 | 127,750 | 97,410 | 144,490 | 146,780 | 159,140 | 179,900 | 180,970 | 198,150 | 155,550 | 148,200 | 158,410 | 157,740 | 1,811,250 |
| 1851 | 124,470 | 117,610 | 140,050 | 148,570 | 185,250 | 184,690 | 176,260 | 184,650 | 164,510 | 157,080 | 154,190 | 159,450 | 1,854,520 |
| 1852 | 145,570 | 152,970 | 150,750 | 159,560 | 170,570 | 158,850 | 202,910 | 188,680 | 160,510 | 162,980 | 155,150 | 167,110 | 1,951,190 |
| 1853 | 151,020 | 149,550 | 169,900 | 162,690 | 164,190 | 178,420 | 184,890 | 180,960 | 174,570 | 147,850 | 180,690 | 212,650 | 2,056,940 |
| Totaux | 2,096,680 | 1,959,540 | 2,287,760 | 2,347,040 | 2,552,470 | 2,668,290 | 2,815,760 | 2,807,240 | 2,521,510 | 2,391,920 | 2,264,540 | 2,388,410 | 29,080,760 |
| Moyennes | 125,534 | 114,079 | 154,574 | 158,061 | 150,145 | 156,958 | 165,653 | 165,152 | 148,512 | 140,701 | 155,208 | 140,495 | 1,710,652 |
| Moyennes par jour | 5,979 | 4,074 | 4,541 | 4,602 | 4,845 | 5,252 | 5,545 | 5,527 | 4,944 | 4,559 | 4,440 | 4,552 | 4,687 |

## EAU MONTÉE PAR LES MACHINES DU GROS-CAILLOU (EN MÈTRES CUBES)

| ANNÉES | JANVIER | FÉVRIER | MARS | AVRIL | MAI | JUIN | JUILLET | AOUT | SEPTEMBRE | OCTOBRE | NOVEMBRE | DÉCEMBRE | TOTAUX |
|---|---|---|---|---|---|---|---|---|---|---|---|---|---|
| 1829 | 33,960 | 32,210 | 34,600 | 33,550 | 46,470 | 43,590 | 46,240 | 44,890 | 41,040 | 37,820 | 32,210 | 29,590 | 455,930 |
| 1830 | 28,260 | 29,560 | 36,460 | 42,440 | 45,080 | 41,560 | 45,450 | 51,290 | 40,150 | 37,250 | 33,860 | 38,770 | 469,710 |
| 1831 | 31,640 | 31,330 | 35,090 | 34,690 | 37,460 | 37,150 | 45,060 | 41,290 | 37,770 | 34,050 | 30,390 | 32,460 | 426,580 |
| 1832 | 33,050 | 29,480 | 32,700 | 38,550 | 39,200 | 41,210 | 56,550 | 65,450 | 45,410 | 38,380 | 33,750 | 34,440 | 487,910 |
| 1833 | 32,100 | 30,190 | 34,860 | 34,380 | 39,800 | 42,220 | 45,310 | 56,550 | 54,120 | 32,740 | 29,060 | 31,970 | 421,100 |
| ...... | ...... | ...... | ...... | ...... | ...... | ...... | ...... | ...... | ...... | ...... | ...... | ...... | ...... |
| 1842 | 27,290 | 27,900 | 34,540 | 38,450 | 41,250 | 44,240 | 43,280 | 51,770 | 30,880 | 35,190 | 30,880 | 32,060 | 415,510 |
| 1843 | 32,060 | 28,260 | 33,150 | 36,160 | 39,710 | 41,800 | 45,990 | 44,600 | 49,760 | 38,120 | 31,790 | 31,000 | 450,400 |
| 1844 | 30,070 | 32,550 | 36,470 | 38,920 | 41,260 | 41,620 | 41,820 | 42,310 | 38,300 | 36,410 | 34,560 | 31,650 | 445,970 |
| 1845 | 33,270 | 30,270 | 33,670 | 35,000 | 38,860 | 41,640 | 43,600 | 38,490 | 36,330 | 34,830 | 31,700 | 36,780 | 436,460 |
| 1846 | 33,140 | 29,760 | 39,090 | 38,860 | 46,350 | 45,650 | 44,450 | 42,720 | 37,470 | 32,950 | 29,380 | 31,210 | 451,190 |
| 1847 | 27,880 | 24,800 | 33,540 | 36,820 | 49,720 | 45,400 | 48,020 | 42,260 | 34,050 | 32,720 | 30,650 | 28,720 | 434,560 |
| 1848 | 28,110 | 34,140 | 35,730 | 34,720 | 42,360 | 43,060 | 45,520 | 42,050 | 38,750 | 34,860 | 29,730 | 25,160 | 434,190 |
| 1849 | 22,410 | 21,280 | 28,490 | 33,070 | 37,930 | 53,500 | 52,170 | 44,400 | 68,890 | 37,210 | 32,550 | 28,690 | 460,330 |
| 1850 | 29,660 | 30,400 | 35,600 | 36,160 | 41,600 | 52,890 | 80,140 | 55,680 | 48,940 | 35,490 | 51,960 | 38,890 | 557,410 |
| 1851 | 32,910 | 32,860 | 39,250 | 46,210 | 56,520 | 56,520 | 72,590 | 55,850 | 42,790 | 39,110 | 34,050 | 37,750 | 545,970 |
| 1852 | 44,140 | 36,500 | 39,820 | 45,700 | 78,700 | 81,550 | 82,400 | 64,640 | 52,190 | 41,620 | 86,560 | 38,490 | 711,710 |
| 1853 | 33,490 | 33,460 | 49,540 | 55,950 | 55,650 | 72,020 | 86,100 | 88,490 | 56,770 | 44,940 | 40,850 | 54,570 | 651,810 |
| Totaux | 535,440 | 516,770 | 610,380 | 639,570 | 777,900 | 824,780 | 920,650 | 850,520 | 735,850 | 621,670 | 623,470 | 602,000 | 8,256,780 |
| Moyennes | 31,496 | 30,398 | 35,905 | 38,786 | 45,759 | 48,516 | 54,156 | 48,854 | 43.166 | 36,569 | 36,675 | 35,412 | 485,692 |
| Moyennes par jour | 1,016 | 1,086 | 1,158 | 1,293 | 1,476 | 1,617 | 1,747 | 1,544 | 1,439 | 1,180 | 1,222 | 1,142 | 1,331 |

| | | |
|---|---|---|
| dans les mois chauds (juillet), la moyenne générale. . . . . . . . . . . . | 4687 | mètres cubes |
| ne s'écartait pas beaucoup de celle de Girard | 4165 | — |
| La moyenne du travail des machines du Gros-Caillou ne descendait jamais au-dessous de. . . . . . . . . . . . | 1016 | — |
| dans les mois froids (janvier). Dans les mois chauds (juillet) elle ne s'élevait pas au-dessus de. . . . . . . . . . . . | 1747 | — |
| La moyenne générale. . . . . . . . | 1331 | — |
| était sensiblement égale à celle de Girard. | 1344 | — |

Les pompes à feu de Chaillot furent remplacées, vers 1850, par des machines de Cornouailles qui existent encore aujourd'hui. La machine Iéna est construite à la place d'*Augustine*, qui a cessé de fonctionner le 8 août 1852 ; *Constantine* a été arrêtée en juin 1853 et a été remplacée par la machine Alma. Voici quelle était alors la force de ces machines comptée en eau montée.

JOURNÉE DU 8 SEPTEMBRE 1848, MACHINE *Augustine.*

| | |
|---|---|
| Temps de marche. . . . . . . . . . . . . . . . . . | $8^{h},25$ |
| Hauteur ascensionnelle. . . . . . . . . . . . . . . . | $33^{m},31$ |
| Nombre de coups de piston. . . . . . . . . . . . . | $6500^{h},00$ |
| Soit par minute. . . . . . . . . . . . . . . . . . | $12^{h},40$ |
| Litres montés par coup de piston. . . . . . . . . . | $733^{h},33$ |
| — par seconde. . . . . . . . . . . . | $152^{h},40$ |
| Force en eau montée. . . . . . . . . . . . . . . . | $5079^{km}$ |
| Soit en chevaux. . . . . . . . . . . . . . . . . . | $67^{c},7$ |
| Charbon brûlé en $8^{h},25'$. . . . . . . . . . . . . . | $2700^{k},00$ |
| — par cheval et par heure. . . . . . . . . . | $4^{k},74$ |
| Volume d'eau monté en $8^{h},25'$. . . . . . . . . . . | $4620^{mc}$ |
| — par 24 heures. . . . . . . . | $13168^{mc}$ |

J'ai trouvé ci-dessus [1], d'après les données de M. Périer, que chaque machine pouvait monter en 24 heures 13647 mètres

[1] Voy. page 340.

cubes d'eau, et que sa force était de 69 chevaux comptés en eau montée. Pratiquement ces nombres concordent avec ceux qui précèdent.

*Machines du Gros-Caillou.* — Il y avait deux machines comme à Chaillot; mais on ne marchait jamais qu'avec une seule, ordinairement 11 heures, rarement 24 heures par jour. On brûlait 100 kilogr. de charbon par heure. La hauteur ascensionnelle était de 31 à 35 mètres; on comptait 181 litres par coup de piston, et le nombre des coups de piston variait de 10 à 11 par minute. On élevait $34^{lit},50$ d'eau par seconde. La force comptée en eau montée et en kilogrammètres était donc en temps d'étiage, $35 \times 34,50$ ou $1207^{km},5$, soit de 16 chevaux.

Ces machines ont été démolies sur ma proposition : l'eau qu'elles montaient était inadmissible dans une ville comme Paris. La machine Ouest a cessé de fonctionner le 21 mars 1858, la machine Est, le 15 août de la même année.

Ces machines, construites par Watt et Boulton, méritaient d'être conservées dans un musée. Je ne sais si l'on en trouverait encore de semblables en Europe. Elles ont été vendues, parce que le service ne disposait d'aucun emplacement convenable pour les recevoir et les conserver.

# CHAPITRE XVIII

## ADMINISTRATION DES ANCIENNES EAUX

Eaux du roi. — Surintendant des fontaines. — Supprimé par Louis XIII. — Intendance des eaux et fontaines érigée en titre d'office héréditaire en 1636. — La famille de Francini. — Le gouverneur de la Samaritaine. — Les eaux de la ville. — Le bureau de la ville. — Mode d'élection. — Le procureur du roi et de la ville et son substitut. — Le maître des œuvres de la ville. — Charge érigée, en 1681, en titre d'office héréditaire. — M. Jean Beausire. — Le nom de maître des œuvres est abandonné. — Le maître général des bâtiments de la ville, garde ayant charge des eaux et fontaines publiques. — État hiérarchique des autres officiers. — Les attributions du bureau sont réglées par une ordonnance royale de mars 1669. — Lepéletier. — Visites des aqueducs et fontaines. — Cet usage tombe en désuétude dans le dix-huitième siècle. — Distribution de cannes aux visiteurs. — Indépendance du bureau dans le seizième siècle et au commencement du dix-septième. — Envahissements du pouvoir central. — Le dernier prévôt des marchands, Jacques de Flesselles ; — Massacré le lendemain de la prise de la Bastille. — Bailly, premier maire de Paris. — Lettres patentes de Louis XVI du 27 juin 1790, qui supprime l'ancienne municipalité. — Liste des prévôts des marchands.

*Des eaux du roi.* — Les eaux du roi provenaient, dans Paris, des pompes de la Samaritaine et de l'aqueduc d'Arcueil. Il y avait, en outre, des établissements hydrauliques à Saint-Germain-en-Laye, à Fontainebleau et dans d'autres résidences royales. La ville de Paris tirait de l'aqueduc d'Arcueil les 9 pouces 121 lignes qui lui avaient été attribués sur le produit des sources découvertes par Bocquet, les 3 pouces de la fontaine Pesée qui lui avaient été cédés par l'abbaye de Saint-Germain-des-Prés, et enfin les onze pouces 72 lignes 1/2 qui lui avaient été concédés par le roi à titre gratuit. Ce partage était fait dans l'hypothèse que l'aqueduc d'Arcueil portait en basses eaux 87 pouces 36 lignes [1], ce qui n'était pas exact. Le surplus appartenait au roi et à divers particuliers qui ne s'immisçaient en rien dans l'administration des eaux; il était donc admis alors que les eaux du roi et des particuliers, portées par l'aqueduc d'Arcueil, donnaient 62 pouces 130 lignes 1/2. La ville intervenait dans l'administration de l'aqueduc en raison des 24 pouces 50 lignes qu'elle en tirait.

Il paraît bien certain qu'à une époque très-reculée les eaux du roi étaient administrées par un officier spécial et que cette charge donnait alors un grand relief à celui qui en était revêtu. Le dernier des officiers qui ait joui de ces prérogatives paraît être M. de Mauconis, maître ordinaire de l'hôtel du roi. Henri IV lui donna cette charge par lettres patentes du 5 janvier 1599, enregistrées en la chambre des comptes le 20 décembre 1600, avec le titre de « *surintendant des fontaines, tant des maisons des Tuileries, de Saint-Germain-en-Laye, de Fontainebleau et autres qui subsistoient alors, que de celles que le Roi pourroit faire dans la suite.* »

Cette charge donnait au titulaire « le pouvoir d'ordonner et de commander à tous les fontainiers et autres qui avoient charge dans cette partie ce qu'il jugeroit nécessaire pour l'entretenement et pour l'embellissement des fontaines. Le surintendant ordonnoit de l'emploi des deniers destinés à cette dépense; les trésoriers des bâtiments étoient obligés de payer sur ses ordres, en vertu desquels les payemens qu'ils faisoient étoient passés et alloués à la chambre des comptes sans aucune difficulté.

[1] Voyez page 165.

« Loüis XIII supprima cette surintendance et l'incorpora, pour ainsi dire, dans celle des bâtiments, d'où elle avoit peut-être été tirée : il n'y a eu depuis qu'un intendant des fontaines ; le premier fut Thomas de Francini ; les lettres patentes de son établissement sont du 24 février 1623[1] ; elles *le commettent, ordonnent et députent à la charge et intendance des fontaines, grottes et mouvemens, aqueducs, artifices et conduits d'eaux des maisons, châteaux et jardins de Paris, Saint-Germain en Laye, Fontainebleau et autres généralement quelconques où Sa Majesté pouvoit faire travailler, avec pouvoir de commander et ordonner à tous les ouvriers qui travailleront aux fontaines et grottes, en ce qui concernera l'ornement et la décoration ;* mais quant à la dépense, il est dit qu'*elle sera faite en la manière accoûtumée sur les ordonnances et selon les marchés qui en seront faits par le surintendant des bâtimens, pour ce qui concernera les maisons, châteaux et jardin du roi : et quant aux aqueducs, conduites d'eaux et autres ouvrages publics, par les trésoriers généraux de France, en la présence des controlleurs généraux des ouvrages.*

« Thomas de Francini remplit cet exercice *par commission* jusqu'en 1636, avec une grande capacité et beaucoup de distinction : pour le récompenser de ses services, le Roi lui accorda un brevet le 30 juin de la même année, dont voici les propres termes :

« Sa Majesté voulant que ladite charge soit érigée en titre « d'office a accordé et fait don audit Thomas de Francini de la fi- « nance à laquelle pourra être taxé ledit office, jusqu'à la concur- « rence de la somme de trente mille livres. » Par un autre brevet, le Roi lui avoit aussi accordé la conciergerie de la maison qu'il avoit fait bâtir hors le faubourg Saint-Jacques, avec douze mille

[1] Enregistrées en la chambre des Comptes le 24 juillet 1623, et en la cour des Aydes le 25 juin 1635.

Thomas Francini était déjà attaché au service des eaux du Roi en 1612 ; il était au nombre des ingénieurs et architectes qui dressèrent le devis de l'aqueduc d'Arcueil, le 5 septembre de cette année ; il est ainsi désigné : Thomas Franchini (sic) conducteur des fontaines et grottes du Roi. Voyez page 150.

livres d'appointemens [1], pour avoir soin de la conduite des eaux de Rungis. »

En 1758, cette charge n'était pas encore sortie de la famille de Francini ; le titulaire était alors le comte de Villepreux ; les provisions qu'il en a obtenues le premier décembre 1731 indiquent très-nettement en quoi consistaient les attributions et les fonctions de l'intendant des eaux et fontaines.

Thomas-Honoré-François de Francini, comte de Villepreux, fut nommé à la charge et l'intendance des eaux et fontaines devenue vacante par le décès de son père, François-Henri de Francini, comte de Villepreux. Ses attributions et prérogatives sont définies presque dans les mêmes termes que celles de Thomas de Francini relatées ci-dessus, mais de plus il avait « la charge, conduite et entretenement des eaux et fontaines de Rungis », de l'aqueduc de Rungis et de toutes ses dépendances telles que le grand carré, les pierrées et regards depuis Rungis jusqu'à Paris, « de tous les tuyaux, plomberies, canaux, fontaines du Louvre ;... du jardin du palais des Tuileries et croix du Trahoir, des logements affectés aux fontainiers et gens ayant ladite conduite desdites eaux. » Il agissait sous la charge et autorité, dit le roi, « de notre cher et bien-amé cousin le sieur duc d'Antin, pair de France, chevalier de nos ordres, directeur général de nos bâtiments, arts et manufactures de France, et non autrement » ; les paiements étaient d'ailleurs faits comme il est dit dans les lettres patentes délivrées à Thomas de Francini. Néanmoins l'intendant payait les menus travaux d'entretien et les gages des agents tant que les dépenses n'excédaient pas 500 livres [2].

Dans l'origine de cette charge, l'intendant des eaux et fontaines était toujours consulté par le bureau de la ville lorsqu'il s'agissait d'une affaire délicate ; c'est à Thomas Francini qu'on doit l'arrêt

[1] Confirmées en faveur de Pierre de Francini, par Lettres Patentes du 16 mai 1651. Enregistrées en la chambre des Comptes le 8 avril 1652.

[2] Les parties entre guillemets sont extraites textuellement du traité de la police, continuation par Leclerc du Brillet, 1738, tome IV, livre VI, page 385 et suiv. N'ayant pas sous les yeux les titres originaux, j'ai dû conserver l'orthographe rectifiée de cet ouvrage.

du conseil, rendu sous Louis XIII le 9 mars 1633, qui fait défense d'ouvrir des fouilles et carrières à 15 toises près « des grands chemins, conduits des fontaines et autres ouvrages publics. [1] »

Il intervint à titre de commissaire dans le partage des eaux de Rungis en 1634, et on voit le nom de son successeur, Pierre de Francini, figurer au même titre dans le partage de 1656 [2].

Un arrêt du conseil du 22 juillet 1669, qui renouvelle la défense d'ouvrir des fouilles près des fontaines et autres ouvrages publics, a été rendu sur les représentations de Francini Grandmaison, un des descendants de Thomas [3].

Le nom de M. Francini Grandmaison figure encore, en 1670, dans le procès-verbal de remise à la ville de la fontaine Pesée [4].

C'est encore le même membre de cette famille qui fut consulté, dans la séance du bureau de la ville du 20 décembre 1669, où fut accepté [5] le projet des pompes du pont Notre-Dame présenté par Jolly.

Dans l'énumération des attributions du comte de Villepreux, en sa qualité d'intendant des eaux et fontaines, il est fait mention des eaux de Paris, de Saint-Germain-en-Laye et de Fontainebleau ; mais il n'est rien dit des eaux de Versailles, qui n'auraient point été oubliées, si l'intendant en avait été chargé. Je n'ai point à examiner cette question qui ne rentre pas dans le plan de cet ouvrage.

La Samaritaine n'est pas non plus nommée. Cependant, suivant Girard, l'intendant des eaux et fontaines en était gouverneur [6].

Cela paraît assez probable, puisque l'intendant était chargé des eaux et fontaines des « maisons, châteaux et jardins » appartenant au roi à Paris.

[1] Voy. page 214 ; dans cette pièce, Thomas Francini est qualifié d'intendant général.

[2] Voy. page 162 et suivantes.

[3] Voy. p. 215.

[4] Voy. pages 161 et 162.

[5] Voy. page 245. « Monsieur de Franchini, lieutenant criminel de robe courte et surintendant des eaux du Roi. C'était évidemment M. de Francini Grandmaison.

[6] « Un intendant général des fontaines de France, gouverneur de la Samaritaine.... » Girard, t. II, p. 74.

Dans les pièces originales très-nombreuses que j'ai eues sous les yeux, la dernière où il soit fait mention de l'intendance des eaux et fontaines est précisément le IVe volume du traité de la police imprimé en 1738, qui indique la date (1731) de la nomination de M. de Francini de Villepreux. A partir de la visite des aqueducs du 26 août 1709, où M. de Francini de Grandmaison est nommé, il est rarement question de l'intendance des eaux dans les registres de la ville. Cette charge a cependant été maintenue jusqu'en 1790; mais il n'est pas surprenant que les titulaires ne figurent pas dans les pièces émanant du bureau de la ville, puisqu'ils étaient uniquement chargés des eaux du roi; les intendants se transmettaient leur office de père en fils, ce qui n'est guère rationnel, puisque leurs fonctions avaient la plus grande analogie avec celles d'ingénieur. Ils ont donc perdu à la longue tout le crédit et le prestige que le mérite de Thomas Francini avait justement attachés à leur nom et la ville a cessé peu à peu de les consulter. Il en était de même dans certains cas où il s'agissait de leurs propres fonctions. Ainsi, le 6 mars 1782, le plombier du roi ayant reconnu sur le tracé de l'aqueduc d'Arcueil un fontis qui mettait cet aqueduc à sec, en référa au comte d'Angiviliers, surintendant des bâtiments, et non à son subordonné l'intendant des eaux et fontaines[1].

Suivant Girard, l'intendance des eaux et fontaines fut supprimée en 1792; je suis disposé à croire que c'est en 1790, époque où il fut fait table rase de tout le corps municipal de Paris et dont il sera question ci-après.

L'intendant des eaux avait sans doute sous ses ordres plusieurs agents dont l'un Jolly, créateur des pompes du pont Notre-Dame, a laissé un nom historique. Jolly est qualifié par Bonamy d'ingénieur ordinaire du roi; d'après Le Peletier, prévôt des marchands, il « auoit le soin de l'esléuation de l'eau de la Samaritaine[2]. » Il a été trop longuement question de Jolly dans le chapitre XII de cet ouvrage pour qu'il soit nécessaire d'en parler plus longuement.

[1] Registres de la ville, vol. 102, 1879, fol. 372.
[2] Voy. pages 244 et 246.

*Les eaux de la ville* comprenaient celles des aqueducs du Pré-Saint-Gervais, Belleville, des pompes du pont Notre-Dame, une partie de celles d'Arcueil et, vers la fin du dix-huitième siècle, les eaux élevées par les pompes à vapeur de MM. Périer.

Les affaires de la ville, et notamment le service des eaux, étaient dirigées par le prévôt des marchands et les échevins qui constituaient le *bureau de la ville*. Je trouve cette dénomination de bureau de la ville dans une ordonnance du 26 mai 1554 [1].

Pendant le douzième siècle et la première moitié du treizième, la ville était administrée par les bourgeois et les marchands pris collectivement. Ces marchands et ces bourgeois étaient « les continuateurs des *nautæ parisiaci*, les représentants successifs de ces antiques corporations de bateliers, qui, par les services qu'ils rendaient aux villes en les approvisionnant, par le développement continu de la richesse acquise, arrivèrent à constituer le noyau de la bourgeoisie. » Aussi le sceau de la confrérie des marchands d'eau de Paris, dont voici la figure, fut-il l'origine des armoiries si connues de la ville. Il porte gravé sur son exergue : *Sigillum mercatorum aque parisius*. Au milieu se trouve l'image d'une barque de rivière. Ce sceau se conserva avec la même légende jusqu'en 1472. Elle se modifia alors ainsi : *Sigillum prepositure mercatorum aque parisius* [2]. En 1577 on y substitua la légende sui-

Scel de la ville en l'an 1200.

[1] Aujourd'huy a esté ordonné au bureau de la ville de Paris que les regards des fontaines du coste du Pré-Saint-Gervais seront reffaictz et restablyz, etc. Reg. de la ville, vol. VI, fol. 86.

[2] Il est presque nécessaire de donner la traduction de ce mauvais latin : *Scel de la prévôté des marchands* (ou mieux, *de la marchandise*) *d'eau de Paris.*

vante : *Scel de la preuosté des marchans de la ville de Paris*, qui, au commencement du dix-septième siècle, devint : *Scel de la preuosté et escheuinage de la ville de Paris.* La barque de rivière subsiste toujours, mais ornée d'un pavillon; le chef est parsemé de fleurs de lys.

La plus ancienne mention des prévôts des marchands et échevins remonte, comme on le verra ci-dessous, à l'année 1257. Vers 1260, apparaissent d'autres traces d'une hiérarchie, notamment dans le passage suivant du recueil d'Estienne Boileau : « Nul ne puet estre jaugeur a Paris, se il ne l'a empetré du Prevost et des jurez de la conflaerie des marcheanz de Paris. Quiconque est jaugeur, il doit jurer par devant le Prevost devant dit que il le mestier de jaugerie fera bien et loyaument en son pooir. » Pareille prescription était imposée aux mesureurs de blé. Les étalons royaux furent tirés de la chapelle de saint Leufroi et mis dans le parloir aux bourgeois, sous la garde de l'échevinage[1].

A cette époque ancienne, ces magistrats portent indistinctement les noms de *Prévôt des marchands*, *Prévôt de la marchandise d'eau*, *échevin des marchands*, *échevin de la marchandise d'eau.* Ce n'est guère que vers la fin du treizième siècle qu'ils sont considérés purement et simplement comme officiers municipaux et qu'ils portent les noms de prévôt des marchands et d'échevins conservés jusqu'à la prise de la Bastille en 1789.

Le prévôt des marchands et les échevins étaient élus pour deux années à la simple pluralité des voix.

La liste des électeurs se composait : du prévôt des marchands et des échevins en charge ; des conseillers de ville qui eux-mêmes étaient élus à vie ; des 16 quartiniers de la ville et des bourgeois notables.

[1] Voy. *Histoire générale de Paris*, les prévôts des marchands, etc., par L. M. Tisserand introduction, pages v et vi, et *les Armoiries de la ville de Paris*, tome I^er^, chap.

Ce mode d'élection donnait au bureau de la ville un caractère entièrement municipal, quoique les nouveaux élus dussent être confirmés dans leurs fonctions par le roi, et prêter serment entre ses mains en présence d'un haut dignitaire désigné par lui.

D'après le procès-verbal de l'élection de M. Le Charron dont je donne des extraits dans la note suivante[1], le roi lui-même déclare que les élections « pour les dites charges et Estats » auraient lieu et seraient « suivies et non contraintes ».

Ce qu'il y a de remarquable, c'est que cette élection si libérale s'accomplissait paisiblement huit jours avant l'horrible massacre de la Saint-Barthélemy. Sous le règne de Charles IX, souillé par

[1] Voici des extraits du procès-verbal de l'élection de M. Le Charron, Prévôt des marchands, et de deux Échevins, MM. de Bragelongne et Danès :

« Du samedy xvi jour d'aoust 1572. En assemblée générallc le jourdhuy faicte en la grand salle de l'Hostel de ville de Paris, suiuant le mandement pour ce expédiez affin de procedder à l'eslection d'un Préuost des marchans et de deux Escheuins, au lieu de ceulx qui ont faict leur temps en la manière accoustumée.

« Sont comparuz les personnes cy après nommées asscauoir
M. Marcel, Preuost des marchands.

« Escheuins

Me Simon Bouquet, bourgeois de Paris.
Me Simon de Cresse conseiller du Roy et général des finances des Monnoyes
Me Guillaume Leclerc advocat au parlement.
Me Nicolas Lescalopier receueur et payeur de messieurs de la Court du parlement secrétaire de la royne mere du Roy. »

« Conseiller de ville

« Messire Christofle de Thou, cheualier, conseiller du Roy en son privé conseil et 1er présidant en sa Court de parlement. » (Suivent les noms de vingt-trois autres conseillers de ville, presque tous appartenant à la noblesse de robe.)

« Quartiniers et Bourgeois.

Sire Jacques Kerver quartinier. » (Suivent les noms de quarante-sept autres électeurs parmi lesquels figurent les quinze autres quartiniers et trente-deux bourgeois.)

« Après qu'en lad. assemblée les ordonnances du roy et de lad. ville contenant la forme de l'ellection des d. Sr Preuost des marchands et Escheuins ont esté Leues et les serments accoustumez prins a esté procedde à la d. ellection des ditz Preuost des marchans et deux escheuins suiuant les dites ordonnances dont les scrutateurs pour ce Esleuz en la manière accoustumée ont faict leur certiffication de scrutin duquel la teneur ensuictz. »

« Nous Bernard Preuost et Pierre Hennequin conseiller du Roy en son conseil priué et Président en sa court de parlement, Jacques Kerver quartinier et Guillaume Chouart bourgeois de la ville de Paris Esleus scrutateurs pour l'eslection d'un Preuost des marchans et de deux Escheuins en ceste ville de Paris, certiffions au Roy notre souuerain seigneur auoir ce jourdhuy seizième jour d'aoust M. V[e]. LXXII proceddé a l'ouverture du scrutin faict ce de jour en

ce massacre et par quatre guerres de religion, le chancelier de l'Hôpital faisait rendre les plus sages lois et les libertés populaires étaient soigneusement ménagées, comme le prouve l'élection de M. Le Charron.

Le conseil de ville, dont tous les membres concouraient à ces élections, se recrutait lui-même avec une grande indépendance. Les conseillers étaient nommés à vie et, à chaque décès, le conseil lui-même choisissait le remplaçant, à peu près comme font aujourd'hui les cinq académies de l'Institut de France. Ces fonctions de conseillers étaient fort recherchées : les prévôts des marchands et échevins en exercice se présentaient souvent comme candidats ; il en était de même de la noblesse de robe ; la plupart des conseillers inscrits comme électeurs sur le procès-verbal de l'élection de M. le prévôt des marchands Le Charron apparte-

l'hostel de la ville et en ce faisant auoir trouué les personnes cy après nommées auoir les voix qui en suivent. C'est à scauoir

« Pour Preuost des marchans M. le Présidant Lecharron.... quarante-huict voix. »

(Suivent les noms de deux autres candidats.)

« Pour Escheuins

Mr de Bragelongne naguères lieutenant particulier... cinquante-quatre.

Mr Danès greffier des comptes... quarante-six. »

(Suivent les noms de seize autres candidats.)

« Le tout soubz le bon plaisir du roy

« Signé Preuost, Hennequin, Kerver et Choart. »

Et le dict jour xvi[me] du dict mois d'aoust a esté le dict scrutin porté à Sa Majesté par les dicts quatre scrutateurs accompaignez du Preuost des marchans et Escheuins anciens vestus de leurs robes my parties (de rouge et tanné), et de M[rs] les Présidens Luillier... et plusieurs autres conseillers d'icelle ville et bourgeois en bon et grand nombre; ensemble du procureur du roy et de la ville et greffier d'icelle, et le dict scrutin ouvert par Sa d. Majesté a esté trouué que M. Maistre Jehan Le Charron conseiller du Roy et président en sa court des Aydes auoit la pluralité des voix pour l'estat de Preuost et Messieurs M[es] Jehan de Bragelongne et Robert Danes, aussi la pluralité des voix pour Escheuins. Au moyen de quoy Sa d. Majesté ayant en agréable icelle élection, auroit déclairé qu'il la confirmoit et que pour l'advenir il voulloit que les elections qui seroient faictes pour les dictes charges et estats eussent lieu et feussent suiuies et non contrainctes. »

A la suite de cette élection les nouveaux Prévost des Marchands et Eschevins prêtèrent serment entre les mains du Roi, en l'hôtel de Bourbon, près du Château du Louvre, en présence du duc de Montmorency, premier maréchal de France, gouverneur et lieutenant général pour le Roi en la ville de Paris et île de France, tenant et lisant devant Sa Majesté les ordonnances « sur le fait des charges et serments des Prévost des marchans et Eschevins. » Les nouveaux élus furent installés en leurs charges et firent immédiatement preuve d'indépendance en refusant un nouvel impôt que le Roi voulait établir. (Registres de la ville, vol. I. H. 1787.)

naient à cette noblesse qui, on le sait, ne craignait nullement de se mettre en opposition avec la cour et le roi lui-même.

Cette indépendance de l'administration municipale et le mode d'élection du bureau avaient certainement de grands avantages; les saines traditions se transmettaient sans difficulté aux nouveaux administrateurs, à chaque renouvellement du bureau. Mais ce grand respect de la règle n'était pas sans inconvénient et on en trouve la preuve dans l'administration des eaux; on restait pendant des siècles dans la même situation malgré le développement des besoins, sans oser en sortir; les machines à vapeur étaient employées à Londres en 1775 pour élever l'eau, lorsqu'on cherchait encore à Paris les moyens d'améliorer les petites pompes du pont Notre-Dame.

C'est à cette timidité de l'administration municipale qu'il faut attribuer l'insuccès du projet de dérivation de l'Yvette dû à de Parcieux et à Perronet, malgré la faveur avec laquelle il avait été accueilli par tout le monde[1], et la triste fin des entreprises de MM. Périer[2], et de M. de Fer de la Nouerre[3].

Mais si le bureau se montrait timide lorsqu'il s'agissait d'engager les finances de la ville, nous le trouvons, avant le premier tiers du dix-septième siècle, toujours ferme et prêt à défendre les intérêts de la ville, même contre le pouvoir royal. C'est ainsi que François I^er fut conduit à entamer une longue négociation pour obtenir une concession d'eau en faveur de son ami l'évêque de Castres et qu'il craignait d'être *éconduit* par le bureau de la ville[4].

Henri IV lui-même trouva l'échevinage très-hostile à son projet de la Samaritaine, si utile pourtant à la population parisienne, et, pour réussir, il fut obligé de charger Sully de faire valoir les droits que lui donnait la construction du Pont-Neuf, faite à ses

[1] Voyez pages 307 et suiv.
[2] Voyez pages 358 et suiv.
[3] Voyez pages 312 et suiv.
[4] Voyez page 105 et suiv

frais[1]. Lorsque Louis XIII chargea les trésoriers de France de la surveillance des travaux de l'aqueduc d'Arcueil construit de ses deniers, l'échevinage de la ville intervint pour revendiquer une part de cette surveillance, faisant valoir le caractère municipal de l'entreprise[2].

Mais cette indépendance du bureau ne put résister au besoin d'omnipotence de Richelieu et de Louis XIV. La forme de l'élection de l'échevinage fut maintenue, mais ses prérogatives disparurent vers le milieu du dix-septième siècle, absorbées, comme la plupart de nos franchises et libertés, dans l'immense centralisation qui se réalisa alors. Il n'y eut rien de changé en apparence dans le personnel du bureau ; mais le roi désignait d'avance les candidats qui étaient acceptés sans difficulté par les électeurs.

En ce qui concerne le service des eaux de la ville, l'indépendance du bureau paraît s'être conservée beaucoup plus longtemps, sans doute parce que le roi n'avait aucun intérêt à intervenir dans ces sortes d'affaires.

Ainsi les traités de MM. Jolly et de Mance, pour la construction des pompes du pont Notre-Dame, furent approuvés en 1669 par l'administration municipale, purement et simplement sur les conclusions du procureur du roi[3] et de la ville ; il en fut de même en 1700 et 1737, lorsque Rennequin et Bélidor présentèrent leurs projets de reconstruction de ces pompes[4]. Ce n'est guère que vers la fin du dix-huitième siècle qu'apparut l'intervention directe du roi dans l'administration des eaux, comme par exemple dans l'affaire du sieur de Charancourt[5], et dans celles de M. de Fer de la Nouerre et de MM. Périer[6]. Ce fut un secrétaire d'État qui transmit les pièces au prévôt des marchands en le priant, dans

[1] Voyez page 227.
[2] Voyez page 155.
[3] Voyez pages 244 et suivantes jusqu'à 254.
[4] Voyez pages 264 et suivantes.
[5] Voyez pages 305 et suivantes.
[6] Voyez pages 308 et 319.

une lettre très-polie, mais très-ferme, de soumettre à l'examen du bureau les propositions jointes à ces pièces.

On a vu ci-dessus qu'indépendamment des 9 pouces 121 lignes 1/2 provenant des sources trouvées par Bocquet en 1656, et de 3 pouces cédés par les religieux de Saint-Germain-des-Près, la ville tirait de l'aqueduc d'Arcueil 11 pouces 72 lignes 1/2 concédés gratuitement par le roi. Louis XIV et ses successeurs se réservèrent le droit d'intervenir dans la distribution de ces eaux.

Les arrêts du Conseil des 20 octobre et 9 décembre 1634 stipulaient que ces 11 pouces 1/2 d'eau seraient remis « aux prévots des marchands et échevins de la ville de Paris, pour être avec les autres eaux des sources de Belleville et Pré Saint-Gervais distribuées, à sçavoir, un pouce à l'hôtel de Condé au fauxbourg Saint-Germain, et le reste par préférence aux fontaines publiques et communautés, selon qu'il serait par eux avisé et arrêté *avec ceux qui seraient à ce commis et députés par sa Majesté et non autrement*[1]. »

Dans toutes les délibérations du bureau nous avons vu intervenir *le procureur du roi et de la ville*. Cet officier occupait une haute position dans l'administration municipale ; c'était lui qui étudiait les affaires et préparait un réquisitoire ou des conclusions dont il est toujours fait mention dans les délibérations du bureau. Nous le voyons intervenir le 16 août 1572 dans l'élection de M. Le Charron : il fait partie du cortége qui porte au roi Charles IX le résultat de l'élection[2].

C'est sur sa réquisition que les projets de pompes du pont Notre-Dame présentés par MM. Jolly et de Mance furent approuvés. Ordinairement son intervention est constatée dans les termes suivants : « Sur quoy la matière mise en délibération,

[1] Voy. ci-dessus, page 163.
[2] Voyez page 393.

*ouy le Procureur du Roy et de la Ville en ses conclusions*, a esté arresté et conclud, etc. [1] »

Il faisait au besoin des tournées et des visites des lieux ; c'est ainsi qu'il constata le mauvais état des pompes du pont Notre-Dame construites par Jolly. « Nous auions reconnu par les descentes que nous y auions faites en divers temps depuis le mois de mars dernier que lad^e^ machine ne trauailloit point... » La délibération du bureau commence ainsi : « Nous, ayant esgard ausd^ts^ remontrances et conclusions dud^t^ Procureur du Roy et de la Ville... [2] »

Au procureur du roi et de la ville était attaché un substitut qui le remplaçait dans les affaires de moindre importance ou en cas d'empêchement. Il intervenait exactement de la même manière dans les délibérations du bureau [3].

Lors de la liquidation de l'affaire Périer, le procureur du roi et de la ville transmit ses conclusions directement au ministre, M. de Breteuil, et proposa l'approbation du traité passé avec les porteurs d'actions. Il fut chargé de la surveillance de la gérance des administrateurs de la nouvelle compagnie comme délégué du gouvernement. C'est au dernier procureur du roi et de la ville, M. Ethis de Corny, que fut confiée cette pénible mission [4].

M. Ethis de Corny mourut dans l'exercice de ses fonctions. Il ne paraît pas qu'il ait été remplacé jusqu'au 27 juin 1790, époque où cette charge fut supprimée.

Le procureur du roi et de la ville était un haut personnage qui marchait sur le même pied que les échevins. Il était nommé par le roi.

Un peu au-dessous de lui, on a vu souvent paraître un fonctionnaire qui alors était à la fois architecte et ingénieur. Il por-

[1] Voyez pages 255 et 257. Cette dernière citation s'applique à l'acquisition des moulins du pont Notre-Dame.
[2] Voyez page 259.
[3] Voyez page 412.
[4] Voyez pages 560 et 567.

tait dans l'origine le nom de *maître des œuvres de la ville.*

C'était un des plus anciens officiers du corps municipal : on ne trouve l'origine de sa charge dans aucun auteur et cela se comprend très-bien : avant qu'il y eût une administration municipale à Paris, c'est-à-dire avant le treizième siècle, on remuait déjà de la pierre et du mortier pour le compte de la ville, et celui qui dirigeait ces travaux était un maçon, un maître maçon si l'on veut; c'était *le maître des œuvres*. L'histoire des antiquités de Paris nous apprend qu'en 1257 Pierre de Mousseaux, maître des œuvres de la ville, reçut l'ordre du prévôt des marchands et des échevins de faire abattre l'église de Saint-Antoine[1]; c'est la plus ancienne mention connue de ces trois offices et, d'après ce que je viens de dire, l'existence du premier était la conséquence forcée de l'établissement des deux autres.

Depuis le 23 octobre 1499, époque où les délibérations du bureau ont été enregistrées, il est souvent question du maître des œuvres de la ville dans ces délibérations.

Ainsi, dans deux ordonnances des 15 et 26 mai 1554, il est enjoint à cet officier de refaire les regards de l'aqueduc du Pré-Saint-Gervais, « de faire besongnier en diligence et faire mectre des thuyaulx de plomb partout où il sera nécessaire.[2] »

Pierre Guillain, maître des œuvres de la ville, faisait partie de la commission chargée d'examiner le devis général des travaux de l'aqueduc d'Arcueil[3].

Le 18 mars 1617, une visite des trésoriers de France sur les travaux d'Arcueil est déclarée nulle, parce qu'ils n'étaient pas accompagnés du prévôt des marchands, des échevins « et de leur maistre des œuvres.[4] »

Dès le règne de Henri IV le maître des œuvres était chargé de la garde des fontaines alimentées par les aqueducs du Pré-Saint-

[1] Voyez Malingue, fol. 639, art. sur l'abbaye de Saint-Antoine.
[2] Registres de la ville, vol. V et VI, fol. 315 et 86.
[3] Voyez page 150.
[4] Registres de la ville, vol. XXII, fol. 54.

Gervais et de Belleville. Néanmoins je trouve pour la première fois cette dénomination de *garde des fontaines* adjointe à celle de *maître des œuvres* dans une délibération du 7 juin 1619 : « Il est ordonné à Augustin Guillain, maistre des œuvres de ladite ville et garde des fontaines d'icelle, d'emploier ouuriers pour la continuation de la recherche des fontaines. [1] »

Augustin Guillain fut chargé de déterminer les emplacements des fontaines de distribution des eaux de Rungis, notamment de celles du quartier de l'Université, et ensuite de la direction des travaux. Son nom paraît dans la plupart des délibérations du bureau relatives à ces ouvrages, qui furent terminés en onze années vers le 24 août 1624. A cette date le bureau lui accorda « la charge et garde des fontaines de Rongis avec 200 liures tournoys de gaiges. [2] »

Les 4 avril et 26 décembre 1579, les gages que le maître des œuvres recevait en deux parties furent réunis en une seule par lettres patentes d'Henri III. Henri IV lui accorda d'autres lettres patentes pour la confirmation de ses gages et de ses droits [3].

On a vu ci-dessus que Michel Noblet, architecte du roi, maître des œuvres de la ville, fut en 1672 un des experts nommés pour recevoir les machines du pont Notre-Dame construites par M. de Mance. Il prit une part très-active à cette opération [4]. En juillet 1681, un édit de Louis XIV « érigea en titres d'offices héréditaires les charges des officiers qui composaient le corps de l'Hôtel de ville de Paris ; François Noblet, fils de Michel, fut pourvu de celui de maître des œuvres de la ville, ayant la garde des eaux et fontaines publiques, moyennant la taxe de 4060 livres ; ses lettres de provision sont du 9 janvier 1682 ; il mourut peu de temps après ; ses héritiers eurent l'agrément de MM. les prévôt des marchands et échevins pour traiter de la

[1] Registres de la ville, vol. XXII, H. 1799, fol. 545.
[2] Registres de la ville, vol. XXIV. H. 1801, fol. 509
[3] *Traité de la police*, t. IV, livre VI, page 588.
[4] Voyez pages 255 et suivantes.

charge avec M. de Beausire : il y fut reçu sans provisions du roi, conformément à l'édit de juillet 1681 qui dispensait les résignataires de cette formalité.[1] »

J'ai donné ci-dessus la teneur d'une lettre, en date du 19 janvier 1708, adressée par le prévôt des marchands à Jean Beausire dont les diverses fonctions sont énumérées ainsi qu'il suit[2] :

« M. Jean Beausire, conseiller du Roy, architecte, maître général, contrôleur et inspecteur des bâtiments de la Ville, garde ayant charge des eaux et fontaines publiques d'icelle... » Le successeur de Michel Noblet ne portait donc plus le titre de maître des œuvres de la ville. Nous en trouvons une autre preuve cinquante-deux ans plus tard : le rapport sur les travaux de réparations de la pompe Notre-Dame exécutés par le sieur Carbonnier fut fait par M. Moreau, maître général contrôleur inspecteur des bâtiments de la ville, garde ayant charge des eaux et fontaines publiques : le nom de maître des œuvres disparaît encore[3]. La fonction de maître des œuvres n'était cependant pas supprimée et nous voyons, dans la distribution des cannes ou jetons de présence qui avait lieu lors des visites des aquéducs, le maître des œuvres relégué au rang des huissiers et autres bas officiers[4].

L'observation déjà faite à propos de l'intendance des eaux et fontaines doit être reproduite ici : il paraît singulier qu'on rende héréditaire une charge d'architecte et d'ingénieur. Les conséquences ont été les mêmes dans les deux cas.

Au dix-septième siècle et au commencement du dix-huitième, lorsque cette charge était donnée peut-être à un simple maître maçon, ce n'était certainement pas une sinécure ; toutes les délibérations du bureau en font foi ; mais, à partir de l'année 1740, le nom de maître général des bâtiments, garde ayant charge des eaux et fontaines, est rarement prononcé dans ces délibérations.

[1] *Traité de la police*, continuation par Leclere du Brillet, t. IV, l. VI, page 389.
[2] Voyez pages 265 et suivantes.
[3] Voyez page 283.
[4] Voyez page 402.

Les descendants de Jean Beausire n'étaient probablement pas nés architectes et ingénieurs, et lorsque les travaux de la ville présentaient de sérieuses difficultés, ils cessèrent d'être consultés. On s'adressa de préférence à Bélidor, à l'Académie des sciences, à de Parcieux et à Perronet.

Cet office fut supprimé en 1790 avec l'ancienne municipalité.

Outre les chefs de service dont je viens de parler, le corps municipal comprenait un grand nombre d'autres officiers dont les fonctions sont indiquées dans la délibération suivante relative à une distribution de cannes ou de jetons de présence, faite le 8 juin 1764, à la suite d'une visite des égouts et des aqueducs. L'importance de chaque canne donne, dans une certaine mesure, une idée de celle de l'officier dans l'ordre hiérarchique.

Etat des cannes distribuées a Mrs les Prenost des Marchands, Echevins, Procureur du Roy et de la ville, Avocat de Sa Majesté, Greffier et autres officiers de la ville pour la visite des égouts et des eaux de Rungis, Arcueil et du Pré Saint-Gervais en l'année mil sept cent soixante-quatre.

Sçavoir :

A M. Jean-Baptiste-Elie Camus de Pontcarré, chevalier, seigneur de Viarme, Seugy, Beloy et autres lieux, Conseiller d'État, Prévost des Marchands, une canne de quinze livres. . . . . . . . . . . . . . . . . 15 liv. »

A M. de Varenne, premier Échevin, une canne de dix livres . . . . . . . . . . . . . . . . . . . . . . . 10 »

A M. Poultier, Échevin, une canne de neuf livres. . . 9 »

A M. Philippes de la Marinieres, Échevin, une canne de neuf livres . . . . . . . . . . . . . . . . . . . . . . 9 »

A M. le Procureur du Roy et de la ville, une canne de neuf livres. . . . . . . . . . . . . . . . . . . . . . . . 9 »

A M. l'Avocat du Roy, une canne de quatre livres dix sols . . . . . . . . . . . . . . . . . . . . . . . . . . 4 10 sols

A reporter. . . . . . . . . 56 liv. 10 sols

| | | |
|---|---|---|
| Report. . . . . . . . . . . | 56 liv. | 10 sols |
| A M. le Greffier, une canne de neuf livres. . . . . . | 9 | » |
| A M. le Receveur, une canne de neuf livres, mais attendu la vaccance de l'office. . . . . . . . . . . . . . | Néant. | |
| A M. le Conservateur des hypothèques, une canne de quatre livres dix sols. . . . . . . . . . . . . . . . . | 4 liv. | 10 |
| A M. Mercier, dernier sorti de l'Echevinage, une canne de huit livres. . . . . . . . . . . . . . . . . . . . . | 8 | » |
| A M. Babille, dernier sorti de l'Echevinage, une canne de huit livres. . . . . . . . . . . . . . . . . . . . . | 8 | » |
| Au commissaire des eaux, une canne de six livres. . | 6 | » |
| Au colonel des gardes de la ville, une canne de six livres . . . . . . . . . . . . . . . . . . . . . . . . | 6 | » |
| Au secrétaire de M. le Prévost des Marchands, une canne de six livres. . . . . . . . . . . . . . . . . | 6 | » |
| Au premier commis du Greffe, une canne de cinq livres . . . . . . . . . . . . . . . . . . . . . . . . | 5 | » |
| Au s[r] Bondreau, commis du Greffe, une canne de cinq livres . . . . . . . . . . . . . . . . . . . . . . . . | 5 | » |
| Au s[r] Fagnan, commis à la recette de la ville, une canne de cinq livres . . . . . . . . . . . . . . . . . . | 5 | » |
| Au s[r] Reville, p[r] des comptes, une canne de cinq livres . . . . . . . . . . . . . . . . . . . . . . . . | 5 | » |
| Au maître d'hôtel de la ville, une canne de cinq livres . . . . . . . . . . . . . . . . . . . . . . . . | 5 | » |
| Au premier huissier et aux autres huissiers de service, chacun une canne de quatre livres. . . . . . . . | 16 | » |
| Au maître général des œuvres de maçonnerie, une canne de quatre livres. . . . . . . . . . . . . . . . . . . | 4 | » |
| Au maître des œuvres de charpenterie, une canne de quatre livres. . . . . . . . . . . . . . . . . . . . . | 4 | » |
| Au capitaine d'artillerie, une canne de quatre livres. | 4 | » |
| A l'ayde major des gardes de la ville, une canne de quatre livres. . . . . . . . . . . . . . . . . . . . . | 4 | » |
| Total, cent soixante-une livres. . . . . . . . . . | 161 liv. | » |

« Le present Etat a été arrêté par nous Prevost des Marchands et Echevins de la ville de Paris a la somme de cent soixante-une livres qui sera payée aux y dénommés par le préposé a la recette du Domaine de la ville et passée et allouée en la dépense de ses comptes sans difficulté en rapportant le présent seulement. — Fait au bureau de la ville de Paris, le vendredi huit juin mil sept cent soixante-quatre. Signé : Camus, De Varenne, Philippes de la Marinières, Poultier, et Jollivet[1]. »

Suivant cet état, après le prévôt des marchands venait le premier échevin, puis sur le même pied les trois autres échevins, le procureur du Roi et de la Ville, le greffier et le receveur. Les derniers échevins sortis de l'échevinage étaient classés à un rang un peu inférieur. Ce qui paraît singulier, c'est que le colonel des gardes de la ville était fort mal traité ; il recevait une canne de six livres comme le commissaire des eaux et le secrétaire du prévôt des marchands[2].

Venaient ensuite les deux commis du greffe, le commis à la recette de la ville, le procureur des comptes et le maître d'hôtel de la ville, dont la canne était réduite à 5 livres.

On ne comprend pas trop comment l'avocat du roi et le conservateur des hypothèques ne recevaient qu'une canne de quatre livres dix sols et se trouvaient ainsi presque assimilés aux quatre huissiers, au maître général des œuvres de maçonnerie et à celui des œuvres de charpenterie, qui recevaient une canne de quatre livres.

La modeste situation des militaires est encore mise en évidence par la valeur des cannes du capitaine d'artillerie et de l'aide-major des gardes qui ne dépassait pas quatre livres, absolument comme celles des bas officiers dont il vient d'être question.

Les attributions du bureau de la ville furent réglées par une ordonnance royale de mars 1669. Jusqu'à cette date le bureau dirigeait les affaires de la Ville avec une complète indépendance.

Mais il n'était plus possible qu'il en fût ainsi avec le système de centralisation qui s'établissait alors. L'auteur du traité de la

[1] Registres de la ville, vol. 95, 1870, fol. 435.

[2] Le bureau de la ville avait probablement adopté la devise de Cicéron : Cedant arma togæ

police dit naïvement en ce qui concerne le service des eaux : « Sa Majesté était trop instruite par elle-même, pour n'y point établir les meilleures règles que l'on puisse avoir pour la conservation des eaux[1]. »

Voici les articles 3, 4, 5, 6, 7 et 8 du chapitre 32 de cette ordonnance qui ont motivé cette singulière remarque[2] :

Art. iii. — Afin que les eaux des fontaines puissent venir sans intermission aux regards, et lieux de distribution en ladite ville, seront les aqueducs, pierrées, conduites et réservoirs nettoyés et rétablis soigneusement, tant en la campagne qu'en ladite Ville et aux Fauxbourgs ; et à cet effet sera tenu le Maître des œuvres de ladite Ville faire la visite desdits aqueducs, pierrées et réservoirs, et faire son rapport au Bureau de la Ville de leur état, et des réparations ou accomodemens qui seront à y faire ; et tenir la main à ce que les Plombiers et Ouvriers qui seront préposéz par lesdits Prevôts des Marchands et Echevins travaillent fidelement, et executent ponctuellement les devis et marchez qui ont été faits pour lesdits ouvrages.

Art. iv. — Afin que la voye publique soit moins embarrassée par les tranchées qui seront faites pour le rétablissement des tuyaux de Fontaines publiques ou particulières, seront mis Ouvriers en nombre suffisant pour le rétablissement des tranchées, le même jour qu'elles auront été ouvertes.

Art. v. — Pour tenir un ordre exact en la distribution des eaux et fontaines publiques, et faire en sorte que le Public et les Particuliers en reçoivent à proportion de la quantité qui sera conduite à chacun regard, seront les bassinets des Particuliers ouverts pour des cuivreaux qui ne contiendront que la jauge de la concession ; et pour empêcher toutes innovations, sera mis en chacun regard une plaque de cuivre qui marquera la quantité des eaux tant du Public que des Particuliers.

Art. vi. — Et afin qu'il soit continuellement pourvû à l'entretien des Fontaines, sera fait assemblée par les Prevôts des Marchands et Echevins en l'Hôtel de Ville, par chacun mois, si besoin est, en laquelle en presence des Conseillers de Ville, Commissaires députez pour les eaux, et de quelques personnes notables et intelligens qui seront appelez, les devis et marchez des ouvrages qui auront été résolus par les Prevôts des Marchands et Echevins, seront rapportez, ensemble les parties des Ouvriers qui auront travaillé aus-

[1] M. Lecler du Brillet, *Traité de la police*, continuation de celui de M. de Lamarc t. IV, iv. VI, page 387.
[2] *Traité de la police*, par de Lamarc, t. I, liv. IV, titre III, pages 585, 1722.

dites Fontaines pendant le mois précédent; et faute d'avoir par lesdits ouvriers fait arrêter leurs parties, au moins dans un mois après que les ouvrages auront été parachevez, demeureront déchûs du payement, dont sera mis clause expresse dans les devis et marchez.

Art. vii. — Les Prevôts des Marchands et Echevins et Commissaires des Eaux se transporteront avec le Procureur du Roy, au moins une fois l'année au Pré Saint-Gervais, Belleville et Rungis pour y faire visiter en leurs présences les conduits et regards des eaux publiques; et sera pareillement fait visite des regards de la Ville et Fauxbourgs et du tout dressé Procès-verbal.

Art. viii. — Pour remédier à ce que le temps ne puisse faire perdre la connaissance des aqueducs, pierrées, conduites et regards qui ont été faits à la campagne, tant pour les eaux de Belleville que pour celles du Pré Saint-Gervais dans les héritages de plusieurs Particuliers, et les conduites de plomb qui sont dans cette Ville et Fauxbourgs : seront faits des plans exacts de toutes lesdites pierrées, aqueducs, puisarts, regards et conduites des eaux, sources et autres, sur lesquels seront marquées les bornes et autres désignations étant sur les lieux, qui en peuvent assurer la connoissance pour l'avenir, lesquels plans seront déposez au Greffe de la Ville, pour y avoir recours quand besoin sera.

Cette ordonnance du 9 mars 1669 fut rendue pendant la première prévôté de Le Peletier, et, sans contester le mérite et le savoir de Louis XIV, je suis porté à croire qu'elle était en grande partie l'œuvre de ce grand magistrat[1]. Les art. iii, iv, v et viii règlent surtout les attributions du maître des œuvres, de l'ingénieur de la ville. Mais les art. vi et vii concernent plus spécialement le bureau, le prévôt des marchands et les échevins. L'art. vii prescrivait une visite annuelle des aqueducs : Le Peletier donna le bon exemple et dirigea lui-même la première, celle du 4 septembre 1669, une des plus importantes en raison de la grande sécheresse qui désolait la ville depuis deux ans. En voici le procès-verbal. En tête se trouve l'annonce de cette visite lue aux prônes des messes

[1] Claude Le Peletier, né à Paris en 1630, nommé Prévôt des marchands pour la première fois en 1668. Il était alors chevalier, conseiller du Roi, conseiller en la cour du Parlement, Président des enquêtes en cette cour. Il succéda à Colbert en 1683 dans la charge de contrôleur général et mourut dans la retraite en 1685.

des paroisses intéressées. Cette annonce devint une formule qui fut adoptée pour les visites suivantes :

De par les Preuost des marchands et Escheuins de la ville de Paris,

On faict ascauoir que mercredy prochain quatriesme jour de septembre deux heures de relevée Nousdit Preuost des marchands et Escheuins de lad$^{e}$ Ville nous transporterons aux villages du pré S$^{t}$-Geruais et Belleville pour connoistre lestat des sources d'Eaux des fontaines publiques de cette d$^{te}$ Ville. A ce que ceux qui auront connoissance qu'il y ayt quelques Eaüx qui se perdent dans leur conduitte, que quelqun en ayt destourné et les retiennent induement, et reconnu quelques nouuelles sources et ayent des moyens a proposer pour laugmentation des anciennes se trouvent ledit jour de mercredy audit Village du pré S$^{t}$-Geruais a ladite heure de deux heures de relouée, Et a celuy de Belleville a trois heures leur déclarant quils seront payez de leurs sallaires et recompensez de leurs aduis, ce qui sera publié es prosnes des messes parroisialles desd$^{ts}$ villages et autres circonuoisins A ce que nul nen ignore. Faict au bureau de la Ville le vingt neufuiesme jour d'aoust mil six cens soixante neuf.

L'an mil six cens soixante-neuf Le Mercredy quatriesme jour de septembre une heure de relouée Nous Claude Lepelletier Chevalier cons$^{r}$ du Roy en ses Conseils et en sa cour de parlement, président des Enquestes de lad$^{te}$ cour, préuost des marchands, Jacques Belin, conseiller du Roy au siége présidial du Chatelet de Paris Nicolas Picques cons$^{r}$ de lad$^{te}$ Ville Henry de Santeul, et Réné Accard conseiller du Roy substitut de Monsieur le procureur général au parlement Escheuins de lad$^{te}$ Ville de Paris sommes auec le Procureur du Roy et de la Ville greffier et receueur d'icelle et le sieur Le Vieulx doyen de Messieurs les cons$^{rs}$ de Ville l'un des commissaires des Eaüx de lad$^{te}$ Ville, transportez dud$^{t}$ hostel de lad$^{te}$ Ville en deux carosses au village du pré Sainct Geruais ou nous sommes arriuez sur les deux heures, Et auons trouué pres du regard dud$^{t}$ pré S$^{t}$ Geruais Michel Noblet architecte des bastiments du Roy, garde ayant charge soubs nous des fontaines publiques de lad$^{te}$ ville et Broutil sieur Du Val aussy architecte des bastimens du Roy Et ayant faict faire ouuerture dud$^{t}$ regard serions entrez en icelluy et faict jaulger en nostre presence les eaüx qui s'y rendent, des sources de Cacheloup, fontaine Saint Pierre et des Moussins, Et trouué que toutes lesd$^{tes}$ sources produisoient audit regard six poulces d'Eau ou environ Et estant aux regards seroient venus par deuers nous Le sieur Curé de Pentin Lequel nous auroit dict qu'il auoit publié aux prosnes

Le dimanche premier jour du présent mois nostre ordonnance et croyoit quil y auoit quelq'uns qui auoient descouuert des Eaüx et comparoistroient par deuers Nous pour nous en donner aduis, ce qui nous auroit donné sujet d'aller dans la maison du Sr Troisdames pour entendre les propositions qui nous seroient faictes Et y estants seroient comparus par deuant Nous le Lieutenant en la Justice dud[t] pré Sainct Geruais et Pentin lequel nous auroit dit que si nous voullions nous transporter sur la montagne estant entre Pentin et Romainuille nous y pourrions trouuer quelques sources qui pouuoient estre conduittes par pierrées jusques au regard de Cache loup, Quauprès du bois des Brieres Il y auoit une grande marre qui ne tarrissoit jamais et qu'il croyoit pouuoir estre une bonne source, et ayant proposé aud[t] Lieutenant de faire les recherches et amas des Eaüx et offert de conuenir auec luy dune certaine somme pour chacque poulce d'eau quil pourroit nous liurer aud[t] regard du pré Sainct Geruais et demandé s'yl ne connoissoit personne qui voulut traiter auec nous sous ces conditions, Ledit Lieutenant nous auroit dict quil ne pouuoit entreprendre de pareilles ouurages et quil ne scauoit aucun dans le pays qui voulut sen charger, offroit au cas que nous voulussions y mettre des ouuriers, de contribuer de ses soins et de veiller a ce que lesd[ts] ouurages fussent bien et duement faicts. Après quoy ne s'estant présenté personne pour faire aucunes propositions, Nousdits Preuost des marchands et Escheuins accompagnez comme dessus serions transportez au regard des sources de Cache loup, ou nous aurions trouué environ deux poulces et demy d'Eau, Et estant montez le long des pierrées desd[tes] sources et tirant sur Romainuille auons reconnu quelques sources de peu de conséquence qui pouuoient estre conduittes par pierrées au regard de Cache loup. Et nous estant de la transportez jusques au bois des Brieres, y aurions trouué une grande marre que les habitants dud[t] lieu trouuez proches nous auroient dict nestre jamais tarie. Et ayant pris le chemin qui dudit lieu conduit à Belleville, Et estants entrez dans des terres auons trouué deux puits nouuellement faicts dont le premier auoit un pied et demy deau et dans lautre demy pied seulement, Et ayant repris le chemin dud[t] Belleuille et entrez dans un petit bois qui est a la droite ou lon auoit monstré trois puits dont deux se seroient trouuez auoir trois pieds dEau et lautre estre couuert ce qui nous auroit faict estimer quil pouuoit y auoir des Eaüx audit endroict, Et nous auroit esté dit par lesd[ts] Noblet et Du Val que lesd[tes] Eaüx qui y seroient ramassées pouuoient estre facilement conduittes a la pierrée du regard des Moussins mais que tout ce quon pourroit recueillir en cet endroict ne pourroit faire au plus q'un poulce d'Eau Et estants ensuitte descendus au regard des Moussins nous aurions trouué les Eaüx fort foibles ainsy quau regard de a ruelle des Bois, ou nous n'aurions trouué que demy poulce d'Eau, duquel lieu sommes allez au regard de la lanterne derrière Belleuille ou nous aurions trouué tres peu d'Eau, Et estants entrez soubs l'acqueduc serions allez jusques aux Cassequades que nous aurions trouué fournir tres peu d'Eau. Ce faict sommes sortis dud[t] acqueduc par la montée estant proche desd[tes] Cassequades et reuenus aud[t] lieu de Belleuille en la maison du sieur Geruais pour voir syl ny auoit personne qui eusse quelque aduis a nous donner pour laugmentation desd[tes] Eaüx suiuant les publications que nous auions faict faire a cest effect au prosne de la messe parroissialle dud[t] Belleuille estant en laquelle maison seroient comparus les marguilliers dud[t] Belleuille Lesquelz nous auroient assurez que lad[e] publication auoit esté faicte, et quils croyoient que l'on pourroit trouuer de leau en faisant quelques recherches sans expliquer precisement les endroicts. Après quoy et avoir ordonné au Maistre des œuvres de lad[e] Ville de dresser un deuis des ouurages quil y auroit a faire pour recueillir les Eaüx que nous auions veües aud[t] pré Saint Geruais pour prendre ensuitte nostre resolution, nous serions remontez en carosse et retournez a Paris. Et dressé le présent proces uerbal. Faict les jour et an que dessus Signé Le Pelletier Belin, Picques, De Santeul et Accart auec paraphes[1].

Les conséquences de cette visite ont été considérables ; c'est en voyant les lieux et en constatant par lui-même le peu d'importance des sources qui alimentaient les aqueducs que Le Peletier resta convaincu qu'il n'y avait pas à compter sur ces eaux, surtout à la suite d'une grande sécheresse, et qu'il soumit à l'acceptation du bureau de la ville les projets des machines du pont Notre-Dame présentés par MM. Jolly et de Mance[2].

Ces visites se firent assez exactement jusqu'à la fin du dix-septième siècle et dans le dix-huitième, jusqu'en 1735. J'ai sous les yeux les volumineux procès-verbaux des visites des 2 et 6 août 1681, du 4 octobre 1683, du 12 septembre 1686 et des 9 et 16 septembre 1709. Celui du 28 août 1714 est beaucoup moins détaillé ; en 1735, la visite n'a plus lieu dans la saison des

[1] Registres de la ville, vol. XLV, fol. 53, 54, 55, 56.

[2] Voyez pages 243 et suivantes. Les visites des aqueducs étaient annoncées au prône des paroisses intéressées dans une sorte de formule dont voici un spécimen.

basses eaux, mais les 25 mai et 7 juillet; on se contente de constater sommairement le produit des aqueducs et de donner les noms des personnes qui prirent part au repas préparé par Duparc, maître d'hôtel de la ville. Le 26 avril 1736, le procès-verbal laisse en blanc le nombre de pouces d'eau constatés par le bureau, et on pourrait croire que cette visite est restée purement et simplement à l'état de projet, s'il n'était dit dans ce procès-verbal que les personnes présentes « furent dîner en la maison de M. Lepelletier des Forts à Mesnil-Montant, où le repas auoit été préparé par le sieur Duparc maistre d'hostel de la ville, de l'ordre du bureau[1]. »

Le 21 juin de la même année, le bureau visite les sources de Rungis et le procès-verbal constate seulement que tout a été trouvé en bon état et qu'on a mangé au château de Berny le dîner préparé par ledit sieur Duparc.

En 1738, deux autres visites, faites les 19 et 26 juin, ne sont pas plus sérieuses : on croirait que le bureau s'est rendu à des invitations à dîner du prince de Guise et de M. Lepelletier des Forts, si le procès-verbal ne constatait que le repas avait été préparé par le même Duparc[2].

Les visites des aqueducs étaient donc tombées en désuétude et nous devons le regretter; car si l'on avait continué à les faire avec exactitude, on aurait un document très-important qu'on pourrait comparer aux observations si incertaines du régime de la Seine faites dans ces temps anciens. On arriverait ainsi à constater presque rigoureusement l'abondance des pluies de chaque année, ce qui est absolument impossible aujourd'hui, les observations manquant ou étant entachées d'inexactitudes évidentes.

Plus tard, on chercha à stimuler le zèle du bureau en délivrant aux personnes qui assistaient aux visites des jetons de

[1] Registres de la ville, vol. LI, fol. 281 et suiv.; vol. LII, II : 1829, fol. 552 et suiv.; vol. LIV, II : 1831, fol. 32 et suiv.; vol. LXVI, II : 1843, fol. 220 et suiv.; vol. LXIX, II : 1846, fol. 22.

[2] Registres de la ville, vol. LXXIX, II : 1856, fol. 186, 205, 389 et 425; vol. LXXX, II : 1857, fol. 372 et 381.

présence qu'on désignait sous le nom de *canne :* une canne peut être utile pour faire une longue course à pied; cela était moins nécessaire quand on usait des carrosses de la ville. Au lieu d'une canne on donnait donc aux visiteurs une simple rémunération en monnaie[1].

Voici l'état des cannes ou sommes distribuées pour les visites annuelles des égouts et des aqueducs[2] :

| | LIVRES |
|---|---|
| 7 juin 1763 | 162 |
| 8 juin 1764 | 161 |
| 20 juin 1765 | 170 |
| 17 juin 1766 | 165 |
| 20 juin 1767 | 177 |
| 21 juin 1768 | 163 |
| 20 juin 1769 | 171 |
| 22 juin 1770 | 176 |
| 25 juin 1771 | 176 |
| 30 juin 1772 | 176 |
| 30 juin 1773 | 171 |
| 19 juillet 1774 | 171 |
| 18 juillet 1775 | 171 |
| 5 juillet 1776 | 160 |
| 29 juillet 1777 | 155 |

Dans les délibérations qui autorisent ces dépenses, il n'est fait aucune mention du résultat des visites, c'est-à-dire du jaugeage des sources et de l'état d'entretien des aqueducs.

Plus tard, les cannes furent remplacées par des jetons de présence qu'on distribuait, pour la visite des fontaines de Paris et des eaux de Rungis, d'Arcueil et de Belleville, comme pour celles des remparts, des ponts, celles du lendemain du jour de l'an chez les princes et magistrats et de la présentation des nouveaux élus après la prestation de serment. Dans la délibération du bureau du 12 août 1788, le prévôt des marchands fait remarquer que la dis-

[1] J'ai reproduit ci-dessus textuellement l'état des cannes distribuées le 8 juin 1864 aux personnes qui prirent part à la visite des eaux d'Arcueil, du Pré-Saint-Gervais et des égouts. Voyez pages 401 et 402.

[2] Extraits des registres de la ville.

tribution de ces jetons était négligée depuis plusieurs années et qu'il y avait lieu de réparer cette omission.

Le bureau formula ainsi son avis : « Nous avons unanimement arrêté, ouï et à ce consentant le procureur du Roi et de la Ville, qu'à compter de la dernière prestation de serment et à l'avenir chaque membre du bureau aura, pour les huit visites ci-devant détaillées, des jetons de présence ainsi qu'il est d'usage dans les autres cérémonies[1] ». Ces visites étaient donc considérées comme de simples formalités.

La dernière trace des visites faites aux fontaines et aqueducs se trouve dans un arrêté de Frochot, préfet de la Seine, du 8 fructidor an IX. Il est dit dans les motifs que, depuis plusieurs années, cette visite n'avait pas été faite et qu'elle était devenue indispensable. Voici les deux articles de cet arrêté qui intéressent le service des eaux :

« Article premier. Le 22 de ce mois et jours suivans *depuis huit heures du matin jusqu'à quatre heures*, il sera procédé à la visite générale

1° Des ponts...

2° Des fontaines et des établissemens hydrauliques, dans et hors Paris, servant à l'approvisionnement de cette commune, à l'effet de reconnaître les prises d'eau et de constater l'état des aqueducs, conduits, regards, et des machines hydrauliques, fontaines de distribution et bâtimens dépendances de ces divers établissemens[2]. »

Tant que le bureau des eaux conserva son indépendance, il défendit énergiquement la propriété de la ville contre les envahissements des propriétaires des terrains voisins des aqueducs qui détruisaient les regards, détournaient l'eau des pierrées, creusaient des puits dans le voisinage, etc.

Deux ordonnances des 15 et 26 mai 1554 portent que « les

[1] Manuscrits des archives nationales, liasse H, 1959, pièce 515.
[2] *Ibid.*, liasse F, 13, 1014.

regards des fontaines à costé du Pré St-Gervais seront refaits et restablis[1] ».

Une ordonnance du bureau du 6 avril 1618 charge Augustin Guillain, maître des œuvres et garde des fontaines de la ville, « de la recherche des pierrées ès environs de Belleville sur sablon au lieud[t] le bois des rigolles[2] ».

La continuation de ces recherches est prescrite au même officier de la ville par une ordonnance du 7 juin 1619[3].

Un devis, en date du 26 février 1624, décrit les travaux adjugés au sieur Séjourné « pour les pierrées nécessaires être faites pour ramasser les eaux qui se sont affaissées et destournées à Belleville et pour augmenter les fontaines venant dudict village à Paris[4] ».

En 1670 ? le bureau adresse au parlement une requête « pour avoir permission de faire combler les puys se trouvant le long des conduits et thuyaux des eaües des fontaines publicques provenant des sources de Belleville et du Pré St-Gervais[5] ».

Le 3 octobre 1670, une ordonnance est rendue sur la requête du substitut du procureur du roi et de la ville pour faire combler un puits construit près des conduites de l'aqueduc de Belleville[6].

Le 8 octobre 1670, M. Richer, conseiller secrétaire du roi, greffier en chef de la Chambre des comptes, et M. Julien Gervais, ancien échevin, doyen des quartiniers, dressent procès-verbal de l'état des conduites de Belleville et du Pré-Saint-Gervais et constatent que les jardiniers de la Courtille avaient fait plusieurs puits le long des conduites, à un pied des tuyaux, qu'il leur était aisé de percer. Sur la réquisition du substitut du procureur du roi et de la ville, le bureau ordonne que ces puits seront comblés à la

[1] Registres de la ville, vol. V, fol. 315, et vol. VI, fol. 86.
[2] *Ibid.*, H. 1799, fol. 188 verso.
[3] *Ibid.*, vol. XXII, H. 1799, fol. 343.
[4] *Ibid* , vol. XXIV, fol. 230.
[5] *Ibid.*, vol. XLVI, fol. 61 verso.
[6] *Ibid.*, vol. XLVI, fol. 52.

diligence de Charles Clavier, un des huissiers de la ville, et aux frais et dépens des jardiniers, faisant en outre « deffenses a toultes personnes de faire faire aucunes fouilles... ny aucuns puits dans moindre distance que celle de dix toises des conduicts des fontaines publiques à peyne de cinq cens livres d'amende et de prison[1] ».

Le 9 mars 1671, il est fait « injonction a toultes personnes qui ont des arbres plantez le long des conduicts et pierrées des eaües des fontaines publiques ès territoires de Pantin, Belleuille et Pré-Sainct Geruais, de les faire incessamment couper et en oster les souches et racines qui empeschent le cours desd$^{s}$ eaües[2] ».

Le 25 mai 1671 nouvelle injonction, « deffences aux habitans de Belleuille et Pré Sainct Geruais de faire aucun puys a peine de cent livres d'amende et d'estre lesd$^{s}$ puys comblez a leurs dépens[3] ».

Le 7 août 1671, le bureau donne « commission à Michel Ruelle, demeurant à Belleuille, pour couper et arracher tous les arbres et troncs qu'il trouvera estre plantés sur ou le long des pierrées, des conduits des eaües provenant des sources de Belleuille et Pré-Sainct-Gervais[4].

Une autre délibération, en date du 22 janvier 1677, fait ressortir encore mieux l'étendue des pouvoirs du bureau de la ville. Il pouvait prescrire des fouilles et rechercher des eaux dans des héritages particuliers, même en dehors de la ville et dans des lieux où il ne possédait ni pierrées ni aqueducs. Je crois devoir transcrire cette pièce en entier :

De par les Preuost des Marchands et Escheuins de la ville de Paris

Deffences sont faictes ouy a ce requerant le Procureur du Roy et de la Ville a tous habitans et autres personnes ayans des héritages dans les territoires des villages de Meudon, Clamard, Issy, Vaugirard et Chastillon, d'em-

[1] Registres de la ville, vol. XLVI, fol. 55.
[2] *Ibid.*, vol. XLVI, fol. 215 verso.
[3] *Ibid.*, vol. XLVI, fol. 346 verso.
[4] *Ibid.*, vol. XLVI, fol. 500.

pescher les recherches que faict par noz ordres le Jongleur des Eaüx estans dans lestendue desd[s] territoires destinées pour estre conduittes a Paris pour lusage du public, de le troubler dans le trauail quil fera pour faire les trous et puits nécessaires a cet effect, ny de destourner et emporter les cheuallets dont il se seruira a peyne de cens liures damande sauf aux par[rs] qui pretendront quelques desdommagemens pour les trauaux quy seront faicts dans leurs héritages a se retirer par d. nous pour leur estre pourueu ainsy que de raison. Seront les présentes publiées au prosne des messes paroissialles desd[ts] villages et autres lieux quil appartiendra afficher et executer nonobstant oppositions ou appellations quelconques faictes ou a faire et sans preiudice d'icelles. — Faict au bureau de la Ville le vingt deuxiesme janvier mil six cent soixante dix sept[1].

Le 2 octobre 1679, une ordonnance est rendue, sur la remontrance et requête du substitut du procureur du roi et de la ville, « contre les entreprises de ceux qui faisoient des fouilles et tranchées de terre ès enuirons des conduittes et pierrées des caües du Pré Sainct Geruais, Belleuille et Romainuille », et charge le sieur Lesvesque, un des échevins, de se transporter sur les lieux avec le dit substitut pour dresser procès-verbal contre les ouvriers qui travaillaient aux fouilles pour leur faire défense de continuer à peine de cent livres d'amende et d'emprisonnement. Le lendemain, cette ordonnance est notifiée par Marin Étienne aux manouvriers travaillant aux fouilles « et parlant pour eux au nommé Ogèle fontenier trouvé au-dessus de Belleuille sur sablon faisant travailler à ladite tranchée[2] ».

Mais à mesure que le bureau sentait ses prérogatives diminuer et le pouvoir royal se substituer à l'autorité municipale, son zèle se ralentissait et les mesures prises pour la conservation des aqueducs étaient négligées. Je ne trouve plus, à partir de 1780, dans les registres de la ville, aucune ordonnance analogue à celles qui précèdent. Aussi les entreprises des riverains prennent-elles des proportions considérables.

[1] Registres de la ville, vol. XLIX, fol. 210-211.
[2] *Ibid.*, vol. L, fol. 488-489.

L'effet d'une centralisation exagérée se voit surtout dans les détails qui sont forcément négligés, tant que ceux qui tiennent le pouvoir entre leurs mains n'ont pas créé des administrations partielles, pour ainsi dire indépendantes, quoiqu'elles soient censées soumises absolument à l'administration centrale. L'aqueduc d'Arcueil, qui appartenait au roi, était donc fort négligé. Aucune mesure n'était prise pour arrêter les entreprises des riverains et faire respecter les énormes zones de servitude dont il a été question ci-dessus[1]. Ceux qui en douteraient seraient certainement convaincus en faisant une promenade très-agréable entre l'entrée du village de l'Hay et la sortie d'Arcueil ; ils trouveraient, dans tous les parcs traversés par l'aqueduc de Marie de Médicis, des arbres magnifiques dont plusieurs ont certainement plus de cent ans, qui étendent leurs racines au-dessus de la voûte de l'aqueduc. Aucune administration n'ose aujourd'hui faire disparaître ces arbres.

Le sous-sol n'est pas plus respecté, et les carrières où s'exploite le calcaire grossier ont traversé le tracé de l'aqueduc en un grand nombre de points. Cet abus n'est pas nouveau et j'en trouve une preuve très-frappante dans une correspondance qui s'est engagée à ce sujet entre le prévôt des marchands et le comte d'Angiviliers, surintendant des bâtiments. Le 6 mars 1782, les inspecteurs Callon et de Laistre constatèrent qu'une partie de l'aqueduc s'était effondrée dans une de ces excavations souterraines, que le château d'eau de l'observatoire était à sec et qu'on était menacé d'un assez long chômage ; ils en rendirent compte « au maître des bâtiments de la ville ». De son côté, le comte d'Angiviliers en fut informé par le plombier du roi. Le prévôt des marchands et le surintendant des bâtiments furent donc saisis en même temps de l'affaire. La cause de l'accident était évidente ; les carrières étant mal surveillées, les exploitants avaient franchi la zone de servitude de 15 toises réservée de

[1] Voyez chap. x, page 214.

chaque côté de l'aqueduc et avaient poussé leurs galeries presque sous cet ouvrage. A qui devait incomber la responsabilité de cette négligence ?

Le prévôt des marchands, M. de Caumartin, dans une lettre du 8 mars adressée à M. d'Angiviliers, lui exposait que le public avait pris l'habitude de considérer toutes les fontaines comme étant comprises dans son service et qu'on faisait peser sur lui toute la responsabilité de l'accident. « Il est fâcheux, ajoutait-il, d'être envers la patrie responsable des torts qu'on n'a point contractés et encore de contribuer pour cent mille livres par an dans les fonds destinés à y parer sans cependant en connaître l'emploi... Daignés calmer les inquiétudes personnelles auxquelles je me vois en proie, si une des ressources de la capitale se perdait pour quelque négligence de ma part à en réclamer la conservation. »

La réponse de M. d'Angiviliers ne se fit pas attendre. Le 10 mars, il écrivait à M. de Caumartin qu'il avait en même temps que lui appris la fâcheuse nouvelle, que l'aqueduc s'était effondré sur une longueur d'environ dix toises, entraîné par l'éboulement des carrières si abusivement fouillées dans toute la plaine de Montrouge.

Après d'assez longs développements tant sur les causes et les conséquences de l'accident, l'état de l'aqueduc qui se trouvait dans toute cette plaine sur un sol excavé et sans consistance, suspendu au-dessus de galeries dans lesquelles il n'était pas toujours possible de pénétrer à cause des fontis qui les avaient remplies, que sur les nouvelles mesures prises par lui pour la surveillance des carrières, il ajoutait : « Il (le roi) a proposé par simple voie d'administration une sorte de conseil composé de quatre architectes dont l'un a été M. Moreau, maître des bâtiments de votre administration ». Suivant lui, le bureau devait être tenu parfaitement au courant par cet officier et il devait savoir notamment quel était l'emploi de sa subvention qui était de deux cent mille livres et non de cent mille. « Je me flatte, dit-il en terminant, que vous appercevrés, Monsieur, dans les détails que je viens de vous tracer mon désir de vous procurer tous les éclaircissements que la circonstance vous rend utiles pour instruire le bureau que vous présidés et répondre aux plaintes que vous redoutés de la part des citoyens. »

Il résulte de cette discussion sans conclusion que la surveillance des carrières était fort mal faite, que les galeries pénétraient partout sous la zone de servitude et même sous l'aqueduc d'Arcueil, que le garde ayant charge des eaux et fontaines de la Ville ne s'en préoccupait pas plus que son collègue l'intendant des eaux et fontaines du roi. On n'était plus au temps où messieurs de la Ville ne laissaient ni creuser un puits ni planter un arbre dans la zone de servitude des aqueducs.

Voici comment disparut ce corps municipal si fortement constitué aux seizième et dix-septième siècles :

Le dernier prévôt des marchands, Jacques de Flesselles, élu le 28 avril 1789, fut massacré le 15 juillet suivant, le lendemain de la prise de la Bastille ; l'ancienne administration communale de Paris fut renversée en même temps [1].

Le 16 du même mois, elle fut remplacée par une municipalité provisoire, et Bailly fut nommé maire de Paris [2].

Cette suppression de l'ancienne municipalité fut confirmée par les lettres patentes du roi Louis XVI, en date du 27 juin 1790. Voici le texte de l'article premier de cet important document :

« Article premier. L'ancienne municipalité de la ville de Paris, et tous les offices qui en dépendoient ; la municipalité provisoire, subsistante à l'hôtel de ville ou dans les sections de la capitale

[1] Messire Jacques de Flesselles, chevalier, conseiller de la Grand' Chambre, maître honoraire des requêtes, conseiller d'État. Les Échevins alors en charge étaient Jean-Baptiste Bollault, chevalier de l'ordre du roi, trésorier honoraire de la ville ; Charles-Barnabé Sageret ; Jean-Joseph Vergne, avocat, conseiller du roi, ancien quartinier ; Denis-André Rouen, avocat au Parlement, notaire. Voy. *Histoire générale de Paris, les Armoiries de la ville de Paris*, t. I, chap. v, page 95.

[2] Jean-Sylvain Bailly, né à Paris en 1736, membre de l'Académie française en 1783, député du tiers-état de Paris en 1789, président de l'Assemblée constituante, premier maire de Paris, mort sur l'échafaud en novembre 1793.

connues sous le nom de *districts*, sont supprimés et abolis : et néanmoins la municipalité provisoire et les autres personnes en exercice continueront leurs fonctions jusqu'à leur remplacement. »

Les offices du procureur du roi et de la Ville et de son substitut se trouvèrent compris dans ce renouvellement général. Ces magistrats furent remplacés par le procureur de la commune et deux substituts, fonctionnaires élus pour deux ans ; les lettres patentes règlent le mode de l'élection.

Le procureur de la commune était nommé, en même temps que le maire, par les quarante-huit sections de l'assemblée générale des citoyens actifs et à la majorité absolue des suffrages. Les deux substituts étaient également élus par les quarante-huit sections, mais à la simple pluralité des voix et après l'élection du maire et du procureur[1].

Il ne paraît pas que le procureur de la commune ait eu une grande action dans le service des eaux. Néanmoins on a vu qu'il fut proposé, le 4 avril 1792, par Pétion, pour représenter la commune dans l'assemblée des actionnaires de la Compagnie des eaux de Paris[2].

La charge de maître des œuvres ayant la garde des eaux des fontaines publiques de Paris fut supprimée à la même date, quoique ce fonctionnaire ne soit pas nommé dans les lettres patentes du 27 juin 1790. Mais le fait est certain, puisqu'il fut alors remplacé et que son successeur portait le titre d'ingénieur hydraulique en chef; il a déjà été question de M. Bralle, l'unique titulaire de ces fonctions[3].

Je termine ce chapitre par la liste chronologique des Prévôts des Marchands, depuis 1268 jusqu'en 1789.

[1] Voy Titre Ier, art. XV et titre II, art. V, des lettres patentes.
[2] Voyez page 367.
[3] Voyez page 286.

# LISTE CHRONOLOGIQUE

## DES PRÉVÔTS DES MARCHANDS

1268 Jehan Augier.
1268 Guillaume Pisdoë.
1281 Guillaume Bourdon.
1289 Jehan Arrode.
1293 Jehan Popin.
1296 Guillaume Bourdon.
1298 Estienne Barbette.
1303 Guillaume Pisdoë.
Jehan Gentien.
1355 Estienne Marcel.
1358 Gentien Tristan.
1381 Jehan Culdoë.
Audouin Chauveron.
Charles Culdoë.
1388 Jean Jouvenel.
1392 Jouvenel des Ursins.
1409 Jehan Culdoë.
1411 Charles Culdoë.
20 janvier 1411 Pierre Gentien.
16 mars 1411 André d'Espernon.
9 septembre 1413 Pierre Gentien.
10 octobre 1413 Philippe de Brébant.
12 septembre 1417 Guillaume Cirasse.
6 juin 1418 Noel Prévost.
26 décembre 1419 Hugues le Cocq.
12 juillet 1420 Sire Guillaume Sanguin.
23 juillet 1436 Sire Michel Laillier.
23 juillet 1438 Sire Pierre des Landes.
23 juillet 1444 Maistre Jehan Baillet, conseiller au parlement.
18 août 1450 Maistre Jehan Bureau, trésorier de France.
19 août 1452 Maistre Dreux Budé, audiencier de France.
16 août 1456 Maistre Jehan de Nanterre, président aux requêtes.
16 août 1460 Maistre Henry de Livre.
16 août 1466 Sire Michel de la Grange, maître général des monnoies.
16 août 1468 Sire Nicolas de Louviers, seigneur de Cannes, maître des comptes.
16 août 1470 Denis Hesselin, escuyer, pannetier du Roy.
16 août 1476 Sire Guillaume Le Comte, grenetier de Paris.
1476 Maistre Henry de Livre.
1484 Maistre Guillaume de la Haye, président aux requêtes.

1486 Maistre Jehan du Drac, vicomte d'Aÿ, seigneur de Marueil.
1490 Maistre Pierre Poignant, conseiller au parlement.
1492 Maistre Jacques Piedefer, avocat au parlement.
1494 Maistre Nicole Viole.
1496 Maistre Jehan de Montmirail, avocat au parlement.
1498 Maistre Jacques Piedefer, avocat au parlement.
16 août 1500 Sire Nicolas Potier, général des monnoies.
1502 Sire Germain de Marle, général des monnoies.
1504 Maistre Eustache Luillier, seigneur de Saint-Mesmin, maistre des comptes.
1506 Dreux Raguier, escuyer, sieur de Tummelle.
1508 Maistre Pierre Le Gendre, trésorier de France.
1510 Maistre Robert Turquant, conseiller au parlement.
1512 Maistre Roger Barme, advocat du Roy au parlement.
1514 Maistre Jean Boulard, conseiller au parlement.
1516 Maistre Pierre Clutin, conseiller au parlement.
1518 Maistre Pierre Lescot, seigneur de Lissi, procureur du Roy.
1520 Maistre Antoine Le Vite, chevalier, maistre des requestes.
1522 Maistre Guillaume Budé, seigneur de Marly-la-Ville, maistre des requestes.
1524 Maistre Jean Morin, eschevin.
1526 Maistre Germain de Marle, notaire et sécretaire du Roy.
1528 Maistre Gaillard Spisame, seigneur de Pisseaux et général de France.
1530 Maistre Jean Luillier, maistre des comptes.
1532 Maistre Pierre Viole, conseiller au parlement.
1534 } 1536 } Maistre Jean Tronson, conseiller du Roy.
1538 Maistre Augustin de Thou, conseiller du Roy.
1540 Maistre Estienne de Montmirail, conseiller au parlement.
1542 Maistre André Guillart, maistre des requestes.
1544 Maistre Jean Morin, lieutenant civil.
1546 Maistre Louis Gayant, conseiller au parlement.
1548 } 1550 } Maistre Claude Guyot, secrétaire du Roy.
1552 Maistre Christophle de Thou, secrétaire du Roy.
1554 Maistre Nicole de Livre, secrétaire du Roy.
1556 Monsieur Perrot.
1558 Maistre Martin de Bragelongne, lieutenant particulier.
1560 } 1562 } Guillaume de Marle, seigneur de Versigny.
1564 Monsieur Guyot, seigneur de Charmeaux.
1566 } 1568 } Monsieur de Villeroi.

|  |  |
|---|---|
| 1570 | Monsieur Marcel. |
| 1572<br>1574 | Monsieur le premier président Charron. |
| 1576 | Monsieur le premier président Luillier. |
| 1578 | Monsieur d'Aubray, secrétaire du Roy. |
| 1580 | Maistre Augustin de Thou, conseiller d'État. |
| 1582<br>1584 | Monsieur le premier président de Neuilly. |
| 1586 | Messire Nicolas Hector sieur de Perense, maistre des requestes. |
| 18 octobre 1590 | Maistre Charles Boucher, sieur d'Orsay, maistre des requestes et président du grand conseil. |
| 9 novembre 1592<br>1594 | Maistre Jehan Luillier, maistre des comptes (confirmé par Henri IV). |
| 1594<br>1596 | Maistre Martin L'Anglois, maistre des requestes. |
| 1598 | Messire Jacques Danès, seigneur de Marly-la-Ville, président des comptes. |
| 1600 | Messire Antoine Guyot, seigneur de Charmeaux, président des comptes. |
| 1602 | Messire Martin de Bragelongne, sieur de Charonne, président des requestes. |
| 1604 | Messire François Miron, chevalier, seigneur du Tremblai, de Lignières, Bonnes et Gillevoisin, lieutenant civil. |
| 1606<br>1608<br>1610 | Maistre Jacques Sanguyn, seigneur de Livri, conseiller au parlement. |
| 1612 | Maistre Gaston de Grieu, sieur de Saint-Aubin, conseiller au parlement. |
| 1614 | Messire Robert Miron, sieur du Tremblay, président aux requestes. |
| 1616 | Maistre Antoine Bouchet, seigneur de Bouville, conseiller au parlement. |
| 1618<br>1620 | Messire Henri de Mesmes, seigneur d'Irval, lieutenant civil. |
| 1622<br>1624<br>1626 | Messire Nicolas de Bailleul, seigneur de Vattelot-sur-Mer et de Soisy-sur-Seine, lieutenant civil. |
| 1628<br>1630 | Messire Christophle Sanguin, seigneur de Livry, président au parlement. |
| 1632<br>1634<br>1636 | Messire Michel Moreau, lieutenant civil. |
| 26 octobre 1637<br>1640 | Messire Oudard le Feron, seigneur d'Orville et de Louvre en Parisis président aux requêtes. |

| | |
|---|---|
| 25 février 1641 | Messire PERROT, seigneur de la Malmaison, conseiller au parlement. |
| 22 avril 1641 | Messire MACÉ LE BOULANGER, seigneur de Mafflé, Quinquempoix, etc., président aux requestes. |
| 1644 | Messire JEHAN SCARRON, seigneur de Maudiné-Loignes et Boissard, conseiller au parlement. |
| 5 mars 1646<br>1648 | Messire JEROSME LE FERON, seigneur d'Orville et de Louvre en Parisis, président aux requestes. |
| 1650<br>1652 | Messire ANTOINE LE FEVRE, conseiller au parlement. |
| 1654<br>1656<br>1658<br>1660 | Messire ALEXANDRE DE SÈVE, seigneur de Chatignonville et de Chastillon-le-Roy. |
| 1662<br>1664<br>1666 | Messire DANIEL VOISIN, seigneur de Cerisay, maistre des requestes. |
| 1668<br>1670<br>1672<br>1674 | Messire CLAUDE LE PELETIER, chevalier, président aux enquestes. |
| 1676<br>1678<br>1680<br>1682 | AUGUSTE ROBERT DE POMMEREU, seigneur de la Bretesche, conseiller d'Estat. |
| 1684<br>1686<br>1688<br>1690 | HENRY DE FOURCY, chevalier, seigneur de Chessy, président aux enquestes. |
| 1692<br>1694<br>1696<br>1698 | CLAUDE BOSC, seigneur d'Ivry-sur-Seine, procureur général de la cour des aydes. |
| 1700<br>1702<br>1704<br>1706 | CHARLES BOUCHER, chevalier, seigneur d'Orsay, conseiller au parlement. |
| 1708<br>1710<br>1712<br>1714 | JÉROSME BIGNON, conseiller d'Estat. |
| 1716<br>1718 | CHARLES TRUDAINE, conseiller d'Estat. |
| 1720<br>1722<br>1724 | PIERRE ANTOINE DE CASTAGNERE, marquis de Chasteauneuf et de Marolles, conseiller d'État. |

| | |
|---|---|
| 1725 à 1729 | Nicolas Lambert, chevalier, conseiller du Roy, président au parlement. |
| 14 juillet 1729 à 1740 | Michel Estienne Turgot, chevalier, seigneur de Sousmons, Bons, Essy, Poligny, Perières, Brucourt, président au parlement. |
| 16 août 1740 à 1743 | Félix Aubry, chevalier, marquis de Vastan, baron de Vieuxpont, conseiller du Roy. |
| 26 juillet 1743 à 1758 | Louis Bazile de Bernage, chevalier, seigneur de Saint-Maurice, Vaux-et-Chassy, conseiller d'État ordinaire. |
| 1758 à 1764 | Jean-Baptiste-Elie Camus de Pontcarré, chevalier, seigneur de Viorme, Seugy, Beloy et autres lieux, conseiller d'État. |
| 1764 à 1771 | Armand-Jérôme Bignon, chevalier, seigneur et patron de la Meaufle, Semilly-le Saussay, Lillebelle et autres lieux, conseiller d'État. |
| 1771 à 1778 | Jean-Baptiste François de la Michodière, chevalier, comte d'Hauteville, seigneur de la Michodière, conseiller d'État. |
| 1778 à 1784 | Antoine-Louis Lefebvre de Caumartin, chevalier, marquis de Saint-Ange, comte de Moret, seigneur de Caumartin, Boissy-le-Châtel, chancelier, garde des sceaux. |
| 1784 à 1789 | Louis Lepelletier, chevalier, marquis de Montméliant, seigneur de Mortefontaine, Plailly, Beaupré, Othis et autres lieux, conseiller d'État. |
| 1789 | Messire de Flesselles, massacré la même année et remplacé par Bailly qui prit le titre de *Maire*. |

Les élections, d'après ce tableau, étaient régulièrement faites de deux ans en deux ans et, jusqu'en 1725, presque toujours dans l'année paire. Lorsque l'élection avait lieu dans l'année impaire, par suite de la mort du titulaire ou toute autre raison, l'ordre était rétabli peu de temps après, et on rentrait dans une année paire. Nous en voyons deux exemples très-frappants de 1409 à 1420 et de 1637 à 1644.

Le document suivant prouve que l'élection avait lieu ordinairement vers le milieu d'août :

« Le lundi 17 d'août dudit an (1450), les Preuost des marchāds et Escheuins, Procureur du Roy, Conseillers, Quartiniers et notables Bourgeois de la Ville de Paris, délibererent et ordonnerent d'vn commun aduis, que de là en avant on ne pouruoiroit aucun des Offices de Preuost des Marchands et Eschevins qui ne fussent nez et natifs de Paris ; et que l'on ne procedderoit plus à l'eslection d'iceux en autre iour qu'en celuy du lendemain de la feste de l'Assumption nostre Dame 16 d'Aoust, selon une ancienne coustume.

« Pour approbation de ceste ordonnance, dès le mesme iour on eslut preuost, maistre Iean Bureau Trésorier de France, auquel le samedy 19 d'Aoust en l'an 1452, on fit succeder, M. Dreux Budé audiancier de France[1]. »

Les prévôts étaient indéfiniment rééligibles ; néanmoins, les réélections étaient rares jusqu'à 1558 : on n'en voit que deux exemples sur le tableau. Le premier prévôt trois fois réélu est maître Sanguyn, (de 1606 à 1612). Turgot a été élu six fois de suite. Messire de Bernage huit fois. Il est impossible de ne pas voir l'action de la volonté du roi dans ces élections successives du même prévôt.

Cette liste permet de faire facilement des recherches intéressantes : ainsi le travail hydraulique le plus important de la dynastie des Valois, la reconstruction de l'aqueduc de Belleville sur une longueur de 96 toises, a été fait en 1457, et par conséquent sous la prévôté de maître Jehan de Nanterre, président aux requêtes ; sire Michel de la Grange, qui, d'après l'inscription du regard de la Lanterne[2], était alors échevin, devint lui-même prévôt en 1466.

[1] Antiqvitez et choses plus remarqvables de Paris par Nicolas Bonfons MDCVIII fol. 385 verso.

[2] Voy. cette inscription page 125 :

Questoit lors prevost des marchens
De Paris honorable homme
Maistre Mahieu qui en somme
Estoit surnommé de Nanterre.

. . . . . . . . . .

Sire Michel qui en seur nom
Auoit d'une granche le nom.

# CHAPITRE XIX

## MODE DE DISTRIBUTION DES ANCIENNES EAUX

Les porteurs d'eau à tonneaux, à bretelles. — Importance des premiers jusqu'en 1673, principalement sous la dynastie des Valois. — Porteurs d'eau à bretelles. — Abus du puisage aux fontaines publiques. — Premières ordonnances du Châtelet. — Intervention du bureau de la ville. — L'édit de 1700 fait rentrer ce service dans les attributions du lieutenant général de police. — 1789. La municipalité de Paris est de nouveau chargée de ce service. — Porteurs d'eau à tonneaux. — Le puisage dans le fleuve est réglé par le bureau de la Ville. — Les pompes des frères Vachette. — Jusqu'en 1781, les porteurs d'eau à tonneaux puisent exclusivement dans le fleuve, l'accès des fontaines publiques leur est interdit. — Après la création de la préfecture de police, le service des porteurs d'eau rentre dans les attributions du préfet de police. — Ce service perd beaucoup de son importance par le développement de la distribution à domicile. — Ordonnances nouvelles. — Les fontaines marchandes. — Les premières sont construites par MM. Périer. — État actuel. — Diminution du produit. — Filtrage de l'eau aux fontaines marchandes. — Tarifs. — Réduction du nombre des porteurs d'eau à tonneaux.

Les anciennes eaux se distribuaient, soit par les porteurs d'eau, soit au moyen des fontaines publiques; en outre, un petit nombre de concessionnaires privilégiés recevaient l'eau à domicile, chacun par une conduite spéciale qui était sa propriété; il me reste à faire connaître comment fonctionnaient ces trois modes de distribution sous la direction des officiers qui constituaient le corps municipal. Je commence naturellement par les porteurs d'eau.

## LES PORTEURS D'EAU

Dans le moyen âge, comme aujourd'hui, ces ouvriers se divisaient en deux classes : les porteurs d'eau à bretelles et les porteurs d'eau à tonneaux.

Le porteur d'eau à bretelles devait son nom à une sorte de bretelle passant derrière son cou à chaque extrémité de laquelle était suspendu un seau, qu'il soutenait, en outre, avec les mains, et dont l'écartement était maintenu par un cerceau. Le porteur d'eau parcourait les rues de Paris criant sa marchandise. Son cri *à l'eau-au* n'est pas sorti de la mémoire des personnes de mon âge ; aujourd'hui, la bretelle est remplacée par un bâton recourbé en forme d'arc, que le porteur d'eau passe sur son épaule et aux extrémités duquel sont fixés les seaux dans une rainure garnie de fer. Cet engin se nomme *une courbe* ou *une courte ;* il est aplati et élargi dans sa partie moyenne qui repose sur l'épaule. Le porteur d'eau n'a pas moins conservé son ancien nom. Il *ne crie* plus sa marchandise et se borne à la porter chez ses pratiques.

La voie d'eau, jusqu'à la fin du dix-huitième siècle, était de deux seaux contenant ensemble 30 pintes ou 29 litres d'eau ; aujourd'hui, elle est réduite à 23 litres[1] ; le porteur d'eau en livre trois ou quatre de moins, sous prétexte qu'il ne peut remplir entièrement ses seaux ; cependant, pour éviter le batillage et les fluctuations qui produisent les pertes, il est tenu de fermer ses seaux lorsqu'ils sont pleins avec un couvercle en fer ou en bois[2].

Le porteur d'eau à bretelles prenait autrefois son eau en des

[1] Voy. page 22 et 343.
[2] Ordonnance de police du 7 août 1860. Art. 23.

points déterminés de la rivière et à la plupart des fontaines publiques; le peu d'importance du volume qu'il portait et la fatigue qu'aurait occasionnée une longue course ne lui permettaient pas de distribuer l'eau au loin; son commerce ne s'étendait qu'à une petite distance du fleuve ou des fontaines de puisage.

Pour se faire une idée de l'importance des porteurs d'eau dans ces temps anciens, il faut se rappeler que, jusqu'à la fin du treizième siècle, il n'existait dans l'enceinte de Philippe-Auguste que trois ou quatre fontaines publiques; les Parisiens, dès qu'ils s'éloignaient du fleuve, n'avaient plus à leur portée que leurs puits[1], et, par conséquent, ne disposaient d'aucune eau propre aux usages domestiques les plus importants, au lavage du linge et à la cuisson des légumes.

Cette pénurie d'eau retardait le développement de la Ville, surtout dans le quartier de l'Université, dont les rues à fortes pentes rendaient le transport de l'eau difficile et dispendieux. Les habitants ne pouvaient donc s'éloigner beaucoup du fleuve. Avant le pavage des rues, qui remonte au temps de Philippe-Auguste[2], les tonneaux ne circulaient qu'à grands frais dans l'enceinte des fortifications érigées par ce roi. L'amélioration de la voie publique et la création des chaussées pavées commença vers l'année 1184; elle facilita beaucoup le transport de l'eau de Seine, et la Ville put se développer jusqu'à cette enceinte, même dans le quartier de l'Université.

Depuis le règne de Philippe-Auguste jusqu'à celui de Philippe de Valois, l'on n'avait point songé à augmenter l'enceinte de la

[1] Voyez chapitre premier.

[2] Tout le monde connait le passage *des Gestes* de Philippe-Auguste, dans lequel Rigord raconte que le Roi (en 1184), s'étant mis à la fenêtre du palais de la Cité, sentit une odeur fétide s'exhaler des boues sillonnées par les chariots...... « Convocatis Burgensibus, cum præposito ipsius civitatis, regia auctoritate præcepit quod omnes vici et viæ totius civitatis Parisii duris et fortibus lapidibus sternerentur ». (*Histoire générale de Paris*, Tisserand. Introduction du volume intitulé *Estienne Marcel*, page IV.)

Ville ; ce fut pour mettre les maisons des faubourgs à l'abri des insultes, pendant la guerre dont on était menacé de la part d'Édouard III, roi d'Angleterre, que Philippe de Valois commença à creuser une nouvelle enceinte ; mais elle ne fut achevée que sous le règne de Charles V[1].

Cette guerre, à laquelle on a donné le nom de guerre de cent ans, qui commença vers 1336 et ne se termina qu'à la rentrée de Charles VII à Paris, en 1436, fut une des plus funestes à la France, qui fut presque constamment ravagée par l'invasion étrangère ; on comprend sans peine que tous les travaux publics furent absolument négligés pendant ces cent ans. Sous les règnes relativement plus calmes de Louis XI, Charles VIII, Louis XII, François I^er^ et Henri II, il fallait fermer tant de plaies et réparer tant de ruines qu'aucune dépense ne fut faite pour développer la distribution de l'eau. Le bureau de la ville mit tous ses soins à l'exact entretien de ce qui existait ; le travail le plus important exécuté vers cette époque fut la reconstruction de l'aqueduc de Belleville, sur une longueur de 96 toises, dont il a déjà été fait mention[2]. Il en fut de même pendant les guerres civiles et religieuses qui troublèrent si profondément les règnes des derniers Valois ; ce ne fut réellement que sous le règne de Henri IV, et surtout après la proclamation de l'édit de Nantes (1598), que la paix fut consolidée et qu'on put s'occuper des paisibles travaux de distribution d'eau.

Tant que la dynastie des Valois se maintint sur le trône, l'eau de Seine fut presque le seul complément de l'eau des puits des Parisiens. Elle ne pouvait être transportée que par les porteurs d'eau à tonneaux qui rendirent ainsi de grands services à la population. Mais ce mode de transport de l'eau était bien insuffisant pour l'alimentation d'une grande ville. Aussi, pendant les deux siècles si troublés qui précédèrent l'avénement de Henri IV,

[1] Voyez, sur la carte de l'atlas, le tracé des enceintes successives de Paris.
[2] Voy. page 125.

la Ville avait peine à se développer sur les terrains compris entre les enceintes de Philippe-Auguste et de Charles V, les maisons ne s'y construisaient point faute d'eau; « on y avoit renfermé des courtilles, des jardins, des places vagues très-étendues.... Ainsi tous ces terrains, où nous voyons aujourd'hui ces belles et longues rues si peuplées et ornées de maisons magnifiques, n'étoient qu'une vaste campagne où il y avoit quelques maisons éparses, des moulins et des terres labourables. La ville de Paris étoit encore dans cet état sous le règne de Henri IV; ce fut sous celui de son successeur que, les maisons s'étant extrêmement multipliées sur le terrain situé au delà de l'enceinte de Charles V, on en traça une nouvelle connue sous le nom de *fossés jaunes*. Mais ce ne fut que pendant l'année 1668 et les deux suivantes, qu'on forma l'enceinte que nous voyons aujourd'hui, ornée d'allées d'arbres[1]. »

Ce grand accroissement de la Ville augmenta la pénurie d'eau; les maigres fontaines qu'on multipliait dans ces nouveaux quartiers étaient insuffisantes, et les porteurs d'eau à tonneaux avaient de bien longs trajets à faire pour porter l'eau de Seine jusqu'aux maisons nouvelles et même jusqu'à l'enceinte de Charles V; ils exigeaient donc une forte rémunération.

On en trouve la preuve dans l'édit de Charles VI, du 3 octobre 1392. Le roi, après avoir décrit la pénurie d'eau dont on souffrait alors, ajoute : « Pour-quoy plusieurs personnes qui vouloient habiter iceulx lieux, pour la nécessité d'eaus qu'ils avoient, ont lessié notre dite ville et sont allés habiter ailleurs, et ceulx qui y sont demourez ont pour ce.... souffert très grande misère; et *convient que à très grant trauail et coust aient de l'eaüe de la d^{te} rivière de Saine pour leur sustentacion.* »

La construction de l'aqueduc d'Arcueil ne produisit aucune amélioration; le prodigieux accroissement de Paris, sous le

[1] Bonamy. Cette dernière enceinte forme aujourd'hui les boulevards intérieurs depuis la Madeleine jusqu'à la Bastille.

règne de Louis XIV, fit qu'on se trouva dans la même disette où l'on avait été auparavant[1].

C'est sous la prévoté de Le Peletier que l'enceinte des boulevards fut construite. En même temps, le bureau de la ville accueillit favorablement les projets de MM. Jolly et de Mance, et, en 1673, les pompes du pont Notre-Dame permirent bientôt d'alimenter, tant dans le quartier de l'Université que dans la nouvelle enceinte, depuis la rue Royale jusqu'à la Bastille, un grand nombre de fontaines avec une eau propre à tous les besoins domestiques.

### PORTEURS D'EAU A BRETELLES

Les porteurs d'eau à bretelles, qui puisaient l'eau aux fontaines publiques pour alimenter les maisons du voisinage, prirent alors une grande importance : l'eau de Seine fut distribuée sans qu'il fût nécessaire de l'aller puiser dans le fleuve; ainsi, jusqu'en 1673, la distribution d'eau à domicile fut faite surtout par les porteurs d'eau à tonneaux ; à partir de cette époque, les porteurs d'eau à bretelles leur firent concurrence. Les habitants de la classe ouvrière puisaient eux-mêmes aux fontaines l'eau de Seine nécessaire à certains usages domestiques ; le service des maisons bourgeoises était fait par le porteur d'eau à bretelles comme il l'est encore aujourd'hui dans les maisons non abonnées aux eaux de la Ville.

Je ne dirai rien du puisage à la rivière par les porteurs d'eau à bretelles, qui ne peut donner lieu à de grands abus; mais il n'en est pas de même du puisage aux fontaines publiques; la profession de ces porteurs d'eau ayant toujours été absolument libre, l'administration n'a aucun moyen d'action sur ces ouvriers.

Il résulte de là que, lorsqu'on les tolère à une fontaine, ils s'arrangent tous pour en interdire l'accès au public ; ils y passent les uns après les autres en ne laissant aucune place entre eux

[1] Bonamy.

pour les autres habitants de la Ville. La répression de cet abus a été la préoccupation constante de l'administration, et encore aujourd'hui le préfet de police est obligé de rendre de temps à autre des ordonnances pour rappeler aux porteurs d'eau que les particuliers doivent passer avant eux aux fontaines. Cependant, le puisage a perdu beaucoup de son importance par suite du développement de l'abonnement à domicile ; mais, dans les temps anciens, les concessions particulières et les fontaines publiques étaient en très-petit nombre, ainsi qu'il sera dit dans le chapitre suivant. Il fallait donc régler l'accès aux fontaines, non-seulement pour les porteurs d'eau, mais encore pour les autres habitants de Paris.

Les plus anciennes ordonnances qui intéressent le service des eaux ont eu pour objet d'empêcher les abus du puisage aux fontaines publiques. L'ordonnance suivante a été rendue sous le règne de Charles V, en 1369 ; nous n'en possédons malheureusement que des copies dans lesquelles le style et l'orthographe de la pièce originale ont été plus ou moins altérés.

*Ordonnance de police concernant les porteurs d'eau qui fréquentent la fontaine Saint-Innocent, et qui contient le règlement sur l'usaige de ladite fontaine. Sans date, mais vers la Saint-Pierre* 1369.

Premierement, que nul Porteur d'eau vendant eau ne puisse puiser à la Fontaine S. Innocent, si elle n'est si garnie d'eau qu'elle vienne à pleins tuyaux tout environ ladite Fontaine.

Item, Si ladittе Fontaine est toute pleine, si ne pourra mie Porteur d'eau prendre eau de ladittе Fontaine, hors seulement entre le Soleil levant et le Soleil couchant.

Item, Que nulle autre personne ne puisse puiser ni prendre eau en icelle Fontaine depuis l'heure de couvre-feu sonné, ce n'est jusqu'à lendemain jour, se ce n'est en cas de necessité de feu.

Item, Que nul Porteur d'eau ne pourra ne devra servir nuls Cervoisiers, Teincturiers et Marchands de chevaux, se ce n'est seulement pour le vivre et manger de leur Hostel.

Item, Que nul d'iceux Teincturiers, Cervoisiers et Marchands de chevaux ne puissent par lui ne par Sergens[1] venir querir eau en ladite Fontaine, se ce n'est pour son boire et manger.

Item, Supposé que la Fontaine vienne à pleins tuyaux, que nul Porteur d'eau ne puisse mettre sa cruche ou ses seaux sur les carreaux, mais les tienne sur ses épaules jusqu'à ce que son tour vienne.

Item, Que nul Porteur d'eau ne pourra ne devra avoir tour ou préjudice ne au-devant des Bourgeois ou Habitans de la Ville de Paris, ou leurs gens.

Item, Que nulle personne quelconque ne pourra laver, ne faire laver drappeaux, trippes ou ordures en ladite Fontaine.

Item, que nul ne puisse abreuver chevaux ou autres bestes en laditte Fontaine, ne faire environ icelle ordure ne villenie ; et quiconque méprendra ès choses dessusdittes, il paiera 5 s. d'amende au Roy, et seront les vaisseaux acquis au Roy, qui y seront apportez et trouvez outre les heures dessus déclairées : ainsi signé : J. Lebegue[2].

Une autre ordonnance, à la même date, règle le service de la fontaine des Halles. L'article 1er est ainsi conçu :

Premièrement, que nul porteur ou porteresse d'eau vendant eau ne puisse puiser à la dite fontaine pour revendre à quelque personne que ce soit[3].

Cette fontaine était donc réservée entièrement aux habitants de la Ville, qui devaient eux-mêmes y faire les puisages. Son accès était interdit aux porteurs d'eau. Je ne reproduis pas les autres articles, qui ont été copiés textuellement sur les articles 3, 4, 5, 6, 8 et 9 de l'ordonnance précédente.

Une autre ordonnance, du 15 mai 1394, rendue sous le règne du roi Charles VI, interdit aux porteurs d'eau l'accès des deux fontaines « par devant les bourgeoiz et habitans de la dicte ville

[1] Sergens (Serviteurs). Ce mot vient de Serviens. (Cette note est sur le manuscrit de la préfecture de police.)

[2] Cette ordonnance, faite au Châtelet, était transcrite sur le livre *vert vieil*, fol. 150, et se trouve encore dans les registres de la préfecture de police ; c'est là que je l'ai fait copier ; elle a déjà été reproduite dans le *Traité de la police*, de Delamare, t. Ier, liv. IV, page 582.

[3] Faite également au Châtelet, même livre, fol. 152, reproduite par Delamare à la suite de la précédente. L'original a été brulé à la préfecture de police.

de Paris »[1]. Je la donne entièrement, parce qu'elle me paraît bien plus fidèlement copiée que celles qui précèdent.

« Soit crie de par le Roy nre S$^{re}$ et de par Monseigneur le preuost de Paris. Premierement que nulz marchans foreinz. . . . . . . . . . .

. . . . . . . . . . . . . . . . . . . . . . . . . . .

Item que nulz porteurs deaue ne soyent si hardiz de venir querir eaue en la fontaine sainct Innocent ne des halles, par deuant les bourgeoiz et habitans de la dicte ville de paris, et que les fontaines viengnent a plain tuyau sur peine de perdre leurs seaulx et de cinq solz$^{p}$ damende, et que nulz marchans de chevaulx et ceruoisiers ne soyent si hardiz de puiser eaue esdictes fontaines se ce nest es tuyaux damont, sur peine damende arbitraire, et aussy es autres fontaines de ladicte ville, que lesdicts porteurs deaue ne preignent point deaue deuant les voisins, sur ladicte peine et amende »

Et au doz dudit cry estoit escript ce qui sensuit. Publie souffisamment es lieux acoustumez a faire crys a paris par Jaquet preuost crieur du Roy nre Sire, et fu faict ce vendredy xv$^{e}$ jour de may lan mil ccc III$^{xx}$ et quatorze. (15 may 1394.)

Il y avait quelque confusion d'attribution dans les règlements concernant les porteurs d'eau : les ordonnances qui précèdent émanent du Châtelet ; le prévôt des marchands intervenait aussi. Sur la réquisition du procureur du roi et de la Ville, un jugement fut rendu le 2 octobre 1686, faisant défense aux porteurs d'eau d'empêcher les bourgeois et habitants de la ville de prendre « par préférence » aux fontaines publiques l'eau dont ils avaient besoin, « et de les injurier, frapper et molester, casser leurs seaux, pots ou cruches, et de faire naistre pour raison elici aucune querelle, bruit et dispute entre eux, proferer aucun blasfesmes et jurements du saint nom de Dieu, à peine d'amende et de prison, et du fouet sil y echeoit. »

[1] Registres du Châtelet, livre rouge vieil, folio 125. On remarquera que l'orthographe et le style anciens ont été respectés dans cette ordonnance, tandis qu'ils ont été rectifiés ou même altérés dans les deux pièces qui précèdent. Il semble que l'ordonnance de 1369 qui existe encore dans les registres de la préfecture de police a été copiée sur le *Traité de la police*, car l'orthographe est exactement rectifiée de la même manière. Ainsi dans les deux copies on lit : *eau* au lieu de *eaue*, *viennent* au lieu de *viengnent*, *plein* au lieu de *plain*, etc.

Ce jugement ou plutôt cette ordonnance n'empêcha pas les porteurs d'eau d'agir comme par le passé, et, le 13 janvier 1687, le prévôt était saisi d'une plainte de plusieurs bourgeois et habitants voisins de la fontaine de la rue du Pot-de-Fer, au faubourg Saint-Marcel, « de ce que les nommés René, Grasdouble, Orgenat, Marie Blanche et autres porteurs d'eau de la dicte fontaine s'y attroupaient » et se portaient à des actes de violence, pour empêcher les habitants du voisinage d'y puiser de l'eau. René, notamment, avait battu, jusqu'à effusion de sang, le nommé Florentin Prévost, marchand de vin, « arraché et mis sa perruque en pièces, proférant contre luy plusieurs injures attroces. »

Sur la réquisition du procureur du roi et de la ville, le prévôt des marchands, « ayant égard aux dictes remontrances et conclusions », ordonna « que par devant le sieur Lenoir, l'un des échevins a ce commis, il serait informé à la requête du procureur du roy et de la ville, des faicts contenuz en la dicte plainte et contrauention faictes par les dicts porteurs deaue. »

Il rappelait son jugement du 2 octobre, et faisait « itératives défenses aux dicts porteurs d'eaue d'y contrevenir, à peine de punition corporelle. » Cette ordonnance devait être affichée et exécutée, « nonobstant opposition ou appellations quelconques faictes ou à faire[1]. »

Le 2 octobre 1687, sur la remontrance du substitut du procureur du roi et de la Ville, une nouvelle défense fut faite par le prévôt des marchands, « aux porteurs d'eau, d'empescher les bourgeois et aultres de puiser par préférance et de faire amas ou magazin en leurs maisons des eaües des fontaines, a peine d'amende et de prison[2]. »

A cette occasion, le prévôt délégua aussi un des échevins, Jacques de la Mourette, pour que, accompagné des huissiers de la Ville, il procédât à une information à la suite de laquelle ils amèneraient et constitueraient prisonniers tous les contrevenants

[1] Registres de la Ville, vol. LIV, H. 1831, fol. 228.
[2] *Ibid.*, vol. LIV. H. 1831, fol. 679.

« ès prisons de la dicte Ville, pour leur être leur procès faict et parfaict, à la requeste du procureur du Roy et de la Ville. » Le prévôt avait lui-même constaté les délits, dans sa visite annuelle du 25 septembre; il avait reconnu, notamment à la fontaine de Richelieu, qu'un grand nombre de seaux et de lames de ceinture étaient délaissés, et obstruaient la voie publique et les abords de la fontaine[1].

Le prévôt des marchands admettait donc qu'il entrait dans ses attributions de condamner les porteurs d'eau à des amendes et même à des punitions corporelles, telles que la prison et le fouet, nonobstant appel.

L'article IV d'un édit, rendu en 1700, fit cesser cette incertitude d'attribution, en conférant « au lieutenant général de police » le droit de régler « l'ordre qui doit être observé entre les porteurs d'eau, pour la puiser et la distribuer. » Le lieutenant général de police se hâta d'user de ses nouvelles attributions.

Par une ordonnance du 4 juillet 1698, « messire Marc-René de Voyer de Paulmy d'Argenson, chevalier, conseiller du Roy en ses conseils, maistre des requestes ordinaires de son hostel, lieutenant général de la police de la ville, prévosté et vicomté de Paris, « après avoir ouy les commissaires et les gens du Roy en leurs conclusions », condamnait les porteurs d'eau Lamontagne, Bellebrune, Leschevin, Dordon et Moreau, « chacun en dix livres d'amende envers le Roy », pour diverses contraventions commises aux fontaines, notamment pour en avoir empêché l'accès aux autres habitants de la Ville, avoir fait des approvisionnements d'eau dans leurs maisons et chez leurs voisins, etc.

Ce jugement fut publié et affiché dans la même forme que celui du prévôt des marchands.

Les mêmes défenses furent renouvelées : 1° par une ordonnance du lieutenant de police, messire Voyer d'Argenson, du 25 mai

[1] Registres de la Ville, II. 1831, fol. 679.

1703, rendue notamment contre les porteurs d'eau qui remplissaient leurs seaux ou puisaient dans le ruisseau avec des sébiles l'eau tombée de la fontaine d'un jardin sis rue Garancière, pour la vendre aux bourgeois, et contre « plusieurs femmes et filles qui y savonnaient et lavandaient leur linge sur le pavé », et de plus les condamnait chacun à 30 livres d'amende.

2° Par un jugement, en date du 22 juillet 1729, de messire René Herault, chevalier, etc., lieutenant général de police, lequel s'appliquait surtout aux porteurs et porteuses d'eau de la fontaine de la Reine, qui « se battent journellement entre eux, s'invectivent par les injures les plus atroces et profèrent plusieurs blasphèmes....; se rendent tellement maîtres de la dite fontaine, qu'il n'est pas permis à aucun bourgeois.... d'en pouvoir approcher, encore moins d'y puiser de l'eau. »

Ce jugement, tout en renouvelant les défenses antérieures, condamnait par défaut « en cent sols d'amende divers porteurs et porteuses d'eau contrevenants. »

3° Par une autre ordonnance de messire Hérault, lieutenant général de police, en date du 14 juin 1731 [1].

Le corps municipal rentra dans ses anciennes attributions après la prise de la Bastille, et, dès le 25 septembre 1789, le procureur du Roi et de la Ville, M. Éthis de Corny, signalait un grave abus qui s'était introduit dans le régime des fontaines pendant le temps que le lieutenant général de police en avait été chargé.

Par mesure de police et dans l'intérêt de la sécurité publique, on enregistrait les noms, surnoms, âges, lieux de naissance et domiciles des porteurs d'eau ; ils portaient des numéros, et ils étaient obligés de se soumettre à certaines règles pour les heures d'arrivée et de travail. Rien n'était plus sage, suivant le procureur du Roi et de la Ville. Mais ce qui, d'après lui, ne pouvait se justifier, c'est qu'on accordât à un certain nombre d'entre eux des

[1] Voyez pour les quatre ordonnances le *Traité de la police* de Delamare, à la suite des citations faites ci-dessus.

permissions exclusives « pour prendre un approvisionnement privilégié à certain nombre de fontaines désignées dans un mémoire » qui lui avait été remis. « Cette admission des uns, cette exclusion des autres, ne peuvent être tolérées plus longtemps.

« Je requiers en conséquence, ajoutait ce magistrat, que tous les porteurs d'eau pourront se présenter librement et indistinctement à toutes les fontaines appartenant à la Ville....

« Qu'il soit ordonné à ceux.... auxquels il a été délivré des permissions exclusives de les rapporter au greffe de l'hôtel de Ville pour être supprimées, et ce, dans un délai de trois jours...., et.... qu'elles soient déclarées nulles et de nul effet.

« Qu'il soit enjoint auxdits porteurs d'eau de laisser toujours approcher avant eux les citoyens qui iront chercher de l'eau pour leur consommation personnelle. »

Bailly, maire de Paris, assisté de MM. Dufour, Arron, Vermeil, Courtin et Delavigne, avocats, rendit une ordonnance conforme aux conclusions du procureur du roi et de la Ville.

Cette ordonnance fut lue et publiée « au son du tambour sur tous les ports, lieux et endroits ordinaires et accoutumés de la ville, par Louis-Noël Blanchet, huissier audiencier et commissaire de police de l'hôtel de ville de Paris, le premier octobre 1789 [1]. »

Voici les mesures prises récemment pour régler le puisage aux fontaines publiques :

L'ordonnance du 7 août 1860 contient les dispositions suivantes, qui n'ont pas besoin de commentaires :

*Art.* 24. Les particuliers ont le droit de puiser aux fontaines publiques, avant les porteurs d'eau à bretelles ;

*Art.* 25. Il est défendu aux porteurs d'eau, soit à tonneaux, soit à bretelles, de puiser aux bornes-fontaines, ainsi que dans les bassins des fontaines publiques ;

*Art.* 26. Il est formellement interdit aux porteurs d'eau, soit

[1] Manuscrits des Archives nationales, liasse H. 1960, pièce 280.

à tonneaux, soit à bretelles, de frapper leurs seaux et de se servir d'instruments bruyants pour annoncer leur marchandise [1].

Une nouvelle ordonnance, en date du 26 juin 1875, n'est autre chose que la reproduction de l'article 24 de celle du 7 août 1860 : « Les particuliers ont le droit de puiser aux fontaines publiques, avant les porteurs d'eau à bretelles. »

Aujourd'hui, la question a perdu beaucoup de son importance : la ville, dans ces dernières années, a pris une mesure qui sauvegarde les intérêts de l'ouvrier. On a construit 254 bornes-fontaines à repoussoir, auxquelles les porteurs d'eau n'ont pas le droit de puiser ; ces fontaines sont affectées entièrement aux puisages des autres habitants ; le porteur d'eau à bretelles est donc inconnu dans la zone annexée. En résumé, sur 33 fontaines de puisage et 306 bornes à repoussoir, 33 seulement sont fréquentées par les porteurs d'eau à bretelles, et 306 sont réservées au public.

Il est absolument impossible de se rendre compte du nombre des porteurs d'eau à bretelles. Beaucoup de propriétaires reçoivent l'eau de la Ville, seulement dans la cour. C'est souvent le charbonnier du coin qui puise l'eau et la monte dans les appartements. Le nombre de ces porteurs d'eau est inconnu ; mais il tend à diminuer, parce que les distributions d'appartement se développent rapidement.

### PORTEURS D'EAU A TONNEAUX

Il ne paraît pas que, dans les temps anciens, les porteurs d'eau à tonneaux aient été soumis à aucune règle, si ce n'est pour le puisage dans la rivière. L'accès des fontaines publiques leur était interdit ; ils n'ont jamais pris part aux rixes dont il a été question ci-dessus : aussi il n'est pas question d'eux dans les ordonnances du lieutenant général de police, ni dans celles du prévôt des marchands. Je n'y vois qu'une seule exception : dans l'ordon-

[1] Ordonnance rendue par M. Boittelle, préfet de police.

nance du 14 juin 1731, du lieutenant général de police, le procureur du roi avait constaté que certains particuliers, qui voituraient de l'eau avec des tonneaux, tendaient à s'emparer des fontaines publiques, et à en exclure les porteurs d'eau à bretelles. Messire Hérault rendit, sur ce réquisitoire, une ordonnance dont voici les conclusions :

« Faisons tres expresses inhibition et defenses à tous particuliers qui sont dans l'usage de conduire par la Ville de l'eau dans des tonneaux, ou d'en avoir pris les places destinées aux carosses et voitures, de puiser aux fontaines publiques.

« Leur enjoignons d'aller à la Rivière y remplir leurs tonneaux, aux endroits où il est ordonné aux Porteurs d'eau de puiser, avec défenses de troubler ni maltraiter les Porteurs et Porteuses d'eau qui se présenteront aux fontaines, à peine de cinquante livres d'amende pour la première fois, et de plus grande s'il y échet. Mandons aux Commissaires du Châtelet, et à tous Officiers de Police, de tenir la main à l'exécution de la présente Ordonnance, qui sera luë, publiée et affichée aux lieux et endroits accoutumés et notamment aux fontaines, à ce qu'aucun n'en ignore. Ce fut fait et donné le quatorzième jour de Juin mil sept cent trente et un, signé, Herault. »

Le bureau de la ville conserva toujours le droit d'indiquer les points de la rivière où les porteurs d'eau pouvaient puiser de l'eau, aussi bien que ceux où le puisage était interdit ; ainsi une ordonnance du 1er juillet 1667, contient le passage suivant : « et d'autant que proche des batteaux à lauer lessiues il se faict ordinairement un amas d'ordures procédant des savons, auons faict deffences ausdicts porteurs d'eau, de prendre de l'eau qu'à la teste desdits batteaux de scelles à lauer lessiues.... » cette défense fut renouvelée le 30 septembre 1711 [1].

Le puisage dans le petit bras le long de l'Hôtel-Dieu était également interdit depuis les Grands Dégrès jusqu'au dessous du Pont-Neuf [2].

[1] Reg. de la ville H. 1820, vol. XLIII, fol. 284 et H. 1844, vol. LXVII, fol. 296.
[2] Je me borne à citer quelques-unes des nombreuses ordonnances rendues sur ce sujet.

Une ordonnance du 18 juin 1676 conteste aux commissaires du Châtelet le droit de déplacer les bateaux à lessives et enjoint aux porteurs d'eau « à peine du fouet » de faire leurs puisages ailleurs qu'aux lieux désignés par le bureau[1]. Ces lieux portaient le nom de *puisoirs ;* après beaucoup de tâtonnements, leur nombre fut fixé à cinq ; ils se trouvaient sur les bas ports, suivants :

RIVE DROITE

Au port au plâtre, aujourd'hui quai de la Rapée.
Au port au bled, aujourd'hui quai de l'Hôtel-de-Ville.
Au port de Recueillage.

RIVE GAUCHE

Au port de l'hôpital-général, aujourd'hui quai d'Austerlitz.
Au port des Invalides, aujourd'hui quai d'Orsay.

Ces puisoirs étaient fort incommodes. Les chevaux et les voitures descendaient dans la rivière, et le puisage était fait avec des seaux ; outre qu'il était dangereux pour les hommes et les chevaux, il avait encore l'inconvénient de troubler l'eau, de sorte qu'on vendait aux Parisiens un liquide corrompu et d'un aspect repoussant[2].

Une première tentative d'amélioration de ce mode de puisage remonte au 9 mars 1646. Le sieur Charles de l'Estang obtint des lettres patentes et un arrêt du conseil d'État qui l'autorisaient à établir dans la Seine, depuis le Mail jusqu'au pont des Tuileries, des bateaux « en forme de fontaines et réservoirs pour puiser de l'eau claire et limpide dans le lit pur de la rivière ». Il présenta ces titres à la Ville ; l'avis du bureau lui fut favorable et l'autorisa à vendre l'eau aux porteurs d'eau et aux particuliers à raison d'un denier le seau. Cette autorisation n'eut aucune suite[3].

25 septembre 1682. — 26 juin 1684. — 27 août 1677. — 20 juillet 1702. — 17 septembre 1717. — 15 juillet 1721. — 25 septembre 1726, etc. (registres de la ville).

[1] Reg. de la ville H. 1825, vol. XLVIII, fol. 533 et suivants.

[2] *Ibid.* H. 1820, vol. XLIII, fol. 294.

[3] *Ibid.*, H. 1807, vol. XXX, fol. 350.

Le sieur Langlois fut autorisé par le bureau, le 4 juin 1771, à établir une pompe dans un bateau, au port de l'hôtel des Invalides, pour remplir les tonneaux des porteurs d'eau. Cette machine était à 50 pieds du bord ; elle remplissait un tonneau en moins de deux minutes, et, dans une visite faite le 10 juillet dela même année, le prévôt constatait qu'elle ne troublait ni n'agitait l'eau ; que son tuyau d'aspiration avait son extrémité placée entre deux eaux, de manière à n'attirer ni les corps flottants ni la vase, et, qu'en somme, la pompe avait très-bien réussi, qu'elle donnait de l'eau aussi belle que possible et en assez grande abondance, pour être utilisée en cas d'incendie ; en outre, elle préservait les porteurs d'eau du danger qu'ils couraient, en descendant à la rivière [1].

Le 24 septembre suivant, le bureau accueillit donc très-favorablement une requête du sieur Félix Langlois qui, associé au sieur Pierre Vachette, demandait la permission de placer quatre autres pompes, à l'instar de la première, aux autres puisoirs des porteurs d'eau, c'est-à-dire au Port au Bled, au Port du Recueillage, au Port au Plâtre et au Port de l'Hôpital général. « On évitera, disaient-ils, les embarras que causent ordinairement les porteurs d'eau avec leurs voitures qui s'y trouvent souvent plus de vingt à la fois pour attendre leur tour pour avoir de très-mauvaise eau et y restent fort longtemps à cause de la manœuvre des seaux.... On évitera d'ailleurs les accidents qui peuvent arriver par l'usage des tréteaux et des planches. »

Voici les passages les plus importants de la délibération du bureau :

« Nous ayant aucunement egard à la d[e] requeste avons permis aux suplians d'établir sur la rivière trois pompes sur batteaux de quarante pieds de long sur quinze pieds de large au plus chacun et de les placer, sçavoir : une au port de l'Hopital, a quinze pieds de distance du rivage, audessus des bateaux à lessive du dit Ho-

[1] Registres de la Ville, H. 1874, vol. XCVII, fol. 197.

pital :... une autre au Port au Plâtre a douze pieds du rivage.... et la troisième et dernière à la partie inférieure du port du Recueillage, près et audessus des batteaux a laver lessive qui aboutissent à l'abreuvoir, Laquelle sera aussi à douze pieds du rivage.» On ne pouvait faire droit à leur demande pour le port au Bled ou de Grève, parce que la place était prise par un sieur Pacot, auquel on avait accordé une permission semblable le 20 août de la même année [1]. Les suppliants devaient fournir au public « une eau plus pure et un secours assuré en cas d'incendie,... tenir continuellement jour et nuit deux hommes dans chaque batteau pour faire le service des dites pompes,... garnir le dessus des quatre encoignures de la couverture de barres de fer arrondies... afin de faciliter le parage des cordes servant au tirage des coches, galliotes et autres batcaux. » Ils ne pouvaient « prendre ni exiger d'autres salaires plus grande somme que deux sols, quant à celles des ports de l'Hopital et du Plâtre ; et deux sols six deniers en ce qui est du port du Recueillage, le tout pour chacun tonneau de la continence d'environ deux muids, sauf a augmenter par proportion pour ceux qui seraient de plus grande continence [2]. »

Le remplissage se faisait donc au prix de dix et douze centimes et demi par tonneau de 476 litres environ, ce qui fait ressortir à 20 et 25 centimes le remplissage d'un mètre cube de capacité.

Les décisions suivantes ont été prises successivement :

Le 20 juin 1775, « jugement du bureau de la Ville qui accorde à Pierre Vachette et à Nicolas Callerond, Entrepreneurs des Machines, sur la rivière de Seyne pour remplir les tonneaux des porteurs d'Eau, etablis en conséquence d'autres Jugements des 24 7^bre 1771 et 24 7^bre 1773, une augmentation de retribution pour le remplissage de ces tonneaux [3] — ».

Le 22 août de la même année, « Jugement du Bureau qui autorise Antoine Paco et Antoine N^as Lavier, proprietaires du Reservoir pour les porteurs

[1] Registres de la Ville, H. 1874, vol. XCVII, fol. 226.
[2] *Ibid.*, H. 1874, vol. XCVII. fol. 256.
[3] *Ibid.*, H. 1876, vol. XCIX, fol. 143.

d'Eau a tonneau, au Port de la Grève, de percevoir desdits porteurs d'Eau 2 sols par muid d'Eau qu'ils prendront audit Réservoir, et en conséquence de marquer sur les dits tonneaux leur continance[1]. »

Les abus ne tardèrent pas à se manifester. Le Parlement fut saisi, le 3 mai 1776, d'une requête des porteurs d'eau contre les entrepreneurs des pompes et machines hydrauliques, qui fut communiquée au bureau de la Ville[2].

D'après l'avis du bureau, le Parlement rendit un arrêt qui défend « aux porteurs et conducteurs d'eau dans la ville et faubourgs, de puiser de l'eau ailleurs que dans les puisoirs qui leur seront indiqués par le bureau de la ville, sans qu'on puisse les obliger d'aller remplir leurs tonneaux aux pompes et machines établies sur les bords de la rivière, à moins que ce ne soit volontairement de leur part[3]. »

Ainsi, en 1776, les porteurs d'eau à tonneaux puisaient encore l'eau dans la Seine, en descendant dans le fleuve avec leurs chevaux et leurs voitures, ou en s'adressant aux compagnies qui avaient établi des pompes dans le voisinage de leurs puisoirs; ces compagnies, moyennant une modique rétribution, remplissaient les tonneaux rapidement et sans aucun danger pour les chevaux et pour les hommes.

L'accès des fontaines publiques leur était absolument interdit : leurs voitures auraient obstrué les rues, et l'écoulement des fontaines était si peu abondant que le remplissage des tonneaux aurait rendu tout autre puisage impossible.

La Préfecture de police fut créée le 17 février 1800, et le service des porteurs d'eau y fut de nouveau attaché. L'interdiction de puiser aux fontaines publiques fut renouvelée dans toutes les ordonnances, notamment dans celles du 28 juillet 1819 et du

[1] Registres de la Ville, H. 1876, vol. XCIX, fol. 221.
[2] *Ibid.*, H. 1876, vol. XCIX, fol. 312.
[3] Manuscrits des Archives nationales, H. 1876, fol. 465.

24 octobre 1829. Voici dans quels termes cette interdiction est faite dans cette dernière :

Art. 10 bis (les porteurs d'eau à tonneaux) ne pourront puiser, hors le cas d'incendie, qu'aux fontaines dépendantes de l'établissement des pompes à feu [1] ou à celles auxquelles l'autorité leur permettrait par suite de s'approvisionner.

Il leur est interdit de puiser aux fontaines publiques.

Le numérotage, le jaugeage et la visite des tonneaux, les règles auxquelles cette industrie est soumise, ont été l'objet de nombreuses ordonnances de police, rédigées presque toutes dans les mêmes termes [2]. La plus complète est celle du 7 août 1860, dont voici les dispositions qui s'appliquent aux porteurs d'eau à tonneaux :

Art. 6. — Tous les individus qui voudront exercer la profession de porteur d'eau à tonneaux dans la ville de Paris, ou ceux qui se livrant en ce moment à cette industrie voudront continuer à l'exercer, seront tenus d'en faire la déclaration à la Préfecture de police.

Cette déclaration indiquera dans quel endroit le tonneau sera remisé.

Il sera délivré au déclarant, et pour chaque tonneau, un certificat, dit feuille de roulage, qui devra être visé par le commissaire de police de son quartier ou le maire de la commune dans laquelle il sera domicilié.

Art. 7. — Les porteurs d'eau à tonneaux qui changeront de domicile en feront la déclaration à la Préfecture de police, dans le délai de 48 heures, après avoir fait la même déclaration, tant au commissaire de police du quartier ou au maire de la commune qu'ils viendront de quitter, qu'au maire de la commune ou au commissaire de police de leur nouveau domicile.

Les maires et les commissaires de police feront mention de ce changement de domicile sur la feuille de roulage.

Il est enjoint, en outre, auxdits porteurs d'eau de faire les mêmes déclarations dans le même délai, lorsqu'ils changeront le lieu de remisage de leurs tonneaux.

[1] Les fontaines marchandes dont il sera question ci-après.

[2] Ordonnances du 16 août 1815; du 28 juillet 1819; du 24 octobre 1829; du 15 mai 1849; du 7 août 1860.

Art. 8. — Lorsqu'un porteur d'eau à tonneaux cessera l'exercice de son état, il en fera, dans le délai de 48 heures, la déclaration à la Préfecture de police ainsi qu'au commissaire de police de son quartier et au maire de sa commune.

Art. 9. — En cas de cession d'un tonneau de porteur d'eau, la déclaration en sera faite, dans le délai de trois jours, à la Préfecture de police, ainsi qu'au maire de la commune ou au commissaire de police du quartier, tant par le cédant que par le cessionnaire.

Art. 10. — Les porteurs d'eau à tonneaux ne pourront puiser, hors le cas d'incendie, qu'aux fontaines à ce affectées par l'autorité et où les tonneaux pourront être remplis sans gêner ni embarrasser la circulation [1].

Art. 11. — Au premier avis d'un incendie, les porteurs d'eau à tonneaux y conduiront leurs tonneaux pleins, sous peine d'être poursuivis conformément à l'article 475 du Code pénal, § 12.

Art. 12. — Il est défendu aux porteurs d'eau à tonneaux :

1° De traverser les halles du centre avant dix heures du matin, en tout temps;

2° De faire stationner leurs tonneaux sur la voie publique, si ce n'est pendant le temps nécessaire pour servir leurs pratiques.

Art. 13. — Les porteurs d'eau à tonneaux ne pourront se servir que de conducteurs porteurs d'une carte de sûreté ou d'un permis de séjour et d'un livret qui sera délivré à la Préfecture de police, conformément au décret du 3 octobre 1810.

Art. 14. — Le conducteur d'un tonneau devra toujours être muni de la feuille de roulage prescrite par l'article 6 de la présente ordonnance.

Il sera tenu de représenter cette feuille de roulage, ainsi que des papiers de sûreté, à toute réquisition des agents de l'autorité.

Art. 15. — Les porteurs d'eau à tonneaux qui exerceront leur industrie dans Paris devront remiser leurs tonneaux dans des locaux situés en dedans du mur d'enceinte.

Ils devront remplir leurs tonneaux, chaque soir, avant de les rentrer, et les tiendront remplis toute la nuit. Ils pourront faire stationner ces tonneaux pleins sur la voie publique, pendant la nuit, mais sur les emplacements à ce affectés par l'autorité.

Art. 16. — Les porteurs d'eau à tonneaux sont, conformément à la loi, civilement responsables des personnes qu'ils emploient à la conduite de leurs tonneaux et à la distribution de l'eau.

[1] Fontaines marchandes.

Art. 17. — Tous les tonneaux de porteurs d'eau, traînés à bras ou par des chevaux, sont assujettis à un numérotage qui sera effectué par le peintre de la Préfecture de police, aux frais des propriétaires.

Le mode qui sera employé pour ce numérotage, ainsi que pour la peinture des inscriptions qui devront être apposées sur le fond des tonneaux, sera réglé par une ordonnance spéciale.

Art. 18. — Toutes les opérations relatives au marquage, au numérotage et à l'effaçage des tonneaux des porteurs d'eau, ainsi qu'à la pose des inscriptions sur les fonds de ces tonneaux, ne pourront être effectuées que par le peintre attaché à la Préfecture de police.

Il est expressément défendu aux porteurs d'eau de s'immiscer dans aucune de ces opérations.

Art. 19. — Les brancards des tonneaux, soit à bras, soit à cheval, ne pourront avoir, en arrière et au delà des roues, une saillie de plus de 55 centimètres.

Art. 20. — Les seaux qui sont placés sur le devant des tonneaux de porteurs d'eau, soit à bras, soit à cheval, devront être attachés avec des courroies en fort cuir, clouées sur le plancher qui supporte lesdits seaux, ou renfermés dans des cercles ou des étuis en bois établis à cet effet.

En outre, les anses de ces seaux devront être fixes. Les seaux à anses mobiles sont interdits.

Art. 21. — Chaque tonneau de porteurs d'eau devra être constamment tenu, tant à l'extérieur qu'à l'intérieur, dans un état convenable de propreté, et n'exhaler aucune mauvaise odeur.

La bonde de chaque tonneau devra se fermer assez hermétiquement pour que l'eau ne puisse se répandre sur la voie publique.

Art. 22. — Chaque année, il sera procédé à une visite générale des tonneaux des porteurs d'eau, dans le but de vérifier l'exactitude des déclarations de domicile et l'indication des numéros.

Une ordonnance spéciale, qui sera rendue à cet effet, contiendra toutes les mesures d'ordre à observer et indiquera l'époque à laquelle cette visite devra avoir lieu.

Art. 27. — Les contraventions à la présente ordonnance seront constatées par des procès-verbaux ou rapports qui nous seront transmis pour être déférés aux tribunaux compétents.

*Fontaines marchandes ou ventes d'eau*. Les premières fontaines affectées aux porteurs d'eau à tonneaux furent établies par

MM. Périer, de 1781 à 1786; on leur donna le nom de *fontaines marchandes*, et, dans la zone annexée, celui de *ventes d'eau* [1], parce que le puisage n'y est pas gratuit comme aux autres fontaines publiques : les porteurs d'eau payent, au profit de la Ville, une rétribution qui, avant l'annexion de la banlieue, était de 0 fr. 90 cent. par mètre cube d'eau et qui, aujourd'hui, s'élève à 1 franc.

La première fontaine marchande construite par MM. Périer fut très-probablement celle de Chaillot, qui est située à l'ancienne entrée du terrain où étaient établis les réservoirs. Ils en érigèrent successivement d'autres [2] :

Au faubourg Saint-Honoré, place Bauveau;

Sur les boulevards intérieurs, à la porte Saint-Denis ;

Dans la rue du Temple, presque en face de la rue Notre-Dame-de-Nazareth. Cet édifice était probablement une ancienne fontaine publique transformée.

La fontaine de la place de la Bastille paraît remonter à la même époque.

Vers l'année 1800, Frochot, alors préfet de la Seine, en fit ériger deux, l'une rue de la Chaussée-d'Antin, presque en face de la rue Neuve-des-Mathurins, et l'autre rue de Sèvres, à l'extrémité de la rue de la Chaise [3].

Je pense que la fontaine de la rue de l'Université remonte aussi à la même date.

La plupart de ces premières fontaines marchandes sont aujourd'hui détruites ou sont remplacées par d'autres.

Pour attirer les porteurs d'eau à leurs fontaines marchandes, MM. Périer rachetèrent, au prix de 150 000 francs, les pompes établies aux puisoirs de la Seine par les frères Vachette; aujourd'hui, ces puisoirs sont absolument abandonnés, et au-

[1] Depuis l'annexion on emploie indistinctement l'un ou l'autre nom.
[2] Voyez page 346.
[3] Manuscrits des Archives nationales, F. 13, 104.

eau porteur d'eau ne remplit ses tonneaux dans le fleuve.

Les fontaines marchandes étaient donc alors au nombre de sept ou huit.

On a vu que l'opinion des ingénieurs était toute en faveur de ce mode de distribution. On multiplia les fontaines marchandes qui, malgré la suppression de quelques-unes des moins importantes, sont encore aujourd'hui au nombre de 26. Voici leurs noms et leur répartition dans les divers arrondissements de Paris :

| | | | Produit brut en 1861 | Produit brut en 1876 |
|---|---|---|---|---|
| | | | fr. | fr. |
| 3ᵉ | arrondissement. | Marché Saint-Martin, fontaine du Marché-Saint-Martin (autrefois à la Porte-Saint-Denis et à la rue du Temple) | 98 478,65 | 26 782,90 |
| 4ᵉ | — | Rue du Renard, fontaine du Cloître-Saint-Merry. . . . | 28 792,50 | 6 854,70 |
| | | Rue de l'Arsenal, 6, fontaine de l'Arsenal. . . . . . . | 11 926,55 | 5 550,80 |
| 5ᵉ | — | Réservoir du Panthéon, fontaine du Panthéon. . . . . | 5 613,80 | 401,00 |
| | | Rue de Jussieu, fontaine de Jussieu. . . . . . . . . | 4 011,80 | 416,95 |
| 7ᵉ | — | Rue de Sèvres et de la Chaise, fontaine de Sèvres. . . | 20 780,85 | 5 754,95 |
| | | Rue de l'Université, fontaine de l'Université . . . . . | 15 485,10 | 4 858,85 |
| 8ᵉ | — | Square Laborde, fontaine de Laborde (autrefois rue de l'Arcade). . . . . . . . . . . . . . . . . . . . | 68 662,65 | 19 181,60 |
| | | Rue de Courcelles, 15, fontaine de Courcelles. . . . . | 22 592,50 | 5 259,25 |
| 9ᵉ | — | Rue de la Boule-Rouge, 5, fontaine de la Boule-Rouge. | 64 723,20 | 29 599,00 |
| 10ᵉ | — | Rue de Maubeuge, fontaine de Maubeuge (autrefois fontaine de Belhomme). . . . . . . . . . . . . . . | 39 978,50 | 1 859,70 |
| 11ᵉ | — | Fontaine de Montreuil. . . . . . . . . . . . . . . . | 10 072,40 | 2 679,00 |
| 12ᵉ | — | Boulevard de Picpus, 8, fontaine de Picpus. . . . . . | 4 643,60 | 2 375,65 |
| 13ᵉ | — | Boulevard d'Italie, 13, fontaine Gentilly . . . . . . . | 19 966,25 | 612,25 |
| 14ᵉ | — | Rue d'Alésia, fontaine de Montrouge. . . . . . . . . | 20 519,05 | 2 153,10 |
| 15ᵉ | — | Rue de l'Abbé-Groult, 125, fontaine de Vaugirard. . . | 26 075,15 | 3 183,05 |
| 16ᵉ | — | Rue des Réservoirs, 4, fontaine de Passy. . . . . . . | 7 077,50 | 2 265,00 |
| | | Rue Boileau, fontaine d'Auteuil. . . . . . . . . . . | 2 673,50 | 807,15 |
| 17ᵉ | — | Boulevard de Courcelles, fontaine de Courcelles-les-Ternes. . . . . . . . . . . . . . . . . . . . . | 21 240,35 | 9 499,55 |
| 18ᵉ | — | Rue Capron, 23, fontaine de Capron. . . . . . . . . | 39 177,40 | 4 335,40 |
| | | Boulevard de Clichy, 100, fontaine Blanche. . . . . . | 42 630,20 | 6 945,70 |
| 19ᵉ | — | Rues de Tanger et du Département, fontaine d'Isly. . . | 22 420,55 | 2 277,05 |
| | | Rue d'Allemagne, 111, fontaine d'Allemagne. . . . . . | 18 943,65 | 3 526,10 |
| | | Boulevard de La Villette, 58, fontaine de la Chopinette. | 21 450,10 | 1 516,50 |
| 20ᵉ | — | Rue Pelleport, fontaine de Belleville. . . . . . . . . | 20 020,50 | 2 611,95 |
| | | Boulevard de Charonne et de Ménilmontant, fontaine du Père-Lachaise. . . . . . . . . . . . . . . . . | 18 887,85 | 1 247,35 |
| | | Produit brut de l'année. . . . . | 676 639,15 | 150 314,50 |

J'ai complété ce tableau en donnant, dans les deux dernières colonnes, le produit brut de chaque fontaine en 1861 et en 1876.

La décroissance des recettes entre ces deux années a été considérable. Ainsi, le produit brut qui, en 1861, s'élevait à 680 827 fr.[1], est tombé en 1876 à 150 315 fr. Les fontaines du Panthéon, de Jussieu, de Gentilly, d'Auteuil, qui produisaient 32 265 fr., ne donnent plus aujourd'hui que 2 237 fr. et ne font pas leurs frais. Ces résultats sont dus au développement de la distribution à domicile et aussi à la substitution des eaux de source aux eaux de rivière dans le service privé : beaucoup de locataires de maisons abonnées aux eaux de la ville s'adressaient cependant aux porteurs d'eau, parce que, dans ces dernières années, les fontaines marchandes ne livraient à la consommation que des eaux filtrées. Ces locataires préféraient cette eau filtrée qu'ils payaient à raison de 5 fr. le mètre cube, à l'eau trouble ou louche qu'ils pouvaient puiser gratuitement dans la cour. Ceci me conduit à parler de cette amélioration du service des eaux.

*Filtrage de l'eau aux fontaines marchandes.* J'ai dit ailleurs que les essais sérieux de filtrage des eaux à Paris ne remontaient pas très-loin. Les premiers essais ont été faits à la fontaine de la Boule-Rouge, en 1821, par M. Ducommun. Le filtre se composait de 4 couches disposées dans l'ordre suivant : éponges, grès pilé, charbon, gros sable. Le petit filtre de ménage n'est pas beaucoup plus ancien, puisque, vers 1815, l'eau servie sur la table du roi était filtrée au papier.

Les filtres employés aux fontaines marchandes de Paris étaient de deux sortes : la Compagnie française employait le filtre de M. Fonvielle, composé de grès pilé, recouvert d'une couche d'éponges ; M. Souchon faisait usage des détritus de laine provenant de la tonte des draps, que l'on nomme aussi *laine tontisse*.

Le premier essai du système Fonvielle a été fait en présence des ministres de l'intérieur et du commerce, le 2 juin 1838. Une délibération du conseil municipal du 5 avril 1839 autorisa l'éta-

[1] J'ai ajouté à cette somme 4,188 fr., produit de la fontaine de Chaillot, aujourd'hui supprimée.

blissement des premiers filtres de ce système à la fontaine de la porte Saint-Denis.

L'essai du filtrage à la laine a été fait pour la première fois dans la cuvette même du pont Notre-Dame, le 15 juillet 1839, et a été poursuivi jusqu'en 1847. Le filtre était à découvert, et l'eau était versée à sa surface dans la cuvette ; après avoir traversé le filtre, elle ne trouvait d'autre issue que les conduites de distribution. Ce filtre pouvait ainsi subir une pression d'une atmosphère qui suffisait pour que toute l'eau montée par la pompe (environ 12 litres par seconde) fût entièrement filtrée avant d'être livrée à la consommation. La première soumission de M. Bernard, qui exploitait le brevet de M. Souchon, est du 10 décembre 1846.

Ces essais de filtrage eurent un grand succès. Ils furent appliqués à toutes les fontaines marchandes; la ville payait le filtrage six centimes par mètre cube, et livrait l'eau à raison de quatre-vingt-dix centimes aux porteurs d'eau à tonneaux et aux habitants.

MM. Védel et Bernard, qui représentaient les deux Compagnies, ne tardèrent pas à s'associer; ils améliorèrent le filtrage en composant un filtre formé d'une couche d'éponges et de laine tontisse. La couche d'éponges, établie à la partie supérieure du filtre, servait de dégrossisseur : elle retenait à peu près tous les limons et les matières organiques non dissoutes. J'étais déjà au service de la Ville quand cette association se réalisa ; ce fut vers le 15 janvier 1861.

Voici quelles étaient, avant cette fusion des deux Compagnies, la forme des filtres et la disposition des matières filtrantes.

*Compagnie française représentée par M. Védel.* Le filtre se composait d'un tronc de cône en fonte fermé à sa partie inférieure, ouvert à sa partie supérieure ; l'orifice ouvert portait une bride qui permettait, lorsqu'on voulait mettre l'eau en pression, d'y adapter un couvercle en fonte maintenu par des boulons. Les matières filtrantes et les vides destinés à faciliter l'entrée et la sortie de l'eau étaient ainsi disposés à partir du bas :

1° Vide de $0^m,03$ de hauteur sous les matières filtrantes. Conduite de sortie de l'eau, en plomb de $0^m,041$ de diamètre intérieur et robinet d'arrêt de même diamètre. Disque en tôle ou en fonte perforée au-dessus du vide.

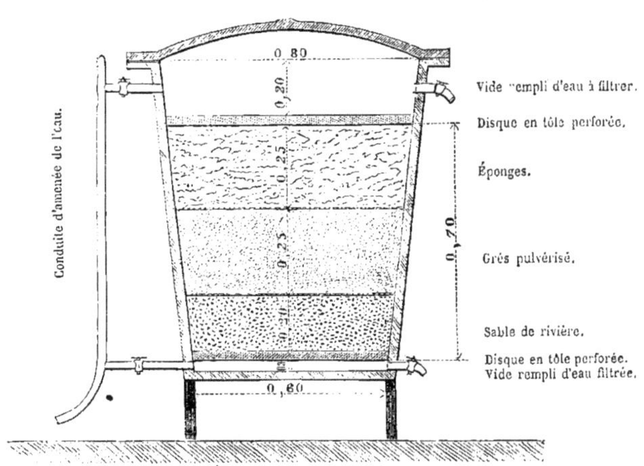


Filtre de la Compagnie française.

2° Couche de $0^m,20$ d'épaisseur de sable de rivière très-pur au-dessus de ce disque.

3° Au-dessus de ce sable, couche de $0^m,25$ d'épaisseur de grès pulvérisé.

4° Dernière couche filtrante de $0^m,25$ d'épaisseur formée d'éponges. Au-dessus, deuxième disque de tôle ou de fonte perforée.

5° Vide de $0^m,20$ de hauteur; arrivée de l'eau par une conduite et un robinet de $0^m,041$ de diamètre.

*Compagnie Souchon représentée par M. Bernard.* Les matières filtrantes étaient renfermées dans un récipient en fonte semblable à celui que je viens de décrire. Les disques supérieur et inférieur étaient en fonte perforée. Les matières filtrantes se composaient entièrement de laine tontisse disposée en trois couches séparées par un grillage en fer. La compression de la laine s'opérait au moyen d'une vis agissant sur le disque supérieur.

Le nettoyage des filtres de la Compagnie française avait lieu lorsque l'eau était trouble. . . . . . . . . tous les 8 jours.
— louche . . . . . . . . . . tous les 15 jours.
— claire (en été). . . . . tous les mois.

On se bornait presque toujours à laver les éponges de la couche supérieure.

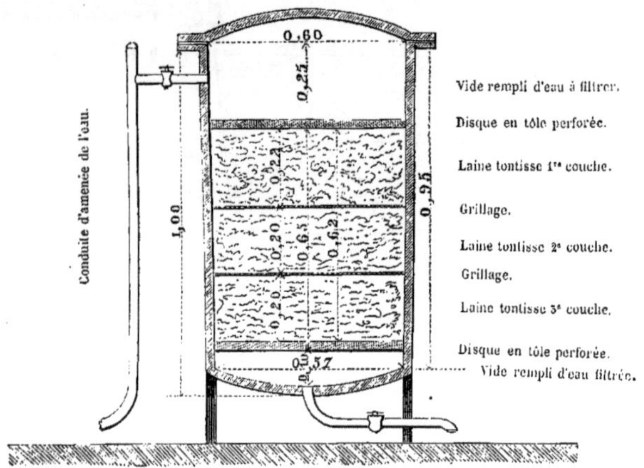


Filtre de la Compagnie Souchon.

Le filtre Souchon se nettoyait, lorsque l'eau était trouble, tous les jours, et en temps ordinaire tous les 3 ou 4 jours.

Le nettoyage consistait à enlever à chaque fois une certaine épaisseur de laine à la première couche sans la remplacer, et à continuer ainsi jusqu'à ce qu'elle fût épuisée. On la remplaçait alors entièrement et on recommençait tant que la seconde couche n'était pas atteinte. Dès que cette couche commençait à se charger de vase, on la traitait comme la première. On procédait de même pour la troisième, qui n'était renouvelée que tous les mois ou tous les deux mois, suivant la saison.

Cette explication fait comprendre la supériorité du filtre des Compagnies fusionnées.

En composant ce filtre d'éponges dans sa partie supérieure et de laine tontisse en dessous, on n'a plus à nettoyer la laine que tous les mois ou même tous les deux mois, puisque l'éponge retient presque toutes les matières limoneuses et les matières organiques non dissoutes. La laine est bien plus facile à nettoyer que le grès pilé. Les deux appareils filtrants que je viens de décrire sont donc aujourd'hui abandonnés, et les filtres des fontaines marchandes, qui ne reçoivent pas l'eau de source naturellement limpide, sont tous formés d'éponges et de laine tontisse.

Le filtrage des eaux aux fontaines marchandes de la ville se fait dans des conditions très-avantageuses pour le filtreur, parce que l'eau, en sortant des matières filtrantes, tombe dans un réservoir; on dispose donc de toute la charge de la conduite publique au-dessus du filtre.

J'ai fait, dans les mois de février et mars 1856, d'intéressantes expériences sur le rendement des deux systèmes de filtres. En voici les résultats :

*Expériences faites à la fontaine de l'Arcade*, le 23 février 1856. *Filtres de la Compagnie française*. Section du filtre, $0^{mq},500$. Filtres en parfait état de propreté.

| | |
|---|---|
| 1re *expérience*. — Eau de Seine, charge $15^m$, débit par seconde | $4^l,39$ |
| Débit en 24 heures | $379^{mc}$ |
| A. — Pour une surface filtrante de $1^{mq}$ | $758^{mc}$ |
| B. — Ramené à $1^m$ de pression | $51^{mc}$ |
| 2e *expérience*. — Eau de l'Ourcq, charge $16^m,28$, débit par seconde | $5^l,50$ |
| Débit en 24 heures | $475^{mc}$ |
| C. — Pour une surface filtrante de $1^{mq}$ | $950^{mc}$ |
| D. — Ramené à une charge de $1^m$ | $58^{mc}$ |

Les débits A, B, C et D sont considérables, et je ne pense pas qu'on en ait jamais obtenu d'aussi grands avec d'autres filtres.

La comparaison des débits B et D prouve que l'eau de l'Ourcq se filtre plus facilement que l'eau de Seine, fait connu dans le service : lorsque la Seine était trouble on remplaçait l'eau du fleuve par l'eau de l'Ourcq.

Des expériences faites à la fontaine du Panthéon ont démontré qu'en supprimant la couche d'éponges on n'augmentait pas notablement le débit du filtre, ce qui est très-important, puisque la plus grande partie des matières en suspension s'arrête dans ces éponges.

Quatre expériences analogues ont été faites le 19 mars 1856 à la fontaine de la Boule-Rouge, avec le filtre Souchon, après nettoyage. Section du filtre, $0^{mq},250$.

| | |
|---|---|
| 1re *expérience.* — Charge $12^{m}$, débit par seconde. . | $2^{l},84$ |
| 2 — — $12^{m}$, — . . | $2^{l},84$ |
| 3 — — $12^{m}$, — . . | $2^{l},79$ |
| Débit moyen par seconde. . . . . . | $2^{l},82$ |
| — en 24 heures.. . . . . | $244^{mc}$ |
| A. — Débit moyen pour une surface filtrante de $1^{m}$. | $487^{mc}$ |
| 4e *expérience.* — Charge $14^{m}$, débit par seconde. . . | $3^{l},06$ |
| — — par 24 heures. . | $264^{mc}$ |
| B. — Débit par une surface filtrante de $1^{mq}$. . . . . . | $538^{mc}$ |
| C. — En ramenant la charge à $1^{m}$, on a, pour les trois premières expériences, un débit en 24 heures de.. . | $41^{mc}$ |
| D. — Et pour la quatrième.. . . . . . . . . . . . . | $38^{mc}$ |

Quoique moins grands que ceux qui précèdent, les résultats A, B, C et D de ces expériences dépassent de beaucoup ceux des autres filtres connus. Mais il faut bien le dire, ces expériences ont été faites avec des filtres en parfait état de propreté.

Les expériences suivantes ont été faites à la fontaine de Sèvres avec le filtre Souchon, dans des conditions ordinaires de propreté (18 mars 1856).

Section du filtre, $0^{mq},29$.

1re *expérience.* État du filtre. La troisième couche n'avait pas été renouvelée depuis 45 jours, la seconde depuis 21 jours, et la première depuis 3 jours.

| | |
|---|---|
| Charge 21$^m$, débit par seconde, moyenne de deux opérations | 0$^l$,554 |
| Par 24 heures | 48$^{mc}$ |
| E. — Débit pour une surface filtrante de 1$^{mq}$, en 24 h. | 164$^{mc}$ |
| F. — Débit ramené à une charge de 1$^m$ | 8$^{mc}$ |

2$^e$ *expérience*. Les deux couches supérieures de laine ont été renouvelées au moment de l'expérience, la 3$^e$ était en place depuis 45 jours.

| | |
|---|---|
| Charge 22$^m$,40, débit par seconde, moyenne de deux opérations | 0$^l$,958 |
| Par 24 heures | 83$^{mc}$ |
| G. — Débit pour une surface filtrante de 1$^{mq}$ en 24 h.. | 235$^{mc}$ |
| H. — Débit ramené à une charge de 1$^m$ | 13$^{mc}$ |

Les débits E, F, G et H sont bien inférieurs à ceux des deux premières séries d'expériences, et cependant ils dépassent ceux des autres filtres connus.

L'importance du filtrage de l'eau aux fontaines marchandes a décrû plus vite que celle de ces fontaines elles-mêmes, parce qu'on les alimente avec les eaux de la Vanne et de la Dhuis qu'il n'est pas nécessaire de filtrer. Aujourd'hui, on n'opère le filtrage qu'aux fontaines de Sèvres, de l'Université et des Réservoirs.

*Tarifs*. Avant l'annexion, les prix de vente de l'eau puisée aux fontaines marchandes étaient les suivants :

| | |
|---|---|
| Eau de Seine filtrée vendue aux porteurs d'eau à tonneaux, le mètre cube | 0,90 |
| La voie d'eau de 18 à 20 litres effectifs | 0,025 |
| Abreuvement d'un cheval | 0,050 |
| Prix du filtrage payé aux Compagnies française et Souchon (marché du 1$^{er}$ juillet 1853 au 31 décembre 1858) | 0,060 |
| Depuis l'annexion, le prix du mètre cube d'eau vendu aux porteurs d'eau à tonneaux a été élevé à | 1,00 |

*Capacité des tonneaux.*

| | | HECTOLITRES. |
|---|---|---|
| Tonneaux à bras. | Maximum. . . . . . . . | 3,95 |
| | Minimum. . . . . . . . | 2,35 |
| | Ordinaire, de. . . . . . . | 3,40 à 3,45 |
| Tonneaux attelés. | Maximum. . . . . . . . . | 10,75 |
| | Minimum. . . . . . . . . | 4,10 |
| | Moyenne. . . . . . . . . | 7,43 |

La Compagnie générale des eaux supporte les frais du filtrage.

Comme celle des porteurs d'eau à bretelles, l'industrie des porteurs d'eau à tonneaux s'amoindrit et tend à disparaître par suite du développement des abonnements aux eaux de la ville.

En 1833, au moment de son plus grand développement, le nombre des porteurs d'eau à tonneaux était de. . . . . 1216

En 1859, avant l'annexion de la banlieue, il était réduit à. . . . . . . . . . . . . . . . . . . . . . . . 972

Après l'annexion, le nombre des porteurs d'eau de la banlieue s'ajoute à celui des porteurs d'eau de l'ancien Paris, et le total s'élève à. . . . . . . . . . . . . . . . 1378

En 1876, il est réduit à. . . . . . . . . . . . . . . 710

Savoir :

Tonneaux à bras. . . . . . . . . . . . . . . . . . . 431

Tonneaux attelés. . . . . . . . . . . . . . . . . . . 41

# CHAPITRE XX

## DISTRIBUTION DES EAUX ANCIENNES

(SUITE)

*De la fin du douzième siècle au commencement du seizième.* — *Les fontaines publiques.* — A la fin du quinzième siècle, douze fontaines dans l'intérieur de Paris et cinq à l'extérieur. — *Les concessions d'eau.* — Mode de prise d'eau. — La concession d'eau des Filles-Dieu, 1265. — 17 concessions à la fin du quinzième siècle. — *Seizième et dix-septième siècles, jusqu'à la mort de Henri IV.* — Deux fontaines nouvelles dans le seizième siècle. — Fontaines du Tirouer et de Birague. Restauration des fontaines sous Henri IV. — 3 fontaines nouvelles. — *Les concessions d'eau.* — Très-peu nombreuses dans le seizième siècle. — Grande sécheresse de 1538 à 1559. — Lettres patentes de Henri II retranchant les concessions. — Il n'est plus question des fontaines et des concessions depuis la mort de Henri II jusqu'à l'avènement de Henri IV. — Suppression des concessions en 1594. — Arrêt du Conseil d'État. — Les concessions sont réduites à 13. — Premières concessions payantes, ou à titre onéreux, 1598. — Tableau des concessions en 1607. —Lettres patentes du 19 décembre 1608 qui les retranchent. — Progrès réalisés sous le règne de Henri IV.

### *De la fin du douzième siècle au commencement du seizième.*

On me pardonnera de consacrer un chapitre de cette histoire aux premiers tâtonnements du service des eaux. On se rappellera qu'à la fin du quatorzième siècle, la ville ne disposait que de l'eau des aqueducs de Belleville et du Pré Saint-Gervais, qu'en temps de grande sécheresse, ces aqueducs débitaient à peine 200 mètres cubes et, en temps ordinaire, 346 mètres cubes d'eau en 24 heures[1]. On se contenterait à peine aujourd'hui d'un si petit volume d'eau pour une bourgade de 2000 âmes. Paris comptait 200000 habitants au treizième siècle, et 274000 au quatorzième et au quinzième[2]. Le bureau de la ville avait donc un problème bien difficile à résoudre pour répartir équitablement ce petit volume d'eau entre un si grand nombre d'habitants. A la moindre sécheresse, l'eau manquait partout, et alors on attribuait toujours aux concessions particulières le desséchement des fontaines publiques ; ce n'était pas sans raison, comme on le verra ci-après.

*Fontaines publiques.*

Les premières fontaines construites, celles de la Halle et des Innocents, furent alimentées en eau du Pré Saint-Gervais. J'ai décrit la canalisation jusqu'au prieuré de Saint-Lazare, qui se trouvait rue du faubourg Saint-Denis, à peu près à l'emplacement actuel du carrefour du boulevard de Strasbourg[3]. La conduite qui se détachait de la fontaine Saint-Lazare suivait la rue du faubourg Saint-Denis et celle de Saint-Denis jusqu'à la Halle ; le diamètre de cette conduite est inconnu. A peu près à la même époque, les religieuses de l'abbaye de Saint-Martin-des-Champs dérivèrent leur source de Savies ; j'ai décrit le tracé de la conduite ; elle était en poterie depuis le regard Saint-Martin jusqu'à la rue Saint-Maur, et en plomb depuis le regard de Saint-Maur jusqu'à son entrée dans la rue du Temple, au carrefour des grands boulevards[4] ; à partir du couvent du Temple, elle se ramifiait : une

[1] Voy. p. 88 et suiv.
[2] Voy. p. 19.
[3] Voy. p. 109 et 118.
[4] Voy. p. 129.

des branches se dirigeait vers l'abbaye Saint-Martin, l'autre, paraît-il, suivait la rue du Temple, puisque, suivant Bonamy, elle alimentait la fontaine Sainte-Avoie avant d'atteindre la fontaine Maubuée.

La conduite maîtresse de l'aqueduc de Belleville entrait dans la rue Vieille-du-Temple par la barrière du Calvaire[1].

D'après cette disposition des conduites maîtresses, l'eau du Pré Saint-Gervais alimentait toutes les fontaines publiques sises rue Saint-Denis et à l'ouest de cette rue; les fontaines situées à l'est recevaient l'eau de Belleville

*Fontaine de la Halle.* — Girard attribue à Philippe-Auguste l'établissement de cette fontaine qui, suivant lui, remonterait à l'année 1222. Mais il n'indique pas les sources où il a puisé ce renseignement[2]. Ce qu'il y a de certain, c'est que cette fontaine, aujourd'hui détruite[3], était fort ancienne : j'ai cité le texte de l'ordonnance de police de 1369, rendue, par conséquent, sous le règne de Charles V, qui en interdit l'accès aux porteurs d'eau[4]. Ce qui peut justifier l'hypothèse de Girard, c'est que Philippe-Auguste aimait beaucoup Paris, et qu'ayant acheté des religieux de Saint-Lazare la foire de Saint-Laurent pour la transporter à la halle qu'il venait de construire, il acheta en même temps le droit d'y dériver une partie de l'eau de la fontaine Saint-Lazare. J'ai rapporté textuellement ce que dit Corrozet de l'aqueduc du Pré Saint-Gervais qui alimentait cette fontaine; c'est en 1364 que cet aqueduc devint la propriété de la ville. Le prieuré de Saint-Lazare se réserva une partie de l'eau, dont l'écoulement était

[1] Voy. p. 130.
[2] Mémoires sur le canal de l'Ourcq, t. II, p. 3.
[3] On remarquait deux fontaines sur la place des anciennes halles : l'une était à droite du carrefour des rues Montmartre et Montorgueil, sur la place du Pilori, et elle désignée ordinairement sous le nom de fontaine du Pilori. C'est probablement là qu'était la fontaine du treizième siècle. L'autre qui existe encore, touche à la halle au blé, mais elle est beaucoup plus recente. (On devait dire aux treizième et quatorzième siècles, *la Halle;* au dix-septième siècle, *les Halles.*)
[4] Voy. p. 432.

réglé par une ouverture pratiquée dans la conduite maîtresse, ayant le diamètre d'un anneau de cuivre ou d'argent attaché sur le contre-scel de l'arrêt qui autorisait la transaction[1].

*Fontaine des Innocents.* — Suivant Bonamy, cette fontaine serait la plus ancienne de Paris; elle serait due à Saint-Louis; il est certain qu'elle existait quatre ans après la mort de ce Roi, comme cela résulte d'un accord fait en 1274 entre Philippe le Hardi, son successeur, et le chapitre de Saint-Merry, où il est dit qu'elle était située vis-à-vis la rue Aubry ou Aubert-le-Boucher, c'est-à-dire dans son emplacement actuel[2]. Il en est fait mention, comme de celle des Halles, dans les ordonnances de police de 1369[3]. Cette fontaine était alimentée en eau du Pré Saint-Gervais et il est à croire que Saint-Louis brancha la concession des Filles-Dieu sur la conduite qui y dérivait l'eau de la fontaine Saint-Lazare; or, c'est en 1265 que cette concession fut accordée; la fontaine des Innocents doit donc être un peu plus ancienne.

*Fontaines Maubuée et Sainte-Avoie.* — Bonamy pense que ces deux fontaines remontent à la même époque. Dans la relation d'une visite des maisons de la censive de Saint-Martin faite en 1320, il est fait mention de la fontaine Maubuée comme étant déjà ancienne. « Je ne doute pas, ajoute Bonamy, que la fontaine de Sainte-Avoie, qui était sur le chemin du tuyau qui portait l'eau à la fontaine Maubuée, ne soit de la même antiquité que cette dernière[4]. » C'est une hypothèse; si elle est vraie, les deux fontaines auraient été alimentées en eau de Savies, et auraient été érigées par les religieux de Saint-Martin-des-Champs. La fontaine Maubuée a été reconstruite dans son ancien emplacement à l'angle des rues Saint-Martin et Maubuée. La fontaine Sainte-Avoie, récemment recon-

[1] Voy. p. 109 et suiv.
[2] Bonamy, Mémoire de l'Académie des inscriptions et belles-lettres, 1754, t. XXX, p. 738.
[3] Voy. p. 431 et suiv.
[4] Bonamy, Mémoire précité, p. 739.

struite, a été un peu déplacée et se trouve rue du Temple, près de la rue des Francs-Bourgeois.

*Fontaine Saint-Leu.* — On attribue à Henri de Marle, chancelier de France sous le roi Charles VI, l'établissement de la fontaine Saint-Leu, sise rue Salle-au-Comte, qui a longtemps porté son nom. Dans une délibération du bureau du 11 avril 1606, relative à une concession au sieur Charles le Comte, il est dit que les titres de cette concession, ainsi que ceux de la fontaine qui fluait « pour la commodité publique », remontaient au temps de Charles VI. Cette fontaine a été détruite avec la rue Salle-au-Comte, lorsqu'on a ouvert le boulevard Sébastopol; elle était à une petite distance de la rue aux Ours.

*Fontaine Saint-Julien des Ménétriers.* — Une délibération du bureau, du 9 mars 1646, renferme une indication très-précise de l'âge de la fontaine *Saint-Julien.* « La fontaine sainct Jullien seize rue St-Martin au devant de l'Esglise et l'hospital Sainct Jullien des Ménestriers[1] est une antienne fontaine de Paris et ayant trois cents ans ou environ au temps de la dernière closture de Paris du costé de St-Martin[2]. » Cette clôture de Paris a été faite sous le règne de Louis XIII, mort le 14 mai 1643: la fontaine remontait donc à 1343 à peu près, c'est-à-dire à la fin du règne de Philippe VI, premier roi de la branche des Valois. Elle était alimentée par l'aqueduc de Belleville ou par l'aqueduc de la fontaine de Savies, comme toutes les fontaines sises rue Saint-Martin ou à l'est de cette rue.

*Fontaine de l'Apport Baudoyer.* — Girard écrit fontaine *de la porte Baudoyer.* C'est une faute. Un devis, dressé le 4 février

[1] Cette église et la fontaine étaient situées rue Saint-Martin, à une petite distance de la rue Rambuteau; l'église était du côté des numéros pairs, la fontaine du côté des numéros impairs.
[2] Registres de la ville, H. 1807, vol. XXX, fol. 359.

1627 pour la reconstruction de cette fontaine et celle de Birague, désigne ainsi cette fontaine et son emplacement : « Construction de deux fontaines, l'une à l'Apport Baudoyer derrière la barrière des Sergens[1]. » Ce mot *apport* sert encore, dans quelques provinces, à désigner une foire, une fête, et, par extension, le champ de foire ou la place où se donnent les fêtes. D'après les traditions du service, quelques places de Paris portaient encore ce nom, il y a quelques années. Ainsi la place *du Châtelet* portait autrefois le nom *d'apport de Paris*. Une délibération du Bureau du 24 mai 1536 fut rendue sur la requête des habitants du quartier, dont voici la teneur : « A messieurs les preuost des marchans et escheuins de la ville de Paris supplie humblement les bourgeois manans et habitans de *lapporte baudoyer comme de tout temps et antienneté* ait eu aud[t] lieu une fontaine marveilleusement utile a la chose publicque et aux particulliers dudit quartier, laquelle au moyen de ce quelle na este entretenue de thuaulx de plomb lesquels en aulcuns lieux se sont creuez, a prins son cours a son antien allynon tellement quelle ne vient plus audict lieu au grand interest desd[s] suppliants. Ce considere il vous plaira en aiant esgard à la commodité de la chose publicque dont estes protecteurs faire lever les thuaulx de lad[e] fontaine et iceulx reffaire en manière qu'elle puisse venir ainsy quelle faisoit auparauant pour servir au publicq et vous ferez bien....

« Après la lecture de laquelle requeste a este conceut et déliberé que lon doibt remectre le cours de l'eaue de lad[e] fontaine audict lieu antien dud[t] *Apport Baudoyer* ou autre lieu dud[t] quartier le plus commode pourveu quelle ne face preiudice aux autres fontaines publicques[2]. »

Ces deux délibérations ne laissent aucun doute sur le nom, la position et la haute antiquité de cette fontaine ; elle existait certainement au quinzième siècle. La délibération de 1536 et un

[1] Registres de la ville, H. 1802, vol. XXV, fol. 525.
[2] Registres de la ville, H. 1779, vol. II, fol. 163.

devis remontant à 1627 lui donnent le nom de fontaine de l'*Apport Baudoyer;* il n'est pas permis de changer ce nom. D'après ce devis elle devait être reconstruite à son ancien emplacement, derrière la *Barrière des Sergents.*

C'est en 1673 que je trouve la modification du nom de cette fontaine : elle est ainsi désignée dans le partage des eaux du 2 juin de cette année : « Fontaine Saint-Gervais ou porte Baudoyer. » Elle était située au carrefour des rues Saint-Antoine et de la Tisseranderie, sur une petite place en face Saint-Gervais, près de la rue de Barres.

Les fontaines Maubuée, de Sainte-Avoie, de Saint-Julien des Ménétriers et de l'Apport Baudoyer, étaient alimentées en eau de Belleville.

*Fontaine Barre-du-Bec.* — La fontaine de la rue *Barre-du-Bec* paraît aussi fort ancienne. Cet édifice ayant été démoli, un arrêt de la cour du 5 septembre 1602, confirmé par un autre arrêté du 2 juillet 1603, en ordonna le rétablissement aux frais de la Ville[1]. D'un autre côté, il n'est nulle part fait mention de son origine dans les délibérations du bureau remontant au seizième siècle, quoiqu'il y soit souvent question de cette fontaine; elle existait donc au quinzième siècle[2].

Nous n'avons pas de notions aussi précises sur les fontaines du Ponceau[3], de la Reine, de la Trinité et des Cinq-Diamants, qui étaient alimentées par l'aqueduc du Pré Saint-Gervais ; les registres de la Ville ne parlent pas de l'origine de ces fontaines, ce

[1] Registres de la ville, H. 1793, vol. XVI, fol. 177.

[2] La rue Barre-du-Bec fait aujourd'hui partie de la rue du Temple, entre les rues Croix-de-la-Bretonnerie et de la Verrerie. La fontaine, aujourd'hui détruite, était du côté des numéros pairs, plus près de la rue de la Verrerie.

[3] *Fontaine du Ponceau*, rue Saint-Denis, à l'angle de la rue du Ponceau (détruite). *Fontaine de la Reine*, rue Greneta, près de l'angle de la rue Saint-Denis. *Fontaine de la Trinité*, peut-être dans le cimetière du couvent de la Trinité, rue Greneta? *Fontaine des Cinq-Diamants.* La rue des Cinq-Diamants faisait suite à la rue Quincampoix entre les rues Aubry-le-Boucher et des Lombards. La place de la fontaine n'est pas indiquée sur le plan de Gomboust.

qui porte à croire qu'elles sont plus anciennes que ces registres, qui remontent à l'année 1499 (règne de Louis XII).

D'après ce qui précède, il y avait à Paris, vers la fin du quinzième siècle, douze fontaines publiques. Six de ces fontaines existaient en 1380 : ce sont celles de la Halle, des Innocents, Maubuée, Saint-Julien, Sainte-Avoie, et de Saint-Leu ; les six autres, celles de l'Apport Baudoyer, de la rue Barre-du-Bec, du Ponceau, de la Reine, de la Trinité et des Cinq-Diamants sont certainement antérieures à la fin du quinzième siècle. En y ajoutant les cinq fontaines du Pré Saint-Gervais[1], de Saint-Lazare, des Filles-Dieu, de Saint-Martin et du Temple, situées extra-muros, on trouve que les trois aqueducs du Pré Saint-Gervais, de Belleville et de Saint-Martin alimentaient alors dix-sept fontaines.

Je dois faire remarquer que les douze fontaines renfermées dans les murs de la ville étaient toutes comprises entre la Halle et la rue Vieille-du-Temple, principalement aux abords des rues Saint-Denis et Saint-Martin, ce qui semble indiquer que c'était la seule partie habitée de la ville, comme je l'ai dit ailleurs : le reste de la surface comprise dans l'enceinte de Charles V était occupé par des terres arables et des maisons de campagne.

### *Concessions d'eau.*

Les prises d'eau, antérieures au seizième siècle, que nous connaissons, celles du prieuré de Saint-Lazare et des Filles-Dieu, étaient réglées par ce qu'on appelait alors *un échantillon*, attaché au titre même de la concession. On a vu ci-dessus que l'échantillon du prieuré de Saint-Lazare était un anneau de cuivre ou d'argent attaché par un fil ou lacet de soie à l'arrêt du 4 juillet

[1] *Fontaine du Pré Saint-Gervais*, sur la place publique du village. *Fontaine de Saint-Lazare* (détruite), à l'emplacement actuel du boulevard de Strasbourg et de la rue du Faubourg-Saint-Denis. *Fontaine des Filles-Dieu* (détruite), à la porte du monastère, rue Saint-Denis. *Fontaine de Saint-Martin*, à l'angle des rues Saint-Martin et du Vert-Bois. *Fontaine du Temple*, rue du Temple, côte des numéros pairs, près des restes de l'ancien mon [illegible]

1564[1], qui réglait la concession ; nous savons aussi que l'échantillon d'eau des Filles-Dieu tenait à leur titre. Il est probable qu'au seizième siècle les échantillons des établissements religieux et des personnages importants étaient aussi des anneaux attachés aux titres, car leurs diamètres ne sont pas indiqués dans les délibérations du bureau ; telles étaient les concessions de la duchesse de Valentinois pour son hôtel Barbette ; du couvent de l'Ave-Maria ; du sieur Almaras, rue des Francs-Bourgeois ; du président Malon, rue Vieille-du-Temple ; de demoiselle de Varade, au Pré-Saint-Gervais, et de beaucoup d'autres.

Les orifices de prise d'eau des concessions ordinaires étaient fort mal déterminés : jusqu'en 1576, ils étaient de la grosseur *d'un pois, d'un grain de vesce, d'un ferret d'aiguillette,* mesures grossières justifiées par l'ignorance systématique des plus grands personnages de l'époque.

On croyait que le volume d'eau débité par une ouverture d'un diamètre déterminé, pratiquée dans la paroi d'une conduite, était invariable, quelle que fût la charge à laquelle l'eau de cette conduite était soumise. On perçait donc un trou de l'*échantillon* accordé, sans s'occuper de cette charge. On a vu ci-dessus les conditions imposées à l'évêque de Castres pour la prise d'eau qui lui fut accordée en 1528, à la demande de François I<sup>er</sup>[2] ; cette formule fut appliquée jusqu'en 1560, ou plutôt jusqu'en 1537, date de la dernière concession accordée avant les lettres patentes de 1554 de Henri II. Voici le texte d'un brevet délivré le 10 août 1537 : « permettons de prendre aud[t] gros thuau des fontaines de la croix du tirouer... près le pillory ung fil d'eau de la grosseur d'un pois pour faire aller et fluer au dedans de lad[te] maison... à toujours ». Au commencement du dix-septième siècle, la formule est un peu moins simple ; voici, par exemple, celle de la prise d'eau des Filles-Dieu en 1605 : « Le gros thuiau des-

[1] Voy. p. 109 et 110.
[2] Voy. page 105.

dites fontaines publiques sera percé à l'endroit et viz-à-viz ledict monastère et sur icelui sera assiz et posé ung petit thiau qui ira respondre dedans iceluy monastère pour y faire fluer ladicte eaue de la grosseur de l'échantillon attaché auxdictes lettres de nos prédécesseurs, ci-devant dattées, pour jouyr par icelles religieuses de ladicte eaue modérément pour l'usaige de leur maison sans en faire aulcun dégast, à la charge de restrinction de ladicte eaue en temps de grandes sécheresses et nécessité pour en servir le publicq ; et à ceste fin la clef du regard qui donnera l'eaue auxdictes religieuses demeurera par devers nous ou de nos officiers [1]. »

Avec un correctif bien simple on était sur la voie d'une excellente solution : au lieu de fixer *la grosseur* de l'ouverture, il fallait indiquer le volume d'eau concédé, placer un robinet à la jonction du tuyau du concessionnaire et de la conduite publique et percer l'œil de ce robinet par tâtonnement, de manière à donner au concessionnaire le volume d'eau qui lui était accordé. Au lieu de cela, comme on ne tenait pas compte de la pression de l'eau dans la conduite publique, on donnait un volume d'eau généralement beaucoup plus grand que celui qu'on voulait concéder et, dans tous les cas, absolument indéterminé.

Lorsque la concession était accordée à un grand personnage, la ville prenait la prise d'eau à sa charge : voici, par exemple, comment se termine l'ordonnance du 16 décembre 1537 qui accorde une concession à M. de la Rochepot, gouverneur de Paris : « et le tout sera faict par le fontainier de lad[e] ville aux dépens d'ycelle sans que led[t] gouverneur y faisse aucun fraiz [2]. » Lorsqu'il s'agissait d'une personne moins distinguée, la prise d'eau était faite « à ses fraiz et dépens. »

Vers la fin du seizième siècle, le diamètre des orifices pratiqués dans les conduites publiques fut réglé en lignes ; on rem-

[1] Registres de la ville, vol. XVI, fol. 633.
[2] Registres de la ville, H. 1779, vol. II, fol. 316.

plaça la prise d'eau de la grosseur d'un pois par une ouverture de deux lignes et demie de diamètre. Aux concessions de la grosseur d'un grain de vesce et d'un ferret d'aiguillette on substitua des ouvertures plus petites, probablement d'une ligne et demie ou de deux lignes. Plus tard on remplaça le diamètre par une superficie égale à son diamètre; ainsi au lieu d'*une ouverture de trois lignes de diamètre*, on écrivit une ouverture de *neuf lignes en superficie*. On connaissait alors la valeur du pouce fontainier et chaque ligne *en superficie*, débitait $\frac{1}{144}$ de pouce. On trouvera les preuves de ce que j'avance dans la discussion suivante des titres de la concession accordée aux Filles-Dieu, par le roi saint Louis, fondateur de leur couvent.

*Concession des Filles-Dieu.* — Cette concession, la plus ancienne de toutes, doit être l'objet d'un examen tout particulier : nous trouvons dans les délibérations du bureau, non-seulement les preuves de sa haute antiquité, mais encore l'indication des divers systèmes de prise d'eau qui ont été successivement en usage avant l'établissement des châteaux d'eau. Ce couvent était situé rue Saint-Denis du côté des numéros impairs, à peu près à mi-chemin entre les rues du Caire et des Filles-Dieu.

Je trouve une première mention de cette concession dans une lettre de la reine Catherine de Médicis en date du 15 août 1554, au dos de laquelle est écrit : « à nos très-chers et bien amés les preuost des marchans et escheuins de la ville de Paris. »

Le 14 mai de cette année, le roi Henri II avait supprimé toutes les concessions particulières, comme il sera dit ci-après. La reine Catherine intervint près du bureau de la Ville en faveur « de ses chères et bien amées religieuses. Seroit, dit-elle, les priuer d'une grande commodité dont elles joyssent par preuillége des roys nos predecesseurs depuys le temps du roy Saint Loys[1]...... »

[1] Registres de la ville, vol. VI, fol. 99.

Les concessions d'eau ayant de nouveau été supprimées vers la fin du seizième siècle, une délibération du bureau du 8 juin 1605, en ordonnant le rétablissement de la fontaine des Filles-Dieu, fait connaître la date de leurs titres. « Veu la requeste a nous faicte..... par les prieurs et religieuses du couuant des Filles-Dieu contenant que le feu roy Sainct-Loys les ayant fondées, leur donna dès lors pour leur usaige et nécessité un droit d'eau tirée des fontaines publiques » et « requérant..... qu'il nous pleust ordonner que leur dite fontaine sera refaicte.... qu'il sera tiré du gros thuiau desdictes fontaines publiques de l'eau de la grosseur et eschantillon attaché à leurs lettres.....

« Veu le vidimus des lettres dudict feu roy Sainct-Loys dattées de *l'an mil deulx cens soixante et cinq pour la concession de ladite fontaine*, autres lettres pattentes du roy Charles huitième données et enuoyes le vingt et huictiesme febuvrier mil quatre cens quatre vingts-quinze portant confirmation de ladicte concession...... les lettres pattentes du roy Henry second données à Villers-Cotterets le dix-neuf septembre mille cinq cens cinquante quatre adressantes a nos dits predecesseurs..... Nous, sur ce oy le procureur du roy et de la Ville[1].. . etc. »

Ainsi cette concession d'eau fut accordée aux Filles-Dieu en 1265 par saint Louis, et fut confirmée par lettres patentes des rois Charles VIII et Henri II du 28 février 1495 et du 19 septembre 1554. En 1225, la Ville ne possédait d'autre conduite d'eau que celle de la rue Saint-Denis, et le roi saint Louis, pour alimenter cette concession, avait dû autoriser les religieuses à faire directement leur prise d'eau sur « ce gros thuiau » qui conduisait aux fontaines des Halles et des Innocents l'eau du Pré-Saint-Gervais appartenant au prieuré de Saint-Lazare. C'est le premier exemple d'une concession raccordée directement sur une ouverture pratiquée *dans la conduite de la voie publique, sans tenir*

[1] Registres de la ville, vol. XVI, fol. 633. Le couvent des Filles-Dieu était rue Saint-Denis, à mi-chemin entre les rues du Caire et des Filles-Dieu.

*compte de la charge de cette conduite et par conséquent sans débit déterminé*. Ce mode de prise d'eau parait être le seul qui ait été en usage sous les rois de la race des Valois, et sous leurs prédécesseurs.

Une ordonnance du bureau du 31 juillet 1663, relative à la prise d'eau des *Filles-Dieu*[1], nous fait savoir qu'en l'année 1496, « eu esgard au petit nombre de religieuses qui lors étoient audict couvent, on auroit limité (la prise d'eau) à la grosseur de certain eschantillon attaché sur le contre-scel desdictes lettres et qui paroit être *de neuf lignes* (*en superficie ou de trois lignes de diamètre*), mais aussi auroit esté permis de prendre la jauge dudict eschantillon au passage du gros thuyau..... au moyen de quoy ladicte jaulge leur donnoit plus grande quantité d'eaue que ne faisoient à présent trente lignes prises au réservoir commun de la Porte Saint-Denis, d'autant que le gros thuyau estant toujours plein à l'endroit dudict passage, l'eaue pressée en iceluy sortoit avec impétuosité et couloit d'aultant plus viste à la décharge qu'elle en estoit plus proche ; au lieu que dans les bassinets du réservoir l'eaue estant seullement à fleur de l'ouverture entre foiblement et coule très-lentement. » Par ces considérations le bureau accorda aux Filles-Dieu huit nouvelles lignes d'eau à joindre aux neuf lignes dont elles jouissaient déjà[1] ; mais toutes les concessions particulières ayant été retranchées en 1669 et un nouveau partage des eaux ayant été fait en 1673, la concession des Filles-Dieu fut définitivement fixée à dix lignes d'eau, $\frac{10}{144}$ du pouce fontainier.

Une ordonnance du bureau du 2 août 1623 fait connaître ce que c'était qu'une prise d'eau de la grosseur d'un pois : « le robinet des Filles-Dieu réduict à *deux lignes et demye, qui est la grosseur ordinaire d'un poix*, au lieu de trois lignes et un quart qu'il a este trouvé[2]. »

[1] Registres de la ville, H. 1817, vol. XL, fol. 537.

[2] Registres de la ville H, 1801, vol. XVIV, fol. 142 et suiv.

Nous n'avons aucune notion sur les concessions qui furent accordées antérieurement au règne de Charles VI, si ce n'est celle des Filles-Dieu. Il fallait qu'elles fussent assez nombreuses puisque, d'après l'édit du 3 octobre 1392 de ce roi[1], elles causaient une telle pénurie d'eau, que les quartiers de la ville un peu éloignés du fleuve étaient abandonnés. Ces concessions n'étaient sans doute pas la seule cause de cette détresse; elle était due aussi très-probablement à une sécheresse prolongée.

A partir de l'année 1499, tous les titres de concessions furent transcrits sur les registres de la Ville. Une ordonnance du 28 novembre 1553 porte commandement aux propriétaires des maisons qui jouissaient des eaux de la Ville de présenter leurs titres au bureau. Voici, d'après cette précieuse pièce, le nom de ceux des concessionnaires dont les titres portaient une date antérieure à 1499[2].

Mons^r le général de la Chesnayes.
Mons^r de Lures.
Mons^r de Bobigny.
Mons^r de Chartres.
Mons^r du Mortier.
Mons^r le Connestable.
La maison de Laual.
La vesve (la veuve) Lhermitage.
Mons^r de Ferrières.
En l'hostel Barbette.
Aux enffans de la Tourte.
En la maison Luzancy, rue aux Ours.
Les Filles-Dieu.
Les Filles-Repentyes.
En la maison de Mons^r de Villeroy.
En l'hostel de Persan.
A Saint-Ladres (Saint-Lazare).

A ces concessionnaires il faut ajouter les religieux de Saint-Martin-des-Champs et du Temple qui recevaient les eaux de leur fontaine de Savies, ce qui porte à dix-neuf le nombre des hôtels des seigneurs et des maisons religieuses qui jouissaient des eaux publiques.

Nous trouverons dans la suite de cette histoire quelques concessionnaires anciens dont les titres s'étaient perdus dans les temps de troubles. En fait, en 1499, les trois aqueducs du Pré-

[1] Voy. pages 84 et 85.
[2] Registres de la ville, vol. V, fol. 253, verso.

Saint-Gervais, de Belleville et de Saint-Martin alimentaient dix-sept fontaines publiques et dix-neuf concessions privées, et il faut convenir que c'était bien peu de chose si l'on tient compte de la grandeur de la Ville qui renfermait déjà près de 300 000 habitants.

### *Seizième siècle et commencement du dix-septième siècle jusqu'à la mort de Henri IV* (14 *mai* 1610)

Cet état de pénurie des eaux se prolongea dans tout le cours du seizième siècle sans qu'on ait rien fait de sérieux pour y porter remède. Jusqu'à la mort de Louis XII (1er janvier 1515) et pendant les premières années du règne de François Ier, les registres de la Ville ne font mention d'aucune amélioration des fontaines publiques, ni de nouvelles concessions d'eau. Une grande sécheresse, qui commença vers 1538 et se prolongea au moins jusqu'à la mort de Henri II, aggrava encore la désastreuse situation du service qui tomba dans un abandon absolu pendant les troubles et les guerres de religion qui désolèrent la France sous la royauté des fils de ce prince. Les premières années du règne de Henri IV furent employées à réparer ces désastres.

Deux fontaines nouvelles seulement furent érigées dans le cours du seizième siècle.

*Fontaine du Tirouer ou du Trahoir*[1]. — Les registres de la Ville ne disent rien de l'origine de cette fontaine.

Il existait autrefois, à l'emplacement du carrefour des rues Saint-Honoré et de l'Arbre-Sec, une croix qui portait le nom de Croix du Tirouer ou Trahoir; voici ce qu'en dit Pierre Bonfons : « Au lieu maintenant dit le carrefour Guillori, il y avait vn pilori, où l'on mettoit les malfaiteurs et leur coupoit quelquefois les aureilles. Et en la place, à present dite, la croix du Tiroir,

[1] Aujourd'hui fontaine de l'Arbre-Sec, n° 57 de la carte de l'atlas.

ou Tiroer, on tiroit (selon Corrozet) les bestes, ou, selon les autres, cette Croix, qui est en ceste place fut touiours surnommée *du Tiroer*, depuis que la Royne Brunehault y fut tirée à quatre chevaux soubs le règne de Clotaire second[1]. »

François Ier fit construire près de cette croix, en 1529, une fontaine qui fut nommée la fontaine de la Croix du Tirouer. Elle était située au milieu de la voie publique; ses abords furent bientôt envahis par les étaux des bouchers; les fruitières et les vendeuses d'herbes s'installèrent sur les degrés de son perron, de telle sorte que ce petit édifice devint dès l'origine un obstacle à la libre circulation; malgré les plaintes des habitants du voisinage et même du prévôt des marchands, plaintes qui furent portées au Conseil, ce ne fut qu'en 1636 qu'on déplaça cette fontaine pour la transporter dans un pavillon construit tout à côté vers 1604, par messire François Miron, prévôt des marchands[2]. J'aurai occasion de revenir sur cette fontaine qui devint un des principaux châteaux d'eau des eaux du Roi.

*Fontaine de Birague*[3]. — La seconde fontaine créée dans le cours du seizième siècle porta le nom de Fontaine de Birague; dans le cours du dix-septième siècle, elle fut désignée sous les noms de fontaine en face les Jésuites, fontaine Sainte-Catherine. Son nom primitif lui fut rendu plus tard ainsi qu'il sera dit ci-après. Elle est aujourd'hui détruite.

Voici le plus ancien document qui nous soit parvenu sur cet édifice :

« En la mesme année (1579), messire Réné de Birague, cardinal, chancelier de France, fit achever une fontaine publique sise en la grand'rue Saint-Anthoine, près la culture Sainte-Catherine, à l'oposite de la chapelle de Iesuistes, et fit grauer l'escrit

[1] Les antiqvités et choses plus remarqvables de Paris, recueillies par M. Pierre Bonfons. M.DC.VIII. avec privilège du Roy. fol. 5, verso.

[2] Voy. Piganiol de la Force, Description de Paris, t. II, p. 279 et suiv.

[3] N° 81 de la carte de l'atlas.

suiuant sur vne table de marbre, qu'on veoit encores au haut de ladite fontaine[1].

HENRICO III

FRANCIÆ ET POLONIÆ REGE CHRISTIANISSIMO
RENAT. BIRAG.
SANCTÆ ROMANÆ ECCLESIÆ PRESBIT. CARDIN.
ET FRANC. CANCELLAR. ILLUSTRISS.
BENIFICIO. CLAUD. D'AUBRAY. PRÆFECTO
MERCATOR. IOHANN. LE COMTE,
RENAT. BAUDART, IOHAN. GEDOYN,
PETR. LAISNÈ TRIBUNIS PLEBIS
CURANTIBUS.
ANNO REDEMPTIONIS. M.D.LXXIX.

Et les vers suivants au-dessous :

HANC DEDUXIT AQUAM DUPLICEM BIRAGUS IN USUM :
SERVIAT UT DOMINO, SERVIAT UT POPULO.
PUBLICA SED QUANTO PRIVATIS COMMODA, TANTO
PRÆSTAT AMORE DOMUS PUBLICUS URBIS AMOR.
RENAT. BIRAG. *Franc. Cancell. pub. comm.* M D LXXVII.

*Fontaine des Innocents.* — C'est en 1550 que cette fontaine fut reconstruite avec les admirables sculptures de Jean Goujon. On y grava l'inscription suivante qui existait encore du temps de Girard.

FONTIUM
NYMPHIS.

On y ajouta, en 1689, le distique suivant de Santeuil, qui a disparu depuis longtemps.

QUOS DUROS CERNIS SIMULATOS MARMORE FLUCTUS,
HUJUS NYMPHA LOCI CREDIDIT ESSE SUOS.

[1] Les antiqvités et choses plvs remarqvables de Paris, recueillies par M. Pierre Bonfons, controolleur au Grenier Magazin de Pontoise, augmentées par frère Iacques du Breul, religieux octogénaire de l'Abbaye de Sainct Germain des Prez, Lez Paris, M. D. C. VIII AVEC PRIVILEGE DV ROY (*Continuateurs de Corrozet*).

Le bureau de la Ville ne prit aucune part à la construction des fontaines de la croix du Tirouer et de Birague, ni à la reconstruction de celle des Innocents. Il n'en est même pas fait mention dans les registres de ses délibérations. Il se borna à faire réparer les fontaines existantes qui avaient été fort détériorées dans les troubles des quinzième et seizième siècles. J'ai déjà fait connaître les mesures prises pour faire fluer l'eau dans la fontaine Croyx de l'Apport Baudoyer.

*Premières notions de la sécheresse du seizième siècle.* — Une ordonnance du prévôt des marchands, en date du 6 août 1538, fut rendue pour régler le débit des fontaines qui tiraient leur eau de la conduite de la fontaine des Innocents. « A esté mandé Jehan de Chou, fontainier d'icelle ville », et il lui fut ordonné, en raison de la pénurie d'eau qui existait alors dans cette fontaine, de réduire le débit « des aultres fontaines fluantes prenant branche sur le gros thuau d'icelle fontaine des Innocens... durant ladite nécessité d'eaue pour ladite fontaine des Innocens » étant entendu qu'elles seraient remises dans leur état dès que l'eau reviendrait. En attendant, les fontaines furent fermées par une serrure, de laquelle la ville seule avait la clef[1].

Par une nouvelle délibération du 26 septembre 1547, Denys Hamoy, plombier, fut chargé de la garde des fontaines dont il devait être payé. « Selon les vaccations », il lui fut remis, « par le maistre des œuvres de maçonnerie de ladite ville, quatre trousseaulx de clefz, cest a scaueoir deux trousseaulx des halles contenant trente-deux clefz, plus deux autres trousseaulx pour les fontaines des Innocens et autres contenant trente-trois clefz, lequel Hamoy s'est obligé et a promis rendre lesdites clefz touttes fois et quantes qu'il plaira à messieurs de la ville[2]. »

Le 20 janvier 1559, il fut « délibéré et arresté que serait

[1] Registres de la ville, H. 1779, vol. II, fol. 303.
[2] Registres de la ville, H. 1781, vol. IV, fol. 64.

faict ung pourtraict desdites fontaines et seroit regardé de pres quelle grosseur d'eaue il étoit convenable auoir a chacune fontaine particullierc et en serait faict une esquille (esquisse) ou échantillon... qui sera mys au bureau de laditte ville pour y auoir recours quand besoin sera. Et pour ce faire sera proportionné l'eaue des sources et regards des fontaines du Pré Sainct-Gervais et Belleuille sur Sablon pour les faire conduire par thuaux séparez ès diotes fontaines particullières.[1] »

L'époque où ces mesures furent prises correspond à une grande sécheresse qui motiva les lettres patentes du roi Henri II, en date du 14 mars 1554, et le retranchement des concessions. Cette sécheresse fut de très-longue durée, puisque la première ordonnance du prévôt des marchands qui s'y rapporte est du 6 août 1538, et la dernière du 20 janvier 1559. La pénurie d'eau se fit donc sentir pendant ces vingt et une années. Nous ne savons pas même si elle ne se prolongea pas au delà; l'étude des concessions d'eau fera encore mieux ressortir ce fait.

Après la mort de Henri II, survenue le 10 juillet 1559, les intrigues de la cour des rois ses enfants, et de leur mère Catherine de Médicis, les guerres de religion qui s'ensuivirent troublèrent si profondément le repos de Paris, qu'il ne fut plus question des fontaines publiques jusqu'au règne de Henri IV. La tranquillité que ce grand roi ramena avec lui, le retour de la confiance, qui fut la conséquence de l'édit de Nantes, donnèrent une grande impulsion aux travaux de la paix.

Le bureau de la ville prit les mesures nécessaires pour rétablir le cours des fontaines.

Par une ordonnance du 14 octobre 1600, rendue sur les remontrances du procureur du roi et de la Ville, le grand prieur du Temple et les religieux de Saint-Martin-des-Champs furent assignés au bureau de la Ville « pour se voir condemner à faire

[1] Registres de la ville, H. 1784, vol. VII, fol. 19.

refaire leurs fontaines. » Celles-ci ayant été fort négligées pendant les troubles, et les conduites se trouvant en mauvais état, les fontaines de la ville qu'elles alimentaient ne recevaient plus une « si grande affluence d'eaue quelles avaient accoutumé, ce qui apportait une grande incommodité au publicq. »

Le prévôt des marchands mit donc ces deux établissements en demeure de rétablir le cours de l'eau « en toute dilligence, autrement y serait mis ouvriers à leurs dépens[1]. »

Une mesure beaucoup plus radicale fut prise l'année suivante. Le 23 mars 1601, le bureau convoqua les « conseillers de ville, depputez de messieurs des courtz souveraines, corps, colleges, communaultez, quartiniers et deux bourgeois de chacun quartier, en la grand'salle de l'hostel de la ville pour aduiser aux moiens de trouver fonds pour le restablissement des fontaines...

« Sur quoi l'affaire mise en délibération a este conclu par arresté que pour restablir les dictes fontaines, le Roy sera très-humblement supplié voulloir trouuer bon qu'il soit leué dix sols tournois sur chacun muid de vin entrant dans cette ville et faulxbourgs de Paris sur touttes personnes exemptes ou non exemptes preuilleges et non preuilleges, laquelle sera baillée à ferme par la dicte ville pour ung an seullement[2].... »

*Restaurations des fontaines des Halles, Barre-du-Bec et des pierrées du Pré-Saint-Gervais.* — On entreprit les travaux l'année suivante, sans attendre l'autorisation de lever l'impôt. On refit la fontaine des Halles qui tombait en ruines[3]; toutefois on n'y remit l'eau que sous la prévôté de François Miron, c'est-à-dire de 1604 à 1606, comme le prouve le distique suivant :

Saxeus agger eram, ficti modo fontis imago:
Viva mihi laticis Miro fluenta dedit.

[1] Registres de la ville, vol. XV, fol. 411.
[2] Registres de la ville, H. 1781, vol. IV, fol. 64.
[3] 25 février 1602. Registres de la ville, vol. XV, fol. 793.

Pierre Guillain, maître des œuvres de la ville, reçut l'ordre de rétablir, par des travaux provisoires, le cours de la fontaine Barre-du-Bec[1]. La cour ordonna le rétablissement de cette fontaine aux frais de la ville et le retranchement des concessions qui en absorbaient l'eau[2].

Les travaux de restauration des pierrées du Pré-Saint-Gervais furent adjugés « à l'extinction de la chandelle » le 28 mai 1603 à Remy Dupuis, manœuvre, au prix de 23 sols la toise cube[3].

L'impôt de 10 sols par muid de vin n'était pas encore approuvé. Un dissentiment s'était élevé entre le Roi et le prévôt des marchands. Les travaux du Pont-Neuf n'étaient pas achevés et le roi voulait qu'on y appliquât une partie de cet impôt. Le prévôt demandait qu'il fût entièrement réservé pour le rétablissement des fontaines et que ce qui restait à faire du Pont-Neuf fût à la charge des généralités du ressort du parlement de Paris. Le roi lui répondait « que quand il vouldroit imposer sur les dicts habitans du plat pays, il le feroit bien » sans le bureau de la ville ; il ajoutait que trouvant le bureau si refroidi « il feroit delaisser l'œuure du dict pont et deschargeroit son peuple des dictes trois générallitez du dict impôt du sold pour escu... que pour les regards des dictes fontaines il veoioit bien » que le bureau ne vouloit point mettre la main à la bourse, mais que néanmoins il enverroit ses lettres patentes à la ville, afin de l'autoriser à appliquer l'impôt de 10 sols par muid de vin à la réfection des fontaines.

Le Roi tint sa parole et les lettres datées du 14 avril 1605 furent soumises le 17 du même mois à une nouvelle assemblée générale. L'impôt d'un sol par écu à la charge des généralités pour l'achèvement du Pont-Neuf était maintenu par le Roi et l'impôt de dix sols par muid de vin était autorisé pour le réta-

[1] 15 juin 1602. Registres de la ville, vol. XV, fol. 854.
[2] 2 juillet 1603. Registres de la ville, vol. XVI, fol. 177.
[3] Registres de la ville, H. 1793, vol. XVI, fol. 147.

blissement des fontaines. Il est vrai que ces lettres patentes étaient accompagnées d'une lettre du Roi dans laquelle il insistait sur l'irrégularité de l'impôt mis à la charge des généralités ; il priait donc le bureau de chercher une autre solution. L'assemblée se piqua d'honneur et, pour donner satisfaction au Roi, elle vota un impôt de 15 sols par muid de vin, tant pour l'achèvement du Pont-Neuf que pour le rétablissement des fontaines[1].

Quelques fontaines publiques furent construites vers la fin du règne de Henri IV.

*Fontaine de Saint-Lazare.* — Le 7 mars 1605, la concession faite au prieuré de Saint-Lazare fut renouvelée, et une prise d'eau de quatre lignes de diamètre fut concédée aux religieux de ce prieuré « à la charge par les dits relligieux de tenir entre les deux portes de leur maison une fontaine pour seruir au publicq. »

*Fontaine du Palais.* — Henri IV construisit une fontaine dans l'île de la Cité qui en était absolument dépourvue. Nous voyons dans la concession accordée à Robert Miron le 29 mai 1606 pour sa maison sise rue du Chevalier-du-Guet, que la prise était faite sur le tuyau passant rue de Saint-Denis « pour conduire, dit la délibération du bureau, l'eau à la fontaine publicque que nous faisons bastir et construire deuant le Pallais. »

C'est donc vers 1606 que la fontaine du Palais fut construite ; elle était alimentée par la conduite de la rue Saint-Denis et, par conséquent, avec l'eau du Pré-Saint-Gervais.

Elle occupait la place de la pyramide qu'on avait érigée à l'emplacement de la maison du père de Jean Châtel ; cette maison avait été rasée après la tentative d'assassinat du 27 décembre 1594. L'inscription suivante de la fontaine conservait

[1] Registres de la ville, vol. XV, fol. 518.

la mémoire de ce crime, et du nom de l'auteur de la fontaine, François Miron :

HIC UBI RESTABANT SACRI MONUMENTA FURORIS.
ELUIT INFANDUM MIRONIS UNDA SCELUS.

*Restauration de la fontaine Saint-Leu.* — C'est à la même date, le 11 avril 1606, que le bureau accorda une concession de trois lignes et demie de diamètre au Sr Charles Le Comte, seigneur de la Martinière, pour l'usage de sa maison, sise rue Neuve-Saint-Leu, pour remplacer celle qui y coulait de temps immémorial « tant pour l'usage de la maison que pour la commodité publicque, dont les tiltres ont cy-devant estés perduz dès le temps du feu roy Charles Sixiesme. » La délibération ajoutait « à la charge de faire faire par ledict sieur de la Martinière et à ses fraiz et despens, ung réseruoir au dedans de ladite maison, de quatre piedz en carré en tous sens, a laquelle haulteur de quatre pieds en carré sera la descharge pour seruir tant au publicq qu'à l'usage de ladite maison. »

*Fontaine Saint-Laurent.* — « Veu la requeste a lui faicte et pntée (présentée) par les bourgeois et habitans des faulxbourgs Sainct-Laurent de cette ville de Paris.... » il fut accordé par le bureau, le 17 septembre 1607, une concession d'eau « de deux lignes et demye de diamètre.... pour fluer au publicq et commodité desdictz habitans. »

C'est ainsi que le bureau améliorait le service des eaux, et créait de véritables fontaines publiques, autant que possible aux frais des concessionnaires.

## *Les concessions d'eau.*

Il n'est fait aucune mention de prise d'eau nouvelle depuis le commencement du siècle jusqu'en 1528. C'est au 11 février de cette année que remonte la première, laquelle fut obtenue, et non sans peine, à la requête de François I^er^, pour une maison de plaisance que son ami messire Pierre de Montigny, évêque de Castres, faisait construire à la Villette; la prise d'eau était de la grosseur d'un grain de vesce[1]. Il est très-probable que ce commencement du seizième siècle a été sec et que l'alimentation des fontaines publiques s'en ressentait; les concessions, relativement nombreuses accordées dans les années suivantes, indiquent évidemment qu'il n'y avait plus pénurie d'eau. En voici l'indication :

16 *avril* 1529. On permet à Philbert Babou de rétablir à l'Hôtel Clisson un cours d'eau de la grosseur d'un pois[2].

14 *avril* 1531. Concession d'un fil d'eau de la grosseur d'un grain de vesce à tirer du tuyau des filles Repenties, accordée à messire Jehan de la Barre, gouverneur de Paris[3].

13 *juillet* 1532. Concession d'un cours d'eau de la grosseur d'un pois, à tirer du gros tuyau de la rue Simon-le-Franc, « à noble homme et seigneur maistre Jehan Luillyer, seigneur de Boullencourt, etc., et Prévôt des marchands, pour sa maison sise rue Barre du Becq[4] ».

7 *août* 1534. Concession de la grosseur d'un grain de vesce, à tirer de la conduite du Pré Saint-Gervais « près les regardz des Mors-Sainctz (aujourd'hui des Moussins) », à messire Denys Picot, conseiller du Roi. Le petit regard établi sur la prise d'eau par le concessionnaire fermait à deux clefs, dont l'une restait à la Ville et l'autre « aud^t^ suppliant[5] ».

10 *août* 1537. Concession de la grosseur d'un pois « à prandre dud^t^ gros thuau des fontaines du Tirouer procédant des sources du pré sainct Gervais.... pres le pillory, pour faire aller et fluer au dedans de ladicte maison de la rue de l'Arbre Sec aud^t^ Tronson, conseiller en la cour du parlement, preuost des marchans[6] ».

16 *décembre* 1537. Concession d'eau sans indication du diamètre de l'ouverture pratiquée dans la conduite publique à Mgr de la Rochepot,

[1] Voy. p. 103 et Registres de la ville, H. 1779, vol. II, fol. 32.
[2] Registres de la ville, H. 1779, vol. II, fol. 34.
[3] Registres de la ville, H. 1779, vol. II, p. 83.
[4] Registres de la ville, H. 1779, vol. II, p. 108.
[5] Registres de la ville, H. 1779, vol. II, p. 145.
[6] Cette concession, faite à Jehan Tronson et à ses successeurs à toujours, fut ratifiée par lettres patentes de François I^er^ du 13 août 1537. Registres de la ville, H. 1779, vol. II, p. 303 et suiv.

gouverneur de Paris, pour sa maison sise rue Saint-Antoine, en face l'église Sainte-Catherine. Les plombs furent fournis par la Ville, et la délibération porte que « le tout sera faict par le fontainier de lad[e] Ville aux despens dycelle sans que led[t] s[r] Gouuerneur y faisse aucuns fraiz[1] ».

*Grande sécheresse du seizième siècle.* — A partir de cette date, commence évidemment la grande sécheresse qui a motivé les lettres-patentes de Henri II dont il sera question ci-dessous, car on ne voit pas, dans les registres de la ville, qu'il ait été accordé de nouvelles concessions de 1537 à 1549. C'est sur la demande expresse du Roi que les deux prises d'eau suivantes furent faites au commencement de l'année 1550 : l'une, pour son ami le maréchal de Saint-André ; l'autre, pour sa maîtresse Diane de Poitiers, duchesse de Valentinois.

*Permission des eaux des fontaines à monseigneur le Maréchal de Saint-André.*

Du dernier jour de fevrier mil cinq cens cinquante.

~~Aujo~~urduy sur les lettres missives du Roy envoyees a la Ville de Paris dont la teneur ensuit. De par le Roy

Tres chers et bien amez. Pour ce que nous avons este advertiz que le gros thuyau des eaux des fontaines de la croix du tirouer passe par la maison des Filles penitantes, bien proche de la maison de nostre tres cher et bien ame cousin le Sieur de Sainct Andre, mareschal de France. Et quil pourra advenir que lors que nous ferons sejour en nostre Ville de Paris nous pourrions quelque foys nous y rendre pour adviser a nos affaires priveez et pour nestre point importunez, à ceste cause desirant faire acommoder lad[e] maison, vous mandons et comandons que vous faictes prandre dud[t] gros tuyau ung fil deaux de la grosseur dung poix et les faictes conduire a voz despens en lad[e] maison et lieux les plus commodes et necessaires pour lusage de nostre cousin et luy en faictes expedier telles lois de permission que avez coustume faire expedier aux austres....

Messieurs les prevost des marchans et eschevins aprez avoir ouit avis des Conseillers de lad[e] Ville : Ont ordonne que suyvant le voulloir du Roy contenu en ses lettres sera prins dud[t] gros thuyau desd[ts] cours desd[es] fontaines

[1] Registres de la ville, H. 1779, t. II, p. 516.

de la croix du tirouer ou branches deppendant dicelui estant le plus prochain de la maison dud[t] Sieur de Sainct Andre, la grosseur dung poix deaue et que icelle sera conduicte par thuyaulx de plomb jusques en l'hostel dicelui Seigneur de Sainct Andre estant situe en la rue des Filles penitantes, es lieux les plus commodes et necessaires pour lusage dudit sieur dans sa maison de lad[e] Ville; Et que lettres luy en seront expediees de la charge.

....Et aussi que ledit sieur sera tenu faire faire en sad[e] maison ung puys si besoing en est[1].

*Fontaine de Barbette pour madame la duchesse de Valentynois.*

De par le Roy

Tres chers et bien amez nous avons este advertiz que de longtemps et antienneté y a eu en l'hostel de Barbette apartenant a nostre tres chere et bien amee cousine La duchesse de Valentinoys ung fil deaux provenant du gros thuyau des fontaines venans en nostre ville de Paris du coste de Belleville et du pre St Geruaiz Et que au moyen de la desmolition et ruyne du bastiment dud[t] hostel qui a este long temps delaisse sans estre repare ni habite led[t] fil deaue na este entretenu comme il devait estre en son cours acoustume Et que les conduitz et thuyaulx en sont depuis rompuz et cassez de sorte que ladicte fontaine na plus son cours aud[t] hostel Et pour ce que nostre cousine a delibere depuis faire bastir et reparer aud[t] lieu et que sera besoing pour sa demeure en nostre ville de Paris quant elle yra; En quoy elle desire que aux comoditez de lad[e] fontaine suyuant le droit qu'elle en a eu nous luy voullons bien subvenir : A ceste cause vous mandons et comandons que vous faictes entierement reparer a vos despens les thuyaulx et conduitz que sera besoing reparer et faire de neuf pour ramesner led[t] cours deaue de lad[e] fontaine aud[t] hostel de Barbette es lieux les plus comodes pour les services dud[t] hostel.

....En quoy faisant vous ferez chose qui nous sera tres agreable. Donne a Fontainebleaux le X[e] jour de fevrier mil cinq cens cinquante signe « Henry ».... Et sur lesquelles est escript ce qui ensuy. A noz tres chers et bien amez les prevost des marchans et eschevins de nostre bonne ville et cite de Paris.

Du XIII[e] jour de mars mil cinq cent cinquante.

AUJOURDHUY En consideration des grans louables et recommandables plaisirs faicts a lad[te] Ville et que nous esperons estre coutumez par haulte et puissante dame et princesse ayant titre duchesse de Valentinoys . . . . . .

[1] (Registres de la ville, vol. IV, fol. 172, v°.) y paraît, d'après cette ordonnance, que les filles Pénitentes demeuraient alors dans la rue de l'Arbre-Sec ou dans le voisinage ; ou verra plus loin qu'en 1570 leur propriété passa aux mains de Catherine de Médicis.

Messieurs les prevost des marchans et eschevins de la Ville assemblez au bureau de lad[e] Ville En obtempérant au voulloir du Roy et au consentement des conseillers de lad[e] Ville a este permis et octroye a lad[e] dame princesse dessus designee prandre du gros thuyau des fontaines de lad[e] Ville venant du Regard estant deuant lhostel dArdoise ung fil d'eaux vives pour ensuyte estre conduict et mene en son hostel de Barbette au lieu le plus aise pour le service de lad[e] maison et luy en sera expedie lettres pour luy servir a ses jours ou ayant cause de renouvellement de ses tiltres perduz.... Ainsi qu'il est contenu es lettres missives du Roy ci deuant transcriptes[1].

Il ne fallut donc rien moins que l'ordre du roi pour obtenir ces deux concessions, tandis que, de 1528 à 1557, les prises d'eau particulières étaient accordées avec une certaine facilité. J'ai constaté des faits analogues en parlant des fontaines publiques : dès l'année 1538, le bureau de la ville prit des mesures pour en assurer l'alimentation sérieusement compromise.

Le 2 juillet 1553, le bureau prescrivit à Jean Bougars, fontianier, « de couper les tuyaux des fontaines affluant en l'hostel de la vesue de maistre Jehan Tronson.... en l'hostel de maistre Loys Gaiant; en l'hostel de feu maistre Nicolas Herbelot; en l'hostel de feu maistre Perdrier, et remettre les d[ts] cours d'eaux aux gros thuyaulx servans et coulans pour la chose publicque de ceste dicte ville, le tout suivant les lettres-patentes et voulloir du Roy[2]. »

Une autre ordonnance du 28 novembre de la même année, porte « commandement être faict aux propriétaires des maisons y ayant fontaines, d'apporter incessamment les tiltres et permissions. » Cette ordonnance donne les noms des concessionnaires qui étaient alors au nombre de vingt[3]. Ordre fut donné au premier sergent de la ville de faire commandement aux intéressés de remettre ces titres dans les vingt-quatre heures : « et

[1] Registres de la ville, vol. IV, fol. 175 et v°; l'hôtel Barbette était situé sur l'emplacement des rues Barbette et d'Elzévir; ces rues ont été construites après la vente de l'hôtel par les héritiers de Diane de Poitiers.

[2] Registres de la ville, vol. V, fol. 354.

[3] Registres de la ville, vol. VI, fol. 72. Voy. les noms des concessionnaires pages 470 et 480.

leur soit signifié et faict assauoir que à faulte d'auoir fourni ou obéi a ce que dessus, que ce temps passé, les conduicts de ces dictes fontaines ou thuaulx seront retranchés, remis et restablis au conduict public ainsi que la raison le veult[1]. »

Il ne paraît pas que ce commandement ait produit un grand effet, car deux nouvelles ordonnances furent rendues les 16 et 24 avril de l'année suivante pour obtenir la présentation des titres. Trois concessionnaires seulement : messires Gayant, Herbelot et Luillyer de Boullencourt, se rendirent à cette invitation[2].

Ces mises en demeure et toutes les pièces annexes furent envoyées au roi Henri II qui, par lettres patentes adressées le 14 mai 1554 au prévôt des marchands, supprima toutes les concessions, à l'exception de celles de quelques seigneurs. Voici le texte de ces lettres :

*Lettres du Roy Henry II pour retrancher tous les thuiaulx des fontaines particulières.*

Henry, par la grâce de Dieu, roy de France, à nos tres chers et bien amez les prevost des Marchans et Eschevins de nostre bonne ville de Paris, salut, comme après avoir esté duement aduertiz que en plusieurs maisons tant en nostre ville quez enuirons y auoit des fontaines particullières prises et desriuées des thuiaulx de canaulx des fontaines destinées pour le publicq, vous eussiez ordonné veoir les lettres, tiltres et enseignements par lesquelz les propriétaires desd[es] maisons prétendent permission leur auoir esté donnée dauoir et tenir lesdictes fontaines par nous ou noz prédécesseurs, par vous ou vos prédécesseurs confirmées de nous ou de nos prédécesseurs et aussi de faire visitation de toutes lesdictes fontaines commanceant à la prise d'icelles et aux branches qui en despendent afin de donner a l'aduenir ung bon reglement pour l'entretenement et conservation de celles qui sont destinées au publicq, et puis ayant faict la visitation, marqué et eschantillonné toutes les eaues qui se distribuent des canaulx du publicq esdictes maisons priuées et particullieres avec procès-verbal modelle et figurre portant la mesme

[1] Registres de la ville, vol. V, fol. 253.
[2] Registres de la ville.

grosseur et eschantillon de ce qui seruiroit tant au publicq que pour l'usaige des priuès et particulliers, Auroit este renuoyé le tout par deuers nous pour sur ce vous faire déclaration de nostre voulloir et intention, scauoir vous faisons qu'apres auoir veu led[t] proces verbail auecq ladicte figure et modelles desirant preferer le bien et utillité du publicq a l'aisance et commodité des particulliers et personnes priuées et affin que par ce aprez ils ne usurpent ce qui est introduict et destiné pour ledict publicq, auons, par l'aduis et délibération d'aucuns princes de nostre sang et gens de nostre priué conseil, dict déclaré et ordonné, disons déclarons et ordonnons voulions et nous plaist de nostre certaine science, plaine puissance et authorité royal sans aultre esgard et respect aux permissions et concessions desd[es] fontaines qui par cy devant ont esté faictes par nous ou nos predecesseurs par vous ou vos prédecesseurs et depuis confirmées de nous ou de nos prédecesseurs et à la jouissance qui s'en est ensuyuie en vertu d'icelles, que toutes lesd[es] fontaines priuées et particullieres des maisons de nostre ville, faulxbourgs et es environs qui ne seruent aucunement au publicq soient rompues et cassées reellement et de faict et le cours d'icelles remis au canal et conduict publicq, excepté tant seullement celles dont les conduitz et canaulx distillent es maisons qui nagueres furent au feu seig[r] de Villeroy, et aux maisons de nos tres chers et bien amez cousins les ducs de Guyse et de Montmorency, nostre tres chere et tres amée cousine la duchesse de Valentynois et de nostre amé et feal conseiller en nostre priué conseil Mr André Guillard, sieur du Mortier, que nous auons exceptez et réseruez, exceptons et réseruons et semblablement celle qui distille en l'hospital de la trinité en la rue Sainct Denis de ladicte ville de Paris, auquel hospital en sera laissé telle quantité seulement qui sera nécessaire, pour la prouision et fourniture dudict hospital et des enfants nourris es icelluy, voullons aussi, que ceulx qui ont les fontaines à l'endroict des maisons seruant audict publicq et qui pour leur aysance et commodité attirent et prennent les eaux dud[t] publicq dedans leurs dictes maisons et jardins, pareillement les conduitz qui distillent en icelles maisons et jardins, soient rompus et remis aud[t] publicq et les regards qui sont faits dedans, ostez et estouppés et au lieu d'iceux qu'il en soit faict d'aultres hors icelles maisons pour l'ouverture en estre faicte toutes et quantes foys par vous ou ceux qui seront par vous commis et députéz; Sy voullons et mandons que noz présentes lettres de déclaration voulloir et intentions et tout le contenu de ces dictes presentes vous faictes entretenir, garder et obseruer lire publier et enregistrer es registres du greffe de nostre ville et icelles executer de poinct en poinct selon que dessus est dict non obstant oppositions ou appellations quelconques pour lesquelles nous voullons estre sursis ni différé dont et du differend qui en pourroit souldre et mouuoir et estre meu nous auons retenu et reserué retenons et reseruons la cognoissance et décision a nous et a nostre personne et icelle interdicte de differends a tous noz juges tant de nostre cour de parlement que aultres, nonobstant aussi toutes loix constitutions et ordonnances a ce anterieures ausquelles nous auons desrogé et desrogeons par ces présentes que nous voulons estre signiffiez a tous qu'il appartiendra et executees par nostre premier greffier ou sergent de nostre ville qu'a ce faire commettons car tel est nostre plaisir.

Donné à Compiegne le quatorze jour de may l'an de grace mil cinq cens cinq$^{te}$ quatre et de nostre regne le huictieme. Signé par le Roy en son conseil « Bourdin » et scellees sur simple queue de cire jaulne[1].

Ces lettres de déclarations si nettes d'un roi absolu ne furent guère respectées. On n'osa toucher aux concessions des puissants de la Cour. Le Roi lui-même, avant d'envoyer lesdites lettres, donna l'ordre de laisser au général de la Chesnaye « un cours d'eau de la grosseur d'un ferret d'esguillette. » (4 mai 1554.)

Après avoir « visité le regard de la fontaine de Mons$^{r}$ l'Euesque de Chaalons, led$^{t}$ regard estant en son jardin, aboutissant rue Saincte-Avoye.... led$^{t}$ preuost des marchans a baillé ledict regard *en garde aud$^{t}$ S$^{r}$ Euesque de Chaalons.* » (20 juin 1554.)

Les seigneurs et dames influentes agirent en faveur de leurs protégés. « Délay fut accordé aux filles pénitentes pour présenter leurs tistres et permissions en vertu desquels elles jouissoient d'une fontaine étant en leur maison. » (20 juin 1554.)

La reine Catherine de Médicis intervint en faveur des Filles-Dieu, ainsi qu'il a été dit ci-dessus.

Les religieuses de l'Ave-Maria obtinrent des lettres-patentes du Roi, en vertu desquelles le bureau leur accorda une concession d'eau « de la grosseur d'un petit poiy. » La conduite fut posée aux frais de la ville. (24 novembre 1554.)

En somme, on se contenta de donner à Jehan Bougars, fontainier de la ville, l'ordre de couper les tuyaux des concessions « de

[1] Registres de la ville, vol. XIV, fol. 597.

la veuve Jehan Tronson, de Loys Gayant, de Nicolas Herbelot, et de deffunt messire Pierre Perdrier. (2 juillet 1554.)

Jusqu'au 10 juillet 1559, date de la mort du roi Henri II, le bureau lutta plus ou moins heureusement contre ces fâcheuses influences pour faire remettre dans les conduites publiques l'eau détournée par les concessionnaires. Ainsi, le 25 mai 1558, ordre fut donné au fontainier de la ville de remettre l'eau « en l'hostel de Mons^r^ le cardinal de Sens, garde des sceaux; » après la mort du prélat, il fut ordonné « fair lever la pierre du regard de la prise d'eaue de la d^e^ fontaine, et la remplire de grauois, et le faire répandre pour en oster la cognoissance. » (17 novembre 1560.) Le 17 juillet suivant, le bureau chargea « M^e^ Jacques Lecoigneulx, procureur en court du parlement, de deffendre les droits de la ville et du publicq contre la requeste du s^r^ de Villemer, fils de feu monseigneur le révérend^me^ cardinal de Sens. »

Une ordonnance du 21 septembre 1558 porte que le fontainier « fera clore le robinet et thuyau de la maison de Saint-Ladre (Saint-Lazare) à cause de la pénurie des eaux. » Le 22 septembre de la même année, nouvel ordre de couper « la branche d'eaue et thuyau allant à maison de mons^r^ Gayant. » Un ordre contraire, en date du 31 août 1559, prescrit de rétablir cette concession « en considération de ce que mons^r^ Loys Gayant.... a esté préuost des marchans. »

D'après ce qui précède, il y a concordance complète entre les mesures prises de 1537 à 1559 pour supprimer les concessions particulières et pour rétablir le mieux possible le cours des fontaines publiques. Quoique les mots *pénurie d'eau* soient rarement écrits dans les ordonnances, il n'en est pas moins démontré que les sources des aqueducs de la ville subissaient depuis 1537 l'action d'une sécheresse très-intense et d'une durée vraiment extraordinaire, puisqu'elle persistait encore vingt et un ans après, en 1559. J'ai dit ailleurs que le régime des sources de la ville, et en général de toutes les sources du bassin de la Seine, était exactement le même que celui du fleuve[1]; *la Seine s'est donc tenue à de très-bas niveaux* de 1538 à 1559. C'est un fait qui ne manque pas d'intérêt.

Nous ne savons pas si cette sécheresse se prolongea au delà du 10 juillet 1559, date de la mort de Henri II. La même raison, qui fit qu'on cessa de s'occuper des fontaines publiques, détourna l'attention du bureau des concessions d'eau : il n'en fut plus guère question pendant les troubles et les guerres de religion qui suivirent la mort du Roi. Cependant, deux concessions nouvelles furent accordées, en 1576 et 1577, à Mgr de Roissy et au sieur de Villequier. En outre, un des échevins fut délégué pour visiter le prieuré de Saint-Ladre (Saint-Lazare) afin de lui rendre l'eau.

Mais, dès l'année 1578, de nouvelles mesures furent prises pour retrancher les concessions. Un règlement, en date du 13 juin 1578, de « la polisse générale establie par le Roy en son chastelet de Paris pour le soullagement du peuple, ordonne que les fontaines et canaulx des maisons particulières, seront rompus, brisés et démolis, et que les thuyaux d'icelles seront mis et accomodés au service du publicq. »

Une autre ordonnance du 21 novembre 1587 porte que les concessions particulières seront supprimées et que les usagers présenteront leurs titres.

Il fut cependant fait à la même époque quelques concessions particulières, mais à des personnes trop haut placées pour que leurs requêtes aient été même discutées. Ainsi, le 19 septembre 1579, il fut enjoint à Guillaume Guillain, maître des œuvres, et à Pierre Legrand, fontainier, d'exécuter « touttes affaires cessantes » les travaux nécessaires « pour faire pisser l'eaue dedans le jardin de la Reine, mère du Roi, au lieu où naguère étaient les relligieuses pénitentes[2]. »

[1] Voy. p. 41, 99, 172.
[2] Plus tard hôtel de Soissons entre les rues du Jour, Coquillière, de Grenelle et des Deux-

Un partage d'eau entre le seigneur de Villeroy et la dame de Longueville fut autorisé le 10 mars 1583. La nouvelle prise d'eau était de deux lignes de diamètre.

Le maître des œuvres reçut, le 8 février 1586, l'ordre de percer sur la conduite de la rue Vieille-du-Temple un trou de deux lignes et demie de diamètre, prise d'eau accordée par le Roi à madame d'Angoulême, « à la charge que la dicte dame fera faire tous les thuyaulx et assiette d'iceulx à ses fraiz et dépens. »

Il n'est nullement démontré que la pénurie d'eau dont on souffrait alors ait été le résultat d'une sécheresse; il est bien plus probable qu'elle tenait au mauvais état des conduites publiques qui, étant toutes en plomb ou en poterie, avaient dû être très-détériorées pendant les guerres civiles. Une des préoccupations d'Henri IV, dès son avénement au trône, fut le rétablissement des fontaines. Un règlement du châtelet de 1578 ordonnait d'employer au service public les plombs des concessions particulières ; une mesure analogue fut prescrite le 6 juin 1594 par le bureau de la ville ; il fut enjoint au premier des sergents de « saisir et arrester toutes et chacune des marchandises de plombs qui arriueront en ceste ville, soit par eaue, soit par terre, pour estre emploiés aux réparations des fontaines de ceste ville suiuant la volonté du Roy[1]. »

Le retranchement des concessions fut prescrit par un arrêt du Conseil d'Etat du 23 juillet 1594.

Cette pièce, que je reproduis en entier, ne laisse aucun doute sur les intentions du Roi ; il voulait surtout remettre la canalisation de la ville en bon état, et supprimer l'abus des concessions accordées aux grands seigneurs, au grand détriment du public.

Écus, emplacement dont la halle au blé occupe aujourd'hui le centre. La tour où Catherine faisait ses observations d'astrologie existe encore. La fontaine de la halle au blé y est accolée. La rue du Jour porte aujourd'hui le nom de la rue Vauvilliers.

[1] Registres de la ville, vol. XIV, fol. 56.

*Extraict des registres du conseil d'État.*

*Arrest du Conseil d'Estat qui ordonne que les fontaines particulieres seront retranchées et deffenses faictes aux preuost des Marchands et Eschevins de donner aulcunes concessions deau aux particuliers.*

Le Roy desirant restablir sa ville de Paris en sa premiere splendeur auroit comandé aux preuost des marchands et Eschevins de lad° ville de Paris de faire restablir et remettre les conduitz et tuyaulx des fontaines de ceste dicte ville en leur premier estat et les faire descendre aux reseruoirs publicqz et a ce que le peuple de ladicte ville en recoipue la commodité et soulagement que Sa Ma^te^ desire sans qu'aulcuns particulliers de ladicte ville les puisse diuertir par conduitz et tuyaulx particulliers en leurs maisons au preiudice des reseruoirs publicqz. Et a ceste fin sad^e^ Ma^té^ a faict et faict inhibitions et deffences a tous particulliers de destourner le cours desdictes eaux pour en faire venir en leurs maisons par conduitz et tuyaulx particulliers soubz qquez considerations et remonstrances quilz puissent faire, Et ordonne que par le Maistre des œuvres de ladicte ville ou aultre officier dicelle ayant charge des dictes fontaines toutes les clefz des robinetz seruant a conduire de leau en maisons particullieres seront leuéés et ostéés et apportées au bureau de la Ville et lesdicts robinetz condampnez et tamponnez de boys ou aultre chose generalement, en telle sorte que le cours desdictes eaux ne soye nullement diuerty desdicts reseruoirs publicqz, a peyne de deux cens escus damande contre le premier contreuenant; Il enjoinct auxdits preuost des marchans et escheuins presens et aduenir dy tenir la main; auxquelz preuost des marchans et escheuins auons faict et faisons deffences de donner aulcunes concessions permettre ne souffrir estre faictes aulcunes entreprinses sur le cours desdictes fontaines de tenir la main que tout le cours desdictes eaux alle auxdicts reseruoirs publicqz qui seront fermez et les clefz mises entre les mains des personnes cappables quils y commettront, Et a ce quilz nen puissent pretendre cause dignorance de noz voulloir et intentions, voullons ces presentes estres enregistrées au greffe de ladicte ville et employées aux ordonnances d'Icelle. Faict au Conseil d'Estat tenu à Paris le XXIII^e^ Juillet mil cinq cens quatre vingtz quatorze signe « Fayet[1] ».

Cet arrêt du Conseil d'État paraît avoir été mieux exécuté que les autres. Dès le 20 janvier de l'année suivante, Pierre Guillain, maître des œuvres, reçut l'ordre de réduire, d'après leurs titres,

[1] Registres de la ville, vol. XIV, fol. 70.

les prises d'eau des hôtels de Guise, d'O et du Président de Saint-Mesmin.

*Concessions à titre onéreux.* — Quelques concessions furent accordées à cette époque, mais elles n'étaient plus gratuites. Le sieur Langlois, prévôt des marchands, obtint, le 11 août 1598, rue Barre du Bec, une concession de deux lignes d'eau en diamètre, moyennant l'abandon à la ville de « la rente de 35 livres 10 sols à laquelle il avait droit sur le clergé. »

Mlle de Sainte-Beuve, fille de l'ancien prévôt des marchands sieur de Boullencourt, reçut en échange de sa concession supprimée le 1er septembre 1595, une prise d'eau de deux lignes en diamètre pour sa maison de la rue Barre du Bec, « moyennant contract et donation à la dicte ville des dictes cinquante livres de rente à prendre sur le clergé. » (17 septembre 1601.)

Il fut accordé au sieur François de Villemontée, procureur du roi au Châtelet, une concession d'eau de deux lignes en diamètre pour sa maison sise rue Sainte-Avoye en reconnaissance des bons et recommandables services rendus par son père et par lui, et moyennant une rente de vingt livres. L'acte de concession portait, en outre, qu'il serait fait rappel des années de jouissance pendant le temps des troubles. (13 novembre 1601.)

Le chancelier de Bellièvre reçut deux lignes d'eau en diamètre pour sa maison sise rue de Bétizy « en récompense de ses services et en considération de ce qu'il lui a pleu... faire don à ladite ville » d'une partie de sa maison, nécessaire à l'élargissement de la rue. (1er septembre 1603.)

Le sieur Loys Beauclerc obtint deux petites lignes d'eau pour sa maison sise rue du Grand-Chantier, moyennant 600 livres une fois payées. (25 janvier 1603.)

On donna à ces prises d'eau *payantes* le nom de concessions *à titre onéreux*. Cette dénomination est encore en usage aujourd'hui.

Je ne vois dans les premières années du règne de Henri IV jusqu'à l'établissement de la Samaritaine, que deux concessions gratuites accordées, l'une le 5 octobre 1602, à messire Loys Potier, sieur et baron de Gesvres, conseiller du roi en son Conseil d'Etat, pour sa maison sise rue Tirechappe, et l'autre d'une ligne et demie d'eau à maître Nicolas Quetin, conseiller du roi au Châtelet, pour sa maison sise « rue des Quatre-Fils-Edmond. »

Après l'établissement de la Samaritaine, les concessions furent accordées plus largement ; voici le tableau des concessions qui ne furent pas retranchées en 1594.

*Noms des Seigneurs et Dames qui prennent de leaue des fontaines de la Ville. Cejourdhuy trois may mil vc quatre vingt dix huict* (1598).

1. Monsieur le General Beauclerc en sa maison rue des Quatre Filz au long de la Trauerse Cudrer.

2. Madame de Guyse en son hostel.

3. Monsieur le President Sainct Mesmyn au carrefour de ladicte trauerse ou y a reseruoir publicq.

4. Monsieur le Connestable en son hostel de Montmorency rue du Temple.

5. Monsieur de Poissy en sa maison a lopposite dudict sieur connestable.

6. Monsieur Hennequin S^r de Boynville en sa maison rue Saincte Auoye ou y a reseruoir publicq.

7. Monsieur Feron Maistre des Comptes en sa maison rue Barre du Becq ou il y a reseruoir publicq.

8. Madame de Montmartin en sa maison rue Sainct Martin devant Sainct Martin ou y a ung robinet pour seruir au publicq.

9. Monsieur Lescaloppier rue Trousse Vache ou y a ung reseruoir publicq.

10. Madame la duchesse d'Angoulesme p^r sa maison constre Saincte Catherine.

11. Monsieur le President de Charmeau en sa maison rue de Jouy.

12. Monsieur le Tonnelier conseiller de Ville en sa maison en ladicte rue de Jouy.

13. Les filles de l'ordre Saincte Claire dicte de l'Aue Maria.

Messieurs les desnommez seront priez de se trouuer mercredy a une heure apres disner pour deliberer sur les moyens que l'on pourra tant pour la conseruation des eaues des fontaines et recouurement des fraiz necessaires.

Faict au bureau de la Ville le Lundy IIII^e jour de May *mvc* quatre vingtz dix huict[1] (1598).

Ces treize concessions existaient à la date de l'arrêt du Conseil, c'est-à-dire en 1594. Celles qui suivent ont été accordées postérieurement à cet arrêt.

[1] Registres de la ville, vol. XIV, fol. 601.

## TABLEAU DES CONCESSIONS ACCORDÉES DE 1594 A 1608

| | NOM DU TITULAIRE | DATE | SITUATION DE LA PROPRIÉTÉ | DIAMÈTRE DE LA PRISE D'EAU | NATURE DE LA CONCESSION | |
|---|---|---|---|---|---|---|
| | | | | | GRATUITE | A TITRE ONÉREUX |
| 14 | Sieur Langlois, prévôt des marchands | 11 août 1598 | rue Barre-du-Becq | deux lignes | » | 35 livres 10 sols de rente. |
| 15 | Dᵉ Lhuillier de Sainte-Beuve | 17 septembre 1601 | rue Barre-du-Becq | deux lignes | » | 30 livres de rente. |
| 16 | Sieur François de Villemontée | 13 novembre 1601 | rue Saint-Avoie | deux lignes | » | 25 livres de rente. |
| 17 | Messire Loys Potier, baron de Gesvres | 12 août 1602 | rue Tirechappe | deux lignes | gratuite | » |
| 18 | Sieur Loys le Beauclère | 25 janvier 1603 | rue du Grand-Sentier | deux pet. lignes | » | 600 livres une fois payées. |
| 19 | Monsieur de Bellièvre, chancelier | 1ᵉʳ septembre 1603 | rue de Betisy | deux lignes | » | Indemnité de terrain. |
| 20 | Maître Nicolas Quetin, échevin | 13 août 1604 | rue des Quatre-Fils-Aimon | une ligne 1/2 | gratuite | » |
| 21 | Messire Anthoine Le Camus | 20 juillet 1605 | rue Vieille-du-Temple | une ligne 1/2 | » | 25 livres de rente. |
| 22 | Sieur de Vienne, conseiller du Roi | 5 octobre 1605 | Couture Sainte-Catherine | deux lignes | gratuite | » |
| 23 | Messire Robert Miron | 29 mai 1606 | rue du chevalier-du-Guet | une ligne 1/2 | » | 50 livres de rente. |
| 24 | Religieuses de l'hôpital Sainte-Catherine | 29 mai 1606 | rue Saint-Denis | une ligne 1/2 | gratuite | » |
| 25 | François Miron, prévôt des marchands | 21 juin 1606 | rue des Mauvaises-Paroles | deux lignes | gratuite | » |
| 26 | Messire Charles Malon | 5 juillet 1606 | rue Vieille-du-Temple | une ligne 1/2 | » | 50 livres de rente. |
| 27 | Sieur Jean Lescuyer | 12 août 1606 | rue des Prouvelles | une ligne 1/2 | » | 500 livres une fois payées et abandon d'une fontaine. |
| 28 | Sieur Forget, baron de Maflle | 14 août 1606 | rue du Four, près Saint-Eustache | une ligne 1/2 | » | 50 livres de rente. |
| 29 | Religieux de Saint-François, dits Récollets | 26 août 1606<br>21 septembre 1606 | rue faubourg Saint-Martin | une ligne 1/2 | gratuite | » |

## TABLEAU DES CONCESSIONS GRATUITES SUPPRIMÉES PENDANT LES TROUBLES ET RÉTABLIES DU TEMPS DE HENRI IV

| | NOM DU TITULAIRE | DATE | SITUATION DE LA PROPRIÉTÉ | DIAMÈTRE DE LA PRISE D'EAU | GRATUITE | A TITRE ONÉREUX |
|---|---|---|---|---|---|---|
| 30 | Couvent de l'Ave-Maria (confirmation) | 13 juin 1603 | monastère de Sainte-Claire | quatre lign. 1/2 | gratuite | » |
| 31 | Prieuré de Saint-Lazare | 7 mars 1605 | rue faubourg Saint-Denis | quatre lignes | gratuite | » |
| 32 | Maître Charles de Charbonnières | 4 juin 1605 | pré Saint-Gervais | inconnu | gratuite | » |
| 33 | Les Filles-Dieu | 8 juin 1605 | couvent rue Saint-Denis | trois lignes 1/4 | gratuite | » |
| 34 | Les Pauvres-enfants-de-la-Trinité | 1 août 1605 | inconnu | un petit pois | gratuite | » |
| 35 | Maître Picot de Varade | 5 août 1605 | pré Saint-Gervais | un grain de vesce | gratuite | » |
| 36 | Messire Thomas Gayant | 4 octobre 1605 | rue des Prouvaires | une ligne 1/2 | gratuite | » |
| 37 | Les Filles-Pénitentes | 11 octobre 1605 | couvent rue Saint-Denis | une ligne 1/2 | gratuite | » |
| 38 | Sieur de Marle, seigneur de Persigny | 20 décembre 1605 | rue Vieille-du-Temple | deux lignes | » | 600 livres une fois payées. |
| 39 | Sieur Charles Lecomte, seigneur de la Martinière | 11 avril 1606 | rue Neuve-Saint-Leu | trois lignes 1/2 | gratuite | Etablissement d'un réservoir dans sa maison. |
| 40 | Monseigneur l'Évêque d'Angers | 12 avril 1606 | rue des Tournelles | une ligne 1/2 | gratuite | » |
| 41 | Messire Henri Clerusse, seigneur de Fleury | 6 avril 1607 | rue des Bourdonnais | deux lignes | gratuite | » |

Ces 41 concessions, greffées sur les conduites publiques sans tenir compte de la charge de ces conduites, étaient évidemment trop nombreuses pour un service d'eau aussi pauvrement alimenté que l'était alors celui de Paris ; à la vérité, la Samaritaine desservait le Louvre, les Tuileries et quelques fontaines publiques et privées dans l'île de la Cité ; c'était beaucoup sans doute, mais cela ne permettait pas de tripler le nombre des concessions privées ; aussi, en 1608, on se vit dans la nécessité de faire un nouveau retranchement de ces concessions.

Voici la teneur des lettres patentes de Henri IV, du 19 décembre 1608, qui ordonnent cette rigoureuse mesure ; on remarquera qu'elles sont pour ainsi dire calquées sur celles du 14 mai 1554, de Henri II. C'était une formule du bon plaisir du Roi.

*Lettres patentes du Roy pour le retranchement des fontaines publiques.*

De par les Prevost des Marchans et Escheuins de la Ville de Paris

Il est ordonne que les lettres pattentes du Roy du dix neufuiesme du prt mois et an pour le retranchement des fontaines particullieres de ceste ville a Nous addressantes seront enregistrees au Greffe de lad^e Ville. Faict au Bureau d'Icelle le Lundy, vingt deuxiesme Jour de decembre mil six cens huict.

ENSUIT la teneur desd^s lettres.

HENRY PAR LA GRACE DE DIEU ROY DE FRANCE ET DE NAVARRE A nos tres chers et bien amez les preuost des marchans et escheuins de nostre bonne ville et cité de Paris Salut. Ayant este aduertiz que plusieurs maisons tant ez nostre bonne ville qu'ez enuirons auoit des fontaines particullieres prises et desriuéées des Thuïaulx et canaulx des fontaines destinées pour le publicq. Qui par ce moyen diminuoient et empeschoient souuent l'usaige et la commodité desdictes eaux publiques, Nous vous aurions ordonné de faire visitation de touttes lesdictes fontaines commanceant a la prise dicelles et aux branches qui en despendent affin de donner à l'aduenir ung bon reglemen pour l'antretiennement et conseruation de celles qui sont destinées au public et depuis Ayant faict la visitation marqué essantiellement touttes les eaux qui se distribuent des canaulx du publicq esd^es maisons priuées et particullieres auec le proces verbal modelle et figurre portant la mesme grosseur et eschantillon de ce qui peut seruir tant au publicq que pour lusaige des particulliers pour le tout nous estre represente et Sur ce vous faire entendre nostre voulloir et intention SCAUOIR FAISONS qu'apres auoir faict veoir en nostre conseil ledict proces verbal avec lad^e figure et modelle desirant preferer le bien et utilité du publicq a la commodité des particulliers AUONS de l'aduis de nostre conseil et de nostre certaine science plaine puissance et autorité royalle DICT DECLARE ET ORDONNE, DISONS DECLARONS ET ORDONNONS voullons et nous plaist, sans aultre esgard aux permissions et concessions des dictes fontaines qui par nous ou noz praidecesseurs ont esté ci devant faictes et données ou par vous en vostre charge ou depuis confirmées de nous ou de noz praidecesseurs ny a la Jouissance qui s'en est ensuiuye en vertu dicelles. Que touttes lesd^es fontaines priuées et particullieres des maisons de nostre bonne ville faulxbourgs et es enuirons qui ne seruent aulcunement au publicq soient rompues et cassees reellement et de faict Et le cours d'Icelles remis au conduict et canal publicq excepte celles dont les conduicts et canaulx distillent es maisons de nostre tres cher et tres ame cousin le comte de Soissons, les ducs de Guyse et de Montmorancy, nostre tres chere et amee sœur la duchesse dAngoulesme celles des pauvres filles ez lave Maria, des filles Dieu, filles penitentes, et l'hospital de la Trinité ez la rue Sainct Denis, ensemble celles des Cordeliers refformez dicts Recollets aux faulxbourgs Sainct Martin, voullons anssy que ceulx qui ont des fontaines a lendroict de leurs maisons seruant aud^t publicq et que pour leur aisance et comodité attirent et prennent les eaux dudict publicq dedans leurs maisons et Jardins soyent rompuz et remis antierement a lusaige publicq Et les regards qui sont faicts dedans bouchez et estouppez Et au lieu diceux quil en soit faict d'aultres hors icelles maisons pour l'ouuerture en estre faicte ainsy que par vous sera ordonne SY VOULONS ET VOUS MANDONS Que nos prntes lettres de declaration voulloir et intention et tout le contenu en ces dictes presentes, vous faictes garder, obseruer et entretenir, lire publier et enregistrer aux registres du greffe de nostre dicte bonne ville de Paris et iceluy executer de poinct en poinct selon le contenu en ces d^es presentes et que dessus est dict nonobstant oppositions ou appellations quelzconques pour lesquelles ne voullons estre sursy ni differé, dont et des differands qui en pourroient survenir nous auons retenu et réserué, retenons et reseruons la congnoissance et decision a nous et a nostre personne et icelle interdicte et deffendue interdisons et deffendons a tous nos Juges tant de nostre court de parlement qu'auttres, nonobstant aussy quelzconques loix constitutions et ordonnances a ce contraires auxquelles nous auons desrogé et desrogeons par ces prntes Que nous voullons estre signiffiées a qui se appartient et executées par nostre premier huissier ou sergent de nostre d$^{e}$ bonne ville ou aultre qu'a ce faire commettons car tel est nostre plaisir. DONNÉ à Paris le dix neufuiesme Jour de decembre l'an de grâce mil six cens huict Et de nostre regne le vingtiesme, Ainsi signe « Henry » et plus bas pour le Roy « de L'omesnye » Et a costé est escript Registrees au greffe de l'hostel de la Ville de Paris. L'ordonnance de Messieurs les preuost des Marchans et Eschevins d'Icelle le Lundy vingt deuxiesme Jour de Decembre mil six cens huict Et signe « Courtin[1] ».

On n'indique dans cette pièce aucun motif sérieux qui justifie le retranchement des concessions. C'est, comme je l'ai dit, une formule qui s'appliquait en toute circonstance ; en cherchant à se rendre compte de la situation, on reconnaît qu'il y avait deux raisons pour agir comme on l'a fait : le nombre des concessions était trop grand et une sécheresse, peut-être très-ordinaire, fit ressortir les inconvénients de cette situation et rendit le retranchement absolument nécessaire pour assurer l'alimentation des fontaines publiques.

Une amélioration très-importante se généralisa vers cette époque. On chercha à établir dans chaque fontaine un petit réservoir pour emmagasiner l'eau perdue pendant la nuit et aux heures de petite consommation. Souvent on obligeait un concessionnaire à établir un réservoir dans sa maison avec un robinet à l'usage du public. Le premier exemple d'une concession ainsi réglée que je trouve dans les registres de la ville remonte au 16 avril 1529. Noble homme messire Philbert Rabou, trésorier de France, fut autorisé à rétablir la prise d'eau de la grosseur d'un pois de l'hôtel Clisson qui lui appartenait « lequel fut tenu entretenir lad$^{e}$ fontaine jusques à saillir en la rue pour les secours des habitants du quartier. »

En rétablissant le 11 avril 1606 une concession de trois lignes et demie de diamètre en faveur du sieur Charles Le Comte, sei-

[1] (Registres de la ville, vol. XVII, fol. 416, 417, 418 et 419.)

Coupe du réservoir et élévation de la soupape de la fontaine du Pot-de-Fer.

COUPE.

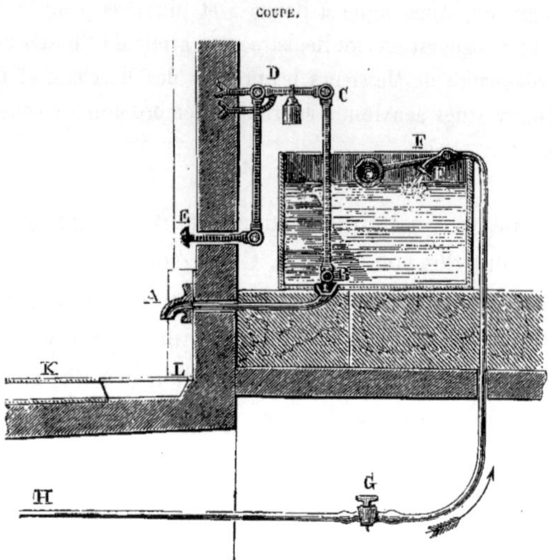


PLAN.

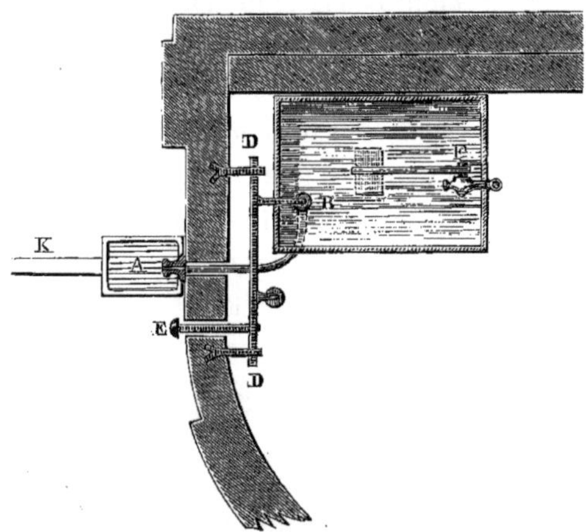


A, orifice. — B, soupape. — E, D, C, B, levier ouvrant et fermant la soupe B. — K, Gargouille du trottoir. L, grille et souillard. — F, robinet à flotteur de la conduite de prise d'eau H, G, F. — G, robinet d'arrêt de cette conduite. — F, B, réservoir de la fontaine.

gneur de la Martinière, dont les titres remontaient au temps de Charles VI, on lui imposa l'obligation de construire « à ses fraiz et dépens, ung réservoir au dedans sad$^{e}$ maison de quatre pieds carrés en tout sens... pour seruir tant au publicq qu'à l'usage de sadicte maison [1]. » Ce réservoir alimentait la fontaine Saint-Leu, une des plus anciennes de Paris.

L'emploi de ces réservoirs se généralisa et toutes les nouvelles fontaines en furent munies ; on utilisa ainsi l'eau de ces fontaines qui, antérieurement, pendant la nuit et aux heures de petite consommation, s'écoulait sans intermittence et par conséquent presque toujours en pure perte.

Les orifices d'écoulement des réservoirs des fontaines publiques étaient fermés par des soupapes qui s'ouvraient, à la volonté de l'usager, au moyen d'une bascule. Voici un de ces appareils qu'on voit encore aujourd'hui à la fontaine sise à l'angle des rues Mouffetard et du Pot-de-Fer. La communication du réservoir avec l'orifice A de sortie de l'eau, est fermée par une soupape B qui s'ouvre lorsqu'on agit sur le bras du levier EC dont l'extrémité E se prolonge jusqu'à l'extérieur. Lorsqu'on cesse d'agir sur ce levier, la soupape se ferme par l'action d'un contre-poids.

Cet appareil est trop simple pour que j'en parle plus longuement. Mais lorsque l'édifice était plus élevé que celui de la fontaine du Pot-de-Fer, le réservoir se trouvait habituellement à une assez grande hauteur au-dessus du sol ; on attachait alors à l'extrémité E du levier une longue tringle en fer qui descendait jusqu'à la main de l'usager. Cette tringle était difficile à manœuvrer ; les anciens employés du service ont vu souvent les porteurs d'eau se suspendre après cette tige pour obtenir un filet d'eau qui n'arrivait pas lorsque le réservoir était vide.

On ne perdait donc plus l'eau aux heures de petite consommation et pendant la nuit ; elle s'emmagasinait dans le petit réservoir de chaque fontaine ; mais, malgré ces incontestables améliorations, le système de prise d'eau des concessions était si défectueux que, malgré leur très-petit nombre, la moindre sécheresse tarissait le peu d'eau qu'on laissait aux fontaines publiques.

C'est vers l'époque de la construction de l'aqueduc d'Arcueil et surtout après l'établissement des pompes du pont Notre-Dame qu'on réalisa de grands progrès dans l'art de distribuer l'eau ; on put alors amener ce service à un développement que les hommes intelligents de cette époque appelaient l'abondance[1].

[1] Voici l'opinion de Bonamy, qui écrivait en 1754 : « Si l'on ajoute à cette quantité (d'eau donnée par les pompes du pont Notre-Dame et les 5 aqueducs) celle que le Roi retire des eaux d'Arcueil et de la pompe de la Samaritaine qui peuvent monter à 100 pouces, on sera en état de comparer la disette de la ville de Paris, lorsqu'elle était réduite aux seuls aqueducs du Pré Saint-Gervais et de Belleville, *avec l'abondance dont elle jouit aujourd'hui.* (Bonamy, Mémoires de l'Académie des inscriptions et belles-lettres, t. XXX, 1754.)

# CHAPITRE XXI

## DISTRIBUTION DES EAUX ANCIENNES

(SUITE)

---

*Du 22 décembre* 1608 *au* 18 *août* 1660. — Sécheresse de 1608 à 1632. — Période d'humidité de 1632 à 1660. — Fontaine du Louvre, 1610. — Restauration de l'aqueduc Saint-Martin, 1633. — Baux d'entretien des fontaines. — Première adjudication, 1611. — Distribution des eaux d'Arcueil. — Choix des emplacements, adjudication des travaux de 11 fontaines, de 1620 à 1626. — Visite de la fontaine de Grève par Louis XIII. — 3 fontaines nouvelles alimentées par les anciens aqueducs, 1623 et 1628. — Reconstruction des fontaines de l'Apport Baudoyer et de Biragne, 1627. — De la fontaine Saint-Julien, 1646. — Aucune fontaine nouvelle 1630-1655. — Partage des eaux trouvées par Bocquet, 1655. — Fontaines du quai des Grands-Augustins et du faubourg Saint-Germain, 1655. — Concessions d'eau. — Introduction du château d'eau et des prises d'eau sous charge invariable, détermination du pouce fontainier. 1623-1624-1633. — Description du château d'eau de la fontaine du Tirouer. — Généralisation de ce mode de distribution. — *Concessions d'eau dans les premières années du règne de Louis XIII.* — Concessions des eaux d'Arcueil en 1617 avant l'achèvement de l'aqueduc. — Vérification des titres 1623-1625. — Nouvelle répartition des eaux du Roi ; lettres patentes de 1633. — Concessions des eaux de Belleville et du Pré-Saint-Gervais, de 1619 à 1633. — On accorde 4 pouces d'eau au cardinal de Richelieu, 1633. — Nombreux brevets délivrés pendant a période d'humidité de 1635 à 1660. — Concession d'un pouce d'eau accordée à titre onéreux à Fouquet, 1655.

*Depuis la mort de Henri IV* (14 *mai* 1610) *jusqu'à la grande sécheresse de* 1660 *à* 1670.

J'ai cherché, dans le chapitre qui précède, à donner une idée des premiers essais de distribution d'eau du treizième au seizième siècle. D'importantes améliorations furent introduites dans le service, sous le règne de Henri IV, mais néanmoins c'est à l'époque de l'histoire à laquelle j'arrive, que se réalisèrent les plus grands progrès dans la distribution des anciennes eaux.

Jusqu'à l'achèvement de l'aqueduc d'Arcueil, ces progrès furent peu marqués ; c'est à l'intervention de deux hommes d'un rare mérite, Thomas Francini, intendant des eaux et fontaines du roi, et Augustin Guillain, maître des œuvres et garde des fontaines de la ville, qu'on doit attribuer le mode de distribution très-rationnel qui fut substitué au système barbare mis en pratique jusqu'alors. Il faut dire que les circonstances furent favorables, et qu'une pénurie d'eau causée par une longue sécheresse vint en aide à ces deux ingénieurs.

C'est très-probablement vers la fin de 1608, à l'époque où furent rendues les lettres patentes de Henri IV, que cette disette commença ; ce qu'il y a de certain, c'est que depuis la mort de ce roi jusqu'en 1616, le nombre des concessions nouvelles fut très-restreint ; la sécheresse se prononça avec plus d'intensité vers 1616, et elle se prolongea jusqu'en 1632.

*Restriction des concessions en* 1616. — Le 27 juin de cette année, le bureau prit la décision suivante : « Attendu la grande sécheresse du temps, la diminution des eaues aux prises des fontaines publicques..... dont les bourgeois de ceste dicte ville reçoivent grande incommodité, avons ordonné que toutes les fontaines particullières qui sont tirées des canaulx et thuiaulx publicqs seront restreintes pour qque (quelque) temps, et jusques à ce que aultrement en ayt esté par nous ordonné »[1].

Cette sécheresse ne paraît pas avoir été très-grande, puisqu'on ne retrancha pas les concessions, et qu'on se contenta de les restreindre; néanmoins, nous voyons que l'effet s'en fit sentir dans les années suivantes, car aucune prise nouvelle en eau du Pré-Saint-Gervais ou de Belleville ne fut autorisée, depuis le 12 août 1616, jusqu'au 16 juillet 1619. Les brevets concédés entre ces deux dates s'appliquaient à l'eau de la Samaritaine, dont le produit était indépendant des sécheresses ou à l'eau de Rungis, ce qui ne tirait pas à conséquence, puisque l'aqueduc d'Arcueil n'était pas encore en service.

En cette même année 1619 fut prise une mesure qui paraît se rattacher à cette période de sécheresse : il fut ordonné au maître des œuvres de retrancher les concessions des seigneurs qui étaient absents[2].

*Retranchement des concessions particulières en* 1622, 1623 et 1631. — Le 26 septembre 1622, sur la requête des religieuses de l'Ave Maria, dont la fontaine était tarie, le bureau ordonna le retranchement de toutes les fontaines particulières, « affin de faire fluer l'eaue aux fontaines publicques de la ville et en la maison et couuent desdictes religieuses de l'Aue Maria. »

[1] Registres de la ville, vol. XX, fol. 708.

[2] *Ordonnance d'arrester les fontaines particullierres des seigneurs qui sont absentz.*

De par les preuost des marchans et escheuins de la ville de Paris

Il est ordonné à Augustin Guillain Me des œuures de la ville ayant la charge des fontaines d'jcelle de faire promptement arrester le cours des eaues des fontaines de lade ville qui fluent es maisons particullieres de quelques personnes que ce soient qui sont absens de ceste ville Et a ceste fin fermer les robinets des croisées de fer des regards parrs, ce qui sera execute nonobstant oppositions ou appellations quelconques faictes ou a faire auec deffences a touttes personnes d'empescher ledt Guillain en l'execution de la présente ordonnance Et de faire ouuerture desdts Regardz et robinetz sinon dans vingt quatre heures après le retour actuel en ceste ville de ceulx qui ont lesdts concessions et en la prnce (présence) du sr Guillain a peyne d'estre decheus de leur droict. Faict au bureau de la ville le vingt-deuxiesme jour d'aoust mil six cens dix neuf. (Registres de la ville, vol. 22, fol. 385.)

Ce retranchement était ordonné seulement « pour quelque temps et pendant la sécheresse. »

En 1623, les concessions particulières furent encore retranchées pendant deux mois, à partir du 11 juillet. Voici l'exposé des motifs : « Attendu la nécessité des eaues des fontaines publicques de la ville, à cause de la seicheresse du temps, dont le publicq reçoit grande incommodité, auons ordonné que touttes les fontaines particullières, à la réserue des maisons de MM. les princes, de M. de Montmorency, de la maison de relligieuses de l'Ave Maria et des aultres relligions, seront retranchées et remises aux canaux publicqs pour deux moys seulement; enjoinct à Augustin Guillain, maître des œuvres de la ville, d'exécuter promptement la présente ordonnance[1]. »

Les fontaines particulières alimentées en eau de Belleville et du Pré-Saint-Gervais, furent encore retranchées en 1631. — Le 11 septembre de cette année, le bureau rendit l'ordonnance suivante : « Attendu la grande seicheresse du temps et que par le moyen d'icelle les fontaines publicques sont de beaucoup diminuées et altérées dont les habitans de ceste ville reçoivent de grandes incommoditez, a esté arresté que p̃nt (pendant) le reste du présent moys et les moys d'octobre et de novembre prochain, les eaues des fontaines du Pré Saint-Geruais et de Belleuille qui fluent ès maisons particulières seront remises ès canaulx publicqs. Et à ceste fin que le sieur Lestourneau, l'un de nous escheuins se transportera avec les maistres des œuures d'icelle en touttes lesdictes maisons..... et icelles fontaines particulières, faire retrancher en sa pnce (présence) et faire remettre l'eaue esd[s] canaulx publicqs..... »[2].

Ce retranchement fut de bien courte durée, car, dès le 3 mars suivant, le bureau rendit cette nouvelle ordonnance : « Attendu l'affluance des eaues qui sont à présent es sources

[1] Registres de la ville, vol. XXIV, fol. 16.
[2] Regietres de la ville, H. 1803, vol. XXIV, fol. 119.
[3] Registres de la ville, H. 1803, vol. XXVI, fol. 416.

des fontaines de Belleuille et du Pré-Saint-Geruais, auons ordonné que les fontaines particulières qui ont esté couppées de notre ordonnance dès le moys de septembre dernier, à cause de la grande sécheresse du temps, seront restablies..... »[1].

Les années sèches ont donc été très-nombreuses de 1608 à 1632 : le cours des concessions privées fut suspendu cinq fois entre ces deux dates ; pendant ces vingt-quatre années, les sources de la ville et par conséquent la Seine se sont rarement élevées à leur débit moyen, et sont presque toujours restées au dessous.

J'en trouve une preuve très-remarquable dans l'arrêt du conseil du 3 octobre 1625, relatif à un nouveau partage des eaux de Rungis : « Le Roy s'étant fait représenter les brevets et lettres de concessions..... et les requestes de plusieurs personnes de communauté, tendant à ce qu'il pleut à sa dicte Majesté leur en concéder quelque partie....., procédant à nouuelle distribution des dites eaues (de Rungis), *tant de trentes poulces que lesdicts entrepreneurs sont tenus fournir par le dict bail que des vingt poulces qu'ils prétendent avoir de surplus*..... »[2].

Les sources qui alimentaient l'aqueduc d'Arcueil débitaient donc alors cinquante pouces d'eau ou 960 mètres cubes en vingt-quatre heures. C'est ce que Girard et tous les ingénieurs qui lui ont succédé dans le service des eaux de Paris ont depuis considéré comme le débit moyen de l'aqueduc. Jusqu'à cette date, il y avait pénurie, car on ne comptait que sur trente pouces d'eau[3]. Lorsqu'on fit le partage des eaux de Rungis, en 1634, le jaugeage des sources donna soixante pouces quarante-cinq lignes ; elles étaient alors en crue assez forte.

*Longue période d'années humides.* — A partir de 1632 com-

[1] Registres de la ville, H. 1803, vol. XXVI, fol. 435.
[2] Registres de la ville, H. 1802, vol. XXV, fol. 20.
[3] Voy., pour tout ce qui concerne les sources d'Arcueil, p. 40 et 41, et p. 171 et suiv.

mence en effet une série d'années extraordinairement humides; malgré l'exagération du nombre des concessions, qui furent accordées avec une profusion que n'aurait pas justifiée le régime des sources, s'il avait été plus exactement connu, on ne se trouva plus, jusqu'en 1760, dans le cas d'avoir recours au retranchement des fontaines particulières, dont on avait fait un si large usage dans les siècles précédents.

Cette période d'années humides se termina par une série de grandes crues de la Seine, qui commencèrent en 1649 et dépassèrent tout ce qui a été constaté depuis 1741 jusqu'à nos jours, savoir : crue de 1649, dépassant de 1$^{m}$,16 la crue du 17 mars 1876, et de 0$^{m}$,21 la crue du 3 janvier 1802, la plus grande du dix-neuvième siècle. Crue du 25 janvier 1651, dépassant de 1$^{m}$,33 celle de 1876. Crue du 27 février 1658, la plus grande connue, dépassant de 2$^{m}$,31 celle de 1876 [1].

J'ai dit ci-dessus qu'à chaque grande crue du fleuve correspond une grande crue des sources de la ville, qui soutient leur débit bien au-dessus de la moyenne, souvent pendant plus d'un an. On est donc certain que, de 1649 à 1660, ces sources ont toujours dépassé de beaucoup le débit moyen. C'est ainsi qu'on constata très-rigoureusement que le débit des sources trouvées par Bocquet vers 1651, s'élevait à vingt-trois pouces quatre-vingt-dix-neuf lignes (460 mètres cubes en vingt-quatre heures [2]). J'ai démontré que, dans une année très-sèche, leur débit était tombé à 9 mètres cubes en 24 heures. L'aqueduc d'Arcueil, dont le débit total est descendu le 1$^{er}$ septembre 1859 à 242 mètres cubes ou à douze pouces soixante-quinze lignes [3], donnait, d'après le jaugeage effectué en 1656, par une commission dont Francini faisait partie, quatre-vingt-quatre pouces ou 1612 mètres cubes en vingt-quatre heures [4]. Je dois faire remarquer

[1] Voy. t. I$^{er}$, p. 300.
[2] Voy. p. 160 et suiv.
[3] Voy. p. 171 et suiv.
[4] Voy. p. 164.

que ce jaugeage de Francini cadrait avec celui que fit son père en 1634; en effet, on obtint alors, pour le débit total de l'aqueduc. . . . . . . . . . . . . . . . . . . . 60 pouc. 45 lig.

Ajoutant le produit des sources de Bocquet, 23 99

On arrive exactement au chiffre retrouvé en 1656. . . . . . . . . . . . . . . . . . . . 84 pouc. »

Bonamy et, après lui, Girard, ont prétendu, non sans raison, que le partage des eaux d'Arcueil avait été fait avec une profusion inconsidérée. Néanmoins, on peut dire, pour la justification des ingénieurs très-distingués de cette époque, qu'ils agissaient d'après des observations embrassant trente années. Aujourd'hui, bien peu d'ingénieurs pourraient justifier leurs propositions par une aussi longue série d'observations.

Ces considérations préliminaires étaient indispensables pour l'intelligence de ce chapitre; je reprends l'histoire de la distribution de l'eau en suivant le même ordre que dans les chapitres précédents.

*Fontaines publiques.*

*Fontaine du Louvre.* — Henri IV avait établi les pompes de la Samaritaine pour fournir au Louvre et au jardin des Tuileries l'eau qui, avant la construction de cette machine, était dérivée des fontaines publiques; néanmoins, d'après un plan remontant à 1694, cette eau n'alimentait plus alors que le jardin des Tuileries[1].

C'est peu de temps après sa construction que la Samaritaine cessa de donner de l'eau au Louvre. Le roi Louis XIII, ou plutôt sa mère, Marie de Médicis, ayant manifesté le désir d'avoir au Louvre une fontaine alimentée par les aqueducs de la ville, sans doute parce que l'eau de la Seine était peu potable, le bureau obtempéra à ce désir, et fit dresser le devis des travaux

[1] Voy. chap. XI, p. 227 et 233.

d'une conduite partant de la fontaine du Tirouer et aboutissant au Louvre.

Les travaux furent adjugés à l'extinction de la chandelle, le 13 juillet 1610, au profit du sieur Voisin. Ils furent exécutés aux frais de la ville, suivant l'usage admis, lorsqu'il s'agissait d'une concession faite à un haut personnage[1].

*Restauration de l'aqueduc de Saint-Martin.* — Le 17 novembre de la même année, on réitéra l'assignation faite, le 14 octobre 1600, au grand prieur du Temple et aux religieux de Saint-Martin-des-Champs, de comparaître au premier jour pardevant le bureau de la ville, « pour voir ordonner qu'ils seront tenuz de satisfaire à la sentence..... donnée le seizième octobre mil six cens, par laquelle de leur consentement ils ont été condampnez à faire trauailler aux thuiaulx de leurs fontaines et à l'ordonnance du vingt-huitièsme novembre mil six cens sept, à eulx signiffiées..... Sinon qu'ils seront priuez de la jouissance et commodité de l'eaue, laquelle eaue sera réduicte et mise aux canaulx des fontaines publicques de ladite ville..... »[2].

Les registres de la ville ne contiennent aucune pièce qui établisse que le grand prieur et les religieux de Saint-Martin-des-Champs aient tenu compte de cette mise en demeure : l'inscription du regard Saint-Martin, que j'ai reproduite page 128, prouve le contraire ; d'après cette inscription, c'est en 1633 qu'ils ont restauré leur aqueduc, et que l'eau de la source y reprit son cours habituel, interrompu pendant longtemps.

*Entretien des fontaines publiques.* — C'est vers l'année 1611 que je trouve le premier exemple d'un véritable travail d'entretien des aqueducs et des fontaines prescrit par le bureau.

[1] Registres de la ville, H. 1795, vol. XVIII, fol. 228.

[2] Cette mise en demeure est une nouvelle preuve que l'aqueduc Saint-Martin était séparé de celui de Belleville jusque dans l'intérieur de la ville. Registres de la ville, H. 1795, vol. XVIII, fol. 286.

Trois adjudications successives du bail d'entretien des ouvrages hydrauliques, pour six années, ont été tranchées au profit de Jehan Coulon, maître plombier : la première le 7 mars 1611 au prix de 880 livres tournois par an[1]; la seconde le 21 mars 1617 au prix de 1000 livres t. pour an[2], et la 3e le 16 mars 1623 au prix de 700 liv. t. par an[3].

Ces baux d'entretien étaient des traités à forfait. Le devis dressé par le maître des œuvres de la ville, définissait simplement les travaux à faire, mais ne contenait ni métré, ni série de prix[4].

[1] Registres de la ville, H. 1795, vol. XVIII, fol. 316.

[2] Registres de la ville, H. 1799, vol. XXII, fol. 56 et suiv.

[3] Registres de la ville, H. 1801, vol. XXIV, fol. 77.

[4] Voici quelques articles du devis du dernier bail commençant en mars 1623 : « Devis de ouurages qu'il convient faire en l'entretenement des fontaines prouenant tant des enuirons des Belleuille sur Sablon que du village du pré Sainct Geruais pour rendre les eaux coullantes et claires le plus que faire se pourra tant es regards des sources, reseruoirs publicqs et thuiaux qui conduisent icelles, jusques et compris les robinets des particulières concessions.

« Premièrement. Conuient faire le nettoyment quatre fois l'année et plus s'il est jugé nécessaire par le me des œuvres, de tous les regards, auges.... voultes ou acqueducs de présent construitz et qui seront faitz pendant la durée du présent bail....

« Item convient entretenir generallement tous les thuiaux, robinetz de cuiure tant publicqs que particuliers ou sont les grosseurs concedees, en mettre et fournir de neufs s'il est juge necessaire par le susdit officier, de pareille matiere grosseur eschantillon et pesanteur....

« Item conuient entretenir les testes de grenaulx et autres, les testes des descharges estant es fontaines....

« Item conuient entretenir generallement tous les huys et portes de menuiserie ensemble les ferrures....

« Item conuient entretenir les grandes et petites pierres de couverture qui sont sur les robinetz publicqs et des concessions particulières. En mettre et fournir de neufves lors quelles seront desfectueuses et écornées des trois coings, au moins de pareille qualité de pierre qui est de bas clicquart....»

C'était, on le voit, un devis d'entretien à forfait sans métré ni série de prix qui s'appliquait aussi bien aux ouvrages publics qu'aux concessions particulières. Je passe les conditions banales relatives à l'entretien des menus ouvrages, aux visites et constatations de l'état des lieux; voici dans quelle forme l'adjudication était annoncée :

« De par les preuost des marchans et escheuins de la ville de Paris.

« On faict ascauoir que l'entretenement des fontaines publicques de la ville selon qu'il est declare et speciffie par le deuis cy deuant transcript, sera baillé au rabais et moings disant a l'extinction de la chandelle, jeudy prochain seizieme jour du present moys de mars deux heures de releuée au bureau de la ville, pour six années consecutiues à commencer du neufiesme du present moys, jour de l'expiration du precedent bail. » (Suivent les conditions banales.)

« Le dict jour... s'est présenté Me Anthoine Noel Procureur en l'hostel de ceans qui a offert d'entreprendre le dict entretenement moyennant neuf cens livres tournois par chacun an, cy . . . . . . . . . . . . . . . . . . . . . . IXC

*Distribution des eaux d'Arcueil.* — L'aqueduc d'Arcueil, commencé en 1612, devait être achevé en quatre ans, c'est-à-dire en 1616 ; mais les troubles et les guerres suscités par les favoris de Marie de Médicis retardèrent les travaux et ce fut quelques années après l'exil de cette reine, en 1623 seulement, que les eaux de Rungis arrivèrent à Paris.

*Fontaines publiques.* — Le 5 juin 1619, l'emplacement du regard d'arrivée de l'eau de Rungis fut déterminé « par Me Jehan de Donon, contrôleur général des bastiments du Roy, Me Thomas Franchine (Francini) ayant charge et commission de la conduite desd^ces^ eaux, et Augustin Guillain, Me des œuvres de ladite ville [1]. » Je ne reviendrai pas sur ce que j'ai dit de ce regard qui naguère encore existait près de l'Observatoire [2].

L'année suivante, le 5 mars 1620, Augustin Guillain fut chargé par le bureau de désigner les emplacements du quartier de l'Université qui lui paraissaient les plus convenables pour y établir des fontaines, en exécution du même arrêt du Conseil d'État du 5 juin 1619.

Et ce apres auoir demeure une longue espace de temps au siege sans que aucunes personnes y ayent mis rabaiz.

« Auons faict allumer la chandelle et declarer aux assistans le premier rabaiz estre de cent solz le second de dix liures Et le troisiesme de quinze liures a l'extinction duquel premier feu n'a esté mis aucun rabaiz.

« A esté allumé une seconde chandelle. Rabais.... etc.

« A esté allumé une troisiesme chandelle. Rabais.... etc.

« Et sur ce que le feu estoit estinct a esté allumé une autre chandelle. Rabais.... etc.

et a l'instant s'est presente Jehan Coullon plombier ordinaire de la dicte ville, dernier entrepreneur dudict entretenement qui a aussy mis ledict entretenement audict prix de sept cens liures tournoys et requis luy vouloir adjuger audict prix et sur ce avons faict allumer la chandelle à l'extinction de laquelle n'a esté mis aucun rabais, au moyen de quoy auons, sur ce ouy le Procureur du Roy et de la Ville et en sa présence, adjugé et adjugeons par ces présentes le dict entretenement.... moyennant le dict prix de sept cens liures tournoys pour et par chacune des dictes six annees qui luy sera payé par le Receueur de la Ville de quartier en quartier par nos ordonnances et mandements à la charge par le dict Coullon de bailler bonne es suffisante caution de bien et duement entretenir lesdictes fontaines et satisfaire audict deuis faict et adjugé ledit jour seiziesme mars mil six cens vingt trois. (Registres de la Ville, vol. XXI, II. 1801, fol. 77.)

[1] Extrait des registres du Conseil d'État ; daté de Tours.

[2] Voy. p. 208 et suiv.

Voici les emplacements désignés par lui :

1° Au coin de la rue de l'Arbalète, contre la maison des Quatre-Évangélistes.

2° Au coin du cimetière Saint-Étienne, près de l'hôtel épiscopal de Nevers.

3° A l'encoignure de l'église Saint-Hilaire.

4° A la croix des Carmes, derrière la barrière des Sergents.

5° Contre le mur du collége du cardinal Lemoine.

6° A l'emplacement de l'ancien cimetière, à l'opposite de l'église Saint-Benoît, rue Saint-Jacques.

7° A l'encoignure de l'église des Mathurins.

8° A un petit pont près de la rue de la Bucherie.

9° Au coin de la rue des Poiriers.

10° Entre l'église et la maison de Saint-Cosme.

11° Près de l'hôtel Ronhand (Rohan).

12° Au bout de la rue Dauphine, contre le mur d'enceinte de la ville.

13° Place Saint-Michel[1].

Une ordonnance du Prévôt des marchands, en date du 9 septembre 1624, adressée au maître des œuvres, nous fait connaître les emplacements adoptés définitivement par le bureau.

« Il est ordonné à Augustin Guillain maistre des œuvres.... de se transporter es lieux et places, assauoir : Nostre Dame des champs, faulxbourg Saint-Jacques, porte Saint-Michel, près Saint-Cosme, Saint Benoist, proche le puits et carrefour Sainte-Geneuifeue, Croix des Carmes, rue Saint-Victor, carrefour Saint-Seuerin, au bout du pont Saint-Michel, rue de Bussy, deuant et dans le paruis Nostre Dame, court du Pallais, place de Grèue et place Royalle, *qui sont les lieux destinés à mettre fontaines publiques....*[2] »

[1] Registres de la ville, vol. XX, fol. 426 et suiv. Girard dit que les fontaines désignées par Guillain étaient au nombre de 14 ; j'ai collationné le tableau qui précède sur le texte même de son livre et je n'ai trouvé que les 13 fontaines indiquées ci-dessus.

[2] Registres de la ville, vol. XXIV, fol. 334.

D'après Girard, ces quinze fontaines auraient été toutes construites de 1623 à 1628. Suivant Bonamy, on se serait contenté d'en ériger onze. C'est à ce dernier nombre que je suis arrivé en consultant les registres de la ville, comme on le verra ci-après.

Avant de construire les fontaines, on adjugea dans le cours de l'année 1623 les matériaux et ouvrages accessoires, savoir :

1° Les conduites en poteries à Jehan Gobelin et Sébastien Jacques, maîtres maçons au prix de huit livres la toise courante (4$^{fr}$,10 le mètre)[1].

2° Les tuyaux de plomb et la soudure à Jehan Coulon, m$^{e}$ plombier au prix de deux sols trois deniers la livre de plomb (0$^{fr}$,26 le kilogramme) et de sept sols trois deniers la livre de soudure (0$^{fr}$,77 le kilogramme)[2].

3° Les tranchées à ouvrir pour la pose des conduites, à Pierre Voisin, m$^{e}$ paveur au prix de trente-six sols la toise courante, y compris pavage et dépavage (0$^{fr}$,92 le mètre courant).

Les tuyaux en poterie avaient de 7 pouces 1|2 à 8 pouces (de 0$^{m}$,203 à 0$^{m}$,216) de diamètre.

Le plomb était fourni en table pour les réservoirs et en tuyaux pour les conduites. Les tuyaux étaient faits avec du plomb en table, roulé suivant le diamètre voulu et soudé longitudinalement.

Il paraît que cette canalisation était achevée en 1624 ; car

[1] Registres de la ville, H. 1801, t. XXIV, fol. 163.

[2] Registres de la ville, H. 1801, t. XXIV, fol. 177.

[3] Registres de la ville, H. 1801, t. XXIV. fol. 218.

Les prix indiqués ci-dessus permettent de faire une intéressante comparaison avec les prix actuels. Voici ceux de notre dernier devis d'entretien.

Le mètre courant de tuyau de bonne poterie de Beauvais (diamètre 0$^{m}$,203 à 0$^{m}$,216) : à l'usine, non compris transport et pose 4$^{fr}$,50 ; le tuyau mis en place coûte à peu près. . . . . . . . . . . . . 8$^{fr}$,00

Le kilogramme de plomb en table. . . . . . . . . . . . . . . . . 0$^{fr}$,65

Le kilogramme de soudure (un tiers d'étain et deux tiers de plomb). . 1$^{fr}$,50

Un mètre courant de tranchée de 1$^{m}$,20 de profondeur pour tuyau de 0$^{m}$,108. . . . . . . . . . . . . . . . . . . . . . . . 1$^{fr}$,25

le 26 mars de cette année, le maître des œuvres reçut l'ordre « de mettre les eaux des fontaines de Rungis appartenant à la ville dans les canaulx et thuiaux pour en faire l'essay en présence du Prévôt des marchands et des échevins[1] ». On entreprit ensuite la construction des fontaines dans l'ordre suivant :

*Trois réservoirs* sis, le premier *rue Saint-Jacques vis-à-vis l'église Saint-Benoît*, le second *à la place Maubert* et le troisième *près le puits de Sainte-Geneviève*. Ces réservoirs n'avaient aucun rapport avec les ouvrages auxquels nous donnons ce nom aujourd'hui, qui se relient à un réseau de conduites plus ou moins important et ont une capacité suffisante pour les alimenter. C'étaient de véritables fontaines publiques munies d'un petit bassin pour emmagasiner l'eau pendant les heures de faibles consommations et pendant la nuit; plus tard, ces réservoirs furent pourvus de châteaux d'eau et d'appareils de jauge. D'après le devis descriptif du maître des œuvres, les pilastres de ces édifices étaient d'ordre dorique ; ils étaient faits en vue de la décoration des places publiques. Ils furent adjugés le 3 octobre 1623 à Pierre Bernard, m^e^ sculpteur, et à Jehan Gobelin, juré du Roi ès œuvres de maçonnerie, moyennant la somme de 12 000 livres tournois[2].

*Fontaine de la porte Saint-Michel*.—Traité passé de gré à gré, le 2 janvier 1624, avec Jehan Gobelin « pleigé et cautionné »

[1] Registres de la ville, vol. XXIV, fol. 238.

[2] Registres de la ville, t. XXIV, fol. 166 v°.

La fontaine construite en face de Saint-Benoît était située là où se trouve aujourd'hui une fontaine à repoussoir contre le mur du Collége de France, place de Cambrai, n° 125 de la carte.

Le puits Sainte-Geneviève était le seul puits public du quartier de l'Université renfermé dans l'enceinte de la ville. Il était dans la rue de la Montagne-Sainte-Geneviève, en face de l'École polytechnique, entrée des élèves, et a été comblé vers 1840 lorsqu'on a ouvert la rue de l'École polytechnique. La fontaine a été détruite aussi à cette époque, parce qu'elle gênait la circulation dans la nouvelle rue. J'ai vu cette fontaine qui, en plan, avait la forme d'un grand triangle équilatéral avec pan coupé à chaque angle; c'était donc un petit édifice hexagonal irrégulier. Voy. n° 124 de la carte.

Le quartier de l'Université renfermait deux autres puits publics situés hors de l'enceinte : l'un rue Contrescarpe (rue du Cardinal-Lemoine), près de la petite place qui forme le carrefour des rues du Cardinal-Lemoine, de Lacépède et Mouffetard, et l'autre à l'emplacement même de la fontaine du Pot-de-Fer, sise à l'angle des rues du Pot-de-Fer et Mouffetard.

par Pierre Bernard et Sébastien Jacquet, juré du Roi en l'office de maçonnerie [1].

*Fontaine de l'église Saint-Cosme.* — Traité de gré à gré passé le 14 juin 1624 avec Pierre Bernard, maître sculpteur, moyennant le prix de 700 livres [2].

*Fontaine de la place de Grève.* — La première pierre fut posée par le Roi le 28 juin 1624 [3]. Les travaux fu-

[1] Registres de la ville, vol. XXIV, fol. 204. Le procès-verbal d'adjudication n'indique pas le chiffre de la dépense. Il porte simplement que les travaux seront exécutés conformément au devis « moyennant le prix et somme de neuf livres tournois la thoise. » La fontaine Saint-Michel était située presque en face de la rue Monsieur-le-Prince, à l'extrémité de la rue de la Harpe, sur l'ancienne place occupée aujourd'hui par le boulevard Saint-Michel; elle contenait un réservoir dans lequel devaient se réunir toutes les eaux d'Arcueil concédées à la Ville, pour se répartir de là dans les divers établissements qu'elles desservaient. Depuis, on a construit un autre réservoir, la fontaine de la Demi-Lune, sis rue d'Enfer, près de la rue du Val-de-Grâce; les eaux d'Arcueil s'y rendaient en partie pour se distribuer, notamment pour desservir la fontaine du faubourg Saint-Jacques. Fontaine Saint-Michel n° 109, de la Demi-Lune n° 114 de la carte.

[2] Registres de la ville, vol. XXIV, fol. 285. La fontaine de l'église Saint-Côme s'élevait en façade dans la rue de l'École-de-Médecine, près du carrefour actuel de cette rue et de la rue Racine, à une petite distance du tracé du boulevard Saint-Michel. N° 108 de la carte.

[3] Voici le récit de cette cérémonie:

*Premiere pierre posée par le Roy au bastiment du Louure ensemble a la fontaine en la place de Greue venant des Sources de Rongis.*

*Le Roy est venu en l'hostel de la ville y prendre sa collation.*

Le Roy ayant promis a Messieurs les préuost des Marchans et Escheuins de la ville de Paris lorsqu'il viendroit mettre et poser la premiere pierre a son bastiment du Louure, qu'il viendroit aussy poser et mettre la premiere pierre a la fontaine ordonnée estre faicte dans la place de Greue et qui doibt venir des sources de Rongis et la mettre led[t] jour et a la sortie prendre sa collation en l'hostel de la ville.

Et estants Mesdicts sieurs aduertis que sad[e] Ma[té] debuoit venir le vendredy vingt huictiesme jour de Juin mil bi [c] xxiiii (1624) ont donné ordre a tous les preparatifs pour dignement et somptueusement receuoir sad[e] Ma[té] aud[t] hostel de la ville.

Premierement ont faict parer de riches tapisseries les grandes salles et chambres dud[t] hostel de ville avec des daiz.

Ont donné ordre a faire faire une superbe collation tant de rochers, confitures exquises, grandz saulmons fraiz, truittes saulmonnées, carreaux et grandz brochetz Et a ceste fin ont mandé tant Dupont espicier de la ville que la dame Coiffier les aduertissant que Sa Ma[té] sera suiuye des princes et seigneurs de sa court.

Ont mandé le Maistre de l'artillerie de la ville auquel ils ont enjoinct de tenir prest l'artillerie canons et bouettes (boîtes) de la ville dans la place de Greue pour tirer lors que sad[e] M[té] s'en retournera de l'hostel de ville.

Ont mandé les trante violons et haultbois de la ville, les tambours et trompettes d'icelle.

Ont aussy mandé cent cinquante archers pour eulx tenir dans la place de Greue lors que Sa M[té] arrivera

rent adjugés avec ceux de la fontaine du Parvis Notre-Dame.

Ont aduerty Augustin Guillain Me des œuvres de la ville de tenir les matériaulx pretz dans la place de Greue pour poser lade première pierre.

Ont faict faire vne descente de charpenterie dans les fondements pour y descendre sade Mte.

Ont faict faire vng marteau et vne truelle d'argent pour mypartir a sade Mte lors du posement de lade premiere pierre.

Et le vingt cinquiesme jour du moys de Juin mil six cens vingt cinq Mesds sieurs les Preuost des Marchans et Escheuins ont receu lettres de sade Mate dont la teneur ensuyt.

De par le Roy,

Tres chers et bien amez l'estat présent de noz affaires ne nous ayant permis de partir de ce lieu au temps que nous leussions bien desiré pour nous rendre en nostre bonne ville de Paris, Nous vous faisons la présente pour vous dire que nous y serons vendredy prochain dieu aydant a vne heure apres midy Et a la mesme heure y poserons la première pierre de nostre bastiment du Louure ou vous vous trouverez pour nous assister en ceste action sy ne fautes faictes, car tel est nostre plaisir. — Donne à Compiegne le vingt cinquiesme jour de Juin mil vi c xxiiii (1624) Signé « Louis » et au dessoubz « de Lomenye » Et au doz est escript A noz tres chers et bien amez les preuost des Marchans et Eschuins de nostre bonne ville de Paris.

Aussy tost lesdes lettres receues mesds sieurs de la ville ont de rechef veillé et donné ordre ausdes collations tant pour le Roy que pour les princes et seigneurs de sa suitte qu'a tous les aultres preparatifs et ont aussy faict expedier mandement a Messieurs de la ville pour assister a ladc ceremonie dont la teneur ensuyt :

Monsieur Sauguin Sr de Liury plaise vous trouuer demain deux heures de relleuée en l'hostel de la ville pour nous assister a receuoir le Roy qui y doibt prendre sa collation vous priant ny voulloir faillir. Faict au bureau de la ville le Jeudy xxbiie (27e) jour de Juin mil vi c xxiiii (1624).

Les Preuost des Marchans et Escheuins de la ville de Paris tous vostres.

Pareil envoyé à chacun de Messieurs les Consrs de la ville.

Aultre mandement envoyé aux trois capitaines des archers de la ville pour eux se trouuer avec cinquante hommes de chacune compagnie garniz de leurs hocquetons et hallebardes led jour en la place de Greue.

Ledict Jour de Vendredy xxbiiie (28e) juin sur les neuf heures du matin est venu en l'hostel de la ville Monsieur du Hallier capitaine des Gardes de Sa Mate suiuy du sieur de Coste son Enseigne et de trante ou quarante archers de la garde du corps auec leurs armes.

Lequel Sr du Hallier parlant a Messieurs de lade ville leur auroit dict que par commandement du Roy il venoit en cest hostel auec les archers pour empescher touttes sortes de troubles et désordres,

A quoy Messieurs de la ville ont dict qu'il estoit le très bien venu lequel sieur du Hallier a laissé audt hostel de ville ledt sieur de la Coste et ses archers qui se sont saisiz des portes et auquel sieur de la Coste a esté baillé et mis en ses mains les clefs de la porte dudict hostel de la ville et de la grande salle ou Sade Mate debuoit faire la collãon.

Aussy en mesme temps est venu audt hostel de la ville le Capitaine Jacques auec quarante ou cinquante Suisses de la garde de Sa Mate.

Sur les vnze heures du matin lade grande salle estant richement paréé ont commancé à faire drésser lesdes collations et faist mettre le buffet dargent vermeil doré de ladc ville.

Environ l'heure dudt midy et vne heure Mesdrs sieurs les préuost des Marchans et Escheuins, procureur du Roy Greffier et receueur de la ville sont partis dudt hostel de ville en carosse auec leurs habits noirs sans archers ny sergent et allez au Louure et aussy tost seroit arriué le Roy venant de Compiegne Et apres que lesdt sieurs de la ville luy ont faict la reuerence, icelle Mate est allée mettre la premiere pierre du bastiment de son Louure ou estoient presents lesds sieurs préuost des Marchans et Escheuins, procureur du Roy Greffier et receueur de la ville et

## *Fontaine du Parvis Notre-Dame.* — Adjugée le 24 août 1624

tout aussy tost lesd$^{t}$ sieurs de la ville sont en diligence reuenus aud$^{t}$ hostel de ville ou estants, auroient lesd$^{t}$ sieurs preuost des Marchans Escheuins et Greffier pris leurs robes my parties et led$^{t}$ procureur du Roy sa robe escarlatte et estantz assistez de Messieurs les Presidents Aubry, De Linoy, Amelot, Aubry d'Auuillier, Berthelemy de Bragelogne, de S$^{t}$ Germain, Parffaict de la Court et Trouchot tous conseillers de la ville sont descenduz sur le perron dud$^{t}$ hostel de la ville pour attendre Sa Ma$^{te}$ ayant deuant eulx les sergens de la ville aussy vestuz de leurs robes miparties, et enuiron sur les deux heures Sa Ma$^{te}$ seroit venue qui auroit esté receue par lesd$^{t}$ sieurs de la ville auec applaudissement de tout le peuple sonnant les trompettes tambours et haultbois, et estoit sadicte Maiesté suiuye de Monsieur le Comte de Soissons, Messieurs les ducz de Guyse, de Neuers, de Vendosme, de Mets, de Montbazon gouuerneur de ceste ville, de l'amiral de Montmorancy, le Grand Escuyer, du marquis de la Vieufuille superintendant des finances et d'vng fort grand nombre d'aultres princes et seigneurs et a l'instant mesme auparauant que d'entrer aud$^{t}$ hostel de ville Mesd$^{s}$ sieurs de la ville ont mené et conduict Sad$^{e}$ Ma$^{te}$ a l'endroict destiné pour faire lad$^{e}$ fontaine dans la Greue ou led$^{t}$ Guillain M$^{e}$ des œuvres auoit préparé tout ce qui estoit necessaire pour mettre lad$^{e}$ premiere pierre. Lequel sieur preuost auroit présente a Sad$^{e}$ M$^{te}$ vne truelle et vng marteau d'argent auec laquelle truelle sad$^{e}$ Ma$^{te}$ a pris du mortier préparé dans vng bassin d'argent auec led$^{t}$ marteau a frappé et coigné pour sceller la premiere pierre soubz laquelle a esté mis vne inscription grauée sur vne platine de cuiure et quatre médailles d'argent doré, sur lad$^{e}$ platine a esté mis vne platine de plomb et vne aultre grosse pierre dessus qui a esté incontinent scellée en plomb Et contenoit lad$^{e}$ Inscription ce qui ensuit :

*L'inscription est restée en blanc.*

Et aussy tost que Sadicte Ma$^{te}$ a eu faict prenant son chemin pour aller aud$^{t}$ hostel de ville le peuple plein de rejouissance de voir son Roy auec mil acclamations de joye s'est pris a crier a haulte voix viue le Roy sonnant les haultbois, trompettes et tambours et l'ont Mesd$^{s}$ sieurs de la ville conduit jusques dans la grande salle, marchant au deuant de Sad$^{e}$ Ma$^{te}$ led$^{t}$ Greffier de la ville vestu comme dict est de sa robe my partie, Et estant Sad$^{e}$ Ma$^{te}$ entrée dans la grande salle auroit esté saluée par Monsieur le premier president qui l'attendoit Et a esté monstré a Sad$^{e}$ Ma$^{te}$ par mondict sieur le préuost des marchans le dessein desd$^{es}$ deux fontaines l'vne pour la Greue et l'aultre pour le paruis Nostre Dame Et aussy tost Sa Ma$^{te}$ s'est approchée des collations l'vne de rochers et d'vn nombre infiny de touttes sortes de confitures exquises Et l'aultre de grandz saulmons, truittes brochetz et carreaux, pastez et touttes sortes de fruictz Et est impossible d'auoir veu de longtemps de si belles et superbes collãons dont le grand rocher faict artistement jettoit et pissoit de l'eaue fort hault et en plusieurs endroicts a quoy Sad$^{e}$ Ma$^{te}$ auroit pris vng singulier plaisir, mesme a considérer lesd$^{es}$ collãons qu'il auroit trouuées tres belles, apres que sad$^{e}$ Ma$^{te}$ auroit tasté et gousté de quelques massepins et confitures s'estant retiré deux pas en arriere, les aultres princes et seigneurs et gentilshommes auroient pareillement faict collãon ou a cause du grand nombre des princes et seigneurs qui y estoient et d'aultre peuple qui s'est jeté parmy eulx qui ont faict la presse et confusion de lad$^{e}$ collãon ou Sa Ma$^{te}$ auroit encore pris vng singulier plaisir, mesme a ouy la musique desd$^{s}$ viollons de la ville qui ont sonné et joué de leurs d$^{s}$ viollons pendant que Sad$^{e}$ Ma$^{te}$ a demeuré dans lad$^{e}$ grande salle et quelques temps apres Sad$^{e}$ Ma$^{te}$ seroit descendue et auroit dict ausd$^{s}$ sieurs de la ville qu'elle s'en alloit fort contante, lesquels sieurs de la ville en leurs mesmes robes de liurées auec led$^{t}$ Greffier de la ville ont conduict sadicte Ma$^{te}$ jusques dans son carosse et en sortant dudict hostel de la ville, l'artillerie, bouettes et canons, ont joué comme aussy le peuple auroit crié à haulte voix viue le Roy dont de tout Sad$^{e}$ Ma$^{te}$ a esté tres contente comme elle la tesmoigné aud$^{s}$ sieurs de la Ville, laquelle Ma$^{te}$ led$^{t}$ jour alloit coucher à Versailles.

Et Est à notter que sur led$^{t}$ perron comme le Roy alloit y monter, Mond$^{t}$ sieur le preuost des Marchans luy a faict vn petit compliment sur sa bien venue audict hostel de ville.

Aussy Mesd$^{s}$ sieurs de la ville ont faict donner a desjeuner et a disner tant ausd$^{s}$ sieur de la

avec celle de la Grève à Jacques Hacquevil, maître maçon, moyennant le prix de 7450 livres tournois[1].

*Fontaine du faubourg Saint-Jacques.* — Sise dans l'emplacement de l'image de Notre-Dame-des-Champs, construite par le même entrepreneur que la suivante, dotée de 25 lignes d'eau.

*Fontaine à l'angle des rues Saint-Jacques et Saint-Séverin.* — Traité passé de gré à gré, le 7 janvier 1625, pour cette fontaine et la précédente, avec Pierre Bernard et Jehan Gobelin, moyennant le prix de 3000 livres tournois[2].

*Fontaine en la cour du Palais.* — Traité de gré à gré le 11 mars 1626 avec Jehan Thiriot, maître maçon, moyennant la somme de 3000 livres[3].

Il est très probable qu'on construisit aussi à la même époque la fontaine Saint-Victor, sise à l'emplacement actuel de la fontaine Cuvier, à l'angle des rues Cuvier et Linné : elle se composait d'un simple robinet fixé dans le mur de l'abbaye Saint-Victor. C'est en 1686-87 que ce robinet fut remplacé par un petit monument construit suivant la mode du temps.

Coste, Capitaine Jacques que tous leurs soldats tant des gardes du corps du Roy que des Suisses de Sad^e^ Ma^té^. (Fontaine du Parvis Notre-Dame, n° 128 de la carte.)

(Registres de la ville, vol. XXIV. H. 1801, fol. 290.)

[1] Registres de la ville, vol. XXIV, fol. 312. La place de Grève était située le long de la façade principale de l'hôtel de ville. Considérablement agrandie, elle porte aujourd'hui le nom de *place de l'hôtel de ville*.

[2] Registres de la ville, H. 1801, vol. XXIV, fol. 375.

La fontaine du faubourg Saint-Jacques était établie vis-à-vis du n° 269 *bis* de la rue Saint-Jacques, un peu avant le Val-de-Grâce, là où il existe aujourd'hui une borne-fontaine à repoussoir (n° 117 de la carte). M. Adde, inspecteur des eaux, a vu encore cette fontaine en place. La fontaine sise à l'angle des rues Saint-Jacques et Saint-Séverin est aussi remplacée aujourd'hui par une borne-fontaine à repoussoir (n° 127 de la carte).

[3] Registres de la ville, H. 1801, vol. XXV, fol. 122.

La fontaine du Palais s'élevait dans la cour du Palais de Justice. Il ne faut pas la confondre avec celle érigée du temps de Henri IV par François Miron, sur l'emplacement de la maison du père de Jean Chatel, qui était alimentée en eau du Pré-Saint-Gervais. La nouvelle fontaine était alimentée par l'eau d'Arcueil. Elle était spécialement destinée au service du Palais.

Ces onze fontaines étaient alimentées en eau de Rungis ; il fallait donc traverser les ponts pour conduire l'eau à celles qui se trouvaient dans la Cité et sur la rive droite du fleuve. Augustin Guillain, le maître des œuvres, proposait de faire passer les tuyaux sur le Petit-Pont et le grand pont Notre-Dame. Le bureau n'était nullement rassuré sur les conséquences d'une telle innovation. Le mercredi 12 mars 1625, il manda par-devant lui :

« Les s^rs^ Franchines (Francini) surintendant des eaues et fontaines du Roy et de Lintheair (Lintlaer) m^e^ de la pompe du Pont Neuf pour auoir leur aduis de l'assiette des thuiaulx des fontaines venant de Rongis et si faisans par la Ville passer lesdicts thuiaulx par dessus le petit pont et le grand pont nostre Dame.... lesdicts ponts voultes et pilles d'iceulx n'en peuuent recepuoir aucun dépérissement ny incommodité, lesquels après serment par eulx faict et lecture a eulx faicte.... du rapport dudict Guillain faict sur ce subject ont iceulx Franchines et de Lintheair dict et tel estre leur aduis, qu'ils ne trouuent aucun péril ny inconuénient de faire passer les thuiaulx desdictes fontaines par dessus les dicts deux ponts et neantmoings pour oster tout subiect de craincte et de soupçon, l'on peut faire lesdicts thuiaulx plus forts et plus espois qu'à l'ordinaire ou bien pour plus grande précaultion l'on peut faire des esuiers de pierre de taille dans lesquels l'on peut asseoir lesdicts thuiaulx, lesquels esuiers auront leurs pentes pour la décharge des eaues d'un costé et d'autre desdicts ponts [1]. »

Telle est l'origine des galeries et caniveaux que nous établissons aujourd'hui sur les ponts pour y faire passer nos conduites.

Enfin, le 14 août 1630, Augustin Guillain reçut du bureau l'ordre de dresser les devis de deux petites fontaines qui devaient être alimentées aussi en eau de Rungis, pour la commodité des habitants du quai des Augustins et des abords de Saint-Germain-l'Auxerrois [2], mais les fontaines ne furent pas construites à cette époque.

Pendant qu'on s'occupait ainsi de la distribution des eaux de

[1] Registres de la ville, t. XXIV, fol. 405.
[2] Registres de la ville, H. 1805, t. XXVI, fol. 275.

Rungis, on ne négligeait pas les autres quartiers de la ville alimentés par les anciens aqueducs.

*Fontaine du Châtelet.* — Une petite fontaine en forme de pyramide fut érigée à la porte de Paris, ou plus correctement à l'Apport de Paris (aujourd'hui place du Châtelet). Les travaux furent exécutés, en vertu d'un traité de gré à gré en date du 10 mai 1623, par Pierre Bernard, maître sculpteur, moyennant la somme de 200 livres tournois. Cette fontaine devait être alimentée par l'eau du Pré-Saint-Gervais [1].

*Fontaine du marais du Temple.* — Une autre ordonnance du bureau, en date du 26 juillet 1624, autorisa les habitants du marais du Temple à construire à leurs frais une fontaine publique alimentée par l'eau de Belleville. Cette fontaine est probablement celle de l'Échaudé, sise rue Vieille-du-Temple au carrefour de la rue de Poitou [2].

*Reconstruction des fontaines de l'apport Baudoyer et de Birague.* — Le 4 février 1627, on adjugea au rabais et à l'extinction de la chandelle, les travaux de reconstruction des fontaines de l'apport Baudoyer, derrière la barrière des Sergents, et de Birague, dite aussi de Sainte-Catherine, rue Saint-Antoine, en face des Jésuites. Cette adjudication fut tranchée au profit de Jehan Chériot, maître maçon, qui offrait d'abord d'exécuter les travaux pour 12 000 livres et qui, à l'extinction de la troisième chandelle, réduisit ses prétentions à 6100 livres tournois [3].

Le distique suivant fut gravé sur la fontaine de Birague :

SICCATOS LATICES, ET ADEMPTUM FONTIS HONOREM
OFFICIO ÆDILES RESTITUERE SUO.
OB REDITUM AQUARUM
1627.

[1] Registres de la ville, H. 1801, t. XXIV, fol. 87.
[2] Registres de la ville, vol. XXIV, fol. 303.
[3] Registres de la ville, vol. XXV, fol. 325.

*Fontaine et réservoir de la rue de Paradis.* — Cette fontaine fut édifiée contre le mur de la cour des armes de l'hôtel de Guise. Le devis dressé par Augustin Guillain porte la date du 16 juin 1628. Les travaux furent adjugés, le 30 du même mois, au sieur Mesureur, moyennant la somme de 1990 livres tournois[1].

*Reconstruction de la fontaine Saint-Julien-des-Ménétriers*[2]. — Cette fontaine, une des plus anciennes de Paris, avait été détruite par messire Le Lièvre, propriétaire d'une maison voisine, sise rue Saint-Martin, en face de l'église de Saint-Julien-des-Ménétriers. Le bruit des porteurs d'eau l'incommodant, il avait obtenu du bureau l'autorisation de tirer un filet d'eau de la fontaine Saint-Leu pour l'alimentation de son hôtel, et en distribuait quelque peu à ses voisins, puis avait coupé la conduite de la fontaine Saint-Julien, dont le robinet existait encore dans son ancien emplacement. De là grandes réclamations des habitants du voisinage qui ne recevaient, par les porteurs d'eau de Seine, qu'un liquide souillé par les égouts et les déjections des riverains du fleuve. La maison passa entre les mains de plusieurs propriétaires successifs qui ne tinrent aucun compte des plaintes de leurs voisins. Le bureau, dans sa délibération du 9 mars 1666, décida que la fontaine serait rétablie dans l'emplacement où elle avait anciennement coulé[3].

De 1630 à 1655, on n'érigea aucune fontaine nouvelle dans l'intérieur de l'enceinte de la ville; à l'extérieur, on reconstruisit le regard du Pré-Saint-Gervais, sous la prévôté de messire Jérôme Leféron, président aux enquêtes, comme le prouve l'inscription qu'on voit encore sur la façade de cette fontaine. Messire Leféron

[1] Registres de la ville, H. 1802, vol. XXV, fol. 593. La rue de Paradis fait aujourd'hui partie de la rue des Francs-Bourgeois; entre les rues Vieille-du-Temple et du Chaume. L'hôtel de Guise était situé au carrefour de la rue du Chaume.

[2] Cette fontaine avait été érigée en 1346, sous le règne de Philippe de Valois. Voy. p. 461.

[3] Registres de la ville, H. 1807, vol. XXX, fol. 359.

fut élu prévôt une première fois en 1646, et une seconde en 1648; c'est donc à cette époque que remonte cet édifice tel que nous le voyons encore aujourd'hui.

Cette fontaine est le regard collecteur de toutes les pierrées de l'aqueduc du Pré-Saint-Gervais. Elle renferme de plus un château d'eau qui distribue, par bassinets, une partie de l'eau de l'aqueduc à quelques habitants de la localité. C'est le seul château d'eau qui subsiste encore dans la distribution d'eau de Paris[1].

Je n'ajouterai rien de plus à ce que j'ai déjà dit de cet ouvrage en décrivant l'aqueduc.

On a vu que, dans le partage des eaux de Rungis, effectué en 1656, on attribua à la ville une partie de celles que Bocquet avait découvertes vers 1651. On évaluait alors cette part de la ville à 9 pouces, 121 lignes 1/2.

On s'empressa d'en faire la distribution[2].

Le 7 septembre 1655[3], le bureau décida qu'on construirait *la fontaine* projetée sur le quai, devant le couvent *des Grands-Augustins*, dont il a été fait mention ci-dessus[4], qu'on en érigerait *une autre au faubourg Saint-Germain* et que *deux gros robinets* seraient posés, l'un au regard de la porte Saint-Denis et l'autre au regard des Blancs-Manteaux.

Le volume d'eau dont les fontaines avaient été dotées en 1635 fut augmenté, ainsi qu'il suit, par délibération du 29 juillet 1656 :

[1] Voy. l'inscription p. 110, et la description du château d'eau, p. 117 et 158. Il existe cependant encore un autre château d'eau, celui de l'ancienne fontaine Saint-Benoît (voy. p. 515 et n° 125 de la carte) : il est renfermé aujourd'hui dans l'intérieur du Collége de France et n'alimente plus qu'un seul bassinet, celui de M. Oger, propriétaire de la maison voisine. La conduite privée passe du château d'eau à la maison du concessionnaire en traversant le mur mitoyen.

[2] Voy. le partage des eaux de 1656, p. 164 et suiv.

[3] Registres de la ville, H. 1815, vol. XXXVI, fol. 186.

[4] Voy. p. 518.

AUGMENTATIONS ET DOTATIONS NOUVELLES.

| | AUGMENTATIONS. | |
|---|---|---|
| | POUCES. | LIGNES. |
| Fontaine rue Notre-Dame-des-Champs (faubourg Saint-Jacques), 48 lignes au lieu de 25. . . . . . . . . . . | » | 23 |
| Fontaine du Puits-Sainte-Geneviève, 60 lignes au lieu de 36 | » | 24 |
| Fontaine place Maubert, 49 lignes au lieu de 36. . . . . | » | 13 |
| Fontaine Saint-Séverin, 60 lignes au lieu de 49. . . . . | » | 11 |
| Fontaine du Palais, 36 lignes au lieu de 25. . . . . . . | » | 11 |
| Fontaine du Parvis-Notre-Dame, 36 lignes au lieu de 25. | » | 11 |
| Fontaine Biragne, devant les Jésuites, 72 lignes au lieu de 49. . . . . . . . . . . . . . . . . . . . . . . . . | » | 23 |
| Fontaine *en projet* près de l'abbaye Saint-Germain. . . . | » | 36 |
| Fontaine nouvellement bâtie près de la porte Saint-Germain. | » | 49 |
| Fontaine en construction devant le couvent des Grands-Augustins. . . . . . . . . . . . . . . . . . . . . . | » | 36 |
| Fontaine *en projet* au faubourg Saint-Marcel. . . . . . . | » | 36 |
| Fontaine *en projet* place Royale. . . . . . . . . . . . . | » | 49 |
| Fontaine Maubuée (alimentée avant 1656 en eau de Belleville), 72 lignes pour la fontaine, le reste pour des concessions.. . . . . . . . . . . . . . . . . . . . . | » | 116 |
| Fontaine Sainte-Avoie, 72 lignes pour la fontaine, 1 pouce 16 lignes pour des concessions.. . . . . . . . . . . . | 1 | 88 |
| Fontaine Saint-Julien (alimentée avant 1656 en eau de Belleville). . . . . . . . . . . . . . . . . . . . . . | » | 25 |
| Fontaine des Cinq-Diamants (alimentée avant 1656 en eau du Pré-Saint-Gervais). . . . . . . . . . . . . . . . . | » | 36 |
| Fontaine des Innocents, augmentation. . . . . . . . . . | 1 | » |
| Total. . . . . . . . | 6 | 11 |

| | | |
|---|---|---|
| Messieurs de la ville ajoutaient à ces. . . . . . . . . . | 6 | 11 |
| Eaux publiques des anciennes fontaines suivant l'arrêt de 1635. . . . . . . . . . . . . . . . . . . . . . . | 3 | 21 |
| Eau concédée à la même date. . . . . . . . . . . . . . | 4 | 24 |
| Ils réservaient pour les pertes. . . . . . . . . . . . . . | 2 | 65 |
| Distribution totale des eaux de Rungis. . . . | 15 | 121 |
| Ils évaluaient la quantité totale de ces eaux attribuée à la ville à. . . . . . . . . . . . . . . . . . . . . . . | 19 | 49 |
| Il restait donc à distribuer.. . . . . . . . . | 3 | 72 |

Dont « lesdits sieurs crurent à propos de disposer au proffict de la ville, pour aucunment recouurer les deniers qu'elle avoit contribué audit travail, et ordonnèrent à cet effet qu'il seroit faict assemblée de messieurs les conseillers de ville, commissaires députez pour les eaux, pour leur donner aduis de ce que dessus et auoir sur ce leur aduis[1]. »

Les sécheresses, qui commencèrent en 1660, prouvèrent que messieurs de la ville s'étaient trompés et que l'eau dont ils pouvaient disposer était loin d'atteindre 19 pouces 49 lignes, chiffre inférieur cependant à la concession officielle qui était de 21 pouces 50 lignes[2].

Ce tableau nous fait encore comprendre l'utilité des réservoirs. Les fontaines les plus richement dotées, telles que les fontaines Maubuée et Sainte-Avoie, ne recevaient qu'un demi-pouce d'eau, ou 9597 litres en 24 heures. Il fallait 9 secondes pour obtenir un litre d'eau et, par conséquent, 90 secondes pour remplir un seau de 10 litres, temps beaucoup trop long; avec un réservoir, on pouvait porter l'écoulement à 1 litre par seconde et remplir le même seau en 10 secondes, ce qui ne pouvait donner lieu à aucune plainte.

Messieurs de la ville comprenaient donc toute l'importance des réservoirs et une de leurs préoccupations était d'empêcher les porteurs d'eau de les vider en faisant chez eux des approvisionnements d'eau. C'est ce que nous avons vu, notamment dans l'ordonnance du bureau du 2 octobre 1687 faisant « défense aux porteurs d'eaux d'empescher les bourgeois et aultres de puiser par préférance, et de faire amas ou magazin, en leurs maisons, des eauës des fontaines à peine d'amande et de prison[3]. »

Lorsqu'une nouvelle fontaine était construite, on la complétait donc par un réservoir. Ainsi quand, en 1657, les nouvelles fontaines du faubourg Saint-Germain, près de la rue de la Boucherie et du quai des Grands-Augustins, furent achevées, André Ra-

[1] Registres de la ville, H. 1815, vol. XXXVI, fol. 516.
[2] Voy. p. 165.
[3] Registres de la ville, H. 1831, vol. LIV, fol. 679.

meau, Mᵉ plombier, fontainier de la ville, reçut l'ordre d'y construire immédiatement des réservoirs [1].

*Concessions d'eau.*

*Améliorations du système de prise d'eau.* — C'est à cette époque de l'histoire des eaux de Paris qu'on trouva le mode rationnel de prise d'eau qui fut appliqué depuis jusqu'au 14 avril 1857, date de la révocation définitive des concessions perpétuelles. Je vais chercher à donner une idée des progrès de cette partie de l'art de l'ingénieur, et à démontrer comment on arriva peu à peu à supprimer ces prises d'eau dont le débit ne pouvait être connu, puisqu'on ne tenait aucun compte de la charge de la conduite publique sur laquelle était soudé le branchement du concessionnaire.

Une petite amélioration fut introduite dans le service vers 1618. Voici quelle était alors la formule adoptée pour définir la prise d'eau : « Et sur ce ouy, le procureur du Roy et de la ville, auons au dict sieur.... donné, concédé et octroyé, donnons, concédons et octroyons par ces ptes (présentes), un cours d'eaue de la grosseur de.... lignes à prendre.... et à cette fin sera souldé sur le gros thuiau publicq qui passera le plus proche et commode de sa maison, un petit thuiau pour conduire et fluer l'eaue dans icelle maison [2].... »

La prise d'eau était alors réglée par le diamètre de l'ouverture pratiquée dans la conduite publique. Comme dans cette définition il n'est pas question du robinet d'arrêt posé sur le petit tuyau près de cette prise d'eau, on pouvait donner à l'œil de ce robinet tel diamètre que l'on voulait. C'est ce que messieurs de la ville voulurent constater, et Augustin Guillain reçut d'eux, le 24 novembre 1618, un ordre ainsi conçu : « Lever les tournants

[1] Registres de la ville, H. 1814, vol. XXXVII, fol. 199.

[2] Registres de la ville, H. 1799, vol. XXII, fol. 215. Titre de concession de Mᵉ Christophe Martin, conseiller du Roi, receveur de la Ville, en date du 15 août 1618.

des robinetz et nous faire description, en forme de carte, des grosseurs et eschantillons dont iceulx tournans sont percez et pour cet effect faire ouuerture et fermeture qu'il conuiendra et de tout donner aduis de la conformité ou disparité des grosseurs mentionnées ès titres.... le tout pour y être pourvu par nous ainsi qu'il sera aduisé pour le mieulx....[1] »

A la suite de cette visite, la définition du mode de prise d'eau fut ainsi modifiée : « Et pour ce faire, sera assis un petit thuiau sur le gros thuiau publicq.... passant le plus proche de ladicte maison, pour l'assiette duquel petit thuiau sera faict un coulde à icelui petit thuiau, de deux poulces de hault qui sera souldé sur ledict gros thuiau, auquel petit thuiau y aura un robinet de cuivre, le tournant duquel y sera percé d'un trou de.... lignes de diamètre qui sera la grosseur de l'eaue que nous accordons à....[2] »

Les concessions furent ainsi réglées par le diamètre de l'œil du robinet d'arrêt dont la vérification était toujours facile, tandis qu'en les réglant, comme on le faisait avant cette visite, par le diamètre du trou percé sur la conduite publique, toute vérification devenait impossible après la soudure du branchement du concessionnaire ; il était donc facile de doubler ou de tripler frauduleusement la concession sans qu'il fût possible de le constater. On était sur la voie d'une grande amélioration qui n'a été réalisée à Paris que deux siècles après : ainsi que je l'ai dit ci-dessus, il suffisait, pour jauger équitablement la concession, d'indiquer sur le titre le volume d'eau accordé, et non le diamètre de l'œil du robinet, qui aurait été percé par tâtonnement de manière à débiter ce volume d'eau. On aurait eu ainsi le *robinet de jauge* qui a servi à Paris, dans ces dernières années, à la distribution des eaux de Seine et de source, et qui sert encore pour les petits abonnements ; ce robinet de jauge est monté sur la conduite privée le plus près possible de la maison de l'abonné. Cette solution est

[1] Registres de la ville, H. 1799, vol. XXII, fol. 267.

[2] Extrait du titre de concession de « damoiselle Denise Leprestre veufve de feu M. Pierre de Pleurs », 15 juillet 1620. Registres de la ville, H. 1799, vol. XXII, fol. 180.

bien préférable au jaugeage dans un château d'eau qui est aussi rigoureusement exact, mais qui a l'inconvénient d'entraîner l'abonné dans de grandes dépenses pour l'établissement de sa conduite, et d'encombrer le sous-sol des rues par cette petite canalisation.

Deux améliorations très-importantes remontent encore à la même époque. Au lieu de retrancher les concessions à chaque sécheresse, on se contentait ou de les restreindre, ou de fermer celles des seigneurs absents, ou de les *suspendre pour deux mois.* Ce dernier système était le meilleur; car, dans les plus grandes sécheresses, telles que celles que nous subissons depuis 1857, il est rare que la pénurie du service dure plus de deux mois par an[1].

L'autre progrès réalisé consistait à obliger chaque concessionnaire à établir un robinet près de l'orifice du tuyau de la concession et à le fermer toutes les fois qu'on n'avait pas besoin d'eau dans la propriété. On se réservait, dans le brevet, de suspendre la concession en temps de basses eaux. Voici comment ces deux clauses étaient formulées : « A la charge d'user de la dite eau modérément et de tenir le robinet fermé ad ce que l'eaue ne flue et coule sinon quand l'on en aura affaire; et encores à la charge de la restrinction, lors et quand la nécessité de la sécheresse du temps le requerra pour servir au publicq[2]. » Ces clauses n'existent plus dans les brevets à partir de 1625.

Quoique ces améliorations fussent très-réelles, elles laissaient néanmoins subsister le vice radical de la distribution : la charge de la conduite publique restait indéterminée au point où se faisait la prise d'eau et messieurs de la ville ne connaissaient pas le volume d'eau qu'ils délivraient à chaque concessionnaire. Ils le savaient bien, car voici ce que je lis dans une ordonnance du

[1] Registres de la ville, vol. XXIV, fol. 334.
[2] Registres de la ville, vol. XXIV, fol. 185. Concession à messire de Hacqueville, 20 novembre 1623.

2 août 1623 : « Ordonnons que les prises et dérivations particullières seront tant à présent qu'à l'aduenir assizes dans les réservoirs publics et à l'endroit de chacun, ung bassin particullier auquel sera le trou percé de la grosseur concédée et mis à haulteur de la force de l'eau, et au cas que les fontaines particulières ne soient proches lesdits réservoirs publicqs, sera faict un carré de maçonnerie ou de bois contre le coing de rue le moings incommode pour y être dériué les prises des fontaines les plus adjacentes, en bassinets particulliers. Et de la haulteur que dessus, le tout à la diligence dudit Guillain et fraiz et dépens de la ville....[1] »

Il est bien probable que cette innovation était due à Guillain, car un an après, le 28 septembre 1624, cet ingénieur adressa au bureau un rapport dans lequel se trouve le passage suivant :

« J'ay trouué que les concessions octroyées cy-dessus, pour les différentes hauteurs et disproportions du nyueau, ne se pouuoir dériuer et applicquer.... sy ce n'est dans certains augets qui seront faicts dans les réseruoirs publics (châteaux d'eau).... sous la clef et fermeture de nous, pour y reigler et visiter à toute heure les dériuations selon que le cas y eschet, en quoy faisants, nul ne peut apporter dommage au publicq et particulier en suiuant la figure et modelle par nous faicts et à vous présentez....[2] »

Guillain supprimait donc les anciennes prises d'eau, faites sous une charge indéterminée. Il y substituait la distribution par châteaux d'eau, où il est facile d'obtenir une charge invariable, et il réalisait un autre progrès non moins grand, en faisant écouler l'eau accordée au concessionnaire, non pas par une conduite fichée dans la paroi du château d'eau, comme faisaient les Romains, mais dans un auget ou bassinet en cuivre du fond duquel partait cette conduite. On donna à cette invention le nom de *prise d'eau par bassinet*. Toutefois, ce nom ne fut pas appliqué im-

[1] Registres de la ville, H. 1801, vol. XXIV, fol. 142 et suiv.
[2] Registres de la ville, vol. XXIV, fol. 349.

médiatement. La formule des brevets de concessions fut modifiée ainsi qu'il suit :

« Lesquelles.... lignes d'eau seront prises au regard de la fontaine de.... ou de quelque autre regard le plus proche et commode pour estre conduites par ung thuiau particulier en ladicte maison. » Le passage suivant des lettres patentes du 26 mai 1635 prouve que, dès l'origine, les eaux de Rungis furent distribuées par bassinet. « Nous voullons et ordonnons que par Augustin Guillain, maistre des œuvres, etc., pour esuiter tels abus et entreprises, vous aiez a faire promptement trauailler pour réformer toutes les prinses d'eaues des fontaines de Belleuille et du pré Sainct-Geruais et les réduire *par bassinets dans les regards publicqs* comme il est praticqué aux concessions des fontaines *prises sur les eaux de Rungis*[1]. »

L'invention de Guillain fut donc mise en pratique, dès l'origine de la distribution des eaux de l'aqueduc d'Arcueil. Mais c'est seulement à partir de 1635, et même quelques années plus tard, que l'expression *prise d'eau par bassinets* fut introduite dans les titres de concession.

Comment étaient disposés ces bassinets dans l'origine? C'est ce qu'il est difficile de dire; l'œuvre d'Augustin Guillain, fontaines et châteaux d'eau, ayant absolument disparu aujourd'hui, toute constatation est devenue impossible..

J'ai démontré qu'au temps de Louis XIII on connaissait très-exactement la valeur du pouce fontainier, dont le produit était alors fixé à 19 344 litres en 24 heures[2]; cela semble indiquer que l'ingénieur italien Thomas Francini était pour quelque chose dans l'invention de la distribution par bassinet. Ce qui corrobore cette opinion, c'est que le produit en 24 heures du pouce fontainier admis aujourd'hui, 19 195 litres, est presque le même que celui de l'once d'eau romaine, 20 217 litres. Dès cette époque, les

[1] Registres de la ville, H. 1804, t. XXVII, fol. 335.

[2] Voy. la note de la page 50 et le fac-simile du plan manuscrit du plateau de Rungis reproduit à la même page.

centres de tous les orifices de distribution d'un château d'eau étaient donc sur la même horizontale et à six ou sept lignes au-dessous du plan d'eau, et il est probable que cette disposition était due à Thomas Francini.

Il est dit, dans le procès-verbal de jaugeage des eaux qui servit de base au partage de 1634, que, le 20 octobre de la même année les sources de Rungis débitaient 60 pouces un quart et un seizième, et que, dans le partage des eaux de 1656, il se trouva au château d'eau du faubourg Saint-Jacques 84 *pouces bien coulants surchargés chacun de six lignes*. MM. Francini faisaient partie de la Commission dont les autres membres étaient des conseillers du Roi et des trésoriers de France. Dans cette commission, MM. Francini étaient seuls capables de faire les jaugeages[1].

La distribution d'eau, par bassinet ou château d'eau, est rigoureusement exacte; on donne à l'usager le volume d'eau qui lui est concédé, ni plus ni moins. Cependant, ce mode de distribution est inapplicable dans les grandes villes, comme Londres ou Paris, dans lesquelles l'eau est distribuée dans toutes les maisons : les rues seraient trop étroites pour contenir le réseau des conduites privées.

Les anciens châteaux d'eau de Paris ont donc disparu, à l'exception d'un seul, celui du Pré-Saint-Gervais, et bientôt on n'aura plus aucune notion de ce système de distribution, qui était très-rationnel aux dix-septième et dix-huitième siècles, où les concessions n'étaient pas nombreuses. Il n'est donc pas inutile d'en donner une idée nette et, pour cela, je ne puis mieux faire que de décrire l'ancien château d'eau de la fontaine du Tirouer ou du Trahoir, aujourd'hui fontaine de l'Arbre-Sec.

Cette fontaine, suivant Piganiol de la Force, fut reconstruite en 1636, au coin des rues Saint-Honoré et de l'Arbre-Sec, et devint le château d'eau des eaux d'Arcueil sur la rive droite de la Seine[2].

[1] Voy. p. 162 et 164.
[2] Voy. p. 472, n° 56 de la carte.

Elle fut rebâtie de nouveau en 1775, dans le même emplacement, sur les dessins de Soufflot. Elle existe encore aujourd'hui au n° 111 de la rue Saint-Honoré ; la façade principale et le robinet de la fontaine sont sur la rue de l'Arbre-Sec. L'édifice se divisait en trois étages et le château d'eau occupait le plus élevé. Les figures suivantes sont des réductions de la gravure faite sur les dessins de Soufflot.

En voici l'explication .

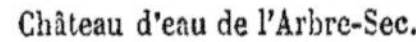

Château d'eau de l'Arbre-Sec.

PLAN. Fig. 1.

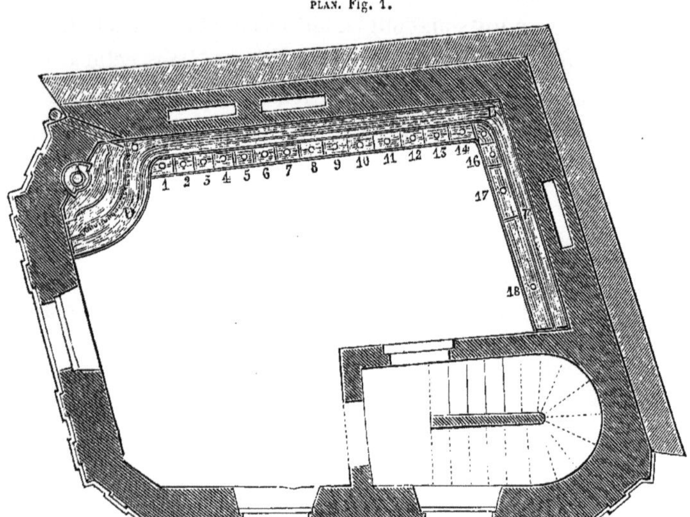


A, arrivée de l'eau. — D, E, F, bâche du château d'eau. — 1, 2, 3, etc., bassinets.

NOMS PEINTS SUR LE MUR VIS-A-VIS DE CHAQUE BASSINET

| | DOTATION pouces. | DOTATION lignes. |
|---|---|---|
| 1 Fontaine | 1 | » |
| 2 L'ancienne Monnaye | » | 36 |
| 3 L'hôtel du Moulin | » | 4 |
| 4 L'hôtel Charot (Charrost) | » | 7 |
| 5 Case vacante | » | » |
| 6 Idem. | » | » |
| 7 Idem. | » | » |
| 8 L'hôtel des Fermes | 1 | » |
| 9 Le Grand Conseil | » | 33 |
| 10 M. de la Rapinière et l'hôtel Grammont | 1 | » |
| 11 L'hôtel des Postes | 1 | » |
| 12 L'hôtel d'Aligre | 1 | 14 |
| 13 Les Écuries d'Orléans | 6 | » |
| 14 L'hôtel de Bullion | 1 | 72 |
| 15 MM. de l'Oratoire | » | 36 |
| 16 Regard de la place des Victoires | 2 | 108 |
| 17 Le Palais-Royal | 8 | » |
| 18 Regard des Grandes-Écuries, dit Regard-Brûlé | 11 | 125 |

*Château d'eau* (fig. 1). — Ce château d'eau est désigné par les lettres ADEF. L'eau arrivait par la conduite publique A et tombait par deux étages d'ouvertures dans la bâche DEF du château d'eau. Son niveau supérieur était réglé par un tuyau de trop-plein CB qu'on voit à la figure 2. En cas d'insuffisance d'eau, ce niveau pouvait s'abaisser au-dessous de l'orifice du trop-plein.

COUPE. Fig. 2.

A, tuyau d'amenée de l'eau. — D, bâche de distribution du château d'eau. — G, H, bassins intermédiaires pour détruire la fluctuation de l'eau. — C, B, tuyaux de trop-plein.

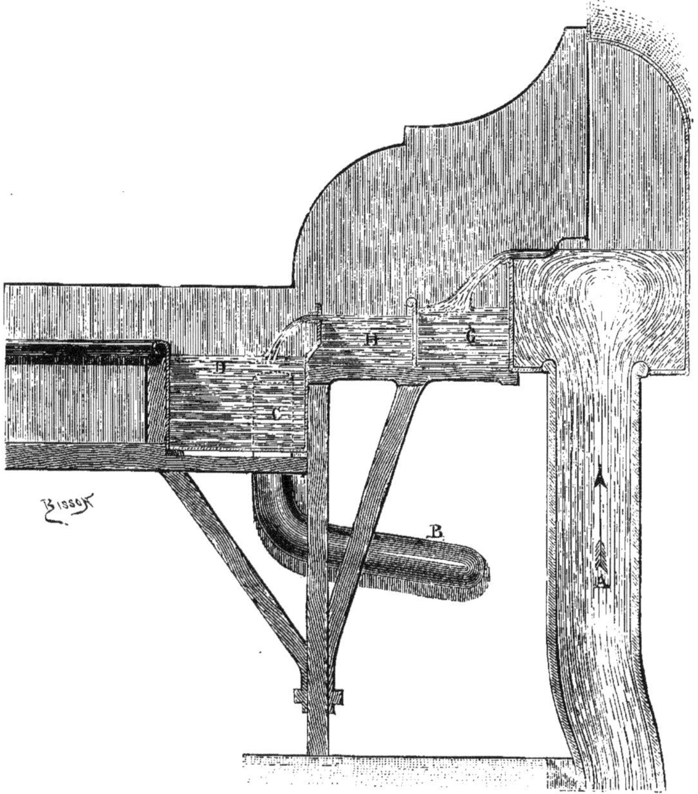


Arrivée de l'eau dans le château d'eau.

L'eau arrivée dans la bâche DEF s'écoulait dans 18 bassinets par 18 ouvertures circulaires en mince paroi ayant la section nécessaire pour débiter sous une charge de sept lignes au-dessus du centre le volume d'eau concédé. Chaque bassinet est désigné sur le plan par son numéro d'ordre; au fond, est figuré l'orifice de la conduite du concessionnaire. Ce château d'eau est détruit; sur le mur, on lit encore le nom de chaque usager peint en rouge. Le bassinet n° 1 recevait un pouce d'eau destiné à la fontaine publique.

*Arrivée de l'eau* (fig. 2). — En sortant du tuyau A, l'eau tombait dans deux petits bassins G et H avant de se déverser au point D de la bâche D E F de la figure 1. Ces deux bassins intermédiaires détruisaient le batillage dû à la chute de l'eau qui aurait absolument faussé le jaugeage. Cependant le calme produit n'était pas suffisant, car, en tombant du bassin H dans la bâche D E F, l'eau produisait encore quelques fluctuations; c'est donc depuis la reconstruction de la fontaine par Soufflot, en 1775, qu'on a établi entre le bassin H et la bâche D une lame métallique par-dessous laquelle l'eau passe sans vitesse et sans produire aucun mouvement en tête des bassinets. Cette lame métallique existait dans la fontaine Gaillon [1], et on la voit à la fontaine du Pré-Saint-Gervais, où se trouve l'unique château d'eau qui reste encore dans la distribution de Paris.

*Faisceau des conduites privées* (fig. 3). — Ce faisceau traversait les deux étages intermédiaires en descendant dans le caveau de l'édifice dont voici le plan; là, il se divisait en deux parties : l'une, comprenant trois conduites, se dirigeait vers la rue de l'Arbre-Sec; l'autre, composée de onze conduites, suivait la rue Saint-Honoré. Les tuyaux les plus importants étaient le n° 18, qui alimentait le regard des Grandes-Écuries débitant 11 pouces 125 lignes d'eau, et le n° 17, qui conduisait 8 pouces

[1] Voy. Introduction, p. 86.

PLAN. Fig. 3.

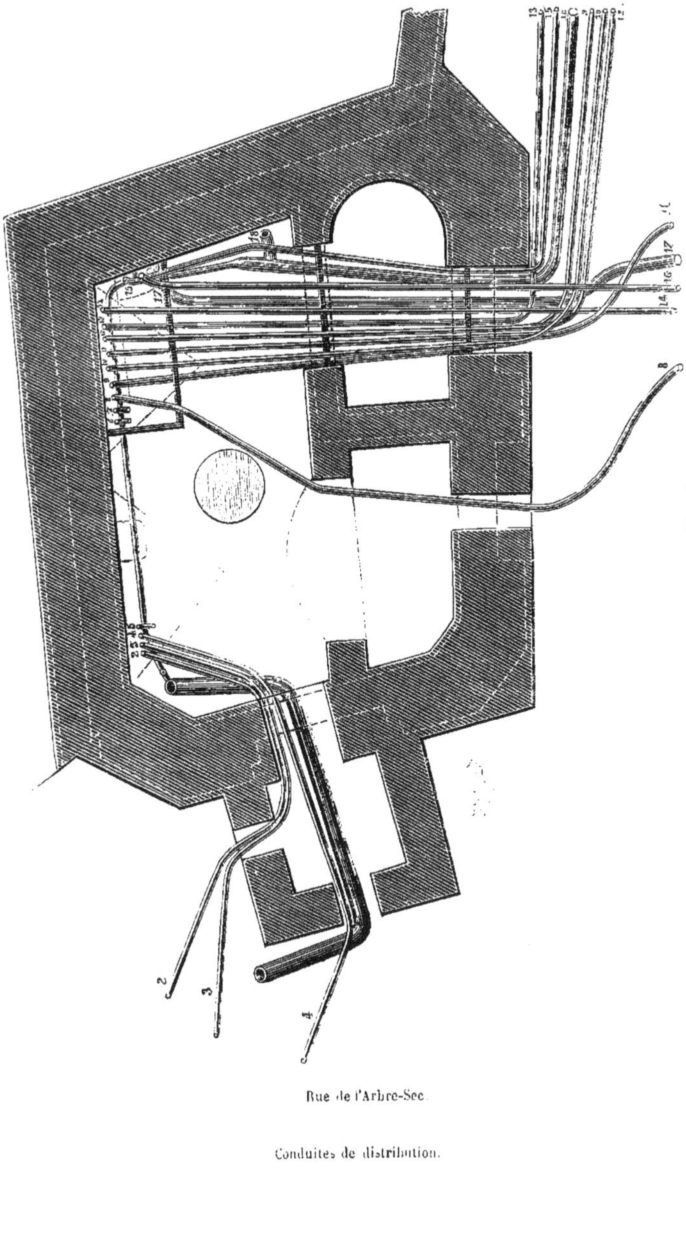

Conduites de distribution.

d'eau au Palais-Royal. Trois des bassinets étaient vacants. (Voy. fig. 1.)

Les onze conduites, posées dans une rue aussi étroite que la rue Saint-Honoré, étaient réellement encombrantes. Lorsqu'une fuite d'eau se manifestait par un enfoncement du pavé ou l'invasion d'une cave, il était aussi difficile de découvrir la conduite endommagée que d'en reconnaître le propriétaire. Souvent, par maladresse ou par malveillance, les ouvriers blessaient une autre conduite. L'importation des châteaux d'eau, qui fonctionnaient depuis si longtemps en Italie, n'en était pas moins un grand progrès, mais on voit sans peine que la distribution à domicile aurait été absolument impossible dans la rue Saint-Honoré, si, au lieu de 15 concessionnaires privilégiés, on avait eu à desservir toutes les maisons de la rue par des conduites spéciales.

Ce château d'eau est aujourd'hui détruit, et les différents étages de la fontaine sont occupés par les bureaux de l'inspection des eaux.

D'après le plan de Soufflot, cette fontaine n'avait pas de réservoir où s'emmagasinât l'eau surabondante aux heures de petite consommation. Cependant, un ancien employé m'a assuré qu'il en avait vu un à l'étage supérieur de l'édifice. On ne voit pas trop à quoi pouvait servir ce réservoir, qui contenait quelques mètres cubes d'eau, puisque la fontaine a toujours coulé jour et nuit. Cette question est sans intérêt, et il n'y a pas lieu d'éclaircir ce point resté obscur.

La distribution par bassinets permit cependant de multiplier beaucoup le nombre des concessions ; elle offrait de tels avantages à l'administration municipale qu'elle fut bientôt généralisée.

Les lettres patentes du 26 mai 1635 prouvent qu'avant cette date elle avait été appliquée à toutes les concessions des eaux de Rungis. Depuis, des mesures furent prises pour qu'elle fût adoptée pour les eaux des autres aqueducs. Aussi, sur 154 concessions accordées du 21 février 1637 au 22 août 1660, 128 portent dans leurs titres que la prise d'eau sera faite par bassinets.

J'ai démontré que, dès le temps de Louis XIII, les orifices qui alimentaient les bassinets des châteaux d'eau étaient, comme aujourd'hui, soumis à une charge de six à sept lignes d'eau au-dessus de leur centre[1].

Il résultait de là que tous les concessionnaires anciens, dont les prises d'eau travaillaient sous des charges indéterminées, mais souvent supérieures à 8 ou 10 mètres, et qui recevaient plusieurs mètres cubes d'eau en 24 heures pour quelques lignes d'ouverture, se trouvèrent réduits, par l'introduction des bassinets, à 133, 266, 399, 532 litres en 24 heures pour une, deux, trois ou quatre lignes fontainières. Cette modification, on le comprend sans peine, souleva de très-nombreuses réclamations, et la Ville se vit contrainte par les communautés religieuses et les grands seigneurs d'augmenter les ouvertures, quoique les brevets ne portassent aucune charge déterminée.

Dès le 27 juin 1635, le bureau fut saisi d'une plainte très-vive des Pères Récollets, et il décida « que la fontaine des dits Pères Récollets, du faulxbourg Saint-Martin, attendu la nécessité urgente qu'ont les dits religieux d'auoir de l'eaue à suffisance et sans tirer à conséquence, *sera rattachée au gros thuiau des fontaines de la dite ville, de la mesme grosseur et au mesme lieu qu'elle auoit auparauant l'establissement du dict bassinet*[2]. »

Pour M. le président Aubry, doyen des conseillers de l'Hôtel de ville, on se contenta, le 14 janvier 1636, de porter la concession à douze lignes en superficie[3]. Le 29 janvier suivant, on augmenta la charge d'eau des bassinets du regard Sainte-Catherine

[1] Voy. p. 30 et 528
[2] Registre de la ville, H. 1804, vol. XXVII, fol. 329.
[3] Registres de la ville, H. 1804, vol. XXVII, fol. 391.

(fontaine Birague), où cette prise d'eau avait lieu, en augmentant le diamètre du tuyau d'amenée [1].

Enfin, le 4 août 1656, on profita de la distribution des eaux trouvées par Bocquet, pour accorder d'importantes augmentations à l'abbaye Saint-Germain-des-Prés pour les prisonniers, aux religieux cordeliers du faubourg Saint-Martin, aux capucins du faubourg Saint-Honoré, à la Maison professe des Pères Jésuites, au collége Du Plessis (la Sorbonne), aux Pères de la Charité, faubourg Saint-Germain, à l'Hôtel-Dieu de Paris, aux Filles pénitentes, à M. le maréchal de l'Hôpital. Messieurs de la Ville ne s'oublièrent pas : le prévôt (messire Alexandre de Sève) reçut quatre lignes d'augmentation et chacun des échevins en exercice deux lignes [2].

*Concessions d'eau.*

On se conforma, pendant les premières années du règne de Louis XIII, aux sages mesures adoptées par Henri IV : on se montra très-réservé pour accorder de nouvelles concessions ; d'après les pièces que j'ai sous les yeux, une seule, de deux lignes de diamètre, fut donnée le 27 juillet 1615 à maître Jacques Sanguyn, seigneur de Livry, etc., prévôt des marchands, pour sa maison de la rue Barre-du-Bec. Mais, de 1611 à 1657, on rétablit dix-sept prises d'eau privées, retranchées pendant les troubles [3].

[1] Registres de la ville, H. 1804, vol. XXVII, fol. 392.
[2] Registres de la ville, H. 1813, vol. XXXVI, fol. 321.
[3] *En* 1611 :
Rétablissement de la prise d'eau du s[r] Leféron dans l'endroit où elle se trouvait avant les troubles.
— — de M. de Versigny, rue Vieille-du-Temple.
*En* 1612 :
Rétablissement de la concession du s[r] de Roissy, Grande rue du Temple.
— de l'ancienne concession du s[r] de Bonneuil.
— — — de Bercy.
— — — de M. le Président, rue des Mauvaises-Parolles.
— — — du s[r] de la Martinière.
*En* 1613 :
Rétablissement de la concession de M. le Président de Sambeville.
— — du s[r] Puget.

L'ordonnance du bureau du 2 août 1623, dont j'ai déjà cité un passage, nous donne d'intéressants détails sur l'état de la distribution de l'eau à cette époque. Voici d'abord l'exposé des motifs :

« Vu la requeste à nous prntée (présentée) par les relligieuses de l'Ave Maria de ceste ville de Paris que les Bourgeois et habitans des enuirons des fontaines publicques de Sainct Innocent, croix du tirouer, trousse vache et Maubucé, contenant qu'ayant esté cy-devant accordé plusieurs fontaines particullieres et jusques au nombre de quarante huict prises et desriuées des thuiaulx et canaulx des fontaines destinéés pour le publicq, cela auroit tellement diminué lesd[es] fontaines publicques que la plus part d'icelles estoient sans eau, même les particulliers non contans de jouir de leur concession, ils auroient ou la plupart, pris et usurpé plus grande quantité d'eaues qu'il ne leur est accordé, ce qui causoit de grandes et insupportables incommodités auxd[es] relligieuses et au publicq.... »

Il y avait donc deux causes de pénurie d'eau, la grande sécheresse que j'ai décrite ci-dessus, et un abus de distribution. Le bureau chercha à faire disparaître la dernière de ces causes. Il réduisit les prises d'eau particulières, en les ramenant à la grandeur fixée par les titres et brevets.

Le tableau suivant fait connaître les dimensions des prises d'eau des usagers et les réductions opérées, d'après les brevets de concession.

*En* 1614 :

Rétablissement de la concession de Me Jehan de Bordeaulx, rue des Quatre-Fils.
— — du s[r] Lescuyer, rue des Prouvelles.
— — de M. le Président Gayant, rue des Prouvaires.

*En* 1615 :

Rétablissement de la concession du s[r] Quetin, en faveur du s[r] Vyon, rue des Quatre-Fils.
— — de M. Le Lièvre, pour sa maison sise rue Saint-Martin.
— — du s[r] de Villemontée, pour sa maison sise rue Saint-Avoie.

*En* 1617 :

Rétablissement de la concession du s[r] Almaras, rue des Francs-Bourgeois; échantillon porté par le titre.
— — de M. le Président Malon, rue Vieille-du-Temple, « pour fluer de la grosseur d'eau, au desir et suivant la concession ».
— — de Demoiselle de Varade, au Pré Saint-Gervais, « *id.* ».

| NOMS DES USAGERS | DIMENSIONS DES PRISES D'EAU AU JOUR DE LA VISITE | PRISES D'EAU RÉDUITES D'APRÈS LES BREVETS |
|---|---|---|
| Feu sieur de Vienne. . . . . . . . | 2 lignes 1/2 | 2 lignes |
| Feu président de Jombault. . . . | 3 lignes de diam. | 1 ligne 1/2 |
| Les sœurs Almiras et du Hamel. | 2 lignes 1/2 | 2 lignes |
| Sieur Feydeau. . . . . . . . . . | 2 lignes 3/4 | 2 lignes |
| Sieur Vignier. . . . . . . . . . | 2 lignes 1/2 | 2 lignes |
| Sieur Malon. . . . . . . . . . . | 2 trous de 2 lign. | 1 ligne 1/2 |
| Sieur Quetin. . . . . . . . . . | 2 lignes 1/2 | 1 ligne 1/2 |
| Hôtel-de-Guise. . . . . . . . . | 4 lignes 1/2 | 2 lignes 1/2 |
| Sieur l'Hourdeaux. . . . . . . . | trou de 7 lignes de haut sur 6 de large. | 2 petites lignes |
| Dame Belassiz. . . . . . . . . . | 2 lignes 1/2 | 2 lignes |
| Carmélines de l'hôtel de Chaalons. | 2 lignes 1/4 | 2 lignes |
| Sieur de Poissy. . . . . . . . . | 4 lignes en diam. | 3 lignes |
| Sieur de Villemontée[1]. . . . . . | trou de 7 lignes de haut sur 5 lignes 1/2 de large. | 2 lignes de diam. |
| Sieur Gosnier. . . . . . . . . . | 3 lignes | 1 ligne 1/2 |
| Sieur de Varades. . . . . . . . | 2 lignes 1/2 | 2 petites lignes |
| Sieur de Charbonnières. . . . . | 3 lignes 1/2 | 2 lignes |
| Dame Dampmartin. . . . . . . . | 2 lignes 1/4 | 2 lignes |
| Récollets de Saint-François. . . | 3 lignes 1/4 | 1 ligne 1/4 |
| Religieux de Saint-Lazare. . . . | 5 lignes | 4 lignes |
| Les Filles-Dieu[2]. . . . . . . . . | 3 lignes 1/4 | 2 lignes 1/2 |
| Hôpital de la Trinité. . . . . . . | 3 lignes | 2 lignes 1/2 |
| Filles-Pénitentes. . . . . . . . . | 2 lignes 1/2 | 1 ligne 1/2 |
| Religieuses de Sainte-Catherine. | 2 lignes 1/2 | 1 ligne 1/2 |
| Sieur de Pleurs. . . . . . . . . | 2 lignes 1/2 | 1 ligne 1/2 |
| Président Gayant. . . . . . . . | 2 lignes 3/4 | 1 ligne 1/2 |
| Hôtel de Montmorency. . . . . . | réglé comme l'hôtel de Guise à | 2 lignes 1/2 |
| Hôtel d'Angoulême. . . . . . . | même observ. | 2 lignes 1/2 |

Le sieur Morant, possesseur de la Roquette, fut obligé de construire, à ses frais et dépens, conformément au devis dressé par Augustin Guillain, un regard en pierre de taille muni d'un robi-

[1] Il y avait de plus une dérivation au profit d'un voisin, le s[r] Brice, qui n'avait aucune concession. On obligea le s[r] de Villemontée à déplacer le regard qui était chez lui et à en remettre les clefs aux officiers de la Ville.

[2] Voyez page 469.

net; on lui accorda dix lignes d'eau « pour aller audit lieu de la Rocquette »; le surplus fut recueilli par un tuyau appartenant à la ville.

En outre, le bureau prescrivit des mesures plus rigoureuses pour réprimer de grands abus.

La concession du président de Saint-Mesmin était passée aux mains du sieur Duru, médecin ; d'après les titres, elle devait desservir et l'hôtel Saint-Mesmin et un robinet destiné au public. Il paraît que le propriétaire s'était approprié toute l'eau ; car le bureau ordonna qu'il serait posé deux robinets, l'un percé, conformément au titre, d'un trou de trois lignes, pour les besoins de l'hôtel, l'autre pour le public ; les conduites furent séparées, et on pratiqua dans le regard une ouverture, dont la clef était entre les mains des officiers de la ville, afin que « lorsqu'il sera besoin de faire trauailler dans la dicte fontaine publique, on ne soit subjet d'entrer dans le logis dudit sieur Duru. »

Des mesures analogues furent prises à la fontaine de la rue Barre-du-Bec ; on obligea les héritiers de « la veufue du feu sieur Le Féron et la veufue du feu sieur de Saincte Bœufue » à poser un robinet spécial dont l'œil était percé selon leur titre, pour les besoins de leurs hôtels, et à déverser le surplus de l'eau dans la fontaine publique.

Le sieur Lelièvre fut tenu de rétablir l'écoulement de la fontaine de Saint-Julien-des-Ménétriers, « à la charge par ledit sieur Le Lièvre d'en prendre dans sa maison pour son usage et de ses domestiques »[1].

Enfin, l'héritier du sieur de la Martinière fut tenu de remplir les obligations qui lui étaient imposées par son titre de concession, c'est-à-dire de construire dans sa maison un réservoir pour alimenter la fontaine de Saint-Leu[2].

C'est dans cette ordonnance que, pour la première fois, on

[1] Voy. p. 520.
[2] Voy. p. 499.

prescrivit de transporter les prises d'eau dans les regards des fontaines publiques, et de les établir sous des charges déterminées [1].

Cette ordonnance nous donne une idée très-nette de l'état de la distribution avant l'arrivée des eaux d'Arcueil. Sur quarante-huit prises d'eau particulières, trente-trois exigèrent des réformes graves.

En outre, elle éclaircit un point resté obscur jusqu'ici : qu'était-ce que ces regards publics établis dans des propriétés closes de murs? Nous voyons, d'après ce qui précède, que, dans l'origine, le propriétaire en possédait les clefs, qu'il usait et abusait de l'eau à sa volonté, et que l'ordonnance de 1623 fit rentrer ces clefs dans les mains des officiers de la ville, ce qui permit de régler les prises d'eau [2].

L'exécution de toutes ces prescriptions exigeait un véritable courage, et il est douteux qu'elles aient été mises en pratique d'une manière générale; il est certain qu'on n'en tint aucun compte au couvent des Filles-Dieu : la réduction de leur prise d'eau aurait donné six lignes un quart en superficie, et le 31 juillet 1663, cette prise d'eau fut trouvée de neuf lignes en superficie.

*Eaux d'Arcueil.* — La première concession d'eau de Rungis, dont il soit fait mention dans les registres de la ville, est celle qui fut accordée, le 10 juin 1617, sur la demande du roi, à messire de Marillac, conseiller du roi en son conseil d'État, pour sa maison, sise rue Saint-Jacques, près de l'église des Carmélites; l'échantillon de la prise d'eau était d'un quart de pouce.

De ce jour au 21 juin 1624, il fut accordé, en y comprenant

[1] Registres de la Ville, H. 1801, vol. XXIV, fol. 142 et suiv.

[2] Il existe encore trois regards du même genre sur une des ramifications de l'aqueduc de Belleville, les regards du Marais, Lecousteux et du Chaudron. Les clefs sont entre les mains de nos agents et eux seuls en disposent. Les prises d'eau des propriétaires sont invariablement réglées. (Voy. la note au bas de la page 135.)

celle de M. de Marillac, vingt-six concessions des eaux de Rungis, dont neuf à des communautés religieuses, et cinq à des colléges et autres établissements publics. Plusieurs de ces concessions étaient fort importantes ; je citerai notamment celle de Mgr de Sillery, chancelier de France, qui recevait un pouce et demi d'eau à son château de Berny, près de Rungis.

L'aqueduc d'Arcueil n'était pas encore en service et, avant de distribuer l'eau de Rungis, on jugea qu'il était utile de vérifier les titres de concession. Voici le dispositif d'un arrêt du conseil, du 21 juin 1624, qui prescrivait cette vérification.

« Le Roy estant en son conseil a ordonné et ordonne que touttes les personnes de quelque qualité et conditions qu'elles soient qui ont obtenu de Sa Majesté des breuets et lettres de concession de lad^e eaue seront tenues les représenter devant les sieurs de Bullion et Marillac conseillers audit conseil, a ce commiz et deputez par Sa Ma^te, dans quinzaine apres la signification qui sera faicte du présent arrest aux trésoriers de France de la généralité de Paris, prévost des marchans et escheuins de lad^e Ville et affiche qui en sera mise par les carrefours et lieux accoustumez et jusques a ce, defend Sa Ma^te ausd^s trésoriers de France et intendant de ses fontaines de faire aucune deliurance de lad^e eaue a quelque personne que ce soit, et a faute de représenter dans led^t temps led^s breuets et lettres Sa Ma^te les a des a present reuoquez et reuoque.... Faict au conseil d'estat du Roy, Sa Ma^te y seant, a Compiegne le xxi^e (21^e) jour de juin mil vi c xxiiii (1624). Signé Loménie[1]. »

Tous les brevets de concessions des eaux de Rungis accordés, soit sur la part de la ville, soit sur celle du roi, furent révoqués, par un arrêt du conseil d'État du roi, du 3 octobre 1625[2], et par lettres patentes, du 26 mai 1635[3], données en exécution de l'acte de partage de 1634[4]. On trouvera cette dernière pièce à la page 162 ; je me borne donc ici à indiquer sommairement l'emploi de quarante-trois pouces d'eau dont le roi pouvait disposer :

[1] Registres de la ville, H. 1801, vol. XXIV, fol. 289.
[2] Registres de la ville, H. 1802, vol. XXV, fol. 20.
[3] Registres de la ville, H. 1804, vol. XXVII, fol. 333.
[4] En exécution de deux arrêts du Conseil d'État du 20 octobre et du 9 décembre 1634.

| | Pouces. | Lignes. |
|---|---|---|
| Au château de Berny, aux successeurs de feu sieur chancelier de Sillery, au lieu d'un pouce 1/2. . . . . . . | 1 | » |
| Au château de Gentilly, aux successeurs de feu sieur président Séguier, au lieu d'un 1/2 pouce. . . . . . . | » | 36 |
| Aux Capucins du faubourg Saint-Jacques.. . . . . . . . . | » | 36 |
| Aux religieuses Carmélines (Carmélites) de ce faubourg, tant pour le couvent que pour M. de Marillac. . . . . | » | 36 |
| A la Reine-mère pour son palais et son hôtel. . . . . . . | 20 | » |
| Au palais du Louvre. au palais et jardin des Tuileries. . | 8 | » |
| A l'hôtel de Soissons. . . . . . . . . . . . . . . . . . | 1 | » |
| A l'hôtel de Longueville.. . . . . . . . . . . . . . . . | » | 72 |
| Au sieur Président de Maisons. . . . . . . . . . . . . . | » | 36 |
| Au sieur de Lavrillière.. . . . . . . . . . . . . . . . . | » | 36 |
| Au grand réservoir de la Croix-du-Trahoir, aux Prévot des marchans et Échevins, pour être distribués avec les eaux de source du Pré-Saint-Gervais et Belleville.. . . . . . | 11 | 72 |
| Total. . . . . . . | 45 | 36 |

La ville était tenue de délivrer un pouce d'eau au prince de Condé, au Petit-Luxembourg. Le reste devait être réparti entre les communautés et les fontaines publiques, selon qu'il serait avisé et arrêté par le bureau et « ceux qui seroient à ce députés et commis par Sa Majesté. »

Les lettres patentes du 26 mai 1635 avaient principalement pour but de mettre la ville en demeure de faire ce partage.

Le 10 juillet 1635, le bureau décida que ces lettres patentes « scellées sur simple queue, du grand sceau de cire jaune, seroient enregistrées au greffe de la dicte ville, pour estre exécutées de poinct en poinct, selon leur forme et teneur. » En même temps, il députa M. le président Aubry, M. Barthélemy, sieur d'Ommelles, maître des comptes et M. Sainctot, sieur de Vemars, conseiller de la ville, « pour, conjointement avec lesd[s] s[ss] Preuost des marchans et eschevins, procéder au faict de la d[e] commission des fontaines..... Quoi faisant dresseront au plus tost un estat de la distribūon des eaux desdictes fontaines *sans s'arrester aux concessions* qui ont cy deuant esté accordées et dont aucuns sont en possession, attendu *la révocãon qui en est faicte par les d^s lettres.....* »[1].

Je n'ai pas trouvé cet état dans les registres de la ville : a-t-il été dressé? S'est-on contenté d'accorder de nouvelles concessions, suivant l'ancien usage, lorsque l'occasion s'en présentait? C'est ce que nous ne pouvons savoir. Il résulte, du reste, de la délibération du bureau, qu'on ne devait tenir aucun compte des brevets de concessions d'eau d'Arcueil, accordés de 1617 au 10 juillet 1635, puisqu'elles étaient révoquées par lettres patentes.

*Concessions d'eau de Belleville, du Pré-Saint-Gervais et de la Samaritaine, de 1619 à 1635.* — Ces concessions n'ayant pas été révoquées par les lettres patentes de 1635, je dois faire au moins l'énumération de celles dont les brevets ont été délivrés après la sécheresse de 1616, jusqu'à l'époque où ces lettres patentes furent données :

*Tableau des eaux de Belleville et du Pré-Saint-Gervais, etc., concédées de 1619 à 1635*[2].

| | BELLEVILLE | PRÉ-SAINT-GERVAIS | SAMARITAINE | DE PLUSIEURS SOURCES |
|---|---|---|---|---|
| 1619. . . . | 2 | » | » | » |
| 1620. . . . | » | 1 | » | » |
| 1621. . . . | 1 | » | » | » |
| 1622. . . . | » | 1 | » | » |
| 1623. . . . | 6 | 1 | » | 3 |
| 1624. . . . | 3 | 1 | » | 1 |
| 1625. . . . | 3 | 3 | » | » |
| 1626. . . . | 1 | » | » | » |
| 1627. . . . | 1 | 1 | » | » |
| 1628. . . . | 5 | 6 | 1 | » |
| 1629. . . . | 3 | 2 | » | 1 |
| 1630. . . . | » | » | » | » |
| 1631. . . . | » | » | » | » |
| 1632. . . . | 1 | 2 | » | » |
| 1633. . . . | » | 1 | » | 1 |
| 1634. . . . | 5 | 3 | » | 7 |
| Totaux. | 31 | 22 | 1 | 13 |
| Total général. . | | 67 | | |

[1] Registres de la ville. H. 1804, vol. XXVII, fol. 333. Pièce annexée aux lettres patentes
[2] Extraits des registres de la ville de 1619 à 1635.

Sur ces soixante-sept brevets, dix étaient des rétablissements d'anciennes concessions retranchées, quatre étaient concédés à des communautés religieuses, deux à des établissements divers, quatre stipulaient simplement des augmentations d'eau ; un de ces brevets était accordé pour une indemnité de terrains et un autre à titre onéreux. Le bureau avait donc délivré quarante-cinq concessions nouvelles, ce qui ne pouvait se justifier que par l'abondance des eaux : une telle prodigalité n'aurait pas été possible dans la longue période de sécheresse du règne de Henri II, celle de 1619 à 1635 était donc beaucoup moins intense.

Parmi ces concessions, une seule, celle accordée au cardinal de Richelieu, le 2 décembre 1633, pour son hôtel de la rue Saint-Honoré, doit attirer particulièrement notre attention.

Elle était de quatre pouces d'eau, ou de $76^{mc}$,78 en vingt-quatre heures ; c'était une lourde charge pour un service si pauvrement doté : l'eau ne put lui être délivrée qu'en 1635 [1].

[1] Voici la délibération du bureau de la Ville :

*Distribution des quatre poulces d'eau accordés au cardinal de Richelieu.*

De par les preuost des marchans, escheuins et commissaires deputez pour lexecution des lettres pattentes du Roy en forme de Commission sur le faict de la distribution des eaues des fontaines de lad$^{e}$ ville.

Procedant par nous a la distribũon des quatre poulces deaue dont Monseigneur le Cardinal duc de Richelieu a eũ agreable que la ville luy ayt faict concession dès le deuxiesme jour de décembre mil vi$^{c}$ xxxiii (1633) *auons ordonné attendu la perte et diminution des eaues* des fontaines publicques de la ville du costé de Belleuille et pré S$^{t}$ Geruais qui ne peut permettre d'en tirer telle quantité que l'on s'estoit promis pour le contantement de son Eminence, qu'il sera pris deulx poulces sur la quantité deaue que le sieur Francini Intendant general des eaues et fontaines de Sa Ma$^{te}$ doit fournir a lad$^{e}$ ville dans le regard de l'amas des eaues prouenans des sources de Rongys seiz proche les tranchées du faulxbourg Sainct Jacques suiuant l'arrest du Conseil du Neufuiesme décembre dernier passé et commission sur le faict de la distribution desd$^{es}$ eaues addressée a lad$^{e}$ ville du xxvj$^{e}$ (26$^{e}$) may en suiuant signée : « Louis » et plus bas : par le Roy « de Lomenye » et scellée du grand sceau de cire jaulne pour estre lesd$^{s}$ deux poulces d'eau mis et incorporez dans le gros thuiau qui conduict les eaues dudit Rongis au regard de la Croix du Tirouer et la distribuer au bassin des eaues ordonnéés pour l'hostel et jardin de son Eminence sans aucun retardement et pour le surplus ordonnons a Augustin Guillain, M$^{e}$ des œuures garde et ayant charge des fontaines de lad$^{e}$ ville qu'il ayt a mettre présentement es thuiaulx que lad$^{e}$ ville a faict poser pour la conduicte des eaues de son Eminenee du costé de la nouuelle closture et adjonction de lad$^{e}$ ville cent soixante lignes deaue prouenant des sources du pré Sainct Geruais pour fluer dans l'hostel dudict Seigneur en attendant que par la recherche qui se faict des eaues du costé de Belleuille et pré Sainct Geruais il soit entierement pourueu au faict de lad$^{e}$ concession de l'une ou plusieurs desd$^{es}$ sources au choix et option

*Suite des concessions d'eau.*

TABLEAU DES CONCESSIONS ACCORDÉES DE 1635 AU 18 AOUT 1660.

| ANNÉES | ARCUEIL | BELLEVILLE | PRÉ-SAINT-GERVAIS | BELLEVILLE ET PRÉ-SAINT-GERVAIS | SAMARITAINE | INDÉTERMINÉ |
|---|---|---|---|---|---|---|
| 1635. . . | » | 1 | » | » | » | » |
| 1636. . . | 1 | 1 | » | » | » | » |
| 1637. . . | 5 | 3 | 6 | » | » | » |
| 1638. . . | 1 | » | 1 | » | » | » |
| 1639. . . | 3 | 2 | » | » | » | » |
| 1640. . . | 1 | » | 1 | » | » | » |
| 1641. . . | 8 | 4 | 3 | » | » | » |
| 1642. . . | 1 | 2 | 2 | » | » | » |
| 1643. . . | » | 3 | » | » | » | » |
| 1644. . . | » | » | » | » | » | » |
| 1645. . . | » | 2 | 1 | » | » | » |
| 1646. . . | » | 1 | 1 | » | » | » |
| 1647. . . | » | » | » | » | » | » |
| 1648. . . | 2 | » | 2 | » | » | » |
| 1649. . . | » | » | 1 | » | » | » |
| 1650. . . | 1 | 1 | 2 | » | » | » |
| 1651. . . | 5 | 3 | 2 | » | 1 | 1 |
| 1652. . . | 1 | 2 | 1 | » | » | » |
| 1653. . . | 5 | 5 | 2 | » | » | 2 |
| 1654. . . | » | 1 | » | » | » | » |
| 1655. . . | 2 | 4 | 3 | » | » | » |
| 1656. . . | 18 | » | 4 | » | » | 1 |
| 1657. . . | 11 | » | » | » | » | 1 |
| 1658. . . | 4 | 4 | » | 2 | » | » |
| 1659. . . | 3 | » | » | 3 | » | » |
| Totaux. | 72 | 39 | 32 | 5 | 1 | 5 |

Total général. . 154

Dans ces cent cinquante-quatre concessions, on compte : quinze renouvellements ou confirmations d'anciens brevets, trente-six augmentations et une diminution des volumes d'eau

dud' seigneur Cardinal lequel ayant agreable de receuoir la totalité desdes eaues desdes sources de Belleuille et pré Sainct Geruais sera au mesme temps rebaillé a lade ville par ledict sieur de Franciny les deux poulces deaue venans des fontaines de Rongis et jceulx remis aux Canaulx publicz de lade ville. Faict au bureau de la ville ce huictiesme jour d'octobre mvic xxxv (1635) (Registres de la ville, H. 1804, vol. XXVII, fol. 366.)

portés sur les anciens titres, quatre nouveaux brevets accordés à des communautés religieuses, huit à des établissements hospitaliers ou à des colléges, quatre-vingt-dix à des particuliers. Sur ces quatre-vingt-dix brevets, un était accordé pour indemnité de terrain, quatre à titre onéreux; quatre-vingt-cinq étaient gratuits.

Cent vingt-huit concessions avaient leur point de départ dans un regard ou château d'eau, et, d'après les titres, étaient réglées par bassinets. Les brevets sont moins explicites pour les vingt-six autres concessions, mais on sait qu'elles partaient du château d'eau d'une fontaine et, dès lors, il est très-probable qu'elles étaient jaugées comme les premières.

Le tableau qui précède embrasse vingt-cinq années. La moyenne des concessions nouvelles était donc de 6,16 par an. En 1656, le nombre des nouveaux brevets s'élevait à vingt-trois et dépassait considérablement cette moyenne : c'est alors que se fit la distribution des nouvelles sources trouvées par Bocquet; les eaux de Rungis fournirent l'eau accordée par dix-huit de ces brevets. L'année suivante, on fit encore onze concessions de ces nouvelles eaux.

Les grandes crues de la Seine de 1649 et 1651 correspondaient certainement à de fortes recrudescences des sources des trois aqueducs, car on accorda en 1651 douze concessions, dont cinq d'eau de Rungis et cinq d'eau des autres aqueducs et, en 1653, quatorze brevets nouveaux, dont cinq d'eau de Rungis et sept d'eau des autres sources.

Les années 1635, 1636, 1638, 1639, 1640, 1642, 1643, 1644, 1645, 1646, 1647, 1648, 1650, 1652, 1654, devaient, au contraire, correspondre à des abaissements de débit des sources et, par conséquent, du fleuve, puisque le nombre des concessions nouvelles y reste au-dessous de la moyenne, et même est nul pour deux de ces années 1644 et 1647. Je dis probablement, car nous voyons qu'en 1649 un seul brevet nouveau a été accordé, quoique nous sachions qu'une grande crue a désolé Paris dans le mois de février de cette année ; mais on ne doit pas oublier qu'on était alors en pleine guerre de la Fronde, et que cette ridicule prise d'armes troubla, de 1648 à 1653, les premières années du règne de Louis XIV; elle a certainement retardé le développement du nombre des concessions.

Dans tous les cas, les sécheresses étaient peu prononcées et peu durables, car le régime des sources dans son état normal, bien connu aujourd'hui, n'aurait pas permis d'accorder un si grand nombre de concessions. Si, de 1652 à 1659, aucun retranchement général ou partiel des concessions particulières n'a été nécessaire, c'est un fait qui doit être attribué à un de ces phénomènes météorologiques à longue période, à une série d'années généralement très-humides qui sont la contre-partie de ces séries non moins nombreuses d'années sèches dont on a vu un exemple sous le règne de Henri II et dont un autre exemple non moins remarquable peut être cité au dix-neuvième siècle, de 1857 à 1875.

La grande crue des eaux de l'aqueduc de Belleville est positivement signalée dans la délibération du 4 juin 1655, dans laquelle le bureau accorda à Fouquet, surintendant des finances et ministre d'État, une concession d'un pouce d'eau à prendre sur le gros tuyau de la rue du Temple, moyennant la somme de 10 000 livres : « Monsieur le Preuost des marchans y a faict entendre le soing que l'on auroit eu depuis quelque temps à faire faire de nouvelles fouilles et recherches des eaues publicques de ladite ville, tant du costé de Belleuille et du Pré Sainct-Geruais qu'aux sources de fontaines de Rungis qui auoient produict quantité desdites eaux.... »

C'était une illusion, car, quelques années après, le débit de l'aqueduc de Belleville tombait à 5 pouces 52 lignes (102 mètres cubes en 24 heures[1]), quantité bien insignifiante et qui ne pou-

[1] Voy. p. 88.

vait justifier une nouvelle concession d'un pouce d'eau. Ce que le Prévôt attribuait aux recherches de la ville était donc dû à une série sans exemple d'années humides. Tout le bureau partageait la manière de voir du Prévôt, car « ouy et ce consentant le procureur du Roy et de la Ville on donna, concéda et octroya audit surintendant un cours d'un poulce d'eaue, prouenant de la nouvelle recherche faicte du costé de Belleuille à prendre par bassinet au regard le plus proche et commode pour ledit hostel (de la rue du Temple), qu'il lui plaira de choisir pour y estre mené et conduict par un thuiau particulier pour l'usage et commodité d'iceluy, à ses frais et despens et à ceste fin ordonné que ledit sieur procureur général sera couché et employé dans l'estat de la nouuelle distribūon des eaues pour pareille quantité d'un poulce pour par luy en jouir, ses hoirs ou ayant cause possesseurs dudict hostel a toujours et perpétuité, moyennant la somme de dix mil liures qu'il lui a pleu en payer à ladite ville.... outre et pardessus les douze lignes à lui cy deuant concédées (le 22 nov. 1652)....[1] »

Cette curieuse pièce ne laisse aucun doute sur la parfaite sécurité dans laquelle on se complaisait alors; on croyait au succès des recherches faites par Bocquet ou par la ville, aux sources de Rungis, de Belleville et du Pré-Saint-Gervais. Il semble étonnant qu'un savant aussi distingué que Bonamy soit tombé dans la même erreur; mais j'ai dit ci-dessus qu'il vivait aussi à une époque d'extrême humidité[2].

*Mesures prises pour l'entretien des nouvelles fontaines.* — Le 13 août 1624, le bureau, en considération des services rendus par Pierre Guillain, maître des œuvres, et par son fils Augustin, con-

[1] Registres de la ville, H. 1813, vol. XXXVI, fol. 133.

[2] « Trente ans après la distribution des eaux d'Arcueil, on travailla à faire de nouvelles fouilles dans les environs de Rungis, et ces recherches ne furent point infructueuses, puisqu'en 1656 l'aqueduc d'Arcueil conduisait au château d'eau quatre-vingt-quatre pouces d'eau, au lieu de cinquante qu'on avait trouvés lors de la construction. » (Bonamy, Académie des inscriptions et belles-lettres, t. XXX, 1754.)

céda à ce dernier la « charge et garde des fontaines » de la ville, alimentées par les sources de Rungis, avec deux cents livres tournois de gages[1].

Une ordonnance du bureau, en date du 23 juillet 1625, fait « deffences très espressement a tous lauandiers, lauandieres et a toutes autres personnes de lauer aulcuns linges ny faire lessiues aux fontaines publicques de la ville ny proche ny ès environs d'icelles..., le tout a peine de prison et du fouet. Ce qui sera affiché à icelles fontaines ad ce que personne n'en pretende cause d'ignorance....[2] »

Le devis d'entretien des fontaines nouvelles fut dressé par le maître des œuvres et remis au bureau le 22 novembre 1625; messieurs de la ville s'adressèrent à plusieurs plombiers qui demandèrent « grandes sommes par chacun an; » puis à M. « Franchine (Francini), intendant des fontaines du Roy, » mais sans plus de succès. Dans ces circonstances délicates, messieurs de la ville ne virent rien de mieux que de confier cet entretien à l'auteur même du devis, à Augustin Guillain, « auions aussi mandé, disent-ils, ledict Augustin Guillain et a luy offert de lui bailler ledict entretienement, recognoissant qu'il s'en pourroit mieux acquitter que nul autre, pourvu qu'il se contente d'un juste pris et modéré, le quel Guillain a dit que de vérité, il estoit tout nottoire les plaintes qu'estoient faites contre Jehan Coulon, adjudicataire de l'entretenement desdictes fontaines venans de Belleuille et du Pré-Sainct-Gervais et que pour la fontaine de Rungis, il ne falloit pas tomber en pareils inconvénients.... »

Guillain demandait donc neuf cents livres tournois par an, pour entretenir les fontaines nouvelles, conformément au devis dressé par lui-même; sur quoi messieurs de la ville se récrièrent et lui remontrèrent que c'était un prix excessif et qu'il le fallait modérer. Enfin après un long débat, on finit par s'entendre et le 24 novem-

[1] Registres de la ville, H. 1801, vol. XXIV, fol. 309.
[2] Registres de la ville, H. 1801, vol. XXIV, fol. 514.

bre 1625, l'entretien des dites fontaines fut « baillé et adjugé » à Augustin Guillain, pour neuf années, commençant le 1er janvier 1626, au prix de six cents livres tournois par an[1].

Il ne viendrait à l'idée de personne aujourd'hui de charger d'une entreprise de travaux publics l'ingénieur auquel la rédaction du devis de cette entreprise aurait été confiée, à moins que ce devis n'eût été contrôlé et vérifié par un autre ingénieur.

A partir de 1625 jusqu'en 1660 les registres de la ville ne font plus mention de l'entretien des fontaines.

[1] Registres de la ville, H. 1802, vol. XXV, fol. 32.

# CHAPITRE XXII

## DISTRIBUTION DES EAUX ANCIENNES

(SUITE)

---

De 1660 à 1790. *Sécheresses et grandes eaux.* — Sécheresse du 18 août 1660 à 1669 inclusivement. — État moyen des eaux de 1670 à 1680. — Période d'humidité de 1680 à 1714. — Pas de sécheresse de 1714 à 1732. — Établissement de l'échelle du pont de la Tournelle. — Le zéro est fixé au niveau des basses eaux de 1719. — Années où le fleuve s'abaisse au-dessous de ce niveau. — Les plus grandes sécheresses du dix-huitième siècle sont celles de 1741-1742 et de 1765-1766-1767. — Le dix-huitième siècle est en général humide. — Illusions qui sont résultées de ce fait. — Volume moyen de la distribution suivant Bonamy. — Perturbations produites dans le service par les grandes crues du fleuve de 1740 à 1764. — Tableau de la distribution des eaux anciennes du 2 juin 1673.

*Du 18 août 1660, à la fin du dix-huitième siècle.*

*Sécheresses et grandes eaux.* Je n'ai rien à ajouter à ce que j'ai dit de la grande sécheresse du 18 août 1660 à la fin de 1669; cette sécheresse dissipa toutes les illusions qu'on se faisait alors sur l'abondance des eaux des aqueducs d'Arcueil, de Belleville et du Pré-Saint-Gervais. Ainsi qu'on le verra plus loin, une partie des eaux concédées fut retranchée par une ordonnance du bureau du 18 août 1660, et la sécheresse devenant de plus en plus intense, un arrêt du Conseil d'État, du 26 novembre 1666, révoqua toutes les concessions.

J'ai fait connaître le partage des eaux de Belleville et du Pré-Saint-Gervais du 22 mai 1669, d'après lequel les deux aqueducs ne portaient ensemble, à cette date, que 200 mètres cubes d'eau en vingt-quatre heures[1].

Le partage des eaux du 2 juin 1673 indique, pour les deux aqueducs, une portée totale de 384 mètres cubes en vingt-quatre heures ; il y avait donc déjà une grande amélioration.

De 1673 à 1680, je ne trouve dans les registres de la ville aucune donnée sur la portée des aqueducs. Mais il est certain qu'il n'y a pas eu de basses eaux comparables à celles de 1668, 1669 et 1670. Car Bonamy, qui a cité cette dernière sécheresse comme tout à fait extraordinaire, n'aurait pas manqué de relater le fait, s'il s'en était produit une semblable de 1673 à 1680.

Voici, d'après les registres de la ville, les jaugeages exécutés de 1681 à 1714[2].

| ANNÉES. | JAUGEAGES EN POUCES D'EAU | | | TOTAUX. |
|---|---|---|---|---|
| | BELLEVILLE. | PRÉ-SAINT-GERVAIS. | ARCUEIL. | MÈTRES CUBES PAR 24 HEURES. |
| | Pouces. | Pouces. | Pouces. | |
| Août 1681 . . . . . . | 9 | 18 | 56[3] | 1593 |
| Octobre 1681 . . . . | 4[3] | 16 | 64 | 1612 |
| Septembre 1686 . . . | 8[3] | 9 | 64 | 1555 |
| Septembre 1690 . . . | 16 | 10 | 120 | 2802 |
| Septembre 1691 . . . | 8 | 21 | 100 | 2476 |
| Septembre 1709 . . . | 12 | 20 | 126 | 3032 |
| Septembre 1713 . . . | » | » | 125 | » |
| Août 1714 . . . . . . | » | » | 90 | » |

[1] Voy. pages 88 et suiv.
[2] Registres de la ville, vol. LI, LII, LIV, LVI, LXVI, LXIX.
[3] Perte notable d'eau constatée par le bureau.

Pour bien apprécier ce tableau, il faut se rappeler que le débit moyen des aqueducs de Belleville et du Pré-Saint-Gervais est évalué par Girard, par vingt-quatre heures, en nombre rond,

| | |
|---|---|
| à . . . . . . . . . . . . . . . . . . . . . | 290 mètres cubes. |
| et celui d'Arcueil, à. . . . . . . . . . | 960 |
| Portée moyenne des trois aqueducs, en vingt-quatre heures. . . . . . . . . . | 1250 mètres cubes. |

Malgré les pertes d'eau constatées par le bureau, dans les jaugeages du tableau qui précède, les débits des trois aqueducs dépassent de beaucoup la portée moyenne donnée par Girard. Comme les grandes sécheresses sont toujours dues à plusieurs années consécutives peu pluvieuses, on peut déjà conclure de l'examen de ce tableau que, de 1673 à 1714, il n'y a pas eu de sécheresses bien intenses, comparables à celle de 1669, par exemple ; d'ailleurs, s'il en avait été autrement, Bonamy l'aurait dit.

Nous arrivons à une époque où le régime de la Seine est mieux connu ; c'est en 1732 que commencent les observations des hauteurs du fleuve à l'échelle du pont de la Tournelle ; le zéro de cette échelle a été placé au niveau des basses eaux de 1719 et je ne fais pas une hypothèse en disant qu'à cette date de 1732 c'étaient les plus basses eaux dont on connût des repères certains. Depuis on a constaté que le fleuve pouvait descendre bien au-dessous de ce zéro ; cela résultera de ce qui va suivre. On a donc la certitude que, de 1719 à 1732, et certainement dans les cinq ou six années précédentes, le fleuve n'est pas descendu au niveau du zéro de l'échelle du pont de la Tournelle, et par conséquent s'est constamment tenu au-dessus du niveau des plus basses eaux connues : il est impossible qu'il en ait été ainsi sans que les sources elles-mêmes se soient tenues au-dessus de leur plus bas débit : on peut donc dire aussi qu'il n'y a pas eu de grandes sécheresses de 1714 à 1732, et que la portée des aqueducs est restée, de 1610 à 1732, au-dessus des bas débits de 1668 et 1669.

En 1733 et 1734, le bureau exigea la présentation des titres de concession, en raison de la *grande sécheresse* et de la diminution du produit des aqueducs ; malheureusement les registres de la ville ne donnent pas les débits des aqueducs pendant ces deux années. L'année suivante, en 1735, la visite des aqueducs, fort négligée depuis plusieurs années [1], fut faite avec plus de soin : on constata que la portée des deux aqueducs était augmentée et qu'elle s'était relevée à 18 pouces, ce qui correspond à 345 mètres cubes en vingt-quatre heures, chiffre notablement plus élevé que la moyenne [2]. En 1738, on ne fit pas de jaugeage ; mais on constata que les sources étaient très-abondantes [3].

Il n'y a donc incertitude que sur la portée des aqueducs de la ville pendant les années 1733 et 1734 ; nous savons seulement qu'elle ne s'élevait pas à 345 mètres cubes en vingt-quatre heures ; c'est ce qui résulte de la discussion qui précède. Mais je trouve, dans le mémoire de Bonamy, la preuve qu'elle dépassait de beaucoup les débits constatés en 1669.

Ce savant écrivain, pour démontrer que les deux aqueducs de Belleville et du Pré-Saint-Gervais ne donnaient qu'une quantité d'eau bien insignifiante pour une si grande ville, cite le fait suivant : « En 1741 ces deux aqueducs ne fournissaient que vingt-huit pouces d'eau (537 mètres cubes en vingt-quatre heures), et l'année suivante ils n'en donnèrent que seize [3] (307 mètres cubes en vingt-quatre heures).

Il est évident qu'aux yeux de Bonamy ces deux débits étaient plus faibles que tous ceux qu'on avait constatés depuis longtemps. S'il en avait été autrement, si les jaugeages de 1733 et 1734 avaient donné des quantités d'eau plus petites, Bonamy les aurait cités et n'aurait pas parlé de ceux de 1741 et 1742 ; ainsi, en 1733 et 1734, la portée des deux aqueducs s'élevait au-

[1] Registres de la ville, H. 1856, vol. LXXIX, fol. 186.
[2] Registres de la ville, H. 1857, vol. LXXX, fol. 372.
[3] Bonamy, mémoire précité, page 741.

dessus de 307 mètres cubes en vingt-quatre heures, et par conséquent dépassait de beaucoup celle de l'année 1669 qui s'est abaissée à 200 mètres cubes [1].

De 1732 à 1800, le niveau du fleuve s'est abaissé assez souvent au-dessous du zéro de l'échelle du pont de la Tournelle. Voici, d'après les registres de la police et de la navigation, les années où ce fait a été constaté.

| | ABAISSEMENT AU-DESSOUS DU ZÉRO |
|---|---|
| 1741 | $0^{m}$,13 |
| 1742 | $0^{m}$,08 |
| 1743 | $0^{m}$,14 |
| 1753 | $0^{m}$,03 |
| 1765 | $0^{m}$,03 |
| 1766 | $0^{m}$,05 |
| 1767 | $0^{m}$,27 |
| 1778 [2] | $0^{m}$,08 |

Mais ces abaissements du niveau du fleuve, au-dessous des basses eaux de 1719 ou du zéro de l'échelle du pont de la Tournelle, sont bien insignifiants si on les compare à ceux de ces derniers temps, de 1857 à 1874; on trouve, dans ces dix-huit années, une série de sécheresses sans exemple, pendant lesquelles les abaissements constatés ont été jusqu'à $1^{m}$,14 au-dessous du zéro de l'échelle du pont de la Tournelle. J'ai fait voir que les débits des deux aqueducs de Belleville et du Pré-Saint-Gervais, pendant cette sécheresse si intense, étaient tombés à 155 mètres en vingt-quatre heures [3].

Si on compare ces dix-huit dernières années à la période d'années sèches comprise entre 1660 et 1670, on reconnaît que le dix-huitième siècle tout entier a été humide. On s'est donc fait, vers 1754, la même illusion sur la portée des aqueducs que dans le milieu du dix-septième siècle.

Voici en effet comment Bonamy évaluait alors le volume des eaux distribuées à Paris.

[1] Voy. page 95.
[2] Voy. t. Ier, p. 525.
[3] Voy. page 98.

« On a supputé en 1738 que les pompes du pont Notre-Dame, qui font seules l'aisance et la richesse d'une aussi grande ville que Paris, donnaient environ 8 000 muids d'eau ; en supposant que les trois aqueducs en fournissent, année commune, 50 pouces, leur produit journalier doit être de 2 666 muids et par conséquent le total des eaux fluantes chaque jour sera de 10 666 muids pour la ville ; si l'on ajoute à cette quantité celle que le Roi retire des eaux d'Arcueil et de la pompe de la Samaritaine, qui peuvent monter à 100 pouces, l'on sera en état de comparer la disette de la ville de Paris, lorsqu'elle était réduite aux seuls aqueducs du Pré-Saint-Gervais et de Belleville, avec l'abondance dont elle jouit aujourd'hui [1]. »

Constatons d'abord que la capacité du muid admise par Bonamy est très-différente de celle donnée par M. Périer, qui est de 250 pintes ou 238 litres [2]. Bonamy estime que 50 pouces d'eau donnent en vingt-quatre heures 2 666 muids; en évaluant le produit du pouce d'eau, en vingt-quatre heures, à 19 195 litres, la valeur du muid serait de $\frac{19\,195 \times 50}{2\,666} = 360$ litres. En admettant ce nombre, on trouve, pour le volume total des eaux distribués en vingt-quatre heures :

| | | MÈT. CUBES. |
|---|---|---|
| Pour la ville | pompe du pont Notre-Dame 8000 × 0,360 = | 2880 |
| | produit des aqueducs 50 pouces. . . . . . . . | 960 |
| Eaux du Roi (produit de l'aqueduc d'Arcueil et de la Samaritaine) 100 pouces. . . . . . . . . . . . . . . . . . . . . . | | 1920 |
| | Produit total. . . . . . | 5760 |

Cette supputation est absolument erronée : on a pris, pour le produit des pompes du pont Notre-Dame, le résultat des jaugeages faits en 1738 après la réparation de ces machines par Bélidor,

[1] Bonamy, mémoire précité, page 750.
[2] Voy. note de la page 343.

c'est-à-dire lorsqu'elles étaient remises à neuf : Girard, ingénieur en chef du service des eaux, évalue le produit moyen des aqueducs et des pompes du pont Notre-Dame et de la Samaritaine, au commencement du dix-neuvième siècle, à 2 572 mètres cubes d'eau en vingt-quatre heures.

Je ne veux discuter ici que le débit attribué aux aqueducs. Bonamy l'évalue à 50 pouces ; retranchant les 24 pouces 50 lignes attribués à la ville dans le partage des eaux de Rungis, il reste 25 p. 94 lignes, ou 440 mètres cubes en vingt-quatre heures, pour le débit en année commune des aqueducs de Belleville et du Pré-Saint-Gervais ; le débit moyen ne dépasse pas, d'après Girard, 290 mètres cubes en vingt-quatre heures. Bonamy, dans sa supputation, évalue donc le produit de ces deux aqueducs au double environ de la moyenne réelle, et l'erreur qu'il commet, dans son calcul du volume total d'eau distribuée à Paris, est au moins aussi grande[1].

Ainsi, au dix-huitième siècle, on se faisait les mêmes illusions, en temps de très-basses eaux, sur la portée des aqueducs, que dans le milieu du dix-septième, et cette erreur tenait à ce que, dans ce siècle, on ne connaissait pas ce qu'il faut appeler les basses eaux de la Seine.

*Perturbations produites par les grandes crues du fleuve.* Si la sécheresse se constatait par de grands abaissements du niveau du fleuve et de la portée des aqueducs, les grandes eaux et les débâcles produisaient des effets bien autrement désastreux, notamment de longs chômages des fontaines, en suspendant le fonctionnement des roues et en détériorant les pilotis des pompes du pont Notre-Dame et de la Samaritaine. Les grandes crues du dix-septième siècle, étant toutes antérieures à la construction des pompes du pont Notre-Dame, n'ont eu d'action que sur celles de la Samaritaine ; les deux établissements hydrauliques existant au

[1] Voy. page 378.

contraire au dix-huitième siècle, les crues suivantes ont été très-préjudiciables au service des eaux.

| | | MAXIMUM A L'ÉCHELLE DU PONT DE LA TOURNELLE |
|---|---|---|
| Crues de mars 1711 (De Parcieux) | | 7,62 |
| — du 26 décembre 1740 (Id.) | | 7,90 |
| — 25 mars 1751[1] | | 6,67 |
| — 5 février 1760[2] | | 5,85 |
| — 9 février 1764, suivant. . . | les registres de la ville[3]. | 6,96 |
| | Pasumot | 7,09 |
| | Buache | 7,32 |
| — 4 mars 1784 | | 6,66 |
| — 7 février 1799 | | 6,97 |

J'ai décrit ailleurs[4] la crue du 26 décembre 1740, qui est peut-être la plus grande connue du fleuve[5].

Ces grands débordements se sont succédé à de courts intervalles et ont tous été de longue durée ; ils ont donc certainement causé de graves avaries aux pompes établies sur le fleuve qui étaient la principale ressource du service des eaux. C'est ce qui résulte de tous les rapports du temps dont j'ai donné des extraits et notamment du mémoire des commissaires de l'Académie des sciences[6].

Ce chapitre étant surtout destiné à jeter du jour sur la fin assez compliquée de l'histoire des eaux anciennes de Paris, je le terminerai par l'état général de la distribution des différentes eaux de cette ville, en juin 1673. Ce tableau fait connaître le nom de toutes les fontaines et de toutes les concessions qui existaient alors.

[1] Registres de la ville, vol. XCIII, fol. 419.
[2] *Ibid.*, H. 1868, vol. XCI, fol. 419.
[3] *Ibid.*, H. 1870, vol. XCIII, fol. 370.
[4] Voy. tome Ier, page 297 et suiv.
[5] Celle du 27 février 1658 s'est élevée à la vérité à 8[m],81 ; mais c'est une crue de débâcle qui a emporté plusieurs ponts, et dont par conséquent la hauteur a pu être augmentée très-notablement par les embâcles qui se formaient en amont de ces ponts : ce n'est peut-être pas une crue naturelle, mais ses effets n'ont pas moins été désastreux.
[6] Voy. chapitre XIV, page 278.

*Estat général de la distribution des eaues des sources de Rungis, pré Sainct-Gervais, Belleuille et de celles qui sont éleuées de la riuière de Seyne tant pour fontaines publicques que concessions faictes aux communautez et particuliers.*

| | AU PUBLIC — Pouces, lignes. | AUX CONCESSIONS — Pouces, lignes. | |
|---|---|---|---|
| PRIMO. — DISTRIBUTION DES EAUX DE RUNGIS A COMMENCER AU CHASTEAU DES EAUES, POUR LES FONTAINES PUBLICQUES SUR LE PIED DE VINGT POUCES. | | | |
| *Au chasteau des eaues.* | | | |
| Pour le port Royal. . . . . . . . . . . . . . . . | | 0 | 10 |
| *Fontaine Nostre-Dame-des-Champs qui se prend à un regard derrière les chasteaux. (Château d'eau d'Arcueil près de l'Observatoire.)* | | | |
| Pour le public. . . . . . . . . . . . . . . . . . . | 2 | | |
| Les religieuses Sainte-Marie.. . . . . . . . . . . . | | 0 | 10 |
| Les Feuillantines.. . . . . . . . . . . . . . . . . | | 0 | 6 |
| Les Ursulines. . . . . . . . . . . . . . . . . . . | | 0 | 12 |
| Les Bénédictins anglois. . . . . . . . . . . . . . . | | 0 | 4 |
| *Au regard rue des Marionnettes, derrière la maison de la Prouidence.* | | | |
| La maison de la Prouidence, par acte passé le treize aoust mil six cens soixante-douze. . . . . . . . . | | 0 | 8 |
| Les Gobelins. . . . . . . . . . . . . . . . . . . . . | | 0 | 20 |
| Le jardin des Apoticaires (aujourd'hui école de pharmacie, rue de l'Arbalète).. . . . . . . . . . . . . | | 0 | 6 |
| *Fontaine fauxbourg Sainct-Marcel qui se prend au regard derrière la Prouidence.* | | | |
| Public.. . . . . . . . . . . . . . . . . . . . . . . | 2 | | |
| Les Hospitallières de Sainct-Jullien et Basilies suiuant l'acte du 27 octobre 1672. . . . . . . . . . . . | | 0 | 4 |
| L'hospital de la Miséricorde.. . . . . . . . . . . . | | 0 | 6 |
| *Fontaine Sainct-Victor quy se prend à la fontaine du fauxbourg Sainct-Marcel.* | | | |
| Public. . . . . . . . . . . . . . . . . . . . . . . . | 2 | | |
| Le jardin royal des simples suiuant l'arrest du conseil du xix (19) octobre 1671 (Jardin-des-Plantes). . . | | 0 | 24 |
| L'abbaye Sainct-Victor. . . . . . . . . . . . . . . | | 0 | 15 |
| La Pitié et l'Hospital gnal (la Salpêtrière). . . . . . | | 0 | 50 |
| Concessions à prendre sur le thuyau passant. La maison de Saint-Magloire. . . . . . . . . . . . | | 0 | 12 |
| Les Chartreux. . . . . . . . . . . . . . . . . . . . | | 0 | 39 |
| A reporter. . . . . . . . . . | 6 | 1 | 75 |

| | AU PUBLIC — Pouces, lignes. | AUX CONCESSIONS — pouces, lignes. |
|---|---|---|
| Report. | 6 | 1 73 |
| Monsieur Voisin. | | 0 12 |
| Les Feuillans. | | 0 6 |
| La maison de M. Demorangis. | | 0 4 |
| *Regard de la porte Sainct-Michel.* | | |
| Public de Sainct-Michel. | 2 | |
| Collége des Jésuittes (aujourd'hui lycée Louis-le-Grand). | | 0 36 |
| La Sorbonne. | | 0 24 |
| Les Jacobins (autrefois derrière la fontaine entre les rues Saint-Jacques, Cujas et de la Harpe.). | | 0 6 |
| Monseigneur le prince (de Condé, hôtel du petit Luxembourg). | | 1 |
| Madame d'Eguillon. | | 0 72 |
| L'abbaye de Sainct-Germain à cause de l'eschange des eaues de Cachan. | | 0 72 |
| Les prisons de Sainct-Germain (dans l'abbaye de Saint-Germain-des-Prés). | | 0 12 |
| L'hospital des Petites-Maisons (aujourd'hui square de la rue de la Chaise). | | 0 20 |
| L'hospital des incurables (rue de Sèvres, entre les rues du Bac et Vanneau). | | 0 20 |
| Le noviciat des Jésuittes (probablement rue de Sèvres?) | | 0 20 |
| Les Carmes deschaussés (rue de Vaugirard entre les rues Cassette et d'Assas). | | 0 10 |
| Collége d'Harcourt (lycée Saint-Louis). | | 0 4 |
| Madame de Périgny. | | 0 4 |
| Les petits Augustins (aujourd'hui École des beaux-arts). | | 0 6 |
| Monsieur Amy. | | 0 6 |
| *Fontaine publicque de Sainct-Benoist qui se prend à la porte Sainct-Michel.* | | |
| Public. | 2 | |
| Collége de Beauvais. | | 0 6 |
| Monsieur Cramoisy. | | 0 2 |
| Monsieur Bignon. | | 0 6 |
| Les Maturins qui se prennent sur le thuyau passant rue des Maturins. | | 0 8 |
| *Fontaine Saincte-Geneviefve qui se prend à la porte Sainct-Michel.* | | |
| Public. | 2 | |
| A reporter. | 12 | 4 141 |

| | AU PUBLIC | | AUX CONCESSIONS | |
|---|---|---|---|---|
| | Pouces, | lignes. | Pouces, | lignes. |
| Report. . . . . . . . . . . | 12 | | 4 | 141 |
| Le collége du Plessis sur le thuyau passant rue Fromentel. . . . . . . . . . . . . . . . . . . . . . . | | | 0 | 10 |
| Le collége des Grassins. . . . . . . . . . . . . . | | | 0 | 6 |
| Le collége de Nauarre. . . . . . . . . . . . . . . | | | 0 | 10 |
| Le collége de la Marche.. . . . . . . . . . . . . . | | | 0 | 6 |
| Le collége de L'aon. . . . . . . . . . . . . . . . . | | | 0 | 6 |
| Les Carmes. . . . . . . . . . . . . . . . . . . . . | | | 0 | 10 |
| *Fontaine Sainct-Cosme qui se prend à la porte Sainct-Michel.* | | | | |
| Public. . . . . . . . . . . . . . . . . . . . . . . . | 1 | | | |
| Mons$^{r}$ de Mesgrigny.. . . . . . . . . . . . . . . . | | | 0 | 9 |
| Mons$^{r}$ Bullion. . . . . . . . . . . . . . . . . . . . | | | 0 | 6 |
| Monsieur le président Du Tillet.. . . . . . . . . . . | | | 0 | 6 |
| Mons$^{r}$ Ferrand lieut$^{t}$ part$^{r}$. . . . . . . . . . . . . | | | 0 | 6 |
| Monsieur Joly. . . . . . . . . . . . . . . . . . . . | | | 0 | 6 |
| Les Cordeliers. . . . . . . . . . . . . . . . . . . . | | | 0 | 20 |
| *Fontaine Sainct-Germain qui se prend à la porte Sainct-Michel.* | | | | |
| Le public est des eaues de la riuière.. . . . . . . . . | » | » | | |
| Madame Boutillier des eaues de la riuière. . . . . . | | | » | » |
| Mons$^{r}$ de Liancourt. . . . . . . . . . . . . . . . . . | | | 0 | 12 |
| Mons$^{r}$ du Plessis-Guénégaud. . . . . . . . . . . . | | | 0 | 8 |
| *Fontaine de la Charité qui se prend à la porte Sainct-Michel.* | | | | |
| Mons$^{r}$ le Gouuerneur. . . . . . . . . . . . . . . . . | | | 0 | 12 |
| L'hostel de Chevreuse par acte. . . . . . . . . . . | | | 0 | 18 |
| La Charité.. . . . . . . . . . . . . . . . . . . . . . | | | 0 | 12 |
| Mons$^{r}$ Talon. . . . . . . . . . . . . . . . . . . . . | | | 0 | 6 |
| Mons$^{r}$ Tambonneau.. . . . . . . . . . . . . . . . . | | | 0 | 6 |
| Totaux de la rive gauche de la Seine. . | 13 | » | 6 | 28 |

(RIVE DROITE)

*Au regard de la grande Escurie par contract du 22 juin 1671 et par arrest du Cons. du 25 juillet audit an.*

| | | | | |
|---|---|---|---|---|
| Pour la fontaine deuant le Pallais-Royal. . . . . . . | 1 | | | |
| Pour la fontaine deuant les Capucins. . . . . . . . | 1 | | | |
| *Fontaine rue Trauersine.* | | | | |
| Pour mons$^{r}$ de Lonnoy suiv$^{t}$ le contract du xiiii (14) | | | | |
| A reporter. . . . . . . . . | 2 | | | |

| | AU PUBLIC<br>Pouces, lignes. | | AUX CONCESSIONS<br>Pouces, lignes. | |
|---|---|---|---|---|
| Report. . . . . . . . . . . | 2 | | | |
| décembre 1671 et l'acte de concession du bureau de la ville du xxii (22) janvier 1672. . . . . . . . | | | 1 | |
| Totaux de la rive droite de la Seine. . | 2 | | 1 | |
| Totaux pour les deux rives. . | 15 | | 7 | 28 |
| Total général de la distribution d'eau d'Arcueil. . | 22 pouces | | | 28 lignes |

SECUNDO. — DISTRIBUTION DES EAUES DE LA RIUIÈRE QUI S'ESLEUENT PAR MACHINE SUR LE PONT NOSTRE-DAME. POUR LE QUARTIER DE LA RUE SAINCT-JACQUES VINGT POUCES,

*Au regard du petit pont contre l'Hostel-Dieu quy se prend au regard du moulin sur le pont Nostre-Dame.*

| | Au public | | Aux concessions | |
|---|---|---|---|---|
| Pour l'Hostel-Dieu. . . . . . . . . . . . . . . . . | | | 0 | 72 |
| *Fontaine du Palais qui se prend au regard du petit pont.* | | | | |
| Public. . . . . . . . . . . . . . . . . . . . . . . . | 2 | | | |
| Monsieur le Président. . . . . . . . . . . . . . . | | | 0 | 20 |
| La Chambre des comptes. . . . . . . . . . . . . | | | 0 | 20 |
| Mons^r de Paris. . . . . . . . . . . . . . . . . . | | | 0 | 6 |
| Les Bernabites sur le thuyau passant. . . . . . . . | | | 0 | 10 |
| *Fontaine Notre-Dame qui se prend au regard du petit pont.* | | | | |
| Public. . . . . . . . . . . . . . . . . . . . . . . . | 2 | | | |
| Mons^r Larcheuesque. . . . . . . . . . . . . . . | | | 0 | 20 |
| Mons^r Leuesque d'Orléans. . . . . . . . . . . . | | | 0 | 8 |
| La maison de M. l'abbé de la Motte. . . . . . . . | | | 0 | 8 |
| Monsieur Laguier. . . . . . . . . . . . . . . . . | | | 0 | 6 |
| Mons^r Fournier. . . . . . . . . . . . . . . . . . | | | 0 | 4 |
| *Fontaine Sainct-Seuerin qui se prend par embranchement sur le thuyau passant.* | | | | |
| Public. . . . . . . . . . . . . . . . . . . . . . . . | 2 | | | |
| Le petit Chastelet. . . . . . . . . . . . . . . . . | | | 0 | 20 |
| *Fontaine de la place Maubert qui se prend à la fontaine Sainct-Seuerin.* | | | | |
| Public. . . . . . . . . . . . . . . . . . . . . . . . | 2 | | | |
| Monsieur le président de Nesmond. . . . . . . . . | | | 0 | 10 |
| Monsieur Bignon adu^at g^l. . . . . . . . . . . . | | | 0 | 10 |
| Mons^r de Vauromy. . . . . . . . . . . . . . . . | | | 0 | 10 |
| Maison de M. Martin. . . . . . . . . . . . . . . | | | 0 | 10 |
| A reporter. . . . . . . . . | 8 | | 1 | 90 |

| | AU PUBLIC | | AUX CONCESSIONS | |
|---|---|---|---|---|
| | Pouces, lignes. | | Pouces, lignes. | |
| Report.......... | 8 | | 1 | 90 |
| *Fontaine de la porte Sainct-Germain quy se prend au regard du petit pont.* | | | | |
| Public........................ | 2 | | | |
| Madame Boutillier en vertu du traité du........ | | | 1 | |
| *Fontaine du petit marché Sainct-Germain quy se prend par embranchement sur le thuyau passant.* | | | | |
| Public........................ | 2 | | | |
| *Fontaine de la Charité quy se prend à la fontaine Sainct-Germain.* | | | | |
| Public........................ | 3 | | | |
| L'hostel de Chevreuse................ | | | 1 | |
| Monsieur le Gouverneur.............. | | | 0 | 30 |
| Mons[r] Talon..................... | | | 0 | 20 |
| Mons[r] Tambonneau................ | | | 0 | 10 |
| *Fontaine deuant le colege des Quatre-Nations qui se prend à la fontaine Sainct-Germain.* | | | | |
| Public........................ | 2 | | | |
| Totaux. . | 17 | | 4 | 6 |
| Total général. . | 21 pouces 6 lignes | | | |

POUR LE QUARTIER DE LA RUE SAINCT-DENIS, VINGT POUCES.

| | AU PUBLIC | | AUX CONCESSIONS | |
|---|---|---|---|---|
| *Au regard de la porte (l'apport) de Paris qui se prend au regard du pont Nostre-Dame.* | | | | |
| Pour le public de la petite fontaine......... | 2 | | | |
| Pour les prisons du grand Chastelet......... | | | 0 | 24 |
| *Fontaine Sainct-Innocent qui se prend au regard de la porte de Paris.* | | | | |
| Public........................ | 4 | | | |
| La maison de M. le premier Président, rue Aubry-le-Boucher.................... | | | 0 | 8 |
| Les relligieuses de Saincte-Caterine......... | | | 0 | 10 |
| Monsieur Geruais.................. | | | 0 | 6 |
| *Fontaine la Reyne qui se prend à la fontaine Sainct-Innocent.* | | | | |
| Public........................ | 2 | | | |
| L'hospital de la Trinité................. | | | 0 | 10 |
| A reporter......... | 8 | | 0 | 58 |

| | AU PUBLIC | | AUX CONCESSIONS | |
|---|---|---|---|---|
| | Pouces, | lignes. | Pouces, | lignes. |
| Report. . . . . . . . . . . | 8 | | 0 | 58 |
| Monsieur de Santeuil. . . . . . . . . . . . . . . . . | | | 0 | 6 |
| Mons^r de Coaslin. . . . . . . . . . . . . . . . . . | | | 0 | 10 |

*Fontaine de la Halle qui se prend à la fontaine Sainct-Innocent.*

| | | | | |
|---|---|---|---|---|
| Public. . . . . . . . . . . . . . . . . . . . . . . . | 4 | | | |
| Mons^r de Bellieure. . . . . . . . . . . . . . . . . | | | 0 | 8 |
| Mons^r le Treux.. . . . . . . . . . . . . . . . . . | | | 0 | 6 |
| Mons^r de la Porte.. . . . . . . . . . . . . . . . | | | 0 | 6 |

*Regard de l'hostel de Soissons.*

| | | | | |
|---|---|---|---|---|
| L'hostel Seguier. . . . . . . . . . . . . . . . . . | | | 0 | 12 |
| L'hostel de Soissons. . . . . . . . . . . . . . . . | | | 0 | 12 |
| Mons^r le duc de Lesmes. . . . . . . . . . . . . . | | | 0 | 10 |
| Mons^r Berrier.. . . . . . . . . . . . . . . . . . | | | 0 | 10 |
| Mons^r Bullion. . . . . . . . . . . . . . . . . . . | | | 0 | 10 |
| Mons^r Heruart.. . . . . . . . . . . . . . . . . . | | | 0 | 10 |

*Nota* que pour l'utilité publique et décoration du quartier, au lieu dudit regard faire une fontaine publique ou seront les concessions; l'encoignure de la chapelle de la Reyne y seroit très-propre ou seroit un poulce d'eau de retranchement sur la fontaine de la Halle ou de la Reyne.

*Fontaine du coing de Rome quy se prend à la fontaine de la Reyne.*

| | | | | |
|---|---|---|---|---|
| Public.. . . . . . . . . . . . . . . . . . . . . . | 2 | | | |

*Fontaine Sainct-Leu quy se prend à la fontaine de la Reyne.*

| | | | | |
|---|---|---|---|---|
| Public.. . . . . . . . . . . . . . . . . . . . . . | 2 | | | |
| Les relligieuses pénitentes. . . . . . . . . . . . | | | 0 | 10 |
| M. de Fourille. . . . . . . . . . . . . . . . . . | | | 0 | 6 |
| M. Guillois. . . . . . . . . . . . . . . . . . . . | | | 0 | 4 |
| M. de la Briffe. . . . . . . . . . . . . . . . . . | | | 0 | 6 |
| L'hostel des Indes. . . . . . . . . . . . . . . . . | | | 0 | 4 |

*Fontaine Maubuée quy se prend à la fontaine Sainct-Seruant.*

| | | | | |
|---|---|---|---|---|
| Public. . . . . . . . . . . . . . . . . . . . . . . | 2 | | | |
| M. Morel.. . . . . . . . . . . . . . . . . . . . . | | | 0 | 6 |
| M. Mallet. . . . . . . . . . . . . . . . . . . . . | | | 0 | 6 |
| Totaux. . | 18 | | 1 | 56 |

Total général. . 19 pouces 56 lignes

| | AU PUBLIC<br>—<br>Pouces, lignes. | AUX CONCESSIONS<br>—<br>Pouces, lignes. | |
|---|---|---|---|
| POUR LE QUARTIER DE LA RUE SAINT-ANTOINE VINGT POUCES. | | | |
| *Fontaine de la Grève quy se prend par embranchement sur le thuyau passant.* | | | |
| Public. . . . . . . . . . . . . . . . . . . . . . . . . | 4 | | |
| Hostel de la ville par embranchement sur le thuyau passant. . . . . . . . . . . . . . . . . . . . . . | | 0 | 12 |
| *Fontaine porte (apport) Baudoyer quy se prend au regard du moulin du pont nre-Dame.* | | | |
| Public. . . . . . . . . . . . . . . . . . . . . . . . . | 4 | | |
| Hospital du Sainct-Esprit. . . . . . . . . . . . . . | | 0 | 10 |
| La maison de M. Barentin. . . . . . . . . . . . . | | 0 | 6 |
| M. de la Barre. . . . . . . . . . . . . . . . . . . . | | 0 | 10 |
| M. le président de Fourcy. . . . . . . . . . . . . | | 0 | 10 |
| L'hostel d'Aumont. . . . . . . . . . . . . . . . . . | | 0 | 15 |
| L'hostel de Lorraine. . . . . . . . . . . . . . . . . | | 0 | 8 |
| Relligieux Sainct-Antoine. . . . . . . . . . . . . | | 0 | 12 |
| M. de Tezeau. . . . . . . . . . . . . . . . . . . . . | | 0 | 8 |
| M. Hotman. . . . . . . . . . . . . . . . . . . . . . . | | 0 | 6 |
| M. de Creil. . . . . . . . . . . . . . . . . . . . . . | | 0 | 8 |
| L'Aue-Maria. . . . . . . . . . . . . . . . . . . . . . | | 0 | 20 |
| Madame la présidente Nicolay. . . . . . . . . . . | | 0 | 10 |
| Mr de la Place. . . . . . . . . . . . . . . . . . . . | | 0 | 4 |
| L'hostel de Vieuille. . . . . . . . . . . . . . . . . | | 0 | 10 |
| *Fontaine deuant les Jésuittes (fe Biragne) qui se prend à la fontaine Sainct-Geruais ou porte Baudoyer.* | | | |
| Public. . . . . . . . . . . . . . . . . . . . . . . . . | 4 | | |
| Les Jésuittes. . . . . . . . . . . . . . . . . . . . . | | 0 | 20 |
| L'hostel d'Esduiguières. . . . . . . . . . . . . . . | | 0 | 10 |
| Les Célestins. . . . . . . . . . . . . . . . . . . . . | | 0 | 18 |
| Les Minimes. . . . . . . . . . . . . . . . . . . . . | | 0 | 18 |
| Sainte-Marie. . . . . . . . . . . . . . . . . . . . . | | 0 | 18 |
| M. Malo. . . . . . . . . . . . . . . . . . . . . . . . | | 0 | 6 |
| La Charité des femmes. . . . . . . . . . . . . . . | | 0 | 18 |
| Les Filles de la Croix. . . . . . . . . . . . . . . | | 0 | 12 |
| Madame la princesse de Guémenéé. . . . . . . . | | 0 | 12 |
| Religieux Sainte-Caterine. . . . . . . . . . . . . | | 0 | 18 |
| L'hostel d'Albret. . . . . . . . . . . . . . . . . . | | 0 | 12 |
| L'hostel de Sully. . . . . . . . . . . . . . . . . . | | 0 | 12 |
| Madame Chauigny. . . . . . . . . . . . . . . . . . | | 0 | 18 |
| Madame Deschameaux. . . . . . . . . . . . . . . . | | 0 | 8 |
| M. le duc de Chaunes. . . . . . . . . . . . . . . | | 0 | 12 |
| A reporter. . . . . . . . . | 12 | 2 | 75 |

| | AU PUBLIC | AUX CONCESSIONS |
|---|---|---|
| | Pouces, lignes. | Pouces, lignes. |
| Report. . . . . . . . . . . | 12 | 2 73 |
| M. de Fraibel. . . . . . . . . . . . . . . . . . . . . | | 0 8 |
| Madame de Renty. . . . . . . . . . . . . . . . . . . | | 0 6 |
| Mgr l'euesque de Tarbes. . . . . . . . . . . . . . . | | 0 6 |
| L'hostel de Carnaualet. . . . . . . . . . . . . . . . | | 0 12 |
| M. Valo. . . . . . . . . . . . . . . . . . . . . . . | | 0 6 |

*Fontaine deuant la Bastille qui se prend à la fontaine deuant les Jésuittes.*

| | | |
|---|---|---|
| Public. . . . . . . . . . . . . . . . . . . . . . . . | 4 | |
| Totaux. . | 16 | 2 111 |
| Total général. . | 18 pouces | 111 lignes |
| Les trois distributions d'eau de Seine. . | 59 pouces | 29 lignes |

TERTIO. — DISTRIBUTION DES EAUES DU PRÉ SAINCT-GERUAIS SUR LE PIED DE DOUZE POULCES.

*Au regard des Moussines.*

| | | |
|---|---|---|
| M. le comte de Charost. . . . . . . . . . . . . . . . | | 0 4 |
| M. Chenelon. . . . . . . . . . . . . . . . . . . . . | | 0 4 |
| M. Olivier. . . . . . . . . . . . . . . . . . . . . . | | 0 4 |

*A un regard sur le chemin derrière la Villette.*

| | | |
|---|---|---|
| A M. Boynin. . . . . . . . . . . . . . . . . . . . . | | 0 6 |

*A un regard derrière la Villette.*

| | | |
|---|---|---|
| L'abbaye de Saincte-Perrine. . . . . . . . . . . . | | 0 4 |
| Mr de la Rohr. . . . . . . . . . . . . . . . . . . | | 0 4 |

*Fontaine Sainct-Laurens qui vient du Pré Sainct-Geruais.*

| | | |
|---|---|---|
| Public. . . . . . . . . . . . . . . . . . . . . . . . | 2 | |
| Les religieux récolets. . . . . . . . . . . . . . . . | | 0 6 |
| M. Ragnensan. . . . . . . . . . . . . . . . . . . . | | 0 2 |

*Fontaine Sainct-Lazare.*

| | | |
|---|---|---|
| Public. . . . . . . . . . . . . . . . . . . . . . . . | 2 | |
| Les prestres Sainct-Lazare par acte du 25 novembre 1672. . . . . . . . . . . . . . . . . . . . . . . | | 0 22 |
| Les sœurs grises. . . . . . . . . . . . . . . . . . | | 0 6 |

*Fontaine porte Sainct-Denis.*

| | | |
|---|---|---|
| Public. . . . . . . . . . . . . . . . . . . . . . . . | 2 | |
| A reporter. . . . . . . . . | 6 | 62 |

| | AU PUBLIC — Pouces, lignes. | AUX CONCESSIONS — Pouces, lignes. |
|---|---|---|
| Report | 6 | 62 |
| Les Filles-Dieu | | 0 10 |
| La Magdelaine | | 0 6 |
| Saincte-Élisabeth | | 0 6 |
| Les Pères de Nazareth | | 0 4 |
| *Fontaine des Petits-Carreaux qui se prend à la porte Sainct-Denis sur le thuyau passant.* | | |
| Public | 1 | |
| Madame Roland | | 0 4 |
| *Fontaine des Petits-Pères qui se prend à la porte Sainct-Denis.* | | |
| Public | 3 | |
| Les Petits-Pères | | 0 8 |
| M. Gotman | | 0 8 |
| M. de Lonnoy | | 0 72 |
| *Regard de l'hostel Mazarin.* | | |
| L'hostel Mazarin | | 0 36 |
| Monsieur Colbert | | 0 18 |
| Totaux | 10 | 1 90 |
| Total général de l'eau du Pré Saint-Gervais | 11 pouces 90 lignes | |

Lorsque les eaux du Pré-Saint-Geruais seront réduites à six pouces, il faudra que les fontaines de Saint-Laurent, de Saint-Lazare, porte Saint-Denis, Petits-Carreaux et les Petits-Pères, aillent seulement des eaux du Pré-Saint-Geruais et les autres fontaines de Saint-Innocent, la Halle, l'Hôtel-de-Soissons, fontaine de la Reyne, de Saint-Leu et du Coing-de-Rome iront des eaux de la rivière.

QUARTO. — DISTRIBUTION DES EAUES DE BELLEUILLE SUR LE PIED DE HUICT POUCES.

| | AU PUBLIC — Pouces, lignes. | AUX CONCESSIONS — Pouces, lignes. |
|---|---|---|
| *Fontaine deuant le Calvaire.* | | |
| Public | 1 | |
| Religieuses du calvaire | | 0 9 |
| L'hostel de Turenne | | 0 6 |
| A reporter | 1 | 15 |

| | AU PUBLIC<br>—<br>Pouces, lignes. | AUX CONCESSIONS<br>—<br>Pouces, lignes. | |
|---|---|---|---|
| Report. . . . . . . . . . . . | 1 | | 15 |
| M. le président Baileul. . . . . . . . . . . . . . . | | 0 | 10 |
| M. Pusson. . . . . . . . . . . . . . . . . . . . . . | | 0 | 10 |
| M. Houssay.. . . . . . . . . . . . . . . . . . . . | | 0 | 6 |
| M. de Guénégaud.. . . . . . . . . . . . . . . . . | | 0 | 6 |
| *Fontaine rue Sainct-Louis qui se prend à celle du Calvaire.* | | | |
| Public. . . . . . . . . . . . . . . . . . . . . . . . | 1 | | |
| M. Boucherat.. . . . . . . . . . . . . . . . . . . | | 0 | 6 |
| M. de Villasert. . . . . . . . . . . . . . . . . . . | | 0 | 6 |
| *Fontaine de l'Esgout quy se prend à celle du Calvaire.* | | | |
| Public. . . . . . . . . . . . . . . . . . . . . . . . | 1 | | |
| Les Capucins.. . . . . . . . . . . . . . . . . . . | | 0 | 9 |
| Les Filles-Bleuës. . . . . . . . . . . . . . . . . | | 0 | 6 |
| Hostel d'Estrée.. . . . . . . . . . . . . . . . . . | | 0 | 6 |
| *Regard des Blancs-Manteaux qui se prend à la fontaine de l'Esgout.* | | | |
| M. Le Tellier. . . . . . . . . . . . . . . . . . . . | | 0 | 12 |
| L'hostel d'Angoulesme. . . . . . . . . . . . . . | | 0 | 4 |
| L'hostel d'Effiat. . . . . . . . . . . . . . . . . . | | 0 | 4 |
| M. de la Croix. . . . . . . . . . . . . . . . . . . | | 0 | 4 |
| L'hostel d'Albret. . . . . . . . . . . . . . . . . . | | 0 | 4 |
| Les Blancs-Manteaux. . . . . . . . . . . . . . . | | 0 | 4 |
| Les Cordeliers. . . . . . . . . . . . . . . . . . . | | 0 | 9 |
| M. Bétault.. . . . . . . . . . . . . . . . . . . . . | | 0 | 4 |
| M. le Camus. . . . . . . . . . . . . . . . . . . . | | 0 | 4 |
| M. Leclerc.. . . . . . . . . . . . . . . . . . . . . | | 0 | 2 |
| L'hospital Sainct-Louis. . . . . . . . . . . . . . | | 0 | 6 |
| *Fontaine Neufue qui se prend à la fontaine de l'Esgout.* | | | |
| Public. . . . . . . . . . . . . . . . . . . . . . . . | 1 | | |
| Hostel de Guise.. . . . . . . . . . . . . . . . . . | | 0 | 8 |
| M. le président le Coigneux. . . . . . . . . . . | | 0 | 10 |
| M. le président Molé. . . . . . . . . . . . . . . | | 0 | 10 |
| Les Carmélittes.. . . . . . . . . . . . . . . . . . | | 0 | 9 |
| M. de Richebourg. . . . . . . . . . . . . . . . . | | 0 | 6 |
| M. Dormesson. . . . . . . . . . . . . . . . . . . | | 0 | 6 |
| M. de Guénégaud.. . . . . . . . . . . . . . . . . | | 0 | 3 |
| *Fontaine de Paradis qui se prend à la fontaine Neufue.* | | | |
| Public. . . . . . . . . . . . . . . . . . . . . . . . | 1 | | |
| M. le président de Nouion. . . . . . . . . . . . | | 0 | 10 |
| A reporter. . . . . . . . . | 5 | 1 | 55 |

| | AU PUBLIC — Pouces, lignes. | AUX CONCESSIONS — Pouces, lignes |
|---|---|---|
| Report. . . . . . . . . . . | 5 | 1 55 |
| Religieux de Sainte-Croix. . . . . . . . . . . . . . | | 0 4 |
| M. Coquille. . . . . . . . . . . . . . . . . . . . | | 0 4 |
| Les Carmes des Billettes. . . . . . . . . . . . . . | | 0 4 |
| M. Marin. . . . . . . . . . . . . . . . . . . . | | 0 6 |
| Madame Barillon. . . . . . . . . . . . . . . . . | | 0 3 |
| M. Dormesson. . . . . . . . . . . . . . . . . . | | 0 4 |
| La Mercy. . . . . . . . . . . . . . . . . . . . | | 0 4 |
| Madame Lonnuet. . . . . . . . . . . . . . . . . | | 0 4 |
| *Fontaine Sainte-Auoye qui se prend à la fontaine Neufue.* | | |
| Public. . . . . . . . . . . . . . . . . . . . . | 1 | |
| Monsʳ le président Mesmer. . . . . . . . . . . . | | 0 100 |
| L'hostel d'Auaux. . . . . . . . . . . . . . . . . | | 0 21 |
| M. de Caumartin. . . . . . . . . . . . . . . . . | | 0 6 |
| M. Le Féron. . . . . . . . . . . . . . . . . . . | | 0 4 |
| M. de Montmors. . . . . . . . . . . . . . . . . | | 0 4 |
| Sainte-Auoye. . . . . . . . . . . . . . . . . . . | | 0 6 |
| M. Minier, rue Michel-le-Comte. . . . . . . . . . | | 0 4 |
| Madame la nourisse du Roy. . . . . . . . . . . . | | 0 4 |
| Totaux. . | 6 | 2 93 |
| Total général de l'eau de Belleville. . | 8 pouces 93 lignes | |
| Total général de la distribution de Paris en 1673, dont 82 pouces pour le public et 19 pouces 86 lignes pour les concessions. | 101 pouces 86 lignes | |

« Faict et arresté par nous Prévôt des marchands, Echevins et conseillers de ville, commissaires depputez, pour la distribution des eaux des fontaines publiques de la ville de Paris, le deuxième jour de juin mil six cens soixante treize. Signé Le Peletier, Pasquier, Richer, Belin, Lambert et Godeffroy [1]. »

Ce tableau nous fait connaître des faits très-importants.

1° Le volume d'eau distribué à Paris, en temps moyennement humide, était compté, en 1673, à 100 pouces d'eau environ ou à 1 920 mètres cubes en vingt-quatre heures.

L'eau de Seine, élevée par machines au pont Notre-Dame, figure dans ce nombre pour 60 pouces ou pour 1 152 mètres cubes en vingt-quatre heures. On a vu ci-dessus qu'il s'en fallait de beau-

[1] Registres de la ville, vol. XLVII, fol. 324 et suiv.

coup que le rendement des machines fût aussi élevé, surtout de 1673 à 1700 [1].

L'eau d'Arcueil est comptée pour 22 pouces 28 lignes (426 mètres cubes en vingt-quatre heures); l'eau du Pré-Saint-Gervais, pour 11 pouces 90 lignes (223 m. cub. en 24 heures); l'eau de Belleville, pour 8 pouces 93 lignes (166 m. cub. en 24 heures).

2° Le nombre des concessions porté au tableau est le résumé de tous les retranchements et rétablissements de prises d'eau véritablement indéchiffrables que j'ai signalés ci-dessus à partir des lettres patentes de Henri II.

En 1673, ce nombre s'élevait à 200.

En voici le tableau :

| QUARTIERS | COMMUNAUTÉS RELIGIEUSES. | ÉTABLISSEMENTS PUBLICS | | | CONCESSIONS PARTICULIÈRES. | TOTAUX. |
|---|---|---|---|---|---|---|
| | | COLLÉGES. | HOSPICES. | DIVERS. | | |
| Université. . . . . . | 18 | 8 | 4 | 4 | 8 | 42 |
| Saint-Germain . . . | 1 | » | 1 | » | 12 | 14 |
| Palais. . . . . . . . | 1 | » | 1 | 2 | 16 | 20 |
| Saint-Denis . . . . . | 7 | » | 1 | 1 | 24 | 33 |
| St-Martin et Temple. | 9 | » | 1 | » | 36 | 56 |
| Saint-Antoine . . . . | 9 | » | 1 | 1 | 24 | 35 |
| Villette, Pré-Saint-Gervais, etc. . . . | 4 | » | » | » | 6 | 10 |
| TOTAUX. . . . . | 49 | 8 | 9 | 8 | 126 | 200 |

Dans le quartier de l'Université, les concessions étaient accordées surtout aux communautés religieuses, aux colléges et aux établissements hospitaliers :

Les prises d'eau particulières y étaient peu nombreuses. Les communautés jouissaient aussi d'un grand nombre de concessions dans les quartiers Saint-Denis, Saint-Martin, du Temple et Saint-Antoine.

3° On se faisait alors de véritables illusions sur le rendement

[1] Voy. page 263.

des pompes Notre-Dame ; mais, en somme, les fontaines publiques prenaient les quatre cinquièmes de l'eau qu'on était censé distribuer, les concessions un cinquième seulement. Les services publics étaient donc d'autant mieux desservis que, sur 200 concessions, 74 étaient accordées aux communautés religieuses, aux colléges et aux hospices qui s'administraient librement, mais n'étaient pas moins considérés comme de véritables établissements publics.

4° On comptait 36 fontaines de puisage, toutes pourvues de château d'eau à l'exception d'une seule. Il y avait, en outre, 11 regards qui étaient sans fontaines, c'est-à-dire qui distribuaient l'eau par des conduites spéciales, soit à des fontaines plus ou moins éloignées, soit à des particuliers. Le nombre total des châteaux d'eau était donc de 46. Plusieurs de ces châteaux d'eau furent érigés depuis 1624 pour la distribution des eaux par bassinet, conformément aux prescriptions des lettres patentes du 26 mai 1635[1].

On se servit pour cela des anciens regards des conduites, souvent sans qu'une délibération du bureau ait paru nécessaire, et on continua à désigner ces petits édifices sous le nom de regard.

Voici, dans l'ordre du tableau, les regards qui furent ainsi transformés de 1624 à 1675 :

*Regard rue des Marionnettes, derrière la maison de la Providence.* — Ce château d'eau fut désigné depuis sous le nom de regard de la Providence. Il fut supprimé, comme les autres ouvrages du même genre, après le rachat des concessions gratuites, vers 1854[2].

*Regard de la grande Écurie.* — Cet ouvrage était situé près de la fontaine de l'Échelle, dont il sera question ci-après, dans

[1] Voy. page 528.
[2] Sis rue de l'Arbalète, n° 11 de la carte.

l'emplacement occupé par la rue de Rivoli; il ne figure pas sur la carte Gomboust (1656) et est nommé pour la première fois dans le partage des eaux de 1673; il existait encore en 1775, lorsqu'on a reconstruit la fontaine de l'Arbre-Sec sur les dessins de Soufflot, portait alors le nom de regard des Grandes-Écuries ou de Regard-Brulé, et distribuait 11 pouces 125 lignes d'eau [1]. Il était détruit en 1857, au moment du rachat des concessions. Ce regard appartenait au Roi; c'était par permission spéciale du Roi, et notamment en vertu d'un arrêt du conseil du 23 juin 1671, qu'il distribuait trois pouces d'eau pour le service de la ville.

*Regard du Petit-Pont contre l'Hôtel-Dieu.* — Ce regard, dont il ne reste aucune tradition dans le service, est détruit depuis longtemps.

*Regard du collége des Quatre-Nations.* — Ce collége occupait l'emplacement du palais de l'Institut. Le regard n'alimentait que la fontaine sise sur le quai, qui a été remplacée par les lions bien connus du public. Ces lions ont eux-mêmes cessé de verser de l'eau dans leurs vasques en 1863.

*Regard de l'hôtel de Soissons.* — Situé rue Coquillière, près de l'angle le plus rapproché de Saint-Eustache, il ne doit pas être confondu avec la fontaine construite beaucoup plus tard, au pied de la tour de Catherine de Médicis : cette tour était alors dans les jardins mêmes de l'hôtel. Le regard n'existait pas en 1656, car il ne figure pas sur la carte de Gomboust [2].

*Fontaine du coin de Rome.* — Sise dans une impasse qui formait le prolongement de la rue au Maire et qui portait le nom

[1] Voy. page 530.
[2] Regard de Soissons, n° 20 de la carte.

de *coin de Rome*. Elle s'alimentait au regard de la fontaine de la Reine ou Grenetat, et par conséquent recevait l'eau du Pré-Saint-Gervais.

*Regard de l'hôtel Mazarin*. — Sis contre la Bibliothèque, à l'angle des rues Vivienne et Neuve-des-Petits-Champs, il a été supprimé vers 1855, lors du rachat des concessions[1].

*Fontaine et regard du Calvaire*. — Il ne reste dans le service aucune tradition sur cette fontaine, qui était fort ancienne; elle existait certainement en 1656 puisqu'elle figure sur la carte de Gomboust. Elle était adossée au mur du couvent des Filles-du-Calvaire, dans la rue de ce nom, côté des numéros pairs, à une petite distance du carrefour actuel des rues de Bretagne et de Turenne. C'était dans le regard de cette fontaine que se rendaient toutes les eaux que la ville tirait de l'aqueduc de Belleville. Ce regard devint un des châteaux d'eau les plus importants de la ville.

[1] N° 47 de la carte.

# CHAPITRE XXIII

## DISTRIBUTION DES EAUX ANCIENNES

(SUITE)

*Fontaines publiques* de 1660 à 1806. — Entretien. — Construction de nouvelles fontaines, après l'établissement des pompes Notre-Dame, 22 avril 1671. — Distiques de Santeul gravés sur ces fontaines. — Reconstruction de la fontaine Sainte-Avoie, 1682. — Regard de l'impasse de Jouy en 1684. — Fontaine Saint-Michel, 1683. — Fontaine Saint-Victor, 1687. — Démolition de la fontaine du Palais, 1686. — Fontaine Boucherat, 1698. — Regard Soubise, 1706. — Fontaines construites après la restauration des machines du pont Notre-Dame, de 1706 à 1720. Fontaines des Blancs-Manteaux, Birague (reconstruction), du grand Châtelet, de l'Annonciade, de Montmorency, Garancière, de Grenelle, de Saint-Germain des Près, du Chaudron, Basfroid, Trogneux, de la petite Halle, du marché Lenoir. — Reconstruction de la fontaine Maubuée, 1733. — Inscriptions rédigées par le bureau de la ville, 1708, 1716. — Fontaines du marché Saint-Martin, 1768. — Abandon de l'entretien des fontaines ; disette d'eau qui s'ensuit, 1795, 1796. — Restauration des anciennes fontaines et reconstruction de nouvelles.

*Entretien des fontaines publiques.* — Depuis l'année 1623, époque de la dernière adjudication du bail d'entretien à forfait des fontaines dont il a été fait mention dans le chapitre XXI, je ne trouve dans les registres de la ville, jusqu'en 1663, aucune preuve établissant que ce mode d'entretien ait été maintenu; il est probable néanmoins qu'il n'a pas été abandonné, car une ordonnance du 9 avril 1665 approuve l'adjudication passée en faveur du sieur Alexandre Mazeline, maître plombier et fontainier « de l'entretenement des fontaines publicques de ladicte ville provenant des sources de Belleuille et du Pré Sainct-Geruais, ensemble celuy de la fontaine publicque du Pallais, de celle de la grande buuette et conciergerie venant du pont Neuf pour le temps et espace de six années qui ont commencé au premier jour d'auril présent mois, moyennant le prix et somme de trois cens liures par chacun an[1].... »

C'était un forfait absolu sans série de prix et sur simple description des ouvrages, absolument comme au commencement du dix-septième siècle.

*Démolition de la fontaine du parvis Notre-Dame.* — La grande sécheresse, qui commença à se faire sentir vers le milieu de l'été de 1660, ne permit pas d'ériger de nouvelles fontaines. Le bureau décida, le 14 février 1665, qu'on démolirait le regard et réservoir du parvis Notre-Dame qui n'avait jamais reçu d'eau depuis sa construction, parce qu'il était avantageusement remplacé par un autre ouvrage semblable, « attenant l'église de Saint-Jean-le-Rond », et parce qu'il était fort gênant « les jours de fêtes solennelles où les vénérables doyen, chanoines et chapitre de l'église Notre-Dame étoient obligez d'aller processionnellement hors la dicte église[2]. »

Lorsque les projets des pompes du pont Notre-Dame présentés par Jolly et de Mance furent approuvés, le bureau décida que de nouvelles fontaines publiques seraient érigées ; voici, d'après l'ar-

[1] Registres de la ville, H. 1817, vol. XL, fol. 547.
[2] Registres de la ville, H. 1819, vol. XLII, fol. 117.

rêt du conseil d'État du 22 avril 1671 approuvant le projet présenté par le bureau de la ville[1], les emplacements de ces fontaines.

1 Rue du faubourg Saint-Marceau.
2 Rue du faubourg Saint-Victor[2].
3 Place du Palais-Royal.
4 Rue Saint-Honoré, au-dessus de l'église Saint-Roch, près le couvent des capucins.
5 Rue Richelieu.
6 Aux Petits-Carreaux.
7 Contre le mur des Petits-Pères augustins, rue du Mail.
8 Au carrefour hors la porte Dauphine.
9 Au petit Marché du faubourg Saint-Germain.
10 Au carrefour de la Charité, rue Taranne.
11 A la Croix-Rouge.
12 Place du collége des Quatre-Nations.
13 Place Dauphine.
14 Place de la Bastille.
15 Au bas de la rue Saint-Martin, à la pointe de la rue d'Arnetal[3].

*Fontaines des Carmes.* — Il fut de plus décidé que la fontaine des Carmes serait reconstruite, place Maubert, en un lieu plus commode.

Messieurs du bureau étaient autorisés à placer « de nouvelles conduites et tuyaux de plomb plus capables », à ouvrir les fouilles nécessaires, à construire les bassins et réservoirs des nouvelles fontaines et, pour indemniser la ville de toutes ces dépenses, à « vendre les eaux restantes appartenant à ladite ville et faire, pour raison de ce, telles concessions, traités et conuentions qu'ils estimeront à propos, et ce qui sera à cet égard fait et ordonné par lesdits préuost des Marchands et escheuins sera exécuté nonobstant oppositions ou appellations quelconques, dont sy aucunes interuiennent, Sa Majesté s'en est réseruée la connoissance, et icelle interdite à tous autres juges[4]. »

[1] Registres de la ville, vol. XLVI, fol. 265.
[2] Réception des travaux en 1687.
[3] Les fontaines n$^{os}$ 1, 3, 4, 6, 7, 8, 9, 10, 11, 12, 13 et 14 étaient en service en 1673.
[4] Registres de la ville, vol. XLVI, fol. 265.

La tuyauterie fut adjugée, le 28 avril suivant, à Adam Charlot et Jean Allain, plombiers, au prix de « 15 liures dix sols par chacun cent de plomb neuf employé et mis en place ; de treize sols pour chacune liure de soudure ; pour chacun cent de plomb vieil, la somme de quatre livres pour la fasson et employ d'iceluy. »

Voici quelques clauses du devis qui peuvent intéresser les ingénieurs.

« Les thuyaux auront quatorze à quinze pieds de long sy faire se peut ou au moins douze pieds, les emboitures desquels seront suffisamment ouuertes affin que le passage soit aussi ouuert à l'endroit des nœuds que dans le corps des thuyaux, lesquels nœuds seront bien faits et bien cuiurés et n'excéderont au dehors au plus sçauoir : les nœuds des thuyaux de trois pouces, quatre liures de soudure, ceux de quatre pouces, six liures au plus, et les petits thuyaux de moindre grosseur à proportion.... »

Le délai de garantie était de six années, et, pendant ce délai, les entrepreneurs étaient tenus de refaire à leurs frais toute rupture ou cassure des tuyaux.

Ce traité est signé Le Peletier, Charlot et Allain [1].

Toutes les nouvelles fontaines, à l'exception de celle de Saint-Victor, furent immédiatement construites et étaient en service à l'époque de la grande répartition des eaux, le 2 juin 1673.

*Fontaine des Cordeliers. De 1656 à 1673.* — Cette fontaine, sise près de la porte Saint-Germain, dans la rue des Cordeliers, est mentionnée comme étant en projet en 1656, à l'époque de la répartition des eaux d'Arcueil. Elle est nommée dans le partage général des eaux du 2 juin 1673 ; elle a donc été construite entre ces deux dates [2].

[1] Registres de la ville, vol. XLVI, fol. 277, V°.

[2] Voy. le partage des eaux du 2 juin 1673, chapitre XXII. La fontaine des Cordeliers a

*Fontaine du Petit-Marché-Saint-Germain.* — Ne figure pas sur la carte de Gomboust (1656). Nommée pour la première fois dans l'arrêt du conseil du 22 avril 1671. Cette fontaine était probablement située entre la place de la foire Saint-Germain et l'ancien marché Saint-Germain ; si cette hypothèse est vraie, on y aurait substitué, au centre du marché actuel qui remplace la foire et l'ancien marché Saint-Germain, la fontaine de la Paix, érigée d'abord sur la place Saint-Sulpice vers 1610.

*Reconstruction de la fontaine de Sainte-Avoie.* — Cette antique fontaine fut reconstruite en 1682 par messire René de Marillac. Ce seigneur bâtissait un hôtel rue Sainte-Avoie et le regard de

été supprimée en 1876 pour faire place au boulevard Saint-Germain; elle était à l'angle des rues de l'École-de-Médecine et Larrey, n° 105 de la carte.

Voici les distiques de Santeul qui furent gravés sur les façades de quelques-unes des nouvelles fontaines.

La fontaine de la rue Saint-Honoré, située entre quatre monastères près des capucins et de l'église Saint-Roch, portait l'inscription suivante qui fait allusion au voisinage de ces établissements religieux :

TOT LOCA SACRA INTER, PURA EST QUÆ LABITUR UNDA ;
HANC NON IMPURO, QUISQUIS ES, ORE BIBAS.

On lisait sur la fontaine des Petits-Pères :

QUÆ DAT AQUAS, SAXO LATET HOSPITA NYMPHA SUB IMO ;
SIC TU, CUM DEDERIS, DONA LATERE VELIS.

Sur la fontaine de la Charité, rue Taranne :

QUEM PIETAS APERIT MISERORUM IN COMMODA FONTEM,
INSTAR AQUÆ, LARGAS FUNDERE MONSTRAT OPES.

Sur la fontaine des Cordeliers :

URNAM NYMPHA GERENS DOMINAM PROPERABAT IN URBEM,
HIC STETIT, ET LARGAS LÆTA PROFUDIT AQUAS.

Et sur la fontaine de la place Maubert, reconstruite en 1674 en remplacement de celle des Carmes :

QUI TOT VENALES POPULO LOCUS EXHIBET ESCAS,
HIC PRÆBET FACILES, NE SITIS URAT, AQUAS.

la fontaine était adossé contre la façade ; « elle faisoit saillie dans la ditte rue de tout son corps qui rétrécissoit le passage en cet endroict, étoit fort incommode au publicq et désagréable à la vue. » Messire de Marillac offrit au bureau de la reconstruire à ses frais à l'alignement de son hôtel, en concédant à la ville, pour le service du château d'eau, l'escalier d'une petite maison dépendant de sa propriété. Le bureau accepta cette proposition le 29 octobre 1682 et accorda à messire de Marillac une concession de six lignes d'eau pour l'indemniser de ses dépenses. Le projet et le devis de la nouvelle fontaine furent dressés par Jean Beausire[1].

Ce qu'il y a de remarquable dans cette reconstruction de la fontaine, c'est la servitude consentie par messire de Marillac, qui laissait librement circuler les agents de la ville dans sa propriété, pour débarrasser la façade de son hôtel de la saillie qu'y formait le corps de la fontaine. Ces servitudes n'étaient pas rares à cette époque, j'en ai déjà cité plus d'un exemple : les réservoirs des fontaines de Saint-Leu, de Saint-Julien des Ménestriers, étaient dans des propriétés particulières ; le 13 août 1674, le bureau donnait acte au sieur Dorival que l'escalier et la chambre conduisant à l'étage supérieur de la fontaine Saint-Denis faisaient partie de sa maison et non de la fontaine. En construisant cet édifice qui n'avait pas moins de 30 pieds (9$^{m}$,75) de haut, *on n'avait pas trouvé d'autre moyen d'accéder à l'étage supérieur*[2].

*Château d'eau du cul-de-sac de la rue de Jouy*, 5 décembre 1684. — Le château d'eau de la fontaine du cimetière Saint-

[1] Registres de la ville, H. 1829, vol. LII, fol. 74. Le distique suivant dû à Santeul fut gravé sur cette fontaine :

CIVIS AQUAM PETAT HIS DE FONTIBUS ; ILLA BENIGNO
DE PATRUM PATRIÆ MUNERE, JUSSA VENIT.

ce qui veut dire, sans doute, que, par ordre du bureau, la fontaine avait été munie d'un réservoir et d'une soupape qui s'ouvrait à la volonté des usagers. La fontaine de Sainte-Avoie a été reconstruite en 1840, rue du Temple, à quelque distance de son ancien emplacement occupé par la rue de Rambuteau. N° 72 de la carte.

[2] Registres de la ville, H. 1824, vol. XLVII, fol. 742.

Jean[1] était le point de départ d'un grand nombre de conduites privées dont les réparations exigeaient, sur la voie publique, l'ouverture fréquente de tranchées fort incommodes pour les passants.

On résolut de remplacer une partie de ces tuyaux par une conduite unique s'étendant du regard Saint-Jean à un regard intermédiaire. Le bureau se transporta sur les lieux pour en déterminer l'emplacement, et il ne trouva rien de mieux que le cul-de-sac de la rue de Jouy. Mais cette impasse n'était pas large et on se trouvait dans un grand embarras pour ériger l'édifice. Messire Henry de Fourcy, comte de Chessy, prévôt des marchands, offrit alors de faire le château d'eau au-dessus de la porte cochère de son hôtel qui donnait sur le cul-de-sac. Le bureau accepta en ces termes cette proposition : « Ouy ledit procureur du Roy et de la Ville en ses conclusions, auons de son consentement reçu les offres aduantageuses à ladite ville et au publicq et en conséquence permis et permettons par ces présentes audit messire Henry de Fourcy, preuost des marchands, de faire construire led[t] regard à ses dépens dans led[t] bâtiment de son hostel

[1] Il est bon de remarquer que c'est pour la première fois qu'il est question, dans cet ouvrage, de la fontaine du regard du cimetière Saint-Jean.

Le cimetière Saint-Jean avait été établi, vers 1371, sur l'emplacement de l'hôtel de Pierre de Craon, qui assassina, en cette année, le connétable de Clisson. L'hôtel fut rasé et le terrain donné à l'église Saint-Jean en Grève, qui en fit un cimetière. En 1416, Charles VI y autorisa l'établissement de quatre étaux de bouchers ; 55 ans plus tard, Louis XI permit d'en établir trois autres. Sur la carte de Gomboust gravée en 1656, on lit le nom de *cimetière Saint-Jean ;* les sept étaux de bouchers y sont figurés, mais on n'y voit pas de fontaine. La fontaine de l'apport Baudoyer y est parfaitement indiquée, en face de l'église Saint-Gervais tout près du cimetière. On peut voir, au chapitre XXII, qu'il n'est point encore question de la fontaine Saint-Jean, dans le partage des eaux du 2 juin 1673. Le service du quartier se faisait par la fontaine de l'apport Baudoyer, qui en outre fournissait l'eau nécessaire à la fontaine Birague. Au contraire, à partir de 1684, le nom de la fontaine de l'*apport Baudoyer* disparait ; il ne figure plus sur la carte du traité de la police de Delamare, imprimée en 1738. La fontaine Saint-Jean y est indiquée dans l'intérieur du cimetière. Il semble donc que la vieille fontaine de l'apport Baudoyer, très-gênante sur une voie publique en raison de son énorme château d'eau, ait été déplacée de 1673 à 1684 et reportée dans la vaste place du cimetière Saint-Jean ; on n'en a conservé aucune tradition dans le service des eaux. Le regard et la fontaine Saint-Jean n'ont été supprimés qu'après le rachat des concessions vers 1844 ; ils portent sur la carte le n° 75. On peut considérer leur construction comme un simple déplacement de fontaine et appliquer le même numéro à la fontaine de l'apport Baudoyer, qu'ils ont évidemment remplacée.

estant au-dessus de la porte cochère qui a issue sur ledit cul-de-sac de lad[e] rue de Jouy[1]. » Les plombs des conduites particulières supprimées furent employés à construire la conduite unique qui reliait les deux châteaux d'eau.

Le procès-verbal de réception des travaux du château d'eau fut approuvé par le bureau le 2 décembre 1692[2].

Ces servitudes et communautés de passages n'étaient pas toujours sans inconvénients. Le 20 janvier 1683, messire Jean Hélissant, premier échevin, en visitant les fontaines du Palais-Royal sises à l'extrémité des rues Traversine et Saint-Ovide, voulut constater l'état d'un regard de cette fontaine qui était enclavé dans le jardin des Capucins. Il fut fort surpris de trouver la porte ouverte et la serrure levée et emportée. Séance tenante, il fit une sorte d'enquête pour reconnaître l'auteur du délit; mais les bons pères répondirent tous qu'ils n'en avaient aucune connaissance, et il dut se borner à constater le fait par un procès-verbal. Nous avons encore beaucoup de regards des anciens aqueducs qui sont construits dans des propriétés particulières; au moyen d'une petite concession d'eau on obtenait facilement le droit de traverser sans indemnité des parcs et des propriétés précieuses. Mais, en somme, on payait fort cher cette petite économie par les abus de toute sorte qui se développaient autour de ces points de communauté. Nos aqueducs modernes sont tous sur un terrain appartenant à la ville.

*Fontaine de la porte Saint-Michel*[3]. — Cette fontaine, construite vers 1624 au haut de la rue de la Harpe, fut réédifiée, après la

[1] Registres de la ville, H. 1830, vol. LIII, fol. 223. C'est la première fois que nous voyons signaler dans ces registres l'incommodité qui résultait de la pose d'un si grand nombre de conduites sous le sol des rues.

[2] Registres de la ville, H. 1834, vol. LVII, fol. 84. Ce château d'eau est supprimé. N° 76 de la carte.

[3] Registres de la ville, H. 1829, vol. LI, fol. 179. On grava l'inscription suivante sur cette fontaine :

HOC IN MONTE SUOS RESERAT SAPIENTIA FONTES :
NE TAMEN PURI RESPUE FONTIS AQUAM.

démolition de la porte Saint-Michel, en vertu d'une adjudication passée en 1680 en faveur du sieur Odile Tarade, architecte et entrepreneur des bâtiments du roi. Les travaux comprenaient l'aqueduc ou plutôt la conduite d'adduction de l'eau, la fontaine, et, suivant l'usage alors admis, un petit édifice contenant le château d'eau dans son étage supérieur; c'était une reconstruction complète ; ces ouvrages furent reçus le 20 janvier 1683 par Jean Deschalleaux, « commis à l'exercice de la charge de maistre des œuures[1] ». Le caveau était en communication avec les fondations de l'ancienne porte Saint-Michel. Lorsque la fontaine a été définitivement démolie pour faire place au boulevard Saint-Michel, nous avons, à partir du grand égout du boulevard, M. l'ingénieur Buffet et moi, fait construire une galerie souterraine qui conduit à ces curieuses ruines.

*Fontaine Saint-Séverin.* — Restaurée ou, pour mieux dire, reconstruite sur l'ancien plan à partir des fondations. Les travaux furent adjugés au sieur Michel Deschamps le 12 octobre 1685, moyennant la somme de 1 490 livres ; le devis porte la signature de Beausire[2].

*Fontaine Saint-Victor.* 12 avril 1687. — Cette fontaine consistait en un simple robinet établi dans le mur de l'abbaye, en face du jardin du roi; on y substitua un édifice construit suivant la mode du temps, dans le même emplacement. Les travaux furent adjugés, le 17 septembre 1686, moyennant 1 780 livres au même Michel Deschamps, et furent reçus le 12 avril suivant

[1] Registres de la ville, H. 1828, vol. LI, fol. 57. N° 109 de la carte.

[2] Registres de la ville, H. 1830, vol. LIII, fol. 601. Ce distique de Santeul se lisait sur la façade :

DUM SCANDUNT JUGA MONTIS ANHELO PECTORE NYMPHÆ,
HIC UNA È SOCIIS, VALLIS AMORE, SEDET.

La fontaine Saint-Séverin, n° 127 de la carte, est aujourd'hui détruite et remplacée par une borne-fontaine à repoussoir.

avec augmentation de 661 livres 10 sols pour travaux supplémentaires[1].

*La fontaine du Palais*, érigée du temps de Henri IV sur l'emplacement de la maison du père de Jean Chatel, à côté de l'église des Barnabites, ne recevait plus d'eau depuis plus de dix ans; elle tombait en ruine et de plus était un véritable obstacle à la circulation. Il n'y avait aucune utilité à la remettre en service, les habitants du voisinage puisant l'eau qui leur était nécessaire dans la fontaine de la cour du Palais; le bureau décida donc, le 12 mars 1686, qu'il convenait de démolir cette fontaine et d'employer les matériaux et les tuyaux « dans le fauxbourg Sainct-Victor, audit carrefour de la Pitié, au pied du mur de la Tour de la Closture de l'abbaye de Sainct-Victor ou autre endroict qui sera jugé plus à propos....[2] »

*Reconstruction de la fontaine de Richelieu*, 25 mai 1686. — Sur la réquisition du procureur du Roi et de la Ville, le bureau décida qu'on mettrait en adjudication les travaux de restauration de la *fontaine de l'Échaudé*, sise rue de Richelieu. Le devis fut dressé par Jean Beausire, sans métré, ni série de prix, ni détail estimatif. Cette adjudication à forfait fut tranchée, le 21 juin de la même année, au profit de Michel Deschamps. Cette fontaine occupait l'emplacement de la fontaine Molière. Le bâtiment du château d'eau existe encore; il sert de logement et de bureau à un employé du service des eaux[3].

[1] Registres de la ville, H. 1831, vol. LIV, fol. 56 et 314. On grava sur la nouvelle fontaine le distique suivant dû à Santeul.

QUÆ SACROS DOCTRINÆ APERIT DOMUS INTIMA FONTES;
CIVIBUS EXTERIOR DIVIDIT URBIS AQUAS.

La fontaine Saint-Victor, n° 122 de la carte, est remplacée par la fontaine Cuvier.

[2] Registres de la ville, H. 1830, vol. LIII, fol. 764.

[3] *Ibid.*, fol. 876. Ne confondez pas cette fontaine de l'Échaudé de la rue Richelieu et celle de l'Échaudé au Marais. La nouvelle fontaine portait l'inscription suivante :

QUI QUONDAM MAGNUM TENUIT MODERAMEN AQUARUM
RICHELIUS, FONTI PLAUDERET IPSE NOVO

La fontaine Molière, qui remplace celle de Richelieu, porte le n° 47 de la carte.

*Construction de la fontaine Boucherat*, 25 mai 1698.— Le bureau, par contrat du 7 août 1695, avait concédé deux pouces d'eau de Belleville à Jean Beausire, « à la charge par lui et sa femme dénommée aud[t] contrat, de faire bastir à leurs fraiz et dépens un corps de regard et conduite de fontaine qui seroit appelé *Boucherat*, au carrefour et rencontre des rues Boucherat et Bosc, suivant l'arrest du conseil d'État du 23 novembre 1694, avec les regards, bastiments et conduictes de plomb.... » L'un des deux pouces d'eau devait servir à l'usage du public du nouveau quartier du Marais, en coulant nuit et jour ; l'autre, aux époux Beausire et « à leurs hoirs et ayants cause ». Avec l'autorisation du bureau, ils pouvaient vendre tout ou partie de ce pouce d'eau, à la condition « que les deniers qui en proviendroient seroient employés à la construction des bastiments, regard et conduite de lad[te] fontaine ».

Usant de cette faculté, les époux Beausire vendirent à messire Hierosme de Laguerre, conseiller du roi, receveur général et payeur des rentes du clergé de France, pour le prix de 4000 livres, quarante lignes d'eau à prendre par bassinet au regard de la fontaine de l'Échaudé. Le contrat, en date du 23 avril 1698, fut ratifié par le bureau le 25 mai suivant, à la condition que les 4000 livres provenant de cette vente seraient versées entre les mains de l'entrepreneur de la fontaine Boucherat, ainsi que le demandait Jean Beausire dans sa requête[1].

La fontaine Boucherat existe encore aujourd'hui au carrefour des rues de Turenne et Charlot, dans l'état où elle a été construite par Jean Beausire.

[1] Registres de la ville, H. 1836, vol. LIX, fol. 570. N° 68 de la carte. Après la paix de Riswick on grava sur cette fontaine l'inscription suivante :

FAUSTA PARISIACAM, LODOICO REGE, PER URBEM
PAX UT FUNDET OPES, FONS ITA FUNDIT AQUAS.

Dans les documents du service des eaux, il est dit, à tort suivant moi, que la fontaine Boucherat a été construite en 1733.

Vers la même époque on reconstruisit quelques ouvrages peu importants.

*La fontaine publique*, sise vis-à-vis le prieuré de Saint-Lazare, au faubourg Saint-Denis, « estoit de nulle valeur par son ancienneté et caducité ». Il fut décidé qu'elle serait remplacée par un regard dont les travaux furent adjugés le 4 septembre 1699 au sieur Claude Jarry, maître-maçon, au prix de 500 livres et à la charge que ces travaux seraient terminés dans un délai de trois mois[1]. Cet ouvrage est aujourd'hui démoli.

*Le regard de fontaine* qui existait dans l'enclos des Récollets fut reconstruit « à l'un des angles de leurs anciennes buanderies ». Les travaux furent adjugés au sieur Croquoison le 15 mars 1700. L'enclos des Récollets était situé rue du Faubourg-Saint-Martin, vis-à-vis de l'emplacement actuel de la gare du chemin de fer de l'Est[2].

A la suite des travaux de restauration des pompes du pont Notre Dame par Rennequin, plusieurs fontaines publiques anciennes furent reconstruites, et on en érigea quelques nouvelles.

*Reconstruction d'un regard en remplacement de la fontaine de la rue de Paradis. Récolement des travaux le 12 février 1706.* — L'élargissement de cette rue ayant exigé la démolition d'une partie de l'hôtel de Guise et de la fontaine qui y était adossée, au tournant de la rue du Chaume, on décida que cette fontaine serait démolie et qu'un regard serait érigé contre une maison voisine. Messire François de Rohan, prince de Soubise, propriétaire de l'hôtel de Guise, offrit « au public le terrain nécessaire pour former un pan coupé au tournant de la rue du Chaulme et l'espace nécessaire au dedans de l'enceinte d'iceluy hôtel pour y pla-

[1] Registres de la ville, H. 1838, vol. LXI, fol. 33 et suiv. N° 21 de la carte.
[2] Registres de la ville, H, 1838, vol. LXI, fol. 163. N° 20 de la carte.

cer le regard qui seroit construit à ses dépens suiuant les dessins qui en seroient donnés par le maître des œuvres de la ville.... » Les travaux furent exécutés aux frais du prince; le récolement en fut fait par le maître des œuvres en présence du prévôt des marchands, des échevins, « du procureur du Roy et de la Ville et du greffier d'icelle ». L'avis du maître des œuvres était que le tout avait été bien et dûment exécuté, et il se chargea de la clef dud[t] regard « comme garde et ayant charge des fontaines publiques de lad[te] Ville ». Le procès-verbal portait la date du 10 février 1706 et, le 12 du même mois, le bureau « donna acte aud[t] seigneur, prince de Soubise », de la réception des travaux[1].

On grava sur ce regard l'inscription suivante encore lisible aujourd'hui, sur une plaque de marbre noir et en lettres autrefois dorées.

UT DARET HUNC POPULO FONTEM CERTABAT UTERQUE
SUBISIUS POSUIT MŒNIA, PRÆTOR AQUAS.

PRÆFECTO CAROLO BOUCHER D'ORSAY,
ÆDILIBUS MARTINO JOSEPHO BELLIER, ANTONIO BAUDIN ET HENRICO BOUTET
PROCURATORE ET ADUOCATO REGIS ET URBIS NICOLA GUILLELMO MORIAU,
SCRIB. JOANN. BAPTIST. TAITBOUT,
QUÆSTORE NICOLA BOUCOT.

ANNO MDCCVI

L'hôtel de Guise est occupé aujourd'hui par les archives nationales. Le pan coupé, avec porte du regard, fronton, table de marbre, existe encore aujourd'hui et en très-bon état, au carrefour des rues des Francs-Bourgeois et du Chaume[2].

[1] Extrait des registres du conseil d'État du 21 avril 1705. Dans l'exposé des motifs il est dit que cette fontaine, par sa position au tournant de la rue du Chaume, était une cause d'embarras et en outre qu'elle donnait « occasion aux gens malpropres d'y venir faire et apporter des ordures »; de sorte que les porteurs d'eau, les habitants et artisans du quartier préféraient aller prendre de l'eau aux fontaines du cimetière Saint-Jean, ou du regard des Blancs-Manteaux. La rue de Paradis fait aujourd'hui partie de la rue des Francs-Bourgeois entre les rues Vieille-du-Temple et du Chaume.

[2] Registres de la ville, H. 1841, vol. LXIV, fol. 342 et suiv. N° 73 de la carte.

*Construction d'une fontaine en la place élargie de la rue des Blancs-Manteaux*, 1706-1719. — Les habitants du quartier ayant abandonné, comme il est dit ci-dessus, la fontaine de la rue de Paradis qui, d'ailleurs, était remplacée par un simple regard, un arrêt du conseil d'État du 3 août 1706 ordonna que la rue des Blancs-Manteaux serait élargie et que la fontaine de cette rue serait reconstruite[1]. Mais le regard ou château d'eau donnait de l'eau à huit concessionnaires : les Blancs-Manteaux, les religieuses hospitalières, MM. Le Pelletier à l'hôtel d'Effiat, Dubouchet au lieu de M. de la Briffe, le président Langlois, Le Clerc, Duplessis au lieu de M. de Reims, de Beausergent. Le gros tuyau ayant été coupé au pied de ce regard en raison de son état de péril, les concessionnaires adressèrent au bureau la requête suivante : « Jusqu'à ce que la ville soit en état de leur donner l'eau par bassinet à la cassette de ce regard après sa reconstruction, il pourroit leur estre permis de prendre l'eau directement sur le gros tuyau en la jaugeant par un robinet enfermé dans une petite cassette que chacun en particulier feroit faire chez soi, dont la clef seroit entre les mains du garde des fontaines de la ville et un autre robinet sur la branche près le gros thuyau pour pouuoir arrester l'eau de chacun en particulier lorsqu'il arriuera quelques fautes et n'estre pas obligé d'arrester le tout pour un seul. »

Le bureau rendit une ordonnance, en date du 21 janvier 1715, qui autorisait les branchements directs sur le gros tuyau, « à la charge de la suppression de tous les embranchements après la reconstruction dud[t] regard pour y estre rejaugés suivant leurs concessions[2] ».

La fontaine ne fut en réalité construite qu'en 1719, à la suite d'une convention, en date du 6 juillet de cette année, faite entre le bureau de la ville et les révérends pères des Blancs-Manteaux,

[1] Registres de la ville, H. 1841, vol. LXIV, fol. 445.

[2] *Ibid.*, H. 1846, vol. LXIX, fol. 172. C'était notre robinet de jauge bien meilleur que les bassinets des châteaux d'eau.

dont le monastère touchait à la partie de la rue à élargir. Ils devaient céder une partie de leur immeuble pour cet élargissement. Les prévôt des marchands et échevins, considérant que « le Roy, par arrest du 3 août 1710, rendu en son conseil, avoit ordonné qu'au lieu du regard d'eau il seroit construit une fontaine publique, pour remplacer celle de la rue de Paradis qui avoit esté supprimée », abandonna aux révérends pères les matériaux de l'ancien mur de clôture et versa entre leurs mains, en louis d'or et espèces ayant cours, une somme de 13 000 livres, à la charge par eux de refaire leur mur au nouvel alignement, de réparer l'ancien regard et de construire la fontaine d'après les plans et élévations joints au traité, sur les terrains abandonnés par la ville à leur monastère[1].

Cette fontaine n'est plus en service, mais le bâtiment, et notamment sa façade, existent encore.

*Reconstruction de la fontaine de Birague*, 1707. — Cette fontaine, une des plus importantes de Paris, avait été reconstruite une première fois en 1627[2]. Vers le commencement du dix-huitième siècle, elle était dans un état de vétusté qui rendait sa reconstruction absolument nécessaire.

Avant de mettre la main à l'œuvre, on prit les mêmes mesures qu'à la fontaine des Blancs-Manteaux : on autorisa les concessionnaires qui puisaient dans ce château d'eau à se brancher directement sur la conduite publique. Voici les passages les plus importants de la délibération du bureau; le nom de fontaine de Birague était tombé en désuétude, elle est désignée dans la délibération sous le nom de fontaine *Sainte-Catherine devant les Jésuites*.

De par les Preuost..... Sur ce ouy et consentant le Procureur du Roy et de la ville, Me Jean Beausire..... tiendra la main a ce que les particuliers qui

[1] Registres de la ville, H. 1818, vol. LXXI, fol. 72. N° 74 de la carte.
[2] Voy. page 519.

ont droit d'auoir de l'eau par bassinet au regard de la fontaine publicque de Sainte-Catherine rue Saint-Antoine deuant les Jesuittes que nous auons ordonné estre reconstruit de neuf a cause de sa vieillesse et caducité, lesquelz particuliers s'etans presentez au bureau et Nous ayans demandez la permission de brancher a leurs dépens sur le gros thuyau public qui conduisoit l'eau cy-deuant aud[t] regard, pour qu'en attendant la reconstruction ils puissent auoir de l'eau pour l'usage et commodité de leurs maisons, ce que nous leur aurions accordé verbalement sans tirer a conséquence, a la charge que dès aussitost que nous ordonnerons le renouuellement de cette conduitte ils seront tenus chacun en droit de retirer leurs embranchemens et de faire pour raison le tout à leurs dépens...... Fait au bureau de lad[te] ville cejourd'huy deuxiesme may mil sept cent sept. Signé : Boucher d'Orsay, Melin, Boulet, Scourjon et Denis[1].

La fontaine fut reconstruite en forme de tour pentagonale telle qu'elle existait encore il y a quelques années, dans la rue Saint-Antoine, vis-à-vis la rue de Sévigné (naguère rue Culture-Sainte-Catherine), et le lycée Charlemagne (autrefois les Jésuites), à l'extrémité d'une petite place plantée d'arbres qui porte encore le nom de place de Birague. La réception des travaux eut lieu le 16 mai 1707, comme le prouvait une inscription gravée sur une plaque de cuivre.

Girard pense que c'est alors que la fontaine reçut le nom de Sainte-Catherine ; c'est une erreur, je trouve le nom de *Sainte-Catherine* ou de *fontaine devant les Jésuites* dans les brevets de tous les concessionnaires qui avaient leurs bassinets dans ce château d'eau. Ainsi, d'après une ordonnance du prévôt des marchands du 14 janvier 1636, le maître des œuvres augmenta le trou de la concession du président Aubry, « le tout au lieu et endroict de son bassinet dans la fontaine publicque dite de *Sainte-Catherine, rue Saint-Antoine*[2] ».

J'en trouve une autre preuve dans la délibération suivante rendue sur la requête des religieux de Sainte-Catherine, présentée

[1] Registres de la ville, H. 1842, vol. LXV, fol. 115.
[2] Registres de la ville, H. 1804, vol. XXVII, fol. 591.

au bureau à l'effet d'obtenir le rétablissement des lettres S et C (*Sainte-Catherine*), gravées sur l'ancienne fontaine.

Veu la requeste portée par les Relligieux prieur et Couuent de Sainte-Catherine du Val des Escoliers de cette ville contenant que..... dans l'estendue de leur Censiue les suplians ont antiennement donné à la ville la place ou estoit construite la fontaine de Biragne, dite de Sainte-Catherine sur laquelle estoient insculpez vne S et vn C aux quatre coins de lad[te] fontaine.... que depuis le bureau ayans trouué à propos d'augmenter lad[te] fontaine et de la faire construire à neuf, les suplians demandoient... que les mesmes marques de leur Censiue fussent mises sur lad[te] fontaine nouuellement construite et sur deux des bornes qui l'enuironnent comme auant la reconstruction.......... auons ordonné que sur les deux bornes faisans faces et les plus proches de la maison des suppliants il soit graué les deux lettres S et C pour marquer les droits des suplians. — Fait au bureau de la ville le 23 aoust 1708[1].

C'est, suivant Girard, vers la fin du dix-huitième siècle que la fontaine reprit le nom du chancelier de Birague, son fondateur.

Ce petit édifice était fort élégant; il a malheureusement été détruit lorsqu'on a prolongé en 1856 la rue de Rivoli jusqu'à la rue Saint-Antoine. J'ai reproduit sur la planche ci-contre, d'après Girard, l'élévation, la coupe et le plan de cette fontaine et de son château d'eau. Sur chaque face on lisait, suivant Piganiol de la Force, les distiques suivants :

Première face.

PRÆTOR ET ÆDILES FONTEM HUNC POSUERE, BEATI
SCEPTRUM SI LODOIX, DUM FLUET UNDA, REGAT.

Deuxième face.

ANTE HABUIT RAROS, HABET URBS NUNC MILLE CANALES
DITIOR ; HOS SUMPTUS OPPIDA LONGA BIBANT.

[1] Registres de la ville, H. 1843, vol. LXVI, fol. 20.

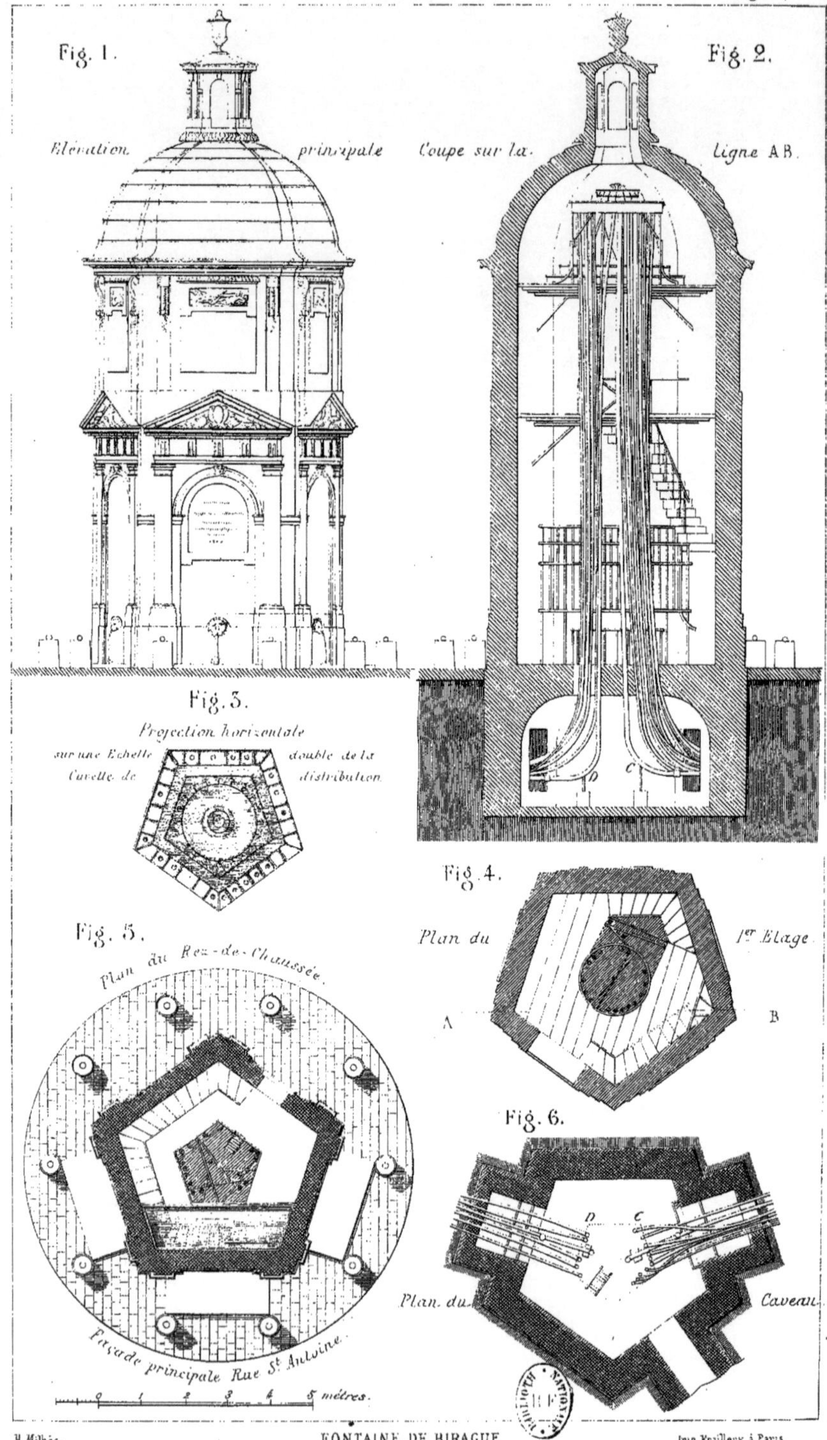




H Milhès. FONTAINE DE BIRAGUE OU DE Ste CATHERINE. Imp. Fraillery à Paris.

Troisième face.

EBIBE QUEM FUNDIT PURUM CATHARINA LIQUOREM,
FONTEM AT VIRGINEUM, NON NISI PURUS, ADI.

Quatrième face.

NAIAS EXESIS MALE TUTA RECESSERAT ANTRIS.
SED NOTAM SEQUITUR, VIX REPARATA, VIAM.

Cinquième face

CIVIBUS HINC UT VOLVAT OPES, NOVA MUNERA, LARGAS,
NYMPHA, SUPERNE FONS DESINIT IN FLUVIUM.

« Ces inscriptions sont, dit-on, d'un religieux qui faisoit des vers très-facilement et qui avoit beaucoup d'esprit, mais qui, d'ailleurs, étoit sans élévation et sans goût[1]. »

Le château d'eau qu'on voit sur la coupe et sur les plans a pris un grand développement après la construction des pompes du pont Notre-Dame. En 1837, époque du rachat des concessions, il était considéré comme un des plus importants de Paris.

La disposition des bassinets était très-différente de celle de la fontaine de l'Arbre-Sec. La figure 3 représente la projection horizontale de la cuvette et fait voir qu'ils étaient rangés en forme de pentagone au milieu de la voûte de l'étage supérieur. Les tuyaux de plomb de chaque concessionnaire, se détachant des bassinets, pendaient jusque dans les caves de l'édifice où ils se divisaient en deux faisceaux C et D se dirigeant de chaque côté vers la rue Saint-Antoine. D'après le plan, il y avait, du temps de Girard, 31 bassinets, dont 17 étaient concédés et 14 étaient vacants. La figure 2 montre aussi l'arrivage de l'eau et les deux bassins dans lesquels elle tombait successivement pour amortir les fluctuations et le batillage. Cette disposition est la même, à la forme près des bassinets, que celle du château d'eau de la fontaine de l'Arbre-Sec, décrite pages 530 et suivantes[2].

[1] C'est le poëte Santeul que Piganiol de la Force traite si durement.
[2] La fontaine de Birague porte le n° 81 de la carte.

*Regard Lesdiguières.* — A ce château d'eau on en ajouta un autre plus petit, consistant en un bassin de plomb et une cassette (cuvette) et bassinets de distribution placés contre le mur du petit hôtel de Retz, sis à l'angle de la rue Saint-Antoine et de la rue qui porte le nom de *Lesdiguières*, près de la Bastille. Ce château d'eau fut construit par Paule Françoise Marguerite de Gondy de Retz, duchesse douairière de Lesdiguières, moyennant confirmation d'une concession de vingt-deux lignes d'eau qu'elle tira du nouveau château d'eau.

Cette cuvette de distribution complémentaire avait pour effet de diminuer le nombre des conduites particulières qui sillonnaient la rue Saint-Antoine[1].

Nous avons vu déjà un premier exemple de cette simplification de la distribution dans le château d'eau du cul-de-sac de Jouy, construit par le prévôt des marchands, messire de Fourcy, pour soulager le château d'eau du cimetière Saint-Jean.

*Fontaine de Louis-le-Grand.* — *Fontaine d'Antin* (décret du 2 mai 1806). — *Fontaine Gaillon.* — Cette fontaine fut construite aux frais du Roi. M. de Chamillart, contrôleur général des finances, posa la première pierre le 20 mai 1707[2]. On grava sur la façade le distique suivant de Santeul :

REX LOQUITUR, CADIT E SAXO FONS, OMEN AMEMUS :
INSTAR AQUÆ, O CIVES, OMNIA SPONTE FLUENT.

Il y avait en outre une autre inscription composée par le bureau et gravée sur une plaque de cuivre ; on la retrouvera plus loin. Cette fontaine a été reconstruite en 1827. Elle est encore en activité, le château d'eau est détruit[3].

*Construction du regard du grand Châtelet*, 4 février 1708.

[1] Regard Lesdiguières, n° 85 de la carte.
[2] Registres de la ville, vol. LXV, fol. 22. Fontaine Gaillon, n° 44 de la carte.
[3] Voyez p. 86 de l'introduction.

— Le château d'eau ou regard construit au sommet d'une petite tour à l'angle de la rue de la Boucherie et de l'apport de Paris (place du Châtelet), étant bas et trop petit, ne donnait ni assez d'eau ni assez de charge « tant pour l'usage du ch^let^ (châtelet) et des prisonniers qui y étoient détenus qu'aux autres endroits qui deuoient estre fournis par ce réseruoir ». D'ailleurs la tour n'appartenait pas à la ville et les officiers du Châtelet payaient, par an, 35 livres de loyer aux propriétaires, ce qui ne paraissait pas convenable.

En conséquence, le roi, en son conseil, ordonna la démolition de ce château d'eau et accorda aux prévôt des marchands et échevins l'autorisation de le remplacer par un regard construit contre les murs du grand Châtelet[1].

*Regard de la fontaine Colbert*, 12 juillet 1708. — « Pour l'utilité du quartier des rues des Petits-Champs, de Richelieu, Vivien et autres adjacentes », le bureau jugea convenable de construire dans la rue Colbert un regard et une fontaine publique avec cuvette et bassinets, autrement dit, avec un château d'eau. Le sieur Scourjon, échevin, fut dépêché sur les lieux avec le procureur du roi et de la ville à l'effet de choisir un emplacement. Il ne trouva rien de mieux qu'un terrain où le seigneur Desmaretz était occupé à construire un réservoir pour l'usage et commodité de sa maison. Ce seigneur consentit gracieusement à ce que le bureau fît élever, sur son terrain aux frais de la ville, un château d'eau et en outre, pour son usage personnel, un réservoir où tomberaient les eaux de sa concession et en même temps le trop-plein du château d'eau. Ce château d'eau et le réservoir restaient à perpétuité la propriété du sieur Desmaretz, « de ses hoirs et ayans-cause », sans qu'ils fussent chargés des frais d'entretien, mais aussi sans pouvoir troubler la ville dans sa jouissance[2].

[1] Registres de la ville, H. 1832, vol. LXV, fol. 287. Ce regard, détruit en même temps que la forteresse du Châtelet, a été remplacé par la fontaine du Palmier.

[2] Registres de la ville, H. 1842, vol. LXV, fol. 369. N° 48 de la carte.

Cette fontaine existe encore : le bâtiment du château d'eau est occupé par un agent du service des eaux.

*Regard de l'Annonciade*, 29 novembre 1710. — Sur la requête présentée par messire Michel Le Pelletier et la prieure supérieure et religieuse du couvent de l'Annonciade Céleste, un nouveau château d'eau fut construit dans la rue Culture-Sainte-Catherine, sur un terrain livré par les religieuses, pour desservir le public, leur couvent et l'hôtel Le Pelletier[1]. Ce regard est détruit.

*Fontaine du haut de la rue Montmartre, dite Desmaretz*, 10 juillet 1713. — L'utilité d'une fontaine et d'un château d'eau au haut de la rue Montmartre était généralement reconnue. Sur le rapport du sieur Desmaretz, le roi étant en son conseil ordonna que cette fontaine et son château d'eau fussent construits « sur une place deuant un fossé joignante le bastion de l'ancienne porte Montmartre[1] » au carrefour des rues Saint-Marc et Feydeau. On donna d'abord à cette fontaine le nom de *Desmaretz*[2]. Plus tard on y substitua celui de *Montmorency*. Par contrat passé le 28 juillet 1713, le duc et la duchesse de Montmorency s'étaient engagés à construire cette fontaine. Néanmoins, il paraît, d'après une délibération du 2 mai 1715, qu'elle « a esté faite des deniers de la ville». La pose de la première pierre eut lieu le 2 mai 1715, comme nous l'apprend une inscription gravée sur une table de cuivre par l'ordre du bureau et dont la teneur a été conservée dans les registres de la ville. Cette cérémonie fut faite « au bruit des tambours, trompettes et autres acclamations des peuples du quartier qui désiroient depuis longtemps l'eau de cette fontaine[3]. » L'eau cessa d'y couler le 30 décembre 1857 et elle fut supprimée par arrêté du 15 septembre 1859.

[1] Registres de la ville, H. 1842, vol. LXVII, fol. 108 et suiv. La concession des religieuses fut portée de 4 à 6 lignes pour l'abandon de leur terrain. N° 78 de la carte.

[2] Registres de la ville, H. 1845, vol. LXVIII, fol. 234.

[3] Voy. page 608. N° 49 de la carte.

*Fontaine Garancière*, 11 septembre 1715. — Cette fontaine fut construite en vertu d'un traité passé entre « très-haute, très-puissante et exclante princesse madame Anne Palatine de Bauière veuue de très-haut, très-puissant et exelent prince monseigneur Henry Jules de Bourbon prince de Condé, et m^e^ Hiérosme Bignon, conseiller d'État ordinaire, prévôt des marchands». La princesse était propriétaire du petit Luxembourg, où elle recevait un demi-pouce d'eau d'Arcueil tirée du château d'eau de la fontaine Saint-Michel. Elle proposa au bureau d'y ajouter un pouce d'eau dont elle ferait jouir ses voisins de la manière suivante :

Elle s'engagea à dégraveler la conduite de son hôtel de telle sorte que l'eau de sa concession ainsi augmentée arrivât sans difficulté dans son réservoir, dont le trop-plein se déversait dans un bassin beaucoup plus grand, construit de l'autre côté de la rue de Vaugirard, dans la basse-cour du Palais. De là, l'eau devait se rendre dans un troisième bassin situé également dans cette basse-cour, mais dans le voisinage de la rue Garancière, où la fontaine devait être établie. La princesse se chargeait de toute la dépense. Le bureau accueillit favorablement cette proposition en se réservant, en cas d'inexécution du traité, de retirer le pouce d'eau concédé à la princesse[1].

Cette communauté de réservoir, de conduites et même d'eau est certainement très-extraordinaire et ne serait plus possible aujourd'hui à Paris; on en trouve encore quelques exemples en province. J'ai fait construire dans mon village une petite fontaine dans des conditions analogues.

La fontaine Garancière existe encore aujourd'hui ; elle est devenue la propriété de la ville de Paris, qui l'alimente en eau du canal de l'Ourcq. On y lit l'inscription suivante :

[1] Registres de la ville, H. 1846, vol. LXIX, fol. 546.

AQUAM
A PRÆFECTO ET ÆDILIBUS ACCEPTAM
HIC
SUIS IMPENSIS CIVIBUS FLUERE VOLUIT
SERENISSIMA PRINCEPS ANNA PALATINA EX BAUARIIS
RELICTA SERENISSIMI PRINCIPIS
HENRICI JULII BORBONII, PRINCIPIS CONDŒI
ANNO DOMINI MDCCXV

Le 9 mai 1808, le général Estourmel signalait la privation où se trouvait le quartier Saint-Sulpice, depuis que la fontaine Garancière n'était plus alimentée (la privation durait depuis trois ans); il demandait le rétablissement de l'inscription qui ornait cette fontaine et rappelait les bienfaits de la princesse Palatine de Bavière, sa fondatrice, dont les « vandales révolutionnaires ont fait gratter le nom et les titres, ainsi que du prince, son mari, comme si ce monument, dont une pierre principale est détachée depuis quinze jours, n'était pas l'œuvre de la princesse. »

L'interruption que subissait l'écoulement de cette fontaine provenait de ce qu'elle n'était point considérée comme une propriété de la ville de Paris, mais bien comme une dépendance du palais du Sénat établie pour recevoir seulement le trop-plein des eaux du petit Luxembourg.

Le préfet de la Seine rejetait donc sa part de responsabilité dans la question en arguant de ce fait; d'un autre côté, les devis dressés en 1808 par l'ingénieur hydraulique évaluaient à 3150 francs les dépenses qu'il faudrait faire pour en rendre le service permanent, et ce chiffre élevé ne paraissait pas justifié par les avantages que le public pourrait retirer de cette fontaine.

Les choses en étaient arrivées au point que sa démolition paraissait imminente, quand, cédant aux sollicitations du général Estourmel et des habitants du quartier, se fondant d'ailleurs sur les intentions de l'empereur qui, loin de vouloir diminuer le nombre des fontaines publiques, donnait tous ses soins à l'augmenter, le ministre de l'intérieur décida en principe, le 20 septembre 1808,

« que la fontaine de la rue Garancière serait disposée pour être alimentée continuellement comme les autres fontaines publiques », et, le 2 novembre 1809, le préfet de la Seine fut invité à pourvoir à la dépense des 3150 francs qu'exigeraient les réparations sur le fonds du budget de 1808.

Les travaux furent exécutés à la fin de 1809 par l'ingénieur hydraulique en chef Bralle, et d'après ses devis [1].

*Fontaine de Grenelle.* 1715-1746. — Un arrêt du Conseil du 2 mars 1715 ordonna qu'une fontaine publique et un regard seraient construits au carrefour des rues du Bac et de l'Université, conformément au plan présenté par le bureau et « que le propriétaire de la place sur partie de laquelle led^t regard seroit construit remetroit incessament ses titres, mémoires et pièces entre les mains desd^s Prévost des Marchands et Eschevins que Sa Majesté a pour ce commis et députés pour estre, le dédommagement dud^t propriétaire, réglé en la manière accoustumée [2]. »

Cet arrêt souleva une très-vive opposition dans le quartier et un autre arrêt du 10 octobre 1724 décida que la fontaine serait construite dans la rue Saint-Dominique ou dans une rue voisine [3].

Son emplacement fut définitivement fixé rue de Grenelle, du côté des numéros impairs, à une petite distance de la rue du Bac. Un traité en date des 6 mars et 21 décembre 1739 chargea Edme Bouchardon de la décoration du monument. La fontaine est fort peu remarquable, mais sa décoration est justement considérée comme un chef-d'œuvre de sculpture.

Malheureusement la rue de Grenelle est trop étroite pour que l'œil embrasse l'ensemble du monument; je ne puis m'empêcher de regretter que, parmi tant de millions dépensés pour l'embellissement de la ville, on n'en ait pu trouver trois ou

[1] Archives nationales, F 13, 1002, liasses.
[2] Registres de la ville, H. 1846, vol. LXIX, fol. 200.
[3] *Ibid.*, H. 1851, vol. LXXIV, fol. 41.

quatre pour créer une place convenable en face de l'œuvre de Bouchardon. Un petit square aurait été mieux placé là que ceux qu'on a construits dans tant d'autres localités moins peuplées.

Ces belles sculptures ont été et sont encore l'objet de l'admiration générale; en 1746, après l'achèvement des travaux, le bureau rendit l'ordonnance suivante, dont la teneur, malgré sa naïveté bourgeoise et peut-être à cause de cette naïveté, dut toucher plus vivement le grand artiste que la modeste pension viagère de 1 500 livres qui lui fut accordée[1].

Ce jour nous Prevost des marchands et Echevins de la ville de Paris assemblés au Bureau de ladite ville avec le Procureur du Roy et de la ville pour les affaires d'icelle, ayant considéré que les ouvrages de sculpture en marbre et en pierre qui avoient été ordonnés par nos predecesseurs suivant les marchés faits au bureau par actes des six mars et vingt-trois décembre mil sept cent trente-neuf avec le S^r Edme Bouchardon, sculpteur ordinaire du Roy, pour la décoration de la fontaine construite dans la rue de Grenelle, quartier Saint-Germain des Prés étoient si parfaitement achevés et d'une si grande beauté, que ce monument élevé à la gloire de Sa Majesté feroit connoître dans les tems les plus reculés le goût de ce siècle et à quel point de perfection l'art de la sculpture a été porté par ledit S^r Bouchardon, qu'un ouvrage aussi digne de l'admiration générale méritoit également de cette ville capitale une marque de reconnoissance envers le S^r Bouchardon, qui puisse en même temps exciter l'émulation de tous ceux qui s'adonnent aux arts et transmettre à la postérité un exemple des récompenses que méritent leurs talens et leurs veilles, lorsqu'ils atteignent à un degré de perfection capable de faire honneur au goût et à la magnificence de ce grand Royaume; sur quoy la matière mise en délibération, avons du consentement du Procureur du Roy et de la ville accordé au S^r Edme Bouchardon, sculpteur ordinaire du Roy, une pension viagère de quinze cens livres à compter de cejourd'huy, laquelle lui sera payée de six mois en six mois par Jacques Boucot, Ecuyer, Conseiller du Roy, Receveur des Domaines, dons, octrois et fortifications de la ville, en rapportant par lui ces présentes pour la première fois seulement. — Fait au bureau de la ville ledit jour onze février mil sept cent

[1] Voir à l'atlas l'élévation de la fontaine de Grenelle.

quarante-six. — Signé : De Bernage, Sauvage, Huet, Duboc, Brion et Moriau [1].

Ce monument est heureusement dans un parfait état de conservation [2]; on lit encore aujourd'hui l'inscription suivante gravée sur une plaque de marbre noir au-dessus de la fontaine.

DUM LUDOVICUS XV
POPULI AMOR ET PARENS OPTIMUS
PUBLICÆ TRANQUILLITATIS ASSERTOR
GALLICI IMPERII FINIBUS
INNOCUE PROPAGATIS
PACE GERMANOS RUSSOSQUE
INTER ET OTTOMANOS
FELICITER CONCILIATA
GLORIOSE SIMUL ET PACIFICE
REGNABAT
FONTEM HUNC CIVIUM UTILITATI
URBISQUE ORNAMENTO
CONSECRARUNT
PRÆFECTUS ET ÆDILES
ANNO DOMINI
MDCCXXXIX

Voici dans quels termes M. l'architecte Legrand écrivait au ministre de l'intérieur en lui proposant, en 1803, de faire nettoyer ce monument.

Paris, ce 7 thermidor an XI.

L'architecte des monumens conservés sous le rapport des arts au Ministre de l'intérieur.

Citoyen Ministre,

L'abandon dans lequel on a laissé pendant la révolution la belle sculpture de la fontaine de Grenelle, l'un des plus précieux monumens de notre architecture française, necessite une réparation faite avec soin et intelligence, sous la direction d'un statuaire, pour laver les figures et enlever les lichens, la mousse et la poussière qui s'attachent au marbre et les rongent ; vous ne pouvés confier cette opération à un artiste plus expérimenté que le C^en^ Masson, aujourd'hui chargé de l'entretien des figures du Palais du gouvernement et

[1] Registres de la ville, H. 1861, vol. LXXXIV, fol. 535.
[2] Voyez l'atlas.

j'ai l'honneur de vous proposer de m'autoriser à la lui confier; la dépense qui pourra en résulter en frais d'ouvriers et d'échafaudages ne me paraît pas devoir excéder 5 à 600 francs et l'on ne peut la différer sans compromettre le chef-d'œuvre de Bouchardon.

Il est également convenable de faire supprimer les enseignes et écriteaux dont quelques particuliers logés dans ce bâtiment se permettent de couvrir le sous bassement, ce qui forme une bigarrure qui interrompt la décoration d'un monument public et blesse l'œil des gens de goût; je vous prie donc de me donner l'ordre de faire disparaître ces enseignes et écriteaux.

Signé : LEGRAND.

Le 2 thermidor an XI.

Le Ministre de l'intérieur autorise le citoyen Legrand, architecte des monumens réservés sous le rapport de l'art à faire réparer et nettoyer les sculptures de la fontaine de Grenelle et à faire enlever les écriteaux qui la déparent[1].

*Fontaine et regard au dedans de l'abbaye Saint-Germain-des-Prés*, 2 juillet 1716. — Voici encore un exemple de ces fontaines publiques établies dans une propriété particulière.

Les prieur et religieux de l'abbaye royale de Saint-Germain-des Prés ayant fait bâtir plusieurs maisons dans la cour de leur monastère, les nombreux habitants de cette singulière colonie étaient obligés d'aller puiser l'eau qui leur était nécessaire à deux fontaines fort éloignées, celle de la Charité ou Taranne et celle des Cordeliers vers la porte Saint-Germain. Le bureau autorisa les dits prieur et religieux à construire une fontaine munie d'un réservoir et d'une cuvette dans l'intérieur de leur propriété, et y fit conduire un pouce d'eau, dont cent lignes furent affectées à l'alimentation de la nouvelle fontaine et de celle de la Charité, et dont les quarante-quatre lignes restantes, aussi bien que le trop-plein du réservoir, s'ajoutaient « à la quantité de lignes dont ils (les religieux) avoient droit de jouir par titres, pour l'usage et la commodité de leur dit monastère ». Les tuyaux

[1] Archives nationales, liasse F 13, 910. N° 95 de la carte.

qui conduisaient l'eau à la fontaine de la Charité furent posés aux frais de l'abbaye, qui fut, en outre, chargée de leur entretien pendant trois ans[1].

A l'expiration de ce délai, le 3 juin 1620, les prieur et religieux adressèrent une nouvelle requête au bureau pour être déchargés de cet entretien.

Cette décharge, qui correspond à ce que nous appelons une réception définitive, leur fut accordée; on ne laissa aux frais de l'abbaye que l'entretien de quelques murs et de la charpente de l'édifice[2].

La fontaine de l'Abbaye a été détruite, en 1867, pour faire place au boulevard Saint-Germain.

*Fontaine du Chaudron*, 16 septembre 1717. — Joseph Chaudron, marchand de vin à la Villette, obtint l'autorisation de construire à ses frais un regard de fontaine, dans lequel il se réserva le droit de prendre par bassinet quatre lignes d'eau du Pré-Saint-Gervais.

Les plans et dessins de ce regard furent dressés par le maître des œuvres de la ville et les travaux furent reçus le 16 février 1718. Le bureau « donna acte au supliant de ce qu'il avoit mis la fontaine en question en bon estat, au desir du jugement rendu au bureau de la ville le 16 septembre 1717, auquel état il fut tenu de l'entretenir pendant trois années, conformément audit jugement[3]. »

Cette fontaine resta en service jusqu'en 1861, époque où l'eau du Pré-Saint-Gervais cessa d'y couler; elle était située à l'angle des rues du Faubourg-Saint-Martin et de Lafayette. On avait dénaturé le sens de son nom : elle aurait dû porter le nom de son fondateur, mais au lieu de *fontaine Chaudron*, on l'appelait *fontaine du Chaudron*. Elle est aujourd'hui démolie.

[1] Registres de la ville, H. 1846, vol. LXIX, fol. 594.
[2] *Ibid.*, H. 1848, vol. LXXI, fol. 250. N° 99 de la carte.
[3] Registres de la ville, H. 1847, vol. LXX, fol. 518, V°. Voy. page 119 et n° 19 de la carte.

*Les cinq fontaines du faubourg Saint-Antoine.* — *Fontaine Basfroid*, 17 août 1719. — Le bureau avait décidé que cinq fontaines seraient construites dans le faubourg Saint-Antoine, une entre autres au carrefour des rues de Basfroid, de Charonne et de Saint-Bernard. Mais avant de la construire, on jugea nécessaire « de concilier les alignements pour le redressement et eslargissement des rues de Basfroy et Saint-Bernard.... Le Roy étant en son conseil de l'avis de M. le duc d'Orléans régent, a ordonné et ordonne.... que les alignements de la fontaine qui doit estre construite au carrefour et ès encoignures des rues de Charonne et Basfroid seront donnez en présence des S^rs^ Preuost des Marchands et Eschevins et du S^r^ Fournier de Montagny, président trésorier de France [1]... »

Les registres de la ville ne font plus mention des autres fontaines du faubourg Saint-Antoine, si ce n'est dans une réponse à une pétition présentée au régent en 1724, par une compagnie qui prétendait avoir le droit de construire des machines sur toutes les rivières du royaume [2].

Deux des fontaines du faubourg Saint-Antoine, qui paraissent anciennes, portent les noms suivants : *fontaine de Charonne, autrefois fontaine Trogneux*, à l'angle des rues de Charonne et du faubourg Saint-Antoine [3]; *fontaine de Montreuil*, *autrefois fontaine de la Petite-Halle*, à la pointe formée par la rencontre des rues du Faubourg-Saint-Antoine et de Montreuil [4]. Ces fontaines sont encore en service. Une quatrième fontaine, qui n'existe plus, portait au commencement du siècle le nom de fontaine du marché Lenoir, ou tout simplement du marché Saint-Antoine. L'emplacement de la dernière fontaine du faubourg Saint-Antoine est inconnu, et il est probable qu'elle n'a jamais été construite, car, en ce qui concerne le faubourg Saint-Antoine, il n'est fait

[1] Registres de la ville, H. 1848, vol. LXXI, fol. 98. Fontaine Basfroid, n° 87 de la carte.
[2] Voy. page 299.
[3] N° 89 de la carte. Décret du 2 mai 1806.
[4] N° 91 de la carte. Décret du 2 mai 1806.

mention, dans le décret du 2 mai 1806 de l'empereur Napoléon Ier, que des quatre fontaines : Basfroid, Trogneux, de la Petite-Halle et du marché Lenoir.

Cette dernière fut érigée sur un terrain de 4 430 toises carrées, vendu par les abbesse, prieure et religieuses de l'abbaye royale de Saint-Antoine des Champs; cette vente fut confirmée par lettres patentes du 17 février 1777 pour y créer un marché. Le bureau de la ville fit une très-vive opposition à la création de la fontaine[1]. Il est certain que, le 28 février 1789, il n'avait pas encore fourni l'eau nécessaire à son alimentation, comme le prouvent les lettres patentes de Louis XVI qui portent cette date; le roi se vit réduit à prélever, en faveur de la fontaine, 25 lignes d'eau sur les 50 lignes formant la dotation de l'abbaye. Voici, du reste, la teneur des passages les plus importants de ces lettres patentes; on n'oubliera pas que l'emplacement de l'abbaye Saint-Antoine des Champs est occupé aujourd'hui par l'hôpital Saint-Antoine.

Lettres patentes du Roy constatant que la fontaine qui devait être construite dans le marché Saint-Antoine ne l'a pas été faute de pouvoir être alimentée par les eaux de la pompe Notre-Dame, ainsi qu'il est établi par lettres patentes du 17 février 1777, et ordonnant...... « que sur les cinquante lignes d'eau accordées à l'abbaye royale de Saint-Antoine des Champs-les-Paris par acte du quatre septembre mil sept cent quatre-vingt-quatre, il en sera distrait vingt-cinq lignes pour fournir l'eau nécessaire à la fontaine qui sera construite sur la place dudit marché et dont les frais de construction et entretien, ainsi que ceux de la conduite des eaux seront seulement à la charge des préuost des marchands et escheuins de notre bonne ville de Paris, seront au surplus nos lettres patentes du dix-sept février mil sept cent soixante-dix-sept exécutées en tout ce qui n'y est pas dérogé par ces présentes[2]... »

Les quatre fontaines du faubourg Saint-Antoine étaient en ser-

[1] Registres de la ville, H. 1877, vol. C, fol. 156.
[2] Archives nationales, liasse H, 1960, pièce n° 104.

vice au commencement du dix-neuvième siècle, car elles ne sont pas nommées dans un rapport du 28 décembre 1810 du bureau des bâtiments civils[1], dans lequel il est dit « que toutes les fontaines ordonnées par le décret du 2 mai 1806 sont achevées et en activité. » Ce rapport ne mentionnant pas ces quatre fontaines parmi celles qui avaient dû être réparées, il est clair qu'elles existaient et fluaient en 1806, puisqu'elles sont clairement désignées dans le décret du 2 mai de cette année.

*Reconstruction de la fontaine Maubuée*, 1733. — Une ordonnance du bureau de la ville, en date du 2 juin 1733, abandonna aux époux Moreau le petit bâtiment où se trouvait la fontaine Maubuée et son château d'eau, à la charge par eux de faire reconstruire cette fontaine, de l'entretenir, et en outre de verser une re-

[1] Voy, chap. XXIV.

devance annuelle de trois livres entre les mains du receveur de la ville. Un jugement du 6 juillet 1733 donna acte aux époux Moreau de l'exécution des travaux[1].

Ainsi disparurent les restes du bâtiment primitif de cette fontaine, une des plus anciennes de Paris, puisqu'elle est certainement antérieure à l'année 1320[2].

L'édifice construit par les époux Moreau sert aujourd'hui de support à la maison sise à l'angle des rues Saint-Martin et Maubuée[3]. Le château d'eau est détruit et la fontaine est remplacée par un simple robinet à repoussoir. On voit encore sur la façade de cet angle, du côté de la rue Saint-Martin, quelques vestiges de

décoration dont le style ne laisserait aucun doute sur l'époque de la reconstruction de l'édifice même, si nous ne connaissions pas la délibération du bureau.

[1] Archives de l'inspection des eaux de Paris.
[2] Voy. page 460.
[3] N° 122 de la rue Saint-Martin.

Sur la façade de la rue Maubuée, on remarque une magnifique reproduction du navire des armes de la ville, que je donne page 604.

Ce n'est plus la barque de rivière des *Nautæ parisiaci*, c'est un vaisseau à trois mâts, voguant toutes voiles déployées, qui la remplace. Je crois devoir rapprocher de ces armes celles qui sont gravées sur la fontaine du Vertbois (ancienne fontaine de l'abbaye Saint-Martin) et qui ne sont pas moins remarquables.

Ce sont deux splendides faussetés qui altèrent complétement le sens si net de la barque de rivière à laquelle la ville devait son rapide développement, puisque vers le treizième siècle la rivière était la seule voie ouverte à son commerce, la seule par laquellle elle reçût les aliments, les vins, les bois, le fer, nécessaires à ses habitants déjà nombreux[1].

*Inscriptions rédigées par le bureau de la Ville.* — Les inscriptions gravées sur les façades des fontaines étaient alors en grande faveur. J'ai donné, en décrivant chaque fontaine, les inscriptions latines qu'on y lisait, et notamment les distiques de Santeul.

Le bureau de la ville se laissa entraîner dans ce courant de la mode et se donna la satisfaction d'immortaliser les noms de ses membres par des inscriptions gravées sur des feuilles de cuivre ou des plaques de marbre noir; on a vu ci-dessus celle qui ornait l'entrée de la tour des pompes du pont Notre-Dame[2]; j'ai trouvé, dans les registres de la ville, huit inscriptions remontant aux prévotés de messires Charles Boucher et Hiérosme Bignon. Il m'a paru d'autant plus utile d'en reproduire ici le texte que les tables de marbre sont aujourd'hui détruites. Plusieurs des fontaines, qui existent encore à Paris, portent les rec-

[1] Je dois ces belles gravures à l'obligeance de M. Tisserand, chef du service historique de la ville, qui a bien voulu mettre les bois à ma disposition. Elles figurent aux pages 71 et 72 du tome premier de l'ouvrage intitulé *les Armoiries de la ville de Paris*.

[2] Voy. pages 265, 266.

tangles de pierre de taille sur lesquels étaient scellées ces plaques avec l'inscription en lettres dorées [1].

Les inscriptions sur plaque de cuivre sont peut-être encore

[1] Voici ces inscriptions avec toute la naïveté de leur style bourgeois.

1707. Fontaine Louis-le-Grand

*Du règne de Louis-le-Grand, quatorzième de ce nom*

De la 4e Preuoté de Messire Charles Boucher seigneur d'Orsay et autres lieux consr du Roy Preuôt des marchands et echeuinage d'Antoine Melin Ecuier conseiller du Roy Quartinier, Henri Boutet Ecuier conseiller du Roy notaire au Chatelet, Guillaume Scourjon conseiller du Roy quartinier et Nicolas Denis Ecuier huissier ordinaire du Roy en tous ses conseils;

Etans Nicolas Guillaume Moriau Ecuier consr du Roy, son procureur et de la Ville et auocat de sa Majesté en l'hôtel de Ville; Jean-Baptiste Taitbout, ecuier conseiller du Roy, conseruateur des hypothèques et Greffier de cette ville et Jacques Boucot Ecuier consr du Roy, Receueur des domaines des octrois de ladte ville.

La construction du corps et regard de cette fontaine publique nommée de *Louis-le-Grand*, a esté faite des deniers du Roy et par les ordres desdts sieurs Preuôt des marchands et echeuins et la première pierre de l'encoigneure extérieure à droite de la place et carrefour de Saint-Augustin a esté posée par haut et puissant seigneur monsr de Chamillart ministre et secrétaire d'état trésorier des ordres de sa majesté et controleur géneral des finances, ou etoient presens MM. les Preuôt des marchands écheuins et principaux officiers du bureau de la ville au bruit des tambours trompettes et autres acclamations des peuples du quartier qui desirent depuis longtemps cette fontaine publique procurée par ledt seigneur de Chamillart, laquelle cérémonie a esté obseruée après auoir troué toutes les lignes tendues et matériaux préparés en conformité des dessins faits par Me Jean Beausire consr du Roy architecte maitre général contrôleur et inspecteur des batimens de ladte ville garde ayant charge des eaux et fontaines d'icelle.

Soit gravée sur une table de cuivre le contenu ci-dessus, de la grandeur et proportion qui sera marquée par le maître général des batimens pour estre placé suivant sa destination.

Fait au bureau de la Ville le 13 mai 1707, Signé : Boucher d'Orsay, Melin, Boutet, Scourjon et Denis (Registres de la ville, 1842, vol. LXV, fol. 122).

1708. Fontaine des Innocents

QUOS DURO CERNIS SIMULATOS MARMORE FLUCTUS,
HUJUS NYMPHA LOCI CREDIDIT ESSE SUOS.

*Du Règne de Louis XIIII*

Ce Regard un des plus beaux ornemens de l'antique a esté réparé pour contenir vne plus grande quantité d'eau auec vn Recipient plus eleué pour en donner aux quartiers les plus eloignez de la ville.

De la 4e Preuôté de Messire Charles Boucher, Chevalier seigneur d'Orsay et autres lieux, Consr du Roy en sa Cour de Parlement Preuost des marchands et echeuinage de Guillaume Scourjon Ecuier Consr du Roy quartinier, Nicolas Denis Ecuier huissier ordinaire du Roy en tous ses Conseils d'Estat priué et finances, Etienne Perichon Ecuier Consr du Roy et de l'hôtel de cette ville notaire au Châtelet et Jacques Pijart Ecuier.

Estans Nicolas Guillaume Moriau Ecuier Consr Procureur du Roy et de la ville et auocat de Sa Majesté en l'hotel de ville, Jean-Baptiste Taitbout Ecuier Consr de Sa Majesté, Conseruateur

enfouies dans les fondations des fontaines. Les dalles de marbre

des hipotecques et greffier d'icelle et Jacques Boucot Ecuier Conseiller du Roy Receueur.

De par les Preuost des Marchands......

Mᵉ Jean Beausire Conseiller du Roy, architecte, Mᵉ général Controlleur et inspecteur des batimens du Roy, garde ayant charge des eaux et fontaines publiques d'icelle, Nous vous mandons de faire grauer et dorer l'inscription de l'autre part sur une table de marbre noir et placer dans l'espace des deux auant corps du Rez de Chaussée du regard de la fontaine des Sᵗˢ Innocents, en face de la rue Sᵗ Denis, au-dessous du cordon du premier ordre d'architecture...... Fait au bureau de la ville le 10ᵉ jour de januier 1708. Signé : Boucher d'Orsay, Scourjon, Denis, Perichon, Pijart. (Registres de la ville, H. 1842, vol. LXV, fol. 295.)

1708. Regard du Châtelet

*Du Règne de Louis XIIII*

Le Regard cy a costé y a esté construit en vertu d'arrest du Conseil d'Etat de sa Majesté pour donner plus d'eleuation aux eaux et les conduire aux quartiers les plus éloignez.

De la 4ᵉ Préuoté de Messire Charles Boucher Chevalier seigneur d'Orsay et autres lieux Consʳ du Roy en sa Cour de Parlement, Preuost des Marchands et Echeuinage de Guillaume Scourjon Ecuier Conseiller du Roy Quartinier, Nicolas Denis Ecuier huissier ordinaire du Roy en tous ses Conseils d'Etat priué et finances, Etienne Perichon Ecuier Consʳ du Roy et de l'hostel de cette ville Notaire au Chatelet et Jacques Pijart Ecuier, Estans Nicolas Guillaume Moriau Ecuier Consʳ, Procureur du Roy et de la ville, Jean-Baptiste Taitbout Ecuier Conseiller de Sa Majesté Conseruateur des hypotecques et greffier d'ycelle et Jacques Boucot Ecuier Conseiller du Roy, Receueur.

De par les Préuost des Marchands......

Mᵉ Jean Beausire...... Nous vous mandons de faire grauer et dorer l'inscription cy-dessus sur une table de marbre noir et placer contre la grosse tour du Chatelet joignant ledᵗ regard...

Fait au bureau de la ville le 25ᵉ may 1708. Signé : Boucher d'Orsay, Scourjon, Denis, Perichon. (Registres de la ville, H. 1842, vol. LXV, fol. 358.)

1708. Regard et fontaine Colbert

*Du Règne de Louis XIV*

Ce Regard et fontaine publique a esté construit de neuf

En la 4ᵉ Preuoté de Messire Charles Boucher Chevalier Seigneur d'Orsay et autres lieux Consʳ du Roy en sa cour de Parlement Preuost des Marchands et Escheuinage de Guillaume Scourjon Ecuier Conseiller du Roy quartinier, Nicolas Denis Ecuier huissier ordinaire du Roy en tous ses Conseils d'Estat priué et finances, Etienne Perichon Ecuier Consʳ du Roy et de l'hôtel de cette ville notaire au Chlet et Jacques Pijart Ecuier.

Estans Nicolas Guillaume Moriau Ecuier Conseiller, Procureur du Roy et de la ville et auocat de sa Maiesté en l'hôtel de ville, Jean Baptiste Taitbout Ecuier Consʳ de sa Majesté conservateur des hipotecques et greffier d'icelle Et Jacques Boucot Ecuier Consʳ du Roy. Receueur.

De par les Preuost des Marchands et Echevins de la ville de Paris,

Mᵉ Jean Beausire...... Nous vous mandons de faire grauer et dorer l'inscription cy dessus sur vne table de marbre noir et placer au-deuant de la fontaine que nous auons fait construire de neuf rue Colbert et ce par les ouuriers ordinaires de la ville, de la grandeur et caractere suiuant les mesures qui en seront par vous données en tenant la main a ce que le tout soit ponctuellement exécuté pour sur vostre certificat et avis estre par nous ordonné ce que de

noir ont été détruites très-probablement dans les premières an-

raison. Fait au bureau de la ville Ce jeudy 26 juillet 1708. Signé : Boucher d'Orsay, Scourjon, Denis, Perichon, Pijart. (Registres de la ville, H. 1842, vol. LXV, fol. 387.)

1715. Fontaine de la rue Montmartre, pose de la première pierre

*Du règne de Louis le Grand*
*quatorzième du nom*

De la 4e Preuosté de Me Hierosme Bignon Chevalier Consr d'Etat ordinaire,
De l'Escheuinage d'Hector Bernard Bonnet Ecuyer Consr du Roy et de la ville, René François Couet de Montbayeux Ecuyer auocat en parlement et ez Conseils du Roy, Jacques de Beyne Consr du Roy quartinier, Et Guillaume de Laleu Ecuyer Consr du Roy notaire au Chatelet de Paris, Estant Nicolas Guillaume Moriau Ecuyer Consr du Roy, son Procureur et de la ville Et auocat de sa Majesté en l'hôtel de ville

Jean baptiste Jullien Taitbout Ecuyer Consr du Roy, Conseruateur des hypoteques et Greffier de cette ville

Et Jacques Boucot Ecuyer Consr du Roy, Receueur des domaines, dons, octrois et fortiffications de lade ville.

La Construction du bâtiment du corps et regard de cette fontaine publique nommée Desmaretz a esté faite des deniers de la ville par les ordres desds sieurs Preuost des Marchands et Escheuins. Le Reseruoir et glaciere y contenus par eux donnez en eschange à Me. Desmaretz pour ceux qui luy appartenoient au Regard de la fontaine de la Rüe Colbert Et la première pierre de ce batiment en a esté posée par lesds Srs Preuost des Marchands et Escheuins au Nom de haut et puissant seigneur Me Nicolas Desmaretz Chevalier Marquis de Maillebois, de Bleuy et du Rouuroy, Baron de Chateau Neuf en Thimerais, seigneur de Couuron Et autres lieux Consr ordre du Roy en tous ses Consls et au Conseil Royal, Commandeur des ordres de sa Majté et Controlleur general des finances de France, Assistez des principaux officiers du Bureau de la ville au bruit des tambours, trompettes et autres acclamations des peuples du quartier qui desirent depuis longtemps l'Eau de cette fontaine publique procurée par ledt seigneur Desmaretz :

Laquelle Ceremonie a esté obseruée apres auoir trouué toutes les lignes tendües et materiaux preparez en conformité des desseins faits par Me Jean Beausire Consr du Roy et architecte, Me général Controlleur et Inspecteur des batimens de lade ville garde ayant charge des Eaux et fontaines publique d'icelle. Soit graué sur vne table de cuiure le contenu cy dessus de la grandeur et proportion qui sera marquée par le Me général de nos bâtimens pour estre placée suiuant sa destination. Fait au bureau de la ville ce trente auril mil sept cent quinze. (Registres de la ville, H. 1846, vol. LXIX, fol. 255.)

1715. Fontaine Montmartre ou de Montmorency

*Du Règne de Louis quatorze*

Ce Regard et fontaine publique a esté construit de neuf
De la quatriesme preuoté de Messire hiérosme Bignon Chevalier Consr d'Etat ordinaire, et de l'Escheuinage d'Hector Bernard Bonnet Ecuyer Consr du Roy et de la ville, René François Couet de Montbayeux Ecuyer aduocat en parlement et en ses conseils du Roy, Jacques de Beyne Ecuyer Conseiller du Roy quartenier et Guillaume de La Leu Ecuyer Conseiller du Roy notaire au Chatelet de Paris,

Etans Nicolas Guillaume Moriau Ecuyer Conseiller du Roy, son procureur et de la ville et auocat de sa Majesté en l'hotel de ville, Jean Baptiste Julien Taitbout Ecuyer Conseiller du

nées de la révolution. J'en ai trouvé une sorte de preuve aux archives nationales, sur le procès-verbal d'une visite des regards

Roy, Greffier en chef et Conseruateur des hypotecques de cette ville Et Jacques Boucot Ecuyer Conseiller du Roy, Receveur des domaines dons et octroys et fortiffications de lad[e] ville.

De par les Preuost des marchands et Escheuins de la ville de Paris,

Me Jean Beausire...... Nous vous mandons de faire grauer et dorer l'inscription cy dessus sur une table de marbre noir et placer au-deuant de la fontaine Desmaretz que nous auons fait construire de neuf en hault de la rue Montmartre, Carrefour St Marc et de Feydeau, et ce par les ouuriers ordinaires de la ville de la grandeur et caractère suiuant les mesures qui en seront par nous données en tenant la main à ce que le tout soit ponctuellement exécuté, Pour sur votre certificat et auis estre par nous ordonné ce que de raison. Fait au bureau de la ville le septiesme juin mil sept cent quinze. Signé : Bignon, Bonnet, De Beyne et de La Leu (Registres de la ville, H. 1846, vol. LXIX, fol. 268).

1715. Fontaine Saint-Cosme.

*Du Règne de Louis 14*

Ce Regard et fontaine publique a este reconstruite de neuf

De la quatriesme Preuoté de Messire hierosme Bignon Chevalier Cons[r] d'Estat ordinaire, et de l'Escheuinage d'Hector Bernard Bonnet Ecuyer Conseiller du Roy et de la ville, René François Coüet de Montbayeux Ecuyer aduocat au parlement et ez Conseils du Roy, Jacques de Beyne Ecuyer Conseiller du Roy Quartinier et Guillaume de La Leu Ecuyer Cons[r] du Roy, notaire au Châtelet de Paris.

Etans Nicolas Guillaume Moriau Ecuyer Conseiller du Roy, son Procureur et de la ville et auocat de sa Majesté en l'hostel de ville, Jean Baptiste Julien Taitbout Ecuyer Conseiller du Roy, greffier en chef et conseruateur des hypotecques de cette ville. Et Jacques Boucot Ecuyer, Conseiller du Roy, receveur des domaines, dons et octroys et fortiffications de lad[e] ville,

De part les Preuost des Marchands et Escheuins de la ville de Paris,

M[e] Jean Beausire...... Nous vous mandons de faire grauer et dorer l'inscription cy dessus sur vne table de marbre noir, et placer au deuant de la fontaine St Cosme que nous auons fait reconstruire de neuf rue des Cordeliers, et ce par les ouuriers ordinaires de la ville, de la grandeur et caractere suiuant les mesures qui en seront par nous données en tenant la main a ce que le tout soit ponctuellement executé, pour sur votre certificat estre par nous ordonné ce que de raison. Fait au bureau de la ville le septiesme juin mil sept cent quinze. Signé : Bignon, Bonnet, De Beyne, De La Leu (Registres de la ville, H. 1846, vol. LXIX, fol. 269).

La rue des Cordeliers porte aujourd'hui le nom de rue de l'École-de-Médecine.

1716. Fontaine Garancière.

*De la première année du règne de Louis quinze*

De la 4e Preuoté de Messire hierosme Bignon Chevalier Cons[r] d'Etat Preuost des Marchands, Et de l'escheuinage de Jacques de Beyne Ecuier Cons[r] du Roy quartinier, Guillaume de La Leu Ecuyer Cons[r] du Roy notaire, Simon Fayolle Ecuyer Cons[r] du Roy en l'hostel de ville, Charles Damien Foucault Ecuyer Cons[r] du Roy, son procureur et auocat de la ville, Jean Baptiste Taitbout Ecuyer Cons[r] du Roy, Greffier, et Jacques Boucot Ecuyer Cons[r] du Roy, Receueur.

Cette fontaine a esté construite des deniers de son altesse madame La Princesse, Et l'eau donnée par la ville En faveur du public.

Soit fait à la diligence du maitre général des batimens de la ville ce quinze juillet mil sept

de l'aqueduc de Belleville, remontant au 18 fructidor an II. Voici quelques passages de ce procès-verbal :

« Visitte des fontaines de Belleville faite conjointement avec le citoyen Rondelet, membre de la commission des trav[x] publics, Legrand controlleur des travaux de la Ville, Coffinet inspecteur de ces mêmes travaux et Delaîstre inspecteur des fontaines.... État des réparations et autres ouvrages à faire à chacun des regards dénommés ci-dessous. »

« *Au regard Saint-Maur*, il existe une plaque sur laquelle se trouve une inscription à la louange des ci-devants Prévost des Marchands et Echevins. Il paroit convenable d'enlever cette plaque et de la déposer au magasin de la Ville... à supposer qu'elle en mérite la peine.

... Poser une dalle d'environ 3 pieds sur 2 pieds sous les tuyaux du public pour poser les seaux... »

Les commissaires continuaient leur tournée, en s'arrêtant à chaque regard et indiquant les menus travaux à faire et les plaques gravées à enlever. Le procès-verbal porte les signatures suivantes : Coffinet, Legrand et Poyet, architectes. Il est probable que des mesures semblables furent prises dans l'intérieur de la ville

cent seize. Signé : Bignon, De Beyne, De La Leu, Fayolle, Et Foucault (Registres de la ville, H. 1846, vol. LXIX, fol. 589).

1716. Fontaine de l'Abbaye

En la première année du règne de Louis quinze

De la 4e Préuôté de Messire hierosme Bignon Chevalier Cons[r] d'Estat ord[re], Preuost des Marchands ; Et de l'Escheuinage de Jacques de Beyne Ecuyer Cons[r] du Roy quartinier, Guillaume de Laleu Ecuyer Conseiller du Roy notaire, Simon Fayolle Ecuyer Conseiller du Roy en l'hotel de ville, Charles Damien Foucault Ecuyer Conseiller du Roy notaire ; Etant Nicolas Guillaume Moriau Ecuyer Conseiller du Roy, son procureur et auocat de la ville, Jean Baptiste Julien Taitbout Ecuyer Conseiller du Roy greffier et Jacques Boucot Ecuyer Conseiller du Roy, Receueur.

Le Batiment de cette fontaine a esté construit des deniers de la Mence conuentuelle de cette abbaye et l'eau donnée par la ville en faueur du public tant au dedans et de l'intérieur de leur cour que du dehors.

Soit fait à la diligence du Me Général des Batimens de la ville le vingt deux Juillet mil sept cent seize. Signé : Bignon, De Laleu, De Beyne, Fayolle et Foucault (Registres de la ville, H. 1846, vol. LXIX, fol. 596).

et que toutes les plaques en marbre noir des fontaines furent descellées à cette époque.

Du 6 juillet 1733 jusqu'à la fin du dix-huitième siècle, je ne trouve dans les registres de la ville presque aucune pièce intéressante relative aux fontaines. J'ai reproduit textuellement la délibération du bureau relative à la pension accordée à Bouchardon. Les deux dernières fontaines dont il soit fait mention dans les registres de la ville sont celles du marché Saint-Martin.

*Fontaines du marché Saint-Martin*, 12 juillet 1768. — L'abbé de Breteuil ayant cédé à l'abbaye de Saint-Martin-des-Champs l'emplacement de son hôtel prieural et à la ville un grand terrain vague tenant à cet hôtel, à la condition qu'on y construirait un marché et deux fontaines, ce contrat fut approuvé par lettres patentes en date du 25 mars 1765, enregistrées au parlement le 29 avril suivant.

Le 12 juillet 1768, le marché était construit et ouvert et il n'y manquait plus que les deux fontaines. Une convention fut faite entre le prévôt des marchands et les échevins de la ville, d'une part, et Dom Jean-Antoine Deomartin, prieur claustral, Dom François-Xavier Bacoulon, etc., prêtres religieux de l'étroite observance de l'ordre de Cluny, d'autre part, pour l'établissement de ces fontaines, complément indispensable du marché.

D'après cette convention, on devait construire deux fontaines vis-à-vis l'une de l'autre, alimentées, l'une en eau de Belleville, l'autre en eau de Seine ; à cet effet, le prévôt des marchands et les échevins livraient aux religieux de Saint-Martin-des-Champs un demi-pouce d'eau de Belleville jaugé dans le bassinet que l'abbaye possédait au regard de Saint-Maur, et un demi-pouce d'eau de Seine dans une cuvette de jauge construite sur un terrain cédé par l'abbaye. La ville se chargeait de la conduite de l'eau depuis les deux cuvettes de jauge qu'elle devait établir à ses frais, jusqu'aux piédestaux, également érigés par elle et où l'eau était délivrée au public. Le trop-plein des deux fontaines était abandonné au prieur de Saint-Martin et au grand prieur du Temple.

Il était expressément stipulé que la ville rentrerait en possession de l'eau dans le cas où ces fontaines seraient supprimées. Cette convention fut convertie en acte notarié le 12 juillet 1768[1].

Les 9 janvier et 12 mars 1775, la ville fit acquisition d'un terrain vers le carrefour des rues du Faubourg-Saint-Honoré et des Saussaies, pour y construire une fontaine. Mais je ne pense pas qu'il ait été donné suite à ce projet[2].

*Regard Dufort.* — Ce château d'eau, sis rue des Vieux-Augustins, actuellement rue d'Argout, était encastré dans une maison derrière l'emplacement actuel de la caisse d'épargne, à peu de distance de la rue Coquillière. On n'avait aucune notion, dans le service, sur l'origine de cet ouvrage : en relevant les concessions à titre onéreux j'ai constaté qu'il avait été construit, vers 1740, par Pierre Grimond ou Grimot Dufort, lequel fut en outre chargé de son entretien et reçut à titre d'indemnité, le 18 février 1739 et le 15 septembre 1740, une concession de 12 lignes d'eau. Lors du rachat des concessions, en 1855, les descendants de M. Dufort reçurent, pour toute indemnité de leur concession l'emplacement du regard, dans la propriété duquel ils rentrèrent[3].

En décrivant les anciennes fontaines de Paris, je me suis basé jusqu'ici sur des documents incontestables; mais je ne

[1] Registres de la ville, H. 1872, vol. XVC, fol. 338. Il ne restait plus dans ces derniers temps qu'une seule des deux fontaines portant le n° 66 de la carte.

Cette fontaine a été détruite ainsi que le vieux marché Saint-Martin, le 27 août 1866, par la construction de la rue de Réaumur.

[2] Registres de la ville, H. 1875, vol. XCVII, fol. 98.

[3] Regard Dufort, n° 52 de la carte.

puis établir d'une manière aussi certaine l'origine de celles qui suivent :

*Fontaine d'Auteuil.* — Sise sur la vieille place d'Auteuil, à l'angle des rues de La Fontaine et d'Auteuil. Très-ancienne fontaine, la plus ancienne peut-être de Paris, alimentée par une source du voisinage[1].

*Regard et fontaine de la Porte-Saint-Denis.* — Le regard était fort ancien, et il est probable qu'il fut converti en château d'eau vers 1635. Une ordonnance du bureau du 7 septembre 1655 prescrivit d'y adapter un robinet de puisage; cette fontaine, d'après le partage des eaux de 1673, distribuait deux pouces d'eau du Pré-Saint-Gervais : mais où était-elle située? C'est ce qu'il convient d'examiner.

Avant 1668, elle ne pouvait être voisine de la Porte-Saint-Denis : les boulevards Saint-Denis et Saint-Martin n'étaient point encore dans l'enceinte de Paris, et la porte monumentale n'était pas construite. D'après la carte du traité de la police gravée en 1738, la fontaine Saint-Denis était située rue Saint-Denis au point où les rues Blondel et Sainte-Foy y débouchent aujourd'hui; c'est aussi l'avis de Girard, qui donne à la fontaine construite en ce point les noms de fontaine Saint-Denis ou des Filles-Dieu. En consultant les plans de l'inspection des eaux, j'ai reconnu qu'il y avait une conduite de trois pouces, posée dans les rues Blondel et Saint-Martin, pour relier cette fontaine à celle du Vert-Bois. Mais, d'un autre côté, le distique suivant de Santeul semble indiquer que cet édifice était très-voisin de la porte monumentale :

NYMPHA TRIUMPHALEM SUBLIMI FORNICE PORTAM
ADMIRATA SUIS GARRULA PLAUDIT AQUIS.

[1] Fontaine d'Auteuil, n° 92 de la carte.

Si la naïade avait été logée au carrefour des rues de Sainte-Foy et Blondel, son babillage ne se serait pas fait entendre à la Porte-Saint-Denis.

Dans le cours du dix-neuvième siècle, il y avait une fontaine marchande à la Porte-Saint-Denis. Avait-elle été construite sur une place vague? Remplaçait-elle la fontaine de puisage de la porte Saint-Denis? n'était-elle autre chose, comme le prétend Girard, que l'antique fontaine des Filles-Dieu? Je ne trouve aucun document sur ce point, ni dans les archives, ni dans les traditions de l'inspection des eaux. Il reste donc quelque incertitude sur la position de la fontaine Saint-Denis.

*Fontaine du Vert-Bois ou de Saint-Martin. — Fontaine du Temple* (treizième siècle). — Ces deux fontaines, sises, la première à l'angle des rues Saint-Martin et du Vert-Bois[1], et la seconde près de l'angle des rues du Temple et de Vendôme, n'étaient pas la propriété de la ville : elles appartenaient aux religieux de Saint-Martin-des-Champs et du grand-prieuré du Temple, de sorte qu'il n'en est pas question dans les registres de la ville, et nous ne savons pas à quelles époques précises elles furent édifiées ou reconstruites. Tous les auteurs admettent qu'elles remontent au treizième siècle, et j'ai adopté moi-même cette hypothèse[2]. D'après les traditions du bureau la fontaine actuelle et le regard établi dans une des tours de l'enceinte de l'Abbaye de Saint-Martin-des-Champs auraient été construits par la ville en 1712 ; cela paraît douteux : l'inscription, reproduite à la page 128, prouve que la ville n'était point encore en possession des deux fontaines en 1722. La tour du Vert-Bois où fut établi le château d'eau ne fut cédée à la ville par les religieux de Saint-Martin-des-Champs que le 27 septembre 1740, moyennant une concession de douze lignes d'eau. Une délibération du bureau du 18 mars 1775 nous fait connaître que les concessions

[1] Sur la carte de Gomboust, rue du Gaillard-Boys.
[2] Voy. page 464; voy. aussi Girard, t. II, p. 6.

d'eau des deux prieurés furent réglées par une convention notariée du 23 mai 1733. Ils avaient donc abandonné à la ville leur aqueduc Saint-Martin et les fontaines publiques qu'il alimentait, puisqu'ils se contentaient de simples concessions d'eau de Belleville, tirées du regard de la Roulette ou de Saint-Maur. Peut-être est-ce à cette époque que fut construit l'édifice actuel de la fontaine : on a vu qu'il y a une grande analogie entre les armes qui y sont sculptées et celles qui décorent la fontaine Maubuée reconstruite en 1733. La fontaine du Temple fut sans doute réédifiée vers la même époque, car elle portait le distique suivant qui ressemble beaucoup à ceux de Santeul :

QUEM CERNIS FONTEM, MALTHÆ DEBETUR ET URBI :
PRÆBUIT HÆC UNDAS, PRÆBUIT ILLA LOCUM.

*Fontaine du Ponceau* (quinzième siècle). — La fontaine du Ponceau, sise à l'angle des rues Saint-Denis et du Ponceau, est une des plus anciennes de Paris[1]; comme elle était dans l'intérieur de l'enceinte de Charles V, mais très-près de la porte, c'était là que les rois et reines de France s'arrêtaient lorsqu'ils faisaient leur rentrée solennelle à Paris par la rue Saint-Denis; c'était là aussi que le bureau faisait de son mieux pour les recevoir dignement; à chaque entrée de Roi, avant le dix-septième siècle, il est fait mention de la fontaine du Ponceau. Voici par exemple ce qui s'y passa à l'entrée de la Reine Isabeau de Bavière à Paris le 20 juin 1389. « Après ce veu la Reyne de France et les Dames vindrent tout le petit pas devant la fontaine en la rüe Saint-Denys, laquelle fontaine estoit toute couuerte et parée d'un drap de fin azur, peint et semé de fleurs de lys d'or, et les pilliers qui environnoient la fontaine, armoyez des armes de plusieurs hauts et puissants seigneurs.... donnoit cette fontaine, par ses conduits, claíré et piement très-bon et par grands rieux et avoit là autour de la fontaine ieunes filles très-richement ornées, et sur

[1] Voy. le tableau des concessions à titre onéreux, chap. XXV.

leurs chefs, chapeaux d'or bons et riches, lesquelles chantoient tant mélodieusement que douce chose et plaisante estoit à l'ouyr et tenoient en leurs mains hanaps d'or et couppes d'or et offroient et donnoient à boire à tous ceux qui boire vouloient[1]. »

La fontaine n'est pas nommée dans cette charmante description, mais son emplacement est clairement désigné.

A l'entrée de Louis XI après son sacre, le 31 août 1461, la fontaine est désignée par son nom : « estoient à la fontaine de Ponceau hommes et femmes sauvaiges qui se combattoient.... et si y avoit encores trois belles filles faisant personnaiges de seraines (sirènes) toutes nues, et leur veoit-on le beau tetin droit séparé, rond et dur qui estoit chose bien plaisante, et disoient de petits motets et bergerettes[2]. »

La fontaine du Ponceau existait donc en 1389, on n'en saurait douter. Elle a été reconstruite en 1605, par François Miron, prévôt des marchands, en même temps qu'il rectifiait la rue et qu'il faisait à ses frais revêtir de maçonnerie l'égout du Ponceau. En 1810, Girard, ingénieur en chef du service des eaux, la déplaça et la transporta à l'angle des rues du Ponceau et de l'Égout, moyennant une dépense *non autorisée* de 11 461 fr. 39 cent. De nombreuses plaintes s'élevèrent contre cette construction, et le conseil général des ponts et chaussées consulté déclara à l'unanimité que la fontaine « était mal placée, tant sous le rapport de l'art que sous celui de la commodité publique, et indiqua la place de la Fidélité comme plus convenable à cet établissement. »

Girard s'opposa de toutes ses forces à ce nouveau déplacement ; il fallait, selon lui, laisser la fontaine où elle était et payer à l'entrepreneur les 11 461 fr. 39 c. qui lui étaient dus. Le conseil général des ponts et chaussées, consulté de nouveau,

[1] Le cérémonial françois 1649, par Théodore et Denys Godefroy.

[2] Les chroniques de Jean de Troyes : voy. la collection de memoires publiés par MM. Michaud et Poujoulat, t. IV, p. 250.

modifia son premier avis; le 8 avril 1813, le conseiller d'Etat, ministre de l'intérieur, avisa le préfet du maintien de la fontaine et de l'autorisation de payer l'entrepreneur[1] ».

La fontaine du Ponceau fut définitivement supprimée par un arrêté préfectoral du 26 juin 1832.

*Fontaine de l'Échaudé.* — En 1624, les habitants du Marais-du-Temple furent autorisés par le bureau à établir une fontaine qui leur était indispensable[2]. J'ai supposé que cette fontaine était celle de l'*Échaudé*, qui est encore en activité à l'angle des rues Vieille-du-Temple et de Poitou, parce que les autres fontaines du quartier du Temple, à l'exception de celle des Haudriettes, ont une origine et un nom bien déterminés, et par conséquent ne peuvent être confondues avec celle qui fut construite en 1624. Cette fontaine est donc celle de l'Échaudé ou celle des Haudriettes.

Le partage des eaux de 1669 est la plus ancienne des pièces qui me sont passées entre les mains, où la fontaine de l'Échaudé soit désignée sous ce nom; on y nomme aussi le regard de l'Égout. Ces deux ouvrages étaient très-voisins l'un de l'autre, puisqu'ils se trouvaient tous deux rue Vieille-du-Temple, à l'origine du ruisseau fétide qu'on appelait déjà l'égout de ceinture; sur une carte de Gomboust cette origine est désignée par le mot *égoust*. Le regard de l'Égout avait une grande importance en 1673 : il alimentait les principales fontaines du quartier; la fontaine de l'Échaudé n'est même pas nommée dans l'état de la distribution du 2 juin de cette année. Il n'est plus question du regard de l'Égout dans le dix-huitième siècle; il est probable que la fontaine de l'Échaudé fut restaurée, sinon reconstruite, dans les dernières années du dix-septième siècle ou au commencement du dix-huitième, du temps de Santeul, car

[1] Archives nationales, F14-597 (liasse). Fontaine du Ponceau, n° 63 de la carte.
[2] Voy. page 519.

on grava sur sa façade le distique suivant composé par ce poëte :

> HIC, NYMPHÆ AGRESTES, EFFUNDITE CIVIBUS URNAS :
> URBANAS PRÆTOR VOS FACIT ESSE DEAS[1].

Le regard de la fontaine de l'Échaudé, ainsi restaurée, devint un des principaux regards des eaux de Belleville.

*Fontaine des Haudriettes*, située à l'angle des rues des Vieilles-Haudriettes et du Chaume. — D'après les traditions du service, la rue des Vieilles-Haudriettes portait, en 1636, le nom de rue de La Fontaine, en raison d'unç fontaine que la ville y avait fait construire. Cette fontaine était-elle celle qui fut érigée en 1624? C'est ce qu'il est difficile de prouver. Elle existait en 1656, car elle figure sur la carte de Gomboust dans l'emplacement où elle est encore aujourd'hui. Dans le partage des eaux du 2 juin 1675, elle est désignée sous le nom de *Fontaine-Neuve*. Ce n'est point une hypothèse, car, d'après ce partage, la Fontaine neuve recevait son eau de celle de l'Égout par une conduite qui desservait en route le regard des Blancs-Manteaux : il n'y a que la fontaine des Haudriettes qui satisfasse à cette condition.

Cette fontaine a été reconstruite vers 1770 sur les dessins de M. Moreau, contrôleur inspecteur des bâtiments de la ville, garde ayant charge des eaux et fontaines publiques. Elle n'a pas été modifiée depuis et est encore en activité[2].

*Fontaine Saint-Louis ou fontaine Royale.* — Cette fontaine a été construite en remplacement de celle que, dès le commencement du dix-septième siècle, on voulait ériger au milieu de la place Royale, pour l'alimenter en eau de Rungis. Elle n'était pas encore construite en 1656, car elle ne figure pas sur la carte de Gomboust; en outre, on lit la phrase suivante dans la délibé-

[1] Fontaine de l'Échaudé, n° 70 de la carte.
[2] Fontaine des Haudriettes, n° 71 de la carte.

ration du bureau du 29 juillet de cette année, relative au partage des eaux de Rungis : « Et en cas que l'on bastisse une fontaine publicque à la place Royalle, conformément au résultat de mil six cens trente cinq, y sera distribué quarante neuf lignes d'eau. »

Mais elle existait en 1673, car dans la distribution des eaux du 2 juin de cette année, on lit : « La fontaine, rue Saint-Louis, qui se prend à celle du Calvaire. » Elle distribuait un pouce d'eau au public, et en outre six lignes à M. Boucherat, et six lignes à M. de Villasert. Elle était donc pourvue d'un château d'eau. Elle fut reconstruite une première fois, à la fin du dix-septième siècle, et dom Félibien donne le devis des travaux qui porte la date du 21 décembre 1694[1].

Elle fut ornée des vers suivants de Santeul qui font allusion à la richesse des quartiers de la place Royale et de Saint-Antoine, habités alors par les plus riches et les plus puissants seigneurs de la cour.

FELIX SORTE TUA, NAIAS AMABILIS,
DIGNUM, QUO FLUERES, NACTA SITUM LOCI,
CUI TOT SPLENDIDA TECTA
FLUCTU LAMBERE CONTIGIT.
TE TRITON GEMINUS PERSONAT ÆMULA
CONCHA, TE CELEBRAT NOMINE REGIAM
HAC TU SORTE SUPERBA
LABI NON ERIS IMMEMOR.

Cette aimable naïade et les tritons qui sonnaient ses louanges avec leurs conques étaient du reste fort laids ; l'édilité parisienne n'a guère mieux réussi en reconstruisant la fontaine en 1847. Enclavée dans la propriété de M. Ozenne, rue de Turenne, n° 11, elle est encore en activité aujourd'hui[2].

*Fontaine de l'Échelle.* — Cette fontaine était alimentée par

[1] Voy. Dom Félibien, tome IV, page 319.

[2] Fontaine Saint-Louis, n° 79 de la carte. Reconstruction : arrêté préfectoral du 6 septembre 1837.

les eaux du roi, et il n'en est pas fait mention dans les registres de la ville. Elle était située, d'après la carte du traité de la police (1738), à la rencontre des rues de l'Échelle et Saint-Louis, à peu près dans l'emplacement de la rue de Rivoli. Elle y est désignée sous le nom de *fontaine du Diable*. Dans le service des eaux on la nommait aussi *Fontaine Saint-Louis*. Elle existait en 1656, car elle figure sur la carte de Gomboust.

Voici, d'après le rapport du 3 septembre 1806 de l'ingénieur en chef hydraulique, quel était le désir de Napoléon Ier qui la fit reconstruire : « Il voulait que les eaux de la fontaine de l'Échelle coulassent, pendant l'été, dans le ruisseau de la rue de Rivoly et qu'elles prissent, pendant l'hyver, lorsque les glaces offrent des dangers sur le pavé, une direction souterraine pour aller se verser dans l'égout qui règne sous la même rue de Rivoly[1].... »

Bralle évaluait à 2400 francs les menus travaux à faire pour réaliser le désir de l'Empereur; la dépense effective s'éleva à 2582 francs.

La fontaine de l'Echelle ne manquait pas d'élégance. C'était une pyramide à section trapézoïdale soutenue par des Tritons; elle a été détruite en 1854 par l'ouverture de la rue de Rivoli.

*Fontaine des Fossés-Saint-Bernard.* — Le nom de cette fontaine ne figure, ni sur la carte de Gomboust, ni dans le tableau du partage des eaux du 29 juillet 1656, ni dans celui du 2 juin 1673. Elle n'existait donc pas encore à cette dernière époque; la carte du traité de la police la désigne sous les noms de fontaine *des Fossés-Saint-Bernard* ou *des Bons-Enfants*. Elle était située à l'angle des rues des Fossés-Saint-Bernard et Saint-Victor. Enfin, elle est nommée dans le décret du 2 mai 1806[2].

[1] Archives nationales, liasse F. 13-1002, n° 53 de la carte.
[2] Fontaine des Fossés-Saint-Bernard, n° 123 de la carte.

*Fontaines du Temple.* — Il ne faut pas confondre ces fontaines avec l'antique édifice du treizième siècle, dont il a été parlé ci-dessus : la vieille fontaine du Temple, sise près du carrefour des rues du Temple et de Vendôme, a été convertie en fontaine marchande vers la fin du dix-huitième siècle, ou au commencement du dix-neuvième. Les deux fontaines modernes ont été construites plus tard, peut-être pour la remplacer. Le décret du 2 mai 1806 et l'ouvrage de Girard ne parlent que d'une seule fontaine située près du palais du Temple; c'était la fontaine de puisage du treizième siècle, qui touchait aussi au palais. Quoi qu'il en soit, les deux fontaines modernes ne méritent pas qu'on en parle plus longuement; elles ont été démolies en 1857. La fontaine marchande, qui remplaçait la vieille fontaine, a été supprimée en 1863, pour faire place à la rue de Turbigo [1].

*Regard des Enfants-Rouges.* — Ce château d'eau, sis vers l'angle des rues des Enfants-Rouges et Portefoin, fut certainement construit vers 1736, car, parmi les concessions à titre onéreux, j'en trouve une de 12 lignes accordée le 20 mars de cette année au directeur de l'hospice des Enfants-Rouges, pour avoir laissé établir un regard dans une maison de cet établissement [2]. Ce regard a été supprimé vers 1853 après le rachat des concessions.

*Fontaine de la butte Saint-Roch.* — Simple borne-fontaine à repoussoir, sise au sommet de la butte des Moulins, vers la rencontre de la rue de ce nom et de la rue de l'Évêque. Elle a été détruite en 1877, pour faire place à l'avenue de l'Opéra. Elle est désignée dans le décret du 2 mai 1806 [3].

[1] Les deux fontaines modernes du Temple portent le n° 67 de la carte. La vieille fontaine en était assez voisine pour qu'on lui donne le même numéro.

[2] Voy. chap. XXV le tableau des concessions à titre onéreux. N° 69 de la carte.

[3] Fontaine de la Butte-Saint-Roch, n° 46 de la carte.

*Fontaine de Jarente*, située au fond de l'impasse de la Poissonnerie, rue de Jarente. — Il n'est fait aucune mention de l'origine de cette fontaine, ni dans le décret du 2 mai 1806, ni dans aucune des pièces antérieures qui me sont passées sous les yeux; d'après les traditions du service sa fondation remonterait à 1700[1]. Elle fut reconstruite en 1783 sur les dessins de M. Carron, architecte du marché Sainte-Catherine érigé à la même date.

*Regard des Feuillants.* — Sis rue d'Enfer à l'angle de l'école des Mines, supprimé en 1852, date du rachat des concessions qu'il alimentait[2].

*Regard de la place des Victoires.* — Affecté principalement à la distribution de la part attribuée à Bocquet dans le partage des eaux d'Arcueil du 23 mars 1656. C'était le plus important des châteaux d'eau de Paris : on n'y comptait pas moins de 51 concessionnaires en 1836. Il a été supprimé vers 1855, après le rachat de la dernière concession[3].

*Regard du Pot-de-Fer.* — Sis à l'angle des rues de Vaugirard et Bonaparte. Supprimé vers 1851 : l'unique concession qu'il desservait, à l'angle des deux rues, a été reportée sur la conduite publique[4], et est encore en activité.

[1] Fontaine de Jarente, n° 80 de la carte.
[2] Regard des Feuillants, n° 111 de la carte.
[3] Regard de la place des Victoires, n° 51 de la carte.
[4] Regard du Pot-de-Fer, n° 105 de la carte.

# CHAPITRE XXIV

## DISTRIBUTION DES ANCIENNES EAUX

(SUITE)

---

*Fontaines de puisage construites depuis* 1789. — Les fontaines publiques sont négligées de 1789 à 1800. — Disette d'eau de 1795 et 1796. — Décret du 2 mai 1806 indiquant les fontaines en activité et celles à construire. — Fontaines construites dans le dix-neuvième siècle. — Fontaine de la pointe Saint-Eustache. — Fontaine Desaix. — Fontaine du Châtelet. — Fontaine de Mars. — Fontaine de l'Éléphant. — Fontaine égyptienne. — Fontaine de la Paix. — Fontaines de l'Institut. — Fontaine de la halle au Blé. — Fontaine de l'esplanade des Invalides. — Fontaines construites au dix-neuvième siècle dont les archives ne font pas mention. — Tableau chronologique des anciennes fontaines.

*État des fontaines publiques dans les dernières années du dix-huitième siècle.* — De 1789 à 1806, les préoccupations politiques, le péril dans lequel se trouvait la France menacée de toutes parts par l'invasion étrangère, détournèrent l'attention publique du service des eaux, on l'a déjà vu ci-dessus. Les fontaines publiques furent également abandonnées. A peine trouve-t-on dans les liasses des archives quelques rapports des ingénieurs au ministre de l'intérieur pour obtenir l'autorisation d'exécuter de petits travaux de consolidation indispensables, par exemple un « rapport sur la nécessité de réparer le *souillard* de la fontaine de Richelieu, alors dans un état de dépérissement qui en rendoit son approche impraticable et dangereux. »

Au bas est écrit :

« La dépense évaluée à 200 livres est approuvée.

« 8 ventose an III[1]. »

J'ai sous les yeux une quantité de petits dossiers relatifs à des travaux qui ne sont guère plus importants.

Cette centralisation excessive, qui faisait remonter jusqu'aux chefs de l'administration les plus minimes affaires, amena promptement la ruine des fontaines. Tout travail d'entretien devient impossible lorsqu'il faut une autorisation ministérielle pour faire les réparations courantes; lorsque les ouvrages qui servent à l'adduction et à la distribution de l'eau ne sont pas entretenus au jour le jour, ils tombent promptement en ruines.

*Pénurie d'eau à Paris en* 1795 *et* 1796. — Cet abandon des fontaines publiques amena une disette d'eau incroyable. La liasse $F^{13}$-1013 des archives contient environ 900 pièces relatives au tarissement des fontaines et aux plaintes adressées à la commission des travaux publics par toutes les sections de Paris.

Les habitants devaient alors recourir aux porteurs d'eau qui ne craignaient pas de faire payer la voie 40 et 50 sols.

La commission des travaux publics, pressée par le ministre de l'intérieur et par les habitants qui se plaignaient chaque jour de cette disette, avait résolu, en vendémiaire an IV (1796), de faire connaître au public, par une affiche placardée dans Paris, les causes du tarissement des fontaines, lesquelles étaient indépendantes du bon vouloir et des efforts de la commission. Ces

[1] Archives nationales, $F^{13}$, 1013. Liasse.

causes, dont le détail se trouve dans de nombreux rapports, pouvaient se résumer ainsi :

1° Les dégâts commis par les débâcles dernières qui, en brisant les parties principales de la pompe du pont de la Raison (Notre-Dame), en avaient interrompu le service pendant plusieurs mois.

2° Les ravages produits par les longues gelées sur la totalité des conduites.

3° L'état de vétusté des pompes qui nécessitait des réparations presque continuelles.

4° Les variations de niveau de la rivière qui forçaient à relever ou à baisser les roues, ce qui demandait plusieurs heures chaque fois, pendant lesquelles le service se trouvait interrompu.

5° La difficulté de se procurer le nombre d'ouvriers nécessaire pour mener tous les travaux à la fois. Cette difficulté était telle qu'on avait proposé d'établir contre les ouvriers fontainiers des bons de réquisition.

6° Le peu de pluie tombé pendant les cinq derniers hivers, ce qui avait réduit au-dessous du quart le produit ordinaire des sources de Belleville, du pré Le Pelletier (Saint-Gervais) et d'Arcueil et généralement de toutes les sources.

7° La rareté des combustibles qui n'avait pas permis de faire usage des pompes à feu qui entretenaient tous les porteurs d'eau à tonneau.

8° Le prix excessif de la voie d'eau qui tenait à ce que les citoyens comme les porteurs d'eau étaient obligés d'aller puiser l'eau à la rivière, les fontaines étant taries.

De nombreuses pétitions demandaient l'établissement de nouvelles fontaines; mais elles étaient rejetées sans examen par la raison qu'on ne pouvait alimenter les fontaines existantes.

*Décret du 2 mai* 1806. — Lorsque la confiance fut rétablie, des mesures furent prises pour remettre les fontaines en bon état. Tel a été le but du décret du 2 mai 1806, que je reproduis en entier en abrégeant seulement les noms des fontaines.

Au palais de Saint-Cloud, le 2 mai 1806.

Napoléon, Empereur des Français et roi d'Italie;

Sur le rapport de notre ministre de l'intérieur, nous avons décrété et décrétons ce qui suit :

TITRE PREMIER

Art. 1. A dater du 1er juillet prochain, l'eau coulera dans toutes les fontaines de Paris le jour et la nuit, de manière à pourvoir non-seulement aux services publics et aux besoins particuliers, mais encore à rafraîchir l'atmosphère et à laver les rues.

Art. 2. Les vingt-neuf fontaines suivantes continueront d'être alimentées par la pompe Notre-Dame; savoir :

Fontaine Maubuée.
— Sainte-Avoie.
— Saint-Leu.
— Grenetat.
— Saint-Denis.
— Saint-Martin.
— Saint-Côme.
— Saint-Séverin.
— Saint-Benoît.
— Sainte-Anne ou du Palais.
— de la place Maubert.
— des Fossés-Saint-Bernard.
— Saint-Victor.
— du marché Saint-Jean.
— des Blancs-Manteaux.

Fontaine des Audriettes.
— du marché Saint-Martin.
— du Temple.
— de l'Échaudé.
— des Enfants-Rouges.
— Boucherat.
— de Birague.
— Saint-Louis.
— des Tournelles.
— Trogneux.
— Basfroid.
— du marché Lenoir.
— de la petite Halle.
— du Ponceau.

La pompe de la Samaritaine continuera d'alimenter les fontaines suivantes :

Fontaine de la croix du Trahoir.
— Desaix.

Fontaine de l'Échelle.

Art. 3. Les pompes à vapeur de Chaillot fourniront journellement de l'eau aux dix fontaines ci-après désignées :

Fontaine des Capucins.
— de la Butte Saint-Roch.
— de Richelieu.
— de Colbert.
— d'Antin (Gaillon).
Fontaine de Montmartre.
— des Petits-Pères.
— des Innocents.
— du Pilori.
— De Médicis (Halle au Blé).

Les pompes à feu du Gros-Caillou fourniront journellement de l'eau aux cinq fontaines ci-après désignées :

Fontaine de l'esplanade des Invalides.
— de Grenelle.
— de la Charité.
Fontaine de Saint-Germain-des-Prés.
— des Cordeliers.

Il sera fait immédiatement aux pompes à vapeur de Chaillot et du Gros-Caillou toutes les rectifications et améliorations dont elles sont susceptibles, pour en augmenter le volume et en régulariser la distribution.

Il sera procédé également, sans délai, aux travaux nécessaires pour établir les branchements et faire des raccordements convenables, afin que les pompes à vapeur fournissent de l'eau aux fontaines indiquées par le présent article.

Art. 4. Il sera fait, en outre, toutes les dispositions nécessaires pour que les pompes à vapeur puissent alimenter les fontaines désignées par l'article 2, dans le cas où le service des machines hydrauliques du pont Notre-Dame et du Pont-Neuf serait momentanément interrompu.

Art. 5. Les fontaines

Du Pré Saint-Gervais.
De Sainte-Périne.
Du Chaudron.
Des Récollets.
De Saint-Lazare.
De Saint-Maur,

continueront d'être servies, quant à présent, par les eaux de Belleville et du Pré Saint-Gervais.

Les fontaines

| | |
|---|---|
| Saint-Michel. | Du Pot-de-fer. |
| De Sainte-Geneviève. | Des Carmélites, |

continueront d'être servies par les eaux d'Arcueil.

Art. 6. La dépense en combustibles et en réparations annuelles qu'occasionneront les dispositions ci-dessus ordonnées, sera acquittée sur le produit de l'eau vendue au profit de l'établissement des pompes à vapeur, et sur les abonnements qui pourront être faits pour longues années.

TITRE II

Art. 7. Il sera érigé dans la ville de Paris, quinze nouvelles fontaines dont les projets seront soumis à l'approbation de notre ministre de l'intérieur.

Elles seront établies dans les emplacements ci-après désignés, savoir :

Dans le marché des Jacobins, rue Saint-Honoré;

Au château d'eau de la place du Tribunat;

Au-dessus de l'égout, place des Trois-Maries;

Sur la nouvelle place à l'extrémité du Pont-au-Change;

Au pied du regard Saint-Jean-le-Rond, adossé à une des faces latérales de l'église Notre-Dame;

Au pied du regard des Lions-Saint-Paul;

Rue de Popincourt, vis-à-vis la caserne;

Rue Saint-Dominique au Gros-Caillou, vis-à-vis la caserne;

Sur la place du Palais des Arts;

Rue de Sèvres, aux Incurables;

Sur la place du carrefour des rues de Vaugirard, d'Assas et de l'Ouest;

Sur la place Saint-Sulpice;

Sur la place au devant du Lycée Bonaparte, rue de Caumartin;

Rue Mouffetard, entre les rues Censier et Fer-à-Moulin;

Au carrefour qui termine la rue du Jardin des Plantes;

Art. 8. Ces fontaines seront alimentées par les pompes à vapeur et par les établissements hydrauliques actuellement existants, et il sera fait tous les branchements et raccordements nécessaires à cet effet.

TITRE III

Art. 9. — Les frais de premier établissement, branchements, raccordements, communications et autres, nécessités par les dispositions du présent décret, seront supportés par le Trésor public.

Une somme de cinq cent quarante mille francs sera mise, pour cet objet, à la disposition de notre ministre de l'intérieur, sur les fonds particuliers de son ministère.

Art. 10. — Tous les matériaux actuellement existants dans les magasins de la ville de Paris et mis en réserve pour les établissements hydrauliques, seront exclusivement employés aux travaux ordonnés ci-dessus et autres y relatifs.

Art. 11. — La ville de Paris supportera, à l'avenir, tous les frais d'entretien.

Art. 12. — Nos ministres de l'intérieur, des finances et du Trésor public, sont chargés, chacun en ce qui le concerne, de l'exécution du présent décret.

*Signé :* NAPOLÉON.

Par l'Empereur :

*Le Secrétaire d'État, signé :* Hugues B. Maret[1].

*Construction de la fontaine de la Pointe-Saint-Eustache en remplacement de la fontaine du Pilori ou des Halles,* 1806. — L'antique fontaine de Philippe-Auguste, reconstruite une première fois vers 1605 par François Miron[2], était absolument en ruine

[1] Extrait des minutes de la secrétairerie d'État.

[2] Voy. page 476.

en 1796, au moment de la grande pénurie des eaux. D'après un rapport de Bralle, les dalles de l'intérieur de l'édifice étaient brisées et laissaient un libre passage à l'eau qui s'infiltrait dans les fondations, l'escalier en bois qui conduisait au réservoir tombait de vétusté; on ne pouvait sans danger laisser la fontaine dans cet état de dépérissement. Sur ce rapport est inscrite la note suivante : « L'ingénieur hydraulique est autorisé à faire d'urgence les réparations nécessaires[1]. »

Il ne paraît pas que cette restauration ait été bien sérieuse; car une décision du ministre de l'intérieur, en date du 20 juin 1806, portait que « la fontaine du Pilory serait transférée à la Pointe-Saint-Eustache, que cette opération serait liée avec celle de l'érection de nouvelles fontaines ordonnée par le décret impérial du 2 mai, et que les plombs, cuivres et autres matériaux de cette ancienne fontaine, seraient employés à la nouvelle[2]. »

L'emplacement choisi était le pan coupé qui se trouve au carrefour des rues Montmartre et Montorgueil, bien connu sous le nom de *Pointe-Saint-Eustache*. Le projet fut dressé par Bralle et la sculpture fut confiée à Beauvallet. Cette fontaine, dit M. Amaury-Duval, fut vivement critiquée dans les journaux par les gens de goût, et souleva une vive opposition des habitants du voisinage; cette difficulté fut tranchée, comme cela se faisait alors, par une simple décision du ministre de l'intérieur. La fontaine se composait d'une urne renfermée dans une niche, qui versait son eau dans une petite vasque, le tout recouvert d'un toit donnant à l'édifice l'aspect d'une guérite. Des bornes disposées en arc de cercle autour de la fontaine protégeaient les porteurs d'eau. La dépense s'éleva à 28 472 francs; une simple borne-fontaine aurait coûté 3 ou 400 francs, et aurait été plus commode. Cette fontaine a été démolie vers 1856 pour faire place aux Halles centrales.

[1] Archives nationales, F[13]-1005 (liasses).

[2] Fontaine Saint-Eustache, n° 58 de la carte.

*Fontaine Desaix*, 1803. — Cette fontaine, élevée sur la place de *Thionville*, aujourd'hui *place Dauphine*, à la mémoire du général Desaix, par les soins d'un comité de souscripteurs, fut inaugurée le 28 prairial an XI, jour anniversaire de la mort du général Desaix et de la bataille de Marengo.

Le gouvernement, qui resta totalement étranger à l'érection de ce monument, et ne voulut pas contribuer à son alimentation, permit cependant que, pour l'inauguration, un filet d'eau fût tiré d'une des conduites de la Samaritaine, en attendant la construction, sous la troisième arche du Pont-Neuf, d'un bélier hydraulique inventé par Montgolfier, qui devait fournir 80 000 pintes ou 4 pouces d'eau pour l'alimentation de la fontaine. Ce bélier hydraulique n'a pas été exécuté.

Le décret du 2 mai 1806 porte que « la Pompe de la Samaritaine continuera d'alimenter la fontaine de la Croix-du-Trahoir, rue Saint-Honoré, et donnera de l'eau à la *fontaine Desaix*. »

Ce monument était fort médiocre; voici ce qu'en dit M. Amaury-Duval : « Desaix n'était point l'enfant gâté de la fortune... son étoile était nébuleuse... Un sort fâcheux l'aurait-il donc poursuivi au delà du tombeau! Jusqu'ici le mauvais goût a présidé à tous les monuments érigés en son honneur. Nous signalons cette fontaine comme un exemple dangereux à suivre, parce qu'elle est l'ouvrage d'un homme de talent, de M. Percier, chef de la plus nombreuse école d'architecture. »

La principale décoration de la fontaine était le buste du général couronné par le génie de la guerre. Le soubassement était orné de bas-reliefs et de deux génies en demi-ronde bosse écrivant dans des cartouches les noms des principales victoires du général. »

Cette fontaine a été démolie en 1875, en même temps que les bâtiments de la préfecture de police, qui masquaient la façade nouvelle du Palais de Justice. Elle était en fort mauvais état, et les inscriptions suivantes étaient devenues presque illisibles[1].

[1] Archives nationales, $F^{13}$-1013 (liasses). N° 101 de la carte.

L. CH. ANT. DESAIX
NÉ A AYAT, DÉPARTEMENT DU PUY DE DÔME
LE XVII AOUT M.DCCLXIII;
MORT A MARENGO
LE XXV PRAIRIAL AN VIII DE LA RÉPUBLIQUE
M.DCCC.
CE MONUMENT LUI FUT ÉLEVÉ
PAR DES AMIS
DE SA GLOIRE ET DE SA VERTU
SOUS LE CONSULAT DE BONAPARTE
L'AN DIX DE LA RÉPUBLIQUE
M.DCCCII.

LANDAU, KEHL, WEISSEMBOURG
MALTE
CHEBREIS, EMBABÉ,
LES PYRAMIDES,
SEDIMAN, SAMANHOUT, KENÉ,
THÈBES,
MARENGO
FURENT LES TÉMOINS DE SES TALENS
ET DE SON COURAGE.
LES ENNEMIS
L'APPELAIENT LE JUSTE;
SES SOLDATS, COMME CEUX DE BAYARD,
SANS PEUR ET SANS REPROCHE,
IL VÉCUT
IL MOURUT
POUR SA PATRIE.

*Fontaine du Châtelet* (24 juillet 1806). — On a vu ci-dessus qu'un regard ou château d'eau fut érigé en 1708 contre le mur du Grand-Châtelet, pour remplacer celui de l'apport de Paris qui était devenu absolument insuffisant. Cet édifice fut supprimé lorsqu'on démolit l'antique forteresse du Grand-Châtelet qui rendait impraticables les abords du Pont-au-Change. D'après le décret du 2 mai 1806, on devait remplacer ce regard par une fontaine construite à la descente de ce pont.

Une décision du ministre de l'intérieur du 24 juillet 1806 modifia cette disposition du décret : la fontaine fut construite au centre de la place nouvelle créée par la démolition de la forteresse. Les travaux entrepris en octobre 1806, sous la direction de Bralle, furent terminés en mai 1808.

La décoration de cette fontaine fut confiée à M. Boizot, statuaire. Le prix convenu était de 28 000 francs. Il fut porté à 35 000 francs, en raison de la perfection du travail de l'artiste. « M. Boizot, dit le rapport au ministre, jaloux de faire un monument, avait d'abord accepté le prix de 28 000 francs; toutes les figures de proportion de 2$^{m}$,27 (7 pieds), à dire (*sic*) la Renommée qui couronne le tout et qui est en plomb, les ornemens devaient être en pierre tendre de Conflans, mais pour plus de solidité M. Bralle a jugé à propos de les faire en pierre dure; d'employer le bronze au lieu de plomb pour les quatre têtes de poissons qui jettent l'eau; de faire des couronnes sculptées au bandeau de la colonne, et dans les intervalles qui devaient être cannelés, d'y faire sculpter des attaches de feuilles de palmiers, ouvrage long et minutieux; de plus, de former un grouppe de nuages et têtes des vents supportant la Renommée.... »

. . . . . . . . . . . . . . . . . . . .

« Au 18 octobre 1808, une somme de mille francs fut payée à un sieur Caldelary pour avoir imprégné tout le monument de la fontaine, sculptures et constructions, d'un encaustique préservateur, qui en offrant parfaitement le ton de la pierre devait contribuer à en garantir la durée[1]. »

Le 21 avril 1858, la fontaine du Châtelet a été transportée d'une seule pièce dans l'axe du nouveau Pont-au-Change. M. l'architecte Davioud a modifié l'ornementation de sa base; le reste de l'œuvre de Boizot a été respecté, et est encore une des fontaines monumentales les plus élégantes de Paris. La fontaine de puisage a été supprimée à la même époque[2].

*Fontaine de Mars*, sise rue Saint-Dominique, au Gros-Caillou.

[1] Archives nationales, F$^{12}$-1005 (liasses).

[2] La fontaine du Châtelet est connue aussi sous le nom de fontaine du Palmier; elle porte sur la carte le n° 60.

— Cette fontaine est ainsi nommée, parce que Mars et Hygie y son représentés en demi-ronde bosse, sans doute en raison du voisinage de l'hôpital militaire.

Le 27 mars 1807, M. Bralle, ingénieur hydraulique en chef, autorisé par le Ministre à traiter de l'acquisition de la portion de terrain devenue nécessaire pour la nouvelle fontaine, termina l'affaire en payant entre les mains des sieur et dame Cloud, propriétaires, la somme de 3600 francs[1].

Ce petit édifice, un des plus lourds de cette époque de mauvais goût, fut achevé peu de temps après cette acquisition. Il est placé dans une sorte de retraite rectangulaire ménagée dans l'alignement de la rue, en face de l'hôpital militaire du Gros-Caillou.

*Fontaine de la Bastille ou de l'Éléphant.* — D'après un décret du 16 mars 1808, deux fontaines devaient être érigées, l'une sur la place de la Concorde, l'autre sur celle de la Bastille. Un crédit de 200 000 francs fut d'abord affecté à cette double construction, mais un autre décret du 20 juillet suivant réduisit le crédit à 120 000 francs.

La fontaine de la Bastille devait avoir la forme d'un éléphant gigantesque, idée bizarre à laquelle l'Empereur tenait tellement, que la première pierre de l'édifice fut posée en présence des autorités et de l'administration municipale de Paris, le 2 décembre 1808, jour anniversaire de son couronnement. Voici la copie d'une lettre qu'il écrivait sur ce projet :

Madrid, 21 décembre 1808.

Monsieur Cretet, j'ai vu par les journaux que vous avez posé la première pierre de la fontaine de la Bastille. Je suppose que l'Éléphant sera au milieu d'un vaste bassin rempli d'eau, qu'il sera très-beau et dans de telles dimensions qu'on puisse entrer dans la tour qu'il portera ; qu'on voie comment les anciens s'y plaçaient et de quelle manière ils se servaient des Éléphans..... En-

[1] Archives nationales, F[13]-1005 (liasses). — La fontaine de Mars porte le n° 95 de la carte.

voyez-moi (aussi) le plan de cette (l'autre) fontaine qui représentera une belle galère trirème (celle de Demetrius, par exemple) qui aura les mêmes dimensions que les trirèmes des anciens. On la placerait au milieu d'une place publique ou dans tout autre endroit pour l'embellissement de la capitale. L'eau jaillirait tout autour. Vous sentez qu'il faut non-seulement que les architectes fassent des recherches pour la construction de ces deux fontaines, mais qu'ils se mettent d'accord avec les antiquaires et les savans, afin que l'Éléphant et la galère donnent une représentation exacte de l'usage qu'en faisaient les anciens. Mon intention est de me servir de l'eau de l'Ourcq pour embellir le jardin des Thuileries par des cours d'eau et des cascades, et les Champs-Élysées et leurs environs par d'immenses pièces d'eau qui soient aussi grandes que le jardin des Thuileries, et sur lesquelles il puisse y avoir des bateaux de toutes les espèces. Sur ce, je prie Dieu qu'il vous ayt en sa sainte garde.

*Signé :* NAPOLÉON.

En 1809, M. Alavoine, architecte, fut chargé par le directeur général des musées, le chevalier Denon, de la rédaction du projet de cette fontaine ; un petit modèle fut exécuté, d'après le dessin qu'il en fit, par MM. Montony et Bridant. La construction d'un grand modèle fut ordonnée en 1812.

Le 22 juin 1814, le total de la dépense faite sous la direction du chevalier Denon, pour la confection du modèle de l'éléphant et l'établissement des ateliers et machines, s'élevait à 153 669 fr. 38, selon les comptes réglés et remis au ministère. Pour achever la fontaine, il restait à dépenser 450 000 francs.

Les événements ultérieurs (1814-1815) firent abandonner ce projet de fontaine conçu par Napoléon Ier. On doit peu regretter que ce singulier monument soit resté à l'état de projet[1].

*La fontaine Égyptienne, ou par abréviation l'Égyptienne,* 1808-1810. — Cette fontaine fut construite en vertu du décret du 2 mai 1806, sous la direction de Bralle. On eut la singulière idée de faire copier par Beauvalet la belle statue en marbre pentélique du musée du Capitole, trouvée dans les ruines de la

[1] Archives nationales, F[13]-883.

villa Hadriana près de Tivoli, et qu'on suppose représenter Antinoüs; cette statue ne porte d'autre costume que la coiffure et la pagne caractéristiques des Égyptiens. On a placé dans chacune de ses mains un vase d'où sort un filet d'eau, ce qui permet de remplir deux seaux à la fois.

La copie de Beauvalet ne manque pas de mérite, mais la fontaine est peu remarquable. Elle renfermait autrefois un château qui a été supprimé.

La fontaine égyptienne est encore en activité; elle est située rue de Sèvres, contre l'extrémité de l'hospice des Incurables, du côté de la rue Vanneau. Les 89 mètres de terrain nécessaires à son établissement furent cédés au gouvernement le 19 mai 1806, par l'administration des hospices, à laquelle il fut accordé en échange une concession perpétuelle de 12 lignes d'eau[1].

L'abréviation du nom de cette fontaine a donné lieu à une singulière méprise : l'employé chargé de faire l'épure du *château d'eau*, trompé par cette désignation *l'Égyptienne,* a pourvu Antinoüs de formes féminines; tout le monde sait que le favori d'Hadrien n'était pas une femme[2].

*Fontaine de la Paix*, 1806-1810. — Le décret du 2 mai 1806 prescrivait la construction d'une fontaine sur la place Saint-Sulpice ; elle fut commencée dans le cours de cette année, sous la direction de M. Destournelles. Cet architecte étant mort en 1807, les travaux furent achevés, vers 1810, par M. Voinier.

Dans la liasse des archives où il est fait mention de cette fontaine, on trouve la lettre suivante d'un anonyme, communiquée par M. de Montalivet, ministre de l'intérieur, au directeur des travaux publics de Paris : Parmi les fontaines récemment faites, « la plus ridicule est celle de la place Saint-Sulpice ; à cet égard, l'opinion n'est pas partagée ; aussi celui qui l'avait commencée

[1] Arrêté du ministre de l'intérieur du 30 octobre 1810. — Archives nationales, $F^{13}$-1005 (liasses).

[2] Fontaine Égyptienne, n° 96 de la carte.

étant décédé, son successeur, trouvant le projet si déplacé, resta plus d'un an sans la continuer, et il lui fallut des ordres précis pour l'achever. Depuis que la place se trouve très-agrandie par la destruction de plusieurs maisons, cette fontaine est mille fois plus ridicule et déshonore le goût du beau[1].... »

Cet édifice, si maltraité par l'écrivain anonyme, a été transporté, il y a déjà plusieurs années, au milieu du marché Saint-Germain. Il a été remplacé sur la place Saint-Sulpice par une fontaine monumentale qui sera décrite dans le volume suivant de cet ouvrage.

Je n'ai pas trouvé d'autres documents sur les fontaines construites de 1806 à 1810. Cependant, toutes celles qui sont indiquées dans le décret du 2 mai 1806, et même celles qui devaient simplement être restaurées à la suite du long abandon dont il a été question ci-dessus, furent mises en service entre ces deux dates. C'est ce que prouve la pièce suivante.

*Fontaines exécutées en vertu du décret du 2 mai 1806. Situation des travaux au 28 décembre 1810.* — Le tableau suivant a été dressé par le bureau des bâtiments civils, en réponse à diverses questions du ministre de l'intérieur :

Les fontaines construites ou restaurées sur les dessins et sous la direction immédiate de l'ingénieur en chef hydraulique sont celles ci-après désignées, et elles ont coûté, savoir :

| | FR. |
|---|---|
| 1° La fontaine érigée sur l'emplacement de l'ancienne forteresse du grand Châtelet (fontaine du Palmier). . . . . . . | 148 398,00 |
| 2° Celle construite rue Saint-Dominique, au Gros-Caillou, en face de l'hôpital de la garde impériale. . . . . . . . . . | 78 510,00 |
| 3° La fontaine de la pointe Saint-Eustache, entre les rues Montorgueil et Montmartre. . . . . . . . . . . . . . . . | 28 472,00 |
| 4° Celle de la place des Trois-Maries, quai dit de l'École. . | 19 065,00 |
| A reporter. . . . . . . . . . . | 274 445,00 |

[1] Archives nationales, $F^{13}$-887.

| | |
|---|---|
| Report. . . . . . . . . . . . . . | 274 445,00 |
| 5° La fontaine de la rue de Sèvres, près de l'hospice des Incurables, dite fontaine égyptienne. . . . . . . . . . . . . . | 29 856,00 |
| 6° Celle de la rue de Vaugirard, à l'angle de la rue du Regard. . . . . . . . . . . . . . . . . . . . . . . . . . | 45 765,00 |
| 7° La double fontaine adossée au bâtiment de l'ancienne pharmacie centrale des hospices, parvis Notre-Dame. . . . . | 11 016,00 |
| 8° La fontaine très-simple de la rue des Lions-Saint-Paul, mais qui avait nécessité l'établissement d'une conduite partant de la rue Saint-Antoine. . . . . . . . . . . . . . . . . . . . . | 29 549,00 |
| 9° L'établissement des conduites qui portent l'eau de la Seine dans les bornes placées aux angles de la fontaine des Innocents, où puisent les porteurs à bretelles, l'eau que jette la gerbe n'étant point reconnue potable. . . . . . . . . . . | 7 429,00 |
| 10° La restauration de la fontaine de la rue de l'Échelle qui, quoique construite depuis longtemps, n'avait jamais donné d'eau. . . . . . . . . . . . . . . . . . . . . . . | 2 582,00 |
| 11° L'établissement d'une fontaine de distribution au Château-d'Eau, place du Palais-Royal, qui, jusques-là, ne renfermait que des réservoirs intérieurs pour alimenter le palais des Thuileries. . . . . . . . . . . . . . . . . . . . . . . . | 5 760,00 |
| 12° La construction de la fontaine de la rue du Jardin-des-Plantes, au marché aux Chevaux. . . . . . . . . . . . . . . . | 27 077,00 |
| 13° Celle de la rue Censier, près la rue Mouffetard. . . . . | 18 296,00 |
| 14° La fontaine-borne de la rue du Roule, en face de celle Neuve-de-Berry. . . . . . . . . . . . . . . . . . . . . . | 1 541,00 |
| 15° L'établissement des conduites qui portent l'eau à la fontaine du lycée Bonaparte (dont sera parlé cy après pour la construction). . . . . . . . . . . . . . . . . . . . . . | 8 775,00 |
| 16° Pareil établissement de conduites pour la fontaine du palais des Beaux-Arts, dont la dépense de construction fera l'objet d'un article séparé. . . . . . . . . . . . . . . . . | 9 100,00 |
| 17° Autre établissement de conduite pour la fontaine de la place Saint-Sulpice. . . . . . . . . . . . . . . . . . . | 14 900,00 |
| 18° Construction d'une fontaine rue Popincourt. . . . . . | 32 890,00 |
| Honoraires de M. Bralle, ingénieur en chef hydraulique. . | 29 641,00 |
| En sorte que la construction ou la restauration des fontaines exécutées sous la direction de cet ingénieur a occasionné une dépense de. . . . . . . . . . . . . . . . . . | 548 422,00 |

| | |
|---|---|
| Report. . . . . . . . . . . . . . | 548 422,00 |
| A y ajouter | |
| La construction proprement dite de trois autres fontaines, qui a eu lieu sur les dessins et sous la direction d'architectes particuliers, savoir : | |
| 1° Pour la fontaine adossée au lycée Bonaparte, confiée à M. Brongniart. . . . . . . . . . . . . . . . . . . . . . . . | 4 851,91 |
| 2° Pour la fontaine achevée, mais non encore alimentée du palais des Beaux-Arts, construite sur les dessins et sous la direction de M. Vaudoyer, en dépense connue jusqu'à présent. | 16 850,96 |
| 3° Enfin pour la fontaine de la place Saint-Sulpice, construite sur les dessins de feu M. Destournelles et sous la direction de M. Voinier. . . . . . . . . . . . . . . . . . . . | 43 354,24 |
| Total général. . . . . . . . | 613 209,11 |

« Toutes les fontaines ordonnées par le décret du 2 mai 1806 sont achevées et en activité, à l'exception de celle du palais des Beaux-Arts, à cause des nouveaux travaux à faire aux conduites d'eau et aux bâches destinées à recevoir les eaux que jetteront les lions antiques[1]. »

Le crédit ouvert par le décret du 2 mai 1806, pour la reconstruction et la restauration des fontaines, s'élevait à 540 000 fr. Peu de temps après, on reconnut qu'il était insuffisant, ce qui motiva le décret suivant :

A Bayonne, le 20 juillet 1808.

Napoléon, empereur des Français, roi d'Italie et protecteur de la Confédération du Rhin. Sur le rapport de notre ministre de l'intérieur, nous avons décrété et décrétons ce qui suit :

Article 1er. — Sur le crédit de deux cent mille francs destinés aux fontaines à construire sur les places de la Concorde et de la Bastille par le budget de l'exercice 1808, décrété le 16 mars dernier, il sera distrait une somme de *quatre vingt mille francs* pour acquitter les dépenses de l'entier achèvement des autres fontaines de Paris, dont l'érection a été ordonnée par décret du 2 mai 1806.

[1] Archives nationales, F 13-1002 (liasses).

Article 2. — Nos ministres de l'intérieur et du trésor public sont chargés de l'exécution du présent décret.

*Signé :* NAPOLÉON [1].

Le crédit ouvert fut ainsi porté à 620 000 francs, et ne fut pas absorbé entièrement ; les dépenses ne s'élevèrent qu'à 615 209 francs.

*Fontaines du palais des Beaux-Arts (de l'Institut).* — Cette fontaine a remplacé celle du collége des Quatre-Nations, démolie à une époque inconnue.

Un rapport présenté au ministre de l'intérieur, le 24 décembre 1811, par le bureau des bâtiments civils, fait connaître « que les fontaines du palais des Beaux-Arts, faisant partie de celles ordonnées par le décret impérial du 2 mai 1806, ont coûté, après vérification des mémoires, la somme de 32 471 francs, au lieu de 12 000 francs, somme à laquelle le Conseil des bâtiments civils avait fixé la dépense à faire, dans un de ses conseils de décembre 1806.

« Le s^r Vaudoyer, architecte bien connu, après avoir dressé trois projets différents, dont le premier représentait une fontaine de Minerve, et le second une sorte de château d'eau à élever devant la place du Palais, présenta enfin le projet adopté où figuraient des lionnes, dont l'exécution fut confiée, après plusieurs entreprises malheureuses, aux usines du Creusot. »

On lit dans un autre rapport que « la fontaine du palais des Beaux-Arts, dont la disposition est simple et ingénieuse, est généralement goûtée par le public ; l'exécution en a été difficile et très-soignée, et peut être considérée à l'égard de l'architecte Vaudoyer comme un travail extraordinaire qui mérite une récompense [2]. »

[1] Extrait des minutes de la secrétairerie d'État.
[2] Archives nationales, F[13] 1002 (liasses). — N° 100 de la carte.

Les travaux, plusieurs fois interrompus, paraissent avoir duré plus de quatre ans — de 1806 à 1811.

Cette fontaine a été supprimée en 1863.

*Fontaine de la Halle-au-Blé.* — En 1499, messire Robert de Framezelles vendit deux mille écus d'or aux Filles pénitentes un vaste terrain compris entre les rues Coquillière, du Jour, des Deux-Écus et de Grenelle, que Louis XII lui avait donné.

Catherine de Médicis en devint propriétaire par voie d'échange, en 1572, et chargea son architecte Jehan Bullant d'y ériger un vaste hôtel et une tour où elle devait faire ses observations d'astrologie. On a vu que, le 19 septembre 1579, il fut enjoint au maître des œuvres d'exécuter, « toute affaire cessante, » les travaux nécessaires « pour faire pisser l'eau dedans le jardin de la Reine, mère du Roy, au lieu où naguère étoient les religieuses pénitentes[1]. »

Les héritiers de Catherine de Médicis conservèrent cette propriété jusque vers l'année 1601, et la vendirent alors à Catherine, sœur de Henri IV. Elle passa ensuite dans les mains de Charles de Bourbon, comte de Soissons ; depuis cette époque, elle prit le nom d'*Hôtel de Soissons*. L'hôtel et la tour existaient encore en 1656, car ils figurent sur la carte de Gomboust. A la mort du prince de Carignan, auquel elle était échue en partage, cette propriété passa aux mains de ses créanciers qui, en 1748 ou 1749, firent démolir l'hôtel, à l'exception de la tour. En 1755, la ville de Paris acheta le terrain pour y construire la halle au blé, dont les premières assises furent posées en 1763, et qui fut achevée en trois ans, sous la prévôté de messire Camus de Pontcarré, seigneur de Viarmes et autres lieux, et sous la conduite de Lecamus de Mézières, architecte. C'est seulement en 1812 qu'on érigea la petite fontaine de puisage qu'on y voit encore aujourd'hui. L'histoire de cette propriété et de cette colonne-fontaine est relatée dans

[1] Voy. page 488.

l'inscription suivante qui, malheureusement, n'est pas gravée, mais simplement peinte sur une plaque de marbre noir :

IN BASI TURRIS HUJUS E REGIARUM ÆDIUM
RELIQUIIS EXSTANTIS, QUOD INSIGNE OPUS
A JOHANNE BULLANT ARCHITECTO
ANNO POST J.C. 1572 ÆDIFICATUM, ANNO AUTEM
1749 DESTRUCTUM, UT IN FRUMENTARIAS
NUNDINAS CONVERSUM SIT UTILITATI CIVIUM ET
HUJUSCE FORI ORNAMENTO, PRÆFECTUS ET ÆDILES
FONTEM INSTAURAVERUNT ANNO M.DCCC.XII.

La fontaine a donc été construite en 1812. La tour de Catherine lui donne un très-grand caractère. Elle est encore en activité [1].

*Fontaine de l'esplanade des Invalides*, 1819-1840. — Le 19 juillet 1819, le Conseil d'administration de l'hôtel des Invalides demandait que le piédestal du Lion de Saint-Marc, demeuré inutile depuis que le lion était rentré à Venise, fût démoli et remplacé par un simple bouillon d'eau.

Après la présentation de plusieurs projets jugés trop mauvais ou trop dispendieux, on accepta celui de M. l'architecte Alavoine, qui proposait de construire un simple bassin avec un bouquet de fleurs de lis en fonte dorée, placé au centre et formant jet d'eau. La dépense était évaluée à 5685 fr. 28, déduction faite du prix des matériaux de démolition du piédestal.

Les travaux étaient achevés en 1820, mais la fontaine n'était pas alimentée et on dut la couvrir de terre pour la préserver de la gelée.

Enfin, en 1822, on se décida à y dériver un simple filet d'eau de la conduite du Gros-Caillou. L'effet fut jugé médiocre, mais à cela le Préfet de la Seine répondait « que jamais la pompe du Gros-Caillou ne produirait un volume d'eau suffisant pour alimenter cette fontaine dans la proportion énorme qu'on réclamait, quand même les produits de cette pompe seraient exclusivement employés au service de la fontaine dont il

[1] Cette fontaine porte le n° 57 de la carte.

s'agit. » Il ajoutait que le résultat pourrait sans doute être obtenu un jour au moyen des eaux de l'Ourcq, mais que l'époque de cette distribution était encore éloignée, et qu'en attendant on ne pouvait disposer de l'eau de la pompe du Gros-Caillou, à peine suffisante pour les besoins des quartiers du faubourg Saint-Germain et Saint-Jacques.

Cette fontaine sans eau était dégradée par les malfaiteurs et les actions atmosphériques. On dut la réparer en 1823, 1825, 1834, 1835 et 1836. Le bouquet de fleurs de lis était remplacé par un piédestal en plâtre portant le buste de Lafayette.

Enfin, le 21 novembre 1840, le ministre des travaux publics autorisa la démolition de ce bassin qui, par sa position au centre de l'esplanade, pouvait gêner la cérémonie de la translation des cendres de l'empereur Napoléon I^er [1].

Parmi les nouvelles fontaines à ériger en vertu du décret du 2 mai 1806, il s'en trouve plusieurs qui ont été construites sans qu'on en trouve aucune mention dans les archives de l'inspection des eaux. Je me contente de les indiquer sommairement ici.

*Nouvelle fontaine du Parvis Notre-Dame.* — On a vu qu'en 1665 la fontaine du Parvis Notre-Dame fut démolie parce qu'elle était gênante pour le clergé[2]. Le décret du 2 mai 1806 prescrivit de la rétablir au pied du regard de Saint-Jean-le-Rond, situé entre deux piliers de la cathédrale très-voisins de la façade. On érigea ces deux fontaines de chaque côté de la porte des bureaux de l'Assistance publique, à gauche de l'avenue conduisant à la cathédrale. Elles ont été démolies et remplacées par la borne-fontaine de puisage qui est encore en activité contre un des murs de la place du Parvis[3].

[1] Archives nationales, F[14] 597 (liasses). — Cette fontaine n'est pas indiquée sur la arte.

[2] Voy. page 575

[3] Fontaine du parvis Notre-Dame, n° 128 de la carte.

*Fontaine du marché Saint-Honoré.*— Cette fontaine est encore en activité ; c'est un édifice très-lourd qui ne mérite pas qu'on en parle plus longuement ; elle a été inaugurée très-probablement en même temps que le marché, en 1810[1].

*Fontaine Censier.* — Son emplacement est ainsi indiqué dans le décret de 1806 : Rue Mouffetard, entre les rues Censier et Fer à-Moulin. Cette fontaine a été supprimée pour faire place aux rues Monge et des Feuillantines[2].

*Fontaine des Lions-Saint-Paul.* — A été construite, conformément au décret, au pied du regard des Lions-Saint-Paul. Cette fontaine est aujourd'hui démolie[3].

*Fontaine Poliveau.* — Sa position est ainsi désignée dans le décret : Au carrefour qui termine la rue du Jardin des Plantes. Cet emplacement se trouve aujourd'hui à la rencontre des rues Geoffroy-Saint-Hilaire, Poliveau et Censier. L'édifice fort peu élégant ressemble à une énorme borne en pierre de taille ornée d'un aigle couronné en demi-ronde bosse. La fontaine est encore en activité[4].

*Fontaines de Sainte-Croix.* — Construction ordonnée par le même décret, sur la place au devant du lycée Bonaparte, rue de Caumartin. Ces fontaines ne sont plus en activité[5].

*Fontaine du Roule.* — Prescrite par le décret du 2 mai 1806. Simple borne-fontaine placée dans un angle rentrant de la rue du Faubourg Saint-Honoré, entre les rues de Berri et de Billault. Aujourd'hui supprimée[6].

[1] Fontaine du marché Saint-Honoré, n° 45 de la carte.
[2] Fontaines Censier, n° 120 de la carte.
[3] Fontaine des Lions-Saint Paul, n° 85 de la carte.
[4] Fontaine Poliveau, n° 121 de la carte.
[5] Fontaines de Sainte-Croix, n° 42 de la carte.
[6] Fontaine du Roule, n° 41 de la carte.

*Fontaine Saint-Ambroise.* — D'après le même décret, construite rue Popincourt, près l'église de Saint-Ambroise. Aujourd'hui démolie[1].

*Fontaines du quai aux Fleurs.* — Construites vers 1828, sur les dessins de M. Molines, architecte. Ces fontaines, par suite de la suppression de la place du Quai aux Fleurs, sont aujourd'hui transférées place Walhubert, à l'entrée du Jardin des Plantes. Elles ne sont pas en service[2].

Je résume cette histoire des fontaines de Paris par le tableau chronologique suivant :

[1] Fontaine Saint-Ambroise, n° 86 de la carte.
[2] Fontaines du quai aux Fleurs, n° 129 de la carte.

## TABLEAU CHRONOLOGIQUE

### DES ANCIENNES FONTAINES DE PUISAGE DE PARIS ET DES REGARDS POURVUS DE CHATEAUX D'EAU

| NUMÉROS D'ORDRE | NUMÉROS DES PAGES DU TEXTE | NUMÉROS DE LA CARTE | NOMS SUCCESSIFS DE LA FONTAINE | DATES DE LA CONSTRUCTION ET DES RECONSTRUCTIONS OU RESTAURATIONS SUCCESSIVES CONNUES | NOM MODERNE DE LA LOCALITÉ OU L'OUVRAGE SE TROUVE OU SE TROUVAIT | NOMS DES EAUX D'ALIMENTATION | ÉTAT ACTUEL |
|---|---|---|---|---|---|---|---|
| | | | *Fontaines construites dans l'enceinte de Charles V. Treizième, quatorzième et quinzième siècles.* | | | | |
| 1 | 459<br>452<br>476<br>630 | » | Fontaine de la Halle.<br>Fontaine du pilori. | Vers 1222, par Philippe-Auguste? existait en 1369. 1605, par François Miron. | A peu près dans l'emplacement de la Halle aux poissons. | Pré-Saint-Gervais.<br>Seine.<br>Arcueil. | Démolie en 1806 et transportée à la pointe Saint-Eustache. |
| 2 | 460<br>473<br>607 | 59 | Fontaine des Innocents. | Érig. par saint Louis; existait en 1274; ornée par J. Goujon en 1550; restaurée en 1708; déplacée et reconstruite en 1788 et modifiée en 1868 | Originairement à l'angle des rues St-Denis et aux Fers. Rue Saint-Denis Square des Innocents. | Pré-Saint-Gervais.<br>Arcueil.<br>Seine.<br>Ourcq. | Aujourd'hui fontaine monumentale. Château d'eau supprimé en 1840. |
| 3 | 460<br>604 | 61 | Fontaine Maubuée. | Treizième siècle par les religieux de Saint-Martin-des-Champs? reconstruite en 1733. | Angle des rues Saint-Martin et Maubuée, n° 122 de la rue Saint-Martin. | Belleville.<br>Arcueil.<br>Seine.<br>Ourcq. | Encore en activité. |
| 4 | 460<br>578 | 72 | Fontaine Sainte-Avoie | Construite très-probablement en même temps que la précédente dans le treizième siècle; reconstruite en 1682; en 1840 déplacée et reconstruite. | Rue du Temple, n° 58, incrustée dans la propriété de MM. Rousseau frères. | Belleville.<br>Arcueil.<br>Seine.<br>Ourcq. | Encore en activité. |
| 5 | 461<br>479 | 62 | Fontaine Salle-au-Comte.<br>Fontaine de Saint-Leu. | Sous Charles VI par le chancelier de Marle; en 1606, par Charles Lecomte. | Rue Salle-au-Comte. | Belleville.<br>Seine.<br>Ourcq. | Démolie pour l'ouverture du boulevard de Sébastopol. |
| 6 | 461<br>520 | » | Fontaine Saint-Julien des Ménétriers. | Quatorzième siècle; fin du règne de Philippe VI; longtemps détruite; reconstruite en 1646. | Rue Saint-Martin, côté des n°s impairs, près de la rue de Rambuteau. | Belleville.<br>Arcueil.<br>Seine. | Démolie, époque inconnue. |
| 7 | 463<br>616 | 63 | Fontaine du Ponceau. | Existait en 1589; 1605, reconstruite par François Miron; 1810, reconstruction par Girard. | Angle des rues Saint-Denis et du Ponceau. | Belleville. | Supprimée par arrêté préfectoral du 26 juin 1852. |
| 8 | 461<br>519 | 73 | Fontaine de l'apport Boudoyer, remplacée par la fontaine Saint-Jean. | Existait à la fin du quinzième siècle; reconstruite en 1536 et 1627. | Rue Saint-Antoine, à droite, près de l'église Saint-Gervais, à l'entrée du marché Saint-Jean. Fontaine Saint-Jean détruite par la rue de Rivoli. | Belleville.<br>Arcueil.<br>Seine. | Fontaine et regard Saint-Jean supprimés en 1842. |

| NUMÉROS D'ORDRE | NUMÉROS DES PAGES DU TEXTE | NUMÉROS DE LA CARTE | NOMS SUCCESSIFS DE LA FONTAINE | DATES DE LA CONSTRUCTION ET DES RECONSTRUCTIONS OU RESTAURATIONS SUCCESSIVES CONNUES | NOM MODERNE DE LA LOCALITÉ OU L'OUVRAGE SE TROUVE OU SE TROUVAIT | NOMS DES EAUX D'ALIMENTATION | ÉTAT ACTUEL |
|---|---|---|---|---|---|---|---|
| 9 | 463<br>476 | » | Fontaine Barre-du-Bec . . . . . . . . | Existait à la fin du quinzième siècle; reconstruction prescrite par un arrêt de la cour du 5 septembre 1602. . . . | Rue du Temple, entre la rue de la Bretonnerie et de la Verrerie (ancienne rue Barre-du-Bec).. | Belleville. . . . . . | Il n'en est pas fait mention dans le partage des eaux du 2 juin 1673. |
| 10 | 463 | » | Fontaine de la Reine ou Grenétat . . . . | Existait avant la fin du quinzième siècle | Rue Saint-Denis, angle de la rue Grenétat. . . . . . | Pré-Saint-Gervais. .<br>Ourcq . . . . . . . | La fontaine existe encore, mais n'est plus en activité. |
| 11 | 463 | » | Fontaine de la Trinité . . . . . . . . | Existait avant la fin du quinzième siècle. . . . . . . . | Rue Grenétat. . . . | Pré-Saint-Gervais. . | Il n'est pas fait mention de ces deux fontaines dans le partage des eaux de 1673. |
| 12 | 463<br>522 | » | Fontaine des Cinq-Diamants. . . . . . | Construite avant la fin du quinzième siècle; il en est fait mention dans le partage des eaux de 1656 . . . . . . . | Rue Quincampoix. . | Pré-Saint-Gervais. .<br>Arcueil. . . . . . . | |

*Fontaines et regards construits avant le seizième siècle hors de l'enceinte de Philippe-Auguste, mais dans l'enceinte actuelle.*

| NUMÉROS D'ORDRE | NUMÉROS DES PAGES DU TEXTE | NUMÉROS DE LA CARTE | NOMS SUCCESSIFS DE LA FONTAINE | DATES | NOM MODERNE | NOMS DES EAUX | ÉTAT ACTUEL |
|---|---|---|---|---|---|---|---|
| 13 | 118<br>566 | 16 | Regard sur le chemin de La Villette . . .<br>Regard des Jardins.. | Très-ancien château d'eau. Partage des eaux du 2 juin 1673 . . . . . . . . | Dans l'enceinte actuelle de Paris, près de la rue de Mexico. | Pré-Saint-Gervais. . | Détruit vers 1869; château d'eau supprimé vers 1828. |
| 14 | 118<br>566 | 18 | Regard de Sainte-Périne, plus tard important château d'eau. . . . . . . . | Très-ancien regard, château mentionné dans le partage des eaux du 2 juin 1673. | Entre la rue de Meaux et l'emplacement de Montfaucon . . . . | Pré-Saint-Gervais. . | Supprimé en 1866. |
| 15 | 466<br>584 | 20 | Fontaine Saint-Laurent. . . . . . . .<br>Fontaine et regard des Récollets . . . . | Très-ancienne fontaine convertie en château d'eau le 15 mars 1700. . . . . | Rue du Faubourg-Saint-Martin, vis-à-vis la gare du chemin de fer de l'Est . . . . . . . | Pré-Saint-Gervais. . | Supprimés. |
| 16 | 109<br>466<br>584 | 21 | Fontaine et regard de Saint-Lazare. . . | Cette fontaine existait en 1364; convertie en château d'eau le 4 septembre 1699 . . . . . | Entre les deux portes du prieuré de Saint-Lazare . . . . . . | Pré-Saint-Gervais. . | Supprimés. |
| 17 | 464 | » | Fontaine des Filles-Dieu. . . . . . . . | Probablement en 1265?. . . . . . . | A la porte du monastère, rue Saint-Denis, entre les rues des Filles-Dieu et du Caire; suivant Girard, vers la rue Sainte-Foy. . . . . | Pré-Saint-Gervais . . | Détruite; il n'en est plus question dans le partage des eaux de 1673. |
| 18 | 464<br>615 | 65 | Fontaine et château d'eau du Vert-Bois. | Treizième siècle; date des reconstructions inconnues, peut-être 1633, cédés à la ville en 1712? et 1740 par les religieux de St-Martin. . . . . . . | Vers l'angle des rues Saint-Martin et du Vert-Bois . . . . . | Eau de Savies. . . .<br>Ourcq . . . . . . . | Encore en activité; château d'eau détruit. |

| NUMÉROS | | | NOMS SUCCESSIFS DE LA FONTAINE | DATES DE LA CONSTRUCTION ET DES RECONSTRUCTIONS OU RESTAURATIONS SUCCESSIVES CONNUES | NOM MODERNE DE LA LOCALITÉ OU L'OUVRAGE SE TROUVE OU SE TROUVAIT | NOMS DES EAUX D'ALIMENTATION | ÉTAT ACTUEL |
|---|---|---|---|---|---|---|---|
| | DES PAGES DU TEXTE | DE LA CARTE | | | | | |
| 19 | 464<br>615 | » | Fontaine du Temple. | Treizième siècle? propriété des Templiers puis du grand prieuré du Temple. . . . | Cette antique fontaine était située vis-à-vis de la rue Notre-Dame de Nazareth, près de l'angle des rues du Temple et Béranger (autrefois rue Vendôme). . . . . . . | Eau de Savies. . . . | Convertie en fontaine marchande vers le commencement du dix-neuvième siècle; aujourd'hui détruite. |
| *Fontaines construites dans le cours du seizième siècle et au commencement du dix-septième jusqu'à la distribution des eaux d'Arcueil.* | | | | | | | |
| 20 | 471<br>529 | 56 | Fontaine de la Croix-du Tirouer. . . . .<br>Fontaine et château d'eau du Trahoir. .<br>Fontaine de l'Arbre-Sec. . . . . . . . | 1529, par François Ier; reconstruite en 1636 avec château d'eau et en 1775 sur les dessins de Soufflot. | A l'angle des rues Saint-Honoré et de l'Arbre-Sec . . . . | Pré-Saint-Gervais. .<br>La Samaritaine. . .<br>Arcueil . . . . . .<br>Ourcq . . . . . . . | Château d'eau détruit. Fontaine encore en activité. |
| 21 | 472<br>519 | 81 | Fontaine de Birague.<br>Fontaine et regard de Sainte-Catherine, devant les Jésuites. .<br>Fontaine de Birague. | 1579, par le cardinal de Birague; reconstruite avec château d'eau en 1627 par Me Bailleul; reconstruction en 1707. . | Rue Saint-Antoine, vis-à-vis de la rue de Sévigné . . . . | Belleville . . . . :<br>Arcueil. . . . . . .<br>Seine . . . . . . . | Détruits pour faire place à la rue de Rivoli en 1856. . . |
| 22 | 478<br>585 | » | Fontaine du Palais. . | 1606, par Henri IV. | Emplacement de la maison du père de Jean Châtel. . . . | Pré-Saint-Gervais . . | Détruite en 1686. |
| 23 | 507 | » | Fontaine du Louvre. . | 15 juillet 1610 . . . | Au centre de la place du Louvre. . . . . | Pré-Saint-Gervais. .<br>Arcueil, Ourcq. . . . | Détruite; époque inconnue. |
| *Fontaines érigées depuis la distribution des eaux d'Arcueil jusqu'à la construction des pompes du pont Notre-Dame de 1623 à 1671.* | | | | | | | |
| 24 | 513<br>560 | 125 | Fontaine et regard de Saint-Benoit. . . . .<br>Fontaine de Cambrai. | 1625, adjugés le 25 octobre à Pierre Bernard et Jehan Gobelin . . . . . . | Dans l'emplacement du collége de France, place de Cambrai. . . . . . . | Arcueil. . . . . . .<br>Ourcq . . . . . . . | Détruits; remplacés aujourd'hui par une borne-fontaine. Le château existe encore et alimente une seule concession. |
| 25 | 515<br>562<br>576 | 126 | Fontaine et château d'eau de la place Maubert . . . . . .<br>Fontaine des Carmes. | 1625, adjugée le 25 octobre à Pierre Bernard et Jehan Gobelin; déplacée vers 1675. . . . . | Place Maubert. . . | Arcueil. . . . . . .<br>Seine . . . . . . .<br>Ourcq . . . . . . . | Démolis. |
| 26 | 515<br>560 | 124 | Fontaine et château d'eau du puits Sainte-Geneviève . . . . .<br>Fontaine de Sainte-Geneviève . . . . . | 1625, adjudication du 25 octobre; déplacée il y a quelques années lorsqu'on a percé la rue de l'École-Polytechnique. | Extrémité de la rue de l'École-Polytechnique, en face de l'entrée des élèves. . | Arcueil. . . . . . .<br>Arcueil et Seine. . . | Fontaine encore en activité. Château d'eau détruit. |

| NUMÉROS D'ORDRE | NUMÉROS DES PAGES DU TEXTE | NUMÉROS DE LA CARTE | NOMS SUCCESSIFS DE LA FONTAINE | DATES DE LA CONSTRUCTION ET DES RECONSTRUCTIONS OU RESTAURATIONS SUCCESSIVES CONNUES | NOM MODERNE DE LA LOCALITÉ OU L'OUVRAGE SE TROUVE OU SE TROUVAIT | NOMS DES EAUX D'ALIMENTATION | ÉTAT ACTUEL |
|---|---|---|---|---|---|---|---|
| 27 | 513<br>581 | 109 | Fontaine et regard de la porte Saint-Michel. . . . . . | 1624, Jehan Gobelin; reconstruite de 1680 à 1685, par Odile Tarade, architecte. | Boulevard Saint-Michel, à peu près en face de la rue de Monsieur-le-Prince. | Arcueil. . . . . .<br>Arcueil et Seine. . . | Détruits pour faire place au boulevard Saint-Michel. |
| 28 | 514<br>610 | 108 | Fontaine et regard Saint-Côme . . . . | 14 juin 1624, par Pierre Bernard; reconstruite le 7 juin 1715 . . . . . . . | Rue de l'École-de-Médecine, près du boulevard Saint-Michel. . . . . . . . | Arcueil. . . . . . | Détruits en 1836. |
| 29 | 514 | » | Fontaine de la place de Grève. . . . . .<br>Fontaine de la place de l'Hôtel-de-Ville . | Première pierre posée par Louis XIII le 28 juin 1624. . . | Place de l'Hôtel-de-Ville . . . . . . . | Arcueil. . . . . . .<br>Seine. . . . . . . . | Détruite; époque inconnue. |
| 30 | 516<br>575<br>644 | 128 | Fontaine du Parvis-Notre-Dame. . . . . | 1624, adjugée le 24 août à Jacques Hanquetil, démolie en 1665; reconstruite de 1806 à 1810 . . | Place du Parvis-Notre-Dame. . . . . . . | Arcueil. . . . . . .<br>Ourcq . . . . . . . | Encore en activité. |
| 31 | 517 | 117 | Fontaine du Faubourg-Saint-Jacques. . . .<br>Fontaine des Carmélites. . . . . . . . | 1625, 7 janvier, traité avec Pierre Bernard et Jehan Gobelin . . | Rue Saint-Jacques, côté des n[os] pairs, près du Val-de-Grâce. . . . . . . | Arcueil. . . . . . | Détruite; remplacée par une borne-fontaine à repoussoir. |
| 32 | 517<br>582 | 127 | Fontaine de Saint-Séverin . . . . . . . | 1625, traité avec Pierre Bernard et Jehan Gobelin le 7 janvier; reconstruite en 1685. . . . . . | A l'angle des rues Saint-Jacques et Saint-Séverin . . . | Arcueil. . . . . . .<br>Seine. . . . . . . .<br>Ourcq . . . . . . . | Détruite; remplacée par une borne fontaine à repoussoir. |
| 33 | 517<br>562 | 102 | Fontaine en la cour du Palais. . . . . .<br>Fontaine du Palais. .<br>Fontaine de la Sainte-Chapelle . . . . . . | 1626, 11 mars, traité avec Jehan Thiriot. | Dans la cour du Palais de Justice, vers la Sainte-Chapelle.. | Arcueil. . . . . . .<br>Seine. . . . . . . . | Détruite. |
| 34 | 517<br>582 | 122 | Fontaine et château d'eau de Saint-Victor<br>Fontaine Cuvier. . . | Simple robinet vers 1626, fontaine construite de 1686 à 1687; reconstruite en 1840. . . . . . | Rue Cuvier, à l'angle de la rue Linné . . | Arcueil. . . . . . .<br>Ourcq . . . . . . . | Encore en activité. |
| 35 | 519<br>593 | » | Fontaine de l'apport de Paris. . . . . . | 1625, 10 mai, traité avec Pierre Bernard. | Place de l'Apport-de-Paris. . . . . . . | Pré-Saint-Gervais . . | Détruite en 1708. |
| 36 | 519<br>568<br>618 | 70 | Fontaine du Marais-du-Temple . . . . .<br>Fontaine de l'Échaudé | 1624, 26 juillet, par les habitants du Marais du Temple. . . | Carrefour des rues Vieille-du-Temple et de Poitou . . . . . | Belleville. . . . . .<br>Ourcq . . . . . . . | Encore en activité. |
| 37 | 520<br>585 | 73 | Fontaine de la rue de Paradis. . . . . . .<br>Regard Soubise . . . | 1628, 3 juin, adjugé au sieur Mesureur; reconstruit 12 février 1706, par le prince de Soubise . | Carrefour des rues des Francs-Bourgeois et du Chaume. | Belleville. . . . . .<br>Seine . . . . . . . | Existe encore à l'angle des Archives nationales; n'est plus en activité. |
| 38 | 518<br>521 | » | Fontaine des Grands-Augustins. . . . . | 1635, 7 septembre, décision du Bureau. | Quai des Grands-Augustins . . . . . . | Arcueil. . . . . . . | Détruite, époque inconnue. |
| 39 | 521<br>614 | » | Fontaine de la Porte-Saint-Denis. . . . . | Même décision du Bureau, regard de la porte Saint-Denis converti en fontaine. . . . . . . | Porte Saint-Denis. . | Pré-Saint-Gervais. . | Démolie, époque inconnue. |

| NUMÉROS DES PAGES DU TEXTE | NUMÉROS DE LA CARTE | NOMS SUCCESSIFS DE LA FONTAINE | DATES DE LA CONSTRUCTION ET DES RECONSTRUCTIONS OU RESTAURATIONS SUCCESSIVES CONNUES | NOM MODERNE DE LA LOCALITÉ OU L'OUVRAGE SE TROUVE OU SE TROUVAIT | NOMS DES EAUX D'ALIMENTATION | ÉTAT ACTUEL |
|---|---|---|---|---|---|---|
| 521<br>587 | 74 | Château d'eau et fontaine des Blancs-Manteaux. . . . . . | 1655, 7 septembre, décision du Bureau; regard des Blancs-Manteaux converti en fontaine; reconstruite, 1706-1719 . | Angle des rues des Blancs-Manteaux et Vieille-du-Temple. . | Belleville. . . . . . .<br>Seine. . . . . . . . .<br>Ourcq. . . . . . . . . | Existent encore, mais ne sont plus en activité. |
| 522<br>577 | 105 | Fontaine de la porte Saint-Germain . . .<br>Fontaine des Cordeliers. . . . . . . . | Existait en 1656; délibération du 29 juillet. . . . . . . | Rue de l'École-de-Médecine, angle de la rue de Larrey. . | Arcueil. . . . . . .<br>Ourcq . . . . . . . | Détruite par le boulevard Saint-Germain en 1876. |
| 626 | 51 | Regard de la place des Victoires. . . . . . | Probablement vers 1656. Distribution de l'eau attribuée à Bocquet. . . . . . | Place des Victoires . | Arcueil. . . . . . .<br>Seine . . . . . . . | Supprimé vers 1857, après le rachat des concessions. |
| 575<br>629 | 127 bis | Regard de Saint-Jean-le-Rond . . . . . . | Délibération du 14 février 1665, relative à la démolition du regard du parvis Notre-Dame, décret du 2 mai 1806. . . . . . . . . | Entre deux piliers de l'église Notre-Dame. | Arcueil. . . . . . .<br>Seine. . . . . . . . | Supprimé vers 1837, après le rachat des concessions. |

*Fontaines construites depuis la mise en service des pompes du pont Notre-Dame.*

| NUMÉROS DES PAGES DU TEXTE | NUMÉROS DE LA CARTE | NOMS SUCCESSIFS DE LA FONTAINE | DATES | NOM MODERNE | NOMS DES EAUX | ÉTAT ACTUEL |
|---|---|---|---|---|---|---|
| 498<br>576 | 119 | Fontaine du faubourg Saint-Marceau. . . .<br>Fontaine du Pot-de-Fer . . . . . . . . | Arrêt du conseil d'État du 22 avril 1671 | A l'angle des rues Mouffetard et du Pot-de-Fer . . . . | Arcueil. . . . . . .<br>Seine. . . . . . . . | Est encore en activité. |
| 576<br>659 | 54 | Fontaine de la place du Palais-Royal. . .<br>Regard du Palais-Royal . . . . . . . | Arrêt du conseil d'État de 1671; reconstruit en 1719 par le Régent; restauré de 1806 à 1810 . . . . . . . | Ancienne place du Palais-Royal, vis-à-vis de la façade. . | Arcueil. . . . . . .<br>Seine. . . . . . . .<br>Ourcq . . . . . . . | Détruits par l'agrandissement de la place. |
| 576 | 45 | Fontaine des Capucins. . . . . . . .<br>Fontaine Castiglione. | Arrêt du conseil d'État du 22 avril 1671 | Rue Saint-Honoré, n° 257, près de la rue Castiglione . . . . | Seine. . . . . . . .<br>Ourcq . . . . . . . | Emplacement vendu 17,000 fr. le 4 juin 1873 au propriétaire de la maison n° 257. |
| 576<br>585 | 47 | Fontaine de Richelieu.<br>Fontaine Molière. . . | Arrêt du conseil d'État de 1671; reconstruite en 1686; dernière reconstruction 1844. . . | A la pointe des rues de Richelieu et Traversière. . . . . . | Seine. . . . . . . .<br>Ourcq . . . . . . . | A cessé vers 1860 d'être fontaine de puisage; aujourd'hui fontaine monumentale. |
| 576 | » | Fontaine des Petits-Carreaux. . . . . . | Arrêt du conseil d'État du 22 avril 1671. | Certainement dans le prolongement de la rue Montorgueil, avant la rue Poissonnière. . . . . . | Pré-Saint-Gervais. . | Depuis longtemps détruite. |
| 576 | 50 | Fontaine des Petits-Pères . . . . . . . | Arrêt du conseil d'État du 22 avril 1671. | Place des Petits-Pères, en face de l'église Notre-Dame-des-Victoires. . . . | Seine . . . . . . .<br>Ourcq . . . . . . . | Démolie en 1856. |

| NUMÉROS D'ORDRE | NUMÉROS DES PAGES DU TEXTE | NUMÉROS DE LA CARTE | NOMS SUCCESSIFS DE LA FONTAINE | DATES DE LA CONSTRUCTION ET DES RECONSTRUCTIONS OU RESTAURATIONS SUCCESSIVES CONNUES | NOM MODERNE DE LA LOCALITÉ OU L'OUVRAGE SE TROUVE OU SE TROUVAIT | NOMS DES EAUX D'ALIMENTATION | ÉTAT ACTU |
|---|---|---|---|---|---|---|---|
| » | 576 | » | Fontaine hors la porte Dauphine | Arrêt du conseil d'État du 22 avril 1671. | Probablement rue Dauphine, vers l'angle de la rue Contrescarpe | Il n'est pas probable que cette font ait été construite; il n'en est fait n tion que dans l'arrêt de 1671. | |
| » | 576 | » | Au bas de la rue Saint-Martin, à la pointe d'Arnetal | Arrêt du conseil d'État du 22 avril 1671. | Il n'est pas probable que cette fontaine ait été construite n'en est fait mention que dans l'arrêt de 1671. | | |
| 50 | 576<br>637 | 97 bis | Fontaine du petit marché Saint-Germain.<br>Fontaine du marché Saint-Germain | Arrêt du conseil d'État du 22 avril 1671; remplacée par la fontaine de la Paix | Marché Saint-Germain | Seine<br>Ourcq | Encore en activ |
| 51 | 576 | » | Fontaine près de l'abbaye Saint-Germain.<br>Fontaine de la Charité<br>Fontaine Taranne. | Projet voté, 7 septembre 1665; arrêt du conseil d'État de 1671 | Rue Taranne, côté des nos pairs, près de la rue des Saints-Pères, nos 18 et 20. | Arcueil<br>Seine<br>Ourcq | Démolie en pour faire plac boulevard S Germain. |
| » | 576 | » | Fontaine de la Croix-Rouge | Arrêt du conseil d'État de 1671 | Il est peu probable que cette fontaine ait été construite n'en est question que dans l'arrêt de 1671. | | |
| 52 | 576<br>641 | 100 | Fontaine du collège des Quatre-Nations.<br>Fontaine de l'Institut. | Arrêt du conseil de 1671; décret du 2 mai 1806; a été remplacée en 1812 par les lions de l'Institut | Palais de l'Institut, sur le quai | Seine<br>Ourcq | En 1865, les l ont cessé de ve de l'eau dans l vasques. |
| 53 | 576<br>632 | 101 | Fontaine de la place Dauphine.<br>Fontaine Desaix | Arrêt du conseil de 1671; reconstruite et inaugurée en 1803, sous le nom de fontaine Desaix. | Place Dauphine; a été un peu déplacée en 1803. | Arcueil<br>Seine<br>Ourcq | Démolie en pour démasqu Palais de Just |
| 54 | 557<br>571 | 118 | Regard de la Providence | Partage des eaux du 2 juin 1673 | Rue de l'Arbalète | Arcueil | Supprimé vers 1 après le rachat concessions. |
| 55 | 561<br>571 | » | Regard de la Grande-Écurie, distribution des eaux du roi, sauf 2 pouces fournis par la ville. | Construction probable en 1624; contrat du 22 juin 1671; partage des eaux de 1673 | Près de la fontaine de l'Échelle, sur l'emplacement de la rue de Rivoli | Arcueil.<br>Probablement Seine. | Démoli, époque connue. |
| 56 | 562 | » | Regard du Petit-Pont, près de l'Hôtel-Dieu. | Partage des eaux, 2 juin 1873 | Près du Petit-Pont, dans la Cité | Seine | Détruit, époque connue. |
| 57 | 564<br>572 | » | Regard de l'hôtel de Soissons | Partage des eaux du 2 juin 1673 | Rue Coquillière, vers l'angle le plus voisin de Saint-Eustache | Pré-Saint-Gervais.<br>Seine | Supprimé, ép inconnue. |
| 58 | 564 | » | Fontaine du coin de Rome | Partage des eaux du 2 juin 1873 | Au bout de la rue au Maire, dans la cour de Rome, autrefois coin de Rome | Pré-Saint-Gervais.<br>Seine | Détruite, époqu connue. |
| 59 | 576 | 84 | Fontaine devant la Bastille<br>Fontaine des Tournelles | Arrêt du conseil d'État, 1671; reconstruite conformément au décret du 2 mai 1806. | Rue des Tournelles, angle de la nouvelle rue prise sur la place de la Bastille | Seine | Encore en activ |
| 60 | 567<br>575 | 47 bis | Regard de l'hôtel Mazarin. | Partage des eaux du 2 juin 1673 | A l'angle des rues Vivienne et Neuve-des-Petits-Champs | Pré-Saint-Gervais.<br>Seine. | Supprimé vers 1 après le rachat concessions. |

| NUMÉROS des pages du texte | NUMÉROS de la carte | NOMS SUCCESSIFS DE LA FONTAINE | DATES DE LA CONSTRUCTION ET DES RECONSTRUCTIONS OU RESTAURATIONS SUCCESSIVES CONNUES | NOM MODERNE DE LA LOCALITÉ OU L'OUVRAGE SE TROUVE OU SE TROUVAIT | NOMS DES EAUX D'ALIMENTATION | ÉTAT ACTUEL |
|---|---|---|---|---|---|---|
| 567<br>573 | » | Fontaine et regard du Calvaire. . . . . . . | Partage des eaux du 2 juin 1673 . . . . | Inconnu. Sans doute rue des Filles-du-Calvaire, vers le boulevard. . . . . . . | Belleville. . . . . . | Détruits, époque inconnue. |
| 563<br>619 | 79 | Fontaine rue Saint-Louis . . . . . . .<br>Fontaine Royale . . .<br>Fontaine Saint-Louis. | Partage des eaux du 2 juin 1673; reconstruite en 1694 et en 1847. . . . . . | Rue de Turenne, n° 11, enclavée dans la propriété de M. Ozenne. . . . . . . | Belleville. . . . . .<br>Seine. . . . . . . .<br>Ourcq . . . . . . . | Encore en activité. |
| 568<br>619 | 71 | Fontaine Neuve . . .<br>Fontaine des Haudriettes . . . . . . | Probablement vers 1636; partage des eaux du 2 juin 1673; reconstruite vers 1770 ou 1775, par M° Moreau. . . . . | A l'angle des rues des Vieilles-Haudriettes et du Chaume. . | Belleville. . . . . .<br>Ourcq . . . . . . . | Encore en activité. |
| 579 | 76 | Regard du cul-de-sac de Jouy, rue de Jouy. | Construit par messire Henry de Fourcy, prévôt des marchands de 1684 à 1692 . . | Impasse rue de Jouy. | Seine . . . . . . . . | Supprimé vers 1853, après le rachat des concessions. |
| 584 | 68 | Fontaine Boucherat . | 25 mai 1698; construite sur le dessin de Jean Beausire. . | A l'angle des rues de Turenne et Charlot. | Belleville. . . . . .<br>Seine. . . . . . . .<br>Ourcq . . . . . . . | Encore en activité. |
| 592 | 85 | Regard Lesdiguières. | 1707; construit par Marguerite de Gondy de Retz, duchesse douairière de Lesdiguières. . . . . . | A l'angle des rues Saint-Antoine et Lesdiguières. . . . | Seine . . . . . . . . | Supprimé vers 1840, après le rachat des concessions. |
| 592<br>633 | 60 | Regard du grand Châtelet. . . . . . . .<br>Fontaine du Châtelet.<br>Fontaine du Palmier. | 4 février 1708; converti en fontaine en 1806; transporté d'une pièce au centre de la place le 21 avril 1858. . . . . | Place du Châtelet. . | Seine. . . . . . . .<br>Ourcq . . . . . . . | Aujourd'hui fontaine monumentale. |
| 593 | 48 | Regard et fontaine Colbert. . . . . . . | 12 juillet 1708 . . . | Rue Colbert, en face de la Bibliothèque. | Seine . . . . . . .<br>Ourcq . . . . . . . | La fontaine est encore en activité; le château est détruit. |
| 594 | 78 | Regard de l'Annonciade. . . . . . . . | 29 novembre 1710; construit sur la requête de Mme la prieure de l'Annonciade. . . . . . . | Rue de Sévigné. . . | Seine. . . . . . . . | Supprimé vers 1853, après le rachat des concessions. |
| 594<br>609 | 49 | Fontaine du haut de la rue Montmartre.<br>Fontaine Desmaretz. .<br>Fontaine de Montmorency. . . . . . . . | 10 juillet 1713, 7 juin 1715 . . . . . . . | A l'angle des rues Saint-Marc et Feydeau . . . . . . . | Belleville. . . . . .<br>Seine . . . . . . .<br>Ourcq . . . . . . . | Supprimée par arrêté du 15 septembre 1859. |
| 592<br>607 | 107 | Font[ne] Louis-le-Grand<br>Fontaine Gaillon. . .<br>Fontaine d'Antin. . . | Construite en 1715; reconstruite en 1827 | Place Gaillon . . . . | Seine . . . . . . .<br>Ourcq . . . . . . . | Aujourd'hui fontaine monumentale. |
| 595<br>610 | 107<br>106 | Fontaine Garancière.<br>Regard du Petit-Luxembourg. . . . . | 11 septembre 1715; construite par la princesse Anne-Palatine de Bavière; restaurée par Bralle en 1809. . . . . . | Rue Garancière. . .<br>Rue de Vaugirard, entre les rues Garancière et Férou. . | Arcueil. . . . . . .<br>Ourcq . . . . . . . | Encore en activité.<br>Regard supprimé vers 1853. |

| NUMÉROS D'ORDRE | NUMÉROS DES PAGES DU TEXTE | NUMÉROS DE LA CARTE | NOMS SUCCESSIFS DE LA FONTAINE | DATES DE LA CONSTRUCTION ET DES RECONSTRUCTIONS OU RESTAURATIONS SUCCESSIVES CONNUES | NOM MODERNE DE LA LOCALITÉ OU L'OUVRAGE SE TROUVE OU SE TROUVAIT | NOMS DES EAUX D'ALIMENTATION | ÉTAT ACTUE |
|---|---|---|---|---|---|---|---|
| 73 | 597 | 95 | Fontaine de Grenelle. | 1715-1746. En 1739, Bouchardon fut chargé de la décoration de cette fontaine. . . . . . . | Rue de Grenelle, près de la rue du Bac. . | Arcueil . . . . . .<br>Seine . . . . . . .<br>Ourcq . . . . . . . | Encore en activi |
| 74 | 600<br>611 | 99 | Fontaine et regard au dedans de l'abbaye Saint-Germain-des-Prés. . . . . . . .<br>Fontaine de l'Abbaye. | 22 juillet 1716 par les religieux de l'abbaye Saint-Germain des Prés. . . . . . | Place Gozlin . . . . | Arcueil. . . . . . .<br>Seine . . . . . . .<br>Ourcq . . . . . . . | Supprimés en 1 pour faire place boulevard Sa Germain. |
| 75 | » | 114 | Regard de la Demi-Lune des Chartreux.<br>Regard de la Demi-Lune. . . . . . . | Première mention de ce regard, visite des fontaines du 9 septembre 1709.. . | Rue d'Enfer, dans un renfoncement en demi-cercle du mur de clôture des Chartreux. . . . . . | Arcueil . . . . . .<br>Seine . . . . . . .<br>Ourcq . . . . . . . | Démoli en 1854. |
| 76 | 601 | 19 | Fontaine du Chaudron. | 1717-1718; construit par Joseph Chaudron, marchand de vin à La Villette. . | A l'angle des rues Faubourg - Saint - Martin et Lafayette. | Belleville. . . . . .<br>Seine . . . . . . . | A cessé de coule 1861. |
| 77 | 602 | 87 | Fontaine Basfroid. . . | 17 août 1719; construction prescrite par arrêt du conseil d'Etat. . . . . . . | A l'angle des rues de Charonne, de Basfroid et de Saint-Bernard . . . . . | Belleville. . . . . .<br>Seine . . . . . . . | Supprimée en 1 |
| 78 | 602 | 89 | Fontaine Trogneux. .<br>Fontaine de Charonne | En service en 1724; reconstruite de 1806 à 1810. . . . . . . | A l'angle des rues de Charonne et du faubourg Saint-Antoine | Belleville. . . . . .<br>Seine . . . . . . .<br>Ourcq . . . . . . . | Encore en activ |
| 79 | 602 | 91 | Fontaine de la Petite-Halle . . . . . . .<br>Fontaine de Montreuil | N'était pas en service, mais probablement en construction en 1724 . . . . . . . | A la pointe formée par les rues Faubourg-Saint-Antoine et de Montreuil . . | Belleville. . . . . .<br>Seine . . . . . . .<br>Ourcq . . . . . . . | Encore en activ |
| 80 | 603 | » | Fontaine du marché Saint-Antoine. . . .<br>Fontaine du marché Lenoir. . . . . . . | 17 février 1777, cession du terrain; mise en service, 28 février 1789. . . . | Dans l'emplacement de l'hôpital Saint-Antoine. . . . . | Seine . . . . . . . | Supprimée. |
| 81 | 622 | 69 | Regard des Enfants-Rouges. . . . . . . | 1736, directeur de l'hospice des Enfants-Rouges . . . | Au coin de la rue Portefoin . . . . . | Belleville. . . . . .<br>Seine . . . . . . . | Supprimé vers 1 après le racha concessions. |
| 82 | 615 | 52 | Regard Dufort. . . . | 1740, par Grimond Dufort . . . . . . | Rue d'Argout, derrière la Caisse d'épargne . . . . . . | Prés-Saint-Gervais .<br>Seine . . . . . . . | Rétrocédé aux h tiers Dufort 1855. |
| 83 | 612 | 66 | Fontaine du marché Saint-Martin . . . .<br>Fontaine du vieux marché Saint-Martin. | 12 juillet 1768, convention passée entre le bureau de la ville, les religieux de Saint-Martin et le grand prieur du Temple . . . . . . | Le vieux marché Saint-Martin était à côté du marché actuel. . . . . . . . | Belleville. . . . . .<br>Seine . . . . . . .<br>Ourcq . . . . . . . | Supprimée le août 1866 p faire place à la de Réaumur. |
| *Fontaines de puisage construites dans le cours du dix-neuvième siècle.* | | | | | | | |
| 84 | 630 | 58 | Fontaine de la Pointe Saint-Eustache . . . | En rempl. de la fontne des Halles ou du Pilori; décis. ministér. du 20 juin 1806 . . | Pan coupé de la Pointe St-Eustache formée par les rues Montmartre, Montorgueil | Seine . . . . . . .<br>Ourcq . . . . . . . | Démolie en 1 lorsqu'on comr ça les travaux Halles centrale |

| NUMÉROS D'ORDRE | NUMÉROS DES PAGES DU TEXTE | NUMÉROS DE LA CARTE | NOMS SUCCESSIFS DE LA FONTAINE | DATES DE LA CONSTRUCTION ET DES RECONSTRUCTIONS OU RESTAURATIONS SUCCESSIVES CONNUES | NOM MODERNE DE LA LOCALITÉ OU L'OUVRAGE SE TROUVE OU SE TROUVAIT | NOMS DES EAUX D'ALIMENTATION | ÉTAT ACTUEL |
|---|---|---|---|---|---|---|---|
| 85 | 620 | 53 | Fontaine Saint-Louis. Fontaine du Diable. . En dernier lieu fontaine de l'Echelle. . | Ancienne fontaine; origine incertaine; existait en 1636; reconstruite de 1806 à 1810 . . . . . . | Autrefois à l'angle des rues Saint-Louis et de l'Échelle, à peu près au carrefour des rues de l'Échelle et de Rivoli. . . . . . . . | Seine . . . . . . . Ourcq . . . . . . . | Démolie en 1854 pour faire place à la rue de Rivoli. |
| 86 | 634 | 95 | Fontaine de Mars . . | Décret du 2 mai 1806; 27 mars 1807, autorisation d'acheter le terrain . . . | Rue Saint-Dominique, en face de l'hôpital militaire du Gros-Caillou. . . . | Seine . . . . . . . Ourcq . . . . . . . | Encore en activité. |
| 87 | 635 | » | Eléphant de la place de la Bastille. . . . | Décret du 16 mars 1808 . . . . . . . | Place de la Bastille. | » | On a simplement fait le modèle en plâtre de cette fontaine. |
| 88 | 636 | 96 | Fontaine Égyptienne ou simplement l'Égyptienne . . . . . | Décret du 2 mai 1806; construite de 1808 à 1810. . . . | Rue de Sèvres, contre l'hospice des Incurables . . . . . | Seine . . . . . . . Ourcq . . . . . . . | Encore en activité. |
| 89 | 638 | 53 | Fontaine des Trois-Maries. . . . . . . Fontaine de Saint-Germain-l'Auxerrois. | Décret du 2 mai 1806 | Place du quai de l'École. . . . . . . . | Seine . . . . . . . Ourcq . . . . . . . | Supprimée. |
| 90 | 639 | 97 | Fontaine du Regard.. | Décret du 2 mai 1806 | A l'angle des rues du Regard et de Vaugirard. . . . . . . | Seine . . . . . . . Ourcq . . . . . . . | Détruite. On a transporté l'édifice au Luxembourg, derrière la fontaine du Cyclope. |
| 91 | 639 | 85 | Fontaine des Lions-Saint-Paul . . . . . | Décret du 2 mai 1806 | Rue des Lions-Saint-Paul . . . . . . . | Seine . . . . . . . Ourcq . . . . . . . | Démolie vers 1843, après le rachat des concessions. |
| 92 | 639 | 121 bis | Fontaine du marché aux chevaux . . . . | Décret du 2 mai 1806 | Ancien marché aux chevaux. . . . . . | » | Démolie. |
| 93 | 643 | 120 | Fontaine Censier. . . | Décret du 2 mai 1806 | Rue Censier, près de la rue Mouffetard. | Seine . . . . . . . Ourcq . . . . . . . | Démolie. |
| 94 | 643 | 41 | Fontaine du Roule. . | Décret du 2 mai 1806 | Faubourg Saint-Honoré, près de la rue de Berri . . . . . | Seine . . . . . . . Ourcq . . . . . . . | Simple borne-fontaine détruite. |
| 95 | 646 | 86 | Fontaine Saint-Ambroise . . . . . . . | Décret du 2 mai 1806 | Rue Popincourt, près de Saint-Ambroise. | Seine . . . . . . . Ourcq . . . . . . . | Démolie. |
| 96 | 643 | 42 | Fontaines du lycée Bonaparte . . . . . . Fontaine Sainte-Croix. | Décret du 2 mai 1806 | Rue de Caumartin, contre le lycée Bonaparte. . . . . . | Seine . . . . . . . Ourcq . . . . . . . | Ne sont plus en activité. |
| 97 | 645 | 121 | Fontaine Poliveau . . | Décret du 2 mai 1806 | Angle des rues Poliveau et Geoffroy-Saint-Hilaire. . . . | Arcueil . . . . . . Ourcq . . . . . . . | Encore en activité. |
| 98 | 642 | 57 | Fontaine de la Halle au blé. . . . . . . | Décret du 2 mai 1806 | Halle au blé, au pied de la tour de Catherine de Médicis. | Seine . . . . . . . Ourcq . . . . . . . | Encore en activité. |
| 99 | 643 | 94 | Fontaine de l'esplanade des Invalides. . | Décret du 2 mai 1806; demande du conseil d'administration des Invalides, 1819. . . | Au centre de l'Esplanade. . . . . . | Seine . . . . . . . | Démolie, décision ministérielle du 21 novembre 1840. |
| 100 | » | 115 | Fontaine des Capucins Saint-Jacques. . . . | Construite en 1848. | Boulevard du Port-Royal, près de la rue du Faubourg-Saint-Jacques . . . | Arcueil . . . . . . | Supprimée en 1868. |

| NUMÉROS D'ORDRE | NUMÉROS DES PAGES DU TEXTE | NUMÉROS DE LA CARTE | NOMS SUCCESSIFS DE LA FONTAINE | DATES DE LA CONSTRUCTION ET DES RECONSTRUCTIONS OU RESTAURATIONS SUCCESSIVES CONNUES | NOM MODERNE DE LA LOCALITÉ OU L'OUVRAGE SE TROUVE OU SE TROUVAIT | NOMS DES EAUX D'ALIMENTATION | ÉTAT ACTUEL |
|---|---|---|---|---|---|---|---|
| 101 | » | 82 | Fontaine Charlemagne | Arrêté préfectoral du 19 août 1840. . . | Près du lycée Charlemagne. . . . . . | Ourcq . . . . . . . | Encore en activité |
| 102 | » | 85 | Fontaine de la Roquette . . . . . . . | Construite par la ville en 1830. . . . . . | Rue de la Roquette. | Ourcq . . . . . . . | Encore en activité. |
| 103 | » | 90 | Fontaine de Charenton | Arrêté préfectoral du 23 août 1844.. . . | Rue de Charenton, près de l'hôpital Sainte-Eugénie. . . | Ourcq . . . . . . . | Encore en activité |
| | | | *Fontaine dont l'origine est incertaine.* | | | | |
| 104 | » | 118 bis | Regard Pascal, peut-être regard de l'Enfant-Jésus . . . . . . | Inconnu . . . . . . . | Impasse des Vignes. | Arcueil. . . . . . . | Supprimé vers 1853 après le rachat de concessions. |
| 105 | 623 | 80 | Fontaine de Jarente ou de la Poissonnerie | D'après le service, ordonnance du Bureau de 1700; reconstruite en 1873. | Au fond de l'impasse de la Poissonnerie. | Belleville . . . . .<br>Seine . . . . . . .<br>Ourcq . . . . . . . | Encore en activité. |
| 106 | » | 103 bis | Fontaine de l'École de Médecine. . . . . . | Dix-neuvième siècle. | Place de l'École-de-Médecine . . . . . | Ourcq . . . . . . . | Service supprimé l 19 août 1833. L bâtiment existe en core, mais va dis paraître. |
| 107 | 623 | 111 | Regard des Feuillants. | » | En face de l'École des Mines. . . . . . . | Arcueil. . . . . . . | Détruit en 1852, l'époque du racha des concessions. |
| 108 | 646 | 129 | Deux fontaines du marché aux fleurs. | Construites en 1828. | Marché aux fleurs, transportées place Walhubert. . . . . | Ourcq . . . . . . . | Transportées à l'entrée du Jardin des Plantes, place Wal hubert. Ne sont pa en service. |

Je ne trouve aucune notion dans le service sur les deux regards suivants, si ce n'est la date de leur suppression :

109. *Regard Faron.* — Desservait, rue des Deux-Portes-Saint-Jean, la concession à titre onéreux concédée le 1er novembre 1660 à messire Barantin. Ce regard fut supprimé vers 1840 avec la concession.

110. *Regard Reynel.* — Desservait une concession de 50 lignes d'eau dont Colbert jouissait rue Neuve-des-Petits-Champs,

depuis le 17 septembre 1668. Supprimé avec la concession le 20 janvier 1849.

Les fontaines et regards suivants ont été oubliés dans le tableau qui précède :

111. *Fontaine Saint-Bernard* ou des *Bons-Enfants*, à l'angle des rues des Fossés-Saint-Bernard et Saint-Victor. Existait en 1757. N° 123 de la carte. Détruite époque inconnue.

112. *Regard du Pot-de-Fer*. Sis à l'angle des rues de Bonaparte et de Vaugirard. N° 105 de la carte. Supprimé en 1850.

113. *Fontaine Saint-Roch*. Sise au sommet de la butte des Moulins. N° 46 de la carte. Supprimée en 1877, pour faire place à l'avenue de l'Opéra.

A ces fontaines et regards, tous situés dans l'intérieur des fortifications, s'ajoutent les regards sis extra-muros qui servent encore ou ont servi de château d'eau. Ils sont désignés à la fin du tableau du rachat des concessions.

Les dix-neuf fontaines suivantes ne portent pas de numéros sur la carte de l'Atlas :

| | | | |
|---|---|---|---|
| Fontaine | de la Halle. . . . . . . . . | n° 1 | du tableau chronologique. |
| — | Saint-Julien-des-Ménétriers. | n° 6 | — |
| — | de la Trinité. . . . . . . . | n° 11 | — |
| — | des Cinq-Diamants . . . . . | n° 12 | — |
| — | des Filles-Dieu. . . . . . . | n° 17. | — |
| — | du Temple. . . . . . . . . . | n° 19 | — |
| — | du Palais (ancien) . . . . . | n° 22 | — |
| — | du Louvre. . . . . . . . . | n° 25 | — |
| — | de la place de Grève . . . . | n° 29 | — |
| — | des Grands-Augustins. . . . | n° 38 | — |
| Regard | de la porte Saint-Denis. . . | n° 39 | — |
| Fontaine | des Petits-Carreaux. . . . . | n° 48 | — |
| Regard | de la Grande-Écurie . . . . | n° 55 | — |
| — | du Petit-Pont. . . . . . . . | n° 56 | — |
| — | de l'hôtel de Soissons. . . . | n° 57 | — |
| Fontaine | du coin de Rome. . . . . . | n° 58 | — |
| Regard | du Calvaire . . . . . . . . . | n° 61 | — |
| Fontaine | du marché Saint-Antoine. . | n° 80 | — |
| — | de l'Éléphant . . . . . . . | n° 87 | — |

Elles ont cependant été construites, mais elles n'ont pas laissé de tradition dans le service. Celle de l'Éléphant n'a existé qu'à l'état de modèle.

Les quatre fontaines suivantes ne paraissent pas avoir été construites, quoiqu'elles soient nommées dans les délibérations du bureau.

Fontaine hors la porte Dauphine,
— au bas de la rue Saint-Martin à la pointe de la rue Darnetal.
— de la Croix-Rouge.

On compte encore vingt-six fontaines de puisage en activité, savoir :

| | | | |
|---|---|---|---|
| Fontaine Maubuée. . . . . . . . . . | n° 3 | du tableau chronologique. |
| — Sainte-Avoye. . . . . . . . | n° 4 | — |
| — de l'Arbre-Sec. . . . . . . | n° 20 | — |
| — Sainte-Geneviève. . . . . | n° 26 | — |
| — du parvis Notre-Dame. . . | n° 30 | — |
| — Cuvier. . . . . . . . . . | n° 34 | — |
| — de l'Échaudé. . . . . . . | n° 36 | — |
| — du Pot-de-Fer. . . . . . . | n° 44 | — |
| — du marché Saint-Germain. | n° 50 | — |
| — des Tournelles. . . . . . . | n° 59 | — |
| — Saint-Louis. . . . . . . . | n° 62 | — |
| — des Haudriettes. . . . . . . | n° 63 | — |
| — Boucherat. . . . . . . . . | n° 65 | — |
| — Colbert. . . . . . . . . . | n° 68 | — |
| — Garancière. . . . . . . . . | n° 72 | — |
| — de Grenelle. . . . . . . . | n° 73 | — |
| — Trogneux. . . . . . . . . | n° 78 | — |
| — de la Petite-Halle. . . . . | n° 79 | — |
| — de Mars. . . . . . . . . . | n° 86 | — |
| — Égyptienne. . . . . . . . | n° 88 | — |
| — Poliveau. . . . . . . . . . | n° 97 | — |
| — de la halle au Blé. . . . . | n° 98 | — |
| — Charlemagne. . . . . . . . | n° 101 | — |
| — de la Roquette. . . . . . | n° 102 | — |
| — de Charenton. . . . . . . | n° 103 | — |
| — de Jarente. . . . . . . . . | n° 105 | — |

Les trois fontaines suivantes sont détruites, mais sont remplacées par des bornes-fontaines à repoussoirs :

| | | |
|---|---|---|
| Fontaine de Saint-Benoît. . . . . . . | n° 24 du tableau chronologique | |
| — des Carmélites. . . . . . . | n° 31 | — |
| — de Saint-Séverin. . . . . . | n° 32 | — |

Quatre sont devenues des fontaines monumentales, savoir :

| | | |
|---|---|---|
| Fontaine des Innocents.. . . . . . . | n° 2 du tableau chronologique. | |
| — Molière. . . . . . . . . . . | n° 47 | — |
| — du Châtelet. . . . . . . . . | n° 67 | — |
| — Gaillon. . . . . . . . . . . . | n° 71 | — |

Ainsi, sur les 113 fontaines anciennement construites, 33 sont encore en activité, 80 ne sont plus en service.

Depuis vingt ans, j'ai vu disparaître un grand nombre de ces fontaines et sans que l'opinion publique s'en soit émue. Rien ne prouve mieux que ces petits édifices ont fait leur temps, et que, dans les quartiers riches de l'ancien Paris, la distribution d'eau par des orifices publics est devenue à peu près inutile : presque toutes les maisons sont abonnées aux eaux de la ville, et aucun propriétaire ne tolérerait même une borne-fontaine de puisage adossée à sa maison.

Dans les quartiers habités par la classe ouvrière, et notamment dans toute la zone annexée, les bornes-fontaines à repoussoir sont au contraire très-demandées, et les propriétaires offrent souvent le terrain nécessaire à leur installation. Mais personne ne souffrirait ces petits édifices si recherchés par nos pères autrefois, si méprisés aujourd'hui.

Outre les 26 anciennes fontaines de puisage qui restent encore, on comptait dans l'ancien Paris, au 31 décembre 1876, 75 et, dans la zone annexée, 251 bornes-fontaines à repoussoir, indépendamment de 34 fontaines Wallace qui sont répandues dans toute la ville, soit en totalité 386 appareils de puisage. Au commencement du siècle, d'après le décret du 2 mai 1806, on n'en comptait que 57, pour une population trois fois moindre, il est vrai. Cependant aujourd'hui les deux tiers des maisons reçoivent les eaux de la ville. Les fontaines et les châteaux d'eau ne distribuaient autrefois que 8081 mètres cubes d'eau par jour[1]; maintenant on en dépense jusqu'à 300 000 mètres, tant pour les services publics que pour le service privé, et avant peu d'années ce volume sera porté à 400 000 mètres cubes. Cela prouve combien le besoin de l'eau s'est développé depuis soixante-dix ans.

Les anciennes fontaines de Paris, à l'exception de trois ou quatre, ne sont point des monuments à imiter; à côté des vastes hôtels des quartiers du Marais et Saint-Antoine, elles ressemblaient un peu trop au nain de la foire qu'on met à côté du géant, son compagnon, pour en faire ressortir l'énorme stature. Quand elles sont adossées aux maisons surtout, les cheminées et les pans de mur qui les surmontent forment avec elles un ensemble des moins harmonieux. Néanmoins, elles contribuent, avec tous les vieux édifices, à faire disparaître ce cachet d'uniformité si mortellement ennuyeux des villes modernes et ces longues perspectives des rues rectilignes, où le piéton a pendant une demi-heure devant les yeux un édifice quelconque qu'il voit grandir à mesure qu'il s'approche, ce qui lui ôte au moins le plaisir de la surprise, et presque toujours celui de l'admiration, même lorsque le monument en est digne.

Ce n'est donc pas sans chagrin que je vois disparaître les uns après les autres ces restes de l'art des temps antiques; à chaque pierre ornée d'une sculpture, quelque fruste qu'elle soit, qui tombe sous le marteau du démolisseur, il me semble que la ville déchire elle-même ses titres de noblesse, et que nous prenons pour modèle le type d'une grande ville américaine découpée en magnifique damier par des rues qui donnent au moins le sen-

[1] Voy. page 378.

timent de l'angle droit, quelque épaisse que soit la boîte osseuse du cerveau du promeneur.

Ce livre n'est point un traité d'architecture ; mon service ne s'élève pas au-dessus de la borne-fontaine et je ne veux pas qu'on m'applique le proverbe : *Ne ultra crepidam, sutor*. Néanmoins j'ai voulu reproduire par la photogravure ce que tout le monde voit disparaître avec une si complète indifférence, les restes de nos antiques fontaines. On les trouvera à l'atlas auquel je renvoie ceux qui s'intéressent, comme moi, à ces vieilles choses. Ces photogravures sont de simples procès-verbaux ; aucun dessinateur ne peut reproduire avec une telle fidélité ce que ces petits monuments offrent de bon et de mauvais. Malheureusement, tous les restes des fontaines des treizième, quatorzième, quinzième siècles ont disparu. Depuis longtemps il ne reste rien de l'architecture des fontaines de Philippe-Auguste et de saint Louis. C'était autrefois une déplorable habitude d'habiller à la mode du jour les édifices qu'on restaurait ou qu'on reconstruisait ; on peut dire, à la louange de notre époque, qu'en restaurant les anciens monuments on en respecte maintenant le style autant que possible; mais il n'y a pas plus de cinquante ans qu'on a fait ce sacrifice au bon sens.

Le seizième siècle nous a laissé la belle décoration de la fontaine des Innocents, due au ciseau de Jean Goujon, et la tour des jardins de l'hôtel de Soissons, où Catherine cherchait dans les astres la justification de ses crimes.

Les démolisseurs n'ont rien respecté de ce qui nous restait du dix-septième siècle; ils ont détruit entièrement l'œuvre de ces officiers du roi et de la ville, ingénieurs-architectes de père en fils, les Guillain et les Francini. On a dû faire place aux voies nouvelles dans les jardins du Luxembourg, en rangeant de côté la belle fontaine de Médicis ; et, soit dit en passant, je regrette un peu qu'en la déplaçant on n'ait pas conservé intacte l'œuvre de l'architecte de Marie de Médicis. Le dix-huitième siècle est noblement représenté par la fontaine de Grenelle, chef-d'œuvre de notre célèbre sculpteur Bouchardon. Il reste aussi d'assez nombreuses fontaines dues à Jean Beausire, qui donnent une idée très-nette de l'architecture bourgeoise de cette époque. Les premières années du dix-neuvième siècle nous ont laissé quelques belles fontaines, notamment la colonne du Châtelet et la Léda de la rue du Regard. Celle-ci aussi a fui devant les démolisseurs, et on lui a ouvert un asile dans les jardins de Marie de Médicis. Le mauvais goût caractéristique de cette époque se montre, avec sa naïveté grotesque, dans quelques-unes des fontaines qui sont restées debout.

Les ouvrages plus modernes rentrent dans la classe des fontaines monumentales; ils seront donc décrits dans le volume suivant, consacré à l'histoire des eaux nouvelles.

# CHAPITRE XXV

## DISTRIBUTION DES EAUX ANCIENNES

(SUITE)

---

*De* 1660 *à* 1863. — *Concessions.* — Brevets de Colbert et de Louvois, 1662. — Révocation des concessions, 1666. — Prévôté de Le Peletier, 1668, 1676. — Pas de concessions nouvelles jusqu'en 1670. — Partage des eaux de 1669. 149 concessions. — Partage des eaux du 2 juin 1673. — 201 concessionnaires recevant 18 pouces 96 lignes d'eau. — Ordonnance du Bureau autorisant la vente de 20 pouces d'eau, 1673. — Tableau chronologique des concessions accordées à titre onéreux, de 1554 à 1816. — Lacunes de ce tableau à partir de 1755. — Faits particuliers se rattachant aux concessions. — Concessions accordées aux échevins sortant d'exercice. — Suppression des concessions, 1836-1863. — Lettre de M. de Rambuteau, 30 juillet 1836. — Le conseil d'État donne un avis défavorable, 14 avril 1837. — Biais trouvé par l'administration municipale. — Tableau des concessions à titre onéreux à l'époque du rachat. — Tableau des concessions à titre gracieux à la même époque. — Ce rachat termine l'histoire des eaux anciennes.

*Concessions.* — La grande sécheresse décrite au chapitre XXII commençait à se faire sentir vers 1660. Une ordonnance du bureau de la ville, en date du 18 août de cette année, révoqua douze concessions et en restreignit trois autres, d'où il résulta une économie d'eau de quatre-vingt-six lignes qui furent remises dans les canaux publics[1]. Cette mesure était motivée par l'affaiblissement des fontaines que le bureau attribuait à la sécheresse de l'année, et à un abus grave : lorsque la maison d'un concessionnaire passait dans d'autres mains, on y laissait l'eau, ce qui était contraire à la règle admise.

Ce retranchement et cette restriction des fontaines particulières ne produisit point de grands résultats, car le jour même où il fut prescrit, le 18 août, le bureau accorda dix concessions nouvelles, débitant 50 lignes d'eau. Les 3 et 20 novembre 1660, et 22 février 1661, on délivra encore trois brevets ; de sorte que, six mois après avoir gagné 86 lignes d'eau par le retranchement des concessions, on en avait retiré 90 des fontaines publiques par la délivrance de nouveaux brevets. On continua le même système en 1661, 1662, 1663, 1665 et 1666, et, à la fin de cette dernière année, le public avait perdu 212 lignes d'eau.

Parmi les concessions faites à cette époque, deux doivent attirer particulièrement notre attention. Le 8 novembre 1662, le bureau concéda 12 lignes d'eau (1$^{mc}$,60 en 24 heures) à Colbert et au marquis de Louvois. Voici les considérants de ces brevets :

*Brevet de Colbert.* — « A ces causes sçavoir faisons qu'en considerãon des obligãons que tous les ordres de la ville ont à Me Jean-Baptiste Collebert, baron de Seignelay, conseiller ordinaire du Roy en ses conseils et au conseil royal de Sa Maiesté, intendant des finances de France, pour la conservãon du fond des rentes constituées sur l'hostel commung de ladicte ville, de l'assistance que le publicq a reçue par ses soins pendant la disette des grains de l'année dernière, et des services importans qu'il a rendus et rend encore à présent à l'Estat dans l'administrãon des finances, avons donné....[2] »

[1] Registres de la ville, H. 1815, vol. XXXVIII, fol. 370.
[2] Registres de la ville, H. 1817, vol. XL, fol. 124 et 127.

*Brevet de Louvois*[1]. — « A ces causes sçavoir faisons qu'en consideràon des grands et importans services rendus à la personne du Roy, à l'Estat et à la ville de Paris en particulier, et dont nous espérons la continuation par Me Michel Le Tellier, chevalier, marquis de L'Ouvoy, seigneur de Chaville et autres lieux, conseiller du Roy en ses conseils, secrétaire de ses commandemens, ministre d'Estat, avons, ouy et à ce consentant le Procureur du Roy et de la Ville, donné, concédé, etc.... »

La sécheresse devenant de plus en plus intolérable, toutes les concessions d'eau furent révoquées par un arrêt du Conseil d'État du 26 novembre 1666[2]. Il n'est nullement question de la sécheresse dans cette pièce; on attribua la pénurie des fontaines publiques à l'abus de l'eau dans les maisons et aux *jets jaillissants* établis *pour le plaisir*. On ne voit pas d'ailleurs comment les

[1] Registres de la ville, H. 1817, vol. XL, fol. 124 et 127.

[2] Voici la teneur de cet arrêt :

Arrest du Conseil d'Estat portant reuocation de touttes concessions d'eau faictes par messieurs les preuost des marchands et escheuins. — Extraict des Règres du Cons[l] d'Estat.

Sa Maiesté ayant esté informéé de l'estat ou se trouuoient a présent les fontaines publicques, Que les unes ne fournissoient plus d'eau Et les autres en sy petite quantité que les habitants de sa bonne ville de Paris en souffroient beaucoup d'jncommo lité ce qui prouenoit des différentes concessions qui auoient esté cy devant faictes par les Preuost des marchands et escheuins de ladicte ville tant a aucuns princes, Officiers de la Couronne, Compagnies souueraines qu'ausdicts Preuost des marchands et Escheuins officiers et bourgeois de ladicte ville, Ce qui a esté porté a un tel excedz que le publicq manquant d'eau plusieurs particuliers en abondent dans leurs maisons non seulement par Robinetz mais par des jects jaillissants et pour le plaisir; Ce qui estoit un desordre auquel estant necessaire de remedier et de pouruoir aux besoings du grand nombre de peuples qui habittent cette grande ville et les faire jouir d'vne chose sy necessaire pour la vie, Sa Maiesté estant en son Conseil a reuocqué et reuocque touttes les concessions qui ont esté faictes par les dicts Preuost des Marchands et Escheuins soit des eaues qui prouiennent des Sources de Rungis soit de celles de Belleuille et du Pré Sainct Gervais; ordonne Sadicte Maiesté que touttes les eaues des dictes fontaines seront distribuéés au publicq, Et a cet effect que tous les bassinets qui ont esté mis au bassin publicq qui les reçoit aux regards des fontaines et les thuyaux qui conduisent aux hostelz et maisons particulieres seront ostez desdicts regardz et couppez d'jceux mesmes les thuyaulx hantez sur les thuyaux publicqs et les ouuertures bouchéés et souldéés; Enjoinct Sadicte Maiesté aux Preuost des Marchands et Escheuins de tenir la main a l'execution du present arrest qui sera executé Nonobstant oppositions ou appellations quelsconques et sans préjudice d'jcelles dont sy aucunes interuiennent Sa Maiesté s'est reserué la connaissance et a son Conseil et jcelle interdicte a touttes ses autres cours et juges; Faict au Conseil d'Estat du Roy, Sa Maiesté y estant, Tenu a Sainct Germain en laye le vingt sixiesme jour de nouembre mil six cens soixante six. — Signé : « de Guenegaud ». Registres de la Ville, H. 1820, vol. XLIII, fol. 100.

particuliers pouvaient, par abus, consommer une plus grande quantité d'eau que celle qui leur était concédée, puisque la prise d'eau avait lieu par un orifice d'une grandeur déterminée et sous une charge qui ne pouvait dépasser sept lignes au-dessus du centre de l'orifice. Aussi pendant les sécheresses, lorsque l'eau devenait moins abondante, la charge qui déterminait l'écoulement diminuait, les concessions s'appauvrissaient absolument comme les fontaines publiques. Lorsque l'arrêt dit : « Ce qui a esté porté à un tel excedz que le publicq manquant d'eau, plusieurs particuliers en abondent dans leurs maisons...., » c'est une simple formule qui s'appliquait toutes les fois qu'il y avait sécheresse. Ce qui était vrai, c'est que le nombre des concessions était excessif et nullement en rapport avec la portée des aqueducs en temps de basses eaux.

Malgré cette révocation, sept nouvelles concessions furent accordées, du 11 mai 1667 au 14 août 1668 : deux aux hôpitaux de la Trinité et des Petites-Maisons, et d'autres, disent les brevets, *à des personnes de mérite*. Le public perdit encore 66 lignes d'eau.

Vers le milieu d'août 1668, Le Peletier fut nommé prévôt des marchands, et, pendant sa première prévôté, aucune concession nouvelle ne fut accordée ; on ne délivra même que quatre brevets dans le cours de l'année suivante, c'est-à-dire du 16 août 1670 au 16 août 1671.

J'ai donné ci-dessus l'état de la distribution des eaux de Rungis, des Prés-Saint-Gervais et de Belleville en 1669, après la révocation des brevets[1]. Je ne reviendrai pas sur cette partie de mon travail. Voici quels étaient alors le nombre des concessions et le volume d'eau distribué :

| | NOMBRE DES CONCESSIONS | VOLUME D'EAU pouces. | lignes. |
|---|---|---|---|
| Eau d'Arcueil. . . . . . . . . . . . . . | 83 | 6 | 84 |
| — de Belleville.. . . . . . . . . . . . | 37 | 2 | 17 |
| — du Pré-Saint-Gervais. . . . . . . . | 29 | 1 | 53 |
| Totaux.. . . . . . . . . . . | 149 | 10 | 10 |

[1] Voy. p. 89, 90, 91 et 169.

Ces 149 concessions non révoquées étaient ainsi réparties :

| | COMMUNAUTÉS RELIGIEUSES | COLLÉGES | HOPITAUX | ÉTABLISSEMENTS DIVERS | PRINCES ET GRANDS SEIGNEURS | PERSONNES DE DISTINCTION ET DIVERS |
|---|---|---|---|---|---|---|
| Eau de Rungis. . . . . . | 31 | 6 | 6 | 3 | 12 | 25 |
| — de Belleville. . . . . | 10 | » | » | » | 6 | 21 |
| — du Pré-Saint-Gervais | 9 | » | 3 | » | 6 | 11 |
| | 50 | 6 | 9 | 3 | 24 | 57 |
| Total. . . . . . . . . . . . . . . | | | 149 | | | |

Si l'on tient compte des mœurs du temps, cette répartition paraîtra toute naturelle. C'étaient surtout les communautés religieuses et les grands seigneurs qui résistaient aux mesures prises pour révoquer les concessions particulières. Quant aux colléges et aux hopitaux, ils étaient et seraient encore aujourd'hui respectés comme étant d'utilité publique, absolument comme les fontaines.

On ne fit, comme je viens de le dire, aucune concession d'eau nouvelle pendant les premières années de prévôté de Le Peletier. A partir du 10 janvier 1671, on recommença à accorder des brevets. La sécheresse avait-elle cessé? comptait-on sur le produit des pompes Notre-Dame, dont les projets étaient adoptés en principe? C'est ce qu'il est difficile de dire aujourd'hui. En fait, du 10 janvier 1671 au 18 juillet 1673, 23 concessions nouvelles furent accordées, savoir :

| | | |
|---|---|---|
| Eau d'Arcueil. . . . . . . . . . . . . . . . . . . . | 14 | 23 |
| — de Belleville. . . . . . . . . . . . . . . . . . | 2 | |
| — du Pré-Saint-Gervais . . . . . . . . . . . . | 4 | |
| — des pompes Notre-Dame. . . . . . . . . . . . | 3 | |

Six de ces brevets étaient délivrés à des communautés religieuses, un aux administrateurs de l'Hôtel-Dieu, et les autres à de hauts personnages, parmi lesquels il faut compter :

Le duc de Mazarin[1], qui obtint 36 lignes d'eau pour son palais

[1] Ce n'est pas le cardinal de Mazarin qui est ainsi désigné : la concession est du 10 janvier 1671, et Mazarin est mort à Vincennes le 9 mars 1661.

sis rue Neuve-des-Petits-Champs, au coin de la rue « Vivien ».

Michel Le Tellier, marquis de Louvois, pour son hôtel de la rue Richelieu, un pouce d'eau à lui vendu par le nommé Pierre Mouesain, bourgeois de Paris, « faisant partie de deux pouces et demy acquis par ledit Mouesain, de Me Geoffroy Bocquet[1]. »

« Marie de Rohan, princesse, duchesse de Chevreuse, comtesse de Montfort-l'Amaury, veufue de messire Claude de Lorraine, prince et duc de Chevreuse », 1 pouce d'eau des pompes Notre-Dame, et 12 lignes d'eau de Rungis pour son hôtel de la rue Saint-Dominique.

Le duc de Luynes, 6 lignes en superficie, pour son hôtel de la rue Saint-Dominique.

Casimir, « roi de Pologne et de Suède », abbé commendataire de Saint-Germain-des-Prés, 72 lignes d'eau de Rungis, pour l'abandon fait à la ville de la fontaine Pesée, à Cachan[2].

Pour conduire l'eau au palais Mazarin et à l'hôtel de Colbert, le bureau ordonna, le 18 février 1671, de démolir certains ouvrages appartenant à la ville « en la rue Viuien, » contre le mur du palais Mazarin, et fit construire dans le mur un regard ne faisant point saillie sur l'alignement pour y faire passer les tuyaux[3]. Avant il fallait tirer de l'eau du grand regard de la porte Saint-Denis.

En se reportant à la page 539, on trouvera l'état général des concessions particulières, avec les noms des concessionnaires, au 2 juin 1673. D'après ce tableau, le nombre des concessions s'élevait à 201, qui étaient ainsi réparties :

[1] Voy. p. 164 et 165.

[2] Registres de la ville, H. 1823 et 1824, vol. XLVI et XLVII. Pour ce qui concerne la fontaine Pesée, voy. page 161.

[3] Registres de la ville, H. 1823, vol. XLVI, fol. 195.

| | | | Pouces, | lignes. |
|---|---|---|---|---|
| Eau d'Arcueil . . . . . . | 56 | sur la rive gauche. . . . . . . . . | 5 | 28 |
| | 1 | sur la rive droite. . . . . . . . . | 1 | |
| Eau de Seine. . . . . . . | 20 | sur la rive gauche et dans la Cité. . | 4 | 6 |
| | 58 | sur la rive droite. . . . . . . . . | 4 | 25 |
| Eau du Pré-Saint-Gervais. | 20 | concessions. . . . . . . . . . . . | 1 | 90 |
| Eau de Belleville. . . . . | 46 | concessions. . . . . . . . . . . . | 2 | 93 |
| Totaux. . . . . . . | 201 | concessionnaires recevant. . . . . | 18 | 96 |

Vers la même date, une mesure fort sage fut prise par le bureau; il fut décidé que, pour faire rentrer la ville dans les déboursés fait, par elle pour construire les pompes du pont Notre-Dame, acquérir les deux moulins dudit pont et entretenir les machines, on vendrait vingt pouces d'eau au public.

Voici le texte même de cette ordonnance :

*Ordonnance pour la vente en deniers comptans ou en rentes de 20 poulces d'eau prouenans des machines du pont Notre-Dame.*

. . . . . . . . . . . . . . . . . . . . . . . .

Et sur ce que Monsieur le Preuost des marchands a remonstré a la Compagnie que touttes les fontaines publicques estant fournies d'eaue suffisamment, et les particuliers quy ont des concessions jouissant de leur distribution, il restoit encore une tres grande quantité d'eau dont la ville pourroit disposer quy pouroit seruir au remboursement des sommes quy seroient empruntées pour l'aquisition desdits moulins et pour l'entretien des machines, ouy le Procureur du Roy et de la Ville en ses conclusions, la matiere mise en desliberation, a esté unanimement arresté et conclud que Messieurs les Preuost des marchandz et Escheuins auec Messieurs les Conseillers de ville commissaires deputez pour la distribution des eauës des fontaines publicques de la dicte ville pourront vendre jusques a la quantite de vingt poulces d'eauë prouenant desdictes esleuàons par poulce, demy-poulce et quart de poulce, scauoir le poulce moyennant six mil liures en deniers comptans ou cinq cens liures de rente, racheptables de dix mil liures, et des aultres quantitez a proportion, pour estre les deniers en prouenans employez au rachapt des rentes constituées pour l'aquisition desdits moulins et les arrérages des rentes quy seroient constituées au proffict de ladicte ville pour lesdictes eauës employez a l'entretien des machines suiuant la conuention quy a esté faicte auec lesd[s] De Mance et Joly [1].

[1] Registres de la ville, H. 1824, vol. XLVII, fol. 438, 30 juillet 1673.

Le prix du pouce d'eau fixé à 500 livres de rente rachetable à 10000 livres était trop modéré, puisque l'acquéreur recevait 19$^{mc}$,195 par jour, ou 7006 mètres cubes par an ; la ligne d'eau ressortait à 3 fr. 47 par an, rachetable à 69 fr. 40 ; le mètre cube ne coûtait que 0 fr. 07. Aucune distribution d'eau ne peut aujourd'hui être faite à si bas prix, même en tenant compte de la différence de la valeur de l'argent. Les porteurs d'eau ne pouvaient en livrer à ces conditions, cela est évident. Le puisage aux fontaines publiques par les domestiques coûtait encore plus cher ; et cependant du 2 juin 1673 au 12 janvier 1693, c'est-à-dire pendant vingt ans, aucune concession à prix d'argent ne fut accordée, ni peut-être demandée, du moins on ne trouve aucune mention d'une demande de ce genre dans les registres de la ville ; c'est un fait très-extraordinaire : toutes les concessions gratuites étant accordées à la noblesse d'épée ou de robe, ou à la haute bourgeoisie, et les concessions à titre onéreux étant au contraire à la disposition de tous ceux qui avaient l'argent nécessaire pour les payer, on ne comprend pas comment, dans une ville aussi riche que Paris, on ait tant hésité à profiter des avantages offerts par le bureau.

Il n'y a pas de doute à mes yeux, c'est au prix élevé des prises d'eau par bassinets qu'il faut attribuer ce résultat. Pour faire ces prises d'eau, le concessionnaire devait poser une conduite spéciale en plomb depuis le bassinet mis à sa disposition dans le regard le plus voisin de son immeuble, jusqu'à sa maison. Malgré le bas prix du plomb, les travaux de canalisation ne laissaient d'être fort chers.

*Canalisations faites aux frais de la ville, prix élevé de ces canalisations.* — En général cette dépense était supportée par le concessionnaire ; cependant, dans certains cas, lorsqu'il s'agissait notamment d'un membre de l'échevinage très-distingué, le bureau mettait à la charge de la ville les travaux de canalisation. C'est ce qui eut lieu notamment à la sortie de l'échevinage de messire Armand-Hiérôme Bignon, prévôt des marchands. L'ordonnance par laquelle le bureau lui accorda douze lignes d'eau en superficie et laissa à la charge de la ville la dépense de 3000 livres exigée pour « la construction d'un réservoir, ouuerture des tranchées, pavement et thuyaux de plomb, » est basée sur les services rendus par lui : « ayant réfléchy, dit le prévôt, sur les services importants que Messire Hiérôme Bignon, chevalier, conseiller d'État ordinaire, prevost des marchands, a rendus à la ville en plusieurs occasions.... (entre autres) la continuation de la gratification de douze mil liures que le clergé auoit coutume de payer aux officiers du corps de ville à chaque renouuellement des contracts pour le paiement des rentes assignées sur le clergé, laquelle auoit esté retranchée et a depuis esté rétablie par les soins de mond[t] sieur Bignon, nous écheuins auons arresté, etc » (Ordonnance du 7 juillet 1716). Cette dépense s'éleva, comme je viens de le dire, à 3000 livres ; c'est le seul document de ce genre que je trouve dans les registres de la ville. Il est donc très-précieux puisqu'il nous fait connaître dans une certaine mesure le prix de toute cette petite canalisation du service privé qui rayonnait autour d'un château d'eau.

Si l'on tient compte du prix élevé de l'argent à cette époque, on voit combien était onéreux le mode de prise d'eau par bassinet. L'hôtel de Messire Hiérôme Bignon était situé rue Neuve-Saint-Augustin, près de l'emplacement actuel du passage Choiseul, et par conséquent à 125 mètres à peine de la fontaine Louis-le-Grand (fontaine Gaillon), où se trouvait son bassinet, et cependant la dépense s'éleva à 3000 livres. Un concessionnaire ordinaire, un échevin, par exemple, recevant en sortant d'exercice quatre lignes d'eau valant 800 livres, était obligé d'en dépenser quatre fois autant et parfois beaucoup plus pour jouir de sa concession. Cela fait comprendre pourquoi les concessions à titre onéreux furent si lentes à prendre faveur, et pourquoi la ville, pour développer ses recettes, ne se chargeait pas des frais de canalisation, excepté dans des cas fort rares, par exemple, lorsqu'elle croyait accorder ainsi une sorte de rémunération de services rendus[1].

Le tableau suivant fait connaître les concessions à titre onéreux qui sont désignées dans les registres de la ville ou dans les archives de l'inspection des eaux.

[1] Registres de la ville, H. 1486, vol. LXIX, fol. 584. L'avance des 3000 livres nécessaires pour conduire l'eau avait été faite par le Sr Barthelmy Bourdet, auquel elle fut remboursée en vertu de cette ordonnance.

## TABLEAU CHRONOLOGIQUE

### DES CONCESSIONS A TITRE ONÉREUX ANTÉRIEURES AU 2 JUIN 1673.

| N° DU TABLEAU DE RACHAT | NOM DU PROPRIÉTAIRE | NOM DE LA RUE | DATE DE LA CONCESSION | NOMBRE DE LIGNES D'EAU | PRIX DE LA LIGNE D'EAU | PRIX TOTAL |
|---|---|---|---|---|---|---|
| | | | | | Livres. | Livres. |
| 54 | Duc de Guise. . . . . . . . . . . . . | Salle-au-Comte. . | 14 mai 1534. . | 4 | Lettres patentes de Henri II. | |
| 9 | Langlois, prévôt des marchands. . . . | Barre-du-Becq. . (rue du Temple). | 11 août 1598. . | 2 de diam. | » | 35, 10 s. de rent. |
| 2 | Dᵉ de Sainte-Beuve, en remplacement d'une concession gratuite de la grosseur d'un pois accordée à son père Mᵉ Jehan Luillyer, seigneur de Boullancourt, prévôt des marchands, le 15 juillet 1552. . . . . . . . . . . | Barre-du-Becq. . | 17 septem. 1601 | id. | » | 50 de rente. |
| 3 | François de Villemontée. . . . . . . . | Sainte-Avoye. . . | 15 novem. 1601 | id. | » | 25 de rente. |
| | Loys Beauclerc. . . . . . . . . . . . | du Grand-Sentier. | 25 janvier 1605. | id. | » | 600 |
| | Chancelier de Bellièvre. . . . . . . . | de Bétisy. . . . . | 1ᵉʳ sept. 1605. | id. | Indemnité de terrain. | |
| | Anthoine Lecamus. . . . . . . . . . | Vieille-du-Temple | 20 juillet 1605. | 1 1/2 de dia. | » | 25 de rente. |
| | Robert Miron. . . . . . . . . . . . | du Chevalier-du-Guet. . . . . . | 29 mai 1606. . | id. | » | 30 de rente. |
| | Charles Malon. . . . . . . . . . . . | Vieille-du-Temple | 3 juillet 1606. . | id. | » | 50 de rente. |
| | Jehan Lescuyer. . . . . . . . . . . . | des Prouvelles. . | 12 août 1606. . | id. | Abandon d'une fontaine. | 300 |
| | Forget, baron de Mafle. . . . . . . . | du Four, près St-Eustache. . . . | 14 août 1606. . | id. | » | 50 de rente. |
| | De Marle, seigneur de Persigny. . . . | Vieille-du-Temple | 20 décem. 1605 | 2 de diam. | » | 600 |
| | Dᵉ Marie Charpentier, veuve de feu Jacques Dampmartin. . . . . . . . . . | à la Villette. . . | 2 août 1621. . . | id. | Indemnité de terrain. | 30 de rente. |
| | Jean et Mathieu Bourlon, consᵉʳˢ du roy | Mauconseil. . . . | 21 octob. 1630. | 4 de diam. | » | 40 de rente. |
| 82 | De Tanlay. . . . . . . . . . . . . . | Neuve-des-Petits-Champs. . . . | 21 octob. 1634. | 40 | Partage des eaux d'Arcueil. | |
| 26 | Boutillier, seigneur de Chavigny. . . . | Hôtel-Saint-Paul. . | 8 octob. 1635. . | 144 | id. | |
| 85 | De la Vrillière. . . . . . . . . . . . | son hôtel (banque de France). . . | Arrêt du Conseil 20 oct., 9 nov. 1634; 9 décem. 1635. | 36 | id. | |
| 8 | Boulard. . . . . . . . . . . . . . . | Barbette. . . . . | 19 mai 1636. . . | 78 | Conditions inconnues. | |
| | Jacques Tubeuf, sʳ de Blanzac, consʳ du roy. . . . . . . . . . . . . . . | Neuve-des-Petits-Champs. . . . | 7 août 1642. . . | 6 | 6 de rente. | 36, 10 s. de rent. |
| | Henry de Buillon, consʳ du roy. . . . | devant le portail des Cordeliers. . | 7 août 1642. . . | 4 | 6, 5 s. de rente. | 25 de rente. |
| | Petitbon, maître chirurgien à Paris. . | village du Pré-St-Gervais. . . . | 11 août 1648. . | id. | Travaux. | 600 |
| | Augustin le Maistre, consʳ du roy. . . | Saint-Martin. . . | 14 août 1651. . | Trop-plein du regard Saint-Julien. . . . | » | 300 |
| 91 | De la Bussière, probablement vente de Bocquet?. . . . . . . . . . . . . | Quai Malaquais. . | 1656-1657. . . | 324 | Conditions inconnues. | |
| | Nicolas Fouquet, surintendant des finances, ministre d'État. . . . . . . | du Temple. . . . | 4 juin 1655. . | 144 | 69 | 10.000 |
| 90 | Collége du Plessis. . . . . . . . . . . | en Sorbonne. . . | 4 août 1656. . | 8 | Conditions inconnues. | |

| N° D'ORDRE DU TABLEAU DE RACHAT | NOM DU PROPRIÉTAIRE | | NOM DE LA RUE | DATE DE LA CONCESSION | NOMBRE DE LIGNES D'EAU | PRIX | |
|---|---|---|---|---|---|---|---|
| | | | | | | DE LA LIGNE D'EAU | TOTAL |
| 41 | Jacques-Honoré Barantin | | des Deux-Portes.. | 3 décem. 1660. | 6 | Conditions inconnues. | |
| | Jean de Mesgrigny, marquis de Vendœuvre.. . | | des Poitevins.. . | 20 déc. 1660. . | 9 | id. | |
| 73<br>81 | Paget. . . . . . . . . . | | de Richelieu. . . | 1er juin 1656. . | 42 | id. | |
| | Mouesain, bourgeois de Paris. . . . . . . . . | Vente des eaux d'Arcueil, concédée à Bocquet, en 1656 suiv. le partage des eaux. | Id. | Id. | 288 | id. | |
| 74<br>84 | Lafeuillade. . . . . . . | | Croix-des-Petits-Champs. . . .<br>Richelieu. . . . | 3 décem. 1683.<br>1692-1694. . | 25<br>16 | id. | |
| 75 | Bonnet. . . . . . . . . | | Place des Victoires. . . . . | 12 sept. 1685. . | 6 | id. | |
| 76 | De Tourmont. . . . . . | | id. | id. | 6 | id. | |
| 77 | De Soyencourt. . . . . . | | id. | 26 mars 1689. . | 6 | id. | |
| 34<br>78 | De Cherambault. . . . . | | Vide-Gousset. . . | 19 novem. 1692 | 6 | id. | |
| 79 | Marquis de Lhôpital. . . | | Notre-Dame-des-Victoires.. . . | 19 août 1692. . | 8 | id. | |
| | Casimir, roi de Pologne, abbé de Saint-Germain-des-Prés.. . . . . . . . . | | Abbaye de Saint-Germain. . . . | 8 août 1672. . | 72 | En échange de la fontaine Pesée. | |
| 61<br>66<br>72<br>88<br>89 | Jean-Baptiste Colbert, baron de Seignelay, intendant des finances. . . . . | | pour son hôtel. . | 8 novem. 1662. | 12 | Services rendus à la ville. | |
| | Michel le Tellier, marquis de Louvois. | | Francs-Bourgeois. | 8 novem. 1662. | 12 | id. | |

## TABLEAU CHRONOLOGIQUE

### DES CONCESSIONS A TITRE ONÉREUX A PARTIR DU 2 JUIN 1673.

| N° D'ORDRE DU TABLEAU DE RACHAT | NOM DU PROPRIÉTAIRE | NOM DE LA RUE | DATE DE LA CONCESSION | NOMBRE DE LIGNES D'EAU | PRIX | |
|---|---|---|---|---|---|---|
| | | | | | DE LA LIGNE D'EAU | TOTAL |
| | | | | | Livres. | Livres. |
| 52 | Henri de Fourcy, comte de Chessy, prévôt des marchands. . . . . . . . . | Cul-de-Sac de Jouy | 2 décem. 1692. | 6 | Construction du regard de Jouy. | |
| 39 | Charles Vireau, sieur des Espoisses, cons^r du roy. . . . . . . . . . . | du Grand-Chantier. . . . . . | 12 mars 1693. . | 8 | 150 | 1200 |
| 7 | François de Lamoignon, marquis de Barville. . . . . . . . . . . . . | hôt. d'Angoulême | 3 mars 1694. . | 12 | Confirmation. | |
| | Chanoines réguliers du prieuré de Sainte-Catherine-la-Culture. . . . . | » | 4 mai 1694. . | 4 | Cession de terrain. | |
| 13<br>14<br>38<br>93 | Jean Beausire. . . . . . . . . . . . | » | 17 août 1695. . | 104 | Construction de la fontaine Boucherat. | |

| N° du tableau de rachat | NOM DU PROPRIÉTAIRE | NOM DE LA RUE | DATE DE LA CONCESSION | NOMBRE DE LIGNES D'EAU | PRIX DE LA LIGNE D'EAU | PRIX TOTAL |
|---|---|---|---|---|---|---|
| | | | | | Livres. | Livres. |
| 35 | Hierosme de la Guerre, consr du roy, payeur des rentes du clergé. . . . . | » | 25 mai 1698. . | 40 | 100 | 4000 |
| | Bénigne du Jardin, greffier en chef du Parlement. . . . . . . . . . . . . | à la Villette. . . . | 16 sept. 1698. . | 12 | 167 | 2000 |
| | Charles Renouard, sr de la Touanne, consr d'État. . . . . . . . . . . | Neuve-Saint-Augustin. . . . . | 15 janv. 1699. | 12 | 125 | 1500 |
| | Jean de Sauvion, consr, secrétaire du roy. . . . . . . . . . . . . . . | Neuve-Saint-Augustin. . . . . | 15 janv. 1699. . | 12 | 125 | 1500 |
| | Pierre Langlois, maître ordinaire en la chambre des comptes. . . . . . . . | Francs-Bourgeois. | 17 juillet 1699. | 6 | 167 | 1000 |
| | Marie de Baïze, veuve Macloud Maralde. | Aubry-le-Boucher | 29 janv. 1700. . | 2 | 50 livres de rente. | |
| | Antoine Ribère, consr d'État ordinaire et consr d'honneur au Parlement. . . . . . . . . . . . . . . | Cul-de-sac de la rue des Blancs-Manteaux. . . . | » | » | » | » |
| | | | 6 juillet 1700. . | 5 | 80 | 400 |
| | Louis-Alexandre Croiset, consr du roy, prést aux enquêtes. . . . . . . . . | Neuve-Saint-Augustin. . . . . | 6 juillet 1700. . | 6 | 67 | 400 |
| 65 | Étienne Moulle, écuyer, consr, secrétaire du roy. . . . . . . . . . . | de l'Homme-Armé | 20 juillet 1700. | 6 | 150 | 900 |
| | Pierre de Tournont, consr du roy. . . | Saint-Dominique. | 3 août 1700. . . | 6 | 150 | 900 |
| | Religieux du collége de Cluny. . . . . | Pl. de la Sorbonne | 17 août 1700. . | 4 | 50 | 200 |
| 25 | François Procope Couteaux, bourgeois de Paris. . . . . . . . . . . . . . | Neuve-des-Fossés-Saint-Germain. | 16 sept. 1700. . | 4 | 200 | 800 |
| | Pierre de Paris, consr du roy, et dame Françoise de Paris, veuve de François du Gué, consr du roi en son vivant. . | Hôtel de Rieux. . rue Garancière. . | 9 mars 1702. . | 8 | 100 | 800 |
| | François Crevon, bourgeois de Paris, échevin. . . . . . . . . . . . . | Fg. Saint-Denis. | 18 mai 1702. . | 4 | 75 | 300 |
| 10 | Pauvres filles de l'institution du Sauveur. . . . . . . . . . . . . . . . | Vendôme au Marais. . . . . . | 10 juillet 1702. | 2 | 5 livres de rente. | |
| | Pierre Savalet, consr du roi, notaire, ancien échevin. . . . . . . . . . | Saint-Antoine (hôtel de Beauvais) | 19 sept. 1704. . | 8 | 25 livres de rente. | |
| 62 | François de Rohan, prince de Soubise. . | Hôtel de Guise (archives). . . . | 16 juillet 1705. | 20 | Construction du regard Soubise. | |
| 23 | François Guyot, marquis de Brausange. | Richelieu. . . . | 11 juin 1706. . | 15 | Échange avec la ville. | |
| 58 | Moreau et Melin. . . . . . . . . . . | Saint-Martin. . . | 12 juillet 1706. | 8 | Conditions inconnues. | |
| | Jean-Paul Lombard, consr, trésorier du duc de Bavière. . . . . . . . . | Argenteuil. . . . | 20 déc. 1706. . | 8 | 200 | 1600 |
| | Jean-Baptiste de Gomond, consr en la cour des aides, et son épouse. . . . | d'Enfer, près les Chartreux. . . | 1er févr. 1707. | 4 | 125 | 500 |
| 24 | Goureau, seigr de la Prontière. . . . . | Hôtel Gaillon. . | 21 juin 1707. . | 180 | 222 | 40000 |
| | Michel-François Guyhou, sr de Bourlon, consr du roy. . . . . . . . . . . . | Place Louis-le-Grand. . . . . | 12 juillet 1707. | 30 | 200 | 6000 |
| | Jacques Boulet, chanoine de l'Église cathédrale de Langres. . . . . . . . | Neuve-des-Petits-Champs. . . . | 1er août 1707. . | 8 | 150 | 1200 |
| | Nicolas Desmaretz, chr consr ordre du roy, directeur des finances. . . . . | Vivienne. . . . . | 2 août 1707. . | 20 | 150 | 3000 |
| | Guillaume Clavareau, consr du roy, payeur des rentes. . . . . . . . . | Serpente. . . . . | 8 août 1707. . | 4 p. en jouir sa vie durant. | 25 | 100 |
| 71 | Joseph-Jean-Baptiste Fluerriant, sr d'Armenonville, direct. gén. des finances. | Plâtrière. . . . . | 11 août 1707. . | 20 | 150 | 3000 |
| | Les sœurs de la Société de la Croix. . . | Cul-de-sac rue St-Antoine. . . . | 19 août 1707. . | 2 | 6 livres de rente. | |
| 6 | Claude-François de la Croix, consr du roi, receveur général des finances de la généralité de Moulins. . . . . . . | Saint-Antoine. . | 1er sept. 1707. . | 10 | 100 livres de rente rachetable à 2000 livres. | |

| N° D'ORDRE DU TABLEAU DE RACHAT | NOM DU PROPRIÉTAIRE | NOM DE LA RUE | DATE DE LA CONCESSION | NOMBRE DE LIGNES D'EAU | PRIX | |
|---|---|---|---|---|---|---|
| | | | | | DE LA LIGNE D'EAU | TOTAL |
| | | | | | Livres. | Livres. |
| 18 37 | Toussaint Bellanger, cons^r du roy, notaire à Paris | Saint-Honoré près les Jacobins | 15 sept. 1707 | 6 | 30 liv. de rente rachetable à 660 liv. | |
| | Religieuses hospitalières de la Charité des femmes | près la pl. Royale | 9 décem. 1707 | 2 | Redevance de 3 livres. | |
| | | | | | Livres. | Livres. |
| | Jules-François Mazarini-Mancini, fils aîné du duc de Nevers | Hôtel de Nevers, rue Richelieu | 20 nov. 1708 | 10 | 200 | 2000 |
| | Jean-Louis de Lestandart, marquis de Bully, gouverneur de Menim | du Pot-de-Fer | 27 mars 1709 | 12 | 100 | 1200 |
| 48 | M^e François Regnault, ancien échevin et doyen des quartiniers | Grand-Chantier au Marais | 26 juin 1709 | 6 | 50 | 300 |
| | Paul-Étienne Brunet de Rancy, éc^r, seig^r d'Eury-le-Chasteau | angle des rues Ste-Catherine et de l'Écharpe | 26 juin 1709 | 3 | 150 | 450 |
| 32 | Hérouard | Caisse d'épargne | 2 septem. 1709 | 22 | Conditions inconnues. | |
| | Michel-François Guiliou s^r de Boulon, cons^r du roi | place de Louis-le-Grand | 25 février 1710 | 10 | 200 | 2000 |
| 46 | Lazare-Louis Thiroux, écuyer, fermier général | Michel-le-Comte | 18 juillet 1710 | 6 | 87 | 500 |
| | Vincent de Beausergent, écuyer, cons^r du roy, trésorier général des gardes françaises et suisses | Sainte-Croix-de-la-Bretonnerie | 10 sept. 1710 | 3 | 200 | 600 |
| | Claude-Joseph le Fay, gouverneur de la ville d'Aire | Culture-Sainte-Catherine | 30 déc. 1710 | 6 | Redevance de 10 livres. | |
| | Claude Boucher, prieur de Villars | maison à porte cochère r. Vivien | 17 janvier 1713 | 4 | Redevance de 40 livres. | |
| 17 | Antoine-Charles, « duc de Gramont, pair de France, souverain de Bidache, etc., et sa dame » | place de Louis-le-Grand | 11 avril 1713 | 16 | 200 | 3200 |
| | Pierre-Benoît Morel, président de la cour des aides | Blancs-Manteaux | 27 févr. 1714 | 4 | 100 | 400 |
| 65 | Durand | Vaugirard | 23 mars 1714 | 6 | Conditions inconnues. | |
| | Augustin de Massac, ancien avocat au Parlement | des Cordeliers | 15 mars 1715 | 4 | 100 | 400 |
| | Ursin-Camus Durand, chev^r, cons^r du roy en la cour du Parlement | de Vaugirard | 23 mars 1715 | 6 | 200 | 1200 |
| | Richard Cancelier, bourgeois de Paris | de Saint-Antoine | 24 nov. 1714 | 4 | 62 | 250 |
| | Louis-Alexandre Croiset, chev^r, marquis d'Étiau, cons^r du roi, président hon^re au Parlement | Neuve-Saint-Augustin | 8 août 1715 | 2 | 67 | 133, 8 sols, 8 d. |
| | Chaudron, marchand de vin | à la Villette | 16 sept. 1717 | 4 | Construction du regard. | |
| | Antoine d'Aufresne, m^e masson ordin^re de la ville | Sainte-Apolline | 13 sept. 1717 | 4 | 150 | 600 |
| 51 | Guillaume de la Leu, ancien échevin | Saint-Denis | 12 août 1717 | 4 | Conditions inconnues. | |
| | Dame Françoise Lemarchant, veuve de maître Nicolas Dongois, greffier en chef du Parlement, et ses fils | de Seine | 27 mars 1719 | 8 | 225 | 1800 |
| 55 | Isidore-Marie Lotin de Charny, châtelain de Chauny | Beautreillis et Petit-Musc | 6 juin 1719 | 20 | 300 | 6000 |
| | Le même | même maison | 13 nov. 1719 | 20 | 300 | 6000 |
| 42 46 92 94 | Damoiselle Élisabeth Bidault de Salnoue | Louis-le-Grand | 4 décem. 1719 | 40 | 300 | 12000 |
| | Jacques Lafouasse, procureur au Parlement | de la porte Saint-Germ.-des-Prés | 29 décem. 1719 | 4 | 300 | 1200 |

| N° D'ORDRE DU TABLEAU DE RACHAT | NOM DU PROPRIÉTAIRE | NOM DE LA RUE | DATE DE LA CONCESSION | NOMBRE DE LIGNES D'EAU | PRIX DE LA LIGNE D'EAU | PRIX TOTAL |
|---|---|---|---|---|---|---|
| | | | | | Livres. | Livres. |
| | Girard-Michel de la Jonchère, trésorier général de l'extraordin. des guerres. | Saint-Honoré. . . | 16 février 1720. | 10 | 300 | 3000 |
| 56 | Charles Fu, architecte ordinaire de son A. R. le duc d'Orléans. . . . . . . . | des Lions-St-Paul. | 21 juin 1720. . | 4 | 300 | 1200 |
| | Religieuses du monastère royal des Feuillants, ordre de Cîteaux. . . . . | plusieurs maisons rue St-Honoré. | 11 juillet 1720. | 10 | 300 | 3000 |
| 87 | Pierre-Louis-Alexandre de Bourbon, comte de Toulouse, duc de Penthièvre, amiral de France. . . . . . . . . . | Hôtel de Toulouse, rue des Petits-Champs. . . . | 16 juillet 1720. | 20 | 300 | 6000 |
| | Jacques-André Dupille, ch^r^, vicomte de Monteil. . . . . . . . . . . . . . | Saint-Louis. . . | 8 août 1720. . | 8 | 300 | 2400 |
| 55 | Louis-Antoine Moriau, écuyer, cons^r^, secrétaire du roy, ancien colonel. . . | » | 9 août 1720. . | 10 | 200 | 2000 |
| | Jean-Baptiste Martin d'Artaquiette. . . | de Richelieu. . . | 12 août 1720. . | 3 | 300 | 2400 |
| 59 | Pierre Pougin de Novion, bourgeois de Paris. . . . . . . . . . . . . . . | Neuve-des-Petits-Champs. . . . | 17 sept. 1720. . | 6 | 300 | 1800 |
| | Paul Ballin, éc^r^, cons^r^ du roy, not^re^ au Châtelet, ancien échevin. . . . . . . | » | 20 sept. 1720. . | 12 | 200 | 12400 |
| 50 | Louis-Léon Pajot, s^r^ d'Osembray, intendant général des postes. . . . . . . | Hôtel Villeroy, rue des Bourdonnais | 7 mars 1721. . | 24 | 300 | 7200 |
| | Alexis, comte de Châtillon, grand bailly d'Hagueneau, maître de camp, général de la cavalerie légère de France. | Saint-Dominique-Saint-Germain. | 7 juillet 1721. . | 12 | 300 | 3600 |
| | Thomas Tesnières, anc. garde du corps des marchands joailliers. . . . . . | » | 27 août 1722. . | 4 | 1100 | 400 |
| 60 | Anne Hariédge, veuve du s^r^ Jean Ybagmette cons^er^ du palais royal. . . . . | Neuve-des-Petits-Champs. . . . | 2 décem. 1722. | 4 | 300 | 1200 |
| | François de la Pierre, s^r^ de Talhouet, baron de Coetman, cons^r^ du roy. . . | Quartier de la pl. Louis-le-Grand. | 15 avril 1725. . | 12 | 300 | 3600 |
| | Louis de Bretagne, prince de Rohan Chabot, prince de Léon. . . . . . . | Chât. des Bruyères | 12 juillet 1725. | 8 | 300 | 2400 |
| 67 | Pierre Dodun, receveur général des finances. . . . . . . . . . . . . . | Richelieu. . . . | 22 sept. 1727. . | 6 | 300 | 1800 |
| | Charles Arrault, avocat au Parlement. . | des Capucines. . | 19 juin 1728. . | 12 | 300 | 3600 |
| 5 | Pierre Ringard-Baigneur, locataire. . . | du roi de Sicile. . | 19 sept. 1730. . | 4 | 300 | 1200 |
| 47 | Les religieuses de l'Annonciade-Céleste (confirmation). . . . . . . . . . . | Culture-Sainte-Catherine. . . . | 27 août 1735. . | 8 | Indemnité de terrain. | |
| | S^r^ de la Rue du Can, secrétaire du roy. | » | 25 octobre 1735 | 6 | 200 | 1200 |
| | Hôpital des Enfants-Rouges. . . . . . | » | 20 mars 1736. . | 12 | Indemnité de terrain. | |
| 49 | Demoiselle Morel. . . . . . . . . . | Grand-Chantier. . | 12 juillet 1737. | 6 | Conditions inconnues. | |
| 41 | Decase. . . . . . . . . . . . . . . | Renard-Saint-Sauveur. . . . | 25 octob. 1737. | 4 | id. | |
| | Alexis-Madelaine-Rosalie duc de Châtillon, gouverneur du dauphin. . . . | » | 1^er^ juin 1737. . | 12 | 200 | 2400 |
| 16 | Étienne-Olivier de Montluçon. . . . . . | » | 12 juillet 1738. | 5 | 200 | 1000 |
| | Religieux dominicains, faubourg Saint-Germain, charge de construire un réservoir. . . . . . . . . . . . . . | » | 12 août 1740. . | 12 | Indemnité. | |
| 31<br>33 | Pierre-Grimand Dufort, constructeur de 2 réservoirs. . . . . . . . . . . . | Coq-Héron. . . . | 18 février 1739<br>13 sept. 1740. . | 12 | id. | |
| | Religieux de Saint-Martin-des-Champs, abandon de la tour de la fontaine, rue du Vert-Bois et Saint-Martin. . . | Monastère, rue St-Martin. . . . | 27 sept. 1740. . | 12 | id. | |
| 11 | Bazinville. . . . . . . . . . . . . . | Vendôme. . . . | 5 février 1742. | 9 | Conditions inconnues. | |
| 70 | Julien Oré, entrepreneur des bâtiments de la ville. . . . . . . . . . . . | » | 25 avril 1746. . | 8 | 200 | 1600 |

| N° d'ordre du tableau de rachat | NOM DU PROPRIÉTAIRE | NOM DE LA RUE | DATE DE LA CONCESSION | NOMBRE DE LIGNES D'EAU | PRIX | |
|---|---|---|---|---|---|---|
| | | | | | DE LA LIGNE D'EAU | TOTAL |
| | | | | | Livres. | Livres. |
| | Louis-Antoine Bouillé de Boissy, construction d'un regard dans son hôtel. | du Bouloi. . . . | 20 décem. 1747 | 16 | Indemnité. | |
| 57 | Philippe Eynard, comte de Clermont-Tonnerre. . . . . . . . . . . . . . | » | 4 décem. 1750. | 12 | 150 | 1800 |
| | Louis Morpret. . . . . . . . . . . . | » | 24 avril 1751. . | 12 | 200 | 2400 |
| 68 | Directeur de l'Institut et de l'Oratoire. . | Richelieu. . . . . | 14 janv. 1751. . | 9 | 200 | 1800 |
| | Marc-Antoine de la Haye de Bazinville. . | » | 5 février 1752. | 9 | 200 | 1800 |
| 56 | Jean-Baptiste-Marie de Brion, marquis de Noailles. . . . . . . . . . . . . | » | 5 août 1752. . | 9 | 133 | 1200 |
| 87 | Dame Marie de Saint-Pierre, veuve de Barthelmy Thoynard. . . . . . . . | » | 15 sept. 1754. . | 16 | 200 | 3200 |
| 45 | Duret. . . . . . . . . . . . . . . . | Braque. . . . . . | 2 août 1569. . | 9 | Conditions inconnues. | |
| 4 | Lejay. . . . . . . . . . . . . . . . | Parc-Royal. . . . | 1700-1733. . . | 10 | id. | |
| 21 | Mourlain. . . . . . . . . . . . . . . | Louvois. . . . . | 14 juin 1756. . | 7 | id. | |
| 19 | Hervard. . . . . . . . . . . . . . . | Saint-Honoré. . . | 17 août 1758. . | 7 | id. | |
| 40 | De la Crosnière. . . . . . . . . . . . | Porte-Foin. . . . | 22 mars 1767. . | 12 | id. | |
| 55 bis | Régie des poudres et salpêtres. . . . . | de l'Orme. . . . | 25 sept. 1768. . | 12 | 208 | 2498 |
| 12 | Boucheron. . . . . . . . . . . . . . | Vendôme. . . . . | 24 juin 1769. . | 4 | Conditions inconnues. | |
| 64<br>80 | Danneville ou Dainville. . . . . . . . | Notre-Dame-des-Victoires. . . . | 28 avril 1778. . | 5 | id. | |
| 85 | Descoutes. . . . . . . . . . . . . . | Amelot. . . . . . | 5 août 1778. . | 4 | id. | |
| 15 | Mangin. . . . . . . . . . . . . . . | place Cambrai. . | 9 mars 1780. . | 4 | id. | |
| 30 | Oblef. . . . . . . . . . . . . . . . | Fossés-Montmartre. . . . . | 4 mai 1781. . . | 6 | id. | |
| 22 | Perrignon. . . . . . . . . . . . . . | Louvois. . . . . | 22 mai 1816. . | 37 | id. | |
| 29 | Viel. . . . . . . . . . . . . . . . . | Traversière. . . . | Titre inconnu. | 9 | id. | |

## CONCESSIONS A TITRE ONÉREUX EXTRA-MUROS

## EAU D'ARCUEIL

*Indemnités de terrain lors de la construction de l'aqueduc*

| N° d'ordre du tableau de rachat | NOM DU PROPRIÉTAIRE | NOM DE LA RUE | DATE DE LA CONCESSION | NOMBRE DE LIGNES D'EAU | PRIX |
|---|---|---|---|---|---|
| 95 | Giraudon. . . . . . . . . . . . . . . | Territoire de Rungis. . . . . . | Part. des eaux. Arrêts du conseil des 20 octobre et 9 déc. 1634. . . . . | 576 | Indemnité de terrain. |
| 97 | Princesse de Beauvau, princesse de Romilly. . . . . . . . . . . . . . | Territoire d'Arcueil. . . . . | id. | 2 | id. |
| | Princesse de Beauvau. . . . . . . . . | | | 7 | id. |
| 98 | Brotier. . . . . . . . . . . . . . . | | | 10 | id. |
| 99 | Saintot. . . . . . . . . . . . . . . | | | 48 | id. |
| 100 | Fief d'Arcueil (Rubentelle). . . . . . . | | | 72 | id. |
| 101 | Duc de Villeroy (ancienne concession du) | Territoire de Gentilly. . . . . . | id. | 48 | id. |
| 96 | Abbaye de Saint-Germain-des-Prés et hameau de Cachan. . . . . . . . . | Territoire d'Arcueil. . . . . | 22 juin 1671. . | 144 | Abandon à la ville de Paris de la fontaine Pesée. |

| N° D'ORDRE DU TABLEAU DE RACHAT | NOM DU PROPRIÉTAIRE | NOM DE LA RUE | DATE DE LA CONCESSION | NOMBRE DE LIGNES D'EAU | PRIX | |
|---|---|---|---|---|---|---|
| | | | | | DE LA LIGNE D'EAU | TOTAL |
| | | | | | Livres. | Livres. |
| | EAU DU PRÉ SAINT-GERVAIS ET DE BELLEVILLE | | | | | |
| 104 | Gamart. . . . . . . . . . . . . . . . . | du Pré-St-Gervais | 1622-1628. . . | 2 | Conditions inconnues. | |
| 103 | Veuve Héron. . . . . . . . . . . . . . | Pl. du Pré-Saint-Gervais. . . . | 3 juin 1637. . | 9 | id. | |
| 105 | Péron. . . . . . . . . . . . . . . . . | du Pré-St-Gervais | 1641. . . . . . | 9 | id. | |
| 106 | Loïs. . . . . . . . . . . . . . . . . . | id. | 1759 . . . . . | 31 | Indemnité acq. de sources. | |
| 102 | Bélichon. . . . . . . . . . . . . . . . | Platrière-Pré. . . | 3 juillet 1713. . | 11 | Conditions inconnues. | |
| 111 | Maufroy. . . . . . . . . . . . . . . . | Grande-Rue de Belleville. . . . | 29 juillet 1777. | » | id. | |
| 107 | Auré d'Aideville. . . . . . . . . . . | Grande-Rue du Pré-St-Gervais. | Inconnu. . . . | 6 | id. | |
| 108 | Inconnu (cité Henri Divers). . . . . . | id. | id. | 36 | id. | |
| 109 | Gamart. . . . . . . . . . . . . . . . | id. | id. | 30 | id. | |
| 110 | Inconnu (villa du Pré). . . . . . . . . | id. | id. | 25 | id. | |

*Concessions diverses à partir de* 1733. — Vers cette époque on remarque un relâchement général dans les services des eaux de la ville. L'intervention du pouvoir central dans les affaires municipales, et surtout l'ordonnance royale de juillet 1681 qui érigea, en titres d'offices héréditaires, les charges des officiers du corps de l'Hôtel de Ville, devaient conduire rapidement à ce résultat[1]. Chacun ne s'occupa plus alors qu'à simplifier son service; c'est ce qui fait comprendre pourquoi, à partir de 1733, les titres de concessions d'eau cessèrent d'être enregistrés au greffe de la ville; on trouve les dossiers disséminés dans le carton Q[1] — 1090[2] des archives nationales. Il m'a paru peu utile d'en faire le dépouillement, même pour les concessions à titre onéreux. J'ai cependant ajouté aux documents relevés dans les registres de la ville seize concessions dont la dernière porte la date du 15 mai 1759.

J'ai complété le tableau avec des documents que j'ai trouvés dans les archives de l'inspection des eaux, notamment en y ajoutant les concessions correspondant aux neuf pouces cent vingt

[1] Voy. p. 399, et toute la fin du chap. XVIII.

et une lignes et demie d'eau attribués à Bocquet dans le partage des eaux d'Arcueil[1]. Quoique ces documents soient exacts, ils sont cependant incomplets en ce sens qu'ils ne font connaître ni l'origine de la propriété des eaux, ni le prix de la vente, ni le nom du vendeur. Il peut même se faire que certains titres soient purement et simplement des actes de mutation.

*Prix de la ligne d'eau.* — Le prix de la ligne d'eau varie beaucoup dans le tableau qui précède. Il se trouvait fixé à 69 livres 8 sols par l'ordonnance du 30 juillet 1673. On reconnut bien vite que ce prix était trop faible, et la ligne d'eau fut toujours vendue, à de rares exceptions près, de 100 à 222 livres.

Une délibération du bureau, en date du 8 avril 1709, fit cesser cette anomalie; elle se termine ainsi : « pourquoi auons arresté qu'à l'avenir il ne sera plus vendu aucune des eaux de la ville à quelque personne que ce soit que sur le pied de deux cens livres la ligne pour en jouir par les acquéreurs leurs héritiers et ayant cause à perpétuité, et cent livres de chacune ligne pour les acquéreurs à vie[2]. »

A partir de cette date, le prix de la ligne d'eau s'élève presque toujours sur le tableau de 200 à 300 livres. Le petit nombre de lignes d'eau vendues à 100 francs et même au-dessous, doivent être considérées comme concédées à vie.

*Faits particuliers se rattachant aux concessions.* — La première concession à titre onéreux dont je trouve trace dans les registres de la ville, à partir de l'ordonnance du 30 juillet 1673, fut accordée, le 12 mars 1693, à Charles Vireau, sieur des Espoisses, secrétaire conseiller du roi, à dame Marie Martin de la Roche, son épouse, et à la vicomtesse Ricoul, sa belle-mère, pour leur maison de la rue du Grand-Chantier. Elle était de huit lignes d'eau

[1] Voy. p. 164 et 165.
[2] Registres de la ville, H. 1843, vol. LXVI, fol. 113.

et le prix fut fixé à 1200 livres, suivant l'offre des impétrants; cette concession était transmissible « à leurs hoirs et ayant cause, *possesseurs de ladite maison*, à toujours et perpétuité[1]. » Ce prix de 1200 livres était plus élevé que celui fixé par l'ordonnance de 1709, qui, pour huit lignes d'eau, aurait été de 555 livres 11 sols.

A partir de cette date de 1673, nous voyons se développer lentement l'habitude d'acheter l'eau, soit à prix d'argent, soit par des cessions d'immeubles. Ainsi, le 4 mai 1694, les chanoines réguliers du prieuré de Sainte-Catherine-la-Culture cédèrent à la ville le terrain sur lequel était érigée la fontaine Birague, moyennant une concession de quatre lignes d'eau qui leur fut accordée en augmentation de quatre autres lignes dont ils jouissaient[2].

Une concession du même genre fut accordée le 26 janvier 1699 à messire Hiérôme de la Guerre, conseiller du roi, payeur de rente du clergé, qui contribua pour 4000 livres à la construction de la fontaine Boucherat, moyennant quarante lignes d'eau à prendre par bassinet au regard de l'Échaudé sur le pouce d'eau accordé à Jean Beausire qui s'était chargé de la construction de cette fontaine.

Un autre brevet de concession à titre onéreux fut délivré à de singulières conditions « à dame Marie Debaize, veufue de Macloud Maralde viuant bourgeois de Paris ». Le 29 janvier 1700, on confirma « la jouisance de quatre lignes et on ajouta deux autres lignes à prendre sur le gros thuyau public de la rue Saint-Denis, à la charge par la supliante et ses successeurs possesseurs de ladite maison (sise rue Aubry-le-Boucher) de payer suiuant ses offres par chaque année et par auance la somme de trente livres *au payement de laquelle ladite maison sera et demeurera hypothecquée*[3]. »

C'est le seul exemple que je connaisse d'un immeuble frappé

[1] Registres de la ville, H. 1834, vol. LVII.
[2] *Idem.*
[3] Registres de la ville, H. 1838, vol. LXI.

d'hypothèque pour assurer le payement du prix annuel d'un abonnement d'eau. Le bureau craignait de n'être pas payé en accordant des concessions annuelles, et c'était une des raisons qui lui faisait aliéner les eaux publiques.

1er *septembre* 1689. — Parmi les concessions qui ne peuvent être considérées comme absolument gratuites et qui ne figurent pas sur le tableau des concessions à titre onéreux, il faut citer l'abandon de deux pouces d'eau du nouveau regard de Cacheloup[1] au sr Le Bret, seigneur de Pantin. La ville était en procès depuis longtemps avec ce seigneur, qui accusait le prévôt des marchands d'avoir détourné des eaux qui lui appartenaient, pour les conduire dans le vieux et le nouveau regard de Cacheloup. Une première transaction avait eu lieu le 19 août 1639 ; le plaignant et la ville devaient prendre chacun la moitié des eaux du vieux Cacheloup. Mais il n'avait été tenu aucun compte de cette transaction : bien loin de là, la ville avait depuis détourné d'autres sources sur lesquelles le sr Le Bret prétendait avoir des droits.

L'affaire se termina en 1689 par une nouvelle transaction : le 1er septembre de cette année, le bureau concéda au sr Le Bret deux pouces d'eau à prendre dans le regard du nouveau Cacheloup, en se réservant le droit de rechercher les eaux qui pouvaient se trouver sur les terres de ce seigneur[2].

Depuis que le service des eaux existe, les tuyaux et appareils de plomb ont toujours tenté les voleurs. Aujourd'hui, c'est la police qui se charge de découvrir les auteurs des vols et les recéleurs, et je dois dire qu'elle n'y réussit guère. Autrefois on avait recours à un moyen qui n'était pas plus efficace, aux monitoires. En voici un curieux exemple :

*Vols de thuyaux de plomb et de cuuette de distribũon* (12 *juin*

[1] Regards du vieux et du nouveau Cacheloup, nos 1 et 2 de la carte.
[2] Registres de la ville, H. 1832, vol. LV, fol. 442 et suiv.

1691). — Les dames de la Roquette s'étant plaint que l'eau qu'elles tiraient par bassinet du regard de la Roquette ne leur arrivait plus, « une visite faite par le M<sup>e</sup> des œuures de la ville dans ledit regard lui fit constater que l'on auoit volé la cuuette de distribution des dites religieuses, ainsi que plusieurs thuyaux de plomb ; en continuant sa visite dans d'autres regards, il trouua que l'on auoit essayé de forcer sans pouuoir y parvenir, la serrure du regard de Belleville où se fait la prise des eauës.... »

Une ordonnance du 12 juin 1691 commit pour en dresser procès-verbal le s[r] Presty, échevin, et comme les vols paraissaient devoir se renouveler dans les regards de la ville, on fit publier « un monitoire en forme de droict » ainsi conçu :

## MONITOIRE

« *Officialis Parisiensis omnibus Rectoribus et Vicariis seu in eorum recusationem omnibus presbyteriis et notariis nobis subditis salutem in Domino.* Nous vous mandons de bien et diligemment admonester de ñre (nostre) part et autorité sous peine d'excommunication par trois dimanches consecutifs ès prosnes de vos esglises paroissialles, comme par la teneur des pñtes. Veu. . . . . . . . . Tous ceux et celles qui scauent que certains quidams s'estans transportez au regard de la Roquette, sceis dans les vignes de Belleuille qui reccoit des eaues publiques de lad[e] ville auroient forcé en trois endroicts et rompu le cachet qui estoit a la porte dudit regard. . . . . scauent les noms, surnoms, demeures et qualités desd[s] quidams, leurs complices, malfaicteurs et adherans, ou les choses susdictes ont esté transportées, par qui et chez qui, que peut estre deuenu la cuuette et thuyaux de plomb, ou ils peuuent estre présentement en tout ou partie, ceux qui ont acheplé led[t] plomb et barres de fer en partie et combien, et generallement qui des faits cy dessus, circonstances et dependances en ont veu..... Ils ayent a venir a reuelations quant aux quidams, malfaicteurs complices et adherens a satisfaction par soy ou par autruy dans six jours apres la troisiesme publication des presentes au publicateur d'icelles, autrement nous vserons a l'encontre d'eux des censures ecclesiastiques et selon la forme de droict, nous nous seruirons de la peyne d'excommunication. — *Datum Parisiis sub sigillo curiæ nostræ, anno Domini millesimo sexcentesimo nonagesimo primo secunda die mensis julliy*[1]. (2 juillet 1691.) »

30 *juin* 1692. — Les vols de plomb et de cuvettes continuèrent, et, le 30 juin 1692, une nouvelle ordonnance du prévôt des marchands commit le s^r Tardif, eschevin, « à faire un rapport sur des vols commis au regard de la fontaine de l'Eschaudé, et des effractions commises aux regards de Belleuille et du Pré-Saint-Geruais[2]. »

21 *juin* 1707. — Une concession de 222 lignes d'eau fut accordée au s^r Hierosme Goureau, chevalier, seigneur de la Pronțière, pour son hôtel de Gaillon, sis près de la fontaine Louis-le-Grand. Voici les conditions principales de cette concession, la plus importante de celles qui figurent au registre de la ville. Le suppliant recevait par bassinet un pouce d'eau du regard de la fontaine Louis-le-Grand, et un quart de pouce du regard de la rue Colbert et conduisait l'eau à ses dépens dans son hôtel. La ville prenait à sa charge la construction d'un réservoir doublé de plomb. Le prix de la concession était de 40 000 livres .

Cette concession ne fut pas longtemps intacte. Le 4 juillet 1707, le bureau accordait au s^r François Morisset, sieur de la Cour, conseiller du Roy, procureur général de l'hôtel des Invalides, le quart de pouce accordé au s^r Goureau, dans le regard Colbert, pour le conduire à ses frais et dépens dans sa maison de la rue de Richelieu. Il est vrai que, par compensation, une délibération du 15 du même mois accordait au s^r Goureau le trop-plein de la fontaine Louis-le-Grand.

27 *août* 1733. — A la requête de Madame la prieure de l'Annonciade-Céleste, une nouvelle fontaine fut érigée en 1710 dans

[1] Registres de la ville, H. 1833, vol. LVI, fol. 228.
[2] Registres de la ville, H. 1833, vol. LVI, fol. 487.
[3] Registres de la ville, H. 1842, vol. LXV, fol. 140.

la rue Culture-Sainte-Catherine, sur un terrain cédé par la communauté[1]. Cette affaire ne se termina que vingt ans plus tard. Je trouve dans les registres de la ville un jugement du bureau, en date du 27 août 1735, qui accorde aux religieuses de l'Annonciade pour la cession de leur immeuble les avantages suivants :

1° 4 lignes d'eau accordées par brevet du 3 octobre 1605, à M. Jean de Vienne, pour sa maison à la Couture[2] Sainte-Catherine, devenue la propriété de la communauté.

2° 2 lignes par brevet du 29 novembre 1710, en considération de l'abandon fait à la ville « d'une place pour un regard de fontaine en lad$^{e}$ année 1710, lequel regard a été adossé contre le mur de l'hôtel Pelletier, rue Culture-Sainte-Catherine, et encore de l'abandon du thuyau de leur conduite des eaux de Belleuille, qu'elles prenoient au regard de la fontaine de l'Eschaudé. »

3° 2 autres lignes par brevet du 30 janvier 1715, confirmatif des six premières lignes.

19 *septembre* 1730. — La seule concession qui fut, je le crois du moins, accordée à un établissement de bains figure au nom du s$^{r}$ Ringard, baigneur à Paris, locataire d'une maison sise rue du Roi-de-Sicile. J'aurai occasion de parler ci-dessous des établissements de ce genre et du mode d'alimentation très-onéreux des bains dont les exploitants, les barbiers étuvistes, jouissaient d'un fort mauvais renom.

15 *mai* 1739. — On voit figurer au tableau d'assez nombreuses concessions d'eau accordées en payement d'indemnité, de dommage ou de terrain : en voici un exemple qui figure au tableau des concessions a titre onéreux.

Le s$^{r}$ Loïs, escuyer, controlleur aux changes de la monnoye,

[1] Voy. p. 595.

[2] Couture au lieu de culture, expression encore très-usitée dans certaines parties de la Bourgogne.

était propriétaire de sources d'eau qui se rassemblaient dans des regards particuliers, situés à droite et à gauche des bords du chemin qui conduit de la grande rue du Pré-Saint-Geruais au grand chemin de Romainville et de Belleville. Il les céda à la ville en échange de la quantité de *trente et une lignes d'eau en superficie*, à prendre au regard de la prise des eaux du Pré-Saint-Gervais, pour sa maison sise dans la grande rue du village[1].

Aujourd'hui les concessions sont annuelles; les aliénations d'eau sont absolument interdites, et une indemnité du genre de celle du sieur Loïs ne pourrait être accordée.

18 *mars* 1773. — Le bureau de la ville rendit une ordonnance relative à l'hôpital Saint-Louis, dans laquelle nous trouvons, en ce qui concerne le service des eaux, plusieurs documents d'autant plus importants que cet hôpital, situé extra-muros, ne figure dans aucun partage d'eau. Je transcris en note cette délibération tout entière[2].

[1] Registres de la ville, H. 1868, vol. XCI, fol. 225. Cette concession est encore en service.

[2] *Deliberation portant concession a tems d'Eau de Belleville a l'Hotel Dieu pour l'hôpital St Louis, qui dépend dudit Hotel Dieu.* — Du Vendredy, dix huit Mars 1773.

Ce jour, Nous Prevost des Marchands et Echevins de la ville de Paris, assemblés au bureau de la Ville avec le Procureur du Roy et de la Ville, M[r] le Prevost des Marchands a dit : Qu'ayant rendu compte au Bureau de la ville de la lettre que lui a écrite M[r] le Procureur Général le 11 du présent mois, pour que la ville par vne suite de ses soins charitables voulût bien procurer a l'hopital St Loüis des eaux avec assés d'abondance pour le service des malades que le desastre de l'Hotel Dieu y a fait transferer, et dont le nombre des a présent est considérable et par la suitte peut aller jusqu'a mille et au delà, secours que cette translation, quoique momentanée rend indispensable; le Bureau s'est empressé de donner des ordres au Maitre General des Batimens de la Ville a l'effet de visiter les acqueducs et Regards de Belleville, reconnoitre la quantité des Eaux, examiner le tout et en dresser son raport contenant son avis; Que le maître general des Batimens a rempli sa mission et nous a remis son rapport en datte du 16 du présent mois. Que nous y avons vû avec satisfaction que sans porter prejudice aux concessions appartenantes aux Religieux de St Martin des Champs et au Grand Prieuré de France, et résultantes de la Convention faite entre les d[s] Grand Prieuré de France, l'Abaye et Prieuré de St Martin des Champs et la ville, devant Marchand et son Confrere, Notaires a Paris le 23 May 1733, qui demeureront conservées et sans inconvenient pour le grand Egout dont presque toute la superficie se trouve voutée, et lequel consequemment exige une moindre abondance d'Eau que le service de la Pompe seule peut d'abord lui fournir, et qui sera a 200 toises au-dessous augmentée par les eaux dudit hopital qui tomberont dans ledit egout, on pourroit accorder a la maison de St Loüis 1° la portion des Eaux de Belleville qui apartient a la ville au regard de la Roullette, rue St Maur; 2° et une portion des Eaux du pré St Gervais, ajoutée aux 12 lignes dont l'vsage a été de tout tems accordé

L'hôpital Saint-Louis était donc une annexe de l'Hôtel-Dieu ; c'était « une simple maison destinée pour les épidémies et contagions, sans malades habituels, » qui se contentait de 12 lignes d'eau, tirées du regard du Pré-Saint-Gervais, auxquelles s'ajoutait une quantité d'eau à peu près égale provenant de l'aqueduc Saint-Louis[1], environ 3 mètres cubes en 24 heures, à peu

par la ville audit hopital S^t Louis, a prendre a la fontaine des Recollets; Qu'a la verite, cette derniere partie operera une diminution d'Eau que seront obligés de suporter les habitans des quartiers de S^t Martin et de S^t Lazare, mais qu'il ne doute pas que si la Charité nous porte a accorder actuellement ce secours aux pauvres malades, nous ne serons pas moins attentifs, comme chargés de veiller au bien être de nos concitoyens, a pourvoir a ce que lesdits mêmes habitans, aussitost que les circonstances le permettront, rentrent en jouissance d'une portion d'Eau dont par necessité ils auront été privés.

Sur quoi, la matière mise en délibération, oüi et ce consentant le Procureur du Roi et de la Ville, nous avons arrêté et délibéré, arrêtons et deliberons qu'il sera accordé, comme nous accordons par ces présentes, audit Hopital S^t Loüis, l'usage et concession de la portion des Eaux de Belleville qui apartient a la Ville au Regard de la Roulette situé rue S^t Maur, ensemble vne partie des Eaux du Pré S^t Gervais qui demeurera ajoutée aux douze lignes dont l'vsage a de tous les tems, été accordé par la Ville audit Hopital, a prendre a la fontaine des Recollets, et ce jusqu'à concurrence d'un pouce et suivant les besoins dud^t Hopital ; a cet effet avons permis à l'Hotel Dieu de placer et établir un tuyau de plomb au Regard de la Roulette, pour y prendre et conduire a ses frais et despens la portion des Eaux de Belleville, qui, prelevement fait de ce qui est concédé au Grand prieuré de France et a la maison des Religieux de S^t Martin, apartient a la Ville et a été jusqu'a présent conduit et versé dans le réservoir de l'Egout et a la reserve encore de 12 lignes ou environ seulement pour les besoins et l'usage de lad^e maison et établissement du Reservoir de l'Egout, pourquoi sera destiné vn bassinet avec deversoir dans la Cuvette dudit Regard, pour la délivrance desdites Eaux de Belleville à S^t Louis. Et a l'égard de la portion desdites eaux du Pré S^t Gervais dont nous jugeons convenable d'augmenter la concession dudit Hopital S^t Loüis, elles seront versées et distribuées par vne jauge dans le bassinet et tuyau déjà établi et apartenant audit hôpital dans lad^e fontaine des Recollets, a la délivrance desquelles Eaux le Maitre general des Batiments, Garde ayant charge des fontaines et les ambulans depositaires des clefs des Regards et distributions seront chargés de veiller : pour joüir, faire et disposer par le d^r Hotel Dieu desd^es Eaux au profit et pour l'vsage exclusif des besoins pressans et essentiels de la Maison et hopital S^t Loüis, en tel etat d'abondance ou de diminution que soient les d^es Eaux de Belleville, et jusqu'a la concurrence d'vn pouce au total, de celles du Pré S^t Gervais, pendant tout le tems du séjour qu'y feront les malades, ou a perpetuité, si cet hôpital reste et demeure formant tout ou partie d'vne maison d'Hôtel Dieu chargée de mille malades y est moindre que la quantité ci-dessus, la ville poura faire diminuer la quantité des Eaux de l'une ou l'autre source en proportion, pour rendre au public et aux autres citoyens l'vsage desdites eaux dont Nous les privons en considération des besoins de l'Hôtel Dieu, et qu'enfin si cette maison redevient, comme elle l'étoit depuis longtems, une simple maison destinée pour les Epidemies et contagions, sans malades habituels, les nouvelles concessions ci-dessus seront retirées dans les mêmes vües et la maison de S^t Loüis sera reduite aux douze lignes qui lui ont été de tous les tems délivrées a la fontaine des Recollets. Fait au bureau de la Ville les d^t jour et an, Signés : de la Michodiere, Bellet, Viel, L. D. Sprote, Quatremere et Jollivet. (Registres de la ville, vol. XCVIII, II, 1875, fol. 151 et s^{ts}.)

[1] Voy. p. 150 et 151.

près ce qu'on délivre à Paris aujourd'hui pour une maison habitée bourgeoisement.

En temps d'épidémie, l'Hôtel-Dieu y déversait son trop-plein, qui en 1773 dépassait mille malades. On ne pouvait évidemment pourvoir aux besoins d'une telle augmentation de consommateurs avec 3000 litres d'eau par jour. Le bureau porta la concession à un pouce (19195 litres). De plus, il abandonna à l'hôpital toute l'eau de Belleville laissée disponible dans le regard de la Roulette ou de Saint-Maur par les concessions des religieux de Saint-Martin-des-Champs et du grand prieuré du Temple, et par le service du grand égout[1]. Ce grand volume d'eau devait être réduit au fur et à mesure que le nombre des malades diminuerait, et se trouver ramené à 12 lignes lorsque l'épidémie aurait cessé.

Cette concession temporaire privait d'eau les habitants du quartier du faubourg de Saint-Martin et de Saint-Lazare; mais le prévôt promettait de faire en sorte qu'aussitôt que les circonstances le permettraient, les usagers rentrassent en jouissance « d'une portion de l'eau dont par nécessité ils auroient été privés. » Cette administration à la papa, qu'on me passe le mot, était très-bien admise alors.

Le fait le plus important est la convention faite entre la ville et les religieux de Saint-Martin et du Temple, le 23 mai 1733, devant Marchand et son collègue, notaires à Paris, d'après laquelle ils tiraient l'eau nécessaire à leurs couvents du regard de la Roulette ou de Saint-Maur. Il semble, d'après cela, qu'ils avaient, à cette date, cédé leur aqueduc à la ville, et nous avons vu qu'ils complétèrent cet abandon en livrant au bureau, le 27 septembre 1740, le regard du Château d'Eau du Vert-Bois, moyennant une nouvelle concession de 12 lignes d'eau. Ainsi s'éclaircit ce dernier point resté obscur de l'histoire de l'aqueduc de Belleville.

[1] Voy. p. 129 et 130.

*Concessions aux échevins.* — L'usage s'était introduit, à partir du 16 août 1710, d'accorder une concession de 4 lignes d'eau aux échevins sortant d'exercice. Cet usage, vers 1733, fut régularisé. Dès l'origine, la concession était faite aux échevins « pour en jouir par eux, leurs héritiers, successeurs et ayans cause à perpétuité pour l'usage des maisons où ils demeuroient ; » mais il était énoncé dans les brevets « qu'en cas de vente ou de mutation desd[s] maisons, les acquereurs ou propriétaires d'icelles, à tout autre titre qu'à titre successif, ne pourroient jouir desd[s] quatre lignes d'eau qu'en payant au domaine de la ville la somme de cent livres pour chacune d'icelles. »

Le bureau déclara, dans une délibération datée du 21 juillet 1733 et renouvelée le 20 avril 1734, « que cette clause et charge n'a pû et dû, ne peut et doit, ne pourra et ne devra être entendue à l'auenir que des mutations desdites quatre lignes d'eau en superficie, en totalité ou en partie, tant à l'égard de ceux à qui lesdits brevets ont été accordés, actuellement viuans, qu'aux successeurs et ayans cause de ceux qui sont décédés, de même que si ladite clause ou charge avoit été ainsy exprimée.... »

Les échevins pouvaient donc vendre leurs maisons sans aucun droit de mutation pour l'eau dont ces maisons étaient pourvues. Lorsqu'au contraire ils voulaient céder à des tiers, à tout autre titre qu'à titre successif, le volume d'eau dont ils disposaient, le droit de mutation était exigible. Le bureau fit jouir de la même faveur les anciens membres de l'échevinage et leurs ayants cause [1].

On facilita cette régularisation des titres au moyen de deux formules imprimées dans lesquelles il n'y avait plus que des blancs à remplir.

Sur l'une, le procureur du roi et de la ville déclarait qu'il ne s'opposait pas à la confirmation du brevet, dans les termes de l'ordonnance du bureau du 20 avril 1734 ; l'autre était la con-

[1] Registres de la ville, H. 1855, vol. LXXVIII, fol. 471.

firmation même de la concession, faite par le bureau conformément à cette ordonnance[1].

[1] Voici le texte de ces deux pièces. Les lettres en italique sont écrites à la main dans les blancs de la formule imprimée :

*Formule de l'ordonnance du Bureau.*

Veu au Bureau de la Ville, notre Jugement du vingt-un Juillet dernier, le Brevet du *douze aoust mil sept cent dix sept par lequel il a été donné concédé et octroyé a Hector Bernard Bonnet Ecuier Conseiller du Roy et de la Ville de Paris, ancien Echevin, de la d^e ville, un cours de quatre lignes d'eau en superficie.* . . . . . . . . . . . . . . . . . .

Notre Deliberation du vingt auril dernier par laquelle nous auons dit et déclaré, que ce n'est que par pure erreur, que depuis le seize aoust mil sept cens dix, tems auquel ceux qui Nous ont précédés dans l'Echeuinage, ont commencé d'obtenir un cours de quatre lignes d'Eau en superficie, pour en jouir par eux, leurs Heritiers, Successeurs et ayans cause, a perpetuité, pour l'vsage des maisons où ils demeuroient, il a esté énoncé dans les Brevets qui leur ont été expediés, que néanmoins en cas de vente ou de mutation des dites maisons, les Acquéreurs ou Propriétaires d'jcelles, à tout autre titre, qu'à titres successifs, ne pourroient jouir des dites quatre lignes d'Eau, qu'en payant au Domaine de ladite ville la somme de cent livres pour chacune d'jcelles; et que cette clause ou charge n'a pù et dû, ne peut et doit, ne pourra et ne deura être entendue à l'avenir, que des mutations des dites quatre lignes d'Eau en superficie, en totalité ou en partie, tant à l'égard de ceux à qui lesdits Breuets ont été accordés, actuellement viuans, qu'aux Successeurs et ayans cause de ceux qui sont decédés, de même que si ladite clause ou charge auoit été ainsi exprimée, ladite Délibération portant encore, qu'à l'auenir, elle sera ainsi exprimée dans les Breuets, que Nous pourrons accorder, tant a chacun de ceux qui Nous ont precedés dans l'Echeuinage, a qui nous n'en aurions pas encore fait expédier, et même à leurs successeurs, qu'à chacun de ceux qui pourront être appellés à l'avenir audit Echeuinage. Lesdits Breuet et délibération représentés par *Hector Bernard Bonnet.* . . . . . . . . . . . . . . . . . . . . . . . .

Conclusions du Procureur du Roy et de la Ville, Nous auons de son consentement, maintenu et confirmé, maintenons et confirmons *Hector Bernard Bonnet.* . . . . . . . . dans la propriété d'vn cours de quatre lignes d'eau, en superficie, prouenant des eaux de *la Rivière* pour en jouir par *luy*, *ses* successeurs et ayans cause à perpetuité; en conséquence, Ordonnons qu'*il* sera employé pour ladite quantité, dans l'Etat de distribution qui sera par Nous fait; et qu'elle sera deliurée, par vne ouverture de jauge, faite dans vn bassinet particulier, à celle des Fontaines, ou à celui des Regards qui lu*y* sera le plus commode; à la charge néanmoins, qu'en cas de mutations de la totalité ou de partie, lesdits ayans cause, à tout autre titre qu'à titres successifs, seront tenus de payer la somme de cent liures, pour chacune des dites quatre lignes d'Eau en superficie, à la Recette des Domaine, Dons, Octrois et Fortifications de la ville; à la charge encore que tant *luy* que *ses* successeurs et ayans cause seront tenus d'en faire et entretenir la conduite, par vn Tuyau particulier, à leurs frais et dépens, à prendre à la sortie des dites Fontaines ou des dits Regards; Ordonnons en outre qu'en cas de mutations, de la totalité ou de partie, lesdits successeurs seront aussi obligés d'obtenir notre Confirmation, à l'effet d'être immatriculés en leurs noms audit Etat, et lesdits ayans cause pareillement tenus d'obtenir de Nous un Breuet portant nouuelle Concession, Si donnons en mandement au Garde ayant charge des Eaux et Fontaines publiques de cette ville, de tenir la main à l'exécution des présentes. En témoin de quoy, Nous auons fait mettre a ces Présentes le Scel de la Préuosté des marchands. Fait et donné au Bureau de la ville le *onziesme* jour de *may mil sept cens trente quatre.*

*Formule de l'avis du procureur du roi et de la ville.*

Veu le Jugement du Bureau de la Ville du vingt-un Juillet dernier, le Brevet *du 12 aoust*

Les anciens échevins se hâtèrent de profiter de cet avantage; cinquante mutations environ furent faites du 17 août 1733 au 18 août 1734. Les dossiers sont conservés aux archives nationales, chacun d'eux renferme l'ancien brevet manuscrit et en outre les deux formules imprimées, c'est-à-dire le nouveau titre et l'avis du procureur du roi et de la ville à l'appui; les échevins nouvellement nommés ne se laissèrent pas oublier et le même carton renferme 86 dossiers, relatifs aux concessions accordées aux échevins du 5 avril 1735 au 23 janvier 1789. On y trouve en outre les brevets de 10 autres concessions gratuites faites à divers particuliers.

Habituellement, le bureau mettait à la charge de l'échevin les travaux de canalisation, depuis le château d'eau jusqu'à sa maison. Ainsi je vois que, le 4 août 1711, 4 lignes d'eau en superficie furent concédées à MM. Claude le Roy et Pierre Chauvin à leur sortie de l'échevinage, avec faculté de les prendre aux regards les plus voisins de leurs maisons, mais à leurs frais et dépens.

La même mesure s'applique dans les années suivantes à chaque échevin, et de plus on introduit dans les brevets la clause relative au droit de 100 livres à payer par ligne d'eau à chaque mutation de la propriété faite « à tout autre titre qu'à titre suc-

*mil sept cens dix sept, par lequel Il a été donné, concédé et octoyé à Hector Bernard Bonnet.*

Je n'empêche pour le Roy et la ville que *le Sr Hector Bernard Bonnet*. . . . . . .

Soi*t* maintenu et confirmé dans la propriété d'vn cours de quatre lignes d'Eau en superficie, provenant des Eaux de *la Riuière* pour en jouir par *luy*, *ses* successeurs et ayans cause à perpétuité; en conséquence, qu'Il soit ordonné qu'*il* ser*a* employé pour ladite quantité, dans l'Etat de distribution, qui sera fait par le Bureau D qu'elle l*uy* sera déliurée par vne ouuerture de Jauge, faite dans vn bassinet particulier, à celles des Fontaines, ou à celui des Regards qui l*uy* sera le plus commode; à la charge néanmoins, qu'en cas de mutations de la totalité ou de partie, lesdits ayans cause, à tout autre titre qu'à titres successifs, seront tenus de payer la somme de Cent livres pour Chacune des dites quatre lignes d'Eau en superficie, à la Recette des Domaine, Dons, Octrois et Fortifications de la Ville; à la charge encore que tant *luy* que *ses* successeurs et ayans cause seront tenus d'en faire et entretenir la conduite, par vn Tuyau particulier, à leurs frais et dépens, à prendre à la sortie desdites Fontaines ou desdits Regards, Comme aussi qu'en cas de mutations, de la totalité ou de partie, lesdits successeurs seront aussi obligés d'obtenir la confirmation du Bureau, à l'effet d'être immatriculez en leurs noms audit Etat, et lesdits ayans cause pareillement tenus d'obtenir un Breuet dudit Bureau, portant nouvelle Concession. Fait ce *huit may* mil sept cent cens trente-quatre.

cessif, » clause dont la modification a motivé les ordonnances du 21 juillet 1733 et du 20 avril 1734[1].

*Suppression des concessions particulières.*

C'est en 1836 que cette affaire s'engagea. Je trouve aux Archives une pièce extrêmement importante : *Un Rapport du comte de Rambuteau, Préfet de la Seine, au ministre de l'intérieur, au sujet de la demande de révocation des concessions particulières.* Cette pièce fait connaître la manière dont l'affaire était alors envisagée à la ville, et de plus elle est annotée par M. Ch. de Rémusat, alors sous-secrétaire d'État au ministère de l'intérieur; elle est donc très-intéressante, et j'en reproduis les passages les plus importants, avec les annotations de M. de Rémusat.

Paris, le 30 juillet 1836.

Monsieur le Ministre,

L'attention de l'administration municipale de la ville de Paris est depuis longtemps portée sur d'anciennes concessions particulières des eaux de Paris dites concessions perpétuelles, sur l'abus et l'irrégularité de ces concessions et sur le droit et l'obligation pour la ville d'en faire prononcer la suppression. Le Conseil municipal, par une délibération du 24 juin dernier *prise à l'unanimité* et que j'ai l'honneur de vous transmettre ci-jointe, a demandé que cette révocation fût prononcée. Je viens appuyer près de vous, monsieur le ministre, les conclusions de cette délibération fondée sur les motifs suivants :

Les eaux de Paris ont diverses origines. Celles que l'on appelle les anciennes eaux sont les seules dont le service ait été grevé de concessions particulières.

Le Préfet définit ces eaux anciennes : elles comprennent 1° celles de la Ville, amenées par les aqueducs du Pré-Saint-Gervais et de Belleville, ou élevées pour les pompes du pont Notre-Dame, auxquelles on doit ajouter celles attribuées à la ville dans les par-

[1] Archives nationales, titres domaniaux, Seine, Q¹ 1090¹ (cartons).

tages des eaux d'Arcueil, de 1634 et 1656[1]; 2° les eaux du Roi comprenant le reste des eaux d'Arcueil et de la Samaritaine.

Il est inutile de rappeler qu'à ces anciennes eaux l'État réunit en 1789 celles des pompes à feu, aucune concession particulière de la nature de celles qui nous occupent n'a jamais été faite sur ces dernières. Toutes ces concessions portent sur les anciennes eaux du Roi et de la Ville.

Le préfet démontre ensuite que, dès le douzième siècle, plusieurs personnages en crédit avaient obtenu des concessions de ces eaux anciennes, et que les abus qui résultaient de ces détournements des eaux publiques étaient tels que nos Rois n'avaient trouvé d'autre moyen d'y remédier, lorsqu'ils devenaient par trop criants, que de supprimer toutes les concessions. Il cite notamment l'édit du 9 octobre 1392 de Charles VI[2], les lettres patentes des rois Henri II, Henri IV, Louis XIII et Louis XIV. Il ajoute :

Ainsi, monsieur le ministre, ces actes sont fondés sur ces principes[3] : 1° que les eaux de Paris tant royales que municipales sont essentiellement propriété publique inaliénable, exclusivement destinées à l'usage des fontaines, des palais et autres établissements soit de l'État soit de la Ville; 2° que si contrairement au principe d'inaliénabilité des eaux il était accordé des concessions particulières, elles étaient essentiellement révocables par l'administration qui les a en effet révoquées à plusieurs reprises[4];

3° Enfin que la même autorité administrative qui accordait les concessions avait seule le droit de prononcer sur les contestations qu'elles faisaient naître, qu'il était défendu aux cours et tribunaux d'en connaître, le Roi s'en étant réservé la connaissance ainsi qu'à son conseil.

[1] L'aqueduc d'Arcueil est attribué à l'empereur Julien; le Pré-Saint-Gervais aux moines de Saint-Laurent, quinzième siècle, et Belleville aux moines de Saint-Martin, treizième siècle; nos rois en disposèrent jusqu'au quinzième siècle de leur propre mouvement, comme de leur propre chose.

[2] Cet édit ne prouve rien en faveur du principe de l'inaliénabilité, Charles VI retirait aux uns pour donner aux autres ; ainsi firent tous ses successeurs, voir la curieuse ordonnance de février 1401, par laquelle le roi fait exactement ce que veut faire ici la ville de Paris, celle-ci avec bien plus de raison que l'autre.

[3] Ils ne sont fondés que sur le besoin, la faveur ou le bon plaisir du moment.

[4] Certainement elles étaient révocables en droit, mais non dans les termes, car l'échevinage en faisait à *titre perpétuel* pour les concessionnaires, *ses successeurs et ayant droits à toujours*. Voir les concessions faites à MM. de Trudaine, nouveau prévôt, et Daviau, ancien échevin. (Ces quatre notes sont de M. de Rémusat.)

C'est sous l'empire de ces règlements que les concessions particulières ont été faites, et ces règlements ne sont point abrogés.

Les canaux et principalement les dérivations qui en sont faites au profit des particuliers, sont formellement subordonnés par la loi à la juridiction du conseil d'État[1]. Or le décret du 4 septembre 1807[2] qui réunit toutes les anciennes eaux de Paris au service du canal de l'Ourcq, sous l'administration du préfet de la Seine, ne fait point de distinction entre les eaux par rapport à leur origine et les soumet toutes, quelle que soit leur provenance, au régime des ponts et chaussées comme faisant partie du domaine public, ce qui les soumet à la juridiction administrative d'après les lois nouvelles et d'après les anciens règlements.

Si ce principe était contesté par les autres communes de France, il ne pourrait l'être pour la ville de Paris qui se trouve placée dans une position exceptionnelle, comme siége du gouvernement. C'est ainsi que les eaux de cette ville sont d'abord destinées au service public des établissements de l'État.

Aucune prescription[3] ne paraît pouvoir être opposée aux droits de la ville sur ses eaux publiques; mais comme mesure de simple précaution j'ai, au mois de février 1854, fait contre les propriétaires qui jouissent actuellement des anciennes concessions des actes interruptifs des possessions qui pourraient à tort ou à raison être invoquées comme de nature à produire prescription. Ces actes ont été faits devant le conseil de préfecture pour réserver à l'administration sa compétence; bien que l'administration municipale n'y ait vu que de simples mesures de précaution, il en résulte cependant la nécessité d'une solution sur les questions que ces mesures soulèvent.

Les principes d'inaliénabilité et d'imprescriptibilité des eaux publiques de la ville de Paris ont été clairement établis dans une consultation de l'avocat de la ville aux conseils du Roi dont je joins un exemplaire à mon rapport.

Ceux de la juridiction administrative ont été récemment reconnus et appliqués par le conseil d'État[4].

Les eaux de Paris étant en effet essentiellement destinées au service public, aucune administration n'a pu en aucun temps en aliéner valablement la

[1] Oui, pour le régime et la police des eaux; mais non pour les questions de propriété.

[2] Voir aussi le décret du 2 mai 1806.

[3] Comme on ne prescrit pas contre son titre, c'est le titre qu'il faut apprécier ici, et le titre ne peut prévaloir contre les moyens de la cause;

. . . . . . . . . . . . . . . . . . . . . . . . . .

c'est le cas de la maxime :

*Melius non habere titulum quam vitiosum.*

[4] Cette décision paraît ne laisser aucun doute sur la compétence. (Ces quatre notes sont de M. de Rémusat.)

moindre partie, surtout *à titre gratuit et sous ombre de services, par autorité, faveur ou importunité.*

Comment concevoir qu'un service, qui exige à la charge de la commune des dépenses journalières, puisse lui être imposé perpétuellement au profit des particuliers et au détriment du public? On comprend facilement que si chaque génération avait pu et pouvait encore aliéner successivement et à toujours des parties notables des eaux publiques, ce service cesserait bientôt d'être une propriété commune, et la masse des eaux convertie en propriétés privées ne laisserait à la cité que les charges de son entretien.

C'est ce que nos prédécesseurs avaient sagement prévu et ce qui serait infailliblement arrivé, s'ils ne s'étaient réservé le droit de révoquer leurs concessions, *ainsi qu'ils l'ont fait*, par les actes ci-dessus énumérés[1].

Les concessions particulières dont il s'agit qui grèvent encore le service des eaux de Paris ont été faites soit par le Roi, soit par la Ville, le plus grand nombre à titre gratuit, quelques-unes à titre onéreux. Les titres de plusieurs n'ont point été représentés à l'administration.

J'ai l'honneur de mettre sous vos yeux, monsieur le ministre, quelques actes de concession à titre gratuit et à titre onéreux.

Les ministres, les personnages éminents et en crédit, le prévôt des marchands et les échevins sont pour le plus grand nombre les titulaires primitifs des concessions à titre gratuit.

Ces concessions faites le plus souvent pour des hôtels désignés avaient un caractère d'inféodation et de privilége qui n'a échappé à la suppression des abus semblables que par oubli, ou parce qu'on a regardé tout le service des eaux comme participant de la nature foncière.

Le prix de la vente des eaux dans les concessions onéreuses n'était point fixe, et l'on pourrait dans plusieurs d'entre elles découvrir les effets du crédit et de la faveur. Ce prix a varié de 50 à 200 livres la ligne. Ces variations étaient le plus souvent arbitraires et basées sur des considérations particulières que le bureau de la ville appréciait à son gré. En droit rigoureux, je ne regarde pas ces concessions comme mieux fondées que les concessions gratuites. Tous les actes de concession à quelque titre que ce soit sont entachés de nullité, puisque ces eaux publiques étaient inaliénables; mais je crois que si la Ville usait de son droit de refuser le service de ces concessions à titre onéreux, à l'origine, il serait équitable qu'elle indemnisât les ayant cause actuels. L'administration municipale sera disposée à examiner dans cet esprit les titres de cette nature qui lui seront représentés.

[1] Proposition équivoque; *ainsi qu'ils l'on fait*, ne peut se rapporter exactement *qu'à révoqué* et non *à réservé*; car les actes ci-dessus énumérés n'expriment pas de réserve. (M. de R.)

Quant aux concessions accordées gratuitement, elle demande leur révocation sans indemnité.

Les circonstances dans lesquelles l'administration municipale fait cette demande sont absolument les mêmes que celles qui ont motivé en divers temps les anciennes ordonnances de révocation et rendent de nouveau cette mesure urgente.

Les besoins du service des eaux se sont en effet considérablement accrus avec la population et les usages nouveaux de la civilisation. Les fontaines, le lavage des rues, celui des égouts et les autres services de la salubrité exigent un volume d'eau tel que, malgré les travaux de dérivation exécutés par la Ville, la quantité des eaux publiques dont elle dispose est encore au-dessous de ses besoins. D'un autre côté les établissements hydrauliques des anciennes eaux sur lesquels reposent les anciennes concessions ont de beaucoup diminué de produit : quelques-uns ont disparu comme la Samaritaine et l'une des pompes Notre-Dame.

Enfin, il est surtout à remarquer que les anciennes eaux sur lesquelles portent les concessions particulières sont encore les seules qui alimentent un grand nombre de quartiers de Paris et notamment les quartiers élevés des faubourgs Saint-Jacques et Saint-Marceau, une grande partie du faubourg Saint-Germain, etc...... que les concessions absorbent souvent en totalité le produit diminué des eaux, interrompent aussi le service public des fontaines et autres établissements de l'État ou de la Ville dans ces quartiers, et soulèvent les plaintes les plus vives et les plus justes de la population.

Telles sont, monsieur le ministre, les considérations qui ont engagé l'administration municipale à demander la révocation des anciennes concessions des eaux de Paris.

Un grand nombre de ces concessions ont été faites par des actes de l'autorité royale : la révocation me paraît devoir être prononcée par une ordonnance du Roi, ce qui sera d'ailleurs conforme à l'ancienne jurisprudence administrative.

En conséquence, monsieur le ministre, d'après la délibération du conseil municipal de la ville de Paris, du 24 juin dernier, j'ai l'honneur de vous proposer de provoquer une ordonnance royale de révocation des concessions particulières des eaux de Paris.

Agréez, monsieur le ministre, l'hommage de mon respect.

*Le pair de France, préfet de la Seine,*

LE C^te^ DE RAMBUTEAU[1].

[1] Manuscrits des Archives nationales, Seine, 18, fol. 3, cartons.

D'après le préfet, le service des eaux de Paris était basé sur trois principes incontestables :

1° La juridiction administrative en matière contentieuse du service des eaux était la seule qui pût être admise ;

2° Les eaux de Paris étant destinées essentiellement au service public, aucune administration n'avait pu en aliéner valablement la moindre partie ;

3° Les concessions perpétuelles accordées à titre gracieux, et même les concessions à titre onéreux, étaient toutes révocables sans indemnité.

Le premier de ces principes ne saurait, en effet, être contesté ; j'ai donné dans le cours de cet ouvrage les édits et les lettres patentes des rois de France qui ne laissent aucun doute sur ce point. J'ai déjà fait remarquer que cette jurisprudence était fixée dans la plupart des lettres patentes par la même phrase ; c'est ainsi qu'on lit dans celles de Henri II du 14 mai 1554 : « Sy voullons et mandons que nos présentes lettres de déclaration, voulloir et intentions.... exécuter de poinct en poinct selon que dessus est dict non obstant oppositions ou appellations quelconques pour lesquelles nous voullons estre sursis ni différé et du différent qui en pourroit souldre ou mouuoir et estre meu nous auons retenu et réserué, retenons et réseruons la cognoissance et décision à nous et à nostre personne et icelle interdicte de différends à tous nos juges tant de nostre cour de parlement que aultres, non obstant aussi toutes loix et constitutions et ordonnances à ce antérieures auxquelles nous auons desrogé et desrogeons par ces présentes.... car tel est nostre plaisir. »

La même clause se retrouve dans les lettres patentes de Henri IV du 19 décembre 1608 ; à part quelques mots vieillis qui ont été retranchés, et quelques modifications d'orthographe assez malheureuses, la rédaction est presque la même.

La clause correspondante des lettres patentes du 26 mai 1635 de Louis XIII est rédigée dans des termes un peu différents mais non moins nets : « et ce qui sera exécutté ensuite d'icelles (lettres patentes) ensemble le dit estat de distribūon qui sera arrestez estre le tout enr̃gré (enregistré) au greffe de la dicte ville pour y auoir recours quand besoing sera de ce faire, vous donnons pareillement commission et mandement spécial, non obstant oppõons (oppositions) ou appellãons quelzconques pour lesquelles et sans préjudice d'icelles ne voullons estre différé, dont si aucuns interuiennent nous en auons retenu et réservé la cognoissance en nostred[t] conseil et interdisons a toute nostred[e] cour et juges, mandons à nostre procureur et de nostre bonne ville, tenir la main à l'exécution de ces p̄ntes circonstances et dépendance, car tel est n̄re plaisir...[1]. »

Une modification importante est introduite dans cette rédaction : le roi retient et se réserve « *en son conseil* » la cognoissance des affaires concernant les eaux de Paris.

Les lettres patentes de Louis XIV du 26 novembre 1666 contiennent la même réserve[2].

Ces actes du bon plaisir des rois de France ayant aujourd'hui force de loi, la compétence des tribunaux administratifs en ce qui concerne le service des eaux de Paris ne saurait être contestée. Ainsi se justifie le premier principe admis par le préfet de la Seine dans son rapport du 30 juillet 1836[3].

Mais il n'est pas aussi facile de justifier la seconde proposition; les eaux anciennes de Paris étaient destinées essentiellement au service public, dit le préfet; cela est absolument contestable, il n'y avait point de services publics à Paris avant la distribution des eaux de l'Ourcq. On ne lavait ni les rues, ni les trottoirs, ni les ruisseaux, ni les égouts. Il n'y avait d'autres fontaines monumentales que celles des jardins du Luxembourg et des Tuileries alimentées par les eaux du Roi; toutes les eaux de la ville étaient donc réservées au service privé. Elles étaient livrées à domicile

[1] Lettres patentes d'Henri II, voy. p. 485 et suiv.; lettres patentes d'Henri IV, voy. p. 496.

[2] Registres de la ville, H. 1804, vol. XXVII, fol. 333.

[3] *Idem.*

par le porteur d'eau ; moyen barbare, qui ne se justifiait que par le petit volume d'eau dont on disposait. La distribution par concessions était bien préférable. L'administration agissait donc dans son droit, soit en créant de nouvelles fontaines, soit en accordant des concessions ; mais il est absurde de dire que les habitants de Paris étaient condamnés à perpétuité aux porteurs d'eau.

La troisième proposition était vraie en partie : jamais les concessions gracieuses ou gratuites n'auraient dû être accordées et par conséquent on ne pouvait mieux faire qu'en suivant l'exemple des rois de France, en les supprimant sans indemnité. Mais il n'en était pas de même des concessions à titre onéreux. Elles étaient le résultat de contrats librement acceptés par les deux parties ; il n'est pas sérieux de dire que le bureau n'avait pas le droit de faire de telles conventions ; l'on ne voit pas ce qui pouvait s'y opposer. C'était un acheminement vers le système rationnel de distribution des eaux destinées au service privé, à la distribution à domicile ; les concessions gratuites étaient réservées aux personnages influents, les concessions payantes appartenaient à tous ceux qui avaient en caisse la somme nécessaire pour les obtenir : c'était une mesure libérale pour l'époque, et si le système n'a réussi que médiocrement, il faut s'en prendre au mode de distribution qui était d'une application dispendieuse et difficile. Les acquéreurs de concessions payantes étaient donc dans une position très-nette ; la validité des contrats passés entre eux et le bureau de la ville était incontestable ; même après le décret du 4 septembre 1807, qui avait fait rentrer les eaux de Paris dans le domaine public, on ne pouvait abroger ces concessions sans une expropriation *pour cause d'utilité publique*.

Cette *utilité* était évidente : avec une bien petite dépense la ville de Paris, si riche alors, pouvait élever l'eau nécessaire pour alimenter les concessions à titre onéreux ; mais elle devait faire disparaître à court délai ces longues conduites du service privé qui encombraient le sol des rues les plus importantes, et pour cela il fallait qu'elle rachetât les contrats.

Ce n'est cependant pas sur cette raison que fut basée la demande de révocation des concessions. Il n'en est même pas question dans le rapport précité de M. de Rambuteau. Néanmoins il n'est pas douteux qu'il fallait arriver à la révocation des concessions particulières demandées par le préfet de la Seine. L'affaire fut déférée au Conseil d'État, qui émit l'avis suivant dans sa séance du 14 avril 1837 :

Les Membres du Conseil d'État composant le comité de l'intérieur et du commerce, qui, sur le renvoi ordonné par M. le ministre de l'intérieur, ont examiné la question de savoir s'il y a lieu de révoquer, purement et simplement, par une ordonnance royale, toutes les concessions particulières, dites perpétuelles, anciennement accordées sur les eaux des fontaines publiques de Paris ;

Vu la délibération du Conseil municipal du 24 juin 1836 ;

La proposition du Préfet de la Seine du 31 juillet suivant ;

Le rapport du chef de la section administrative des communes et hospices, du 7 mars dernier ;

Vu les anciens édits et règlements sur les eaux de Paris ;

L'ordonnance royale, rendue au contentieux, le 23 octobre 1835 ;

Vu le décret du 4 septembre 1807 :

Considérant que la ville de Paris fonde sa demande en révocation de toutes les concessions particulières, sur l'insuffisance actuelle des eaux destinées au service commun des habitans et aux besoins de la salubrité, sur ce que ces eaux, étant du domaine public, seraient, par cela même, inaliénables et imprescriptibles et que les concessions particulières qui ont été faites, par abus, n'ayant jamais dû porter que sur la surabondance des eaux existantes, n'auraient jamais pu constituer que des jouissances précaires et subordonnées au service public ; que dès lors ces concessions seraient essentiellement révocables, qu'elles devraient être révoquées aujourd'hui que la surabondance n'existe plus et que leur révocation devrait être prononcée par ordonnance royale puisqu'elles avaient eu lieu par suite d'édits, lettres patentes et autres actes de l'autorité royale, et que déjà l'ordonnance rendue au contentieux, le 23 octobre 1835, a déclaré que la matière n'était pas de la compétence des tribunaux ;

Considérant, sur la demande du Conseil municipal, que l'utilité, la nécessité même de rendre à la ville de Paris le complet et entier usage des eaux abusivement détournées du service public, par des concessions particulières, ne peuvent être contestées ;

Considérant toutefois que plusieurs de ces concessions, fondées sur des titres et appuyées sur une longue possession, semblent avoir donné naissance à des droits d'usage ou de servitude qui, s'ils n'étaient pas du ressort des tribunaux civils, par l'exception tirée de la nature de la chose sur laquelle ils s'exercent, tomberaient nécessairement sous la juridiction contentieuse des conseils de préfecture et du Conseil d'État ;

Qu'il paraît donc difficile de révoquer directement, par une ordonnance générale, comme le demande la ville de Paris et par la voie purement administrative, les concessions dont il s'agit ;

Que la mesure proposée serait loin d'ailleurs d'avoir les avantages que semble en attendre le Conseil municipal ; qu'en effet l'ordonnance de révocation, attaquée au contentieux par chaque habitant dont elle viendrait blesser les intérêts, donnerait lieu à autant de procès qu'il y a d'origines diverses dans les jouissances des concessionnaires ;

Que cette mesure générale n'aurait donc pas pour résultat de rendre plus promptement à la ville les eaux dont elle est privée et que, plus tard, les décisions particulières du Conseil d'État, prises sur le recours des parties, pourraient se trouver en désaccord avec les principes généraux de l'ordonnance qui aurait été rendue ;

Considérant, sur la proposition contenue dans le rapport, qu'une déclaration d'utilité publique évidemment dirigée contre les concessionnaires aurait le grave inconvénient de préjuger, en quelque sorte, en leur faveur, la question de propriété des eaux ; car la question d'utilité publique ayant pour but l'expropriation, et l'expropriation ne pouvant porter que sur de véritables propriétaires, il deviendrait difficile de contester cette qualité à ceux dans la personne desquels on semblerait l'avoir reconnue d'avance par la déclaration proposée ;

Considérant, sur l'ensemble de l'affaire et sans qu'il soit besoin d'examiner la législation ancienne sur la révocabilité des concessions des eaux publiques ni la portée de l'ordonnance rendue au contentieux, le 23 octobre 1835, ensuite d'un arrêté de conflit par lequel la question de propriété des eaux était formellement réservée ;

Que le décret du 4 septembre 1807, qui a réuni toutes les eaux de Paris dans une seule administration, sans distinction des eaux anciennes et nouvelles, a imposé à cette administration l'obligation de présenter un nouveau projet de distribution générale de toutes les eaux existantes ;

Que cette obligation contenue dans l'acte même en vertu duquel la ville de Paris possède la plus grande partie de ses eaux, n'a pas encore été remplie;

Qu'en se conformant à cette disposition impérative du décret, la ville de Paris trouvera tout naturellement l'occasion de rendre à l'usage public et commun les eaux qui en ont été abusivement détournées;

Qu'en effet, en procédant aux travaux nécessités par cette nouvelle distribution générale, la ville de Paris pourra supprimer les branchements particuliers établis pour le service des concessions particulières; qu'alors il arrivera de deux choses l'une : ou bien que le propriétaire de la maison au profit de laquelle les eaux étaient détournées, reconnaissant la nature du titre en vertu duquel il jouit, se pourvoira devant l'autorité administrative; ou bien que, se fondant sur la longue possession, il actionnera la ville devant les tribunaux ordinaires; que dans le premier cas, la ville se défendra au fond devant l'autorité qu'elle croit compétente; que dans le second, le préfet de la Seine pourra, s'il le juge convenable, revendiquer la cause et élever le conflit; que le Conseil d'État, régulièrement saisi, fixera les principes de la matière et que l'ordonnance qui sera rendue deviendra la règle des tribunaux et de l'administration;

*Par ces motifs, sont d'avis :*

1° Qu'il n'y a pas lieu de faire prononcer, par une ordonnance générale, la révocation des concessions particulières des eaux de Paris;

2° Qu'il n'y a pas lieu de faire déclarer d'utilité publique le projet d'une nouvelle distribution des anciennes eaux de Paris;

3° Qu'il y a lieu d'inviter le préfet de la Seine à présenter, dans le plus court délai, un projet général de distribution, dans Paris, de toutes les eaux existantes, pour ledit projet être soumis à la sanction royale, conformément à l'article 10 du décret du 4 septembre 1807.

Signé : Tournouer, *rapporteur*, et Maillard, *président*[1].

Le dispositif de cet avis repousse les propositions de la ville, puisqu'il déclare qu'il n'y a pas lieu de provoquer, par une ordonnance générale, la révocation des concessions, ni de faire déclarer l'utilité publique de la mesure.

En demandant l'étude d'un projet complet de la distribution de toutes les eaux existantes, le Conseil pensait sans doute que,

[1] Manuscrits des Archives nationales, cartons (Seine, 18, fol. 3. Eaux, n° 47 105).

dans l'exécution des travaux, on se heurterait contre la difficulté résultant du réseau des conduites particulières, et que les mesures à prendre constitueraient une sorte de jurisprudence, qui serait réglée par le Conseil d'État, et serait certainement acceptée par tous les tribunaux.

Le projet fut en effet dressé par MM. Emmery, directeur du service des eaux, Mary et Lefort, ingénieurs du même service. Je n'en parlerai point ici, puisque ce projet se rattache essentiellement à la distribution des eaux nouvelles. On arriva au retranchement des concessions, en refusant aux usagers l'autorisation de pratiquer des fouilles sous la voie publique pour réparer leurs conduites lorsqu'il s'y déclarerait une fuite, un engorgement ou une avarie quelconque. Lorsque ce cas se présentait, on barrait la conduite, et l'usager, privé d'eau, était obligé d'entrer en pourparler avec la ville; si la concession était gratuite, la ville payait au propriétaire la valeur de la conduite à prix débattu; en cas de désaccord, elle lui permettait de l'enlever. Lorsqu'il s'agissait d'une concession à titre onéreux, elle payait en outre au propriétaire une somme de 200 francs par ligne d'eau. Ces conditions étaient équitables : avec l'intérêt du prix du rachat, l'usager pouvait obtenir un abonnement d'eau du canal de l'Ourcq au moins égal en volume à sa concession, et il se trouvait déchargé de l'entretien de la conduite. Le rachat des concessions marcha donc assez rapidement.

Commencé vers 1837, il fut à peu près terminé vers 1868. Les tableaux qui suivent donnent la situation des concessions à titre onéreux au moment du rachat.

## ÉTAT DES CONCESSIONS A TITRE ONÉREUX

### A L'ÉPOQUE DU RACHAT, 1837-1863

| Nos D'ORDRE | NOMS DES CONCESSIONNAIRES | | DATES | NATURE DE L'EAU | NOMBRE DE LIGNES | DATES | | INDEMNITÉ POUR RACHAT | |
|---|---|---|---|---|---|---|---|---|---|
| | PRIMITIFS | AU MOMENT DU RACHAT | DES TITRES PRIMITIFS | | | DE LA CESSATION DU SERVICE | DE L'ARRÊTÉ DE SUPPRESSION | DE LA CONCESSION | DE LA CONDUITE |
| | | | | *Fontaine des Annonciades.* | | | | | |
| 1 | Lejay. . . . . . . . . | Vaudet, rue du Parc-Royal, 1. . . . . . . | 1700-1733 | Seine | 10 | 5 nov. 1853. | 11 nov. 1853. | » | » |
| | | | | *Fontaine de Sainte-Avoye.* | | | | | |
| 2 | De Frangins Lhuillier (de Sainte-Beuve, fille de messire Lhuillier de Bollencourt). . . | Monod, principal locataire, rue du Temple, 4. . . . . . . . | 17 sept. 1601. | Belleville Arcueil | 25 | 1848 | » | Acceptation d'un abonnement aux eaux de l'Ourcq. | |
| 3 | François de Villemontée. . . . . . . . . | Pépin le Halleur, rue du Temple, 39. . . . | 13 nov. 1601. | id. | 6 | 1846 | juillet 1847. | id. | |
| 4 | De Boissy. . . . . . . | Viel, rue Michel-le-Comte, 31 (25); Servant, rue Beaubourg, 50 (40). . . . . . . . | 7 août 1706. | Seine | 3 | février 1843.<br>novem. 1853. | »<br>» | »<br>» | En servant 9 lignes au lieu de 3. |
| | | | | *Fontaine de Birague.* | | | | | |
| 5 | Pingard, rue Saint-Antoine, 79. . . . . | » | 19 sept. 1730. | Seine | 4 | vers 1813. . . | » | » | » |
| 6 | De La Croix. . . . . . | Plessier, rue Saint-Antoine, 81. . . . . | 1er sept. 1707 | Seine | 10 | 6 nov. 1848. . | 1er déc. 1849. | 2000f,00 | » |
| 7 | François de Lamoignon. . . . . . . . | Tassin, rue Pavée, hôtel d'Angoulême. . . | 3 mars 1694. | Seine | 12 | Inconnue. . . | » | » | » |
| | | | | *Fontaine des Blancs-Manteaux.* | | | | | |
| 8 | Boulard. . . . . . . | Le Camus, rue Barbette, 2. . . . . . . | 19 mai 1636. | Seine | 78 | août 1851. . . | 12 juin 1851. | 4938f,75 | 4,500f |
| 9 | Langlois de la Fortille. . . . . . . . . | Grand Libert, rue des Francs-Bourgeois, 14-16. . . . . . . . . . | 11 août 1598. | Seine | 16 | 1846 | 27 juil. 1846. | 1600f,00 | » |
| | | | | *Fontaine Boucherat.* | | | | | |
| 10 | Filles de St-Sauveur. | Bertrand, rue Vendôme, 6. . . . . . .<br>Balling, même rue, 8. | 10 juil. 1702. | » | 8 | 1841<br>1841 | 13 juin 1853. | 1580f,25 | » |
| 11 | Bazinville. . . . . . | Riant, rue Vendôme, 10. . . . . . . . . | 5 févr. 1742. | Seine | 9 | 1846 | » | Conduite enlevée en 184[illegible] par le concessionnaire. | |
| 12 | Boucheron. . . . . . | Matignon, rue Vendôme, 12. . . . . . | 24 juin 1769. | Seine | 4 | 1838 | 15 fév. 1838. | 800f,00 | » |
| | | | | | 185 | | | | |

| NOMS DES CONCESSIONNAIRES | | DATES DES TITRES PRIMITIFS | NATURE DE L'EAU | NOMBRE DE LIGNES | DATES | | INDEMNITÉ POUR RACHAT | |
|---|---|---|---|---|---|---|---|---|
| PRIMITIFS | AU MOMENT DU RACHAT | | | | DE LA CESSATION DU SERVICE | DE L'ARRÊTÉ DE SUPPRESSION | DE LA CONCESSION | DE LA CONDUITE |
| | | | | 185 | | | | |
| Jean Beausire. . . . . | Vacassy, boulevard du Temple, 2 bis. . . | 17 août 1695. | Seine | 16 | 1863 | 14 sept. 1863. | 1600f,00 | 730 |
| | Perrin, même boulevard, 33. . . . . . . | | | 6 | 1859 | 6 oct. 1859. . | 1600f,00 | » |
| Id. | De Marcilly. . . . . . | id. | Seine | 10 | 13 juin 1857. | » | 2000f,00 | 200 |
| *Fontaine Cambrai (Saint-Benoist).* | | | | | | | | |
| Mangin. . . . . . . . | Auger, place Cambrai. | 9 mai 1780. | Seine | 4 | Encore en activité. . . . . | | | |
| *Fontaine Castiglione.* | | | | | | | | |
| De Montluçon. . . . . | Montenard, place Vendôme, 3. . . . . . . | 12 juil. 1738. | Seine | 13 | Inconnue. . . | 8 mai 1854. . | » | » |
| Duc de Grammont. . . | Nitot, pl. Vendôme, 13. | 11 avril 1713. | Seine | 6 | Inconnue. . . | » | » | » |
| Toussaint Bellanger. . | De Frémilly, rue Saint-Honoré. . . . . . . | 13 sept. 1707. | Seine | 6 | N'était plus en service en 1842. | » | » | » |
| Hervard. . . . . . . | De Pontalba, rue Saint-Honoré, 348. . . . . | 17 août 1758. | Seine | 7 | » | 13 janv. 1853. | 1200f,00 | » |
| *Fontaine du Chaudron.* | | | | | | | | |
| Chaudron. . . . . . | Bouille, faubg. Saint-Martin, 237. . . . . | 16 sept. 1717. | Prés-St-Gervais. | 4 | » | 3 mai 1853. . | 800f,00 | 13,75 |
| *Fontaine Colbert.* | | | | | | | | |
| Mouslin. . . . . . . | Bonard, rue de Louvois, 2. . . . . . . . | 14 juin 1736. | Seine | 64 | 2 mars 1851. | 9 sept. 1851. | 1200f,00 | » |
| Perrignon. . . . . . | Perrignon, rue Neuve-Saint-Augustin, 8. . | 22 mai 1816. | Seine | 37 | » | 16 déc. 1860 | 1283f,54 | » |
| Gayet. . . . . . . . | Inconnu, rue de Richelieu, 60. . . . . . | 15 juin-8 juil. 1706. 14 sep. 1734. . . . | Seine | 20 | Inconnue. . . | » | » | » |
| Colbert. . . . . . . | Farinx, rue de Richelieu, 102. . . . . . . Singer, rue de Richelieu, 104. . . . . . . | 21 juin 1707. | Seine | 30 | » | 6 janv. 1857. | 12000 f. conduite comprise. | |
| *Fontaine des Cordeliers.* | | | | | | | | |
| François Procope. . . | Rue des Fossés-Saint-Germain-des-Prés. . . | 16 sept. 1700. | Arcueil | 4 | » | 1er sept. 1852. | » | » |
| Bouthillier. . . . . | Lerebourg, rue du Paon, 6-8. . . . . . | 27 déc. 1634. | id. | 114 | vers 1858. . | » | Prix du rachat inconnu. | |
| | | | | 562 | | | | |

| N°s D'ORDRE | NOMS DES CONCESSIONNAIRES — PRIMITIFS | NOMS DES CONCESSIONNAIRES — AU MOMENT DU RACHAT | DATES DES TITRES PRIMITIFS | NATURE DE L'EAU | NOMBRE DE LIGNES | DATES — DE LA CESSATION DU SERVICE | DATES — DE L'ARRÊTÉ DE SUPPRESSION | INDEMNITÉ — DE LA CONCESSION | INDEMNITÉ — DE LA |
|---|---|---|---|---|---|---|---|---|---|
| | | | | | 562 | | | | |
| | | | *Regard Dufort.* | | | | | | |
| 27<br>28<br>29 | Dᵉ Marie de St-Pierre.<br>Vᵉ de Barthelemy. . .<br>Thoinard. . . . . . . | Brunier, rue Coq-Héron, 5. . . . . . . . | 15 sept. 1754. | Seine | 16 | » | » | » | » |
| 30 | Obled. . . . . . . . | Moricet, rue des Fossés-Montmartre, 6. . | 4 mai 1781. | Seine | 6 | » | » | » | » |
| 31 | Grimond Dufort. . . | Gruyer, rue des Vieux-Augustins, 8. . . . . | 18 févr. 1739. | Seine | 4 | » | 4 avril 1855. . | Sans autre indemni[té que] l'abandon du rega[rd] | |
| 32<br>33 | Hérouard. . . . . . .<br>Grimond Dufort. . . | Caisse d'Épargne. . . | 2 sept. 1709.<br>15 sept. 1740. | Seine<br>Seine | 22 | » | 27 sept. 1853. | id. | |
| 34 | Clérambault. . . . . | Demonjay, rue Vide-Gousset, 4. . . . . . | 29 nov. 1691. | Seine | 6 | » | » | » | » |
| | | | *Fontaine de l'Échaudé.* | | | | | | |
| 35 | De Laguerre. . . . .<br>Duc de Mongelas. . . | Cosson, rue d'Anjou au Marais, 8. . . . . | 25 mai 1698.<br>22 sep. 1732. | Seine | 40 | 10 déc. 1855. | 6 juillet 1853. | 8000 f | 12[illegible] |
| 36 | Lecamus. . . . . . . | Denière, rue d'Orléans, 9. . . . . . . | 5 août 1752 | Seine | 9 | Inconnue. . . | 14 fév. 1853. | 1200 f | 2[illegible] |
| | | | *Fontaine de l'Échelle.* | | | | | | |
| 37 | Bellanger et Bullière. . | Farina, rue Saint-Honoré, 333. . . . . . | 14 juin 1713.<br>(15 sep. 1707) | Seine et Arcueil | 144 | 1837 | » | » | |
| | | | *Regard des Enfants-Rouges.* | | | | | | |
| 38 | Beausire. . . . . . . | » rue du Grand-Chantier, 5. . . . . . | 17 août 1695. | Seine | 26 | 1846 | 27 juil. 1846. | » | » |
| 39 | Bailleul et des Espoisses | Rue du Grand-Chantier, 14. . . . . . . | 12 mars 1695. | » | » | » | » | » | » |
| 40 | De la Crosnière. . . . | Garreau, rue Porte-Foin, 11. . . . . . . | 22 mars 1767. | Seine | 12 | » | 12 mars 1853. | » | » |
| | | | *Regard de Saint-Faron.* | | | | | | |
| 41 | Barantin. . . . . . . | » rue des Deux-Portes-Saint-Jean. . . | 3 déc. 1660. . | Seine | 6 | vers 1840. . . | » | » | » |
| | | | *Fontaine Gaillon.* | | | | | | |
| 42 | De Salnoue (damoiselle Elis. Bidault). . | Guyot, rue Neuve-St-Augustin, 43; Bertin de Vaux, rue Louis-le-Grand, 10. . . . . | 4 déc. 1719 et 20 mars 1809. | Seine | 20 | » | 4 déc. 1848. . | 3000f,00 | » |
| 43 | Paget. . . . . . . . | Perrin, rue de la Michodière, 4. . . . . | 8 juin 1756. | Seine | 24 | 1835 | » | » | » |
| | | | | | 897 | | | | |

| NOMS DES CONCESSIONNAIRES | | DATES DES TITRES PRIMITIFS | NATURE DE L'EAU | NOMBRE DE LIGNES | DATES | | INDEMNITÉ POUR RACHAT | |
|---|---|---|---|---|---|---|---|---|
| PRIMITIFS | AU MOMENT DU RACHAT | | | | DE LA CESSATION DU SERVICE | DE L'ARRÊTÉ DE SUPPRESSION | DE LA CONCESSION | DE LA CONDUITE |
| | | | | 897 | | | | |
| *Fontaine Grenetat.* | | | | | | | | |
| De Case. . . . . . . | Dallemagne, rue du Renard-St-Sauveur, 11. . . . . . . . . | 25 oct. 1737. | Seine | 4 | Inconnue.. . | » | » | » |
| *Fontaine des Haudriettes.* | | | | | | | | |
| Duret. . . . . . . . | » rue de Braque, 2 . . . . . . . | 2 août 1569. | Seine | 9 | 4 janv. 1855.. | 26 déc. 1854. | » | » |
| Thiroux. . . . . . . | De Vogué.. . . . . . | 18 juil. 1710. | Seine | 6 | Inconnue.. . | » | » | » |
| Religieuses de l'Anonciade Céleste?. . | Grand, rue du Grand-Chantier, 8.. . . . . | 27 (ou 17) août. 1755-8 avril 1698 . . . . | Seine | 10 (on ne dessert que 5 l.) | » | 14 janv. 1858. | 1000f,00 | 825,00 |
| Renaud et Olivier. . . | Mêmes noms, rue du Grand-Chantier, 4. . | 16 nov. 1709. | Seine | 6 | » | 14 avril 1857. | 1200f,00 | 582,70 |
| Demoiselle Morel. . . | » rue du Grand-Chantier, 6.. . . . . | 12 juil. 1757. | Seine | 6 | » | » | » | » |
| *Fontaine des Innocents.* | | | | | | | | |
| D'Osembray.. . . . . | Gervais, rue des Bourdonnais, 12. . . . . | 7 mars 1721. | Belleville | 12 | 1840 | » | » | » |
| Delaleu.. . . . . . . | » rue Saint-Denis, 97 et 99.. . . . | 12 avril 1717. | Seine | 24 | Inconnue.. . | » | » | » |
| *Regard de Jouy.* | | | | | | | | |
| De Fourcy. . . . . . | Hast, rue de Jouy, 11. | 2 déc. 1692. | Seine | 6 | » | 2 mars 1855. | » | » |
| Moriati. . . . . . . . | Vᵉ Barre, rue Geoffroy-Lasnier. . . . . . . | 9 août 1720. | Seine | 10 | vers 1815. | » | » | » |
| *Fontaine Saint-Leu.* | | | | | | | | |
| De Guise. . . . . . | » rue Salle-au-Comte, 16. . . . . . | 14 mai 1554. | Seine | 4 | » | » | » | » |
| *Regard Lesdiguières.* | | | | | | | | |
| De Charny. . . . . . | Le Dentus, rue de Beautreillis, 4. . . . . . | 6 juin-15 nov. 1719.. . . . | Seine | 40 | Inconnue.. . | 24 juin 1840. | 1000f,00 | » |
| » | Régie des poudres et salpêtres, rue de l'Orme.. . . . . . . | 25 sept. 1768. | Seine | 12 | » | » | Payés 2493 fr. | |
| | | | | 1046 | | | | |

| N° d'ordre | Noms des concessionnaires — Primitifs | Noms des concessionnaires — Au moment du rachat | Dates des titres primitifs | Nature de l'eau | Nombre de lignes | Dates — De la cessation du service | Dates — De l'arrêté de suppression | Indemnité pour rachat — De la concession | Indemnité pour rachat — De la conduite |
|---|---|---|---|---|---|---|---|---|---|
| | | | | | 1046 l. | | | | |
| | *Regard des Lions-Saint-Paul.* | | | | | | | | |
| 56 | Fu. . . . . . . . . . | Mallard, rue des Lions-St-Paul, 14-16. . . . | 21 juin 1720. | Seine | 8 (le titre porte 4 lignes.) | 26 avril 1843. | 17 avril 1843. | 1,200f,00 | » |
| | *Fontaine Saint-Louis.* | | | | | | | | |
| 57 | Comte de Clermont-Tonnerre. . . . . . | Barbet, rue Saint-Louis, 16. . . . . . Legrand de Vaux, rue Saint-Gilles, 15. . . | 4 déc. 1750. | Seine | 12 | » | » | » | » |
| | *Fontaine Maubuée.* | | | | | | | | |
| 58 | Moreau et Mélin. . . . | Rue Saint-Martin, 85. | 12 juil. 1706. | Seine | 8 | 1815 | » | » | » |
| | *Regard Mazarin.* | | | | | | | | |
| 59 | Pougin de Novion. . . | Godon, rue Neuve-des-Petits-Champs, 15. . . | 17 sept. 1720 | Seine | 6 | Non servie en 1842. . . . | | » | » |
| 60 | Anne Hariedge. . . . | Duchesnes, rue Neuve-des-Petits-Champs, 15. | 2 déc. 1722. | Seine | 4 | Non servie en 1842. . . . | | » | » |
| 61 | Colbert. . . . . . . . | Marchoux, rue Neuve-des-Petits-Champs, 5. | 8 nov. 1662 ? | Seine | 6 | » | 14 avril 1855. | » | » |
| | *Regard Soubise.* | | | | | | | | |
| 62 | Rohan-Soubise. . . . | Archives, rue du Chaume. . . . . . . | 16 juil. 1705. | Seine | 40 | Remplacée par une concession illimitée. | | | |
| 63 | Moulle. . . . . . . . | » rue de l'Homme-Armé, 1. . . . . | 20 juil. 1700. | Seine | 6 | » | » | » | » |
| | *Fontaine des Petits-Pères.* | | | | | | | | |
| 64 | Danneville. . . . . . | » rue Notre-Dame-des-Victoires. . . . | 28 avril 1778. | Seine | 5 | N'était plus servie en 1842. | | » | » |
| | *Regard du Pot-de-Fer.* | | | | | | | | |
| 65 | Durand. . . . . . . . | Boulay de la Meurthe, rue de Vaugirard, 58. | 25 mars 1714. | Arcueil | 6 | Encore en service. . . . . | | » | » |
| | *Regard Reynel.* | | | | | | | | |
| 66 | Colbert. . . . . . . . | Marchoux, rue Neuve-des-Petits-Champs, 4 | 17 sept. 1668. | Seine | 50 | 20 janv. 1849. | » | » | » |
| | | | | | 1195 | | | | |

| | NOMS DES CONCESSIONNAIRES | | DATES DES TITRES PRIMITIFS | NATURE DE L'EAU | NOMBRE DE LIGNES | DATES | | INDEMNITÉ POUR RACHAT | |
|---|---|---|---|---|---|---|---|---|---|
| | PRIMITIFS | AU MOMENT DU RACHAT | | | | DE LA CESSATION DU SERVICE | DE L'ARRÊTÉ DE SUPPRESSION | DE LA CONCESSION | DE LA CONDUITE |
| | | | | | 1193 l. | | | | |
| | *Fontaine de Richelieu.* | | | | | | | | |
| | Dodun. . . . . . . . . | Després, rue de Richelieu, 21. . . . . . . | 22 sept. 1727. | Seine | 13 | Inconnue.. . | » | » | » |
| 8 | Pères de l'Oratoire.. . | Deschармes rue de Richelieu, 35 . . . . . | 14 janv. 1752. | Seine | 9 | Inconnue.. . | » | » | » |
| 9 | Viel. . . . . . . . . | Hourier, rue Traversière, 33. . . . . . | » | Seine | 3 | » | 14 avril 1837. | 200 f. | 450 f. |
| | *Fontaine Taranne.* | | | | | | | | |
| 0 | Aurée (ou Oré). . . . | » rue Taranne, 28. | 25 avril 1746. | Seine | 8 | » | 9 fév. 1855. . | » | 175 |
| | *Fontaine du Trahoir (de l'Arbre-Sec).* | | | | | | | | |
| 1 | Fleurian (ou Fleurriant) d'Armenonville.. . . . . . . . | Poste aux lettres, rue J.-J.-Rousseau, 79. . | 11 (ou 12) août 1707. . | Seine | 20 | Remplacée par une concession illimitée. | | | |
| 2 | Colbert. . . . . . . . | Marchoux, rue Vivienne, 6. . . . . . | 19 sept. 1668. | Arcueil | 18 | Non servie en 1842. . . . | » | » | » |
| | *Regard des Victoires.* | | | | | | | | |
| 3 | Paget . . . . . . . . | Gourcuff, rue de Richelieu, 89. . . . . | 1er juin 1656. | Arcueil | 38 | » | » | » | » |
| 4 | De la Feuillade. . . . | Véro Bruych et Boulard, passage Véro-Dodat. . . . . . . . | 3 déc. 1683. | Arcueil | 25 | » | 3 sept. 1847. | » | » |
| | | Dame Charlemagne, place des Victoires, 1. | » | Arcueil | 13 | » | » | Indemnité inconnue. | |
| 5 | Bonnet.. . . . . . . . | Barthélemy, place des Victoires, 7. . . . . | 12 sept. 1685. | id. | 6 | » | » | id. | |
| 6 | De Tourmont. . . . . | Charles Boutrou, place des Victoires, 5. . . | 12 sept. 1685. | id. | 6 | » | 17 janv. 1848. | 1200 | » |
| 77 | De Soyecourt . . . . | Rathier, place des Victoires, 3. . . . . . . | 26 mars 1689. | id. | 6 | Inconnue.. . | » | » | » |
| 78 | Clérambault.. . . . . | Dartois, rue Vide-Gousset, 4. . . . . . . . | 19 nov. 1691. | id. | 6 | id. | » | » | » |
| 79 | Marquis de l'Hôpital. . | Saivres, rue Notre-Dame-des-Victoires, 16. . . . . . . . . | 15 juillet et 19 août 1692. | id. | 6 | id. | « | » | » |
| 80 | Dainville. . . . . . . | Ferret, r. Notre-Dame-des-Victoires, 18. . . | 28 avril 1778. | Seine | 3 | » | 18 juil. 1840. | 600 | 400 |
| 81 | Faget.. . . . . . . . | Labiche, r. du Mail . . | 1er juin 1756. | Arcueil | 4 | 1839 | 9 juin 1857.. | 800 | » |
| 82 | Marquis de Tanlay.. . | Labbé, rue Neuve-des-Petits-Champs, 36. . | 1654 | Seine | 40 | 1839 | » | » | » |
| 83 | De la Vrillière.. . . . | Banque de France. . . | 9 déc. 1655. | Arcueil | 36 | » | 26 janv. 1855. | 9000 | » |
| | » | Bailly, place des Victoires, 8. . . . . . | » | id. | 40 1/2 | 1818 | 18 juin 1857.. | 5000 | » |
| | | | | | 1495 1/2 | | | | |

| N° d'ordre | Noms des concessionnaires — Primitifs | Noms des concessionnaires — Au moment du rachat | Dates des titres primitifs | Nature de l'eau | Nombre de lignes | Dates — De la cessation du service | Dates — De l'arrêté de suppression | Indemnité pour rachat — De la concession | Indemnité pour rachat — De la conduite |
|---|---|---|---|---|---|---|---|---|---|
| | | | | | 1195 1/2 | | | | |
| | *Regard des Victoires* (suite). | | | | | | | | |
| 84 | De Lafeuillade. . . . | Larible, r. Croix-des-Petits-Champs, 55. . | » | Arcueil | 2 | » | 1er déc. 1849. | 425 f. | » |
| | | Demonche. . . . . . | 30 oct. 1692. 1er sep. 1694. | id. | 4 | » | » | » | » |
| | | Bobé, rue de Richelieu, 10. . . . . . . | » | » | 10 | » | » | » | » |
| | *Prises d'eau sur conduites*. Ordinairement *conduits de la rue*. | | | | | | | | |
| 85 | Desroutes. . . . . . . | Fayom de Vilgray, rue Amelot, 2. . . . . . | 5 août 1778. | Seine | 4 | 1834 | » | | |
| 86 | De Salnoue (demoiselle Élis. Bidault). . | Argevedo, rue de la Tisseranderie, 21. . . | 4 déc. 1719 | Seine | 8 | 29 août 1849. | 20 déc. 1848. | 950 | id. |
| 87 | Comte de Toulouse. . | Banque de France. . . | 16 juil. 1720. | Seine | 20 | Aujourd'hui conces. payante | | Conduite | Colbert. |
| 88 | Lesueur et Colbert. . | Linet, rue Culture-Ste-Catherine, 28; rue de l'Égout-St-Paul, 19. . | 1er déc. 1775 et 16 juin 1676. . . . | Seine | 10 | 1840 | 1er oct. 1839. | | |
| 89 | Lesueur. . . . . . . | Taillebosq, rue Saint-Antoine, 9. . . . . . | 15 sept. 1775. | Seine | 4 | Vers 1813. . | | | |
| 90 | Collége Duplessis. . . | Ancienne école normale, collége Louis-le-Grand, Hora, rue St-Jacques. . . . . . | 4 août 1656. | Arcueil | 16 | Aujourd'hui concession indéfinie. | | | |
| 91 | De la Bussière. . . . | Pellapra, quai Malaquais, 17. . . . . . | 1656-1657. 12 déc. 1790. . | Arcueil | 324 | » | 20 nov. 1844. | Conduite de l'Institut. | |
| | | Cordier, rue des Mathurins, 10. . . . . | | Seine | » | » | 27 mars 1837. | Indemnité | inconnue. |
| | | Mazouyé, rue de Ménilmontant, 83. . . . . | 15 flor. an IX. | Belleville | 4 | » | 17 avril 1855. | » | » |
| | | Perrignon, rue Neuve-St-Augustin. . . . . | » | Seine | 57 | Mars 1860. . | 16 nov. 1860. | 1285f,34 | Conduite de l'Opéra. |
| 92 | De Salnoue (demoiselle Élis. Bidault). . | Gressiet, rue St-Sébastien, 32-34. . . . | 4 déc. 1719. | Seine | 4 | 1843 | 31 janv. 1843. | | |
| 93 | Beausire. . . . . . . | Odent, rue du Temple, 102. . . . . . . . | 17 août 1695. | Seine | 4 | 1855 | » | » | » |
| 94 | De Salnoue (demoiselle Élis. Bidault). . | Lenoble, r. Traversière St-Honoré, 15. . . . | 4 déc. 1719. | Seine | 8 | 1850 | 26 mars 1852. | 1600 | » |
| | PRISES D'EAU EXTRA-MUROS | | | | | | | | |
| | *Regard de la Pirouette, aqueduc d'Arcueil.* | | | | | | | | |
| 95 | Giraudon. . . . . . . | La commune de Rungis. . . . . . . . . Richard. . . . . . . Ausias. . . . . . . . | Partage des eaux, arrêt du Cons. 20 oct. et 9 déc. 1634. | Arcueil | 576 | Encore en activité. | | | |
| | | | | | 2530 1/2 | | | | |

| | NOMS DES CONCESSIONNAIRES — PRIMITIFS | NOMS DES CONCESSIONNAIRES — AU MOMENT DU RACHAT | DATES DES TITRES PRIMITIFS | NATURE DE L'EAU | NOMBRE DE LIGNES | DATES — DE LA CESSATION DU SERVICE | DATES — DE L'ARRÊTÉ DE SUPPRESSION | INDEMNITÉ POUR RACHAT — DE LA CONCESSION | INDEMNITÉ POUR RACHAT — DE LA CONDUITE |
|---|---|---|---|---|---|---|---|---|---|
| | | | | | 2530 1/2 | | | | |
| | *Fontaine Pesée, même aqueduc.* | | | | | | | | |
| 96 | Abbaye de St-Germain-des-Prés. Hameau de Cachan. . . . . . . | Stroupe, Baillemont, Rousseau, Raspail, la commune. . . . . | 22 juin 1671. | Arcueil | 144 | Encore en activité. | | | |
| | *Regards nos XIII, XIV, XV et XVI, même aqueduc.* | | | | | | | | |
| 97 | Princesse de Beauvau. | Sieulle . . . . . . . | Partage des eaux 20 oct. et 9 déc. 1634. (Indemnité de terrain). . . | Arcueil | 2 | Encore en activité. | | | |
| | | Gosselin. . . . . . . | | | 7 | | | | |
| 98 | Brotier. . . . . . . . | Jenson. . . . . . . . | | | 10 | | | | |
| 99 | Saintot. . . . . . . . | Marquis de Laplace. . | | | 48 | | | | |
| 100 | Fief d'Arcueil. . . . . | Madame Besson. . . . | | | 72 | | | | |
| | *Regards nos XIX et XX, même aqueduc.* | | | | | | | | |
| 101 | Duc de Villeroy. . . . | La commune de Gentilly . . . . . . . . | Même partag. indemnité. . | Arcueil | 48 | Encore en activité. | | | |
| | *Regard du Pré-Saint-Gervais (château d'eau).* | | | | | | | | |
| 102 | Bélichon. . . . . . . | Belichon et Duchemin, rue Plâtrière, 18. . . Marlier. même rue. 20. Bigot, même rue, 22. . Desclos, même rue, 30. | 5 juillet 1715. | Prés-St-Gervais | 11 | Encore en activité. | | | |
| 103 | Veuve Héron. . . . . | La commune du Pré-St-Gervais. . . . . . | 3 juin 1627. . | id. | 9 | id. | | | |
| 104 | Gamart. . . . . . . . | | 1622 - 1628. . | | 2 | | | | |
| 105 | Péron. . . . . . . . | | 1641 . . . . | | 9 | | | | |
| 106 | Loïs. . . . . . . . . | | 15 mai 1759. . | | 31 | | | | |
| 107 | Auré d'Aideville. . . | Auré d'Aideville, gr. rue du Pré. . . . . . | » | id. | 6 | id. | | | |
| 108 | » | Cité Henri. Divers, gr. rue du Pré . . . . . | » | id. | 36 | id. | | | |
| 109 | Gamard . . . . . . . | Asile communal, gr. rue du Pré. . . . . . | » | id. | 30 | id. | | | |
| 110 | » | Villa du Pré. Divers. . | » | id. | 25 | id. | | | |
| | *Aqueduc de Belleville. Conduite du regard des Marais.* | | | | | | | | |
| 111 | » | Maufroy, grande rue de Belleville . . . . . . | » | Belleville | » | Vers 1851. . | » | » | » |
| | | TOTAL. . . . . . . . . . . . . . . | | | 3020 1/2 | | | | |

Ces 3020 lignes 1/2 d'eau font 20 pouces 140 lignes 1/2 ou 405 mètres cubes en 24 heures.

Il y a dans ce tableau beaucoup de lacunes : ainsi, l'on n'a pas toujours indiqué l'époque où chaque concession a cessé de fluer ; on pourrait donc croire que plusieurs sont encore en activité ; en réalité, dans l'intérieur de la ville, il n'y en a plus qu'une seule qui donne de l'eau. Elle est desservie par la fontaine Cambrai (autrefois fontaine Saint-Benoît). La conduite ne traverse pas la voie publique; par conséquent, elle n'est pas gênante et peut être conservée indéfiniment comme curieux spécimen de l'ancienne distribution.

On remarque une autre lacune qui n'est pas plus regrettable : le prix du rachat des concessions n'est pas toujours indiqué. On peut facilement le calculer en multipliant par 200 le nombre de lignes de concessions. Il restera néanmoins toujours une inconnue qu'on ne peut déterminer : c'est le prix du rachat des conduites particulières. Quelques concessionnaires les ont relevées à leurs frais, la plupart les ont laissées à la ville à prix débattu. Beaucoup de ces conduites en plomb sont encore sous le sous-sol de la voie publique[1].

On a attaché fort peu d'importance au rachat des concessions situées extra-muros. On compte encore sur l'aqueduc d'Arcueil sept anciennes concessions en activité, qui sont aujourd'hui, d'après le tableau, divisées entre quatorze usagers. Sur les aqueducs du Pré-Saint-Gervais et de Belleville, on en trouve dix qui sont dans le même cas et sont subdivisées entre un très-grand nombre d'usagers.

Il n'y a aucun intérêt à supprimer ces dernières concessions puisque les eaux de ces aqueducs sont perdues dans les égouts. Les eaux d'Arcueil pourraient être utilisées dans Paris, mais il est difficile de supprimer ces concessions : on ne voit pas trop comment les usagers pourraient s'alimenter autrement.

[1] Ces lacunes tiennent à ce que les Archives de la direction des eaux ont été détruites. Le tableau qui précède a été relevé aux Archives de l'inspection des eaux. Les noms et le nombre des concessionnaires y sont très-complets, puisque les états ont été relevés à chaque fontaine par les soins des inspecteurs. Mais on comprend sans peine que les arrêtés du préfet ne leur aient pas été notifiés avec une complète exactitude.

La perte d'eau est d'ailleurs absolument sans importance pour la ville.

Le nombre des concessions à titre onéreux était de 110 seulement au moment du rachat : beaucoup de titres avaient été perdus, c'est ce qu'on reconnaît facilement en comparant l'état qui précède au tableau chronologique des abonnements à titre onéreux[1].

Sur 166 noms de concessionnaires qui figurent sur ce dernier tableau, 93 seulement se retrouvent sur l'état du rachat ; 73 titres avaient donc disparu, et si l'on considère les événements qui se sont accomplis dans notre pays depuis une centaine d'années, événements qui ont si fortement atteint la plupart des familles riches, cette disparition des titres ne paraîtra pas surprenante.

Le tableau suivant comprend les concessions à titre gracieux qui existaient au moment de la suppression vers 1837. On y a compris les concessions dont les usagers jouissaient sans aucun titre ; elles sont faciles à reconnaître, parce que la date du titre manque à la colonne n° 6. Sur 204 usagers qui figurent à ce tableau, 117 n'avaient pas de titres. Parmi ces usagers dont les titres étaient perdus, il y en avait un grand nombre sans doute qui jouissaient de concessions obtenues à titre onéreux.

[1] Voy. p. 675 et suiv.

## ÉTAT DES CONCESSIONS D'EAU A TITRE GRACIEUX

### A L'ÉPOQUE DE LA SUPPRESSION, 1837-1863

NOTA. — Les concessions dont les titres étaient perdus sont comprises dans ce tableau. Elles sont faciles à reconnaître : la date du titre ne figure pas dans la colonne n° 6.

| Nos d'ordre | NOMBRE DE LIGNES D'EAU | NOM DU CONCESSIONNAIRE | | NOM DE LA RUE | DATES | |
|---|---|---|---|---|---|---|
| | | ANCIEN | AU MOMENT DE LA SUPPRESSION | | du titre | de la suppression |
| 1 | 2 | 3 | 4 | 5 | 6 | 7 |
| | | *Fontaine de l'abbaye Saint-Germain-des-Prés.* | | | | |
| 1 | » 36 | Abbaye . . . . . . . | Prison. . . . . . . . | Place de l'Abbaye. . | 1671 | 1852 |
| | | *Regard des Annonciades.* | | | | |
| 2 | » 60 | Guillain. . . . . . . | Fiché-Verdot. . . . | Culture-Ste-Catherine. | 1627 | 1853 |
| 3 | » 42 | Lhuillier . . . . . . | Lefèvre . . . . . . . | id. | 1641<br>1684<br>1734 | id. |
| 4 | » 30 | » | Guillon . . . . . . . | id. | » | id. |
| 5 | » 40 | Massillon . . . . . . | Gravoy . . . . . . . | id. | » | id. |
| 6 | » 4 | » | Charlard. . . . . . . | id. | » | 1854 |
| | | *Fontaine Sainte-Avoye.* | | | | |
| 7 | » 19 | La Trémoille. . . . . | Hébert . . . . . . . | Sainte-Avoye. . . . . | » | 1851 |
| 8 | » 18 | De Roissy . . . . . . | De Virac. . . . . . . | id. | 1650 | » |
| 9 | » 3 | » | Marquis. . . . . . . | id. | » | 1840 |
| | | *Fontaine Basfroid.* | | | | |
| 10 | » 9 | Augrand. . . . . . . | Perrot de Chezelles. . | Popincourt. . . . . . | 1631 | 1815 |
| | | *Fontaine de Birague.* | | | | |
| 11 | » 4 | Bidel . . . . . . . . | Bidel . . . . . . . . | Chaussée des Minimes. | 1637 | 1815 |
| 12 | » 3 | Guillain. . . . . . . | » | Culture-Ste-Catherine. | 1627 | » |
| 13 | » 6 | Dyel. . . . . . . . . | » | Place Royale. . . . . | 1650 | 1815 |
| 14 | » 8 | Malo (Joseph-Pâris). . | Ranson . . . . . . . | Saint-Antoine . . . . | 1722 | 1854 |
| 15 | » 4 | » | Huet de Torigny. . . | Culture-Ste-Catherine. | » | » |
| 16 | » 18 | Les Jésuites. . . . . | Collége Charlemagne. | Saint-Antoine . . . . | » | 1842 |
| 17 | » 40 | » | Prison de la Force. . | Roi-de-Sicile. . . . . | » | » |
| 18 | » 30 | » | Caserne des Pompiers | Culture-Ste-Catherine | » | » |
| | | *Fontaine des Blancs-Manteaux.* | | | | |
| 19 | » 14 | Quatremère. . . . . | Lemans. . . . . . . | Ste-Croix-de-la-Bretonnerie. . . . . | 1733<br>1774 | 1846 |
| 20 | » 12 | Charolais . . . . . . | » | Francs-Bourgeois. . . | » | 1846 |
| 21 | » 4 | » | Blondel. . . . . . . | Blancs-Manteaux. . . | » | » |
| 22 | » 3 | Lhuillier . . . . . . | Lespinasse . . . . . | Homme-Armé . . . . | 1626 | » |
| | 2 p. 119 l. | | | | | |

| Nos d'ordre | NOMBRE DE LIGNES D'EAU | NOM DU CONCESSIONNAIRE | | NOM DE LA RUE | DATES | |
|---|---|---|---|---|---|---|
| | | ANCIEN | AU MOMENT DE LA SUPPRESSION | | du titre | de la suppression |
| 1 | 2 | 3 | 4 | 5 | 6 | 7 |
| | 2 p. 119 l. | | | | | |
| | | *Fontaine des Blancs-Manteaux* (suite). | | | | |
| 23 | » 20 | De Caumartin . . . . | » | Charlot . . . . . . . | 1784 / 1785 | 1810 |
| 24 | » 5 | » | Compag. d'assurances. | id. | » | 1842 |
| 25 | » 20 | » | Lefébure . . . . . . | id. | » | 1843 |
| 26 | » 4 | » | Fournier . . . . . . | Boucherat. . . . . . | » | 1856 |
| 27 | » 10 | » | Jacquemard-Biette. . | id. | » | 1847 |
| 28 | » 3 | » | Deslondres . . . . . | Vendôme . . . . . . | » | » |
| 29 | » 8 | » | Bonnin. . . . . . . / Tricatel. . . . . . . | Vendôme . . . . . . / Dupuis . . . . . . . | » | 1833 |
| | | *Fontaine de Cambrai* (Saint-Benoît). | | | | |
| 30 | » 4 | Collége de Trégnier. | Collége de France . . | Place Cambrai. . . . | » | » |
| | | *Fontaine des Carmélites.* | | | | |
| 31 | » 24 | » | Guyot de Fernon. . . | Saint-Jacques . . . . | » | 1855 |
| 32 | » 4 | Bénédictins anglais. . | Mayer . . . . . . . | id. | 1675 / 1735 | 1834 |
| 33 | » 4 | Cochin . . . . . . . | Cochin . . . . . . . | id. | 1750 / 1782 | 1852 |
| 34 | » 72 | » | Guitton. . . . . . . / Jadras. . . . . . . . / Célarié . . . . . . . | Ursulines . . . . . . | » | 1848 |
| 35 | » 12 | » | Hubert . . . . . . . | Enfer. . . . . . . . | » | » |
| 36 | » 4 | » | Chardel. . . . . . . | id. | » | » |
| 37 | » 20 | Dames Saint-Michel. . | Dames Saint-Michel . | Saint-Jacques . . . . | 1768 / 1807 | 1850 |
| | | *Fontaine Castiglione* (des Capucins). | | | | |
| 38 | » 36 | » | Chancellerie. . . . . | Place Vendôme . . . | » | » |
| 39 | » 8 | De Mouchy. . . . . . | Bayoux . . . . . . . | Saint-Honoré. . . . . | » | » |
| 40 | » 4 | » | Dufour . . . . . . | id. | » | » |
| 41 | » 5 | » | Ministère des finances | Rivoli. . . . . . . . | » | » |
| 42 | » 40 | » | Ministère de la justice. | Place Vendôme . . . | » | » |
| | | *Château d'eau du Palais-Royal.* | | | | |
| 43 | » 10 | Brunier. . . . . . . | Deuchroucq . . . . . | St-Thomas-du-Louvre. / Froids-Manteaux. . . | 1736 | » |
| | | *Fontaine Colbert.* | | | | |
| 44 | » 20 | Bignon . . . . . . . | Onslow . . . . . . . | Filles-Saint-Thomas . | 1708 | 1853 |
| 45 | » 72 | » | Opéra. . . . . . . . | Grange-Batelière. . . | » | » |
| 46 | » 25 | » | Bibliothèque. . . . . | Richelieu . . . . . . | » | » |
| 47 | » 12 | Bignon . . . . . . . | Lecouteux. . . . . . | id. | 1768 | » |
| | 3 p. 131 l. | | | | | |

| N°s d'ordre | NOMBRE DE LIGNES D'EAU | NOM DU CONCESSIONNAIRE — ANCIEN | NOM DU CONCESSIONNAIRE — AU MOMENT DE LA SUPPRESSION | NOM DE LA RUE | DATES — du titre | DATES — de la suppression |
|---|---|---|---|---|---|---|
| 1 | 2 | 3 | 4 | 5 | 6 | 7 |
| | 5 p. 131 l. | | | | | |
| | | | *Fontaine des Cordeliers.* | | | |
| 48 | 2 48 | Liancourt | Destroyes | Seine | 1636<br>1637<br>1640 | 1851 |
| 49 | » 6 | Du Tillet | Veuve Roussel | Saint-André-des-Arts | 1626 | 1851 |
| 50 | » 12 | Collége de Bourgogne | École de Médecine | École-de-Médecine | » | » |
| | | | *Fontaine Saint-Cosme.* | | | |
| 51 | » 21 | Donjal et Talon | Debure (P.) | Hautefeuille | 1625<br>1641<br>1651<br>1665 | 1850 |
| 52 | » 18 | id. | Debure<br>Moutard-Martin | Serpente et des Deux-Portes-Saint-André | 1625<br>1675<br>1700 | 1852<br>1853 |
| 53 | » 12 | » | Badereau | Harpe | » | 1852 |
| 54 | » 12 | » | École de dessin | École-de-Médecine | » | » |
| | | | *Regard Dufort.* | | | |
| 55 | » 15 | Prince de Montbazon | Demongy | Verdelet | 1641 | 1855 |
| 56 | » » | Geoffroy d'Assy | Marché des Enfants-Rouges | Bretagne | 1778 | » |
| 57 | » 10 | » | Hôtel de Sillery | id. | » | » |
| | | | *Fontaine de l'Échelle.* | | | |
| 58 | » 36 | Baron de Breteuil | Doux<br>Hautoy | du Dauphin | 1784 | 1841 |
| 59 | » » | » | Dumenil | Saint-Honoré | » | » |
| 60 | » » | » | Periac | Saint-Honoré | » | » |
| | | | *Regard des Enfants-Rouges.* | | | |
| 61 | » 4 | André | Garreau | Portefoin | 1760 | 1853 |
| 61 bis | » 18 | Turgot | » | id. | 1736<br>1740 | 1853 |
| | | | *Regard des Feuillants.* | | | |
| 62 | » 12 | Ancien couvent des Feuillants | Bar | d'Enfer | 1636<br>an XII | 1852 |
| 63 | » 12 | » | Gervais | id. | » | » |
| 64 | » 8 | » | Maison prise dans le Luxembourg | » | » | » |
| | 9 p. 085 l. | | | | | |

| Nos d'ordre | NOMBRE DE LIGNES D'EAU | NOM DU CONCESSIONNAIRE | | NOM DE LA RUE | DATES | |
|---|---|---|---|---|---|---|
| | | ANCIEN | AU MOMENT DE LA SUPPRESSION | | du titre | de la suppression |
| 1 | 2 | 3 | 4 | 5 | 6 | 7 |
| | 9 p. 085 l. | | | | | |
| *Fontaine Gaillon.* | | | | | | |
| 65 | » 6 | d'Oxelles . . . . . | Duchanoy . . . . . .<br>Louvet . . . . . . . | Neuve-Saint-Augustin<br>Neuve-Saint-Augustin et Choiseul. . . . . | 1716 | 1848 |
| 66 | » 10 | Boulogne . . . . . . | Laimans . . . . . . | Place Vendôme . . . | 1750 | 1849 |
| 67 | » 10 | Chamaillard. . . . . | Perrin . . . . . . . | Michodière . . . . . | 1704 | 1855 |
| 68 | » 25 | » | De Septeuil . . . . . | Neuve-des-Capucines. | » | 1855 |
| 69 | » 25 | Ar. Bignon . . . . .<br>De Tresmes. . . . . | Larouette. . . . . . | Neuve-Saint-Augustin<br>Neuve - des - Petits - Champs. . . . . . . | 1708<br>1729 | 1862 |
| *Fontaine Sainte-Geneviève.* | | | | | | |
| 70 | » 72 | Collége de Navarre. . | École polytechnique . | Descartes . . . . . . | 1618 | » |
| 71 | » 4 | » | Collége de la Marche. | de la Montagne . . . | » | » |
| *Fontaine de Grenelle.* | | | | | | |
| 72 | » 12 | Lambert . . . . . . | De Framerville. . . . | Bac. . . . . . . . . . | 1720 | 1847 |
| 73 | » 6 | Ancien couvent des Récollettes . . . . . | Gaudelet . . . . . . | Grenelle. . . . . . . | » | 1855 |
| *Fontaine Greneta.* | | | | | | |
| 74 | » 4 | de la Bistrade. . . . | Dallemagne . . . . . | Renard-Saint-Sauveur | 1637<br>1733 | » |
| *Fontaine de la Halle-au-Blé.* | | | | | | |
| 75 | » 8 | » | Rafart. . . . . . . . | J.-Jacques-Rousseau . | » | » |
| 76 | » 11 | Babille . . . . . . . | Moreau . . . . . . . | Babille . . . . . . . | 1765 | 1849 |
| 77 | » 6 | Delaporte. . . . . . | Veuve Dujardin . . . | Montmartre . . . . . | 1756 | » |
| *Fontaine des Haudriettes.* | | | | | | |
| 78 | » 12 | Potier de Gesvres . . | » | Braque . . . . . . . | 1691 | 1854 |
| 79 | » 4 | Galand. . . . . . . . | Lagrange . . . . . . | Braque . . . . . . . | 1655 | 1810 |
| 80 | » 12 | id. | Barbier-Saint-Hilaire. | Vieilles-Haudriettes. . | 1642 | 1857 |
| 81 | » 12 | Darlu. . . . . . . . | Tixier. . . . . . . . | id. | 1672 | 1857 |
| *Fontaine des Innocents.* | | | | | | |
| 82 | » 12 | De Villeroy.. . . . . | Gervais. . . . . . . | Bourdonnais. . . . . | 1655 | 1840 |
| *Fontaine Saint-Jean.* | | | | | | |
| 83 | » 12 | Bazin-Langlois. . . . | Petit-Ivelin . . . . . | Temple . . . . . . . | 1628<br>1692<br>1694 | 1842 |
| 84 | » 6 | De Nicolaï. . . . . . | Poyet. . . . . . . . . | Bourgtibourg . . . . | 1626 | 1857 |
| 85 | » 12 | Geoffroy. . . . . . . | Marlot. . . . . . . . | id. | » | 1844 |
| | 11 p. 078 l. | | | | | |

| Nos d'ordre | NOMBRE DE LIGNES D'EAU | NOM DU CONCESSIONNAIRE | | NOM DE LA RUE | DATES | |
|---|---|---|---|---|---|---|
| | | ANCIEN | AU MOMENT DE LA SUPPRESSION | | du titre | de la suppression |
| 1 | 2 | 3 | 4 | 5 | 6 | 7 |
| | 11 p. 078 l. | | | | | |
| | | *Regard Saint-Jean-le-Rond.* | | | | |
| 86 | » 12 | » | Bonnard . . . . . .<br>Vergnon . . . . . . | Cloître-Notre-Dame. .<br>Chanoinesse. . . . . | » | »<br>1837 |
| | | *Regard de Jouy.* | | | | |
| 87 | » 10 | Fourcy . . . . . . . | Hast. . . . . . . . . | Jouy . . . . . . . . | 1676 | 1855 |
| 88 | » 12 | Damour. . . . . . . | Petit . . . . . . . . | id. | 1659<br>1662 | 1839 |
| 89 | » 6 | Moriot . . . . . . . | Barre. . . . . . . . | Geoffroy-Lasnier. . . | 1711 | 1815 |
| 90 | » 12 | Veuve Lefèvre. . . . | Lebardeur. . . . . . | id. | 1628<br>1651 | 1855 |
| | | *Regard Lesdiguières.* | | | | |
| 91 | » 12 | Mansard. . . . . . . | » | Tournelles . . . . . | 1700 | 1810 |
| 92 | » 8 | Lesdiguières. . . . . | » | Cerisaie. . . . . . . | 1624<br>1627<br>1630 | 1810 |
| 93 | » 60 | Couvent des Célestins. | Caserne de cavalerie. | » | » | » |
| | | *Regard des Lions-Saint-Paul.* | | | | |
| 94 | » 40 | De Ficubert. . . . . | Gruyer et Garnier . . | Quai des Célestins. . | 1678 | 1842 |
| 95 | » 25 | Beaumarchais . . . . | Happey. . . . . . . | id. | 1623<br>1624 | 1842 |
| | | *Fontaine Saint-Louis.* | | | | |
| 96 | » 12 | Bolivet . . . . . . . . | » | Saint-Louis . . . . . | 1773 | 1843 |
| 97 | » 10 | Boucherat. . . . . . | » | id. | 1666<br>1676 | » |
| | | *Fontaine Maubuée.* | | | | |
| 98 | » 8 | Hurel. . . . . . . . . | Bourdin. . . . . . . . | Saint-Martin. . . . . | 1774 | 1840 |
| | | *Fontaine Saint-Michel.* | | | | |
| 99 | » 6 | Séminaire Saint-Louis | Caserne de vétérans . | d'Enfer. . . . . . . | 1733 | 1855 |
| 100 | » 36 | Collége de Clermont. | Lycée Louis-le-Grand. | Saint-Jacques . . . . | 1638<br>1740 | » |
| 101 | » 2 | » | Général Jamin. . . . | de la Harpe. . . . . | » | » |
| 102 | » 20 | Collége d'Harcourt. . | Lycée Saint-Louis . . | id. | 1755<br>1777 | 1853 |
| 103 | » 72 | » | Sorbonne . . . . . . | rue et place de la Sorbonne. . . . . . . | 1734 | » |
| 104 | » » | Ancien couvent des Jacobins . . . . . . | École communale et prison des jeunes détenus . . . . . . . | des Grès. . . . . . . | » | 1852 |
| | 14 p. 009 l. | | | | | |

| N°s d'ordre | NOMBRE DE LIGNES D'EAU | NOM DU CONCESSIONNAIRE | | NOM DE LA RUE | DATES | |
|---|---|---|---|---|---|---|
| | | ANCIEN | AU MOMENT DE LA SUPPRESSION | | du titre | de la suppression |
| 1 | 2 | 3 | 4 | 5 | 6 | 7 |
| | 14 p. 009 l. | | | | | |
| | | ***Fontaine Montmartre ou Montmorency.*** | | | | |
| 105 | » 12 | Bosc . . . . . . . . | » | Feydeau. . . . . . . | 1737 1747 | » |
| | | ***Regard du Palais.*** | | | | |
| 106 | » 8 | Hôtel du 1er président. | Hôtel du préfet de police . . . . . . . . | Palais-de-Justice. . . | » | » |
| | | ***Regard Paradis ou Soubise.*** | | | | |
| 107 | » 8 | Couvent des Blancs-Manteaux. . . . . . | Mont-de-Piété. . . . | de Paradis et des Blancs-Manteaux . . | » | » |
| 108 | » 6 | » | Béranger . . . . . . | Chaume. . . . . . . | » | 1840 |
| 109 | » 6 | Desmarest. . . . . . | » | Paradis. . . . . . . | » | » |
| 110 | » 4 | Demesmes. . . . . . | » | Chaume. . . . . . . | » | » |
| 111 | » 12 | Lecamus . . . . . . | » | Paradis. . . . . . . | » | » |
| 112 | » 4 | Couvent Sainte-Croix-de-la-Bretonnerie. . | Baronne de Vaux. . . Mme Davaux. . . . . | Sainte-Croix-de-la-Bretonnerie. . . . . | 1646 1733 | 1846 |
| | | ***Regard Pascal.*** | | | | |
| 113 | » 6 | » | Couvent des Sœurs Saint-Thomas. . . . | Vignes. . . . . . . . | » | 1855 |
| 114 | » 4 | » | Séminaire du St-Esprit | Postes. . . . . . . . | 1758 | 1855 |
| | | ***Regard du Petit-Luxembourg.*** | | | | |
| 115 | » 72 | Ancien couvent . . . | Caserne. . . . . . . | Vaugirard. . . . . . | 1785 | 1855 |
| 116 | 1 72 | Ancien hôtel Richelieu | Petit-Luxembourg . . | Vaugirard. . . . . . | 1632 1641 1646 | » |
| 117 | 1 72 | Terrat. . . . . . . . | Nast . . . . . . . . Renouard . . . . . . Caserne de gendarmerie . . . . . . . | Tournon . . . . . . | 1656 | 1855 |
| | | ***Fontaine des Petits-Pères.*** | | | | |
| 118 | » 9 | Mesgrigny. . . . . . | Veuve Aviat. . . . . | Fossés-Montmartre. . | 1660 | 1855 |
| 119 | » 20 | Couvent des Petits-Pères. . . . . . . . | Caserne . . . . . . . | Notre-Dame-des-Victoires . . . . . . . | » | » |
| | | ***Regard du Pot-de-Fer.*** | | | | |
| 120 | » 4 | De Pont-Carré. . . . | Boulay de la Meurthe. | Vaugirard. . . . . . | 1695 | 1851 |
| 121 | » 12 | » | Ratier de Montaleau. | Vieux-Colombier et du Four. . . . . . . . | » | » |
| | 18 p. 052 l. | | | | | |

| Nos d'ordre | NOMBRE DE LIGNES D'EAU | NOM DU CONCESSIONNAIRE — ANCIEN | NOM DU CONCESSIONNAIRE — AU MOMENT DE LA SUPPRESSION | NOM DE LA RUE | DATES — du titre | DATES — de la suppression |
|---|---|---|---|---|---|---|
| 1 | 2 | 3 | 4 | 5 | 6 | 7 |
| | 18 p. 052 l. | | | | | |
| | | *Fontaine du Pot-de-Fer.* | | | | |
| 122 | » 16 | Hôpital de la Miséricorde . . . . . . . | Garde de Paris . . . | Mouffetard. . . . . | 1738<br>1767 | » |
| | | *Regard de la Providence.* | | | | |
| 123 | » 6 | Dames de la Providence | Vaillant. . . . . . . | Arbalète. . . . . . . | » | 1848 |
| 124 | » 10 | Bouldat. . . . . . . | École de pharmacie.. | id. | 1735 | 1854 |
| | | *Fontaine des Récollets.* | | | | |
| 125 | » 12 | Lamichaudière. . . . | » | Faubourg-St-Martin.. | 1772 | 1815 |
| | | *Fontaine de Richelieu.* | | | | |
| 126 | » 9 | Vieil . . . . . . . . | Villequier . . . . . . | Richelieu . . . . . . | » | » |
| 127 | » 9 | » | Javon. . . . . . . . | id. | » | » |
| | | *Fontaine Saint-Séverin.* | | | | |
| 128 | » » | » | Aumont. . . . . . . | Saint-Jacques . . . . | » | » |
| | | *Regard des Sourds-Muets.* | | | | |
| 129 | » 12 | Couvent St-Magloire.. | Sourds-muets . . . . | Saint-Jacques . . . . | » | » |
| | | *Fontaine Taranne.* | | | | |
| 130 | » 8 | Macé . . . . . . . .<br>Leboulanger. . . . . | Pourra . . . . . . . .<br>Pichart . . . . . . .<br>Comte de Castellane. | des Petits-Augustins.<br>Seine. . . . . . . .<br>id. | 1641<br>1735 | 1852 |
| 131 | 1 18 | de Chevreuse . . . .<br>de Luynes. . . . . . | de Luynes. . . . . . | Saint-Dominique. . . | 1672<br>1678 | 1855 |
| 132 | » 16 | De Créquy. . . . . . | » | Quai Malaquais. . . . | 1701 | » |
| 133 | » 4 | » | Grimaldi de Monaco . | Saint-Guillaume. . . | » | 1854 |
| 134 | » 9 | » | Gallifet. . . . . . . | Bac. . . . . . . . . | » | » |
| 135 | » 12 | Couvent St-Thomas-d'Aquin . . . . . . | Dépôt d'artillerie . . | Bac. . . . . . . . . | » | 1855 |
| 136 | » 12 | » | Brocard. . . . . . .<br>Arcais. . . . . . . . | des Saints-Pères. . . | » | 1854 |
| 137 | » 12 | Delaporte . . . . . . | » | id. | » | » |
| 138 | » 24 | » | Duc de Crécy . . . . | Saint-Dominique. . . | » | 1847 |
| 139 | » 8 | Couvent des Petits-Augustins.. . . . . | École des Beaux-Arts. | Petits-Augustins. . . | » | 1847 |
| | 20 p. 105 l. | | | | | |

| Nos d'ordre | NOMBRE DE LIGNES D'EAU | NOM DU CONCESSIONNAIRE — ANCIEN | NOM DU CONCESSIONNAIRE — AU MOMENT DE LA SUPPRESSION | NOM DE LA RUE | DATES du titre | DATES de la suppression |
|---|---|---|---|---|---|---|
| 1 | 2 | 3 | 4 | 5 | 6 | 7 |
| | 20 p. 105 l. | | | | | |
| | | | *Fontaine du Trahoir.* | | | |
| 140 | » 9 | Delaleu | Saint-Roman | Arbre-Sec | 1700 | 1832 |
| 141 | 1 » | Delessert<br>Pons<br>Bullion | Laffite<br>Pons<br>Jarry | Coq-Héron<br>id.<br>Saint-Honoré | » | »<br>1850<br>1830 |
| 142 | » 12 | Ducharlay | » | Orléans-Saint-Honoré.<br>Saint-Honoré | 1672 | » |
| 143 | 1 » | » | Dame Froment<br>Fieffe<br>Delepin | Bouloi et des Coquilles<br>Bouloi<br>Grenelle | » | 1834 |
| 144 | » 30 | Couvent de l'Oratoire. | Caisse d'amortissement | Oratoire | » | 1835 |
| | | | *Regard des Victoires.* | | | |
| 145 | » 12 | De la Feuillade | Vero Bruyck et Boulard | Grenelle | » | 1847 |
| 146 | » 8 | » | De Déclion | Richelieu | » | » |
| 147 | » 28 | » | Finet | Vrillière | » | » |
| 148 | » 6 | » | Homicart | Neuve-des-Petits-Champs et passage des Petits-Pères | » | » |
| 149 | » 2 | » | Herpin | Vrillière | » | » |
| 150 | » 17 | » | Messageries | N.-Dame-des-Victoires | » | 1846 |
| 151 | » 14 | » | Morisset | Fossés-Montmartre | » | » |
| 152 | » 3 | » | Pedelabonde | Place des Victoires | » | » |
| 153 | » 42 | » | Flope<br>Rigaut<br>Demaine | Neuve-Saint-Augustin<br>id.<br>Choiseul | » | 1848 |
| 154 | » 24 | Desgranges | Vaufreland | Fossés-Montmartre.<br>Petit-Reposoir | 1703 | » |
| 155 | » 10 | » | Sivat | Neuve-Saint-Augustin | » | 1848 |
| 156 | » 3 | » | Matheron | Victoires | » | » |
| 157 | » 24 | » | Ternaux | id. | » | » |
| 158 | » 4 | » | Cheron | Vrillière | » | » |
| 159 | » 40 1/2 | » | Bailly | Place des Victoires | » | 1837 |
| 160 | » 12 | » | Laroy, Pierre | Vivienne | » | » |
| | | | *Fontaine Saint-Victor.* | | | |
| 161 | » 4 | Blacque | » | Cuvier | 1787 | » |
| 162 | » 10 | Couvent des 100 Filles | Les hospices | Censier | » | 1836 |
| 163 | » 50 | Couvent de Ste-Pélagie | Prison | P. de l'Ermite | » | » |
| | | | AQUEDUC D'ARCUEIL. *Regard XIII.* | | | |
| 164 | » 4 | » | Derambure | Arcueil | » | 1833 |
| 165 | » 10 | » | » | Maison dite Clos d'Arcueil | supprimée. | |
| | 25 p. 051 l. 1/2 | | | | | |

| Nos d'ordre | NOMBRE DE LIGNES D'EAU | NOM DU CONCESSIONNAIRE ANCIEN | NOM DU CONCESSIONNAIRE AU MOMENT DE LA SUPPRESSION | NOM DE LA RUE | DATES du titre | DATES de la suppression |
|---|---|---|---|---|---|---|
| 1 | 2 | 3 | 4 | 5 | 6 | 7 |
| | 25 p. 051 l. 1/2 | | | | | |
| | | | *Regard XXV.* | | | |
| 166 | » 15 | » | Hospice de Laroche-foucould. . . . . . | Route d'Orléans . . . | » | 1866 |
| | | | *Regard XX.* | | | |
| 167 | » 48 | Dame de Villeroy . . | La commune. . . . . Dufaut . . . . . . . | Gentilly. . . . . . . | » | » |
| | | | *Aqueduc.* | | | |
| 168 | » 24 | Pères de l'Oratoire. . | Hospice des Enfants-Trouvés . . . . . . | Enfer. . . . . . . . | 1621 1625 1816 | 1855 |
| 169 | » 8 | » | Couv. du Bon-Pasteur | id. | 1816 | 1855 |
| 170 | » 8 | » | Couvent de la Visitation | id. | 1816 | 1855 |
| 171 | » 8 | » | Bonmatin . . . . . . | id. | 1816 | 1855 |
| | | | *Château d'eau d'Arcueil.* | | | |
| 172 | 2 » | Couvent du Val-de-Grâce . . . . . . . | Hôpital militaire. . . | Saint-Jacques . . . . | » | » |
| 173 | 1 » | Couvent des Capucins | Hospice du Midi. . . | Champ-des-Capucins. | 1617 | 1852 |
| 174 | » 120 | Couvent de N.-Dame-des-Champs . . . . | Hôpital de la Maternité | Port-Royal. . . . . . | 1816 | 1852 |
| | | | *Regard des Chartreux.* | | | |
| 175 | » 60 | Ancien couvent des Chartreux.. . . . . | Jardin botanique de l'École de Médecine. | Enfer. . . . . . . . | 1735 | » |
| | | | SOURCES DU NORD. *Regard du Cacheloup* | | | |
| 176 | » 2 | De Forceva. . . . . . | Saint-Genis . . . . . | à Pantin . . . . . . | 1659 1789 | 1855 |
| | | | *Regard des Jardins.* | | | |
| 177 | » 16 | » | Taveau . . . . . . . | Flandres (à la Villette). | » | 1828 |
| | | | *Conduite du Chaudron.* | | | |
| 178 | » 4 | » | De la Tour du Pin. . | d'Allemagne (à la Villette) . . . . . . . | encore en service | |
| | 30 p. 076 l. 1/2 | | | | | |

| N°s d'ordre | NOMBRE DE LIGNES D'EAU | NOM DU CONCESSIONNAIRE — ANCIEN | NOM DU CONCESSIONNAIRE — AU MOMENT DE LA SUPPRESSION | NOM DE LA RUE | DATES — du titre | DATES — de la suppression |
|---|---|---|---|---|---|---|
| 1 | 2 | 3 | 4 | 5 | 6 | 7 |
| | 30 p. 076 l. 1/2 | | | | | |
| | | | *Regard Beaufils.* | | | |
| 179 | » 4 | » | Jacob. . . . . . . . | Grand'rue de Belleville | » | 1863 |
| | | | *Fontaine du Pré.* | | | |
| 180 | » 23 | » | Divers. . . . . . . . | Grand'rue du Pré (villa du Pré) . . . . . . | » | » |
| | | | PRISES D'EAU SUR CONDUITES. | | | |
| | | | *Conduite Saint-Denis.* | | | |
| 181 | » 4 | » | Assistance publique. | Rue Saint-Apolline. . | 1717 | 1855 |
| 182 | » 4 | Daufresne. . . . . . | Ruelle . . . . . . . | Rue Saint-Apolline. . | 1717 | 1855 |
| 183 | » 4 | » | Cordier. . . . . . . | Rue Saint-Apolline. . | 1717 | 1855 |
| 184 | » 20 | » | Sœurs Saint-Vincent de Paul . . . . . . | du Bac . . . . . . . . | » | 1853 |
| | | | *Conduite du Val-de-Grâce.* | | | |
| 185 | » 4 | » | Delestre. . . . | Saint-Jacques . . . . | » | » |
| | | | *Conduite de la rue des Lombards.* | | | |
| 186 | » » | Ancien couvent Ste-Catherine. . . . . . | Delarue. . . . . . . | des Lombards. . . . | » | 1852 |
| | | | *Conduite de l'Opéra.* | | | |
| 187 | » 37 | » | Pérignon . . . . . . | Neuve-Saint-Augustin | » | 1860 |
| | | | *Conduite de la rue de Vaugirard.* | | | |
| 188 | 1 » | Ancien hôtel de Condé. | Théâtre de l'Odéon. . | Place de l'Odéon. . . | 1634 | en service |
| 189 | » 4 | Delarivière. . . . . . | Cabart . . . . . . . | Richelieu . . . . . . | 1770 | inconnue |
| | | | *Conduite Colbert.* | | | |
| 190 | » 10 | » | Crosnier. . . . . . . | Richelieu . . . . . . . | » | inconnue |
| 191 | » 12 | Duc de Penthièvre. . | Banque de France. . | Vrillière. . . . . . . | 1776 | en service |
| 192 | » 6 | » | Dames Saint-Thomas de Villeneuve. . . . | Sèvres. . . . . . . . | » | 1853 |
| 193 | » 4 | » | Rolland . . . . . . . | Enfer. . . . . . . . . | » | 1852 |
| 194 | » 6 | » | École des Mines . . . | id. | » | en service |
| 195 | » 4 | » | Henriau. . . . . . . | Four-Saint-Germain . | » | inconnue |
| 196 | » 34 | » | Séminaire St-Sulpice. | Place Saint-Sulpice. . | » | » |
| 197 | 1 » | » | Couvent du Temple. . | Rue du Temple . . . | » | démolie |
| | 33 p. 114 l. 1/2 | | | | | |

| Nos d'ordre | NOMBRE DE LIGNES D'EAU | NOM DU CONCESSIONNAIRE | | NOM DE LA RUE | DATES | |
|---|---|---|---|---|---|---|
| | | ANCIEN | AU MOMENT DE LA SUPPRESSION | | du titre | de la suppression |
| 1 | 2 | 3 | 4 | 5 | 6 | 7 |
| | 33 p. 114 l. 1/2 | | | | | |
| | | PRISES D'EAU INCONNUES | | | | |
| 198 | » 36 | Dame de la Vrillière. | Hôtel de l'Infantado. | Saint-Florentin. . . . | 1784 | » |
| 199 | » 12 | De Louvois. . . . . . | Lebas. . . . . . . . | Francs-Bourgeois . . | 1637 1662 | 1815 |
| 200 | » 44 | » | Richomme. . . . . . | Cour des Fontaines. . | » | » |
| 201 | » 4 | Paschalis . . . . . . | Bertrand . . . . . . | St-François-au-Marais | 1635 | 1813 |
| 202 | » 36 | De Gesvres. . . . . . | Mallet. . . . . . . . | Neuve-Saint-Augustin | 1708 1729 | 1862 |
| 203 | » 8 | » | Briant . . . . . . . | Richelieu. . . . . . | » | » |
| | 34 p. 110 l. 1/2 | | | | | |

Parmi les 204 concessions portées à ce tableau, deux sont encore en activité : l'une dessert la maison de M. Boulay de la Meurthe, sise au coin des rues de Vaugirard et Bonaparte. Elle tirait son eau autrefois du regard du Pot-de-Fer. L'autre alimente la maison de Mme la Tour du Pin, 13, rue d'Allemagne ; elle tirait son eau du regard du Chaudron. Aujourd'hui ces deux concessions sont branchées directement sur la conduite publique voisine, comme les abonnements ordinaires.

Les autres concessions à titre gracieux ont été supprimées sans indemnités : on s'est contenté de rembourser aux usagers la valeur de leurs conduites, dans les mêmes conditions que pour les concessions à titre onéreux.

En résumé, au moment du rachat il existait 112 concessions à titre onéreux, débitant 20 pouces 140 lignes et demie d'eau, et 204 concessions à titre gracieux, débitant 34 pouces 110 lignes et demie d'eau, soit en totalité 316 concessions, débitant 55 pouces 107 lignes d'eau, ou 1056 mètres cubes en vingt-quatre heures.

*Les bains.* — Parmi les concessions dont les titres sont transcrits sur les registres de la ville, une seule fut accordée, le

19 septembre 1730, à un baigneur, Pierre Ringard, rue du Roi-de-Sicile. Elle figure sur le tableau des concessions à titre onéreux, page 677, et sur celui du rachat, page 704; elle fut desservie jusque vers 1815. La veuve de Ringard exerçait aussi la profession de baigneuse étuviste en 1754 et son établissement existait encore vers 1856 au moment de la construction de la rue de Rivoli, dans le passage *des bains*, rue Saint-Antoine, n° 79, lequel passage débouchait rue du Roi-de-Sicile, vis-à-vis la rue Pavée. C'est certainement le plus ancien établissement de bains alimenté avec les eaux publiques de Paris.

Le bureau ne tenait probablement pas beaucoup à développer cette industrie alors fort mal famée, car il fixa à 1200 livres le prix de quatre lignes d'eau demandées par Pierre Ringard. Celui-ci, faisant valoir sa qualité de principal locataire, en offrait 600 livres; d'après l'ordonnance du 8 avril 1709, la somme à payer aurait dû être réduite à 400 livres. Malgré son prix élevé, cette concession mettait Pierre Ringard dans une position bien meilleure que ses confrères ; les 4 lignes d'eau ou 532 litres lui coûtaient 3 sols environ par jour, tandis que les autres étuvistes payaient le même volume 2 livres 10 sols aux porteurs d'eau. L'établissement était du reste fort modeste ; avec 532 litres d'eau on ne pouvait servir plus de trois ou quatre bains par jour. Deux baignoires suffisaient à la rigueur pour cela. Les autres baigneurs étuvistes n'étaient pas plus grandement montés et de plus étaient fort peu nombreux. Voici, d'après les documents du temps, quelle était la situation de cette industrie en 1692 :

« Les Barbiers Baigneurs qui tiennent des Bains, des Étuves et des dépilatoires pour la propreté du corps humain, sont messieurs du Pont et Mercier, rüe de Richelieu, Jordanis, rüe d'Orléans, du Bois, rüe Saint-André, du Perron, vieille rüe du Temple, de la Cour, rüe des Marmousets, etc.

« Les Dames sont baignées chez M. Du Bois par mademoiselle son épouse.

« Il y a encore des Étuves de l'ancien usage, rüe de Marivaux et rüe du Cimetière Saint-Nicolas-des-Champs, où les gens de médiocre condition vont chercher quelques secours pour les douleurs et rhumatismes[1]. »

La plus grande partie de la population ne prenait donc pas de bains et s'en faisait une étrange idée ; on les considérait comme une sorte de remède dont on ne faisait pas usage impunément. J'en trouve la preuve dans le même opuscule.

« Ces douleurs (les rhumatismes), celle de la sciatique, etc., sont infailliblement guéries par l'usage des Baignoires et Etuves vaporeuses de nouvelle invention, qui se tiennent au jardin medecinal de Pincourt entre la pointe Saint-Loüis et la porte Saint-Antoine.

« C'est une sorte de machine dans laquelle on est baigné sans être dans l'eau, et en laquelle on sue aussi abondamment que l'on veut sans être à sec, *ce qui fait que son usage ne cause, ni la constipation du ventre et la faiblesse de la poitrine comme les bains ordinaires*, ni les évanouissements, la chaleur intérieure, et la difficulté de respirer, qui sont les suites ordinaires des étuves échauffées par le feu de bois ou d'esprit de vin. »

Au milieu du dix-huitième siècle, l'industrie des bains était à peu près dans le même état. Voici ce que je lis dans le *Journal du Citoyen*, publié à la Haie en 1754, page 186.

« Il n'y a point à Paris, comme il y avait à Rome, de maisons publiques, faites particulièrement pour les bains, autres que celles des baigneurs étuvistes, chez lesquels on se baigne séparément et commodément pour la propreté et la santé, et qui prennent en pension les personnes qui s'y veulent baigner. Ces baigneurs sont :

« *Madame Buttay*, baigneuse pour les dames, rue Montmartre. *On paye 12 liv. et 6 liv. quand on prend les bains de suite.*

« *Sylvain*, rue Saint-Anne; *Gagne* et *L'Étourneau*, rue de Ri-

[1] *Le Livre commode*, contenant les adresses de la ville de Paris pour l'année bissextile 1692, page 54. Cet opuscule, qui valait bien 30 ou 40 sols en 1692, se vend aujourd'hui 1000 francs.

chelieu, etc.; *Girard*, rue de l'Université; *Perry*, rue Jacob; *Reingard*, rue Guenegaut; *Benizy*, rue du Sépulcre; *la veuve Reingard*, rue Saint-Antoine, etc.

« Les personnes de la première considération et les riches ont dans leurs palais et maisons des appartements de Bains, où tout ce qui peut convenir est réuni; et ceux à qui les facultés ne permettent pas ces somptuosités, ont chez eux des Baignoires de cuivre étamé, enfermées dans des sophas, canapés et autres ameublements; ces baignoires sont si artistement composées, qu'elles servent d'ornement dans les appartements.... Lorsqu'on ne peut avoir de ces dernières, et que *la santé exige le bain*, on loue des baignoires de cuivre chez les Chaudronniers, moyennant 25 sols par jour et 18 liv. par mois, ou des baignoires de douves reliées chez les Tonneliers, moyennant 8 sols par jour et 10 liv. par mois. »

Les baigneurs formaient une corporation sous le nom de *barbiers-étuvistes*. Le maître de l'établissement s'appelait spécialement *le baigneur* et tenait son privilége du roi ou d'un des officiers de sa maison [1].

Les barbiers étuvistes étaient très-mal famés; on lit dans le livre des arts et mestiers d'Étienne Boileau, rédigé au treizième siècle : « que nul ne nule dudit mestier ne soustiengne en leurs mesons ou estuves bordiaus de jour ne de nuict... reveur (coureur) ne autres gens diffamez de nuict. » Les publications des dix-septième et dix-huitième siècles se taisent sur ce point délicat; on comprend sans peine pourquoi : on ne touche pas volontiers à une de ces industries décriées; tout le monde la connaît, quelques-uns la font vivre, personne n'en parle. Les écrivains modernes ont été moins réservés. Voici ce qu'en dit M. Walckenaer dans les mémoires touchant Mme de Sévigné :

« Voulait-on disparaître un instant du monde, fuir les importuns et les ennuyeux, échapper à l'œil curieux de ses gens; on

[1] Voy. l'art. *Baigneur*, Dictionnaire des institutions de la France, par A. Chéruel.

allait chez le baigneur; on s'y trouvait chez soi, on était servi, choyé; on s'y procurait toutes les jouissances qui caractérisent le luxe ou la dépravation d'une grande ville. Le maître de l'établissement et tous ceux qui étaient sous ses ordres, devinaient à vos gestes, à vos regards, si vous vouliez garder l'incognito; et tous ceux qui vous servaient et dont vous étiez le mieux connu paraissaient ignorer jusqu'à votre nom. »

L'usage des bains chauds était fort peu répandu, même dans la classe riche. Si Henri IV était affecté d'une odeur de *gousset* dont il plaisantait lui-même, si madame la princesse[1] avait, suivant Saint-Simon, un gousset fin qui se faisait suivre à la piste, il est permis de croire que cela tenait à ce que nos rois eux-mêmes n'abusaient pas des bains.

Les gens du peuple ne pouvant payer un bain 6 et 12 livres, ni louer des baignoires à 25 sols, ni même à 8 sols par jour, devaient se contenter des bains de rivière; d'après le *Journal du Citoyen* dont j'ai déjà cité quelques passages, ces bains étaient disposés autour d'un bateau couvert d'une banne[2], près duquel étaient plantés une vingtaine de pieux dans une enceinte de 12 toises de long sur 2 de large, fermée de planches et aussi couverte d'une banne : on y descendait par une échelle. Il en coûtait trois sols pour se baigner ainsi en commun. On y fournissait des serviettes à raison d'un sol et, dans les bains de femmes, des chemises à raison de trois sols. Il fallait avoir l'attention d'y faire garder ses habits.

Ces bains en commun ne convenaient guère aux gens riches. Au port Saint-Paul, au Mail, à la Rapée, au port de la Tournelle, à celui de l'Hôpital, au quai du Louvre et à la Grenouillère, les bateliers choisissaient les endroits les plus commodes pour y planter quatre pieux qu'ils couvraient d'une toile. Au milieu de cette

[1] Anne de Bavière, bru du grand Condé.

[2] Suivant Littré, *banne* est le mot propre pour désigner la toile grossière dont on se sert pour préserver du soleil et de la pluie les passagers ou les marchandises d'un bateau.

espèce de cabane ils plantaient un autre pieu pour se tenir au-dessus de l'eau. Ces cabanes, où les baigneurs descendaient par une échelle, portaient le nom de Gore. Les dames s'y faisaient descendre sûrement, commodément et secrètement par les femmes des mariniers à raison de 24 à 30 sols par heure. On prenait aussi des bains en pleine eau, en se faisant accompagner d'un batelet couvert d'une banne.

Cela ne ressemblait guère à nos écoles de natation si commodes et si agréables et explique pourquoi nos ancêtres faisaient un si rare usage des bains.

A l'époque où disparaissait la dernière concession qui ait été rachetée, celle de Jean Beausire, c'est-à-dire en 1863, et la dernière concession gracieuse qui ait été supprimée, celle de messire Hiérosme Bignon (en 1868), il ne restait rien des anciennes eaux. Les aqueducs du Pré-Saint-Gervais et de Belleville versaient déjà leurs eaux dans les égouts ; les machines de la Samaritaine et du Pont Notre-Dame étaient démolies ; les pompes à feu des frères Périer avaient cédé leurs places à des machines plus puissantes ; les fontaines de puisage disparaissaient l'une après l'autre à chaque percement de rue ; sous la pression des locataires, les propriétaires s'habituaient peu à peu aux abonnements d'appartements, au grand détriment des porteurs d'eau.

L'eau de la ville, réservée autrefois pour les hôtels des riches et qui, dans la maison du petit bourgeois et de l'ouvrier, se distribuait si parcimonieusement qu'elle suffisait à peine à la boisson et aux besoins domestiques les plus impérieux, se répandait, depuis 1830, dans les ruisseaux des rues, lavait les égouts, alimentait des établissements de bains, chose presque inconnue à Paris au dix-huitième siècle, des lavoirs publics, et une multitude d'établissements industriels, les chemins de fer notamment. Elle entrait à flots et à peu de frais dans les maisons particulières.

En un mot, tout était changé : aqueducs, machines, usages de l'eau.

L'aqueduc d'Arcueil seul est resté avec l'affectation primitive de ses eaux, qui alimentent surtout les jardins de Marie de Médicis et les fontaines du palais du Luxembourg.

C'est donc bien vers 1868 que se termine l'histoire des anciennes eaux de Paris. Celle des eaux nouvelles commence avec le siècle ; l'espace de temps compris entre ces deux dates doit être considéré comme une époque de transition dont j'ai esquissé rapidement les principaux traits pour ne plus revenir sur l'emploi qu'on faisait encore des eaux anciennes.

# EXPLICATION DES PLANCHES

## DE L'ATLAS

---

PLANCHE I. — *Carte générale comprenant :*

1° *Les anciennes enceintes de Paris ;*

2° *L'aqueduc romain de Chaillot*, chap. II, de la page 25 à la page 32 du texte ;

3° *L'aqueduc romain d'Arcueil*, chap. III et IV, de la page 33 à la page 82 ;

4° *L'aqueduc du Pré-Saint-Gervais et de Belleville*, chap. V et VI, de la page 82 à la page 146 ;

5° *L'aqueduc d'Arcueil*, chap. VII, VIII et IX, de la page 147 à la page 213 ;

6° *La distribution des anciennes eaux de Paris*, avec la position des fontaines et regards;

7° L'arrivée à Paris *du canal de l'Ourcq ;*

8° — *de l'aqueduc de la Dhuis ;*

9° — *de l'aqueduc de la Vanne ;*

10° *L'aqueduc de ceinture ;*

11° Les conduites *de refoulement des machines et les réservoirs ;*

12° *La distribution d'eau des bois de Boulogne et de Vincennes.*

Les ouvrages modernes tels que le canal de l'Ourcq, les aqueducs de la Dhuis et de la Vanne, etc., seront décrits dans le volume suivant.

Je n'ai rien à ajouter ici à ce que j'ai dit, dans le texte, des anciens aqueducs et des machines de la Samaritaine et du pont Notre-Dame.

Il me reste donc à décrire l'ancienne canalisation.

*Ancienne canalisation.* — Nos conduites de distribution modernes sont sans solution de continuité depuis leur origine dans le réservoir, jusqu'à un point quelconque du réseau; l'eau dans ces conduites conserve donc toute la pression due à l'altitude du réservoir, déduction faite des pertes de charge produites par les frottements, ce qui facilite beaucoup la distribution.

Les anciennes conduites n'étaient pas disposées ainsi; elles déversaient toute l'eau qu'elles portaient dans la cuvette de chaque regard qu'elles traversaient; la charge de l'eau à la sortie d'un regard se trouvait ainsi réduite à la différence de niveau du trop plein de la cuvette et du sol de la rue.

Les regards de distribution n'avaient donc aucune analogie avec les puisards qui portent aussi ce nom, qui, enfouis sous le pavé des rues, permettent de visiter les aqueducs et les parties délicates de la canalisation, notamment les robinets d'arrêt : dans l'intérieur de la ville, ces édifices formaient saillie au-dessus du pavé des rues. Plus tard on compléta la cuvette par ce que les Romains appelaient un château d'eau (castellum), en disposant sur le même plan horizontal les bassinets d'où partaient les conduites des usagers. J'ai fait la description complète du château d'eau de la fontaine de l'Arbre-Sec[1]. Je n'ai rien à ajouter à ce que j'en ai dit; le tableau qui se trouve au bas de la page 530 fait voir que ce château d'eau, outre la fontaine de l'Arbre-Sec et les conduites de onze concessionnaires, alimentait *trois regards*

[1] Voy. pages 529 et suivantes.

*publics*, ceux de la place des Victoires, du Palais-Royal et de la Grande-Écurie. C'était à la fois, pour me servir de l'expression romaine, un château d'eau public et un château d'eau privé.

Chaque regard tirait donc son eau d'un autre regard du voisinage. Il y avait une expression consacrée pour cela ; dans le tableau de répartition des eaux qu'on trouve dans les registres de la ville, on lit par exemple : « Fontaine de la Reyne qui se prend à la fontaine Saint-Innocent[1]. » Ce qui veut dire que la fontaine de la Reine tirait son eau du regard de la fontaine Saint-Innocent.

Un très-petit nombre de fontaines ou regards s'alimentaient directement sur la conduite publique. L'expression consacrée est alors « qui prend son eau sur le tuyau passant ».

On peut donc, au moyen des tableaux de répartition des eaux donnés dans le texte, déterminer la disposition des conduites et la direction dans laquelle marchait l'eau d'un regard à l'autre. Les conduites étant coupées à chaque regard, cette direction de l'eau était invariable.

Cette explication était nécessaire pour l'intelligence de la description suivante de l'ancienne canalisation de Paris, que j'ai faite au moyen du partage des eaux du 22 mai 1669 et du 2 juin 1673[2].

Le numéro qui, dans cette description, suit chaque nom de regard est celui qui désigne cet ouvrage sur la carte. On peut donc, au moyen de ces numéros, suivre le tracé des conduites et se rendre compte des regards et fontaines qu'elles alimentaient.

J'ai conduit, dans le texte, l'eau du Pré-Saint-Gervais jusqu'au prieuré de Saint-Lazare, faubourg Saint-Denis, l'eau de Belleville jusqu'à l'entrée de la rue des Filles-du-Calvaire et celle d'Arcueil

[1] « Estat général de la distribution, etc. » 2 juin 1693, page 563.

[2] C'est encore un point à noter, car il n'en est pas ainsi dans nos distributions modernes : les conduites d'un réseau de distribution étant toutes reliées les unes aux autres, sans solution de continuité, l'eau y coule tantôt dans un sens tantôt en sens contraire, suivant que les pertes de charges augmentent ou diminuent dans telle ou telle partie du réseau.

jusqu'au château d'eau de l'Observatoire; c'est à partir de ces trois points que je vais décrire l'ancienne canalisation.

*Eau du Pré-Saint-Gervais.* — Au partage du 22 mai 1669 cette eau alimentait encore toutes les fontaines situées à l'ouest de la rue Saint-Martin, sauf celle du Trahoir

Le premier regard, celui de la porte Saint-Denis, se prenait à la fontaine Saint-Lazare. Les fontaines de la rue Saint-Denis, du Ponceau (63), de la Reine ou Grenetat (64), des Innocents (59), tiraient leur eau du regard Saint-Denis, soit par une conduite unique, déversant ses eaux successivement dans chaque château d'eau, soit plus probablement, en raison du peu de pente de la rue Saint-Denis, par autant de conduites qu'il y avait de fontaines. Les fontaines de la Halle (58), de Saint-Leu (62), de l'apport de Paris (du Châtelet 60), se prenaient à la fontaine des Innocents par trois conduites séparées; l'ancienne fontaine du Palais au regard de l'apport de Paris, et le regard de l'hôtel de Soissons à la fontaine de la Halle.

D'après le partage du 2 juin 1673, l'eau du Pré, à partir du regard de la porte Saint-Denis, alimentait la fontaine des Petits-Pères (50), qui se prenait au regard de la porte Saint-Denis par une conduite suivant la rue de Cléry.

La fontaine des Petits-Carreaux se prenait sur le « thuyau passant », c'est-à-dire sur cette conduite de la rue de Cléry. Après avoir alimenté la fontaine des Petits-Pères, cette conduite se prolongeait jusqu'au regard de l'hôtel Mazarin, au coin des rues Vivienne et Neuve-des-Petits-Champs, où elle laissait trente-six lignes d'eau pour cet hôtel et dix-huit lignes pour « monsieur Colbert; » elle se terminait au palais du cardinal de Richelieu où elle versait cent soixante lignes d'eau avant la mort du cardinal, mais où elle ne versait plus rien en 1669 et 1673.

*Eau de Belleville.* Cette eau était conduite dans le regard du Calvaire; elle alimentait en 1669 et 1673 la fontaine Saint-

Louis (79) et le regard de l'Égout, près de la fontaine de l'Echaudé (70). Les regards des Blancs-Manteaux (rue Vieille-du-Temple, 74) et des Haudriettes (71) se prenaient au regard de l'Égout par deux conduites spéciales. La fontaine de Paradis (regard Soubise, 73) et la fontaine de Sainte-Avoye (72) se prenaient à la fontaine des Haudriettes, également par deux conduites séparées.

En 1669, l'eau de Belleville alimentait, en outre, les fontaines Maubuée (61) qui tirait son eau du regard Sainte-Avoye, et Saint-Julien des Menestriers qui se prenait à la fontaine Maubuée.

Plus tard, la fontaine Boucherat (68) tirait son eau du regard de l'Échaudé, et le regard des Enfants-Rouges (69), de la fontaine des Haudriettes par des conduites spéciales.

*Eau d'Arcueil. Partage des eaux de* 1669, *avant la construction des pompes Notre-Dame.*—Du regard du château d'eau (116), partaient deux conduites, l'une de $0^{m},250$, l'autre de $0^{m},216$ qui, suivant la rue d'Enfer, aboutissaient au regard de la porte Saint-Michel (109); une troisième conduite qui se détachait du même château d'eau, suivait la rue du Val-de-Grâce et alimentait un regard qui devint bientôt fort important, celui de Notre-Dame-des-Champs ou des Carmélites (117). Cinq concessions restaient directement branchées sur les tuyaux passants de la rue d'Enfer.

Du regard de la porte Saint-Michel partaient cinq conduites qui alimentaient les fontaines suivantes :

- Fontaine Saint-Benoît (fontaine Cambrai, 125).
- Fontaine Saint-Côme (108), rue des Cordeliers, aujourd'hui rue de l'École-de-Médecine.
- Fontaine Sainte-Geneviève (124), en face l'École polytechnique.
- Fontaine Saint-Séverin (127).
- Fontaine de la Porte-Saint-Germain (des Cordeliers, 103).

La fontaine de la Grève se prenait sur le tuyau passant sur le Petit-Pont et le pont Notre-Dame[1]. Ce tuyau alimentait probable-

[1] Voy. page 518.

ment la fontaine de l'apport Baudoyer (75), dont le regard fournissait l'eau nécessaire à la fontaine de Birague.

Je ne vois pas nettement comment étaient alimentées les fontaines de la place Maubert (126), du parvis Notre-Dame (128), de la cour du Palais (la Sainte-Chapelle 102), des Grands-Augustins; il est certain que ces fontaines recevaient l'eau d'Arcueil dans l'origine.

Après la construction des pompes Notre-Dame, les fontaines suivantes cessèrent d'être alimentées par les eaux d'Arcueil : fontaines de la cour du Palais, du parvis Notre-Dame, Saint-Séverin, de la place Maubert, des Cordeliers, de la Grève, de l'apport Baudoyer, de Birague. Cette économie d'eau permit de construire les fontaines et regards suivants : regard de la Providence (118, vis-à-vis l'École Normale), qui se prenait au faubourg Saint-Jacques, dans le regard des Carmélites, par une conduite suivant à peu près le tracé actuel de la rue des Feuillantines; la fontaine du Pot-de-Fer (119) ou Saint-Marcel, qui tirait son eau du regard de la Providence; la fontaine Saint-Victor (122) qui se prenait à la fontaine du Pot-de-Fer.

De la fontaine Saint-Michel se détacha une sixième conduite qui alimenta la fontaine de la Charité ou Taranne (98) et, en passant, la fontaine du Petit-Marché-Saint-Germain.

Plus tard, une septième conduite fut dirigée du même regard Saint-Michel au regard du petit Luxembourg (106) et à la fontaine Garancière (107).

Vers la même époque on construisit rue d'Enfer le regard de la Demi-Lune (114), qui reçut une partie des eaux d'Arcueil pour alimenter les nombreuses maisons religieuses du quartier, les Feuillants, les Chartreux, St-Magloire, etc.

*Eau montée par les pompes du pont Notre-Dame, dans la cité et sur la rive gauche.* — Un regard construit sur le Petit-Pont tirait son eau directement de la tour des pompes du pont Notre-Dame. Il alimentait, par trois tuyaux différents, la fontaine du

Parvis-Notre-Dame (128), la fontaine du Palais ou de la Sainte-Chapelle (102), et la fontaine de la porte Saint-Germain (des Cordeliers, 103). La fontaine du marché Saint-Germain s'alimentait directement sur la conduite publique. Il en était de même de la fontaine Saint-Séverin (127); ce dernier regard fournissait, par une conduite spéciale, l'eau nécessaire à la fontaine de la place Maubert (126). La fontaine Taranne (98) était alimentée partie en eau d'Arcueil qu'elle tirait, comme je viens de le dire, du regard Saint-Michel, et partie en eau de Seine, que lui fournissait le regard des Cordeliers.

*Sur la rive droite.*— Le regard de l'apport de Paris (place du Châtelet) s'alimentait directement à la tour des pompes Notre-Dame.

Il fournissait l'eau nécessaire au grand regard des Innocents (59) qui, par deux conduites différentes, alimentait les fontaines de la Reyne (64) et des Halles; le regard de l'hôtel de Soissons se prenait sur cette dernière.

La fontaine du Coin-de-Rome, sise à l'extrémité de la rue au Maire, tirait son eau de la fontaine de la Reine. Il en était de même de la fontaine Saint-Leu (62); la fontaine Maubuée s'alimentait dans un regard dont je n'ai pu trouver trace, celui de la fontaine Saint-Servant.

La fontaine de l'apport Baudoyer, remplacée plus tard par la fontaine Saint-Jean (75), se prenait à la tour des pompes Notre-Dame par une conduite qui alimentait en passant la fontaine de Grève. La fontaine de Birague (81) se prenait au regard de l'apport Baudoyer, et alimentait par deux conduites spéciales le regard Lesdiguières (85) et la fontaine de la Bastille (aujourd'hui des Tournelles, 84).

*Eaux du roi.* — *La Samaritaine* envoyait directement l'eau qu'elle montait au jardin des Tuileries [1], par une conduite spéciale suivant le quai; une autre conduite alimentait au besoin le

[1] Voy. page 232.

regard de la Croix-du-Trahoir (fontaine de l'Arbre-Sec, 56), sise à l'angle des rues Saint-Honoré et de l'Arbre-Sec.

*Les eaux d'Arcueil* que le roi s'était réservées dans les partages de 1634 et 1656, et deux pouces cent huit lignes des eaux concédées à Bocquet, se rendaient aussi au regard de la rue de l'Arbre-Sec par une conduite spéciale dont le tracé n'est pas bien connu. De là les eaux de Bocquet se dirigeaient vers le regard des Victoires (51), et celles du roi vers les regards de la Grande-Écurie et du Palais-Royal (54), par trois conduites séparées.

Les conduites qui reliaient ainsi les uns aux autres les regards et les fontaines étaient généralement en plomb ; cependant on a trouvé sous les conduites en plomb de la rue d'Enfer des conduites en poterie de même diamètre entièrement remplies d'un dépôt de carbonate de chaux. Les conduites de fonte étaient plus rares encore. J'ai vu des conduites en fonte à brides carrées qui paraissent remonter au temps de Louis XIV, avant les frères Péruès, le diamètre des conduites ne dépassait pas 0$^{m}$,250.

Planche II. — *Aqueduc romain d'Arcueil. — Profil des rigoles secondaires* :

1° Aqueduc concédé par Louis XIII au maréchal d'Effiat, pages 48 et suiv. du texte ;

2° Grande rigole de Wissous, pages 54 et suiv. du texte ;

3° Petite rigole de Wissous, pages 56 et suiv. du texte ;

4° Rigole de Rungis, pages 58 et suiv. du texte.

Planche III. — *Aqueduc romain d'Arcueil. — Aqueduc de Marie de Médicis :*

1° Profil de l'aqueduc romain, pages 71 et suiv. du texte ;

2° Profil de l'aqueduc de Marie de Médicis, pages 197 et suiv. du texte.

Planche IV. — *Indication des regards des aqueducs du Pré-Saint-Gervais et de Belleville.*

*Regard de l'aqueduc du Pré-Saint-Gervais.*

1 Regard du Vieux-Cacheloup.
2 Regard du Nouveau-Cacheloup.
3 Fontaine du Trou-Carré.
4 Regard des Bruyères.
5 Fontaine Saint-Pierre.
6 Regard du Trou-Morin.
7 Regard des Marchais.
8 Regard des Moussins (Mors-Saincts).
9 Regard de Bernage.
10 Regard de la Ruelle-des-Bois.
11 Regard du Pont-Carré.
13 Regard de la prise des eaux du Pré.
14 Regard des Chauves-Souris.
15 Regard des Noyers.
16 Regard des Jardins.
17 Regard Basancourt.
18 Regard Sainte-Périne.

*Regard de l'aqueduc de Belleville.*

22 Regard de la Lanterne.
23 Regard Beaufils.
24 Regard des Cascades.
26 Regard de la Planchette.
27 Reg. de la prise des eaux de Belleville.
28 Regard des Messiers.
29 Regard de la Roquette.
30 Regard des Petites-Rigolles.
31 Regard Saint-Martin (ancien).
32 Regard des Grandes-Rigolles.
33 Regard des Envierges.
34 Regard des Blancs-Bardoux (Blanche-Bardou).
35 Regard du Chaudron.
36 Regard Lecouteux.
37 Regard des Marais.
38 Regard des Saussayes.
39 Regard Décadaire.

## PLANCHES V ET VI. — *Regards de l'aqueduc d'Arcueil.*

A Puits de Paray.
B Fontaine du village de Rungis.
C Regard de la Pirouette, à Rungis.
D Regard des Sources.
1 Regard Royal de Rungis.
  *a* Canal de l'Église.
  *b* Canal de Paray.
  *c* Canal du Carré.
  *d* Tuyau de superficie.
  *e* Bonde de fond.
2 Regard.
3 Regard de Fresnes,
5 Regard.
6 Regard.
7 Regard avant l'Hay.
8 Regard dans l'Hay.
9 Regard après l'Hay.
10 Regard entre l'Hay et Arcueil.
11 Regard entre l'Hay et Arcueil.
12 Regard près d'Arcueil.
13 Regard en amont du pont-aqueduc.
14 Regard en aval du pont-aqueduc.
15 Regard dans Arcueil.
16 Idem.
17 Regard après Arcueil.
18 Idem.
19 Regard sur le territoire de Gentilly.
20 Regard de Gentilly.
21 Regard près le chemin d'Arcueil.
22 Regard.
23 Regard de la ferme de la Santé.
24 Regard à Montsouris.
25 Regard derrière l'hospice de Montrouge.
26 Regard dans Paris.
27 Château d'eau de l'Observatoire.

*Fontaines publiques.* — Les 14 planches de l'atlas du n° 7 au n° 20 inclusivement, représentent 22 des anciennes fontaines qui sont encore en activité. Je n'ai pas cru devoir donner l'image des 13 fontaines suivantes :

| | | | |
|---|---|---|---|
| Fontaine | Sainte-Avoye. | Fontaine | Trogneux. |
| — | Sainte-Geneviève. | — | de la Petite-Halle. |
| — | du Parvis-Notre-Dame. | — | de la Roquette. |
| — | des Tournelles. | — | Saint-Benoît. |
| — | Saint-Louis. | — | des Carmélites. |
| — | Colbert. | — | Saint-Séverin. |
| — | Garancière. | | |

Cinq de ces fontaines sont de simples bornes-fontaines à repoussoir ; la décoration des sept autres est dépourvue de tout mérite.

Je dois faire remarquer qu'en général, depuis le rachat des concessions, il n'était nullement nécessaire de construire des châteaux d'eau au-dessus des fontaines ; toutes celles qui ont été construites depuis 1837, ne devraient donc faire qu'une très-petite saillie au-dessus du sol, juste ce qu'il faudrait pour placer un seau, c'est-à-dire être réduites à la hauteur d'une borne-fontaine. Les fontaines Saint-Louis, de Charlemagne, de la Roquette, de Charenton, construites depuis 1837, sont donc de véritables hors-d'œuvre que rien ne justifie. Il va sans dire que cette observation ne s'applique pas aux fontaines qui ont un caractère monumental, qui sont de véritables œuvres d'art, telles que les fontaines des Innocents, Gaillon, Molière, Cuvier, etc.

Plusieurs des fontaines restées debout portent encore la plaque de pierre de taille sur laquelle était scellée la table en marbre noir où étaient gravées et dorées des inscriptions analogues à celles des pages 607, 611 du texte. On voit très-nettement sur les héliogravures celles des fontaines du Pot-de-Fer, Boucherat, de l'Échaudé, Maubuée, du Vert-Bois, des Haudriettes, et de Jarente. Ces deux dernières ayant été reconstruites en 1775 et 1783, il est évident que cette mode a persisté jusqu'à la Révolution et même au delà, puisqu'on lit une inscription sur la table de marbre noir de la fontaine de la Halle-au-Blé construite en 1812. J'ai donné celles qui sont encore gravées :

| | |
|---|---|
| A la fontaine du Pré-Saint-Gervais. . . . . . . . . . . . | 1646 |
| Au regard de Soubise, Archives.. . . . . . . . . . . . . . | 1706 |
| A la fontaine de Grenelle. . . . . . . . . . . . . . . . . | 1739 |

Planches VII et VIII, *fontaine des Innocents.* — Pages 460, 475 et 607 du texte. Cette fontaine existait certainement en 1274 et probablement en 1265. Elle a été construite par saint Louis. Il ne reste rien de cet ancien édifice ; nous savons seulement qu'il était alors à l'angle des rues aux Fers et Saint-Denis où il a été reconstruit vers 1550 et décoré par Jean Goujon. La fontaine avait une façade dans l'alignement de chaque rue. La plus petite, celle de la rue Saint-Denis, était supportée par une arcade. Deux arcades semblables soutenaient la façade de la rue aux Fers. Les figures en demi-ronde bosse de Jean Goujon étaient disposées de chaque côté de ces arcades ; il y en avait donc cinq, deux sur la façade de la rue Saint-Denis, trois sur celle de la rue aux Fers ; un grand panneau en pierre avec figures en demi-ronde bosse était disposé sous chaque arcade ; un bas-relief non moins important s'étendait au-dessus de chaque voûte.

Vers 1788, lorsqu'on supprima le cimetière des Innocents, M. Six, architecte, adressa à M. de Breteuil, alors ministre, un mémoire où il exprimait l'avis que la fontaine devait être transférée au centre de la place substituée an charnier. Cette idée fut tellement goûtée que M. Six reçut une récompense et que la fontaine fut reconstruite sur un plan nouveau dans son emplacement actuel. Les travaux furent dirigés par MM. Legrand et Molinos, architectes des monuments historiques[1].

On y transporta les sculptures de Jean Goujon, en les plaçant comme dans l'ancienne fontaine. Il suffit de jeter les yeux sur la photogravure de la planche VII pour reconnaître qu'il fallait

[1] M. Amaury Duval.

quatre panneaux verticaux et huit horizontaux, et Jean Goujon n'en avait fait que cinq et trois de chaque sorte. Un sculpteur habile, M. Pajou, fut chargé de la décoration complémentaire. C'était une rude tâche : on n'imite pas les chefs-d'œuvre de grâce et de naïveté de La Fontaine, du Corrège et de Jean Goujon.

On peut dire, à l'honneur de l'artiste, qu'il s'en est tiré aussi bien que possible.

Jean Goujon avait choisi cette excellente pierre demi-dure de Paris, connue sous le nom de *Banc-Royal*, qui est inaltérable lorsqu'on l'emploie dans un lieu sec, à l'abri des atteintes des passants. On constata que ces chefs-d'œuvre si fragiles avaient été transportés et remis en place sans avaries. Mais dans son emplacement nouveau, la fontaine était plus accessible, moins facile à surveiller que dans l'ancien, et la buée qui se produit, comme chacun sait, au-dessus de toute chute d'eau, en baignait continuellement les parois.

Un rapport de l'inspecteur général de la voirie du 11 frimaire an IV (1796) fait savoir au ministre « que la fontaine des Innocents dont la sculpture est due au célèbre Jean Goujon est sur le point d'être dégradée par les enfants qui... finissent par parvenir dans la partie supérieure de cette fontaine où l'on observe que les figures des bas-reliefs sont dégradées avec des couteaux ». Quatre mois après le ministre autorisa la pose d'une barrière, puis d'une grille.

Les photogravures VII et VIII reproduisent fidèlement, sur chaque figure, les nombreuses maculations dues à l'action de la poussière et de l'humidité, et les érosions produites par la buée ; heureusement, jusqu'ici, ces dégradations sont peu profondes.

MM. Legrand et Molinos laissaient tomber l'eau de chaque arcade dans une vasque construite au-dessous. Dans la dernière restauration, pour donner plus de relief à la fontaine, on a fait épanouir l'eau en lames minces sur les bords de six bassins disposés en gradins ; elle arrive ainsi dans un septième bassin situé au niveau des allées d'un square qui aujourd'hui entoure la fontaine. Ces travaux ont été terminés en avril 1860 par M. l'architecte Davioud, sous la direction de M. l'ingénieur en chef Alphand.

Les grands bas-reliefs posés sous les arcades de la fontaine de MM. Legrand et Molinos étaient baignés par les lames d'eau qui tombaient dans les vasques. On reconnut qu'ils se dégradaient rapidement et on prit parti de les démonter et de les transporter dans une des salles du Louvre. Cette sage mesure aurait dû être appliquée à l'œuvre entière de Jean Goujon. Je sais que ce projet fut discuté à la dernière restauration; chaque pièce de la fontaine devait être remplacée par une copie. Une malheureuse question de propriété fit échouer cette proposition. Ces belles sculptures restent donc exposées à l'action destructive de l'air humide. On a, dit-on, durci la pierre en la silicatisant; si cela est vrai, il a fallu enlever les lichens, les mousses, et gratter les sculptures jusqu'au vif. Paris est peut-être la seule ville du monde où les travaux de ce genre se fassent avec adresse; mais, quelque habile que soit l'ouvrier, son grattoir enlève toujours quelque chose : les nez, les lèvres et les paupières s'amincissent; les figures perdent la jeunesse et la grâce de leurs contours, les draperies leur ampleur; cela est inévitable et très-regrettable.

J'ai examiné avec beaucoup d'attention les trois bas-reliefs transportés au Louvre; d'après le livret, ils seraient en pierre de liais; cela me paraît douteux : le grain du calcaire est trop grossier. Il semble que ces sculptures aient été grattées, car on n'y voit aucune trace des maculations produites par un long contact de l'eau, ni des érosions qui ont décidé l'administration à transporter ces belles pièces au Louvre.

La planche VII représente la fontaine dans son emplacement actuel, et les deux figures en demi-ronde bosse qui décoraient autrefois la façade de la rue Saint-Denis, et qui se trouvent encore en face de cette rue. La figure de droite était à l'angle de la rue aux Fers; les trois autres figures sculptées par Jean Goujon et une de celles dues à Pajou sont représentées sur la planche VIII; la figure n° 1 était à l'angle de la rue Saint-Denis; la figure n° 2 était entre les deux arcades.

C'est à la fontaine des Innocents que les eaux du canal de l'Ourcq se montrèrent pour la première fois aux yeux des Parisiens. La Beuvronne, un des affluents de ce canal, fut introduite le 2 décembre 1808 dans le bassin de la Villette, et ses eaux coulèrent à la fontaine le 15 août 1809.

Planches IX et X. — *Fontaine de Médicis, jardin du Luxembourg.* — La fontaine primitive, érigée sur le dessin de Jacques Desbrosses, architecte de Marie de Médicis, est aussi ancienne que le palais lui-même; dans l'origine, elle n'avait d'autre ornement que les congélations et les niches qu'on voit sur la planche IX; la statue de Vénus qui s'élève au-dessus de la chute d'eau a été ajoutée depuis par M. de Gisors, l'ancien architecte du palais. La statue colossale de fleuve est due à François-Joseph Duret, grand-père de M. Duret, membre de l'Institut, auteur de la belle statue en bronze de la fontaine Saint-Michel, et celle de la naïade à Claude Ramey; et comme le premier de ces deux artistes est né à Valenciennes en 1728 et le second à Dijon en 1754, il paraît certain que ces deux figures n'ont été ajoutées à la fontaine que vers la fin du dix-huitième siècle.

Lorsqu'on ouvrit la rue de Médicis sur le terrain du Luxembourg, il fallut déplacer la fontaine pour la conserver dans les jardins. On y fit des modifications assez importantes : on y ajouta les deux statues des niches latérales, la statue colossale en bronze de Polyphème, et par-dessous le joli groupe d'Acis et Galathée. Les armes des Bourbons et des Médicis ont été sculptées entre les deux statues colossales. Malheureusement, les armes des Médicis sont à gauche du spectateur et celles des Bourbons à droite, ce qui est contraire à la règle. On croirait, d'après cette disposition, que c'est un prince de Médicis qui a épousé une princesse de Bourbon.

Cette fontaine, transportée à l'extrémité du bassin des Platanes, est du plus charmant effet, quoique ce bassin ait été un peu raccourci par l'ouverture de la rue. La jolie photogravure de la planche X en donne une idée très-nette.

C'est à M. de Gisors qu'on doit cette belle restauration qui remonte à 1864. Le groupe de Polyphème et celui d'Acis et Galathée et, je le crois, les deux statues des niches sont dus à M. Ottin.

Planche XI. — Les trois fontaines qui figurent sur cette planche ont été construites dans le dix-septième siècle, sur les projets des maîtres des œuvres de la Ville, Michel Noblet et Jean Beausire; celle de l'Échaudé, vers la fin de ce siècle; celle du Pot-de-Fer, en vertu de l'arrêt du Conseil du 22 avril 1671; la fontaine Boucherat a été terminée le 25 mai 1698.

Elles donnent une idée très-nette de cette architecture bourgeoise du Bureau de la Ville, qui n'accordait rien au luxe, mais faisait solidement tout ce qui était nécessaire.

*Fontaine de l'Échaudé.* — Sise à l'angle des rues Vieilles-du-Temple et de Poitou. Je n'ai rien à ajouter à ce que j'ai dit de cette modeste fontaine pages 519, 568 et 618 du texte.

*Fontaine du Pot-de-Fer.* — Sise à l'angle des rues Mouffetard et du Pot-de-Fer. Voyez ce que je dis de cette fontaine pages 498-576 du texte.

*Fontaine Boucherat.* — Sise au carrefour des rues de Turenne et Charlot. Voyez page 584 du texte.

Planche XII. — *Fontaine de l'Arbre-Sec,* autrefois *fontaine de la Croix du Tirouer ou du Trahoir,* sise au coin des rues Saint-Honoré et de l'Arbre-Sec. Construite par François Ier en 1529; reconstruite avec château d'eau en 1636 dans son emplacement actuel, puis enfin par Soufflot en 1775 ; avant 1792, elle était spécialement affectée à la distribution des eaux du Roi. Quoique simplement ornée de congélation, cette fontaine ne manque pas d'élégance et serait très-remarquée si elle n'était accolée à des bâtisses beaucoup trop élevées dont les tuyaux de cheminée la déparent absolument. La statue de la façade, rue Saint-Honoré, est fort jolie. (Voyez pages 471 et 529 du texte.)

Même planche. — *Fontaine de Jarente* ou *de la Poissonnerie*, page 105 du texte, sise au fond de l'impasse de ce nom, construite, suivant les traditions du service, vers 1700, reconstruite en 1783 par Caron en même temps que le marché Sainte-Catherine. Quoique très-simple, cet édifice est élégant et produirait un bon effet s'il n'était situé au fond de l'impasse fort malpropre de la Poissonnerie et adossé à des édifices d'une grande hauteur et très-mal tenus.

Même planche. — *Fontaine des Haudriettes*, pages 568 et 618 du texte, située à l'angle des rues des Vieilles-Haudriettes et du Chaume, existait en 1636 probablement, et certainement en 1656, puisqu'elle figure sur la carte de Gomboust. Reconstruite vers 1770 ou 1775 sous la direction de Moreau, maître général, contrôleur, inspecteur des bâtiments de la Ville, etc. L'observation faite au sujet des deux précédentes est applicable à cette fontaine. Quoique fort simple, elle ne manque pas de mérite et serait remarquée sans le voisinage des édifices auxquels elle est accolée. La figure de naïade en demi-ronde bosse qui se trouve au bas est très-jolie.

Planche XIII. — *Fontaine Maubuée*, sise au carrefour des rues Maubuée et Saint-Martin, reste de l'édifice reconstruit en 1733, incrusté dans l'angle de la maison n° 122 de la rue Saint-Martin. Voir les pages 460 et 604 du texte.

MÊME PLANCHE. — *Fontaine du Vert-Bois* sise rue Saint-Martin vers l'angle de la rue du Vert-Bois. La fontaine est bien conservée et les sculptures sont très-soignées. Le château d'eau était dans la tour, vénérable reste des fortifications du couvent. Voir les pages 464-615 du texte.

MÊME PLANCHE. — *Fontaine de Charlemagne.* Sise rue de Charlemagne, construite en 1840. Voir le tableau des fontaines, page 656 du texte.

PLANCHES XIV et XV. — *Fontaine de Grenelle, pages* 597 *et suivantes du texte*, sise rue de Grenelle, n° 59, près de la rue du Bac.

La *planche* XIV est la réduction par la photogravure de trois gravures de l'ouvrage de Blondel[1] qui elles-mêmes étaient la reproduction de dessins de Bouchardon. Elle fait voir, par le plan, l'élévation et les coupes de l'édifice, qu'il est sans profondeur. Le château d'eau était établi dans le vide qui existe derrière la partie saillante de la façade; il ressemblait beaucoup à celui de la fontaine de Birague, mais était moins important. La fontaine se composait de quatre robinets qui versaient et versent encore un filet d'eau dans des vasques ; tout cela ne mérite pas qu'on s'y arrête plus longuement; la seule partie importante de la fontaine est sa décoration. La rue de Grenelle est si étroite, qu'il a été impossible d'en faire une photographie d'ensemble ; il a fallu diviser la photogravure en trois parties qui, n'étant pas prises du même point de vue, ne forment point un ensemble en perspective. Je les ai donc fait séparer sur la planche XV.

Dans l'entre-colonnement de la partie saillante de l'édifice se trouve la plaque de marbre noir sur laquelle a été gravée et dorée l'inscription de la page 599 du texte.

La statue qui s'élève au centre est la ville de Paris ; à ses pieds sont couchées à sa droite la Seine, à sa gauche la Marne.

[1] Blondel, *Architecture française*, 1752.

Les quatre saisons sont figurées par les grandes statues des parties courbes de l'édifice et les bas-reliefs placés au-dessous. Ces bas-reliefs ont été souvent reproduits. Les armes de France sont dessinées sur le fronton de la planche IV; elles sont remplacées dans la planche XV par une couronne de feuillage. C'est la seule mutilation qu'on ait à regretter dans ce bel ensemble et heureusement elle n'est pas bien importante.

C'est Turgot qui, en 1739, pendant sa cinquième prévôté, signa le traité passé avec Bouchardon. Ce fut messire de Bernage, élu prévôt le 26 juillet 1743, qui, le 11 février 1745, pendant sa seconde prévôté, signa l'ordonnance du bureau accordant à Bouchardon une pension viagère de 1500 livres.

Planche XVI. — *Fontaine égyptienne.* Sise rue de Sèvres, contre l'hospice des incurables, près de la rue Vanneau. Encore en activité.

Même planche. — *Fontaine de l'Éléphant.* Construite en plâtre, au centre de la place de la Bastille, sur les dessins de M. Alavoine. Aujourd'hui détruite.

Même planche. — *Fontaine Poliveau.* Sise au carrefour des rues Geoffroy-St-Hilaire, Poliveau et Censier. Encore en activité.

Je n'ai rien à ajouter à ce que j'ai dit de ces trois fontaines, pages 635, 636 et 645 du texte.

Planche XVII. — *Fontaine de la Halle au Blé.* Sise au pied de la tour de Catherine de Médicis, contre la Halle au Blé, au carrefour des rues de Viarmes et de Vannes. La tour a été construite en 1572 par Jehan Bullant, architecte de Catherine de Médicis; la fontaine, en 1812. Je n'ai rien à ajouter à ce que j'ai dit de cette élégante tour-fontaine, pages 641 et 642 du texte.

Même Planche. — *Fontaine de Charenton;* tableau de la page

656 du texte. Construite en 1844 en vertu d'un arrêté préfectoral en date du 13 août 1844.

PLANCHE XVIII. — *Fontaine du Regard*, pages 629 et 638 du texte. Érigée par Bralle, de 1806 à 1810, en exécution du décret du 2 mai 1806, à l'angle des rues de Vaugirard et du Regard; la sculpture est de Vallois. C'était une des jolies fontaines de Paris : le groupe de Léda est excellent et ne blesse pas plus le regard, quoi qu'on en ait dit, que tant d'autres ouvrages en pierre ou en marbre que personne ne songe à critiquer.

Elle était menacée de destruction par l'ouverture de la rue de Rennes. M. de Gisors, architecte du Luxembourg, offrit l'hospitalité à l'œuvre de Vallois ; en reconstruisant la fontaine de Médicis en 1864, il y incrusta ces jolies sculptures.

PLANCHE XIX. — *Fontaine de la Paix*. Sise au marché Saint-Germain; construite de 1806 à 1810, sur les dessins de M. Destournelles, par M. Voinier. Je n'ai rien à ajouter à ce que j'ai dit de cet édifice page 637 du texte.

MÊME PLANCHE. — *Fontaine du Châtelet ou du Palmier*, pages 592 et 635 du texte. Autrefois fontaine du Grand-Châtelet. Je n'ai rien à ajouter à ce que j'ai écrit dans le texte, sur l'élégant ouvrage de Bralle et de Boizot.

Pour n'y plus revenir, je dois dire comment cette fontaine de puisage est devenue une fontaine monumentale.

Après l'achèvement du boulevart de Sébastopol, il fut décidé que la fontaine du Palmier cesserait d'être une fontaine de puisage, qu'elle serait transférée au centre de la place du Châtelet, dans l'axe du pont au Change, et que des mesures seraient prises pour y débiter une plus grande quantité d'eau.

Le 21 avril 1858, la fontaine fut transportée d'une seule pièce par soixante hommes, en dix-huit minutes, à une distance de 12$^{m}$,40 de son ancien siége. Le 19 mai suivant, elle fut exhaussée de $3^m$,50 au-dessus du sol, par cent trente-six hommes. L'opération dura de sept heures du matin à quatre heures et demie du soir. Un nouveau socle fut construit sous la colonne de Boizot ; on élargit les narines des dauphins ; les quatre sphinx et les trois bassins disposés en gradins furent ajoutés à la décoration de la fontaine. Ces difficiles travaux furent exécutés par M. l'architecte Davioud, sous la direction de M. l'ingénieur en chef Alphand. J'ai été chargé de fournir l'eau nécessaire.

Même planche. — *Fontaine de Mars*, page 635 du texte. Sise rue Saint-Dominique, en face de l'hôpital militaire du Gros-Caillou. Construite par Bralle de 1807 à 1810, en vertu du décret du 2 mai 1806. Je n'ai rien à ajouter à ce que j'ai dit dans le texte, de cette fontaine peu élégante.

Planche XX. — *Fontaine Gaillon*, pages 592 et 607 du texte. Sise place Gaillon, à l'angle des rues Port-Mahon et de la Michodière. Autrefois fontaine Louis-le-Grand. Désignée sous le nom de fontaine d'Antin dans le décret du 2 mai 1806.

La première pierre de l'ancienne fontaine fut posée le 20 mai 1707, par messire de Chamillart, contrôleur des finances. L'édifice moderne a éte construit en 1828, comme nous l'apprend l'inscription suivar [illegible] ravée sur sa façade :

PRISTINVM–FONTEM–ANGVSTIORI–AREA–JAM–AMPLIFICATA
COMMVNI–VTILITATI–VRBIS–QVE–ORNAMENTO
MAJUS–RESTITVERVNT–PRÆFECTUS–ET–ÆDILES.
ANNO-M DCCC XXVIII

Le projet de Visconti, les sculptures décoratives confiées à Combette et Derre, et le groupe du Triton dû à Jacquet, sont excellents, et cependant cette jolie fontaine laisse le promeneur absolument indifférent, ou plutôt n'attire pas ses regards.

Même planche. — *Fontaine Molière*, page 582 du texte. Sise à l'angle des rues de Richelieu et Molière (rue Traversière) ; autrefois fontaine de Richelieu. Cet ancien ouvrage a été reconstruit en 1844, comme l'indique l'inscription de la façade. Les dessins sont de Visconti. Les deux grandes figures en marbre qui représentent la Comédie grave et la Comédie légère sont dues à l'habile ciseau de notre grand sculpteur Pradier; c'est dire qu'elles sont fort belles. La statue en bronze de Molière est de Seurre aîné ; elle est devenue pour ainsi dire le type de la personnalité de Molière, dont on ne possède qu'un médiocre portrait. Au-dessous on a gravé l'inscription suivante, qu'on peut lire à la loupe sur la photogravure :

A
MOLIÈRE
NÉ A PARIS
LE XV JANVIER MDCXXII
MORT A PARIS
LE XVII FÉVRIER MDCLXXIII
—
SOUSCRIPTION NATIONALE

En somme, cette fontaine est d'une belle invention et très-bien exécutée; mais l'immense pan de mur contre lequel elle est adossée, les tuyaux de cheminée qui le surmontent, l'urinoir qu'on a cru devoir placer contre la Comédie légère, dans l'angle rentrant de la rue Richelieu, nuisent beaucoup à ce charmant édifice, qui est peu remarqué par le public.

MÊME PLANCHE. — *Fontaine Cuvier*, page 582 du texte. Sise à l'angle des rues Linné et Cuvier ; autrefois fontaine Saint-Victor.

L'ancienne fontaine fut érigée en 1686 et 1687, sur les dessins du Bernin, ce qui est assez singulier, car ce célèbre artiste est, comme on le sait, mort à Rome en 1680. Mais, dans le long séjour qu'il fit en France, il n'est pas impossible qu'il ait laissé le projet qui a été exécuté après sa mort. Cette fontaine, dont je n'ai vu que de médiocres dessins, avait les qualités et les défauts de l'inventeur, et a été vivement critiquée par les partisans de l'art classique.

La fontaine moderne a été érigée sur les dessins de A. Vigoureux. La statue de l'Histoire naturelle, qui est fort belle, malgré la maussade tête de lion qu'on y a accolée est de Feuchère; les animaux et ornements, dont le fouillis laisse un peu à désirer, sont de Pomateau.

On lit au-dessus de l'édifice cette inscription :

A GEORGES CUVIER

L'exécution de cette fontaine est très-soignée. Mais le grand bâtiment auquel elle est accolée lui nuit beaucoup, et en somme elle fait encore moins d'effet que les fontaines Gaillon et Molière.

Cette description prouve ce que j'ai dit ailleurs ; les anciennes fontaines de Paris ne sont pour ainsi dire pas remarquées du public, qui les voit disparaître avec la plus complète indifférence, et cependant quelques-unes d'entre elles, et notamment les trois qui figurent sur la planche XX, sont des ouvrages très-distingués ; cette indifférence du public tient à ce que ces fontaines sont presque toutes soudées à d'énormes maisons qui, malgré leur peu de mérite, attirent l'œil du passant par leur masse. Les fontaines, à moins qu'elles n'aient l'ampleur de celle de Grenelle, ne doivent donc pas être accolées à d'autres édifices ; en voici une autre preuve ; à quelques pas de la fontaine Molière, s'élève la fontaine Louvois, qui est aussi de Visconti, dont le dessin est excellent, mais qui, sous le rapport de l'exécution, laisse beaucoup à désirer, puisque c'est un simple moulage en fonte ; et cependant le promeneur qui a passé, sans la regarder, devant la fontaine Molière, si bien composée et exécutée, s'arrête devant la fontaine Louvois et l'admire avec raison, non-seulement parce qu'elle est élégante, mais surtout parce qu'elle est isolée au milieu d'un square et qu'elle ne subit pas l'effet peu harmonieux du contact d'un autre édifice.

*Planches d'écritures.* J'ai cru devoir donner des spécimens des diverses écritures du Livre rouge viel du Châtelet, et des registres de la Ville où j'ai puisé la plupart des documents qui ont servi à la rédaction de cet ouvrage.

Voici comment ces fac-simile ont été gravés. Les parchemins originaux sont devenus trop noirs pour être photographiés. On a donc calqué l'écriture avec du crayon très-noir, et on a pu ainsi la reproduire par la photogravure.

L'écriture des deux pièces du quatorzième siècle est fort belle. La première, l'édit de Charles VI, est justement considérée comme la base de l'administration des eaux de Paris; je l'ai donc reproduite en entier avec l'écriture du temps, qui serait très-lisible avec un peu d'étude, sans les abréviations. Mais si l'on n'a pas la clef de ces abréviations, la lecture devient impossible. Par cette raison, j'ai dû donner une traduction de cet édit en caractères ordinaires.

L'écriture des registres de la Ville devient très-mauvaise dans le seizième siècle : la lettre de Catherine de Médicis est un affreux grimoire lorsqu'on la compare au cry du Roy du quatorzième siècle qui termine la page; l'écriture du temps d'Henri IV n'est pas beaucoup plus belle. Vers le milieu du dix-septième siècle, les grands jambages disparaissent et l'écriture devient nette et lisible ; j'ai donc, pour la commodité du lecteur, fait reproduire en caractères ordinaires l'édit de Charles VI, les lettres de François I^er^, de Catherine de Médicis et d'Henri IV, le cry du Roy, le rapport d'Augustin Guillain, et l'ordonnance du bureau relative à une concession d'eau accordée à Fouquet. Cela ne m'a pas paru nécessaire pour les deux pièces du dix-huitième siècle, dont l'écriture est très-belle et surtout très-lisible.

Ces fac-simile sont d'une entière exactitude. Je me suis cependant permis une modification peu grave; les lettres de François I^er^, de Catherine de Médicis et d'Henri IV ont été copiées sur les registres de la Ville et, par conséquent, ne sont pas des autographes, à l'exception des signatures qui ont été calquées sur des pièces authentiques. La signature de Fouquet, planche XXVII, est aussi le calque d'une pièce authentique.

PLANCHES XXI ET XXII. — *Edit de Charles VI, du 9 octobre 1392, qui supprime les concessions d'eau particulières.*

Lettre faisant mençõn des fontaines de pãr (paris).

Charles par la grace de Dieu Roy de France ~ Sauoir faisons a tous presens et auenir / Que comme entre les autres cures et solicitudes que Nous auons pour bien gouuerner noz subgiez et la chose publique de nre (nostre) Royaume Nous auons singuliere affection entente et volente que ñre bonne ville de paris / en la quelle est ñre principal siége de ñre dit Royaume soit bien gouuernee / et que ñre bon et loyal peuple dicelle se accroisse tousiours et soit aisie de ce que luy est necessaire a la sustentacion de leurs vies / Car de tant comme elle sera mieulx pueplee et habitee de plus de gens / et que añre (à nostre) dit pueple sã (sera) mieulx pourveu de ce qui est necessaire pour leur sustentacion la Renõmee delle sera plus grant / la quelle Renommee redonde alaugmentacion de ñre gloire et exultacion de ñre hautesse et seigneurie / Et comme par la voix publique de ñredit pueple de ñre dicte bonne ville Nous ait este insinue agrant clameur Que combien que par la grant amour et faueur que noz predecesseurs Roys ont eu tousiours a ñre dicte ville et au pueple dicelle / certains conduiz ou tuyaux aient este ordenez par laucte (l'auctorité) de noz diz predecesseurs de tel et si long temps quil nest memoire du contraire pour faire venir et descendre les eaues de certaines fontaines en aucuns lieux publiques de ñre dicte ville pour subuenir a la necessite de ñre dit pueple / especialment aux lieux nommez la fontaine Saint Innocent la fontaine maubue / et la fontaine des halles de ñre dicte Ville / esquelz lieux les eaues souloient venir /atele et si grant habondance que ñre dit pueple espiãlment (especialement) celle qui habite enuiron lesdiz lieux qui sont loing de la riuiere de Saine et dautres eaues conuenables aboire et a vser pour viure / en estoit nourry et soustenu Neantmoins aucuñ personnes qui ont eu aucte (auctorité) deuers noz diz predecesseurs et nous / les queles ont fait edifier grans et notables hostelz et edifices en ñre dicte Ville / ont obtenu de noz diz predecesseurs et de Nous par leurs puissances et jmportunitez ou soubz umbre daucuns estas ou offices quilz ont euz enuers noz diz predecesseurs et Nous ou autment (autrement) licence de prendre et appliquer aux singuliers vsages deulx et de leurs diz hostelz pluss ptíes (parties) des eaues venans aux lieux dessus declerez / Et sur ce ont obtenu comme len dit / lects (lettres) de noz diz predecesseurs et de Nous faites en laz de soye et cire vert / Soubz vmbre des queles licence et lres (lettres) ilz ont fait en pluss (plusieurs) lieux parcier les conduiz et tuiaux par les quels les dictes eaues ont acoustume venir aux lieux dessus diz / Et ont fait faire conduiz et tuiaux / pour aler en leurs diz hostelz / Dont par ce les eaues qui auoient acoustume venir aux diz lieux publiques ont este sy apeticiees que en aucuns desdiz lieux sont deuenues du tout anient / et en autres en tele diminuōn que apeines en y vient il point / Pour quoy plusieurs psonnes (personnes) qui souloient habiter enuiron yceulx lieux pour la neccessite deaues quilz auoient / ont lessie ñre dicte ville et sont alez habiter ailleurs / Et ceulx qui y sont demourez ont pour ce souffert par long temps et encores sueffrent tres grant misẽ / (misère) Et conuient que a tš (très) grant trauail et coust aient de leaue de la dicte Riuière de Saine pour leur sustentaçōn / la quelle chose a este et est fte (faite) en grant lesion et detriment de la chose publique de ñre dicte ville et en grant diminucion de ñre pueple dicelle / et la quelle quant elle est venue a ñre congnoissance Nous amoult despleu et non sans cause / Pour quoy Nous voulans tousiours pouruceoir alacroissement de nrẽ dit pueple de ñre dicte ville / et semblemẽt (semblablement) aux necessitez dicelly, espiālment (spécialement) aceste qui touche la sustentacion de leurs vies Eu sur ce aduis et deliberacion / auesques noz tš (très) chiers et tšamez (très-amés) oncles et frère les Ducs de Berry de Bourg[ne] Dorleans et de Bourbon / et autres de ñre sanc / auons ordene et voulons et ordenons de ñre ctaine (certaine) science par ces pñtes (présentes) que les conduys et tuyaux desdictes eaues soient restituez et remis en lestat en quoy ilz souloient estre dancienncte par telle maniẽ (manière) que les eaues puissent venir continuelment aux lieux publiques dessus diz / en tele habondance se faire se peut / comme elle souloit faire / sique les lieux denuiron yceulx puissent estre plus pueples et habitez / et que le pueple qui y habitera en puist auoir asouffisant habondãce Et que tous auts (autres) cōduis et tuyaux faiz pour diuertir les dictes eaues ou les apeticier cōment que ce soit soient du tout rompus et cassez / Si que par ce ne puist plus venir empeschemt (empeschement) aux principaulx conduis par les quelz les dictes eaues vont aux lieux publiques dessus declerez et de ñre dicte science / et par l'auis et conseil de noz diz oncles et frère et auts (autres) de ñre sanc / auons rappelle casse anulle / et reuoquie rappellons cassons anullons et reuoquions du tout tous preuilleges toutes graces licences dont octroys pmissions (permissions) souffrances et usagez obtenus et obtenues par lauctc (l'auctorité) de noz diz predecesseurs et de nous ou autmẽnt par quelqs personnes que ce ait este ou soit de quelque auctẽ (auctorité) que ilz vsent ou aient vse Excepte en tant comme touche Nous et noz diz oncles et frere de Berry de Bourg^ne Dorleans et de Bourbon pour noz hostelz et les leurs assis en ñre dicte ville de paris / Et toutes lr̃es (lettres) sur ce f̃tes (faites) soubz quelque fourme de paroles ne pour quelconques causes et considera-cõns que elles aient este et soient f̃tes (faites) Excepte celles que ont obte-nues noz diz oncles et frere ou leurs predecesseurs / qui par auant eulx ont tenus leurs diz hostelz / auons ordene voulons et declarons estre de nul effect / comme empetrees et obtenues par jmportunite et contre le bñ (bien) pu-blique de ñre dicte ville de paris Et se il auenoit que au temps auenir nous don-nissions licence / chartres ou lr̃es quelconques a aucunes personnes de auoir aucuns conduis ou tuiaux ou aucune partie de leaue des fontaines dessus d̃tes ainsy cõme noz diz predecesseurs et nous auons fait au temps passe / nous considere que telz dons sont tres preiudiciables et contraires au bien et utilite de la chose publique de ñre dicte ville voulons ordenons et declarons des maintenãt pour lors que a la dicte licence ne a noz lectres que sur ce oc-troyeriens ne soit aucunement obey Et pour ce que nous desirons moult noz presentes volente et ordenance estre mises a execuicõn nous mandons et en-ioingnons si expressement que plus pouons et comectons par ces pñtes a ñre procureur general en ñre parlement / Au preuost de paris / et au cõmiz a gouuerner loffice de la preuoste des marchans de ñre dicte ville ou a leurs lieuxteñ(ans) pñs et auenir et a chũn deulx que nos volente et ordenance dessus declarees / mettent a execucõn de fait pñtem̃e et le plus tost que faire se pourra / sans aucune faueur ou delay et sans receuoir aucuns a oppõn (op-position) ne deferer a appellacion ou appellacions que quelconques personne / de quelque estat ou auct̃e (auctorité) que elle soit face ou vuille faire pour occasion des choses dessus dictes et icelles nos volente et ordenance tiegnent et gardent ou facent tenir et garder a tousiours pr (par) telle manĩe (manière) que ñre dit pueple nait jamaiz cause de pour ce faire aucune clameur p̃deuers (par devers) nous / mandons aussi a tous noz justiciers officiers et subgiez / que aux diz cõmiz et a leurs deputez es choses dessus dictes et es deppendances obeissent et entendent di(*li*)gemment / Et que ce so(*i*)t fer(*m*)e chose et es-table a tousiours Nous auons fait metr̃e / (*a ces lettres n*)re scel ~ Donne a saint Denis en France le ix^e jour d'octobre lan de grace *mil* ccc quatre vingt (*e*)t (*douze et le treiziesm*)e de ñre regne ~~ Ainsy signees en la marge de des-soubs ~~ Par le Roy pñs (présents) messs les ducs de berry de bourg̃e (bour-gogne (*et d'or*)leans (*et de bourbo*)n le sire de coucy le viconte de meleun et autres / ~~ J de sanctis. ~

Collacõn faite a loriginal scelle a double queue et las de soye et cire vert

Par moy G. Bouart.

Les lettres et mots écrits en italique et entre parenthèses sont ceux qui sont effacés et que les réactifs n'ont pu faire reparaître.

PLANCHE XXIII. — *Lettre de François Ier au bureau de la ville au sujet de la concession de l'évêque de Castres*, 26 *novembre* 1528.

Assemblee de ville.

DU JEUDY vingt sixiesme jour de nouẽbre (novembre) dud (du dict) an (mil cinq cents vingt huit).

Lr̃es missiues du Roy pour faire baille cours des eaues de fontaines de paris a lesuesue de castres en sa maison de la villette letz paris.

AUJOURD'HUI En lhostel de ceste ville au bureau duquel estoient messrs les preuost des marchans et quatre escheuins sont venuz de par le Roy messrs les presidens le Viste et Clutin / pareillement Monsr de La Cour gentilhomme de la maison dud. seigneur par lesquelz le Viste et La Cour ont este pñtees (présentées) lr̃es (lettres) missiues du Roy adressantes les vnes ausd. preuost des marchans et escheuins bourgeois et habitans de ceste ville de Paris Et les autres aud. le Viste Desquelles la teneur ensuyt A NOZ tres chers et bien amez les preuost des marchans escheuins bourgeois et habitans de nr̃e (nostre) bonne Ville et cite de Paris / De par le Roy / Tres chers et bien amez Nous auons este aduertiz que nostre ame et feal conseiller leuesque de Castres veult faire bastir a la Villette quelque maison de plaisir ou nous pourrions quelque foys aller passer le temps Et pour ce quil y a faulte deaue quy est lune des principalles commodites requises a vne maison Et que leaue des fontaines quy va en vr̃e (vostre) ville ne passe point plus loing que a vng ject darc de luy Il nous a suppliez vous faire requeste que pour lamour de nous vous luy vueillez octroyer de leaue de lad. fontaine pour passer par sad. maison la grosseur dun poix tant seullement A ceste cause et que attendu la maladie dud. euesque de Castres Nous ne le pouuons pour ceste heure employer ailleurs que en vr̃e (vostre) ville ou nous desirons quil face son principal sejour vaccant ad ce que nous luy auons commande pour noz affaires Et que au moyen de sad. malladie son principal esbat se pourra prandre en lad. maison / Et quelque foys le nr̃e Nous vous pryons tres affectueusement que en faueur et pour lamour de nous vous luy vueillez accorder lad. requeste. Et en ce faisant soyez seurs que vous nous ferez tout autant de plaisir que sil estoit question de beaucoup meillheure et plus grande chose Comme nous auons commande a nr̃e ame et feal le seigneur de la Cour gentilhomme de nr̃e chambre vous dire et faire entendre de nr̃e part de quoy nous vous prions le volloir croire comme nous mesmes Tres chers et bien amez nous prions nostre Seigneur vous tenir en sa saincte garde Donne a sainct Germain en Laye le vingt deuxiesme jour de nouembre mil cinq cens vingt huit.

(Ainsi signe) : Françoys

(Et au-dessoubs) : Robertet

## Planche XXIV. — *Lettre de Catherine de Médicis au bureau de ville pour la fontaine des Filles-Dieu, 15 août 1554.*

De par la Royne

lres de la Royne enuoyees a la ville p̃r lad fontaine des filles dieu.

Tres chers et bien amez Noz cheres et bien amees les Religieuses et couuent des filles dieu de ñre (nostre) ville de paris Nous ont faiçt remonstrer que vous les voulliez contraindre a remectre le cours dune fontaine quelles ont en leurd couuent au cours comug (commun) desd fontaines de lad ville de Paris Quy s(er)oit les priuer dune grande commodite dont Ils joyssent par preuilleige des Roys noz predecesseurs depuiz le temps du Roy St Loys estans en cela fondez de bons et antiens tiltres Et dautant que pour estre lad compaignie desd filles dieu deuotect aux prieres desquelles Nous desirons estre participans tant quil nous est possible Nous aurions a grant plaisir que ceste si grande comodite de leurd fontaine ne leur feust ostee sans grande occasion ou neccessite A ceste cause Nous vous prions et mandons que vous nayiez a riens inouer en cela ne les troubler en leurd joyssance jusques a ce que leur longue possession entendue et leur tiltres veuz Il en soit par le Roy monseigneur à son retour de la guerre ou Il est a pñt (présent) occuppe entierement ordonne Et gardez dy faire faulte / Donne a Compiegne le xb[e] (15[e]) jour daoust mb[c] liiii (1554)

(Signé) Caterine.

Et au doz desd l̃res (lettres) est escript A noz tres chers et bien amez les p̃uost (preuost) des marchans et escheuins de la ville de pis (Paris).

### « *Cry* » *concernant les porteurs d'eau*, 15 *may* 1394.

« Soit crie de par le Roy ñre S[re] et de par Monseigneur le preuost de Paris.

Des porteurs deaue et fontaines.

Premierement que nulz marchans foreinz. . . . . . . . . . .

. . . . . . . . . . . . . . . . . . . . . . . . . . . . .

Item que nulz porteurs deaue ne soient si hardiz de venir querir eaue en la fontaine sainct Innocent ne des halles, par deuant les bourgoiz et habitans de la dicte ville de paris / Et que les fontaines viengnent a plain tuyau sur peine de perdre leurs seaulx et de cinq sols[p] damende / et que nulz mar chans de chevaulx et ceruoisiers ne soyent si hardiz de puisier eaue esdictes fontaines se ce nest es tuyaux damont sur peine damende arbitraire et aussy es autres fontaines de ladicte ville, que lesdictz porteurs deaue ne preignent point deaue par deuant les voisins, sur ladicte peine et amende ».

Et au doz dudit cry estoit escript ce qui sensuit. Public souffisamment es lieux acoustumez a faire crys a paris par Jaquet preuost crieur du Roy n̄re Sire / Et fu fait le vendredy xv$^{e}$ jour de may lan (*mil ccc*) iii$^{xx}$ et quatorze. (15 may 1394).

## Planche XXV. — *Lettre d'Henri IV au prévôt des marchands pour le rétablissement des fontaines* (12 *mars* 1601).

Henry par la grace de dieu Roy de france et de Nauarre A noz amez et feaulx les preuost des Marchans et eschenins de n̄re bonne ville de paris salut / Puis quil a pleu a dieu nous donner la paix uniuerselle en nostre royaulme Qui est le plus grand bien et le plus grand contentement que nous eussions peu souhaitter a noz subgiectz /. . . . . . . . . . . .

Nous sommes resoluz pour y recepuoir moings djncommodite et d'auantage de contentem̄t, dy apporter toute l'economie quil nous sera possible. . . . . . . . . . . Et de faire restablir ce qui est fort necessaire a n̄re sante et celle de tous noz subiectz de lad. (ladite) ville la comodite des fontaines deaue viues quy soul loient sortir en diuers endroictz djcelle /. . . . . . . . . . Ce que nous vous ordonnons tres expressement, Et vous donnons pr̃ (pour) ce faire plain pouuoir puissance auctorite commission et mandem (mandement) sp̃al (special) par cesd. (cesdictes) p̄ntes (présentes) Car tel est n̄re plaisir. Donne a paris le douz$^{me}$ jour de mars l'an de grace mil six cent ung et de n̄re regne le douzi$^{me}$.

(Signè) : Henry.

. . . . . . . Et scelle sur simple queue de cire jaulne.

## Planche XXVI. — *Rapport d'Augustin Guillain sur les concessions* (28 *septembre* 1624).

De Lordonnance de Messieurs Les preuost des Marchans Et Escheuins de cette ville de Paris dattee du *Neufiesme Jour* de septembre *mil* bi$^{c}$xxiiii (1624) signee Clement Jay Augustin Guillain M$^{e}$ (maistre) des œuures garde et ayant la charge des fontaines d'jcelle. . . . . . . . . . . . . . . . . . . . . . . . trouue Que les concessions octroyees cy dessus pour les differentes hauteurs et disproportions de nyueau ne se pouuoie(n)t dériuer et applicquer tant a present que a l'aduenir sy ce n'est dans certains Augets qui seront faicts dans Les reseruoirs publicqs. . . . . . . soubz la clef et fermeture de nous pour y reigler et visiter a toute heure les deriuations selon que le cas y eschet En quoy faisant Nul ne peut apporter dommage au publcq et particulier Et suiuant la figure Et modelle d'Augetz par nous faicts et a vous presentez au bureau de la ville Le vingt huictiesme jour de septembre de cetted. année mil $\text{vi}^{c}$xxiiii (1624) Et a led. Guillain signe en la minutte des presentes.

## Planche XXVII. — *Concession d'un pouce d'eau à Fouquet (4 juin 1655).*

A tous ceulx qui ces Pñtes (présentes) Lettres verront Sal (salut) scauoir faisons Qu'en consequence du résultat de lassemblee ce Jourdhuy tenue Au bureau de la ville sur le faict des eaues des fontaines publiques de la lad$^{e}$ ville. . . . . . . . . . . . . . . . . . . . . . . . . .
Auons ouy et ce consentant le procureur du Roy et de la ville donne concedde et octroye donnons conceddons et octroyons par ces pñtes (présentes) Aud$^{t}$ sieur procureur general vn cours d'un poulce d'eaue prouenant de la nouuelle Recherche faicte du costé de belleuille a prendre par bassinet au regard le plus proche et commode pour led. hostel qu'il luy plaira de choisir pour y estre mene et conduit par un thuyau par$^{er}$ (particulier) pour l'vsage et commodite diceluy A ses frais et despens, et A ceste fin ordonne que led$^{t}$ sieur procureur general sera couché et employé dans l'estat de la nouuelle distribuon des eaues pour pareille quantite dun poulce pour par luy en jouir ses hoirs ou aians cause possesseurs dud. hostel A tousjours moyennant la somme de dix mil liures qu'il luy a pleu en payer a lad$^{e}$ ville de laquelle sera baillé quittance par le receueur du domaine de lad$^{e}$ ville, Sy donnons en Mandement a pierre le Maistre M$^{e}$ (maistre) des œuures de la ville garde et ayant charge sous nous des fontaines d'icelle d'executer ces pñtes selon leur forme et teneur en faisant deliurer par bassinet un poulce d'eaue dans les thuyaux dud. sieur procureur general en qu'el regard qu'il desirera la prendre A leffect que dessus outre et pardessus les douze lignes a luy cy deuant conceddees comme dit est En tesmoing etc. — Faict au bureau de la ville le quatriesme jour de Juing mil six cens cinquante cinq.

Signature de « Foucquet ».

FIN

# TABLE DES CHAPITRES

# TABLE ALPHABÉTIQUE

## DES MATIÈRES

---

B

C

Q



R

Typographie Lahure, 9, rue de Fleurus, à Paris.

# ERRATA

## DES NOTES AU BAS DES PAGES

---

Page 232, dernière ligne, *au lieu de :* Signé : Sorbay, *lisez :* Signé : Jiorbay.

Page 245, dernière ligne, *au lieu de :* Voy. ci-dessus, p. 00, *lisez :* Voy. ci-dessus, pages 169 et 170.

Page 265, dernière ligne, *au lieu de :* Ibid., vol. LIV, *lisez :* Ibid., vol. LXI.

Page 361, renvoi [2], *au lieu de :* Extrait des Registres du Conseil d'État (parchemin), *lisez :* Extrait des Registres du Conseil d'État.

Page 404, renvoi [1], *au lieu de :* celui de M. de Lamare, t. IV, IV, VI, page 387, *lisez :* celui de M. de La Mare, t. IV, titre VI, page 387.

Page 404, renvoi [2], *au lieu de :* par de Lamare, *lisez :* de La Mare.

Page 408, renvoi [2], *au lieu de :* ...au prône des paroisses intéressées dans une sorte de formule dont voici un spécimen, *lisez :* au prône des paroisses intéressées.

Page 410, renvoi [1], *au lieu de :* le 8 juin 1864, *lisez :* le 8 juin 1764.

Page 445, renvoi [3], dernière ligne, *au lieu de :* Manuscrits des Archives nationales, *lisez :* Registres de la ville.

Page 469, renvoi [2], dernière ligne, *au lieu de :* ...vol. XVIV, *lisez :* vol. XXIV.

Page 482, renvoi [1], *au lieu de :* y paraî[1], *lisez :* Il paraît.

Page 504, renvoi [2], *au lieu de :* Regictres..., vol. XXIV, *lisez :* Registres..., vol. XXVI.

Page 509, dernière ligne, *au lieu de :* cy... ixc, *lisez :* ix c.

Page 517, renvoi [3], *au lieu de :* H. 1801, *lisez :* H. 1802.

Page 536, renvoi [3], *au lieu de :* [3], *lisez :* [2].

Page 581, renvoi [3], *au lieu de :* vol. LI, *lisez :* vol. LII.

Page 593, renvoi [1], *au lieu de :* H. 1832, *lisez :* H. 1842.

Page 594, renvoi [1], *au lieu de :* vol. LXVII, *lisez :* vol. LXV.

Page 613, renvoi [1], *au lieu de :* vol. XVC, *lisez :* vol. XCV.

Page 672, renvoi [1], *au lieu de :* 1486, *lisez :* 1846.

Page 689, renvoi [1], *au lieu de :* 1835, *lisez :* 1855.

Page 692, renvoi [1], *au lieu de :* Q' 1090', *lisez :* Q[1],1090[1].

Page 693, renvoi [1], *au lieu de :* ainsi qu'ils l'on fait, *lisez :* ainsi qu'ils l'ont fait.

Page 696, renvoi [1], *au lieu de :* fol. 3, *lisez :* F 3.

Page 702, renvoi [1], *au lieu de :* fol. 3, *lisez :* F 3.

Page 733, renvoi [1], *au lieu de :* ... 2 juin 1693, *lisez :* 2 juin 1673.

# ERRATA

## DU TEXTE

Page 51, ligne 33, *au lieu de :* 74$^{m}$,66, *lisez :* 74$^{m}$,96.
Page 59, dernière ligne, *au lieu de :* d'une, *lisez :* une.
Page 125, inscription : 9$^{e}$ vers, *au lieu de :* talemen, *lisez :* lalemen.
11$^{e}$ vers, *au lieu de :* leur nom, *lisez :* seur nom.
16$^{e}$ vers, *au lieu de :* plus iiii$^{xx}$, *lisez :* plus de iiii$^{xx}$.
Page 130, dernière ligne, *au lieu de :* daté 1737, *lisez :* daté de 1737.
Page 159, ligne 25, *au lieu de :* été construits, *lisez :* été faits.
Page 167, dernière ligne, *au lieu de :* l'orge[1], *lisez :* l'Orge.
Page 212, ligne 9, *au lieu de :* ortée, *lisez :* portée.
Page 223, ligne 22, *au lieu de :* 36 mètres, *lisez :* 18 mètres.
Page 224, ligne 11, *au lieu de :* emissiarum, *lisez :* emissarium.
Page 279, ligne 4, *au lieu de :* messieurs Camas, de Montigny, *lisez :* messieurs Camus de Montigny.
Page 433, ligne 7, *au lieu de :* bougeoiz, *lisez :* bourgoiz.
Page 467, ligne 6, *au lieu de :* égale à, *lisez :* égale au carré de.
Page 479, ligne 29, *au lieu de :* du siècle, *lisez :* du seizième siècle.
Page 647, fontaine n° 8, 4$^{e}$ colonne, *au lieu de :* Boudoyer, *lisez :* baudoyer.
Page 652, fontaine n° 56, 5$^{e}$ colonne, *au lieu de :* 1873, *lisez :* 1673.
Page 656, fontaine n° 105, 5$^{e}$ colonne, *au lieu de :* 1873, *lisez :* 1783.
Page 669, ligne 10, *au lieu de :* fait, *lisez :* faits.
Page 738, ligne 16, *au lieu de :* (,), *lisez :* (.).
Page 738, ligne 17, *au lieu de :* Pérues, *lisez :* Périer.
Page 742, ligne 1, *au lieu de :* quatre panneaux verticaux, *lisez :* huit panneaux verticaux.
Même page, ligne 2, *au lieu de :* trois, *lisez :* six.
Page 747, ligne 18, *au lieu de :* quatre robinets, *lisez :* deux robinets.
Même page, ligne 19, *au lieu de :* des vasques, *lisez :* des souillards.

www.ingramcontent.com/pod-product-compliance
Ingram Content Group UK Ltd.
Pitfield, Milton Keynes, MK11 3LW, UK
UKHW020236180726
13839UKWH00001B/8

9 782329 49861